蒋有绪文集

下　卷

蒋有绪　著

科学出版社

北　京

内 容 简 介

《蒋有绪文集（上、下卷）》收集了蒋有绪院士及其研究团队历年来陆续发表和未发表的重要论文、专著、建议和报告等，较全面地展现了蒋有绪院士六十多年的主要研究成果，涵盖了森林地理学、林型学、森林群落学、生态系统生态学、林业生态建设与可持续经营、森林生态学科发展和科学普及等多方面。

　　本书可供从事生态学、林学、植物学、地理学和环境科学的研究人员和管理工作者，以及高等院校师生阅读参考。

图书在版编目（CIP）数据

蒋有绪文集. 下卷／蒋有绪著. —北京：科学出版社，2017.3
ISBN 978-7-03-044582-7

Ⅰ.①蒋… Ⅱ.①蒋… Ⅲ.①生态学–文集 Ⅳ.①Q14-53

中国版本图书馆 CIP 数据核字(2015)第 125183 号

责任编辑：王　静　付　聪／责任校对：郑金红　张小霞
责任印制：肖　兴／封面设计：北京铭轩堂广告设计有限公司

科学出版社 出版
北京东黄城根北街 16 号
邮政编码：100717
http://www.sciencep.com

北京新华印刷有限公司 印刷

科学出版社发行　　各地新华书店经销

*

2017 年 3 月第 一 版　　开本：787×1092 1/16
2017 年 3 月第一次印刷　　印张：40 3/4
字数：969 000
定价：320.00 元
(如有印装质量问题，我社负责调换)

情系森林　求索创新　播种希望
（代序）

一、与林结缘，向大自然求索

我于 1932 年出生在上海市，祖籍南京。家有三兄二姐一弟，当时父亲是上海招商局的职员，家境比较拮据。为了让我们每个孩子都受到良好教育，父亲付出了毕生的心血。我们几个兄弟读书都非常用功，尤以新中国成立前就是中共地下党员的大哥蒋有纶，在学海生涯中勤奋好学、刻苦钻研的优良品质及政治上追求进步的高尚情操，一直是我学习的榜样。我在上海一解放，就加入了新民主主义青年团，1952 年大学时代加入了中国共产党。

1950 年夏，我在上海大同大学附中二院（现上海五四中学）高中毕业。当时我国实行华东、华北分区招生，我同时报考了华东区复旦大学和华北区清华大学的生物系，因成绩优秀，两所大学都以第一名录取。我之所以选择生物系，主要是受中学生物学老师华汝成先生的影响。新中国成立前我国仅有两本《普通生物学》教材，一本是华汝成编写的，另一本是陈祯先生编写的。华汝成教学深入浅出，生动活泼，使我受益匪浅，对我立志对自然界生命探索起到了重要的激励作用。另外，在高三时看的米丘林将苹果北移，实现了人类改变植物生命活动的电影，对我立志报考生物系也起到了推波助澜的作用。由于当时年轻思远行，在两所大学的选择上，最后确定了清华大学。1950 年 8 月，高高兴兴地踏上了由上海开往北京的列车。在运送学生的专车上，我结识了一同北上的翟中和（后来的北京大学教授、中国科学院院士）和许多后来成为我国生命科学领域知名学者的同学们。

两年后（1952 年），全国院系调整，清华大学生物系与北京大学、燕京大学生物系合并，我又成了北京大学生物系的三年级学生。在大学四年期间，我有幸得到国内一流学者学术上的教诲和做人风范的熏陶。我聆听过陈祯讲授的普通生物学、李继侗讲授的植物生态学、张景钺讲授的植物形态解剖学、殷宏章讲授的植物生理学、方心芳讲授的微生物学、李汝祺讲授的遗传学，以及国内植物分类学最权威的大师秦仁昌、吴征镒、陈榕等讲授的植物分类学。1952 年，我参加了全国几个大学联合开展的海南岛和雷州半岛橡胶宜林地调查。这是我第一次参加时间较长的一次野外调查工作。当时，担任野外调查的指导教师是来自复旦大学生物系的朱彦丞和曲仲湘（法瑞学派和英美学派的植物生态学家），他们与北京大学李继侗讲授的苏俄学派互相补充，相得益彰。在此次野外调查中，我熟练掌握了宜林地植物群落的调查方法。

1954 年 5 月，我受命提前大学毕业，分配到林业部工作，参加由苏联派来的百余名专家组成的森林航空调查测量队，从事开发大兴安岭原始林区的森林资源清查工作，并担任中方林型组组长，做苏方林型组组长巴拉诺夫的工作搭档。主要工作内容包括：林型划分、森林物种组成和群落结构调查、森林蓄积量测算和林型图绘制等。在此基础上，结合土壤、测树、病虫害等专业和航空摄影调查队的调查成果，编制完成了大兴安岭林区开发利用规划和实施技术方案。这次野外工作从 5 月开始到 9 月结束，长达 4 个月之久。当时在大兴安岭原始林区工作非常艰苦，在调查地点转移时，除背行李外，还要背俄文字典和俄文植物鉴定书（当时没有中文东北地区植物鉴定书），日行几十里。在野外调查中，我力求理论联系实际，认真把从书本上学到的理论与野外调查实践相结合；在野外调查之余，认真总结和整理每一天，甚至是一点一滴的收获和体会。通过这次野外调查，练就了我从事野外调查工作的功底。不仅增长了野外植物识别的知识，而且熟练掌握了苏俄学派的植物群落学方法。1955 年，我随调查队辗转于滇西北和川西高山原始林区，1956 年，我独自带队赴天山、阿尔泰山林区。我在滇西北、川西高山林区调查时发现，苏联学派森林群落分类的理论与方法并不适用于我国南方复杂的森林植被，英美和法瑞学派也不完全适宜，当时就萌想，以后能有适合我国的植物群落分类系统就好了。我在掌握了我国几个大原始林区第一手调查材料的基础上，和同事们总结撰写了《中国山地森林》一本专著。该专著于 1980 年出版。这是我国第一本较全面、系统按各天然林区详细阐述其自然地理、土壤、植被和林型分类及其经营的专著，该专著 1991 年获林业部科学技术进步奖二等奖、国家科学技术进步奖三等奖。

二、为中国森林生态系统定位研究及其网络化奠基

1957 年 2 月，我调到中国林业科学研究院工作，同年被选派到苏联科学院森林研究所进修，师从苏卡切夫院士。苏卡切夫院士不仅是地植物学派的创建人，也是国际上植物学和生物学理论的权威。在进修期间，我对森林生物地理群落（即森林生态系统）的长期定位观测研究给予了特别关注。那时，苏联和美国建立森林和其他植被的长期定位观测站已有几十年的历史，而我国却一个也没有。当时人们对森林的认识虽然已有了提高，但仍然是比较肤浅的，对生态定位观测是揭示森林生态系统结构和功能的最重要手段还没有足够的认识。

1959 年 10 月，我从苏联回国后，决心致力于推动中国森林生态系统定位观测站的建设和定位观测工作。在院里经费支持下，与四川林业研究所（现四川省林业科学研究院）合作，于 1960 年 5 月，在川西阿坝米亚罗海拔 3400 米处，建成了我国最早的森林生态定位研究站——川西米亚罗亚高山暗针叶林定位研究站，并于当年对亚高山针叶林开展了综合性的多学科的生态系统定位观测。观测内容包括：森林的物种组成、结构、生物生产力、更新演替、水分、养分循环、能量利用及物种相互关系等。通过调查研究，我深刻地分析了我国亚高山针叶林与寒温带针叶林在发生上的历史联系和相对独立性，提出我国西南亚高山森林的发生在生态学上是受外区成分水平辐辏、垂直分异和区域内部差异的生态隔离三过程所影响的学术假说。在认识了我国西南亚高山森林重要的水源涵养功能的基础上，提出了川西高山森林区不能简单作为木材生产基地，而是应以水源涵养为主要的经营方向。20 世纪 80 年代，该项研究成果成为我国建设长江中上游水源涵养林体系工程项目的重要理论依据。可惜的是该定位研究站因全国性政治运动的干扰

仅维持到 1965 年。直至 1980 年，该站的定位观测工作才得以恢复。

1980 年以后，我还在海南岛尖峰岭热带林区、江西大岗山林区从事热带林、杉木林、毛竹林的生态定位研究工作，并促成林业部建立了林业系统的生态定位站网络。回想起来，这个过程也是很艰难的。当时，要大规模建立各类森林定位站的必要性仍缺乏决策层足够的理解，1980～1985 年，我几乎每次都要利用与部领导见面的机会，宣传和呼吁领导支持。一位副部长后来见面时就笑着说："我知道你要说什么，我们会尽力支持的"。后来，由于我国经济实力增强，生态意识的普遍提升，近 15 年来，是我国森林生态定位观测研究站发展最快的时期，目前这一网络已发展到 110 个定位站。随着我国生态文明建设步伐的不断加快，森林生态定位观测研究站的建设规模和质量还有望得以扩大和提升。

1985 年，我被国际林业研究组织联盟亚高山生态组选任为副主席和主席，先后工作达 8 年之久。积多年研究和实践，在森林类型划分、森林群落结构与功能研究方面提出许多自己的见解。特别是通过 20 世纪 80 年代对海南岛尖峰岭热带林生态定位站的研究，更进一步加深了对热带林结构与功能的认识，结合 1981～1983 年国家农业委员会、国家科学技术委员会和中国科学技术协会组织的"海南岛大农业建设与生态平衡"综合考察，我作为秘书长向中央提交的考察报告，有效促进了海南岛在全国率先于 1987 年对热带森林实施了禁伐和全面保护。

1990～1995 年，我主持的国家自然科学基金重大项目"中国森林生态系统结构与功能规律研究"，是由中国林业科学研究院牵头，中国科学院、林业高等院校、18 个森林生态定位站参加的跨系统、跨部门的第一个国家自然科学基金重大项目。研究内容涉及森林群落结构的定量研究、森林群落功能特征与其自然地理分布规律；不同自然地理区森林生态系统结构与功能特征、森林生态系统不同尺度的生态环境效应等。其研究目标是在我国已有森林群落学调查和森林生态系统的长期生态观测研究基础上，对我国森林生态系统的地理分布格局、群落的组成结构、生物生产力、养分循环利用、水文生态功能和能量利用等方面进行综合规律性、大尺度定量分析。这种全国性大尺度综合性多功能的生态系统结构功能和过程的研究，在国内外尚属首次。该研究出版了 9 本专著，对森林生态系统结构与功能规律有许多新的发现，并为 20 世纪初国务院下达的"中国可持续发展——水资源发展战略研究"（由中国工程院承担完成）和"中国可持续发展——林业发展战略研究"（由国家林业局承担完成）提供了重要的基础资料、数据和结论。

三、 提出中国森林群落和林型学"二元分类系统"

森林群落学分类在林业科学也称林型学分类。早在 1964 年，我就意识到，芬兰的林型学派、苏联的生物地理群落学派及林型学派、欧洲大陆的植物社会学派和英美的生态学派等四大学派各学派对森林自然分类的理论及研究方法上都有不同的重大贡献，并且各学派不同的特点正为学派之间相互吸收、相互渗透、相互补充。我国对森林自然分类的研究基础比较薄弱，虽然新中国成立以来，积累了不少天然林、人工林类型的资料，不同学派的方法在我国也有应用，但应用不同的分类方法产生的分类结果大不相同，我国应当取各家之长，走自己森林群落分类的道路。

我的研究工作首先是从森林分类的自然地理基础分类——森林立地分类开始的。1986～1990 年，我承担了"七五"国家攻关项目"我国用材林基地分类、评价及适地适树研究"中"立地分类"研究，并执笔提出了我国第一个森林立地分类系统。此成果 1992 年获林业部科学技术进步奖二等奖。

在上述国家自然科学基金重大项目中，我充分考虑了中国非常复杂的自然地理条件，以亲身的野外调查和我国已有的研究成果为基础，采各学派之所长，尝试用亚建群层片和生态种组相结合的二元分类原则和方法，尝试建立了我国完整的森林群落分类体系框架；在温带、亚高山带发展了林下亚建群层片（环）指示的相对独立性概念，并将这一理论从西南亚高山云杉、冷杉和落叶松林，扩展应用到温带、暖温带的松林、落叶栎林、小叶林；结合亚热带和热带采用以生态种组为主的二元分类方法，较好地解决了我国复杂的森林群落分类问题；提出了由亚热带常绿阔叶林至热带林构成生态种组的乔灌木、草本、苔藓、蕨类种（含藤本、附生植物）依次出现对热量的指示性，判别群落的基本类型性质的理论和方法，并应用于中国森林群落分类；研究了我国重要森林类型的生活型谱特征和物种多样性特征，提出生活型与气候因子和地理因子间的定量统计模型、物种多样性与我国经度、纬度和垂直高度变化的分析模型。

四、把握世界生态学发展脉搏，引领青年科技工作者创新发展

多年来，我一直重视把世界先进学术思想和研究方法介绍给国内。在"文化大革命"期间，中国林科院解散，我被分配到河北省南大港农场时，在不能读书，尤其不能读外文书而会嫌为外国特务的氛围下，我利用晚上空余时间，完成了从中国科学院植物研究所图书馆抢借出来的美国新书——Cox 的《普通生态学实验手册》翻译工作。1978 年百废待兴时，科学出版社正缺国外新书，就及时出版了这本介绍有许多生态学新概念和新方法的书，当时这本书成为了大学里唯一的生态学新教材。随后两年，又与阳含熙等合译出版了美国 Chapman 的《植物生态学的方法》。1984 年，我又组织翻译了美国 H.Odum 的最新学科的新书——《系统生态学》。

20 世纪 90 年代，我引领研究所青年科技工作者，针对世界生态学热点问题，研究了海南岛热带森林的生物多样性形成机制、热带林退化机制和恢复生态问题。20 世纪末期，我开始涉足我国森林可持续经营问题，这是目前国际上正在推动的国际科学进程。我最早代表中国参加了"国际温带与北方森林保护与可持续经营标准与指标体系"——国际森林可持续的"蒙特利尔进程"，同时还参加了国务院下达的"中国可持续发展——林业发展战略研究"，并致力于推动"中国森林保护与可持续经营标准与指标"的制定。近年来，我在几十年研究的基础上，根据国际生态科学发展的脉搏，致力于推动加强生态学与地球表面系统科学与过程的联系研究，为解决区域性生态与环境问题提供科学支持。我曾是国家气候变化专家委员会委员，国家自然科学基金委员会地学科学部咨询专家委员会委员，西部生态环境问题和全球变化问题专项基金的委员。我积极领导和参与了相关部委和中国科学院学部关于生态与环境领域的科学咨询工作。我负责或参与撰写的有关长江上游生态建设，海南陆海生物资源保护与利用，我国生物入侵现状与对策，大敦煌区疏勒河、党河流域生态治理和区域可持续发展的建议等报告，曾得到国务院有

关领导的重要批示。

在推动学会工作和学术活动方面，我协助马世骏在 1979 年筹建了中国生态学会；1992 年协助许涤新、马世骏筹建了中国生态经济学会。此后，我一直担任秘书长协助马世骏理事长推动学会工作，并担任学术工作委员会副主任协助吴中伦理事长推动中国林学会的学术活动。

现在的年轻人与 20 世纪五六十年代的不同，他们掌握了现代化的科学技术，并且有自己的思想和见解，我非常乐意和身体力行与年轻科学工作者一起工作，并培养他们尽快成为国家林业科研的栋梁之才，为森林生态学的发展多做贡献。多年来我先后培养硕士、博士、博士后 40 余人，并推荐多名优秀的青年科技工作者走上国内国际学术组织的领导岗位。同时，通过基金、项目、论文和出版物、人才评审等途径向各方面推荐了很多优秀人才。

2015 年 6 月 18 日

注：蒋有绪先生是我国著名的林学家、生态学家，在蒋先生八十大寿之际，中国林科院森林生态环境与保护研究所和学生后辈们为他举办了一个朴素、隆重而热烈的庆祝会。本代序是我俩根据他在庆祝会上的口述记录整理而成。

——肖文发　郭泉水

目　录

第二篇　报告与建议

第三篇　学　科　发　展

第四篇　科　　　普

第五篇　书评和书序等

附 录

第一篇　林业生态建设与可持续经营

林业建设是一项基本的国土环境建设[†]

"地球是宇宙中唯一已知可维持生命的地方"（世界自然资源保护大纲，1980 年），但人类活动正逐渐削弱着这个星球维持生命的能力。目前，人类面临许多挑战，正是人类自己在近两个世纪内追求资本积累和经济高速发展所造成的恶果。世界大面积森林被毁灭，城乡环境的严重污染，人类的生存环境正在恶化。然而，为了回答这些挑战，人类正在科学领域内提出了一些新的学科或者革新了一些已有的学科。例如，一是有了环境科学，而且是由治理环境污染开始，正在走向积极的环境建设的科学体系，由解决局部的、近期的环境问题走向探讨全球的、长期的环境课题；二是我们陈旧的林学概念得到了革新，由只为了提供木材和其他林产品为经营目的的林学理论和技术体系，正转变为发挥林业多功能、多效益的科学体系。现在，许多国家提出的"社会林业""生态林业"和"多功能林业"等等，正是反映这个方向的变革。这两个学科的发展和变革都是为了解决人类生存和生活环境所做出的回答，两者不可替代，但目标是一致的。环境建设是全民的环境建设，林业建设也是全民的林业建设。应该说，林业建设是一项基本的国土环境建设，现代林业建设是环境建设和美化人类生活环境最积极、最富有创造性的力量。

林业建设与环境关系的认识是经历了许多惨痛的教训才重新认识的。所以说是"重新认识"，是因为人类在处于古代朴实的自然生产和自然生态平衡的社会时，人们是懂得依赖森林取得自己必需的和安宁优美的生存环境条件的。我国《管子》介绍当时的人民群众的一句谚语："一年之计，莫如树谷，十年之计，莫如树木"，《管子》又说过："山林虽广，草木虽美，禁发必有时"，意思是对林木，伐禁要有时；《史记》写道："居之一年，种之以谷，十岁，树之以木"；是讲，人到哪里居住，一年种上庄稼，十年就要把树林栽培好。古代人们对树木非常珍爱，《小雅、小弃篇》说，"维桑与梓，必恭敬止"，《郑风、将仲子篇》描写了情人相恋但怕翻越围墙折坏杞柳、桑，檀而遭父兄谴责的情形。古人还把林业是否得到重视和兴旺，看成是国家文明、安定团结和国势盛衰的标志。《国语》叙述单子到陈国，看到"道无列树"，预言陈国必亡，后来成了事实。目前，欧美许多发达国家是经过对资本积累时期对森林资源掠夺破坏的恶果才认识重视林业的道理，才达到对林木"必恭敬止"的心态。

恩格斯早在 100 多年以前就指出了古代美索不达米亚丧失森林后成为不毛之地的严重教训，近代的事实仍在教育我们。目前，全球范围内，本世纪比上一个世纪的大气二氧化碳浓度由 290ppm 增至 320ppm，估计到公元 2000 年将上升至 375ppm，这正在形成地表层气温逐渐上升的"温室效应"。这个趋势将威胁人类的农业生产、经济生产和人类的生活。引起这个后果的原因，除了工业发展使用大量化石燃料外，世界森林大面

———————————

† 蒋有绪，1988，林业建设是一项基本的国土环境建设，见：中国科学技术协会编，科技进步与经济建设——中国科学技术协会 1988 年学术年会论文集，北京：学术期刊出版社，61-65。

积被毁灭，尤其是热带森林的迅速消亡，也是一个重要原因。我国也不乏古代和近代森林破坏而造成生态环境恶果的教训。据历史地理学家史念海考证，黄土高原在西周时期森林覆盖率约 53%，秦至南北朝在 40% 以上，再经历代战争、屯垦、戍边，森林面积日益缩小，明至清森林覆盖率仅存 15% 左右，如今只有 6.1%，导致了旱涝灾害频繁，水土流失严重，沟壑纵横，农业衰退，老百姓生活贫困。如今黄河中游地段已成为我国最严重的水土流失地区，黄河每立方米河水含沙 37 公斤[①]，是世界各河流中最高的，黄河泥沙淤积造成下游的"悬河"，一直威胁着广大范围的人民生命财产安全。近几十年来，南方山地丘陵区，由于森林大量被开垦、破坏、砍伐，也使长江流域每年土壤侵蚀量达 24 亿吨，成为我国第 2 个水土流失严重的地区。全国性的森林资源锐减（每 5 年平均减少森林覆盖率 0.9%）的趋势，不仅造成木材资源枯竭的严峻形势，给人民经济生活带来被动局面，而且造成广大国土的严重水土流失和风沙水旱灾害，其后果是十分危险的。这就是我国长期以来没有认真全面理解林业的性质与任务而造成管理上、政策和教育上失误的结果。

现代的科学家们称森林是具有多价值的（Versatility）的生态系统，它不仅是提供某种生物产品的生态系统，而且具有多种生态功能而有重要的生态效益和社会效益。譬如，苏联把森林效益分为卫生效益、精神效益和经济效益三大类 14 种具体效益，等等。森林生态系统被认为是保持和改善陆地生态平衡的重要支柱，因此，林业建设是国土生态环境建设中一项最基本的建设。破坏森林就会带来生态灾难，建设森林就能改变恶劣的生态环境走上良性循环。这一事实已由无数正反两方面的经验教训明证。下面想就我国 30 多年来的一些实例加以说明。

1　黄河中上游黄土高原水土流失区造林种草的综合治理已有成效

新中国成立以来，为了治理黄土高原，开展了大规模的水土保持工作，取得了巨大成绩。截止 1985 年底，造林 6878 万亩[②]，种草 1840 万亩，封山育林 1088 万亩，加上水产田，条田填地等综合措施。黄土高原水土流失面积 43 万平方公里[③]中已初步治理了 10 万平方公里，约占水土流失面积的 23.7%。70 年代以来，每年少流入黄河泥沙 1.5 亿～3 亿吨。治理措施中造林种草一般要占总治理面积的 70%～80%，而工程设施是 10% 左右。治理地区由于森林植被发挥了保护土壤、调节径流，改良小气候，如降低风速、减少田面蒸发，增加空气湿度等作用，使农业生产条件、人民生活条件都有一定程度的改善。据清华大学水利系宋培根等对陕西绥德韭园沟做的典型调查，29 年来治理的平均减水效益 43.3%，减沙效益 54.2%，效果是十分显著的。雁北左云、右玉是黄土高原上两个有名的贫困县，可谓"地瘠民贫，岁乃一收""亩不盈斗"。右玉县人民在 50 年代就在历届政府领导下坚持造林，把森林覆盖率由 0.3% 逐步提高到 27.2%。13 条防护林带，81 条中型林带有效地保护了 20 万亩农田，地面风速削减 21%～55%，沙暴日数减少 50%，年均冰雹日数由 7.3 降至 2.5，地表径流含沙量比造林前少 60% 以上。造林解决了人民烧柴，农田有机肥施用量比造林前增加 2～3 倍，人均产粮达千斤，有了这个良性循环

---

① 1 公斤=1 千克，下同。
② 1 亩≈0.0667 公顷，下同。
③ 1 公里=1 千米，下同。

的开端，加上最近农村政策搞活，发展多种经营，人民生活开始富裕起来。左云县也是走的这条路子，近期在搞多种经营中，发挥优势，以地下黑金子（煤）来发展地面保金子（林业、农业）。以1983年与1978年相比，人均纯收入增加7.3倍，地方财政收入增加5.7倍。黄土高原比左云、右玉县恶劣生态环境更坏的县是不多的，这两个县坚持植树造林，改变人民生产、生活面貌的根本措施，发挥资源和政策的优势，取得生态经济良性循环的可喜成就是我国整个黄土高原改变面貌的希望。

2 "三北"半干旱区第一期农田防护林工程建设已取得了初步效益

"三北"地区第一期工程包括12省（市、区）、396个县（市、旗），干旱、风、沙是"三北"地区主要自然灾害，约有1亿亩农田不同程度受到风沙危害，1亿亩草牧场受风沙侵袭，耕地沙化、碱化，农作物亩产200余斤[①]，少则不足100斤。第1期工程已营造农田防护林1030万亩，基本草牧场防护林254万亩，林带高一般已达10米左右。吉林省农安县已全部林网化，连过去营造的共有林网14 502个，农田防护林35.9万亩（成熟林7.9万亩），林带保护下土壤物理蒸发减少10%～20%。春季，林网内气温和地温高于旷野，有利于春耕作物发芽出苗，夏季则林网内气温低于旷野，有利于作物增产。在林带影响下，土地理化性质及肥力状况也有一定改善，使谷物一般8斤/亩。1965年营造农田防护林，1976年单产提高到503斤/亩。吉林省扶余，辽宁省铁岭大凡河等农田增产几倍的例证也有。当然，农业技术、管理水平提高也都是农业增产的主要因素，但没有农田防护林的保护，农业措施的努力很难取得应有的效果。白音他拉草原站1977年营造草原防护林，那时牧草产量平均67斤/亩，1981年林带高4米，实验区单产增至313斤，1983年392斤，1984年417斤，逐年提高。因此，"三北"地区农田防护林的方向和成绩都是必需肯定的。面对如此广大的生态条件恶劣的地区，造林困难是很大的，需要按科学规划逐步分期完成这个宏伟的工程计划。

3 东北平原农区、华北平原农区、长江及珠江三角洲水网农区的农田防护林起到了保护农业的作用，并以林农、林牧、林渔各种复合生态系统形势丰富了农区的生产多样化格局

平原农区发展农田防护林在我国始于50年代，农田林网化可降低风速、减少风害日数，减少农田蒸发，提高水的利用率，减缓耕作层积盐过程，改善土壤肥力，减轻平原农区干旱、洪涝、土壤盐碱化和农业气候条件下不稳定所造成的农业灾害是有目共睹的事实，已为许多科学观测和农业增产效益所证实。如东北西部防护林的营造使林带网内作物受霜害率减少20%，提早作物物候期，增加籽粒的千粒重17.2%～17.5%，平均亩产扣除林带胁地因素外可增加2.3%～12.9%。华北平原一般由于防护效益，使小麦增产5%～20%，水稻5%～15%，玉米7%～20%，大豆3%～18%，谷子4%～20%，棉花10%左右。此外，农区的防护林带在华北平原1公里可提供4～10立方米木材，河南省

---

① 1斤=0.5千克，下同。

81 个平原县已有 15 个县年产木材 1 万立方米以上。近 10 年内，我国南方水网农区也迅速发展起农田防护林。华南地区的台风、暴风为害，1986 年 7 月广东汕头因台风引起山洪暴发，使 1000 万亩农田受浸，冬季也有寒露风、低湿阴雨、低温霜冻造成作物减产。广东封开县，由于多年来重视发展林业，森林覆盖率达 65%，1986 年，该县遭受 30 年来最重的干旱，晚稻后期一直持续无雨，但受旱严重的农田只占该县农田的 3.6%，甘蔗、蚕桑、花生等经济作物仍获丰收，农业收入比 1955 年增加了 18.5%。电白县从 1956 年就成功地建起第 1 条海岸防护林带，到 1964 年连成 81 公里的海岸防护林带和 200 多条农田防护林带，使 600 亩沙荒变成良田，粮食亩产由新中国成立初期的 200 斤上升到 800 斤。水网农区已经找到可种植于水田边、水渠边和河边、湖边的喜湿速生树种，如池杉、落羽杉、水杉等等。我国近 20 年内又迅速发展了农区的混农林业，类型丰富多样，诸如枣-粮、桐-粮、桐-药、桐-茶、桉-药、松-茶、胶-茶、胶-可可（或咖啡）、胶-药、桑基鱼塘、池杉-渔等成熟的经验，充分反映了劳动人民和科学工作者按照地区自然资源特点所发挥的聪明才智。一个力求创造结构优化、能流物流合理，既有良好生态效益，又有很高经济效益的新的农林业方向正方兴未艾地发展起来。

4　东北、西北和西南天然林区具有重要涵养水源功能，对东北平原农区、新疆绿洲农区和西北河西走廊，长江中下游广大农区的农业生产有重要的保安作用

根据我国的森林生态定位研究资料，无论寒温带、温带山地，还是西南、西北亚高山的针叶林、针阔混交林各种天然林型都具有重要涵养水源、调节气候的重要作用。崔启武等（陈大珂 1987）对小兴安岭，长白山林区森林测定，森林对降水的截留率可达 12.6%～37.8%，这部分截留的水分通过林冠的蒸腾和蒸发，使林地周围空气湿度增加，达到林内的降雨，大部由树下枯枝落叶层吸收，其结果将使无林地减少地表径流 85.1%，减少土壤冲刷量 85.0%，但林地径流历时比无林地增加 64%，最大径流量减少 32%。因此，天然林区对削减河水洪峰，增加枯水期流等调节河水流量作用是明显的。祖占和（1984）对辽宁省不同森林覆盖率（11.3%～61.6%）的 20 个流域水文资料分析，证实森林覆盖率与河道径流变差系数呈直线负相关，由于现有森林的存在，使河道径流变差系数平均减少 0.15，即减少 24.1%。又据高勇禄等（1984）对黑龙江省降水与径流的概算，林区涵养的水量约相当于全省现有水库总容量的 9 倍多。李承彪、马雪华等（1987）在西南高山林区，傅辉恩（1987）在西北部祁连山林区的研究也表明山地针叶林区具有重要水源涵养与调节径流的巨大作用。

但是，近几十年来，东北大小兴安岭、长白山林区，新疆天山、阿尔泰山林区、川西滇北广大高山林区的集中过伐现象十分严重。以东北 25 个林业局统计，生长量与资源消耗量之比 1∶1.68，更新跟不上采伐，森林资源急剧下降，林分质量也下降；四川省 50 年代森林覆盖率为 19%，由于森林过伐，毁林开荒等原因，现已降为 13.3%；云南省森林覆盖率也由 50 年代的 50% 降至现在的 20%；干旱区的天山、阿尔泰、祁连山林区也在开发，沙漠的梭梭林，胡杨林因樵采也被严重破坏。天然林区森林严重破坏的后果，除造成林区本身的小气候恶化，如林区气温升高，日温差加大，降雨量及降水日

减少，蒸发量加大，不利于林区森林的更新恢复外，最为严重的是由于林区水源涵养和调节径流能力削弱和水土流失加剧，危及整个流域地区的生态环境。松嫩平原旱涝灾害加剧，50 年代受旱面积不到 13.3 万公顷，70 年代增至 53.3 万公顷，三江平原受涝面积70 年代是 60 年代的 1.85 倍。东北全区的水土流失面积已到 15.7 万平方公里，占全区面积的 34.58%，而且还在不断扩大。四川、云南两省导致水土流失严重，水库淤塞，航道缩短。根据金沙江、南盘江、红河、澜沧江、怒江 1969 年前的统计，平均年输沙量约3 亿吨，近些年来成倍增加。金沙江输沙量由 1958 年的 1.3 亿吨增至 1974 年的 2.9 亿吨，四川省 50～60 年代有泥石流灾害的县为 76 个，现增至 109 个；四川省的河流航道由 1958年的 17 000 公里减至 1978 年的 11 272 公里。长江中上游流域抗干涝灾害能力减弱，通流洪枯比加大，1981 年四川省特大洪水灾害就因为上游森林水源涵养能力削弱而加剧了水害的危害程度。在西北干旱区，山地森林的破坏造成雪线上升，冰川储量缩减，河川流量明显减少，绿洲农区灌溉得不到保证。因此，东北、西北和西南天然林区的林业经营方针和政策亟待调整，严格控制采伐量，禁止毁林开荒和盲目樵采，以确保林区休养生息，恢复森林资源，以利于其流域区的国土保安。

5 城市绿化、园林化对改善城市生态环境有良好作用

我国有很多种树木具有吸收空气中 SO_2、NO_x 化物及其他有毒物质、净化空气的能力，可以为治理工厂区的环境污染而用于园林绿化建设。城市绿化区及行道树有遮阴、降温、增湿、滞尘、减噪等作用而具有改善城市环境的良好作用。北京市公园和林荫道的最高气温普遍低于空旷地 1.6℃，日平均气温低 0.0～2.4℃；郑州也有类似测定，如平均降温 3.6℃，增加空气湿度 20%。城市内宽 20 米的林带可减噪声 4.8 分贝，两行行道树可减噪音 3.2分贝。因此，在我国目前许多城市环境污染尚未能得到有效控制，环境质量继续下降的情况下，城市园林绿化可以发挥其净化空气和改善城市生态环境的积极作用。

如上所述，林业建设确是一项关系到国土保安和国土整治的最基本的环境建设。不仅如此，我们可以说，林业建设还是环境建设中最积极和富有创造性的重要力量。因为，环境问题，从广义上讲，不止是个环境质量问题，就物理、化学意义上讲，环境质量是有限度的。但环境又是一种艺术和精神享受，从这个意义上讲，环境质量又是无限度的。如果说，前一种意义上的环境质量可以从环境化学，积极防止和治理环境污染，提高环境清洁度来做到的话，那么，后一意义上要求给人的优美、安谧及身心健康和精神上享受的环境，就需借助于建设艺术和园林绿化，而园林绿化又不仅是艺术，而且在生物学上也能给人以身心和精神上的享受。园林艺术已为大家所熟知，这里只简要提一下园林绿化生物学的积极意义。

我们知道，不少树木能释放负氧离子，调节人的神经，使人易于精神松弛，解除疲劳，一片树叶和花朵分泌的各种芳香，给人以感官上的刺激和精神上的兴奋。树林在整体上（包括鸟鸣虫声等）给人以安谧、幽美的陶醉气氛，不少树木可分泌杀菌素及其他有机物质，有医疗保健作用。大城市除市区的公园、街心绿化区外，还需要有规模较大的城市森林公园，以有足够容量但交通又方便的可供节假日调节城市居民因平日拥挤和单调的生活而造成有窒息感的身心状况。就以北京目前资料对比来看，绿化区或绿视率

高的工厂区，对人体疲劳的恢复（为脉搏正常跳动，耐力持久度、明视持久度）都比绿视率低的地区要快得多。因此。发挥园林绿化对人体身心健康和精神享受的积极作用是环境科学一项重要任务，尤其是随着人民生活水平的提高，人们将对这方面提出更高的要求。苏联在森林的精神效益下具体分出了美学效益、心理效益、游憩效益、纪念效益和科学效益等等。一些发达国家已经把环境、美学、娱乐、休息的内容在法令和实践上寓于林业的概念之中。美国国会在 1960 年就通过了森林多效益法案，指导私有林主多效益地去经营森林，阿拉巴马州开展了一个运动，推广"Treasure"　forest，其字母即分别代表林木、娱乐、环境、美学、永续经营、开发利用和资源，这类林分要求具有多功能的示范作用，该州已有这类示范林 300 多处。联邦德国每年为森林内添置设施以发挥其休憩和疗养作用，每公顷投资 40 马克，为生态上保护森林每公顷投资 5 马克，为林业生产木材投资才 6 马克。可见，发达国家已开始把林业建设的重点转移到环境、美学、精神及身心健康的功能上来了。

6　建　议

　　当前，我国林业正处在森林资源的危机，如何振兴林业是我国当务之急。只有把对林业的认识提高到一个新高度，解决了认识思想，林业振兴才有希望。

　　（1）必须自上到下，要有一个新的林业观。结合环境来讲，对林业的重视，就是对环境事业的重视，对林业的投资，也同时是对环境建设的投资。对林业的投资，是一举两得，一举四得。对林业早下决心，在国民经济中摆到一个正确的位置上去，早投资、早收益，早造福于人民。不仅中央和林业部门要重视，也要全社会、全民重视，从各种渠道解决林业投资严重不足的问题，从各种渠道集资，一定在 2000 年把林业搞上去，应当指望有一个良性循环的良好开端；在指导思想上要及早地转变到以发挥林业多功能的生态经济原则指导思想上来，在林业政策和管理体制上有理由要求有更大的改革，使有利于林业的迅速发展。

　　（2）由中央到地方进行包括林业建设在内的大环境建设的宏伟规划。林业将在其中，对不同的自然经济区肩负自己的任务，它们发挥的功能将不尽相同，但都能够除了将对改善生态环境和人民生活环境，改进和保障国内生产条件和国际的良好投资环境做出贡献外，林业也会以丰富多彩的产品成为国民经济和参与国际大循环的重要组成部分。把林业建设从一开始就纳入区域经济发展的规划中去，是一种明智的做法。举例来说，如果海南岛的开发和加速发展，不是走过去发达国家自身和对待第三世界热带国家，那种牺牲生态环境后再来补救的老路，而是在开始高速经济发展的同时协调生态环境建设的发展。例如，保护和发挥天然热带林维护岛屿生态平衡的作用，发挥热带天然林和热带人工林、人工生态系统的特有经济效益，建设热带森林公园和自然保护区开展旅游和科学教育以充分发挥其社会效益，发挥一个经济与生态环境协调的区域高速发展，将是热带区开发，甚至是世界区域性开发的典范。

　　（3）在人民大众中从小就进行爱林、护林、爱护自然、爱护自己生活环境的美德教育，也要给成年人补上这一课。要形成一个全社会的美德和普遍气氛，我们还需要付出很大的努力。但唯有如此，我们才能以现代文明大国位于世界之林。

我国西部地区森林与环境效益发展战略[†]

1　西　北　地　区

我国西北地区东起大兴安岭西麓，南界长城，西至昆仑山，东西跨经度 46°28′，南北跨纬度 16°01′，包括新疆、内蒙古、宁夏全部、陕西、甘肃、青海的北部，总面积 47.1 亿亩，占全国国土面积的 32.72%；人口 2900 万，占全国人口的 3%，耕地仅 1 亿亩，占全区面积的 2.2%，人均 3 亩，亩产仅 100～150kg。西北区大部在 400mm 等雨线以西，是我国干旱、风沙灾害最严重的地区，也是生态平衡脆弱，遭受破坏后最不容易恢复的地区。

1.1　自然条件特点

（1）地貌复杂，全区西高东低，地貌多样，既有阿尔泰、天山、昆仑山、祁连山、贺兰山等山地，又有帕米尔高原、准噶尔、塔里木、柴达木盆地和世界海拔最低的吐鲁番盆地，还有银川、河套等山地陷落平原，以及古尔班通古特、塔克拉玛干、巴丹吉林、腾格里、毛乌素、浑善达克等沙漠和沙地，全国 5 万 km^2 的沙漠都在本区，占全区面积的 1/6 强。

（2）干旱是本区最突出的生态因子，也是本区生态恶化的根本原因。本区虽地处中温带，热量充足，年平均气温 6℃，≥10℃积温 2500～3000℃，南疆可达 4500℃，但因远离海洋，湿润气团难以抵达，水分明显不足，年降水量越往西越少，东部 200～400mm，银川仅 200mm，贺兰山以西只 100mm，塔里木盆地几乎全年无雨，干旱成为农林牧业乃至某些工业的发展限制因子。由于本区日照长，热量丰富，昼夜温差大，有利于光合作用的物质积累，只要解决水的问题，农林业的产量可以大幅度提高。本区山地由于海拔高，相对湿度增大，降水量也有增加，如阿尔泰山上部达 600mm，天山上部两侧可达 1000mm，因而发育有亚高山针叶林带，但由于位于干旱区，无论森林或绿洲草被，一旦破坏就很难恢复。

（3）风沙危害严重，土壤普遍贫瘠，并易于次生盐渍化。本区受西风环流强烈影响又受蒙古高压控制，冬春风力强劲，加之地被植物稀少，土壤贫瘠，结构疏松，面蚀严重，形成大面积沙漠，目前潜在沙化的土地也已达 15.8 万 km^2，造成现代沙化过程的主要原因，樵柴占第一位（占 32.4%），其次为过度放牧（占 29.4%）、农垦（占 23.4%）、水资源利用不当（占 8.6%），而单纯由于风力作用引起的沙丘前移淹没土地的只占 5.5%，因此，主要还是人为因素造成的。

† 蒋有绪，1992，我国西部地区森林与环境效益发展战略，见：中国自然资源研究会编，西部地区资源开发与发展战略研究，北京：中国科学技术出版社，50-55。

（4）水源主要依靠冰川水。本区河流都是内陆水系，流程短、河床浅、流量小、季节性强，水源主要来自高山季节性融水，并依靠高山针叶林带的调蓄，这是本区农业灌溉和生活用水的命脉。此外，盆地尚有一些地下水可资利用。祁连山、天山、阿尔泰山的冰川总储量约为 1106 亿 m^3，哺育着河西走廊、南北疆绿洲农业区，如何使用好这一水资源和保护山地森林的蓄水功能是本区重要的生态课题。

1.2　林业现状及存在的生态问题

本区森林极少，现有林地 3600 万亩，疏林 1000 万亩，森林覆被率 0.78%，加灌木林 3200 万亩，覆被率才 1.47%，而且分布不均。乔木林大多在山地海拔 1000m 以上，蓄积 30 万 m^3。由于过伐、乱垦，森林破坏后不易恢复，林地面积越来越少。以新疆而言，林地面积仅占该区面积 1%，而山地天然针叶林就占林地总面积的 65.6%，且多为强度择伐后的残林。然而，目前山区森林采伐强度仍然很大，天山林区年生长量 132.2 万 m^3，而年消耗量达 210 万～259 万 m^3，超过 1 倍；阿尔泰林区生长量 86.5 万 m^3，而年伐量达 132 万 m^3，尤其是伐后不能及时更新，如阿尔泰林区累计采伐迹地 14.8 万亩，更新仅 5.9 万亩，占 47%。山地森林减少，冰川雪线明显上升 100m 左右，森林蓄水减少 1/2，导致河川流量减少 1/4 左右。

由于本区能源短缺，交通不便，居民长期烧樵材和秸秆，导致植被破坏和地力衰退。农村缺材户占总户的 73%，每年消耗灌木达 380 万 t，南疆的胡杨林由 1958 年的 780 万亩减少到 1979 年的 420 万亩；准噶尔盆地的梭梭林，30 年来面积减少 120 万亩，分布界线收缩了 30～50km；青海柴达木盆地森林 56 400 亩，已毁 1500 余亩，盆地的荒漠灌丛植被也被毁 2000 万亩。山地森林过伐及灌木植被樵采、垦毁，引起水土流失和土地沙化。南疆的库车河发源于森林稀少的天山南坡，每立方河水含沙量达 28kg；青海通天河年输沙 260 万 t 入湟水。

本区在新中国成立后畜牧业发展迅速，如内蒙古，牲畜总头数比新中国成立前增加了近 3 倍，而草原面积则由于开垦种粮，以及筑路等原因而不断减少，减少数近 1 亿亩，载畜量由 3.1 头增加到 8.9 头，过度放牧则引起草场退化，仅内蒙古牧区退化草场面积就占总面积的 1/3，亩产草量一般由 100kg 减到 45～50kg。

本区严重缺水，但又浪费损失极大。由于灌溉系统及土壤渗漏，农田灌溉有效率仅 30%～35%，全区每年平均损失 300 亿 m^3，每立方水平均产粮仅 0.125kg（合理用水时应为 0.35～0.6kg）。由于河流的上中游大量用水灌溉至使不少河流流水到达不了内陆湖就断流，如塔里木河 1959 年还有河水流至若羌西的合特马湖，近年来却在英苏以下完全断流，阿拉干以下河床大部分被沙埋没，塔里木河下游两岸胡杨林因断流和地下水位下降而完全枯死。罗布泊在 1934 年实测面积有 1900km²，至 1962 年尚有 530km²，现因无河水补给而完全干涸；玛纳斯湖及博斯腾湖也都有面积缩小，湖水位下降的趋势。

1.3　林业发展的生态治理对策

（1）保持与改善盆地农区用水是维持农业生态平衡的关键。本区高山针叶林除阿尔泰山部分可以作为用材林外都应划为水源林。阿尔泰山林业用地 1000 万亩,有林地 429 万亩,立木蓄积 5420 万 m³,森林覆被率 23.1%(含灌木 47 万亩,覆被率 4%),其中成熟林 338 万亩(占林地总面积的 78.9%,蓄积量 3981 万 m³,每亩蓄积 11.7m³,年生长量 96.5 万 m³。年枯损量达 95.7 万 m³,已建 6 个林场年产 7 万~8 万 m³,主要是新疆自用,采伐量应控制在此水平,其余林分和新林应划为水源林,不小于林地面积的 50%。天山大小冰川 6895 条,面积约 8591km²,储水 2433 亿 t 是哺育南北疆绿洲、盆地的生命源泉,天山现有林地 819 万亩,蓄积 1.2 亿 m³,森林覆被率 1.36%,除少量平缓处过熟林可适当采伐外全划为水源林。祁连山是位于河西走廊以南一组经褶曲断裂作用和抬升的陡峻山体,在海拔 4100m 以上,有冰川 3306 条,面积 2063km²。为流经河西走廊 6 大河流水源,现有森林仅 231 万亩,覆被率 1.4%,加灌木 605 万亩,覆被率共 5.2%,立木蓄积 1730 万 m³,都应列为水源林(表 1)。

表 1 三大山系森林防护规划

山系	现有林面积 /万亩	灌木 /万亩	森林覆被率 /%	立木蓄积 /万 m³	2000 年面积 /万亩	2000 年覆被率 /%
阿尔泰	429	47	23.1	54 200	1 000	33
天山	819	27	5.4	12 100	1 100	6.5
祁连山	231	6.5	1.4	1 729	1 096	2.9

由于山体大,面积广阔,气候恶劣,宜林地面积不大,人烟稀少,森林覆被率提高的幅度不可能太大。

(2)建设盆地绿洲防护林。盆地绿洲,河谷平原为本区主要农业区,人口集中,农地肥沃,只要保持山区生态平衡,保证足够的灌溉用水,就可以维持较高的农业产量,但目前农田防护林过少,人均仅 0.05 亩,造林速度也不快,如准噶尔盆地现有人工林 21.5 万亩,30 年人均只造了 0.05 亩。要逐步扩大绿洲,除防护林外要大力发展四旁植树。果树、葡萄园、种植灌木和草被,绿洲边缘沙地可种植固沙的怪柳、白刺、沙枣、沙打旺等。现各盆地绿洲森林覆被率 3%~4%,如果将不宜农的土地约 4000 万亩恢复林网和种植灌木,总覆被率可达到 8%,但也需要因地而异,作出合理的和可能的安排。

(3)营造草原护牧林。大兴安岭西侧至阴山丘陵,如锡林郭勒等 10 余个旗县,因湿润气团不易侵入,冬春西北寒流频繁,低温多风,积雪深,淹埋草场,牲畜易受冻害。仔畜成活率低。营造护牧林有助于阻挡风雪,减少灾害。目前,此范围内现有林地只 86 万亩,其中用材林 39 万亩,有防牧作用的林网只有 4 万亩,加灌木,覆被率才 1.7%,需发展防牧林网 650 万亩,覆被率增加到 12%~14%,在目前牧区实行家庭承包责任制和"两户"经营的情况下,应提倡发展家庭草库伦。

(4)营造固沙林。此范围包括伊克昭盟东部及陕北农牧区,由于经营粗放风沙旱三灾频繁,作物每亩单产只 50kg,1 年中 8 级大风 8~40 天,沙暴 4~25 天,现有林覆被率 1.3%,如灌木林才 4.0%,规划自长城沿线,南山环山,沿陕西省北界营造三条长 950km、宽 200m 的林带已完成 2/3,基本控制了人退沙进的现象。

(5)营造黄河河源防护林,包括洮河、大夏河、青海隆务河,黄河河源因位于青藏高原东北边缘,海拔高,少谷地,多阶地,沙地,还有小片沙漠及流动沙丘,原有林 27.4 万亩,森林覆被率 1.8%,蓄积 2700 万 m^3,主要分布在洮河上游,已建有 7 个林场,年生产能力 240 万 m^3,由于只采不造,现森林减少了一半。由于本区造林活动少,主要依靠封山育灌育草,保护原有植被,洮河林区应停止采伐,维持现有生态环境,不再恶化。

(6)保护和合理利用用水资源,除保护好冰川及高山森林涵养水源功能外,要加强用水管理,防止渗漏,停止在内陆河上游开垦,不再修筑新水库,旧水库不合理的要加以调整,保护好全流域水量平衡;防止过度开采地下水,对本区地下水资源状况不应过于乐观,虽然柴达木盆地蕴藏有 3400 多亿立方米地下水,但总的讲,本区属全国地下水补给模数的低值区。一般小于 5 万 $m^3/(km^2 \cdot a)$,只有阿尔泰、伊敏河和伊犁河流域山区达 10 万~20 万 $m^3/(km^2 \cdot a)$。因此,必需全面规划,合理用水,严格控制农业用水,农田用水要计划化,整治农田,提高水的利用率。

2 西南高山区

本区系指西南高山峡谷区,包括秦岭以南,雪峰山以西,青藏高原东部,主要是横断山区,再加上藏南峡谷林区,总面积 10.4 亿亩,占全国土地面积的 7.23%,垦殖指数不足 1%,农业集中的河谷、盆地只占土地面积的 8%~10%;由于高山阻隔,人口稀少,交通不便,经济不发达,开发难度也较大。

2.1 自然条件特点

(1)地形复杂。西部为喜马拉雅山,东段有海拔 6000m 以上山峰数座,向西北过渡为青藏高原。本区山高谷深,河流湍急,山区保存有大面积天然森林,涵养调蓄着长江上游各大支流的水量,山间平缓草甸有天然牧场。河谷相间大小盆地,多旱作少水田,东至四川盆地,河流平稳,水田增多,产量较高,是我国重要的产粮区,山区旱作由于坡陡土薄,耕作粗放,水土流失严重,粮食亩产仅 100~150kg。

(2)气候多变。本区地处亚热带,受三大气流影响。夏半年受东南湿润季风,西南热带海洋影响,温暖、湿润、多雨。冬半年受西风环流影响,干冷、少雨。西部因喜马拉雅山阻隔了印度洋暖流,干燥炎热。山区由于海拔高差大,垂直气候明显。藏东、藏南河谷由于受印度洋季风影响,有良好森林发育,云杉具有很高的生产力,每公顷蓄积量可达 2000m^3。

(3)物种丰富。复杂地貌气候差异使植被类型从高海拔寒温带针叶林,高山草甸,杜鹃灌丛,到低海拔的常绿阔叶林,以至热带雨林,孕育着丰富多彩的动植物资源,具有重要的科学研究价值和巨大的利用发展潜力。东部川滇低地有干果及其他经济林,如板栗、柑橘、油茶、油桐、生漆,以及拥有油菜、棉花、苎麻、烟叶、柿、梨、苹果、香蕉等我国大部分气候带作物、水果种类。藏东林区多特有树种,如墨脱冷杉、林芝云杉、喜马拉雅云杉、西藏落叶松等。

(4)本区集中了我国重要河流的上中游段,蕴藏着巨大水力资源,它的开发利用对我国具有举足轻重的影响。但由于本区山地陡峻,土层薄,经不起水土冲刷的危害,因此，本区在水源涵养方面具有头等重要的意义。

2.2 林业现状及存在的生态问题

本区为我国第二大林区，有森林 1.2 亿亩，森林覆被率 10.99%，其中防护林面积仅占 15%，林木蓄积共 26.9 亿 m³，为全国的 28%，乔木林面积占 96%，成龄林占 35%，单产较高，每亩 16.8m³，但生长率低，0.68%～0.75%，枯损率 2.1%，大于生长率，森林主要分布在东部峡谷区，由于地势高耸，集运材困难，运距长，成本高，采伐不当易引起严重生态后果。除川西、滇西有开采外，大部（如藏东、藏南）尚保存自然状态，但近几十年川西滇西开发强度较大，并由东向西推进，采伐后天然更新不及时，本区森林覆被率也有明显下降，使一些地区生态开始失调，这种趋势若继续发展下去，长江上游也有黄河中游那样严重水土流失之虑。如四川盆地近 25 年水土流失面积增加 1 倍，长江上游含沙量增加 1 倍，四川省 50 年代森林覆被率为 19%，现在只为 13.5%，云南省由 50% 下降到 20%，蓄积量由 1963 年的 11.3 亿 m³，下降到 1975 年的 9.8 亿 m³，平均每年消耗森林资源 2690 万 m³，是年生长量的 2 倍。

森林资源过度消耗的原因之一是过量采伐，而不能及时造林更新，如四川省森林年生长量为 1600 万 m³，而消耗量为 5500 万 m³，占四川省森林蓄积量 65% 的川西北林区，年生长量 685 万 m³，年采伐量达 1600 万 m³。全省历年造林面积约为 1.2 亿亩，保存面积 4000 万亩（其中 1/4 为封山育林），恰好为每年开荒毁林和火烧林地的面积所抵消。云南省 30 年来造林 9300 万亩，保存率 13%，全省 1963～1976 年平均毁林开荒消耗森林资源 69 万 m³。山区砍伐薪柴也是森林资源过量消费的原因之一，如云南省年消耗森林资源总量中的 64.7% 为薪柴，纳入国家计划的森林采伐和木材收购所消耗的只占 6%，其余 21.7% 为地方用材。

森林大面积砍伐和其他原因造成的植被和土壤破坏，造成以下生态后果。

（1）水土流失严重，水库淤塞，航道缩短。金沙江、南盘江、红河、澜沧江、怒江 1969 年前的统计，平均每年输沙量约 3 亿 t，近年成倍增加，如金沙江输沙量由 1958 年的 1.3 亿 t 增至 1974 年的 2.9 亿 t，再以四川省遂宁县为例，土地 2045km²，森林覆被率由 1957 年的 14.5%，下降到 1981 年的 0.54%，加灌丛、疏林才 3.9%，水土流失面积达 22 万亩，占土地总面积的 80%，土壤流失量年达 137 万 t，平均侵蚀模数为 293.36t/km²，流入河流的泥沙量 94 万 t，沉入塘库的 533 万 t，四川省的河流航道缩短，由 1958 年的 17 000km 减至了 1973 年的 11 272km。

（2）地方气候异常，抗灾能力减弱，一些地方干旱加剧，霜冻害出现，径流洪枯比加大，不利于水的调蓄利用。云南省昭通地区由于森林面积比新中国成立初期减少一半。缺水人口由 24 万人增到 42 万人。云南宣威县 1958 年前森林较多，50 年内无霜冻和旱涝灾害。但由于森林覆被下降，1966～1971 年霜冻及旱灾 4～5 年一遇，1972 年以后两年一遇，由于森林涵养水源能力削弱，河川径流洪枯比加大，云南省黄坪，多克水文站 1961～1979 年，后 10 年平均雨季流量比前 8 年增加 27.3%，枯水量减少 13%。

2.3 林业发展的生态治理对策

（1）西部雅鲁藏布江下游，北有冈底斯山，南到喜马拉雅山南坡国境线，中为宽谷湖盆，其间乔木植被稀少，原始森林多在边境和深山，森林覆被率1.5%，除当地自用材和烧柴（年耗2万~4万 m³）外，破坏森林的活动较少，基本保持原生状态，尚未影响区域的生态平衡。目前也无力量造林和改造植被，应不扩大采伐，保护现有林，使它们起防护作用，以维持现有生态环境质量。

（2）东部高山峡谷。包括青藏高原东侧的陇西南，川西、滇西北、昌都地区，以亚高山针叶林为主，垂直带明显，森林蓄积26亿 m³。由于山高坡陡，交通不便，森林采伐后易水土流失，也不易更新，除四川、云南自用材外，不应再扩大采伐，应将森林的60%划分为防护林，只在平缓的交通便利的地方划为用材林区。森林覆被率由现在的17.7%提高到20%，原有未更新的迹地要补足欠账，新采伐地要及时更新，采伐区尽可能铺开，不要集中过伐，已有企业要以场轮伐，不再向深山、陡山推进，四川、云南两省的年总采伐量不超过700万 m³。

（3）在人口较密的农区，丘陵、平坝，都要建立良性循环，生态和经济效益高的综合立体农林业结构。深山为水源林及用材薪炭林，近山为经济林（包括果林），套种农作物、茶、药等多层集约经营的混农林业，但必须采用水平梯田式，以减少水土流失，坝区村舍发展四旁植树，与畜牧副业相结合的园舍型农业生态系统。

（4）东部区可按流域进行治理。特别是长江水系进行统一规划，改变过去只注重水力电力的开发利用，而应作为综合开发治理的国家重点工程项目来统一安排。要规划必要的水源涵养林区，山脊及森林线的保安林带，永续经营区，河岸公路保安林带，河道整治工程，自然保护区等等。对泥石流及滑坡等易发生地段，要采用生物措施与工程措施相结合的加固措施；水力电力骨干工程的综合设计要包括绿化任务，并提交生态环境预测予以审定。

（5）为加强经济作物或林木产品的集约经营和提高产品的出口能力，宜在适宜地区发展传统木本经济作物及其加工的专业经营区，这不仅有利于发展经济，也有利于水土保持、水源涵养，符合山区经济发展战略方向。如川东、黔北山地开辟油桐、乌桕、白蜡、漆的种植经济区；四川柑橘园的建设发展，争取2000年产量达600万担，以满足国内外销售需要。

（6）建设自然保护区。不仅要扩大自然保护区的面积，而且要使保护对象多样化。这是本地区生态系统和物种多样性，以及众多的珍贵动植物种所需要的，例如保护本地区在世界上都有重要意义和特殊价值的自然垂直带结构，高山及亚高山草甸、灌丛、亚高山暗针叶林，常绿阔叶林，以及各类稀有孑遗种，以及类似九寨沟、黔南岩溶这类独特秀丽的地理景观。

参 考 文 献

[1] 全国农业区划委员会，《中国自然区划概要》编写组，中国自然区划概要，科学出版社，1984.
[2] 《中国自然保护纲要》编写委员会，中国自然保护纲要，中国环境科学出版社，1987.

[3] 华士乾，我国水资源分布特点及其开发利用中的问题，自然资源，1979，第 2 期.

[4] 陈志恺等，我国干旱地区的水资源，自然资源，1985，第 2 期.

[5] 程鸿，我国西南地区的资源开发，自然资源，1986，第 4 期.

[6] 杨利普，新疆农业自然资源综合评价，自然资源，1981，第 3 期.

[7] 赵松乔，西北干旱区地理环境的形成和演变，中国干旱半干旱地区自然资源研究，科学出版社，1988.

[8] 改善生态环境研究课题组，改善生态环境，学术书刊出版社，1989.

A Practice of Using Naturality and Management Intensivity Indexes （NI and MII） for Forestry Management in Mountain Area of China[†]

The aim of forest management today is not only to provide forest products but also to maintain and improve biodiversity and quality of the eco-environment. The activities in forested regions are to be under sustainable management as well as contribute to stability of environment and social development of surrounding areas. This strategic change in forest management is in line with the current interest in sustainable development of global ecosystem for human beings. A study in this respect has been taken by the Chinese Academy of Forestry（CAF）by testing new management methods on data obtained from a forest farm in Dagang Mountain area，Jiangxi Province belonging to Subtropical Forestry Research Center，CAF. Data from this forest，in the form of site map，forest map or compartment map where extracted and combined . With the goal of reducing secondary forests and other secondary communities toward climax community in order to improve biodiversity in some blocks and perhaps to intensify management for productions in some other blocks，the method of naturality index（NI）and management intensivity index（MII）were used to manage forest in large scale. This test case proved that the above method is valuable in evaluating and regulating present vegetation utilization of mountain regions for a wide range of vegetation from plantations，natural secondary forest，shrubs to grassland and farmland.

1 Natural Background of Forest Farm

Study area is located in Dagang mountain region，114°36′E，27°30′N，with altitude from 240 to 1000 m under subtropical monsoon climate. The soils are yellow brown soil，yellow soil，red soil respectively from high altitude to low. The zonal vegetation is evergreen broad-leaved forest，but at present the main vegetation types are manmade plantations of *Cunninghamia lanceolata* and *Phyllostachys pybescens*，a natural reserve of evergreen broad-leaves forest，some secondary forests and montane shrubberies and meadows also exist. The number of known plant species in this region is about 1182，belonging to 253 families and 844 genera which included 782 woody species（679 native and 103 introduced）. The current output of products are 5530 m³ of timber and 110 300 calms of bamboo per year（Graph 1）.

† Jiang Youxu, Wang Lily, 1994, 1994 年 8 月 17～26 日在加拿大 Thunder Bay 召开 IUFRO"Global to local, ecological land classification" 会议，任大会副主席，所做报告。

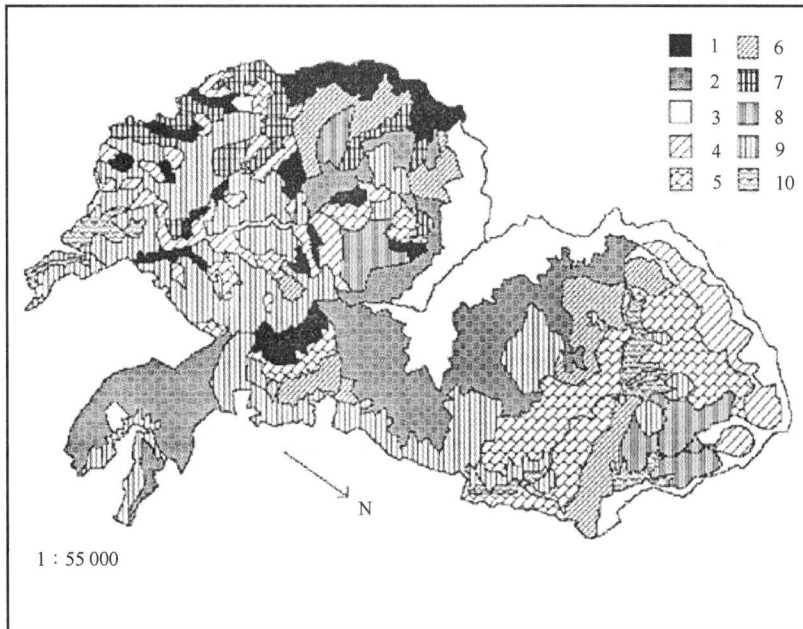

Graph 1   Forest map

natural vegetation—1. poor，2. middle，3. fine；moso bamboo—4. poor，5.midle，6. fine；chinese fir—7. poor，
8. middle，9. fine；farmland—10

2 Using of NI and MII

The zonal vegetation type decided by tonal climate and soil is called natural succession climax. In subtropical zone of China，however，the succession climax of primary evergreen broad-leaved forest is rarely seen at present [1, 2]. With increasing human population，the demand for timber and fuel wood has also risen，sand increasing portions forests are being destroyed. The exploitation of current vegetation resources of Dagang mountain must consider the effects of human disturbance and the direction of sustainable development under these disturbances.

Small disturbance does not effect the vegetation development so that the vegetation succession may reach its climax community；middle and steady disturbance could make the secondary succession of vegetation develop continually toward the relative steady disclimax；but strong disturbance beyond the tolerance of community may cause regressive succession and then the vegetation could develop towards declined and degraded communities such as low mountain shrubbery and bent meadow.

According to influences to the natural vegetation，the human disturbances were divided into positive and negative actions. The positive action generally means the reasonable management activity of human beings，such as planting trees，tending，and fertilization or the protective measures for natural reserves.

The forest farm is a timber product base in which there is a natural reserve area in order to protect secondary forest and unforested vegetation and be a control area of eco-environment within the region of dense population and large scale development industry and agriculture at Gang River basin. Facing the problem of quickly decreasing of biodiversity, it is necessary to protect the forest lands and preserve and expand the efficient influence of the forest to the surrounding area. The management goal of the forest farm is to maintain and improve biological and ecological stability as well as to produce a steady annual yield of wood produce (which had been the only objective previously). Therefore, the management method was modified to satisfy both objectives with above mentioned developing equilibrium.

For achieving above forest management goal, a full-scale evaluation about rationality of the present vegetation utilization has to be made to determine the scope and nature of management actions. Old forest form map or forest block map can not be used effectively directly in management analysis. It was necessary to introduce some new indexes and involved maps in carrying out such evaluations. These are used to determine where recovering natural vegetation should be, enlarging biodiversity and promoting its development to climax community; where else should be strengthening managing intensivity for forest products. For these purposes, the "naturality" index [NI] and "management intensivity" index [MII] are introduced experimentally to improve evaluation effectiveness.

Definition of Naturality—indicates the distance of vegetation from climax community to secondary community at the stage succession or the ratio of natural component to artificial community.

Naturality is divided into 5 classes [3]:

V—virgin or nearly primary vegetation

IV—obvious disturbed vegetation or secondary community of successive at later stages

III—secondary community with stronger disturbance at middle stage of succession; or evident immigrated natural components or wildly in certain scale for artificial community

II—with very strong disturbance, digressive succession and very broken secondary community; or managed manmade community with some natural components

I—vegetation on very strong disturbed and very destroyed land (may be bare at arid region); or very intensive and meticulous cultivated farm land without natural invader components (Graph 2)

Definition of management intensivity-indicates intensive level of management for artificial community, i.e. the effects of active interference for manage target; or the degree of protective activity for natural community.

Management Intensivity is also divided into 5 classes:

5—high intensive manmade community such as intensive and meticulous cultivating land, for example, plantation, nursery and green house etc.; or the natural community with exact preservation

4—manmade community with well management and having few natural components; or natural community with general preservation

3—manmade community with general management and having obvious natural components; or natural community with poor preservation

A Practice of Using Naturality and Management Intensivity Indexes（NI and MII）for Forestry
Management in Mountain Area of China

· 19 ·

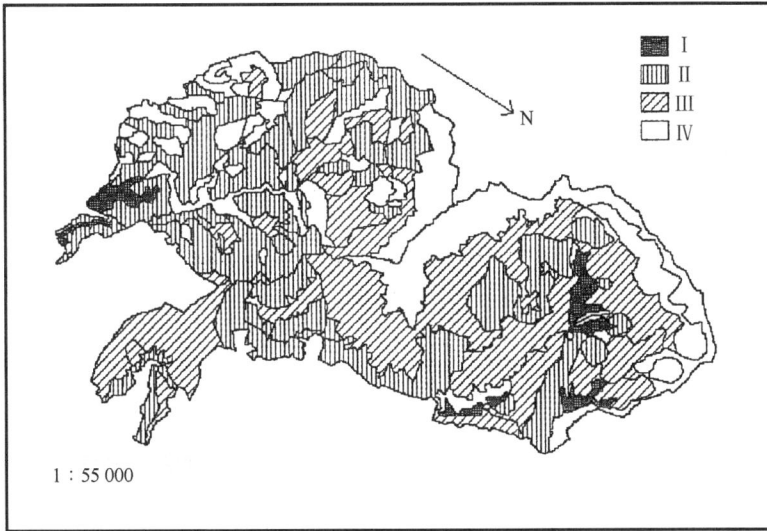

Graph 2　Naturality map

2—semi-devastated or nearly devastated manmade community due of poor management；
or natural community with nearly non-preservation

1—full devastated fallow land；or completely unpreserved natural community（Graph 3）

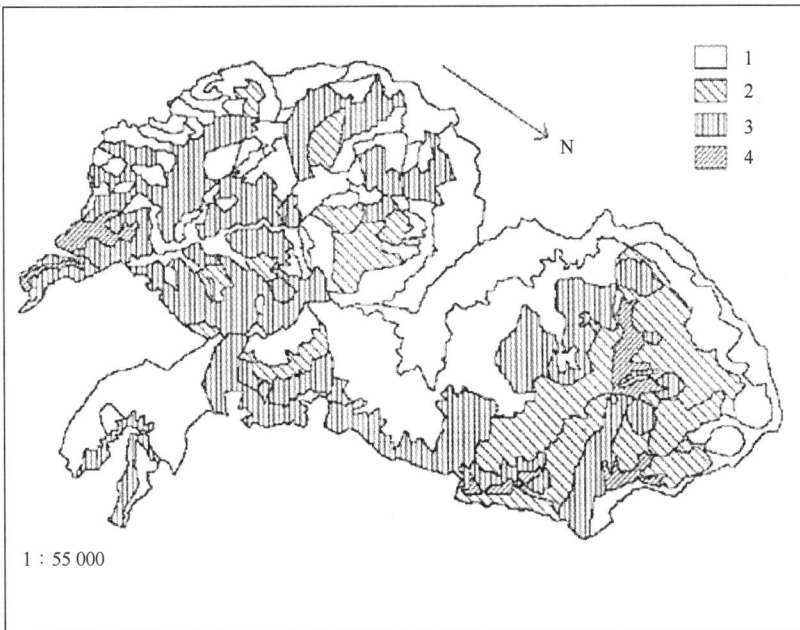

Graph 3　Intensivity map

According to the NI and MII and their combination，the evaluation of vegetation
utilization consists of types listed as follows（Table 1）.

The NI and MII evaluate the vegetation situation from two different directions，but they are not always negatively correlated，for instance，such as the relationship of high naturality with low management intensivity，or high management intensivity，under scientific management. When natural forest reaches completely steady climax position，the combination of NI and MII will be V5，and the thoroughly destroyed or erosive regions and bare land without any reconstructive measures will be I $_1$.

Table 1   The combination of NI and MII

NATURALITY	INTENSIVITY				
	1	2	3	4	5
I	I $_1$	I $_2$	I $_3$	I $_3$	I $_3$
II	II $_1$	II $_2$	II $_3$	II $_3$	II $_3$
III	III $_1$	III $_2$	III $_3$	III $_3$	III $_3$
IV	IV $_1$	IV $_2$	IV $_3$	IV $_3$	IV $_3$
V	V $_1$	V $_2$	V $_3$	V $_3$	V $_3$

Evaluation of present vegetation situation in one forest farm of Dagang mountain with combination of NI and MII，the ratio of each type is as shown in Table 2.

Table 2   The ratio of NI and MII at the forest farm

TYPE	I $_4$	II $_4$	II $_2$	III $_3$	III $_2$	IV $_2$	SUM
CHINESE FIR		23.28		4.97		3.08	31.33
MOSO BAMBOO		8.98		12.24		6.70	27.92
NATURAL ZONE			6.01		18.18	11.80	35.99
FARMLAND	3.55						3.55
TOTAL	3.55	32.26	6.01	17.21	18.18	21.58	98.79

This table shows：nearly one third of vegetation at forest farm is well managed manmade forest，but 30% of the total area is natural forest under low level of management intensivity；one forth of manmade forest is in medium or poor management condition. Therefore，the forest farm has a large potential for improvement under effective management. On the one hand，some manmade forests need to be strengthened in their managerial intensivity to promote their production；on the other hand，increased preservation measures should be taken for natural forests to raise the naturality in order to obtain the beneficial eco-environmental effects.

References

[1] Zhengyi Wu，the Vegetation of China，Beijing Science Press，China，1983：143-429，749-888.
[2] Xueyu Hou，Natural geography—botanical geography of China，Beijing，Science Press，1988.
[3] Changhua Li，ACTA ECOLOGICA SINICA，1986，6（1）：1-9.

林业建设工程的环境背景调查和环境质量评估[†]

　　林业建设是一项基本的国土环境建设，现代林业建设正是以发挥森林生态系统的生态环境功能等多功能、多效益而成为环境建设和美化人类生活环境最积极、最富有创造性的力量。

　　林业建设工程一般指对天然森林资源的开发利用及其更新，自然保护，和大面积非林地为提供木材和其他林产品或为改善生态环境的造林营林工程，例如林区的开发和持续经营，自然保护区的划定与保护经营，人工用材林基地的营建，"三北"防护林工程体系，平原农田防护林工程，长江中上游水源林体系建设工程，沿海防护林体系的建设，还有如为旅游，保健等目的的森林景观的经营等等。按照现代工程建设项目的要求，必须在立项和建设实施前，进行工程建设区的环境背景调查和现有环境质量的评估，对建设经营目标实施后的环境质量预测。而现有环境背景调查与质量评估则是对今后环境变化和衡量环境预测可靠性可资比较评价的基础工作。

　　对林业项目建设区的环境背景值调查研究，是指建设区现有植被（包括动植物区系）、土壤（包括岩石）、大气、水体质量提供基本资料，如动植物区系成分（包括引进利用的）、植物群落（天然的、次生的、人工的），土壤类型（天然的和人工改良经营的）及其理化基本性状，土壤肥力评估，大气和水的各项基本指标（大气的二氧化硫、氮氧化物、总悬浮颗粒等，水体的重金属、砷、氟、汞、铬等化合物，悬浮物、硬度、pH、浊度、电导率、溶解氧、COD、硝酸根、硫酸根等等），以及基本要素所反映的动植物，植被，土壤变化趋势，大气、土体、水体的大量元素、微量元素，以及现有污染物分布、迁移、转化特征，由此，作出现有环境质量评估，作出现有环境发展变化趋势（作为今后项目实施后环境变化趋势预测及综合治理的一个因素）的估测。

　　由于动植物区系分析和植被、土壤调查都属专业性调查研究工作，水、气、土的环境化学分析也均有专门规程。这里想对当前一些新的环境评价内容和方法作一介绍。所谓"环境质量"的环境对一个特定的客体来讲是指其周围的生物环境与非生物环境（即物理的、化学的环境），因此，环境质量应当包括生物环境的质量，例如，生物多样性、自然度、生态系统的稳定性和生态脆弱性等等，都应在考虑之列。一般讲，如果说一个地区的环境质量恶化或由恶化趋向良性变化，就有生物多样性的变化等特征在内，环境恶化将包括生物多样性的减小，系统的稳定性减小，生态脆弱性增加，反之，环境由低劣趋向良性循环，则生物多样性增大，系统稳定性增强，而生态脆弱性减弱。

　　† 蒋有绪，1994，自然资源，16（5）：1-7。

1　生物多样性

包含生物物种的多样性，生态系统（或生物群落）的多样性，生物基因的多样性，由于生物基因的多样性是属于微观范围，而且一般也与生物物种多样性相联系，因此，考察环境质量的生物多样性，主要指生物物种和生态系统的多样性。由一个群落或比较不同群落的物种多样性，在群落学方法上可应用几种多样性指数，如 Shannon-Weaver 指数，Goldsmith-Harrison 指数等。如果考察一个地区的物种多样性则可以简单由地区范围的生物物种清查来确定，如果不同地区之间的比较，可以用物种数/单位面积来比较，如果比较一个区域的物种多样性变化，则可用上述指数的变化值来衡量，也可以按生态学的岛屿生态学原则：即若干年的地区物种迁入率（或增加率）=增加的物种数/原物种数×100%。同样，若干年的物种迁出率或消亡率=物种减少数/原物种数×100%。

对于自然保护区在严格保护情况下，物种的增减基本上是物种迁出迁入或者是物种自然消亡，而对于林业建设项目区域讲，物种的增加可能是自然迁入或人工招引，而物种的减少则基本属于因生态环境变化而引起的物种迁出，如栖息环境的破坏，或环境污染引起的物种的迁移等。但物种种数的增加或减少并不等于原有物种组成增加或减少若干种，由于物种同时存在迁入迁出的变化，会形成物种组成上的变化，不单是物种种数的变化，因此，若干年一次的物种清查，提出物种清单，仍然是必要的。

生态系统的多样性，根据同样原理，是指一定区域面积上的生态系统类型的多少，这通常以生物群落类型来衡量，林业建设项目的实施会引起生物群落的变化，例如林区的开发会减少生物群落的类型，使一些类型完全消失，群落的多样性指数：

$$H = -\sum_{i=1}^{m} P_i \log P_i$$

式中：m 群落类型数；P_i 为第 i 个群落类型所占的面积比例。

这在我国开发历史长的天然林区使不少天然林型消灭的例子是很多的，当然也有营建人工群落类型的，如我国几项林业生态工程都会增加生态系统的类型。生态系统类型的变化，即其多样性的变化也需以若干年的清查来加以评估。

2　自　然　度

即景观或植被的自然度。我们知道，对一个原始的植被来讲，在不同自然地理带存在着由该自然气候地理带的气候、土壤、动植物区系等所决定的自然演替顶极植被。但目前，除了人迹罕至的自然保护区来讲，原生的顶极植被已极少见，常存在不同程度的次生植被，乃至不同程度由人工经营的植被类型（如人工林、人工草场、农田等）。总之，存在着不同程度的人为干扰，人的干扰大小不一，也有积极的干扰和消极的干扰的区分。人的干扰在较小的情况下，由于植物群落或生态系统的弹性，可以恢复到原来的植被状况，当干扰达到一定程度而且稳定时，植被的次生演替可以停留在一个相对稳定的偏途演替顶极状态；当人为干扰剧烈且超出群落的弹性和自调节的能力，则会发生逆行演替，植被朝着衰落，退化的方向发展，为了数量化表示人为干扰的程度，我们可以采用不同的指标，如"自然度"的概念。自然度是指一定地段的植被状况与原始顶极群落相差的距离，或次生群落位于演替中的阶段，有的则是人工经营的群落，对这些群落，也可根据其中天然植物成分的比重来衡量。例如，可采用5级自然度的指标级。

Ⅴ原始或基本原始的植被。

Ⅳ有明显人为干扰的天然植被或处于演替后期的次生群落。

Ⅲ人为干扰很大的次生群落，处于次生演替中期阶段；或天然成分侵入明显，有一定程度荒芜化的人工群落。

Ⅱ人为干扰极大，演替逆行处于极为残次的次生植被阶段。或经营较好，天然成分不明显的人工群落。

Ⅰ人为干扰强度极大而持续，使植被处于几为破坏殆尽，难以恢复的逆行演替后期（如干旱区的裸地等），或精耕细作，天然成分侵入很少的农田等人工群落。

由于自然度是指距离原始顶极植被的变化状态而言，其中对人们经济生产来讲，或对生态环境来讲，可能是消极的，也可能是积极的，这从自然度概念中并不能加以区分，因此，可以引入"经营集约度"的评估作为"自然度"的补充，集约度是人工群落经营管理的集约程度，即人们按经营目的的积极干预群落的作用的大小，或对天然群落积极保护的程度。也可采用5级标准。

Ⅴ高度集约的人工群落，如精耕细作的农田、林地、苗圃和温室；或在人为高度严重保护下的天然群落。

Ⅳ经营较好，天然成分很少的人工群落或保护较好至一般性保护的天然群落。

Ⅲ经营一般，天然成分占明显地位的人工群落，或保护不力的天然群落。

Ⅱ经营极差，半荒芜或基本荒芜的人工群落；或基本上不予保护的天然群落。

Ⅰ完全荒芜的撂荒地，或完全不予保护的天然群落。

自然度与集约度是从两个不同角度对植被或景观现状的评价，它们相互关联，但并不总是负相关，譬如说，自然度高则集约度一定低，或集约度高而自然度一定低。自然度与集约度的各种组合都是可能的，例如，在高度集约经营达到持续经营的天然林管理，它的集约度，自然度都是高的，例如人为严格保护的天然顶极原始植被群落，它的集约度和自然度也是高的，如果是高度集约经营的人工纯林，则集约度高而自然度则低；如果是严格保护的用以观察原生演替初始阶段的火山喷发的岩浆裸地或沙地等，集约度高而自然度就低，保护不力的原始植被，其自然度高而集约度不高。对一个林业建设项目地区来讲，如三北防护林体系，由于营造了防护林而严加保护，其生物多样性增高，它的自然度和集约度都会相应提高，而对于集约经营的混农林业，则其集约度高而自然度不高，自然度的增加将表示经营粗放，天然植物成分的侵入，即荒芜的程度增加，因而自然度对于混农林业工程未必是一个好的评价指标。因此，不同的林业建设工程项目所追求的评估目标会有所不同，但有了两项评估体系或由此绘成两系列的评估图，其经营目标的成就自然一目了然，如果对自然度的分级仍保留罗马数字（Ⅴ～Ⅰ）而对集约度的分级改用阿拉伯数字（5～1），则两者配合将形成如下不同组合的评估值，将适用于不同经营目标的林业建设项目出现的各种不同植被或景观状况。

V_1	V_2	V_3	V_4	V_5
IV_1	IV_2	IV_3	IV_4	IV_5
III_1	III_2	III_3	III_4	III_5
II_1	II_2	II_3	II_4	II_5
I_1	I_2	I_3	L_4	I_5

自然度（纵轴）

集约度

3　系统稳定性和生态脆弱性

　　系统的稳定性与生态脆弱性一直没有很好的定量表达。从理论上讲，系统的稳定性与系统的环境异质性，生物多样性的关系也没有取得一致的意见，有的学者认为与系统内小环境异质性（即空间异质性）、生物多样性等系统空间结构的复杂性会增强系统的稳定性，因为较为复杂的能流、物流通道将提高系统负反馈调节能力，而有的学者认为空间异质性，生物多样性的大信息量及信息含量的不定性会导致系统的不稳定性。如果抛开系统内有关自调节能力等极为复杂而有争议的稳定性因素来看，只考虑系统外（即来自环境）对系统的自然干扰和由此产生的生态脆弱性的话，那么，对自然干扰的性质、强度、频度、持续时间等将是评估系统稳定性和生态脆弱性的重要参数。这是一个从动态上评估系统环境的指标体系。自然干扰，如台风、火灾、严重干旱、水淹、冻害等等。有关自然干扰的定义如下：

① 分布　包括与空间分布、地理、地形、环境、群落梯度有关的干扰分布状况；

② 频率　一定期间发生干扰的次数，常作为每一年的概率，用小数来表示；

③ 间隔　频率的倒数，指两次干扰间的平均间隔时间；

④ 周期　有些干扰是在不同地段轮番出现，即重复一个轮番所需的时间；

⑤ 面积　受干扰的面积。每次每一定时间内的干扰面积，或者用每一干扰种类在一定时间的总面积来表示；

⑥ 规模或物理强度　在一定时间，一定地区内所给予的一次物理上的力（例如火灾发生时平均面积平均时间的放热量）；

⑦ 影响度　对生物体、群落或生态系统的影响程度；

⑧ 协合作用　对其他干扰的影响与关系（如干旱与火灾、虫害、风倒等的关系）。

　　可以根据上述干扰性质的诸因子综合考虑林业建设项目区域的自然干扰体系。由于我们强调的是作为系统外界的环境来考虑的，因此着重于外因的干扰就足够了。

　　系统对干扰作出的反应，就表现为系统的稳定性方面和生态脆弱性方面，由于生态系统或者作为林业建设项目的自然-社会-经济复合系统不受到干扰是不可能的，问题是可以承受什么强度，多大面积，多少频率的干扰，能够在一般的系统的性质（如结构、组成、生物量、食物键、能流物流通道等）上的复杂性来判断，从理论上讲，系统的上述结构、组成等性质越复杂，其自组织能力，自调节能力越高，系统也越稳定，越能承受较大的干扰，具有较大的弹性和恢复能力。因为结构、组成复杂，其反馈调节的回路增加。在理论上衡量的另一个因素，是群落在演替系列上距离顶极的稳定群落的远近来考虑，凡在演替的初期阶段，其群落或系统越不稳定，越接近于顶极群落则越趋于稳定。对于判别系统稳定性的定量体系在实践上还远远没有解决，仍处于理论上的探讨。

生态脆弱性就某种意义上看，它可能是稳定性度量的倒数，对于生态脆弱度的衡量，从理论上看两者又并不完全成正反的关系，极其稳定的某些群落，例如热带雨林，它的组成结构极为复杂，但它又由于生物间，生物与环境间的相互适应性是高度专性的，每个种的生态位是非常狭窄的，如果相互适应的环境一旦损害，生物间相互和谐的关系一旦破坏，则物种就难以生存，从整体上讲，热带雨林的承受干扰的阈值就低，系统的弹性较小，一旦受到严重的干扰与破坏，就比较难以恢复。从理论上判别，在两个系统类型的过渡带，或过渡类型，即两个不同类型分布的界面，例如天然林区中的过渡型林型，它们并不稳定，受干扰后极易向某一方向的林型转化，就植被类型来讲，森林与草原区的过渡类型，即森林草原，它们一旦受干扰后，就易于向环境趋于恶化（如干旱化）方向的草原群落方向转化，还有高山地区的林线附近的森林群落，一旦受干扰，就向亚高山草甸（非林地）转化，这种生态上的具有过渡性和脆弱性的群落或系统，在生态学上称为"生态交接带"（ecotone），有人尝试用两个系统交接过渡类型中两个类型渗透的信息重叠性，以数学的集合论方法，或"信息度量"法来定量判断系统的脆弱度，这仅是理论上探讨，也不完全实用。

目前，比较实用而且易于理解和执行的生态脆弱性的定性定量判断，有德国林业经营管理上的绘制并借以来管理林地的"生态图"，以小区为单位（如地面或其一部分）制定其脆弱性，给以量级，由此可以绘出平面的生态图，这一般都以坡向、坡度、岩性、土壤厚度及其性质，已侵蚀程度、植被状况等为参数，给出权重及分别给以分级的量值，以数理方法给以综合评判，在我国也有人用于立地环境的生态脆弱度（如易侵蚀度）的评判和制图。举例来说，母岩及土壤质地的易侵蚀度的评级如下[①]：

母岩		土壤质地	
石灰岩类	1	砂土	4
砂页岩类	3	砂壤土	3
玄武岩类	2	壤土	2
黄土	6	黏壤土	1
花岗片麻岩	4		
土石堆积母质	5		

其余坡度，如极陡坡＞陡坡＞缓坡等，…。在诸多与侵蚀有关的因子均有评级，并给以权重后，易侵蚀系数：

$$Q = \frac{1}{n} \sum_{i=1}^{n} W_i C_{ij}$$

式中：Q 为易侵蚀系数；n 为与侵蚀有较大影响的因子数；W_i 为第 i 个因子影响的权重；C_{ij} 为第 i 个因子第 j 个等级的影响评分值。

---

① 林业部，《国家造林项目环保规程》，1990。

4　森林景观旅游环境资源评价

森林景观旅游环境资源评价是一项新的环境资源评价事物，其目的在于指明该景观能为旅游活动、户外活动，休养场所、疗养中心作出何种贡献，为开发景观旅游进行规划设计作出决策性参考。为此，需要对景观的"质量"和"可接近性"进行调查。所谓"质量"是指它所具有的吸引力，即能够使人们向往的功能总体；"可接近性"是指从不同地区到达这个地点的"流通状况速率"，关系到对于大多数人集散的方便程度，在景观区内部则可指各类旅游活动所具有的林间可邻接的程度。景观区所处的大地形及地表覆被（如不同森林或植被类型），其特殊性（如化石发现地、珍稀动物栖息地、珍稀植物分布区、标准地质剖面、特殊古地理事件等），要有所调查；自然景观的气候、空间、坡度、切割程度、风化程度、地表结构、可接近性、水文状况、动植物分布等综合特征要有所描述。景观环境的旅游资源评价体系，也要确定其变量参数，然后给以权重及等级，再建立综合评判。重要的变量项可以有：

① 地表坡度　平均坡度、最大坡度、各坡度所占比例；
② 斜坡转换频率　单位距离内坡度转换；
③ 高度起伏率　区域相对高度变化的度量；
④ 是否具有可接近的水体，如湖泊、沼泽、水库、矿泉、地下河、溪流等；
⑤ 针阔叶树的比例；
⑥ 树高　平均树高，最大树高等；
⑦ 树距　平均树距，林间空地平均及最大面积，林间同空地占森林面积比例；
⑧ 对徒步者可深入的林间距离；
⑨ 对机动车可深入的林中距离；
⑩ 森林分散度及林分之间接连状况。

此外，还可有有关化学元素含量、氧离子浓度、臭氧浓度、各种微量元素、各种矿质元素，营养元素的含量等项为专门疗养、保健评估需要用。英国对各变量评分都有一些具体标准，可以参考专门文献。

关于环境资源与林业有关的评价还有森林美质的评估，国外已发展有景致美质估测模型式（Scenic Beauty Estimates Model，简称 SBE）已由经典的描述调查法，问卷调查法，上升为系统的但客观的 SBE 评价法，在美国已常用。

由此，通过上述各项环境背景调查与质量评估，将会对林业建设工程区的自然地理环境，动植物区系特征、现有植被（植物群落）状况、土壤特征等有一个概括的但十分重要的了解，并对植被，土壤利用现况和生物多样性现状有一个客观的评价，认识其原有利用途径的合理性和今后按经营目标进行利用时的基础与改进方法。对建设区大气、水体及土壤的环境背景调查将提供出该地区环境污染及现有环境质量的初步评估，这是林业建设项目环境效益预测的初始状态，缺少它将无法对工程环境效益做出准确的判断，同时此背景资料也是为建设工程在环境目标方面进行规划设计的基本依据。对植被自然度、生态系统稳定性的了解对于以恢复自然生态系统、以自然保护为目标的建设工程尤其具有重要意义，它们是衡量建设工程长期效益的重要生态指标。对景观资源，特别是景观旅游资源的评估，对开放性的、为社会服务性的建设项目，如森林公园、森林休憩区、自然保护区的经营区建设无疑是十分必要的。

参 考 文 献

[1] 张嘉宾. 森林生态经济学. 昆明：云南人民出版社，1988：388.

[2] 牛文元. 自然资源开发原理. 郑州：河南大学出版社，1989：335.

[3] 蒋有绪. 林业建设是一项基本的国土环境建设. 中国科学技术协会 1988 年学术年会论文集. 北京：学术期刊出版社，1988：61-65.

林业建设工程的环境预测与环境效益评估[†]

1 林业建设项目的环境预测

林业建设项目的环境预测，不同于项目的现有环境评估，这是把项目实施后对环境的影响变化后果进行预测，当然，项目实施前的环境本底对项目实施后的环境变化会有影响，但毕竟是作为本底的对比资料，不涉及环境的动态变化。如果对一个林业项目区域定期作环境质量评价，一次次的积累就自然得出环境的动态变化过程。然而，对一个重大项目的论证不可能进行事后的评价，必须作出预测。这里需要考虑的方面，一是现有环境质量的基础及其潜在的变化因素，如生态脆弱性，易侵蚀性等等，对现有环境的已有污染源及其治理对策也应考虑进去；第二个重要方面，即林业建设工程的实施会对现有环境发生什么样的影响和变化（积极的和消极的都可能会有），在多大程度上影响，其结果（在某一时间目标或工程目标内）是什么状态，对此有何对策考虑，工程的积极影响，如自然保护区的保护，对人类活动的封禁或限制，或甚至对自然保护区内居住人口的迁出等等，自然保护区对濒危动植物种的繁育、抢救，其效率和速率等，生境恶劣区的造林，对改善小环境乃至区域气候的影响等，而消极的影响则如林区的开发，对天然林的采伐，林区其他资源的开发利用，自然保护区开放旅游，林业工业企业的新污染源等。

对于环境化学状况的预测，在林业工程实施的工艺流程，生产规模，环保预定措施等，一般都会给出必要的数据和答案，这里不专门论述，需要注意的是项目区域及周围区域（较大范围）的天气特征（气流运动及其年季特征）径流或水体运动（河流、海湾水流等）对污染扩散及自净的影响，这涉及环境容量及合理布局，环保对策等许多方面，并非工程数据所能提供涉及的，因此，在重大项目，尤其涉及大范围工程，应有气象、水文、海洋等学科参加综合评估。这里，经验性的分析以及近年来常用的计算机模拟是重要手段。酸沉淀对森林衰亡的影响是当前林业的重要课题，研究对策也常涉及对工业污染物的（NO_x、HC、$SO_2\cdots$）的大气输送、扩散规律问题，为防患于未然的工业项目的环境预测，就必须先考虑这种综合性的模拟分析研究。

这里着重讲一些营林工程对环境的预测，由于营林主要是造林育林，应当说对环境是积极性的，营林工程中由于整地、施肥，也会涉及引起环境变化的消极影响，如水土流失，肥料施用不当引起的污染，富营养化等，也可能由于营林设计不当，纯林引起的病虫害、非适宜树种的弱抵抗力引起的病虫害等，因此，在环境预测中应当考虑进去，并且注意这种消极影响是长期的还是阶段性的，将发生在什么阶段，是可以避免的，还是不可避免的，如何避免或抑制到最低程度，长期的经营对策将如何等等。

† 蒋有绪，1994，自然资源，16（6）：16-23。

事实上，我国 20 年来速生丰产林营造建设事业中，除了取得不少成绩外，也确实产生了某些环境问题，正如 1990 年"贯彻执行国家造林项目环保规程的执行"中所指出的，速生丰产林建设中主要的环境问题有以下几个方面。

1.1 树种单一化，针叶化日益加剧，导致集体林区的生物多样性减小，针叶树病虫害加剧

据 1988 年统计，全国人工林总面积 1874 万 hm^2，其中针叶树占 68%，而杉木又占针叶树面积的 35%，马尾松占 26%，落叶松占 12%，油松占 10%。南方山地主要省份，如福建，湖南，广东，广西，江西等省针叶树人工林面积占 95% 以上。其中不少针叶树人工林都是砍伐天然次生阔叶林，炼山造林形成的。大面积单纯针叶林的发展使得林区动植物种多样性减少，天然植物群落类型减少，甚至消失了。针叶纯林的发展也导致松毛虫等病虫害严重发展，成为林业经营中的大问题。

1.2 地力衰退严重

由于营造的针叶人工林一般不施肥，在第一代炼山造林后的土壤是肥沃的，林木生产力也高，可以有较高的木材收获量，但一代一代连茬栽植，就引起地力衰退，如杉木产量一代不如一代，以 20 年为标准计算，第二、三代比第一代至少每公顷要损失蓄积量 $30 \sim 60 m^3$。主要是土壤肥力明显下降，$0 \sim 60 cm$ 土壤层中 N、P、K 含量分别为栽植 20 年前的 1/2 到 1/3，土壤微生物区系也发生明显变化，微生物总量下降，土壤中有毒物质积累，土壤酶活性的减少又使腐殖质形成量减少。

1.3 整地不当，以及针叶纯林的涵养蓄水能力减弱，导致林区水土流失严重

据湖南怀化市农业区统计，全区水土流失面积在 50 年代为 $1700 km^2$，占总土地面积的 7%，近年达到 20% 左右，平均侵蚀模数为 $1209 t/km^2$，闽江梅雨期间的流量 30 年来减少了 17%，而输沙量 20 年来增加了 2 倍。

世界银行、联合国粮农组织资助我国速生用材林基地建设工程在论证时非常强调环境预测和环境监测问题。这些项目的论证促使我国重视和加强了大规模营林工程的环境评价，预测及监测工作，使我国已积累了一些经验。为防患于未然，国家造林项目环境保护规程中明确规定。①保持生态环境的多样性。主要是严格掌握，保护好造林地周围的原始林和天然次生林，不得以砍伐或变相砍伐有价值的天然林为代价来发展人工林；对造林区范围内一切有价值的人类历史文化遗产、珍稀植物、野生动物栖息繁殖地，自然保护区等均应加以保留，不得破坏；注意营造混交林等。②保持水土，防止土壤肥力退化。主要是强调造林活动必须沿等高线进行，限制全垦，保留一定的植被保护带，严重水土流失坡地要进行治理，提倡种植绿肥植物，合理使用化肥，避免污染水源等。③防治森林病虫害。④建立防火系统。

根据已有实验表明：

造林整地方式对土壤侵蚀有很大影响，在湖南株洲山地红黄壤全垦方式下，当降水量10mm 以内时径流量为 0.403m³/hm²，侵蚀量为 0.0625m³/hm²；降水量为 10.1～25mm 时，径流量 1.7982m³/hm²，侵蚀量为 0.0859m³/hm²；降水量 25.1～50mm 时，径流量 2.7225m³/hm²，侵蚀量为 0.1201m³/hm²；降水量为 50.1～100mm 时，径流量和侵蚀量相应为 3.3386m³/hm² 和 0.147m³/hm²。

以土壤损失量的变化而言，全垦的逐年增多，撩壕的水平带垦的逐年减少，穴垦的每年无损失，因此应当提倡土壤侵蚀少的水平带垦和穴垦。

一般讲，我国不少林区都已开展过类似的研究，在造林项目论证时，可以根据已有研究资料的参数，和研究人员的经验进行预测。在不可能提供这类参数情况下，允许借用相近自然条件下的研究参数，或者可以进行若干简单实验调查，为不同整地方式小区的人工降雨后（或自然降雨）土壤流失和径流状况数据等。永久性或半永久性的径流小区观测场也可用来在造林后水土流失长期监测所用。不同整地方式水土流失的年变化可见表 1。

表 1　不同整地方式水土流失的年变化

整地方式	年	降水量/mm	径流量/mm	侵蚀量/（m³/hm²）
全垦深挖	1	1024.0	5.8	0.2733
	2	1366.2	6.6	3.5013
	3	1335.0	11.5	5.313
撩壕	1	1024.0	4.4	0.2880
	2	1366.2	6.6	0.3680
	3	1335.0	3.5	0.3538
水平带垦	1	1024.0	4.4	
	2	1366.2	2.8	0.2513
	3	1335.0	1.0	
穴垦	1	1024.0	1.4	0
	2	1366.2	1.6	0
	3	1335.0	0.2	0

林木施肥的环境问题，就我国来讲，由于尚未开展有系统有组织的林木施肥实验研究，缺乏指导生产性施肥的可靠数据与系统信息，生产上盲目施肥现象较为普遍。从根本上解决好林木施肥的环境影响问题，应当从科学研究中了解各种树种在不同土壤立地条件下，适宜的肥料种类，元素配比，施肥量，施肥方法和时期。一般讲，我国目前常用的林地施肥方法一是集中施肥，包括沟施与穴施，施后覆土，另一种是地表撒施，在平地撒后灌水，或于雨前撒施，由雨水淋入土中。从土壤保肥性能与各种肥料在土中转化特点看，集中施用比地表撒施要好，这不仅因为沟施、穴施可将肥料集中林木根系附近，提高利用率，这对于土壤中移动性不大的磷肥、钾肥尤为重要，而且由于肥料被土壤吸附保存，避免淋失污染环境。地表撒施肥料，在山坡林地易被径流带至附近河流水源中去，污染水体；对于移动性不大的磷、钾肥，由于位于根系上部，利用率明显下降，此外，氮肥在表土易于挥发，一些林业发达国家，由于劳动力价格较高，就采用大面积的空中撒施，由飞机或直升机进行，这种方法效率高、成本低，并能及时施肥，但撒布

不均，损耗大，污染水源等，在我国并不适宜。

对造林工程施肥的环境监测在国外早已实行，在我国也应开展，这种监测可采用以下方法，对工程拟采用施肥方法建立采样样地，同时要有对照区，在工程施肥实施前都要采样取得本底土样，1～5 年后，每年同期采样，进行分析，分析项目可采用对林木生长有意义的全 N、P、K，速效 N、P、K，pH，有机质等。对施肥的水源监测，可采取与径流小区监测水土流失状况的工作结合进行，但水样采集应在施肥后 7、15 天，1、2、3、6 个月和 1 年进行，水质分析项目，可有 NH_4-N、NO_8^--N、NO_2^-、PO_4^{3-}、Cl^-、pH 等。

对林业工程病虫害监测，主要为了了解人工造林森林病虫害发生发展，及时预报病虫害发展趋势，有综合治理病虫害及时提供科学依据和措施。监测应设置样点，标记标准树，依次编号，并辅助样线调查，监测内容可有病虫害种类，被害程度，被害株率，各类害虫虫口密度。此类监测应由专业技术人员进行。

2 林业工程的环境效益评价

林业建设项目除了经济目标外，对环境效益也应作出必要的评价，环境效益包括环境生态效益，环境社会效益和环境经济效益。3 个效益内容相互有所联系，环境生态效益是指林业建设项目实施后对环境生态所起的直接效益，例如对小气候的改善，土壤的改良，水源的涵养，生物多样性的增加等等，这类效益也要尽可能作出定量的评价；环境社会效益是指林业建设工程实施后由于环境生态效益所产生的社会效益，例如对人类身心健康的影响，对其他社会公益的积极影响，如对社会就业提供的机会，对人们环境和生态意识的加强等作用，但其中有一部分社会效益也可以经济效益形式计入经济效益部分，如提供就业机会产生的经济价值，因身心健康增强而减少的医疗费用等等；环境的经济效益是指林业建设工程实施后因环境生态直接的效益或社会效益所能产生的所有能以货币计算的经济效益。这类评价工作本身有巨大的社会效益，因此，它能提高人们对林业在人类生活中的积极作用有一个有形的，可以价值衡量的认识，由此而产生对林业建设的重视、热爱，从而调动人们造林、育林、护林的积极性，产生巨大的精神和物质力量，有利于人类的长远利益。

世界林业先进国家都已开展了这方面的研究和评价工作。以苏联为例说明，前苏联于 1984 年提出把森林效益分为三大类，即卫生效益、精神效益和国民经济效益，按三大类又下分 14 种具体效益，见表 2。

日本则比较简单把森林的公益效能分为：①涵养水源效能；②防止泥沙流失效能；③防止泥沙崩塌效能；④保健游憩效能；⑤保护野生动物效能；⑥供给氧气和净化大气效能；⑦消除噪音效能。对于 1～6 个效能以 1978 年价格计算，全国的森林公益效能评价为全年 128.2 亿日元。

国外森林环境效益的评价方法，以日本为例，其计量化方法就是对森林效益值 Y 的有关系的 M 个因子（$X_1 \cdot X_2 \cdot X_3 \cdots X_m$）进行测定，以此为基准，用多变量分析法测定 Y 值，即利用 $X = f(X_1 \cdot X_2 \cdot X_3 \cdots X_m)$ 的函数关系求出 Y 值。其计量指标，如涵养水源效益是森林土壤对降水的贮存量（m^3/hm^2），防止泥沙流失效益是森林控制流失的泥沙量（m^3/hm^2）；防止泥沙崩塌效益为林木根系网络土壤的能力（t/hm^2），保健游憩效益是以考虑其美学因素以定出其价值标准，再计量，或以森林休憩利用的程度来计量；保护野

表2　苏联对森林效益的分类①

效益名称	定义
第一类	
卫生效益	森林改善空气和水的卫生状况以调节气候，使之有利于人类生活
具体效益	
净化水质和净化空气效益	森林提高水和空气的质量
灭菌效益	森林减少空气和水中病原微生物数量或降低其活力
消音效益	森林降低或消除噪音
第二类	
精神效益	森林创造良好的环境有利于人类的精神生活和社会活动
具体效益	
美学效益	森林创造良好的环境使人类得到艺术享受
心理效益	森林创造良好的环境，陶冶人类的品性
游憩效益	森林创造良好的休息环境
纪念效益	森林是自然发展的纪念物和历史见证
科学效益	森林是科学的研究对象
第三类	
国民经济效益	森林为国民经济各部门创造良好的发展条件
具体效益	
原料效益	森林提供木材和非木材原料
农业效益	森林提高农业生产力
水利效益	森林为水利工作创造良好条件
交通效益	森林为铁路和水路交通创造良好条件
渔业效益	森林为鱼类生长创造良好条件
狩猎效益	森林是野生动物的栖息地

　　① （日）林野厅（杨惠民译），森林公益效能计量调整——绿色效益调查，中国林业科学研究院科技情报所，1982，69

生动物效益是森林中栖息的野生动物数量与种类的乘积；供给氧气和净化大气效益是森林释放的氧的重量及森林吸收的二氧化碳的重量（净化效能）；降低噪音效益以森林衰减声音的能力，以分贝表示。以标准地实测不同森林类型上述效益，最后来给以评价。

　　美国对城郊森林公园的游憩价值的评价方法是以人口的游憩次数，游林率、游憩成本，游憩费用、林税等因子，计算其价值的。

　　前苏联计算森林防治土壤侵蚀的计价方法是考虑农田土壤侵蚀量比林地高数百倍。侵蚀率（y）和林地面积与耕地面积（x）之比来考虑，如

$$\Delta_1 y = \frac{\Delta y}{\Delta x}$$

式中：Δy 为侵蚀面积的 1%；Δx 为林地面积的 1%；$\Delta_1 y$ 为在耕地面积不变情况下，林地面积每减少 $1hm^2$ 时侵蚀面积的增加量，此值是 $1hm^2$ 林地所能保护的耕地面积。因此每公顷林地防蚀效能的经济评价值可为下式：

$$P_i = \Delta y \frac{N}{a} M$$

式中：P_i 为 i 地区每公顷林地防蚀效能的经济评价值（卢布）；N 为主要农作物（如该地区为小麦）产量，$100kg/hm^2$；M 为农作物收购价格，卢布/100kg（该地区为 12.5 卢布/100kg），

全高尔基州每公顷林地防蚀效能的平均经济评价值为

$$P = \frac{\sum\limits_{i=1}^{m} p_i q_i}{\sum\limits_{i=1}^{m} q_i}$$

根据上述公式计算可算出高尔基州每公顷森林防蚀效能的经济价值为 11.46 卢布。

我国森林环境效益评价工作也有一定开展，以比较研究完整的福建张建国教授主持的"森林效益"课题组的体系为例来介绍，可见其原理和方法，对我们的环境效益评价有具体的参考意义[①]。

林业经营项目在其经营周期内收益总收入和总成本之间相比较的结果，可用两种表达方式：

①绝对综合效益即：净综合效益=总收益-总支出；②相对综合效益即：成本效益=（$\sum$收益/$\sum$成本）×100%

计量指标体系中有六大类指标群：即区域自然及社会背景指标，经济效益指标，生态效益指标，社会效益指标，成本指标，综合效益指标等。这里的经济效益指标主要是指林业本身的林木，林产品和多种经营收入等经济指标。我们将介绍其生态效益指标、社会效益指标和林业项目的综合效益指标是如何确立和计算的。

2.1 生态效益指标

2.1.1 抗逆作用指标

①对灾害风（>4m/s）风速的降低（%），每年减少灾害风的天数；②地下水位的降低（m）——对低湿地区；③土壤含水量的增加（%）——对干旱地区；④ 表土流失量减少 [t/（hm²·a）]，侵蚀模数变化 [t/（hm²·a）]；⑤河渠等土方坍塌减少量（m³/km²）；⑥病虫害减少（%）；⑦重要害虫天敌的种群数量增加（%）。

2.1.2 涵养水源指标

①贮水量增加（t/hm²）；② 地表径流减少量 [t/（hm²·a）]。

2.1.3 提高土壤肥力指标

①土壤有机质含量的增加（kg/hm²）；②土壤含氮、有效磷的增加（kg/hm²）；③土壤容重的降低（%）。

2.1.4 气候改善作用指标

①春秋增温（℃）或无霜期延长天数（d/a）；②高温天气（>35℃）的日数减少（d/a）；③蒸散量（叶面蒸腾+地面蒸发）上升（t/hm²）——对低湿地区；④地温上升或下降（℃）。

2.1.5 改善大气质量指标

① 释放氧气 [t/（hm²·a）]；②对二氧化硫或其他有毒物质的吸收量（kg/hm²）；③二氧化碳的吸收量 [t/（hm²·a）]；④负离子增加量 [kg/（hm²·a）]。

---

① 中国林学会学术部，森林综合效益计量评价，1990，122。

2.1.6　提高土地自然生产力指标

①总生物量增加［t/（hm^2·a）］；②光合生产力提高量；③生物量转化率提高，生物量转化率=（次级生产力/初级生产力）×100%；④生物种多样性的提高。

2.1.7　森林分布均衡度（E）

2.2　社会效益指标

2.2.1　社会进步系数

①人均受教育年数（a）；②人均期望寿命（岁）；③人口城镇化比重（%）；④计划生育率（%）；⑤ 劳动人口就业率（%）。

2.2.2　增加就业人数

2.2.3　健康水平提高

可由地方病患者减少人数乘上一个调整系数（此系数表明林业经营社会效益作用，一般 0.2～0.4）来反映。

2.2.4　精神满足程度

2.2.5　生活质量的改善

2.2.6　社会结构的优化

①区域产业结构变化；②区域农业结构；③区域消费结构。

2.2.7　犯罪率减少（%）

2.3　林业经营综合效益指标

2.3.1　综合效益值=经济+社会+生态效益的货币值。

2.3.2　综合效益。①净综合效益值=综合效益值–综合效益成本值；②成本收益=（$\sum$收益/$\sum$成本）×100%

2.3.3　资金生产率。资金利润率（投资收益率）=净综合效益值/总投入值。

2.3.4　投资回收期（R）。R=总投资值/净综合效益值（a）

2.3.5　净现值和内部收益率。

2.3.6　林业贡献指标。反映在目前货币市场体系中，林业项目经营的间接效益无偿被社会享受的程度：①贡献值=社会+生态效益值；②贡献率=（林业社会效益+林业生态效益）/（林业经济效益–林业总投入）×100%；或贡献率=（社会效益+生态效益）/总投入×100%

在计量评价中重要的环节是生态效益和社会效益货币化的途径。这里采用①等效益替代法；②促进因素的余量分析法；③相关计量法；④补偿变异法。根据效益的不同性质、特点，可分别采用以作用货币价值的评价。举例来说，森林供氧的作用的价值可以工厂制氧的价格来计算，森林防止水土流失的价值可以水库淤积同量的淤泥而需采取疏通的费用，或者森林蓄水功能价值可以同样蓄水容量的水库营造价值来计算等等，这就是替代法，农田防护林促进农田增产效益，可以把增产价值扣除施肥、灌溉等增产因子的成本后，剩余的增产可归于防护林防护效益，则增产价值扣除施肥、灌溉等以外的增产收益可作为防护林效益价值，这就是余量分析法；在某一地区的评价中已取得林业产品经济收益与林业社会生态效益的收益的比例，如 1∶1.5，则对其他类似地区评估时，可采用此比值，则计算另一地区其林业经济收益为 100 万元时，则同时产生的生态社会效益价值则可估为 150 万元，此为相关计量法；补偿变异法则如由于林业发展环境改善，地方疾病人次数减少的效益则等于该人次平均花费医疗费用总和的币值等。

总之，对上述所采用的指标项目均可视具体地区具体林业建设项目的性质来取舍，其货币化的方法也以符合国情和当地可接受的计价方法来进行，以取得计量经济评价的合理性。

城市绿化建设的环境效益评价是一个比较不同的内容，但其经济评价原理也相似。日本、美国、英国、捷克等国都曾提出城市环境评价的模式，我国曾对 11 个大城市做出类似的评价，且在方法上有新的发展，其调查的指标项目计有 6 项 30 个因子：

（1）社会人文经济情况。

人口与人口组成；城市面积；建筑面积、住房面积；人均住房面积；工业产值；人均工业产值；燃料消耗量。

（2）地理气象因子。地理坐标；海拔；地形；气温；1 月气温；7 月气温；湿度与干燥度；风。

（3）森林绿地状况。绿地面积；绿地覆被率；乔林绿地率；人均绿地面积。

（4）城市大气污染状况。SO_2 含量；NO_x 含量；降尘量；颗粒物含量。

（5）人民健康状况。门诊人数及比率；呼吸道发病率；癌病率；人口自然死亡率。

（6）环保投资。三废治理投资；绿化建设投资。

从中可以归纳出绿化综合指数（Q）及环境污染综合指数（P）：

$$Q = \sum_{i=1}^{t} \frac{D_i}{M_i}$$

式中：D_i 为 i 个绿化指标观测值或若干年的加权值，$i=1$，2，3⋯t，本分析 $t=2$，即城市绿化覆被率（D_2），人均绿地面积（D_2），M_i 是指绿化指标的经验值，本分析暂用 11 个城市均值表达。绿化综合指数 Q 值，凡在 2.0 以上为良好，在 2.0 以下为差。

$$P = \sum_{i=1}^{r} \frac{C_i}{S_i}$$

式中：C_i 为大气污染项目实测值或加权均值，本分析=1，2⋯r，$r=4$，S_i 是 i 种污染项目国家颁定环境质量标准。环境污染综合指数 P 值，大于 4.0 为超标。

评价中根据已有国内外经验，确定下列假设：①城市环境宏观评定中，影响生态环境质量的大环境因子（自然地理因子）占 66%，城市内环境因子占 34%；②在目前城市内环境中，对人的健康影响程度，环境污染占 7 成，绿化建设占 3 成；根据上述各调查因子建立上述两个假设的回归模型；③根据城市内主要环境因子，将全国 11 个大城市分为 5 级，建立评定公式（模型）：

$$GA = \sum W_i \frac{X_i - \bar{X}_1}{S_i}$$

式中：GA 为城市环境质量数值，负值为优，零为合格，正值越大环境质量越差；W_i 为

i 个变量的权重值，本评定 $i=1$，2，$W_i = b_i'$（标准化复回归系数，计算结果，11 个城市 GA 值在−0.806 00～1.580 01，平均值 0.005 35，高出和合格标准，按 5 级分类；Ⅰ级为长春、广州、Ⅱ级是南京、武汉、成都、郑州、Ⅲ级是北京，Ⅳ级是上海、沈阳，Ⅴ级是重庆，是比较符合实际情况，除大自然环境和城市污染因子外，与城市绿化建设投资和努力也是符合的。

总之，林业建设项目的环境质量评价，环境变化预测评估和环境效益的经济评估都是新鲜事物，都不成熟，均在发展之中，希望展开更多的讨论。

参 考 文 献

[1] 张嘉宾. 森林生态经济学. 昆明：云南人民出版社，1986：388.

[2] 张建国. 中国林业经济问题. 福州：福建人民出版社，1984：240.

[3] 何乃维等. 关于森林价值问题的探讨. 见·中国生态经济学会编，《中国生态经济问题研究》，杭州：浙江人民出版社，1985：182-191.

[4] 翟中齐. 森林生态经济刍论. 见：中国生态经济学会编. 《中国生态经济问题研究》. 杭州：浙江人民出版社，1985：192-202.

[5] 龙斯曼. 森林的环境效益与国土整治. 见：中国生态经济学会编. 《中国生态经济问题研究》. 杭州：浙江人民出版社，1985：203-212.

[6] 牛文元. 自然资源开发原理. 郑州：河南大学出版社，1989：335.

[7] 蒋有绪. 林业建设是一项基本的国土环境建设. 见：中国科学技术协会编. 《中国科学技术协会 1988 年学术年会论文集》. 北京：学术期刊出版社，1988：61-65.

[8] 张建国等. 森林综合效益评价方法与模型. 见，中国科学技术协会编.《中国科学技术协会 1988 年学术年会论文集》. 北京：学术期刊出版社，1988：82-86.

[9] 李周等. 森林社会效益计量研究综述. 北京林学院学报，1984，（4）.

[10] 蒋有绪，曹再新等. 中国林业发展环境目标战略研究——2000 年中国森林发展与环境效益预测. 北京：中国科学技术出版社，1992：101.

Criteria and Indicators for the Conservation and Sustainable Management of Temperate and Boreal Forests[†]

Preface

The Working Group on Criteria and Indicators for the Conservation and Sustainable Management of Temperate and Boreal Forests（"Montreal Process"）was formed in Geneva in June 1994 to advance the development of internationally agreed criteria and indicators for the conservation and sustainable management of temperate and boreal forests at the national level. Participants in the Working Group included Australia，Canada，Chile，China，Japan，the Republic of Korea，Mexico，New Zealand，the Russian Federation and the United States of America，which together represent 90 percent of the world's temperate and boreal forests. Several international organizations，non-governmental organizations and other countries also participated in meetings of the Working Group.

In February 1995 in Santiago，Chile，the above countries endorsed a comprehensive set of criteria and indicators for forest conservation and sustainable management for use by their respective policy-makers. This document presents these criteria and indicators，together with the statement of endorsement known as the "Santiago Declaration".

"Santiago Declaration" —Statement on Criteria and Indicators for the Conservation and Sustainable Management of Temperate and Boreal Forests

The Governments of Australia，Canada，Chile，China，Japan，Mexico，New Zealand，the Republic of Korea，the Russian Federation and the United States of America，which are participating in the Working Group on Criteria and Indicators for the Conservation and Sustainable Management of Temperate and Boreal Forests（"Montreal Process"）and whose countries contain a significant portion of the world's temperate and boreal forests：

Recognizing that the sustainable management of all types of forests，including temperate and boreal forests，is an important step to implementing the Statement of Forest Principles and Agenda 21，adopted by the United Nations Conference on Environment and Development（UNCED），held in Rio de Janeiro in June 1992，and is relevant to the United Nations conventions on biological diversity，climate change and desertification，

---

† 1995 Montreal Process，Canadian Forest Service 此蒙特利尔国际进程"温带与北方森林保护与可持续经营的标准指标体系"是蒋有绪作为发起国中国的专家，与参与国的专家共同讨论起草完成。

Also recognizing the value of having an internationally accepted understanding of what constitutes sustainable management of temperate and boreal forests, and the value of agreed criteria and indicators for sustainable forest management in advancing such an understanding,

Mindful that the application of agreed criteria and indicators will need to take account of the wide differences among States regarding the characteristics of their forests, including planted and other forests, land ownership, population, economic development, scientific and technological capacity, and social and political structure,

Taking note of other international initiatives regarding the development of criteria and indicators for sustainable forest management,

Affirming their commitment to the conservation and sustainable management of their respective forests, and

Having undertaken substantive discussions to develop agreed criteria and indicators for the conservation and sustainable management of temperate and boreal forests,

Endorse the non-legally binding Criteria and Indicators for the Conservation and Sustainable Management of Temperate and Boreal Forests annexed to this Statement as guidelines for use by their respective policy-makers;

Encourage other States which have temperate and boreal forests to consider the endorsement and use of these criteria and indicators;

Note the ongoing nature of the discussion on these criteria and indicators and the need to update the annex as new technical and scientific information and data become available and assessment capability increases; and

Request the Government of Chile, on behalf of the above States, to present this Statement, together with its annex, to the FAO Meeting of Ministers Responsible for Forestry, to be held in Rome, March 16-17, 1995, and the third session of the United Nations Commission on Sustainable Development, to be held in New York, April 11-28, 1995.

Santiago, Chile February 3, 1995

Section 1—Introduction

1.0

Forests are essential to the long-term well being of local populations, national economies, and the earth's biosphere as a whole. In adopting the statement of Forest Principles and Chapter 11 of Agenda 21, the 1992 UN Conference on Environment and Development (UNCED) recognized the importance of sustainably managing all types of forests in order to meet the needs of present and future generations.

1.1

The development of criteria and indicators for the conservation and sustainable management of temperate and boreal forests is an important step in implementing the UNCED Forest Principles and Agenda 21, and is relevant to the UN conventions on biodiversity, climate change and desertification. It is also an important step to furthering the joint commitment made by tropical timber consumer countries in January 1994 to maintain, or achieve by the year 2000, the sustainable management of their respective forests.

1.2

The criteria and indicators listed under Sections 3 and 4 apply broadly to temperate and boreal forests. They are intended to provide a common understanding of what is meant by sustainable forest management. They also provide a common framework for describing, assessing and evaluating a country's progress toward sustainability at the national level. They are not intended to assess directly sustainability at the forest management unit level. As such, the criteria and indicators should help provide an international reference for policy-makers in the formulation of national policies and a basis for international cooperation aimed at supporting sustainable forest management. Internationally agreed criteria and indicators could also help clarify ongoing dialogues related to international trade in products from sustainably managed forests.

1.3

The approach to forest management reflected in the criteria and indicators is the management of forests as ecosystems. Taken together, the set of criteria and indicators suggests an implicit definition of the conservation and sustainable management of forest ecosystems at the country level. It is recognized that no single criterion or indicator is alone an indication of sustainability. Rather, individual criteria and indicators should be considered in the context of other criteria and indicators.

1.4

It should be emphasized that an informed, aware and participatory public is indispensable to promoting the sustainable management of forests. In addition to providing a common understanding of what is meant by sustainable forest management in the temperate and boreal region, the criteria and indicators should be useful in improving the quality of information available not only to decision-makers but also to the general public. This in turn should better inform the policy debate at national and international levels.

1.5

Each country is unique in terms of the quantity, quality, characteristics and descriptions of its forests. Countries also differ in terms of forest conditions relative to national population, such as the amount of forest per capita, the amount reforested annually per capita or the annual forest growth per capita. National circumstances further differ with respect to stages of economic development, land ownership patterns, population patterns, forms of social and political organization，and expectations of how forests should contribute or relate to society.

1.6

Given the wide differences in natural and social conditions among countries，the specific application and monitoring of the criteria and indicators，as well as the capacity to apply them，will vary from country to country based on national circumstances. It is anticipated that individual countries would develop specific measurement schemes appropriate to national conditions to address how data would be gathered. Qualitative terms such as "significant" or "low"，which are used as indicator descriptors in some cases，would also be defined based on national conditions. Despite these differences，efforts should be made to harmonize the approaches of countries to measuring and reporting on indicators.

1.7

Changes in the status of forests and related conditions over time，and the direction of the change，are relevant to assessing sustainability. Therefore，indicators should be understood to have a temporal dimension. This means they will need to be assessed as trends（e.g.，at points in time）or with an historical perspective to establish trends. The monitoring of changes in indicators will be essential to evaluating whether and how progress is being made toward the sustainability of forest management at the national level.

1.8

While it may be desirable to have quantitative indicators that are readily measured or for which measurements already exist，such indicators alone will not be sufficient to indicate the sustainability of forest management. Some important indicators may involve the gathering of new or additional data，a new program of systematic sampling or even basic research. Furthermore，some indicators of a given criterion may not be quantifiable. In cases where there are no reasonable quantitative measures for indicators，qualitative or descriptive indicators are important. These may require subjective judgments as to what constitutes effective，adequate or appropriate national conditions，or trends in conditions，with respect to the indicator.

1.9

Concepts of forest management evolve over time based on scientific knowledge of how forest ecosystems function and respond to human interventions，as well as in response to changing public demands for forest products and services. The criteria and indicators will need to be reviewed and refined on an on-going basis to reflect new research，advances in technology，increased capability to measure indicators，and an improved understanding of what constitutes appropriate indicators of sustainable forest management.

Section 2—Definitions

2.0

Criterion:

A category of conditions or processes by which sustainable forest management may be assessed.

A criterion is characterized by a set of related indicators which are monitored periodically to assess change.

2.1

Indicator:

A measure （measurement） of an aspect of the criterion.

A quantitative or qualitative variable which can be measured or described and which when observed periodically demonstrates trends.

2.2

Monitoring:

The periodic and systematic measurement and assessment of change of an indicator.

2.3

Forest Type:

A category of forest defined by its vegetation， particularly composition， and/or locality factors， as categorized by each country in a system suitable to its situation.

2.4

Ecosystem:

A dynamic complex of plant， animal， fungal and micro-organism communities and the associated non-living environment with which they interact.

Section 3—Criteria and Indicators for the Conservation and Sustainable Management of Temperate and Boreal Forests —Criteria 1-6

3.0

The following six criteria and associated indicators characterize the conservation and sustainable management of temperate and boreal forests. They relate specifically to forest conditions, attributes or functions, and to the values or benefits associated with the environmental and socio-economic goods and services that forests provide. The intent or meaning of each criterion is made clear by its respective indicators. No priority or order is implied in the alpha-numeric listing of the criteria and indicators.

3.1　Criterion 1：Conservation of biological diversity

Biological diversity includes the elements of the diversity of ecosystems, the diversity between species, and genetic diversity in species.

Indicators：

Ecosystem diversity

a. Extent of area by forest type relative to total forest area-（a）；

b. Extent of area by forest type and by age class or successional stage-（b）；

c. Extent of area by forest type in protected area categories as defined by IUCN[2] or other classification systems-（a）；

d. Extent of areas by forest type in protected areas defined by age class or successional stage-（b）；

e. Fragmentation of forest types-（b）.

Species diversity

a. The number of forest dependent species-（b）；

b. The status（threatened, rare, vulnerable, endangered, or extinct）of forest dependent species at risk of not maintaining viable breeding populations, as determined by legislation or scientific assessment-（a）.

Genetic diversity

a. Number of forest dependent species that occupy a small portion of their former range-（b）；

b. Population levels of representative species from diverse habitats monitored across their range-（b）.

3.2　Criterion 2：Maintenance of productive capacity of forest ecosystems

Indicators：

a. Area of forest land and net area of forest land available for timber production-（a）；

b. Total growing stock of both merchantable and non-merchantable tree species on forest land available for timber production-（a）；

c. The area and growing stock of plantations of native and exotic species-（a）；

d. Annual removal of wood products compared to the volume determined to be sustainable-（a）；

e. Annual removal of non-timber forest products（e.g. fur bearers, berries, mushrooms, game）, compared to the level determined to be sustainable-（b）.

3.3　Criterion 3：Maintenance of forest ecosystem health and vitality

Indicators：

a. Area and percent of forest affected by processes or agents beyond the range of historic variation, e.g. by insects, disease, competition from exotic species, fire, storm, land clearance, permanent flooding, salinisation, and domestic animals- (b);

b. Area and percent of forest land subjected to levels of specific air pollutants (e.g. sulfates, nitrate, ozone) or ultraviolet B that may cause negative impacts on the forest ecosystem- (b);

c. Area and percent of forest land with diminished biological components indicative of changes in fundamental ecological processes (e.g. soil nutrient cycling, seed dispersion, pollination)and/or ecological continuity(monitoring of functionally important species such as fungi, arboreal epiphytes, nematodes, beetles, wasps, etc.) - (b) .

3.4　Criterion 4：Conservation and maintenance of soil and water resources

This criterion encompasses the conservation of soil and water resources and the protective and productive functions of forests.

Indicators：

a. Area and percent of forest land with significant soil erosion- (b);

b. Area and percent of forest land managed primarily for protective functions, e.g. watersheds, flood protection, avalanche protection, riparian zones- (a);

c. Percent of stream kilometres in forested catchments in which stream flow and timing has significantly deviated from the historic range of variation- (b);

d. Area and percent of forest land with significantly diminished soil organic matter and/or changes in other soil chemical properties- (b);

e. Area and percent of forest land with significant compaction or change in soil physical properties esulting from human activities- (b);

f. Percent of water bodies in forest areas (e.g. stream kilometres, lake hectares) with significant variance of biological diversity from the historic range of variability- (b);

g. Percent of water bodies in forest areas (e.g. stream kilometres, lake hectares) with significant variation from the historic range of variability in pH, dissolved oxygen, levels of chemicals (electrical conductivity), sedimentation or temperature change- (b);

h. Area and percent of forest land experiencing an accumulation of persistent toxic substances- (b) .

3.5　Criterion 5：Maintenance of forest contribution to global carbon cycles

Indicators：

a. Total forest ecosystem biomass and carbon pool, and if appropriate, by forest type, age class，and successional stages-（b）；

　　b. Contribution of forest ecosystems to the total global carbon budget，including absorption and release of carbon（standing biomass，coarse woody debris，peat and soil carbon）-（a or b）；

　　c. Contribution of forest products to the global carbon budget-（b）.

3.6　Criterion 6: Maintenance and enhancement of long-term multiple socio-economic benefits to meet the needs of societies

Indicators：

Production and consumption

　　a. Value and volume of wood and wood products production，including value added through downstream processing-（a）；

　　b. Value and quantities of production of non-wood forest products-（b）；

　　c. Supply and consumption of wood and wood products，including consumption per capita-（a）；

　　d. Value of wood and non-wood products production as percentage of GDP-（a or b）；

　　e. Degree of recycling of forest products-（a or b）；

　　f. Supply and consumption/use of non-wood products-（a or b）.

Recreation and tourism

　　a. Area and percent of forest land managed for general recreation and tourism，in relation to the total area of forest land-（a or b）；

　　b. Number and type of facilities available for general recreation and tourism，in relation to population and forest area-（a or b）；

　　c. Number of visitor days attributed to recreation and tourism，in relation to population and forest area-（b）.

Investment in the forest sector

　　a. Value of investment，including investment in forest growing，forest health and management，planted forests，wood processing，recreation and tourism-（a）；

　　b. Level of expenditure on research and development，and education-（b）；

　　c. Extension and use of new and improved technologies-（b）；

　　d. Rates of return on investment-（b）.

Cultural，social and spiritual needs and values

　　a. Area and percent of forest land managed in relation to the total area of forest land to protect the range of cultural，social and spiritual needs and values-（a or b）；

　　b. Non-consumptive use forest values-（b）.

Employment and community needs

　　a. Direct and indirect employment in the forest sector and forest sector employment as a proportion of total employment-（a or b）；

　　b. Average wage rates and injury rates in major employment categories within the forest sector- （a）；

c. Viability and adaptability to changing economic conditions, of forest dependent communities, including indigenous communities- （b）；

d. Area and percent of forest land used for subsistence purposes- （b）.

1: Indicators followed by an "a" are those for which most data are available. Indicators followed by a "b" are those which may require the gathering of new or additional data and/or a new program of systematic sampling or basic research.

2: IUCN categories include: Ⅰ. Strict protection, Ⅱ. Ecosystem conservation and tourism, Ⅲ. Conservation of natural features, Ⅳ. Conservation through active management, Ⅴ. Landscape/Seascape conservation and recreation, Ⅵ. Sustainable use of natural ecosystems.

Section 4—Criteria and Indicators for the Conservation and Sustainable Management of Temperate and Boreal Forests —Criterion 7

4.0

Criterion 7 and associated indicators relate to the overall policy framework of a country that can facilitate the conservation and sustainable management of forests. Included are the broader societal conditions and processes often external to the forest itself but which may support efforts to conserve, maintain or enhance one or more of the conditions, attributes, functions and benefits captured in criteria 1-6. No priority or order is implied in the listing of the indicators.

4.1 Criterion 7: Legal, institutional and economic framework for forest conservation and sustainable management

Indicators:

*Extent to which the **legal framework** (laws, regulations, guidelines) supports the conservation and sustainable management of forests, including the extent to which it:*

a. Clarifies property rights, provides for appropriate land tenure arrangements, recognizes customary and traditional rights of indigenous people, and provides means of resolving property disputes by due process;

b. Provides for periodic forest-related planning, assessment, and policy review that recognizes the range of forest values, including coordination with relevant sectors;

c. Provides opportunities for public participation in public policy and decision-making related to forests and public access to information;

d. Encourages best practice codes for forest management;

e. Provides for the management of forests to conserve special environmental, cultural, social and/or scientific values.

*Extent to which the **institutional framework** supports the conservation and sustainable management of forests, including the capacity to:*

a. Provide for public involvement activities and public education, awareness and extension programs, and make available forest-related information;

b. Undertake and implement periodic forest-related planning, assessment, and policy review including cross-sectoral planning and coordination;

c. Develop and maintain human resource skills across relevant disciplines;

d. Develop and maintain efficient physical infrastructure to facilitate the supply of forest products and services and support forest management;

e. Enforce laws, regulations and guidelines.

*Extent to which the **economic framework** (economic policies and measures) supports the conservation and sustainable management of forests through:*

a. Investment and taxation policies and a regulatory environment which recognize the long-term nature of investments and permit the flow of capital in and out of the forest sector in response to market signals, non-market economic valuations, and public policy decisions in order to meet long-term demands for forest products and services;

b. Non-discriminatory trade policies for forest products.

*Capacity to **measure and monitor** changes in the conservation and sustainable management of forests, including:*

a. Availability and extent of up-to-date data, statistics and other information important to measuring or describing indicators associated with criteria 1-7;

b. Scope, frequency and statistical reliability of forest inventories, assessments, monitoring and other relevant information;

c. Compatibility with other countries in measuring, monitoring and reporting on indicators.

*Capacity to conduct and apply **research and development** aimed at improving forest management and delivery of forest goods and services, including:*

a. Development of scientific understanding of forest ecosystem characteristics and functions;

b. Development of methodologies to measure and integrate environmental and social costs and benefits into markets and public policies, and to reflect forest-related resource depletion or replenishment in national accounting systems;

c. New technologies and the capacity to assess the socio-economic consequences associated with the introduction of new technologies;

d. Enhancement of ability to predict impacts of human intervention on forests;

e. Ability to predict impacts on forests of possible climate change.

Appendix—Explanatory Notes on Selected Criteria and Indicators

The following explanatory notes provide a further explanation or "rationale" as to what is meant by selected criteria and indicators and why they are considered important to assessing forest conservation and sustainable management. As noted in paragraph 1.3, "no single criterion or indicator is alone an indication of sustainability. Rather, individual criteria and indicators should be considered in the context of other criteria and indicators."

3.1　Criterion 1: Conservation of biological diversity

The ultimate objective of the conservation of biological diversity is the survival of species and the genetic variability within those species. Viable breeding populations of species and their natural genetic variation are part of interdependent physical and biological systems or processes-communities or ecosystems. The condition and distribution of forest communities are important to fundamental ecological processes and systems and the future of biological diversity associated with forests.

Ecosystem diversity

a. Ecological processes and viable populations of species that are characteristic of forest ecosystems are usually dependent on a contiguous ecosystem or ecosystems of a certain minimum size. Genetic diversity within a species population depends on the maintenance of subpopulations and the existence of forest ecosystems that cover a large part of their natural range. Forests may constitute all or a part of the habitat necessary to the survival of a species.

b. Ecological processes and the species associated with those processes, within any forest ecosystem or forest type, are associated with vegetative structures (age of the vegetation, its diameter, and height) and successional stages (variable species of vegetation).

c. The amount of a forest ecosystem reserved in some form of protected area is a measure of the priority being placed on maintaining representative areas of that forest ecosystem by society.

d. The fragmentation of a forest type into small pieces may disrupt some ecological processes and availability of habitat. Such fragments of forest may be too small to maintain viable breeding populations of species. Distances between forest fragments can interfere with pollination, seed dispersal, and wildlife movement between patches of forest and breeding.

e. Ultimately, excessive fragmentation can contribute to the loss of plant and animal species that are unable to adapt to these conditions. In areas converted in the past to agricultural purposes, remnant forest fragments of the original forest cover may provide refuges for many, although not all, components of the original diversity.

Species diversity

a. Surveys of species numbers are necessary in order to estimate biological diversity.

b. Ecological processes and the species associated with those processes, within any forest type, may vary according to the extent, condition, or fragmentation of that forest type.

Genetic diversity

a. Forest dependent species with low population levels or significantly reduced range run the risk of losing important genetic traits（alleles）from their gene pools. In the case of species with a dispersed natural range，this can happen at the level of locally adapted subpopulations （provenances），resulting in a reduced ability by species to adapt to environmental changes.

b. Monitoring the population levels of species representative of identified habitats，or ecosystems，across their range provides an indicator of the ability of those habitats to support other species，and subpopulations of those species，dependant on similar habitat.

3.2　Criterion 2：Maintenance of productive capacity of forest ecosystem

a. In many countries，traditional calculation of potential production of timber products is based on the forest area available for the production of commercial forest products. In those countries，forest lands are not available for timber harvesting if they do not meet minimal acceptable regeneration standards，minimal acceptable economic growing rates，or accessibility. High spiritual，recreational，scientific，or educational values may also be deemed a higher priority than commodity production. Comparison of net forest land available for timber production to total forest land will provide a measure of the suitability or availability of the forests for commercial forest production to meet society's demands for wood products. In reference to managed forests，some feel this is also an indicator of forest areas whose ecological or genetic character may be different.

b. Measurements of merchantable and non-merchantable growing stock provides an indication of timber supply opportunities.

c. Planted forests can be an important source of forest products and can replace or augment the use of natural forests for the production of wood and non-wood forest products. In other countries，natural forest management is used as an alternative to planted forests. The area of forest plantations provides one measure of forest management efficiency and reduced future dependence on natural forests for the production of commercial forest products. In addition，some feel this is also an indication of forest areas whose ecological and genetic character may be different. However，many planted forests have been established to reclaim degraded lands where the ecological and genetic character of the original forest had been lost.

d. Monitoring the volume of wood and non-wood forest products annually removed relative to the amount which could be removed sustainably provides an indication of a forest's ability to provide a continuing supply of forest products and economic and forest management opportunities.

3.3　Criterion 3：Maintenance of forest ecosystem health and vitality

a. People have multiple effects on forest ecosystems. Human impacts include land conversion，harvesting，species introductions，suppression of natural fire cycles and floods，and the introduction of nonnative species especially pathogens. These in turn influence ecological processes and ultimately forest dependent plant and animal species.

b. Air pollutants are suspected to have a significant cumulative impact on forest ecosystems by affecting regeneration, productivity, and species composition. Correlating forest inventory and health statistics with air pollution data will provide more information on the effects of these pollutants. Increased ultraviolet radiation, caused by changes in the earth's atmosphere, also has been shown to damage plants.

c. The monitoring of forest structure or macro species such as vertebrates (criterion 1) will tend to detect changes in ecological processes decades after they have begun. Monitoring very short-lived species associated with specific ecological processes such as decomposition and nutrient cycling provides a more immediate indication of changes in ecological processes with potential importance to forests.

3.4　Criterion 4: Conservation and maintenance of soil and water resources

a. The soil resource is a basic component of all terrestrial ecosystems. The loss of soil will influence the vitality and species composition of forest ecosystems. Extensive areas of soil erosion can have a major effect on aquatic ecosystems associated with forests, recreational opportunities, potable water supplies and the life span of river infrastructure such as dams.

b. This indicator provides a measure of forest land allocated primarily for the protection of valuable environmental amenities associated with clean air, water, soil, flood and avalanche protection, etc. (public health and safety functions).

c. Forests are an important part of the earth's hydrological cycles. They are particularly important in the regulation of surface and ground water flow. Changes in historic stream flow and the timing of flow, resulting in flooding and/or dewatered streams, can reflect on the health of aquatic ecosystems and the management and conservation of associated forest areas and downstream agriculture areas.

d. Soil organic matter is important for water retention, carbon storage, and soil organisms and is an indication of soil nutrient status. Changes in soilorganic matter can affect the vitality of forest ecosystems through diminished regeneration capacity of trees, lower growth rates, and changes inspecies composition.

e. Nutrient and water availability to forest vegetation is dependent on the physical ability of roots to grow and access nutrients, water and oxygen from the soil. This in turn is dependent on soil texture and structure. Subsurface hydrology can also be affected by soil compaction resulting from extensive human activities.

f. This is frequently a measure of benthos populations, e.g. organisms that live at the bottom of water bodies. Benthos fauna are sensitive to a variety of possible changes in aquatic ecosystems such as silt, oxygen levels, and temperature. These changes may be the result of changes in upland forest areas.

g. Monitoring water quality over large areas serves as an initial indication that activities inside or outside a forest area may be affecting ecosystem health.

3.5　Criterion 5：Maintenance of forest contribution to global carbon cycles

a. The accumulation of biomass as living vegetation, debris, peat, and soil carbon(carbon pool) is an important forest function in regulating atmospheric carbon. The production rate of biomass is also a measure of forest health and vitality.

b. The ecological and sustainable management of production forests and the long lasting use of forest products can be a factor in controlling the amount of carbon entering the world's atmosphere.

《持续林业》小议[†]

  近年来，常有"持续农业"和"持续林业"之称，表明一种现代农业、林业的涵义. 这主要源于近年来对世界人类生存问题的讨论中经常应用"持续发展战略"，并把"生物圈的持续发展"作为人类生存的重大问题之一，这是有国际研究背景的，是许多科学家作为共识提出来的，这点将在本文稍后加以简述。这对理解"持续林业"是有益的. 但是，应当说. "持续农业"或"持续林业"的用法并不理想，或者说过于简化，难以理解其核心的内涵。较准确的说法，应该是"持续发展的林业"。

  "持续"只是一种过程的延续。持续什么，并没有表明。过去，对自然资源或国民经济生产，常用"持续增长"和"持续发展"，两者很相似，但意义并不相同。世界银行著名经济学家 E. 德里曾指出："增长"是指通过物质积累成增加而在规模上的自然增加，"发展"则是指潜力的扩大或实现，不断完善、壮大或达到良性状态，简言之，增长是物理规模在数量上的增加。而发展则是质量的改善或潜力的释放。就一个系统来讲，例如经济系统，可以有增长而无发展，或有发展而无增长。也可两者并存或两者皆无。从人类需求角度来评估，在一定条件下，可能并不追求数值的不断增长，而动态平衡可能是最佳状态。对森林资源来讲也是一样。地球上的森林资源在数量上不可能无限地不断增长，而作为森林生态经济系统，则要求它不断适应环境，健全其自身发展机制与功能。因此。生态学家和生态经济学家主张使用"持续发展"的术语与概念，因此，在有了实际理解涵义的基础上，应用"持续林业"的名称未尝不可，但必须清楚阐明其理论涵义、内容和目标。

  为什么自然科学家和社会经济学家都提出"持续发展战略"？1987 年联合国世界环境与发展委员会"我们共同的未来"报告中就提出"维护资源、保护环境和开辟持续发展的道路"。1992 年巴西世界环境与发展大会的"21 世纪议程"文件中明确提出要将可持续能力纳入经济管理，众所周知，人类是依靠生物圈的自然和人工生态系统来满足他们对粮食、居住、衣物、洁净空气和水的需要，而随着人口急剧膨胀和仍在继续增长的趋势，它对地球上的生态系统施加超额的、越来越过重的需求压力。即使那一天人口处于平衡状态，对提高自身生活质量的巨大压力也会过度耗竭地球上的自然资源和损坏人类生存的环境。为了阻止或逆转生物资源和环境的退化，人类必须保持生物圈的持续性，即生物圈的资源与环境的良性循环。如今，在政治、社会经济领域，以及农业、林业、其他资源管理都在走向统一的目标-即持续发展的生物圈。

  "持续林业"（持续发展的林业）与其把它作为一种林业模式（或强调为新的林业模式），不如认为是在当今条件（人口资源、环境、社会、经济条件）下对林业的战略目标要求和由此目标而来的林业战略任务。它不可能作为一种具体的林业模式。正如，目

---

† 蒋有绪，1996。

前对农业新模式的争论，曾产生过许多新的称谓，如"有机农业""生态农业""立体农业"等等，现在又有试图以"持续农业"来顶替上述各类农业模式，作为一种新的、最完善的农业模式提出来，并为之引起争论。我认为，国外所用的"持续农业"不可能是一种具体的农业模式（结构模式，经营模式等）这种争论是不必要的。我希望林业界不产生这种断林业模式之争。

持续发展的林业的战略目标，应当与当今的持续发展的生物圈目标一致。因为森林生态系统在生物圈（或在陆地生态系统）中是很重要的，面积较广大的、具有其特殊功能的生态系统，林业作为一个大的生态经济系统，在人类生态经济系统中也是一个重要的子系统。在生物圈持续发展中森林或林业的持续发展将是一个十分举足轻重的组成部分，即生物圈的持续发展将在很重要程度上有赖于森林或林业的持续发展。持续发展生物圈的目标是：①要减轻人类社会对自然资源与环境的巨大压力，并使之逐步满足人类社会对两者的需求。因此，必须首先努力做到对可更新的自然资源，使收获率与更新率相等（对不可更新资源将是十分节约有效的利用），对环境则使生物圈的废弃物排放率相等于生物圈的吸收能力，这样才能保证资源与环境不会继续恶化，在此基础上，并发展使之逐步满足人类对两者的需求；②为实现上述目标，则要求生物圈不断完善和健全其自我维持、自我发展的能力，即必须在认识生物圈功能规律和运用现代科学知识的基础上，充分发挥其潜在的自组织能力，这样才谈得上质量的改善、潜力的释放和达到良性状态。对生物圈的各种可更新资源和生态系统（生态经济系统）应当都要求按这个战略目标努力，才能使生物圈整体达到此战略目标。这是一个为人类生存的很长期的战略目标，至于具体的经营模式或战术模式，由于在今后几个世纪人类社会对资源与环境的需求关系格局的变化还很难预料，因此很难有固定的不变的经营模式，只能有近期的经营模式。对林业来讲，近期的模式是至少还应当包括森林资源的持续增长，这也许在相当长的时期是如此，但也许在某个时期，会不必强调这个量的目标。而在人类新的需求上有高层次的质的要求。由于森林并不是一般的可更新自然资源，它在环境功能上有特殊价值（如对过量 CO_2 和其他生物圈废弃物的吸收功能，和促进环境质量改善的其他功能等），因此，对持续林业的目标可描述如下：①应首先努力做到森林资源的收获利用率相等于更新率，并使之逐步满足人类对森林在物质与环境功能上的需求，以有利于生物圈的持续发展和人类未来的生存与发展；②为此，要在认识森林功能规律和运用林业现代科学技术知识基础上完善林业生态经济系统的自我发展能力，充分发挥其潜在的自组织能力，使林业以良性状态，不断适应人类对它的需求。

当今，世界三大人类生存问题（全球气候变化、生物多样性保护和生物圈的持续发展）都与森林有密切关系。三个问题的改善都寄希望于林业建设。因此，现代林业必须在解决人类社会对林产品的需求之外对这三方面有所贡献。现代林业（仍以"持续林业"称呼）的战略任务应当是：①扩大森林作为 CO_2 "汇"的能力，减少"温室效应"，以遏止或缓和地球的暖化；②恢复和发展森林景观、生态系统、物种和遗传基因的多样性；③优化森林生态系统的结构与功能，以利于生物圈的稳定与发展；④丰富林产品，满足社会的物质需求；⑤充分发挥森林的休憩、保健作用，满足人们身心健康与精神享受的需求。

要实现上述林业战略任务，仍然需要从林业建设的日常工作做起，如扩大森林资源，但需要注意优化森林的结构、增加森林的多层次上的多样性；增加木材和其他森林产品，包括深层次的加工，以丰富多样的、优质的物质产品满足人类需要；加强自然保护区建设和野生动植物资源的保护，森林孕育的动植物及其遗传基因的利用，将是人类未来的物质需求重要和巨大的源泉；加强环境效能型的林业建设，以改善区域环境和增强区域性抗御自然灾害能力，增强国土保安，保障国民经济；美化绿化城乡环境，为人们提供精神和身心的享受等等。至于，什么条件，什么阶段，以什么为主导，要完全视全球和国家的社会发展需求而有不同设计与安排。

过去所提及的不少新林业的模式，如立体林业、生态林业、林业分工论、农林复合经营等等，我想，只要符合持续发展林业的目标和任务的原则、方法和途径，都是可取的。凡是不符合持续发展林业的目标和任务的做法（如重采轻造，浪费性的资源利用等）则必需摒弃。因此，对于"持续林业"的积极意义主要是战略上的，但是其重要性却是第一位的，这样才能把握住现代林业的重要社会使命，不发生战略性错误而不利于人类生存的根本利益。

国际森林可持续经营的标准与指标体系研制的进展[†]

近 5 年来，世界上关于森林可持续经营思想的发展极为迅速，目前这一思想已广泛为世界林业组织和许多国家政府所接受，并且一些世界林业组织和国家正在探索着以其指导林业实践活动。为此，首先要定义什么是"森林可持续经营"（Sustainable forest management），明确它的目标是什么，并提出衡量它的标准与指标，以及度量、测定各项标准和指标的方法。然后，才有可能对一个森林集水区，一个林区乃至一个国家的森林经营现状和达到可持续经营的目标作出恰当的评估，继而才能采用森林经营的技术和手段，并取得林业经济政策、法规和社会经济、科学研究教育等方面的支持，来努力实现可持续经营的目标，即进入森林可持续经营的标准与指标的实施时期。目前，世界上正处于森林可持续经营标准与指标体系的研制高潮，而对其实验性的实施只处于试点示范的阶段。

1 森林可持续经营思想发展的近况[1]

这里不准备介绍"可持续发展"思想的发展过程，因为已有不少论著和文章详细谈到过。就林业而言，1981～1990 年的状况是十分令人担忧的，例如，非洲国家的森林面积平均每年以 0.7%～1.0%的速度递减，南亚是 0.8%，东南亚大陆是 1.5%，中美和墨西哥是 1.4%，热带南美是 0.7%，温带北美是 0.7%，而人工造林面积则微乎其微。在此期间，森林生物多样性也在减少，非洲雨林平均每年递减 0.8%，亚洲雨林 1%～2%，美洲雨林 0.4%；对落叶林来讲，非洲是 0.8%，亚洲是 1.2%，美洲 1.0%；世界雨林生物多样性平均每年减少 0.5%，落叶林是 0.9%。预计在 2015 年之前，世界每年将丧失 8000～28 000 个物种。这一严峻的事实说明，不但森林资源本身的不断减少使木材及木材产品的短缺越来越严重，而且森林面积的减少和生物多样性急剧下降还会使全球温室效应和气候变暖过程加剧，从而对全球生态环境产生严重的影响，对人类未来的生存形成了威胁。因此从 1980 年起，一些有关的世界组织，如热带林业行动计划（TFAP）、国际热带木材协议（ITTA）、国际野生动植物濒危种贸易会议（CITES）、巴西热带雨林保护计划等都开始致力于调整林业政策，要保持热带林可持续发展，联合国环境与发展计划也在约束性和非约束性的林业活动方面加强活动。这些努力最后为 1992 年的世界环境与发展大会提出了一系列的文件（如森林原则声明、21 世纪议程、生物多样性公约、全球气候变化框架条约、防治荒漠化条约等），都包含了加强森林资源保护和合理利用及对森林可持续经营的要求。

两个世界的大基金组织，即全球环境基金（GEF）和 UNDP 的 21 Capacity（CCNEP），

---

† 蒋有绪，1997，世界林业研究，（2）：9-14。

将支持实施 21 世纪议程，前者已为许多人所熟悉，后者支持的原则是，21 世纪议程项目的设计和实施及多学科和部门的行动应主要依靠现有机制（不支持需新建的机制等），计划 40 个参加国每年约可获 50 万美元的基金支持[2]。

在世界环发大会后的 4 年里，森林可持续经营进入了一个实质性的阶段。首先是对森林可持续经营的标准与指标体系展开了国际性广泛的研讨和协调行动，一些国家制定了国家级标准与指标，少数国家开始了示范区的实验性实施。世界上目前主要国际性的森林可持续经营的标准与指标研讨和协调行动，计有蒙特利尔行动（温带与北方森林保护与可持续经营标准和指标工作组），始于 1993 年，参加研讨的国家有澳大利亚、加拿大、智利、中国、日本、韩国、墨西哥、新西兰、俄罗斯和美国；赫尔辛基行动（欧洲联盟国家政府间行动，由欧洲森林保护的部长会议主持）；森林政府间工作组（IWCF），是以马来西亚，加拿大为主，计有 15 个国家参加，始于 1994 年，主要在于加强北方用材国和南方出材国之间的协调联系，还包含 3 个政府组织和 4 个非政府组织参加；印度-英联邦行动，始于 1994 年，属于英联邦国家间的协调；森林管理委员会（FSC，即 Forest Stewardship Commission on Forests），主要由欧洲和北美等木材进口国发起，与木材出口国间自愿的组织，始于 1994 年，也涉及生态和社会的标准；森林和可持续发展的世界委员会（WSFSD，World Commission on Forests and Sustainable Development），是由瑞典和印尼主持的非政府途径；野生动物基金会（WWF）、世界热带木材组织（ITTO）等也在制定标准与指标；国际林业研究中心（CIFOR）1994 年 12 月开展了可持续森林经营的国际对话，有世界各国 50 余名代表参加，发表了相应文件，CIFOR 还组织了在加拿大、印尼、巴西和非洲的森林可持续经营标准和指标实施的实验示范。与此项发展有关的还有联合国粮农组织（FAO）的林业部长会议。1993 年 5 月举行了首次会议，每年召开审讨这方面的进展，特别是 1995 年 2 月召开了国际森林可持续经营标准与指标的协调会议，专门审议和比较分析了现有世界国际性的行动，并提出了协调指导性的报告。其他非政府间组织的活动还有"世界雨林行动"，世界热带林土著部落对热带土著区停止采伐的活动等等。由上可见，这方面的研讨是十分活跃和频繁的。但这方面的成果最终都要反馈到联合国可持续发展委员会（CSD），取得它的支持和认可，特别是各个行动具体的标准与指标体系也要反馈到国际标准化组织（International Organization for Standardization，ISO），得到它的认可[3]。

2　建立森林可持续经营标准与指标体系的意义[4-7]

要达到森林可持续经营的境界，首先遇到的是它的标准有哪些，各项标准又由哪些具体的指标来表述。同时，标准和指标不仅是衡量森林可持续经营本身所需要，国际上普遍认为，标准还具有作为重要政策和信息的工具作用。它们可向决策者提供信息的基础、成本效益数据采集和分析，有助于决策者在各个层次上把林业经营目标集中在可持续发展上，特别有助于结合向主要政策的目标设置提供一个行动路线，和评价该政策和措施的有效性。标准和指标是一种用智慧和克制来支持人类所需要的变化趋势。因而标准乃是人类信息金字塔上最高级的层次，是影响决策者行动的信息的结晶和精华。

标准与指标要具有反映事物本身特征的真实性，如反映森林特征或森林外部条件的真实性，即 authenticity；要有明确的涵义和可度量性，即标准与指标的明确性 Clarity和可应用性 applicability；要有方便性 feasibility，即尽可能采用已有的、为公众所熟悉的度量技术等；要成一个体系，即各项指标构成一个标准，几个标准构成一个整体衡量的体系；要有一定的灵活性 flexibility，因为任一标准和指标，都有一定的时效性和变化趋势，即任何标准和指标都是在一定条件下、一定目标下采用的。这就要求我们在必要时要作为趋势来估量（历史的、现实的），不要根据一时静态的值来衡量，因此，指标变化的动态监测是国家水平评价森林可持续经营目标的基础。另外，还提醒我们，选用什么标准和指标也不是一成不变的，在这个国家可能用这一标准和指标，在另一个国家可能不用；在这个时期可能采用某一标准或指标，而在另一个时期就不采用。

3　森林可持续经营的定义

从目前国际文献上见到的一些提法，根据其概念涵义，可以下图来表示其关系：

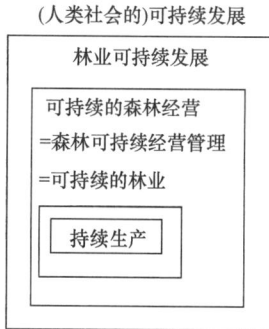

（人类社会的）可持续发展

林业可持续发展

可持续的森林经营

=森林可持续经营管理

=可持续的林业

持续生产

国际上对人类社会、经济区域一般用可持续发展，而在林业上具体用可持续经营，可持续林业就是林业可持续经营的同义语。有用"为可持续发展的林业"，意思指为人类可持续发展服务或做出贡献的林业，当然指在林业持续经营的基础上，对目标要求更高一些。而持续收获，或称永续利用，则是过去的概念，现在一般不用。持续增长也被认为是不恰当的术语，因为不可能要求任何事物都持续增长。而发展一词的涵义则不限于数量的增长，或不一定指数量的增长，而是事物整体的完善。

我们可以找到几个重要文本，看看森林可持续经营的定义：

《森林原则声明》　森林资源和林地应当可持续地经营以保障现代和下一代人们的社会、经济、生态、文化和精神的需求。这些需求是森林产品和服务，如木材、木材产品、水、食物、饲料、药品、燃料、庇荫、就业、休憩、野生动物生境、景观多样性、碳库和自然保护区，以及其他森林产品。应该采用适宜的措施来保护森林免遭污染的有害影响，如源于大气的污染、火、病虫害等，来保持森林充分的多种价值。

《热带森林可持续经营》（联合国粮农组织）　最广义地讲，森林经营是在一个技术含意和政策性可接受的整个土地利用规划框架内有关森林保护和利用方面处理行政的、经济的、社会的、法规的、技术的问题。

《赫尔辛基行动，欧洲森林保护部长会议》　可持续经营表示森林和林地的管理和利用处于以下途径和方式：即保持它们的生物多样性、生产力、更新能力、活力和现在、将来在地方、国际和全球水平上潜在地实现有关生态、经济和社会的功能，而且不产生对其他生态系统的危害。

《ITTO》　可持续森林经营是经营永久性的林地过程以达到一个或更多的明确的专门经营目标，考虑到期望森林产品和服务的持续"流"，而无过度地减少其固有价值和未来的生产力，无过度地对物理和社会环境不愿有的影响。

《蒙特利尔行动和 CSCE 研讨会》　可持续森林经营术语用于表述当森林为现代和下一代的利益提供环境、经济、社会和文化机会时，保持和增进森林生态系统健康的补偿性目标。

关于实现森林可持续经营的途径，加拿大和美国等提出了森林生态系统管理。美国在 1995 年"森林和林地资源的长期战略规划"中明确了"管理生态系统——通向可持续性的工具"，其思想构成模式如下：

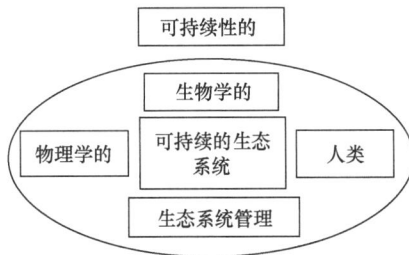

生态系统管理发展过程提式如下：

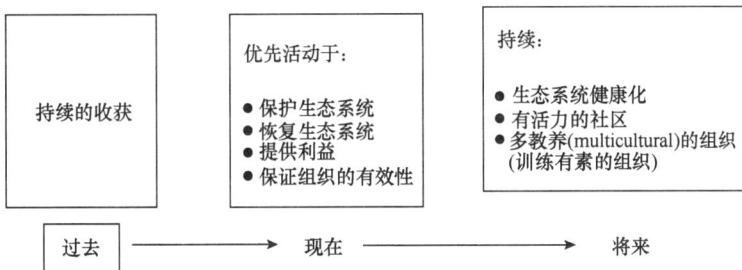

4　标准和指标的发展[8, 9]

标准和指标的定义：标准——用于评价可持续森林经营的条件或过程的类目。标准是由一系列定期监测以评价变化的相关指标所表示的特征。指标——标准的某一方面的度量（测量），可以测量或描述的定量或定性变量，并可定期地观测变化的趋势。

各个行动与组织的标准与指标比较。

4.1　亚马逊行动（Amazonian Process）

国家水平的：社会经济效益（16 个指标）。政策与法规（4），可持续森林的生产（5），森林覆盖和生物多样性保护（8），水土资源的保护和综合管理（4），科学和技术的支撑（6），改进可持续经营的体制能力（8）。

经营单位水平的：法规和体制框架（3），可持续森林生产（5），森林生态系统保护（6），地方社会经济效益（9）。

为全球服务水平的：经济、社会和环境服务（7）。

4.2 蒙特利尔行动

生物多样性保护（9），森林生态系统生产能力的维持（5），森林生态系统健康和活力的维持（3），水土资源的保持和维护（8），森林对全球碳循环贡献的维持（3），满足社会需求的长期多种社会经济效益的保持和加强（19），森林保护和可持续经营的法规、政策和经济体制。

4.3 国际热带木材组织（ITTO）

国际水平的：森林资源基础（5），"流"的连续性（8），环境调控水平（3），社会经济效益（4），体制框架（7）。

森林经营单位水平的：资源安全性（5），木材生产的连续性（8），动植物区系保护（2），环境危害能承受的水平（4），社会经济效益（2），规划和经验调查（2）。

4.4 赫尔辛基行动

（1994 年曾提出 6 个标准 27 个定量指标，1995 年又提出一个具 101 个定性指标的标准体系，现介绍 1994 年的）

森林资源的维持和适当的增长（5），森林生态系统健康和活力的保持（7），森林生产功能（木材和非木材产品）的维持和鼓励（3），森林生态系统生物多样性的保持，保护和适当的增强（7），森林管理（特别是土壤和水）方面防护功能的保持和适当增强（2），其他社会经济功能和条件的保持（3）。

以上可见，各行动和组织的森林可持续经营的标准和指标虽然大同小异，但侧重点不同，细致程度不同。

国际性森林可持续经营的标准与指标是非约束性的，只供参与国参考，具指导性，是共同遵守的原则，但不涉及国家主权和自身的林业管理。国家间涉及利益的斗争还是很剧烈的，第三世界国家不愿在主权和利益问题上受大国的牵制和干扰，这点是很明确的。

我国林业尚未走出困境，尽管已经有了良好的开端，即最近 5 年内森林覆盖率有所提高，森林蓄积也有所增长，但由于林业管理体制仍然不健全，市场机制尚不能充分促进林业自身的发展，因此林业的可持续发展还是一个比较遥远的目标。

从另一方面看，我国林业体制改革和市场经济的进一步发展，也为我国森林可持续发展带来了希望。我国是世界"森林原则声明"的签约国，已经确定了林业发展的 21世纪议程计划，在可持续林业活动中已与国际接轨，在林业部领导下已开始研制森林可持续经营的标准与指标体系，国家水平的已有了一个初稿，今后将会经过充分的讨论、论证予以确定，并付诸试验。此外，由于我国自然地理环境复杂，还需要制定区域性的标准与指标体系。在研制标准与指标体系中，由于我国的特殊性和复杂性，会遇到不少新的问题，如提出新的见解和解决办法，肯定会对国际的森林可持续经营标准与指标的制定和实施做出应有的贡献。

主要参考文献

[1] Criteria and Indicators of Sustainable Forest Management in Canada，A Status Report，June 1994.

[2] Briefing Note for National Forestry Action Programmes，Decenfralized and Participatory Planning，FAO 1995.

[3] Forest Research：A Way Forward to Sustainable Development，CIFOR 1994.

[4] Forest Stewardship Council Ratification Documents 27 Principles and Criteria，FSC 1994.

[5] Forest Quality，Criteria and Indicators，WWF 1994.

[6] Quantifying Forest Quality，A Preliminary Assessment Carried out for WWF International 1995.

[7] The Forest Service Program for Forest and Rangeland Resources：A Long-Term strategic Plan，RPA Program 1995.

[8] Harmonization of Criteria and Indicators for Sustainable Forest Management，FAO/ITTO Expert Consultation 1995.

[9] Criteria and Indicators for Conservation and Sustainable Management of Temperate and Boreal Forests，Montreal process 1995.

论江苏省扬中市景观生态建设[†]

1 引 论

1.1 扬中市的生态环境特点

扬中市由太平洲、中心沙、雷公嘴和小泡沙大小 4 个沙洲岛组成,属长江三角洲冲积平原的一部分,位于长江下游,江苏省南部。东经 119°42′~119°58′,北纬 32°0′~32°9′。全市四周环江,东北与泰兴、江都、邢江隔江相望,西南与丹阳、武进依水相邻。全市周长 120km,南北长 38km,东西宽 10km,最狭处 3.4km,总面积 332km²,陆地面积 228.7km²。

扬中市 4 沙洲中以太平洲为主体,成洲始于东晋时期,经逐渐扩大,方成今日规模。扬中市的自然地理条件有着以下明显的优越性。

(1)地处北亚热带季风气候区,气候温和,雨量充沛,光照充足,无霜期长,雨热同季,适宜于多种作物、树木和草本植物生长,生物生长力较高,有利于发展多种类型的农、林、牧、渔业。

(2)地形为单一圩区,江水环绕,境内地势平坦,冲击土壤肥沃;依托江水,为扬中市带来了富有特色的物产,以盛产“江上三鲜”——河豚、鲥鱼、刀鱼和“江洲三宝”——芦苇、杞柳、竹而著名。

(3)水运便利,由于地扼长江下游黄金水道,上可朔武汉、重庆,下可直抵入海口的东方第一大都市上海;而且,扬中市又居苏南苏北之衔接点而具有重要战略意义,以上是扬中市的经济发展至关重要的“地利”因素。境内港河交错成网,不仅为防洪、排涝、灌溉、航运之需,也成水乡一色。

但从扬中市的生态环境背景考虑,也有如下生态脆弱性。

(1)自然地理的幼年性和不稳定性

扬中市沙洲处于成洲 400 余年幼年期,沙洲仍处于淤积发展的动态过程之中,一方面淤积扩大,一方面却有江水冲蚀之虞。土壤属幼年性黄沙土、黄夹沙土,因沉积时短,含沙量高,由它们构筑的环岛防洪土堤,并不坚固,常受江浪淘蚀堤基,全长 120km 中有 45km 受冲刷严重,堤身外侧常被剥蚀,迫使堤身内移;近年来所筑护坡墙也时有发生侧塌,说明扬中市洲边仍处于不稳定动态变化之中;洲内地势平坦,海拔 3.6~7m,一般 4~4.5m,低于长江洪水期最高水位 7.56m(吴淞高程,下同)1~2.5m,受到长江

---

 † 本文为 1997 年国家 21 世纪绿色工程项目扬中示范区建设规划中第 3 专题内容,由蒋有绪和中国林科院生态环境所王雁执笔,参加人还有内蒙古大学雍世鹏、中国科学院植物研究所王献溥、北京环境保护所金冬霞等,本文曾参考扬中市政府有关规划。

洪泛严重威胁。历史上 1911～1949 年有较大水灾 9 次，1964 年特大洪水成灾，此后，政府大力维修巩固江堤，使 1980 年长江水位 7.41m 和 1983 年长江水位 7.43m 未遭危害，1996 年长江水位 8.04m，已离堤顶不远。可见在江洲与江水的一对相互依存的矛盾中，"生态安全"仍是扬中市极为严重的生态环境问题。

（2）封闭性和缺乏多样性

扬中市江洲四周环水，虽带来生态特色和航运之便，但也带来生态系统的封闭性，与大陆缺乏充分的物质和能量的交换与流通，这不仅是扬中市历史上社会经济发展的约束因素，也给扬中市带来生态上的脆弱性。系统的物质流通只能通过境内水与长江水的交换，使系统的自我平衡和自净能力有限，在凹碟地形条件下，如系统内外水的交换不畅，环境污染的后果将十分严重。当今经济高速发展情况下，水体污染土体污染的加剧过程，明显地暴露了扬中市这一特定条件下的生态脆弱性和有限的环境容量。由于自然地理的幼年性，境内地形平坦一致，从天然植被发育看，与北亚热带应有的陆生物种多样性相差甚远；境内缺乏空间异质性，使大农业生产格局单调均一，缺乏结构的复杂性，导致系统对外部环境的抗逆性不强。

1.2 当前社会经济发展下的生态环境问题

1.2.1 扬中市社会经济发展现状

近些年来，扬中市的经济和社会发展速度很快，1990～1995 年，国内生产总值年均递增 37.4%，1995 年人均国内生产总值达 1.45 万元；1990～1995 年，工农业总产值年均递增 37%。主要是全年乡镇工业迅速发展，占据了扬中市经济的主导地位，形成了电子、机械、化工、轻纺、塑料、冶金、食品、印刷、建材和工艺品 10 大支柱产业，不少产品畅销全国。乡镇工业的总产值已占全市工业总产值的 82.7%。农业生产品有增长，1996 年农业总产值 5.71 亿元（其中种植业 79.2%，多种经营 20.9%），但农业产值在国内生产总值和工农业总产值的比重却在减小。第三产业近些年来得到了长足发展，以 1994 年看，一、二、三产业结构的比例为 10.1：66.4：23.5，产业结构相对合理。第三产业比重提高反映了人民生活消费增长，商业繁荣兴旺。此外，扬中市文化教育、卫生事业也有较迅速的发展，社会经济有了比较全面健康的进步。

1.2.2 突出的生态环境问题

然而，扬中市高速的经济发展，也带来了比较严重的生态环境问题，其中比较突出的是：

1.2.2.1 水体污染严重

长江扬中段水质总体上达地面水国家标准 II 类水质，而境内同江港的水质为地面水国家标准III类水质，穿村绕埭的小河道往往成为水流不畅、严重富氧化，甚至厌氧发酵的死水。全市河流污染的特征是，通江港水表现以化学耗氧量、pH、石油类、酚类和重金属离子等污染参数为主；细河道以生化需氧量、氨、氮等参数为主。水体污染的主要原因是：①村镇工业的大量超标废水进入河内；②全市河道底泥沉积严重，尤以村前埭后的细河道已因居民点自来水化，失去提供饮用生活水的功能，而成了丢废生活垃圾、排放生活污水的臭水沟；③传统耕作方式改变，不再使用农家肥料，原可作为肥源的城镇有机废弃物、生活废水直接排入水体，养殖业排污换水也直接进入水体；④大量使用化肥和农药，使用不当的过多的氮素造成水质氨氮量高，大量农药化了水体。扬中市的半封闭环境致使水体污染导致土体污染，并使污染的危害产生长期滞留和浓聚的后果。

1.2.2.2　生物多样性下降和自然景观单一化向人工景观单一化发展

环境污染不仅给扬中市人民的生活健康带来直接的影响，而且通过生物多样性的下降间接地使人类自然生存环境质量随之下降。扬中市原先的生物多样性由于其自然地理的限制性本来就并不高，但 60 年代在细河道内处处可见的小鱼虾（如小河豚等）全然不见，代之的是反映富氧化的浮生生物和厌氧微生物；早年常见的八哥、喜鹊、乌鸦、猫头鹰、野鸡、野兔、黄鼠狼和乌龟等几乎绝迹；即使人工养殖的鱼、蚌也曾因水污染而有所死亡，造成直接的经济损失；长江扬中段中盛产的刀鱼、鲥鱼、河豚、鲟鱼等洄游性鱼类也因水体污染（和过度捕捞）而数量下降，过去江水中上朔洄游的白鳍豚、中华鲟等珍稀鱼类还曾滥捕或误捕过，如今已极罕见。

境内乡镇企业的遍地开花，布局弥散紊乱，使扬中市原来缺乏自然景观多样性，发展成人工景观多样性的缺乏，工业污染难以有效管理整治，工农业也难以进一步有序有效发展。形成自然、社会、经济结构调整和功能分工起步维艰的局面。

1.2.2.3　"生态安全"尚无绝对保障

扬中市周长 120km 的江堤，虽然经过多年的提高加固和并港建闸，1978 年共建成节制水闸 13 座，大小涵洞 71 座，缩短了防洪战线 400km，现决定根据 1996 年最高水位 8.04m，扬中市已开始提高堤顶至 10.5m（吴淞高程）的工程。但根据近些年来，国际国内均出现超过百年一遇的洪涝灾情，加之全球气候变暖趋势对海平面可能影响的后果，需要考虑到"异常"变化的可能性，扬中市现有防洪大堤及港河排涝系统情况，不能认为是"高枕无忧"的地步，加快加强环岛防洪工程体系，使之完善化、坚固化，确保扬中市生态安全是扬中市首要的生态建设任务。

1.3　扬中市景观建设的目标

由上所述，扬中市景观生态建设的规划目标，应分两步设计和实施。

（1）近期目标做到确保"生态安全"，基本还清"生态赤字"，"国家生态示范区"基本达标

这一近期目标，可结合国家 21 世纪绿色工程示范区目标实施进行。在完成此目标基础上，即扬中市在已初步取得"生态健全"的基础上，再向景观生态环境建设的更高目标-"现代化的水上花园城市"进军。

根据国家 21 世纪绿色工程示范区规划编制原则（试行）规定的发达地区的经济发展目标（农民人均年纯收入、农民人均纯收入年均增长（%）、经济产投比、产业结构合理程度、第三产值占总产值比例）、社会发展目标的 5 项指标 [人口自然增长率（‰）、

教育事业发展、每万人中专业技术人员、城镇人均住房面积、村镇自来水普及率等〕都是比较先进的。而在生态环境目标的 14 项指标中，森林覆盖率、大气环境质量、噪声状况 3 个指标已完成或不难完成，扬中市近期的生态环境问题集中在乡镇企业的排污、农业农药化肥的过量施用、农村居民区垃圾处理、河道清理浚通、工业及生活废弃物的再生利用等方面。正确有效和根本上解决扬中市环境综合处理问题是：①调整工业企业布局，形成不同性质产业的工业区，集中有效地管理排污和污水处理；②清理疏导水系，改善水质并充分发挥水系清污净化功能。

（2）21 世纪向现代化水上花园城市目标前进

在基本上完成国家 21 世纪绿色工程示范区扬中示范区的标准和指标后，为把扬中市发展成为"现代化的水上花园城市"更高目标出发，重点提出"环岛绿色工程""水系通络绿化工程""水上花园城市生态建设工程"和"雷公岛休憩和多功能生态管护区建设工程"，"景观资源和绿色产业开发建设工程"等生态建设工程项目。

2　扬中市景观生态建设设想

2.1　景观生态建设指导思想

2.1.1　整体性

在开发、利用自然资源进行景观生态建设时，必须具有整体性、系统性观点，全面考虑，统筹兼顾，努力协调好人与自然、发展生产与利用保护资源的关系，使其经济的发展经常保持与生态环境相互协调、相互促进、相得益彰，达到总体功能最佳的目标。

2.1.2　多样性

生物多样性可以为人们提供更为丰富的食物、药物及其他工业原料，和为人类提供与自然更为和谐发展的基础，而景观多样性则除了构成使人赏心悦目的多种景色，丰富人们的精神生活外，更重要的是还有弥补生态结构和经济结构的不足和短缺，发挥其生态功能的作用。为此保持系统的生物多样性和景观多样性是生态城市建设的重要内容之一。

2.1.3　生态安全

由于长江岸线长，塌江地段多，全市江洲堤防工程虽已基本达标，但还有部分穿堤建筑物设计标准不高，工程老化年久失修，堤坊抗洪功能有所削弱，特别是江岸的坍塌，严重威胁着扬中市的防洪安全。因此应把生态安全放在首位加以重视。

2.1.4　美化城市

要围绕"绿色"做文章。扬中市河渠众多，土地相对缺乏，绿化工作应在美化河岸与空间绿化上下工夫。通过绿化工作使扬中市处处绿树成行，港河水光粼粼，空气清新，鸟语花香，俨然一个水上花园城市。

总的指导思想：在扬中经济迅速发展的同时，加强生态环境建设，通过人工设计生态工程来协调快速发展与环境制约、资源利用与资源保护之间的矛盾关系，达成生态与经济共性的良性循环，增强整个系统的抗逆御灾能力，实现生态、经济、社会三者之间的互利互效、高度统一，满足当前人们日益增长的精神和生存环境的需要。为实现水上花园城市的目标打下良好的基础。

2.2　建设目标

可初步设想为：

2000 年　保障生态安全，还清"生态赤字"，环境清洁卫生，人民生活环境质量明显改善，生态环境由此向良性循环发展，基本符合小康社会的"国家 21 世纪绿色生态示范区"的环境要求。

2010～2020 年　建成生态安全、经济发达、环境优美、融现代与江南水乡美色于一体的水上花园城市，实现生物多样性增大，生态系统活力增强，人口资源、环境协调发展，经济、社会和环境三效益统一的社会可持续发展。

2.3　建设内容

2.3.1　环岛绿色工程

（1）目标：通过绿色环岛工程的实施，使 120km 的江堤不仅成为抗击台风和洪涝自然灾害，保护扬中市人民生命财产安全的生命线，而且成为对外旅游、观光、休闲的胜地，同时也使自然资源能够得到充分合理的利用，实现生态、经济、社会三大效益的统一。

（2）建设内容

a. 加高堤防

b. 沿江堤外三环绿色防护带建设

为防止长江大浪直接拍打堤防，减轻大堤承受压力，应尽可能在江堤外所有的滩面上种植芦苇，并由外及内构建芦苇、杞柳、树木三层绿色防护林带。芦苇、杞柳也是编织、造纸的原料，可产生较高的经济效益，还可以美化环境，提高绿色覆盖率。即：外滩第一环，要恢复残败芦苇滩，使之形成鱼类、水鸟的天然栖息地和天然生态系统景观，构成壮丽的江南芦苇荡景色。它既是减弱长江潮水冲击沿江大堤的第一道防线，又是扬中市防止或减弱陆地境内有机物向长江水扩散的最外一道生物净化防线；又因为芦苇可以作为手工业产品加工原料，而具有多重功能。

外滩第二环发展杞柳 8000 亩，使之形成完整的杞柳环。

外滩第三环是江堤外 20m 内，凡滩地高程高于 5.5m 以上地段，营建以赤杨 69、意杨 72、中驻杨 46、南抗系列杨品种；水松、池杉等乔木林带，共 3000 亩，本林带可结合抚育更新、间伐生产薪材和用材。

c. 堤岸加固

对 45km 严重受冲击的堤段，完全以石块固坡外侧，其余以多年生草本护坡，内坡以多年生草本和灌木护坡，计 1200 亩。

内坡堤 50m 发展果树带，以枇杷为主，辅以花草，形成区域性果园基地如枇杷园、桃园、葡萄园、梨园、杜仲园和药用植物园等等。

d. 堤顶 4 级土石公路及绿化带

堤顶宽 6m，建成土石路面公路（不宜柏油或水泥路面的原因在于今后需要加高堤顶时不会形成隔离层），两侧各留 80cm 为绿化带。

e. 开发江滩养殖面积 2000 亩，饲养蟹和其他特种水产。

f. 增设食草动物养殖场

利用江堤内外坡作为多年生牧草基地，喂养草食动物，粪便下沼池，沼液喂鱼养蚌育珠，垩田；沼渣培育蘑菇及作为种植其他经济作物的肥料，形成食物链良性循环系统。

g. 利用沿江自然资源开辟沿江植物园、果园、水上乐园、综合性公园等旅游景区，集中开发由万福港到西沙嘴沿江带为休闲观光区，这里远处有山，近处有水，具有开发潜力。

2.3.2 水系通络绿化工程

全市具有大小港道 273 条，总长 221km，通江港 84 个，港道弯曲，分布不均，河沟稠密，水系紊乱。

扬中市的水系格局形成于 60、70 年代，基本上由三级水源组成，即村前埭后的小河道，较小河沟宽而比塘窄的"浚窗"及通江港道。通江港道起着内部水的输出和江水的引入以及人和其他物质的输入、输出功能。境内主要的港道都能通江，河能通港，沟能通河。全县通航港口有栏杆桥港、万福港、联丰港、何家大港、沙家港、二墩港、兴隆港、东新港、头墩子港、六圩港、团结港、思议港、三岔港共计 13 条；在通江口均建闸控制。主要航道有 12 条，其中通航的有新坝大港、联丰港、三茅大港、东新港、长旺港、六圩港、红旗河港、团结港、思议港、穿心港；不通航的有永勤港、双龙港。

除主要港道外，排灌水系分骨干水系和一级水系，很多不连通，沟系较紊乱。村前埭后的小河道在当时主要有三个功能：a. 提供村民用水；b. 灌溉农田；c. 排涝。由于当时工业污染小，且人们经常取河沟底淤泥垩田，所以当时河道通畅，水流动性好，河水清澈，汲之可饮。但由于扬中市在经济发展的同时忽视了生态环境，河道不再疏浚，河底提升，河水滞流，河道水质急剧恶化，水草、藻类滋生，扬中市民不得不改饮长江水，现在的扬中水系已基本失去了昔日清澈见底的面貌，而成了一个重要的环境问题。

从景观上看，由于扬中市地处扬子江中，气候属北亚热带，故大小河道穿村绕埭，像血管一样遍布整个扬中市，整个沙洲被条带状或网格状的水系分割，居民沿着毛细河道分布，且多在两条河之间，所以景观显得支离破碎，杂乱无章。

为了使扬中市处处绿树成行，小河波光粼粼，空气清新，鸟语花香，实现"水上花园城市,"建设目标，必须从根本上完成水系的畅通，水体清澈的综合治理及美化绿化水系工程，从而使人民真正生活在水上花园的城市里。

（1）建设目标 水系畅通，水体流动，河道整齐，水质良好，水系两旁绿树成荫。

（2）建设内容

①水系畅通工程

扬中市四周为扬子江环围，有天然良好的替换水源，因此，应在 2000 年前完成大小河道的疏浚工程。连通新坝大港、联丰港、三茅大港的港道及骨干水系、一级水系；整理沟系，使其规范、整齐；应使港、河、沟均能通江，消灭岛上所有死水面，恢复小河道的常年流动性。

②水体清澈工程

全市河道的底泥沉积十分严重，尤其是穿村绕埭的小河道，河底与田地几乎相平，这不仅严重影响了防洪、排涝，而且使藻类、水浮游生物滋生，出现严重富氧化，在下雨、气压低时容易造成河翻，使有机物上浮。同时底泥中积累大量污染物在适当条件下厌氧发酵，加速水体的黑臭。为了改善水质环境，应挖取河沟底淤泥使农田旁小河边水面正常情况下低于农田 60~100cm，清除净各种水面生殖的藻类、水草。

由于总体水质现状为Ⅲ类，按照总量控制原则，若要使水质有所改善，则必须减少 COD 排量，即 COD 排量在现有基础上削减 30%，可使扬中市水质达到Ⅱ类标准。为此生活污水应全部排入城市污水处理系统。工厂内污水处理率 2000 年应达 85%，2005 年达 90%，2010 年应达 96%进行处理，这样可使扬中市近期维持水质现状，不再恶化，中、远期水质改善一级达Ⅱ类水体标准。

③水系绿化工程

在完成水系通络工程和水体清澈工程的基础上，对扬中市水系的三级组成水源（即小河道，较小河沟宽而比塘窄的"浚窗"及通江港道）进行综合绿化工程。

小河道多在村前埭后，没有水上交通功能，且水流平缓不会造成河岸的冲刷流失，加之其与人们日常生活关系最为紧密，因而全部采用自然驳岸，满足人们亲水的需求；岸坡上以选用络石、狗牙根草或结缕草等草本地被植物为主，间以少量迎春花、紫藤等小灌木、藤本植物进行绿化规划，局部岸坡较宽地带可适量种植枫杨、水杉、垂柳以及枇杷、樱花等乔灌木。

"浚窗"的绿化规划，也全部采用自然驳岸，因其较宽且无水上交通功能，可在水面种植荷花、菱角等经济植物，岸坡上除选用草坪地被植物（同河道）外，应尽可能种植乔灌木，创造乔-灌-草复层植物景观。

通江港道起着内部水的输出和江水的引入以及人和其他物质的输入、输出功能一方面水流对岸堤的压力较大，另一方面对岸堤的绿化水平要求较高。因而，港道的驳岸全部采用人工驳岸，岸边选用亲水表现较好的紫藤、金钟花、迎春花、夹竹桃、海桐等植物；坡上种植以花灌木和多年生、宿根花卉为主，如无花果、杜鹃、含笑、绣线菊、洒金桃叶珊瑚、山茶花、阴绣球、凤尾兰、忽地笑、鸢尾、玉簪等附以麦冬、草地早熟禾、扶芳藤、富贵草等草本地被植物，保证黄土不露天并创造出四季常绿、花香的灌-草复层植物景观；坡顶种植香樟、广玉兰、垂柳、悬铃木、女贞、合欢、槐树等乔木树种及樱花、杜鹃、蜡梅、小叶黄杨等灌木，从而完善港道的整体绿化规划。

2.3.3 扬中市绿化美化，即"水上花城"工程

本工程为扬中市 21 世纪生态环境建设的重点，拟较详细阐述。

（1）指导思想

从扬中市自然条件、资源利用现状及今后发展的要求出发，充分发掘本土的景观动

植物资源，在适地适树，合理配置的前提下，满足当前人们日益增长的物质、精神和优质生活空间的需要。在绿化美化，创造丰富多样的景观过程中，要充分利用北亚热带常绿阔叶自然植被资源，将绿化美化与二三产业结合起来，通过人工设计，创造人与自然相协调的生态景观，植物"活景观"。通过绿化美化缓解和改善扬中市在水、土、气等方面的污染程度，提高其生态环境质量，力争全市四时常绿，鸟语花香，为市民创造出良好的生活、工作、游憩空间，从而充分体现和实施扬中市建设新加坡式的"绿岛花城"和"水上花园城市"的宏伟设想。

（2）原则

①适地适树的原则，根据植物造景的基本原理，以创造与扬中市自然环境、城镇发展相协调的植物景观为主。

②从植物生理，生态学特性出发，尽可能创造乔-灌-草复层种植结构及垂直绿化。扬中市土地资源紧张，在有限的土地上要发挥出植物最大的生态效益，就必须从空间找绿，利用不同植物在地上、地下不同层次生长的特性，合理配置，增加单位面积上的绿量、叶面积指数，高效地利用土地、空间、肥料、水分等资源，并充分体现出植物群落的整体美和变化美。

③从全局出发，从整体设计出发，绿地布局采取"点""线""面""环"相结合的手法，把绿地连成一个统一的整体，以便充分发挥其改善气候，净化空气、美化环境等功能。

④增加植物种类，丰富植物多样性。目前扬中市的植被情况反映出扬中市岛域在形成、演化过程中的幼年性，植被多为植物群落演替的初始阶段植物种，如芦苇、柳树、杨树、枫杨等。适量增加植物多样性，促进扬中市北亚热带植被特征的形成。

a. 增加高大常绿阔叶乔木种类，调整常绿落叶树种比例关系；

b. 增加花灌木的种类和数量，创造复层结构，及适宜的乔-灌比例。目前扬中市所应用的花灌木种类极少；

c. 增加经济植物（果树、药用植物等）在园林绿化中的应用，发现和培养具有较高观赏价值，又有较高经济价值的果树种类、经济植物和药用植物种类；

d. 大力开发草本地被植物种类，加大应用力度。草坪面积的大小，是反映一个城市的园林建设情况和文化底蕴的一个重要指标。同时，草坪在改善城市生态环境上所发挥的重要作用也越来越引起人们的重视。扬中市目前在草本、地被植物方面的应用几乎为零。创建"绿岛花城""水上花园城市"，其四季有"花"特色的形成，仅仅靠乔木和灌木是远远不够的。一二年生、多年生、宿根、球根草本地被植物种类繁多，花色、大小、花期、花形丰富，无论在"绿""花""香"上都是对乔木、灌木的有力补充，从而保证扬中市四时花香，全年充满绿色生机。通过植物种类的增加，发现和培育扬中市的市树、市花、市果。

⑤充分利用扬中市丰富的水资源，创造丰富多样的水景。扬中市港、河、沟、渠众多，但目前水体不畅，且多因管理不善，导致水体污染严重。因而，在规划和建设中，首先要完成水系通畅、水体清澈的综合治理，再适度建造人工湖、喷泉、叠水、水墙等景观。

⑥适度适地建造城市雕塑、园林小品雕塑作品。城市雕塑、造型作品是城市建设、

园林绿化美化的点睛之笔，是一个城市整体素质、精神面貌、艺术修养以及文化水平的综合体现。因而，城市雕塑、造型必须具有较高的艺术魅力和较强的观赏价值。

（3）扬中市绿化现状及评价

①绿化现状

扬中市"八五"绿化造林完成的情况表明：农村部分村庄绿化覆盖率达到 20%以上，沟、河、渠、路、堤的绿化率达 85%以上，耕地林网率达 90%以上；市区绿地总面积达80 公顷，其中公共绿地面积为 6.3834 公顷，人均绿地面积为 1.6 平方米，绿化覆盖率为20.8%；集镇公共绿地面积达 2.25 公顷，只有西来桥镇达到 20%的绿化覆盖率。

另外，扬中市 9 年林业总体调查报告表明：全市林业用地 20 641 亩，占总面积的5.3%。在林业用地中有林地 11 336 亩，其中用材林 43 亩，防护林 556 亩，经济林 1255 亩（果园 261 亩，桑 994 亩），竹林 9482 亩，灌木林 738 亩，新造林地 281 亩，无林地 2286 亩。全市林地面积 77359 亩，其中四旁树折算面积 54 977 亩，林地面积 18 355 亩，果树折算面积 3935 亩，灌丛折算面积 92 亩。全市已建林网面积 13.76 万亩，占可建林网面积17.96 万亩的 76.6%，尚有 4.2 万亩农田未建林网。

②分析及评价

绿化规划尚不完善，绿化体系不完备。如市区绿化覆盖率及人均公共绿地面积在扬中市生态城市建设规划中，分别定为 30%和 6 平方米，但如何实现这两项指标却没有更详细的规划；现有居民新村没有为绿化留有足够的空间；庭院绿化是相当薄弱的环节。以及应用植物种类单调，景观呆板等。如扬中市初步调查的现有植物有 40 科 61 属 83种（针叶树种类 4 科 11 属 20 种，阔叶类 20 科 20 属 36 种，竹类 1 科 1 属 4 种，经济林木类 11 科 16 属 18 种，灌木类 4 科 4 属 5 种），但目前并未充分利用，主要应用的树种有悬铃木、香樟、水杉、枫杨、泡桐、意杨、杞柳、枇杷、白榆、大叶黄杨、小叶黄杨、樱花、雪松、广玉兰、凤尾兰、竹类等近 20 种植物。灌木树种及草本、地被植物的应用比例极小。在全市 77 359 亩绿地中，灌木折算面积只有 92 亩，仅占 0.12%；而草本、地被植物所占比例几乎为零。此外，园林绿化水平还不高，管理没有跟上。如：裸露地面较多；水泥铺装等硬质地面所占比例过大；堤岸没有植被护坡；全市目前尚无一家国营苗圃、花木基地；草坪、绿篱等的管理、修剪水平低；城市雕塑及园林小品雕塑作品缺少美感等。

（4）扬中市"绿岛花城""水上花园城市"规划的技术措施

①环岛绿色工程绿化

绿化采取分段开发，不同布局的形式进行规划。

在大堤外侧的滩涂，因其生态系统较为脆弱，因而从大堤保护扬中市生态安全的高度出发，应尽可能少的破坏现有自然植被：a. 大力发展杞柳、芦苇生产，满足防浪及适应柳、苇器具编织生产的需要；b. 大量种植水松、池杉、落羽杉，形成绿色防浪林带；c. 结合养殖业发展，围场养鱼、蟹、虾、蚌等，对滩涂进行综合开发。

堤坡尽可能以植物护坡，可选用三叶草、扶芳藤、络石、紫藤、迎春、常春藤、蔓长春花、山葡萄等植物。在陡峭地段可以石垒堤加固。

堤内绿化可结合片林营造进行。a. 大力发展果树及经济植物种植，建成"百亩桃园、百亩葡萄园，百亩枇杷园、百亩梨园、百亩杜仲园、百亩药用植物园"，并可开发观光旅游，在果熟期，组织游客参与采果活动，丰富游览内容；b. 建立苗圃和花木基地。建设"绿岛花城"及"水上花园城市"对林木、花卉的需求量很大；目前扬中市生活档次较高，已有花店经营鲜花业，花卉市场是很有前景的经营领域。苗圃和花木基地的建成，将对扬中市花园城市的建设具有极大的推动作用。

环岛绿色工程是以生态安全建设为主的，同时是扬中市整体绿化美化中重要的一个环节，该部分的绿化建设是为扬中市戴上一条绿色的项链。

②道路系统绿化

扬中大道（一级公路，宽30米）的两侧应尽可能有20～30米的绿化带，至少应保证沿大道的机关、企业有高质量、高水平的庭院绿化和四旁绿化，使扬中大道形成一串美丽的绿色链珠。大道两侧的绿化要进行乔-灌-草复层种植配置，以充分吸收汽车尾气、烟尘等有害气体物质。植物可选用广玉兰、香樟、悬铃木、槐树、垂柳、银杏、合欢、雪松、紫薇、女贞、枇杷、樱花、海桐、无花果、杜鹃、含笑等和三叶草、草地早熟禾、麦冬等，形成良好的常绿-落叶树种、乔-灌-草植物的比例关系。

二级公路及市域内道路系统的绿化，应充分利用土地资源，尽可能地创造复层种植结构。在行道树乔木树种的选择应用中，可适量增加银杏、广玉兰、香樟、棕榈、垂柳、合欢、悬铃木、女贞，建议不用雪松等枝下高较低或树形为塔形的树种。大力增加灌木、草本、地被植物种类，如枇杷、桂花、腊梅、杜鹃、含笑、梅花、樱花、紫薇、紫荆、棕榈，以及忽地笑、鸢尾、大花萱草、葱兰、韭兰、凤尾兰、麦冬、草地早熟禾、三叶草等。分车带绿化尽可能选用龙柏、凤尾兰、杜鹃球、大叶黄杨球、棕榈等体量不很大的植物，以保证驾驶的安全。

③水网的绿化

如前所述，配合水系通络工程的绿化，对水网堤岸的绿化美化应采取垂直绿化的手段，选用扶芳藤、络石、紫藤、迎春、常春藤、蔓长春花、山葡萄等植物进行配置，增加堤岸的景观，形成一张编织全市的彩网。并在水中种植各种水生植物，滋养鱼虾，显出水的生气。

④市区集镇的绿化

按照扬中市市域规划，到2010年（总人口35.5万）人均绿地面积达到7平方米计算，全市绿地面积必须达到3731.2亩。因而要在以下几方面重点规划。

a. 公共绿地：功能为市民提供文化娱乐、游览休息的场所，包括各种公园、动植物园等，要具有一定的面积保证。

b. 专用绿地：主要是供某一个单位专用，如工厂、机关、文教、卫生单位或公共建筑旁的绿地。重点要说明的是，植物与环境是密不可分的，选择合适的植物种类，进行合理的布局可以有效地净化空气（包括吸收 CO_2、放出 O_2、吸收有害气体吸收放射性物质、吸滞烟尘和粉尘、杀菌等）、减弱噪音、净化污水、调节小气候、保护农田、保持水土等。根据扬中市的特点，建议选用女贞、棕榈、广玉兰、海桐、凤尾兰、无花果、大叶黄杨、法国冬青、蚊母、构树等，可以有效地控制污染。

c. 桥头绿地：主要功能是美化桥头，减少空气污染。可以选用海桐、大叶黄杨等球状大型灌木，或枝下高较高的乔木树种，如广玉兰、香樟、女贞等。

d. 居住小区：新型居民住宅楼豪华，但楼与楼之间距离窄。绿化用地面积小，益于大量种植藤本植物，充分利用院落有限空间，进行垂直绿化。墙面、栏杆可以用五叶地锦、常春藤、山葡萄等垂直攀缘；屋顶建设屋顶花园；阳台、窗台等向下悬垂或摆盆花。一方面，为居民提供、创造绿色空间，改变建筑物之间硬质景观过多的现状；另一方面，提供居民植物四季景观的变化，尽可能地将居民小区融于自然之中。最终，将整个居民区变成一个大花园。

e. 纪念性绿地的开发：扬中市具有较多的历史遗迹及革命故址、纪念碑等，如明清碑刻、水师衙门遗址、陈毅住所、挺纵、江抗会师广场、烈士墓碑塔等，是良好的绿化、旅游开发场所，可以成为中小学校学生进行历史及爱国主义教育的基地。

f. 自然村落的美化：建成以花卉、果树为主的花园式村庄，种植枇杷、葡萄等；连接现有村落的树木，并增加植物种类和数量，在树木的掩映中表现其自然景观，尽可能地恢复其"白天不见村，夜晚不见灯"的幽静氛围。

⑤林带、片林绿化

林带的建设不仅限于农田林网和道路绿化带，而且一定宽度的林带也是市政建设不同功能分区的隔离带，景观过渡带和有利于生物物种迁移的廊道。通过土地利用的调整，在城镇附近和乡村居民集中区附近，建设一类片林形式的小型森林公园（不是一般意义上的城市公园），也是增加居民假日休闲的好去处。目前扬中市林地面积 8.47km^2，如利用老村埭合并，退出生活用地、塘沟用地的一部分（以 15km^2），营造片林也是可能的，加之堤周、渠边、农村居民点、道路的绿化林木，和果园、竹林等经济林，使 2020 年扬中市的折算后森林覆盖率达到 20%是有潜力的。

⑥水景开发

充分利用扬中市水资源丰富的特点，创造多样的水景意境。水面不拘大小和深浅均能产生倒影，将四周的景物毫无保留地相映成双，倒影为虚境，景物为实境，形成虚实对比；水面平坦与岸边的景物，如亭、榭之类的建筑物，形成形体、线条、方向的对比；水中种植各种水生植物，滋养鱼虾，显示出水的生气，欣赏水景可以产生一种"慕鱼之情"，形成生活与情感的对比；利用水形态变化多致的特点，适度建造喷泉、叠水、小型瀑布，以及挖人工湖，潭，既可动赏又可近观，产生言传不尽的逸趣。

（5）景观效果

①绿色景观：由水生植物、草坪地被植物、常绿及落叶灌木、常绿及落叶乔木共同组成了生态类型丰富多样的绿色景观，既有以滩涂（芦苇-水松、池杉、落羽杉-意杨）和水生植物园（雨久花、慈姑-睡莲、荷花-香蒲、千屈菜等）为代表的沼生、水生植物景观，又有草地、疏林草地、灌丛（花灌木）、密林（纯林、混交林）等生态类型各异、季相变化丰富的植物景观。从长江边看——扬中市全岛林冠线（天际线）富有变化，乔、灌、草植物搭配合理，四季景观层次分明，各具特色。从空间俯视——全市的绿化美化以"线"（街道绿化、水网绿化、农由林网）联系着城市中分散的"点"（公园、植物园、居民区四旁绿化）、"面"（专用绿地、片林、苗圃）和"环"（绿色大堤），组成完整的城市园林绿地系统。整个城市与绿色植被和谐共存，达到"城在林中，林在城中"的自然与人工的统一。使人们既有环境美感，满足休闲娱乐的要求，又能感受到城市的繁荣，同时也增加了扬中市对外的吸引力。从江堤观看长江宽阔的水面使人心胸舒畅，从往来繁多的船舶，可以感受到黄金水道在国家经济建设中的节拍；滩涂上绿树成荫，水面平

稳,将是人们休憩、垂钓的好去处。

②内陆水系全部沟通:畅通的水流,为扬中市带来了无限的生机和活力。水流与岸边婆娑的树木、绚丽的花卉,动静调和,刚柔相济,充分体现出江南水乡神韵。无论是在水上行船,岸上嬉戏,都能给人们轻松愉快和满足。

③四季常绿,全年花香。由于应用了大量的常绿阔叶植物,全岛冬季仍是一片郁郁葱葱的景象。春季,忽地笑迎春、广玉兰、杜鹃、梨树、桃树、樱桃、樱花、泡桐、金钟花等植物盛开,营造出春暖花开的景象,带来春天的气息;夏季,合欢槐树、紫薇、鸢尾、大花萱草、葱兰、韭兰、凤尾兰、紫藤荷花等相继开放,增添一份夏日的热烈,非花期植物或浓或浅的绿色变化、对比,充分表现出夏季的郁郁葱葱;秋季,水杉、池杉、落羽杉、乌桕、枫香、银杏等植物艳丽的秋色以及桂花、含笑等植物创造出秋日的绚丽和"月到中秋桂子香"的诗情画意;冬季,腊梅、梅花、结香、枇杷等植物映雪开放,给肃刹的冬日带来生命的活力。

2.3.4 雷公岛开发工程

(1)指导思想 雷公岛四面环江,目前尚未受到污染。而开发该岛具有独特价值的自然景观资源,又保护这一片净土,雷公岛的开发应以无污染性的自然风光取胜恢复发展生物多样性,开发有特色的养殖业、种植业,提供绿色食品,集休闲、旅游、适度的绿色生产、科学、教育和生态保护于一体的,成为长江下游发达地区唯一具有自然风光、自然生物特色的高品位旅游、休憩区。

(2)开发方案 根据发展的不同侧重点,可有以下三个方案。

①观光农业生态园模式

以重点开发无污染的有特色养殖业、种植业,提高生态农业模式,农林牧渔形成复合经营结构,具有能量与物质的良性循环和高度精化,提供新型生态农业的示范,其建设风格采用世外桃源式的农舍、庄园。

开发内容

a. 开辟芦塘 800 亩,半开放式养鱼。雷公岛北侧 800 亩芦滩可通过胜利闸拉动,引进长江水,发展特色水产养殖,如刀鱼、鲥鱼、河豚、鳝等,成为半自然放养,而保持其自然鲜美品质。

b. 改造现有低产鱼池 500 亩,引进现代化养鱼技术,养殖鳖、龟、虾、蟹、牛蛙、河豚、鲵等。

c. 开辟 500 亩无污染绿色稻麦生产区。

d. 植物园 400 亩,引进多种乔、灌、草、花卉。

e. 果园 500 亩,种植枇杷、葡萄、梨、桃、杏等,可开放采摘,随意尝鲜。

f. 200 亩蔬菜园,提供绿色蔬菜食品。

g. 400 亩畜禽养殖园,提供绿色肉类食品。

h. 200 亩垂钓区。

②休憩式生物多样性管护区模式

雷公岛江水四面环绕,尚基本保留自然面貌,属于长江三角洲的唯一一块自然生态系统,为保持其天然属性,不作农业开发使用,而利用其原自然基础恢复发展原属中国亚热带已灭绝、或濒危、或珍稀的动植物，成为一个生物多样性丰富并富有以回归自然为主题的集休憩、旅游和教育于一体的多功能生态管护区。

开发原则　a. 采用自然放养式动物养殖和模拟天然植物群落的人工植物栽植，创建大自然、无人为痕迹的岛屿自然生态系统，建筑物采用表面竹木结构，低矮型隐匿于绿树丛中的风格；b. 限量性开放，与减少游人拥挤对自然生态系统的冲击；可实施部分高消费休憩，如狩猎、垂钓等；在学校节假日、寒暑假期，优惠接待学生。

开发内容

a. 同第一方案的 a、b 项。

b. 半放养，放养麋鹿、梅花鹿、绿孔雀、白孔雀、雉类。

c. 隔离式围养扬子鳄，成规模群体。

d. 营建不同类型的亚热带落叶阔叶与常绿阔叶混交林，和常绿阔叶林人工群落以及灌丛林群落，如以麻栎、短柄栎、白栎为主的落叶栎类群落，或混以黄檀、山合欢、黄连木等；以青冈、苦槠、冬青、女贞，枸骨等常绿群落；还有松林、竹林樟、园、桂花园，玉兰园等。

e. 自然式植物园，以自然结构乔灌草结合方式，种植北亚热带特有植物，如琅琊榆、醉翁榆、宝华玉兰、秤锤树、南京玄参、宝华薹草及有关苔藓、蕨类等。

f. 在人工森林群落区招引鸟类，放养猕猴、松鼠等动物。

g. 人工湖饲养天鹅、珍贵水禽和招引候鸟。

③综合休憩旅游模式

在保留一定自然风光和有特色的种植业、养殖业，并提供绿色食品为特点，提供现代化的娱乐、健身、桑拿按摩等设施，如高档客房、健身房、会议室、歌舞厅网球场、高尔夫球场、台球厅、保龄球厅等，形成有特色的（自然风光、绿色食品等）全方位的现代化娱乐、休养、商贸会议、科学会议等一体的生态型康娱文化中心。

开发内容

除选择第一、二方案中符合本方案的开发项目外，按现代化康乐、文化、旅游要求兴建。

在任何上述的开发方案情况下，雷公岛必须实施以下基本工程，即

a. 加固堤坝。目前堤高 7.5m，1996 年洪水淹及坝顶，岛内水深 30cm。为保证雷公岛休憩区安全，应加高堤顶至 9m（吴淞高程），预计投资 90 万元。

b. 堤外滩涂 6000 亩可按绿色环岛工程要求，构筑芦苇、杞柳、乔木林带三环防浪绿带，不仅可提供编织、造纸等的原料外，也是雷公岛休憩区美化景色所必需。

2.3.5　绿色景观资源的合理开发

绿色景观资源建设对分阶段解决扬中市的生态安全、生态赤字直至生态美化，建成"水上花园城市"等一系列生态规划目标有着重要的经济意义，并直接产生重大的生态效益和社会效益。建设一系列绿色景观工程不但需要大量的资金的一次性投入，而且还需要相当可观的资金用于绿色景观工程的维护和更新。这些资金来源光靠政府投资、群众集体集资，银行贷款等是不够的，还必须使绿色景观建设工程具有活力和自我发展的能力，即把绿色景观合理地作为创集资金的手段，以达到以开发养建设的目的，做到集

经济效益、环境效益、社会效益为一体的可持续发展。

因此，绿色景观资源的合理开发不仅是生态示范区的基本原则（即可持续发展原则、国民经济与社会发展计划相协调原则、经济增长方式的集约化原则和因地制宜原则的需要），而且也是生态示范区建设的一个必要的手段和不可缺少的组成部分。

（1）景观资源开发的指导思想

为了使绿色景观资源得到最合理、最有效的开发利用，在开发过程中必须遵循下列基本原则。

①结合扬中市生态规划和环境整治的实际情况。如，在环岛绿化工程、水系周边绿化工程、雷公岛休憩与生态管护区规划工程、市区绿化工程、生态农业工程等的基础上加以开发利用，使之与"水上花园城市"建设目标融为一体。

②阶段性。在保护和开发资源的前提下，逐步深化、扩展，有计划、有步骤地进行。

③走集约化、规模化的科学经营管理模式，与市场经济接轨，使景观开发得到最大的利润。

（2）景观开发几个项目的建议

目前扬中市对生物资源、水资源和未来潜在的一些新能源的开发还没有一个系列的、整体的计划，基本处于自发的、小规模的、零星分布的低级水平。针对这一情况，提出以下一些开发项目供参考。

①特色种植业

a. 传统种植工艺结合绿色防洪种植工程发展，发挥扬中市本地优势，结合环岛固堤绿化工程，种植"江洲三宝——芦、柳、竹"，从而带动传统编织行业的发展。至2010年大堤外滩建成三道防线的"三环"绿色圈——芦苇6000亩，杞柳6000亩，意杨1000亩（以如上述，预计投资600万元）。

b. 特色果树种植

目前扬中市现有各类果园7~9个，面积总计250~300亩，分布较为散乱。可规划扩大果树的种植面积达1500亩，集中发展以扬中市市树"枇杷"形成全国闻名的枇杷产地，及优良品种基地，并且可以供应国际市场。科学管理研究，增加单位面积产量；对枇杷进行鲜果贮藏和深加工，以提高其市场竞争力和经济效益。预计投资1000万元。

c. 建立花木基地，经营苗木、花卉和草坪

扬中市现有苗圃3个，总面积70余亩，远远不够。敷今后本市绿化需要和外销，规划发展花木基地300亩。培育名贵型和畅销型花卉和树苗、草坪，如广玉兰、悬铃木、玉兰、雪松、珙桐、银杏、栀子花、含笑、扶芳藤、络石、紫藤、迎春、常春藤、蔓长春花、忽地笑鸢尾、大花萱草、葱兰、韭兰、凤尾兰、麦冬、草地早熟禾、三叶草等。这不仅供应本地市场，还可以外销至上海、南京、无锡、苏州等大中城市。考虑扬中市土地资源珍贵，应同时以高新技术发展无土栽培，特别是以草坪直生带工厂化草坪生产带动花木基地的经营，以花卉组织培养手段生产名优品种组培苗、脱毒苗供应花卉市场的需求。针对不同文化氛围，在特定时节，开拓特定市场，如圣诞节的圣诞树、情人节母亲节的鲜花等。预计投资3000万元。

d. 发展江南特色的盆景加工、制作

在种植业发展的基础上，进行一些园艺加工，开发盆景业，美化生活，带动旅游业

发展。为便于游人购买携带，发展以小、奇、巧为特色的小盆景。以 300 亩花木生产为基础，制作盆景 80 万盆，产品实行内销和出口相结合。

e. 发展水面特色种植

扬中市的各种港河、渠、沟密布，在结合水系整治和美化的工程中，充分利用其水资源，除具航道功能外，各种水面，包括市区绿化开辟的水塘、人工湖，可规划 500 亩种植一些具有观赏价值的水生植物，如荷花、睡莲、千屈菜、菖蒲、慈姑等，为扬中市百花争艳的浓烈气氛中，提供高雅清香的青莲嫩藕、慈姑等时尚果品。预计投资 500 万元。

②"江上三鲜"特色养殖业

a. 水产养殖

针对扬中市本地的特产"江上三鲜——河豚、鲥鱼、刀鱼"，有计划地发展一些特种养殖场，其市场潜力大，不但可以外销，还可以为扬中市增强旅游品鲜的特色，促进本地的旅游业发展。改造低产鱼池，充分利用水面资源，结合低洼地、江滩地的开发改造，建立立体循环的农渔生态体系。到 2000 年，水产面积由 1.89 万亩达到 3 万亩。预计投资 15 000 万元，其中，开发特种水产——甲鱼养殖面积 1000 亩，罗氏沼虾养殖面积 500 亩，河豚养殖面积 200 亩，投资 5600 万元；开发江滩养殖面积达 2000 亩，饲养螃蟹 1200 亩，其他特种水产 800 亩，投资 2000 万元。

b. 特色水产养殖

扬中市现有水产养殖场约 22 个，总面积 3600～3800 亩，品种主要为四大家鱼——鲢、草、鳊、鳙，其特点也是分布零散，普遍规模小，对扬中市的市场占有率只有 30%。如果扩大规模，几种经营，科学管理，对本市的市场占有率将会上升，还可销往外地。该项生产也有利于扬中市的旅游业发展，为此，可增加养殖品种，如鳗、鳖、龟、鲵、鳄等。

c. 水上家禽养殖

根据扬中市特点，可利用一些湖面、港河渠沟等水面，有计划地养殖一些鸭、鹅、鸳鸯等水上家禽，使之嬉戏于莲花荷叶中，既可以产生经济效益，又可以造就一组新的风景。

③发展绿色加工业

以提高经济效益和实现农副产品的综合循环利用为目标，建成一批上规模的加工企业，计划投资 2400 万元。

a. 以芦苇、杞柳、竹加工为主的编织业。计划年创汇 2500 万元以上。

b. 珍珠加工产业。目前扬中市的珍珠产业还停留在初级阶段，尚未形成规模生产和精加工。应以珍珠规模生产和珍珠工艺品和饰品制作为今后珍珠行业的发展方向，增加创汇能力。

c. 食品加工，包括粮食深加工、水产品加工、水果加工。

森林可持续经营的时空尺度与多目标决策策略†

1 森林可持续经营概念及其模糊性

森林可持续经营（Sustainable Forest Management）一词来源于森林经营（Forest Management）与可持续性（Sustainability）两个词汇。森林经营定义为：保护和利用森林所涉及的管理、经济、立法、社会、技术和科学等诸多方面活动的综合。森林经营是林业（Forestry）的同义语。可持续性赋予了森林经营这一概念更深刻的内涵，引起了全世界对此极大的兴趣和应用。在 1992 年联合国环境与发展大会的有关文件与公约中所阐述的持续发展定义是：为实现和连续满足当代和未来人类发展，需要改变自然资源保护与管理的技术与组织方式，这种持续发展（包括农业、林业、渔业等）保护土地、水、植物和动物遗传资源，不引起环境的退化，技术上是合适的，经济上可行的和社会可接受的。森林可持续经营和森林可持续发展（Sustainable Forest Development）也是同义语。

森林可持续经营有许多不同的定义，其核心内容阐述为：以某种对环境无害，技术与经济可行，社会可接受的方式经营和管理森林及林地，以持续地保护森林的生物多样性、生产力、更新能力、活力和自我恢复能力，在地区、国家和全球不同尺度上维持其生态、经济和社会功能，同时不损害其他生态系统。同传统的森林经营概念比较，森林可持续经营更注重森林经营的多种产品与服务功能的协调管理，即森林经营多目标的综合管理。

持续发展属于伞状式的广域概念，所以对其解释是含糊的，它的实际应用也具有模糊性。由于持续发展概念本身的模糊性，使其能被许多人所接受和应用，不同类型的人为各种不同的目的使用可持续发展这一概念。可持续发展概念的模糊性也不可避免地给森林可持续经营带来了概念的模糊性。森林作为一个极为复杂的生物系统，对它的结构、功能和调节控制机制还了解甚少，加之人类活动与森林之间的相互作用就更增加了森林可持续经营评价的复杂性，这种复杂性也强化了森林可持续经营实际操作的模糊性。

2 森林可持续经营的时空尺度

森林可持续经营强烈地依赖于它所界定的时空尺度。森林的分布、生长、结构与功能及生物多样性受地理景观、气候、气象、土壤和人类活动的影响不断地发生动态变化，这种动态变化在不同的时空尺度上表现的形式和状态是显著不同的。因此，森林可持续经营的实践与评价将随不同的时空尺度而改变。

---

† 刘世荣，蒋有绪，1998，自然资源学报，13 卷（增）：74-79。

2.1　时间尺度

无论是自然干扰还是人类活动都将会引起森林结构、功能和状态产生不同程度的变化。从生物进化的大时间尺度来看，森林本身的形成与发展就是不断自然演化、演替的过程。干扰与森林变化密切相关，森林借助于自我恢复能力，通过演替的不同阶段将干扰后不稳定的森林恢复到干扰前相对稳定的状态，除非森林的恢复能力与恢复机制丧失。但是，森林干扰后的恢复时间尺度随森林类型和各种环境条件而变化，这就引起了森林经营时间尺度、森林自然生态过程的时间尺度和人类观察认识森林的时间尺度出现差异，由此产生了利用与保护森林的社会矛盾。即使森林在某种干扰后的生态环境状况满足森林可持续经营的发展条件，但由于森林某些功能特征恢复所需时间太长，远远超过人们经历和认识的时间尺度，使造成这种干扰变化的人不可能再经历和享用这些特定的功能价值。

森林可持续经营依赖森林生态系统受干扰变化的动因、强度、规模和频率以及森林自身的组成、结构和功能特性。森林短期稳定并不能说明长时间的稳定，局部干扰经长期过程后可能会引起整体结构和功能的变化，而较大的干扰对某些森林而言也可能在短期内修复。评价森林经营的可持续性需要对森林属性的生态周期充分了解和认识，必须具备经历几个重复生态周期观察的数据信息。经营干扰后的森林即时反应变化指标并不是反映森林在干扰条件下长期可持续性是否受到威胁的适宜指标。同理，不能依据短时期内森林可持续经营来评价和判断长时期森林可持续经营发展趋势。干扰引起变化对森林可持续经营影响的强度受制于以下几种因素：①森林生态系统发生变化的强度；②森林生态系统受干扰后的恢复速度；③森林生态系统再次经受干扰前的时间间隔；④森林生态系统的恢复能力。

恢复快的森林生态系统能忍受低频率至中等频率干扰或偶然性的强度干扰。恢复较慢的森林生态系统能在低频率的干扰条件下保持相对较长时期的稳定状态[5]。在较短的时间尺度内，相对比较容易评价森林经营可持续性状态，而在中等时间尺度上评价和判断森林生态系统的平均条件是否能够长期保持下去就有较大的模糊性和不确定性。对于长时间尺度，几世纪历程，几乎是无法客观地评价森林可持续经营。

森林生态系统结构与功能的复杂性和景观异质性使人们很难预测某一干扰类型（野火、皆伐或采伐剩余物处理等）对不同森林类型的结构、功能、生物多样性和生态过程的影响程度。同时，也很难对某一特定的森林生态系统采用不同的经营管理措施所造成的生态后果和可持续性与稳定性作出科学的解释。每个生态系统类型和每种干扰都不能孤立考虑，从个体向生态系统类推是不可取的，部分恢复还是全部恢复是不一样的。所以，如何在纷繁复杂的干扰体系与森林多种变化反应特征中区分哪些是对森林可持续经营构成威胁的变化，如何确定森林可持续经营的合理时间尺度是当今探索森林可持续经营问题所面临的严峻挑战。

2.2　空间尺度

自然界中的森林是分布在生态异质性的环境之中，这种环境的异质性是地形、地貌、地质、水文和土壤的差异形成的。这种环境景观的异质性决定了森林结构、功能、生物多样性和生态过程的特点，从而制约干扰对森林恢复过程与变化状态。对于某一特定的森林生态系统而言，采用相同的经营管理措施会对不同空间尺度的森林可持续经营产生不同的影响。那么，同一类型森林对相同干扰类型与干扰频率的反应将依不同空间尺度而产生不同的变化。在较大面积的空间尺度上的森林结构与状态可能没有表现出显著的变化，但是景观中镶嵌的小斑块（Patch）却在不断地发生显著的变化。

在森林经营中，局部小面积采伐可能导致临近采伐区小溪的水流量发生显著的变化，但是并非引起整个森林大流域的水量发生显著的变化。在同龄林经营中，通过选择性采伐方式调整林龄结构，使在一个较大的空间尺度上形成合理的年龄镶嵌分布格局，连续提供森林的多种产品和生态环境功能，景观中每一斑块的森林资源的多种功能效益状态随时间变化，从而在整体大空间尺度上实现森林可持续经营目标。在异龄林经营体系中，森林资源的多种功能效益是全部景观的森林整体所决定的。两种森林经营体系的空间尺度不同，在较大的景观尺度上，采用镶嵌斑块的同龄林经营方式也可以达到异龄林经营方式相似的森林可持续经营目的。但是，在较小的空间尺度上，要实现森林可持续经营必须采用异龄林经营方式。

实际上，森林可持续经营还受人文因素的影响，包括社会、经济、政治、文化、技术、民族、宗教、伦理道德等方面的差异，森林可持续经营评价结果也必将依不同的人文空间异质性而改变。在全球化进程中，某一地区或国家的森林可持续经营可能会以牺牲另一地区或国家的森林非持续经营为代价。例如，发达地区或国家借助技术与经济优势，通过以较低的木材价格大量进口不发达地区或国家的林产品或非木质林产品原料，加工成高技术产品后反过来倾销到出口木材原料的不发达地区和国家获取较大的利润，其结果是某一地区或国家的森林可持续经营得以维持，但是以另一地区或国家的森林非持续经营为代价。对森林可持续经营的具体特征指标的评价需要采用不同的空间尺度，如森林自然风景、野生动物栖息地、小流域的水土保持、生态旅游和林地生产力等可以在较小的空间尺度上作出评价，而森林对区域气候、水文、森林的区域社会效益和经济效益指标则需要在较大的空间尺度上评价与判断。

按实际可操作性，森林可持续经营的空间尺度可以大致划分为以下4个尺度等级：①森林尺度，森林尺度意指森林生态系统或林地，可以按森林类型划分，森林可持续经营评价的指标主要侧重森林生态系统的组成、结构、功能、生产力、生物多样性、健康、定性、水土资源的保持能力；②林区尺度，林区指由森林生态系统和经营与开发森林资源的社区所构成的空间地域，森林可持续经营评价的指标注重木质林产品和非木质林产品的加工生产能力、林区人口数量、就业机会、生态旅游和林区经济收入等；③地区或国家尺度，在该尺度上的主要指标涉及社会产业结构分配、人口数量与分布、林业投入、科学技术水平、经济体制、政策法规、文化教育等；④全球尺度，包括国际公约、地缘政治、投资与贸易环境、区域社会经济制度与文化、科学技术水平和自然资源状况等。在较小的空间尺度上，森林可持续经营主要受自然景观异质性影响，而在较大的空间尺度上，主要受人文景观异质性的作用。在自然景观异质性和人文景观异质性的相互作用下，森林可持续经营在各种空间尺度下具有多样化模式和可持续机制，这需要依据具体的空间尺度和在特定空间尺度下自然与人文景观的异质性，确定适合特定空间尺度的森林可持续经营的模式和评价标准。

3 森林可持续经营的多目标决策策略

3.1 森林可持续经营的条件及遵循的原则

森林可持续经营必须满足 4 个条件：①明确的森林经营目的，这个目的通常是由森林经营利益相关者所期望的多种经营目标组成；②被经营的森林按特定的经营目的和目标可持续发展；③森林经营管理方式对环境无害，技术经济可行，社会可以接受；④森林可持续经营是一个动态的管理体系，它应该能够迅速、有效地响应和适应内外部环境的变化。为使森林可持续经营满足上述 4 个条件，需要将森林可持续经营建立在社会、经济、环境有机平衡的基础之上，这种平衡得到了绝大多数学者的认同。但是，由于森林可持续经营是一个由人类所主导的管理过程，而且它存在于不断变化和完全开放的社会环境中，所以还需要考虑直接影响人类行为的"文化"作为一种平衡因素，必须遵循以下三个原则[6]：①具体性原则，面对全球化过程中的趋同力作用，应该尽可能地产生各异的、具体的反应去适应各种不同的情况、状态和偶发事件，而不是一般普遍采取的反应方式；②多样化选择原则，面对非线性和不可预测的未来发展，应该利用尽可能多的选择机会，包括遗传、生态、社会、文化和经济等；③灵活性原则，灵活性、创造性和迅速响应变化的反应能力是维持适应能力和选择机会的主要条件。

3.2 森林可持续经营的多目标决策

森林可持续经营必须在这些不同的利益相关者的对立目标之间找到一种妥协方案，同时能够满足各种利益相关者的不同的利益和冲突的目标。为妥善地处理这种复杂的森林资源多目标经营管理问题，需要构建一个综合的支持决策系统，将森林生态系统的时空特征与生态系统各组分的相互关系和各种利益相关者的经营目标综合考虑，并同时纳入决策过程。通常采取的决策策略体现在 2 个方面（图 1）：第一个方面体现合作，愿意以诚恳的态度在某种程度上去满足对方的需求和关切的利益；第二个方面体现自我维护，设法在一定的程度上争取满足自己的需求和关切的利益。

从图 1 所反映的两种策略可以分解为 5 种多目标决策对策：①回避对策，不正面处理对立目标所产生的冲突问题，而采取回避的态度或方式，这种对策有可能造成森林经营管理中出现各种问题；②容忍对策，当经营目标相互对立时，冲突双方被动忍耐，其各自的利益与目标均不能满足，这种对策将会丧失发展机会；③竞争对策，在经营目标出现冲突时，双方设法谋求其自身的利益和目标，这种策略通常导致出现有害的经营后果；④妥协对策，采用妥协对策时，双方通常要经过某种谈判和协商过程，然后各自让步以谋求达成共识的经营目标；⑤合作对策，冲突双方在谋求各自的利益和目标的同时，兼顾对方的利益和目标，即不通过让步达成共识的经营目标。

多目标决策过程中应该优先选择合作对策，这是最理想的解决方案。当谋求合作对策行不通时，可以考虑选择妥协对策，妥协对策的决策过程可以通过下面的公式[9]：

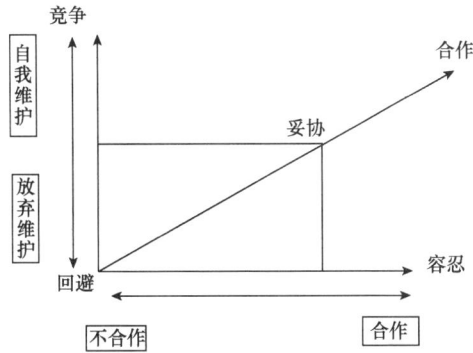

图 1　森林资源利益相关者多目标经营决策

$$Z_i(x) \quad i=1, 2, \cdots, j$$

式中：Z_i 是经营目标函数向量，代表不同利益相关者所选择的各种森林经营措施的目的。如增加森林流域水径流量以满足水力发电，增加产草量为野生动物和家畜提供饲料，减少土壤流失沉积量，维持生态旅游效益，提高经济收入和降低生产经营成本等；x 是森林各种利益相关者可选择的经营措施决策向量，x_1，x_2，$\cdots$，x_j 是经营措施决策变量，如不采伐，采伐 1/3 林木蓄积量，采伐 1/2 林木蓄积量，强度采伐 75% 和全部皆伐等。

　　通过比较分析和交替权衡各种对立的森林经营目标函数大小，最终确定一种妥协方案。在森林可持续经营的原则基础上同时能满足各种不同利益相关者的利益与需求。在应用多种利益相关者和多种对立经营目标的森林资源管理决策时，需要注意以下 3 点：第一，所有的森林利益相关者均应该参与森林可持续经营的目标决策过程，并有平等的机会和权力阐述各自对森林经营管理的原则、目的和拟采取的具体措施；第二，澄清各种利益相关者与其各种对立经营目标之间的相互关系，预测哪些利益相关者可能形成合作的联合团体及其对另外一些参与者的影响；第三，利用权重优化方法可以进行动态决策，将各种目标转换在相同的程度下进行比较。森林可持续经营的多目标决策并非是解决所有问题的妙方，它在很大程度上依赖获得的各种信息量的大小。因此，森林可持续经营的多目标决策评价需要长期动态监测各种森林对不同经营措施的反应，获取森林各种时空变化特征的详细信息，以增强经营目标决策的准确性和科学性。

参 考 文 献

[1] CIFOR Forest Research：A Way Forward to Sustainable Development. Indonesia：CIFOR，1994.

[2] Canadian Council of Forest Ministry. Defining Sustainable Forest Management—A Canadian Approach to Criteria and Indicators，Ottawa，Canada：Canadian Council of Forest Ministry，1995.

[3] 蒋有绪. 国际森林可持续经营的标准与指标体系研制的进展，世界林业研究，1997，10（2）：6-14.

[4] Oldeman R A A. Sustainable development is fussy development Nature and Resource，1995，31（3）：1.

[5] Kimmins J P. 朱春全等译. 平衡的法则-林业与环境问题，北京：中国环境出版社，1995.

[6] Francesco D C. The chair of sustainable development. Nature and Resource，1997，31（3）：2-7.

[7] Young M D. Inter-generational equity，the precautionary principle and ecologically sustainable development. Nature and Resource，1995，31（1）：16-27.

[8] Berre M L，Messan L. The W region of Niger：assets and implications for sustainable development. Nature and Resource，1995，31（2）：18-3l.

[9] Aregai T，Ferenc S，Duckstein L. Conflict analysis in multi-resource forest management with multiple decision-makers. Nature and Resource，1995，31（3）：8-17.

生态林业——我国现代林业的方向——兼论生态林业的内涵和理论基础[†]

1 现代林业的方向

推动一个产业发展的动力和发展速度，犹如物理学上的合力是由诸多不同作用角度的分力合成的。除主要支撑该产业的科学技术水平（如农业科学技术之对于农业）、社会对该产业产品的需求，社会对发展该产业的主观因素（如预见性、决策支持强度等）以外，也决定于与该产业科学技术有关联的其他科学技术的发展，如对农业科学技术有影响的化学、机械及生物学基础（如经典遗传学、生物工程等）的发展也对农业的发展有重要影响，总之，有一个与其他部门、领域、或整个社会的科学技术发展的协同效应问题。过去，这些分力的因素在区域水平上非常重要，例如，为什么在某一国家某个产业比较发达等，而随着世界科学技术和信息交流日益发展，就要从世界水平上来衡量它们的作用。今天，分析任何一部门产业或一门科学技术的发展，都可以从这个基点上来进行，可以从整体上考察一门科学技术的发展阶段和特征，而现今处于不同发展水平的国家或地区也都会受这整体发展水平和特征的影响。以农业而言，从原始的刀耕火种，进入低水平的传统种植业，然后进入以化肥、大能量输入和良种为特征的高水平近代农业，但由于近代农业受到生态环境恶化的抨击（如地力衰退、农药污染等），以及生物技术的诱导，世界上都在讨论现代农业的发展方向，于是"有机农业"（针对原来的无机化、化学化）、"生物农业"（针对石油化、农药污染）以及"持续农业""生态农业"等纷纷提出，各有侧重点，但仔细考察，农业未来方向的共同点，都强调建立一个利用现代化科学技术，包括运用生态学的原理的指导，不破坏生态环境，并以良性循环保持稳定持续高生产力的农业体系。一个完善的新的农业方向和体制有待实践的完成。诸多提法中以持续农业、生态农业概括得较全面，而两者实际目标相同。

林业情况又怎样呢？目前世界各国的林业发展水平不同，从林业整体的发展过程上看（也有不同阶段的划分意见），可以大体分为以获取木材为目的的采掘业式的原始林业，进入以稳定取得足够木材资源的传统林业，其集约程度随发展过程也在提高，现在不少国家提出多功能林业方向，也就是说要在林业提供木材资源的基本任务外，要把发挥森林各种生态、社会效益作为林业任务的基本内容。这个方向提出的背景在于现代科学对森林生态系统的生态功能有了进一步的认识，尤其是从全球变化看森林对生物圈、地圈自然平衡的影响有巨大作用，如对大气中 CO_2 平衡的影响等等直接关系到人类的生存和生活环境，目前发达国家十分重视环境方面的精神享受，因而对林业的要求在增高，

　† 蒋有绪，1998，生态林业——我国现代林业的方向——兼论生态林业的内涵和理论基础，见：董智勇等著，中国生态林业理论与实践，北京：中国科学技术出版社，143-149。

因此产生了把林业的环境效益作为林业社会功能的内涵和方向来讨论，主张多功能林业的人并不排斥对木材生产的林业基本任务，而这正是由已经解决了这个基本任务（不管是自给或是进口如何）的林业发达国家提出来的。有人把国外争论分为"生态派"（或生态保护派）和"经济派"（木材生产派）是一种误解。他们讨论的分歧不在两种功能的对立和排斥，而是对林业基本内涵（或主要任务）的补充与否和投资安排以及对森林经营具体模式上的讨论。例如对联邦德国每公顷林地为木材生产平均投资 6 马克，生态保护 5 马克和发挥其休憩、疗养作用为 30 马克左右，以及积极把纯林改造为混交林的方向是否必要、值得等等。任何讨论中未有涉及放弃木材生产任务的观点。现在有人把已经被误解的所谓国外"生态派"又与讨论如何解脱我国林业危机和林业发展方向提出的生态林业混为一谈，是个更大的误解。生态林业与生态农业一样，是目前社会科学技术发展到一个新水平的产物，它正在发展中，但它有特定的内涵和理论依据，是生态学发展到生态系统水平，是系统工程问世后，才可能把林业的经营对象作为一个系统（生态系统或生态经济系统）加以优化设计和加以调控管理，从而可以在特定的自然和社会经济条件下取得较高经济效益与生态效益的经营目标的林业道路。这也是时代对林业不仅看成是木材生产而且也是人类生存环境质量重要支柱的时代要求的一种反映。它完全不是有人认为的主张"只把森林用于生态"或"把生态效益放在第一位"的肤浅的观点之争。因此，还有必要在其内涵和理论基础方面加以说明。

2　生态林业的内涵和基本特征

生态林业并不等于国外的"多功能林业"。它指的功能是指林业的社会功能。讨论生态林业时要涉及生态系统的结构与功能，这里的功能是指系统的能流、物流及有关的反馈调节等功能，它是由系统的结构决定的，生态系统的功能一是反映系统内的代谢格局，决定系统的生产力（即商品化后的系统本身的经济效益），二是决定对与系统外的能量、物质交换过程和特点，影响系统外的环境，这里才涉及人们平时所说系统的生态效益，当然，也有人主张以经济效益来评价这种生态效益。

生态林业主张把林业的经营对象视为森林生态系统或森林生态经济系统（无论天然的、人工的，农林复合的，也无论是林分、林场，乃至区域和国家等各层次），从实际的自然与社会经济条件出发，以生态学原理和手段（主要是生态系统的原理与生态系统工程手段），调控或建立这个系统，使其以优化的结构和有效功能，持续稳定地提供一定的高生物产力（包括木材在内的各种生物量生产）和发挥良好的生态环境效益和社会效益。由于它是在特定的自然条件和经济条件下以尽可能优化的结构和尽可能合理的能流、物流等功能特征来调控经营或设计建立的，它必定是在该自然条件和经济条件下能提供尽可能高的生物生产力和具有较高稳定性和良性循环的低投入高产出的生产单元。至于高层次的经营，则更是一个复杂的系统工程，但也遵循优化结构和功能，发挥整体的经济效益和生态、社会效益的原则。因此，生态林业的特征如下。

（1）在林业各层次上都把经营对象和范围视为一个生态系统（或生态经济系统），这是生态林业的整体性原则。这里不仅强调有其结构和功能，也把林业经营范围从传统的木材生产扩大到森林生态系统各生物组分和环境组分。

（2）以生态学理论和方法，调控和设计建立在该自然条件和社会经济条件下其结构和功能是最优化的系统，因而其经济效益和生态效益在该条件下也是最高的（因此，不存在有人认为经济基础差不能实施生态林业的问题），这是生态林业的优化原则和经济、生态效益统一原则。

（3）由于系统的结构和功能是最优化的，因而系统在该条件下是稳定的（如有较大抗干扰能力等）和提供一定稳定的高生产力。但由于该地区自然条件和社会经济条件也会变化的（如自然条件的改善，社会经济和科学技术进步等），其优化的结构和功能不是固定不变的，应当根据社会发展阶段作调整，这是生态林业的稳定性和动态发展原则。

作为一个生态系统和生产单元，其经济效益和良好生态系统功能是两位一体的，也就是说系统的经济效益是通过系统的功能实现的。这里，生态系统的功能不仅不排斥生物生产力，而是必须以系统的高的生物生产力作为重要标志。稳定持续也包含了高生产力与良性循环两个方面。因此，生态林业的特点是以生态学原理指导以提高系统的自然生产潜力为目的，以系统的整体性（holism）优化结构的调控或创建为途径，因此，它也不同于林业的一般多种经营，抽掉了生态系统的整体效应，也就丢掉了生态林业的重要特性。作为具体的小范围的生产单元是如此，从宏观范围上，对于一个县、一个省的林业经营，也必须保证以系统的整体性和优化结构和功能来达到较高的经济效益和生态环境效益，否则也不成为生态林业。当然，其中的各个组分单元、各子系统更加多样性，包括天然用材林、自然保护区特种林、防护林、农林复合系统，以及人工速生用材林（也不排斥纯林）和各种加工系统，运输、流通、消费系统，但必须优化其结构，以构成整体的合理、高效的能流、物流、货币流为经营手段，以求发挥最大的经济效益和生态效益。这才区别于传统林业。这样的林业怎么排斥或把经济效益放在第二位呢？

对于生态林业的理论基础，现在的提法有提以生态学、经济学理论为指导，也有提以生态经济学理论为指导的。我想应当强调以生态学理论，特别是其中的生态系统原理为指导。过去许多不合理的林业经营是忽视这一点的，而传统林业有其不同于传统农业的优点，即使是法正林的水平，也已经从林业生产的特点出发，注意到持续稳定提供木材的经营原则，作为其理论支柱的传统林学原理，其合理性，科学性已包含在生态学理论之内，而生态学的新发展，特别是生态系统理论的发展已超过传统的林学原理（并已充实到新的林学原理中去），而对林业具有更深刻的指导意义。经济学是林业经营毋庸置疑的指导理论，离开生态学的经济学管理难免有违背自然规律之举，因此两者的结合将是全面正确的指导。生态经济学是一门正在兴起的新学科，是探讨生态规律与经济规律的结合点和它们在事物发展中的内在联系，这是现代许多重大社会经济问题和生态环境问题必须考察的两个方面所要求的。从这个意义上讲，提出以它为生态林业的指导理论也是可以的，但它的理论正在发展，还不成熟，各有其说，因此在现阶段，对具体事物的过程、特征的阐明和指导，仍以生态学原理和经济学原理相结合运用比较准确。由于本人从事生态学研究，本文将主要从生态学理论方面来加以说明，但也可以看出生态系统与作为生产单元的经济学的内在联系。

生态系统犹如一个具有生产能力的生产系统，有其能量和物质的输入输出，系统本身通过系统的功能（能量的转化、养分吸收利用、积累、再循环利用等），形成光合产物（第一性产品）和以此为原料为第二性（动物）产品。在天然生态系统，其输出为向系统外的物质输出（如径流与养分）和作为能转换过程中的呼吸能耗和以热的方式向系统外散发的能耗，在人的经营情况下，其输出则有生物产品的输出（如森林的采伐木材和狩猎），就如同生产系统的投入产出。但系统的输入必定等于系统的积累和输出。而人工林生态系统更加相似于一个种植（或种养殖）生产系统。植物同化光能（吸收 CO_2 和水）形成植物体的生物能，或植物体被动物消费转化为动物能，都是由低质能转化为高质能的过程，这个过程伴随物流（水和养分），这个过程实际上也是物化或能化的货币流过程，而且也是创造商品价值的过程，劳动力也是作为一种特殊的能的投入，我们可以比较一下生态系统和一个工厂的功能（见下表）。作为经济学方面活动，除了商品生产外，还有流通领域，而且会反馈于生产领域，这是作为生产单元的"生态经济系统"还有它外延的经济范畴，这也是生态经济学研究领域，就生产单元的生态经济系统来说，我们在模型上需要留下一个市场消费反馈动力的货币流与流通方向予以表示。

生态系统与生产系统比较

生态系统	生产系统
系统输入	系统投入
系统输出	系统产出
第一性生产者	第一车间
第二性生产者	第二车间（以第一车间产品或副产品、废料为原料）
分解者	催化还原装置
土壤亚系统	各料库
生物循环速率	再循环利用率
自养、异养呼吸	有效能外，实现能转化能耗
生产效率	能耗率
能量转化率	商品生产率

对于涉及生态系统生产力的几个代谢参数有：第一性生产效率 RA/GPP（自养呼吸/总第一性生产量）、有效生产比 NPP/GPP（净第一性生产量/总第一性生产量）和系统的生产率 NEP/GPP（净生态系统产量/总第一性生产量），总第一性生产量 GPP 是植物利用光能同化作用的产量，净第一性生产量 NPP 是 GPP 扣除植物呼吸（自养呼吸）消耗的能以后的产量，净生态系统产量 NEP 是生态系统总产量扣除植物呼吸和动物呼吸（自养和异养呼吸）后的产量。这些参数都是可以调控的，即使是对最简单的人工林生态系统也是可以调控的。这就是为什么说，生态林业强调以生态系统原理在一定的自然条件（加上社会经济条件则更全面）下调控或设计挖掘最大自然生物生产力和生态效益的森林生态系统是其重要特征和内涵之一。有人认为在经济状况落后的中国不能实施生态林业，显然是不清楚生态林业的这个重要内涵的。我想，这个内涵应当也是"经济派"所希望的目标。

3 生态林业调控系统功能与经济效益的基本原理

在宏观一级（如县、地、省）的生态林业为把林业纳入一个生态经济系统的轨道，

不同生态系统的代谢参数

代谢参数/（C g/m²）	中生森林	草原	苔原
总第一性生产量 GPP	1620	635	240
自养性呼吸 RA	940	285	120
净第一性产量 NPP	680	420	100
异养性呼吸 RH	520	271	108
净生态系统产量 NEP	160	149	12
生态系统呼吸 RE	1470	486	288
第一性生产效率 RA/GPP	0.58	0.34	0.50
有效生产比 NPP/GPP	0.42	0.66	0.50
维持效率 RA/NPP	1.38	0.51	1.00
呼吸分配比 RH/RA	0.55	0.90	0.90
生态系统生产率 NEP/GPP	0.10	0.23	0.05

需要以系统工程手段予以优化安排，从自然条件各要素，社会经济条件、森林资源现有状况等数百种参数进行必要线性、非线性或动态规划，这个任务非系统分析手段不能胜任。这里只在基层的生态林业层次对利用生态学原理的调控、设计作介绍，但由于已有专文论述，只简单归纳若干原则。

总的原则是：以优化生态系统的结构，提高能流物流的转换循环速率，从而发挥系统的自然生产潜力。

3.1 使生物组分对环境资源的需求与其环境资源（生态位）最大拟合

（1）对构成生态系统中最大的第一性生产（目的产品，例如木材）的组分，必须选择与立地环境资源相适应的种（树种），此即林学上的适地适树原则。

（2）提高组分多样性，在时空上充分利用不同环境的异质性，即使得生态系统的生态位利用尽可能饱和。其相随的另一作用是增加了系统能流物流的通道，反馈能力增加，提高系统的稳定性，使高产与稳产结合起来。这种情况下要分析系统内的生态位，和选取拟合生态位的生物种，要避免生态位重叠的种，要使各个种各得其所。对系统内生态位未饱和利用者，要增添一些生物组分，对生态位利用已饱和但对组分间构成的能流物流不满意者，则可替换生物组分。

（3）对尚有生长潜力而环境资源条件不能满足或其他原因限制的情况下，可人为补充资源如施肥或疏伐调整密度，以提高单位面积总生长量；或重点放在改造环境资源中的限制因子，以提高整个环境资源的利用率，如干旱为限制因子而热量、土壤肥力都充裕时，就补充缺水期的水分（灌溉），这就是生态学中生长因子的"水桶效应"。

3.2 生物组分间生理生化及营养生活史上协调与共生互利

避免物种生化相克，利用互利关系，包括偏利关系。目前生化相互感应研究，菌根与树木、作物共生的研究都属此原理的开拓运用。

3.3　加强各环节间同化利用率，提高能转化率

本原则从力能学或系统代谢上着眼，由于能流为单向的，所以只能在提高转化率上打主意。

（1）在同样拟合于环境资源的同一物种中，选择高光合、高生产率品种或生态型，如同样种植杨树，要不断淘汰旧品种，选用新的更好的速生品种。

（2）提高各营养级的能转化率，如选用转化率高的品种（吸收同化量/采食量，和净产量/同化物量两个指数高），如肉鸡与一般家养鸡的差别等。

（3）在整个生态系统主要组分（如树木）的生长过程中正确确定收获期，因为生产量/生物量比值在生长过程中是变化的，要在此比值变化曲线由高峰下降以后考虑收获期。这与林学上以连年生长量和平均生长量来确定主伐期是一个原则。

（4）当一个系统利用所有上述原理已经使生态功能有了充分发挥，达到较高经济效益而无更大潜力时，则可使系统扩大，采取把两个或若干个生态系统并联、串联或网络化，就可以显著增益，超过原经济效益之和，如农村生态系统与城市生态系统相连接统筹安排，相关联的生产系统加以组合构成协作系统，相同产品的系统构成集团，使能流物流纳入更大的流通和循环之中去。

对于调控生态经济系统的其他手段还有一些，如采取某一环节的能的自我限制装置，在输入驱动高的时候，由于循环通道内的物质有限的恒量而能自动予以限制输出，以调节整体的输入输出平衡；对两组分或系统的相互制约，即根据两者函数比例产生一个流对另一流的控制等，不再一一展开赘述。

4　与生态农业、立体林业的关系

生态农业的原理和追求的目标与生态林业有相似之处，如也以生态学、经济学原理把农业经营范围视为一个农业生态经济系统，以系统工程手段加以优化，建成一个使其发挥最大的自然生产力，从而具有投入少而效益高，并具有良性循环的稳定性等特点的农业生产系统。但它可以是农牧渔的模式，不包括林业在内，也可以包括林业内容，但并不以林木为主体，为主要生物组分，而生态林业是以林木为主体、为主要经济产品和发挥生态功能的系统，它是其他组分（其他生物产品）的基础，生态林业的生态整体效益主要取决于林木种群的效能。

立体林业是指人工生态系统的结构，强调时空上多层次利用环境资源，以林木为主体的多层次复合生态系统，它是生态林业的重要内容，是生态林业基本生产单元的结构形式的表现，而生态林业比立体林业的含义更为广泛，包括全国、区域性的生态经济区，其基本单元还会包括自然保护区森林、天然林，甚至人工纯林等结构形式。立体林业由于也强调结构功能的优化设计，所以也不同于一般林业上的多种经营，如果把多种经营优化组合于一个系统之中，这就是立体林业，也是生态林业的重要生产单元。

　　最后，希望强调的一点是，生态林业不仅不忽视作为林业的第一生物产品（即木材生产），而且正是强调以发展林木作为整个经济效益和发挥生态功能的依托，而且生态林业是要以发挥最大自然生产潜力作为提高经济效益的基础，因此，在中国目前林业生产比较落后，资金投入困难的条件下，正应当走生态林业这条道路。我们相信，只要通过实践，允许不同林业经营原则进行实验和比较分析，时间会作出客观的评判的。

为西部大开发建设良好的生态环境[†]

"生态环境是人类生存和发展的基本条件，是经济、社会发展的基础。保护和建设好生态环境，实现可持续发展，是我国现代化建设中必须始终坚持的一项基本方针。"（引自《全国生态环境建设规划》），1998～1999年党中央和国务院相继发出了关于"治理水土流失，改善生态环境，再造一个山川秀美的大西北"，和"西部大开发"的战略号召。这是我国经济建设向西部战略转移两个相辅相成，密不可分的组成部分。

西部大开发的重要前提就是要首先进行大西北生态环境的治理和建设，这不仅是改善大西北人民的生存和生活环境，提高生活质量的必需，也是大西北开放建设、招商引资和进行资源、环境、经济、社会相平衡的发展所必需的环境条件。没有大西北生态环境的根本改善和优化，就没有大西北社会经济大发展的基础。

对西部生态环境的治理和建设，实质上讲，就是我国西部植被的恢复与重建，而且应当是按照地理条件的客观实际和按自然规律的恢复与重建。我国的植被格局自全新世以来，大抵与近代的相似，但在几千年前，许多地方的气候比现在要湿热。夏商时期我国西部有较多的森林，新疆西南部、青海东部、甘肃西部都有"范林方三百里"的记载。树种也不完全一样，那时陕西有竹、棕等树种的记载；唐宋时期陕北高原还有茂密森林，只是历代战乱、屯兵、农垦、樵采、大兴宫阙，毁林不止，植被难以恢复，才造成后来的荒芜少林，再加之几千年来气候变冷变旱，荒漠、草原扩大，山地森林退缩，森林草原东移，又经近数百年的人为日益加剧的植被破坏，遂造成今天西北干旱半干旱生态恶化的局面。认识我国西北地区曾是远比现在山清水秀，植被茂盛的过去，从而有信心地、坚定不移地用几代人的努力去再造一个山川秀美的大西北是十分必要的，也是十分重要的，同时也要看到，如今我国西部地区在气候变化、植被演变和人类长期破坏干扰下已破坏的植被对局部气候环境的负面影响，其气候条件（特别是水、热条件）、土壤、物种组成已远非昔比，有了很大的差距，植被的恢复与重建必须在现有的自然条件下和资源条件下，按自然规律去进行，这是需要理智地去认识去实践，所以我提出要有理念地（即有信心、但理性地）运用植被演替发展的恢复生态学去指导大西北的植被恢复与重建工作，这是我们成功的保证。

西部地区植被的恢复与重建，特别是森林的恢复与重建，我们还有许多科学技术方面的事要做，我就恢复生态学领域提出3项重要的研究任务。

第一，我国西部地区随气候变化在人类历史活动干扰下森林植被（及伴随的非森林植被类型如荒漠、草原、森林草原）的演变动态、在植物地理及物种变化过程的研究。时间尺度在1万年、5000年、但着重于1000年来的变化过程，对于这一过程，我们还不太清楚，其历史变化格局、过程还不清晰、准确，而这一过程正是我国文明发展历史

† 蒋有绪，2000，世界林业研究，13（2）：3-4。

在时空上最重要的阶段，有着丰富的自然史、社会史、森林史的科学规律及经验教训，集中反映了这一特定的历史长卷，要集中开展林学、生态学、气象学、地质地理学、土壤学、水文学、动植物学、社会学、古地理学的综合研究，探索西北地区在气候变化背景下，人类社会发展（即人类经济活动）是如何影响森林和植被变化的。其规律性如何，其变化特征如何，只有认识过去，才能正确指导未来。

第二，现代气候及自然地理条件和资源承载力下森林植被（及相应其他植被类型）恢复、重建的目标及其指标体系、结构配置和可持续经营途径的研究。研究内容将包括植被恢复重建的目标，达到目标的各类指标，其合理的结构配置，群落演替规律、优势种群适应对策及发展策略，人类干扰对群落的实际影响，恢复重建的模拟模型及生态环境功能效益预测；森林及草原的可持续经营管理的途径。

第三，按西部地区开发的战略功能区划的植被恢复重建及其生态环境服务功能的规划及调控途径、技术的研究，研究各战略功能区（功能带、功能圈）对水、能量、土、生物资源和交通网络需求及对建设生态环境和生态安全特种需求上植被景观配置及设计原理和技术研究。

城市林业的发展趋势与特点[†]

　　城市林业（urban forestry）约在 20 世纪下半叶在西方兴起，是指要发展为城市服务的林业，主要特点是突破了过去长久以来城市市区绿化、美化为目标的狭义的城市绿化，发展成为城市生态系统服务的林业体系。因为西方快速现代城市化的后果是市区高空建筑密集，绿化空间狭小，其结果是只能在钢筋水泥建筑群中形成斑点、小块状点缀的绿化点或园林小景点，在寸金如土的大都市，有时干脆连行道树的栽植都牺牲掉了，人们不愿在忍受长期生活在令人压抑的灰色水泥丛林中，一方面，城市居民往郊外乡村转移，出现了一百年前人口向城市集中居住的反向流；另一方面，如何把林业引入城市建设，改造城市环境，或者在新兴城市建设之始，就注意发展城市林业，成了西方一些城市正付诸实施的行动，这是 20 世纪下半叶世界"反城市化"趋势中表现出来的一些特征。

　　1968 年以来，美国 33 所大学开设了"城市森林"课目，1978 年以来，美国接连召开了三次全国城市森林会议，研究城市森林的发展；1978 年美国 W. Grey 著有"城市森林"专著；1984 年台湾高清著有"都市森林学"；1986 年新加坡大学出版《城市和森林》一书，由于这一学科和林业实践正在发展，有关理论并不太多，但都论及了城市森林的概念，构成，树种选择，规划设计，营建养护管理和效益等，已构成初步理论框架。自 20 世纪 80 年代以来国际林联组织（IUFRO）的学术会议及年会也都设出城市林业的讨论组。从城市森林历史实践来看，巴黎、莫斯科、渡恩、哥本哈根等都有很成功的实例。法国巴黎城郊有 4 片著名森林——即枫丹白露林、法显叶林、鲍罗尼林以及稍远的诺曼底地区橡林，分别有 2.5 公里至 100 多公里远。因此，有理论认为城市森林可以以小汽车从市内出发，当天到达并能返回的距离的森林都属于城市森林，有些规定为距城市 30 公里等不一。

　　城市森林的生态环境效益有过不少测试和阐述。以美国林业协会评估，就城市森林通过遮阴、吸水蒸腾及调节空气、降低空调耗能一项每年就为美国节约 20 亿美元，因为森林能降低气温，为建筑物遮挡夏日骄阳，阻挡冬天的寒风，从而减少建筑物的能耗，最终还减少电厂排污的量。此外，美国研究，如城市森林的存在，可使病人在手术后恢复更快，住院期缩短 8%，从而每年再节约 12 亿美元。瑞典 Grahn（1989）研究也有此结论。美国 1988 年提出一个计划，要把城市森林覆盖率从 30% 提高到 60%，城市森林的建设与一般林业要求技术不同。城市环境对林木生长是比较恶劣的，因为并不是什么树种都可以在城市成活，还有专门一系列选种、管理、修剪、保护等问题，移植技术十分重要，欧美的榆树、南欧的悬铃木、丝柏都受到严重病害侵染，已失去往日风采，而要重新选择树种。城市森林的土壤因人们践踏多而致坚实，不利于林木生长，城市森林的美化是以自然美为特点。不求整齐划一，接近自然林为目标。欧盟绿色报告书认为城

　　† 蒋有绪，2000，世界科技研究与发展，22（5）：16-18。

市的交通车辆和灯光广告活动等对林木的威胁较大（1990），认为在城市中营造一种自然环境十分紧迫，应该利用景观中的自然环境把野生动植物引入到城市中来，要形成连贯的绿色走廊，因为一般城市的绿化结构较松散，不能提供必要传播途径。

对"城市林业"的定义和任务、目标，有不少不同的表述，我作了归纳不妨定义为：改善城市环境（为净化城市环境污染、减少风沙、阻滞尘埃、缓解热岛效应、提高大气质量等）、美化城市景观、增加身心享受、疏解心理压力，全面服务于城市生活质量。不论其含义、定义不完全一样，但城市林业都必须认为是城市现代化建设和管理的一个重要组成部分，必须纳入城市建设管理的大系统中去。

城市林业的结构与表现形式，可归纳有以下几类：

（1）城市中心区的园林景点、公园、居民园区（以点、斑块为主）；

（2）道路系统（街道、公路、水道、农田道渠等）的绿化带（以带、条、网络为主）；

（3）近远郊的风景林、森林公园、山地原野游憩林（以片为主）；

（4）远郊的商品林、果园、农林复合经营（以片为主）。

因此，实际上城市林业生态系统是由点、块、带、网、片相结合形成的一个完整的景观系统。

城市森林总体规划德国较为先进，以汉诺威、斯图加特（Stuttgart）、慕尼黑为范例。慕尼黑 1992 年起计划建设 14 个绿化带，共 584hm^2，将城市的绿地与城市周围景观连接起来，要用 25 年时间，总共预计 14.3 亿美元。欧洲的丹尼斯森林景观研究所已建立了"欧洲城市森林与树木"网络，自 1997 年，约 200 名欧洲研究者的数据库将共享。一个名为 COST 的行动，包括 25 个成员国及欧洲议会，来促进欧洲城市森林与城市树木的发展。

我国近 10 年来，城市森林建设也正在兴起，各城市在城市森林的目的、目标、结构、功能上都具有特色，正处于理论与发展的新时期。深圳市在市区已有较高水准的绿化的基础上，提出了周边郊区（即全市辖区）的生态风景林建设，要求兼顾生态功能（涵养水源、保持水土、护田护路、和沿海防护，包括红树林），及山地森林公园的形式作为保护动植物种群、开辟旅游（野营、徒步旅游、探秘）等，造林方式按深圳市实际情况选取 10 种不同类型：荒山造林、立体营造、疏林改造、林内套种、间伐改造、景观加强、综合联网、封管补植、全封管护、试验引种等。

北京市为了遏制严重的风沙危害，提出了三个生态圈绿化建设工程，由里及外，即城市隔离地区绿化、"五河十路"绿化和农田林网、燕山、太行山绿化工程三圈，实现 2010 年首都林木覆盖率 50%，城市绿化覆盖率 40%，城市人均公共绿地 10m^2 以上，建设方式：山区以天然林保护、水土保持林、水源涵养林、风景林建设为主，中圈以防风固沙林、更新改造农田林网、主要公路、铁路、河流两侧宽厚绿化带，园林化城镇为主形式，城市圈按分散集团式布局建设。

长春市基本上也是几个圈（三个层次）的思路，第一层次以已建成市区建成具有北方特色的园林化生态城为基础，形成以公园、广场绿化、彩化、混合式布局形式，以城市为主干道、市区铁路两侧绿化带为骨架，以环城路，二环、三环、四环为保护圈，以贯通全市的伊通河滨河绿地为市区风光带的主要结构形式；第二层次是以规划市区为范围，是目前的城市结合部，以增加森林厚度为重点，通过名胜区绿化、环城生态带建设、绿色通道建设为主；第三层次，以农村三市一县 120 个乡镇为范围，以提高汉河、辽河、村屯绿化水平，农田防护林建设，形成带、片、网结合的格局。

呼和浩特市是到 2010 年以主城-卫星城-旗县城-集镇 4 个层次的体系，即在主城之东的白塔区，主城之南的石化区，形成新的卫星城。结构以"集聚间有离析"的格局，主要是功能分区，形成以主城为核心的拱卫城市空间格局，而其区间发展森林绿地，注意提高其连续性、网络化。

福州市由于闽江水系通过，形成南北两区，并有内河 42 条，具有"众山环抱，闽江穿城"的地理特征。环城众山形成重头的由块、点组成的圈，面向城市第一重山，森林覆盖率要达到 85% 以上。乌龙江、闽江两岸形成 50～100m 的林带。市区中心利用金鸡山、金华山、光明港及入城道路、铁路形成建设起的廊道，利用历史文化的精华，即所谓三山两塔一湖形成绿链。除了南北两大区外，功能区并不明显，但处处精彩。

遵义市由于狭长的南北走向的辖区，沿贯穿该市的乌江、娄江为轴，形成一串由重点块区为链珠，形成的有层次绿色画卷。每个链珠都有其重点风景名胜、文物古迹和古树名树园林为特色，至 2010 年，要求完成森林覆盖率 32.8%。

长沙市基本是环城生态，"西文东市"的两大功能区，以山、水、洲和 35 个公园融为一体的格局。

安徽马鞍山市是一个工业城市，但有九峰环一湖的特色的城市绿化结构。

其他还有甘肃白银市，河南濮阳市、福建福清市等一批较中等城市的规划，不一一介绍。

总之，我认为城市森林建设要点，归纳起来有以下几点。

（1）一定要根据城市自身的自然地理、历史文化、社会经济发展的特点和城市发展目标所要求的城市林业的功能来规划，无论何种结构一定要形成特色的风格。

（2）目标要求一定要实实在在、合理可行、有实效，为城市生活质量和发展目标服务好，而不求花架子。

（3）一般讲，对于植物材料选择得很有限，一定要拓宽思路、挖掘我国自南到北都有的丰富多彩的植物种类。

（4）城市林业，一定包含全管辖区，城乡一体化进行，一定要有环市区的大片近自然森林提供自然空间和自然环境、为居民休憩服务。

（5）每个城市森林的建设应当有一个比较形象的、生动的行动口号或目标口号，较能振奋人心，动员市民向美好的目标共同努力奋进。例如长春市的森林城、江苏扬州市的水上花园城、遵义市的绿色画卷和北京市的为"绿色奥运"而奋斗等。

参 考 文 献

[1] Kjell Nileeni、Hnmie R. Rarxirup，城市及周边地区的林业，第十一届世界林业大会文献选编，中国环境科学出版社，1998，25-33.

[2] 蒋有绪，新世纪的城市林业方向，世纪之约，北京：中国林业出版社，1999，8-15.

[3] 徐英宝，深圳生态风景建设工程有关问题思考，世纪之约，北京：中国林业出版社，1999，32-46.

城市林业和生态环境建设及对策[†]

江总书记对重庆市生态环境建设的要求是一针见血、非常准确的。它事关长江上游和三峡工程长期安全运行的问题，事关对华东水源的保证问题，事关对西部大开发的设施做好保证和基础的问题；重庆市生态环境建设，面临一个很大的挑战。今天我介绍一下城市林业这个概念。

城市林业，是在西方高速城市化的情况下发展起来的。现在，中国也正进行城市化，许多城市都在进行高楼大厦的建设。而西方在反思后，有许多人离开城市往外走，因为环境不好，心情压抑，所以要改变城市的面貌，提出了建设城市森林的观点。美国、日本专门设立了城市森林这门科学。台湾比我们早一些，称都市森林。现在我们也开始进行城市森林的建设，像上海，即使拆房也要建设森林，城市里的绿化隔离带是 500 米宽的森林，比北京的还大。北京也拆房，大手笔地引进森林，到 2010 年，北京整个辖区的森林覆盖率要达 50%。重庆现在是 23%，对于重庆这样的山丘地区说，确实少了，需要提高，规划提到 40%，重庆因地形关系等，城市是组团式发展，所以我觉得城市林业的发展对重庆讲是非常必要的。现在，重庆存在较严重的水土流失、塌方。市区的粉尘污染也很严重，城市森林能发挥较大的作用，可更好地控制三峡水库的泥沙淤积、调节水源、减少粉沙污染等。据美国研究，由于城市森林改善了周边的环境。夏天空调用能源减少，一年可节约 20 亿美元。由于环境的改善。城市居民住院率减少了 8%，住院时间也缩短了。每年可节约 12 个亿，人民身体健康水平也提高了。城市森林与过去的城市园林化有什么不一样呢？它超过了过去的含义。过去就是在市区里园林化，而城市森林，要扩大，周边要有一定大面积的森林来保证城市的环境，提高城市居民生活质量。国外有定义说，在城市中心一天里汽车能到达的地方，叫城市森林，汽车可开去在那儿休闲。实际上，中国发展比这要快，比如北京，把整个北京市的辖区进行城市森林建设作为一个整体目标，分了圈，市内一圈，还有外圈，即郊区森林、郊区山地。很多城市都有自己的特点，比如长沙，周边也是山地，第一期工程，面临市区的山地必须有 80%～90% 的覆盖率。我想这是一大手笔，要城乡一起整体来考虑，突破过去城市绿化仅仅是为了美等有限功能，必须扩大功能，能够保证市民的生活质量，还有地方能休闲，保证良好的空气给居民以身心享受。如果在城郊、远郊，城市森林还有一定的生产功能，可丰富城市居民的物质生活。可有一些花卉、水果或其他生产，刚才李先生所说的农林复合经营可放在郊区、远郊区，这里面很多概念和过去的不同。说明这个趋势是在所必然的。重庆市特别是在这样一种山丘地形下，更有可能把城市作为一个大的事情来做。在这里面，控制水土流失是非常重要的。护坡、护土、减少塌方，也是非常重要的，吸收粉尘，改善空气也是很重要的。

---

† 蒋有绪，2000，决策导刊，（10）：21。

每个城市的发展都有其特点，有些城市是长形的。是链式的安排。有些城市是平原地区。则是圈式的安排，像长春就是圈式安排，呼和浩特则是主城卫星城式的，现在的市郊区准备变成一个卫星城。卫星城和主城之间用森林来填充，在主团之间也应该基本上是用森林来填充。覆盖率达到45%以上。

另外，每一个城市森林的发展有一定的目标和要求。以刺激居民和政府共同积极地投入。像北京，申奥成功后以"绿色奥运城市"为目标，上海以前是"旅游城市"，长春要建成"森林城市"。深圳市区是"花园城市"，但它去年启动了一个"生态风景林"的工程，准备投7亿元启动，因它水土流失也很严重，有些地方裸露，因此要建生态林，但它是高规格地建设，要变成风景林，故称为生态风景林，有近景、中景、远景。远景比较粗犷，可以让老百姓徒步旅行、野营等，近景则要求比较精致一点。重庆也一样，面临在长江两岸，面临市区，主团式的周边。就可以称为近景。近景就要精致一点，可以把园林的很多手段放进去。重庆已经有很好的设想，市区是山水园林城市。而三峡库区称为"青山绿水"工程，还有很多工程，也很有特色。这些都是以一项项工程的形式列出来的。但能否在对重庆长远的可持续发展的规划上作整体规划，把这些工程联系起来，有一个总体的要求，为重庆市必需的生态建设目标和重庆市可持续发展总体目标服务。

新世纪的城市林业方向——生态风景林兼论其在深圳市的示范意义[†]

1 城市林业的兴起

城市林业（urban forestry）是国际上 20 世纪下半纪兴起的，为城市服务的林业。它的主要特征是突破了长久以来以城市中心区绿化、美化为目标的狭义的城市绿化，而发展成为全方位为城市服务的林业体系。由于西方现代城市化的后果都是市区高层建筑密集、绿化空间狭小，其结果是只能在钢筋水泥的建筑群中形成斑点、小块状的绿化或园林小景点。要有一块几百平方米的绿地都很困难，在寸土如金的大都市甚至牺牲了行道树的栽植。随着人们生活水平的提高，对环境的需求也不断提高，人们不能再忍受长期生活在令人压抑的灰色水泥丛中。于是，如何把林业引入城市建设中去，如何改造老城市环境，或者在新兴城市建设之始，发展城市林业，已成了一个付诸实施并已取得成效的林业活动。

城市林业的任务和目标是：改善城市环境（如城市环境污染，减少风沙，阻滞尘埃，缓解热岛效应，提高大气质量等），美化城市景观，增进身心健康，疏解心理压力，全面服务于城市生活质量。但在我国的城市林业发展中，不少学者还根据我国实际情况，强调了城市林业的生产功能，除了原来应当有的苗圃、种苗、花卉生产供应外，提出了要根据城郊自然资源状况，发展含果园、农林复合经营产品在内的各种林产品，以丰富城市商品供应，带动郊区农业发展，支撑城市可持续发展的内容和目标，这是我国的特色。对于不同城市，这种功能的结合，在比重、结构上也会有所不同，这涉及郊区的土地资源、物种资源、城市物质需求等问题，如果这个功能过于强调，就会削弱城市林业的重要目标，而沦为一般的林业生产。深圳市城市林业的这个功能所占比重和特点，要根据深圳市自己的情况来决定和安排。

尽管城市林业的含义、定义不完全一样，但城市林业都被认为是城市现代化建设和管理的一个组成部分，必需纳入现代化城市建设管理的大系统中去。深圳市这样做是很正确的。

城市林业的具体表现形式（即具体建设内容），可有以下几个重要部分：①城市中心区的园林景点、公园、居民园区（以点和斑块为主）；②道路系统（街道、公路、水道、农田道、渠等）的绿化带（以带和网络为主）；③近远郊的风景林、森林公园（含山地原野游憩林）（以片为主）；④远郊商品林、果园、农林复合经营（以片为主，视可能和需要而定）。

† 蒋有绪，2001，林业科学，37（1）：138-140。

因此，实际上，城市林业生态系统是由点、块、带、网、片相结合形成的一个完整的景观系统。

2 生态风景林——城市林业的骨干林种和新方向

现代城市林业的上述林种中，风景林（landscape forest）是很主要的林种。面积也比较大，可以认为是骨干林种。深圳市提出生态风景林的术语，可以认为是具有我国特色的发展，考虑到我国城市林业仍担负着十分重要的生态防护功能，因为深圳市作为现代化大都市的整体美要求是很高的，也是有实力实现防护林的美化，并且便于纳入广东省"生态公益林"体系，加以管理，因而提出了"生态风景林"的概念。我们不妨把生态风景林（eco-landscape forest）定义为：以风景林设计要求的具有专门防护功能的林种，即兼有防护功能的风景林。随着我国经济实力的增强，可以设想，城市公益防护林都可以不同程度地要求美化，和有能力实现美化，因而，生态风景林可认为我国现代化城市林业的新方向，也是骨干林种。以深圳市而言，水源涵养功能是城市林业的一项主要功能，它担负着城市林业结构比重中的70%，为了深圳市美化和改善环境质量、提高生活质量，它可以按生态风景林来建设。至于其他林种（如水土保持林）可能因立地条件的因素，不必过于强调风景林的关系 但仍可以不同程度地根据经济实力和可能提高它的美化要求（这在后面会再谈到）。

生态风景林不同于一般的防护林，也不同于城市中心区的园林景点（它带有很大的人工雕琢色彩，和受空间和周边环境条件的限制），也不同于森林公园（它带有一定的边界，特定的休闲功能，要求适度的活动空间，视线疏透，环境宁静，结构简明），也不同于山地原野郊游林（它要求自然、粗犷、可供野营、篝火等活动），生态风景林不受空间大小、周边环境的限制。讲究紧凑、随意、镶嵌、多变，虽有人工设计而又不露其痕迹的自然美、和谐美，是最富有创造天地的林种，面积不拘大小，可以连栽成片，由微观美构成一个宏观美，需要留有市民进入林内散步，小憩的空间，但不必如森林公园要求那么大的容量。它是近郊、远郊的骨干林种，在城市林业生态系统中占有重要地位。

3 深圳市生态风景林建设的示范意义

深圳市是一个新兴、开放的现代化城市，从人口来看，已进入超百万的特大城市范围。在我国面向21世纪的现代化建设中，许多中小城市会有更快的发展速度，因而深圳市的城市林业建设，特别是生态风景林建设会有典型的和示范的意义。

深圳市生态风景林建设规划的特点有以下几点。①规划设计指导思想先进，起点高，对于防护功能的公益林建设，寓以风景林的功能，使之适应现代化城市整体美感的需要，这个方向是新颖的。这种以风景林美化标准设计的城市公益防护林，即生态风景林的多功能多效益的新林种，是现代化城市林业的新方向。②以现有林为基础，充分运用人工力量和自然力量兼施的技术途径。其中既有人工设计的营建地方，也有在次生林、残败林和灌丛基础上运用植物群落学原理，即群落与生境间、群落物种间、群落演替等相互关系，促进群落自身发展，向再现"近亚热带季雨林"自然面貌目标迈进，不仅可以节约投入，也使城市林业系统具有精工雕琢的园林艺术和粗犷神秘的自然风光相结合的美学特征。③深圳市虽然面积不大，但具有滨海平原台地、谷间盆地、丘陵和山地等地貌形态，而且紧靠市区，并不遥远，可以营建不同风格的景观，再由此构建一个整体美的城市景观。④地处南亚热带，气候适宜，绿化植物资源丰富，无论乡土和引进材料都可广泛选用，以保证一年四季的美、色、香的享受。⑤深圳市领导重视，市民环境意识高，经济基础雄厚，可以保证生态风景林的财力、科技的投入，并使今后得到较好的管护。由于深圳市海外联系广泛，国外的景观建设技术易于借鉴和吸收。因此，深圳市生态风景林建设，从规划设计开始，以其指导思路、建设目标、技术途径、工程质量和特色、持续经营管护，以及效益评估等一系列建设管理过程，将是面向 21 世纪大城市生态风景林建设的示范。

4　生态风景林的设计原则

由于生态风景林建设是一门新的林种建设，关于它应有的生态功能，自有公益防护林建设的技术要求和指标。面临深圳市有关建设部门不熟悉的，却是有关风景林一面的设计技术要求。在国外，对风景林设计已有不少著作。我国也偶有译述，但还未系统介绍。这里只提供一些参考要求。

（1）风景林设计的要素：①形态（form）；②色彩（color）；③线条（1ine）；④质地（texture）。（2）风景林设计原则：①对比（contrast）；②视轴（axis）；③聚合或交汇（convergence）；④框景（enframement）。（3）风景林设计的变量：①动感（motion）；②光（light）；③大气条件（atmospheric condition）；④视点（视位）（observer position）；⑤尺度（scale）；⑥距离（distance）；⑦时间（time）；⑧季节（seasons）。（4）风景林设计的技巧运用：①边线（edge）；②形状（shape）；③比例（scale）；④时空配置（distribution over time and space）。

风景林的总体设计要通过每一个风景林的收获单元（harvest unit）组合来实现，整体上要求和谐、统一，每一个单元设计又是一个相对独立的创作。风景林设计是在考虑到设计变量的前提下（这在每一个不同的设计任务、设计地区和设计要求下是不同的），根据设计要素的要求，以设计原则来巧妙运用设计技巧来完成的，是一项复杂的艺术创作。如果说绘画艺术是境界很高的艺术创作，风景林好比是用植物材料的绘画艺术。但实际上还要更难一些，因为比绘画要多一个时间变化的动态效果和多一个不同视觉效果的要求，而所有单元的集合上又要求有一更高层的整体美。

生态风景林有近景、中景和远景之分。这种区分和区别对待的设计是很重要的。这是由视点出发，由距离和视野所决定的空间层次。近景是由一个视点或一个游动的观点（如在公路上移动的车辆），在数百米内所见是近景林，它要求有不断变化的单元，在更丰富的色彩、形态变换、季相变化、要求较紧密的结构、参差变化的线条，观花、观叶、观姿的乔灌木种将得到更多的应用。中景林是指由视点距离 1km 到 5km 以内所直接可看到的，或在近景之后（在丘陵山地地形）看到的，可以不要求过于频繁的变换，具色彩（花、叶）、季相变化鲜明和树姿秀挺的乔木是理想的材料。如果中景林位于近景林之后，要求和谐地衬托近景林。远景林是距视点 5km 以外的风景林，这是自然度最高，园林化最低，自然，粗犷，树冠重叠起伏，不求色彩变化琐碎，起大背景的作用，在轻雨、薄雾中更显朦胧，带有神秘感，远景林一般也可以与山原郊游林功能结合。

在近景林的前方，也有一个前景的设置，即近景林前的几米内的设计。要求有较精致的园林化技巧，以灌木、草本、甚至苔藓、地衣的运用为主，可以补救近景林地形边界上的缺陷，并给人以丰满感。

对于深圳市生态风景林中其他林种（如立地较差的水保林，道路农田防护林、沿海防护林等），考虑到它们也是深圳市生态风景林体系中的一部分，要服务于生态风景林的整体景观效果，可以尽可能地提高美的设计，但以实际可能和需要而定。但这里的美的要求，可以整齐、简洁、健康为主，例如道路农田防护林，本身是以线条美为主，种植整齐，有均匀一致的干粗和树冠线，是非常重要的，这就要求有统一的种苗来源，统一的优良无性系，以及种植后高于一般防护林管护的管理水平，就可以达到这一视觉效果。至于林带结构的疏透或紧密，是否乔灌结合，则依防护功能要求来定。

5 关于生态风景林的效益评估

生态风景林建设有投入，就要评估产出。因此，生态风景林的效益评估是建设工程的一个组成部分，规划中的预评估，和建成后的效益测定和评价都是十分重要的。评价生态风景林的效益，要分生态效益、社会效益和经济效益。生态效益主要评价其生态防护功能效益，针对这些评价的方法有较多的介绍，风景生态林还需要评价其美化效果和身心精神享受等社会效益。后者的评价目前可参考的材料相对较少。这里提出若干容易到手的评价参考材料：①"自然资源"上的"林业建设工程的环境预测环境效益评估"（蒋有绪，1994，6 期）；②"世界林业研究"上"公益林生态效益计量研究进展"（周毅、苏志克，1998，11 卷 2 期）和"森林风景美的心理物理学评价方法"（王晓俊，1995，8 卷 6 期）。

参 考 文 献

[1] Bradlley G A. Urban Forest Landscape：Integrating Multidisciplinary Perspectives. Seattle. University of Washington Press，1995.
[2] Hibberd B G. Urban Forestry practice，Majesty's Stationary Office. London，1989.

森林可持续经营与林业的可持续发展
——国际森林问题†

1 关于森林问题的国际背景

1.1 可持续发展思想产生的背景和根本原因

可持续发展思想产生的时间和起源，一些学者认为，最早可追溯到我国春秋战国时代，也有的研究者指出，西方的一些经济学家，如马尔萨斯（1820 年）、李嘉图（1817年）和穆勒（1900 年）等的著作中，也较早地认识到人类消费的物质限制。物质资源限制性的发展观点亦即人类的经济活动范围存在着生态边界，已经体现出可持续发展思想的萌芽。可持续发展的核心是发展。因此，我们认为，可持续发展的理论源于发展的理论或许更为恰当。发展论大致经历了以单纯经济增长为核心的发展理论、以经济社会协调发展为核心的发展理论和以社会经济、资源环境复合系统可持续发展为主题的发展理论这样三个过程。

随着人口迅速增长和人类对地球影响规模的空前扩大，在人口、资源、环境与经济发展关系上，出现了一系列尖锐的矛盾，引起了人们的忧虑与不安。现代可持续发展思想的提出源于人们对环境问题的逐步认识和热切关注，源于对传统发展观和传统发展模式的质疑和反思。传统发展观的本质特征是依靠资金、劳动的投入和资源的高消耗来实现经济增长的目标，以自然资源的衰竭和枯竭，环境质量的退化和污染为代价，从而导致发展与资源环境的冲突与矛盾。20 世纪 70 年代以后，随着"公害"的显现和加剧，以及能源危机的冲击，在全球范围内开始了关于人类发展道路的讨论。把经济、社会与环境割裂开来，只顾谋求自身的、局部的、暂时的经济性，带来的只能是他人的、全局的、后代的不经济性甚至灾难。伴随着人们对公平（代际公平及代内公平）作为社会发展目标认识的加深，以及范围更广的、影响更深的、解决更难的一些全球性环境问题（臭氧层破坏、全球变暖和生物多样性消失等）开始被认识，可持续发展的思想在 80 年代也逐步形成。由此看出，可持续发展思想的提出，不是空穴来风，是有其发展的历史必然。然而，真正意味着可持续发展科学思想的形成与发展的标志，是 70 年代至 90 年代初，国际上发表的四个重要报告，它们是：

1972 年联合国"人类环境会议"上所发表的《人类环境宣言》，提到了可持续发展问题，但由于当时概念不明确，没有引起足够的重视和反响。

1980 年世界保护联盟（IUCN）、联合国开发计划署（UNDP）、世界自然基金会（WWF）

† 蒋有绪，张守攻，2001，国际森林问题，见：张守攻等著，森林可持续经营导论，2001，中国林业出版社。有关内容曾发表于《资源科学》（2000）和《世界林业研究》（2001）。

和世界共同发表的《世界自然保护大纲》。

1987 年联合国环境与发展委员会发表的具有划时代意义的《我们共同的未来》。报告在分析了全人类社会经济发展成功与失败的基础上正式提出可持续发展的概念，并制订了到 2000 年至下个世纪全球的可持续发展战略及对策。至此可持续发展的概念引起社会各界广泛的重视，成为"可持续发展"理论发展的重要一步。

1992 年联合国环境与发展大会上通过的包括《21 世纪议程》在内的 5 项文件和条约，一再强调可持续发展是本世纪末，更是 21 世纪，不论是发达国家还是发展中国家的共同发展战略，是整个人类求得生存与发展的唯一可选择的途径。

1.2　可持续发展的实质和内涵

什么是可持续发展呢？简而言之，就是促进发展并保证其可持续性，它包含了发展与可持续性两个概念（图 1-1）。

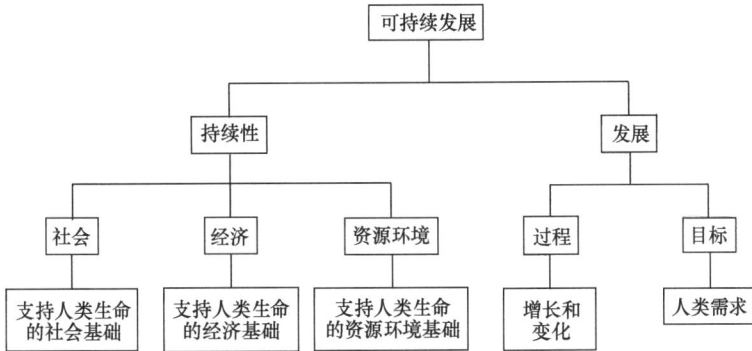

图 1-1　可持续发展示意图

传统意义上的发展局限于经济领域的活动，其目标在于产值、利润的增长以及物质财富的增加。随着人类社会的不断演化，人们开始逐渐认识到，经济增长只是发展的必要条件而不是充分条件。发展的目的在于改善人们的生活质量，应当以福利和生活质量的提高为本，因此，经济增长只是发展的一个组成部分。与此同时，发展又会受到经济因素、社会因素和生态因素等各方面因素的制约，其中生态因素的制约是最基本的，发展必须以保护自然、保护地球生命保障系统的承载力为基础。由于可持续发展的概念最初是从生态学范畴中引申而来，当它应用于更加广泛的经济学和社会学范畴时，便不可避免地导致了一些不同的认识与理解，也发生过某些混乱，并按照不同的理解被加入了一些新的内涵。可持续发展一词最早出现于 1980 年由国际自然保护同盟在世界自然基金会的支持下制订发布的《世界自然保护大纲》（The World Conservation Strategy）一书中系统提出的"既要使目前这一代人得到最大的持久利益，又要保持其潜力，以满足后代的需要和愿望"。这一概念着重论述了生物资源及生命保障系统的保护开发与可持续利用。在此，可持续发展第一次作为科学术语出现。对可持续发展的概念形成和发展起到重要推动作用的另一件具有国际影响的大事，是 1983 年 11 月联合国环境与发展委员会的成立。该组织通过在世界各地的广泛调查和与有关人士的讨论，于 1987 年向联合国提交了一份题为《我们共同的未来》的报告，报告中把可持续发展定义为："既满足当代人的需求又不危及后代人满足其需求的发展。"这个定义鲜明地表达了两个基本观点：一是人类要发展；二是发展是有限度的，不能危及后代人的发展。目前，可持续发展这一概念已经被在 1992 年 6 月巴西里约热内卢举行的有 183 个国家和 70 多个国际组织参加的"联合国环境与发展大会（UNCED）"所接受。联合国环境与发展大会是人类社会发展与环境问题具有历史意义的大会，会议通过的一系列决议和文件，特别是《21世纪议程》，第一次把可持续发展由理论和概念推向行动。

除此之外，许多学者从不同角度论述发展的概念。如 Forman（1990 年）从生物圈的概念出发定义可持续发展，认为"可持续发展是寻求一种最佳的生态系统以支持生态的完整性和人类愿望的实现，使人类生存环境得以持续"。1991 年国际生态学联合会和国际生物科学联合会联合举办关于可持续发展研讨会，将可持续发展定义为"保护和加强环境系统的生产和更新能力"。即可持续发展是不超越环境系统更新能力的发展，深化了可持续发展的自然属性。同年，由世界自然保护同盟、联合国环境计划署和世界自然基金会共同发表的《保护地球可持续生存战略》对可持续发展的定义是"在生态系统容纳量的允许范围内，改进人类的生活质量"，并且在人类可持续生存的 9 条原则中，既强调了人类的生产方式与生活方式要与地球承载力保持平衡，保护地球的生命力和生物多样性，同时，提出了人类可持续发展的价值观和 130 个行动方案，着重论述了可持续发展的最终目标是改善人类的生活品质，创造美好的生活环境，强调了可持续发展的社会属性。从经济属性定义的可持续发展普遍认为可持续发展的核心是经济发展，是不降低环境质量和不破坏世界自然资源基础的经济发展。有的学者从技术选择的角度扩展了可持续发展定义，认为"可持续发展就是转向更清洁、更有效的技术，尽可能接近'零排放'或'密闭式'工艺方法，最大限度地减少能源和其他自然资源的消耗"。还有的学者提出"可持续发展就是建立极少产生废料和污染的工艺或技术系统"。

可持续发展实质上是一个涉及经济、社会、文化、技术及自然环境的综合概念，主要包括自然资源与生态环境的可持续发展、经济的可持续发展和社会的可持续发展这三个层次。可持续发展以自然资源的可持续利用和良好的生态环境为基础，以经济可持续发展为前提，以谋求社会的全面发展为目标。不仅要协调当代或国内人口、资源、环境与发展，还要解决代际和国际人口、资源、环境与发展之间的矛盾冲突。因此说，可持续发展不是经济、社会和生态单方面的问题，而是三者相互影响的矛盾综合体。可持续发展的实质是社会、经济、资源、环境的协调发展。实现可持续发展的关键是规范人的行为，即通过经济手段、法律手段、技术手段、社会手段、文化手段等的综合运用，去规范个人行为、市场行为和政府行为，使人的生产和社会活动符合可持续发展的基本要求和原则，最终实现人口、资源和环境的协调、持续发展。

尽管到目前为止，可持续发展还没有明确严格的定义，不过国际社会已经普遍接受了这一思想。在过去一段相当长的时间内，世界有关各界都在探讨人类社会的发展战略问题，希望能提出一种解决人类社会发展突出矛盾的指导思想，因为人类虽然在许多方面取得了成功，如婴儿死亡率的下降，人类生命期望值的提高，成人文盲比例下降等，但资源消耗型的发展模式也使整个地球和人类不堪重负。自然资源遭到严重破坏，环境质量急剧下降，每年约 2100 万 hm^2 的土地变为荒漠化土地，约 11 400 万 hm^2 森林被消灭，酸雨正在蔓延，导致森林死亡，河流、湖泊和土壤酸化；二氧化碳排放量剧增，全球气候正在变暖；臭氧层破坏等等，发展与环境似乎成了一对不可协调的矛盾，全球范围的资源分享不公、利益分配不公日益显现，地区间生存环境质量和生活质量的差距真可谓天壤之别。我们曾经将这一矛盾的最终解决寄希望于经济的高速增长，即努力在一定时期内增加人均国民生产总值，或提高人均收入和消费水平的策略，但其结果是贫富差距依旧，大部分人的贫困问题仍然得不到解决，而且由于片面强调发展经济而忽视环境造成了环境与资源的更大危机。后来从环境与发展协调原则出发，提出了用"生态发展"的方式解决环境与发展的矛盾，防止牺牲资源与环境为代价换取暂时的经济增长，但这个战略思想还不能消除社会不公平。《我们共同的未来》所提出的可持续发展思想，首先强调的是社会公平，提出"贫穷是全球环境问题的主要原因和结果。因此，没有一个包括造成世界贫困的国际不平等因素的更为广泛的观点，处理问题是徒劳的"，《我们共同的未来》提出的可持续发展就是"要满足所有人的基本需求，向所有的人提供实现其生活愿望的机会。"持续发展"要求社会从两方面满足人民需要：一是提高生长潜力，二是确保每人都有平等的机会"。布伦特兰夫人还把这种公平性演绎为代际间的公平性。她把可持续发展定义为"能够满足当今的需要而又不牺牲今后世世代代满足自身需要能力的发展"，并进一步指出："土地、资源占有和分配不平等，经济增长中含有严重的剥削，消除贫困就不可能，可持续原则是环境与发展的统一、协调。"《我们共同的未来》指出"环境不能与人类活动、愿望和需要相割裂而独立存在"，"环境是我们大家生活的地方；发展是在这个环境中为改善我们命运所做的努力，我们大家应做的事情，两者不可分割"，指出当今世界发生的各种问题、危机和相关的变化将全球的经济和全球的生态以新的形式联结在一起。

此外，用"发展"一词代替过去的"增长"，表明了发展是"一系列目标的实现"，而且是一个过程。因此"可持续发展"意味着持续性的实现，包括经济目标、环境目标在内的一系列社会目标。

1.3 联合国环境与发展大会对森林可持续经营思想给予充分肯定

可持续发展思想的两大基本原则：社会公平性和环境与发展相统一。它们在1992年联合国环境与发展委员会所做的几个重要文件中都得到了反映和肯定。《里约环境与发展宣言》提出了以新型平等的全球伙伴关系指导国家与民众处理环境与发展的27条总原则，强调人类社会可持续发展应有与自然协调健康的生产和生活，也强调环境保护是发展的必要组成部分、减少和消除不可持续的生产和消费方式、主权国家拥有根据环境和发展政策开发利用本国资源的权利。

从全球和人类社会可持续发展的宏伟目标出发，联合国环境与发展大会讨论通过了几个相互关联而又相对独立重大文件，它们是具有纲领性的《里约环境与发展宣言》，具有行动计划意义的《21世纪议程》，对全球环境与发展具有关键影响的《气候变化框架公约》《生物多样性公约》《防治荒漠化公约》和《关于森林问题的原则声明》等。

森林可持续经营的思想并不是1992年联合国环境与发展大会首创。从1980年起，已经有一些国际组织，如热带林业行动计划（TFAP）、国际热带木材协定（ITTA）等，相继开展了致力于调整林业政策的工作，以保持热带林可持续经营；联合国环境与发展计划也在约束性和非约束性的各类林业活动中加强了影响。

在 1992 年联合国环境与发展大会上，森林毁坏和减少对全球环境带来严重的影响和危害成为关注的焦点，强调了保护和发展森林的重要性。可以说，在世界范围，特别是在世界高层次领导活动中，从未像 1992 年里约召开的联合国环境与发展大会那样突出地强调林业可持续发展在全球可持续发展中的重要性和它的战略地位。大会形成的《21 世纪议程》等一系列重要文件中都包含了加强森林资源保护、合理利用和对森林可持续经营的要求，可持续发展思想成为贯穿始终的主线。会议一致认为森林的保护和可持续发展对于世界的环境和人类的未来至关重要。从 1981～1990 年的变化状况看，世界森林状况令人担忧，非洲森林面积平均每年以 0.7%～1.0% 的速度递减，南亚是 0.8%，东南亚大陆是 1.5%，中美地区和墨西哥是 1.4%，热带南美是 0.7%，温带北美是 0.7%；森林生物多样性减少得也很快，非洲雨林是 1.2%，美洲 1.0%，世界雨林平均是每年减少 0.6%，落叶林是 0.9%，预计 2015 年之前，每年世界将丧失 8000～28 000 个物种。这一严峻的事实，不但预示木材及木材产品的短缺会越来越严重，生物多样性下降速度加快，而且将导致全球温室效应增强，全球气候变暖过程加快，并对全球生态环境产生严重的影响，直接危及人类 21 世纪生存环境和未来人类的生存。可以说，人们已经认识到森林的可持续经营管理是世界可持续发展的重要基础。当前世界范围温室效应有 1/3～1/2 可以归因于森林面积和森林资源量的减少，造成生物圈对大气二氧化碳固定的汇（sink）的减少所造成的，从长远来看，增加森林面积提高其二氧化碳汇的功能，将是减缓全球气候变暖过程的重要措施。虽然森林对于社会可持续发展的贡献不仅仅局限于全球气候变化等生态环境方面，但仅就这一点来说，已经使森林可持续发展成为世界共同关注的热点。

《21 世纪议程》是步入 21 世纪后，为人类可持续发展制定的纲领性行动计划，提出了防止土地和水资源退化、空气污染、保护森林和生物多样性的行动项目方案。强调可持续发展将战胜贫困和环境退化。在第十一章"防止毁林"中专门讲述了森林问题，包括 4 个方案领域。①实现所有类型的森林、林地和树木的多种作用和功能的可持续。②加强森林的防护、可持续经营和保护，以及通过森林恢复、造林、更新和其他恢复措施使退化的地区绿化。③促进高效利用与评价，以恢复森林、林地和树木提供的全部产品和服务价值。④建立和（或）加强森林及其有关的方案、项目和活动，包括商贸往来的计划、评价和系统考核的能力。第一个就提出了森林的可持续性问题。《防治荒漠化公约》和《生物多样性公约》也都指出了全球森林的破坏、森林面积的减少是导致生物多样性衰退和土地荒漠化的主要原因，恢复和发展森林是保护生物多样性和防治土地荒漠化的重要措施。《联合国气候变化框架公约》也将森林面积的减少列为导致全球大气二氧化碳浓度增加产生温室效应加速全球气候变暖过程的诸因素中仅次于应用化石燃料之后的第二个主要原因等等。

《关于森林问题的原则声明》表达了几乎所有国家和人士对全球森林保护的关注。欧洲联盟，加拿大等国家大力主张并积极推动制定国际"森林公约"，但由于涉及各国对公约可能构成对木材采伐和进出口限制的利害关系，会议期间发达国家基本上一致提出希望达成"森林公约"，而发展中国家基本上都持反对态度，担心发达国家以此限制发展中国家合理利用森林资源，影响它们的经济发展进程。因而，会议只能在取得一致认识的基础上，达成了《关于森林问题的原则声明》的原则成果。

《关于森林问题的原则声明》阐明了关于保护、经营和可持续地开发所有类型森林的要求，并且尊重各国利用其森林资源的主权。这一原则声明在一开始就指出"森林与所有的环境与发展问题和机会有关，包括在可持续的基础上的社会经济发展的权力"，并且指出"森林对于经济发展和维持所有的生命形式都是必要的"，"森林资源和林地应以可持续的方式管理，以满足当代人和子孙后代在社会、经济、生态、文化和精神方面的需要，这些需要包括森林产品和服务功能。如木材和木材产品、水、食物、饲料、药材、燃料、住所、就业、游憩、野生动物生境、景观多样性、碳的汇与库以及其他森林产品"。同时强调"应当认识到各种森林在当地、国家、区域和全球水平上维持生态过程和生态平衡方面所起的关键作用，尤其是在保护脆弱生态系统、集水区和淡水资源方面的作用，以及作为生物多样性和生物资源的丰富贮库、生物技术产品的遗传材料来源和光合作用的源泉等的重要作用"。还指出"各国政策和战略应当为增加各方面的努力提供一个框架，包括建立和加强各种体制、制定各种方案以便管理、保育和可持续地开发森林和林地"。《关于森林问题的原则声明》还系统全面地论述了森林在人类可持续发展中的关键作用，以及世界各国为了保护和可持续地利用森林和林地所应采取的措施以及国际技术资金援助与合作、国际林产品贸易等领域的重大问题。表明国际社会对森林及林地的极大关注。

2　关于森林问题的国际行动

在联合国环境与发展大会后，可以说森林可持续经营进入了一个实质性阶段。森林可持续经营的具体行动是从森林可持续经营的标准与指标体系的研制和试验性实施开始的，一些国际行动、主要林业国家的政府和几乎所有的国际林业组织都无一例外，所以森林可持续经营的标准与指标体系成为过去几年国际努力的一致行动。林业在可持续发展方面所做的实际努力领先于世界可持续发展的其他领域。

2.1　关于国际森林问题运作

2.1.1　联合国可持续发展委员会的建立及其职能

森林问题是一个十分复杂的问题，它涉及政治、经济、文化、社会等许多领域。虽然发达国家在联合国环境与发展大会上强烈呼吁和推动国际森林公约的谈判，但由于绝大多数发展中国家的反对，发达国家未能达到他们的目的。可以说，在当时，关于国际森林问题即是否通过谈判达成国际森林公约的问题上，发达国家和发展中国家的立场是完全对立的，而发展中国家内部和发达国家内部则又是团结的。中国站在广大发展中国家的立场，赞成77国集团的宣言（即反对通过谈判达成国际森林公约的"77+1宣言"）。因此，联合国环境与发展大会没有能通过任何关于森林问题的有约束力的国际文书，仅原则通过了无法律约束力的《关于所有类型森林的保护、经营和可持续发展的无法律约束力的全球协商一致的权威性原则声明》（简称《关于森林问题的原则声明》）。

为推动全球的环境保护，监督执行《21 世纪议程》的进展情况和存在的问题，包括所需要的资金来源、运行机制以及技术转让等问题，根据 1992 年联合国环境与发展大会的建议，联合国经社理事会于 1992 年 12 月成立了"联合国可持续发展委员会（the UN Commission on Sustainable Development，UNCSD）"，秘书处设在纽约联合国总部，在日内瓦设立办公室，内罗毕设立联络处，每年召开一届委员会会议。联合国大会在成立该委员会时明确指出，可持续发展委员会受联合国系统的代表、其他政府间组织和非政府组织的指导，目前由 53 个成员国组成，中国也是该委员会的成员国之一。可持续发展委员会的主要职能是监测、监督、评价和促进各国在执行《21 世纪议程》中与可持续发展有关条款的情况，尤其是关于技术转让与资金援助、发达国家向发展中国家转让有利于环境的技术等。促进在实施《21 世纪议程》中，特别是第十一章与《关于森林问题的原则声明》方面的合作。并负责通过联合国经社理事会向联合国大会报告有关方面的进展和进一步合作的安排情况。在可持续发展委员会机构组织会议上把"土地、荒漠化、森林和生物多样性"列入多年工作计划之中。

2.1.2　政府间森林问题工作组的设立

1992 年联合国环境与发展大会以后，森林问题一直是国际社会争论的焦点问题。有关森林问题，争论最多的是关于是否达成有约束力的国际性的"森林公约"和制定国际统一的"森林可持续经营的标准与指标"。关于"森林公约"问题，1992 年联合国环境与发展大会以后，西方国家积极推动制定"公约"，但大多数发展中国家仍然持抵制态度。强调如何利用森林资源是各国的主权，认为西方国家有利用公约作为干涉内政和形成新的贸易壁垒的意图。1995 年 3 月在罗马召开的联合国粮食及农业组织（FAO）林业部长级会议上，经过讨论取得了比较一致的意见。认为制定森林公约的时机尚不成熟，可朝此方向努力，会议达成在森林公约问题上要循序渐进的基本共识。1995 年 4 月，在纽约召开的联合国可持续发展委员会第三届会议也把森林问题作为重要的议题。认为有必要建立政府间的工作机制专门处理森林问题。因此，成立了无限制的临时性政府间森林问题工作组 [the open ended ad hoc Intergovernmental Panel on Forest（IPF）]。工作组的任务是计划用两年时间对 11 个优先领域建立共识。美国和欧盟提出希望考虑制定森林公约，并在确定"森林问题政府间工作组"的职责时，一方面要求确定制定公约的可能性，另一方面又要求确定公约的内容。发展中国家则一致认为时机尚不成熟，当务之急是尽快执行好已有的公约、声明、协定，并履行各方的承诺。最后通过决定由政府间森林问题工作组来研究国际森林公约的可行性和必要性，然后递交报告供大会讨论。鉴于目前的进展情况，在今后一段时期里，森林公约问题仍将是国际社会讨论的焦点。

关于森林可持续经营标准与指标，在工作组给联合国可持续发展委员会的终期报告中提出以下建议。

①鼓励各国制定和实施森林可持续经营国家水平的标准与指标，现有的几个进程有必要开展进一步科学研究和实践检验。

②督促各国使用已经认可的国家水平的标准与指标框架，提高森林管理水平，促进森林可持续经营，包括标准与指标在国家森林规划中的应用，促进国家水平、区域水平

和森林经营单位水平上的标准与指标的联系。

③鼓励世界各国参与标准与指标的制定工作，督促签字国和各国际组织为未参与标准与指标进程的国家制定参照的标准与指标。

④督促各国、国际组织，研究容易理解的、国际上认可的概念、条目、定义和评价森林可持续经营的方法。

⑤区域和国际性的进程，包括联合国粮食及农业组织使用标准与指标提交报告。

⑥要求关于生物多样性的有关会议，在制定和实施生物多样性指标时，必须确保与现有进程的互补性和连续性。

联合国可持续发展委员会在1997年4月召开的第五次会议上签署了政府间森林问题工作组的报告，但未能就未来执行政府间粮食及农业组织的建议达成机构和立法安排的协议。经过讨论，在1997年6月召开的联合国特别联大上，同意成立政府间森林问题论坛（Inter-governmental Forum on Forest，简称IFF），其具体使命是：

①促进和协助执行森林问题工作组提出的行动建议；

②评价、监测和报告关于所有类型森林的经营、保护和可持续开发的进展情况。

2.1.3　主要国际活动框架

目前，国际上开展的可持续林业活动可分为国际性的和国家性的两个层次，但国家性的活动也往往受国际活动的牵引、指导，甚至有一定的约束。因此，仍然可以归纳到一个活动框架来了解运作的情况。

具体来说，1992年设立的联合国环境与发展委员会由联大直管，是一个由国家政府首脑参加关于世界环境与发展问题（含可持续发展问题）的最高决策机构。由于它不可能经常召开会议，因而成立了联合国可持续发展委员会，以贯彻落实联合国环境与发展大会所签订的公约和推动所要做的各项努力。例如提出了国际可持续发展指标体系（ISD）研究5年计划，为落实《21世纪议程》提出可持续发展的综合指标行动：①理清各变量之间复杂作用关系；②集信息分析、理性推论于一体，提供决策（支持）；③作为早期预警系统的基础。为此，联合国可持续发展委员会还提出了一个驱动力-状态-响应框架（DSR框架）。"驱动力"指标指示影响可持续发展的人类活动、过程和格局；"状态指标"指示可持续发展的状态和效果；"响应指标"指示政策取向和对待可持续发展状态的变化所作出的各种反应。对于已有社会、经济和制度指标，联合国可持续发展委员会强调必须进行研究和实验，以寻找真正能有效的评价可持续发展的指标，在联合国可持续发展委员会倡导下，这个5年研究计划由联合国环境署（UNEP）、联合国开发计划署（UNDP）、联合国统计局、联合国教科文组织（UNESCO）、国际科联环境问题科学委员会（SCOPE）分别支持开展了一些研究。国际可持续发展指标体系研究内容包括：①与每一特定指标相关的目标、政策及该指标与可持续发展的关系；②每个指标的方法描述和基本定义，包括这个指标与驱动力-状态-响应框架的关系，指标的设计与解释；③在国家级水平和国际水平上对其数据的可获得性作出评价；④参考资料。1995年4月联合国可持续发展委员会讨论了"关于森林问题的原则声明"和"21世纪议程"执行情况。

政府间森林问题工作组可以说是联合国可持续发展委员会下面专门为林业可持

续发展而成立的森林问题工作组，具体筹划推动落实此项任务，至今已开过 5 次会。
1995 年 9 月 11～15 日第一次会议在纽约联合国总部召开，确定工作方案，分 5 类 12
议题。1996 年 3 月 11～22 日在日内瓦举行第二次会议，9 月 9～20 日也在日内瓦召开
第三次会议，两次会议对有关国际机构，如联合国开发计划署、联合国环境规划署、联
合国粮食及农业组织（以下简称为联合国粮农组织）、世界银行、《生物多样性》秘书处、
国际热带木材组织等协商编写所有 12 个议题的报告进行讨论，以形成会议报告交第四
次会议辩论。在第四次年会前，于 1997 年 1 月在哥伦比亚 Leticia 召开"传统森林相关
知识"国际会议，其讨论结果一并交第四次年会。第四次年会于 1997 年 2 月在纽约召
开，辩论很激烈，主要是发达国家和发展中国家在主要问题上存在严重分歧。

　　1992 年联合国环境与发展大会后，为了促进关于森林问题的国际共识和在实现森
林可持续经营方面取得进展，展开了一系列的各种形式的国际和区域间的活动。围绕
着国际森林问题，形成大量的倡议支持"森林问题政府间工作组"的讨论和谈判，主要
的倡议如下。

　　（1）印度-英国走向可持续林业的倡议：为 1995 年可持续发展委员会做准备。本次
会议于 1994 年 7 月在新德里召开，有 39 个国家出席，制定出各国执行联合国环境与发
展大会有关决议后续行动国家报告的框架草案。

　　（2）马来西亚-加拿大倡议。政府间森林问题工作组第二次大会在马来西亚和加拿
大的召集下，于 1994 年 10 月在加拿大的霍尔召开，这是 1994 年 4 月政府间森林问题
工作组第一次会议的延续。有 32 个国家、5 个政府间国际组织和 11 个非政府组织参加。
该会议确定了 1995 年联合国环境与发展大会需要讨论的关键问题及其建议。

　　上述两个倡议是在政府间森林问题工作组成立前提出的，为政府间森林问题工作组
的建立奠定了基础。在政府间森林问题工作组成立以后又陆续召开了一系列政府间的国
际会议。

　　（1）瑞典-乌干达倡议：可持续林业与土地利用的政府间研讨会——建立共识（政
府间森林问题工作组方案要素 I.1：国家林业和土地利用规划的进步）。1996 年 10 月在
瑞典斯德哥尔摩召开。

　　（2）德国倡议：实施森林原则的专家咨询-促进国家森林和土地利用计划（政府间
森林问题工作组方案要素 I.1：国家林业和土地利用规划的进步）。1996 年 6 月在德
国召开。

　　（3）挪威倡议：与森林可持续经营相关的世界木材供需的长期趋势及其预测（政府
间森林问题工作组方案要素 I.2：毁林的原因）。

　　（4）哥伦比亚-丹麦倡议：土著和依赖森林生存的人对森林保护和可持续经营的影响
国际研讨会（政府间森林问题工作组方案要素 I.3：与森林有关的传统知识）。1996 年
12 月在哥伦比亚召开。

　　（5）葡萄牙-佛得角-塞内加尔-欧盟-联合国粮农组织倡议：退化森林生态系统重建
（政府间森林问题工作组方案要素 I.4：荒漠化及气载空气污染物对脆弱森林生态系统
的影响）。于 1996 年 6 月在葡萄牙召开。

　　（6）丹麦-南非-联合国开发计划署倡议：可持续林业援助机制和资金来源（政府间森
林问题工作组方案要素 II：森林可持续经营的资金援助和技术转让的国际合作）。1996 年

6 月在南非召开。

（7）芬兰倡议：森林可持续经营标准与指标国际研讨会（政府间森林问题工作组方案要素Ⅲ. 2：标准与指标）。1996 年 8 月在芬兰召开。

（8）日本-加拿大-马来西亚-墨西哥-联合国粮农组织-国际热带木材组织-库奇州政府倡议：森林可持续经营实践综合应用国际研讨会（政府间森林问题工作组方案要素Ⅲ. 2：标准与指标）。1996 年 12 月在日本召开。

（9）澳大利亚倡议：从可持续经营的森林中获得林产品的认证与标签国际研讨会（政府间森林问题工作组方案要素Ⅳ：与林产品和多种效益相关的贸易和环境）。1996 年 5 月在澳大利亚召开。

（10）德国-印度尼西亚倡议：森林可持续经营认证及木材贸易和标签专家工作组会议（政府间森林问题工作组方案要素Ⅳ：与林产品和多种效益相关的贸易和环境）。1996 年 8 月在德国召开。

（11）瑞士-秘鲁倡议：森林专家会议（政府间森林问题工作组方案要素Ⅴ. 1：与森林有关的国际组织、机构和设施）。1996 年 6 月在日内瓦召开。

通过上述政府间的研讨会和政府间森林问题工作组从成立到结束的四次会议，于 1997 年 2 月结束了政府间森林问题工作组的工作。政府间森林问题工作组的最终报告包含广泛的森林问题 135 个行动建议，包括在下列 5 个方面的 14 个议题之中。

（1）在国家和国际两级执行联合国环境与发展会议与森林有关的各项决议，包括审查部门和跨部门关系
- 通过国家森林和土地利用规划取得的进展；
- 森林砍伐和退化的根本原因；
- 与森林有关的传统知识；
- 受荒漠化和干旱影响的脆弱生态系统；
- 气载污染物对森林的影响；
- 少林国家的需求。

（2）财政援助和技术转让方面的国际合作
- 财政援助；
- 技术转让、能力建设和信息。

（3）为森林可持续经营进行的科学研究、森林评估和制定标准与指标
- 所有森林类型多种效益的评估；
- 森林研究；
- 森林多种效益的妥善评价方法；
- 森林可持续经营的标准与指标。

（4）与森林产品和效益有关的贸易和环境

（5）国际组织、多边机构和文书，包括适当地法律机制

在联合国可持续发展委员会的领导下，就 3 个领域开展了森林可持续经营的国际性活动：①森林可持续经营（SFM）的标准指标体系研制；②森林可持续经营的试验活动；③可持续木材生产的认证制度的研讨和建立。三者都分别有国际性的活动（由国际组织或政府集团或非法规约束的国家自愿结合来进行的）和国别活动。

关于在高层次上参与森林可持续发展活动的国际组织，还有一个联合国经济与社会理事会（UN Economic and Social Council），主要在推动《关于森林问题的原则声明》的落实和发展上起作用。曾参加 1996 年日内瓦 9 月 9～20 日，1997 年纽约 4 月 25 日的政府间森林问题工作组 3 次、4 次会议，形成一个落实实施"关于森林问题的原则声明"的报告。其组成内容是：①在国家和国际水平上（包括审查部门和跨部门关系）实施联合国环境与发展大会有关森林决议的情况；②财政援助和技术转让的国际合作；③为森林可持续经营的科学研究，森林评估和发展森林可持续经营的标准与指标。④与森林产品与服务有关的贸易和环境；⑤国际组织和多边制度和文书，包括适宜的法律机能；⑥政府间森林问题工作组 4 次会议报告的采纳；⑦组织和其他事宜。

另外还有一些非政府组织（NGO）参与活动，比较重要的有世界可持续发展委员会（WSDC），它的前身是 1990 年由瑞士企业家发起组织的"企业可持续发展委员会"，WSDC 是国际上首次从企业界角度思考可持续发展的组织，它认为环境问题的解决最终要在企业界（包括林业问题），因为企业有技术，有管理能力和强烈的意识。参与研究的重点：①贸易与环境；②气候变迁与能源；③生态与经济可持续发展；④金融，因为金融问题在环境议题中越来越明显。

2.2　森林可持续经营标准与指标的国际活动

当联合国环境与发展大会把"森林可持续经营"问题作为可持续发展的关键部分而成为国际政治讨论的中心议题时，科技界对森林可持续经营概念还没有充分地认识，只是理解为把森林作为一个能够为人类提供广泛地经济产品和多种环境效益的复杂的生态系统来经营。

除此之外，对其内在涵义和如何实现可持续经营方面知之甚少。何况森林可持续经营问题是国际政治承诺在先，科学研究及实施验证在后。虽然国际社会都在谈论森林可持续经营，但是，其具体涵义和实现可持续经营的途径在不同人的脑海里有不同的定义，统一的工作范畴尚有待于进一步研究和探讨。

联合国环境与发展大会以后，世界各国包括发达国家和发展中国家，木材进口国和木材出口国为了履行其诺言和确定"森林可持续经营"的概念，都在自发地参与森林可持续经营国际进程的同时，积极对本国森林经营状况进行监测和评价。国际社会采取的最重要步骤就是制定和验证森林可持续经营的标准与指标。迄今为止，国际上有关森林可持续经营标准与指标的进程（或倡议）有蒙特利尔进程、赫尔辛基进程、塔拉波托倡议、非洲干旱区进程、中美洲进程、近东进程、热带木材组织进程、非洲木材组织进程等八个。这些进程共包括世界六大洲的几乎所有森林类型和林产品国际贸易额，涉及 100 多个国家。

另外，国际林业研究中心（CIFOR）也积极参与相关的国际活动，为热带试验区项目提出了一套森林可持续经营的标准和指标。森林管理委员会（FSC）也曾对森林可持续经营的标准与指标提出过指导原则。森林管理委员会虽然是主要为指导政策性的机构，特别是最近对认证制度进行研讨，但它在 1994 年 6 月提出了为自然林经营的原则和标准。这是一个比较特殊的标准，是专门针对经营管理的标准，反映对经营管理的要求，很多是涉及政策、法规性的，是对森林本身属性功能标准指标的很好的补充。共包括 9 条原则，和若干个技术标准。

联合国粮农组织等国际政府间组织也曾对致力于森林可持续经营标准与指标的几个国际区域进程进行了协调。联合国粮农组织在森林可持续经营上起着指导作用，它一直为林业行动协调提供全球性论坛，联合国粮农组织林业委员会（COFO），共开过十余次会议。其中，它曾与联合国开发计划署、世界银行、世界资源研究所作为共同发起人提出热带林业行动计划。该计划由 4 个部分组成：林业及土地利用；基于工业发展的林业；薪材与能源；热带林生态系统保育，并制定了相应的工作细则。热带林业行动计划旨在改进国际性资助者在发展"国家林业行动计划"（National Forestry Action Plan）上的协调作用，这对一些国家，特别是中美国家的指导是很成功的。1995 年 2 月，联合国粮农组织林业委员会与国际热带木材组织等在罗马联合主持召开了森林可持续经营标准与指标进程的国际协调会，中国代表参加了会议。这次会议总结了国际区域进程的发展现状和趋势，对不同进程的工作成果进行了深入细致的比较分析，在充分肯定国际区域努力对实现全球森林可持续经营具有积极意义的基础上，提出森林可持续经营的标准与指标应当具有的共同属性，即明确性（clarity）、弹性（flexibility）、可行性（feasibility）和应用性（applicability）等重要的指导意见。1995 年 3 月 13～15 日，联合国粮农组织林业委员会在罗马召开了第 12 次会议，这次会议的规模很大，所有 113 个国家成员，17 个观察员国家，4 个联合国组织，18 个政府和非政府组织参加了会议，会议全面回顾了此前的工作进展，强调了联合国粮农组织在推动联合国可持续发展委员会政府间林业工作中的作用，研究起草关于林业的部长级声明。紧接着，在 1995 年 3 月 16～17 日召开了林业的部长响应会议（The Meeting of Ministers Responsible For Forestry）发表了"罗马林业声明"，肯定了通过国家林业计划、各种活动和国际性合作等方式在各个层次上取得的进展，号召在国家能力建设、国际区域合作和各进程之间的协调各方面进一步加强和努力。

2.3　国际上有关林业政策的活动

政策性研讨活动是国际上推动森林可持续经营实践活动的另一个侧面。上述的热带林业行动计划，国际热带木材贸易协定等都属这一范畴。国际热带木材贸易协定是专门针对热带木材贸易的，参加协定的 50 个团体代表了 90%的热带木材贸易量，这一工作是 1983 年开始进行的，是一次很早的努力。CITES［The Convention on International Trade for Endangered Species of Wild Fauna and Flora，GT Pilot Program for Conservation of the Brazilian Rain Forest（保护巴西热带雨林计划七国小组）］是一次协助巴西保护热带雨林的特别活动，并有实施了具体的指导项目，为此，世界银行承诺提供 25 亿美元，但支持 4 年后中断，给世人留下一个资助得不到保证的教训。保护热带雨林计划七组小组在 1992 年 3 月也曾提出过一个森林可持续经营的标准与指标体系。

一些非政府组织也在政策保障方面发挥了重要作用，在布鲁斯主持下，世界资源研究所帮助中美洲地区开展的林业协调；又在欧文（Owen Lynch）主持下帮助印度协调其社区林业经营。另外，该所还在鲍勃（Bob Nixion）主持下，促进召开加拿大不列颠哥伦比亚省的资源与环境会议，每年坚持一次会，协调自然保护主义者与政府间的对话。

亚马逊研究所在玛丽（Mary Allegretti）主持下帮助解决消耗资源的保护区问题；太平洋环境资源中心（PERC）在莉萨（Lisa Tracy）主持下帮助研究俄罗斯的森林可持续经营问题。

2.4 国际森林可持续经营的试验和示范区活动

2.4.1 国际组织的试验

国际林业研究中心是国际森林可持续经营工作领域内最活跃最积极的国际组织之一，它在森林生态系统管理（FEM）的原理指导下工作，森林生态系统管理的6个要素是：确定经营目标和全球伙伴；建立全球规范立地（bench site）；发展数据收集和分析的一般方法；调查规范立地和建立空间参照数据库；利用自然和社会经济资料，运用地理信息系统（GIS），建立森林经营模型，野外测试模型；成果和技术交流和转让。

它先后在下列地点开展了试验。

①与联合国环境规划署签订2年合作，研究非洲可持续经营的动力和技术，在西非刚果盆地和法语区进行郁闭阔叶林带试验。②在全球建立4个森林可持续经营的标准与指标试验区。1994年开始，在德国 Forstamt Bovenden 开展了森林可持续经营的标准与指标试验，采用来自 Smartwood、Woodmark、Tropenwald 和 Helsinki 进程的方法，适合中欧阔叶混交林；在印度尼西亚的 Bogor 采用联合国可持续发展委员会和国际间森林问题工作组的体系，还计划在象牙海岸（Cote & 'Ivoire）和巴西分别设立两个点，以上工作均在1995年完成。③第2期森林可持续经营的标准与指标试验区，1995年开始，在西加里曼丹试验可持续经营发展能接受的概念性框架；在南非、东非的 Miombo 林地；在东加里曼丹，西 Lampung 和印度尼西亚（"下简称印尼）的 Jambi 省；巴西西亚马孙州，辅以秘鲁的 Bolvia。在亚马逊地区主要研究法规约束性保护区内农民小规模采伐经营。④第3期1996年6月在喀麦隆 Kribi 试验森林可持续经营的标准与指标；在新热带次生林（巴西的 Para 州，秘鲁的 Pucallpa；尼加拉瓜的 Altantic Lowland）进行次生林类型可持续经营试验。

2.4.2 各国的试验

①新西兰在南岛西海岸温带林开展的森林可持续经营试验。

②越南在 PungLuong（Mu Cang Chai，Yen Bai 省）高地和海岸区开展森林可持续经营试验。

③瑞典，在开展全国性试验的同时，重点在北部的 Norrland's Interior（19 000hm^2）进行了试验。1996年，林业部还提出生物多样性和可持续林业的行动计划，主要针对瑞典老龄林特殊生境的保护。

④加纳，侧重于热带林遗传多样性保护。

⑤印度的 Karnatake、Western Ghat 的森林侧重于自然保护。

⑥加拿大、美国的生态系统管理试验。

2.5　木材生产认证制度的发展

主要是国际森林管理委员会在发挥作用，其目标是设立立地-专用（site-specific）执行标准以认证一个良好的森林经营状况。对认证制持保留和怀疑态度的主要有支持林产品贸易的非政府组织，产品购买者和工业集团。它鼓励森林经营者志愿加入认证，并提出过一个森林经营者和第三方应该遵守的森林经营的原则与标准、服从法规和森林可持续经营原则；所有权、使用权和责任；土著居民的权利；社区关系和工人权利；来自森林的利益；环境影响；经营计划；监测与评估；天然林的保存；造林等。各个原则都有若干标准。认证制度被认为是通过以经济、市场为基础促进可持续经营的有效方法，但要通过不涉及自身利益、独立的第三方首先证明这点，这是一个不可操之过急的过程，在各国的实行也要看各国不同的国情而定。

另一个推动认证制度的是国际标准化组织（ISO），它曾于1996年6月提出ISO 14000，这是在全球环境可持续管理大框架中专门提出森林可持续经营的标准问题，涉及森林可持续经营的规范，为实现认证制度的可持续全球体制性的基础建设等，受到不少工业、贸易集团和政府的支持。

政府间森林问题工作组也致力于此项事业，已经开展了几次与之有关的活动：①澳大利亚活动，以发展认证和标签制行动的选择机会（1996年5月，Brisbane）；②印尼-德国活动（1996，波恩），以发展认证制与国际贸易的联结；③芬兰活动（1996年8月，Helsinki）以推动国际上对森林可持续经营的标准与指标的比较和国家水平的实行。

关于"可持续发展理论构建"的讨论[†]

梁言顺先生：

谢谢您送来"从理念到理论-与院士谈可持续发展的理论建构"一文。读后颇受启发，特此与您作些讨论，盼望您把这项目继续深入完善。

一、您说得很对，"客观地说，可持续发展的理论落后于可持续发展的实践，并且已经开展制约实践的步伐"。

我也读了一些国内外关于可持续发展的文章，无非是集中于以下几个方面讨论。①从当前世界的社会、经济、生态、环境存在令人担忧的危机，论证可持续发展战略作为发展必由之路的重要性和必要性，从各个方面举出越来越多的事例和趋势的分析。②可持续发展战略的提出发展过程，和它的概念、定义、内涵以及它的原理和理论原则，这也许是可持续发展理论的核心部分，看法不完全一致，但大同小异，例如都认同其综合性或整体性，即涉及经济、社会、文化、技术、资源、人口、环境等，在可持续发展的总目标上要协调的也就是这些方面；还有其公平性，这是针对"社会不公平"提出来，但经布伦特夫的注释后，主要指代际间的公平性，这是"可持续发展"的理念所决定的，可以理解。目前，还没有突破这个框子。北京林业大学的一个博士生，潘存德（现在新疆农业大学林学院工作），在博士论文中提出了区域间（或空间的，含地区、国家间）的公平性。这个论点我曾多次推荐到国际会议和国际进程研讨工作会上，至今无人响应，这也是意料之中的事。如果认可国与国、地区与地区之间的公平性，怎么还会有日本保护自己的森林而进口东南亚木材，怎能还会存在 ITTO（世界热带木材组织，实际是协调热带木材进口国和出口国的矛盾）这种国际组织的事情呢？也不会有美国要退出关于碳汇分配的京都协议的事情发生了。由此，我感到国际上可持续发展的某些理论性问题或其哲理、伦理也是受国际利益矛盾的限制的。③是如何判断一个国家、地区、或行业、企业的可持续发展的问题，即达到可持续发展的标准、指标是什么，有哪些项类，特别是衡量判断的技术和量度，这是目前国际国内最热衷研讨的问题，也是涉及实际操作的问题，这个领域更是百花纷呈，各显神通，可谓在探索之中，这也可以说是理论的一部分，至少是各自理论的体现在具体标准衡量上的差别和特点，严格讲是项类和量度问题。研制标准指标体系的重要性不完全在于可持续发展的速度和距离，还在于从每次监测衡量判别标准指标中发现大量信息以指导或调控其达到可持续目标的进程和方向。目前国际上对于标准指标规范化的努力，一是通过国际权威组织拿出统一的原则指导性的标准指标框架，供各国参考，如果属于行业的，如我知道的林业是通过国际进程（process）这种协调方式，提出"可持续管理"或"可持续经营"的可参考的框架，参与国可按自己特点修正补充，但大体上要与国际框架衔接，因为要有参与国信息和经验的交流，要

---

† 蒋有绪，2002 年 2 月 26 日，给中共中央党校梁言顺教授的回信。

有统一的数据库。这对各国并无法律法规的约束性,但有时作为集团性,如欧盟国家,则会制定出具有法律约束性的标准与指标体系来协调各国资源的分配、利用。在这个讨论领域,对国家、地区的标准及量度方法完全在自由探讨中,而对于资源管理的行业,国际和一些国家则已趋于力求规范化和法规化的行动过程中。④关于实现可持续发展的途径,这部分理论性、政策性和技术性都很强,是可持续发展理论的重要部分。这部分也涉及社会、经济、生态环境、资源不同的侧重方面,以及其整合性,现有的许多有关领域的理论,人文及伦理哲学都会做出贡献,而且它们的碰撞磨合还会产出许多理论上的创新点,甚至形成新的理论。"可持续发展理论"的构建,指望在这一领域内容上。

依我见,"可持续发展理论"的构建和完善应当包括理论体系原本该有的理论产生的必要性,科学的定义和内涵,其核心理论内容[基本科学原理、基本哲学(哲学基础)、基本的认识论、方法论等]和经理论所支持的技术体系。因此,"可持续发展"框架的构建恰好包括了我所述的大量文献热衷讨论的几个方面,不知能否由此理出一个合理的理论提纲或框架。

二、先生文内正确地指出,目前我国许多部门提出的可持续发展的具体指标,究竟依据什么?有无理论和以理论指导下的标准为依据?如果没有,而只是根据经验,或甚至拍脑袋,想当然的结果的话,这正是问题所在。这里应当首先依国际的做法,先从科学的标准指标体系研制开始做起,然后才能产生出可持续发展(或具体资源管理的可持续经营)的期望的最终标准或阶段性标准参考值。显然,我们许多关于标准指标的研制阶段并没有完成,有的甚至刚开始,还没有成熟。因此,目前我们接触到的规划,行动计划、21世纪议程等文献中的某些指标值只能视为初步的、参考的,或许有您所讲的有"策略需要"的成分,表达一种行动的愿望。可我觉得,这种表达接受可持续发展思想并愿付诸行动的愿望是积极的,指标值的"不成熟性"尚无具体的作用,可以在今后理论和实践的过程中加以研讨、验证和修订。您指出这一点很重要,提醒社会上有关方面要注意今后的努力。

三、您一文对"可持续发展"理论做了有益的探讨,主要提出两个方面的问题:一是标准,二是实现途径和模式,内容很有新意。现提出我的一些看法,供进一步参考。

关于标准问题,您提出"实现自然资源的循环使用的循环替代"和"实现生态环境的循环净化",作为可持续发展的两个标准。由于"标准"(criteria)一词在国际上以用作的衡量可持续发展一个具体方面的用词,"标准"下有若干"指标"(indicators),您所说的不如称为社会可持续发展应达到的"基本目标"。

关于自然资源的可持续发展和利用,首先建议用"可更新自然资源"和"不可更新自然资源"的术语来替代"可再生自然资源"和"不可再生自然资源"。"更新"(regeneration)是明确指重新生长出来而"再生"(相关的英语 re-use、re-production、recycle)是循环再用的意思,如称"再生纸"就是"循环再用"的纸。对不可更新资源可以提,也应该提"循环使用"和利用其他富余资源的"替代使用"。而对可更新资源不必加"循环"二字,因为没有循环再生的事实。国际上现在对可更新资源,如木材生产的纸张,也提倡循环使用。对可更新资源一般不用"循环"等术语,而是"更新"和用保证消费量与生产量两者平衡发展等含义来描述。"循环"和"循环再生率"在此对更新资源似乎不准确，可斟酌一下重新表述。

关于生态环境的循环净化，您提到"要保证环境状况始终是可持续发展要求，就必须污染水平控制在环境容量和环境净化能力之内"的实质要求是正确的，但提出"达到污染量与净化量的动态平衡，实现污染、净化、再污染、再净化的良性循环"，并用了"环境循环净化率"的表达似可商榷，一是对可持续发展的环境要求是在任何情况下都通过提倡低污染和无污染、实现清洁生产工艺来实现，对环境质量要求有明确的标准即可表达出来。"污染、净化、再污染、再净化"的循环过程表达不妥，盼与环境科学家探讨此问题。

关于可持续发展的实现途径与模式，文章提出的三个"增长模式"，即经济低代价增长；人口适度增长；自然资源和环境容量扩大增长，其中不少论点内容有启发。但值得探讨的是，可持续发展的途径和模式，是否可以仅用"增长模式"来概括。实际上关于"发展"和"增长"的概念已有许多讨论，由 1972 年"增长的极限"和后来的"没有增长的极限"两文所引起的讨论，已明确"发展"与"增长"的概念不能混同，"发展"不简单是量的"增长"，"发展"包含着事物发展的方向，质量的改善、当然也包括物质财富的增长。所以"可持续发展"战略采用了"发展"（development）一词，而不是"可持续增长"（increase），因此从这个意义上讲，可持续发展的途径和模式，最好不简单地光用任何"增长"模式来完全表述。至于具体的提法，我认为，人口和可更新自然资源在一定情况下可能会趋于所谓"零增长"，但仍在持续发展；环境容量扩大增长似乎也是有限度的。另外"环境容量"与"环境自净能力"是不同概念，扩大环境容量以承担大的污染，并不等于提高环境质量，也不是提高环境质量的手段，而应从减低污染着手（包括发挥环境自净能力）。

我在经济学上不懂，读您大作"低代价经济增长论"很受教育，学习到不少东西，我想，对指导社会发展会有重要参考的。

总的来说，您在"可持续发展"理论构建上做了很有益的探索，是个开始，但其内容结构还只是理论的一个部分，还可以进一步考虑一个完整的框架；由于它的综合性，复杂性，有些专门方面的提法可以多与该领域（如生态学、环境科学、资源科学等）的专家讨论，可以提得更准确些。

祝研究项目有更大进展。

论林业生态环境工程建设[†]

1 引　　言

人类已经度过了 20 世纪。20 世纪在人类社会经济发展历史上是突出而辉煌的一页。世界现有 60 多亿人口，除了 10 亿人口仍处于贫困线以下，基本上解决了生存、即吃饭问题。1990 年世界粮食总产量 19.7 亿 t，比 1948～1952 年平均产量增加 1.8 倍，超过同时期世界人口增长 1.1 倍的速度。中国也能够用世界 6.9%的耕地养活近世界 1/4 的人口。科学技术的发展更是惊人。然而，人类在 20 世纪回顾的教训是：人类虽然基本上解决了存活和温饱问题，但人类生存的环境却是恶化了，发现自己生活在很糟糕和很不安全的环境里，也更不能保证后代人的生活环境和生态安全问题。

2　困恼的世界生态环境危机

人类发现所生存的生态环境的严重性是在 20 世纪 70 年代。1972 年斯德哥尔摩的"人类环境会议"发出了呼吁。由于长期以来，特别是工业革命以来，对自然资源，特别是对森林资源，无节制地开发，以及向大自然排放倾泻废弃物，使局部的生态环境逐渐变成全球性的生态环境危机。

2.1　温室效应

温室效应所引起的全球气候变化，一是由于人类使用化石燃料大量排放 CO_2、CH_4、CFC、N_2O 等温室气体；二是由于人类大面积砍伐森林，减小了森林吸收 CO_2 的"汇"，导致大气中 CO_2 等浓度的增加。全球变暖对全球农业格局变化将会产生影响。此外，还会引起冰川融化和海平面上升，每 10 年增高 2.54cm，到 2030 年估计上升至 20cm，到 21 世纪末可能上升至 65cm，由于沿海城市、农田、土地可能都会被淹没，沿海地区盐水侵入地下淡水层，沿海湿地丧失等等，人类 1/3 人口生活在离海岸线 60km 以内，为此，将遭受全球性灾难性的动荡。

2.2　大气氧化作用减弱

最近研究认为，大气中有天然"清洁剂"羟基，能与甲烷和 CO 反应而清除它们。但由于人类过多地燃烧石油、木柴，向大气排放 CO，羟基正在被耗尽，伤害大气自身的免疫系统，其后果虽不十分清楚，但可能会是严重的。

[†] 蒋有绪，2002，上海环境科学，21（增）：52-56。

2.3 全球性水土流失和荒漠化

由于森林被砍伐，大量林地转化为耕地，随后又被弃耕，土壤侵蚀普遍严重。因农地使用过度，地力衰退，盐渍化加重，或受严重污染，全球平均每年有 $5.0×10^6hm^2$ 的农地不能继续生产粮食。全球的沙漠在扩大，每年以 $5.0×10^4～7.0×10^4km^2$ 的惊人速度在扩展。全球荒漠化危害的土地面积约占世界土地面积的 1/4，涉及全球人口的 1/6。

2.4 生物多样化急剧下降，许多物种绝灭和濒危

现在地球上动植物种消失速度较过去 6500 万年任何时期都要快 1000 倍，大约每天有 100 个灭绝。20 世纪以来，全世界 3800 多种哺乳动物已有 110 种和亚种消失了；9000 多种鸟类中已有 139 种和 39 个亚种消失了；还有 600 种动物和 25 000 多种植物正面临绝灭危险。自然界生态系统类型，特别是森林生态系统类型很多也消失了。生物多样化丧失的后果是自然界的稳定和平衡被破坏，基因资源丧失，许多农作物和家畜的复壮基因失去来源，新的食物、医药、化工原料的来源越来越少，生物进化过程受到干扰和影响，这些损失更难以估计。

2.5 酸沉降危害普遍而且严重

酸雨危害严重地区有欧洲、北美、中国三大片和日本一小片。北美最大，美国就占 300 万 km^2，其次是我国，100 万 km^2。酸雨威胁农业、林业和野生动物。全世界约有 9 亿城市居民暴露在有害的 SO_2 水平中，10 亿多人暴露在超标水平的颗粒物中。

上述许多全球化生态环境问题绝大部分原因都与森林破坏和减少有关。对于大气污染问题，虽然起因主要不是森林减少，但森林却可以吸收有毒气体和颗粒，可以减轻大气污染。因此，1992 年世界《人类环境与发展大会》，签署 5 个公约，即《21 世纪议程》《生物多样化框架公约》《防治荒漠化公约》和《全球化气候变化框架公约》，以及一个《关于森林的原则声明》都十分强调了森林的作用，把森林提高到了十分重要的位置。如认为"森林资源对于发展和环境保护是至关重要的""森林对于经济发展和维持种种形式的生命是必不可少的"，还提到保护和恢复森林是保育生物多样性、减缓全球气候变化、减少自然灾害的重要措施和途径。

3 我国的生态环境状况和生态安全问题

我国生态环境在 20 世纪的变化令人担忧。目前可以说是中国历史上规模最大、涉及面最宽、后果最严重的生态破坏和环境污染时期。

（1）我国土壤侵蚀面积为 367 万 km^2，占整个国土面积的 38.2%。其中水蚀面积 179 万 km^2，风蚀面积 188 万 km^2。黄土高原的水土流失面积占总面积的 79%，土壤侵蚀模数平均达 3000t/（km^2·a），每年流入黄河的 16 亿 t 泥沙，80%来自黄土高原。燕山、

太行山区水土流失面积占总面积的 50%；辽河流域水土流失面积占流域面积的 25.9%；长江流域水土流失面积达 56 万 km²，比 50 年代增加 55.6%，年流失土壤 22.4 亿 t，珠江流域水土流失面积约 7.7 万 km²，年流失土壤 203 亿 t，淮河流域水土流失面积 5.5 万 km²，年流失土壤 1.8 亿 t。因水土流失我国每年减少耕地 13.3 万 km²，造成经济损失 20 亿元。

（2）我国荒漠化土地面积 262 万 km²，占国土面积的 27.2%，超过全国现在耕地面积的总和（荒漠化是指在干旱半干旱区以风蚀为主的土地退化过程）。我国近 1/3 国土面积受到风沙威胁，60%以上的贫困县集中在这里。荒漠化速度从 20 世纪 50~70 年代每年约 1560km²，增加到 80 年代的 2460km²。全国估计每年因风沙危害造成的经济损失达 45 亿元。

（3）由于我国地理条件复杂，造成生态环境的先天不足，加剧生态环境容易恶化的脆弱因素。我国山地面积达国土面积的 2/3，山区又是我国重要江河的源头，山区在外营力和地质构造不稳定的内营力基础上，山崩、滑坡、泥石流危害严重。人为的外营力主要是森林植被的破坏，陡坡开垦农田、公路和其他基建工程对地质构造稳定性的影响等。我国又是干旱灾害频繁和水资源匮缺的国家，年总降水量约 6000 亿 m³，但由于水利设施不足和森林天然蓄水库的减少，实际能用水量仅 4770 亿 m³，人均占水量为世界平均水平的 1/4。由于我国季风特征，降水变率大，降水集中于雨季，暴雨强度大，容易引起洪涝灾害，但又易发生旱灾。20 世纪 90 年代以来，我国平均每年因灾害损失 1000 多亿元。我国还有大面积干旱区，即强度的生态脆弱区，包括南北疆、蒙、甘、宁、晋和陕的一部分、大兴安岭西麓。为了满足生活用水和生产用水，过量抽取地下水或截留上游水资源，已给全国带来严重的水资源危机。新疆塔里木河中上游的截流，使下游胡杨林、梭梭林成片枯死。黄河自 1973 年至 1981 年来，年年断流，1997 年断流达 261 天。1972 年以来华北地区地下水位普遍降低，河流断流，北方 17 省区市，形成 40 多个地下水大漏斗，有的深达几十米。全国 20 多个城市，包括天津、上海、北京、西安等都发生了不同程度的地面沉降，全国 200 个县市发现地裂缝 757 处，18 个省区地面塌陷 737 处。新中国成立以来，黄河下游河床每年增高 8~10cm，有的河段已高出两岸 10cm 以上，黄河已成"悬河"，郑州及中下游城市和平原都处于威胁之中。长江流域由于上游森林减少，水库淤塞、中游湖泊因围垦、设障、淤高，使蓄洪、调洪能力下降。

从以上我国许多重大的生态环境灾害看，不仅是平时所估计的"局部改善，整体恶化"的问题，而且有一个严峻的"生态安全"问题。我们不能设想，在我国改革开放 20 年来，在国民经济稳定高速发展，人民生活日趋小康的时期，实际上还有祸于旦夕之虑。因此，改善生态环境，谋求一个安全的生存生活环境，已是我国也是全球的迫切要求。

4 林业生态环境建设是改善我国生态环境，保证可持续发展的重要途径

4.1 森林在全球变化上的调节功能

4.1.1 对全球碳循环的调节

森林的碳贮量是农田的 20~100 倍，森林缺乏占造成全球温室效应原因的 1/3~1/2

的比重，如果停止全球性大毁林，每年可减少向大气释放 CO_2 25 亿 t，造 $1hm^2$ 森林每年估计可吸收 15t CO_2。

4.1.2　对全球氮循环的调节

氮是重要的生命基本物质，地球氮循环中，森林是陆地生物氮储库的主体，其通量为 $10×10^{15}g$，每年吸收土壤 N 的通量为 $2.5×10^{15}g$，这个通量在全球 N 平衡中起很大作用。

4.1.3　对全球水循环的影响

水循环是最基本的生物地球化学循环。它强烈影响着其他生物地球化学循环过程。陆地生物量（以森林为主）通过它的蒸发与沸腾，影响着陆地与大气间的水通量，通过径流影响土壤水储库和河流水文动态。与海洋的水循环发生关系，它还通过森林线对冰川线的上下和冰川储量发生影响。

4.2　森林对区域的蓄水调节、调洪缓洪和防蚀减沙功能

森林生态系统以其高耸的树干和繁茂的枝叶组成林冠层，林下茂盛的灌木和草本植物形成的下木和活地被物层，林地上富集的枯枝落叶层与发育疏松而深厚结构优良的土壤层截持和储蓄大气降水，从而对大气降水进行重新分配和有效调节，发挥其特有的水文生态功能。

森林可固定、改良土壤，使森林土壤具有较大的蓄水能力，并提高土壤的水分入渗率和渗透率，使大量的水分下渗成为地下水。这对减少洪水量、延缓洪水过程有重要作用，对洪水的减缓作用是显著的。随着森林覆盖率的增加，地表径流的形成和土壤侵蚀明显减小。长江三峡库区林地、灌丛、草地和农田的年侵蚀量，分别占三峡库区总侵蚀量的 6.19%、10.76%、23.05%、60.0%（图1），以农田为最大，达 $9450×10^4t/a$，以农田为最高，农田年入江泥沙量占三峡库区入江泥沙总量的 46.16%；林地最少，仅占 5.95%。

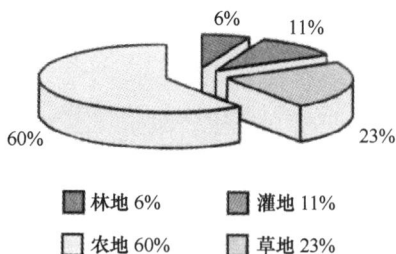

图 1　长江三峡库区侵蚀量分类百分比示意

4.3　森林在改善空气污染和酸雨影响力方面的功能

有些树种可以吸收污染物质。全球植被（大部为森林）是全球最大的有机硫贮库，每年吸收 $2×10^{12}$～$5×10^{12}g$。我国资料也表明，陕西铜川市植被净化空气的 SO_2 约每年 556.7g，粉尘 1601.7t，从而减轻了空气污染。

因此，必须树立新的林业观。对林业的重视，就是对环境的重视，对林业的投资，也是对环境的投资。这已是世界和各国政府的共识。我国近年来加强了对林业生态建设，开创了全国林业生态工程建设的新时期。

5 二十世纪下半叶我国林业生态环境工程建设发展的回顾

我国自 20 世纪 70 年代末开始注意到北部（三北）严重的干旱、风沙危害问题。1978 年开展了著名的"绿色长城"即"三北防护林体系工程"建设。自此至今，已陆续开展了 6 大林业生态环境工程建设。

5.1 三北防护林体系建设工程

该工程建设范围包括三北 13 个省（自治区、直辖市）的 552 个县（市、区），总面积 406.9 万 km²，占国土总面积的 42.4%。15 年来，多方投资 32 亿元，农民投工 15 亿个工日，完成人工造林超过 1330 万 hm²，封山封沙育林 600 万 hm²，飞机播种造林 60 万 hm²，零星植树 55 亿株。该工程建设的主管单位于 1987 年被联合国环境规划署评为"全球环境保护先进单位"。该项工程也受到联合国组织的表彰并荣获联合国环境保护奖。该工程的生态效益、经济效益明显。三北地区已有 1100 万 hm²，农田实现林网化，粮食产量净增加 10%～30%。有 890 万 hm² 的沙化、盐渍化、牧草退化的草牧场得到保护和恢复，牧草产量净增 20% 以上。18 万 km² 的黄土高原披上绿装，初步控制 30% 的水土流失。营造的薪炭林年产薪柴超过 700 万 t，解决了 500 多万农牧户燃料奇缺的困难。营造的经济林年产干鲜果品 60 亿 kg，新增产值 60 多亿元。林木蓄积量达 8.7 亿 m³，年产木材 800 万 m³，使不少地方民用木材已经自给。但也发生杨树单纯种植过多，耗水多而后期衰退和虫害严重等问题，值得注意和改进。

5.2 长江中上游防护林体系

为了改善长江中上游水土流失、洪灾、旱灾、泥石流频繁发生的恶劣生态环境，促进区域经济发展，经国家批准，1989 年长江中上游防护林体系建设一期工程在上游的 6 省 39 个县试点启动。工程最终将涉及长江中上游 12 个省（直辖市）271 个县（市、区），总面积 160 万 km²，占国土面积的 16.6%。工程开展以来，共新造经济林 60 万 km² 以上，部分地区 70%～80% 的农户办起了"五小园"（小果园、药园、茶园、桑园、竹园），一大批农户通过经营庭院林业、发展经济林果和经济草类开始走上致富之路。已有 100 多个县水土流失面积得到初步控制，湘、鄂、黔等省山区沙化、石化速度开始下降，很多昔日干枯的小溪恢复了常年流水，多年不见的野生动物已开始在森林中繁衍生息。

5.3 沿海防护林体系建设工程

1988 年国务院批准。沿海防护林体系工程范围包括北起中朝边界的鸭绿江口，南止中越边界的北仑河口，总长 1.8 万 km，涉及 11 个省（自治区、直辖市）的 195 个县（市、区）。总面积 25.10 万 km²，占国土面积的 2.6%，旨在万里海疆营造起以防风固沙、护堤、保护农田、涵养水源为主体的区域性林业生态工程。目前，在我国辽阔的海岸线上，已建成一段段绿色屏障，大部分农田已建防护林网。该工程缓解了群众用材烧柴紧缺的局面，促进了农业生产和地方经济的发展，对开展森林旅游、推动沿海地区对外开放发挥了巨大作用。据研究分析，沿海防护林体系具有比其他地区的防护林更明显的减灾效益，其减灾能力达到 30%～40%。沿海各地还充分利用地理优势，大力开展森林旅游。近几年，还新建森林公园 30 个。

5.4　平原绿化工程

我国平原总面积为 115 万 km²，占国土面积的 12%。平原绿化生态工程主要目的是改善农区生态环境，防止旱、涝、风沙和水土流失，促进农业牧业稳产、高产，缓解农民群众缺材少柴的困难，促进农林产业结构的调整，维护平原农村经济持续发展。全国 918 个平原、半平原和部分平原县相继建成平原综合防护林体系。部分地方已形成几个至几十个县相连的农田防护林体系，给农村带来显著的生态、经济和社会效益。初步有效遏制了沙土和干热风危害，推动了粮食生产的发展。

5.5　太行山绿化工程

1987 年以来林业部先后在 40 个县（市、区）进行了绿化试点，北京、河北、河南、山西 4 个省（直辖市）的 110 个县（市、区），总面积达 1200 万 km² 以上。实施该工程对于改善华北及京津地区的生态环境，促进地方经济和国民经济发展，推动太行山区经济翻番，实现农民勤劳致富奔小康具有重要的现实意义和深远影响。

5.6　防沙治沙工程

50 年代以来，我国政府十分重视治沙工作，全国以治沙为目的的造林达 1000 万 hm²，使 10% 的沙漠化土地得到治理。过去受风沙危害产量低而不稳定的约 4.4 万 hm² 农田受到保护，各地还结合封沙育林育苗，营造了约 6.7 万 hm² 薪炭林，约有 500 万农民的燃料问题得到解决。沙区风沙危害得到有效遏制。

自从我国在 1992 年参加里约的"世界环发大会"的签约以来，国家领导人就更加重视林业生态环境建设工程。江泽民主席在 1998 年作了"大抓植树造林、绿化荒漠、建设生态农业"和"再造一个山川秀美的西北地区"重要批示，其他国家领导人也批示"提出一个治理黄土高原水土流失的工程规划，争取十五年初见成效，三十年大见成效，为根治黄河做出应有的贡献"。1998 年夏在三河洪水灾害后，国务院调整我国治理水患的思路，朱镕基总理提出了"封山植树，退耕还林，退田还湖，平垸行洪，以工代赈，移民建镇，加固堤坝，疏浚河道"的 32 字方针。国务院 1998 年末提出当年就全面停止天然林采伐的决定，即"天然林保护工程"，以保护好天然林资源，搞好生态环境建设。

6 结 语

国家林业局在 1998 年开展的 6 项林业生态工程的基础上,目前经国务院批准,增加和调整成:天然林资源保护工程,退耕还林工程,三北、长江流域等重点防护林体系建设工程,环北京地区防沙治沙工程,全国野生动植物保护及自然保护区建设工程和重点地区速生丰产林基地建设工程等 7 大林业生态环境建设项目。

21 世纪将是我们全面展开林业生态环境建设的新时代。在 21 世纪后半世纪将基本完成保障我国生态安全和全面改善我国生态环境,大部分地区达到山川秀美的美好远景。这将是人类历史上的壮举。我们有幸将参与这样的世纪性的宏伟计划的建设任务,各级有关政府、社会和人民都要有这样的思想准备去迎接它、承担它、完成它。

从生态学基础考虑北京的城市森林和绿量†

由温家宝总理命题和交给的"中国可持续发展的林业发展战略"研究任务已经完成，为我国林业可持续发展提出了新的战略思想、发展目标和远景蓝图。其内明确把"城市林业"作为一项战略目标提出，要以"寻求森林生态价值、社会价值和公共卫生价值为目标，调节城市生态平衡，拓宽户外休憩空间，提高业余生活质量，满足城市居民走进大森林，回归大自然的物质文明需求，创造生态良好，有益健康的人居环境"。这一目标的描述非常明确具体地表达了现代化条件下城市居民通过城市林业希望得到的环境需求、精神需求和文化需求，这是以人为本，重视人的需求功能的新视角。

北京，作为建设现代化国际大都市的特大城市，我想从生态学角度，谈谈北京对城市森林的功能需求和定位。城市森林建设在设计上往往强调人的直接需求，即市民的直接需求，往往希望越绿越好，越美越好，环境越清洁越好，有时就会脱离城市生态系统的实际要求，脱离城市的自然地理条件，环境与生态的自然承载力，忽视现有城市生态系统在功能上的缺陷，如何通过城市森林建设予以调整、纠正的针对性的实际要求。

城市森林应当说是现代化城市生态系统的重要组成部分，也是重要的基础。城市森林的建设、经营管理和可持续发展则是城市林业的任务和内容。因而，建设城市森林，就要从健全城市生态系统的观念要求出发。城市森林不仅是城市生态系统的重要组成部分，也是城市生态系统的物质流、能量转化利用，以及支撑城市优良环境质量和可持续发展的重要功能服务者。现在的城市森林的规划与建设由于不太注意从城市生态系统的实际功能需求来分析，而出现各城市在城市森林建设目标和要求的雷同现象。例如，许多城市森林建设都提到要"城在林中、林在城中"。这句话作为形象化的目标，在不同自然地理区的不同城市都在引用和追求。实际上作为真实的目标并不是哪里都可以做到的，实际上两者也较难同时做到。例如莫斯科作为著名的城市森林建设的范例，说它是"城在林中"比较符合实际，而"林在城中"就比较勉强。欧洲一些中等城市，特别是宫廷和皇室所在的庭园城市，低层分散的小建筑群，与大量的树群和林地相掩，才构成"林在城中"的景象。对于我国干旱半干旱区的城市森林建设的目标，尤其要注意从实际出发。北京地处暖温带半湿润区，水资源短缺，而且因全球气候变化，越趋干热，因此，对森林覆被率，绿量，树种的考虑十分重要。

对城市森林的绿量要求，要从改善城市生态系统的整体功能来考虑，并不是越大越好，越多越好。绿量的需求和布局不仅要考虑居民游憩等精神需求，也要考虑城市空气湿度调节、温度调节，气流影响、防风固沙、涵养水源、保育土壤、滞尘、释放 O_2、降低噪音、隔离功能和丰富城市景观，增加边缘效应，以强化生态功能，保护生物多样性、优化城市结构等，在规划设计细节上多考虑，要细部上针对性较强地来分析、评估

† 蒋有绪，2007，从生态学基础考虑北京的城市森林和绿量，见：刘于鹤主编，北京林业发展论坛论文集，北京：中国林业出版社，31-34。关于"绿量"，在《城市森林是现代化健全的城市生态系统的基础》[中国城市林业，2004，2（2）：4-7]和《从城市生态系统角度谈城市森林发展中的若干问题》生态文化，2008（6）：13-15 有相关的论述。

其功能需求，做出相应的最优化设计，因此，不必单纯追求面和量，也就是说，以总的森林覆被率来讲，应因地制宜，不必越高越好。现在城市道路绿化带的宽度，有由200米、500米一直发展到1000米或更宽的趋势。实际上，应当考虑土地利用现状，人口密度，经济发展和其他景观的配合等等。

绿量的增加一方面固然可以增加城市生态系统的某些承载力和扩大其生态空间，增加物流、能流通道，增强其系统的稳定性，抗逆性能力；但一方面如果不适量的话，也增加城市生态系统的负担，削弱其承载力，如过度消耗水、土资源。因此绿量的设计要适当。目前国际尝试一种新的计算途径，叫生态足迹（ecological footprint）途径。其理论认为，一个可持续的生态系统，即具有最大、最适宜承载量的城市生态系统是要考虑其维持自身生存而利用的自然的量来评估（往往以其第一性生产力的能力和可以消纳其产出废弃物的生物生产面积来衡量，即以一个区域的化石燃料用地与生物生产用地比较，生物生产用地包括农地，林地，草地等）。过去的城市生态系统基本上无自然生物生产力的，不可持续的。增加绿量，即以森林（乔灌草组成的生物生产力）增加其系统的稳定性是必然趋势，但其生态足迹要适宜。这里不必详细介绍其计算方法，但可以从全球、上海、余杭、北京的实例来说明（只举其中使用化石能源土地、林地两类土地的比例来看）：

全球	使用化石能源土地	1.1
	林地	1.1
上海（1998）	使用化石能源土地	48
	林地	5
余杭（1999）	使用化石能源土地	1.8
	林地	1.8
北京（2002）	使用化石能源土地	1.1
	林地	1.1

以上所举数值并不想说明那个比值是符合可持续发展的要求，而是用以说明相对的合理性。以上海现状来看，城市生态系统中所用化石燃料的比重太大，而北京与余杭则与全球的相近，说明上海极需降低生态足迹，尽可能增加生物生产用地，以增加其生态承载力、抗逆性能力、自我调节能力而总体上增加其可持续发展能力，可惜，上海增加森林面积和绿量，困难要大得多。北京应当说很幸运的，北京市郊区县山区多，可发展森林面积大。当然，从研究资料（崔风暴，王虹，2002）看，北京市的生态赤字仍很大（生态赤字是以人均生态足迹与人均生态承载力相比得出），北京人均生态足迹为2.9080公顷，人均生态承载力为0.1088公顷。北京作为华北大城市和首都，对周边地区和全国有贡献，可以存在一定生态赤字，而从全局一定调剂。从北京自身考虑，在最大森林覆盖率和绿量情况下，主要要下工夫从提高人均GDP的能耗下手，以达到可持续发展方向的平衡。当然，水资源的问题也必须考虑，森林发展或绿量发展必须考虑北京市的水承载力，在同样大小森林和绿量条件下，要选用小耗水树种和一定全力全面发展节水措施。在北京市缺水情况下，同样大小森林和绿量条件下，绿化的细部设计，提高细部的绿化质量非常重要。最终做一个景观生态学评估是必要的，如从绿地、林地、建筑用地，水面等组合、比例，其斑块数量、密度，斑块面积、平均面积、最大最小面积、尺度标准

差及其变动系数、形状指数、分维数，以及廊道长度、密度、连通度等分析看是否合理，对于城市生态系统在能流、物流、信息流、生物多样性、城市休憩功能等方面看是否合理，是否具最高效率等。此外，还有诸如道路林带和绿化模式设计与街道空气质量都有相关性，如行道树郁闭度对街道污染物扩散，空气品质都有影响，说明城市森林的规划设计自宏观到微观都有从生态功能角度来考虑的必要性。

因此，在当前城市森林建设日益发展的今天，我希望能加强北京市城市森林生态学的研究，强调一下城市森林建设规划对城市生态系统从其结构功能方面、可持续发展方面作为基础性、支柱性建设的角度予以考虑的必要性，以最适宜的量度，尽可能小的生态负担，发挥最大的生态功能。

参 考 文 献

[1] 吴泽民，高健，吴友文. 城市森林及其结构研究. 城市森林生态研究进展. 北京：中国林业出版社，2002.
[2] 徐琳瑜，杨志峰，李巍. 城市生态系统承载力研究进展. 城市环境与城市生态，2003，（6）：60-62.
[3] 梁星，王祥荣. 上海地区可持续发展状况的生态痕迹评价，沪嘉杭地区城镇发展的区域生态服务功能及调控机理（会议论文集），上海：复旦大学出版社，2001.
[4] 周平，唐礼俊等. 应用生态足迹方法探讨余杭市发展的可持续性. 沪嘉杭地区城镇发展的区域生态服务功能及调控机理（会议论文集），上海：复旦大学出版社，2001.
[5] 李秀珍，肖笃宁. 城市的景观生态学探讨. 景观生态学研究进展. 长沙：湖南科学技术出版社，1999.
[6] 宋永昌，李俊祥等. 上海城市森林建设之初探. 城市森林生态研究进展. 北京：中国林业出版社，2002.
[7] 宋永昌等. 城市生态学. 上海：华东师范大学出版社，1993.
[8] 崔风暴等. 北京市生态可持续发展定量分析研究——生态足迹分析法，统计教育，2005，（1）：14-18.

城市森林与森林城市的结构均匀性——兼论杭州市作为森林城市的优越性[†]

城市森林在上世纪 50 年代由美国首先提出，这是作为急速城市化形成毫无绿色可言的钢筋水泥城市的反动而强调兴起的。城市环境问题日益暴露出来，对人们的身心健康构成了严重的威胁，而且城市系统的功能缺陷日益暴露，人们在反省并受欧洲几百年来朴素的依林建城形成的皇家森林城市启发而来发展城市森林。管理经营城市森林的林业称为城市林业。城市森林和城市林业也就成为林学和林业的新分支，新领域。

森林城市在中国是与时俱进的，为迎接 21 新世纪，以人为本，改善城市人居环境，创新地提倡发展"森林城市"，这是直接把城市森林融入城市生态系统的创举。把城市森林的功能融入城市生态系统，使城市生态系统的功能健全、完善、提升，得以完美地可持续发展。这一创举是林学、城市学、生态系统学的理论和实践的新发展。当然，森林城市的发展是有自然和经济条件的，不能误解为哪里都提倡建设森林城市。

城市林业则成为管理经营城市森林，也是管理经营森林城市的林业任务。城市林业也是应当发展成为一门有理论体系、有科学任务目标、有具体内容内涵，也有自己特点的技术体系。例如，关于它的目标，在"中国可持续发展的林业发展战略"研究成果中，把"城市林业"作为一项战略目标提出，提出要以"寻求森林生态价值、社会价值和公共卫生价值为目标，调节城市生态平衡，拓宽户外休憩空间，提高业余生活质量，满足城市居民走进大森林，回归大自然的物质文明需求，创造生态良好，有益健康的人居环境"。这一目标非常明确具体地表达了现代化条件下城市居民通过城市林业希望得到的环境需求、精神需求和文化需求，这是以人为本，从人出发的功能视角。关于城市林业的内涵和内容，有的著作写得很好，提出是"以服务城市为主旨的林业"，"它是园林与林业融为一体的林业；市区城郊一体化，集生态、经济、社会效益为一郊一体化，集生态、经济、社会效益为一体的林业"。城市林业的范畴"主要包括城市水域、野生动物栖息地、户外娱乐场所、城市污水处理场、公园、花园、植物园，城市街、道、路旁的树木及其他植物；居民区、机关、学校、医院、厂矿、部队等庭院绿化；街头绿地、林带、片林、郊区森林、风景林、森林公园，以及为城市造林绿化提供苗木、花草的苗圃、花圃、草圃等生产绿地等。"

过去曾提过"把森林引入城市，把城市建在森林中"的说法，现在全国政协主席贾庆林提出"让森林走进城市，让城市拥抱森林"。我认为在意境上和格局上都有所不同，有所发展。"把城市建在森林中"也许是最初、最易形成的格局，而"让森林走进城市，

† 蒋有绪，2009，浙江林业，（6）：8-9。

让城市拥抱森林"则是把森林和城市融合在一起，你中有我，我中有你，是最不容易设计，然而是最合理的格局和布局，无论从发挥最佳功能和取得最好效益来讲都是这样。

森林给予或补充城市的功能主要有以下几个方面。

人居环境方面：改善大气质量，清洁空气，减少尘埃，湿度适宜，调节气温，保持水土，维护土壤湿度和肥力，维持二氧化碳平衡等。

身心健康和享受方面：减菌、杀菌、吸收有害气体，减弱和消除噪声，给人以色、香、美的愉悦，提供松弛神经、消除疲劳、降低血压、有益身心的休闲环境。

提升城市整体功能方面：维护生物多样性；增加生物流、物质流、能流通道，增强系统的稳定性、抗逆性能力、碳平衡能力、自我调节能力和可持续发展能力。

物质生产方面：提供农林产品，增加循环生产通道，增加旅游休闲收入等等。

以上的各种功能应当均匀地与人居相互交融为最佳结构。从这一基本原理出发，杭州市作为森林城市具有显著的优越性。

杭州在历史上就有最美丽城市的比喻，"上有天堂，下有苏杭"，就是形容杭州历史上已是绿水碧湖，处处园林，最适合人居的人间天堂。可贵的是，杭州市从来就没有满足于历史的美称和新中国成立以来努力得到的各种荣誉称号。杭州近期在城区建设具有相当森林景观特色的绿色岛屿，如长桥公园、城东公园，把火车东站、吴山广场建成绿岛，对干道和湖滨、河滨也增加绿量，如著名的湖滨路，还有贴沙河边等，使市区均匀地增加以树木群落为主的绿量。

近年来，杭州城区绿化工作紧紧围绕"环境立市"的战略目标。坚持高起点规划、高标准建设、高强度投入、高效能管理，通过重点工程、租地绿化、拆迁建绿、道路改造、河道整治、破墙透绿等系列手段，实现了"十五"期间年均扩绿749万平方米，建成了西溪国家湿地公园一期、钱江新城森林公园、下沙生态公园、滨江公园、湘湖景区等重点绿化工程，形成了钱塘江、运河、贴沙河、中河、东河、古新河、上塘河等近百条纵横交错的城市河道绿带网络，营造了"三口五路""一纵三横""五纵六路"等横贯城市的绿色长廊。特别是近年来实施了西湖综合保护工程。

2008年，杭州市城区扩绿面积共计632万平方米，建成4000平方米以上的公园绿地71处，完成了捍海塘遗址公园等一批重点绿化工程。截至2008年年底，杭州城区绿地面积已达127.9平方公里，城区绿地率达35.32%，绿化覆盖率达38.6%，人均公园绿地达13.9平方米。

2009年，杭州按照"大建设""大绿化"的理念，把城区扩绿与市区两级实施的各项重大工程有机结合起来，全年力争实现新增绿地400万平方米以上，完成4000平方米以上的公园绿地建设20处以上，绿化工程30个。在提升绿化质量方面，将着力实现"四化"，即网络化、多样化、立体化、生态化。

综上所述，杭州市不仅在郊区，而且在全辖区，包括城区，都已实现了"林中有城，城中有林"的森林城市的最佳结构和境地。当然，杭州市今后在森林城市的继续建设上更应好上加好，精益求精。

应对气候变化：固碳林业与碳贸易†

1 引　言

　　IPCC 第四次评估报告（2007）指出：在过去的 100 年里全球平均温度升高了（0.74 ± 0.18）℃。20 世纪北半球温度的增幅可能是过去 1000 年中最高的。降水分布也发生了变化。大陆地区尤其是中高纬地区降水增加，非洲等一些地区降水减少。有些地区极端天气气候事件（厄尔尼诺、干旱、洪涝、雷暴、冰雹、风暴、高温天气和沙尘暴等）的出现频率与强度增加。IPCC 第四次评估报告（2007）预测，到 2100 年全球平均气温将上升 1.8~4℃，海平面升高 18~59cm。

　　中国气候变化的趋势与全球变化的总趋势基本一致。近百年来，中国气温上升了 0.4~0.5℃，略低于全球平均的 0.6℃。从地域分布看，中国气候变暖最明显的地区在西北、华北、东北地区，其中西北变暖的强度高于全国平均值。中国的气候情景预测，到 2020~2030 年，全国平均气温将上升 1.7℃；到 2050 年，全国平均气温将上升 2.2℃（秦大河等，2006）。

　　大量的观测迹象和研究结果表明，大气中二氧化碳等温室气体浓度不断增加产生的温室效应引起了全球气候变化。IPCC 第四次评估报告（2007）认为，过去 50 年全球平均气温上升"极可能"与人类使用石油等化石燃料产生的温室气体增加有关，这意味着 90% 是由人类活动导致的大气温室气体浓度增加所致。

　　全球气候变暖对地球上许多地区的自然生态系统已经产生了影响，如海平面升高、冰川退缩、冻土消融、中高纬度地区生长季节延长、动植物分布范围向极区和高海拔地区延伸、某些动植物数量减少、一些植物开花期提前等。同时，气候变化对人类的生存、健康与经济社会可持续发展也产生了巨大的影响，并构成了严重的威胁。气候变化问题受到国际社会的特别关注，已经成为当前国际政治、经济、外交和国家安全领域的一个热点。

　　森林是陆地生态系统的主体，约占全球陆地面积的 1/3，其年光合产量约占陆地生态系统的 2/3。森林在与大气 CO_2 的关系中起着双重作用。一方面森林大量地吸收固定大气中 CO_2，成为大气 CO_2 巨大的吸收汇、贮存库和缓冲器。另一方森林的破坏是大气 CO_2 的排放源。森林在稳定和调节全球碳循环和陆地生态系统碳平衡方面发挥着重要作用，因此，国际气候变化公约及其相关的协定等均将森林问题作为全球温室气体减排增汇的重要途径和手段。为适应和减缓全球气候变化，森林经营与林业发展正在面临新的挑战和发展机遇。

　　† 刘世荣，蒋有绪，史作民，2009，应对气候变化：固碳林业与碳贸易，见：江泽慧主编，《综合生态系统管理理论与实践：国际研讨会文集》，北京：中国林业出版社，196-200。

2　森林生态系统是全球重要的碳库和吸收汇

森林具有广袤的分布面积和巨大的生物量。全球森林面积达 38.69 亿 hm^2，约占全球陆地面积的 30%。据 IPCC（2001）估计，全球陆地生态系统碳贮存量约 2477Gt C，其中植被碳贮存量约占 20%，土壤碳约占 80%。占全球土地面积 27.6%的森林，其森林植被的碳贮存量约占全球植被的 77%，森林土壤的碳贮存量约占全球土壤的 39%。单位面积森林生态系统碳贮存量是农地的 1.9～5 倍。可见，森林生态系统是陆地生态系统中最大的碳库，其增加或减少都将对大气 CO_2 产生重要影响。

中国森林植被和土壤碳贮存量估计分别为 5Gt C 和 15Gt C 左右（张小全等，2005）。中国森林碳汇功能持续增长。据我国公布的《应对气候变化国家方案》，2004 年中国森林净吸收了约 4.5 亿 t 二氧化碳当量，约占当年全国温室气体排放总量的 8%。中国造林碳汇将呈持续增长趋势，到 2010 年，森林覆盖率预计达到 20%，其碳汇数量比 2005 年增加约 0.5 亿 t CO_2。预计到 2050 年，中国森林年净碳吸收能力将比 1990 年增加 90.4%。以 1990 年为基年，到 2010 年、2030 年和 2050 年造林再造林活动形成的碳汇量分别为 0.26 亿 t C/a、1.24 亿 t C/a 和 1.91 亿 t C/a。

森林具有比农田和草地更高的净第一生产力和长期累积的巨大生物量，使其具有比草地植物和农作物更强的固碳能力。大气测量和模拟研究表明，20 世纪 80 年代陆地是一个（0.2±1.0）Gt C/a 的吸收汇，即（1.9±1.3）Gt C/a 的陆地碳吸收与土地利用变化引起的（1.7± 0.8）Gt C/a 碳排放之差；90 年代汇增加至（0.7±1.0）Gt C/a，即（2.3±1.3）Gt C/a 的陆地碳吸收减去土地利用变化引起的（1.6±0.8）Gt C/a 的碳排放（Ciais et al.，2000）。北美的实测和模型研究表明，北半球中高纬度森林植被是一个重要的汇，它在减小碳收支不平衡中起着关键作用（Brown et al.，1999；Schimel et al.，2000）。从 CO_2 通量观测结果分析，无论是北方森林、温带森林还是热带森林均表现为碳汇，但是碳汇强度大小受森林类型、气候环境变化、自然与人为干扰的影响（毛子军，2002）。

毁林或森林破坏、退化均能够导致森林生物量和土壤中碳的释放，从而降低森林碳贮存量和碳汇潜力。林地转化为农地后，土壤有机碳（SOC）损失可高达 75%，10 年后土壤有机碳平均下降 30.3%±2.4%，如果剔除土壤容重变化的影响，土壤有机碳平均下降 22.1%±4.1%（Murty et al.，2002）。据 IPCC 估计，在 1850～1998 年，全球范围内土地利用变化引起的碳排放达（136±55）GtC，其中 87%由毁林引起，13%由草地开垦造成，而同期化石燃料燃烧和水泥生产的排放量为（270±30）Gt C（Ciais et al.，2001）。所以，大面积毁林、森林破坏和退化可以成为仅次于化石燃烧的大气的重要排放源。

3　固碳林业与减排增汇

为减缓不断加剧的全球气候变化，林业正在经历经营发展方向的调整与转变，以最大限度发挥其重要的且不可替代的作用。目前，国际上已经兴起了新的林业发展方向——固碳林业（Carbon Forestry）。固碳林业包括以下几个方面。

第一，通过造林、再造林、退化生态系统恢复、建立农林复合系统等措施增加森林植被和土壤碳贮存量，以此增强森林碳吸收汇的功能。全球可用于造林再造林和农用林的土地面积约 3.45 亿 hm^2，如果全部实施造林再造林和农用林，造林碳汇潜力可达 28 Gt C，农用林为 7Gt C（Reed et al.，2001）。热带地区 2.17 亿公顷的退化土地的植被恢复可新增固碳 11.5～28.7Gt C（FAO，2001b）。预计中国在 2008～2012 年的第 1 承诺期，通过大规模的造林和再造林可净吸收碳 0.667Gt C；到 2050 年，中国森林年净碳吸收能力将比 1990 年增加 90.4%（Zhang & Xu，2003）。作为固碳林业，中国的农用林尚有较大的发展空间。

第二，保护和维持森林碳库，即保护现有的森林生态系统中贮存的碳，减少其向大气中的排放。主要措施包括减少毁林、改进森林经营作业措施、提高木材利用效率以及更有效的森林灾害（林火、洪涝、风害、病虫害）控制措施减少对林木和土壤干扰所产生的碳排放，不但能够逐渐增加长期的森林生态系统的碳贮存量，而且达到保护生物多样性和发挥生态系统服务功能的目的。这最适合于生长慢、干材质量差的林分和采伐木利用机会少的地方。由于毁林直接导致森林生态系统的碳贮存量在数年内排放到大气中，因此相对造林和再造林而言，降低毁林速率是减缓大气 CO_2 浓度上升的更直接手段。未来 50 年全球减少毁林的碳汇潜力可达 14Gt C（Reed et al.，2001）。

第三，通过实施森林可持续经营，采用一系列碳管理的措施，实现减排增汇的目标。降低造林、抚育和森林采伐对林木和土壤碳的扰动影响是保护现有森林碳贮存的重要手段。传统的采伐作业对林分的破坏很大，通过改进森林采伐措施可使保留木的破坏率降低 50%（Sist et al.，1998），从而降低森林采伐引起的碳排放。此外，通过提高木材利用率，可降低分解和碳排放速率；增加木质林产品寿命，可减缓其贮存的碳向大气排放；废旧木产品垃圾填埋，可延缓其碳排放，部分甚至可永久保存。

第四，从可更新资源的角度，着眼于森林生态系统的碳循环过程和传统的森林木材生产目标，采用碳替代措施，即通过耐用木质林产品替代能源密集型材料（水泥、钢材、塑料、砖瓦等），不但可增加陆地碳贮存量，还可减少生产这些材料过程中化石燃料燃烧的温室气体排放。尽管部分木质产品中的碳最终将通过分解作用返回大气，但森林资源的可再生性可将这部分碳吸收回来，最终避免化石燃料燃烧引起的不可逆转的净碳排放。利用可更新的木质燃料（能源人工林）和采伐剩余物回收利用作燃料，以生物能源替代化石燃料可降低人类活动碳排放量。IPCC 估计，2000～2050 年，全球能源植物替代可达 20～73Gt C（Watson et al.，1996）。碳替代措施适于速生的同龄人工林和以能源林为目标的短周期萌生林经营，但是需要将森林管理对森林土壤的干扰影响降低到最低程度。

4 碳贸易及其潜力

为减缓全球气候变化和实现《联合国气候变化框架公约》的目标，1997 年达成了《京都议定书》。《京都议定书》规定，规定工业国家在 2008～2012 年的承诺期内，其温室气体排放量在 1990 年排放水平基础上总体减排至少 5%。工业化国家可通过其造林、再造林、减少毁林和森林管理等活动，或通过在发展中国家实施清洁发展机制（CDM）造林项目，获得的碳信用（Carbon Credit）用于抵消承诺的温室气体减限排指标。2001 年达成的"马拉喀什协定"，为《京都议定书》有关土地利用变化和林业活动的定义和相关实施规则达成一致。2003 年 12 月第 9 次缔约方大会为清洁发展机制（CDM）造林项目实施的方式和程序制定了详细的国际规则（UNFCCC，2003）。CDM 机制的产生，建立了发达国家与发展中国家之间互惠互利的"双赢"机制，也为固碳林业提供了新的发展契机。

鉴于国际上已经约定了各国使用的 CDM 造林和再造林项目的碳汇总量，即不能超过其基准年排放量的 1%乘以 5（UNFCCC，2001），所以批准《京都议定书》的国家允许的 CDM 碳汇量约为每年 3200 万 t C，若按每公顷碳汇 30～50t C 计算，全球 CDM 造林项目潜力 320 万～530 万 hm^2。全球 CDM 造林项目规模还不到中国目前 1 年的造林面积，占我国 2001～2020 年规划造林面积的 6%～10%。因此，在中国实施 CDM 造林项目具有较大的潜力。

目前，CDM 碳汇项目仅限于造林、再造林项目，所以林业 CDM 机制为造林、再造林的林业活动提供市场化的运作机制。作为一种市场行为的运作模式，二氧化碳排放大的企业可以通过购买碳信用弥补其超限的二氧化碳排放，实现了生态资产转化为工业货币，即实现了碳贸易（Carbon Trading）。在第 1 承诺期可利用的 CDM 造林再造林项目的买卖市场潜力在 4 千万至 1 亿多吨二氧化碳/年。中国占 6.7%～37%，而乐观估计中国在第 1 承诺期可能获得 20%的市场份额，即 3300 万吨碳的潜力，相当于 70 万～110 万 hm^2 的造林面积。按世界银行生物碳基金的碳汇价格计算（每吨二氧化碳 3～4 美元），相当于 3.63 亿～4.84 亿美元（张小全等，2005）。

一般来讲，发展中国家的落后地区通过实施 CDM 机制开展造林、再造林项目，既可以使发达国家完成承诺的温室气体减排抵消其排放量，而且有助于贫困地区的人口获取造林的碳收益，减少贫困，增加就业、发展经济和改善环境。因此，由 CDM 产生的碳贸易将会给发展中国家落后地区的成千上万的贫困人口带来显著的社会、经济和环境效益。通过碳贸易每年可流入世界上贫困人口的资金约为 3 亿美元。

发展碳汇林业和实施 CDM 碳汇项目符合中国林业发展战略，对加快中国林业生态建设、改善区域生态环境、开发生物质能源和减少贫困均具有促进作用，也为中国林业发展提供了契机。所以，在中国开展碳汇林业和实施 CDM 造林项目是可行的。目前，中国在广西成功开发了全球第一个造林再造林碳汇项目，在此基础上，仍需要加大 CDM 在中国市场的运作以及相关政策、标准和方法学研究与试验示范，拓展未来更大的碳汇交易市场份额。

5　发展固碳林业的研究需求

伴随科学研究的不断深入和联合国气候变化框架协议与京都议定书等国际谈判的不断进展，人们对森林在减缓气候变化中的角色和作用的认识正逐渐提高。但是，这种认识仍然有极大的不确定性，尤其是关于如何优化利用森林和木材生产来抵消人类活动导致的温室气体排放。如果对与森林和木材生产有关的碳和温室气体库以及通量进行定量分析，我们会很容易认识到通过林业途径减缓气候变化将是最佳的选择。然而，目前许多国家和组织包括政府对于通过森林固碳减少大气 CO_2 浓度持谨慎态度，因为森林固碳获取的潜在价值具有不确定性，而且计量程序相当复杂。此外，森林可以固持的碳是有限的，这部分固持的碳可通过采伐、森林火烧、或者发生病虫害等释放出来。因此，我们需要实施森林的可持续经营，并将固碳效益作为森林多种生态服务功能中的一个方面最终才能达到可持续的固碳林业的发展目标。

发展固碳林业，需要深入加强森林碳管理的相关研究，开展不同地区、不同类型森林以及森林产品相关的碳储量、碳源汇及其动态变化的研究，提高我们对森林和疏林地对区域和全球碳和温室气体平衡作用的认识。为此，需要优先建立国家森林碳计量系统，编制国家森林碳和温室气体排放清单，同时定量评估木质产品和生物能源的建设温室气体排放中的作用，为有效管理森林和疏林中碳和温室气体变化提供科学依据。森林碳管理研究的主要内容包括：建立国家森林碳计量系统和温室气体排放清单，开展森林碳和温室气体通量变化的长期监测并定量评估碳收支，研发碳和温室气体计量的模型或者方法，评估木材产品和木材作为替代产品在国家碳收支中的作用，生物能源（来自薪炭林和短轮伐期的萌生能源林）的碳平衡预算，研究森林经营措施、气候和土壤因子对森林碳、氮循环和碳平衡的影响，研究制定减缓和适应气候变化的森林管理对策和森林管理风险评估方法。

参 考 文 献

[1] Christine L. Goodale, Michael J. Apps, Richard A. Birdsey, Christopher B. Field, Linda S. Heath, Richard A. Houghton, Jennifer C. Jenkins, Gundolf H. Kohlmaier, Werner Kurz, Shirong Liu, Gert-Jan Nabuurs, Sten Nilsson, and Anatoly Z. Shvidenko, 2002, Forest carbon sinks in the northern hemisphere, Ecological Applications, 12（3）: 891-899.

[2] Fang J Y, A G Chen, C H Peng, S Q Zhao & L J Ci, 2001, Changes in forest biomass carbon storage in China between 1949 and 1998, Science, 292: 2320-2322.

[3] 毛子军. 2002. 森林生态系统碳平衡估测方法及其研究进展. 植物生态学报, 26（6）: 731-738.

[4] 联合国气候变化框架公约（UNFCCC）. United Nations Framework Convention on Climate Change. 1992. http://unfccc. int/resource/docs/convkp/conveng.pdf.

[5] UNFCCC. Kyoto Protocol to the United Nations Framework Convention on Climate Change. 1997. FCCC/CP/1997/7/Add.1. http://unfccc.int/resource/docs/convkp/kpeng.pdf.

[6] UNFCCC. Modalities and procedures for a clean development mechanism, as defined in Article 12 of the Kyoto Protocol. In: Report of the conference of the parties on its seventh session, held at Marrakesh from 29 October to 10 November 2001, Addendum: Part two: Action taken by the conference of the parties, Volume Ⅱ. 2001. FCCC/CP/2001/13/Add. 2, 20-49, http:// unfccc.int/resource/docs/cop7/13a02.pdf.

[7] UNFCCC. Modalities and procedures for afforestation and reforestation project activities under the clean development mechanism in the first commitment period of the Kyoto Protocol. In: Report of the conference of the parties on its ninth session, held at Milan from 1 to 12 December 2003, Addendum: Part two: Action taken by the conference of the parties at its ninth session. 2003. FCCC/CP/2003/6/Add. 2, 13-31, http://unfccc.int/resource/docs/cop9/06a02.pdf.

[8] UNFCCC. Simplified modalities and procedures for small-scale afforestation and reforestation project activities under the clean development mechanism in the first commitment period of the Kyoto Protocol and measures to facilitate their implementation. Buenos Aires, 6-17 December 2004. 2004. FCCC/CP/2004/L.1.

[9] IPCC（2001）. Climate Change 2001（The Third Assessment Report）.

[10] IPCC（2007）. Climate Change 2007（The Fourth Assessment Report）.

[11] Schimel D, Melillo J, Tian H Q, McGuire A D, Kicklegher D, Kittel T, Rosenbloom N, Running S, Thornton P, Ojima D, Parton W, Kelly R, Sykes M, Neilson R, Rizzo B, 2000, Contribution of increasing CO_2 and climate to carbon storage by ecosystems in the United States, Science, 287: 2004-2006.

[12] Brown S L, Schroeder P E, 1999, Spatial patterns of aboveground production and mortality of woody biomass for eastern U.S. forests, Ecological Applications, 9: 968-980.

[13] The Royal Society working group on land carbon sinks, 2001, The role of land carbon sinks in mitigating global climate change, Policy document 10/01 of the Royal Society, 18.

[14] 张小全, 李怒云, 武曙红. 2005. 中国实施清洁发展机制造林和再造林项目的可行性和潜力. 林业科学.

[15] 张小全, 武曙红, 侯振宏, 何英. 2005. 森林、林业活动与温室气体的减排增汇. 林业科学, 41（6）: 150-156.

[16] 秦大河等. 中国气候变化评估报告, 北京: 科学出版社, 2006.

谈谈森林城市和低碳城市†

1 全球气候变化仍是不争的事实

2009 年 12 月的哥本哈根世界气候变化大会虽然没有取得更积极的成果，而且大会后又掀起了否定 IPCC 第 4 次评估报告的风浪，想不认可全球气候变暖的过程。但经过众多科学家的进一步讨论，认为 IPCC 第 4 次评估报告仅仅在个别问题的描述上不准确和有误，总体上是科学的、正确的。全球气候变暖过程仍是不可争辩的事实。此外，中国科学家过去观察到的也是这样的事实。

根据预测，到 2050 年，大部分地区冰川融水持续增加，径流增加、冻土全面持续退化、海平面上升 12～50 厘米、长江、黄河三角洲附近上升 9～107 厘米、珠江三角洲将被淹没一部分。21 世纪中国将明显变暖，尤以冬半年，北方最明显。与 1961～1990 年平均相比，到 2030 年可能升高 1.5～2.8℃；2100 年 3.9～6.0℃。到 2100 年，北方降水日数增加，南方大雨日数增加，局地强降水事件可能增加[1]。2009 年春季我国南方的特大冰雪冷冻灾害和 2010 年我国西南的特大旱灾就是明证，今后的特大气候灾害及其引起的次生灾害仍然不可掉以轻心，中国政府仍然坚定地应对全球气候变化，对气候变化的国际谈判采取负责任大国的立场和态度。

2 发展低碳经济应对气候变化

中国碳排放总量已于 2008 年超过美国，成世界第一，但人均排放量和人均历史排放量，中国仍是很低的。中国碳排放为出口比例很大，而且作为外国企业产品出口比例很大。无论如何，中国应对气候变化也是中国可持续发展的需要。我国发展低碳经济，涉及很多方面：节能（减少能耗，提高能效）、改变能源结构（发展水能、风能、太阳能、核能和生物质能源）、改变产业结构（发展第三产业，耗能少，提高单位 GDP 的能耗和减低碳排放强度）、植树造林，提高森林生产力，增加碳汇和改变人们生活消费方式等。

一个国家或地区达到低碳经济的发展模式是非常复杂而艰巨的，应当提倡和试点。目前有人提出国家层面提低碳发展似乎更实际一些；全面达到低碳社会也比较不容易，要提倡低碳生活，人人做起，逐步形成，可以从低碳社区试点做起。做成低碳城市也不容易，但也是可以从试点、示范开始，有意识推动这个过程、这个建设。低碳城市的试点是由住房和城乡建设部主管的，而与低碳经济、低碳社会和低碳城市相关的低碳经济示范区则是由国家发展和改革委员会主管。自 2008 年初，住房和城乡建设部与 WWF

† 蒋有绪，张炜银，2010，中国城市林业，8（2）：4-7。

（世界自然基金会）以上海和保定两市为试点联合推出"低碳城市"试点。

低碳经济是以低能耗、低污染、低排放为基础，是以能源高效利用、清洁能源开发、追求绿色 GDP 的问题，其核心是能源技术和减排技术创新、产业结构和制度创新和低碳生活方式 3 个部分组成。低碳生活，或由低碳生活构成的低碳社会，则是强调人们生活作息时所耗用能量要减少，从而减低碳的排放，要注意节电、节油、节气，从点滴做起。

3　低碳城市和森林城市

在众多讨论低碳的资料中，几乎都没有提到增加碳汇的事。其实，增加碳汇是低碳经济、低碳生活、低碳城市不可忽视、不可缺少的组成部分。一个国家、地区、城市的由森林植被吸收增加的碳汇，抵消了工业生产和生活消费所排放碳的总量的一部分，其数量是很可观的。20 年来，我国通过大力植树造林，森林覆盖率由上世纪 80 年代的 12%提高到现在的 20%。据估算，1980～2005 年，中国造林活动累计吸收二氧化碳 30.6 亿吨，森林管理累计吸收二氧化碳 16.2 亿吨。据估测，到 2050 年我国森林总碳库将达 13.5 亿吨碳，比 2003 年新增碳汇 3.5 亿吨碳。2050 年我国陆地总碳汇将在 10 亿～19 亿吨碳。目前我国森林净碳吸收汇占我国温室气体源排放的比例大约为 10%，到 2050 年由于我国经济的继续增长，而森林的面积和生长量的继续增长，这个比例可能仍为 10%左右，或略小[3]。每个地区、城市的经济社会发展不等，碳排放总量不同，森林覆盖率、生产量不同，碳吸收量不同，这个抵消比例就很不相同。

过去 10 年，北京碳排放总量平均每年增长速度为 1.87%，是全国城市碳排放量年增长最低的，人均排放增长率为–0.66%，是全国最低，也是唯一负增长的城市。从单位GDP 碳排放增长率来看，北京下降也最为明显，增长率为–12.81%。北京在减少二氧化碳排放方面取得了骄人的成绩。北京从"绿色奥运"到"绿色北京"，低碳发展的优势：产业结构优化升级速度加快，节能减排力度加大，造林绿化成果显著。到 2009 年统计，北京市由于推进了三北防护林体系、太行山绿化、京津风沙源治理、城市绿化隔离地区、重点绿色通道、彩色树种造林、平原治沙等工程建设，全市林木绿化率达到 52.6%，森林覆盖率达到 36.7%。由此可见，北京森林碳汇能力、碳汇抵消碳排放量的效果是不可低估的。

因此，已创建的国家森林城市活动是任何低碳活动的相辅相成的战略行动。发展城市森林是低碳城市的重要任务，其减排贡献巨大，与工业节能、提高新能源比例、改变能源结构、改变产业结构要大量高新技术、巨量投资、耗时费工相比而言，更省时省力而有效。应当将发展城市森林作为低碳城市、低碳经济示范区的补充性指标和要求。创建森林城市则是一个相对独立、完整的建设过程，应当在创建森林城市的多功能多效益的前提下强调其增汇、减排的突出功能，提高到国家应对气候变化的减排任务的重要组成部分的高度来认识。有条件的城市也可以把创建森林城市作为建设低碳城市的先行目标。

中国的城市的森林建设从 20 世纪 90 年代兴起。每座城市建设城市森林在目标、建设和功能上都有各自特点。城市的森林建设处在一个理论和发展的新时期，目前为止已有 22 个城市获得国家森林城市的称号。国家森林城市的申报、评审、认定批准和授予称号已有非常健全的制度和完备的标准指标体系。

4　一些建议

（1）低碳城市、低碳社区、低碳经济示范区活动应当建立申报、评审和建成的制度与标准指标体系，并不断完善。

（2）上述低碳示范活动可以考虑增加有关森林增汇的指标，如地区范围的森林量、森林碳汇量、碳汇量占生产总值排放碳量的比例等，有些参数要研究统一的测算标准。也就是说，把绿化和森林建设也列入考核的参考因子。

（3）有条件（水热条件等）的城市和地区不妨把创建国家森林城市作为首先的目标，然后，再创建低碳城市。当然没有条件建设森林城市的，也不必勉强，但发展一定量的城市森林还是应该的。

两种创建的特点也有所不同。森林城市或尚未建成森林城市的、但已建设相当规模的城市森林，是直接为现代化城市服务的。森林城市是从城市的生态功能、景观功能、服务于提升居民环境质量，并且还包含了深刻的生态文化、生态文明的创意；而低碳城市则主要是技术层面和结构层面的改革为要点，其创新领域也在于技术、结构和管理层面。两个创建过程和目标应当相辅相成，相互促进，达到一个完美的现代化城市目标。两个城市创建的重要思想和道德的驱动力都在于提高人们的对我们所居住地球环境恶化的危机感和减缓全球气候变暖的责任感，以及化为融于生活的行动和习惯。现在，许多许多的人已经这样做了，处处注意节能减排、时刻关注爱护森林与自然，参加植树造林、支持造林和体现减排增汇的行动。

主要参考文献

[1]《气候变化国家评估报告》编写委员会. 气候变化国家评估报告，北京：科学出版社，2007.
[2] 政府间气候变化专门委员会（IPCC）. 2007.《气候变化 2007：联合国政府间气候变化专门委员会第四次评估报告》（Climate Change 2007, the Fourth Assessment Report（AR4）of the United Nations Intergovernmental Panel on Climate Change）.
[3] 李怒云. 中国林业碳汇. 北京：中国林业出版社，2007.

西南地区天然林资源近 60 年动态分析[†]

1 引　言

根据起源不同，森林分为天然林和人工林。天然林是由许多生物与环境经过漫长协调进化和自然演替形成的复杂生态系统，有着陆地生态系统中最复杂的结构、最强的生态功能和最丰富的生物多样性，是众多生物栖息繁衍的场所，在全球和区域生态环境的维护和改善中起着不可替代的作用[1]。相同年龄情况下，天然林的生态服务功能强于人工林，是森林发挥生态服务功能的主体。

我国天然林分布不匀，东北和西南是两大集中分布区，其中黑龙江、内蒙古、云南、四川和西藏的天然林面积是 $61.46×10^6hm^2$，蓄积是 $76.75×10^8m^3$，面积和蓄积分别占全国天然林的 51% 和 67%[2]。2008 年西南地区（云南、四川、贵州和重庆）的天然林面积是 $25.87×10^6hm^2$，蓄积是 $31.84×10^8m^3$，面积和蓄积分别占全国天然林的 22% 和 28%[2]。

西南地区天然林在生物多样性保护和区域生态安全维护等方面发挥着重要作用。西南地区位于全球 25 个生物多样性热点地区之内[3]，天然林庇护着大熊猫（*Ailuropoda melanoleuca*）、滇金丝猴（*Pygathrix roxellanae*）、亚洲象（*Elephas maximus*）、绿孔雀（*Pavo muticus*）、珙桐（*Davidia involucrate*）、桫椤（*Alsophila spinulosa*）等国家重点保护物种。区域内高山峡谷交错，江河湖泊众多，生态区位极其重要，而天然林是脆弱生态环境的屏障，发挥着水源涵养和水土保持等生态服务功能。

天然林退化是全球共同的生态问题和天然林资源管理中最大挑战。1990～2005 年全球原始林每年减少约 $6.00×10^6hm^2$[4]。西南地区既是我国重要天然林分布区，也是天然林退化严重地区。1998 年长江特大洪灾是西南地区天然林长期破坏与退化结果的集中爆发。1999 年西南地区全面实施天然林资源保护和退耕还林两大林业生态环境建设工程。天然林资源动态时空分析与评价是我国天然林保护工程区急需解决的问题之一[5]。

森林资源动态分析主要使用国家森林资源清查数据，是森林生态系统生物量估计[6-8]和碳库计算[9, 10]的基础，为制定森林管理政策、编制森林经营方案、提高森林资源使用效率、促进森林资源和经济社会协调发展服务。西南地区是我国两大天然林集中分布区之一，作为整体分析天然林资源动态，有利于区域水平的天然林管理。

我们从森林清查报告中挖掘出天然林资源数据，特别是使用了最新发布的 2004～2008 年森林清查数据，对西南地区天然林的面积、蓄积、年龄结构、用途结构、木材采伐量等指标进行了比较分析，目的是掌握天然林资源的变化过程和趋势，为将来区域天然林资源管理提供依据。

　　[†] 周彬，蒋有绪，臧润国，2010，自然资源学报，25（9）：1536-1546。

2　研究区域和研究方法

2.1　研究区概况

研究区域包括云南省、四川省、贵州省和重庆市，地理坐标 21°08′N～34°19′N，97°21′E～110°11′E，国土面积约 1.12×10⁶km²，地形复杂，以山地为主，大地貌有四川盆地、云贵高原和横断山区，海拔变化在 73～7556m。年平均降雨量在 315～2780mm。研究区内有金沙江、岷江、嘉陵江、澜沧江、怒江等多条河流。云贵高原以红壤为主，四川盆地以紫色土和黄壤为主，川西高山高原以森林土为主，贵州石漠化地区以黄棕壤和黄壤为主。研究区地跨热带和亚热带，地带性植被有热带雨林季雨林和亚热带常绿阔叶林等。云南和四川两省生物多样性状况可以代表研究区域。云南省是中国物种资源最丰富的省份，素以"动植物王国"著称，有高等植物约 17 000 种，占全国的 57%，已知有陆生野生动物 1366 种，占全国的 58%[11]。四川省有维管束植物 9254 种，其中乔木约 1000 多种，占全国总数的一半；脊椎动物 1259 种，占全国总数的 40%以上[12]。

2.2　数据收集和处理

本文中森林是指乔木林（林分），不包括竹林、经济林和灌木林，天然林是指天然起源或自然更新的乔木林。天然林资源数据来自国家林业局发布的 9 组森林资源报告[2, 13-19]。历年木材产量来源于 1950～2008 年的《中国林业统计年鉴》中的"各地区主要木材、竹材产品产量"统计表。本文木材量是指商品材产量，不包括农民自用材和农民烧材。国家发布的历年木材采伐量没分天然林和人工林统计，故本文采伐量包括人工林。但西南地区大规模发展人工林是 1970s 后期，人工林的采伐在 2000 年以后。

我国森林年龄分为幼龄林、中龄林、近熟林、成熟林和过熟林 5 个龄组。1949 年和 1950～1962 年的两组数据[13]没有按龄组统计，所以以龄组分析从 1973 年开始，但 1973～1976 年的数据[14]仅分为幼龄林、中龄林、成熟林和未分类龄组，考虑到早期成熟林和过熟林多，本文把其 1.28×10⁶hm² 未分类龄组处理成了过熟林。1977～1981 年的森林清查数据[15]只分了幼龄林、中龄林和成熟林，本文就按这 3 个龄组统计。

我国森林用途分为用材林、薪炭林、防护林、经济林和特殊用途林 5 大林种。商品林包括用材林、经济林和薪炭林，公益林包括防护林和特用林。1977～1981 年的统计数据[15]没有单独发布天然林 5 大林种数字，考虑到此期间 0.80×10⁶hm² 人工林占同期森林总面积 17.22×10⁶hm² 比例不到 5%，人工林蓄积 23.00×10⁶m³ 不到森林总蓄积 22.72×10⁸m³ 的 1%，本文就用森林林种数据作为天然林林种数据进行分析。

所有数据利用 SPSS 16 和 SigmaPlot 10 进行统计分析。

3　结果与分析

3.1　天然林资源总体数量和质量

西南地区天然林近 60 年发展，可以 1981 年为界分为两个阶段。1981 年以前是天然林利用消耗阶段，天然林面积从 1949 年的 $22.09 \times 10^6 hm^2$ 持续减少到 1981 年的 $16.41 \times 10^6 hm^2$，蓄积则从 $33.11 \times 10^8 m^3$ 减少到 $22.49 \times 10^8 m^3$（图 1），二者分别减少了 26% 和 33%。1981 年以后是天然林恢复阶段，天然林面积从 1981 年的 $16.41 \times 10^6 hm^2$ 增长到 2008 年的 $25.87 \times 10^6 hm^2$，蓄积从 $22.49 \times 10^8 m^3$ 增加到 $31.84 \times 10^8 m^3$，两者分别增加了 58% 和 42%（图 1）。2008 年和 1949 年相比，天然林面积增加了 17%，蓄积减少了 4%，因此目前西南地区的天然林资源总量恢复到了 1949 年的水平。

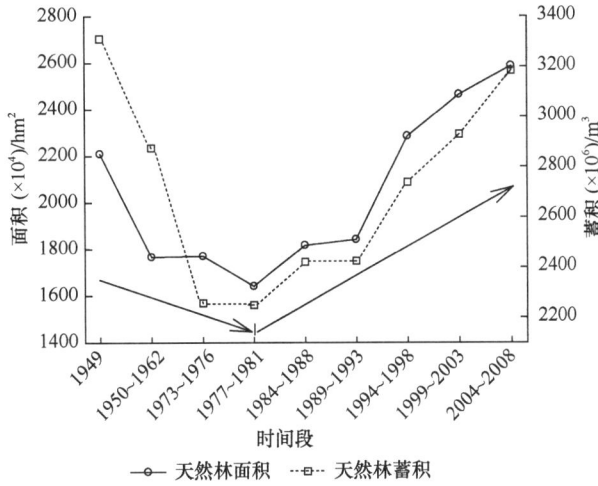

图 1　天然林面积和蓄积

　　2003 年以前，天然林面积和蓄积在森林中的比例都持续下降，分别从 1949 年的 100% 下降到 2003 年的 83% 和 93%（图 2）。2003 年以后出现分化，天然林面积占森林比例继续下降到 2008 年的 72%，天然林蓄积比例却回升到了 98%。天然林面积比例持续下降的原因，1981 年以前是因为自身消耗，1981 年以后是因为营造大量人工林增加了森林总面积。天然林蓄积比例 2003 年以后回升是国家禁止了对天保工程区内天然林采伐，天然林成熟林得以休养生息，同时新增天然林幼龄林未进入蓄积快速增长期。

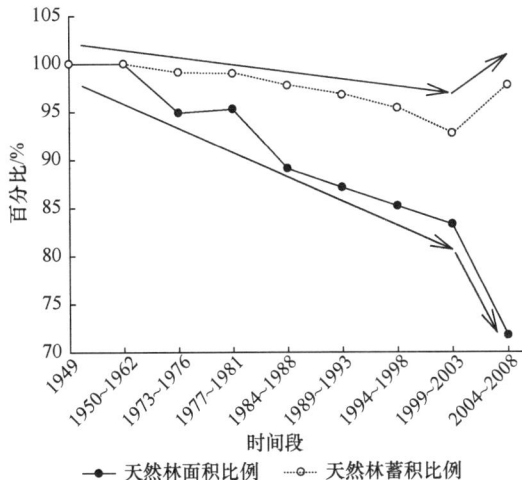

图 2　天然林面积和蓄积分别占森林的比例

结果表明，西南地区天保和退耕还林工程对增加天然林资源总量成效显著，起到了迅速稳定和扭转天然林破坏局势的作用。

平均每公顷蓄积量是反映森林总体质量的指标。1949 年西南地区天然林平均每公顷蓄积是 150m³，1962 年达到最大值 163m³ 后开始下降，1973～1993 年在 130m³ 上下波动，1994～2008 年在 120m³ 附近，2008 年的 123m³ 处于历史低位。由此可见，西南地区天然林整体质量提升缓慢，目前还处在近 60 年中最低水平。

3.2　天然林年龄结构

天然林幼龄林面积，从 1976 年的 $4.46×10^6hm^2$ 发展到 2008 年的 $8.10×10^6hm^2$，增长了 82%，增长幅度居 5 个龄组之首。1988～2008 年幼龄林面积快速增加，其在天然林中比例一直最高，均在 30% 以上（图 3）。然而，幼龄林蓄积增长缓慢且总量从未超过 $4.01×10^8m^3$，其在天然林蓄积中的比例一直最低，均在 15% 以下（图 4）。目前幼龄林平均每公顷蓄积仅为 45m³。可见西南地区天然林中，幼龄林面积最大，蓄积量和单位蓄积量都最低。

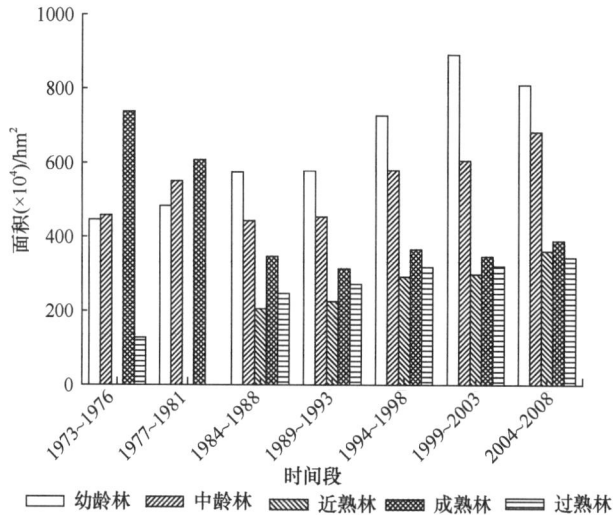

图 3　天然林不同龄组面积

中龄林面积长期保持在 $4.40×10^6～6.85×10^6hm^2$，2008 年达到 1973 年以来的最大值 $6.83×10^6hm^2$。中龄林面积在天然林中比例仅次于幼龄林，明显高于近熟林、成熟林和过熟林（图 3），在 25% 上下波动。中龄林蓄积量稳步增加并于 2008 年达到 $6.09×10^8m^3$，其在天然林蓄积中的比例处于中间位置，高于幼龄林和近熟林，低于成熟林和过熟林（图4）。目前中龄林平均每公顷蓄积是 90m³。

1981 年以前的近熟林数据不全。1981 年以后近熟林面积和蓄积量虽不断增加，但面积除 2008 年外都是天然林中最少的（图 3），蓄积量始终仅多于幼龄林（图 4）。目前近熟林平均每公顷蓄积是 125m³。

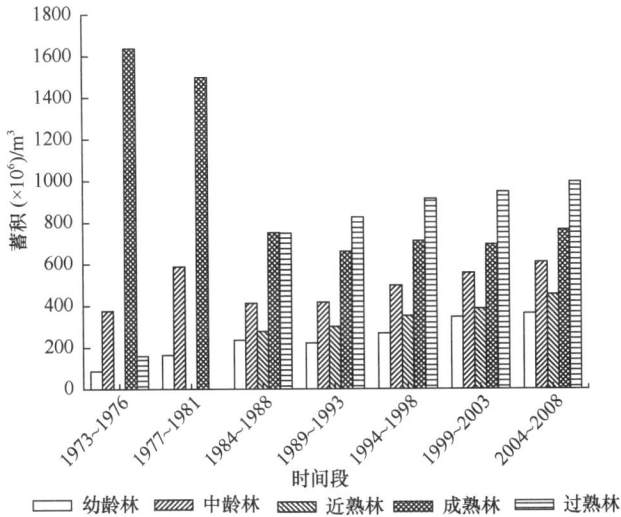

图 4　天然林不同龄组蓄积

西南地区天然林近 60 年发展中，前 40 年成熟林是主要采伐对象，消耗巨大，后 20 年在生态建设工程推动下有所恢复。成熟林面积从 1976 年的 $7.38 \times 10^6 \text{hm}^2$ 减少到 1993 年的 $3.14 \times 10^6 \text{hm}^2$（图 3），蓄积量从 $16.37 \times 10^8 \text{m}^3$ 降到 $6.60 \times 10^8 \text{m}^3$（图 4），两者减少幅度分别达 57% 和 60%。2008 年和 1993 年相比，成熟林面积和蓄积分别增长了 24% 和 16%，但分别仅恢复到 1976 年的 52% 和 47%。目前成熟林平均每公顷蓄积是 196m^3。

过熟林 1984 年以后才有详细统计数据，其面积仅多于近熟林（图 3），蓄积量始终是天然林中最大的（图 4）。2008 年的过熟林蓄积接近 $10.01 \times 10^8 \text{m}^3$，平均每公顷蓄积 290m^3，是幼龄林的 6.5 倍。2008 年的成熟林和过熟林面积之和比幼龄林少 $7.70 \times 10^6 \text{hm}^2$，但二者蓄积之和始终占天然林蓄积 50% 以上。

3.3　天然林用途结构

薪炭林是以生产燃料用材为目的的森林。薪炭林面积始终没有超过 $1.00 \times 10^6 \text{hm}^2$（图 5），在天然林中的比例约 2%。薪炭林的蓄积量也是天然林中最少的（图 6），始终没有超过 $50.00 \times 10^6 \text{m}^3$，在天然林中比例不到 1%。目前薪炭林平均每公顷蓄积是 35m^3，比幼龄林还低。

特用林是指以国防、环境保护、科学实验等为主要目的森林，包括国防林、实验林、母树林、环境保护林、风景林，名胜古迹和革命纪念地的林木以及自然保护区内的森林。特用林面积和蓄积都逐渐增加（图 5 和图 6），两者分别从 1962 年的 $9 \times 10^4 \text{hm}^2$ 和 $14.00 \times 10^6 \text{m}^3$ 增加到 2008 年的 $2.61 \times 10^6 \text{hm}^2$ 和 $5.17 \times 10^8 \text{m}^3$，在天然林中的比例分别从不足 1% 增长到 10% 和 16%。

防护林是以防护为主要目的水源涵养林、水土保持林和防风固沙林等。西南地区防护林资源增加最突出，其面积从 1962 年的 $2.66 \times 10^6 \text{hm}^2$ 增长到 2008 年的 $14.67 \times 10^6 \text{hm}^2$（图 5），蓄积从 $4.81 \times 10^8 \text{m}^3$ 增加到 $19.04 \times 10^8 \text{m}^3$（图 6），面积和蓄积分别增长了 4.5 倍和 2.9 倍，目前两者在天然林中的比例均接近 60%。

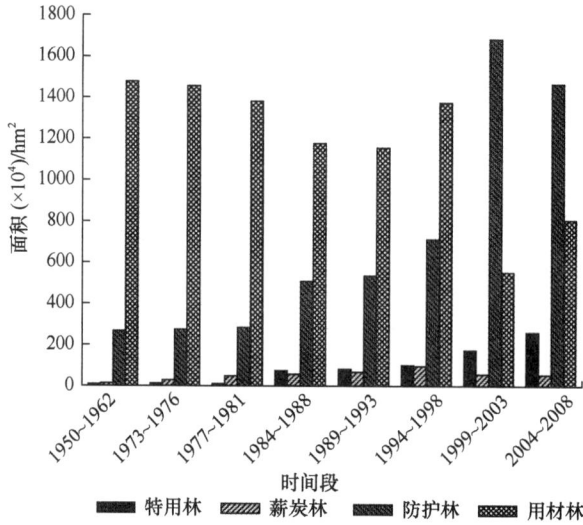

图 5　天然林不同用途面积

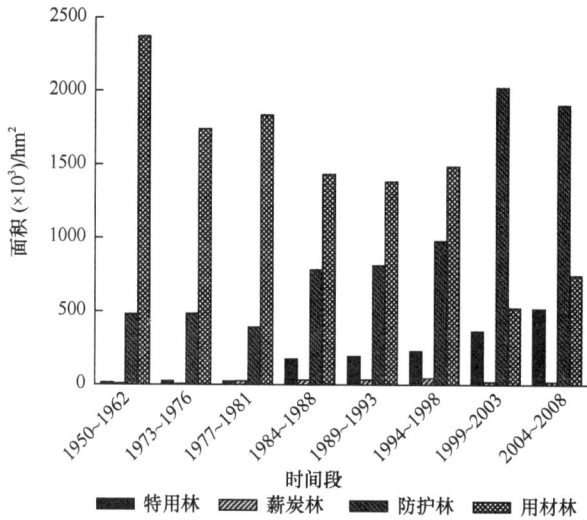

图 6　天然林不同用途蓄积

　　用材林是以生产木材为主的森林。西南地区天然林用材林的面积和蓄积持续下降（图5 和图 6），2003 年和 1962 年相比，两者分别减少了 63% 和 78%，到 2008 年虽有回升但与 1976 年仍相差甚远。2003 年以前用材林减少是由于木材采伐，2003 年以后减少是由于政策调整，特别是 1999 年天然林保护工程实施后，超过 50% 的用材林被调整为防护林。

　　特用林和防护林属于公益林，薪炭林和用材林属于商品林。西南地区公益林面积和蓄积及其在天然林中的比例都不断增加，商品林则完全相反（图 7）。公益林面积从 1962 年的 $2.75 \times 10^6 hm^2$ 增长到 2008 年的 $17.28 \times 10^6 hm^2$，在天然林中比例从 16% 增长到 67%，蓄积从 $4.95 \times 10^8 m^3$ 增加到 $24.21 \times 10^8 m^3$，蓄积比例从 17% 增长到 76%。同期商品林面积则从 $14.91 \times 10^6 hm^2$ 减少到 $8.59 \times 10^6 hm^2$，比例从 84% 降到 33%，蓄积从 $23.80 \times 10^8 m^3$ 减少到 $7.63 \times 10^8 m^3$，蓄积比例从 83% 降到 24%。目前天然林公益林和商品林的面积比约 7 : 3，蓄积量比约 8 : 2。

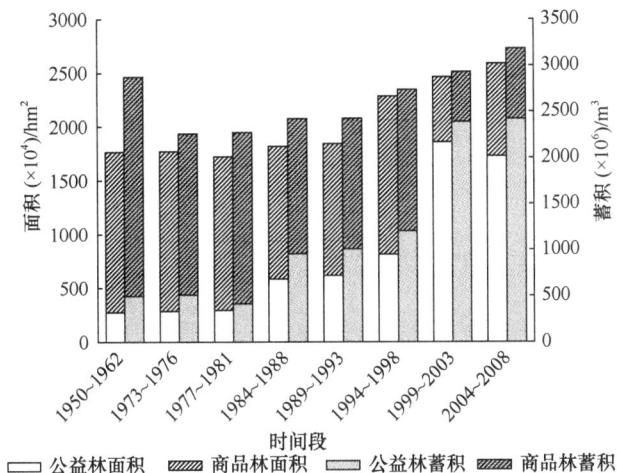

图 7　商品林和公益林的面积和蓄积

3.4　天然林商品材消耗

西南地区商品材采伐量变化可以 1997 年为界分为前后两个阶段，前阶段是波浪式上升，后阶段是急剧减少和快速回升。商品材采伐量从 1950 年的 $8.0 \times 10^4 m^3$ 增长到 1997 年的 $8.94 \times 10^6 m^3$，其中 1994 年的 $9.81 \times 10^6 m^3$ 是最大值（图 8）。1998 年长江爆发特大洪水灾害。1999 年长江上游地区实施天然林保护工程，全面禁止采伐天然林。

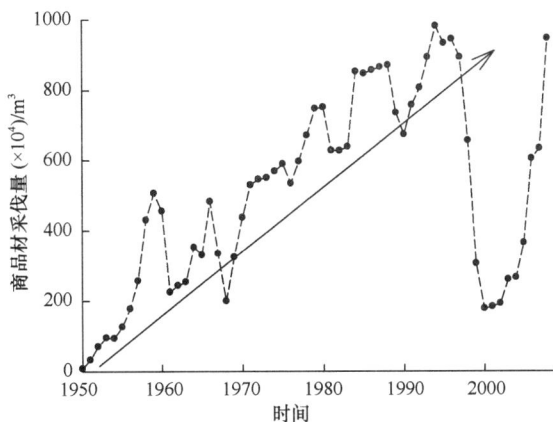

图 8　1950～2008 年商品材采伐量

受天然林保护工程政策影响，西南地区商品材采伐量从 1997 年的 $8.93 \times 10^6 m^3$ 急剧下降到 2000 年的 $1.77 \times 10^6 m^3$，减幅达 80%，创 1956 年以来的最小量（图 8）。但商品材采伐量从 2001 年开始小幅回升，2003 年增加到 $2.60 \times 10^6 m^3$，2006 年快速增长到 $6.04 \times 10^6 m^3$，2008 年达到 $9.46 \times 10^6 m^3$，回升到了天保工程前水平（图 8）。

2008 年和 2007 年相比，云南、四川、贵州和重庆的商品材采伐量分别增加了 10%、185%、55% 和 21%。2008 年西南地区商品材采伐量大幅度增加，可能因对雨雪冰冻灾害和汶川地震灾害致损林木清理所致。近 4 年贵州省商品材采伐量增长明显，2005～2008 年

分别是 $0.55×10^6m^3$、$1.05×10^6m^3$、$1.28×10^6m^3$ 和 $2.13×10^6m^3$，占西南地区采伐总量比例从 15% 上升到了 23%。

4 讨论和建议

西南地区天然林 1984 年进入恢复阶段以来，前 4 次森林清查天然林面积增加率都大于天然林蓄积增长率，但 2004~2008 年天然林蓄积增长率 8.7% 超过了天然林面积增加率 4.9%（表1）。1999~2008 年，西南地区天然林面积增长了 13%，天然林蓄积增加了 16%。

表 1　西南地区 1984 年以来天然林面积和蓄积增长率　　　　（%）

增长率	1984~1988	1989~1993	1994~1998	1999~2003	2004~2008
面积增长率	10.7	1.4	23.9	7.9	4.9
蓄积增长率	7.6	0.5	12.9	6.9	8.7

经过 10 年的天保和退耕还林工程，但天然林面积的增长率明显慢了下来，说明天然林面积的增长空间有限了。天然林资源发展包括数量增加和质量提高。目前天然林面积达到了 1949 年以来的最大值，增长率慢了下来，但每公顷蓄积还处在历史低位，蓄积增长还有很大空间，所以应该把西南地区天然林管理策略从增加天然林面积调整为保持面积和提高整体质量。保持面积的关键是划定天然林面积红线和严格控制天然林采伐，提高整体质量的重点是调整商品林年龄结构，适当提高薪炭林和特用林面积比重，加强退化天然林的生态恢复和重建。

4.1 天然林面积红线

2008 年西南 4 省（市）的 $36.06×10^6hm^2$ 森林占林业用地的 60%，$25.87×10^6hm^2$ 天然林占森林的 72%，$17.28×10^6hm^2$ 天然林公益林占天然林的 68%，这 3 个比例数字全国分别是 64%、61% 和 66%[2]，西南地区的后 2 个比例数字均比全国的高。结合西南地区土地利用现状及森林覆盖与全国的比较，西南地区天然林发展应该长期坚持"6776"比例，即林业用地的 60% 是森林，森林的 70% 是天然林，天然林的 70% 是公益林，公益林的 60% 是成熟林和过熟林（目前是 43%）。天然林对于林业的重要意义不亚于耕地对于农业，特别是生态服务功能非常重要而生态环境又极其脆弱的西南地区天然林，应借鉴"保耕地红线"策略划定西南地区天然林面积红线。据"6776"比例，可以划定西南林业用地 $60.00×10^6hm^2$，森林 $36.00×10^6hm^2$，天然林面积红线 $25.20×10^6hm^2$，天然林中公益林红线 $17.60×10^6hm^2$，公益林中的成、过熟林发展目标是 $10.60×10^6hm^2$。

2008 年的西南地区天然林各类型面积，是经过 10 年天保和退耕还林工程建设取得的成就，来之不易。划定西南地区天然林面积红线并严格执行有助于保持现有天然林建设成就。

4.2　木材消耗控制

2004～2008 年，西南 4 省（市）的商品材采伐量合计 28.13×10^{6}m^3，特别是 2008 年的 9.46×10^{6}m^3 比 2007 年的 6.33×10^{6}m^3 增长了 50%，回升到了天保工程前水平。2008 年商品材产量增加主要是对雨雪冰冻灾害和汶川地震致损林木的清理（www.forestry.gov. cn/portal/main/s/304/content-195988.html）。商品材采伐量 50%的增长，是超额采伐还是因灾所致，需要继续观察 2008 年以后的数据而定。

商品材采伐量是天然林和人工林的采伐合计，国家没有发布分天然林和人工林的采伐量数字。商品材采伐量是否合理取决于是否超过了用材林的生长量。2003 年西南 4 省（市）人工用材林的近熟林、成熟林和过熟林共计 0.74×10^{6}hm^2，天然林用材林的近熟林、成熟林和过熟林面积 1.70×10^{6}hm^2，每公顷年均生长量人工和天然林分别按 5m^3 和 3m^3 计算[2]，依此计算出人工林和天然林中用材林可供采伐生长量是 8.80×10^{6}m^3。所以西南地区 2007 年的 6.33×10^{6}m^3 商品材采伐是合理的。

超森林生长量的采伐是导致森林退化和爆发生态灾难的根源。虽然我国营造了大量人工林，其生态效益远不足以补偿在江河中上游坡地上采伐天然林的损失[20]。木材生产以人工林为主应是长期坚持的林业政策。天然林的采伐主要以抚育间伐和灾害致死木清除为主。其他采伐要慎之又慎。

4.3　天然林结构调整

幼龄林和中龄林的面积之和占天然林的 58%，蓄积只占 30%，成熟林和过熟林面积占 28%，蓄积占 55%。西南地区天然林年龄结构不均衡问题突出，幼龄林和中龄林面积比例过大，成熟林和过熟林面积太少，应对天然林年龄结构进行适当调整，调整对象以商品林为主。商品林年龄结构调整目标是幼龄林、中龄林、近熟林、成熟林和过熟林 5 个龄组的面积大致相等，这样每个时期都有大致相等木材量可供收获。

天然林以发挥生态服务功能为主，目前西南地区天然林中公益林和商品林面积 7∶3 是合理的，但薪炭林和特用林面积比例偏低。云南省"八五"和"九五"期间烧材占木材采伐限额比例分别是 51.2%和 55.6%[21]。西南地区的很多山区交通不便，民用薪炭材解决不好，会给公益林建设带来压力，可以把薪炭林面积在天然林中的比例从目前的 2% 调整到 5%左右。天然林保护和自然保护区建设是维持和加强森林多种功能的最有效途径[22]。特用林在天然林中的比例可以从目前的 10%提高到 20%。

天然林保护工程实施 10 年间，西南地区估计有 7.00×10^{6}hm^2 用材林被划归为防护林，所以防护林面积快速增长，而用材林面积快速下降（图 5 和图 6）。这些由用材林转变而来的防护林，将来是否会被转回到用材林？所以西南地区需要用法规和政策保持住现有天然林用途结构。

4.4　退化天然林的恢复和重建

天然林退化的结果是其生物多样性保护等生态服务功能下降。开展生态恢复和重建是战胜天然林退化挑战的唯一途径。开展生态恢复需要首先分析天然林退化的原因。西南地区天然林退化的原因除历史上长期超量采伐外，滇南低山热带季雨林雨林区主要是刀耕火种，云贵高原主要是紫茎泽兰（*Eupatorium adenophorum*）入侵和病虫害，贵州及其周边地区是土地石漠化严重，四川盆地西缘常绿阔叶林是受地质灾害破坏。

　　其次需要选择合适的天然林恢复和重建目标。自然植被的地理格局在某种程度上反映了其植被恢复重建所能达到的潜在状态[23]。生态恢复参照当地森林生态类自然保护区内地带性森林植被植物为目标。长江上游地区应以天然老龄林的物种组成和群落结构为目标，启动自然调节机制，采用功能群替代或目的物种导入等辅助的人工措施，加快天然林生态恢复演替进程[24]。

　　西南地区天然林退化后发展了大面积的杉木（*Cunninghamia lanceolata*）、柳杉（*Cryptomeria japonica* var. *sinensis*）、云南松（*Pinus yunnanensis*）、马尾松（*Pinus massoniana*）等人工林。营造人工林是退化生态系统重建的重要步骤。人工林的生态服务功能通常低于天然林，因此可以把人工林作为退化的天然林，纳入到退化天然林的生态恢复体系之中。通过择伐、补植等措施，对人工公益林进行天然化改造，逐步导向多树种、多层次、异龄的针阔混交林。

参 考 文 献

[1] 臧润国，成克武，李俊清，等. 天然林生物多样性保育与恢复. 北京：中国科学技术出版社，2005.
[2] 国家林业局. 中国森林资源报告——第七次全国森林资源清查. 北京：中国林业出版社，2009.
[3] Myers N, Mittermeier R A, Mittermeier C G, et al. Biodiversity hotspots for conservation priorities. *Nature*, 2000, 403（6772）：853-858.
[4] FAO. Global Forest Resources Assessment 2005. Rome：2006.
[5] 陆元昌，张守攻. 中国天然林保护工程区目前急需解决的技术问题和对策. 林业科学研究，2003，16（6）：731-738.
[6] Schroeder P, Brown S, Mo J M, et al. Biomass estimation for temperate broadleaf forests of the United States using inventory data. *Forest Science*, 1997, 43（3）：424-434.
[7] Zhou G S, Wang Y H, Jiang Y L, et al. Estimating biomass and net primary production from forest inventory data: a case study of China's Larix forests. *Forest Ecology and Management*, 2002, 169（1-2）：149-157.
[8] Zhao M, Zhou G S. Estimation of biomass and net primary productivity of major planted forests in China based on forest inventory data. *Forest Ecology and Management*, 2005, 207（3）：295-313.
[9] Fang J, Chen A, Peng C, et al. Changes in Forest Biomass Carbon Storage in China Between 1949 and 1998. *Science*, 2001, 292（5525）：2320-2322.
[10] 方精云，陈安平. 中国森林植被碳库的动态变化及其意义. 植物学报，2001，43（9）：967-973.
[11] 云南大学生态学与地植物学研究所，云南省环境保护局. 云南省生态功能区划研究报告. 昆明：2004.
[12] 四川省环境保护局，四川省实施西部大开发领导小组办公室. 四川省生态功能区划. 成都：2006.
[13] 林业部资源和林政管理司. 当代中国森林资源概况（1949—1993）. 北京：中国林业出版社，1996.
[14] 国家林业总局. 全国森林资源统计（1973—1976）. 北京：国家林业总局，1977.
[15] 中华人民共和国林业部. 全国森林资源统计（1977—1981）. 北京：中华人民共和国林业部，1983.
[16] 中华人民共和国林业部. 全国森林资源统计（1984—1988）. 北京：中华人民共和国林业部，1989.
[17] 中华人民共和国林业部. 全国森林资源统计（1989—1993）. 北京：中华人民共和国林业部，1994.
[18] 国家林业局森林资源管理司. 全国森林资源统计（1994—1998）. 国家林业局森林资源管理司：北京，2000.
[19] 国家林业局. 2005年中国森林资源报告. 北京：中国林业出版社，2005.
[20] 唐守正. 中国森林资源及其对环境的影响. 生物学通报，1998，33（11）：2-6.
[21] 秦洪清. 云南省烧材消耗量探析. 云南林业调查规划设计，2000，25（2）：28-31.
[22] LI W H. Degradation and restoration of forest ecosystems in China. *Forest Ecology and Management*, 2004, 201（1）：33-41.
[23] 于贵瑞，谢高地，王秋凤，等. 西部地区植被恢复重建中几个问题的思考. 自然资源学报，2002，17（2）：216-220.
[24] 刘世荣，史作民，马姜明，等. 长江上游退化天然林恢复重建的生态对策. 林业科学，2009，45（2）：120-124.

西南地区近60年商品材消耗和经济增长关系[†]

资源环境和经济发展的关系，近现代主要观点有"增长极限""资源诅咒"和"库兹涅茨曲线"。如果人口、粮食生产、工业生产、污染和不可再生自然资源的增长和消耗方式不改变，地球在未来某个时间将达到增长的极限[1-3]。在特定的技术条件下，自然资源的固定禀赋最终将使经济增长停滞，经济增长受制于自然资源这个"瓶颈"[4]。但自然资源丰裕国家的经济发展速度可能比相对缺乏国家慢，出现"资源诅咒"现象[5, 6]。随着自然资源消耗和经济发展，环境状况出现先恶化后改善，环境污染指标和人均收入成倒"U"曲线关系[7, 8]，即环境库兹涅茨曲线（Kuznets curve）。

1985～2000年我国自然资源对经济总量的贡献在30%左右[9]。森林作为可再生自然资源，在经济发展中发挥着重要的支撑作用。森林是人类和众多生物赖以生存和发展的基础，它不仅提供森林产品，还提供生物多样性保护、水源涵养、水土保持、碳平衡维护等生态服务功能[10]。不同国家（地区）的经济发展和森林资源之间关系错综复杂[11]。森林采伐率和人均收入之间存在倒"U"形曲线关系[12, 13]。我国森林资源消长变化和经济增长之间存在包括倒"U"形曲线在内的多种关系[14]。

我国森林资源分布不均，东北和西南是我国森林资源两大分布区。云南、四川、贵州和重庆（以下称西南地区）共有$4321 \times 10^4 \text{hm}^2$森林，蓄积约$35 \times 10^8 \text{m}^3$，面积和蓄积分别占全国森林的22%和26%[15]。西南地区位于全球25个生物多样性热点地区[16]之内，其森林资源是长江上游重要的生态屏障，发挥着水源涵养和水土保持等生态服务功能。尽管西南地区生态区位如此重要，但收获木材是森林资源最基本利用方式，合理的木材采伐不会破坏森林生长和更新。

在中国经济高速增长背景下，西南这样一个生态意义重要和人口非常集中的森林资源丰裕地区，新中国近60年来其木材消耗对区域经济发展支撑作用如何？不同时期木材对经济发展的贡献如何？人口增长对木材消耗和经济发展有什么影响？木材收获量和经济发展指标之间是否存在倒"U"形曲线关系？我们用历年商品材产量、人口数量、GDP等指标，特别是首次定义和使用了"GDP黄金当量"作为经济增长指标，针对上述问题进行了研究。

1 数据和方法

1.1 区域概况

研究区域包括云南省、四川省、贵州省和重庆市，地理坐标21°08′N～34°19′N，97°21′E～

[†] 周彬，蒋有绪，臧润国，2010，自然资源学报，25（11）：1907-1917。

110°11′E，国土面积约 112×10⁴km²，地形复杂，以山地为主，海拔在 73～7556m。年平均降雨量在 315～2780mm。研究区内有金沙江、岷江、嘉陵江、澜沧江、怒江等河流，其中长江上游流域面积约 80×10⁴km²。云贵高原以红壤为主，四川盆地以紫色土和黄壤为主，川西高山高原以森林土为主，贵州石漠化地区以黄棕壤和黄壤为主。研究区地跨热带和亚热带，地带性植被有热带雨林季雨林和亚热带常绿阔叶林等。云南和四川两省生物多样性状况可以代表研究区域。云南省是中国物种资源最丰富的省份，素以"动植物王国"著称，有高等植物约 17 000 种，占全国的 57%，已知有陆生野生动物 1366 种，占全国的 58%[17]。四川省有维管束植物 9254 种，其中乔木 1000 多种，占全国总数的一半；脊椎动物 1259 种，占全国总数的 40%以上[18]。西南地区分布的国家重点保护野生动植物有大熊猫（*Ailuropoda melanoleuca*）、滇金丝猴（*Pygathrix roxellanae*）、亚洲象（*Elephas maximus*）、绿孔雀（*Pavo muticus*）、珙桐（*Davidia involucrate*）、桫椤（*Alsophila spinulosa*）等。

1.2　数据收集

历年商品材产量来源于 1950～2008 年的《中国林业统计年鉴》中的"各地区主要木材、竹材产品产量"统计表。假设所有商品材产量全部进入市场消耗，即商品材产量等于商品材消耗量。历年 GDP 和人口数量来源于国家统计数据库网站（http://219.235.129.58/reportYearBrowse.do）中的"国民经济核算"和"人口"主题列表。历年黄金年平均价格采用 kitco.com 统计的 Gold-London PM Fix（http://www.kitco.com/charts/historicalgold.html）。1950～1978 年人民币对美元的年平均汇价来自《各国货币汇价统计手册》[19]，1979～2008 年汇价来源于 2001～2009 年的《中国统计年鉴》。

1.3　研究方法

"GDP 黄金当量"是把历年 GDP 按年平均汇价换算成美元，再按同期伦敦国际黄金市场年平均价格计算出可以购买的黄金重量。金属货币是纸币的本质，用 GDP 黄金当量可以反映不同时期 GDP 的贵金属购买力。黄金是国际硬通货，其保值功能和价格稳定性胜过任何国家的货币，因此在时间跨度长的经济发展分析中，GDP 黄金当量可在很大程度上绕过纸币贬值或增值而反映 GDP 的贵金属本质。用 GDP 黄金当量作为经济增长指标，分析经济增长和自然资源消耗的关系，为不同货币国家（地区）之间经济比较研究建立了平台。同时国际上黄金交易历史悠久，最早的交易价格可以追溯到 1257 年。所以本研究中首次定义和使用 GDP 黄金当量作为经济增长指标。

所有数据使用 SPSS 16 和 SigmaPlot 10 进行统计分析。

2　结果与分析

2.1　商品材产量和经济增长关系

森林资源的木材消耗主要包括商品材、农民自用材和农民烧材，其中商品材进入市场。

1949 年以来，西南地区商品材年产量总体上呈现增长趋势（图1）。期间由于实施天然林保护工程，商品材产量从 1997 年的 893 万 m^3 急剧下降到 2000 年的 177 万 m^3，减幅达 80%，但经过 4 年徘徊后从 2005 年开始快速回升，目前已经超过了实施天然林保护工程前的水平。2008 年商品材产量增加主要是对雨雪冰冻灾害和汶川地震致损林木的清理[20]。

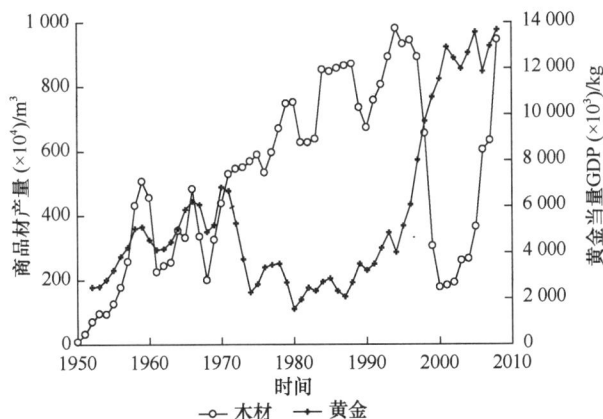

图 1　商品材产量和GDP黄金当量

近 60 年经济发展中，西南地区 GDP 总量从 1952 年的 $63×10^8$ 元持续增长到 2008 年的 $26\ 636×10^8$ 元，增加了 422 倍，同期 GDP 黄金当量从 $250×10^4kg$ 增加到 $1368×10^4kg$，增长了 4.5 倍，商品材产量从 $71×10^4m^3$ 增加到 $946×10^4m^3$，增长了 12 倍。GDP 黄金当量随时间变化曲线出现了 3 个"平台"（图1 中虚线所示），分别是 1952~1971 年，1975~1995 年和 2000~2008 年。对照商品材产量曲线，GDP 黄金当量曲线的 3 个"平台"之间出现了 2 次背离，即 1972~1974 年和 1996~2000 年。1972~1974 年的背离，是由于西南地区 GDP 总量和中国汇价波动不大情况下，美国经济危机引发伦敦黄金价格从 1971 年的每盎司 40.8 美元暴涨到 1974 年的 159.3 美元，导致 GDP 黄金当量迅速减少。1996~2000 年的背离主要是受天然林保护工程政策调控，商品材产量骤减同时经济依然快速增长。

分别用全部、剔除 2 次背离、3 个"平台"时期的商品材产量（x）和 GDP 黄金当量（y）作 5 组相关性分析，结果只有 1952~1971 年数据呈线性相关（图2 虚线内），方

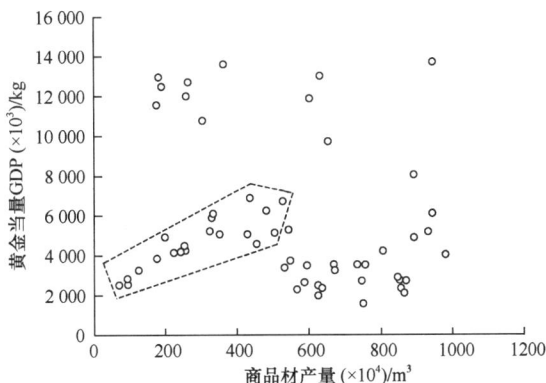

图 2　GDP黄金当量随商品材产量变化

程是 $y=7.59x+2420.50$，$R^2=0.72$，$p<0.01$。可见前 20 年内西南地区经济增长对木材消耗依赖性高，木材消耗支撑了区域经济增长。

1953～2008 年西南地区 GDP 年增长率（x）和全国年 GDP 年增长率（y）之间呈线性关系（图 3），$y=0.94x+0.07$，$R^2=0.772$，$p<0.01$。用 SPSS 的 Independent-Sample T Test 对两组数据进行均数检验，结果 $P=0.876$，差异性不显著。西南地区森林资源丰裕程度高于全国平均水平，但二者 GDP 增长率无显著差异，因此西南地区不存在"森林资源诅咒经济发展"。

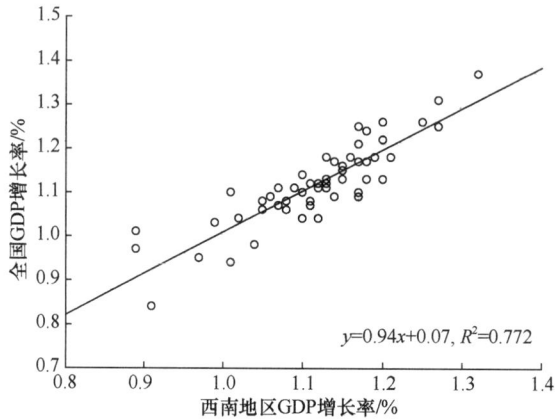

图 3 西南地区和全国年GDP增长率

2.2 人口对商品材消耗和经济增长影响

西南地区人口从 1954 年有统计数据的 0.98×10^8 增长到 2008 年的 1.93×10^8，同期商品材产量从 $93\times10^4 m^3$ 增加到 $946\times10^4 m^3$，人均 GDP 增长了 162 倍，人均 GDP 黄金当量只增长了 1.5 倍。期间商品材产量因天然林保护工程政策调控和汶川地震出现的大幅度波动，都不能真正反映经济发展对木材消耗的需求。所以剔除 1998～2008 年数据后，人口数量（x）和商品材产量（y）线性关系显著（图 4），$y=762.13x-526.46$，$p<0.01$，$R^2=0.87$。可见西南地区人口增加促进了商品材消耗。

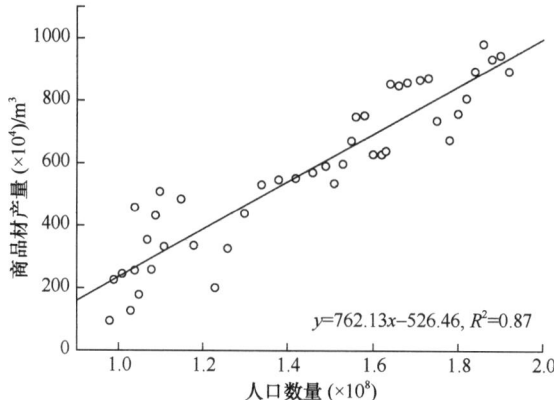

图 4 商品材产量随人口变化

随着人口增加，GDP黄金当量出现增长—下降—触底—回升走势（图5）。GDP黄金当量（y）不遵从正态分布，对人口（x）的非参数相关Spearman系数是0.373，$p=0.005$。结合前面1952～1971年GDP黄金当量和商品材产量的线性关系，判断1970年以前西南地区经济发展是资源密集和劳动力密集型，木材消耗和人口增加对经济增长贡献明显。1970～1990年受国际黄金价格飙涨以及人民币贬值影响，GDP黄金当量出现回落。最近20年经济结构不断调整，人口增长放缓，技术创新等成为经济增长主导因素，GDP黄金当量快速增加到$1250×10^4$kg附近。

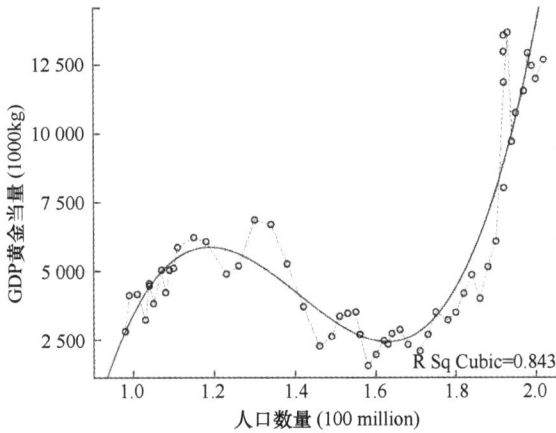

图5　GDP黄金当量随人口变化

随人均GDP的增加，商品材产量1950～1996年快速增加，1997～2000年由于天然林保护工程快速下降，2000～2008年出现稳步回升（图6）。即使不考虑政策影响的1998～2008年的数据，商品材产量和人均GDP之间没有相关性，二者环境库兹涅茨曲线关系不明显。

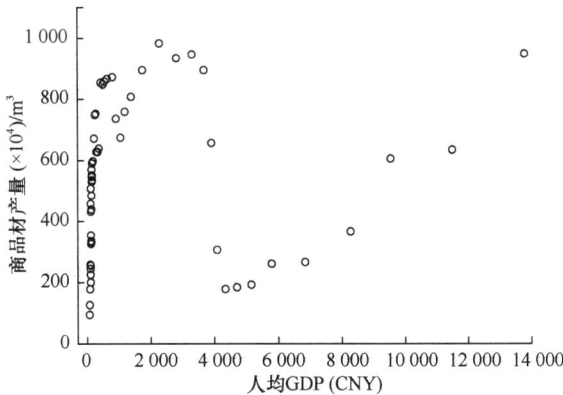

图6　商品材产量随人均GDP变化

新中国成立初期人均GDP黄金当量少的时候，人均商品材消耗量大，随着经济发展人均黄金量增加后，人均商品材消耗量出现下降（图7）。人均GDP黄金当量（x）和人均商品材消耗（y）成非线性负相关，Spearman系数为-0.558，$p<0.01$。

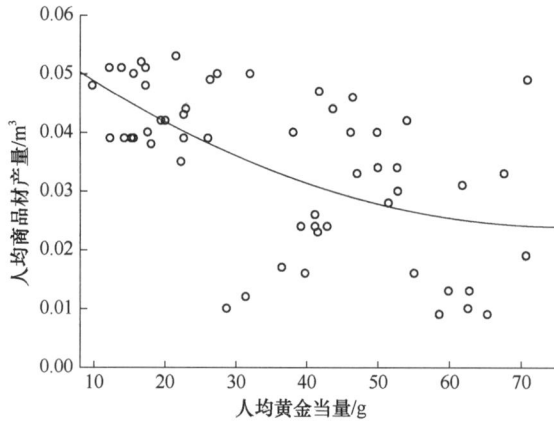

图 7　人均商品材产量随人均黄金量变化

2.3　经济增长对商品材的单位能耗

每万元 GDP 消耗的商品材，1950～1960 年持续增加，最高达到 $3.6m^3$，随后 1960～1975 年在 $2～2.5m^3$ 波动，1975 年后开始减少，2000 年以来一直维持在 $0.35m^3$ 以下（图 8）。1990 年后每万元 GDP 的商品材消耗非常稳定，下降非常缓慢，即使天然林保护工程也没有对其造成大幅波动。每万元 GDP 消耗商品材（y）和年份（x）呈非线性相关，Spearman 系数是–0.574，$p<0.01$。

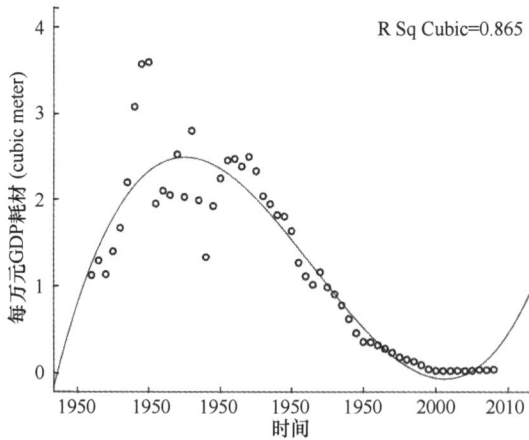

图 8　每万元GDP消耗的商品材

每千克黄金当量所消耗的商品材随时间呈单峰走势（图 9），1950～1970 年在 $1m^3$ 上下波动，1970～1980 年持续增加到 $4.8m^3$，1988 年开始下降，1998 年回落到 $1m^3$ 以下。近 60 年经济发展中可以 1980 年为界分为两个阶段，前 30 年每 kg 黄金当量消耗商品材逐渐增加，后 30 年持续减少。结合每万元 GDP 商品材能耗曲线，说明经济发展走过了商品材高能耗时期。统计显示每千克黄金当量耗材（y）和年份（x）之间无相关性。

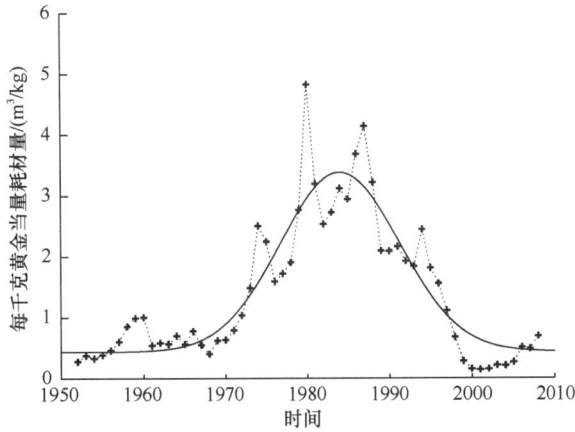

图9　每千克黄金当量消耗商品材

3　讨论和建议

3.1　商品材消耗和经济增长

GDP 黄金当量成为经济全球化视野下的一个经济增长新指标,可在一定程度上绕开纸币的贬值或升值,反映 GDP 的贵金属本质和购买力,把资源消耗和经济增长的关系分析转变成了物物关系分析。GDP 黄金当量计算中仅以伦敦国际黄金市场的价格为准,如果伦敦黄金价格受操控后, GDP 黄金当量就难以反映 GDP 真实的贵金属购买力,所以应该选择"一篮子"国际黄金市场的加权平均价格作为基准价格。这个"一篮子"包括世界哪几大黄金交易市场,如何计算加权平均价格,如何处理不同市场汇价权重等问题都需要进一步研究。

1952~2008 年西南地区 GDP 增加长了 422 倍, GDP 黄金当量增长了 4.5 倍,商品材产量增加了 12 倍。1950~2005 年全球 GDP 增加了 6.2 倍,木材占生物资源消耗量比例从 17.4%下降到 11.3%,木材消耗总量增长了 0.5 倍[21]。可见西南地区商品材消耗快于 GDP 黄金当量和世界木材消耗增加速度。

西南地区商品材产量和 GDP 黄金当量除 1952~1971 年成直线相关外,再无相关性。二者总体上不相关原因可能来自两方面:一是近 20 年经济发展由劳动和资源密集型逐渐向技术创新型转变,减少了经济发展对消耗木材的依赖性,这也可以从纸等木材深加工产品比例上升[22]得到证明;二是商品材产量没有包括进口木材,不能代表市场经济中所消耗的全部木材。1998 年我国原木进口比 1997 年增长 8%,但 1999~2002 年原木进口年增长率分别是 110%、34%、23%和 44%,2001 年回落到 5%[23]。然而西南地区的进口木材使用情况无法统计。

自然资源不一定成为经济发展的诅咒[24]。西南地区不存在森林资源诅咒经济发展现象。自然资源代表经济发展的潜力,如果自然资源不作为原材料进入市场,就不能直接为经济发展作贡献,所以自然资源现状和经济增长速度是没有相关性的,自然资源丰裕国家或地区经济发展速度完全可能慢于资源相对缺乏国家或地区。

3.2　人口对商品材消耗和经济增长影响

商品材消耗和人口呈线性相关，人口增长为木材消耗带来压力。西南地区目前总人口接近 $2×10^8$，是我国人口比较集中地区。为了缓解人口对森林资源的压力，在提高木材使用效率和节约森林资源同时，需要加大培育可利用森林资源的数量和质量。在采伐量小于生长量前提下，多培育森林资源和多利用木材符合低碳经济发展要求。

此前报道代表森林资源消耗和污染的采伐率和人均收入之间存在倒"U"形曲线关系[12, 13]，中国木材产量和人均 GDP 之间存在倒"U"形曲线关系[14]。但西南地区木材产量和人均 GDP、木材产量和人均黄金量之间，无论是否考虑天然林保护工程这一政策因素，都不存在倒"U"形曲线关系。试图揭示经济发展和环境污染破坏关系的倒"U"形曲线和"资源诅咒"一样，是经验统计结果，具有不确定性。得出中国木材产量和人均 GDP 之间成倒"U"形关系[14]的数据截至 2003 年，木材产量下降那几年是天然林保护工程政策调控所致（图6）。

3.3　经济增长与商品材单位耗能

每万元 GDP 或者每公斤 GDP 黄金当量消耗的商品材，出现先增加后降低的趋势，似乎符合倒"U"形曲线关系，这种趋势在实施天然林保护工程前已经形成。1980～2002 年世界经济的资源消耗总量年均增长 1/3，但单位 GDP 的资源开采量却降低了 25%[25]。西南地区经济发展中商品材能耗随时间变化趋势和全球经济发展趋势一致。

参 考 文 献

[1] Meadows D H，Meadows D L，Randers J，et al. The Limits to Growth：a Report for the Club of Rome's Project on the Predicament of Mankind. New York：Universe Books，1972.

[2] Meadows D H，Meadows D L，Randers J. Beyond the Limits：Global Collapse or a Sustainable Future. London：Earthscan Publication Ltd.，1992.

[3] Meadows D H，Randers J，Meadows D L. Limits to Growth：The 30-Year Update. White River Junction，Vermont：Chelsea Green Publishing Co.，2004.

[4] 罗浩. 自然资源与经济增长：资源瓶颈及其解决途径. 经济研究，2007，（6）：142-153.

[5] Auty R M. Sustaining Development in Mineral Economies：The Resource Curse Thesis. London：Routledge，1993.

[6] Sachs J D，Warner A M. Natural Resource Abundance and Economic Growth. Cambridge MA：Harvard Institute for International Development，1997.

[7] Kuznets S. Economic Growth and Income Inequality. The American Economic Review，1955，45（1）：1-28.

[8] Grossman G M，Krueger A B. Economic Growth and the Environment. The Quarterly Journal of Economics，1995，110（2）：353-377.

[9] 关凤峻. 自然资源对我国经济发展贡献的定量分析. 资源科学，2004，26（4）：24-27.

[10] 唐守正. 中国森林资源及其对环境的影响. 生物学通报，1998，33（11）：2-6.

[11] 冯菁，程堂仁，夏自谦. 森林资源与经济发展相关性研究. 林业经济问题，2007，27（5）：434-438.

[12] Panayotou T，Empirical tests and policy analysis of environmental degradation at different stages of economic development. 1993，International Labor Office：Geneva.

[13] Panayotou T，Environmental Degradation at Different Stages of Economic Development，in Beyond Rio：The Environmental Crisis and Sustainable Livelihoods in the Third World，Ahmed I，Doeleman J A，Editors. St. Martin's Press：New York，1995.

[14] 石春娜，王立群. 森林资源消长与经济增长关系计量分析. 林业经济，2006，（11）：46-49.

[15] 国家林业局. 中国森林资源报告——第七次全国森林资源清查. 北京：中国林业出版社，2009.

[16] Myers N，Mittermeier R A，Mittermeier C G，et al. Biodiversity hotspots for conservation priorities. *Nature*，2000，403（6772）：853-858.

[17] 云南大学生态学与地植物学研究所，云南省环境保护局. 云南省生态功能区划研究报告. 昆明：2004.

[18] 四川省环境保护局，四川省实施西部大开发领导小组办公室. 四川省生态功能区划. 成都：2006.

[19] 中国银行总行. 各国货币汇价统计手册. 北京：中国财政经济出版社，1979.

[20] 国家林业局计资司. 2008 年全国林业统计年报分析——林业产业发展. http://www.forestry.gov.cn/portal/main/s/304/content-195988.html.

[21] Krausmann F，Gingrich S，Eisenmenger N，et al. Growth in global materials use，GDP and population during the 20th century. *Ecological Economics*，2009，68（10）：2696-2705.

[22] Cheng S，Xu Z，Su Y，et al. Spatial and temporal flows of China's forest resources：Development of a framework for evaluating resource efficiency. *Ecological Economics*，In Press，Corrected Proof.

[23] 国家林业局. 2008 中国林业统计年鉴. 北京：中国林业出版社，2009.

[24] Brunnschweiler C N，Bulte E H. ECONOMICS：Linking Natural Resources to Slow Growth and More Conflict. *Science*，2008，320（5876）：616-617.

[25] Behrens A，Giljum S，Kovanda J，et al. The material basis of the global economy：Worldwide patterns of natural resource extraction and their implications for sustainable resource use policies. *Ecological Economics*，2007，64（2）：444-453.

第二篇　报告与建议

对森林生态经济学的再认识[†]

过去人们理解林业，就是利用木材和其他林产品，后来，逐渐认识到森林有保持水土、涵养水源、改造环境的作用。随着现代科学技术的发展，使人们对森林在陆地表面物质能量循环转化过程中的巨大作用有了更加深刻的认识，对人类历史中无节制地破坏森林引起的严重后果有了更加痛切的教训，现在人们开始以一个新的高度，或者说以生态经济学的观点来重新认识森林和发展林业的重要性。这就是说，森林是陆地生态系统中最丰富的生物资源库，是人类未来农业、工业、医药事业新原料的源泉；是维持或重建陆地生态系统平衡，保障人类生活环境质量的关键；是活跃多种生产经营活动，充分发挥陆地自然生产潜力，形成合理的物质能量流通过程的纽带。总之，发展森林，搞好林业建设，是造福人类的根本大计。

1 人类最丰富的生物资源库

世界上没有一种自然资源像森林那样在人类早期文明生活中具有如此广泛而深刻的影响。森林为原始人类提供了起码的生活条件，树叶蔽身，果实充饥，猎取森林野兽，茹毛饮血，钻木取火，构木为巢，森林成为人类繁衍进化的发源地。近期发现菲律宾棉兰老岛的塔萨代人、南美的雅诺马苗人、太平洋伊里安岛阿斯马特等原始民族，仍靠热带丛林来取得他们的生活资料。

森林在人类后来的文明生活中的影响更是不可估量的。4000多年前我国就种桑养蚕织丝，《夏小正》有三月摄桑、妾子始蚕的记载；到公元前138年汉武帝派遣张骞通西域才把丝绸传向阿拉伯、非洲、欧洲。我国古代以竹简木牍记事，到南北朝发展以楮皮造纸，继而唐宋以桑皮、青檀皮（著名的宣纸原料）和工艺较难的竹类造纸。大约在1300年以前，我国发明雕版印刷术，所用版料一般为枣木、梨木。造纸、印刷术的外传，对整个人类文化艺术和科学技术的发展发生了划时代的深远影响。世界三个最大、最早的水果原产地——南欧、华北、华南，为人类提供丰美的水果种类。柑橘在我国周朝就作为贡品，"禹贡"记载："厥包桔柚锡贡"，到汉代已大规模栽植。茶、咖啡、可可是人类普遍喜爱的饮料，而茶的历史最早，公元前一世纪王褒《僮约》就有烹茶、买茶的记载。药用木本植物仅在我国李时珍《本草纲目》里就记载有7类180种。世界各民族，特别是在亚非拉，民间以植物药保障民族健康方面具有重要意义。染料的发展显示了我国古代劳动人民善于利用天赋自然资源的聪明才智。栀子是我国古代中原地区应用最广的黄色染料，史记中有"千亩卮茜"的记载，可见在秦汉时期已很盛行。柘木、栌木的色素"非瑟酮"，染出织物具有黄、赤的光照色差，自隋文帝到明代一直都是"天子所服"的

† 蒋有绪，1981，农业经济问题，（2）：35-40。

服色染料。3000 年前的渭水浮桥据传为周文王迎亲临时搭建的，公元前 257 年山西蒲州（今风陵渡）架设的跨黄河大浮桥显示了桥梁技术的伟大成就，以后桥梁才向石料的长拱桥方向发展。古代的建筑、机械（包括军械、农机），车辆、船舶等无不以木材为最早的材料。森林的作用渗入古代人类生活各个方面，有不少脍炙人口的记载，以上寥寥数例足以说明这种影响确非其他自然资源所可比拟。因此，古代人们非常重视林业。《管子》介绍当时群众的一句谚语："一年之计，莫如树谷，十年之计，莫如树木。"《史记》也写道："居之一岁，种之以谷；十岁，树之以木；百岁，来之以德。德者，……命曰素封。"意思是劳动人民在荒废的土地上，住上一年就种起了庄稼，10 年就培育好了林木，发展到 100 年，就成了人财兴旺，没有封号的富有之家。古代人们非常珍爱树木。《小雅·小弁篇》里说："维桑与梓，必恭敬止"；《郑风、将仲子篇》描写了情人相恋但怕翻蹦园墙折坏杞柳、桑、檀而遭父兄谴责的情形。古人甚至把林业是否得到重视和兴旺，看作衡量国情是否浮动，人心向背和国势盛衰的标志，《国语》叙述单子到陈国看到"道无列树"，预言陈国必亡，后来成了事实。古人把发展林业作为发展农业和整个国民经济的关键。这是前人给我们的宝贵启示。然而现在不少人并不认识这个简单的道理，任意破坏森林和看不起林业，是会被我们的后人耻笑的。

人类未来农业、工业、医药事业原料和能源的希望 森林是陆地上最复杂的生态系统。地球上大约有 1000 万个物种，大部分与森林有关，只是热带雨林就拥有 200 万～400 万种。我国海南岛 3 亩地的一块热带林，乔木树种可达 92 种。我国珍贵特有动物大熊猫、金丝猴、白唇鹿、海南坡鹿、云豹、黑冠长臂猿、海南黑熊、台湾黑熊等等都是森林动物。人类现在利用的生物种是极少的，大部分物种我们还不认识，但它们是人类未来农业、工业、医药业最有价值的原料来源，目前正在陆续被发现。例如东南亚森林中的山竹果，有可能成为世界上最美味的水果种类之一。一种热带豆类-翼豆，蛋白质含量最高。近期自热带林植物中找到许多药品，如止痛药、抗生素、强心剂、抗白血病药、激素、抗凝血素、避孕药、堕胎药等等。我国近来发现海南有抗癌植物，对急性、慢性细胞性白血病有明显药效。在人们解决用酶把植物纤维分解为淀粉的技术后，木材有可能成为人类的主食原料。森林还可以提供许多新的皮毛兽、观赏兽禽品种；提供许多生物防治用的植物化学成分，来代替剧毒农药，减少环境污染。森林昆虫，如热带雨林可能有 20 万种姬蜂，可为消灭农林业害虫提供巨大的潜力。我们还可以指望，在今后遗传工程学发展到了实用地步，森林动植物、微生物将是极其丰富的基因库，有了如此丰富的遗传工程材料，人类将不知创造出多少巧夺天工的生物来。非常可惜的是，这些宝贵资源在人类尚未认识之前，就由于大规模破坏森林而消灭了。仅仅热带林的破坏，就导致人类一天消灭一个种，到本世纪末就要失去 100 万个种。我国森林破坏情况也是非常严重的。以海南岛而言，森林覆被率已由新中国成立初期的 23.1%下降到现在的 12.3%（不包括人工橡胶林和海防林）；云南西双版纳近些年来每年平均毁林 20 万亩。这不能不引起人们的忡忡忧心。

由于森林是可更新资源，目前世界上开始把发展林业看作为用之不竭的能源。估计每年新生长的热带森林物质的能量等于当前世界能源消费的一半。美国在加纳的一项试验，4 万公顷的速生林，每年可生产相当 50 万吨煤的能量，另外还因套种农作物，收获花生 6 万吨，玉米 5.4 万吨。新西兰想争取 20 年内利用林木生产乙醇、甲醇，解决国家燃料自给问题。一些国家已经有了这类实例。这个方向是毋庸置疑的。

2 维护陆地生态平衡的关键

森林生态系统的特点 生态系统是指生物与其环境共同构成的一个系统。当外界环境变化不大时，生态系统就保持一定的状态，维持一定的生物生产力，它内部各种成分间的关系，它和周围其他生态系统之间的关系都比较稳定，这就叫生态平衡。当生态系统受外力干扰时，它有一种自我调节能力。但这能力有一定限度，超过了限度，它就不能调节恢复到原来状态，就要引起生物和环境因子的一系列变化，生态系统就要演变，原来的生态平衡就被破坏，向新的平衡发展。新的平衡方向有时可能对人类不利。森林生态系统种类成分复杂，空间结构和食物链［食物链亦称"营养链"。是生物群落中各种动植物由于食物的关系（包括捕食和寄生）所形成的一种关系——编者］结构也较复杂，它可以通过这种复杂成分间的反馈作用（亦称"回授"），增强它的自我调节作用。因此，它比草原、荒漠等其他生态系统类型就有较大的稳定性和抗外力干扰的能力。当然，这只是相对而言。如果一个地区不是单一的生态系统结构，而是让它复杂一些，增加森林或林木在结构上的比重，也有助于提高这个地区的抗灾害能力。天然林生态系统的生物间由于长期生存竞争的结果而形成相互制约的关系，处于相对平衡状态，这就是为什么天然林病虫害、鸟兽害极少的缘故。人工林如果树种太单纯，林内生物形不成相互制约的食物链关系，时间长了就会发生各种病虫害等等。因此，一般不宜营建太大面积的单纯林，要尽可能营造混交林，有助于提高林分或地区的稳定性。

森林约占陆地面积的 1/3，它在地球表面物质能量转化循环过程中起很重要的作用。以二氧化碳和氧的循环看，全世界森林一年放出的氧超过了全世界 43 亿人口呼吸所需要氧的 10 倍；全世界森林一年因光合作用消耗空气中的二氧化碳约 180 亿吨；全世界森林本身所含有的碳 4000 亿～5000 亿吨，如全部释放，相当于大气中存在碳量的 2/3。在上一世纪由于森林大面积被消灭，加之工业发展，燃烧燃料化石和气体（煤、石油、天然气等），已使大气中的二氧化碳浓度由 290ppm 上升至现在的 320ppm，估计到公元 2000 年，将上升至 375ppm。森林大规模破坏加剧了这个过程，空气二氧化碳浓度增大，引起气温普遍上升，这个趋势威胁人类的生活。森林的光合作用率比较高，生物圈平均光合利用率为 2‰～5‰，高产农田约 2.6%，而热带森林可达 3.5%。森林每公顷每年生产 6～7 吨干物质，矮草草原为 2 吨左右，冻原小于 1 吨。森林每年固定的能量约占整个陆地生态系统固定总能量的 63%，堪可称为地球有机质能量贮备库。森林虽然生产力较高，但形成单位重量干物质所消耗的水分和物质却是最经济的。例如，形成 1 吨干物质，水稻耗水 680 吨，小麦 540 吨，林木为 170～370 吨；森林和农田每公顷形成 1 吨干物质所需的矿物元素，前者需要氮 4～7 公斤，磷 0.7 公斤，钾 1.5 公斤，后者需氮 10～17 公斤，磷 2～3 公斤，钾 8～26 斤。提高农业生产力所消费的机械动能（耕作、灌溉、运输等）比林业生产要多得多。因此，栽培多年生的木本植物，总的来讲，比草本作物易于经营，而且经济有效。所以我们要提倡多种植木本粮油、木本纤维经济林木来代替草本作物。例如，我国南方 1 亩板栗林可产栗子 600～800 斤，经济收益相当于 3～5 亩水稻；海南岛的油棕，有的平均亩产油棕果 3500 多斤，折合产油 530 斤。1 立方米木材可制成 150 公斤人造毛或人造丝，相当于 7.5 亩棉田的棉花产量。木本经济作物还不占平地、好地，非常适合我国山地多的特点。从这个角度看，要充分发挥一个地区的自然生产潜力，发展各种类型的林业生产是非常经济高效的，万分必要的。

森林日益显示的重要功能 森林生态系统由于具有一定的物质与能量转化循环的格式和进程，以及它在生物地球化学过程中的巨大作用，使它具有改造环境、改良气候、防止土壤侵蚀和涵养水源的作用。

雨水降落时具有动能，大雨打击地面，能使土粒破碎，随径流流失，或使土壤板结，增加径流。但雨水经过林冠，动能消减，一部分雨水被树冠截留，又蒸发空中，年截留量一般相当于降水的 20%。一部分雨水到达地表，因林下植物和枯枝落叶的缓冲，慢慢渗入土中。据研究材料，林下土壤渗透率一般为每小时 250 毫米，远远超过降水强度。只要有 1 厘米厚的枯枝落叶层，就可以把地表径流减低到裸地的 1/10 以下，泥沙量几乎减少 94%以上。据推算，形成 1 厘米厚的土壤，因不同的母岩、气候、生物条件，需要一百多年至四百年不等，然而在水土流失严重的地区，一年就可以把 1 厘米厚的土壤冲蚀掉。我国黄河每年流经三门峡的泥沙达 16 亿吨，其中流失的氮磷钾约有 4500 万吨。目前，人类与所利用的土壤正处于一个不稳定的关系之中，大部分表土被冲入大海和湖泊，给水体带来大量无机硝酸盐和碳酸盐，以及各种有机质和化学污染物。湖泊由于富氧化，藻类大量发生，鱼类大批死亡；海洋由于输进大量无机盐类，也影响了海洋对大气二氧化碳调节的作用。因此，凡是水库、湖泊的上游和河流流域必须确保有森林的分布，才能稳定流量，防止库底、湖泊和河床的淤积，并且减少整个陆地的水土流失，维护地球表面的水分、物质循环的平衡。

在沙荒和开始沙化的地区营造林带可以治理流沙和防止沙化的发展。林带主要的作用在于降低风速、削减流沙移动的动能，阻截流沙，减轻风蚀程度，也使空中悬移运动的粉沙和尘埃阻滞林内或随气流翻越林带均匀降落。此外，林带还有助于调节干旱沙荒区的辐射平衡和水热平衡，改善地方气候，使生态环境向有利于提高地区生物生产力的方向发展，逐步改变地区的严酷自然面貌和落后贫穷的社会经济状况。世界上受沙漠化威胁的 6.8 亿人口的地区需要依赖植树造林等措施来扭转这个逆行的生态趋势，安定人民的生活。我国山西省右玉县、陕西省榆林县高西沟大队等地方都已经取得了不少值得国内外借鉴的可贵经验。

平原农业区建立农田防护林网的重要性已为国内外大量研究和生产实践所证实。林网主要的作用可总结为：改善农田小气候，改善土壤和空气湿度状况，提高空气湿度，保存积雪，有利于作物播种、生长和越冬，可以调节土壤水分盐分动态，减轻土壤次生盐渍化发生，减轻干旱风、霜冻等自然灾害；同时也由于林带对大气增加了广阔粗糙的下垫面，能对高空气流产生影响，可以调节辐射平衡和水热平衡，改善地方气候；平原地区有了林网绿色蔽荫，对改善农民夏季的劳动条件也是十分必要的。草原地区也同样需要一定比例的林业来保障草场减免风暴、雹、霜、干热等自然灾害，提高草场生产力。可见，不仅山区、半山区应当发展林业，即使是平原农业区、草原区和沙荒地区也有必要发展林业来维护生态平衡，提高并保障它们的生物生产力。

此外，林木还有吸收毒气、吸尘、减声、杀菌、脱磷、脱氮、防止火灾蔓延等环境保护和保健卫生医疗方面的作用。目前，全世界每年排入大气的有害气体约 6 亿吨。不少树种对主要污染大气的二氧化硫、一氧化碳、二氧化氮、碳氢化合物、臭氧、氟化物都有不同程度的抗性和吸收能力。据测定：1 公顷柳杉林每年可吸收二氧化硫 720 公斤；氟化氢气体通过 40 米宽的林地，平均浓度降低一半，林地越宽，效果越好。全世界粉尘污染也很严重，每年排放量达 10 亿吨。含尘空气经过树林时，大粒尘土被阻落，小粒粉尘则被滞留于枝叶上。每年每公顷树林可滞尘 30～70 吨。国内研究证明，广州树木浓密的街道，1.5 米高处的空气含尘量约为没有树木街道的 4/10。噪音也是对人类健康影响日益严重的一种环境污染。噪音达 70 分贝就令人不适，超过 120 分贝，就使人耳痛头疼。树木由于枝叶交错，可吸收噪声，30 米宽的林带可减噪声 10～15 分贝。林木对放射性物质还可以起隔离和滤吸作用。一些树种可以分泌挥发性的杀菌物质，杀死空气中的肺结核、伤寒、痢疾等细菌。现在一些国家正在积极研究利用森林处理城市污水甚至固体垃圾的实用价值。国外也有资料谈到，海岸栽植海防林带，不仅有保护海岸，减少来自海洋盐风对沿海地区的侵袭，而且有减少海啸的效果。因此，无怪乎有的科学家说，森林许多看不见的东西越来越重要了。到目前为止，我们对森林生态系统的许多功能还在认识之中。然而，根据现有的科学研究资料，我们可以认为，森林是维持陆地生态系统平衡的关键；对整个地球表面的生态平衡来讲，除了海洋以外，森林生态系统是另一个重要的调节者。

3 发挥自然生产潜力、活跃多种经营活动的纽带

关键在于建立合理的物质能量流通过程 要使一个地区发挥其最大的自然生物生产潜力，一要充分利用自然环境资源（水、热、养分元素等）；二要充分利用自然生物资源。发展林业能够在这两个方面都起积极的影响和作用。发展林业可改造调节地方气候，并以较高的光合利用率来利用水、热、养分资源；发展林业可以丰富生物品种，并建立一个合理的物质能量流通过程。有些道理，上面已有论述，这里着重谈谈建立合理的物质能量流通过程。要让一个地区提高生物生产力，并富裕起来，就像办工厂一样要精打细算，发掘潜力，要使资金周转快，原料来源易，成品不积压，工序间配合好，机器运转率高。要做到这一点，一个地区只是单一的生产结构、单一的生态系统结构是不行的，应当形成多样化（但并非没有主次）的复合结构比较有利，即使平原农业区也是如此。复合的生产结构可以形成经济合理的物质能量流通过程，例如林业、牧业为农业提供肥料，农业、林业为牧业提供饲料，林地还为牧业提供放牧场所；水塘可以发展养鱼业，又为农业提供肥源；而农、林、牧、渔业又可发展各种加工业、手工业和化工业等等。各业互相促进，最终都为人们提供丰富多样的产品和生活消费资料。日本一个农业代表团参观湖南省桃源县的农村后曾称誉那里形成了合理的物质循环的模式。我们应当在更广大的地区，科学地、因地制宜地、有计划设计、建立这种模式。从抗逆性来看，一种自然灾害可能影响或毁灭单一生产结构的生产力，但不太可能毁灭复合生产结构的多样生产内容。复合生产结构也有利于自力更生的战时经济。

在复合的生产结构中，林业将是促进各业发展的纽带。林业生产内容是十分多样化的，如速生用材林、薪炭林、水土保持林、特种经济林、海岸林、农田防护林、果林、

桑园、农村四旁植树、风景园林、城市城郊绿化以及天然林的经营利用等等。有的兼有多种经济及环境保护价值。各类林业生产可为国家提供各种木材、竹材、林产化学产品（栲胶、芳香油、树脂等等）各种水果、干果、木本粮油、纤维，药材、山货、鸟兽、蜜源、饲料、薪炭、虫胶以及各种化工医药原料等等，还可带动木竹器加工、竹木雕工艺、条筐编织、干鲜果加工（蜜饯、罐头）、蚕丝、造纸、中药材加工、医药化工、粮油加工、油脂、树脂、栲胶、虫胶、橡胶、香料、染料化工、蘑菇和木耳栽培、蜂蜜制品等等各项中小型工业、手工业和促进保健疗养、风景旅游事业的发展。总之，狠抓了林业发展，整个地区生产经济活动的一盘棋就活了。尤其是自然环境差、贫穷落后的地区，要希望改变自然面貌，活跃经济，使地区富庶起来，非发展林业不可，这是我国不少地区自然面貌和经济生活发生根本变化的基本经验。

4　我国林业发展的生态学战略意义

根据我国自然条件和自然资源的特点，发展林业具有重要的生态学战略意义。

4.1　我国山区面积大于平原面积，山区应以林为主

我国山地面积约占国土总面积的 66%。山区、半山区能否建设和利用好，是关系我国繁荣富强极重要的战略方针。山地一般坡度大，海拔高，气温较低，生长季短，土壤较瘠薄，水土易于流失，交通不便，生产经营困难。因此，一般讲，不适宜发展农业。但山区环境多样，适合各种不同生态习性树种和林木的生长，林业有可能在山区的特定条件下提供多样化的生产，其中包括以林业生产形式生产木本粮油来补偿山区农业生产粮油的限制。我国将近 5000 个乔灌木树种为林业多样化生产提供丰富资源的可能性。我国山区的生产力如果得到充分的发展，也就是把 12 亿亩宜林的荒山荒地充分利用起来，我们就可以把热量资源的充分利用从集中国土面积 10% 的农耕地再扩大到 15% 面积的较好山区宜林地，再加上合理利用 12% 面积的现有林地和 15% 面积的较好的牧场，那么，我国的生物生产力的发展就很可观了。

4.2　我国干旱、半干旱地区面积大，应发展林业改变自然面貌

我国东部由于受季风气候影响，比较湿润，西部内陆则比较干旱。我国干旱、半干旱区约占国土面积的 52.5%，降水量一般只在 400 毫米以下，有的甚至几十或几毫米。然而大部分干旱、半干旱区却分布在温带、暖温带，热量条件较好，水分是个限制因素，不适宜发展农业。要相对地改善局部气候环境条件，应当考虑植树造林，发展林业，这在占国土面积 21.7% 的半干旱区是可以办到的。从整个半干旱区来看，以林业为主或以林业保障牧业、农业的发展，是本区建设的方向。要重视 40 万平方公里黄土高原的绿化。我国最近提出的建设"三北"防护林体系的宏伟计划是符合这个战略方针的，我们应当在科学的规划设计基础上，同心同德，不遗余力地促进这个建设任务的实现。

4.3 我国东部湿润、半湿润区自然条件优越，但不稳定，应通过发展林业来保持生态平衡的稳定性

我国东半壁雨量充沛，年雨量达 500～2000 毫米，热量条件也好，而且在作物生长季节水热条件配合得比较理想，是我国农林业生产力最高的地区。但这一区域由于受季风气候不稳定的影响，降雨量年际变率大，一般达 15%～25%，温度、日照年际变化也很大，旱涝、低温、冻害等自然灾害经常威胁本区农业的稳产高产。通过农田防护林、农林间作、农村四旁绿化、果、桑、茶等各类经济林的发展，可以调节复合生态系统的稳定性和抗逆性，来提高本地区的生物生产力。

4.4 我国水资源丰富但不平衡，需要发挥森林涵养水源效能加以调节

我国全国每年平均降水量约为 630 毫米，不算太低的。地表径流量（即各河川流量）每年 26 000 多亿立方米，地下水蕴藏量每年可利用的约几千亿立方米。以地表径流量而言，我国居世界的第三位。但我国水资源分布不均匀，南方大于北方，而南方又集中于长江流域。水资源的年际和季节间变幅很大。对于后一点，是可以通过发展林业发挥森林涵养水源的作用来调节径流的年际和季节变化的。这样，即使水资源不算丰富的地区，由于水源的稳定，可以使水资源的利用更加合理。此外，我国大约总蕴藏量达 5.8 亿瓩的水力电力资源的利用，是需要发展林业来加以保障的。

因此，我们有理由说，发展林业是我国建设现代化社会主义强国和造福我国人民的根本大计；也是我们国家作为世界的一个大国对维护陆地生态平衡，造福人类理应做出的贡献。

中国科协召开热带亚热带山地丘陵建设
与生态平衡学术讨论会[†]

1 会 议 概 况

一九八〇年十一月三日至十日,中国科协在湖南株洲主持召开了热带亚热带山地丘陵建设与生态平衡学术讨论会。这是由来自 11 个全国性学会和 15 个省区的农学、林学、生态、植物、动物、气象、土壤、地理、水利、水产、环保、经济等方面专家、教授、科技工作者 325 人参加的一次学术界盛会。会议的目的是多学科分析我国热带亚热带山地丘陵地区生态平衡严重失调和生产建设发展落后的现状和原因,并针对其生态学的和社会经济的因素。探讨合理开发利用和建设这一地区,恢复生态平衡,发挥自然优势,提高生物生产力,使这个地区尽快富裕起来的途径。这次会议共收到论文 201 篇,在大会宣读论文的有 22 人,分组交流的有 60 余人,其中有著名的老科学家,也有中、青年科学工作者和熟悉业务的领导干部及技术干部。在两天的专题讨论中代表们畅所欲言,各抒己见,有的还配合放映幻灯和录像。会议期间还组织参观了株洲市及其郊区县社综合发展建设山地丘陵的各项内容。

这次学术会议准备了将近一年。大会筹委会和各有关学会和省科协都紧密围绕会议主题组织了各项科学考察和调查研究,如大会筹委会与有关省科协组织了浙江省、福建省和四川省山地丘陵建设与生态平衡的综合考察;中国林学会和湖南省株洲市科协组织了株洲市山地丘陵建设的综合考察;中国生态学会组织了贵州草海排水后生境变化和合理利用(贵州师范学院)、云南山地丘陵坝区利用问题(云南农业大学)、川中、川东山地丘陵生态平衡与农业布局(西南师范学院)和桂西南石灰岩山地合理开发利用(广西农学院林学分院)等专题考察。

会议还分为几个专题组多学科综合讨论了这个地区的几个问题:①自然资源及其评价,建设的"战略方针";②生态平衡失调原因及治理;③建设的各项政策及其调整;④水土保持、水源涵养和水资源合理利用;⑤经济林发展;⑥自然保护、环境保护;⑦科研教育。由于讨论中发挥多学科综合分析的这一特点,会议对上述有关问题不仅论证比较全面、分析比较深刻,而且提出的各项建议符合实际情况,富有建设性。代表们认为这种由多学会参加对国家重大经济建设课题进行探讨的学术活动好,生态学家应当成为国家建设的参谋,这次会议开创了我国四个现代化建设中生态学为国民经济建设需要服务的新时代。

† 蒋有绪,1981,生态学报,1(2):179-182。

2　热带亚热带山地丘陵区的生态问题

　　代表们通过学术交流和讨论，一致认为，我国 250 万平方公里的热带、亚热带地区主要是山地丘陵，约占总面积的 70%。这个地区处于北半球的副热带高压带，但由于受太平洋和印度洋季风影响，雨量充沛，雨热同期，水热条件优越，而同纬度的北非、西亚、中美的墨西哥和美国西南部则是干旱荒漠，对比之下，我国的热带、亚热带地区在世界上是得天独厚的。在人为干扰少的地方，还保存着发育良好的亚热带常绿阔叶林、热带季雨林和雨林。这里的土壤主要为红壤系列。在植被良好的情况下，由于旺盛的生物循环和积累，有机质含量高，土壤肥沃，保水蓄水性能好。我国西南高山在地理上处于亚热带，是世界上高山植被区系最丰富的地方，高山森林植被对调节水源具有重要的作用。本区农作物一年二熟、二年五熟或一年三熟。目前，在这块占全国四分之一的土地上，养育着全国总人口的一半以上，粮食产量占全国总产量的 60% 以上（其中稻谷产量占全国的 90% 以上），棉花和油料产量分别占全国总产量的 40% 和 65% 左右，淡水鱼产量占全国产量的 80%。这里自然资源丰富，动植物种类繁多，据统计，我国热带、亚热带山地丘陵种子植物有 1467 属，占全国种子植物属的 51.1%。许多热带、亚热带植物具有重要的经济价值，例如杉、松、柏、栎、樟、楠、竹等用材林；油茶、油桐、乌桕、板栗、核桃等木本粮油林；柑橘、荔枝、龙眼等果木以及茶叶、桑蚕、松香、银耳、香菇、中药材等多种土特产。此外，这里的海南岛、西双版纳和台湾省南部还可以发展橡胶、咖啡、胡椒等热带作物，南海诸岛也有丰富的特产。本地区陆栖脊椎动物种类1500 余种，其中鸟类和兽类分别占全国总数的 70% 以上。在占本区总面积 10% 的水域中具有养殖价值的经济鱼类就有几十种。特别是这个地区山地地形复杂第四纪冰川的影响转移，成为第三纪古老生物种的"避难所"和某些动植物发生的"摇篮"，如著名的"活化石"—水杉和闻名世界的大熊猫等都生长繁殖在这里。此外，还有银杉、珙桐、台湾杉、望天树和黑冠长臂猿、金丝猴、坡鹿、孔雀、中华鲟、白鳍豚、扬子鳄等许多珍稀动、植物，不愧是生物资源的天然基因宝库。

　　这里水利资源丰富，我国第一大河——长江水系横贯本区，干流长达 6300 多公里。此外，珠江、淮河、闽江、钱塘江各水系，汇集了大量的水利、水能资源。总之，本地区自然条件优越，生产潜力很大。

　　但从生态系统特点上分析这个地区也存在不利之处，第一，由于高温多雨，土壤有机质分解迅速，物质循环周期快，植被一旦破坏，土壤肥力便迅速下降，有机质含量可以从森林土壤的 4%～8% 及以上以惊人的速变下降到 1% 以下，成为恢复困难的干旱坡地，因此，热带、亚热带地区的自然生态平衡极为脆弱或比较脆弱；其次，由于本地区母岩风化层厚，尤以花岗岩渗透力强，易崩塌，板岩、片岩母质则易片蚀，石灰岩岩溶区在我国热带、亚热带也有相当大的面积。因此，一旦地表失去植被，本区的集中降雨极易造成土壤侵蚀和水土流失；第二，新中国成立三十年来，由于人口未能及时控制，致使目前每平方公里拥有二百人左右的人口密度，如果我们不能保持生物资源再生数量超过人口增长的速度（特别是使人口的增长速度低于粮食增长的速度），而水土流失又以现在的严重程度继续延续下去，那么，农业生产条件势必更加恶化，该地区整个国民经济也势必难以稳定发展，甚至出现衰退现象。

据调查，海南岛热带原始森林的覆被率从五十年的 25.3%减少到 9.6%，几十种珍贵树种已濒临绝迹，80 多种野生动物失去栖息场所，黑冠长臂猿等正处于灭绝的边缘，然而，对所剩无几的热带原始林竟仍然当做开垦和采伐对象。云南省森林覆被率五十年代为 50%，目前已减少到 24%，湖南全省木材外调县新中国成立初有 61 个，目前只有 42 个，衡阳附近一千平方公里的紫色丘陵缺乏森林植被，极目望去，犹如一片红色沙漠。另据估计，热带、亚热带地区水土流失面积约 50 万平方公里，相当于全国水土流失面积的三分之一。近年来，长江流域年土壤流失量达 24 亿吨，长江入海的泥沙量每年达 4.3 亿吨。据湖南省资料，湘江的输沙量，近十年比前十年增加 39.7%，每年经四水三口（湘、资、沅、澧、长江三口）淤积于洞庭湖的泥沙量达 1.4 亿吨，湖床每年淤高 3.5 厘米，加上围湖造田，水面由新中国成立初期的 600 多万亩缩小到目前的 320 多万亩。调节洪峰的作用已严重减低，再要遇到 1954 年那样的特大洪水，洞庭湖将难以发挥蓄洪作用，人民生命财产将遭受严重损失。一些江河由于泥沙淤积，河床抬高，航道缩短，湖南全省七十年代与五十年代相比，航程缩短 5000 余公里，年总货运量减少 300 万吨。由于水面缩小，加之水质被污染恶化。水产资源也减少一半以上，山地森林破坏，还直接危及平川农田。湖北省 1957 年以前。全省每年受水旱成灾面积 600 万亩，只占耕地面积 10%，1978 年由于森林覆被减少，抗御自然灾害能力锐减，在水旱灾害下成灾面积已增至 2386 万亩，竟达耕地面积的 40%。由于缺乏森林覆被，农村能源危机加重，据浙江省衢县调查，1979 年全县 19 万户，全年缺柴三个月以上的占 71%，三个月以下的占 13%。据云南代表反映，1979 年 10 月，云南怒江洲由于陡坡毁林开荒，在一次特大暴雨而引起泥石流的冲击中，毁房屋 2000 余间，损失牲畜 2371 头、库藏粮食 11 万余斤，伤亡 231 人，被损坏的公路至今尚未修复。

由此可见，生态失调所造成的严重后果，确已不能再熟视无睹，任其继续恶化下去。

由于滥伐滥垦，使本来为数有限的森林遭到严重破坏，特别是"大跃进"和十年浩劫期间破坏尤甚。但时至今日，不少地区和部门并没有从历史教训中猛醒过来。现在不少林区仍继续遭到滥伐，如福建建阳三明地区今年 1～9 月，仅国家计划外的所谓"小方料"，就运出 1000 车皮，加工待运的尚有 35 万立方米，两者合计折合 180 万立方米。正是由于这种违反生态规律的行动不断发生，新中国成立至今，一些经济林的产量还未恢复至历史水平。

与会代表们一再严肃地指出，目前在某种错误思潮支配下，我们正经历着对生态系统的又一次大破坏，如不及早采取果断措施加以制止，就不仅是贻害子孙后代问题，而是危及我们自身，危及本世纪末实现我国社会主义现代化的问题。

3　建　　议

会议期间，代表们在指出本地区生态平衡遭到破坏而带来严重恶果的同时，也认真分析了造成这种生态平衡严重失调的原因。代表们说：受害的群众讲得好，"是人祸，不是天灾，错误的方针政策是主要原因，自然因素则是次要的"。因此，要尊重自然规律和经济规律，引导人们扬长避短，坏的自然条件也可以变好；违背自然规律和经济规律，迫使人们趋短弃长，再好的条件也会变坏。回顾近二三十年造成这一地区破坏生态平衡的因素。其根源主要来自领导部门对这一地区的特点缺乏全面认识。生产上往往只顾当前，不顾长远，只顾利用，忽视保护等等。对此大家一致认为，首先，各级领导提高认识，实事求是，认真总结经验教训，按客观规律办事；其次，把山地丘陵的各项建设提到议事日程、科学轨道。从根本上下手，制定出切实可行的措施，这样才能区别各地不同情况，达到趋利避害，解脱恶性循环，恢复并建立起新的生态平衡，才能提高生产力，才能稳步地走上富裕的道路。为此，代表们提出以下几项建设好这块宝地的基本原则建议。

（1）充分发扬热带、亚热带优越自然条件之长，着力抓好我国热带、亚热带地区的建设，促使这个地区较快地富裕起来，对全国其他地区的发展富裕是极为有利的。从生态系统观点上看，过去把建设的重点只放在"二分田"上是片面的。"七分山"与"二分田"是互相依存紧密联系着的整体，只有搞好"七分山"才能搞好"二分田"；"七分山"破坏了，"二分田"也保不住。当然，在重视、抓紧"七分山"建设的同时，努力搞好"二分田"的集约经营，努力提高单产，尽可能地提供粮棉油及其他多种农副产品，从有利于整个热带、亚热带地区恢复生态平衡和发挥自然生产力出发，对某些有关政策应进行必要的调整。山地丘陵在以发展水源林、用材林、薪炭林、经济林为主要建设任务的前提下，合理安排各种种植业和养殖业：农田粮食生产要以提高单位面积产量为主要目标，这在林业和一定牧业的支持下是可以办到的。这种生产结构才有利于生态系统物质和能的最经济的流通过程，提供高水平的生产力。鉴于我国当前对农业的投资是很低的，同时山地丘陵地区社队依靠目前的生产力，难以积累必要的资金以从事收益较慢的各项林业生产。代表们建议，必须真正贯彻"农、轻、重"的方针，调整投资比例和技术力量，确保作为国民经济基础的社会主义大农业的发展，对于热带、亚热带山地丘陵地区尤应给予必要的资助。

（2）在国务院下设置国家自然资源管理机构，统管全国自然资源的开发利用和保护事项，统一协调各部门各地区对自然资源的开发利用；要尽早制订热带、亚热带资源区划、资源保护和开发利用方案，并逐步实施；国家在制订各项经济建设规划和计划时，对自然资源和环境质量、经济效果、技术保证等方面可组织有关专家进行充分讨论，充分发挥其顾问的作用。

（3）恢复国家的水土保持委员会，统一规划管理全国水土保持和治理水土流失的工作。长江上游地区的水源林、水土保持等项建设，应列为国家重点工程，这项工程将与营造三北防保林的工程同样对我国具有伟大意义。今后，在可能条件下再对珠江等河流上游地区进行逐一治理。

（4）立即制止对森林的破坏和不合理的采伐利用，大力保护和发展野生动植物资源，加强管理和繁育工作，使目前已面临"山穷水尽"地步的山区有一个休养生息的机会。要建立和加强自然保护管理机构，国家应给予适当投资。当前应立即制止滥捕、滥猎和滥采，对于为追求换取外汇，盲目出口、掠夺和破坏的行为，要严加制止。要宣传环境保护，防止环境严重污染。

严格贯彻执行《森林法》《环境保护法》和《水产资源保护繁育条例》，并建议制定《海洋法》《野生动植物资源管理条例》，以健全和维护生态环境平衡、保护环境和自然资源的各有关法制。

（5）要加强生态学的宣传、教育和科学研究。要普及生态学常识，有条件的高等院校应设立生态学专业，国家要把生态学的研究项目列为重点项目，建立相应的生态研究机构，并逐步在全国范围内有重点建立生态系统定位研究站，以便对热带、亚热带山地丘陵进行综合性的生态考察研究，这是我国发展农业科学、生物科学和地理科学的必不可少的基本建设。

代表们认为，这次大型的综合性学术讨论会开得很及时，也很有成效，希望今后这方面的学术活动能够继续开展下去，要下决心用若干年时间抓出效果来。为此。建议中国科协领导所属各有关学会，继续组织有目的、有对象、多学科的考察工作；建议各省科协及所属学术团体针对本地区的实际情况，深入进行调查研究。进一步取得第一手材料，协助当地政府，制定具体规划，选定目标，抓好典型，有计划有步骤地进行综合治理工作，并及时总结经验，予以推广。代表们深信，只要大家都能重视我国热带、亚热带山地丘陵的建设事业，科学技术界有关方面都能密切联系实际持之以恒地开展学术活动，在中国共产党的领导下，这一地区的经济建设必能较快地发展起来，为我国实现四化做出重大贡献。

海南岛大农业生态经济平衡失调的现状及其调节原则和对策[†]

新中国成立以来，海南岛种植橡胶 342.57 万亩，年产干胶 7 万吨，产值约 4 亿元，农田由新中国成立初的 430 万亩，发展到现在的 674 万亩，其中水田 300 多万亩。水利工程从无到有，已修建了蓄水工程 2807 宗，引水工程 2930 宗，灌溉面积达 394 万亩，旱涝保收的水田 245 万亩，粮食产量 1949 年为 2.46 亿斤，1979 年增至 23.1 亿斤，每年递增 3.8%。三十年来农业总产值每年递增 6.18%，高于其他一些热带国家，也高于台湾省。林业为国家提供了 372 万立方米木材，营造了 132 万亩防护林，但天然林覆盖率由 25.7%下降到 10.5%，加上橡胶林和人工林，共 20.9%。现在，海南岛已成为我国发展热带作物，特别是发展橡胶的重要基地，但是，从全岛的开发建设来看，还有不少问题。

1 海南岛生态经济平衡失调的现状

海南岛农业缺乏统一部署和领导，各部门发展不平衡，结构不合理。农业发展速度较快主要依赖橡胶生产，林业、农村经济、渔业、牧业等发展则是落后和缓慢的（表 1）。目前，农民生活比较贫穷。1980 年农村社员人均分配收入 69.95 元，比全国平均数 85.90 元少 15.95 元；年分配在 50 元以下的生产队占 40.8%，有些社队年平均分配才 26 元。农民口粮年平均 400 斤，有的生产队才 260 斤原粮。农民为了补充生活经济来源和物质资料（如修旧房、盖新房、烧柴和零花现钱等），就进山砍伐木材，从事无节制采割藤子和药材，以及烧山抓金钱龟等破坏性副业生产。为了解决粮食不足和酿酒原料问题，就烧山开垦种植旱稻或玉米，引起水土流失，生态环境恶化，旱情严重，早造田减少，粮食减产，再扩大刀耕火种，形成恶性循环。林区大面积皆伐使林区公社的这种恶性循环尤为显著。如坝王岭林区的七差公社，地处山间盆地：过去水源充足，粮食生产稳定，每年可向国家贡献百万余斤余粮。1957 年坝王岭开始大面积皆伐，加之乱砍滥伐，以及公社水利条件变化而导致水源枯竭，也由于其他社会经济因素，自 1977 年以来水稻面积日益减少，粮食产量不断下降，开始吃返销粮，刀耕火种面积也急剧扩大（表 2）。

从全岛来看，农业生产还没有解决人民吃饭问题，粮、肉、油、菜不能自给，农民每年缺粮几亿斤。这与人口迅速增长也有很大关系。全岛人口 1980 年统计为 5 525 333 人，比 1952 年增加 1.13 倍，年平均增长率为 2.74%。超过了粮食增长率 2.56%。全岛现有 160 多万人吃商品粮，占总人口 1/3。一个农业劳动力要负担 1.15 人的口粮（广东省平均负担 0.51 人）。

---

† 蒋有绪，1982，生态学杂志，（4）：11-15。本文引用中国科学技术协会海南岛生态考察先遣组部分资料写成，初稿曾在 1981 年底征求批评意见。

表 1　海南岛大农业概况

各成分	海南农业结构用地面积		产值		1952~1979 年的增长率/%
	万亩	占总面积的%	亿元	占总产值的%	
农田	699	39.07	3.51	34.49	3.32
热带作物	402	22.47	4.99	49.27	12.22
（其中橡胶）	342	19.50	4.62	45.51	
林业	688	38.46	0.09	0.92	4.11
副业			0.56	5.48	0.52
渔业			0.16	1.53	1.46
总计	1789	100.00	10.15	100.00	5.02

表 2　七差公社历年生产经济状况

年份	早造水稻田面积/亩	早造总产/万斤	平均口粮/［斤/（人·年）］	收入/［元/（人·年）］	返销粮/万斤	砍山栏/亩
1977	8217	815	540	75	—	856
1978	7500	643	480	50	1	386
1979	7100	556	409	50	10	1108
1980	3454	536	491	52	53	5262
1981	3892	—	—	—	—	—

三十年来海南岛投资比例：橡胶 21.3 亿元，水利 8.9 亿元。林业总投资只有 6020 万元，其中森工 4000 万元，营林 2020 元，总共只相当一个国有农场的投资。但是，林业在海南岛实际担负着涵养和调节水源，防止水土流失，保护热带作物发展，向全岛提供全部用材和烧柴，并向国家提供一部分热带珍贵木材的任务。全岛每年消费 365 万立方米木材，生长量只有 209 万立方米，亏缺 156 万立方米（表 3）。目前粗算，森林蓄积已由新中国成立初的 1 亿立方米降至 1979 年的 6289 万立方米。长此下去，递减率越来越大，预测 2000 年只剩 1600 万立方米，到 2005 年木材资源将全部耗尽。实际上全岛年烧柴 128.36 万立方米是低估的。因为家庭烧柴如果按每人每天 2 斤计，每年烧柴需

表 3　海南岛森林资源各类消费量统计

类别	数量/（万立方米/年）
1 烧柴	128.39
2 林业木材生产	57.83
3 供销收购农具材原杂木材	22.6
4 军队用材	40.0
5 农垦用材	36.0
6 群众自用材	50.89
7 山林火灾	6.4
8 种山栏（刀耕火种）毁林	21.7
9 烧炭	0.99
合计	364.8

190 万立方米，每年木材消费亏缺 218 万立方米。这样估测，不到本世纪末，海南岛的木材和烧柴就将耗尽。

森林大面积破坏不仅带来能源危机，而且引起生态环境恶化，主要表现在局部地区旱季旱情严重，旱涝灾害频繁，水土流失严重，河流径流枯水量减小，洪水量加大，一些水库泥沙淤积增加。许多植物资源也随着天然林被消灭而大量消失或濒于灭绝，如林内的白木香（沉香）、春砂、益智、萝芙木等药用树木和植物，由于无节制伐取已很少见，红白藤也不易采到，一些珍贵树种如子京、花梨、青皮、红壳松等也难得见到。海南裸实和霉草也找不到。动物区系也发生很大变化，热带型鸟兽急剧减少，特有种橙胸绿鸠、绿皇鸠、紫林鸽、长臂猿等濒临绝迹，由于山坡次生草地面积扩大，文鸟、麻雀等取代了绯胸鹦鹉、鹩哥等种类，地栖兽类取代了树栖兽类。生物基因的损失是不能以价值来衡量的。

2　调节海南岛生态经济平衡的原则

（1）把海南岛当做一个相对独立的自然地理单元、生态系统和社会经济体系的整体来认识，是合理开发建设海南岛的生态经济学原则。

对岛屿的开发利用，应当根据其生态系统和经济系统的特点。其一需要考虑的是封闭的平衡还是开放的平衡问题。一个没有开发或开发程度低的岛屿，生态系统的结构、组成，物质循环过程往往带有很大封闭性，生态平衡和经济平衡都寓于生态系统的封闭性之中。但人类社会的发展，对岛屿的开发使之处于开放状态，岛屿的物质和能量与大陆处于交换流通过程，因此，需要在开放状态中求得岛屿的生态和经济的平衡。其二需要考虑的是依附性的平衡还是相对独立的平衡问题。这主要取决于许多因素的综合考虑，例如小面积、自然资源单纯、人口较少的岛屿往往可以较大程度地依附于大陆；反之，大面积、人口众多、自然资源丰富多样的岛屿则应较少地依附于大陆，则要求相对独立地较全面发展。对开放有要求被全面发展的大岛建设，则必须坚持开发建设中生态经济学的整体性和综合平衡的原则。

海南岛作为一个生态经济的整体对象，应当有统一的发展目标，合理的经济结构和农业结构，包括符合本岛资源条件的工矿企业和农产品加工业、轻工业，适应本岛对外交往的水运和岛内陆地交通运输，便于统筹资金和生产力、调节市场和统一经济核算的领导体制和管理体制，并具有对各部门都有约束力的关于保护自然资源和维持良好的生态环境的法制。据此制定统一的发展规划，有计划、有步骤地合理开发热带自然资源，发挥最大的热带优势。

（2）要充分认识海南岛热带生态系统的脆弱性和敏感性，充分发挥热带林生态系统的有益功能和完善包括橡胶林在内的一切人工林的有益功能，维持全岛生态环境、生产环境的稳定性。

海南岛具有很多优势，但在生态学意义上也有不少弱点。它处于热带北缘，不能与典型热带区等同，许多典型的热带动植物属在海南岛已不存在，生物种的多样性不及邻近的东南亚热带国家。马来西亚植物区系有花植物 25 000 种，在海南岛仅很少一部分，它所属的热带属基本上是以中南半岛 Kra Isthmus 为分布最南端的热带北缘属。海南岛分布的热带动植物种和引种的热带作物，实际上位于分布的最北缘，因此对于气候变化比较敏感，生物群落的弹性也相对较小，生态环境破坏后不易恢复，这对热带沟谷雨林，山地雨林等复杂的生态系统也不例外。由于热带森林生物种低密度，小生境（或生态位niche）专化，植物种子无休眠期，传布能力低，适应环境变化的能力差，动物也以专食性的居多，迁移性小，生殖率低，又因主要是生物积累，土壤相对贫瘠，而且有机质分解快，土壤淋洗作用强，热带林生态系统一旦破坏，生物组分不易恢复，土壤肥力也将很快丧失，热带森林就会向热带荒芜灌丛和旱生草坡逆行演替（G. H. Orians），海南岛长期森林破坏的演替变化已证实这一点。因此，保护热带林十分必要，开垦热带林要十分慎重。

同时，还由于海南岛受季风气候影响，降水主要靠台风雨，空间、时间分布都极不均匀。在地区上，东部多，西部少；在时间上，60%～80%降水集中在6～10月，且多暴雨，降水有效利用率低，加之河流都发源于中部山区，呈放射性向四周分布，河流短促，坡降大，河水暴涨暴落，水旱灾害严重，旱季缺水矛盾严重，而且岛上发展热作台风害频繁，冬季在北部也有低温害。因此，必须调节水源，使全年有较均匀的水可资利用，除充分利用水库蓄水和调节效能外，要保护和发挥中部山区热带林的水源涵养和调节水源作用，要建立台地平原和海岸的强大防护林体系，保护农田和热作的发展，改善地方气候，减少风寒灾害。在适宜发展热作、橡胶的地方建立具有包括防护林的多层结构的稳定而高产的人工复合生态系统。

森林大面积丧失后，土壤的辐射热输入和蒸发量增加，土壤变暖趋干，土壤动物和微生物区系显著变化，影响土壤的物质循环过程。森林的皆伐使生态系统的大量养分储备随木材输出而丧失，常年归还土壤养分的来源中断或减少，土壤趋于贫瘠，森林皆伐后，河流径流增加，土壤抗侵蚀能力减弱，因此水和物质向海洋的输出也增加。

根据海南岛现有资料和可参考资料粗略估算，海南岛天然热带林面积在1979年已比新中国成立初减少42.8万公顷（如果此数值可参考应用的话），则目前每年比新中国成立初期由于天然林面积减少而少向土壤归还干物质470.8万吨，增加年径流1.26亿立方水，增加径流含沙量20.61万吨，损失有机质（至少皆伐后的几年是如此）约1千万吨。全氮50万吨，速效钾8.5万吨，速效磷0.85万吨，减少固定辐射能2.15×10^{14}～2.97×10^{14}千卡。因此，迅速制止破坏并采取有力措施恢复热带天然林，对维护全岛生态平衡十分重要。封育次生林可以恢复成为较原始状态的热带林结构。这是海南岛扩大天然林覆盖率的唯一途径，因此，要克服认为次生林经济价值低而不重视的片面性，认识次生林作为基因库在自然生态平衡中的潜在价值。

此外，海南岛的一些资料说明，在台地灌丛草地种植橡胶成功也明显改变了小气候状况，林下中生草本植物代替了原来的半旱生性草本植物；现有胶园良种化、林网化、梯田化、覆盖化，可以使胶园向稳定的生态系统发展，有利于全岛的生态平衡，发展橡胶、茶、胡椒、咖啡、南药、豆科植物等套种的多层结构人工群落的生产试验，符合生态系统在时间、空间上充分利用物质和能、建立合理的和高效率的物流和能流结构，提高系统生物生产力的原则。因此，现有300多万亩橡胶园和其他热作栽培群落都能向高产的稳定生态系统发展，对于海南岛的生态平衡也十分重要。对于人工用材林、薪炭林、防护林等也应如此要求。要使各类生态系统都能成为相对稳定的系统，并在担负一定的经济任务时，尽可能充分发挥其生态效益，这是建立海南岛新的生态平衡的必由之路。

（3）要使全岛的生态平衡和经济平衡相结合，全岛开发建设的长远利益和近期利益结合，这就要求全岛的生态系统结构和经济结构合理，物质和能量输入，输出相平衡，使岛屿生态系统同时具有较高的生态效益和经济效益。为此，发展以陆地"农林业"（agro-forestry）为主体的热带种植业、水陆交接区（港湾、滩涂、浅海）的热带水产养殖业，以及海域捕捞业为内容的热带立体大农业，是符合海南岛开发的生态经济学原则的。

"农林业"就是以木本植物为主的种植业，就是具有农业功能的林业，或具有林业功能的农业。木本植物可以更好地全年利用气候资源和土壤中的养分水分。种植的木本植物可以广泛地适应各种土壤、气候条件，减少水土流失。几乎各种立地条件都可以找出适应生长的乔灌木种类，这就大大扩展了可以发展的作物种类，可以向人类提供十分广泛的产品。海南岛的农林业将包括热带林业（水源林、珍贵用材林、薪炭林、防护林），包括橡胶在内的各种热带特种经济林，如热带木本粮油、热带水果、热带纤维，藤本香料、蜜源、药材等等。当然热带农林业并不排斥应当发展的草本作物如稻谷、甘蔗、番薯等。总之，应当因地制宜，根据需要合理安排。许多有价值的东西在海南并没有作为事业经营。例如，椰子目前只当三级水果经营，但椰子浑身皆宝，认真加工椰丝、椰油、椰棕、椰壳，利润就可以翻几番。此外，如本地木棉和爪哇木棉，生长很适宜，木棉纤维很受欢迎，价格也很贵，但这里从不经营，只采现成的，而且把枝条打下来，破坏性很大；腰果在海南岛西部干旱的燥红土上能生长，它耐热耐旱耐贫瘠，可能外贸政策不落实，也无人发展，种了的也很荒芜。据调查，其他作物不宜利用而适宜腰果的土地在海南岛约有 20 万亩。芒果在国内外市场都受欢迎，它也耐干旱，可在西部发展。过去乐东县的芒果有好品种，现在也很少见了。至于热带珍贵树种更多，都是高级家具和桥梁船舶用材，也是只采现成的，搞一次性消费，从来没有认真投资研究如何人工栽培经营。热带树种还有像新近发现具有治血癌特效成分的海南粗榧。热带农林业所提供的产品虽然并非都是食品，但产值很高，可以促进粮食和其他食品生产，如提供资金购买化肥，提高稻田单产等。

热带农田建设和农业生产也要注意如何利用全年的生产期，充分发挥热带的生产潜力。可以建立以水稻、甘蔗、花生、番薯等为主要内容的合理轮作制，轮作的结构也要因地制宜安排。

就牧业来讲，海南岛也是有前途的，但发展方式可以探讨。据资料，可牧草坡全区还有 300 万～500 万亩，都是经多次破坏的次生草地，草质差些，作为单一经营的牧场并不妥当，但可以造林加以改造。许多宜林荒地，造林改善土壤和草质后也可放牧。如果在次生灌丛草地上种上台湾相思、垂耳相思、银合欢就可以使旱生草类演替为中生草类，可以提高可食性和载畜量。沿海沙荒地上种椰子，在椰林下放牧是当地居民已有的经验。现农垦部门利用橡胶林下的草本植物来圈养牛，10～15 亩地养一头，利用牛粪作为橡胶树的肥料，符合生态系统物质循环的规律。提高生态系统的生产力，不仅对橡胶有利，也为社会生产了肉类。在可能的条件下人工种植高产优良牧草，刈割青草圈养牛羊，可以避免山坡放养牲畜，践踏土壤，破坏植被，造成水土流失。

维持海南岛生态平衡，要保持岛屿生态系统的能量平衡，特别是作为能源的薪材的收支平衡。海南岛经济目前基本上是农产品生产（即初级产品生产）而且以低价格的原料形式输出（如橡胶、胡椒、麻、椰子、肉、皮张、蔗糖等），实际输出的是由岛上绿色植物光合作用固定的能量（无论是第一、第二性产品）的输出，而输入的基本上是价格高的日用、工业品，能量输入只有煤和粮食。煤主要是作为工业燃料用，不参加农业生物能量的合成和消费。因此，全岛作为生态系统的能量输入输出不平衡，在海南岛本身辐射能实际利用率低和缺乏能源的情况下，从生态和经济观点来看，这样做都是不合理、不合算的。海南岛应当改变农产品原料和初级加工输出，转变为发展商品生产以加工农产品原料的轻工业产品出口，才能积累资金，拥有扩大再生产能力。

在海南岛能量输入、输出不平衡的情况下要解决岛内作为主要能源的薪材的消费平衡，使全岛森林资源除解决经济用材外，能供应全岛的薪材有余，也就是要使木材的消费量相等于生长量，这就需要从现在做起，花费很大的气力来保护现有林，营造人工林。岛内生活能源不能取得平衡，全岛的经济发展和生态平衡就没有保障。

3 调节海南岛生态经济平衡的对策

根据海南岛的实际情况和上述调节本岛生态经济平衡的原则，现提出海南岛大农业和生态平衡的若干对策供参考。

（1）以热带木本经济作物、热带林木为主体的热带农林业、热带水产养殖业和海洋捕捞业为重点的热带立体大农业，作为海南岛农业建设的发展方向。粮食争取逐步自给，畜牧业以适当方式发展具有特色的品种，建立以丰富多样的热带农产品为原料的加工业。

（2）抓好水利（结合水电）建设和林业建设，是克服海南岛旱、风自然灾害，解决能源，保证农业生产条件和维护生态平衡的两大重要支柱，供应化肥，种植绿肥，科学种田，提高农田单产水平。近期切实抓好现有水利配套工程，充分发挥现有水利、电力设施的潜力，开展全民造林和改良农田，培训农业技术干部。

（3）严格保护现有天然生态系统（原始林、次生林、红树林、滩涂及近海生态系统），发展与完善人工生态系统（农田、热作多层人工群落、防护和用材多效益的人工林体系、人工草场和水产养殖场）相结合，是建立海南岛新的生态平衡的途径。要建立和健全自然保护区，切实制止乱砍滥伐，橡胶林以巩固、完善、提高单产为主，充分利用荒山荒地，因地制宜，造林和发展热作。

（4）以扬长避短、因害设防、合理布局为指导方针，进行全岛大农业的总体规划和分区对策安排，统一部署，有计划有步骤地发展海南岛大农业。

（参考文献从略）

中国林学会等五个学会联合组织
海南岛的综合科学考察[†]

在 1980 年召开的"热带亚热带山地丘陵建设与生态平衡学术讨论会"上，一些科学家建议，组织一次专门探讨海南岛建设与生态平衡的综合考察和学术会议。

1981 年初，中国林学会与中国生态学会、植物学会、地理学会、热作学会共同受国家科委、农委和中国科协的委托，筹备和组织了 16 个学会参加的"海南岛大农业建设与生态平衡"综合考察工作。为了作好这项工作，建立了由童大林、何康、刘述周，林勃氏、黄秉维、马世骏、侯学煜、阳含熙、吴中伦、朱济凡，黄宗道等同志组成的领导小组。整个工作分准备资料、科学考察和学术会议三个阶段。

1981 年五六月间，筹备组为做好考察准备工作，在广泛参阅以往有关调查材料的基础上，派出了由朱济凡同志带队的，主要由中青年科学家组成的先遣调查组，赴海南岛进行了一个月的实地调查研究，参加这次调查工作的有林学、生态、动物、植物、热作、地理、农经、林经，水利和系统工程等多方面的科技工作者，在海南行政区党政领导的支持配合下，行程 2223 公里，参加了 38 次座谈会，很好地完成了收集资料，了解情况，摸清问题的任务。于 9 月 4 日至 7 日在北京，召开了向国家科委、农委、中国科协以及 16 个学会的有关领导和专家的汇报会，汇报了"海南岛开发现状和存在问题"等 9 个调查报告。会议还讨论制定了 11 月下旬进行正式科学考察的计划。一些知名的老科学家如黄秉维，马世骏，侯学煜、吴中伦、朱济凡、席承藩、阳含熙、林英、黄宗道等都将参加部分考察工作。考察的重点是：一、分析研究海南岛森林资源的现状和问题，评价森林对维护全岛生态平衡和发展热带作物等大农业建设的实际作用，评价当前的生态环境，调整恢复生态平衡的途径；二、分析研究如何充分发挥热带自然条件的优势，发展多种经营的途径，如何确定海南岛大农业的合理结构和经济作物、土特产品的加工业调整、发展问题，大农业发展中如何更好地协调国家、集体、个人三方面的经济利益等。

预计 1982 年春召开学术讨论会，将充分讨论科学考察的结果，向国家提出海南岛大农业建设与保持生态平衡的建议，为中央指导海南岛实现农业现代化提供科学论据。

† 蒋有绪，1982，林业科学，18（1）。

关于海南岛大农业建设途径的探讨[†]

海南岛是我国第二大岛，地处热带北缘，是我国最大的一个热带地区，自然资源丰富，在社会主义建设中有着非常重要的地位和意义。新中国成立三十多年来，海南岛的建设取得了很大成绩，但是，由于过去经济建设中的左的思想影响，在海南岛的开发建设上出现的一些问题，以致没有充分发挥其应有的作用。对此，党和国家以及学术界一直非常关心。为了广泛动员我国的科技力量，研究解决海南岛开发建设中的问题，经国家科委、国家农委、中国科协和广东省政府商定，委托中国生态学会、中国地理学会、中国植物学会、中国农学会（中国热作学会）、中国林学会五个学会负责筹备，邀请气象、土壤、动物、水利、水产、海洋、环保、林经、农经、系统工程等学会，组织多学科的自然科学家和经济学家，自 1981 年上半年开始，对海南岛进行一次大规模的综合性的关于大农业建设和生态平衡的科学考察活动和学术讨论活动。这次考察的目的和任务是从实际出发，实事求是，解放思想，以全局的、经济的、生态的和发展的观点，根据海南岛的自然和社会经济条件，探讨如何充分发挥海南岛的优势，在保持生态平衡的基础上，持续地合理地利用自然资源，发展多种经营，尽快使海南岛人民富裕起来的途径，向国家提出海南岛大农业建设的建议。

鉴于这次考察对海南岛今后的建设发展的影响较大，而且涉及学科多、面广，组织工作繁重，特成立了考察领导小组，下设一个由各学会推荐的中年科学家组成的筹备组，具体筹备各阶段的活动。整个活动分为准备、考察和学术讨论三个阶段。目前，考察的第一、二阶段活动已圆满结束。

1 海南岛的问题在哪里?

经过考察，考察组一致认为，自新中国成立以来海南岛经济还是有了较大的发展，特别是粮食、橡胶的生产和水利建设都取得了显著成绩。1979 年粮食产量 23.1 亿斤，是 1949 年 7.6 亿斤的三倍多，平均每年递增 3.7%；目前海南岛农田灌溉面积 394 万亩，割胶面积 154 万亩，年产干胶 7 万多吨。1980 年全岛农业总产值 10.15 亿元，比 1952 年增长 2.9 倍，平均每年递增 5%，这个速率是不算低的，主要是依靠橡胶产值的增长。但以全面的、生态的、经济的观点来衡量，海南岛过去三十年来的开发建设存在以下两个主要问题。

（1）工农业生产水平低，经济结构不合理，经济收入少，经济基础薄弱。海南岛虽然自然条件具有不少优越性，生产潜力较高，但实际工农业生产能力一般落后于广东省与全国平均水平，粮、油、肉都不能自给，有些作物年际波动较大，甚至大起大落：如

† 蒋有绪，1982，关于海南岛大农业建设途径的探讨，见：罗涵先主编，农业经济，北京：中国农业出版社，224-226。

粮食总产量常年约 25 亿斤，歉年减到 23 亿斤以下，丰年也只有 29 亿斤，每年需调入大米，花生等油料作物调入量摆动于 18 万斤到 763 万斤，全岛工农业总产值 1980 年人均 315 元，是全国人均 635 元的一半；生产发展的停滞使社员集体分配水半很低，增长很慢，1966 年人均 63.9 元，1979 年 65.87 元，1980 年也只有 69.95 元。除了自然条件中有明显的春旱、台风、暴雨、低温等对农业生产不稳定的因素外，主要是"左"的错误思想的影响，如只强调粮食生产，限制乃至砍掉多种经营，使农业内部比例失调；工业大搞所谓"支农"的农机厂、机械厂、水泥厂、化肥厂等等，由于缺乏原料和动力而成为无米之炊，以至长期亏损，这些工业不仅不能支农，反而阻碍了那些投资少、见效快、原料多、效益高的农产品加工业的发展，而且还要用并不多的投资来倒贴长期亏损的工业企业，因而大农业和工业的发展都相互受到明显的消极影响。

地方党政领导和考察组的科学工作者还有一种意见，认为国家有关领导部门对海南岛的建设方针不甚明确，没有处理好开发建设与提高人民生活的关系，以及领导管理体制上的缺陷，使全岛缺乏统一的规划和管理，政出多门，矛盾重重，这也是影响海南岛农业生产发展的重要原因。过去对海南岛的开发建设方式主要是把海南岛作为原料生产基地，由各有关部门按系统进行投资，以中央或省属国有企业方式，生产或取得农产品或原料，如橡胶、木材、盐等等，对扶持和发展地方经济，对解决当地群众就业，提高他们的文化知识和科学技术，共同走上富裕和现代化的道路注意不够。由于这种以条条方式进行开发建设，就往往产生部门间不协调的现象，以至产生所谓"场社矛盾"农场、林场与社队之间的矛盾）。"林胶矛盾"（林业部门与农垦部门对林地开发利用等问题有不同的意见）等等全岛建设也缺乏统一的总体安排和有效的管理，而且这种状况越来越难以适应现代化建设的需要。因此，认为有必要在管理体制上有所改进，以有利于海南岛大农业、工业的全面发展。有一种意见则认为，有关部门，如农垦部门和冶金部门投资经营国有农场和铁矿等企业，起到了促进地方经济繁荣和人民文化教育的提高，不能认为这种方式和体制本身有缺陷，主要是管理上的不完善和缺乏协调，可以从经济上和其他方面通过必要的政策、制度来保证中央、省属企业对地方承担合理的义务。

（2）森林和生物资源遭到严重破坏，土壤侵蚀加重，有些地区生态环境已经变坏，海南岛在历史上基本上都覆被有原始森林，历经人类的活动到新中国成立前夕，已发生了很大变化，据 1956 年调查，全岛剩下的天然林尚有 1295 万亩，经过二十多年的砍伐和各种破坏，现在只剩下 608 万亩，而且林分质量下降，低山、丘陵、台地的季雨林、落叶季雨林已基本消失。中部山区热带沟谷雨林、季雨林面积也急剧减少，海拔 900 米以下天然林幸存得不多。森林破坏形成大面积稀树灌丛草地或林相残破的次生林、岗松芒箕草地、茅草干草坡，甚至石质荒山，大大减弱或失去了保水固土的作用，一些地区枯水期流量减少或断流，小气候发生不良变化，局部地区生态环境恶化。全岛中低山及部分丘陵区土壤侵蚀加重。

由于森林面积急剧减少，不少动物日益失去赖以生存栖息的环境，热带型鸟兽急剧减少，海南岛有鸟类 344 种，已有 100 余种不易见到，特有鸟种橙胸绿鸠、绿皇鸠、紫林鸽，以及黑冠长臂猿等栖树兽类都面临绝种。劣势鸟种文鸟、麻雀等取代了绯鹦鹉、鹩哥等。近海水生生物资源也遭到破坏，大量珊瑚礁被当做烧石灰的原料来开采，破坏了近海水生生物栖息环境，加之过度的捕捞等原因，使得鱼、虾、藻、浮游生物等区系发生很大变化，优质的经济鱼虾种类减少了。

考察中对于森林究竟在多大程度上影响海南岛的气候问题上有以下看法，即森林资源的变化并没有改变海南岛由于天气系统所决定的气候基本特征，但对于森林对周围环境的影响，包括对小气候状况的影响是肯定的，森林对维护海南岛的生态平衡有着重要的作用。但考察中对海南岛的生态平衡失调的严重程度还存在一些不同的认识和见解。一种意见认为海南岛作为一个海岛生态系统的整体，大面积森林生态系统的变化所引起的水源涵养能力的减弱，土壤侵蚀和小气候的变化，以及对作为能源的薪材供应的变化，会给海南岛能量转化和物质循环的平衡带来全局性的影响。另一种意见认为海南岛只存在局部地区生态平衡失调问题，认为全局性的失调问题不仅没有足够的数据，而且认为海南岛粮食增产和其他作物的增产也不可能是在生态平衡失调情况下取得的。

2　建设成什么样的海南岛？

究竟海南岛的自然地理特点是什么，优势表现在哪些方面，它的农业发展方针应当如何确定才是正确的，才符合海南岛的客观实际，也就是说，应当建设成什么样的海南岛，才能使这个宝岛在祖国四化建设中发挥最大的作用？

考察组初步分析认为：海南岛是我国的一个热带大岛，热量丰富，光能充足，雨量充沛，生物生产潜力很大，这里可以生长和引种许多热带经济作物，水果，珍贵林木和热带鱼虾。海南岛是我国可以因地制宜发展丰富多样的热带种植业、热带养殖业和其加工业为主体的重要热带农业区，而且应当是我国投资效果较好的农业区。海南岛虽然仅占全国土地面积的 0.35%，但拥有极丰富的自然生物资源。堪称我国难得的热带生物基因库。这个基因库及其所赖以存在的地理环境和生态系统，为我国提供了热带地理、热带生物的重要科研基地。由于它具有独特的热带风光，也是冬季避寒胜地，旅游业前景十分广阔。海南岛居住着少数民族 120 万人，又地处海疆前哨，是联系东南亚各国的交通枢纽，是我国政治、军事、对外经济活动的重要场所。海南岛作为一个开放地区，可以充分发挥它的有利条件，以引进和吸收外来先进技术、经营管理方法和资金进行经济建设和经济改革。为把一个比较落后的地区较快地建成现代化地区提供许多有价值的实践经验。要保护好海南岛的热带景观、丰富的热带生物资源和土壤资源，在资源利用上要做到短期利益与长远利益相结合，单一利用与综合利用、综合效益相结合，保护与开发相结合的原则，使海南岛热带再生资源越来越丰富，环境质量越来越好，成为我国名副其实的美丽富饶的热带宝岛。

3　当前要抓的关键问题是什么？

海南岛要调整好大农业结构，恢复和保持生态平衡，以期较快地发展经济，使海南人民富裕起来，考察组初步提出当前要抓好的几个问题如下。

（1）恢复、保护和大力发展森林。要切实停止对森林的乱砍滥伐，林业部门要把三大采伐林场的企业单位改为营林事业单位，加强对水源林和各类自然保护区的保护，做好封山育林，使次生林恢复为质量较好的天然林，积极落实山林权，发展国有、集体和个体经营的薪炭林和用材林，发展与热作相结合的防护林，岛屿四周营造海防林，城镇附近建立林场以满足企业及城镇居民的用材需要。总之，要把海南岛的林业作为全民事业来发展。

（2）积极发展热作。国有农场的橡胶要以巩固和提高干胶单产为主。发展热作要国有和民营两条腿走路，因地制宜，做好规划，保证质量，提高单位面积产量，国有农场要给民营以技术指导和扶持。

（3）抓好水利建设，进一步改善农业生产条件。提高精耕细作水平，改进耕作制度，科学种田，逐步争取粮食自给。

（4）保护近海水产资源，发展远洋捕捞，积极开展淡水、海水养殖业。

（5）争取粮肉自给。粮食生产要努力提高单产；畜牧业以分散集约经营为主，大力发展海南传统畜禽品种，适当建立出口基地。

（6）发展以农产品为原料的食品工业、轻工业。

为此，建议除国家增加对海南岛必要的投资外，地方应多渠道筹集资金，包括收集民间资金，鼓励发展新的经济联合体，积极稳妥地引进外资、侨资，积极发展与国内先进地区的经济合作等途径；要加强交通运输的建设，发展教育，培养人才，改进体制，加强科学研究工作，做好经济发展的各项准备工作。

海南岛大农业建设和生态平衡考察报告†

三十年来，海南岛的开发建设取得了巨大成绩；同时，由于对热带地区自然规律认识不足，开发建设缺乏经验，以及"左"的思想影响，也还存在不少问题。对于海南岛大农业建设和生态环境状况的评价和今后发展方向，一直是有关部门和科学家们关心的问题。国务院于 1980 年 7 月曾就海南岛问题召开过座谈会，并批转了座谈会纪要，即国发〔1980 年〕202 号文件。在此基础上，国家科委、原国家农委和中国科协于 1981年 5 月至 1982 年 1 月间组织了近二十个学科的 65 名科学工作者，对海南岛大农业建设和生态平衡问题进行了综合科学考察，并通过多种形式与广东省、海南行政区的各级干部和科学技术工作者广泛交换意见。1983 年 5 月又召开了有二百多位科技工作者和行政领导干部参加的学术讨论会，按照中共中央、国务院关于加快开发建设海南岛的指示精神，对考察组提出的考察报告及建议作了认真讨论和修改补充。现对海南岛自然条件的优势和弱点，三十年来大农业建设的成就和问题，以及今后大农业建设的方向，向中央和有关领导部门作如下报告。

1 海南岛自然条件的优势和弱点

海南岛是一个自然资源和自然条件得天独厚的宝岛。

海南岛热量丰富，光能充足，雨量丰沛，是我国最具热带气候特征的地区，热量资源、光温配合和作物生产潜力都居全国首位。生产试验中曾有稻、稻、薯一年三熟，亩产折粮 4700 斤，以及甘蔗亩产 29 吨、干胶亩产 200 公斤的高产记录。

海南岛是我国最大的天然温室。最冷月平均温度比我国南方其他地区高 2~6℃，极端最低气温高 1~6℃。作物越冬条件优越，引种的许多热带作物和热带林木都能在一定条件下生长。它是全国农业良种冬繁和发展橡胶等物最主要的生产基地。

海南岛陆地面积仅占全国土地总面积的 0.35%，但却是我国最大的一块热带地区。全岛总面积 5086 万亩，其中宜农宜林、宜牧面积 3377 万亩，已开发利用 2113 万亩，尚有 1264 万亩可供开发利用。海南岛海域辽阔，海岸线长达 1477 公里，渔场面积约78 000 平方海里，近海滩涂约 38 万亩，有很大开发利用潜力。

海南岛拥有丰富的生物资源。全岛维管束植物 4200 余种（其中海南岛特有种 500 余种），约为全国维管束植物种数 1/7。乔木树种近千种，约为全国的 1/3。兽类 77 种，占全国的 21%。鸟类 344 种，为全国的 26%。海南岛水产资源也很丰富，鱼、虾、贝、藻多达 700 余种，其中经济价值较高有 40 多种。

---

† 本报告和建议是蒋有绪在 1981~1983 年任该综合考察队筹备组长、考察队及后来的学术讨论会秘书长期间，根据考察及讨论意见后于 1983 年向中央及有关部门报告所写，曾多次讨论后定稿。

海南岛有丰富的水资源。全岛平均年径流深 875 毫米，径流总量 297 亿方，人均年径流量 5380 方，约为全国人均的 2 倍。地下水的天然动储量 74.8 亿方，理论可开采量理论可开采量 25.3 亿方。水能资源理论蕴藏量 99.5 万千瓦，可开发蕴藏量 64.75 万千瓦。潮汐能资源 6.5 万千瓦。岛上尚有相当丰富的地热资源以及铁、锰、钴、铜、铝、钛、褐煤、石油、油页岩等矿产资源近 30 种和丰富的盐业资源。

以上是海南岛工农业经济全面发展的主要物质基础。它可以提供我国其他地区不能提供的各种热带产品。它所具有的热带生物资源是我国重要的物种基因库。它特有的热带景观则是开展我国热带地理、热带生物、热带海洋、热带药物等科学研究的重要基地；也是发展旅游业的一个重要基地。

海南岛地处海防前哨，是我国的南大门，既是军事重地，又是交通要道，地理位置十分重要。加速海南岛的开发建设，使其繁荣富裕起来，无论在政治、经济、军事以及科研上都有极其重要的意义。

但是必须指出，海南岛的自然条件也有其脆弱的一面，主要是：

（1）季风热带气候的不稳定性，旱涝频繁，常受台风侵袭，北部偶有寒潮危害；

（2）雨量集中，水分不易贮蓄，土壤淋浴作用强烈，有机质分解快，耕地土壤肥力不易保持，土壤失去覆盖后侵蚀严重；

（3）由于热带生态系统固有的脆弱性，森林和生物资源遭到破坏后难以恢复，这对处于边缘热带的海南岛尤其应该引起重视；

（4）海南岛四面环海，目前交通运输设施不足，基本上还是一个封闭地区，经济、文化、技术交流受到限制。

因此，认真处理和协调好开发与保护、经济建设与生态平衡等各种关系。

2　海南岛大农业建设的成就和问题

新中国成立以来，特别是贯彻落实党的十一届三中全会精神、国务院 1980 年 202 号文件和农村生产责任制的政策以后，海南岛大农业生产发展迅速，人民生活显著改善。1982 年工农业总产值约 23 亿元。其中，农业总产值 15.3 亿元，为 1952 年 2.57 亿元的 595%。1979 年到 1982 年四年平均每年递增 9%，比 1952 年到 1978 年平均递增 4.5% 高一倍。1982 年农民人均收入达 240 元，比 1978 年增长两倍多，比 1957 年增长 5.5 倍。

三十多年来，粮食产量有较大增长。1982 年总产达 26 亿斤，为 1949 年 7.6 亿斤的 342%，平均递增率为 3.8%。目前农村口粮已经基本得到解决。油料总产 6574 万斤，为 1949 年的 562%，平均年递增 5.4%。甘蔗总产 168.85 万吨，为 1952 年的 1140%，平均年递增 8.4%。

新中国成立后海南岛共兴建大小蓄水工程 2807 宗，引水工程 2903 宗，灌溉面积达 394 万亩，其中旱涝保收面积约 245 万亩，为新中国成立初期的 35 倍，在很大程度上改善了农业生产条件和人民生活用水问题。全岛水力资源的开发也取得很大成绩，现有水电装机容量近 20 万千瓦，这对缺煤的海南岛具有重要意义。

三十多年来海南岛的橡胶种植业有了很大发展，1982年种植面积达398万亩（其中民营94万亩），干胶总产近10万吨。原产于赤道高温多雨静风密林条件下的橡胶树，在北纬18°以北季风热带的海南岛大面积种植成功，具有重要的经济和科学意义。其他热带经济作物也有不同程度的发展。

林业、畜牧业、渔业也都有所发展。共营造海岸防护林、橡胶防护林、农田防护林等463万亩，对防风固沙、改善局部地区环境起了一定的作用。1982年末猪存栏量207.9万头，牛存栏量80万头；水产产量达116万担。

海南岛的开发建设虽然取得了很大成绩，生产面貌和人民生活发生了显著变化，但是也还存在着不少急需解决的问题。主要有以下两个方面。

（1）在经济上，原有基础薄弱，农业生产水平低，工农业经济结构不合理，国民收入低微。

海南岛自然环境优越，生产潜力很大，然而目前的农业生产条件和实际生产水平一般还落后于广东省与全国的平均水平，有的方面差距很大。例如，1979年每亩平均施用化肥量广东省为135斤，全国为70斤，而海南岛仅35斤。1982年水稻平均每亩单产仅372斤。因此，每年仍需调入粮食四五亿斤。

全岛工农业总产值不高，每人平均产值仅为全国平均值的一半。工业产值比例小，经济效益差。每人平均能源消费量合标准煤只有200公斤，相当于全国水平的1/3。社员每年集体分配水平很低，增长很慢。1957年为37元，1966年增到63.9元，1980年仍只有69.95元，近两年农村形势越来越好，1981年达157元，1982年才有了较大幅度的上升，达240元。

过去阻碍海南岛生产发展的原因主要有以下几方面。

从历史上看，经济发展的起点低，条件差，资金拮据，虽然发展速度不慢，但实际水平较低。

从自然条件看，海南岛存在不利于农业生产的一面。例如旱季明显，春旱尤其严重；降水不稳定，时空分布差异大；每年受台风侵袭，北半部春秋季还有清明风、寒露风等低温冷害。目前本岛的水利设施和林业建设等还不能有效地抗御自然灾害，农业生产很不稳定。此外，热带土壤的有机质分解迅速，保持水肥能力较差，加上化肥短缺，影响了农作物产量。

从主观原因看，主要是长期受"左"的错误思想影响。如过去长期单纯强调粮食生产，限制了必要的多种经营，以致农业内部比例失调，使大农业中互为条件的农林牧副渔各业之间失去应有的有机联系。过去兴建的农机厂、机械厂、化肥厂、水泥厂等，由于缺乏原料和动力，成了"无米之炊"，长期亏损，把为数不多的农业利润贴补给工业企业，影响了大农业的发展。工业和农业的发展不够协调，农业生产中经济作物发展水平过低，岛上年产2万吨食品罐头厂的生产能力远未吃饱；1982年扩大甘蔗种植面积，甘蔗大幅度增产，制糖能力不敷需要。

"左"的错误影响还表现在工农业生产中科学技术没有受到应有的重视，长期存在着耕作粗放、管理不善、浪费资源等现象。许多兄弟民族集居地区的生产能力更低，生产水平更差，也和文化教育不发达密切有关。

（2）在生态上，森林和生物资源遭到严重破坏，土壤侵蚀加重，有些地区生态环境变坏。

一千年前，海南岛基本上被覆着原始森林。由于历史上长期的人类活动，到新中国成立前夕已发生了很大改变。据 1956 年调查，全岛尚剩天然林 1295 万亩。经过二十几年的开发，到现在只剩下天然林 608 万亩，而且林分质量下降。海拔 900 米以下的天然林幸存者不多。低山丘陵台地的常绿季雨林、落叶季雨林已基本消失。中部山区热带常绿季雨林、山地雨林、沟谷雨林等面积急剧减少。海南岛主要河流发源地五指山的水源林地也遭到严重破坏。

过去对海南岛森林资源强调开发利用多，注意保护和发展少。长期以来，林业部门重视采伐，忽视营林和更新。全岛煤炭资源缺乏，生活用柴每年消耗 128 万立方米（约占能源消费量的 60%），加上刀耕火种的原始耕作方式和不适当的开垦等原因，造成海南岛森林资源急剧下降。这个趋势至今仍在继续。

海南岛森林经过反复破坏，已形成大面积的稀树灌丛草地或林相残破的次生林、岗松芒萁草地、茅草干草坡，甚至石质荒坡，大大地减弱或失去保水固土的作用。一些地区枯水期流量减少，小气候发生不良变化，从而使局部地区生态环境变坏。

由于森林面积不断缩减，不少动物日益失去赖以生存栖息的环境，热带型鸟兽急剧减少。海南岛已有 100 余种鸟类不易见到，特有鸟种橙胸绿鸠、绿皇鸠、紫林鸽以及黑冠长臂猿等栖树兽类都濒临绝种。文鸟、麻雀等取代了绯鹦鹉、鹩哥等种类。岛上的珍贵树种，如坡垒，近于灭种；子京、花梨、海南粗榧等已难以见到；林内的白木香、砂仁、益智、萝芙木等药用植物以及红白藤等有用林产品也都不易采到。沿海的红树林新中国成立初有 12 万亩，现在只有 3 万亩左右，减少了 3/4。

海南岛中低山及部分丘陵的土壤资源，三十多年来受到不同程度的破坏，土壤侵蚀加重。山区以片蚀作用为主，裸露地及坡足也有沟蚀。花岗和白垩纪红色岩系分布区常发生崩岗和浅层滑坡。就全岛而言，以昌化江流域和南渡江上游为中心的西部地区侵蚀较强，侵蚀模数多年平均为 186.4 吨/平方公里，东部地区 163 吨/平方公里，北部丘陵台地区 97.4 吨/平方公里。土壤侵蚀随时间推移的变化也是明显的，如万泉河加积站，70 年代比 60 年代平均每年要多输沙 34.58 万吨（指径流中的悬移质而言）。海南岛山区和部分丘陵台地熟化土层一般厚 20 厘米左右。这里雨量集中，最大降雨强度 24 小时可达 700 毫米。雨滴对土壤的击溅作用特别强，容易引起土壤侵蚀，"刀耕火种"地的头年土壤侵蚀可深达 1～2 厘米。

海南岛土壤侵蚀加重还表现在：无森林山区土层变薄，岗松地基岩裸露或只剩下贫瘠的粗骨土，一些水库和塘堰淤积加重。万泉河的乘坡段、南沙河上游段河床都有淤高的趋势。1977 年白沙县部分草山区因浅层滑坡和崩岗带下来的泥沙冲毁农田五千余亩。

引起海南岛土壤侵蚀加重的原因是多方面的。主要是由于森林的破坏，降低了植被覆盖率。其次是刀耕火种和山火，破坏了土壤结构，提供了侵蚀的条件。三是基本建设中的弃土，如山区新开公路、城市建设弃土等，都使侵蚀加剧。

近海的水生生物资源也遭到破坏。沿海大量的珊瑚礁被当做烧石灰的原料开采，破坏了水生生物的栖息环境。过度的捕捞，使得鱼、虾、贝、藻、浮游生物等区系成分发生很大变化，优质经济鱼虾种类减少。目前排放入石碌河的工矿污水，不仅影响下游居民健康，还使得昌化江河口外的海域污染，水质变坏，鱼、虾等资源日益减少。

新中国成立三十多年来，海南岛有些地方生态环境确实变坏，但也应当看到，有一些地方较之过去有所改善。如沿海平原台地，五十年代末开始大规模营造防风林，营造橡胶等经济林和防护林,以及部分农地改旱地为水田等,使沿海的风蚀减弱,砂丘固定。平原台地森林覆被率的增加,合理农田生态系统和经济林的复合生态系统的逐渐形成,已出现一个向着有利于建立新的、良好的生态环境的发展趋势。近两年涌现出的国有农场、林场和社队合作造林、专业户造林等多种承包形式,以及改秋种为春种、改裸根苗为营养砖苗等技术改革,在琼海、陵水等县出现了成片、成活率高的人工林。这些好经验应大力推广。

3　海南岛大农业建设的方向

1980年国务院第202号文件和1983年中共中央、国务院第11号文件,是中央和国务院对海南岛开发建设作出的战略决策,为海南人民,也为海南岛的大农业建设指明了方向。

遵照中央和国务院指示的精神,海南岛的大农业建设要充分发挥海南岛自然条件和自然资源的优势,扬长避短,因地制宜,合理安排,全面发展。要以热带作物,尤其以热带木本作物和热带林木为重点,全面发展农林牧副渔各业。在热带作物中,既要努力提高橡胶的生产,也要积极发展热带水果、南药、饮料、香料等经济作物。在农业生产中,既要努力发展粮食生产,也要重视发展糖、油、肉、菜。此外,还要充分利用海南岛广阔的海域和水库、鱼塘大力发展渔业生产。并在此基础上,发展具有海南岛特色的加工工业和对外贸易。

在考虑海南岛的大农业建设方向和结构时,必须把自然保护,把经济效益和生态效益,把当前利益和长远利益很好地结合起来。要大力保护和发展森林,积极发展水利建设,保水保土,保护生态环境,改善生产条件,使海南岛的生物资源得以不断再生更新,欣欣向荣,永续利用。

海南岛的大农业建设还必须注意提高经济效益。在当前尤其要注意发展收益高、见效快的经济作物如甘蔗、反季节水果和蔬菜及淡水养鱼等,增加近期收益,以短养长,长短结合。

海南岛是一个相对独立的自然地理单元和社会经济体系,必须在当地党委强有力的统一领导下,制定经济建设的总体规划,统筹兼顾,全面考虑,合理调整农业内部结构,相应调整农轻重的相互关系和发展比例,改变农副产品作为原料大部分外调的状况,就地发展加工工业,提高产品价值,增加资金积累。

粮食生产是农业生产的基础,应在保持现有粮田面积的条件下,加强农田基本建设,提高科学种田水平,不断提高单产和总产,努力提高粮食自给率。为此,首先要加强水利工程的维修管理,抓好续建配套,充分发挥现有水利设施的效益,并建议适应增加水利建设投资,在重点干旱地区兴建中小型骨干工程,扩大旱涝保收、稳产高产农田的面积。同时要努力提高土壤肥力,除大力提倡种植绿肥外,建议适当增拨化肥,以充分利用海南岛充沛的光、热、水资源,发挥增产潜力。

要积极发展多种经营。扩大糖、油、肉、菜等生产,努力提高商品率,改善本岛人民生活,并争取增加出口。保护和合理利用近海水产资源,积极创造条件开辟外海渔场,大力发展海水和淡水增养殖,提高渔业生产水平。

海南岛是我国最佳植胶地区，现已建成颇具规模的天然橡胶生产基地。目前国有农场的宜胶土地基本上都已种上了橡胶，应以提高经济效益为中心，整顿提高现有胶园，提高橡胶单产。海南岛农民种植的橡胶已有 94 万亩，目前农村社队还有一定面积的宜胶地，应将社队经营的橡胶纳入国民经济计划，统一规划，加强领导。国有农场应继续在资金和技术上给予支持，不断提高民营橡胶的生产管理水平。

在大力发展橡胶生产的同时，为了充分发挥海南岛的热带优势，应积极发展其他热带经济作物。椰子、咖啡、热带水果、南药等发展潜力很大，经济效益较高，应根据当地自然条件和市场状况积极发展。在胶园及其他热作农田防护林树种选择上增加一些珍贵用材树种，并配置林下经济树木，既可增加收益，还能提高防护效益。

三十年的经验证明，森林对海南岛农业生产具有多方面的效益。目前海南岛的森林覆盖面积仍在不断缩小。当务之急是要发动全党全民大力保护和发展森林。国有林场应从采伐为主转向营林为主。要根据全民义务植树的精神，发动全岛居民积极营造薪炭林和用材林，营造海岸、热作、农田防护林和四旁绿化。同时要大力保护现有的天然林和次生林，严格控制采伐量，严禁一切计划外的采伐。

开发智力资源是建设海南岛的根本大计。当前首先要进一步落实知识分子政策，努力在政治、工作和生活等各方面创造条件，使他们心情舒畅地为建设海南岛贡献才智，施展抱负。建议增加对海南岛的智力投资，大力发展教育、科学和文化事业，培养和训练各类专业人才和管理干部；加强科学技术普及工作，提高人民群众的科学文化水平；加强自然保护区的建设，保护海南岛的物种资源；大力组织科技攻关，为合理开发建设提供科学技术依据。

为了贯彻执行中共中央、国务院 1983 年第 11 号文件中有关大农业建设的方针任务，参加海南岛大农业建设和生态平衡考察组和学术讨论会的同志，经过认真讨论，提出了九点具体建议。现作为本考察报告的附件一并送上，供参阅。

海南岛大农业建设和生态平衡
学术讨论会
一九八三年七月十五日

对海南岛大农业建设的几点建议[†]

国家科委、原国家农委和中国科协在 1981 年至 1982 年期间，组织了近 20 个学科 65 名科学工作者，对海南岛进行了实地考察。在此基础上，于 1983 年 5 月在广州召开了："海南岛大农业建设与生态平衡学术讨论会"。参加讨论会的有考察组成员以及国务院有关部委、广东省、海南行政区和各县的科技工作者、领导干部共二百多人。与会的同志以中共中央、国务院中发（1983）第 11 号件为指针，从海南岛的实际出发，认真讨论了考察组提出的《关于海南岛大农业建设若干问题的建议（讨论稿）》，提出了修改补充意见。现整理报告如下。

1 努力提高粮食自给率，逐步实现粮食自给；
提高糖、肉、菜的商品率

由于海南岛所处地理位置和战略地位，长期依赖国家调入粮食决非上策，而且只有在保证粮食单产、总产稳定增长，不增加粮食调进的前提下，才更有利于开展多种经营，发展其他各业生产。

（一）提高粮食自给率的主要方向是：在保持 450 万亩粮田面积的条件下，挖掘潜力，提高单产。当前需要采取以下主要措施。

（1）进一步完善现有灌区的配套工程，兴建中小型水利工程，逐步扩大旱涝保收农田面积。西南部干旱地区应因地制宜发展旱作农业。

（2）应在提高土壤肥力上下工夫。海南岛 73% 的耕地有机质含量在 1% 以下，70% 的稻田缺乏氮、磷、钾肥。应大力提倡种植绿肥，提倡水旱轮作，扩大花生秧压青面积。海南岛土壤肥力低，化肥施用量少，增施 1 斤化肥可增产 3～4 斤粮食，经济效益显著。建议国家增拨化肥数量，每年调进氮肥 20 万吨、钾肥 3 万～5 万吨，以提高粮食产量。

（3）推广良种，积极扩大杂交水稻种植面积，但需注意因地制宜、品种多样化和合理搭配。

（4）要办好 80 万～100 万亩商品粮基地，力争在三五年内实现稻谷亩产达千斤，总产 8 亿～10 亿斤。因此，积极改造 130 万亩年产不到 500 斤的低产田，加上全岛粮食增长，就可望做到"不增加粮食调进"的要求，并争取逐步实现粮食自给。

（5）实行商品粮奖售政策，制定新的价格政策。这样对国家和个人都有利，将会进一步促进农民生产粮食的积极性。

---

　† 蒋有绪任考察筹备组组长及考察队、学术讨论会秘书长，主要执笔，1983 年向国务院、国家农委、国家科委、中国科协、各有关部委、广东省政府及海南特区政府的报告与建议。

（二）发挥气候资源优势，加强南繁工作。海南岛南三县冬季气温高、静风、少雨、外界干扰少、作物的座果率高，是一个适合多种作物生长繁殖的天然大温室，应建立为我国制种、育种和加代繁殖的基地。南三县适合南繁的土地面积目前有十余万亩，改进水利条件后还可扩大。建议海南岛成立南繁公司，与外地合作，统一安排发展南繁工作。

（三）甘蔗生产周期短，产量高，海南岛有水灌溉的地方亩产可达 5 吨以上。农民种蔗的积极性很高，1980 年全岛种甘蔗 37 万多亩，1982 年剧增到 71 万亩。目前应注意提高单产。在坡地种植甘蔗应加强农田基本建设，防止水土流失和土壤肥力减退。

（四）海南岛畜牧业应以肉类自给、扩大出口（包括国内外市场）为目标，实行个体、集体、国营饲养多条腿走路，以小型分散饲养为主。应划出一定面积平缓荒丘种植人工牧草和饲料灌木。除必要的畜禽种场外，所有畜牧场（包括农垦场），应转为商品生产场，适当建立一些畜产品出口基地和商品生产基地。当前应积极解决精饲料的供应，提高科学饲养水平；着重提高猪、牛的出栏率和产肉量，以及奶牛的产奶量；搞好畜种的杂交改良，特别是黄牛的品种改良，建立一、二个我国优良的兴隆水牛和海南黄牛纯种繁殖场，努力提高母畜繁殖率和仔畜成活率；办好肉牛生产基地，恢复和发展海南岛著名畜禽品种的生产，如临高、文昌和澄迈的乳猪等，以活跃市场，扩大外贸货源。加强畜禽的防疫治病工作。

必须指出，海南岛的热带山地草坡，是森林长期遭受破坏后，由林地、灌木演变成的次草地，草类质量较差，载畜量不大，属于不稳定草地植被，应大力研究和实行利用与改良相结合，农牧、林牧结合，多发展木本饲料植物。中部山区土壤风化强烈，土壤渗透性强，遇台风暴雨极易冲刷，其利用方向应以林为主，不宜建立大型牧场而应发展厩养。

（五）蔬菜生产在本岛具有很大潜力，特别是反季节瓜菜有较大竞争能力，应当在本岛南部和西部建立不同类型的商品瓜菜生产基地，其他地区亦需提高蔬菜产量，以改善本岛人民生活，争取提高商品率，并出口时鲜蔬果，供应港澳市场。

2 积极发展橡胶等热带作物

种植橡胶等多年生热带作物具有良好的经济效益和一定的生态功能，可以发挥热带优势，生产国家急需产品，使海南人民尽快致富。在完善的栽培管理制度下，人工橡胶林复合多层生态系统（防护林、橡胶林、覆盖作物生态系统，或防护林、橡胶林、其他热作、覆盖作物生态系统）的生产力较高，平均亩产干胶已超过 50 公斤（丰产田高产记录达 200 公斤），产值 300 元以上，加上更新时的木材产值，总产值更高。海南岛适于植胶的土地约 600 万亩，1982 年海南岛已种植橡胶近 400 万亩（其中国有农场 304 万亩），年产干胶九万七千多吨，占全国总产量的 70%。三十年的实践证明，海南岛是我国最佳的橡胶植区，已建成了一个颇具规模的橡胶生产基地。目前国有农场适于种植橡胶的土地剩下不多，今后应当整顿、提高，稳步发展。首先要加强占总面积 1/2 的幼树管理工作，加快更新改造 61 万亩低产实生老树，提高现有胶园抚管水平和单产水平。此外，防护林间应间种珍贵用材树种，以增加收益，并为国家提供优质用材。要充分利用更新采伐的橡胶林，加强橡胶材加工利用和防腐处理的研究。

目前在南四县（乐东、保亭、崖县、陵水）和北三县（白沙、儋县、澄迈）还有一定面积的宜胶地，大多数为农村社队所有。建议农牧渔业部设立民营橡胶的统一管理机构，并将资金、化肥和专用物资列入国家计划。民营橡胶要参照国有农场栽培橡胶技术规程，提高种植质量。国有农场应充分发挥示范作用，对社队进行技术指导和支援良种种苗；或采取联营办法，社队出土地、劳力，农场出技术、资金，发展橡胶。

椰子是仅适宜在热带栽培的经济作物，且较抗风耐瘠，群众也有栽培习惯。果肉可榨椰油或加工成各种椰子食品，其他部分均可综合利用，经济价值较高，亩产值达 250 元以上。可在文昌、琼海、万宁、陵水、崖县等地建立椰子基地，并在沿海、河流两岸及居民点附近分散发展。

咖啡是世界三大饮料之一。随着旅游和外贸事业的发展和人民生活水平的提高，需要量将逐年增加。咖啡植后三年收获，一般亩产值 350～400 元。海南适于中粒种咖啡的生长，且有多年种植咖啡的经验，应适当发展。

随着人民生活的改善，热带水果需求量会越来越大。目前海南岛水果生产的潜力远未发挥，因此，除发动社队、个人种植外，应在琼山县羊山地区建立荔枝、龙眼基地，文昌蓬莱地区建设菠萝基地，昌江、东方、乐东县建立芒果基地，东方县感恩、四更地区建设早春西瓜基地，并在全岛选地发展香蕉、大蕉、木瓜以及反季节蔬菜等。要进行农家良种热带水果的调查和推广良种的工作。

南药目前供不应求。特别是槟榔、益智、砂仁、巴戟、胖大海等应有较大发展。为了扶持发展南药生产，医药部门可与社队和农场签订合同，建立各种南药基地。

大叶茶、胡椒、油棕和腰果等应根据各地自然条件和销售状况作适当发展。

3　大力恢复、保护和发展森林

林业建设是海南岛大农业建设和维护生态环境的重要环节，也是广大人民致富的重要途径之一。长期以来，由于重伐轻造、乱砍滥伐、刀耕火种和不适当的开垦等原因，海南岛的天然森林资源遭到严重破坏，现已面临十分危急的境地，急需坚决、果断地采取有力措施，制止继续破坏，并恢复、保护和发展海南岛的森林资源。

（一）当务之急要积极营造薪炭林，尽快解决本岛民需薪材，才能保护现有森林。要在妥善处理山林权属和搞好"三定"的基础上，以国有林场、社队林场、联合体、专业户，以及社员个人经营的自留山和利用四旁隙地等多种方式，大力营造速生薪炭林。海南岛本岛土生和引进的速生薪材树种较多，如白格、新银合欢、大叶相思、桉树、木麻黄等。目前采用营养砖育苗、机耕整地，春季植树造林的成活率达88%。每亩年平均生长量达 0.6～0.8 立方米。海南岛人均烧柴以 0.4 立方米计，民用烧柴每年约 200 万立方米，需划出 300 万～350 万亩荒坡荒地作为薪炭林基地。基地应以居民点为中心，妥善布局。

海南岛 1982 年造林近 30 万亩，还有四旁绿化等。从这个进度看，只要种苗供应跟上，国家给予一定的资助（机耕整地每亩补助 15 元，非机耕整地每亩补助 7.5 元），认真组织推广，每年营造二三十万亩薪炭林是可能的。这类速生林二、三年可平茬利用，三、四年后就可间伐、修枝，八到十年即可轮伐。在城镇附近和交通条件较好又有利于分片管理的地方,除由社队和林业部门经营外,也可划归城镇、部队及企业事业单位经营,以满足各方面对薪炭日益增长的需要。

此外,用材林、防护林、橡胶林和水源林的抚育、更新和卫生伐,都可以生产部分薪柴,加上宣传推广节柴灶,海南岛就有可能在四、五年内基本解决民需薪材。

(二)本岛五大河流和大中型水库上游的天然林应划为水源涵养林,除抚育和卫生伐外,不准主伐采用。国家应下决心在一定时期内,例如十年内,停止下达采伐任务,停止非林业部门的计划外采伐,并供应一定数量木材和煤炭,解决本岛所需用材和民用燃料。

建议由国家计委与林业部、广东省迅速商定本岛三大林区八千名森工企业职工转向(即改森工企业为营林事业单位)所需事业费每年 1500 万元的解决办法。转向后的森工企业职工可从事护林、营林、多种经营和管理自然保护区等工作。

(三)加快速生丰产用材林基地和珍贵热带用材林基地的建设。林业部与各县社签订合同,以每亩投资 50 元,十年后上交规格材 0.8 立方米为偿还的方式,在海南岛建立 200 万亩速生丰产用材林基地,深受地方和群众欢迎。建议林业部在临高、琼海、万宁、澄迈四县加速此项建设,由目前每年营造二三万亩提高到十万亩以上(按此速度,也要 20 年才能完成 200 万亩的任务)。

在立地条件适宜的地区建立珍贵木材,如柚木、铁力木、桃花心木等用材林基地。

(四)组织和鼓励全岛居民植树造林。在五年内基本建成围绕全岛的海岸防护林工程。继续进行热作防护林的建设。加强公路行道树和城镇居民点四旁绿化建设。海南岛驻地部队应遵照中央军委号召,在护林造林中作出新贡献。

对各项林种的建设应制定林种和树种的规划,建立母树林和种源基地。

(五)坚持贯彻《森林法》,以法保林,以法治林。现有森林的采伐,需经林业部门统一批准。要禁止一切计划外采伐,制止木材的非法销售和外流。

照以上安排,海南岛全岛各项人工造林每年可达 30 万~50 万亩。五年后,森林覆盖率(包括人工经济林)可由目前的 20%提高到 25%,基本解决民需薪材;十年后,覆盖率达到 35%,基本解决本岛自用材;到本世纪末,全岛森林覆盖率达到 50%左右,除解决本岛自用薪材、用材外,还可生产出口热带珍贵用材的木材加工品支援祖国四化建设。

4 抓好水利水电建设,进一步改善海南岛工农业生产条件

要发挥海南岛的光、热资源优势,水利工作必须跟上。目前本岛 674 万亩耕地中,还有 40%左右没有水利设施。在有工程设施的 394 万亩耕地中只有 305 万亩(占耕地的 45%)能保证灌溉,其中旱涝保收 245 万亩。因此,还经常出现三十万到上百万亩春旱或夏旱,在雨季又经常有二三十万亩洪涝灾害。

海南岛水利建设的方针应以防旱扩大灌溉为主,旱、洪、涝、渍综合治理,并结合发展水电等综合利用。近期应加强维修管理,抓好续建配套,巩固和发挥现有工程效益。在重点干旱地区适当兴建中小型骨干工程并积极开发利用地下水。为了加快建设步伐,建议中央和广东省在现有水利投资的基础上再给予支持,提前兴建投资少、收效快、效

益大的工程。松涛水库灌区尚未全部配套，继续投资一亿多元，就可扩大灌溉七八十万亩，经济效益显著，希望优先考虑，做出续建配套规划，分期分批进行。为了配合海南岛西部地区的开发，大广坝水电站和灌区要积极进行前期工作，建议中央列入计划。为兴建大广坝水库作准备，可先进行陀兴水库的扩建与灌区配套以及长矛水库的加固与配套。在建设水库的同时，应注意保护水源林和库区水土保持林。

水电建设近期以兴建中小型、有调节性能的水电站为主。建议早日兴建五指山水库和毛榴水电站，以提高供电质量。

5 保护和合理利用近海水产资源，积极创造条件 开辟外海渔场，大力发展海水和淡水增养殖

海南岛水域广阔，要靠水吃水，努力提高渔业在海南岛大农业中的比重。在当前近海水产资源遭受破坏的情况下，应加强渔政管理，调整渔具渔法，发展钓、刺等多种作业，逐步限制拖网渔业，使沿岸水产资源得以休养生息。要重视对西、中、南沙群岛附近海区渔业资源的开发利用。外海渔业亦应从技术和条件上积极着手准备。

海南岛可用于发展水产增殖的滩涂有 38 万多亩、浅海区 23 万多平方公里、大小水库 55 万亩、鱼塘 2 万 5 千亩，急需放宽政策，广泛发动群众，促进国家、集体、个人一齐上，力求在最短时期内，使养殖面积和单产都有一个大发展。

海水养殖可先着眼于围海形成的 4 万 6 千亩荒海滩，建成鱼塭，因地制宜地养殖贝、藻、鱼、虾，年产量可望达到千吨以上。

要采取坚决措施保护珊瑚礁、保护和发展红树林，恢复和扩大海南特有的热带海洋生物资源的自然增殖场所。加速研究解决遮目鱼养殖技术，扩大养殖对象。

要充实海南水产研究所，办好琼海和文昌的海水养殖场，以及陵水珍珠养殖场，并把它们办成示范和热带海水养殖研究中心。

淡水养殖要把群众小坑塘养鱼和水库养鱼同时抓起来，首先充分利用现有水面，使单产提高到省的平均水平，即可把年总产量从二千三百多吨提高到七千吨。再经过一段努力，可望把现有的 57.5 万亩陆地水面扩大到 90 万亩。

为确保海淡水增养殖业的快速发展，要认真解决好苗种和饲料的系列配套；培训技术骨干，加强养殖技术的科学普及工作；并可向内陆一些水产发达地区聘请养殖技工进行短期指导。

海南岛的光、热条件对培育热带良种得天独厚，应建立罗非鱼、罗氏沼虾、班节对虾等良种的繁育基地，大批量生产优良苗种，满足生产需要。

随着海上石油开采业的发展，急需进行水质监测工作，并做好对平台的监督管理工作，防止海域污染。

6 加强自然保护和建立自然保护区

海南岛的陆地植物区系和植被类型、动物区系和种群、水生生物等再生资源丰富。

为了保持这些资源及其生态系统的永续利用，加强自然保护与建立自然保护区具有极其重要的意义和作用。

五十年代以来，海南岛先后建立了 7 个自然保护区，面积共 16 万亩左右，约占全岛总面积的 0.33%，还没有根据选划保护区的依据、作用和保护区网系统的要求，把应选划的都选划出来。已有保护区的机构不健全，经费不足，法制不严，保护区内继续遭到破坏。根据自然保护区的作用和选划的依据，建议在调查分析、总结经验的基础上，从现实情况出发，根据需要和可能，适当增加自然保护区的个数和面积。为了加强自然保护工作，发挥自然保护区的保护、监测、训练和休憩作用，建议：（一）建立海南岛自然资源开发利用管理保护委员会，统筹和协调全岛对再生资源的开发利用管理和自然保护区工作；（二）把自然保护工作纳入各级政府的议事日程，对建立自然保护区和保护区内开展的各项工作予以支持和保证，自然保护区要有专项经费；（三）加强法制，对珍贵鸟兽除建立保护区外，还应制订保护条例，禁止捕猎，对破坏者应予以惩罚；（四）加强宣传，使人人都晓得它的作用和重要性。

7　多渠道筹集开发建设资金

加快开发建设海南岛，必须增加资金的投入。除国家增拨资金外，要认真汲取特区建设经验，积极引进外资和侨资，与国内经济发达地区建立联营企业，通过发展本岛特有产品和旅游业，加速资金积累。

海南岛目前生产水平低，经济基础差，单纯依靠本地自筹资金来开发是有一定困难的。应根据中发 1983 年 11 号文件精神，把开发海南岛列为国家计委专项，每年增拨一定数量的财政经费和低息贷款，同时尽快落实各部门建设投资方案。对林业、水利、交通、能源等急需项目尤应优先拨款。

根据中央制定的特殊政策，应积极引进外资、侨资，参照深圳特区建设的成功经验，使海南岛成为吸收消化外资、引进先进技术和经营管理的基地，尽快繁荣起来。

在自愿互利、互通有无、取长补短的原则下，大力开展与国内先进地区（上海、广州、常州等）、先进单位（招商局、北京燕山、上海金山化工联合企业、广州食品加工业等）建立经济协作关系。通过资金入股、补偿贸易、来料加工、建立联合企业及派遣技术人员等多种方式，扶持海南岛的工业走上轨道。

要发挥海南岛优势商品，除努力提高橡胶产品外，大力发展椰子、咖啡、南药、热带珍贵用材和特用材等具有热带特色的多种商品，当前尤其要注意发展短周期作物（甘蔗、菠萝、反季节瓜果和蔬菜、花卉等），扩大淡水、浅海养殖业和农副产品加工工业，做到以短养长，长短结合，增加近期收益，加快资金积累。

8　必须高度重视智力开发，大力发展文化教育事业

文化教育的落后，各类专业人才的不足，一直是海南岛建设的严重障碍，必须引起高度重视。今后能否加速海南经济开发，在很大程度上仍将取决于智力开发的状况。

智力开发是一项基本建设，应当坚定不移持续发展，因此需要增加教育投资，进一

步普及初等教育，提高教育质量，调整中等教育结构，发展职业教育。必须特别重视少数民族的文化教育事业，加强专业训练，扶持其迅速成长。

海南大学的恢复具有战略意义，应根据本岛"四化"建设的需要来设置院系和专业，注意创建一些新型专业，如现代化经济管理等。已有的华南热作学院拥有较强的教学和科研力量，应充分发挥其作用，为全面发展热带作物培训技术人才。

此外，当前急需做好以下三项工作。

（一）立即有计划、有步骤地培训领导干部。各个部门、各个行业都急需大批有文化、有专业知识的同志参加领导工作。建议除按中央部署调整和加强领导班子外，立即着手举办旨在提高干部领导和管理水平的短期培训班。内容可以包括：党的政策（包括海南岛建设的方针政策、知识分子政策等），现代工农业生产的基本知识，生产管理的基本知识等。每期 2～3 个月，争取在两年内安排县以上领导干部都参加一次学习。

（二）迅速落实知识分子政策。海南岛科技力量比较薄弱，近年来人才外流十分严重。当前虽然努力争取从岛外招聘人才，但是如果不能充分发挥现有科技人员的积极作用，仍然会限制人才输入和本岛人才培养工作。建议立即制订落实知识分子政策的具体措施，克服各种阻力与困难，真正做到信任和依靠广大科技人员，使他们有职、有权、有责。努力解决他们工作中和生活中的实际困难，充分发挥科技人员的积极性，使他们心情舒畅地投身于海南岛的建设事业中去。

（三）抓紧举办各类技术培训工作。首先需要提高广大农民的生产技术水平，兴办农民技术人员的培训中心，向农民传授新的农作、热作、养殖、薪炭林营造、农副产品初步加工等方面的技术和知识，并以此为基础，逐步建立科学技术普及网络。同时应根据引进现代化企业和先进技术的需要，早日选派有一定科技水平的人员到岛外学习提高，以便承担建设和管理的重任。

9　大力组织科研攻关

新中国成立以来，曾对开发海南岛进行过大量科学研究和多次科学调查，取得了许多成果，积累了大量资料，为开发海南岛提供了一定的科学依据和有益的意见。遵照中央加快海南岛开发建设的要求，目前尚有很多问题有待深入研究和进行全面、综合、系统的分析论证。建议将加快海南岛开发建设的有关科研项目纳入国家科委重点科研攻关项目和国家计委重点分片治理地区开发项目。当前急待开展研究的课题有以下几方面。

（一）海南岛开发建设总体规划和海南岛大农业发展规划的可行性研究和技术经济与生态效果的预测评价。

（二）海南岛西南部沙荒地、东北部沼泽地和沿海荒滩、荒地资源的考察与改造利用。

（三）热带珍贵用材林、一般用材林和薪炭林的树种选择和速生丰产技术的研究；珍贵用材加工技术的研究；珍奇及特用植物人工繁育及培植技术的研究。

（四）海南岛热带动植物资源开发利用以及橡胶等热带作物和水稻等高产稳产的研究。

（五）海南岛主要生态系统结构与功能的研究。

（六）橡胶、椰子、甘蔗、木麻黄、菠萝以及热带水果、香料等加工技术与综合利用的研究。

（七）沼气、太阳能等新能源的推广应用研究和海南岛褐煤、油页岩开发利用的可行性研究。

（八）热带海洋资源调查与水产养殖技术的研究。

（九）建立热带农业现代化综合科学实验示范基地。

（十）建立海南热带资源情报中心、计算中心与测试分析中心。

除以上大农业建设急待解决的攻关科研项目与组织外，对海南的工业、交通、商业、外贸、旅游以及有利于海南经济发展的政策和措施等方面，也都需要进行必要的研究论证，以进其加速发展。

海南岛大农业建设和生态平衡学术讨论会

一九八三年七月十五日

组织海南岛大农业建设与生态平衡学术考察及学术讨论会的体会†

1 选题的提出

学术活动的题目确定，犹如科研攻关项目一样的重要，首先要选择当前国家急需解决的，在经济建设上有重大意义的课题。根据这样的原则，海南考察的提出，是在 1980 年 11 月中国科协主持召开的"热带、亚热带山地丘陵建设与生态平衡"学术讨论会上，许多科学家十分重视和关怀海南岛的建设，希望在近期内组织关于热带地区生态平衡问题的学术讨论。而这个问题既是海南岛当地人民十分关怀，而又是国家急需解决的问题，因为海南岛陆地面积仅占全国土地面积的 0.35%，但却是我国最大的一块热带地区，全岛总面积为 5086 万亩，海域也辽阔，海岸线长达 1477 公里，渔场面积 78 000 平方海里，近海滩涂为 38 万亩，有很大的开发利用潜力。但是，由于长期以来，该岛受"左"的路线干扰，全岛生产经营方式单调，人民生活水平极低（人均每年收入为 56 元），这个现状，说明我们对该岛三十年来的建设，特别是农业建设上，还存在问题。对于如何开发建设好这个宝岛，发挥它的优势，在组织本次学术考察之前，就存在着不同意见，甚至存在着学术上和具体规划工作上的争论，如橡胶究竟应该发展多少为好？还要不要毁林种胶？对海南岛生态环境也存在着不同的评价，反映在该岛的各个部门，甚至汉区、民族区等都存在着这样、那样的矛盾。总之，海南岛急需有一个统一的开发建设的指导方针，有一个统一的规划和统一的步调，这是燃眉之急。但需要首先从总结三十年的经验教训入手，从学术上先交换思想，统一认识。

为此，中国林学会口头向中国科协党组汇报，建议请中国科协出面，主持这项活动。经中国科协党组表示，积极支持。指请中国林学会牵头，筹办具体工作，并约请中国生态学会、中国地理学会、中国植物学会和中国农学会下边的二级学会——中国热作学会共同筹备。

议题初步出来后，立即走访各学科的带头人，酝酿选题计划，对是否组织这次大型学术考察，也有不同的看法的。其主要分歧如下。

一、一种意见认为，虽然对海南岛问题有不同的看法，但关键是 202 号文件已经把海南岛的经验做了总结和提出了农业建设方针。认为当前不是要不要组织学术考察的问题，而是如何认真贯彻 202 号文件，并且说："新中国成立以后，已经组织过多次大、中型学术考察、资料也很多，这次组织与否关系不是很大"。

二、另一种意见是，虽然国务院 202 号文件已下达，但对 202 文件的某些提法，学

---

† 蒋有绪，刘东来，朱容，1983，国家计委国土局综合处，国土资源考察工作资料选编。

术界仍有不同意见，对于政府下达的文件，仍然有可以讨论和论证的必要，也有在执行过程中，逐步补充、完善的过程。新中国成立后，虽然组织过多次大、中、小型学术考察，但多是单项任务的考察，并且在当时的历史条件下，（1）受"左"的路线的干扰；（2）各自带着各自本部门的任务去考察，以规划而言，各部门的规划都是以海南岛可利用的，土质较好的土地为开发对象的，农垦、林、农、牧争地，而对于一些干旱瘠薄的西部土壤，都不优先考虑，形成了部门不协调和重叠的矛盾问题；（3）当时考察手段与八十年代不同，更缺乏全局的、生态的、经济学的观点与系统工程手段。

最后，经过充分发扬民主，各省发表不同的看法，取得一致意见，决定由十六个学会组成的多学科、综合性的学术考察队，确定本次活动的题目为"海南岛大农业建设与生态平衡"问题。重点放在大农业建设的指导思想、方针以及大农业结构、生态平衡的评价与建设途径等问题。

2 几 点 体 会

关于如何抓好这次综合性的、多学科的学术活动，问题是比较复杂的。这次考察对国家也是事关重大的考察项目，我们的体会是：

（一）要有一个强有力的领导班子；

（二）要有一个正确的指导思想；

（三）组织一支有水平的考察队伍；

（四）有一个精悍的办事机构；

（五）要有一个切合实际而又周密的工作计划。

下面就分述几点极不成熟的看法。

（一）强有力的领导班子

选题确定以后，必须要有一个强有力的领导班子，对这项活动的重大问题，取得有力的领导。为此，中国科协与原国家农委何康同志，国家科委童大林同志共同商定，组成以科学家与领导干部为核心的领导小组。成员必须要有广泛性和代表性，如马世骏教授是中国生态学会理事长、中国科学院学部委员、生态学家；黄秉维教授是中国地理学会理事长、中国科学院学部委员、地理学家；侯学煜是中国植物学会常务理事、中国科学院学部委员、植物学家；吴中伦是中国林学会理事长、中国科学院学部委员、林学家；朱济凡同志是中国林学会上届副理事长、林学家；席承藩教授是中国土壤学家；阳含熙教授是人与生物圈委员会副主席、森林生态学家；黄宗道是中国热作学会理事长、热作学家。后来又增加了广东省委常委兼农委主任杜瑞芝、广东省委常委主管科技工作的叶选平以及海南区党委书记罗天和自治州书记张日和同志。

由以上科学家和有关领导部门的领导干部组成的筹备领导小组好处很多。

（1）本次学术活动由中国科协、国家科委、原国家农委的领导同志参加，他们可以把活动的全过程直接向中央主管领导反映，例如一九八一年十月七日向万里、方毅同志写过书面报告，万里同志有批示，并批转广东省委。这样对整个学术考察就有了明确的任务、方向，得到中央的支持。

（2）由于筹备领导小组成员多系中央部（委）的领导和著名科学家参加，这样就引起广东省委领导的重视，推选主管领导参加筹备领导小组工作，并派主管领导人参加学术考察，在其他各方面都予以应有的重视。

（3）对整个学术考察计划与学术讨论会的安排，能指出带方向性的意见，因为这些领导同志，了解各方面的情况，胸有全局，对考察成果和预期的目标有个大体上的估计，而各位科学家根据各自掌握的不同学科水平和领导同志共同对考察和学术会议，提出一些重大决策性的意见，是本次考察活动的特点和优势之一。

科学家可以保证考察的水平和质量，保证考察的预期目的，而决策者，上可以把考察成果、建议上报中央，下可以由广东省和海南岛区、州、县各级领导直接带到指挥今后的建设活动中去。这次学术会议，各级领导干部（包括有些部委的领导同志和海南区党委书记、各省领导干部）都与科学家一起讨论，取得共同看法，也体现了这条特点。

（二）有一个正确的指导思想

针对海南岛过去建设中的各自为政，形成中央与地方，各部门与各部门之间的矛盾、隔阂，以及过去开发建设中，只顾眼前利益，缺乏长期考虑，只顾经济，忽视生态……等。为了通过考察改变这种片面性，领导小组提出了：

整个考察的全过程（包括学术讨论会）要以全局的、经济的、生态的观点，来总结三十年的经济建设，考虑今后大农业的建设方针。通过第一次先遣组的预察后，领导小组又提出加上一个发展的观点。这个指导思想，在全体考察队员中，再三强调："各学科、各部门，各学会来的同志，都要本着上述指导思想参加考察和学术会议，绝不是代表哪个学科、某部门的利益说话的，要求科学的、客观地看问题，要取长补短，互相学习，不让过去的各部门的观点和矛盾来干扰考察活动。"这点非常重要，贯彻了始终。

在整个考察期间，队员之间气氛很好，有问题及时交换，不少观点逐步接近，基本上形成统一的考察报告和建议。

针对海南岛过去资料很多（尽管是部门性的），海南地方从事建设的科技人员，都有丰富的实际经验，所以强调考察组在过去工作基础上来开始工作，广泛收集资料，结合实际情况，要进行充分的分析研究，再找出关键问题，制订行动计划。因此，产生了先有预备性考察（即先遣考察），和正式考察等步骤的设想，强调要向海南、广东的同志学习、请教。因此，先遣组任务就是收集资料，调查研究（向广东、海南的同志请教、访问、调查），找出问题，提出计划意见。正式考察中，就选重点地方去现场考察、讨论，便于统一思想。

针对两种意见，即对中央202号文件，有认为文件看法有不妥之处，可以不考虑文件的约束，从头根据实际情况来考察研究；有的认为202号文件、已把所有问题提出和要求在近期解决，对文件只能证实和贯彻执行，不容有任何质疑。领导小组分析以上不同意见后提出：202号文件的产生，是集中了熟悉海南的同志讨论提出的，许多方面反映了海南的实际和要求，应当很好领会，文件应当是科学的，但文件现有结论又不能代替科学。正需要科学家来论证，来补充、充实，以至修正，所以对科学家来说，既要认真学习领会文件精神，但又不能受文件约束，还是要解放思想，从实际出发，实事求是。对不同观点，不同认识，也要贯彻百家争鸣的方针，允许发表不同意见，不能用行政、政治的办法来压制科学意见（事实上确实难免用某某领导提出，主持或支持某件事来宣传自己的观点）。

（三）组织一支有水平的考察队伍

任何一次学术活动，必须要有学科的带头人参加与支持，造成声势，扩大影响，才能引起各级领导和各学科的同志们的重视。本次考察有马世骏、黄秉维、吴中伦、朱济凡、阳含熙、席承藩、黄宗道等老科学家的热情支持，各学会报告参加考察的中年科技工作者就积极，并且也能保证质量，为此，即向各学会提出要求，推荐各学会派出的考察队员的条件：

（1）代表中国某某学会的；

（2）熟悉和了解海南情况的；

（3）至少是老助研、老讲师；

（4）年龄最好在45～55岁。

这次考察队员的组成，各学会基本上是按上述条件推荐的（除个别学科较弱外）。如生态学会的蒋有绪、植物学会的武吉华、林学会的刘东来、冯宗炜、姜志林、朱容，地理学会的卫林，热作学会的郝永禄，经济学会的刘天福，北京农业大学的郑剑非，都是在专业上或组织活动能力上较强的中年科技骨干，稍微年轻一些的如气象学会的高素华，农经学会的邓宏海，也都是精明强干的业务尖子。

在考察队组成以后，必须及时召开一次动员会议，拟定考察的指导思想、工作方针，并明确几个问题：

（1）必须明确本次学术考察与学术会议的重要性与必要性，以及最终达到的目的、要求；

（2）从各学会派来参加考察的成员，必须要树立一个全局的观点、生态学的观点、经济学的观点和发展的观点。团结互助，共同为更好地合理的开发与建设海南而奋斗；

（3）在考察期间，不能从本学科、本行业的需要出发，一定要跳出圈子，从大局着眼，分析问题时，更应如此。

（四）有一个得力的精悍的办事机构

即作为考察日常工作的中坚骨干力量-筹备组。要求和条件：

（1）热心于本次学术活动，并有一定的组织和协助指挥的能力的中年科技工作者；

（2）选择在本专业中有一定科学素养的，对发展热带生产有经验的或从事这方面工作的，有一定独立研究和考察能力的善于团结合作的中年科技工作者。

根据上述条件，我们从有关学会抽调一批基本符合以上条件的中年科技人员，组成筹备工作组，在整个学术活动中，这支队伍生命力强，有朝气，有活力，肯钻研，善于发现问题并具备分析问题的水平，能做到筹备领导小组的极好参谋。例如，选题名称的变更，如何组织科学家活动，给三委（国家科委、原国家农委、中国科协）的报告起草工作以及有些问题的提出等等。

筹备组的主要任务和作用：

（1）酝酿选题及制订计划；

（2）组织考察队（包括向各全国性学会提出队员的要求、条件、考察计划及阶段计划）；

（3）起草并汇总考察报告、修改报告；

（4）组织宣传报道工作（如录像、摄影、科影、幻灯、图片、报纸、电台等）；

（5）承上启下，组织汇报会，领导小组会、小型座谈会，负责联系会场、安排考察所需一切，学术会议的日程安排等。领导小组及广东省以及不少专家，对这个组的工作，给予很高的评价。

（五）制订一个切合实际而又周密的工作计划

一旦选题制订，领导班子组成后，应立即着手制订一个工作计划，计划的制订要符合：

（1）紧扣选题的中心；

（2）切合实际，长、短结合；

（3）在保证质量和进程的前提下，注意速度。

为此，根据筹备领导小组研究决定，把学术考察，搞得扎实些，更有成效些，贯彻考察指导方针。如在新中国成立以来历次考察的基础上，开展这项活动，尊重海南的科技工作者，尊重当地人民的智慧，把整个学术活动，分为三个阶段进行。

第一阶段：为先遣调查阶段。其任务：收集资料，了解情况，为正式科学考察做好资料的收集、情况的分析工作，该阶段共组织 30 位中年科技工作者，亲赴海南，做为期一个月的调查（1981 年 5 月 1 日～30 日），由他们提出先遣考察报告，把海南的实际情况及问题，按学科和专题，写成调查报告后，向筹备领导小组及专家做汇报，在此基础上，修订出正式考察计划。

第二阶段：正式科学考察阶段。其任务：经过考察，写出海南岛大农业建设与生态平衡问题的考察报告与重要问题的建议，提交学术讨论会上，进行学术探讨。每位考察队员要负责提交专题考察报告并组织征集学术论文。

第三阶段：学术讨论会议阶段。其主要任务：对海南岛大农业建设与生态平衡问题的几个核心问题，做进一步的探讨；对今后海南如何合理开发建设，提出具体建议，供中央及广东省委、海南区党委决策时之参考。

从筹备工作执行计划的实践中，先遣组的初步调查，了解情况所收集到的资料，进行加工、整理，向正式考察队全体队员提出，对正式参加考察的同志帮助较大。

（1）可以掌握近期的全岛有关资料和当前建设情况和存在的问题；

（2）从先遣组的考察报告及八个专题报告中，可以了解当前该岛在大农业建设与生态平衡方面存在的问题。

3 实效与成果

本次活动自一九八一年初组织后，到今年六月一日结束，学术考察与学术讨论中间的间隔时间过久，主要原因为广东省进行"打击经济领域的斗争工作"，故迟至今年五月下旬才将会议讨论工作结束。

经过两年的筹备，本次学术活动取得以下几点实效与成果。

（一）通过考察，引起中央有关领导的重视和关怀，正如何康同志在四月五日的筹备领导小组会上所说："我们考察的效果，早起到了很大成效，中央书记处总书记胡耀邦同志、国务院总理赵紫阳同志、国务委员谷牧同志都先后亲自去海南视察。哪个国家、哪个省有这么多的中央领导同志去视察的？海南岛还是第一个。这就说明，我们的学术考察应起的作用，早已起到了，已经对海南岛做了贡献。中央领导同志那么重视，还亲自主持研究海南问题。最近还要以中央文件形式，把海南问题研究的结果，以纪要形式发到各地。关于海南的大的方针、政策、体制、经费投资等重大问题，文件上都做了详细的说明，我们再开学术会议，就是进一步贯彻中央对海南的文件精神，对海南的大农业建设与生态平衡问题，做进一步的献计献策工作，同时可以动员广东省的科技力量去开发与支援海南建设"。

会议还提出下一步开展海南岛大农业建设的科研课题，由农牧渔业部、国家科委、广东省委、海南区党委组织力量进行研究。

（二）通过考察，以全局的、生态的、经济的、发展的观点，写出了海南岛大农业建设与生态平衡问题的考察报告（是16个全国性学会，4个二级学会，共65位老、中、青科学家和科技工作者，一个月实地考察的劳动成果）。

（三）每位考察队员，根据本人所从事的专业和工作，也都写出60多篇专题考察报告。

（四）通过考察和学术讨论会，认真贯彻双百方针，向中央及各有关领导部门，提出关于"海南岛大农业建设与生态平衡"的有关重大问题，并且是当前急需迫切解决而又切实可行的几项建议。

（五）通过这次活动，调动了各学会老、中、青科学家的积极性，加强了团结，对原来分歧较大的林胶问题、林水问题，经过一年多的实地考察，倾听当地各级领导、干部和广大群众的意见，尊重科学，一切从实际出发，最后对一些重大问题，基本看法一致。

总之，本次学术活动圆满结束。原来有些同志有顾虑，怕有分歧的意见，在会上引起争论，坚持不下；又有一些同志怕因考察与学术会议间隔时间太长，各方面的积极性要受到一定的影响，事实并非如此，恰恰相反，各方面都很踊跃出席会议，各种分歧意见，经过考察和讨论，大家都认真贯彻双百方针，都能尊重科学，放弃原来的看法，顾全大局，通力协作。会议开得非常紧凑，学术气氛也浓，会上形成的考察报告和建议，将进一步修改，再报中央及省，并抄报中央各有关部委。

为使这次会议的学术成果，能够广泛宣传，并在实践中起更大的作用，经领导小组同意，成立了《论文选编》的编委会，以期这本《选编》在今后的实践中继续在学术上发挥作用。

通过这次活动，充分体现了学会的作用，科协团体的作用，通过这些学术团体的组织工作，在学术上避免一个学科的偏见，取代之的是综合性、多学科作战，这在一些重大决策问题时，能够起到积极的参谋作用，同时也是符合自然规律和客观规律的。

从生态学谈我国热带植物资源的开发利用问题[†]

世界热带地区的开发是当今国际生态学非常突出的问题。问题的严重性表现在热带生物种及基因资源的大量丧失而对人类生活带来的影响和热带森林植被的缩减以至消失将对地球生态平衡造成危害等两个基本方面。由于热带动植物资源主要孕育于热带森林生态系统之中，所以热带地区开发与保护均矛盾集中在能否控制和合理利用热带森林植被的问题上。大量文献所谈及的热带自然资源、开发利用和热带地区生态平衡等问题多半围绕人类对热带森林生态系统的认识、态度和对策而言。我国的情况也是如此。新中国成立以来海南岛和西双版纳等热带地区的开发建设的方向和生态环境变化等问题，一直引起各方面的热烈讨论，甚至争议，关键也在于如何认识开发热带森林植被及其引起的一系列后果问题上，1981年国家科委、国家农委和中国科协专门组织了十几个学会对海南岛大农业建设和生态平衡作了综合考察。现结合这次考察的内容，以海南岛为重点，从生态学角度谈谈我国热带植物资源的合理开发利用问题。

1 热带森林资源的情况

世界热带地区陆地面积相当于地球陆地总面积的41.5%，约55.35百万平方公里；热带森林面积约1456百万公顷，占热带土地总面积的26.1%。其中拥有丰富生物资源和具有重要生态功能的热带雨林、季雨林共868百万公顷，占世界森林总面积2800百万公顷的31%（Persson R.，1973）。

我国热带面积很小，大抵只有台湾省的南部、广东省雷州半岛和海南岛、南海诸岛、广西西南部和滇南、滇西南，面积约计670万公顷，仅占我国土地面积的0.7%，即100亩土地中只有0.7亩热带土地，与世界平均100亩土地中有20亩湿热带土地（如包括干旱热带则约40亩）相比，我国这点热带土地就显得十分宝贵和多么值得珍惜的了。

目前，世界热带林正面临迅速消失的危机，据联合国粮农组织估计，热带林每年损失约1500万公顷，其中非洲200万公顷，亚洲500万公顷，拉丁美洲500万～1000万公顷。热带林大规模被砍伐、破坏的原因主要是采伐木材、刀耕火种、开垦为牧场和热作用地等。1978年第八届世界林业大会宣称：长此下去，再过50年，可资利用的热带林将不复存在了。

我国热带森林的破坏也很严重。海南岛过去是热带林完全覆盖的地方，经历代变迁，森林面积不断下降，新中国成立初期调查，天然林和次生林1295万亩，到1980年统计，只有497万亩，平均每年减少35.5万亩，年递减率2.7%。西双版纳新中国成立初期天

† 蒋有绪，1983，本文为1983年中国植物学会五十周年年会特约报告，刊登于该年会"学术报告及论文摘要汇编"，23-29。

然林覆被率约 60%，1957 年 50%，1978 年仅 33%，据 1981 年初卫片与航片结合不等概抽样判读，有林地面积 913.7 万亩，覆被率 31.69%。平均每年减少 26.6 万亩天然林，年递减率 2.0%。我国热带林急剧减少的原因也主要是森工过量采伐、开垦种植橡胶或其他农用、刀耕火种，以及为烧柴和民用材等无计划无节制的滥伐。新中国成立后有三次集中性的毁林，即 50 年代、70 年代初和 70 年代末至 80 年代初，都是政策性因素造成的。就目前一般消费状况看，地方为烧柴和自用材是第一位的，森工采伐和刀耕火种、山火也是重要因素。海南岛 1979 年调查，烧柴消费占每年消耗木材总量的 35%，地方自用材也占 35%，国家计划采伐占 6%，刀耕火种和山火毁林占 3%（表 1）。

表 1　海南岛 1979 年木材资源消耗统计　　　　　（单位：万立方米）

烧柴	128.4
木材生产	57.9
供销收购木材	22.6
军民自用木材	126.9
山火烧毁	6.4
刀耕火种	21.7
烧炭	1
年消耗合计	364.9
年木材生长量	209
年亏缺	156

2　热带森林植被的功能价值及破坏后的恶果

（1）热带森林是世界上最古老的陆地植被类型，是物种多样性最高和基因资源最丰富的陆地生态系统，是向人类不断提供农业、轻工业、医药工业新材料的源泉。这方面的任何损失都是无可挽回的。

我们知道，世界可能有 1000 万个物种，有 200 万~500 万种分布在热带林区。世界高等植物约 30 万种，热带就有 15 万种。我国海南岛维管植物约 4000 种，占全国维管植物种数 27 150（王荷生，1979）的 18.4%，其中乔灌木 1400 余种，占全国乔灌木种数的 17.5%；西双版纳维管植物约 3500 种，占全国总数的 16.1%。

海南岛热带植物区系属印度马来西亚区系的一部分，但与中南半岛的关系较密切。由于它地处热北缘，东南亚热带典型的龙脑香科在这里只由 2 属 3 种，青梅（*Vatica astrotricha*）、坡垒（*Hopea hainanensis*）、无翅坡垒（铁凌 *H. exalata*），都可成为建群种。海南岛约有特有种 630 种。特有属有海南楡（*Hainania*）、琼棕（*Chuniophoenix*）、卷花丹（*Scropiothyrius*）、脆刺木（*Poilaniella* 与越南共有）、陈木（*Chunia*）、乐东藤（*Chunechites*）、驼峰藤（*Merrillanthus*）、保亭花（*Wenchengia*）等。珍稀树种还有母生（*Homalium hainanensis*）、子京（*Madhua hainanensis*）、花梨（*Dalbergia odorifera*）、海南粗榧（*Cephalotaxus hainanensis*）、陆均松（*Dacrydium pierrei*）、海南油杉（*Keteleeria hainanensis*）等等。

　　海南岛有经济用途的野生植物有 2900 种，其中经济用材树种 800 种，药用植物 2500 种，光是蛇药就有 321 种，纤维植物 100 余种，油料、胶脂、染料植物 30 多种，竹类 40 多种，崖县和乐东县的车筒竹（*Bambusa sinospinosa*）可高达 10 米，径粗 20 厘米，野生观赏植物也很多，如各种兰科植物、杜鹃、王兰、海南木莲（*Manglietia hainanensis*）、观光木（*Tsoongiodendron odorum*）、含笑、米仔兰等。海南植物中抗癌筛选中阳性反应的 130 种，已记载对癌细胞有抑制作用的 349 种。美国癌症研究所每年要花 150 万美元来采集、筛选热带植物，并认为热带林生境的破坏可能关系到人类同癌症斗争的成败。近期内我国研究人员就从海南粗榧中提取出抗癌的有效成分，新从海南轮藻（*Cycled hainanensis*）中发掘研制出肌肉松弛剂。目前世界上还不断从热带林植物中发现新的维生素、抗生素、激素等等。热带森林还是植物育种工作者的基因库。现在对许多栽培作物品种，不得不去寻找它们的野生基因来改造它们的遗传特性，如对付蚜虫的马铃薯杂交品种，含高蛋白的高粱品种、矮壮抗倒伏的水稻品系都是这样解决的。海南岛也拥有许多野生种质资源如野生稻、小粒稻、疣粒稻、荔枝、龙眼、杨梅、海南韶子（*Nephelium topegii*）、番石榴（*Psidium guajava*）以及其他经济作物种质资源。西双版纳也拥有许多有价值的经济植物、种质资源和正在新发掘的重要药用植物和其有效成分，昆明植物所、云南热带植物所等单位做了不少工作，无需赘述。

　　但是，随着森林面识的锐减，海南岛和西双版纳的景观有了很大的变化，海南岛的花梨、南亚松（*Pinus latteri*）、青梅、琼棕日益稀少，红白藤、白木香也难以采到，海南裸实（*Gymnosporia hainanensis*）和霉草（*Seiaphia tonella*）几年来都采不到标本。西双版纳的红椿、紫柚木（*Pistacia weimanifolia*）、美登木、千年健、萝芙木等都面临一扫光的消费方式。由于我国热带新的植物种属和新的有用植物成分还有待发现，所以随热带林锐减而造成的损失是不可估量的。

　　（2）热带地区森林生态系统的多样性正在丧失，植被向逆行演替方向发展，与之伴随的是动物区系也发生着变化。

　　热带森林作为较古老的生态系统，是所有组分长期共同进化的结果，虽然生物组分繁多，但它们之间、它们与环境之间处于精巧的相互适应之中，因此它是比较稳定的生态系统，但如果受到干扰，这种精巧的适应性并不利于生态系统受到干扰和破坏后的恢复，这是热带森林生态平衡脆弱的一面。因此，它被称为"敏感"的生态系统，甚至是"不可更新"的生态系统（Gomazpomp A.，1972）。目前世界上与热带森林有联系的、受到威胁的哺乳动物有 276 种，鸟类 346 种，两栖及爬行动物 136 种，淡水鱼 99 种。马来半岛热带林中 460 种鸟，有 60% 不能生存于森林之外。

　　海南岛热带鸟兽 421 种，其中鸟 344 种，兽 77 种，各占我国鸟类和兽类种数的 26% 与 21%。黑冠长臂猿、猕猴、海南坡鹿、巨松鼠、绯胸鹦鹉等都是海南珍稀动物。西双版纳全州的兽、鸟、爬行类、两栖类共有 575 种，鸟类和兽类各占全国种数的 30% 与 25% 左右。列为国家保护的珍稀动物有 38 种，如亚洲象、白颊长臂猿、苏门羚、绿孔雀、白喉犀鸟、印度虎等。

海南岛原来丘陵台地的热带季雨林在新中国成立前夕已大部分不存在，当时主要存在的次生落叶季雨林至今也不复存在了。岛西北大片南亚松林、岛东的青梅林、无翅坡垒林也无踪迹了。次生灌丛由于反复砍烧也演替为以白茅（*Imperata cylindrica* var. *maior*）、芒（*Miscanthus sinensis*）为主要的草本群落或以竹节草（*Chrysopogon aciculatus*）、长花马唐（*Digitaria longifera*）、短穗画眉（*Eragrostis culindrica*）等组成的矮生草地。由于植被的这种变化，海南岛已有 100 多种鸟不易见到了，如原鸡、彩鹬、戴胜、水雉、鹧鸪等。海南特有的橙胸绿鸠、绿皇鸠、紫林鸽等面临绝种。文鸟、麻雀等种类取代了绯鹦鹉、鹩哥等种类。西双版纳也是如此，郁郁葱葱的热带林景观变成了荒山草地、次生竹丛。犀鸟、长臂猿、叶猴、懒猴、野牛、野象等已所剩无几。

（3）热带森林生态系统的养分主要是生物贮备，不是土壤贮备，生物量大而土壤较贫瘠，依靠"速率调节"来维持系统的平衡。热带林具有重要护土保水作用。热带林一旦破坏，土壤因有机质分解快，养分易于淋失，土壤易发生侵蚀和向贫瘠化方向发展。

海南岛目前的植被与过去相比其水源涵养能力正在减弱，土壤侵蚀比较严重。流水侵蚀遍及全岛，以面蚀为主，沟蚀虽是次要的，但主要发生在土壤完全或部分暴露的地方，如刀耕火种地或芒萁-岗松地，自然土层冲走，风化壳或粗骨土露出地表。重力侵蚀主要在山区，花岗岩母质节理发育，陡坡地段暴雨后易产生崩岗，白垩纪泥沙岩和片麻岩区则常发生浅层滑坡。风力侵蚀主要在沿海地带，岛东北、西北部分平原、台地较明显。以昌化江流域和南渡江上游为中心的西部山区土壤侵蚀量最大，多年平均侵蚀模数 186.4 吨/平方公里，万泉河流域为中心的东部山区为 163.5；北部丘陵台地平原小于 97.4（均指悬移质而言）。一些小流域的小气候趋于干燥，相对湿度减小，径流枯水量减小，洪水量增大，旱涝灾害频度增加，中低山区生态环境趋于恶化。海南的研究说明，刀耕火种的土地径流流失和泥沙冲刷比热带森林成几倍，几十倍的增加（表 2）。海南岛热带森林烧垦后每公顷在一年内流失有机质 19 800 公斤，全氮 1000 公斤，速效钾 160 公斤，速效磷 16 公斤，和约 2000 公斤的代换盐基。就海南岛全岛而言，据作者的模型计算，海南岛 1979 年的天然林面积比新中国成立初期减少 42.8 万公顷，目前每年比新中国成立初期因天然林减少而少向土壤归还干物质 470.8 万吨，增加年径流量 1.26 亿立方米，增加径流含沙量 20.61 万吨，损失有机质约 1 千万吨，全氮 50 万吨，速效钾 8.5 万吨、速效磷 0.85 万吨，减少固定辐射能 $2.15 \times 10^{14} \sim 2.97 \times 10^{14}$ 千卡。西双版纳也有相似的研究资料说明生态环境的恶化。

表 2　海南岛热带林与刀耕火种地径流与泥沙量的比较（卢俊培，1981）

	降水量/mm	径流量/mm	径流系数/%		泥沙量/（克/升）		径流量倍数	径流系数倍数	泥沙量倍数
			平均	最大	平均	最大			
热带雨林	706.7	1.63	0.0023	0.0082	1.08	2.96	1	1	1
刀耕火种地	896.8	10.72	0.0119	0.045	3.38	23.82	6.5	4.2～5.5	3.0～8.0

（4）热带林是植物性生物量最大的陆地生态系统，植物同化（器官相对也相对多，因此，对生物圈二氧化碳和氧的循环和平衡有重要作用，热带林的蒸发散是把热量从地球输送给大气的重要途径，也是地球热力平衡的重要因子。热带森林面积缩小会给气候带来影响（Olemb R. J.，1981），这个问题涉及面较大，不拟在此讨论。

3　对热带植物资源合理利用的原则和战略对策

根据我国海南岛等热带地区开发建设的经验，为了使建设热带的当前利益与长远利益一致起来，可以总结出以下三项原则。

（1）保护价值与开发价值的统一。要充分认识保护我国热带植物资源和其他自然资源的巨大潜在价值（经济的、生态的、科学的价值），在保护的基础上合理开发建设热带区。

（2）生态效益和经济效益的统一。要对我国边缘热带的生态脆弱性和敏感性有充分的认识，把生态平衡的利益与经济发展的利益统一起来，关键在于考虑同时充分发挥热带植被和热带植物的生态和经济的两种功能，不能偏废。

（3）局部利益与整体利益的统一。对热带地区的建设要有整体观念，当做统一的生态系统和经济体系来对待。局部的过程会影响到全局，如山地的水土流失会影响平原和台地的农区，部门之间发展不平衡会影响整个地区经济发展的速度；人口急剧地长、生活资料匮缺、文化知识水平低，都会迫使人们去对植被、动物、土壤、海涂等资源采用破坏性的利用方式等等。因此，各部门、各系统、各小区的开发建设的利益应服从全局和整体的利益而加以互相协调。

从以上原则出发，对我国热带区的保护、利用热带植物资源，合理开发建设热带，调整目前生态平衡失调状况，繁荣地方经济，可考虑采用以下几方面对策。

（1）充分利用热带丰富的植物资源作为发展地区经济的杠杆，从热带的生态条件出发，建立与发展以热带木本植物为主体的大农业和以热带植物产品为原材料的食品加工、医药和其他轻工业体系。

在热带照搬温带种植业的方式是欧洲殖民者的失败教训。大面积开采森林，种植小麦、玉米等草本物，易造成严重水土流失，土壤很快贫瘠化，不能再用。木本植物可全年利用热带气候资源和土壤水分、养分，还可少耕、免耕，减少土壤侵蚀，而且几乎各种立地都可以找到适合生长的经济乔灌木种类。以木本为主的大农业包括热带林业（水源林、珍贵用材林、薪炭林、各类防护林）、热带特种经济林（橡胶等树胶、油脂、比粉、纤维、香料、饮料、染料、药用树种等）、热带水果等。但以木本为主的大农业不等于不发展草本作物，如谷类、薯芋类、豆类、甘蔗和其他草本经济作物，以至牧草、南药等，都可因地制宜和根据需要发展。木本作物虽不能完全解决食物问题，但可以由它创造的经济效益来加强对农田的投资，改善农田，提高粮食和蔬菜的单产水平和总产水平。对植物资源的利用，不应当象现有的一些情况那样砍光、采光、掘光。有价值的东西，如美登木、萝芙木、木棉、红藤、白藤等等，都可以通过试验，作为种植业来栽培经营。有些则可以在加工的深度上提高经济效益，如发展食品加工、药物提炼制造、手工业制品等。

至于热带的畜牧业，则不宜利用次生草坡大规模放枝，可以种植牧草（如象草、卵叶山蚂蝗、苏旦草，以及本地优良牧草），刘取青饲喂方式，也可充分利用木本饲料植物（当然也可兼作用材、薪材），如光叶合欢（*Albizzia lebbek*）、银合欢（*Leucaen leucocephala*）、马尖合欢（*Acacia mangium*）、白花羊蹄甲（*Bauchinia vareigata*）、粗糠柴（*Mallctus philipinensis*）、牡竹（*Bombosa arundinarea*）等；也可走林木改造草地后林牧结合的道路。

（2）严格保护现有天然林（包括次生林），大力营造各类森林（包括经济林），建立防护林体系，努力扩大森林覆被率，并完善人工生态系统的生态功能，建立热带地区新的生态平衡。

对海南岛、西双版纳等地区热带天然林的乱砍滥伐要切实制止，对森工采伐也要压缩甚至停止主伐利用，把森工企业职工转到营林、护林、造林方面来，各部门有条件的都应为解决自用材来营造用材林和薪炭林：建立热作防护林、农田防护林和海岸防护的体系，对次生林加以封育，使之逐步恢复为较原始状态的天然林，这是扩大热带天然林覆被率的唯一途径，发展热作、开辟农田应在荒山荒地进行，停止开垦次生林，要尽可能把可观的荒地资源利用起来。对农田、橡胶林等人工生态系统要在管理上加以完善，提高经营水平，提倡橡胶-茶叶、橡胶-胡椒、橡胶-南药等多层结构的经营方式。使各类经济林具有特定的结构和功能，在它们担负一定经济任务的同时，也尽可能发挥其一定的生态有益效能，这也是稳定整个地区生态平衡的重要方面。

（3）加强热带自然保护区的建设，对各类天然景观、植被，甚至人为干扰因素下处于偏途顶极的植被类型，都应划立自然保护区进行保护和研究。对海岸红树林应保护，使之恢复发展。在海南岛，要像在西双版纳那样，建立具有一定规模的热带植物园和热带植物研究机构。也需要建立农、林、热作部门的种质基因库，尽可能保存、保护和引进热带作物的品种、品系（包括原种）的基因资源。

（4）控制人口发展，加强热带地区人民和干部的文化学科教育和法制教育。近些年来，内地人口大量流入海南岛和西双版纳，从事开荒、烧窑、打石、盗伐林木、采藤、采药等活动，是严重破坏热带森林的重要原因，应加以控制和妥善处理。要加强热带地区的智力投资，只有在一定的科学文化知识和物质生产的基础上，才能有效地减少和阻止对自然植被的破坏。

（5）加强开展热带植物资源保护和合理利用的科学研究项目。如我国热带植物区系、植物分类、植物地理的研究；热带植物群落及其演替动态的研究；热带各主要生态系统（包括人工的）的结构和功能的综合定位研究；热带濒危植物或其他大自然遗产的调查、开列名录，查明濒危原因和旨在保护、恢复、发展濒危动植物的生态学研究；热带自然保护区的规划和经营管理的研究；热带农林牧各业主要经济植物栽培经营的生态学研究；热带农业区划及大农业合理结构和配置的研究等等。

我们不仅要把海南岛、西双版纳等热带地区建设好，而且把它们当做我国研究热带植物，乃至整个热带生物、热带地理学的科学研究基地，唯有这样，才能为我国不多的热带国土为国家的四化建设做出应有的重要贡献。

主要参考文献

[1] 吴征镒等，1980：植物资源的利用与保护. 热带植物研究，15 期.

[2] 汪汇海等，1982：滇南热带雨林的开发利用与水土保持的相互关系. 林业科学，18 卷 3 期.

[3] 侯学煜，1982：我国热带亚热带自然条件和生物资源评价. 热带亚热带山地丘陵建设与生态平衡学术论文集.

[4] 易淮清等，1981：海南岛森林资源特点及其趋势. 海南岛林业资料汇编.

[5] 卢俊培等，1981：海南岛尖峰岭半落叶落叶季雨林"刀耕火种"生态后果的初步观测. 植物生态学与地植物学丛刊，5 卷 4 期.

[6] 曾庆波等，1982：海南岛尖峰岭热带山地雨林及其采伐基地水热状况的比较研究. 植物生态学与地植物学丛刊，1 期.

[7] 国家科委、国家农委、中国科协海南岛大农业建设与生态平衡考察组考察报告，1981-82.

　　　景可等：海南岛的土壤侵蚀与生态环境.

　　　蒋有绪等：关于海南岛大农业生态经济平衡失调的现状及其调节的原则和对策.

　　　钟义：海南岛热带植物资源的演变与保护.

　　　廖维平：海南岛的开发对动物区系演变的影响.

[8] Whitmore T. C. 1975：Tropical rain forests of the Far East，Clearedon Press.

[9] Grainger A. 1980：世界热带林现状（中译本），中国林科院情报所.

[10] Jordan C. F. 1981：Tropical ecology，Hutchinson Ross Publishing Co.

关于南方草地的利用和畜牧业发展的浅见[†]

对南方草坡、草地的利用方向，目前还有争议。考虑到南方草坡、草地问题带有一定的普遍性，有一定的共同规律，不妨探讨一下它的一般原则。对个人来说，拟从认识上找出一个总的倾向。这就是说，从考察事物的一般规律和权衡事物主要矛盾出发，找出一个比较合理的原则。从南方（我国亚热带和热带）的山地草坡的性质、利用的经验和效果、兼顾生态与经济需要（包括肉食需要）的利用途径等方面来谈点不成熟的意见。

一、热带、亚热带山地丘陵的草山、草坡，除高海拔的亚高山、高山草甸群落（这在植物生态学、自然地理学都有特定涵义的）外，都是非地带性的植被，都是由顶极植被类型（在热带是山地雨林，季雨林；在亚热带是常绿阔叶林和落叶阔叶与常绿阔叶的混交林）破坏以后形成的。随破坏的频度和逆行演替（即背离顶极群落方向的演替过程）进程发展得有多远，草坡的土壤状况、草本植物组成结构及其可食性等状况也都不同，由于热带亚热带丘陵山地面积很大，涉及因子很多，形成的次生草本植物群落的分类很复杂，在这里难以叙述清楚。但简而言之，用极其粗略的语句来概括其总的规律，那就是在逆行演替的进程中，离顶极群落距离越近的，其草本植物群落的种类组成和结构要复杂一些，植株高大些，生物产量高一些，土壤也相对深厚肥沃，草类的可食性也高些；离顶极群落距离越远，其土壤愈趋贫瘠，植株越矮小，群落结构越趋于简单，而且种类中旱生型、硬质型的草本增多，可食性越差，直至演变到了山坡母质裸露，寸草不生，也就到了逆行演替的终点。以南亚热带地区为例说明，在常绿阔叶林破坏（采伐、火烧、垦殖等）后不能恢复成林的情况下，先是形成五节芒为优势的高草群落，植株高大，可达 1 米以上，生长茂密，叶为牛羊所喜食，但用火烧后生长出的嫩叶更为牲畜所嗜食。然而这种办法，或受其他方式的继续破坏（包括过度放牧在内），这种高草群落就渐向鸭嘴草、野古草、白茅等为优势的中草群落发展，继而是指示土壤比较贫瘠的芒萁、岗松等为优势的低草群落，可食性极差，几乎不能放牧。然而，后两类草坡在南亚热带，甚至热带却比比皆是。因此对于南方的草坡，草地资源（有不同估计，少称 7 亿亩，多称 13 亿亩），一要区别对待，二要动态地看。它们的质量不是稳定的，不是一成不变的，一些草坡今天看来有较大的载畜量，但长期利用下来，就会退化。

二、从南方草地利用情况看，如果是指山地丘陵的草坡（而非指冲积平原或平缓地形的草地）则一般载畜量都是很低的。如广西的草山面积估约 1 亿亩，但一般 30 亩才养活一头牛，浙江的情况也差不多。产草量每亩多则五六百斤，一般二三百斤，属草场质量分级（共 8 级）中的第 6 级，群落盖度 50%左右。由于采取自由放牧，牛羊到处践踏，使土质变坏，日趋板结，土壤渗水性、透气性都变差，肥力也随之下降，群落的生物产量也下降。尤其是由于牲口踩出的凹坑和纵横交错的牧道，开始了土壤的侵蚀。在

† 蒋有绪，1983，农业经济问题，（3）：35-36。

南方暴雨集中的情况下，往往形成大规模的面蚀和严重的沟蚀。在今天我国水土流失严重的情况下，这种集中的自由放牧的草坡利用方式不能不引起人们的关切。从目前南方草坡资源看，利用放牧可以取得短期的实利，但从长远看，反而可能破坏现有的草坡资源，使希望发展的畜牧业发展不起来。

三、从大量的事实说明，南方山地丘陵的次生草坡还是发展林业和木本经济作物为宜。封山育林，顺乎热带、亚热带植被发展规律成本低，收效快；为了尽快解决用材和烧柴的问题，人工造林收效也快；发展经济林，在我国南方有许多好的传统，经济效益最高，在集约经营的条件下可以减少水土流失，取得较好的生态效益。以浙江省遂昌、建德、开化、巨县等县改以山坡经营经济林（如茶、桑、油桐）和用材林以来，社员收益显著提高，每日工分上升至 1～3 元。湖南省株洲县朱亭丘陵区发展杉木，湘乡县沙田公社发展蚕桑；湖北省秭归县龙江公社发展柑橘，都使社员收益有大幅度增加。在南方可发展的木本经济作物和林木种类很丰富，除上述者外，亚热带发展杜仲、漆、油茶、毛竹、马尾松、香榧、梅、李、柿、核桃等，热带、南亚热带发展龙眼、荔枝、大叶茶、番木瓜等等，这都是浅山低丘提高收益的重要途径。

四、南方山地丘陵区能不能发展畜牧业？回答是肯定的。应当发展畜牧业解决人民的肉食问题，甚至出口问题。问题是以什么方式发展，和在什么条件下放牧。我认为：

（1）在坡度 20℃ 以上的山坡上不宜集中畜群自由放牧，但在林间空地和缓坡和山麓的林地，以及河滩冲积地，湖区枯水期的草洲上常有质量较好的适口牧草可供适量放牧，但在造林地、幼林地和有待更新的林地则需要加以保护，禁止放牧。

（2）在亚高山草甸可以放牧经营，但也不能过度，尤其在属于碎石坡积或冰碛母质上的坡地更应注意。此外，对于亚高山草甸往往有所误解，把不属于亚高山草甸的用来经营放牧，如浙江省庆元县竹坪公社把海拔 1600 米的山坡草地，认为是适宜的亚高山的牧场（实际上属于森林线以下的，可能由于风大等因素或其他原因造成的草坡和山顶草地），发生过度利用的问题，造成砾石裸露的后果。

（3）充分利用木本饲料和农作物的可饲部分作为喂养用的饲料来源。南方有不少乔灌木的树叶（嫩叶）、嫩果及种实可作饲料用，如相思、银合欢、假木豆、构、木麻黄、象耳豆、旱冬瓜以及橡胶籽等；农作物的秸秆、秕糠、薯藤、甘蔗尾叶，以及花生饼，豆饼、芝麻饼等。为了发展畜牧业，可以专门营造饲料林，不仅可以提供含有蛋白质的优质饲料，还可以同时解决农村急需的木材和薪柴。

（4）便于南方集中发展畜牧业的最重要的方式，还是选择土壤深厚、水分条件适中的坡地、谷地、冲积地和田边隙地，人工种植优良牧草，如引进的象草、苏旦草、坚尼草、卵叶山蚂蝗、岸杂 1 号牧草以及本地优良牧草。实行这种集约经营的圈养方式（辅以发展商业性混合饲料）便于管理，成本低，效率高，又可减少水土流失等弊病。有水面的地方还可以发展一些水生饲料植物，如红萍等。

总之，概括地说，对南方山地丘陵草坡不宜提倡"向草地要肉"的口号和提倡集中放牧式的经营，但并非说南方丘陵草地一律不可放牧，而是要区别对待，提出一定的条件和限度，予以一定的限制；也并非说南方山地丘陵区不能发展畜牧业，而是应当有恰当的方式和途径，即使这样，南方发展畜牧业的潜力仍然是很大的。一般地讲，南方山地丘陵区宜以林业为主，发展多种经营。

海南岛大农业建设与生态平衡学术讨论会在广州召开[†]

由国家科委，原国家农委和中国科协共同主持的海南岛大农业建设与生态平衡学术讨论会于今年 5 月 27 日至 6 月 1 日在广州召开。农牧渔业部部长何康，中国科协书记处书记田夫，中共广东省委书记林若、省委常委杜瑞芝到会讲了话。来自全国各地的 200 名专家、教授、其中包括中国科学院学部委员马世骏、黄秉维、吴中伦以及著名科学家阳含熙、朱济凡、黄宗道、唐永銮、林英、张宏达、钟功甫等出席了会议。

会议期间田夫同志传达了中共中央 1983 年 11 号文件，与会代表更加明确了建设海南岛的重大战略意义。

为保证这次学术会议的质量，在会前曾组织 16 个学会的老、中、青 65 位科学家和科技工作者亲赴海南做了为期 1 个月的实地考察。这次学术会议是新中国成立以来第一次组织的多学科、综合性的大规模学术活动。海南的大农业建设与生态平衡问题，牵涉到工、农、交通等各个部门，农、林、牧、副、渔各行各业相互有关，既有科学技术方面的问题。又有经济社会等方面的问题。因此，组织这次会议，充分调动各方面，各学科的科学家的积极性和智慧，相互切磋，加强学科间的了解，使原来的分歧意见，通过学术考察与讨论，逐渐接近，使这次考察取得较好的效果。

会议共收到学术论文 151 篇，会上着重讨论了海南岛发展大农业的自然条件的优势、弱点及其社会经济特点；三十年来的主要经验教训和今后的战略发展方针；大农业的合理结构及当前应抓的技术，经济和生态的主要对策与措施，大农业建设急需的科研攻关项目及实施方案。

通过六天的讨论，科学家们对以下几个问题有了比较一致的看法。

一、应该充分发挥海南岛的热带优势，要以热带木本经济作物和热带林木为重点，全面发展农林牧副渔业。在发挥海南岛的热带优势方面，也不要忽略海南岛广大热带海域的优势。大农业中农林牧副渔业的发展，是互相影响，互为条件，应有计划，按比例地发展；单纯强调某一方面的发展，限制了必要的多种经营，必然导致农业内部比例失调，影响整个工、农业的发展；即使在一个部门内，也有多种经营的问题。

二、建立海南岛的新的生态平衡的主要关键是要保护，恢复、发展森林。应该林胶结合、林农结合、林牧结合，林水结合，发展林业是海南岛全民的事业，群策群力，保护好热带天然水源林，对次生林进行抚育，大力营造速生用材林、薪炭林，争取在五年内完成围绕海南岛防护林带工程，在本世纪末，使全岛森林覆盖率（包括经济林）达到 50%。

国家计委与林业部要下决心，停止下达海南岛热带林的采伐任务。要改森工企业为营林事业单位，在政策上下大力扶持国有林场、社队林场及个人自留山，经营速生用材林和薪炭林。

三、水利建设是提高海南农业生产的关键，应该努力提高现有水利设施的效益。在目前不能建设大广坝水库的情况下，为了充分利用海南岛西部的荒地，"水路不通走陆路"。应通过建设防护林，种植旱作、牧草等途径，加以利用。

† 蒋有绪，朱容，1984，林业科学，20（1）。

海南岛自然资源利用及其战略调整†

海南岛是我国仅次于台湾的第二大岛，地处北纬 18°10′～20°10′的热带北缘，占我国热带面积 5 万平方公里的 70%左右，人口约 560 万，少数民族 120 万人。海南岛 30 多年来的建设有不少成绩，也有不少问题，从自然资源开发利用角度来衡量，有得有失。目前，党中央决定加速对海南岛的开发建设，今后的一个时期对海南岛的发展将产生决定性的影响。因此，现在来回顾和瞻望海南岛自然资源的变化状况和利用方向是十分有意义的。

1 海南岛自然资源的概况

1.1 得天独厚的气候资源

海南岛热量丰富，光能充足，雨量丰沛，夏长无冬，许多热带、南亚热带作物和树木都可以终年生长。这里的生物生产量也是全国相应最高的。全国水稻、甘蔗单产最高记录创于海南，如稻-稻-薯三造小面积试验，亩产折粮 4100 斤，甘蔗试验亩产 20 吨。这反映了水热资源对作物生长的巨大潜力。

1.2 丰富的生物资源

全岛维管植物 4200 种，为全国 8 万余种的 1/7，其中海南特有的 500 余种。全岛兽类 78 种，鸟类 344 种，海洋水产资源也极为丰富；鱼类就有 600 种以上，其中，经济价值高的 40 多种，还有许多名贵的海参、珍珠贝和虾类。海南岛可以说是我国难得的基因库。

1.3 充裕的水能与矿藏资源

海南岛的水和水力资源是很可观的，水力资源理论蕴藏量 99.5 万千瓦，可开发蕴藏量 64.75 万千瓦。沿海潮汐水能资源 6.5 万千瓦。岛上有褐煤、铁、锰、钴、铜、铝、钛等矿藏 30 种，在莺歌海等地还有丰富的石油，正引进外资合作开采。此外，由于这里海水浓度高（盐度 2.5%～3.5%），是发展盐业的良好条件，这里有全国闻名的莺歌海盐场。这些丰富的能源和矿产资源为海南岛的全面开发建设提供了雄厚的物质基础。

---

† 蒋有绪，1984，农业经济问题，（5）：43-46。

1.4　尚有足够可资利用的土地资源和广阔的水面资源

可利用面积 4239.18 万亩，已利用面积 2490.16 万亩，尚有大量荒地可以利用。海岸线共长 1309 公里（曲线为 1725.3 公里），渔场广阔，计 78 000 平方公里，沿海可供水产养殖的面积 38 万亩，目前只利用了 1.24 万亩。山塘水库面积 52.3 万亩，目前已利用淡水养殖的 42.17 万亩。

1.5　拥有发展前景的旅游资源

海南岛拥有的名胜古迹计有海口市的五公祠、海瑞墓，琼山县的琼台书院，崖县的鹿回头；大东海浴场、天涯海角、落笔洞，儋县的东坡书院等。此外，海南岛的热带雨林、红树林景观、热带植物园、热带珍禽异兽、花果，少数民族的风土人情。以上这些都会吸引国内外旅游者。

2　海南岛自然资源开发利用现状与存在问题

新中国成立以来，海南岛的经济有了较大的发展，粮食生产、橡胶种植、水利建设等方面都取得了显著进展。全岛工农业总产值 1982 年 22.84 亿元，农业总产值为 15.31 亿元，比 1952 年 2.57 亿元增长了近 5 倍。但海南岛 30 年的建设也还存在一些问题，主要是缺乏全面的统一规划，国民经济发展不平衡，农业内部的结构也不够合理，从而影响到自然资源的合理开发利用，有的利用过度，有的则未能充分利用，使岛上生态环境出现有质量下降和局部恶化的问题。过去的经济建设发展不平衡的格局概括起来，可以说是重农业，轻工商交通；在农业中是重陆地，轻海域；陆地上则重种植，轻养殖；种植业中则是重粮胶，轻造林和其他海域的捕捞业中则是重近海，轻外海。经济发展不平衡反映在自然资源利用状况方面及其评价如下。

2.1　森林资源

天然林资源急剧减少，1956 年还有 1295 万亩，目前不足 500 万亩，面积减少 60%，蓄积量减少 50% 以上，林分质量也明显下降。主要原因是农垦部门垦殖种胶开垦了一部分林地；农民刀耕火种，开垦农田；全岛烧柴的消耗；林业部门的过量采伐而更新极少以及乱砍滥伐等等。天然林的覆盖率由新中国成立初期的 25.7% 下降到目前的 9.7%，加上人工种植的橡胶林 330 万亩，各类防护林 70 万亩，全岛目前的森林覆盖率为 21.4%。总的趋势看，全岛天然林的多样性正在丧失，功能下降。丘陵台地的季雨林，半落叶季雨林已基本消失，向稀树灌丛草地、岗松、芒萁坡地甚至石质山坡转化。中央山区的沟谷雨林、山地雨林面积减少，一部分向次生林和次生草地发展。全岛除一些尚未开发的山地森林和人工发展的橡胶林、防护林外，天然植被基本上处于逆行演替过程。目前，从常年的森林资源消费情况看，每年约 365 万立方米木材，而年生长量约为 209 万立方米，年亏缺 156 万立方米木材，而且这个缺口将越来越大。照此趋势预测到 2005 年全岛木材蓄积量将消耗殆尽。消费结构中烧柴约 128 万立方米（低估数字），占总消耗量的 35% 以上，因此，如果不解决农村、城镇的能源问题，对天然林和防护林的破坏是难以制止的。

2.2　水资源

海南岛的水资源虽然比较丰沛，但降雨量和径流深在地区分布上差异大，时间分配上很不均匀，干湿季明显，加之河流短促，地下水补给条件差，因此，水库建设在调节干湿季和降水丰枯年之间的水量是十分重要的。目前，大中小型蓄水工程每年调节水量 30 亿～45 亿方，加上引水工程，每年供水能力 40 亿～70 亿方，一些地区仍然存在旱季和干旱年份不能满足用水的要求，受干旱风的威胁，农业生产产量不稳，甚至生活用水也十分困难。全岛还有 40% 的耕地面积无灌溉设施，272 万亩坡地 87% 无法灌溉，特殊的干旱年缺水 15 亿～20 亿方。随着今后工农业的全面迅速发展，海南岛水资源问题会越加突出。

2.3　生物资源

随着热带林景观的变化，一些珍贵树种如子京、花梨、胆木、古山龙等已日益稀少；岛西北大片南亚松林，岛东的青梅林，无翅坡垒林已完全消失；林内沉香、巴戟、春砂、益智、青天葵等药用植物，红藤、白藤等经济藤本都由于无节制采集而日渐稀少；海南裸实、霉草、海南细辛等也采不到标本了。红树林由 1956 年的 15 万亩下降到现在的 4.9 万亩。由于中部山区森林的开发，热带型动物急剧减少，热带鸟的种类和种群也减少。由于山地次生草坡面积增大，文鸟、麻雀取代了绯胸鹦鹉、鹩哥等；地栖兽类如黄毛鼠、黄胸鼠替代了猕猴、长臂猿等树栖类动物；两栖爬行类如细刺蛙、花龟、变色对蜥等已消失，次生草地上形成了新的区系。由于低山丘陵的开发，橡胶林取代了天然次生植被，动物种类大为减少，蟒蛇、孔雀雉、海南坡鹿等濒临绝灭，橡胶林内只常见棕背伯劳等鸟和一些啮齿类小动物。水产资源由于酷渔滥捕，使金枪鱼、海鳗、蛇鲻、五棘银鲈、虾类等产量明显下降。珊瑚礁和红树林的大量被毁，不仅毁坏了这两类资源本身，也破坏了鱼虾的栖息场所。不少人捕捞白蝶贝等珍贵贝类，只为了卖贝壳，可惜之极。河水污染也影响河口及其附近海域的水产品产量。

2.4　土地资源

首先是土地类型利用不平衡。对平坦或坡缓的、土层厚一些和水量比较充沛的一些区域地段，集中开发，往往成为农、林、热作和牧业争夺的对象；干旱贫瘠的燥红土、砂荒地则无人利用，闲置一旁。土地利用的另一个问题是用多养少，耕作落后，普遍发生土地肥力衰退，74% 的稻田土壤有机质含量仅在 1% 左右，低产田占全部耕地的 75%。刀耕火种，轮荒野牧，乱垦滥伐，广种薄收还很普遍。土壤侵蚀严重，流水侵蚀不同程度地遍及全岛，面蚀为主，沟蚀次之，尤其以红色岩系和紫红色砂岩母质的丘陵台地在植被破坏后引起的侵蚀严重。重力侵蚀主要在山区，到处可见崩塌的堆积体、洪积扇，以及浅层滑坡现象。1946 年和 1955 年两次特大暴雨，造成大面积浅层滑坡，给水利设施和农业生产带来很大损失。风蚀也是海南岛主要侵蚀形式，过去常有风吹沙丘淹没村舍、农田的事发生，后来办了岛东和岛西两个林场，营造防护林带，情况大有好转。

2.5 热量资源

目前主要问题是未充分利用，表现在两个方面：一是常年的丰富辐射能不能充分利用，由于短期农作物占相当比重，利用冬季热量的早春瓜菜发展得还有限。过去对林业和发展木本热作。水果都重视不够，未能充分利用木本植物常年可利用辐射能的优势。二是耕作差，单产低，热量生产力未充分发挥。以海南岛一般生产水平和本岛先进水平比较即可看出生产潜力还是很大（见下表）。

作物名称	一般生产水平	先进生产水平
水稻（两季）	700～800 斤	3000 斤
甘蔗	2500～3000 斤	8000 斤
花生	120～150 斤	1100 斤
干胶	5～10 公斤	40～60 公斤
胡椒	10～110 斤	1800 斤
茶叶	60～170 斤	1100 斤
木材	0.5 立方米	1.5 立方米
木薯	600～900 公斤	1800～2000 斤

就水产而言，养殖业非常薄弱，也是间接利用热能效率低的原因。目前水产养殖量的潜力很大，以虾而言，每平方海里的资源量为 0.45～0.77 吨，而养殖时每亩可产斑节对虾 40～50 斤，小面积试养达 70 斤。鱼塭养殖遮目鱼亩产 400 斤，但目前渔场破坏很严重，主要原因是围海造田，破坏红树林，发展盐田等原因。淡水养殖工作也极薄弱，每亩水面才几斤至二十余斤，而本岛最高产量 300 斤。其他如藻类、海参类、珍珠类等都是应当发展的高集约的养殖业内容。

3 海南岛自然资源利用的战略调整

目前，海南岛的当务之急是要有一个合理的工农业、交通运输、能源建设的总方针、总框架和总设计。海南岛作为一个生态经济的整体对象，应当有统一的发展目标，合理的经济结构和农业结构，包括符合本岛资源条件的工矿企业和农产品加工业、轻工业，适合本岛对外交往的水运、空运和岛内陆地交通运输；有便于统筹资金和生产力，调节市场和统一经济核算的领导体制和管理体制；制定对各部门都有约束力的关于保护自然资源和维持良好生态环境的法制。据此制定统一的发展规划，有计划、有步骤地合理开发热带自然资源，发挥最大的热带优势。为了保证当前利益与长远利益一致，必须做到在保护热带自然资源的基础上合理开发利用。过去人们常常只认识到海南岛热带自然资源的巨大开发价值，都想从这块不大的热带岛屿取得难得的热带生物资源和独特的矿藏资源，而忽视这些热带资源的保护价值，不懂得海南岛边缘热带的生态脆弱性和敏感性。热带生态系统虽然是比较稳定的生态系统，但热带生物之间和生物对环境的精巧的适应性并不利于热带生态系统干扰后的恢复和生存，因此热带森林、热带土壤、红树林以及近海水生生态系统一旦被破坏后的逆行演替是比较难以挽回的。

关于海南岛开发建设，合理利用自然资源，应考虑以下几方面对策。

（1）为了解决本岛水资源时空上的缺陷，土壤侵蚀，生活及生产能源等问题，海南岛要以水力电力建设和林业建设为改善生态经济状况的两项基本措施，这是保证农业生产条件和维持生态平衡的两大重要支柱。为了充分发挥海南岛水资源的效益，水利建设方针应以防旱扩大灌溉为主，结合水电、淡水养殖等综合利用。近期加强维修管理，解决防渗和严重浪费用水问题，抓好续建配套，巩固和发挥现有工程效益，在重点干旱地区适当兴建中小型骨干工程。林业建设的面貌要有一个根本的改变。首先应严格控制采伐量，杜绝一切计划外的采伐，海拔350米以上天然林应大多划为水源涵养林，改森工企业为营林事业单位，从事造林、育林工作，低山、浅山的荒地要采取承包形式分给社队或农户以及机关、部队，大力营造用材林、薪炭林和果树等等，还要大力发展农田防护林热、作防护林；要在近期内把台风登陆频繁的东部防风固沙林带合拢，并逐步营造围绕全岛的海岸防护林带。使海南岛的森林覆盖率由现在的21.4%提高到50%左右。为了保证这一目标的实现，还需采取相应的措施。

（2）为使全岛生态效益和经济效益相结合，海南岛的农业发展应当是以热带木本经济作物和林木为主体的农林业，水陆交接区（港湾、滩涂和浅海）的热带水产养殖业，以及海域捕捞业所构成的热带立体大农业为方向。这样可以全面发挥海南岛热带气候、土地、水域和极丰富的生物资源的巨大优势。所谓"农林业"，狭义讲是林农间作的混农林业，广义讲是以木本植物为主的种植业，即具有农业功能的林业，或具有林业功能的农业。木本植物可以更好地全年利用气候资源和土壤中的养分水分。木本植物可广泛地适应各种土壤、气候条件，减少水土流失。农林业并不排斥草本作物如稻谷、甘蔗、番薯及剑麻、菠萝等草本经济作物和瓜果等，而且应当因地制宜，根据需要合理安排。总之，应当充分发挥所有热带植物资源的优势，取得人们所需要的多种多样的热带植物产品。热带农田生产也要注意如何利用全年生产期，充分发挥热带生产潜力，可以建立水稻、甘蔗、番薯和豆科绿肥等为主要内容的轮作制。海南岛的畜牧业要避免利用次生草地的自由放牧式生产，可采用人工种植牧草或发展木本饲料植物，结合发展商业性饲料，以围养为主建立畜牧业商品生产基地。出口产品要恢复发展海南岛有传统的品种，如临高、文昌和澄迈的乳猪等。海南岛的水产业发展应使近海水产资源有一个休养生息的机会，今后以外海为主，国家应给予资助，有计划加强渔港和冷冻仓库的建设，增强外海捕捞能力。要大力扭转目前船只小型化的趋向。发展海水、淡水养殖业的主要问题是基础薄弱，多数社队没有养殖队伍，技术力量缺乏，主要县社可建立渔科站，培养技术力量。建立鱼苗塘，并逐步建立养殖热带高产良种鱼虾和珍珠的养殖场和养殖研究中心。如把现有陆地水面全面利用起来，并使单产达到广东省的平均水平，这一项即可把目前年产2305吨淡水鱼提高到7004吨；海水养殖如把38万亩滩涂面积全利用起来，则年量产可达1万吨，再加上海洋捕饲业（近期持续稳产量每年4.4万吨），则海南岛可望成为我国重要渔业生产基地，发展前景极其广阔。

（3）海南岛的工业应当发展以热带农业产品为原材料的食品加工、医药和其他轻工业，矿藏采掘业和加工工业以及能源工业为主要方向。必须改变过去基本上以农业初级产品的原料形式输出的做法，这种做法不利于发展商品生产和资金积累。干胶、胡椒、麻、椰子、肉、皮张和蔗糖的价格都比较便宜，例如，椰子如果加工为椰丝、椰蓉、椰子糖、椰油、椰乳、椰棕、椰壳工艺器，它的利润将是作为三级水果的几倍。这里珍贵的木材都是高级硬木家具和船舶桥梁用材，因此，不应当是出口木材而是出口高级成套家具和其他制品。此外，腰果、芒果、菠萝等干鲜果罐头，南药的成药制品都会成为外贸的热门商品。

（4）加强自然保护区的建设。海南岛目前已有 7 个自然保护区，面积 16 万多亩，占全岛面积 0.3%多，保护的对象有热带天然林、红树林和坡鹿、长臂猿、猕猴等动物。应当增设对各类天然景观、天然植被类型、珍贵动物、水生生物群落和其他自然遗迹的保护区。此外，要把自然保护事业纳入政府议事日程，加强管理，解决目前机构不健全，经费不足，法制不严等问题。海南岛还应当兴建大规模的热带植物园，动物园和农、林、热作、水产等部门的种质基因库，尽可能保存，保护和引进品种品系（包括原种）的基因资源。

（5）积极兴办旅游事业。海南岛有条件逐步办成国际国内度假避寒胜地，这项工作目前已纳入海南岛建设任务之中。

（6）控制人口发展，加强干部和人民群众的文化科学教育和法制教育。近年来，由内地流入海南岛的大量人口（包括海上的渔民）从事开荒、烧窑、打石、伐木、采藤、采药、采珊瑚、烧石灰、捕捞珍珠贝和偷盗养殖的经济藻类，这是严重破坏海南岛自然资源的重要因素，应加以控制和妥善处理。要加强对人民群众的智力投资，提高他们的文化和科学技术水平，也要进行必要的法制教育和增强他们热爱自然、保护自然资源的社会责任感。

联邦德国的林业与生态环境建设[†]

1983 年秋林业部有关专家组成的考察团应联邦德国农林部的邀请，对联邦德国林业和生态环境的建设作了为期两周的考察。这是一次不寻常的考察，没有在大中城市停留，没有应酬性的宴会消磨晚间的时光，全部时间都驰骋与涉留于林区、山村之中。在考察中，我们分享到联邦德国人民在农林牧业建设中贯穿生态建设这一指导思想的丰硕成果。那旖旎风光、清秀山水、整洁的葡萄园、茂盛的森林、如茵的牧场，美丽的村镇都深深吸引着我们。当我们攀登陡崖峭壁，观看防止雪崩、滑坡和土壤侵蚀的建设的精巧设施时，也领略到了联邦德国人民为取得这些成果所付出的智慧与代价。

1 这里已没有水土流失

由法兰克福南行，经慕尼黑去阿尔卑斯山区，正好是由平原向浅山、高山行进，海拔由几百米升高至 2500 米，年雨量由平原的 500～800 毫米增至山区的 1500～2000 毫米，表现出一个递变的生态地理系列。莱茵河流域平原是工业区和农区，种植饲料玉米、油菜。由于收获季节已过，见不到有什么人在地里。我们早已听说在联邦德国不易找到裸露的土地，所以处处留心察看有无水土流失的现象。只见高速公路穿行于森林与农田之间，公路交叉处留下的小块空地，即使只有桌面大，也都覆盖着草皮；农田的地埂斜坡面上也斜行栽着草丛，这些草都可防止雨季径流的冲刷作用。经我们观察了解：平地上的草皮都是天然自生的，草种多系草甸性草本植物，有些草种生长期很长，有的草可耐零下 21℃ 的低温；因此这些草皮并不需要人工栽植，只是用剪草机修剪成一样高度，看上去便像是绿色地毯。六车道的高速公路在平原的森林间纵横，是现代化技术工程与朴实的田野景色的结合。这些森林都是人工营造的。中欧平原典型的原始森林应当是以栎类为主的落叶阔叶林，而现在这里是细细亭立而树皮带红色的欧洲赤松（我国的樟子松是它的一个变种）、树姿婀娜的山毛榉和庄重暗绿的欧洲云杉，三者交错分布，疏密不一，林下植物郁闭，具有天然美的特点，而无人工雕琢的痕迹。主人骄傲地告诉我们，现在联邦德国除南部山区因雪崩、风暴造成的塌坡外，全国治理土壤侵蚀的任务已基本完成。眼前的景色，使我们信服。

2 世界闻名的葡萄种植区

梅因河流域的坡地是拜恩州的葡萄种植区。这里的土质和气候都适宜葡萄生长，为便于机械化耕作，农民在 30 年前拆除了水平梯田的砌墙，把水平横行种植改为顺坡纵

† 蒋有绪，1984，世界农业，（6）：15-18，30。

行种植，用钢丝牵引犁耕地，或用小型拖拉机耕作。收获也可用机械，但为了制造名贵酒，也常用手工收获。一般讲，农民比较欢迎用牵引犁耕作，因拖拉机会压实土壤，影响葡萄根系的发育。纵行种植的唯一缺点是造成水土流失。但他们在横坡面开设运输道路，能起到大水平阶的截水作用；在行间铺撒麦秸（麦秸运输轻便，在田间压成方垛运来），麦秸可以蓄水，也易分解，可增加土壤的腐殖质。过去曾试验过铺撒泥炭土、粉碎后的垃圾或种绿肥等等，这都不理想。因为垃圾不易分解，造成土壤污染；泥炭土来源紧张；种植绿肥优越性并不显著；所以还是普遍推广铺撒麦秸。农民目前常采用合作经营的办法，几户联合起来，地块大了，可以统一挖排水沟，也便于机械化，无费提供技术需每户购置全套机械，劳力可以互助，这就大大降低了成本。国家支持这种形式，还免费指导，帮助地块整治规划等。在维茨堡的 Residens 大酒窖品尝葡萄酒隆重仪式上，克莱特先生讲，这是由农林部批准才能举行的活动。这是欧洲最大的一个酒窖，这天晚间窖内烛光辉煌，由经理陪同，从 8 马克一瓶的葡萄酒一直品尝到 70 马克一瓶的陈年美酒。主人在一一介绍不同年代窖藏的、不同风味的名酒时，总是兴高采烈，眉飞色舞。

3 为治服高山雪崩在奋斗

联邦德国南部山区以林业和旅游业为主，保存的天然林是本国人民和邻近国家周末云集以领略自然风光和享受清新空气的好地方。每逢星期五下午或星期六早晨，林区的村镇都停满各色小汽车，那里背负行装、成双结队攀登山岭的人络绎不绝。这里的公路交通具有头等重要意义，1965 年上阿马尔高地区一次滑坡造成 30 万方的泥石流，影响甚大，因此联邦德国当局为消灭这一祸害正在奋战中。采取的措施是把钢柱打进岩石，用混凝土灌注，钢柱的基部采取了稍稍有活动余地的结构，钢柱间拉上钢索，钢索上张以钢丝网，作为防阻雪崩的屏障。同时，在陡坡种植欧洲花椒、栓皮槭、鹰爪槭等阔叶树种，并种上人工草皮覆盖。他们争取在 40 年内，消除雪崩危害。尽管这项工程需要花费 30 万马克，但如果 5000 公顷的防雪崩林与工程措施起到实际作用，则将会带给这一地区的经济效益达 50 亿马克。

春天融雪和多雨季节也容易造成滑坡，水利局和林业局共同治理，不仅在滑塌的山坡上种植椴木等阔叶树，恢复植被；并且防患于未然，把山坡上根系浅的云杉林改造为针阔叶混交林。在地质条件易发生滑坡的坡面上，采用铁槽、铁管，或木槽、塑料槽，作为泄水槽，把地面的径流集中在槽管内引向山下，输入河道。嘎密施林业局在修建高山滑雪场所造成的大面积岩石裸露的地面上；采用人工铺植土被、草被的措施，即用泥炭或腐殖质土拌合麦秸草籽铺撒后再喷洒沥青，使之固定；待草籽发芽后，从沥青和麦秸的孔隙中长出，形成新草被。

4 林业建设与国土环境建设融为一体

据说，每年来巴州的旅游者约 250 万人次。这里的森林，除提供风景、休憩、滑雪、旅游等社会效益外，还对屏挡风暴、保护牧场、涵养水源、为城镇居民提供清洁饮水，为鸟兽提供栖息场所都具有重要的生态功能。除此还有计划地每年向州内外提供 300 万立方米左右的木材。这是木材生产与发挥森林多种生态效益结合得比较好的范例。在联邦德国，由于林业给群众以诸多的社会效益，使人们陶冶于大自然生态环境美的享受之中，所以林业生产活动受到人们的热爱和支持，林业工作者赢得了社会的尊敬，并享有较优厚的待遇。林业在联邦德国国民经济和人民心目中，占有极为重要的地位。

他们的城乡绿化工作也具有民族性和区域特色。其特点是，善于利用本地植物资源，寓缤纷多彩于整体和谐之中，色彩丰富，格调活泼，自然明快，朴实大方，给人以统一、整齐、和谐、舒适而美的感受。绿化美化自己城镇的环境已成为群众的自觉要求和行动。例如我们去到爱尔兰根市考察时，该市林业局人员，带我们参观了一片因受群众阻止而未被采伐的森林。事情是这样的：五十年代市政府计划伐去市区的这片森林，建筑西门子子公司和一座疗养院。群众得知后，即游行示威抗议市政府采伐森林建筑房屋，破坏这里的生态环境，并守在林地，阻止采伐施工。结果市政府不得不接受群众意见，保留下来这片森林。林业局为了纪念群众这一热爱森林的活动，树立了纪念木牌，并刻有说明和当时群众阻止采伐游行示威的画面，以资纪念。

联邦德国人民在城镇绿化中善于选择冠形不同、叶花果色泽不同、物候期不同的树种，搭配种植。绿化的树种多为欧洲红豆杉、橡树、槭树、七叶树、悬铃木、欧洲云杉、叉子圆柏、榛、接骨木、忍冬、野蔷薇、桷子木、帚石楠、越橘等等，丛植或孤植，而少列植；树形高低错落，色彩交错相映，显得自然朴实，生动活泼。

联邦德国居民还重视阳台花卉的布置，不放杂七杂八的物品，统一在阳台的外侧，悬挂长条形（长近1米）塑料或其他制品的花盆，相邻近的阳台，大多栽上同一种花卉，给人以干净利落、整齐明快的美感。

联邦德国非常重视自然保护区和国家森林公园的建设。二者的意义和任务是不同的。自然保护区是保持原始景观的自然典型地区，禁止对外开放，禁止人们随意进入，防止践踏和破坏生态，禁止采伐利用，即使是倒木，也任其自然腐朽，这里的一切，任其在自然条件下自生自灭，自行演变，以揭示自然规律，在这里没有其他任何经济效益。国家森林公园则是向公众开放的地区，它不再完全保持原始的景观，可以根据需要进行适当的改造利用，如增加景观的优美，提高林分的稳定性，采伐利用过熟木、风倒木、病腐木等，尽管如此，它几乎也完全保持着自然景观，供人们旅游、观赏、游憩。除此，它还是向人民宣传科学知识和热爱大自然的教育阵地，是保护大自然，研究大自然的科学试验基地，现在，国家森林公园已成为人民文化生活中不可缺少的组成部分。

5　多种效益的森林经营体系

联邦德国森林经营的指导方针是最大限度地发挥森林的多种效益，根据这一方针，自1976年以来，一改过去以立地类型、立地指数、地位级为基础的、以经营木材生产为目的的经理体系，为以发挥森林多种效益为目的的经营体系。首先，查明地质构造与岩石类别，以判明雪崩、滑坡、土壤侵蚀等危害程度。其次，根据母岩、地形、地势（如坡向、坡度）、树种、林龄、植被、土壤等因子划分立地条件类型和土地稳定性等级，绘制出比例尺为五万分之一的立地条件类型图、土地稳定性图，以作为制定林分经营措施的依据，增强林分的稳定性。第三，根据环境的需要、立地性质、林分条件，确定各林分所需要发挥的效益及其性质，如应作为风景林或是游憩林、防雪崩林、护路林、水源涵养林、水土保持林、防空气污染林等，并逐块落实到比例尺为五万分之一的图面上，即为森林效益图。第四，在以上图纸资料的基础上，再实地调查，绘制成比例尺为万分之一的详尽的森林经理图，并编制森林经理施业案。

这种经理体系，在不同地区，根据其特点和需要，也体现出不同的要求。例如，位于阿尔卑斯高山区的嘎密施和莱辛哈尔林业局，由于山高坡陡，雪崩和滑坡严重，所以80%的森林为防雪崩林、水土保持林、护路林等，均属防护林性质。位于阿尔卑斯前山区的上阿莫高林业局，由于土层多是风化母质，又因居民增多，需要为城镇提供清洁饮水，因此，这里的森林应起到水土保持、涵养水源的作用。泰森道夫与贝尔希特斯嘎登林业局则因风景优美，早有旅游历史，而建有国家森林公园，以风景林、游憩林、自然保护区为主。莱茵河及其支流冲积平原的爱尔兰根、罗尔布罗恩林业局，因拥有古老的欧洲橡树林而划有自然保护区，因需要为城镇提供饮水和休憩场所，而划有水源涵养林和游憩林，又因地势平坦，土壤条件较好，也营造有花旗松等用材林。在工业区，则确定林地面积应占工业区总面积的1/4，这里主要是建立防空气污染林、游憩林等。

各林业局负责掌握森林面积和蓄积量保持相对稳定，或有所增长，不允许缩减。规定对自然保护区和防雪崩林是严禁采伐的，而一般的防护林，也可通过疏伐、抚育、择伐、孔状采伐等方式，采伐一定量的木材，但林业局必须控制其采伐量低于生长量，以保持青山常在，发挥其生态效益。

联邦德国的林业生产建设，已进入以生态学原则为指导的历史阶段，已由过去对量的要求转向对质的要求。他们以生态系统的多样性有助于系统的稳定性的理论为指导，为发挥森林的多种效益，对林分要求的目的虽然不同，但在采伐、更新、抚育等措施上，都贯穿着把不稳定林分改造成稳定林分的基本思想，其趋向是把单纯林改造成混交林，他们对改造纯林的这种努力，称之为"人工林的天然化"和"向自然学习"。他们认为，为了提高各类林分的防护效益，混交林都优于单纯林。因此，在各种经营目的和措施上，都坚定不移地贯彻改造单纯林为混交林的任务。

6　科研机构手段先进

我们参观的观测站及科研单位，设备先进。例如巴伐利亚国家森林公园与慕尼黑大学。合作的科研项目如下。

（1）共同建立设备价值为100万马克的水文气象观测站，进行定期观测。该站由慕尼黑大学 Baumgartner 教授领导。站的设备在联邦德国也属最先进的。站上需要观测二百多个水文气象参数，记录和整理数据全部自动，电传至慕尼黑大学，贮存于电脑中。雨量筒可在降雨时自动启开，除自行记录雨量外，能自动取样供水质分析，水样保存于7℃恒温的小箱中。由于自动化程度非常高，全站只需一名工作人员。

（2）由慕尼黑大学 Ammer 教授领导的森林生态值分析及其调查制图的试点研究工作。为了全面掌握林区的各项基本数据，每隔100米设一个点，取得林分结构、林木生长、土壤、植物、动物、小气候等数据，输入电脑，每10年（有些参数是每隔2~3年）复查一次，以系统地掌握整个林区生态系统各项参数的动态变化，在这些数据和调查的基础上，再评价生态值，并绘制成森林生态值分析图，将每次定期形成的图连起来看，则反映出动态变化。这种对森林生态效益由定性的概念走向定量的评价，是今后进行经济评价的基础，他们这些基础工作是相当扎实和精细的。

（3）酸雨对林木危害的研究。欧洲工业化，大量有害气体所造成的酸雨，对林木带有潜在的毁灭性的危害。林木被害要一二十年后才能表现出来，如针叶失去生活能力，变黄脱落，致使树木成片地死亡。阿尔卑斯山的高山大气监测站，可自动控制高空气球测定的各种参数，并由无线电传送到站内，气球爆破后，瞬间又自动升起新气球，以继续观测。室内仪器可自动取样测定大气中各种成分的含量以及降雨的酸度等等项目。

赴美参加第四届国际生态学会议及考察的汇报[†]

  1986 年 8 月 6 日至 9 月 1 日，我由林业部批准前往美国纽约州 Syracuse 大学参加为期 6 天的第四届国际生态学年会。会后，由我申请获得的美国国家科学基金会奖金资助，并由美国生态学会邀请参加了一个国际性的"国家资源管理的生态学途径"训练班的野外考察。我以访问学者身份参加，与其他参加训练班的成员不同。田纳西大学生物系为我举办了题为"植物生态学在中国的发展"的学术报告会，并由大学教育委员会主席宴请。柏克莱大学森林系主任也专门邀请考察了西部的巨杉林。训练班的野外考察地点有 Rutgers 大学的生态研究中心，史密森学会的环境研究中心，阿巴拉契山脉（包括大烟山国家公园）、美国林务局 Cowetta 林业试验站，TVA（田纳西流域治理工程）的林业局及水利工程设施，还有一个鸟类保护地，私人农场和一个正在开发的大西洋海岸岛屿等。

  国际生态学会规模约为 2200 人，由中国前往参加会议的科学家及在外留学生有 20 余人。我在专题小组会上做了"中国西南亚高山针叶林特点及其经营对策"的报告。会议改选了理事会，马世骏先生选为理事，我被推选为本届委员会的委员（Council member），开了两次会，商定了这四年的活动计划。中国代表受到大会的热烈欢迎和尊重，我曾接受记者采访，照片等报导已刊于地方报纸。

  在会议上，在考察过程中，我交识了许多同行，尤其是美国的一些有影响的学者，收集了大量的信息和资料，为今后扩大联系，索取有用的科学文献，设备及方法的资料以及计算机软件，加强合作交流等打下了极好的基础。

  由于资料过多，经邮寄尚未收到，幻灯片也未整理出，只能以后再向各级领导详细汇报，现仅就自己的感受和体会简要汇报如下，供领导参考。

  （1）从这次国际会议的规模可以看到世界生态学发展的迅猛的势头，生态学已渗透到经济建设的许多领域，这次共分有 118 个专业、专题十组活动，除了森林及其管理、松林、热带林、混农林业等专门小组外，一些新的分支、专题，如区域开发、资源开发管理所促进的热带生态、海洋生态、海岸生态、景观生态、全球变化、污染生态、自然保护等分支，许多都涉及森林或林业实践，要求森林生态学家和林学家来共同讨论问题。整个人类社会对林业的需求在发生变化，正赋予新的涵义和提出新的使命，越来越多的学科和经济建设领域在生态学上对林学和林业实践，提出要求，这一趋势在我国也日渐明显，也正被各有关领导认识，林业部有必要加紧步伐在科学积累和人才培养上及早适应这一趋势的发展。建议林业部科技委组织直属的科研、教学单位的生态学家召开一个座谈会讨论林业生态在我国经济建设和社会发展中的作用的展望与发展对策，建立必要的生态研究机构（如林业部成立林业生态及自然保护研究中心或林科院成立相当的所），

  † 蒋有绪，1986 年 9 月 20 日，修改后发表于北京林业大学学报，1987，9（1）：89，10。

在林业高等院校开设新的生态学课程（如林木遗传生态、林木进化生态，树木个体生理生态、林木种群生态、自然保护区生态管理、景观生态、城市园林生态、森林旅游、保健生态、林业集水区管理、林区生态（经济效益评价等），可否"七五"准备，"八五"实施？其实这是十分保守的计划，我希望有更快的步伐迎接林业发展的新变化。

（2）美国的林业及环境科学的科研单位在森林生态系统水平上的定位观测研究十分发达。Cowetta 林业实验站研究森林及其在人类采伐等活动下的水文效应定位观测已有50 年历史，史密森学会的环境研究中心为后起之秀，也有对森林水文、森林与酸雨方面的详细周密的研究，一些大学森林系也在做类似的研究，但都集中于森林的水循环、养分循环（包括水量、水质，近期尤其重视水质的研究），以阐明森林的功能，以及各种人为活动下对这些功能的影响；而在自然保护区、国家公园的一些长期观测则侧重于物种生态、种群动态、群落演替等方面。可见，生态系统理论的发展是一回事（它包括生态系统的全部理论问题），而生态系统水平上的，或以生态理论为指导的具体科研则是另一回事，没有一个研究站是在生态系统上全面开展研究的，总是侧重它所需要着重解决的一个方面，我国的长白山、锡林郭勒定位站（中国科学院的森林、草原定位站）则是几十个学科一起上，林业系统所报的森林生态系统定位研究计划往往也是十分求全的，林业部最近批准建 11 个定位站在计划管理上希望予以审查。在我国经费、科研力量、物质装备都比较困难的情况下，森林生态定位研究站的观测研究内容应集中在一两个方面，就目前需要来看，应集中于说明森林（及其在人的活动影响下）的水文和改善小气候及土壤效益上。对 11 个站也不能平均使用经费和力量，能否先把 5、6 个站搞好（有代表性的、有基础的先重点抓）；自然保护区的科研，一般可集中与物种生物学、生态学、种群生态、种间种内关系、食物链、生态系统的发生、演替、稳定性、多样性方面，不必要求全面开展森林水文、气象效应等研究，当然如果个别重点自然保护区与生态定位研究站任务相结合的，可以全面一些。

（3）美国一些单位所属的研究机构往往是直接建设在研究实验区域内的，就在那里建立中心或站，有先进的实验室装备、图书资料和数据处理系统，有行政、办公机构，现场观测十分近便，采样处理十分及时，野外自动观测装置直接连接室内数据处理系统。我们情况则相反，机构层次多，由部、院、所（局）方及林场，到了林场有时也不是试验现场，解决不了食、宿、科研必要条件。先进的仪器设备集中于上层，难以为第一线服务（在美国则不上第一线和后方问题）。机构层次多则背的包袱太重，无法谈及效率、效益。林科院即为一实例，头重脚轻、上实下虚，应当逐步调整，削膲简政，树立建立第一线的思想。希望各级领导在科研改革中解决这个问题。

在美国曾与一些科学家谈及林业科研合作的意见，当量力列出申请项目另报。

海南岛热带农林业气候评价区划及对策安排[†]

海南岛位于南海海域，面积约占我国八万平方公里热带土地资源的一半。从国土资源保护和利用的意义上讲，海南岛的地位十分重要。对于海南岛的自然条件，过去往往把优势看得多，在大农业发展上不注意其所处热带边缘的生态特点和区域分异的复杂性。如曾过量地采伐天然林；曾在不适当的立地多垦了不少林地来植胶，又如大规模的刀耕火种及单一强调发展粮食生产，等等。所以对全岛的大农业发展缺乏全盘的统一部署和合理安排。海南岛的大农业建设方针应当是以热带林木和木本作物为主的热带农林业，即赋予林业以一定的农业功能，并且以林业建设来防护和保障整个农业的发展。热带农林业除了发展热带林业外，应尽可能利用热带丰富的木本植物资源，使其提供丰富的经济产品，如包括橡胶、咖啡、可可、油棕、腰果等在内的热带特种经济林木、热带水果、纤维、香料、染料、蜜源、药物等等。当然也应当根据需要发展谷类、薯类、麻类、甘蔗、蔬菜、牧草等草本作物。以木本植物为主，一是可以更有效地利用气候资源和土壤的养分水分，并减少耕动土壤，减轻水土流失；二是在海南岛不同地貌、不同立地条件下都可以找到适宜发展的经济乔、灌木树种，这就大大地扩大和丰富了作物和经济产品的种类；三是热带天然林、人工林、经济林在生态上都有不同程度的有益效能，这对改善海南岛的生态平衡状况，增加整个岛屿的抗御自然灾害能力是必要的；四是木本种植业可以同时提供大量用材、薪材，对解决全岛薪材缺乏和部分自用材是十分重要的。

考虑到全岛的区域分异比较复杂，各区域在自然条件上存在着不同的优势和劣势，需因地制宜；因害设防，合理布局农林业的作物种类和结构，使生态效益与经济效益统一起来。为此，本文首先对全岛的气候要素类型作一简要分析，接着利用模糊综合评判方法对海南岛各地气候资源予以数量评价，依评价结果进行区划，划出评价区。在每一评价区内，依气候类型的相似性，进行二级区划，划出类型区。然后参考地貌、植被、土壤、水文状况等的区域分异特点和现有经济、技术基础，再对各区域热带农林业资源的利用作出方向性安排。并利用不同类型森林植被的防护功能作为制定各区域生态对策的依据，用林业建设来防治气象灾害和水土流失等不利因素对生态环境的破坏和影响。通过上述工作，以期对海南岛目前进行的热带农林业调整提出可供参考的方案，从而推动该岛生态与经济的综合平衡。

1 气候要素类型的划分

全岛性气候的差异一般说是南热北凉、东湿西干。根据十九个国家气象台站的历年气象记录现将各气候要素划分类型如下。

† 张家城，蒋有绪，1987，海南岛热带农林业气候评价区划及对策安排，见：《中国海南岛大农业建设与生态平衡论文选集》编辑委员会，中国海南岛大农业建设与生态平衡论文选集，北京：科学出版社，61-67。

（1）热量：按年均温 $\bar{T} > 23℃$ 出现的频率划分三个类型：

1）高热量：$\bar{T} \geqslant 23.0℃$ 的频率为 1；

2）热量稍差：$\bar{T} \geqslant 23.0℃$ 的频数小于 1，但大于或等于 30%；

3）低热量：$\bar{T} \geqslant 23.0℃$ 的频数小于 30%；

（2）低温：按年最低温 $T_n < 5.0℃$ 出现的频数不同，划出三个类型：

1）无低温：$T_n < 5.0℃$ 的频数为 0；

2）轻低温：$T_n < 5.0℃$ 的频数 $\leqslant 50\%$；

3）低温：$T_n < 5.0℃$ 的频数 $> 50\%$；

（3）台风：依每年 $\geqslant 8$ 级（风速 $\geqslant 17.2$ 米/秒）大风天数 N_F 为指标，划出三个类型：

1）重风害：$N_F > 7.0$ 天的频数 $\geqslant 10\%$；

2）中风害：$N_F > 7.0$ 天的频数 $< 10\%$，且 7.0 天 $\geqslant N_F > 4.0$ 天的频数 $\geqslant 10\%$；

3）轻风害：$N_F > 7.0$ 天的频数 $< 10\%$，且 7.0 天 $\geqslant N_F > 4.0$ 天的频数 $< 10\%$；

台风虽然破坏性大，但也带来颇为可观的雨量，占年雨量的 30%～50%。然而由于降雨形式多为暴雨，要有效地利用这部分水资源，还有赖于森林植被的拦蓄涵养和水利设施的存贮。

（4）水分条件：海南岛的年内降水很不均匀，全年降水 80%～90% 集中在 5～10 月的湿季。其集中程度从东北至西南有一增大的趋势。海南岛的降雨多为雷阵雨，故降水日数（日降水量 $\geqslant 0.1$ 毫米）更能反映降水对农林业的有效性。因此，水分条件类型如下划分：求年雨量 $R \geqslant 1500$ 毫米的频数 P_1，年降雨日数 $N_R \geqslant 127$ 天的频数 P_2，P_1 给权重 19%，P_2 给权重 81%，计算 Q 值。

$$Q = P_1 \times 0.19 + P_2 \times 0.81$$

依 Q 值大小将水分条件划分四个类型。

1）潮湿：$Q \geqslant 0.95$

2）湿潮：$0.95 > Q \geqslant 0.70$

3）半湿润：$0.70 > Q \geqslant 0.20$

4）半干旱：$0.20 > Q$

不同类型的热量、低温、台风害、水分条件组合形成了海南岛复杂的气候格局。这是岛上植被、土壤、水文现象呈现复杂区域分异的主导原因，也是确定农林业发展方向需要考虑的第一个条件。

2　对各地区热带农林业气候资源的综合评价

本文对气候资源的评价采用模糊数学中的模糊综合评判方法。其简明原理为：考虑到与所研究事物有关的各因子、并依其对事物性质作用的大小、对事物作出综合的、总的评价。在选取评判因子时，考虑到植物生长发育所需的水、热条件及影响热带农林作物产量形成的气象灾害，选取年温 T、年最低温 T_n、年降雨量 R、年降雨日数 N_R、年均风速 F、年内 $\geqslant 8$ 级大风的日数 N_F，进行气候资源综合评价。光和 CO_2 虽也为植物所必须，但因全岛都可充分满足，故未予考虑。

气候要素选取之后，根据热带农林作物对各要素的需求，分别设计各个要素的隶属函数。如降雨日数的隶属函数为

$$\mu_{NR} = \begin{cases} 1 & N_R \geqslant 150 \text{ 天} \\ \dfrac{1}{1 + a_{NR}(150 - N_R)} & N_R < 150 \text{ 天} \end{cases} \qquad aN_{R=0.0107}$$

将逐年记录值代入函数，得逐年隶属度，其接近 1 的程度，即反映接近最佳条件的程度。然后，将隶属度分为四个等级：一等为 $\mu(x) > 0.9$；二等为 $0.9 > \mu(x) \geqslant 0.8$；三等为 $0.8 > \mu(x) \geqslant 0.7$；四等为 $0.7 > \mu(x)$。将各因子逐年隶属度依上述指标分类后，即可建立各站点的由单因子评判值组成的模糊关系矩阵 R：

$$R = \begin{bmatrix} r_{jk} \end{bmatrix} \begin{matrix} j=1\cdot2\cdot3\cdot4\cdot5\cdot6 \\ k=1\cdot2\cdot3\cdot4 \end{matrix}$$

其中 r_{jk} 是 j 要素隶属度中 k 等级的个数与 j 要素隶属度总个数的百分比值。下一步即应确定各气候要素在综合评判中的权重分配。本文根据海南岛多年来热带农林业各种作物经济产量与上述各气候要素关系的经验判断，认为各地气候资源的优劣主要取决于台风、干旱、低温的侵扰频度和强度。海南岛低海拔地区热量对多数热带农林作物是充裕的，山区拟以发展林业为主，热量也能满足要求。在防护林的保护下，常风也可减弱不致构成危害。因此，权重矩阵可确定为：

$$\underset{\sim}{S} = \begin{bmatrix} 0.02 & 0.25 & 0.07 & 0.30 & 0.03 & 0.33 \end{bmatrix}$$
$$\quad \overline{T} \qquad T_n \qquad R \qquad N_R \qquad \overline{F} \qquad N_F$$

至此，便可利用模糊矩阵 $\underset{\sim}{S}$ 与 $\underset{\sim}{R}$ 的复合运算，即通过模糊关系 $\underset{\sim}{R}$ 把权重分配 $\underset{\sim}{S}$ 影射到评判结果 $\underset{\sim}{B}$ 上：

$$\underset{\sim}{B} = \underset{\sim}{S}O\underset{\sim}{R} = [b_{ik}]$$

$$b_{j\cdot k} = \overset{6}{\underset{j=1}{\vee}} \left[S_{ij} \wedge r_{jk} \right] \qquad \begin{matrix} i=1 \\ k=1\cdot2\cdot3\cdot4 \end{matrix}$$

来完成对各地区气候资源的评价。以昌江、保亭、定安为例：

$$\underset{\sim}{B}_{昌江} = \begin{bmatrix} 0.30 & 0.36 & 0.20 & 0.14 \end{bmatrix}$$
$$\underset{\sim}{B}_{保亭} = \begin{bmatrix} 0.35 & 0.35 & 0.22 & 0.08 \end{bmatrix}$$
$$\underset{\sim}{B}_{定安} = \begin{bmatrix} 0.30 & 0.27 & 0.34 & 0.09 \end{bmatrix}$$

B 中四个数值与单因子评判中隶属度的四个等级相对应。不同的是它是六个要素综合评判的结果。由于权重分配中加大了表征台风、干旱、低温灾害的气候要素的比重。因此，B 中 b_4。数值越大，越说明该地区不利气候因素的作用越强，气候资源的评价也就越低。因此，我们根据 b_4 值的地理分布差异，进行气候评价区划。

3　海南岛热带农林业气候资源的评价区划、分区评述及对策安排

将 b_4 的数值分布范围划成三个区间：1. $b_4 \leqslant 0.100$　　2. $0.100 < b_4 \leqslant 0.200$　　3. $0.200 <$

b_4 参考地形,在地图上绘 $b_4=0.100$ 和 $b_4=0.200$ 的等值线,将全岛划分三个气候评价区。$b_4=0.100$ 等值线所包围的部分为一类气候评价区。$b_4=0.100$ 与 $b_4=0.200$ 等值线之间的区域为二类气候评价区,其余为三类气候评价区。气候评价区所包括的地域范围颇广,在其内,按气候类型的相似再划出九个小区,并以风害、水分、低温、热量类型名称冠以地名或方位来命名。(见图)

海南岛热带农林气候评价区划图

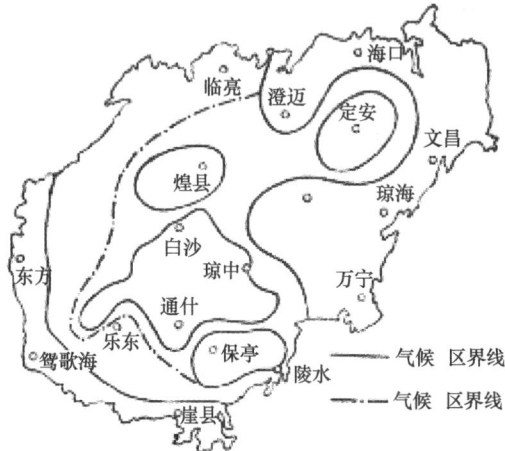

海南岛热带农林气候评价区划图

3.1　一类气候评价区

3.1.1　保亭-陵水轻-中风害、湿润、高热量、基本无低温小区

地处山南,水热资源丰富,风害小。气候评价为全岛最高,应大力发展珍贵热带林木和橡胶、咖啡、可可、南药等。陵水部分有台风害,要加强防风林建设。

3.1.2　儋县轻风害、湿润、轻低温小区

处背风坡,依山靠林,热作栽培环境好。今后以提高单产为主要目标,发掘橡胶生产潜力。本区有低温,且土质松散,保水力差,应大力营造防风林网,御寒增湿,改善生境。南部地貌起伏较大,应限制垦殖的坡度、高度。已垦的陡坡和丘顶应退胶还林,并切实做到胶园四化,避免水土流失。此外,要保护、恢复水源林,护库林,防止山崩土蚀,延长水库寿命。本区人口稠密,烧柴亏缺,应规划薪炭林生产。也只有这样,防护林的建设和保护才能实现。

3.1.3　定安中风害、潮湿、轻低温小区

该小区农林业生产布局应以粮、油作物及热带水果为主。一类评价的三个小区中该小区风寒较重,各种作物的生产应在防护林网保护下进行。防护林网的建设应与村落、农田、道路、居民点有机结合起来,少占耕地。并合理选用树种和下木,以求得到生态、用材、能源三方面的效益。

3.2 二类气候评价区

3.2.1 南部中-轻风害、湿润-半湿润、高热量、基本无低温小区

本区可分为西部乐东、崖县和东部陵水两部分。西部地形为盆地、丘陵、间山谷地，土地资源丰富，宜发展热作。但因降水集中，森林植被破坏严重，所以水分有效利用差，加之西南干热风影响，春旱较频。应大力造林，封山育林，恢复植被。并在望楼河及宁运河谷营造基干防风林带，削弱干热风影响。这些措施将为热作栽培开拓生境，并保障了生产。此外，低海拔缓坡地带宜发展腰果、木棉等耐旱作物。湿润及引水方便的局部地区可种橡胶及油棕及要求水、热条件较高的热带用材林木。西南诸河流域及水库灌区是产粮区，应狠抓土肥建设，提高粮食生产的商品率。

东部平缓地区要加强营造防风林，在林网保护下安排咖啡、可可、椰子、油棕、槟榔生产，并在未垦荒地上规划营造用材林。

3.2.2 西北轻-中风害、半湿润、轻低温小区

包括临高、儋县沿海台地、阶地及昌江、东方内陆台地及缓坡丘陵。本区西北部地势平缓，雨水分布尚均匀，又属松涛水库灌区。应建成全岛重要粮、糖生产基地。但有低温，常风也大，沿海要营造多层设防的防护林体系，其中包括在荒地上营造大面积成片林，以提供用材和薪柴。本区南部风害小，但位于雨影区，时有旱患，因而限制了百万多亩荒地的开发利用，就目前水利设备的能力而言，应大力发展林业。与此同时，加强草场建设，发展畜牧业，也可以结合绿化造林，种植新银合欢、假木豆、构树等木本饲料植物，不仅能起到改良生境的作用，还可以开辟新的饲料来源。林木下或林段间应引种高产优质牧草。并以围栏圈养、合理轮牧取代落后的自由放牧经营方式。上述安排也有助于中部山区水源林的保护和发展，减轻畜牧业在山区集中造成的严重土壤侵蚀。

3.2.3 东部（山地外围）中风害、潮湿-湿润、轻低温小区

以昌江经儋县至屯昌这一弧线为界将该区分南北两部分。北部台地应因地制宜地发展粮、糖、橡胶生产，并加强防护林建设，减缓台风、寒害的破坏。南部山前谷地、高丘、盆地相间，是主要河流上游的必经之地，松涛水库的一部分也位于此区，保护、恢复、发展森林资源是主要的农林业发展方向。从水热、生态环境等条件来看，只要采取各种措施封山育林，植被可较快恢复，与中部山区的森林连成一体来加强对全岛生态环境的调节。山前盆地、谷地是粮、油作物及橡胶、咖啡等作物的良好生境，但要严格限制垦殖高度和坡度。东侧局部地区地貌切割，台风至此便形成狭管效应，破坏力仍很大，应设基干林带，保护粮、油、热作的生产。

3.3 三类气候评价区

3.3.1 东-北部（近海）重风害、潮湿-湿润、轻低温小区

本小区开发早，人口密，粮、油、糖生产在全岛占重要地位，橡胶、咖啡、热带水

果广为种植，畜牧业也有基础。今后应坚持多种经营。本小区的台风风害为全岛最重，对生产破坏严重，作物产量低且不稳。所以应在台风入侵要道及沿海层层设防、步步为营地营造防护林。鉴于风害严重，橡胶种植应立足于现有规模，更新品种，加强抗风栽培，努力提高单产。

3.3.2 中部轻-中风害、潮湿、低温、低热量区

本区为海南岛的腹地，地貌为切割起伏的丛状山地，全岛主要河流均发源于此。山体原为大面积不同类型的热带林所覆盖，对全岛起着维持生物地球化学平衡、减缓旱涝、调节气候的重要生态作用。由于历史上长期不合理的开发及乱砍滥伐、火烧放牧，使得森林资源遭受严重破坏。仅新中国成立以来，原生林的面积就由 323 万亩锐减至近期的 80 万亩左右，至使岛上的生态环境恶化，动、植物种质资源减少。因此，保护、恢复、发展中部山区的森林是刻不容缓的迫切任务。应立即采取飞机播种、人工造林、封山育林等各种措施，使二百万亩左右荒山草地、残次林、疏林尽快恢复良好林相。森林资源的开发要严加控制，在不削弱其生态功能和不破坏物种的前提下少量择伐利用。由于热带林在我国能得以生存、繁衍、发展的土地资源屈指可数，故海南的畜牧业不宜在本区的次生草坡上集中发展，而应在全岛分散经营。

3.3.3 西南沿海重风害、半干旱、高热量、基本无低温小区

本小区为全岛热量最高、降雨最少的地区。水热最不协调，又由于西南干热风影响，蒸发强烈，旱季达半年以上。这就限制了土地资源的利用。今后除应在昌化江、感恩河下游发展粮、糖、油作物及经济效益高的蔬菜、瓜果短期作物外、还应在荒地上大规模造林。崖县梅东大队林场十余年来试种成功三十余种珍贵热带树种，为本区的林业建设作出榜样。此外，在适宜的立地上也可发展腰果、木棉、剑麻等耐旱作物。针对干旱、干热风、常风、流沙等不利因素要施以相应的生态治理对策，营造各种功能的防护林。在造林困难的地区，可采用一年生营养袋大苗造林，以保证成活。

参 考 文 献

[1] 海南行政区公署农业区划委员会：海南岛热带农业区划综合考察队汇编，海南岛农业区划报告集，1981.

谈谈我国大兴安岭的特大森林火灾[†]

今年 5 月我国大兴安岭林区北部的一场持续近一个月的森林大火，牵动了全国亿万人民的心，也受到世界各国的关注。大兴安岭是我国重要林区和木材生产基地，总面积2268 万公顷，其中有林面积 1344 万公顷，森林总蓄积量 12.5 亿立方米。这次过火面积达 101 万公顷，其中有林面积 70 万公顷，烧毁贮木场中的存材 85 万立方米，大火烧毁的林木总蓄积量尚未作出调查，其损失肯定是巨大的。这次大火还烧毁房屋 61.4 万平方米，受灾群众 5.6 万人，死亡 193 人，受伤 226 人。至于大火给森林资源带来严重的损失以及用于灭火的人力、物力、财力的消耗和生态环境的变化后果等，都难以用金钱来计算。

这次特大火灾固然少有，但就森林火灾这一现象来说，对林业界并不生疏，甚至可以说是经常遇到的事。但是，这种经常性的林火并未被世人注意。积 30 年之经验教训后，竟仍肇成如此大灾，林业部门是有直接责任的。

森林火灾起火原因有各种各样，有天然火源，如雷击火、泥炭自燃、火山爆发等，但它只占森林火灾总火源的 1%，绝大部分都属人为的，如生产性用火不慎、烧垦、火烧清理林场、烧炭、烧砖瓦、狩猎以及机车、汽车喷火等，还有生活用火和迷信用火等。虽然禁火规定在林区家喻户晓，老少皆知的，但这次大火仍是由于违反防火期禁用割灌机的制度和违章吸烟引起的。

要造成森林火灾，除了火源外，还要以下几个基本条件。一是要有易燃、可燃性物质，这在林区的旱季比比皆是，如枯枝落叶、地表干枯的草本、灌木、泥炭、腐殖质，活针叶树针叶、小枝也都是易燃物。俗话说："火大无湿柴"，在燃烧的熊熊大火中，就是生长旺盛的大树之干也会一触即燃。二是干燥的季节和风力，即影响林火的气象要素。一般月降水量大于 100 毫米、空气相对湿度 75%～80% 时，不易发生林火，但在干旱季节相对湿度 55%～75% 时即易发生大火，特大火灾一般发生在相对湿度 10%～30% 时。风能加速水分的蒸发，使地被物干燥，提高可燃性，大风除在燃烧时供氧助燃外，还能加速火势蔓延。这就是一般影响森林火灾发生的因素。今年（1987）大兴安岭特大火灾，与其他林区特点和其他年份相比，也有它发生的特定因素。首先，大兴安岭森林以兴安落叶松（*Larix gmelini*）、樟子松、白桦为主，以落叶松林为优势，樟子松纯林面积不大，次生林则以白桦为主，间有山杨林。纯针叶林最易着火，樟子松树皮、针叶、球果、小枝均富含油脂；白桦树皮也因易燃而具有较大的危险性。林下落叶松落下的松针细小膨松，冬季枯干的草茎、苔藓、地衣等是易燃的引火之物。大兴安岭森林下常有的柞木层、杜鹃层、兴安桧、偃松等优势灌木，也都是易燃的。因此，大兴安岭森林结构被列为易燃性较高的类别。其次大兴安岭因位于我国最北部，远离海洋，气候干燥少雨，年降水

---

† 蒋有绪，1987，生物学通报，（11）：18-20。

量才 400～500 毫米并多集中在 5～9 月，冬季少雪。春季高温低湿少雨并有大风，为林火危险期。秋季常有大风天气，降水虽较春季多，也属林火危险期。加之近几年世界气候异常，我国北方连续几年降水减少，大兴安岭也连续少雨雪，属于世界林火年周期性变化中的多发生期。因此，只要一遇火源，即可燃烧，迅速蔓延而难以收拾。

当然，人的因素仍是十分重要的，甚至是关键性的。虽然具备了触发特大森林火灾的条件和危险，但只要人们高度重视，并采取有力的防范措施，仍然是可以避免的，即便是起火，也是能够及时发现，尽快扑灭的。这次特大森林火灾的重要原因，除了中央指出的官僚主义以外，防火的基础设施非常落后，以至招致几乎不可收拾的局面。这主要表现在一是林火监测、报警、救援系统不够快速；二是灭火器械落后、短缺、陈旧，保管不善；三是林区道路稀少、防火隔离带不足。林区道路一般要求至少每公顷 5 米，而我们的（大兴安岭）平均每公顷只有 1.1 米。防火带也要求有一定的宽度和密度，要形成完整的防火带体系。隔离带一般宽 10～100 米不等。伐去林木、除去地面植被，保持带面干净无易燃物。林区的铁路、公路、林缘、村舍、贮木场附近四周都必须有隔离带，连绵不绝的大片森林中间也要打出隔离带，其宽度不应低于平均树高的 1.5 倍。还应利用河流、无林地段等形成更多的天然隔离带，防止较大火灾的蔓延。

这次火灾虽然蔓延迅速，但后来的组织救火工作是十分出色的。不仅战略指挥得当。组织动员和运输调配人力、物力也是十分迅速有效的。在运用灭火技术上也是科学的。如不打顶风火、不打上山火、不打树冠火，宜打则打，宜防则防，巧用风向和有利地形，采取隔离封闭，以及合理运用人力、机械并配合以人工降雨等手段，终于扑灭了持续近一个月的森林大火。

对于这次特大森林火灾造成的现场和损失状况，必须在调查后才能作出正确的报告。但有两点是肯定的，损失是巨大的，现场是复杂多样的。因为林火特征并非千篇一律。它可分地表火、树冠火和地下火（如泥炭层的暗火）。火的行为也分暴发性、蔓延性、急进性、趋进性等，造成的后果也不尽相同。大兴安岭林型的多样性，也会增加灾害的类型，造成不同的后果。这次大火，由于林内易燃性强，加之风力大，火的蔓延方式可能是以林冠火为主，否则不会产生 5 小时推进 100 公里的速度。而且风越大，大气刮流越强，这往往易形成飞火，即把燃烧物抛至火场外，产生新的火源，迅速扩大林火面积。火焰高度一般为 16～50 米，火峰随飞火跳跃式推进，迅猛异常，其险景令人惊心动魄。林冠火落下的火种引起地表火继续燃烧，当然也有林冠火一掠而过的情况。在猛烈的上下一起烧的火场，人工扑打很难奏效，也是相当危险的。在这种情况下，只有在一定距离外开通隔离带，将火截住。这次林火共打出隔离带总长 891 公里，它凝结着参加扑火的 5.8 万人的血汗。扑火后的火场必须及时清理，以杜绝余火复燃。这次清理火场也是很成功的。

火烧后对林木造成的损失情况会有所不同。林冠上下一起烧的只会留下枯焦的残木。林冠火一掠而过的则可留下部分可用材。烤干而死的枯立木或轻微烧坏外表的立木，还可利用其剩余的部分。有人分析，这次大火过后的可用木材占原蓄积量的 30%～60%。一些易燃林型下的幼苗、幼树保存的可能性小些，而不易燃林型下的幼苗、幼树虽然保存率高些，但一般讲，它们原来属于更新不良的林型。对于森林火灾造成的生态环境变化的后果也应进行估测，如土壤养分状况的变化，是否会发生水土流失，大面积森林消失后对小气候的影响等。但这方面我们还没有经验。这次大火为我们提供了极好的观察火后生态环境后果和植被恢复、演替的定位观测场所。

对森林恢复，要通过调查作出前景的分析和预测。有的火场还存留活的母树，可指望其有天然更新（落叶松一般很容易天然更新）。对于地表中保存的种子也可作调查、统计总数量和发芽率，来判断能否依赖天然更新。在无保证种源的地段则应考虑人工更新（如植苗、直播或飞机播种）。但在大兴安岭林区具有人工更新便利条件的是有限的。飞机播种在大兴安岭也算是个尝试。总之，大兴安岭火灾后的森林恢复更新虽有相当难度，但也有有利的条件，更主要的是要有一个积极的态度和有效的办法。

今后的林区护林防火，除加强思想上、管理上的措施外，还应采取以下技术措施。

（1）加强投资，建立较先进的探火设施，如飞机红外线探火。国外已准备人造卫星搭载红外装置探测林火，大大加快探火速度。

（2）电子计算机的森林火险预报。

（3）加强灭火基础设施的建设，如加强林区道路建设，增添化学灭火器械，人工降雨设备等。

（4）用火攻火，用火防火。国外已发展了火的生态学，研究林火行为，利用安全用火来释放林区积蓄的能量，用火开辟防火隔离带，用火清理采伐迹地，清除林内站干、倒木、病腐木，改善林内卫生等。

（5）开展防火的系统研究工作，建立专门的防火研究机构等。

森林生态环境的现状与改善对策†

　　森林是陆地生态系统的重要组成部分，对维持陆地生态平衡有着不可替代的重要作用。人类对森林的认识正在改变。森林不仅是为人类提供木材、薪柴和其他林产品的一种单纯的自然资源，而且由于它可以调节地球大气的二氧化碳和氧的含量，调整生物圈的水平衡状况，净化空气，保持地表土壤，涵养水源，改良小气候，保存物种的多样性，美化环境，为人类创造良好的生存和生活条件，给人们以赏心悦目、陶冶情性、卫生保健、旅游休息等种种身心上的受益，因而人们已把发展森林视为具有巨大生态效益和社会效益的社会公益事业，作为改善和美化国土生态环境最基本的战略任务和最积极的途径和手段。最大限度地扩大森林绿色覆被已成为许多发达国家追求高度文明和高质量享受的重要标志。

　　人类对森林的全面认识经历了曲折过程。世界上许多地区因为对林业的狭隘认识造成森林资源的过度消耗，甚至丧失殆尽，导致生态环境恶化的教训是不少的。俗语说"毁林容易造林难"。一些国家吸取教训，奋起振兴林业，用了几十年甚至上百年的努力，才取得今天改善和美化国土的一些成绩。我国正处于实现四个现代化宏伟目标的社会主义建设时期，是否一定要走一些资本主义国家的老路，在一二十年后等我国森林资源匮乏，国土环境十分恶劣的绝境下，才肯改弦更张，但得花上百年的时间去转变逆境呢？能不能从现在起，即根据我国实情，从思想认识上、政策上、体制上调动一切积极因素，采取果断措施，有步骤地扭转我国当前森林资源急剧下降、国土环境正在恶化的局面，争取用几十年的时间走上良性循环的道路？这是一个需要从中央到地方和各部门认真对待的问题。

1　森林资源锐减和国土环境恶化的现况

　　新中国成立以来，虽然我国在造林更新上取得一些成绩，但总的来说，森林资源在迅速下降。东北、西南两个国有林区长期过量采伐，资源消耗量超过生长量。黑龙江省在"五五"期间森林资源年耗量超过年生长量54.7%，内蒙古超过54.9%，云南超过29.2%，四川超过64.7%，南方集体林区（9省区158个县）传统的产材县也在减少。"四五"到"五五"末的5年间，全国森林资源减少约662万公顷，覆盖率由12.7%降低到12%。据悉"六五"期间森林资源下降有加剧的势头。若仍因循现状，加上人口增殖和经济发展等因素，从现在起到今后若干年，我国森林覆盖率将以每5年减少0.9%的幅度加速递减。如措施不力，本世纪末我国森林覆盖率有可能从现在的12%降至8.3%左右；可采伐的近成熟森林资源也将由现在的29亿立方米减为12.48亿立方米，下降51%，形势非常严峻。

　　目前森工企业面临着资源危机，林区经济也十分窘困。据统计，目前我国国有林区

† 蒋有绪执笔，1988，森林生态环境的现状与改善对策，见：傅立勋编著，改善生态环境，北京：学术书刊出版社，132-137。

南 131 个国营森工企业局中有 61 个局过量采伐，有 25 个局可采资源枯竭，企业到了破产的边缘。值得十分注意的一个现实问题是，从现在起到 2000 年的 13 年，是我国国有林区森林工业企业向"谷底"下滑的最困难阶段。我们面临着两种前途：一是继续现行办法，"过量"采伐，掠夺资源，经济上给森工企业高压，基本建设投资严重不足，育林资金缺乏，那么其后果将是森林资源很快枯竭，无林可采，无材可供，生态灾害频频发生，国家用材林基地变成无林区，这对国家建设和地区性生态环境将会造成严重的影响。另一种前途是采取果断措施，调整政策，节制采伐，加强营林，让森林休养生息，到 2000 年走出谷底，那时候资源将得到恢复，木材产量逐步回升，林业可望重新振兴。

随着森林资源锐减和森林覆盖率的迅速下降，不仅今后难以满足国家各项建设所需的木材，造成木材供需矛盾的益加紧张，而且由于大面积土地失去森林的覆被和保护，森林维护陆地生态平衡的功能日益削弱。我国不少地区因森林减少已引起小气候变化、水土流失、风沙及旱涝灾害日趋严重。我们正在遭受大自然的惩罚。

1.1 森林减少导致气候恶化

四川岷江上游的伏旱已从 50 年代的 3 年一遇变为现在的连年出现，而且旱期也较以前加倍延长。接近甘肃省的四川北部一带，还出现了从未见过的沙丘。森林的破坏既导致干旱，又强化暴雨的形成。四川省原来风调雨顺，现在却出现"水旱频仍"的局面。黑龙江省大兴安岭南部大面积森林被砍伐后，年降雨量由过去 600 毫米减少到 380 毫米，过去罕见的春旱、伏旱近几年常有发生。1970 年以前由于有森林的保护，六七级大风也没有沙尘沙暴和扬沙现象，现在三四级大风就尘沙飞扬。

1.2 森林破坏导致表土严重流失

据实测数据显示，四川省每年流经三峡的泥沙量 70 年代平均 5.1 亿吨，1981 年因洪水增至 7.2 亿吨，1984 年虽然无灾，泥沙量却高达 6.7 亿吨，比 70 年代的平均泥沙量增多了 31%，这是由于西南林区长期过量采伐，长江上游森林资源急剧减少，造成水土流失、滑坡、泥石流不断发生的结果。森林覆盖率较高的东北地区也出现了水土流失加重的势头。据辽宁、吉林、黑龙江 3 省统计，水土流失面积已达 1.3 亿公顷。由于森林过伐、毁林开荒等原因，黑龙江省水土流失面积已达 500 万公顷。发源于长白山区的几条河流，加年代的径流量比 50 年代平均下降百分之二十五。过去极少发生水灾的东北、内蒙古林区，近几年山洪暴发，已酿成灾。1985 年小兴安岭林区大水使伊春森工管理局下属的 10 个林业局被淹停产，造成经济损失 1.7 亿元。全国因山地森林的破坏，导致流域土壤侵蚀滑坡泥石流出现频率大增，河道输沙量增加，河道淤塞，全国航道可通航里程比 50 年代缩短了 6.4 万公里，约减少 37%。上述骇人听闻的事实，都是森林植被遭到破坏所致的生态环境的恶性循环，是大自然向人们发出的严重警告。

1.3 森林破坏导致土地沙漠化迅速发展

随着人口的增加，燃料消耗量日益加大，致使大面积的森林植被遭到破坏，特别是干旱半干旱地区土地沙化发展速度是惊人的。在过去的 25 年间，我国沙化面积增加了近 4 万平方公里。例如，新中国成立初期新疆全区沙漠面积 37 万平方公里，到 70 年代末期扩大到 40 万平方公里。目前新疆 80 多个县中，有 55 个县受到沙化威胁。塔里木河下游河岸的胡杨林面积在 1958～1978 年的 20 年间减少了 70%，叶尔羌河流域灰杨林减少了 74.5%，准噶尔盆地的灌木 1958～1982 年的 22 年内减少了 68.4%，使长期固定的荒漠又变成流沙。沙漠化无疑是人口的压力和人类破坏植被以及过度的经济活动所引起的，沙漠化常常造成草场严重退化，良田变沙荒，沙进人退的恶性循环。

1.4　沿海地区缺少防风林带的保护，台风造成巨大损失

我国海岸线全长 18 000 多公里，由于海岸区的独特位置，雨量充沛，温度适宜，经济很发达（4 个经济区，60 个开放县）。但因少林，风沙、风暴、洪涝、干旱等灾害交替发生，尤以台风为害造成经济损失巨大。1986 年 7、9、13、16 号台风使广东工农业受损失达 20 亿元。9 号台风的风暴潮，仅广西沿海冲垮拦海大堤多达 2000 处，200 万人受灾；1985 年 9、10 号台风使辽东半岛、山东半岛的经济遭受严重损失，仅烟台市的损失就达 5 亿多元。

1.5　森林破坏导致珍稀野生动植物资源日趋枯竭

由于森林被破坏，森林动植物赖以生存的环境也被破坏，再加上乱捕滥杀、过渡采掘，使不少动植物种类趋于减少甚至消失。例如野马、高鼻羚羊、犀牛、白臂叶猴等珍稀动物已基本灭绝。一些珍贵的树种如木莲、铁刀木、降香黄檀、黄菠萝、水曲柳等也日渐稀少。这种生物基因库的损失是难以用经济估算的。

当然，以上所述并不是说新中国成立以来林业没有取得成绩，也并不是说所有的地区林业形势都不足称道，所有地方的生态环境都正在恶化。相反，新中国成立以来，在广大的缺材少林的平原农区造林育林是卓有成效的，国际上也有很好的评价。目前，在我国松辽平原、华北平原、江汉平原、太湖平原、洞庭湖区和成都平原等 10 大平原、湖区的 660 多个县中，已有 617 个县开展了平原绿化，营造农田林网的耕地面积达到 1200 多万公顷，农林间作面积有 100 多万公顷，四旁植树 72 亿株。全国已有 100 多个县基本实现了平原绿化。一个以农田林网、"四旁"植树、成片造林和农林间作为内容的带、网、片相结合的综合防护林体系，正在广大平原农区形成，初步改变了树少林稀、易受自然灾害和农业产量不稳的局面，改善了农业生态环境。据黑龙江、辽宁、安徽、北京、上海、江苏等 14 个省、市不完全统计，平原地区木材蓄积量已达 7400 多万立方米。历来缺材少林的淮北平原实现绿化后，立木蓄积量已达 1260 万立方米，年采伐量达 50 万立方米，相当于国家过去调拨给这个地区木材总量的 6 倍多，除向本省江淮地区和邻省调运 5 万立方米木材外，每年还向国外出口优质桐木。江苏省新沂县 1980 年开始对农田林网进行间伐更新，每年获木材 1.1 万立方米。目前我国平原绿化较好的地区，都已初步形成了新兴的木材生产基地。

为什么现有林区（天然林区和传统的南方人工用材林区）和无林地区（平原林区）

产生两种不同的林业形势，这值得我们从林业指导思想、林业政策和管理体制上进行检查分析，以改变我们的工作。

2　造成森林资源赤字和林业危困局面的原因

2.1　认识不足，经营方针违背生态规律

过去长期以来，中央（包括计划部门）和林业部门自身对林业在国民经济和社会发展中的作用认识不足而产生的指导思想、经济政策的错误，是造成今天林业建设被动局面的最根本原因。

过去把林业仅仅看做是提供木材产品的采伐工业或类似农业的种植业。象采掘矿藏一样采伐木材，不计林价，只顾无偿伐取山林，忽视森林更新维持再生产的必要投入；采取管理工矿企业的办法管理林业，以上缴利税多少作为考核企业的标准，这种作法必然导致企业重采伐轻营林。对林业生产周期长、经济收益慢、技术要求复杂的特点估计不足，认为不管什么苗木，栽了自然会长，缺乏保证再生产的资金和技术性投入，即使造了林，幼林亦得不到应有的抚育管理，生长缓慢，难以形成后备资源。国有林区的高税利政策，南方集体林区的低价收购等政策，使营林者无利可取，不能从木材出售中回收到培育森林的必要资金，由此长期束缚或扼杀了林业经营的积极性。今天林区资源锐减，管理失控的被动局面是以往林业政策的必然结果。例如黑龙江省森工系统 1979 年生产木材 1132 万立方米，上缴利润 2620 万元；1984 年生产木材降为 972 万立方米，利润指标应调减，但实际上，上缴利润反而增到 1.02 亿元，等于 1979 年的 3.8 倍。据估算，全省平均每增收 3000 万元利润，企业就得在计划外超砍木材 100 万立方米，仅这一项至少超砍 2500 万立方米。此外，林区已成为一个小社会，为解决安置青年、奖金和各种福利补贴等，也只有依靠多砍木头，私卖高价来补偿开支。小兴安岭伊春林区为了应付社会开支，每年消耗森林资源 40 万立方米。在这些不符合林业特点的税收开支和压缩计划内采伐任务情况下，企业为满足上缴利税和解决社会的沉重资金负担，都需企业自行消化，这自行消化的结果，又造成大量消耗资源，形成了恶性循环。

平原农区许多县在完全开放木材价格的情况下，同时以价格规律和计划管理调节促进林业发展的范例指出了整个林业改革的方向。

2.2　林业管理水平低，不尊重科学，不依靠科学技术

过去一些重大生产建设没有建立在充分科学论证的基础上，不按照林业自身的经济规律和自然规律办事。国有林区林业企业的管理长期采用以完成采伐木材任务为目的的行政管理办法，没有形成一套完整的、切实可行的、科学的组织经营规程。对规程或法规往往扬弃不理，无科学经营可言。对新造林方面也没有形成一套科学合理的造林整体规划，习惯于大轰大嗡的造林运动，造林中不重视造林技术，无任何技术责任制度，从而成活率、保有率、成林率和成材率低，这几乎成了我国造林事业的通病。现有林区管理"森工"和"营林"两张皮的状况以及林业局担负沉重的社会负担等经营方针都是现

行体制的顽症，必须通过改革加以调整解决。

2.3 砍伐过渡，灾害严重

林业计划外的无节制采伐，毁林开荒，砍取薪材，以及木材资源的无端浪费、森林火灾，病虫害等也是造成森林破坏、资源下降、促进生态环境恶化的重要原因。它们对森林资源带来的危害往往超过林业部门的计划采伐量，是障碍林业发展的一个严重社会性问题。

3 维护森林生态平衡的对策

振兴林业，扩大森林覆盖率，扭转森林资源赤字，从而走上林业建设的良性循环，并改善国土生态环境的关键在于"森林资源"。有了足够的森林资源，就有了木材和其他林产品，也才有生态环境可言。千方百计狠抓森林资源的发展，乃是发展林业，改善国土环境的最根本的战略对策。为此如下。

3.1 按照森林生态规律，执行正确的经营政策

重新认识林业的重要性和特殊性，摆正林业在国民经济建设和国土生态环境建设中的地位，方可从根本上改革林业各项政策和制度，改善林业投资状况，取得林业发展的实效。这是一个需要从中央到地方、各部门和全社会共同关注和合力解决的问题。

（1）彻底清除把林业任务当做单纯生产木材的陈旧思想，林业理应成为给人民带来巨大生态和社会效益的社会事业。林业的许多贡献不能直接或完全提供木材，并向造林者提供直接的经济收入，如固沙防风林、水土保持林、沿海防护林工程等，国家不予以投资和必要的补贴，是难以实施的。

（2）应当对林业生产的长周期和收益慢等特点有充分的认识。对用材林基地和现有林区后备资源的发展从各种渠道增加收入，调整好营林的投入产出关系，刺激从事营林的兴趣和积极性。

（3）宣传并在国家基本政策上体现林业建设的社会公益性，扩大森林覆盖率。绿化祖国要作为国策，从思想上、政策上、体制上调动各部门对发展森林业作出实际努力。

3.2 坚持改革，加强对林业建设的系统管理

林业建设是具有自己特点的复杂工程系统，需要依靠科学，即按林业本身的自然规律和经济规律，进行科学的系统管理。投资结构，生产组织体系，领导体制管理体制都要适应这个目标，必须强化整个营林系统的管理。林业技术规范、规程以及经过调查设计和论证认定的经营方案均应成为经营单位的法规，必须认真执行，要严格建立依靠技术人员的技术责任制。要解决管理体制上森林采伐与营林脱节问题，可对现有林业局（实际主要是森工局）采取承包制，把木材采运、造林更新、森林抚育经营，在低利税和统

一核算的前提下统起来，使营林经费从统一经营的利润中得到保证。对集体林区也可在合理的经济政策下采用类似承包经营办法。要调整林业生产结构，贯彻以林为主，多种经营，以短养长，以副养林的方针，把林区经济搞活。

3.3 多渠道解决林业建设所需要的稳定资金

（1）调整林业经济政策，逐步把林业管理转移到商品经济管理的轨道上来。要用管理商品经济的办法管理林业，要承认森林资源（包括天然林）也是商品，建立林价制度（国外林价一般占木材生产成本的 50%～60%，而我国即使按新的标准也不到 30%，而且往往因国家拖欠而拿不到手），进一步合理调整木材价格，逐步做到彻底开放木材价格。实行营林，森工一体化，木材产销二体化，把木材和林产品的销售收入直接返还林区，用于造林育林和森林经营，使林区能依靠自身资金周转来满足林业简单再生产和扩大再生产的需求。

（2）国家实行对林业特殊的经济扶持政策，由于林业生产周期长，收益慢，尤其边远山区自然条件不好的地方，营林几乎无利可图，国家应当予以扶持。由于国有林区更新造林欠账太多，目前木材资源困难，木材销售有限，最近木材提价，提高育林费标准，免征所得税，对老企业无多大实际意义，国家应适当增加对国有林区的投资，增加无息贷款，以帮助林区度过困难的调整和改革阶段。

（3）将过去林业主要依靠中央投资改变为中央与地方共同投资，各部门与林业部门横向联合，国家、集体、个人一起上等方式，增加林业资金的投入。作为林业受益（用材及生态、社会效益）的地方和部门、单位都有义务投资林业，促进林业的发展。部门间的联合，如林纸联合，以林促纸（造纸），以纸养林；林水（水库等水利工程）结合，库区造林纳入水电成本；林矿结合，矿产部门培植专用矿柱林；以及各种林业企业之间，林区与需材单位之间，军民之间、林区与城市、农村之间的横向联合，以联合中开辟财源，解决林业资金不足的问题。

（4）减少进口木材，扶持国内生产。目前在国内木材供需矛盾紧张情况下适当进口木材是必要的，但应限于特殊用材和品种，现在进口木材有膨胀的趋势，以近期 1 年进口折合原木 1800 万立方米计，耗用外汇 17 亿美元，占全国进口用汇的 13.5%左右。折合人民币 60 多亿元，相当于"六五"期间全国林业投资 32.2 亿元的 2 倍。如以国外林价占木材价格的 60%计，等于我国每年给国外近 40 亿元的造林费。国家有必要对进口木材与国内木材生产做统一计划，统一管理，统一安排，以适当减少进口木材开支；扶持国内的造林事业。

（5）成立"林业建设基金委员会"，制定林业基金管理使用办法，加强营林资金管理，深入发掘林业内部经济潜力。

为了迅速缓和木材供需矛盾，发展森林资源，改善国土生态环境，近期内可抓好以下几项林业建设任务：①科学经营好现有森林资源；②建立速生用材林基地，大力营造速生用材林；③继续抓好"三北"防护林建设工程；④开展长江中上游防护林建设工程；⑤开展沿海防护林建设工程。国家要为这几项建设工程适当予以投资。

南方集体林区林业用地合理利用综合考察报告[†]

　　1987 年 10 月，在中国林学会领导下，由中国林学会森林生态专业委员会、湖南省林学会及福建省林学会牵头，组织森林经理学会、森林土壤专业委员会、森林遗传专业委员会、林业经济学会、水土保持专业委员会，共同组成南方集体林区林业土地合理利用考察组，分成两个小组，每组 10 人左右，分别对湘西黔东林区及闽西北林区进行考察。在湘西黔东林区选择了怀化、会同、靖县为考察重点，同时也到贵州锦屏作了了解。闽西北林区以邵武及崇安为重点，并对其他县也收集了资料。考察组集中考察 15 天，讨论总结 5 天，随后，在此基础上形成各项考察报告。考察组所到之处受到当地领导、群众欢迎与热情接待，并对考察工作给以有力的支持。湖南省林业厅在百忙中还派副厅长李正柯同志前往看望湘西考察组；福建省派原厅长傅圭壁同志自始至终参加了考察。使这次考察工作得以顺利进行，并圆满完成任务，在此致以由衷的感谢。

　　目前国家正在南方大规模地建设用材林基地，大面积发展速生丰产林，这次考察就是为了更好地总结过去基地建设中在林业用地合理利用方面的经验与教训，提出扩大森林资源、改善与维护林区生态环境和发展林区经济战略性对策而进行的。

1　考察地区的基本情况

　　湘西黔东林区及闽西北林区，位于我国中亚热带的中部和东部，气候温暖湿润，土壤肥沃，以红黄壤为主。考察地区在湘西主要属雪峰山脉，在闽西北主要属武夷山脉，其地形特点是山峦重叠，地势陡峻，以低山和高丘为主，占土地总面积的 75%～80%。

　　这两个林区森林资源丰富，树种及生物资源繁多；森林覆盖率高，考察的 5 个县均在 60% 以上；林业用地比重大，占土地总面积 70%～80%。湘西三县人均占有林地面积 8.5 亩，占林区用地 13.5 亩；福建二县人均占有林地面积 10.1 亩，占林业用地 15.1 亩。在有林地中马尾松、杉木比重最大，湘西约占 80%，闽西北占 60% 左右。阔叶林在湘西比重低，只占 60% 上下，会同县只占 8%；闽西北阔叶林面积较大，占 40% 左右，但闽西北林区阔叶林的面积也在逐渐缩小。油桐、油茶、柑橘等木本油料和果园也占一定比重。林业在这些县占有重要地位。在地方财政收入中有着举足轻重的作用。雪峰山区各县林业收入占大农业总产值的 50%～65%，如会同、锦屏 1986 年财政收入来自林业的占 60%，崇安县林业上缴利润 1985 年占地方财政收入的 50%。

　　这两个林区均为我国著名的杉木产区，有悠久的栽培历史，杉木林面积比重比较大，湘西更为突出。会同县杉木林占有林地面积 50%，经营得当的杉木林生产力相当高。闽

　　† 盛炜彤，蒋有绪，陈炳浩执笔，1988，中国林学会森林生态专业委员会，湖南省林学会，福建省林学会，南方集体林区林业用地合理利用综合考察报告集。

北南平市 30 年生每亩蓄积量可达 35m³；会同 20 龄杉木人工林亩蓄积达 20m³；靖县青龙山 4000 亩杉木人工林。22 龄亩均 21.2m³。此外，马尾松及阔叶树林生产力也不低。靖县坳上乡保存的数百亩 80 年生速生马尾松天然林，亩均 17 株 70.2m³；邵武县 20 年天然更新阔叶林，22 年生，亩均 16m³，平均直径达 16~22 厘米。因此考察林区又是我国十分重要的商品材基地。但是，从总体来看，这二大林区森林生产潜力还远远没有得到发挥，森林的平均生产力并不高。以杉木林为例，闽西北亩均 4 个多立方米，而湘西 2m³。

在党的十一届三中全会以来，考察林区为了保护和发展森林资源，为了摆脱林区贫困环境，曾作出了不少努力。经认真贯彻中共有关政策，林业形势有所好转。他们加强了林政和资源管理，木材流通渠道，木材的加工工业、综合利用及多种经营也得到一定的发展，林业内部经济活力有了一定程度的提高。但从总体上看，林区以原木为主的生产结构没有根本改变，林业经济缺乏活力。营林为基础的方针尚没有真正得到贯彻，科学技术还没有摆到应有地位，林区尚未摆脱贫困局面。

2 存在问题

2.1 森林资源问题

（1）湘西黔东及闽西北林区最突出的问题是森林严重过伐，消耗量远超过年生长量。会同县 1960 年全县森林蓄积量为 1702m³，到 1985 年仅为 516 万 m³，每年递减 47 万 m³，25 年间会同森林资源减少 69.7%，锦屏减少 57.3%。据 1980 年福建省对建阳、三明及龙岩三个地区 28 个县（市）调查，年消耗量超过年生长量 25%，森林资源日趋枯竭。

（2）由于森林过伐等原因，成熟林比重迅速下降，森林资源出现青黄不接现象。如会同 1959 年成熟林占蓄积量的 75.4%，到 1980 年仅占 32.3%；崇安县按蓄积量成熟林只占 20%，以中幼林为主。

（3）防护林面积比重过小，是南方林区另一个突出问题。武夷山区防护林面积不到 3%，考察县邵武稍多，也只占 4.1%；湘西黔东四县防护林只占 4%。而武夷山、雪峰山均是许多大、中江河发源地。防护林面积过小，大大削弱了森林的保安作用。这种把用材林面积扩得很大，不顾森林质量，只求广种薄收，其结果使其用材问题并没有得到解决，反而丢失了防护效益的经营方针，值得令人反思。

（4）森林经营粗放。从宏观上来讲，林业区划的科学合理安排尚未用于林业现实的战略指导；从林业企业的微观管理上看，集约水平仍然很低，林业科学技术尚未发挥出应有作用，林分质量低，生产力不高。从邵武、崇安二县的考察看，林分生长类型多数为Ⅲ类，而属Ⅰ、Ⅱ类者很少。杉木一亩近熟林蓄积量只 6~8m³，中龄林年平均生产量仅 0.27~0.33m³。会同县 1980 年平均每亩蓄积只有 4.4m³，杉木中龄林每亩年均生长量只 0.3~0.4m³。对一些经济林，如油茶多数处于自生自灭状态，不加经营。湘西黔东林区尚有 16%（约 150 万亩）的宜林地闲弃着，没能发挥其生产力。

2.2 林区生态环境问题

（1）树种单一化与针叶化突出。考察地区主要造林树种唯马尾松、杉木和毛竹而已，而阔叶人工林面积不及 1%，整个湘西杉木马尾松林占绝大多数（70%～80%），阔叶林面积只占 16%左右。闽西北林区阔叶林面积虽然比较大，但下降趋势急剧。邵武市自1957～1985 年，28 年中阔叶林面积下降了 20%；顺昌县原有阔叶林 142 万亩，1982 年仅余 50 多万亩。阔叶林地多数用于更新杉木。树种及森林类型的单一化及针叶化，必然带来生态失调。

（2）地方衰退严重。南方林区地力衰退是由于森林植被的破坏和逆向演替，树种的单一化和针叶化，以及由于栽培制度的不合理等综合因素造成的。从考察地区看，地力衰退正由低丘向高丘及低山方向发展。据了解，在低丘和高丘，好的立地条件已经很少，只占 5%～10%，而目前低山好的立地尚占 30%～40%，所以杉木的栽培也由丘陵向低山转移。如果低山还像丘陵那样不合理利用，土壤贫瘠化将会在低山区重演。据在会同调查，杉木林一代不如一代，以 20 年为标准计算，第二、三代比第一代要损失蓄积量 2～4m³，地力衰退及林业用地贫瘠化问题，目前还没有引起许多人的重视。然而南方林区由于土地质量不断下降而损失大量肥沃的林业用地和林木生长量的严峻事实正在警告我们，如果现在还不引起重视，还不立即采取有力措施，那么我们失去的将是整个南方这一块林业生产的战略基地。

（3）森林的水土保持及水源涵养功能下降。根据怀化市农业区划资料，全区水土流失面积五十年代为 1700km²，只占总土地面积的 7%，近年达到 5198km²，平均侵蚀模数为 1209t/km²，每年流失表土达 1282.95 万 t。又据邵武市水保办公室调查，全市水土流失面积占土地总面积 11.2%，林地的水土流失又占水土流失总面积的 63.43%。由于土壤流失的发生，邵武市总库容为 2078.8 万 m³ 的 46 座蓄水工程，现已淤积 100 万 m³，而每年仍以 10 万 m³ 速度发展。闽江枯水期的流量 30 年来减少了 17%，输沙量 20 年来提高了 2 倍。

2.3　林区经济问题

（1）重取轻予，营林资金严重不足。从林区经济状况看，严重的问题是各级政府对林业仍然"重取轻予"，各类税费过重。湘西闽西北各县林业在地方财政收入上均占重要地位，我们考察的 5 个县。多数县林业上缴税利占全县财政收入的 60%左右；但国家对林业的投资却很少。以崇安县为例，1986 年林业上缴税利 680 万元，营林投资仅 200 万元，取予之比为 3.4∶1，而实际上崇安县完成 1986 年营林任务，超支 157 万元。邵武市情况略好，取予之比为 2.8∶1。湘西林区各县亦有同样情况。总之，目前集体林区林业上交较高的税利，是以资源的赤字来维持的，这种状况继续下去，无异"竭泽而渔"，只能使林区的资源和经济状况日益恶化。

（2）木材税费过重，农民受惠甚微。以考察县木材价格构成看，中间环节税费过重，国家地方财政截留多，木材公司所得少，集体扣留多，林农收入少，上级林业部门获取多，返回林业局的少。据粗略统计，由原木生产经采购站收购到销售，其过程上交各水肥 14 项。其中有些税收不合理，有些税率则过重（如福建的特产税高于木材市场开放前按林价的 8%），有的重复征收，如乡镇收取管理费后，又再收联营费，等等。会同县，自 1983 年起，木材利税按基数上缴率递增 5%，一包五年。据崇安县材料，1m³ 松木，销售 230 元，各类水肥 111.44 元，林权所有单位净收入仅 50 元左右，而分配给农民的只少数村，大多数村并无直接分配。兴林富民，富农兴林，是互为因果的辩证关系，林有利而不及林农，将何以兴林？这是林区各级干部应当深思的问题。

（3）生产模式单一，缺少经济活力。南方集体林区（尤其是杉木老产区），以杉原木生产为主的单一生产格局，导致经济缺少活力，是另一个普遍的经济问题。就我们所考察的几个县看，木材综合加工能力及其深度与林区森林资源相比仍很不足，林业产值不高，提高木材利用率和多层次开发利用有巨大潜力。

（4）多种经营薄弱，林农仍较贫困。在这两个林区，经济树木、果木、花卉、药用植物、动物及微生物资源十分丰富，由于种种原因目前被开发利用的只是极少数。森林生产力及经济效益低下，这是林农富裕不起来的重要因素。林农的贫困，不仅无力经营好森林，反而破坏森林，这是围绕着林区林业发展的一个长期未得到解决的问题。

南方集体林区长期存在着上述这些问题，迄今为止，尚未找到根治对策，这里存在着多种复杂的、直接的和间接的原因。简单说，可从（一）认识上、经济上及技术三个方面加以分析。在认识上，首先把可更新的森林资源当做采掘业看待，重视采伐，不重视营林建设与投资，"重取轻予"；其次，把森林只当做生产木材场所的陈旧观念没有转变，严重忽视森林的生态与生物资源库的功能。由上述指导思想上的失误，使林区森林资源的恢复及森林多种功能发挥长期得不到解决。（二）在经济上，一是木材供不应求的强大压力；二是林业管理体制不统一；三是林区经济贫困，林业内部缺乏经济活力，企图靠多卖木材来维持林区经济，增加收入；四是营林投资太少，又缺少多方集资的门路。五是生产责任制没有解决好，分山到户在有些地方，破坏性大。由于上述种种原因，木材生产失去控制，而且形成只砍不造，多砍少造，经营粗放的恶性发展局面。（三）在技术上，一是林区缺乏从宏观到微观，从微观到宏观，因地制宜，实事求是的实用性强的规划。过去搞过的不少规划缺乏实施的条件和经济基础。如不少县多次制定过绿化荒山计划，然荒山依旧。林种树种规划从未得到过实行。二是杉木栽培仍旧是数百年来的老传统，地力衰退严重，生产力不高。三是许多优良的阔叶材仍当做"杂木"处理，没有找到新的用途，因此价格远低于杉木，阔叶林难于得到发展。四是可资利用的农林混作、生态及经济效益均佳的生产模式很少，有待探索。所有这些都影响到林区的经济发展和林业用地的合理利用。此外，林业政策不稳，法制不严，等等，都使与之有关的存在问题得不到顺利解决。

3 对 策

南方集体林区所面临的种种问题，如果听之任之，任其发展，将会影响到我国南方集体林区的安危和国家南方用材林基地的整体战略布局。当务之急必须在政策上、经济上及技术上采取综合治理对策，林业用地的合理利用，不仅需要科学的指导和正确技术措施，目前更重要的是需要正确的政策和经济上的支持。林业用地利用原则，应该是兼顾生长经济与生态效益。这个原则，也是对"合理"两字的正确揭示，而合理对策与原则的采取，从现在起首先更新观念，不走口头上，而是实际上扭转把森林的开发当做采掘业，把森林的作用，只看作单纯生产木材的错误指导思想，正视与正确对待和解决林区存在的各种问题。

3.1　关于发展、保护森林资源与维护林区生态环境

（1）必须改革林业管理体制，坚决把营林生产、木材生产、加工、销售由林业部门统一经营，实行木材生产"一本账"。严厉打击无照经营木材和倒卖贩运行为。

（2）加强木材综合利用，改变以原木为主的产品结构。

（3）要把保护和经营好现有林当做营林工作的重点，切实加强人工幼中龄林及次生林的抚育，促进生长，尽速解决森林资源的青黄不接。

（4）发挥优越的自然条件，建设好商品材基地。发展大面积速生丰产林，关键要做好规划设计，要选上等立地，采用立地控制、遗传控制、密度控制及维护与提高土壤肥力为中心环节的组装配套技术，进行集约经营。

（5）加强阔叶林的保护和发展。以林业区划和立地分类应用的原则为指导，逐步把林种、树种调整到合理的结构比例上来。解决好林种问题的关键，是真正把30%～40%优良立地的人工林经营好，达到丰产林要求，其余陡坡、山脊及江河上源与两岸一定范围内的森林，都应该划作防护林及水源涵养林。而生长良好的人工林也具有水土保持、水源涵养功能。对用材林广种薄收的做法是不可取的。在闽西北林区阔叶林应尽可能保持现有的比重，不使之下降，最低不能低于30%；而湘西阔叶林今后应逐渐提高比重。

（6）大力开展封山育林。应该把封山育林，迹地促进更新与人工造林三者密切配合使用，才能加速森林资源的恢复与发展。只重视人工造林的做法，是脱离林区实际的。

（7）改善杉木栽培制度。现行杉木栽培制度上有两个主要缺点，一是全垦炼山造成水土流失严重，二是群落结构过分单一，自肥能力差。要采取能维护和提高土壤肥力的技术措施，改变过去一些传统做法，如改善整地、林粮间作制度，发展林下植被等。

（8）营林单位要加强经营森林规划设计。一个林场或一个基地，以经济、生态要求为指导，做好以林为主，多树种、多层次、多效益和多种经营安排。邵武市搓溪林场按地形和立地条件进行多层次的立体林业经验值得推广。

3.2　在经济方面采取的对策

（1）各级政府要改变对林业"重取轻予"的做法，实行减税让利的政策，实行以林养林的方针，在经济上给林业更多的扶持，确保营林投资。

（2）进一步发展、巩固各种有效的集体林经营的组织形式，不断完善林业生产责任制和林业利润分配的管理制度。

（3）大力发展木材综合利用和深加工等，发挥林区自然资源优势，发展"以林为主，多种经营"的多种经营模式。搞活林区经济，使林区人民尽快富裕起来。为了发展木材综合利用工业和多种经营，除投资外，还要解决二个实际问题。一是解决适于山区乡镇条件的小型的木材及综合利用加工工艺和经济有效的生产技术；二是解决从个体、乡镇到县城配套的生茶、加工及销售系统，没有后面这两个条件，木材综合利用、深度加工及多种经营是难于实现的。因为目前许多加工技术，生产工艺投资高，不够灵活方便，

不适合农村小规模使用；而多种经营如不建立生产、加工及销售系统，只是靠个体户自找门路，分散进行，从总体看经营效益低，有时可能产生了无人收购，打击了积极性，发展林区经济就有困难。

（4）林区必须加强科学研究和技术开发。许多野生果木及药用植物的开发，尚须研究其成分特性及深度加工技术，简单利用经济价值很低。食用菌的开发尚需筛选优良菌株和更科学的培养技术；木材加工及综合利用要研究适合于乡镇条件的小型加工设备和简便工艺；对阔叶树的利用要研究其材性、装饰性及使用途径；鉴于目前在经济上、生态上均有成效的农林间作模式还很少，需要进行多模式的复合生态系统的研究。对上述诸多方面的开发研究，绝不是停留在口号和做几次规划就能实现的，需要切切实实地加以组织，引导，采取得力的措施。上级科研部门要列专项，拨专款，组织力量研究，林区也要吸引各方面的科技力量，组织研究与开发。

总之，南方林区的林业用地合理利用问题是受自然资源，价值观念和社会经济三方面要素制约的。唯有把南方林区的振兴、繁荣立足于充分认识南方林区固有的优越的生物和气候资源并加以发掘和开发，使之服务于人民，彻底更新狭隘的陈旧的林业价值观，把林业经营和林区建设的目标从单一生产木材的桎梏中解脱出来，放在生态经济和社会效益相统一的"大林业"观念上来，放到着眼于发展林区经济的目标上来，放到关系到国家繁荣昌盛、国土保安和支援沿海经济发展战略重要后盾的地位上来对待南方亚热带19省（区）的林业建设。要承认和建立木材的林价制度，要进一步合理调整木材市场价格的构成。木材价格要以生产者资本投入和社会劳动量为基础并受市场供需调节。要改变目前木材提价中提高流通过程中间的利税部分，而生产者得不到实惠的不合理状况，要做到"还利于农"。要广泛调动包括科学技术、政策资金和改革开放中的一切积极因素，把林区经济搞活，发展商品经济，特别是外向型的经济，尽快把林区富裕起来，使营林工作有强大的经济依托，南方林区一定能够走上长期稳定繁荣的道路，为我国林业和四个现代化建设作出卓越的贡献。我们希望这次考察的体验有助于这一目的的早日到来。

南方集体林区林业用地合理利用综合考察
闽西北组考察报告†

南方集体林区林业用地合理利用综合考察，是中国林学会 1986～1988 年工作计划中第一批重点学术活动内容之一。中国林学会委托森林生态委员会负责组织这项活动。根据计划安排，福建闽西北组的考察活动由中国林学会森林生态专业委员会和福建省林学会共同组织的，从 1987 年 10 月 6 日至 10 月 25 日，历时 20 天，已圆满完成。在考察期间得到邵武市、崇安县各级领导的大力支持，派两县的林业局局长参加了考察，在此表示由衷的感谢。现将考察报告分述如下。

1 基 本 情 况

1.1 考察目的、内容、地点和时间安排

考察目的：通过考察，了解闽西北集体林区林业用地合理利用的现状和经验，探索发展林区商品经济、扩大森林资源，提高森林生产力，改善与维护森林生态环境的战略性对策。

考察内容：

（1）森林资源的现状，森林生产力分析以及今后森林资源扩大和开发利用的途径；

（2）林区生态环境现状和恢复与维护策略；

（3）林区的经济现状，多种经营和综合利用情况及未来发展的方向；

（4）新中国成立以来林区营林技术发展情况，现行营林技术和栽培制度对林区生态环境及经济影响，以及今后改进措施。

考察地点和时间安排：

鉴于人力、时间和经费的限制、选择闽西北林区代表性较强的邵武市、崇安县作为重点典型调查（市）（县），吸收闽西北乃至南方各省集体林区有关情况和资料进行综合分析。外业调查进行 14 天，内业分析讨论、整理报告 6 天。

1.2 自然条件和林木生长情况

闽西北林区属中亚热带、境内山岭透拖，丘陵起伏，河流纵横，地形复杂多样。气候属华中区闽浙副区，温暖湿润，年均温 14～20℃，最冷月均温 5～10℃，最热月均温

† 蒋有绪，施无锡，盛炜彤执笔，1988，中国林学会森林生态专业委员会，湖南省林学会，福建省林学会，南方集体林区林业用地合理利用综合考察报告集，1988。

24～28℃，年降水量 1400～2200mm；相对湿度 78%～84%。除高山外，不积雪，冰期短，风力小。土壤以山地红壤，黄壤为主，其次有黄棕壤、紫色土、石灰性土等，土层深厚，肥力较好。

本省中亚热带地区以闽西北为主体，包括闽中闽东的一部分，土地总面积 13 872.7 万亩。其中林业用地总面积 10 733.3 万亩。林业用地中 80% 是海拔 800 米以下的低山丘陵，其中坡度 25°以下的缓坡地占 48%，26°～45°坡地占 39%，宜林荒山面积 3242.9 万亩。有林地面积 5585 万亩,用材林面积 4194.1 万亩,竹林面积 802 万亩,森林覆盖率达 43.2%，按农业人口计算，人均占有森林面积 8.5 亩。活立米蓄积量 39 655.2 万 m^3，其中用材林蓄积量 26 348.13 万 m^3，近期可采伐利用的用材林蓄积量 8242.1 万 m^3，人均占有活立木蓄积量 33.2m^3。

林区森林植物繁多，乔灌木树种约有 1200 种，其中用材林树种 400 多种。常绿阔叶林是本区典型的地带性森林类型，组成种类以壳斗科为主，其次为樟科、山茶科、木兰科，金缕梅科等；常绿针叶树种主要是马尾松、杉木、柳杉、建柏以及竹柏、红豆杉、台湾松、江南铁杉等，杉木多为人工林；还有人工栽培的油茶、油桐等经济林。

本区是杉木的主要产区。1957 年调查，杉木林平均亩产 8.3m^3，居于全国 10 个主产区的首位，1973 年森林资源普查，杉木成熟林平均亩产 12.9 立方米，也是全国第一，比邻近诸省高出一倍左右（浙江 5.6m^3、江西 7.1m^3、广东 5.1m^3，湖南 5.7m^3），本省杉木林面积占全国杉木林总面积的 1/16，而蓄积量却占全国的 1/6。除杉木外，其他树种生长也十分迅速，成熟林每亩平均蓄积量：阔叶树为 17.4m^3，马尾松 15.8m^3，都高于全国水平；用材林每亩平均蓄积量为 6.2m^3，亦高于全国 5.3m^3 水平；林木材积每亩平均生长量 0.35m^3，约为全国平均 0.13m^3 的三倍。材积平均生长率 5.6%，比全国水平 2.76% 高一倍多。各树种材积平均生长率：杉木 10.0%，马尾松 4.9%，阔叶树 4.1%。林木生长周期一般 20～30 年即可成材，可见自然条件十分适合于发展林业。

1.3 林业基本建设和主要成就

（1）本区群众经营林业历史悠久，经验丰富，林业生产具有一定基础，林业基本建设初具规模。以闽西北为主的林区已建国有林场 60 个，职工 4153 人，经营面积 310.4 万亩；国营伐木场 111 个；乡办林场 403 个，人数 15 412 人，经营面积 436.5 万亩，其中有林地面积 216.3 万亩。修建林区公路 8000 公里，拥有各种汽车 5000 多辆，机械设备 5000 多名。森工采、集、运、贮都已配套；林业职工人数 75 000 多人，加上乡村林场和专业队劳力，林业队伍约达 20 万人。

（2）新中国成立以来至 1985 年，历年生产木材 9000 万 m^3，毛竹 4 亿多根，松香 100 多万吨，人造板 40 万 m^3，上交税利 17.5 亿元。林业成为闽西北各县（市）的支柱产业，1986 年邵武市林业上交税利占全市税利的 38%，崇安县达到 53.5%，为祖国社会主义建设作出显著的贡献。特别是党的十一届三中全国后，1981 年开展林业"三走"，1982 年贯彻中央 45 号文件，最近以来大力贯彻中央（87）20 号文件，林业形态越来越好。以邵武市为例，营林管理体制进行三个方面的改革：一是改变单纯依靠国营、集体造林，实行国家、集体、个人一齐上和各种合作经营方式造林；二是改变追求数量，不讲实效的倾向，转为提高质量、增强效益、完善管理制度，落实技术措施上来；三是改善林业资金筹集、使用和管理办法，增加营林生产资金的投入，大大增强了林业生产的活力。1985 年南方集体林区实行木材开放经营后，该市一方面坚持和强化木材经营的管理制度。另一方面加强营林和资源管理，同时采取主动、积极的措施，发挥林业主渠道作用，搞活木材流通，做到了改而不乱，管而不死，没有出现大的乱砍滥伐现象，保持林区木材生产和经营的正常秩序。

2　存在的问题

在这次考察中，我们认为闽西北集体林区，概括起来说还存在着四方面，急待加以解决。一是面临木材需求的强大压力，使本来不足的森林资源消耗过度，而利用又很不充分。二是面临生态环境日益恶化，森林的防护效益未给予足够的重视，森林多种功能得不到发挥。三是宏观和微观的森林经营管理水平都很低，未能充分发挥自然优势，森林生产力不高，资源增长速度慢，严重青黄不接。四是各级政府对林业"重取轻予，税费过重，营林资金不足，生产模式单一，缺乏经济活力。"

2.1　森林资源问题

（1）森林严重过伐，森林资源多年来出现赤字。崇安县全县 1981～1983 年每年消耗量总数为 613 406 立方米，消耗量超过生长值 52 497 立方米。又据 1980 年对主要林区建阳、三明、龙岩三个地的 28 个县（市）调查，林木年生长量为 1404.8 万 m^3，年消耗量为 1755.7 万 m^3，超过生长量 25%。其中成过熟林下降尤为突出（下降 45%），森林资源日趋枯竭。

（2）林种比例失调，用材林比例过大，防护林比重太小。崇安县防护林面积占林业用地面积的 8.3%，而邵武只占 4.19%。又根据闽西北武夷山中山山地立地类型亚区统计材料，用材林占 84.8%，防护林只占 2.8%；武一戴山同低山立地类型亚区，用材林占 87.7%，而防护林只占 1.2%。上述这些地区大多处于闽江集水范围，地势高峻陡峭；而且迄今为止没有具体明确划分过防护林区。这种情况势必妨碍森林防护功能的发挥。

（3）林种结构不合理。森林资源出现严重青黄不接的现象。按面积比邵武市 2 幼 5 中 3 成；崇安县为 3 幼 5 中 2 成；闽北林区大体上幼龄林占 36.2%～44.5%，中龄林占 46.2%～47.0%。近熟林 4.1%～5.6%，过熟林 2.2%～4.4%。由于成过熟林面积过低，而且又多分布于交通不便之处，导致木材产量可能急剧下降的危机，甚至有些地方出现乱砍中幼林的情况。

（4）森林经营粗放，从宏观上来讲，林业区划的科学合理安排尚未用于林业的现实的战略指导上来，从林业企业的微观管理上看，集约水平仍然很低，林业科学技术尚未充分发挥作用，林分质量低，生产力不高。在林业建设上，多数县只着眼于原木生产，对森林资源恢复和发展重视不够，营林投资少，资金不足，造成经营强度低，森林生产力得不到很好的发挥。从邵武及崇安看，林分生长类型多数属Ⅲ类。Ⅰ及Ⅱ类的少，杉木一亩近熟林蓄积量只 6.36～8.01m^3，中龄林亩平均生长量 0.27～0.33。从Ⅰ、Ⅱ类林分生长看，杉木 25 年亩蓄积也只 12.9m^3，平均生长量 0.52m^3，但省里提出速生丰产林生长量要求是亩平均应达到 0.67m³，这要经过很大的努力才能达到。

2.2 林区生态环境方面存在的问题

（1）树种单一与针叶化问题。考察地区并没有发挥中亚热带的自然资源条件和树木种类繁多的优势，不少生长速度快，材质好，生产力高的树种没有被应用，林业生产还蕴藏着巨大的潜力。目前主要造林树种唯杉木、马尾松及毛竹而已，考察地区阔叶林人工造林面积不及 1%，全省只 3.4%。加上目前采伐对象尤以阔叶林为主，阔叶林面积迅速减少。据邵武市统计，57 年阔叶林占 51.0%，到 85 年为 31%，88 年下降了 20%。这还是比较年轻的。顺昌县原有阔叶林 142 万亩，到 1982 年仅余 50 多万亩，采伐后多更新杉木或松树，因此树种单一化，针叶化越来越严重。从森林地理环境而言，闽北林区阔叶树为主的混交林的生育之地，是树种成分，生物成分异常复杂森林类型多样的生态系统。树种单一及针叶化，违背了自然规律，引起了森林生态系统急剧改变，必然导致生态平衡的失调和生态环境的恶化。目前丘陵地区水土流失的发生，土壤肥力下降，以及松毛虫日益严重的危害即是有力的证明。

（2）地力衰退问题

地力衰退的原因是和森林植被破坏紧密相联系的。随着森林植被不断破坏，发生逆向演替（如常绿阔叶林-松杂混交林-松树疏林-芒萁骨群落）森林维护地力不断下降，土壤肥力也随之逆向变化，生产力越来越低。这里森林植被破坏程度由低山高丘到低丘愈益严重，水土流失也随之加剧。据邵武市水土流失调查，水土流失面积山地占 27.4%，高丘占 42.66%，低丘为 29.6%。从现在来看，丘陵地区土壤肥力普遍不如低山，因此杉木等喜肥树种的栽培也向低山深山发展，这就发生杉木产区转移的问题。但低山深山区的森林如果经营不当，或者森林的进一步破坏，这种恶化过程还会重演，生产力高的立地不断减少，杉木产区就会产生新的转移。这种地力衰退引起土地质量下降问题，在南方林区不是个别现象，而是普遍存在，应该引起高度重视。

地力衰退的另一种原因是林木栽培制度不合理，加上过去林木栽培的多是针叶纯林，这种纯林本身缺乏自肥能力，对土壤肥力的维护与提高不利。就杉木而言，传统的方式是，不管坡度如何，实现炼山，全垦整地，林粮间作。这种方式大大加剧了水土流失。只是炼山全垦一项，就在 30 度的斜坡上每公顷流失 3～4 吨土壤；如果进行林粮间作，甚至可达到 12 吨。其次针叶林落叶的养分含量及分解速度远低于阔叶林，养分归还周期慢。再加上有些林分密度较大，林下植被不发达，林地更缺少养分的补偿，这样连作几代，必然会引起地力及生产力的下降。据去湖南会同的调查，连作第一代下降半个地位指数，连作第二代下降一个地位指数，相对于亩平均生长量的 0.1m³ 和 0.2m³。这种情况在福建也会同样发生的。

（3）水土保持及水源涵养功能下降的问题

由于水源涵养林的不足，树种的单一性与针叶化，以及由于人为不合理的经营制度等综合因素，造成这个林区森林生态功能的下降。据邵武市水土保持办公室的调查，全市水土流失总面积为 480 429.5 亩，占土地总面积的 11.2%，其中中度流失面积占总面积的 15.9%，强度流失占 19.29%，林地的水土流失又占流失总面积的 53.43%。崇安县水土流失总面积占土地总面积的 8.43%，其中中强度流失占 31%～44%。由于水土流失的发生，邵武市 46 座蓄水工程，总库容 2078.8m³。

现已淤积 100 万 m³，左右而每年仍以 10 万 m³ 的速度进行着。闽江枯水期的流量30 年来减少 17%，输沙量 20 年提高 2 倍。

2.3　林区经济存在问题

从林区经济状况来看，严重的问题是各级政府对林业仍然"重取轻予"，各类税费过重，而投资于营林的资金不足，林业收益分配不合理，广大林农得不到实惠，影响了他们关心和振兴林业的积极性；此外，林区林业生产没有充分发挥本区自然优势，生产模式单一，缺乏经济活力，林区仍然比较贫困落后。

闽西北林区森林资源消耗加剧，资源再生产搞不上去的原因是营林资金不足。闽西北各县的林业在地方财政收入上都占有举足轻重的地位，如 1985 年崇安县林业上缴利税占全县财政收入的 59% 以上，邵武市占 42.5%。但国家对林业的投资却很少。以崇安县 1986 年为例来看，林业上缴利税 680 万元，林业投资仅 200 万元，其取予之比约 3.4：1，实际上，崇安县完成 1986 年营林任务超支 157 万元。

邵武市 1986 年上交林业利税 1511 万元，营林投资 600 万元，取予之比约为 2.8：1，邵武市所以有较富裕的营林投资，主要是县林业局在县政府和县财政支持下，自行规定增留木材生产的森林资源补偿费（由原每立方米 2.5 增至 10 元）和非规格材的销售收入的 20%，以增加营林投资，五个伐木场由此二项即可由正常的营林基金 100 万元增至250 万元。这二年来，邵武市加快了国营和集体的森林后备资源的建设步伐，造林质量提高，荒山已全部绿化，而且由于增强了林业各项基本建设，使全县林业奠定了良好的物质基础，从而开始走上林业良性循环的发展道路。然而，这样的经验并非目前所有县政府和县财政所能认识而办到的。目前，除邵武市外，闽西北林区其他县和崇安县一样严重匮乏营林资源。

总之，目前集体林区林业上交较高的利税是以森林资源的赤字来维持的，这种状况无异"竭泽而渔"，只能使林区的资源和经济状况日益恶化。

以本林区木材价格构成来看，中间环节税费过重，各级政府层层截留，林农所得甚微。据粗略计算，由原木生产经采购站收购销售，其过程共交各类税费 14 项（包括产品税、特产税、营业税、育林基金、更改基金、教育附加费、乡镇管理费、工商税、联营办公费、林政管理费，上交企业管理费，短途运输费和返利等）。其中一些税费不合理，有的税率过重（如特产税高于木材市场开放前按林价的 8%），有的重复征收，如乡镇收取管理费后不应再收联营费，等等。从 1m³ 松木销售 280 元计算，各种税费占 111.44 元，林权所有单位净收入仅 50 元左右，而且这一部分并不能直接分配至林农手中，而由村一级以间接分配方式挪作他用，甚至超扣至少数人手中。乡镇政府除已征收管理费外，不顾集体林场收益如何，任意下达上交部分收益者也常之。据崇安、邵武两县（市）统计，在不同程度上，能把林业收入直接分配给农民者，（每户 8～60 元不等）仅有少数村，大多数均无直接分配。集体林名曰集体所有，实际为村干部所有。兴林富农，富农兴林，是互为因果的辩证关系。林有利不及林农，将何以兴林？这是林区各级干部应当深思的问题。

南方集体林区（尤其是杉木老产区）以杉木原木生产为主的单一生产格局导致林区经济缺少活力，是另一个普遍的经济问题。就闽西北林区这两个县（市）而言，情况要好一些。阔叶林、毛竹、马尾松林均占有相当比重，而且均已拥有一定的木材综合加工能力，如有制材、木片、造纸、纤维板胶合板、木筷、竹器、林化等大小企业。各伐木场、收购站、林场也不同程度的具有切片、小方材、初级加工能力，部分技术亚林材则用作薪材。因此，本区的木材采伐剩余物的利用率较高于南方有的其他集体林区。但就闽西北区总体而言，以杉木原木生产的单一化趋势也在发展，木材综合加工能力和其深度与本区森林资源相比仍有不足，森工户值不高。提高木材利用率和多层次开发利用还有巨大潜力。其中，尤以毛竹的综合加工利用最为薄弱。

闽西北区培育森林生产木材为主外，多种经营也比较薄弱，这与本地区优越的水热等自然地理条件和丰富的动植物资源来讲并不相称。从林区作为一个生态经济系统来看，生产结构过于简单，缺少结构的复杂性和组分的多样性。物流、能流渠道和反馈网络的简单化，会导致系统的稳定性不高，反馈调节能力差，生态上过于脆弱，抗逆性差，自我维护能力低。生态环境质量下降，也不会产生高的生产效率和经济效益。对于拥有一定土地和自然资源的林业企业单位来讲也是同样的道理。以邵武市搓溪林场为例，只有林业用地 1290 亩，农田 450 亩，其前身铁道兵农场以粮食生产为主，年年亏损。1977 年由林业部接收，采取以林为主，多种经营的方针，1984 年即扭亏为盈，现产值 85 万元。1986 年采伐木材 1500m³ 造林 700 亩，生产粮食 40 万斤，柑橘园 725 亩产柑橘约 18 万斤，果园下套种西瓜等，产瓜 20 余万斤，花生 7 千斤，鱼塘 30 亩，产鱼 1.2 万斤，养猪 300 头等等。基本上做到了高山远山防护林，用材林，近山矮山花果山，平川良田鱼塘，层次分明，布局比较合理，开始走上集约的科学的立体经营道路，并且全部解决了待业青年的就业问题。可惜像这样的例子在闽西北区尚不多见。

3　对　　策

针对上述存在的问题，根据林业有关政策和我们考察的两个县，1983 年后恢复森林资源的经验。我们认为，南方林区的森林经营，应该兼顾生长经济与生态效益的原则，从现在起，闽西北林业应实行减税让利，理顺木材流通渠道，增加营林投资，保障林农效益；发展综合经营，搞活林区经济，增强林区自我发展能力；严格控制森林资源消耗，保护现有林，提高森林经营强度，改革栽培制度；认真贯彻林区规划总体安排，逐步搞好树种林种规划，合理利用土地，在大力发展速生丰产林的同时，注意发挥森林的多种效益，划定防护林，保护与发展阔叶林，改善林区生态环境。

3.1　关于保护发展森林资源和改善生态环境的对策

（1）改善林业管理体制，谨防采伐失控。要坚决改变木竹、林产品的生产经营多家插手，争采竞购和采育失调等情况。多个县要把非计划木材生产，纳入计划轨道，把营林、加工、销售由林业部门统一经营，实行木材生产一本账。

（2）控制资源的消耗，加强木材综合利用。

有计划地发展林区加工业和开展木材综合利用。改变以原木出口的产品结构，充分利用枝丫材。改变林区群众烧"老虎灶"的习惯，鼓励工矿企业和群众改节柴灶，烧枝丫。茅柴。有条件的地方要以煤以电代柴。限制利用段木培养香菇，用木材烧活性炭，提倡袋装香菇。

（3）保护和经营好现有林，尽快解决后续资源。

大面积现有林，特别是幼龄林，是重要的森林后备资源，保护工作当然是首要的，对防火防病虫害，要切实的组织和措施。同时，应当提高经营强度。保护和经营好现有林比新造林更应受到重视，因其投资少见效快。在现有林经营上有四个问题要着重解决。

1）加强幼中龄林的抚育，并使其中一部分成为速生丰产林。闽北林区历年来营造的杉木林，有相当大一部分的幼中龄林处在与杂草灌木"混交"的状态。生长缓慢，有些林场此类幼中林占 1/3 左右。对这类幼中龄林进行除草抚育，（用化学方法也可）促经生长，对于立木度不足的幼中龄林，还应补植速生树种或耐阴树种。

2）一部分过密的中龄林，要及时间伐，密度控制照"杉木速生丰产林标准"执行。及时间伐，并适当控制密度，可以缩短伐期 3～5 年，且不影响产量。

3）对于有培育前途的次生林应加强抚育及间伐。

4）关于轮伐期，南方林区普遍不明确，我们认为应根据立地条件和培养目标加以确定。以杉木而言，总的应以培养中径林为主（林分平均胸径达 16～18cm），个别优良立地可考虑培养大径材。如果间伐及时得当，中等立地条件（16 地位指数），20 年左右即可达到中径材要求。对于立地条件差的（14 地位指数以下），应以培养中小径材为主（平均胸径大 12～14cm），如果采用集约经营，15～20 年也可以达到。

（4）发挥优越的自然条件，建设好商品材营地。

闽西地区有得天独厚的自然地理条件。不仅森林生长的产地条件好。林木生长快。而且群众富有育林经验。是我国重要的商品材基地之一。对于解决我国木材供应不足的困难。具有重要战略地位。特别在目前情况下，不采取集约栽培技术。不建设好商品材基地。是难于扭转森林资源赤字局面的。建立大面积丰产林基地。关键要做好规划设计。营建速生丰产林要实行"三个控制一个维护与提高"。即产地控制，遗传控制，密度控制，及维护与提高土壤肥力。只要以这四个技术中心环节进行组装，就能达到速生、丰产。优质和生长稳定的目的。在组织形式上宜采取国营、集体、个人及国有与集体合作造林等多种形式，以发挥各方面的积极性。

（5）提高森林的水源涵养水土保持功能。划定水源林，加强阔叶林的保护和发展，并以林业区划和产地分类应用的原则为指导，逐步把林种树种调查到合理的结构比例上来。

1）中山地带的森林（大体上海拔800m 以上）应划为水源涵养林区。这个地带的森林面积大体占总面积的10%左右。35°以下森林允许轻度采伐，伐后必须促进更新。采伐后的木材实行特殊的优惠办法销售。收入充当营林经费；其他区域坡度在35°以上。以及主山脊的森林与大河流两岸的200m 以内森林，也应划为水源林，只允许卫生伐及轻度返款伐。但残次林允许改造为毛竹林或其适用择伐作业的森林。

2）加强现有阔叶林的保护和抚育改造。我国阔叶林已受到严重破坏。如湘西只占有林地面积的 16%；树种单一化非常严重，而闽北地阔叶林尚保存在 40%左右，福建阔叶林保存不仅对本省，对全国都有特殊价值。因此，要采取各种措施加以保护和发展，不能再走其他林区的老路。

目前，要营造大面积阔叶林，因各种因素影响（包括经济与技术因素）尚有困难，应着重保护好阔叶林，保留阔叶林的数量从宏观上看应控制到不少于林地面积的 30%，一是水源林的划定大到能保护阔叶林面积对的 15%左右；二是要对目的树种更新较好的阔叶林，根据邵武、崇安县的经验，完全可以通过促经更新和加强抚育，得到保护，而且生产力也不低于杉木林。据洪壤伐木场提供的材料，40 年采伐的近 200 亩阔叶林，天然更新，通过二次抚育，22 年生平均每亩株数 55～78，平均直径 16～21cm，平均树高 15～17m，平均每亩蓄积量达 13.26～15.0m^3；三是采取得力措施，严格控制阔叶林资源的消耗，包括商品薪材，发展食用菌等的消耗；加速薪炭林业建设，推广利用采伐加工剩余物发展食用菌，并营造食用菌的专业林。

3）对一些已有造林经验的珍贵树种，如樟、檫、楠、椆及木兰科一些树种，逐步扩大栽培；这些树种轮伐期虽较长，但经济价值高。对一些适合做胶合板（心板或面板）的阔叶林，更应加速培育。总之，应当看到随着人民生活的提高和木材加工的发展未来阔叶林的用途具有极为广阔的前景。

4）大力发展封山育林。这是我国传统恢复森林资源的有效方法。群众很有经验，可普遍实行。通过封山育林恢复起来的森林，树种多，适应性强，病虫害少，更不需要多大投资。封山育林，促经更新及人工造林三者，应结合使用，更有利于森林资源的恢复与发展。只重视人工造林，忽视其他方法，是脱离我国实际的做法。

（6）改善林木栽培制度，维护与提高土壤肥力。

改善栽培制度，重点指杉木。杉木栽培历史 上有一套传统做法，但从今天对森林的要求看，无疑存在一些明显缺点，主要是两个方面。一是水土流失严重，二是自肥能力差。由于这两方面的原因引起连栽杉木林发生地力衰退，前者与不合理炼山，整地及林粮间作有关。今后尽可能少用炼山，推广化学灭草。同时要改全垦整地为局部整地。关于林粮间作，应选择作物，限制坡度和种植年限。总之林地清理，整地及农林混作等措施，必须兼顾经济与生态效果，要防止水土流失。

后者，杉木林因自身的植被落叶分解速度慢，又属酸性分解，对地力的维护不利。因此应通过间伐手段，适当控制密度，改变单层群落结构为乔灌结合的多层结构，适当控制密度，以改善土壤理化性质及养分循环。这种办法简单易行，比营造混交林，或林下种植绿肥等更容易推广。如果待林下植被生长良好时，再进行砍伐或深翻压青，会收到更好效果。

（7）加强营林单位的科学规划设计，提高经营水平。

一个林场或一个用材林基地在造林前必须作好林种树种等经营规划设计。发展杉木林的比重不宜过大，以 30%～40%为妥。发展杉木林关键不在面积大，而应提高经营强度，增加单产。其余的发展阔叶林，毛竹及松树，以便形成块状混交的林分，有利于林区的生态环境的维护。松林、杉木林要防止集中连片，做到适地适林。邵武县搓溪林场的按地形和立地进行有层次的立体经营经验值得推广。这是符合林区发展经济与改善生态环境要求的。

3.2　在林业经济方面应采取的对策

（1）各级政府要改变对林业"重取轻予"的做法：实行对林业的减税让利的政策，在经济上给林业以更多的扶持，以保证充足的营林投资。

1）福建省对木材生产征收的特产税应恢复到木材市场开放前按林价多少的比率。目前本省的特产税高于邻近各省，应予合理调整。

2）乡镇已收取管理费，不再征收联营费。也不能再平调集休林场收益；需要从林业收益中补贴乡政府费用者，也应与林权所有者和经营者商得同意，并按实际收益规定合理的比例。

3）原国营伐木场及新造林费过去每立方米提留 2.5 元，考虑物价。工价指数的上升，可改提为 10 元；从等外材。非规格材销售收入中可提取 20% 作为资源补偿费。

4）可考虑扩大育林基金征收范围，如对大量利用木屑为原料的袋香菇生产业。以木浆、竹为造纸业征收适当的育林基金等。

5）坚决贯彻国务院（87）44 号文件和福建省人民政府（87）43 号文件，并任何单位不得另立名目。自定标准，乱尅乱扣，违者严肃办理。

（2）进一步发展、巩固各种有效的集体林的经营组织形式，健全和完善林业生产责任制和包括林业利润分配的林业管理制度。无论何等经营形式，都应保证林农的一定的直接收益。以促进广大农民爱林、护林和育林和积极性。

邵武市冶山乡周源村的经验可以参考。政企分开，村成立林业股东会管理林业，每年林业利润除部分交作村行政费用、部分用于扩大林业再生产，大都直接按股份分到农户，1986 年每户平均分得红得 1500 元。在林业利润分配上不允许少数人把持，更不允许不法分子从中营私捞利。

（3）大力发展木材综合利用和深度加工工业；发挥本区自然资源优势，发展"以林为主，多种经营"的多种生产经营模式，搞活林区经济，使林区人民尽快富裕起来。

崇安县林业局引进设备发展地板材加工，可充分利用小材。非规格材；邵武市设计竹浆厂。为毛竹综合利用打开道路，都是本林区值得学习的经验。发展木材综合加工业不仅提高木材利用率，扩大资金积累。耐用有利于改变南方林区目前偏爱杉木原木生产的倾向有利于调整林区树种、材种的多样化和经济上调节材种价格的合理化。此外。林区稀有树种。花卉和珍贵木材树种资源的开发利用。不仅可以充分利用资源。增加财富。而且可以美化生活，使人们的生活更加丰富多彩。

1）各地区、县可根据本地区森林资源和其他生物资源的特点和社会经济条件。对松、杉、竹、阔叶树的综合林产加工业的发展进行规划设计和逐步加以实施。可以地区间、县间联营，也可与省外联营，与其他行业（如造纸、轻工、食品、医药、外贸等）联营，扶持发展工业专用林及其产品加工业。

2）各林场、伐木场可因条件制宜发展竹、木等初级制材加工和多种经营。但对严重消耗木材资源的生产（如段木生产香菇，活性炭等）应予停止或控制发展。经营中要注意充分利用采伐剩余物和适宜的养殖业和种植业。苗圃生产绿化用苗可改变大路货品种，着眼于本林区特有珍稀树种和花卉品种。以及攀援植物品种，为福建省和邻近省城市走向高标准高要求的深化和立体绿化新趋向做到物质上的准备。

3）各县林业局可培养一至两个立体经营的林场。伐木场示范点，以摸索经验，逐步推广、走出本地区、使生态、经济、社会效益统一而有自己特色的高度集约经营的道路来。

4）有条件的林业局也可对本区专用材树种如樟、楠、建柏等进行一定规模的育种栽培试验。做到技术储备。以适应今后人民生活对木材品种更多的要求。

以上是对闽西集体林区考察后的初步意见。对于一些问题的具体分析可参考所附三个专题考察报告。

1）邵武市、崇安县森林资源及其变化趋势与评价

2）关于闽西北林业经济的若干问题

3）南方集体林区生态环境整治对策

国家自然科学基金委林业科学考察小组 访问芬兰、瑞典的报告†

1 考察的目的

为落实基金委与苏兰科学院签定的中芬协议项目，在西北欧处的建议下，生命科学部组织林业科学考察小组，由蒋有绪、齐书莹、杜生明、高明非四人组成，蒋有绪任团长，于一九九一年七月二十一日至七月三十日对芬兰进行了访问，后又顺访了瑞典。此行的主要任务是了解芬、瑞两国林业科学研究的具体情况，（包括正在开展的研究项目、研究的水平、今后的学科发展方向等），在此基础上，结合我国林业科研的现状，探讨双方进行合作研究以及进行科技交流的可能性。

2 考 察 活 动

（1）七月二十二日考察组访问了芬兰林木育种基地，该基地的育种经理 Jouni Mikola 接待了我们，并较详细地介绍了芬兰林木育种的中、短、长期育种计划，芬兰的林木育种史，目前正在开展的研究项目以及今后的计划，该基地开展的主要研究工作——微繁和微型种子园，并陪同我们参观了桦树、云杉微型种子园及微繁实验室和快繁温室，接待非常友好，经理亲自开车接送我们。

（2）七月二十三日，访问了芬兰科学院农林委员会，Markku Kanninen 博士和农林委员会的秘书 Risto Andberg 接待了我们，Markku 博士向我们介绍了芬兰林业科研机构及芬兰科学院资助的一个重大项目——气候变化。Risto 秘书介绍了芬科院农林委员会资助林业项目的一些情况，同时，考察组也介绍了基金委的有关情况以及生命科学部资助有关林业项目的情况，双方就感兴趣的问题进行了讨论。

（3）七月二十四日访问了芬兰森林研究所遗传研究室，该室的负责人 Pirkko Velling 博士及其他 5 名研究人员接待了我们，简要地介绍了芬兰森林研究所的情况，较详细地介绍了该室所开展的研究项目动态，并陪同我们参观了芬兰良种材料档案室及微机管理，观看了桦树无性系测定林和欧洲赤松种源试验林。

（4）七月二十四晚乘火车去 Joensuu。

（5）七月二十五日上午，访问了 Joensuu 森林研究站（由芬兰森林研究所领导），该站的 Kauko Salo 博士接待我们，并简要介绍了该站的情况及他本人在森林多种利用方面的研究工作。Seppo Nevalainen 教授介绍了芬兰的酸雨研究项目和空气污染对森林的

† 蒋有绪执笔，1991 年，国家自然科学基金委林业科学考察小组。

影响研究项目。二十五日下午，访问 Joensuu 大学林学院，由 Olli Suastamoinen 博士陪同我们参观校园。介绍了林学院的机构设置、教职员工及学生情况。该校所开展的科研项目及他本人在林业经济评估方面的研究工作。

（6）七月二十日由 Joensuu 乘火车返回赫尔辛基。

七月二十八日，利用休息天的机会，去中国驻芬大使馆，向商务处参赞汇报了这次访问的情况。

（7）七月二十九日，访问赫尔辛基大学林学系。Pentti Rasanen 教授同时担任芬科院农林委员会的主席，接待了我们，主要介绍了该系的情况及开展的科研动态，然后就中芬两国在林业科研方面进行交流合作的可能性交换了看法，考察小组谈了这次访问的感想，并对芬科院的热情接待及周密的安排表示了感谢，参加的人员还有中国驻芬兰大使馆的商务处二等秘书于东茂先生、芬科院农林委员会秘书 Rísto AndBerg。并在此结束了对芬兰的访问。

（8）七月三十日由赫尔辛基乘船去斯德哥尔摩。

（9）八月一日，去 Uppsala 访问了瑞典农业科学大学生态环境研究系，Lars-Owe Nilsson 博士在火车站热情地迎接我们。系主任 Folke Andersson 介绍了该系开展的科研动态。L-O Nilsson 及其研究人员介绍 Skogaby 项目的执行情况和取得的初步进展。另外，八月一日晚上，中国驻瑞大使馆科技处的参赞和一秘李玉一来看望了我们，并对蒋有绪先生的机票被盗一事很关心，并且做了很多工作。

3　芬兰林业科研体系

芬兰的林业科研单位以所有制形式可分为国有和私有两类，国有科研单位和林业院校主要如下。

（1）芬兰森林研究所

该所是全国所有系统最大的科研单位，共有人员 800 多人，直接受农林部的领导。主要从事林业的应用基础和应用研究，该所下设九个研究室（森林土壤研究室，泥炭土森林研究室，森林培育研究室，森林遗传研究室，森林保护研究室，资源清查研究室，森林技术研究室，森林经济研究室，数学统计研究室）和八个研究站，开展的研究内容覆盖了有关林业的各个学科，另外拥有 14 万公顷的试验林，管理着 6 万公顷的自然保护区，该所成立于一九一八年。

（2）Joensuu 大学林学院

该学院成立于一九八二年，下设 8 个专业：林学、森林生产、森林土壤、森林技术、森林测计、森林保护及森林经济学，承担的主要科研任务是有关林业方面的基础和应用基础研究。

（3）赫尔辛基大学农林学院

该校在林业的基础研究方面有较强的力量，承担了芬科院 13 个项目。

（4）赫尔辛基大学森林产品系，该系的科研主要集中在造纸制浆、机械制材方面。

（5）技术研究中心

该中心是从属于贸易工业部，其中设有森林产品实验室，主要从事木材和木材产品的加工方面的研究。另外，还有一些私人研究机构，例如，芬兰纸浆和造纸研究所、芬兰林木育种基地（国家部分资助），芬兰自然资源研究基金会。

4　芬兰林业科学研究动态

芬兰是世界上林业发达国家之一，具有生产力的森林覆盖率为 66%，森林产品和森林工业是其国民经济收入的主要源泉。因此，政府对林业的科学研究十分重视，把林业科学放在优先发展的地位，用在林业上的科研经费逐年增加，科研队伍稳定，研究项目的连续性强，且具有系统性，研究材料、数据的收集、积累及保存做得仔细完整，根据本国的特点和国民经济的发展需要，研究项目的针对性及目的性很强，总体的研究水平也比较高，这是考察组经过短期访问后对芬兰林业科研的总体看法，具体的研究内容和水平分述如下。

（1）森林遗传育种

有关此领域的基础研究，主要开展了欧洲赤松在 DNA 水平上的遗传变异，赤松、桦树的群体遗传结构及地理变异；用 RFLP 技术分析森林更新后的遗传结果等研究，这些研究的水平都具有国际先进水平。在应用基础和应用研究方面，开展了本国主要树种的种源试验，优树选择，无性系测定，种子园的建立，基因工程在林木抗性育种上的应用。微繁、快繁和微型种子园，利用细胞激动素诱导树木早期开花结实、促进芽的分化等研究工作。这些研究工作的最大特点是系统性强，连续性好，很多研究成果已在生产上应用，其中微繁和微型种子园技术处于国际领先水平。

（2）森林培育学

在此领域，芬兰把森林更新的研究放在比较重要的地位，主要研究不同的立地、不同更新方式的生态效益、经济效益以及与生产力的关系，林分结构与生产力的关系，泥炭土森林更新及排水等，这方面的研究最主要的特色是结合本国的情况，选择最佳的经营方式，研究的水平居中。

（3）森林生态学

在森林生态学方面，与其有关的主要研究有两个大项目，分别介绍如下。

1）气候变化

该计划是多学科交叉的综合研究项目，与全球变化项目相协调。主要研究气候变化对各个生态系统的影响，共设 52 个子课题，其中与林业有关的 9 个子课题分别是：树体碳素循环；大气质量对土壤、森林生产力和抗性的影响；运用遥感技术评估北方森林生态系统碳的含量；北方森林生态系统对气候变化的反应及对营林的影响；林木对环境变化的生理和遗传适应性；北部森林对空气污染和气候变化压力的反应；通过土壤改良防止或减轻空气污染对森林的影响；空气污染对林木营养生理及抗病虫害的影响；气候变化与森林经营的对策。该项目研究期限为 1990～1995 年，目前研究正处于资料的收集与分析阶段。

2）酸雨项目

该项目共有 200 位科学家参加，共分 57 个子课题，其中与林业有关的有 19 个子课题。主要研究酸雨和其他空气污染物对森林和水域生态系统的影响。目前该项目已经结束，得出了一些初步结果。

（4）树木生理学

在本学科主要开展的研究内容有：抗性生理，如树木抗寒、抗霜冻的生理机制，环境压力对树木生理代谢的影响，林木种子生物学等。这方面的研究水平接近国际先进水平。

（5）森林经理学

在此方面开展的研究内容主要是：林分结构与生产力的关系，林分生长发育的系统分析，森林资源清查的方法技术等，研究的水平较高。

（6）森林的多种利用

在此方面主要开展对林下生物的研究，如蘑菇、一些灌木状的浆果的开发研究等。

5 建议开展合作及交流的范围

（1）森林遗传育种

在此领域拟开展合作的主要内容如下。

1）树种和基因资源的交换。芬兰森林研究所在桦树和欧洲赤松的育种方面做了大量而有成效的工作，选育了一批优良的无性系，并已在生产上应用。而我国东北有较多的桦树种和红松，双方可合作进行引种试验。

2）遗传育种的基础研究，合作研究的主要内容应放在分子水平上研究树木的遗传变异，种群遗传结构的分析方法，转基因技术等。

3）林木的微繁和微型种子园的研究，在此方面芬兰的研究及应用工作非常出色。

（2）森林生态

该学科芬兰正在开展两个大项目前研究，其中一项是气候变化，另一项是空气污染对森林的影响。

（3）森林经理

此方面可开展合作研究的内容有二，其一是林分的生长模型，其二是林分发育的系统分析。

（4）森林更新的理论及方法

（5）林木生理学，在该领域可开展合作的内容有：树木的抗性生理，根系固氮、光合作用等。

总之，以上这些方面芬兰科学院都有资助的在研项目，而且研究的水平都比较高。我委在这些领域也资助了大量的项目，也具备开展合作交流的基础。另外，在访问期间与芬科院农林委员会的主席谈及双边合作之事时，他们对这些方面的合作与交流也感兴趣，但提出研究的对象最好是芬兰有的树种和热带树种。

6 瑞典 Skogaby 项目介绍

项目设立的目的

酸雨、氮素的沉积、土壤酸化以及高臭氧浓度都可能影响森林的生产力，虽然目前人们都关注环境的变化，但还未能弄清单一的以及综合的环境因子对森林的影响。另外，现在也很难评价变化了的环境条件对森林影响的真正原因。为了解决这些问题，显然需要一个足够大的试验区和多学科的综合研究，包括生物学、化学、大气科学及物理等。

总的目标：弄清气候和营养状况在空气污染方面对云杉林的生长和存活所产生的正负效应，该项目设有 5 个子课题等。

（1）整体树木的生长发育研究

本子课题主要研究地上部分生物量，发育生长形态学，水分生理等。

（2）根系生长发育

主要研究各种根的生长发育及作用、根系生物化学、根系对离子的吸收。

（3）针叶的研究

主要研究叶的表面结构与营养动力学，矿物质的树冠沥滤、氮和磷的代谢、叶的抗虫特性。

（4）环境因子的研究

主要研究大气和空气污染，水文学，土壤化学性质和溶解物的沥滤。

（5）综合与模拟

主要研究树木的生长模型等。

该项目的研究期限为 1988～1992 年。

当谈及我委资助的重大项目-森林生态系统的结构与功能与其项目进行合作研究的可能性时，该项目负责人 L-O Nilsson 表示了极大的兴趣，并希望近期有可能来中国访问。

7　几　点　建　议

（1）建议邀请芬科院组织一个林业科学考察组到中国访问，因为经过我们短期对芬兰的访问，了解到芬兰的一些情况，尽管我们也介绍了我国的一些科研情况，但总的来看，芬兰的科学家对我国的林业科研情况了解很少，通过他们的来华访问，以便更好地组织合作交流。

（2）邀请瑞典 Skogaby 项目负责人来华讨论与我委资助的重大项目进行合作的事宜。

（3）生命科学部负责林业方面的同志去有关单位了解组织与芬兰的合作项目，希望给予大力支持。

总起来说，考查小组在国外考查期间，依靠组织、团结互助，克服了遇到的一些困难，圆满地完成了此项考察任务，了解、交流了双方林学方面的情况，结识一批林学界的朋友与未来的合作伙伴，为今后开展与苏兰、瑞典间林业科学的科研合作交流沟通了渠道。

关于 1991 年 8 月赴芬兰、瑞典参加 IUFRO P1.07-00 （亚高山生态组）学术会议的报告†

我这次由林业部批准、国家自然科学基金委员会和林研所资助,参加 1991 年 8 月 4～12 日在芬兰、瑞典召开的 IUFRO 亚高山生态组学术会议是在国家自然科学基金委员会的赴芬、瑞林业科学研究项目考察组（我任组长）的活动后紧接着进行的。关于两国林业科学研究项目考察的报告由考察组完成，现一并报上。我这里只着重汇报 IUFRO P1.07-00 组学术会议情况。

这次会议由该组现任主席瑞典农业大学林学系森林生态室 Sune Linder 教授主持，我以副主席身份协助主持。会议由芬兰中部 Jyväskylä 报到开始，以边开会边考察参观方式进行，直至瑞典西北边陲山地 Hemavan，折回中部东缘 Umea 结束，历时 9 天，共有 11 国 37 人参加。中国有我和基金委主持林学的杜生明与会，除东道国芬兰、瑞典人数最多外，美国 5 人，澳大利亚、日本各 3 人。瑞士、苏格兰、新西兰各 2 人、挪威、加拿大各 1 人。与会者大部分为知名度较高的学者，少数为芬、瑞两国的年轻科研人员，会议的学术水平较高，反映了较新的研究进展，讨论的学术问题有一定的深度。

会议主题为"北方与亚高山森林的结构与生产力管理"，下分三个分题：生产力的遗传学基础；林分结构与生产力；养分与生产力，共有特约报告 14 篇，墙报 15 篇。现场考察与交流主要是芬兰赫尔辛基大学、芬兰林研所、瑞典林业大学、Joensuu 大学森林系等单位的试验站点，个别的木材加工企业，森林采运作业和博物馆。在各试验站点，芬瑞两国科研人员做了详细的工作介绍和研究结论及其应用等等。主要研究内容有白桦生产力试验，泥炭地林业试验、林分结构与生产力关系试验、防治冻害与污染试验、森林养分及施肥试验，严酷气候条件及气候胁迫与生产力试验，国外引种试验等。

我在会议介绍了关于"中国森林生态系统结构与功能规律及监测网络的研究"项目意义、任务、内容与进展情况，杜生明做了"中国杉木地理变异"的报告，都引起与会者兴趣，曾交谈关于今后交流协作的可能性。

会议还由芬兰农林部官员出面宴请一次。

本次会议原定 IUFRO 亚高山组 1993 年学术会议在智利举行，但智利 Miguel Espinosa 教授突然缺席，因此下届东道国及小组主席一事未作决定，将与智利及捷克斯洛伐克两国磋商。小组仍由瑞典 Sune Linder，中国蒋有绪、日本 Takai Fujimori 负责。

会议将出版论文集，并向 IUFRO 秘书处报告会议情况。

本次会议主席及部分与会人员均曾参加 1990 年 10 月在中国成都召开的亚高山组学术会议，与本次智利未能落实下届会议的情况相比，他们对中国在有压力情况下（曾有人建议撤销在中国召开学术会议）仍克服困难坚持完成承诺的传统的小组学术会议表示感谢与敬意。

---

† 蒋有绪，1991 年 8 月 23 日。

赴香港参加"中国热带土地退化问题"研讨会的报告†

　　我经林业部批准由国家科委社会发展司统一组织前往香港参加 1991 年 9 月 9～13 日召开的"中国热带土地退化问题"研讨会，此会系美国洛克费勒兄弟基金会委托美国 Bishop 博物馆 Walter Parham 博士筹备召开的，这次会议目的是为基金会拟组织一项在中国热带土地化地区发展旨在改良土地退化，提高土壤肥力，具有持续较高生产力的农业开发实验研究项目，建立为热带发展中国家具有同样土地退化问题可以参照学习的样板，为此先进行一次咨询性的会议。与会者已经过 Parham 博士 1990 年来华至各有关科研、学院单位座谈了解并通过文献查找物色，经有关单位同意邀请前来的。中国方面与会的有 25 人，国家科委就会发展司 3 人，司长邓楠于第一天到会发言后即离会，中科院南京土壤所、综考会、昆明生态所、广州地理所等单位，还有广东省科委、广东土肥所、土壤所、华南农业大学、海南农业厅、华南热作院、南京大学地理系、四川成都山地灾害所、南京环科所等单位，香港大学也有教授，研究生近 10 人参加。会址在香港新界嘉道理农科所，极为偏僻，但环境安静，尚为舒适（教员、学生宿舍）。会议前 4 天为学术交流，代表均有口头发言，我提交论文为"中国海南岛热带土地退化问题"，我所徐德应（未与会，我代请假）提交论文为"从海南岛森林潜在生产力与实际生产力看土地退化问题"。论文将出版论文集，会议语言为英语。

　　9 月 13 日为今后的打算，由各代表设想与方案，Parham 博士也谈了一下设想，并无定论，Parham 博士提出这次主要是听取各方意见，再考虑一个设想，并向各国际组织、基金会筹募经费，待经费基本有着落后，将在中国南方再召开一次由资助单位与中国有关科学家共同参加的会议，具体商研项目计划，这次在会上自由发表见解的有 10 余人，但比较集中于 4 种观点，一是以中科院土壤所所长赵其国研究员提出以中国亚热带、热带红壤治理为内容的方案，实际是加强他们已建的 8 个红壤研究站点，一是广东省科委提出的，反映广东代表的意图，希望搞广东省沿海岛屿的开发，即在滨海沙土上建立开发的示范；一是昆明生态所提出可在西双版纳加强已有橡胶-茶等混作复合群落等，一是我提出的以海南岛为基地，可在山地、丘陵及台地建立不同类型样板，山地是热带雨林因过伐及刀耕火种，丘陵因橡胶热作不合理经营，以及台地因农业长期连作及粗放经营，三者因不同原因的形成的土地退化类型，其治理途径不同，可为不同热带国家的不同类型提供样板，我的意见颇受多数代表赞同，主要是此方案明确限于热带，具有多样性，海南交通及投资环境已有改善。我的另一私下意图是今后可由林科院与热作院为主组织，国家科委吕学都同志发言未对专业提出意见，只谈此项目以后应由科委组织为宜，我的书面方案已交 Parham 博士，会议未作任何决定。

---

† 蒋有绪，1991 年 10 月 8 日。

中国"大地"计划构想（框架）[†]

徐有芳部长并林业部科技委：

　　林业部在国务院机构改革中保留下来，显然在环境保护方面负有重要的社会责任，新的林业部领导需要在环境方面有一个大动作，现构想一个跨世纪的国家计划，可由林业部向国家建议，并在设计、实施中起带头作用，与国家环保局、农业部、城乡建设部、能源、国土等部门共同实施。由于我短时间内难以收集资料数据以完善此构想，现提出一个框架性想法，若可取，不妨组织一个小班子加以完善，若不可取，则可作罢。完善后的构想向国家提出，在林业部向国务院报告前，可请人代会环境保护委员会、国科联中国环境问题委员会、人与生物圈国家委员会等科学家们讨论，听取修改意见并取得他们的支持，这样容易取得国家的批准。这个构想的内容并非从头来，而是融合林业部和其他部门正在分散做的事情，加以补充，并使之系统化，有一个高层次的立意和有一个较完整的宏大的明确的目标。国家新的投入会有一些，由于此计划主要是推向社会，并在一些环节上运用市场经济，与生产、经济建设相结合。此计划在国家水平上具有更大的国际、国内社会宣传教育性，并加强我国在与西方发达国家关于世界环境问题斗争中的国际地位与国际形象。不知当否，请研究。

　　此致

　　　　敬礼!

中国林科院　蒋有绪

1993.5.18

　　中国"大地"计划是中国一项跨世纪的绿化美化国土，改善与保障中国人民生存环境，并作为世界环境保护事业重要组成的，宏大的国家生态环境系统工程计划。

一、此计划建议取名"大地"计划，英文名为 China National Gaia Project

　　Gaia 理论是近二十年发展起来，并越来越得到更多科学家支持的学术论点。过去认为，地球大气圈、地圈的运动与平衡主要是物理与化学的过程，生物圈的影响是有限的，而该理论认为，地球与人类生存环境有关的地球表面温度、酸碱度、氧化还原电位势、大气的构成和运动，以及海水盐分含量等等的地表动态平衡是由地球的生物圈的整体控制的，上述的动态平衡受到自然变化和干扰或人为破坏时，生命总体就会通过其生长、代谢，对这些变化做出反应，即通过自我调节的反馈系统以对抗不适于生物生存的环境变化。这就打破了人类对地球动态平衡破坏后不能有所作为的消极心态，人类可以通过

　　† 蒋有绪，给林业部徐有芳部长和林业部科技委的建议，1993.5.18，但未有反馈。

生物圈的保护、调控，发挥其积极反馈调节作用而改善生命的生存环境。Gaia 为希腊词，意为主宰大地之神。此行动若取名"大地"计划（Gaia 计划），其涵义，宗旨和任务即可一目了然，易为国际理解和接受。

二、计划的意义

1. 近期科学表明,由于人类文明的发展对地球生态环境所造成的危害已危及人类自身的生存。当前已是人类挽救自己星球命运的最后机会。人类不应丧失这个机会，各个国家都有责任以自己的努力与可能共同遏止诸如全球气候变暖、酸雨、臭氧层破坏，生物多样性丧失、土地退化等危及世界生存环境的过程，共同行动，改善世界的环境，保持生物圈与人类社会的持续发展。发达国家由于它们的发展史，对世界资源与环境的破坏负有更多的责任，理应对世界环境保护承担更大的义务，这是世界环境保护问题中我国与许多国家一贯采取的立场和见解。中国是一个发展中国家，从中国的经济水平和国力出发，提出并实施这样一个宏大的工程计划，比世界上任何一个国家都更能表明我国对世界环境问题的关切，这也突出反映了中国古老文明的优秀传统和对人类未来美好的社会的追求。中国在世界环境保护上鲜明的率先的国家行动，对增强我国的国际地位是十分重要的。

2. 本计划将为二〇〇〇年奥运会争取到北京召开是在政治上、环境上极好的配合与宣传。

三、计划的宗旨

这是一项以改善人类当前面临全球气候变暖、生物多样性保护和生物圈持续发展三大问题为目标，全面改善我国的生态环境，保障中国人民未来的良好的优美的生存生活环境，并为全人类改善世界环境的共同努力的重要组成部分，以此行动唤起世界各国和各社会团体的积极响应，增强全人类的环境意识，形成一个全人类为挽回地球命运而共同行动的历史创举。

四、计划的性质

这项宏伟计划不同于我国以往改善生态环境完全由国家投资，以事业方式进行的工程计划，它在组织形式上、运行机制上、资金投入方式以及社会动员上都将是一种新的方式进行。此计划是多方位、多层次地，把改善生态环境与促进生产发展、经济建设发展相结合的行动计划，它的广泛性将会涉及一些主要政府部门、社会团体和社会各个阶层。它由国家设计指导，反映政府与人民共同意愿，由政府和社会共同参与实施，得到国内各社会阶层、国外华人的支持和国际社会的支持。国家的投资将限于一定的任务内容，凡可以运用市场为杠杆的都可以市场经济为动力推动其工作，此计划也将吸收正在进行和将要进行的各项国际项目计划，并可指望有广泛的国际基金的资助；在教育与宣传活动配合下，国内社会也将成为巨大的行动动力。

五、计划的任务和目标

本项跨世纪（十年）行动计划是在一个更高的指导思想下和新的设计框架内，把我国正在进行的和将要进行的各有关生态环境建设活动融合起来，补充新的内容与任务，运用新的运行机制和管理方式，构建一个对我国来讲是具有全面的、系统的、最为基础的，即在奠定我国生态环境与人民生活环境质量上具有历史意义的宏大的综合性生态环境系统工程计划。它的任务和目标可以概括为"1124"，即一个大片，一个体系，两个网络，四个环节。

1. 全国各省区在 10 年内将先后完成宜林荒山荒地的绿化，即 2005 年基本完成约占全国国土面积 21%的宜林地（含现有林地）实行全部绿化任务，（或考虑 80%省区的目标）。

2. 10 年内完成正在建设的三北防护林、长江中上游水源涵养林、黄淮海平原农田防护林、太行山水土保持林、沿海防护林的五大林业生态工程，以此为主要骨干的全国生态防护体系工程基本建成将对我国改善生态脆弱区的环境，提高我国抗御自然天气灾害能力，改善我国整体的生态环境质量，发挥根本性的重要作用。此后的防护林体系将在此基础上向其他生态脆弱区和水系的保护方向逐步发展完善。

10 年内在完成此体系过程中，除必要的国家投资外，五大骨干工程均可根据土地、气候、树种资源和社会经济条件，使防护林向多功能、多用途的生态经济型发展，丰富市场经济，促使区域的生产经济发展。

3. 由国家统一协调初步建成保护生物多样性的自然保护区网络，建立不同自然地理区有代表性的不同类型的生物多样性 保护的研究与行动示范基地 13 个，可考虑有寒温带针叶林。温带针阔混交林、暖温带落叶阔叶林、亚热带常绿阔叶林、南亚热带季风常绿阔叶林（季风雨林）、热带雨林、亚高山针叶林、真草原、草甸草原、荒漠、湖沼、河口、近海等 13 个类型。同时初步建成国家自然保护区及生物多样性保护数据库和监测网络（结合第 4 项），对我国 700 余个自然保护区在 10 年内有 150 个自然保护区达到生物多样性保护要求而进入网络，10 年后逐步扩大入网的保护区数量，本网络与世界生物多样性和生物圈保护区网络接轨。

此项内容，可由国家组织，由林业部、环保局、农业部、海洋局、中国科学院等部门协调完成。在自然保护区，生物多样性保护的事业活动中在保证自然核心区的绝对保护前提下，鼓励以不同程度、不同方式与自然资源开发、科学研究和科学性考察旅游相结合，实行保护与发展相结合的自然保护方针，为地方建立保护与合理利用自然资源，促进社会经济繁荣的示范。

本网络将对我国自然保护管理的科学化、规范化、和与国际网络的交流与合作接轨联网发挥重要作用。

4. 由国家组织协调建成在全国由各部门已建成或正在建成的生态系统定位观测与环境监测站网络（此网络将含生物多样性监测任务），同时将建成全国生态环境监测与预报系统及其数据库。

此网络在国家统一协调下，由中国科学院、林业部、农业部及国家环保局等部门共同实施，10 年内各部门参加网络的生态与环境监测的站点达 400 个。

5. 抓好四个环节的生态环境建设

（1）天然林区的振兴

10 年内抓住林业体制改革的良好机遇，增强林区经济活力，增加营林投入，实行对林区立木资源休养生息的方针，限量立木采伐，加强更新与中幼林抚育，充分开发利用林区自然资源，发展立体林业经营，逐步改变东北、西南几个老天然林区森林资源短缺和经济危困的局面，10 年后东北、西南天然林区 60%林业局改变资源局面，使我国森林后备资源总体上进入收获期，主要天然林区按林区经营方向进入采育平衡的新时期，森林资源持续发展，林区社会持续繁荣，并极大地改善区域气候环境与增强对东北平原，长江上中游流域的生态保障作用。

（2）农区、山区有条件地逐步推行以立体农业、立体林业（即农林牧复合经营）为主体的高产、优质、高效并具有良好生态效益的农林业模式（或生态农林业模式），10 年后有 25%面积的农区、山区得到实现，为不同自然地理区、不同社会经济类型由各有关部门共建立 500 个示范区。

本内容由农业部、国家环保局、林业部协调发展与推广，并交流、合作，网络化，并在今后协调规划进一步的实施发展计划，在理论与实践上形成国际上有我国特色的农林业发展道路。

（3）城市林业与休憩性林业的建设

10 年内配合我国改革开放的进一步发展，对我国主要城市的绿化除向高标准的美化方向发展外，注意扩大城市绿化的休憩容量，建设城市森林与城郊森林，向国际性的休憩型保健型的城市林业方向发展，以满足城市居民日益增长的希望节假休息日在短距离内即可享受大自然的身心需求。我国首都、直辖市及各省区的省会城市应在 10 年内逐步开展此项建设。10 年内在全国林区还将开辟 200 个大型国家森林公园。

（4）大型工矿区、过垦区及其他荒废区的植被恢复

10 年内我国应与国际植被恢复重建活动同步，对过去大型工矿区和不合理农垦区（含湖泊、江河、沼泽、滩涂不合理围垦）所造成大面积地表荒裸或土体毒化进行治理，开展有计划的植被恢复工作。重点可考虑对诸如云南昆明滇池、攀枝花、山西、河南主要煤区、江西钨矿区、鄱阳湖及洞庭湖以及三峡库区水利工程区等区域进行治理和新重点建设区实行植被恢复与开发建设同步进行的方针。

（以上 1-5 项均要具体加以阐述，提出明确的目标与实施途径）

六、计划的生态环境效益，社会效益及对我国经济建设发展促进作用的预测

七、计划的经费概算与经费渠道

关于参加在美国召开的"温带及北方森林的保护和可持续经营"国际对话会议的情况报告[†]

关于参加在美国召开的"温带及北方森林的保护

和可持续经营"国际对话会议的情况报告[†]

林业部国际司国际处并杨禹畴司长：

现把会议情况报告如下。

1 会 议 由 来

美国林务局，洛克菲勒兄弟基金会及美国若干非政府组织联合在美国华盛顿州的奥林匹亚于 1994 年 9 月 7~10 日召开了"温带及北方森林的保护和可持续经营"的非正式国际对话性技术会议。

这次会议是继 1994 年 6 月在日内瓦第一次国际性关于温带及北方森林持续经营的标准和指标文件的工作组（Working Group）会议，决定成立以英、美、日、德、智利、新西兰等为主的工作组，与 ITTO、FAO、IUFRO 等国际组织相配合，起草上述国际性技术文件；1994 年 7 月在印度新德里的会议，以 1993 年 9 月蒙得利尔欧安会专家会议文稿为基础起草了一草案（称 Montreal process），决定由美国进一步修改，并主持会议讨论，此即美国召开的本次会议，美国不仅邀请了工作组成员国，而且扩大邀请了一些非成员国，作为国际对话性的讨论会。这项起草工作与 1993 年 9 月蒙得利尔欧安会会议和 1994 年 7 月赫尔辛基的欧洲部长会议（称 Helsinki process）的类似北方及温带林保护与持续发展的文件起草活动，有着相互呼应、参照的关系，它们之间并无继承性、连续性。本项活动显然是计划构成一个其影响范围超过欧洲和北美的集团范围，成为包括亚洲、拉丁美洲、甚至非洲（因山地高海拔森林也可视为温带林）国家在内，并得到重要国际组织支持的国际性协约。

2 会 议 简 况

本次邀请与会国家有澳大利亚、奥地利、加拿大、智利、中国、丹麦、厄瓜多尔、芬兰、法国、德国、加纳、印尼、日本、韩国、马来西亚、墨西哥、新西兰、波兰、葡萄牙、俄罗斯、瑞典、瑞士、英国等 24 个国家和国际组织，如联合国粮农组织（FAO），FAO 的欧经会（ECE），国际硬木产品协会，热带木材组织（ITTO），国际林联（IUFRO），以及美国的若干组之组织共计代表 60 名。

——————————

† 蒋有绪，1994 年 9 月 23 日。

会议邀请中国代表 2 名。我受林业部派遣，参加了会议，另一名因签证延误未能与会。

会议主席由美国纽约州立大学环境科学与林业学院院长 Ross F. Whaley 担任。另两位副主席由美国林务局国际林业处执行主任 Dave Harcharik 和美国环保局国际处专家 Franklin Moore 担任。

会议讨论 3 天，考察 1 天。9 月 7 日开幕式及讨论导言、定义；9 月 8 日讨论标准与指标（分生态环境和社会经济两组）；9 月 9 日由主席总结，听取对总结意见，决定下一步安排；9 月 10 日到外考察奥林匹亚国家森林公园及周边的木材公司。

在日程表之外的 9 月 6 日晚 7：30，由主席邀请了工作组核心成员国代表参加的小型鸡尾酒会，中国代表也被专门邀请，共计 8 个国家 10 名代表，对三天会议的安排进行了议论。

3　会　议　成　果

会议未完成美国东道主预计 3 天内可在北方与温带林保护与可持续经营的导言、定义、标准和指标文件数上达成某种程度的协议。在 6 日晚小型鸡尾酒会上一些代表即对此表示不乐观。英、德代表认为重要术语下定义，以及对标准和指标，统一认识谈何容易。我也表示，3 天内在如此复杂科学技术问题上取得大部分共识就是会议很大的成功，而且协约形式也不适合科学讨论，本次会议非正式对话的目标是适宜的。

3 天的讨论表现为极热烈和不停歇的发言。对导言基本无大争议，对 4 个重要术语的定义讨论完毕，对 7 项标准和 42 项指标没有讨论完毕。会议主席总结了代表们意见和建议，提出了可供修改参考的文本稿。其要点如下。

（1）第一节：导言，比较取得一致意见，建议修改仅要求反映出标准与指标不仅要适用于政府内的决策者，也要适用于所有社会方面，包括土著居民的作用与期望。

因本稿导言比较客观地认识到各个国家在森林的质与量和特点方面是不同的，与国家的人口相关的森林条件，如每单位资本的森林量、年造林量、年生长量也是不同的，国家随经济发展、土地所有者类型、人口格局、社会和政治机构形式以及森林如何贡献于社会等国情都各异。考虑不同国家情况的基础上对标准、指标的专门应用和监测、应用的容量都不同，因而各国将建立专门的测量框架，以适应本国条件的资料采集。同时，草案也指出标准、指标等的"暂时性"，监测指标的变化要表达随国家水平的森林经营持续性发展进步的程度，草案还强调了此项工作需要森林生态系统对人类干预和对公众需求是如何作用和反响等科学知识。这些正确的表述被会议基本接受。

（2）第二节，定义。经修改后，把"标准"定义为"用于定期监测和评估变化的一组相关指标所决定的特征"；"指标"定义为"一种可用于测量或描述，或定期观测而表示趋向的定量、定性的变量"，此外，对"监测森林类型"修改了定义，并增补了"生态系统"定义。

（3）第三节，标准和指标。可作以下归纳。

3.1 （即标准1）生物多样性保护

列有可能的指标为：生态系统多样性；物种多样性（新增）遗传多样性。

3.2 森林生态系统生产力的保持

原则同意列出：森林更新能力，特别是干扰后的更新能力；森林面积/活立蓄积；生长量和输出量的平衡；非木材林产品；林地和非林地上土生和外来树种人工林的面积、范围。讨论增加：森林类型的生物产量；生态系统内总生物量；森林生态过程和生态连续体的生物组成。

3.3 森林生态系统健康与生活力的保持

基本同意列出：在自然变动范围外的由病虫害、外来竞争、野火、风暴或家生野生动物所危害的森林类型的比例和面积；专门的大气污染造成的森林生态系统危害的水平。

3.4 水土资源保持

讨论修改提出：土壤侵蚀；土壤坚实度；土壤有机质；土壤污染；化学、营养、沉和温度性的水体污染；生物水质；地表径流。

3.5 保持森林对全球碳循环的贡献

基本同意列出：森林生态系统与林产品对碳释放在内的总碳平衡估算；为碳吸收而建立的森林总面积。林产品的再循环量。

3.6 为社会需求而保持和鼓励长期多种社会经济利益

基本同意列出：由森林提供的休息、旅游的水平与多样性；经济上能生存的与林业有关的工业的可持续性；木材产品的生长、死亡和迁移间的平衡；非木材产品在生长、死亡和迁移间的平衡；由森林提供的生态功能与服务；为保护整个文化、社会需求和价值而安排的森林系统的面积；对社会供给林产品和服务，和支持森林利用的基础物质设施（如道路、桥梁、水电供应）的范围、质量和效率；对土著居民和其他以林为生的居民的贡献所确认和期望的程度；与林相关的生活需求所提供的范畴。

讨论建议：为未来林产品和服务所需求的林区新的连续投资；地方社会对森林变化以需求和他们适应于该变化的效果；对进出林区的自由资本流通；在全面消费上，对消费者在林产品和服务上缺的记录、监测和评价方法；由市场机制综合形成的环境成本、利益的程度；森林的非林地利用效益。

3.7　促进可持续森林经营的法规、政策和机构框架的存在

提出但未讨论；原则和政策框架在支持森林保护与持续经营的程度；发展与实现森林保护与持续经营计划的机构能力。讨论建议增列：为现实和规划的公众需要的药物、营养品、工业林产品的研究与开发的几率；与森林相关的公众教育和奖励的范围和质量。

会议将此总结交由工作组下次会议研究修订。

会议的下一步行动：

1. 加拿大主持 1994 年 10 月 15 日在大华召开的下一次工作组会议；

2. 日本主持 1994 年 11 月 17～18 日在东京召开的第二次工作组会议；

3. 智利主持 1995 年 1 月下旬或 2 月上旬在圣地亚哥召开的第三次工作组会议。

4. 芬兰提出在 1994 年 11 月召开泛欧圆桌会议，赫尔辛基草案第二轮专家会议 1 月在土耳其召开。

智利代表，林业研究所环境部主任 Alfredo Unda 因 1995 年年初的工作组会议拟扩大讨论听取意见，已向中国代表表示将提供一切费用正式邀请与会。

我在上述讨论过程中曾有数次发言，其内容计有：表示感谢邀请，赞同导言中注意到各国情况的不同，各国应可参照国际性文件制订符合各国实际情况的标准与指标，表示中国将考虑草拟自己的标准与指标；对"森林类型"定义的笼统性、生物量只提总量、质量而未提及输出量，增补林地向非林地的转移率，或非林地向林地的转移率；提出某些指标监测如生物量、碳循环等在技术上的难度，犹如要设置专门课题那样去测量采集数据，某些指标的可操作性和现实性较差，会议主席在总结内有些已采纳或以相似语义写入，有些记录在案供参考，对技术难度表示今后将可能举办培训班和解决技术设施等，有待研究解决。

4　对会议的分析与建议

（1）由于世界温带及北方森林的持续经营问题十分重要，是世界环发大会对"21世纪议程"和"对森林问题的原则声明"的直接反响，虽然制定评价标准和指标仅仅是十分前期的工作，离实施距离遥远，但一些国家对采取对此问题表现的姿态和实际导向作用，比对实际问题本身有了明显的兴趣。由于这次草案比蒙得利尔草案有较大不同（标准及指标都较少简明），但因是美国修改提出，会议上工作组核心国代表接连不断的发言、批评、建议，甚至责问为何不列入某指标等等，美国则以美国代表发言形式予以解释和反驳。非核心国家却很少发言。此后远将由日本、加拿大、智利轮流主持修改。今后会形成什么形式的成果，约束力范围和影响有多大，此次活动会促进形成什么样的集团（即使是松散的），日本和新西兰代表在我们私下交流时都认为尚不明朗，实际将走着瞧。

（2）这次会议反映对中国地位重视，如 6 日晚专门邀请中国代表，以及中国代表举牌发言时，副主席都要提醒主席，而对其他代表要求发言，则通常由主席自己见到后指

定观察，从不提醒会下，许多代表询问中国是否有意召开类似国际研讨会。对于中国表示要草拟适合自己国家的森林保护与持续经营的标准和指标文件，会议十分重视，主席在总结发言中专门提到了这一点。

芬兰代表，农林部林业政策司司长 Pekka Patosaori 与我谈起徐有芳部长访芬的情景，杨禹畴司长在赫尔辛基会议上友好交往，希望中芬先有一个双边性的讨论，望我转达此意，并代致意问候徐部长、杨司长。

日本代表，林野厅指导部计划课监查官川喜多进托我询问杨司长哪两位将出席11月在东京的 ITTC 会议和本工作组会议。

（3）在会上我收集到俄罗斯、日本、加拿大、丹麦、新西兰等国对森林持续经营的标准与指标、有关对策等文本，如有德里、赫尔辛基、蒙特利尔方案文本，以及 FAO，ITTO 和美国绿色和平组织的有关建议和意见，收获颇丰。我深感会前林业部关于结合编写"中国 21 世纪议程林业行动计划"把森林的可持续经营的标准和指标一并写出，并于 1994 能完稿的决策是及时的，这样将有一个可供国际对话和协议行动的基础，有利今后参与此项国际活动，如 1995 年土耳其召开的赫尔辛基文本的第二次泛欧圆桌会议和其他国际会议等。

（4）由于各国在此一系列会议中代表基本是固定的，我部可否也考虑有关会议代表的稳定性。

报告当否，请指示。

关于参加东京召开的"温带及北方森林的保护和可持续经营"第5次国际对话会议的报告†

林业部国际合作司：

郑瑞（林业部国际合作司国际处）、蒋有绪（中国林科院森林生态环境所）受林业部派遣参加了 1994 年 11 月 17～19 日在日本东京召开的"温带北方森林的保护和可持续经营"起草修改有关标准和指标（即蒙得利尔 process）第五次会议，现将会议情况报告如下。

1 会 议 简 况

本次会议是继 1994 年 6 月日内瓦、7 月新德里、9 月奥林匹亚、10 月渥太华 4 次会议以后的第 5 次会议，与会国家 19 个，国际组织 4 个，日本林业组织 2 个，代表 51 人。会议目的是以 1993 年 9 月蒙得利尔欧安会关于"温带及北方森林保护与可持续经营"标准和指标文稿为基础，进入最后讨论修改，以便于向 1995 年 3 月部长级会议及 4 月联合国持续发展委员会会议（UNCSD）提出文本。这是由美国、加拿大、俄罗斯、日本、智利、澳大利亚、芬兰、德国等创议于 1994 年 6 月成立起草互作组进行的一项国际协议性活动。

会议由日本国农林省林业厅组织，在东京麻布绿色会馆召开，会议主席由加拿大林务局特别顾问 J. S. Maini 博士担任。讨论时间为 11 月 17～18 日，19 日去高尾山国家森林公园参观。

会议开幕式由日本国林业厅副厅长 Isao Takahashi 致开幕词 IMaini 博士首先致词回顾本文稿起草过程及背景，明确指出工作组在原创议国基础上又增加了中国和韩国等国家。随后，会议逐节讨论了文稿的导言、定义、标准 1～7 及其指标。

2 会议成果及中国代表的作用

会议讨论修改的要点如下。

1. 导言部分　按奥林匹亚会议意见，对导言已取得共识，未着重讨论修改。

2. 定义部分　文稿定义了"标准""监测""森林类型""生态系统"5 个词目。对于最重要的词目"可持续经营"文稿未予定义，或给以任何涵义，中国代表提出了要求，指出尽管难以定义，应努力给出一个初步的涵义，便于今后完善，主要起草国美国

† 蒋有绪，1994 年。

仍表示难度大，一时难以定义，但 ITTO、加纳、马来西亚等代表都表示支持中国的意见。对"森林类型"定义，韩国表示了其笼统性（这点中国代表曾在奥林匹亚指出）其概念在各国均不相同，难以操作。

3. 标准及指标

（1）对生态系统多样性：中国代表指出对文稿所描达的生态系统多样性，实际上是生态系统的复杂性，多样性应首先提出生态系统类型清单，按森林类型统计面积、百分比，波兰代表支持这个意见。对于文稿中保护区分类按 IUCN 分类标准，补充了可按其他标准，这点我国是支持的，因为我国的保护区也不是按 IUCN，而是按自己的分类。

（2）对森林生态系统保护生产力，强调了可产木材的净森林面积和活立木蓄积量等，反映了回归对木材生产重视的观点。

（3）对保护与保持土壤和水分资源，根据中国代表意见增加了由于森林作用对森林集水区长期、短期径流量和径流时间的内容；有关计量单位只采用公制。

（4）对保持森林对全球碳循环的贡献，根据中国代表意见，因有些国家目前在技术上难以做到的原因，把"当前应提供数据（a）"改为也可在"以后提供"（a 或 b）。

（5）对社会需要的森林长期多功能的社会经济利益的保持与鼓励，在投资量方面增加了对造林的投入和采用改良技术的投入，这反映了发展中国家的特点。

（6）对促进有利于可持续经营的法规、机构和经济框架方面，各项指标都予以简化。加纳代表提出提供公众参与政策制定的机会时，应同时补充参与林业决策的机会，在起草国美国未采纳后，中国代表作了解释，认为政策制定与林业活动的决策是两个层次，政策制定基本上是政府部门的事，而公众参与决策的机会是更多的，应予补充，于是会议采纳了此建议。会议后期召开了工作组国家的会议，参加国有澳大利亚、加拿大、智利、中国、日本、墨西哥、新西兰、韩国、俄罗斯、美国提出一个非正式协商（Nonpaper），内容重申国际建立此标准与指标对世界温带和北方森林保护和可持续经营的重要意义和价值；提请应用此标准和指标时要考虑国家间在森林条件、造林类型、土地所有制、人口、经济发展、科学技术水平、社会和政治体制上的巨大差别；工作组国家将同意将此非法规约束性的标准和指标提交政策制定者参用，以保护和可持续经营各自国家的森林；并鼓励其他拥有温带及北方森林的国家考虑；注意到这些标准和指标有适应于有用的新技术和科学信息资料和增强监测能力的需求；请求智利政府把此声明与定稿文件提交联合国持续发展委员定于 1995 年 4 月在纽约召开的第三次会议。

3 对会议的分析与建议

（1）会议的最终成果在技术上将是有限的，实际上其文本并不能完全建立林业可持续经营的标准与指标体系，而是提出在哪些方面考虑标准与指标，尚未涉及具体的指标参数，不少指标内容在技术上还难以操作，仅仅指出需要有这方面的指标，对于社会、经济方面的标准和指标，都以定性为主。从内容上看，各标准、指标内容均无政治性和约束性、限制性因素，因此会议的最终成果，即蒙得利尔 Process 的最后文本和工作组国家的协议，从原则上是可以接受的，这点请于审定，便于今后参与智利会议文本定稿和有关活动。

（2）会议表明中国作为有影响大国是受到尊敬的，两位代表正好出席过这一主题的有关会议，熟人见面，关系融洽，中国代表的意见受到认真地听取和采纳。闭幕式上郑瑞受与会国委托，代表所有代表向东道国、主席工作人员表示感谢，由于英语流利和热情洋溢的致谢词，受到热烈的鼓掌欢迎。

（3）会议发言较集中于部分国家与组织，其原因在于本文稿最终成果形式并不具有约束力，而且同时有类似文件在并行产出之中（如 ITTO，赫尔辛基文本），因此，一些国家不积极发言，而以获得信息为主的态度也是可以理解的。

（4）中国正在以中国 21 世纪议程林业行动计划为主体起草我国的森林可持续经营的标准与指标，文本的最终形式可以很好地反映中国国情和特点，而且可以在指标体系上更完善些，指标更具体些，操作性更强些，超出国际文本的程度，使国际上也可以从中国文本得到可以学习的东西，使国际交流成为真正双向的。

（5）中国这次派出代表组成形式是可取的，即国际合作官员与专业科学家结合是一个好形式，两者在政策性掌握上、专业与技术的理解上、外语表达水平上可以相互补充而使代表团作用发挥得更理想。第 6 次智利会议文本将最终定稿，且有外事性协议，这种代表组成形式仍可采用，对今后专业性、政策性结合的会议，也可以参考运用。

与会中国代表

郑瑞

林业部国际合作司国际处

蒋有绪

中国林科院森林生态环境所

1994 年 11 月 28 日

关于参加在印尼召开的"科学、森林和可持续性" 政策对话的国际会议的报告†

林业部国际合作司：

1994 年 12 月 10～16 日林业部国际合作司应国际林业研究中心（CIFOR）和印尼政府邀请，派我参加了由他们主持的"科学、森林和可持续性"政策对话的国际会议，实际是"在世界可持续发展新形势下的林业科学研究政策"国际研讨会，会议产生了一个文件稿和声明，其定稿的文件和声明将送交 1995 年 1 月 FAO 的林业部长会议和 4 月联合国持续发展委员会议（UNCSD），以促进国际的林业科学研究的发展。现将会议情况报告如下。

1 会议简况

会议由 CIFOR 和印尼政府主持，基本上是 CIFOR 负责学术，印尼政府（由林业部出面）资助并提供会议条件。

会议参加代表 69 人，涉及国家有马来西亚、印尼、印度、荷兰、加纳、英国、加蓬、巴西、墨西哥、美国、法国、加拿大、德国、津巴布韦、意大利、智利、瓦亚那、丹麦、喀麦隆、奥地利、肯尼亚、芬兰、泰国、俄罗斯、韩国、象牙海岸、中国等 27 国，包括了除大洋洲以外各大洲的不少发达国家和发展中国家，国际组织有 ITTO、FAO、国际绿色和平组织等代表。代表们具有不同的背景，如林学、生态学、环境、经济、信息等不同学科从事科学研究和教学的科学家，林业及环境部门的技术专家与政策、贸易和管理方面的官员等，这是会议邀请代表时特意安排的，旨在从各个不同国家、不同角度反映对林业科学研究的要求，使会议在"思想库"的基础上分析提出世界林业科学研究战略。

会议是由巴厘岛集中，登上客轮在轮船上召开，轮船在爪哇海域（爪哇岛与加里曼丹岛之间）航行，沿途参观了原始森林、采伐作业，木材加工企业等。

2 会议内容与过程

这次会议的方法是有特色的，会议只提供两个背景报告和会议讨论提纲，不事先提出文件草稿。会议按提纲分别采用大会、小会（工作组，一般分为 4 个不同专题的组）形式，自由发言，由起草委员成员记录整理成文，一般白天、晚上讨论，第二天清晨即

---

† 蒋有绪，1994 年 12 月 28 日。

可收到每段成文草稿,再经讨论修改(甚至有很大变动),这样,经 5 日,即逐段完成整个会议文件稿。

会议分段讨论提纲及专题小组如下。

1. 21 世纪的林业

(1)土地、人口和食物危机

(2)全球性贸易

(3)能源和森林退化

(4)发展的经济

2. 对森林正在变化的期望值

(1)社会、文化期望值(包括土著人民和地方社区)

(2)工业期望值

(3)环境期望值

(4)政府政策的干预

3. 研究过程的投资者

(1)研究与森林社团的联结

(2)全球性协调平衡——国家间与国家内

(3)世代间协调平衡

(4)新伙伴:不同部门利益的协调平衡

4. 在变化和复杂世界中的森林研究

(1)标准、指标和监测

(2)其他国际科学行动的经验

(3)适应和向前看的科学研究

(4)信息管理和知识产权

5. 促进森林研究的机制

(1)如何把科学研究日程置于政策水平上

(2)如何取得学科间的合作

(3)如何改善科研人员与受益者的联系

(4)如何促进全球性合作

我除全体会议外,根据个人背景特点,还先后参加了能源与森林退化、环境对森林的期望、政府政策的干预、学科间合作、全球性合作等工作组讨论。

3 会 议 成 果

经 5 天讨论,形成会议文件

题目:森林研究——通向(全球)可持续发展的道路。主要内容如下。

1. 挑战

本段主要阐述了森林在地方、国家、国际水平上对人类需求起着无可比拟的作用,保护着地方和全球的环境,是全球持续发展的基本要素;世界正在迅速变化,带来许多后果，增加了人口压力，以及消费方式等其他人类影响，给森林带来了压力，其结果是森林面积和质量下降。面积越来越小的森林将在下一世纪一倍人口情况下提供产品和服务的需要，若不采取措施，森林和环境的衰退是可预见的，生物多样性将丧失，生命保障系统将更加受到威胁，可持续发展将受到影响。

对森林研究也随之是一个严重挑战，要有意识采取措施，要个体、社区、地方、林业部门、非政府团体组织，以及政府一起努力，使森林研究适应这一形势。为持续发展、为下一代人利益，迫切需要森林研究提供更多更好的知识、信息。对森林研究必须扩大其范围，必须在整体途径上，提出森林的功能、价值、潜力来为全球森林可持续经营提供一个科学的基础。

2. 紧迫和优先的研究领域

—对所有森林的保护、可持续经营的标准、指标

—与全球环境的联系的研究，如气候变化、生物多样性、荒漠化等

—对森林生物多样性、环境服务和其价值等

—国际贸易

—森林价值化，如评价森林对国家持续发展贡献的评价方法，

包括生态、环境、经济、社会和文化方面的服务的价值

包括对其他部门，如农业、能源和城市化的贡献

—社团的参与

—森林保护

3. 战略对策

阐述要注意研究方法的更加综合性，联系社会、经济系统来理解树木、森林生态系统、采伐、森林退化等问题。

—综合自然和社会经济研究，在一个大范围网络基础上理解人类发展与森林的关系。

—引导在国家水平上的定期评估森林生态系统，以及国家、国际的信息交流

—考察对森林面积、森林商品和服务相关的供求趋势，协调平衡策略

—政策和体制对支持可持续发展的贡献

会议还草拟了与会个人赞同并将此报告提交 FAO、1995 年 1 月罗马召开的林业部长会议和 4 月 USCSD 会议的声明会议。

在报告中插入两个"说明区"（box），一是（box1）表述已有国际组织关于森林可持续发展的行动；二是（box2）以范例说明森林研究对可持续发展的贡献。中国提供了三北防护林体系是建立在林业科学研究成果基础上的范例。

4　建　　议

（1）会议文件集中了世界上的关于森林研究与可持续发展关系的最新的思想、观点，并由此提出的世界森林研究策略，将会对世界各国推动林业科学研究，使林业对社会可持续发展做出应有贡献而产生影响。建议在文件定稿寄来后，由中国林科院信息所负责

译印，交林业部领导研究。在罗马林业部部长会议、UNSCD 会议原则采纳后，再由林业部以适宜方式提供各级林业科研决策部门和人员参考应用。

（2）此行动后，有关国际组织将会在林业科学研究的申请项目、培训、能力建设上有一系列活动，林业部应不失时机支持各单位积极参加，取得国际经费和技术的帮助。

Report to SPDC IUFRO—Report on My Attendance at Global to Local，Ecological Land Classification Conference Held in Thunder Bay Canada[†]

As Co-leader of P1.07-00 IUFRO，I have been invited by Richard Sims of Canadian Forest Service and S1.02-06 IUFR0 and supported financially by Brain Payne，Coordinator of SPDC IUFRO to attending the Conference on "Global to local，ecological land classification (ELC)"co-sponsored by Natural Resources Canada，Ministry of Natural Resources as well as IUFRO S1.02-06 which held in Thunder Bay，Canada，August 17-19 with a post-meeting field trio in August 20，1994.

The Conference proved to be a very successful gathering. Nearly 200 participants including post-graduate students from North American and European countries，only a few from Japan and China. The conference consisted of 14 session topics and 2 sessions of poster concerning global case studies：developing national ELCs，validating/testing databases for integrative ELC mapping；local case studies：applying ecological site classification for resource management；disturbed forest ecosystems within an ELC framework；soil moisture relations and forests at the ecosite level；developing and using ecological database；ELCs and forest fire ecology；spatial patterns and the development of ELCs；GIS and remote sensing technologies to identify，evaluate and map ELC units. My poster presentation is on title of "A practice of using Naturality and Management Intensivity Indexes [NI and MII] for forest management in a mountain area of China". The field trip in August 19 has demonstrated the-ecological study at Rinker Lake Research Region studying by a comprehensive research project group consisted of CFS，OMER，University of Toronto and so on. The post-conference field tour has shown the boreal mixedwood ecosystem research in Black Stugeon Forest.

The keynotes，most of oral and poster presentations emphasized the new direction of forest and site management i.e. the ecological management on ecosystem level for sustainable development of forests and lands which involved a series of technical process，such as ecological classification of forest area，forest site，vegetation cover，soil，new technology of mapping and modelling for such purpose，and also theoretical concepts and principles of the eco-management. All of these presentations interested me very much by reason of that the eco-management is at an early stage in the world aria still mainly a reasoning and theoretical discussion and only there are some practical studies on small scale in China，so there are challenges to push the ecological management of forest ecosystems foreword in China and

---

† Jiang Youxu，1994.

firstly to scaling up such experimental researches to regional level. The very difficult work in China will be to build a systematical classification of forest land for eco-management for whole China because of the territory of China is so large with very high diversity on geo-bio-climate，but that is worth to start it for which we could learn a lot from the Conference.

The demonstration of methods for collection of detailed forest ecosystem classification （FAC）—based ground truth information involved climate，soil，vegetation，nutrient/moisture vegetational themes，hydrology and other digitized spatial databases for mapping and modelling on. a hierarchical ecosystem framework from ecozone，ecoregion，ecostrict，ecosection and finer units are quite new for Chinese researchers. All of them has attracted me very much. I think that is just a special benefit for me from the meeting.

It is also valuable to making new friends and colleagues during the conference.

Report with appendix of my paper contributed to conference.

Jiang Youxu

Professor,

Co-leader of P1.07-00 IUFRO

The Chinese Academy of Forestry

100091 Beijing China

关于第 6 次国际"温带及北方森林的保护和可持续经营"会议和形成"蒙得利尔行动"文件和"圣地亚哥宣言"成果情况的报告[†]

林业部国际合作司：

中国作为成员国参加 10 个国家（即美国、日本、加拿大、智利、中国、俄罗斯、韩国、墨西哥、新西兰、澳大利亚）对世界"温带及北方森林保护和可持续经营的标准和指标"文件起草及修改的第六次会议于 1995 年 2 月 2～3 日在智利圣地亚哥召开，完成了国际上称为"蒙得利尔行动（Montreal Initiative）或蒙得利尔过程（Montreal Process）"的第一阶段成果，即该文件等已定稿，并拟发表 10 国的"圣地亚哥宣言"。这是国际上继"世界 21 世纪议程"和"森林原则声明"后，旨在保护和可持续发展温带及北方森林的重大行动。该文件和声明将分别提交 1995 年 3 月 16～17 日在罗马召开的联合国粮农组织的林业部长会议和 4 月 17～28 日在纽约召开的联合国可持续发展委员会（UNCED）。

我作为林业部派遣代表，继续参加了该文件的第六次会议，现将会议情况及会议成果报告如下。

1 会 议 简 况

本次会议和前几次会议一样，除 10 个参加国外，还有其他国家、国际组织派出观察员列席讨论交流，他们有阿根廷、巴西、乌拉圭、马来西亚、芬兰、FAO 等。会议讨论 2 天（2～3 日），会后去智利南部参加山地天然林和南山毛榉、花旗松、辐射松造林、沙丘治理等林业情况。

2 会 议 成 果

1. 对世界"温带及北方森林的可持续经营的标准和指标"形成最终文本（见中译本）。

1.1

与第 5 次东京会议的文本稿无重大改动，但把"社会标准及指标"单独划出列为第四节。考虑到社会性标准及指标不同于资源、生态环境、经营等可具体定量化的内容，社会标准只宜定性化，而且由于各国的经济和组织体制情况有很大差别，只可作为有弹

---

† 蒋有绪，1995 年 2 月 23 日。

性的和后期可能性的标准来考虑，因此，单独立为一节以示区别，也表示其重要性。

1.2

把原来对各指标的可操作的现实性分为 3 级（即当前即可提供的、近期可提供的和将来可提供的 a、b、c 三级）改为 2 级（即：a. 现在即有数据可应用；b. 需要一些新的补充数据，或需要一种新的系统取样或基础研究方能取得的数据）。

2. 提出"圣地亚哥宣言"（见中译文）

在原草稿基础上最终定稿了此声明，该声明将委托智利政府代表 10 个国家向 FAO 林业部长会议和 UNCED 会议呈交，这是国际上对世界可持续发展的一个重要行动。由于声明英文采用了 10 个国"政府"的用词，因墨西哥的具体政府近日内因政局会发生变更，新西兰因林业管理权限涉及若干部门，需要确定的政府认定程序，这两国的最后认定将在稍后确定，此点在声明最后作了说明，但争取文件呈交两个会议前能被两国认可而删除此说明。

3　蒙得利尔文件和圣地亚哥宣言的意义

可持续森林经营作为世界可持续发展的重要支柱作用已为国际和各国政府的所认识。在里约环发大会后，为实现可持续的森林经营目标，一些国际组织、国家集团分别开始了行动，作为第一个重要步骤，即研制可持续森林经营的标准和指标，如国际热带木材组织 ITTO，只对热带森林的文本；欧洲联盟的赫尔辛基行动（针对欧洲国家集团，具有法规约束性质），而 10 国的蒙得利尔行动则是针对北方及温带森林（含亚高山森林，占世界森林的 60%），是几个行动中影响和分量最大的，由于它的非法规性，还会吸收一些国家参与。中国作为北方及温带森林的大国的参加，是对世界森林可持续发展积极关注除制定中国 21 世纪林业行动计划外的又一重大举措。

4　建　　议

1. 鉴于中文为联合国官方文字，应将声明及蒙得利尔行动关于温带及北方森林可持续经营的标准及指标译印成中文本。在 1995 年 3 月 FAO 林业部长会议及 4 月 UNCED 会议的呈文仪式上有一定数量中文本的出现。

2. 鉴于蒙得利尔行动下一步将涉及一系列活动，如各类示范林的建立、对具体标准与指标的进一步研究其测量技术、手段、人员培训，监测网络的交流，国际基金的筹措等，都有利于我国 21 世纪林业行动的实施。我国在林业部领导下，应有一个相应的综合学科班子予以合作，考虑到下一步仍主要属研究探讨性质，中国林科院新成立的多学科的可持续森林发展研究中心可能是一个适当的形式，随着行动发展再逐步转向监测实施的体系。

3. 林业部考虑有一定的经费（含科研经费）以适应我国开展此项活动的实际需要和即将来到的国际上的关于森林可持续经营的研究，实施开展合作活动的需要。

关于在罗马参加 FAO 协调全球森林可持续经营行动的专家会议情况的报告†

由于我曾三次受林业部派遣参加 10 国关于温带及北方森林可持续经营的"蒙得利尔行动"的文件起草过程的系列会议，联合国粮农组织森林资源处经林业部同意邀请我参加了 1995 年 2 月 13～16 日在罗马 FAO 总部召开协调全球森林可持续经营行动的第一次专家会议，现将情况报告如下。

1　会　议　简　况

会议是由 FAO 与国际热带木材组织 ITTO 共同组织的，以 FAO 为主，ITTO 协助主持召开的。邀请参加会议的代表，是 FAO 根据国际上已开展森林可持续经营行动的国际组织、区域或主要代表性国家，以及尚未参与任何行动的代表性国家和其他若干国际组织代表，共有巴西、加拿大、中国、芬兰、法国、印尼、日本、肯尼亚、马来西亚、摩洛哥、俄国、英国、美国等国，和非洲木材组织（ATO）、国际林业研究中心（CIFOR）、联合国环境发展署（UNEP）、野生动物基金（WWF）等组织的代表。

会议选举了英国 Duncan Poore 为主席。会议的宗旨在于对目前国际上已开展的对森林可持续发展的各国际性行动拟进行协调，以更有利于全球森林可持续的发展。会上先提供了两个背景报告和一个今后活动的意见。背景报告论述和充分肯定了国际上已有的 ITTO（针对热带森林）、赫尔辛基行动（针对欧洲联盟国家）和有中国参加的蒙得列尔行动（针对温带及北方森林）几个主要的行动的贡献，但分析比较了各行动的文本后，主要提出以下论点。

1. 就各行动承担的森林类型（生态区）和区域国家情况看，只涉及了热带森林、北方和温带森林，对于干旱热带的疏林，林区外发展的林木或森林类型，尚未包括非洲、拉丁美洲（ITTO 成员国外）、地中海等区域国家也尚未包括。因此难以形成对全球森林的可持续发展有全面的指导。

2. 分析了各行动拟定的可持续经营的标准与指标，有极大的差异，除森林特征和区域特征的原因外，主要在指导思想，认识水准上各行动尚有差距。如 ITTO 重点在木材生产的可持续性上，赫尔辛基行动重点在资源管理上，而蒙得利尔行动则从森林是生态系统观点出发，对生态、环境有所重视，而且对社会、经济体制等方面也提出了标准、指标。各行动间在保持其特点外尚有互相吸收经验予以补充之处。

---

† 蒋有绪，1995 年 2 月 24 日。

3. 应有一个对全球的可持续发展的指导与评价的标准，FAO 当有此责任协调促进此事，并开展相应的活动。

2　会　议　成　果

1. 会议代表一致公认 FAO 对全球森林可持续经营进行协调、指导的地位。ITTO 则表示其工作范畴仍限于热带国家。为推动全球活动的协调发展，FAO 将与 ITTO、UNEP、WWF、CIFOR、IUCN、UNDP 等国际组织合作，这些组织的代表表示了支持，和阐述了自己的意见。

2. 鉴于已有各国际行动都有自己的一定地理区域或森林类型范围，自然社会经济特点也有很大差异，实际上很难协调，用协调（harmonization）似难以表达此项工作的性质，会议通过采用了协同（convengence）以补充其意。

3. 对于全球行动的协同发展，将重点放在全球或国际水平上，形成全球性的"标准"框架，对于"指标"则不统一考虑。全球性活动将重点放在信息交流网络，资源数据共享，建立论坛等促进活动，对各国际行动的实施则属各自范围。

4. 全球协同活动将补充所缺生态区和未参与国家。

5. FAO 主持的全球协同行动将继续进行，1996 年将组织一次评议总结森林可持续经营的标准与指标的国际会议以配合 1997 年第 5 次 UNCSD 会议。

6. 本次会议将形成报告，提交 1995 年 3 月 FAO 林业部长会议和 4 月 UNCED 会议（报告最终文本将于近日内传真至代表）。

3　建　　　议

1. 请林业部继续积极参与全球性协同行动。

2. 林业部立项研制论证我国森林可持续经营的标准与指标体系，1996 年联合国可持续发展会议上可提供我国的文本成果。

京津地区需要一个生态安全保障体系[†]

今年入汛以来，长江、嫩江和松花江流域发生了特大洪水灾害，受灾土地 3.18 亿亩，直接经济损失 1666 亿元，对我国社会经济和人民生活的全面经济损失难以评估。对这次灾害的最根本反思是什么？应当说，我们对于国土的生态安全问题一直缺乏清醒认识。事实上，生态灾害的历史教训是很多的。

我国国土辽阔，自然地理条件复杂，虽然有其得天独厚的优越性，但也有其严酷、脆弱和多灾的一面。历史上有记载的数次长江百年一遇的洪水泛滥和黄河数次改道固然有其自然地理的根本因素，但我国人类活动历史悠久，人对自然长期不适当的干预，更加重了生态灾难的广泛性、频繁性和严重性。而且已经构成长期的潜伏性灾难威胁。西南高山地区森林的过度采伐和破坏，使金沙江、南盘江、红河、澜沧江、怒江的年平均输沙量成倍增长；长江中下游湖泊淤涸和围垦使泄洪能力减弱；东北林区的森林减少使松花江上游平均侵蚀模数达 4432t/（hm²·a），使河床抬高，都是今年洪水肆虐的人为活动加剧灾害的重大因素。黄河流域水土流失面积达 45 万 km²，平均土壤侵蚀模数达 6821t/（hm²·a），水库淤积，河床加高，下游河道每年增高 5～10cm，黄河已成悬河，威胁着郑州以下的黄河平原和豫北、鲁西平原的安全。我们不禁要问：我们的国土生态上是否安全？我国人民在经济繁荣发展的今天是否可以认为高枕无忧和可以从此安居乐业了？

回答上述问题的答案是：否！我国国土生态并不安全，若不及早认识，及早根本治理，人民仍难免有祸于旦夕之虞，这并非耸人听闻之言，而是我国人民正面临的事实。

关于我国的生态脆弱性，姑且不论高踞世界屋脊的广袤寒漠、横亘西北的戈壁荒漠，就仅我国人口集中居住和进行社会生产活动基本区域来说，生态脆弱性也一目了然：东北地区热量不足，年际变动大，农业生产受低温寒流为害大；华南华东区沿海台风为害，霜冻、干热风、连阴雨、寒露风等危害农业甚然；长江下游、淮河流域地势低洼，排洪不畅，西北区干旱为生态变化突出因子，土壤普遍贫瘠，草原极易沙化，黄土高原土质疏松，蓄水性差，土壤侵蚀严重；西南区多崇山峻岭，径流落差大，极易发生泥石流，等等。那么，华北地区以京津地区而言，生态脆弱又在哪里，这里的生态难道安全吗？作为国家首都所在地区就可以乐观了吗？

回答上述问题的答案也是：否！京津地区生态上安全也并无保障。

华北地区降水变化率大，植被稀少，洪旱交替，非旱即涝，非涝即旱，地下水资源十分匮乏，地面天然水体也已萎缩殆尽，京区环境污染十分严重，大气质量已常为 3、4 级。从自然地理因素看，寒流自西伯利亚，越过大兴安岭、蒙古高原，沿东北平原、直奔华北平原；京津区邻近黄土高原，风沙东移下沉，大气飘尘率无啻西北干旱区城镇。

---

† 蒋有绪，本文应 1998 年国家绿化委、国家林业局，京津地区绿化工程项目论证会议邀请所作的发言。

华北区由于是元明清国都所在,人文经济活动和战火连绵,华北石质山地区已几乎天然林荡然无存。七十年代报导"风沙紧逼北京城"已经向人们发出了警号。以后虽经京津两市和邻近河北省在绿化造林上做了大量工作,并初步实施了阶段性的京津区绿化工程,但由于工程尚不完善,又临近期周边草原过渡开垦、放牧,黄土高原强度的农业垦殖,荒漠化面积还在扩展,绿化工程效益难以充分显示效益,风沙为害再趋严重。加之,首都建设发展迅猛,工厂三废及汽车尾气污染严重,城区用水不堪负荷,地下水位下降,水资源匮缺将成为首都生存发展的一大忧患。北京作为首都和国际大都市,应为我国和世界的生态环境首善地区,但实际上其生态环境已不容乐观。城市环境已列为世界倒数10大城市之一,难道这种生态状况还要等待发展到像曼谷一度污染得满街口罩,或像担心上海城市下沉之虞,或水资源已不敷生存,逼得考虑迁都的地步?

可以说,京津地区的生态安全也同样得不到保障,和全国宏观情况一样,也同样需要一个健全的生态安全保障体系。

许多科学研究的证明以及许多国家、许多地区,或者许多发达国家的大城市的经验表明,造林绿化是保护国土生态安全和建设美好生态环境,消除生态脆弱性,减少和防止生态灾害的重要途径,也可以说是根本途径。从全国宏观战略上看,造林绿化的涵养水源、控制水土流失,调节地方气候,保障农牧业生产是重要的,不可替代的生态环境建设工程,在全国已有12项林业生态建设工程项目基础上再补充若干工程将基本构成我国的国土生态安全保障体系。从华北地区京津地区的生态现实脆弱性和潜在的生态灾难看,造林绿化也同样是十分重要和不可替代的生态环境建设工程。它在阻滞飘尘、防风固土、涵养水源、净化空气、调节湿度、改善地方气候、美化环境等方面的功能切中京津地区的生态弊端而会发挥显著作用。这样的生态环境建设工程必须有目的、有目标、有计划和有良好的整体设计和优质施工的全过程来保证,不可草率敷衍,也不可粗糙图快,更不可半途而废和只建造不管护使之前功尽弃。

对于京津地区必须保证首都生态安全和优美环境的生态建设工程,政府应当有较大的投入。建设项目的投入应当是多渠道的,但对北京、天津两个大城市来说,尤其是北京市,作为首都,应当把这项工程当做自己的事业对待,承担一定职责。从北京市目前环境污染状况和生态上的主要问题看,北京市对生态环境问题的策略应当是环境保护和生态建设并举。环境保护是指环境污染治理,是治理急症;而生态建设则是造林绿化建设工程,是解除生态隐患和建设优美生态环境的根本治理,根治就是要有决心,有耐心,年年下工夫,舍得较大投入,有计划,有步骤去完成这个建设大业,为首都提供世界一流的生活、经济环境。

略论 21 世纪的我国林业变革构思[†]

（摘要）

21 世纪我国林业将面临一个全面的深层次的变革。如果说，20 世纪已完成了世界范围的林业内涵的变革，即将林业的社会任务由世纪初的林产品功能推向了世纪末的以生态环境功能为主体的生态环境和物质生产的双重功能。林业内涵的变革加之我国正面临的由传统计划经济向市场经济转变的社会变革时期，无疑将激发我国在 21 世纪初开始的一场涉及经营体制、经营模式、运行机制、部门结构、产业结构、科学技术、政策法规和利益分配等一系列互相牵制，又互相推动的林业全面、广泛而又深层的变革，也许可以说会经历一场"脱胎换骨"阵痛的大变革。可以设想如下。

（1）我国已确立的林业生态体系和产业体系采取"分离管理"的原则和决策，产业体系逐步推向市场经济，而林业行政部门的职责则主要是保障维持和发挥自然保护和公益森林的功能，但同时也负责通过政府行为对产业体系的宏观政策调控。

（2）林业产业体系要真正做到产业化，由粗放数量型增长向集约效益型转变，逐步改变产业技术落后，回收慢，收益低，以原材料层面为主而利益外流，个体和集体林农无能力承担市场经济下的经营风险，而国有林区企业职工又缺乏参与企业经营决策地位，以及林区毫无吸引投资魅力的弱质性、滞呆型产业形象。

（3）为解决小生产与大市场的尖锐矛盾，南方集体林区可考虑"企业加林农"和"企业带林农"的模式，实行产、加、销一体化。以龙头产品为带动的企业可以是各种所有制的（国营的、集体的、合资的、外企独资的等等），具有土地使用权的林农个人和集体可以以土地使用权入股，林地构成企业种植基地，林农按文化技术水平吸收为企业合同聘用的职工，从事种植、经营、加工、销售等各环节经营，形成利益共享的收入分配机制；或是林农集体和个人的种植业，管护经营业经中介进入产、加、销一体化，即与企业挂钩、由企业带动林农，林农产品由合同方式提供企业，构成完整的产、加、销一体化运作体系。

（4）国有林区产业体系利用原有资产权属和资源优势，以国有控股的股份制公司进行产、加、销一体化经营，譬如黑龙江省林业产业成立林业产业的"托拉斯"，下有各分公司、子公司（原森工局基础，各类专业型公司）。资金可考虑吸引外来资本。考虑林区资源特点，适应发展林、农、牧、渔、副、矿、能源、职工等复合经营模式，各子公司优势互补，以短促长，以高效促低效，加之加工、运销、形成可以发挥整体优势的完整经济实体，就拓展专业内涵与外延，但以支柱产业带动，树立名牌意识，打入国际市场。公司企业与企间、企业与职工间的稳定的合同、契约、股份合作共事保证优势

[†] 蒋有绪。

互补和利益分配。林区广泛的专业化家庭生产收纳入此体系。国有林区要重视社会保障制度的尽早培育和完善。

（5）国家对于自然保护和公益林功能的管理，要通过财政拨款，部门、企业的林业生态补偿，社会公众资助，以及自然保护机构、林业生态工程管理机构的部分创收来予以资金保证，国家投入应是重要的和基本的。因此，由社会、国家公认的生态公益林的生态环境功能评价体系应迟早研制出台，验证并实施，收公益林的效益产值化，进入国民经济核算，社会及个人通过纳税体现对公益林业的义务，在政策运作上要保证国家财政对公益林业的投入。与企业、部门相关联的，特别是公益林直接受益者的生态补偿制也应尽早研制出台。

（6）加强林业产业科技的发展，以科技创新为先导，使新技术，新成果充分转化为生产力，渗入种植材料（良繁）、栽培经营、积极产品保鲜、贮存，和深加工等各个环节，使林业科技心可能为把林业产业形成为高产值、高效率、高效益的良性投资体系提供扎实的基础。

关于构筑敦煌自然文化遗产地生态经济区的建议[†]

实施西部大开发战略是一项复杂的系统工程，要有步骤、有重点地推进。位于大西北中部的河西走廊，自古就是连接我国东西部经济文化的走廊，地理位置独特，在大西北开发中的作用至关重要。位居大西北中央、河西走廊西端的敦煌，是温带开阔景观区首屈一指的自然-文化遗产地，也是牵动河西走廊经济网络的节点，充分利用该自然-文化遗产地的潜在优势，加速敦煌生态经济区建设，是区域发展中的当务之急。依托敦煌明显的地缘优势，把恢复绿洲生态环境、改善和重建工作与文化遗产地保护工作有机地结合起来，建设以生态文明为标志，以自然、文化遗产可持续保护与利用为目的，以旅游带动遗产保护为主线的生态经济区，构筑全新的生态经济模式，才是敦煌社会、经济发展的必由之路。只有搞好自然-文化遗产地生态经济建设，才能再创敦煌新世纪的辉煌，带动河西走廊其他区域的经济发展。

1 效 益 分 析

1. 树立中华生态文明形象。敦煌自然-文化遗产地生态经济区建设是一项形象工程，它的建设将以"天人合一"的中华生态文明观为指导思想，最终建成体现人与自然和谐共处，自然、文化遗产交相辉映，社会经济与环境建设同步发展的中华生态文明样板工程，其社会效益，无论怎样评价也不会过高。

2. 建立可持续发展的生态经济区。在以往的建设项目中，经济发展的同时，往往导致当地环境的巨大破坏，而且这种负面影响又是长期的、持续的和不断加强的，所以往往抵消经济效益或超过经济效益。构筑生态经济区，从设计之初就把经济发展和生态环境建设同步考虑，同步规划，同步实施，可以力争达到经济效益和环境效益的双丰收。

3. 树立西部大开发模板。干旱贫瘠的河西走廊最具有典型的西部社会经济特点，环境脆弱，经济落后，人口素质较低。构筑生态经济区必将为类似地区建立新的开发建设的模板，为当地树立合理开发、永续利用和持续发展的典范。坚定西北地区脱贫致富的信心，稳定社会秩序，把党和国家对西北地区人民的关怀和支持体现在行动上。

4. 创新发展模式，提高"造血"功能。构筑生态经济区的一个显著特点就是提高造血功能，依托敦煌丰富的自然文化遗产，建立国家公园，在保护动植物种质资源的同时开发旅游业，实现良性循环。其作用不仅在于发展经济，增加收入，更重要的是提高当地居民和旅游者的文化素质，提倡生态文明，实现物质和精神文明的新飞跃。

5. 保护当地珍贵的动植物资源。通过建立植物和动物国家公园，把当地最珍贵的生物资源以国家公园的形式保护下来，防止在西部开发过程中遭到进一步的破坏。这些动、

† 蒋有绪，李俊清，刘世荣，王建中，臧润国，2001，学会，（9）：11-12。

植物与敦煌石窟一样，是人类重要的遗产，它们是产生敦煌文化的物质基础和不可缺少的自然环境因素。保护这些动植物资源就是保护人类共同的遗产，也为当地居民进一步发展资源经济提供坚实的保障。

6. 改善生存条件，加强生态环境建设。植物和动物国家公园的建设必将改善敦煌地区局部生态环境，减少水土流失和风沙危害，尤其是减少对敦煌壁画的风蚀作用，从而有效地保护这一重要的文化遗产和艺术瑰宝。同时，敦煌当地环境的改善对吸引人才和投资提供了更多的机遇。

7. 提高公民的环保意识，加强环境教育。保护环境，教育先行，西部开发另一个重要方面就是要加强科技和教育，其中环境教育是不可或缺的重要内容。一个地区的发展离不开所依托的环境条件，而环境的改善需要全民族和全社会的共同努力。区域环境状况和当地公民的自然伦理观是环境保护和环境建设的保障。居民通过在国家公园参观旅游，亲身感触自然之美，从而激发对植物、动物和环境的爱的理念和行动。

8. 经济效益，年经济产值总和为 4675 万元，其中：荒漠植物国家公园 1050 万元，野生动物国家公园 1925 万元，特种经济动植物产业基地 1700 万元。

2　建设敦煌生态经济区的框架

1. 生态经济区建设。构筑敦煌生态经济区的基础是自然-文化遗产地资源，以丰富和独具特色的自然-文化遗产资源托起敦煌的旅游经济，支撑敦煌的自然-历史文化遗产资源的保护，实现教育、宣传和科研的多重目的。因此，自然和文化遗产资源的有机结合和合理开发利用是敦煌生态经济区建设的重点，是支持其他相关内容及其持续发展的基础。该背景平台构建的基本思路为，以经向分布的文化遗产地景点为平台的横轴，以纬向梯度递变的生物资源为平台的纵轴，共同构建平台支撑体系。具体布局为，敦煌生态经济区范围北达安西县"人与生物圈"保护区区界，南抵敦煌"南湖湿地水禽"保护区，东西界限各以敦煌的区界为限。在此范围内，将依据环境特征、文化遗产景点、交通、生产现状，选设各建设项目的具体位置。初步规划为，野生动物和荒漠植物国家公园位于柳园-敦煌-安西交通线的三角区内，西北地区经济动植物品种保存地将依据具体保护对象分设于整个经济地区内，资源动植物产业化基地设于农区绿洲。各项目将通过合理规划的交通路线相通，为参观旅游提供便利。

2. 敦煌荒漠植物园建设。荒漠植物国家公园建设除充分考虑自然植被的垂直与水平分布外，将模拟植物的自然种群配置和群落结构，展示西北干旱区特有的植物物种和景观面貌。植物种类应囊括西北干旱区植被群系的主要种类，尤其是典型荒漠植被的代表种、列为保护对象的种和具有较高观赏价值的植物种类。整个荒漠植物园将建成集观赏、物种保护和科研教学为一体的国家级物种天然基因库。

3. 敦煌野生动物园建设。野生动物国家公园将模拟物种的自然种群配置和群落结构，移入西北及北方开阔景观区的所有大中型有蹄类动物、具观赏价值的爬行类、鸟类和兽类物种。与植物园相似，也将建成观赏、物种保护和科研教学为一体的国家级物种天然基因库。

4. 土著经济动植物保护地建设。土著经济动植物品种保护地应力争囊括西北干旱区现有的，已处于淘汰过程的所有土著经济动植物品种，分门别类，分别保存一定的种群数量，以确保其遗传多样性不丢失。依据不同品种的生存要求，或置于绿洲，或放于荒漠，或存于动植物国家公园内。

5. 特种经济动植物产业化基地建设。遂选一批适于西北干旱区环境条件的动植物物种在敦煌农区绿洲建成产业化基地。其目的为，一是促使敦煌传统农业方式的转型；二则为西北干旱区绿洲提供示范性基地。该产业化基地也是科研、观光旅游和教育功能区的组成部分。

关于海南热带陆海生物资源保护和利用的对策建议†

　　海南是我国唯一的全热带陆海域省份，气候条件优越，拥有丰富的热带陆地海洋生物资源和生境多样性，是我国发展热带生物产业和研究热带生物资源的重要区域，也是引进国外热带生物物种和品种资源非常成功的区域，因而具有雄厚的以热带生物资源促进经济发展的物质基础和巨大的开发利用潜力。如何在热带生物资源合理保护和可持续利用的基础上将海南的生物资源优势转化为经济优势，尽早改变海南省"（生物）资源强省、经济弱省"的局面，是海南省经济发展和社会进步的重要前提和必由之路，也是海南省全面建设小康社会的重要保证。从国家考虑，在国际上把未来同人类生活和健康有密切关系的新药、新生物制品、新食品和新材料的开发寄希望于热带生物资源的今天，必须把热带生物资源的开发利用放在国家和海南科技和产业发展的重要战略高度来考虑。

1　海南热带生物资源及其保护开发现状

　　（1）海南热带生物资源极为丰富，本底情况仍不够清楚。新中国成立以来，海南省的热带经济林木、农作物、特种经济作物、药材、水果的种植开发都有极大发展，为国家经济建设做出了重要贡献。但开发规模和力度还不够。生物资源本底不清是影响海南省生物资源保护、开发和利用以及建设生态省、发展经济和改善环境的重要障碍。海南的生物资源调查基本上是在上世纪 50 年代作为广东省的辖区时进行的，其后，就再未做过较为详尽和全面的生物资源调查工作。

　　（2）海南陆海生物资源的利用，对全国做出了重要贡献，但开发潜力仍然巨大，前景不可估量。海南作为我国的热带陆海大省，也是我国引进世界热带经济作物的基地，其热带生物资源引进、种植和利用曾为国家和地方的经济建设、国土保护、国家安全以及全国人民生活水平的提高做出过重要贡献具体表现在：海南是我国热带种植业的重要基地；鱼、虾、贝、藻的近海养殖，特别是对虾的养殖，在我国已占有一定地位；海南广大的热带地区可提供丰富的南药和黎药资源；作为国内外热带旅游胜地的格局已初步形成；生物资源高新技术的开发已经起步。

2　存　在　问　题

　　（1）热带雨林虽已得到保护，但破坏事件仍屡有发生； 珍稀野生动物保护工作虽

　　† 本文为咨询建议摘要。中国科学院学部"海南热带生物资源的保护和可持续利用"咨询组。咨询考察组成员包括中国科学院院士：蒋有绪、卢永根、刘瑞玉、庞雄飞，中国工程院院士：冯宗炜，研究员：郭俊、黄良民、郭明昉、彭少麟、刘康德、肖日新，教授：郑学勤、黄勃、杨小波、黄俊生、刘明生，副研究员：线薇薇、陶建平、刘峰松，副教授：冯九焕、梁伟，业务主管：孙卫国。

中国科学院院刊，2004，19（3）：174-176。

有一定进步，但总体状况不容乐观；因旅游业等经济活动的加剧，资源保护面临新的挑战；自然环境保护和生物多样性保护需要更为积极的生态系统恢复，提高对其保护和恢复的成效性及整体性。海南是中国最大的热带林区，20世纪80年代后期以来，由于实施天然林保护工程，天然林开始向好的方向发展：截至1992年，全岛天然林面积增加到38.3万公顷，到1999年，天然林面积已增加到51.56万公顷，由于长期破坏的结果，海南岛森林虽然面积增加，但质量明显下降，生态功能减弱。对于海南的自然环境保护和野生珍稀濒危动植物的保护来说，虽已取得一定成绩，但由于忽略了保护最基本的途径在于自然生态系统的较全面的恢复，只局限在有限的自然保护区和有限的物种上，因此保护的成效和整体性不高。

（2）红树林和珊瑚礁等热带特有的海岸、海洋生态系统破坏严重，破坏趋势未减。过去50年海南岛红树林面积发生了巨大的变化，已由1953年的10 308公顷减少为2000年的4776.27公顷，减少了53.7%。由于围垦红树林造塘养殖海产品的趋势增加，仅1993～2000年，红树林面积就减少了9.2%，分布区也逐渐缩小。

长期以来，海南的珊瑚礁因烧石灰、制作工艺品、盖房和铺路等遭到不断挖炸，目前近岸珊瑚礁仅剩2.2万多公顷，岸礁长度480多公里，比1960年减少了一半多。珊瑚礁被大量破坏，已造成严重的生态后果。

（3）近海养殖导致环境污染加剧。近海捕捞过度，远洋捕捞能力不足，有待科学地调整海水养殖业的结构和海洋捕捞布局。大部分养殖存在许多环境问题，导致生态环境恶化和近海生态系统的退化，主要表现在：大量残饵和养殖动物的排泄物以及养殖生物的死亡污染了水体环境；无度使用药物污染了近海环境，使近海生态系统的稳定性和有关产业的持续发展受到影响；近海养殖为了追求高产，部分生物因子被强化，改变了生态系统的结构，使近海生态系统的稳定性受到影响。

从上世纪90年代初开始，南海区渔船基本上实现了机械化，吨位增加、功率匹配增大，但过度捕捞破坏了资源，渔业单位产量和总产下降，增船不增产，渔获物优质种类数量减少，小型化十分突出，幼鱼的比例增高，既降低了渔获质量，又破坏了资源。

（4）热带生物资源保护和开发的科技力量相对薄弱，科技投入严重不足。从全国范围来看，海南省的科技力量相对薄弱。一是科技队伍较弱，生命科学领域的专门人才严重缺乏；二是相关的理论研究和技术研究的单位太少，相关的人才培养机构少而且级别不高；三是科研经费严重不足。

3　对策和建议

鉴于海南省热带陆海生物资源的现状以及存在的问题，为加强海南省的可持续发展能力，促进海南省的经济发展和社会进步，建议国家尽快设立和启动"海南热带陆海生物资源保护和利用科技创新工程"计划。

"海南热带陆海生物资源保护和利用科技创新工程"计划。一方面要注重热带生物资源保护和利用的基础理论研究，同时也应为地方的经济建设和社会发展服务，力争研制并开发出具有自主知识产权、能形成产业并带动地方经济增长的高新技术项目，建立符合海南实际、具有地方特色、能充分利用海南热带生物资源并切实可行的经济社会发展模式，建立具有影响的示范基地和一定规模的示范区。通过市场经济机制，发展有特色的热带种植业、养殖业和高附加值的深加工业等热带生物产业体系。这个计划的主要任务如下。

3.1 基础研究和基础性工作

（1）生物多样性和生物资源本底调查。对海南省现有的热带陆海生物资源进行一次深入和全面的调查，并对生物资源的利用情况和环境改变情况进行回顾性评价，彻底摸清海南目前生物资源的种类、数量、分布以及利用现状和前景，编写和修订各类生物资源志书，为海南省今后科学地保护和利用热带陆海生物资源、发展经济提供全面科学的依据。

（2）做好海南以生物地理本底和规律为基础的热带陆海领域生物资源保护和可持续发展（即热带绿色和蓝色农业可持续发展）的科学规划。

（3）建立有特色的热带种质资源库。对生物种质资源的多样性进行调查和编目；在种质资源保护过程中强调热带特色；在种质资源的保存和保护过程中应注重多种形式和多种途径相结合的办法。因地因种区别对待；加大热带生物种质资源基础和应用研究的广度和深度，建立种质资源信息网络系统和监测系统。

（4）加大野生动植物资源的研究和保护力度，建立热带珍稀濒危野生动植物监测数据库。一方面注重加强对海南野生动植物的科学研究，使科研成果成为指导野生动植物保护和利用的依据；另外，应尽快建立热带珍稀濒危野生动植物监测数据库，为野生动植物的保护和可持续利用提供科学指导。

3.2 应用基础研究

（1）热带基因资源的挖掘和利用研究。海南拥有丰富的热带生物基因资源，目前在基因研究和发掘方面已有了初步的进展，在将来的发展过程中还需加大资金投入和技术投入，像关键项目集中攻关，对热带生物基因资源进行深入的挖掘和开发研究。可优先考虑部分有前期研究基础、应用价值高的基因和项目。

（2）热带农业、林业、渔业和医药等领域的高新技术研究。农业、林业、渔业、和医药等领域的高技术研究和高新技术成果转化是事关海南省经济发展的大事，要彻底扭转海南热带生物物质生产以原料产品和初级加工产品为主的局面。这些高新技术包括：热带优良动植物品种的培育和改良；农用生物制剂的研制和开发；热带蓝色农业（海洋养殖业）的开发以及新技术应用；热带典型药用植物活性筛查与药效物质基础研究，加强中药创新平台的建设；热带农业、林业、渔业和医药等领域的高新技术成果转化；新型能源生物的发掘及开发技术的研究。

（3）生态保育规划与技术。在生物资源普查、摸清本底的基础上，加强海南省生态保育规划和技术研究；加强相关法律法规的制定、健全和完善；加强自然保护区的建设，特别是对目前已经建立的自然保护区，根据具体情况进行扩建或相邻相近的保护区进行合并，加强生态走廊建设，提高自然保护区的面积和保护功能；加强专业人才培养，吸收国际国内生态保育的先进经验，提高生态保育水平。

3.3 示范基地建设

（1）建立海南热带生物资源特色产业示范基地，包括国家中药材（GAP）基地，热带近海生物养殖基地，热带水果花卉基地，热带特色蔬菜基地，生物高新科技基地等。

（2）建立生态保育和恢复示范基地，选择典型的热带陆地、滨海和海洋生态系统，进行生态保育和恢复的示范区建设，努力恢复原生物种组成的生物群落。

3.4 相关政策的研究和制定

主要研究和制定针对海南热带生物资源的保护和可持续利用以及生物产品贸易的法律、法规、政策、标准和社会经济发展行动指南。

鉴于海南省目前的经济发展水平较低，财政收入情况较为紧张，科技力量相对薄弱的实际情况，建议该工程项目的组织运作方式为国家财政专项拨款，国家发展和改革委员会与科技部立项，由中国科学院和海南省政府共同承担和组织实施。

努力建设我国森林生态环境长期监测体系[†]

今年的全国林业厅局长会议，提出"我国生态建设正处在治理与破坏相持的关键阶段"的判断，我认为这是十分正确的，也是十分及时的。

为了及时准确掌握"相持阶段"的森林资源变化情况，生态建设的进展，进而分析研究影响森林资源消长及生态建设的积极和消极因素，甚至具体分析哪个地区、哪个时段的变化情况，时刻做到心中有数，必须把林业系统的生态环境监测体系健全起来，全面地建立起来。

目前，我国森林生态环境长期监测站（即森林生态系统长期观测研究站），是具有较深度的功能监测分析能力的监测站，共有 23 个，其中属于林业系统的有 15 个站，属于中国科学院系统的有 8 个站。此外，林业系统还有随六大林业重点工程建设而设置的非长期固定的观测站。这些站是在工作若干年后，在工程建设结束后即撤除。因此，目前我国森林生态环境监测体系不够完善，数量不够，布局不均匀，水平参差较大，设施较落后（尤其是林业系统的）。

为了适应生态环境功能及其变化的监测分析需要，当前国家对野外生态环境监测建设给予了较大力度和较稳定的支持，已着手准备由科技部主持建"国家生态与环境野外研究站"平台（其中包括林、草、农、水体、大气成分和特殊环境与灾害等领域），并计划建成国家级水平的。建站的数量可能不会太多，其中森林生态系统类型至多建 30 个左右，而且需要从部门所属那些有较好的观测手段和多年数据积累基础的监测主体中评审遴选。

从我国复杂的自然地理状况，森林的多种类型、多种状态的情况出发，要系统地搞好监测，至少应有 100 个有较强监测和研究分析功能的野外监测站，除国家建设的 30 个监测站外，部门和系统还应有 70 个站才行，如此，再加上非固定的或半固定的随任务而设置的以百计的野外站点，才能满足森林与生态环境监测的基本需要。我想在国家着手建立国家野外监测工作站的同时，国家林业局也应着手规划全面建设部门和系统长期生态环境野外监测工作站。如果以建设 70 个监测工作站计，其建设任务是十分艰巨的，所需财政投入和培养所需人才都是需要认真规划。野外监测工作站建成后，其日常运转和开展各项研究，更需要有稳定长期的财政支持。希望国家林业局现在就认真研究此事。我们假设 20 年左右的时间，我们国家渡过生态建设的"相持阶段"，走上生态整体的良性循环道路，那么，我国林业系统森林生态环境长期监测研究体系也应在此时基本建成，从而担负起全面长期稳定的森林生态动态监测任务。

[†] 蒋有绪，2005 年 04 月 12 日，中国绿色时报，第 A01 版。

我国应适时加快退化湿地恢复与重建[†]

湿地是地球上水陆交接、相互作用形成的非常独特的生态系统。从 20 世纪开始，由于战争、人口急剧增加、资源和环境问题，湿地的退化和丧失成为全球范围湿地生态系统普遍存在的现象，并以惊人的速度发展。随着人类对湿地生态系统重要性的认识以及经济、科学与技术的发展，人们正开始着手对退化湿地进行恢复与重建，并把其作为湿地科学研究的重要方向。

1 湿地恢复理论在实践中摸索

湿地恢复是指根据生态学原理，通过一定的生物、生态工程的技术或方法，对退化或消失的湿地进行修复或重建，改变湿地生态系统退化的主导因子或过程，使生态系统的结构、功能和生态学过程恢复到受干扰前的水平或更高水平。

湿地恢复技术包括：湿地水体恢复技术，如控制污染、去除富营养化、换水、补水等；湿地土壤恢复技术，如土壤改良、控制水土侵蚀、去除土壤污染物等；生物修复技术，如物种的引入及去除、植物搭配、植物种植以及微生物的引种与控制等；景观重建技术，如地形地貌重建技术等。在具体实践中，常常是多种技术联合应用才能起到更好的湿地恢复效果。

目前，由于世界范围内一直没能形成一套完整的湿地恢复理论，各国均在开展湿地恢复试验性的实践中摸索湿地恢复理论。

在湿地的恢复与重建实践方面，美国开展较早、投入巨大。1975～1985 年，美国联邦政府环境保护局资助了 313 个主要用于清洁湖泊的湿地恢复研究项目。1990～1991 年，美国联邦政府环境保护局等 4 个部门提出了庞大的湿地恢复计划，以改善现有的湿地功能。欧洲国家在泛滥平原的湿地恢复研究方面取得了很大进展。许多亚洲国家也开展了湿地恢复与重建工作，包括印度对里享德河岸湿地的恢复、越南对湄公河三角洲的恢复、日本对其第一大淡水湖琵琶湖的污染治理与恢复。

我国是亚洲湿地类型最齐全、数量最多、面积最大的国家，有自然湿地 3620 万公顷，占国土面积的 3.77%。我国湿地研究起步于 20 世纪 50 年代，对湿地恢复的研究与实践则相对较晚。近 20 年来，尤其是 1998 年"三江"洪水后，我国对沼泽、湖泊、河流和滨海湿地进行了一系列恢复试验性研究，虽然取得一定成效，但总体恢复效果不尽如人意。根据湿地退化的程度可以分为 3 种方式：退化不是特别严重的湿地，通过划定保护区或保护小区，减少人为干扰和开发，使生态系统自然恢复；退化严重的湿地，采用生态恢复工程进行恢复；已经被改变用途为耕地的湿地，采取退耕还湿、退田还湖

† 蒋有绪，崔丽娟，2006 年 6 月 6 日，中国绿色时报，第 A02 版。

等措施恢复。根据恢复对象可以分为 4 种方式：沼泽类型湿地的恢复主要是建立保护区，减少人为干扰，实施湿地生态系统的自然恢复；湖泊湿地的恢复主要是湖泊水体的污染治理以及湖边湿地植被的恢复；河流湿地的恢复主要集中在污染治理和河流岸边带的固岸护坡；滨海湿地的恢复，在南方主要以营造红树林为主，北方以营造柽柳为主，三角洲湿地的恢复工程正陆续展开。

2　湿地退化与恢复亟待评价标准

我国开展的湿地恢复工作的理论与实践和我国湿地退化现状极不协调，已经开展的湿地恢复工作也远远不能解决我国湿地退化的问题。

目前，虽然对退化湿地进行了恢复性的工作，但是湿地退化与恢复的评价还没有一个统一的标准。如何评价湿地的退化程度以及如何判定湿地的恢复程度，是恢复实践上必须要解决的问题。同时，需要加强湿地退化机理研究、退化与恢复过程度的长期动态监测和预警分析。此外，有关湿地恢复的经济学评价研究、湿地恢复后湿地生态系统服务价值变化的估算亦未见进展。

湿地生态系统的自然性和开放型决定了开展湿地恢复与实践工作的复杂性和艰巨性，湿地类型的多样性也决定了湿地生态恢复方法的多样性。通过多学科综合研究建立一套完整的、可通用的、一般性湿地恢复理论框架，并据此展开湿地恢复的示范与推广，是立足于我国湿地退化现状的可行的解决办法。

湿地恢复不仅要以恢复理论为基础，更需要切实可行的技术作保障。因此，必须尽快完善退化湿地生态系统恢复的关键技术研究，如湿地生物恢复技术、湿地生境恢复技术、湿地生态系统结构与功能恢复技术和湿地景观恢复技术等。

气候变化与中国林业行动——兼亚太森林恢复与可持续发展管理网络发展策略[†]

气候变化对人类的生存、健康与经济社会可持续发展产生了巨大的影响，并构成了严重的威胁。气候变化问题受到国际社会的特别关注，已经成为当前国际政治、经济、外交和国家安全领域的一个焦点。为应对全球气候变化，贯彻落实胡锦涛主席在 APEC 会议提出了"亚太森林恢复与可持续发展管理网络"策略。本咨询报告在已有科学研究基础上，分析全球气候变化与我国森林碳源/汇格局及其动态变化，探讨气候变化对我国森林分布与生产力的影响，总结森林恢复和管理的政策经验，提出"亚太森林恢复与可持续发展管理网络"发展策略与我国林业适应气候变化的对策。

1 引 言

政府间气候变化专门委员会（IPCC）第四次评估报告指出，近百年来地球气候正经历一次以全球变暖为主要特征的显著变化，最近 100 年（1906～2005 年）来全球地表平均温度上升了（0.74±0.18）℃。过去 50 年内每 10 年增温（0.13±0.03）℃，这个增温速度将近是过去 100 年内增温速度的 2 倍。随着全球变暖，极端温度也发生了改变。在中纬度许多地区已经观测到霜冻天数明显减少，而极暖天数和极寒天数明显增加（IPCC，2007）。

全球变暖已经对地球生态系统和社会经济系统产生了明显的和深远的影响。全球平均气温上升"极可能"与人类使用石油等化石燃料产生的温室气体增加有关，这意味着90%是由人类活动导致的大气温室气体浓度增加所致。由于人类活动的结果导致大气 CO_2 浓度稳步上升，从 150 年前的 280ppm 到 2005 年的 379ppm，在过去的 30 年 CO_2 排放年平均增长率为 1.9%。在第二次世界大战之前，大气中的 CO_2 主要来源于土壤氧化过程、自然植被转变为耕地以及生物质的燃烧。20 世纪中叶后，原来以土地利用变化为主要 CO_2 生产源被以指数增长的化石燃料燃烧释放源所取代。未来一百年全球气候变化将进一步加剧。在全球气候变化的背景下，中国区域气候也正经历着明显的变化趋势，并将进一步加剧。

在全球变暖的大背景下，中国近百年的气候也发生了明显变化。近百年来，中国年平均气温升高了 0.5～0.8℃，增温速率略高于同期全球增温平均值；和全球平均一样，

† 国家气候变化专家委员会咨询项目报告简版，2008 年 8 月，报告总执笔人为蒋有绪、刘世荣、肖文发、张小全，秘书张炜银。参加研讨、执笔的还有张真、田晓瑞、李凌浩、王春乙、郭泉水、张国斌、寇晓军、吕全、张远东、张志军、朱建华、史作民、孙鹏森等。本报告报告为国家气候委员会的林业专家咨询报告。报告中的林业专家意见为国家气候委员会提供咨询参考，也可为中央及有关部门，为国家林业局和各级地方林业主管部门提供参考。

近100年增温主要发生在冬季和春节，而夏季有微弱变凉趋势。近50年中国年均地表气温升高1.1℃，比全球或北半球同期平均高得多，其中冬季和春季增温更为明显，北方和青藏高原增温较显著。中国山地冰川快速退缩，并有加速趋势（中国气候变化国家评估报告编委会，2007）。中国未来的气候变暖趋势将进一步加剧。中国科学家的预测结果表明：一是与2000年相比，2020年中国年平均气温将升高1.3～2.1℃，2050年将升高2.3～3.3℃，2100年将升高3.9～6.0℃。全国温度升高的幅度由南向北递增，西北和东北地区温度上升明显。青藏高原和天山冰川将加速退缩，一些小型冰川将消失（中国气候变化国家评估报告编委会，2007）。

全球气候变化，包括全球气候变暖、山地冰川消融、全球海平面上升、全球水循环过程加强等，并越来越影响自然、生态、环境、社会、经济和人类生活的各个方面，已是不争的事实。尽管对其成因和机理的解释、对其进程发展的不确定性和预测的准确性，科学家尚存在不同观点和见解，政治家也存在不同的应对态度，从观测事实出发，采取积极应对的态度和行动，并加强研究，无疑是正确和必要的。2006年10月30日，英国政府公布了由世界银行前首席经济学家斯泰恩爵士（Sir Nicholas Stern）题为《气候变化对经济影响的斯泰恩评估》的报告："及早采取行动应对气候变化，所获得的好处大于所付出的成本"，这就是说，如果只要花相当于全球生产总值1%的钱，用于减少温室气体排放，就可以使全球生产总值避免由于气候改变而受到多达5%到20%的经济损失，这是未雨绸缪的忠告。中国作为一个负责任的国家，党中央高度重视应对全球气候变化工作，积极与国际社会一起为世界应对气候变化，减缓全球变暖做出不懈努力。2007年10月5日中国共产党"十七"大报告又明确提出，加强应对气候变化能力建设，为保护全球气候作出新贡献。我国政府各个部门都要同样重视应对全球气候变化工作，贯彻中央的指示，为保护全球气候作出新贡献。

2 中国森林生态系统碳源/汇格局、动态变化及碳汇潜力评估

森林作为陆地生态系统的主体，是地球生物圈的重要组成部分，是陆地上最大的碳储库和最经济的吸碳器，在维护区域生态环境及全球碳平衡中起着重要的作用。

2.1 我国森林生态系统的碳贮量

由于数据源、估计对象和方法上的差异，对我国森林生态系统碳贮量的估计有较大差异，但是总的趋势是：20世纪80年代以前呈降低趋势，以后呈增加趋势。基于具有较大的可信度的国家森林资源清查的估算，目前全国森林生态系统碳贮量26～27Gt C，其中土壤碳贮量约20Gt C、生物量5～6Gt C、枯落物0.8～0.9Gt C。

根据全国森林资源清查的森林蓄积量数据，采用蓄积-生物量扩展系数(BEF)的方法，计算的森林植被碳密度在31.04～45.75t C/hm^2，高于FAO（2001，2006）的平均值，低于IPCC（2000）森林植被的平均碳密度。由此计算得到的我国森林植被碳贮量，在1973～1976年、1977～1981年、1984～1988年、1989～1993年、1994～1998年和1999～

2003 年期间（不包括经济林和竹林）分别为 3.75~4.44Gt C、3.91~4.38Gt C、4.00~4.45Gt C、3.70~4.63Gt C、3.26~4.75Gt C 和 5.16Gt C。如果包括竹林和经济林，根据 FAO（2001，2006）的估计，我国森林植被的碳贮量在 2000 年和 2005 年分别为 5.0Gt C 和 6.1Gt C。森林土壤碳贮量为 13.7~23.2Gt C。综合分析，目前我国森林植被、土壤和枯落物碳贮量分别在 5~6Gt C、20 Gt C 和 0.8~0.9Gt C 的估计是基本合理的。

2.2　我国森林生态系统碳贮量的空间分异

我国西南和东北地区森林生态系统碳密度和碳储量最大，其碳储量分别占全国的 28%~35% 和 24%~31%。西北和华北地区碳贮量增加最明显。森林植被碳密度以青藏高原高寒植被区、热带季雨林区和温带针阔混交林区最高，接近 200t C/hm²，最小为亚热带常绿阔叶林区，约 120t C/hm²。而各植被分区森林植被碳贮量与森林面积和单位面积碳密度有关，其中亚热带常绿阔叶林区最高约为 7.0Gt C，暖温带落叶阔叶林区最低为 0.47Gt C。

2.3　中国森林生态系统碳源/汇历史与现状

1981~2000 年，全国陆地生态系统总净初级生产力为 3Gt C/a 左右，其中以亚热带常绿阔叶林区最大，热带季雨林区最小；年平均净生态系统生产量约为 0.07Gt C/a，但没有明显变化趋势。我国森林植被总碳贮量在 20 世纪 80 年代前呈降低趋势，以后逆转为增加趋势。近 20 多年来我国森林植被（包括竹林、经济林、疏林和散生木等）表现为净碳汇，上世纪 90 年代约为 0.10Gt C/a，近期估计可达 0.17Gt C/a，占我国同期温室气体源排放的 10%左右。

过去近 30 年来我国森林生态系统由源转汇、碳汇量大幅度增加，主要与我国大规模植树造林、扩大森林面积和加强森林资源保护和管理有关，特别是三北和长江中上游等重点防护林工程以及近十来年开展的退耕还林工程、天然林保护工程和速生丰产用材林基地建设工程等重大林业工程。据第六次全国森林资源清查，中国人工造林保存面积达到 0.54 亿 hm²，蓄积量 15.05 亿 m³，人工林面积居世界第一。全国森林面积达到 17 491 万 hm²，森林覆盖率从 20 世纪 80 年代初期的 12%增加到 2005 年的 18.21%。与此同时，中国城市绿化工作也得到了较快发展，2005 年中国城市建成区绿化覆盖面积达到 106 万 hm²，绿化覆盖率为 33%，城市人均公共绿地 7.9m²，这部分绿地对吸收大气二氧化碳也起到了一定的作用。此外，还与我国森林幼、中林龄比例较大、森林生长较快有关。

2.4　中国森林生态系统碳源/汇潜力

未来 100 年，中国陆地生态系统年 NPP 将呈增加趋势，净增 1Gt C，但 NEP 约在 2050 年达到最大值，之后逐渐下降，到 21 世纪末接近于零。1990~2050 年中国森林净碳吸收量增加 90%，累计增加 9Gt C，但是森林净碳吸收汇占我国温室气体源排放的比例将呈下降趋势，到 2050 年占 7%左右。

2.5 林业活动与减排增汇

通过植树造林、植被恢复、退化生态系统恢复、建立农林复合系统、加强森林可持续管理以增强陆地碳吸收汇，通过减少毁林、改进采伐作业措施、提高木材利用效率以及更有效的森林灾害控制以保护现有森林碳贮存，以及通过耐用木质林产品替代能源密集型材料、生物能源、采伐剩余物的回收利用等碳替代措施，是未来我国重要的减排增汇的重要方面。1980～2005 年中国植树造林活动累计净吸收约 3.06Gt CO_2，森林管理累计净吸收 1.62Gt CO_2，减少毁林减排。以 1990 年为基准年，到 2010 年、2020 年、2030 年、2040 年和 2050 年我国植树造林活动产生的净碳吸收量分别可达 0.040Gt C/a、0.107Gt C/a、0.133Gt C/a、0.150Gt C/a 和 0.199Gt C/a，但未来 20 年林业活动碳汇潜力与当年温室气体排放量之比呈降低趋势。

由于森林是大气 CO_2 的重要碳吸收汇，毁林是大气 CO_2 的重要排放源，因此通过林业活动可以达到减排增汇的目的。与减排增汇有关的林业活动包括增强陆地碳吸收汇、保护现有碳贮存和碳替代三个方面（Bass et al.，2000）。

增强碳吸收汇的林业活动包括造林、再造林、植被恢复、退化生态系统恢复、建立农林复合系统、加强森林可持续管理以提高林地生产力等能够增加陆地植被和土壤碳贮量的措施。通过造林、再造林和森林管理活动增强碳吸收汇已得到国际社会广泛认同，并允许发达国家使用这些活动产生的碳汇用于抵消其承诺的温室气体减限排指标。植树造林对森林碳贮量最明显的影响是生物量的增长，与生物量相比，造林对土壤碳储量的影响要小得多（Laclau，2003；Richter et al.，1999）。但土壤碳贮量大，造林导致较小的土壤碳变化都会影响到人工林的净碳积累（Scott et al.，1999），而且土壤碳周转速率慢，受各种干扰影响小，能维持较长时期的碳贮藏（IGBP Terrestrial Carbon Working Group，1998）。

保护碳贮存是指保护现有森林生态系统中贮存的碳，减少其向大气中的排放。主要措施包括减少毁林、改进采伐作业措施、提高木材利用效率以及更有效的森林灾害（林火、病虫害）控制。降低大气 CO_2 浓度最有效的方式是减少化石燃料燃烧的排放量，而土地利用变化和林业措施则是减缓气候变化最有效的技术手段。由于毁林直接导致森林生态系统的碳贮存在数年内排放到大气中，因此相对造林和再造林而言，降低毁林速率是减缓大气 CO_2 浓度上升的更直接手段。因为从长远看，在某一土地上造林的碳吸收与毁林碳排放是相当的。降低采伐的影响是保护现有森林碳贮存的重要手段。

碳替代措施包括以耐用木质林产品替代能源密集型材料、生物能源（如能源人工林）、采伐剩余物的回收利用（如用作燃料）。由于水泥、钢材、塑料、砖瓦等属能源密集型材料，且生产这些材料消耗的能源以化石燃料为主，而化石燃料是不可再生的。如果以耐用木质林产品替代这些材料，不但可增加陆地碳贮存，还可减少生产这些材料的过程中化石燃料燃烧引起的温室气体排放。虽然部分木质林产品中的碳最终将通过分解作用返回大气，但由于森林的可再生特性，森林的再生长可将这部分碳吸收回来，避免由于化石燃料燃烧引起的净排放。据研究，用木材替代水泥、砖瓦等建筑材料，$1m^3$ 木材可减排约 $0.8t$ CO_2 当量。同样，与化石燃料燃烧不同，生物质燃料不会产生向大气的净 CO_2 排放，因为生物质燃料燃烧排放的 CO_2 可通过植物的重新生长从大气中吸收回来，而化石燃料的燃烧则产生向大气的净碳排放，因此用生物能源替代化石燃料可降低人类活动碳排放量。

据研究，我国木质林产品碳贮量显著增加，2000 年的年增量达 0.007Gt C/a，到 2010 年和 2020 年年增量可达 0.020Gt C/a 和 0.030Gt C/a（阮宇等，2006）。

小结：中国森林是重要碳库，中国森林生态系统近 20 年来碳汇能力不断增加，目前，每年其碳汇约占我国年释放碳量 10%；由于生态系统的碳汇源过程复杂，对我国森林在我国碳平衡中的贡献的评估仍需要深入进行和方法的突破；我国人工林的面积已占世界第一，由于我国以中幼龄为主的人工林的成长，碳汇潜力极大；林业还可以在保护碳储存，碳替代，生物能源作出贡献。林业要坚持这一不可替代的任务，继续努力不懈地作出自己的新贡献。

由于中国的林业活动是我国碳减排努力的重要方面军，国际社会对中国林业在应对气候变化所做的贡献有高度评价。同时，国际社会和科学家对林业在全球减排中的作用也日益重视和强调；并看好探索造林再造林，生产树木，加快发展森林增汇的周期，有效减缓气候变暖进程。国际减排活动一直在碳减排和碳吸收、碳固定、碳储存两个方向努力。从当前看，我国在减排的任务的认识、决策和活动中，重视前者而对后者重视不够（2007.4 "气候变化与科技创新国际论坛"，科技支撑等）。林业在我国减排中宣传和实际努力上要提高林业增汇长期而具有潜在前景的地位。

建议，国家积极开展碳吸收和碳储存技术研究与实验，包含不同自然与社会经济条件下 CDM 造林，再造林技术研究实验和技术规范；中国林业碳汇造林项目和林业碳汇交易市场国内国际发展的经济学研究；区域性和经营单位的零采伐基础上的森林碳经营（碳管理）技术体系研究；木材与采伐剩余物、木质废弃物深埋技术研究；林业碳替代能源与新材料研究等。

3　气候变化对中国森林影响的预测与风险评估

大气 CO_2 浓度增加引起全球气候变化，并引起区域气候的温度、湿度、生长季长度、降水和蒸发变化，其中也包括极端气候事件，而所有的这些变化都将影响植物生理过程、生长、物候、生态系统的结构与功能以及生物资源经营管理对策。全球气候变暖对地球上许多地区的自然生态系统已经产生了影响，如海平面升高、冰川退缩、冻土消融、中高纬度地区生长季节延长、动植物分布范围向极区和高海拔地区延伸、某些动植物数量减少、病虫害加剧、火灾频繁、一些植物开花期提前等等。

大气 CO_2 浓度增加引起的气候变化对森林生长发育、物候、森林结构、分布和生产力的影响，涉及不同的生物组织层次和时空尺度，如亚细胞、细胞、组织、个体、种群、森林群落及区域景观等空间尺度，从几秒钟迅速反应的生物物理化学过程到几世纪的历史进化演变过程的时间尺度。本报告着重综述基于气候变化情景下中国主要树种分布、森林分布、生产力的变化趋势，以及森林病虫害和森林火灾变化。

3.1　气候变化对森林及树种分布的影响

气候变化将改变我国森林植被和树种的分布格局。中国东部各森林植被带可能发生北移；一些森林类型将消失，其物种将趋于濒危或消失。

气候变化对中国森林植被分布影响的预测表明：在大气 CO_2 浓度倍增情景下，中国的各植被类型将向北移动，主要表现是：（Ⅰ）寒温带针叶林将明显减少，可能变为温带针叶阔叶混交林；（Ⅱ）温带针叶阔叶混交林可能向北移动，其中 1/2 将被暖温带落叶阔叶林所取代，净分布面积减少；（Ⅲ）暖温带的绝大部分将变为亚热带；（Ⅳ）北亚热带几乎全被中亚热带所替代；（Ⅴ）中亚热带全部变为南亚热带；（Ⅵ）南亚热带全部变为边沿热带；（Ⅶ）边沿热带将变为中热带；（Ⅷ）中热带的海南岛南端将变为赤道带（李克让等，2005）。

3.2　气候变化对我国森林生产力的影响

气候变化将使我国森林生产力呈现出不同程度的增加，但不会改变我国森林生产力目前的地理分布格局。热带、亚热带大部分地区增加只有 1%；寒温带大兴安岭地区和西南亚高山林区增加最大，达 10%；而暖温带、温带则位于 2%～8%。树种分布呈现北移趋势，但是分布区变化各异。

气候变化对中国森林分布、树种分布和生产力影响的预测分析结果，还存在以下几方面的不确定性。①未来气候变化情景的预测结果有不确定性，这主要是来源于 GCM 模型本身的结构和较低的区域气候分辨率。②森林植被分布与生产力对气候变化响应的预测，仅仅依据气候与树种分布和生产力之间简单的线性平衡关系，没有考虑森林植被在气候变化过程中的生理生态、生长等方面的适应与驯化反应，还有在种群、群落和生态系统、景观尺度上森林植被系统的变化，生物种间种内复杂的竞争、繁殖和演替过程等等。③在预测森林生产力对气候变化响应时，基于植被类型假定不随气候变化而发生分布迁移变化，森林生产力只是响应年平均气候因子的变化，而没有考虑气候因子的季节变异，以及生产力的形成过程。④在预测森林和树种分布对气候变化响应时，尚未考虑其适应性和未来分布区土地利用和土地覆盖变化的影响。

3.3　气候变化及相关的极端气候事件对森林健康的影响

3.3.1　极端低温雨雪冰冻灾害

2008 年初我国南方遭受的特大低温雨雪冰冻灾害，经初步评估，19 个省（区、市）

湖南、湖北、安徽、广西、江西、贵州、河南、云南、四川、重庆、青海、陕西、甘肃、新疆、浙江、江苏、福建、广东、海南林地受灾面积 3.13 亿亩。其中，森林受灾面积 2.90 亿亩，竹林受灾面积 4450 万亩，未成林林地 2056 亿亩，苗圃 215 万亩；森林蓄积损失 3.71 亿 m³，竹子 29.79 亿株，经济林受影响面积 2748 万亩，苗木 100 亿株。森林资源的直接损失达 582 亿元，水土保持、涵养水源、生物多样性和固碳四项生态效益损失合计达 7116.92 亿元，尚未估算基本建设的损失，而且林业的损失是较长远的，其恢复也是长远的。并且，由此带来的进一步次生灾害，如水土流失，滑坡，火灾带来更大更多的损失。

3.3.2 气候变化对森林火灾的影响

气候变化将加剧森林火灾发生的频度和强度。气候变化对林火的影响已经初步显现出来，北半球更明显。天气变暖会引起雷击和雷击火的发生次数增加，防火期将延长，极端火险条件和严重程度增加，森林大火发生概率增高。所以，有必要根据未来林火变化特点，调整林火管理政策，主动适应气候变化情景，减少林火排放温室气体。

全球变暖和降水模式的变化也会影响我国森林火灾的发生。我国森林火灾比较严重，1952～2003 年我国平均每年发生森林火灾 1.4 万次，平均受害森林面积 82.2 万 hm^2。重大和特大森林火灾主要发生在东北林区，1990～2001 年内蒙古和黑龙江省的年均过火面积分别为 39 113hm^2 和 114 408hm^2，年均受害森林面积分别为 6697hm^2 和 20 106hm^2，分别占同期全国总受害森林面积的 11% 和 33%。2000 年以来，东北林区夏季火严重，森林火险期明显延长，夏季火对森林造成的危害更大。大兴安岭的兴安落叶松林是我国对气候变化最敏感、反应最剧烈的地区（蒋延玲，2001）。近些年来，大兴安岭林区夏季森林火灾呈现增加趋势，有时甚至超过春季防火期林火发生的次数。黑龙江省 1980～1999 年气温升高，火点和火面积质心均向北和向西移动，反之则向东和向南移动；火点和火面积质心随降水量增加会向西和向南移动，反之，则向东和向北移动（王明玉等，2003）。

以气候变暖为主要特征的当前气候变化所引起的异常天气频率的增加及森林群落结构的变化，将使火险增加（田晓瑞等，2003a）。厄尔尼诺引起的暖冬和干旱会导致我国春季火灾严重（田晓瑞等，2003b）。苏明锋等（2006）通过对中国 1951 年 1 月至 2000 年 12 月期间 160 个气象站气温和降水月平均资料的分析，发现中国气候的干燥变率和 ENSO 有着很好的关系，在典型的 ENSO 暖状态，中国大部分地区都偏干，特别是华北地区更易偏干，长江以南地区和西北容易偏湿，而长江中下游地区处于变干和变湿的过渡区，变干或变湿不明显，在典型的 ENSO 冷状态则情况相反。最近 0～30 年中国气候干燥的年代际变化，特别是华北自 20 世纪 70 年代末的变干和西北自 80 年代中期的变湿，与 ENSO 朝更暖的状态变化及全球变暖有着紧密的联系。ENSO 指数与各地的旱灾事件有着一定的反相关关系，特别是华北、东北、华南、内蒙古和新疆等地区的相关性很好（卢爱刚等，2006）。受拉尼娜现象的影响，2008 年 1 月我国南方雪灾造成南方林区大量树木树枝或树冠折断，森林中易燃可燃物大量增加，2008年3月南方林区森林火灾远远多于常年。

由于气候变化对森林防火工作带来很大影响，所以，我国需要根据未来的气候变化情景分析火险和火行为变化，根据我国气候变化应对策略调整林火管理战略，减少林火对气候变化的影响。

3.3.3　气候变化对森林病虫害的影响

我国气温和森林病虫害发生的有关资料分析显示，气温变化对我国森林病虫害的发生危害等产生诸多方面的影响。气候变暖和极端气候事件的增加，使我国森林植被和森林病虫害分布区系向北扩大，森林病虫害发生期提前，世代数增加，发生周期缩短，发生范围和危害程度加大，并促进了外来入侵病虫害的扩展和危害。

森林病虫灾害已经成为我国林业可持续发展的重要制约因素。近年来，森林病虫害发生十分频繁，危害严重，损失巨大，并有愈演愈烈的趋势。上世纪90年代以来，全国森林病虫害每年平均发生面积都在1.2亿亩左右，其中，中度以上的受害面积6400多万亩，相当于年均人工造林面积的80%。近年来，由于生态环境的整体恶化，以极端异常气候过程为主要诱因，病虫害发生面积进一步扩大，2007年全国森林病虫害发生面积1.88亿亩，创历史新高。

对40多年来我国气温和森林病虫害发生的有关资料分析显示，气温变化对我国森林病虫害的发生危害等诸多方面造成的影响。气候变暖使我国森林植被和森林病虫害分布区系向北扩大，森林病虫害发生期提前，世代数增加，发生周期缩短，发生范围和危害程度加大。年平均温度，尤其是冬季温度的上升促进了森林病虫害的大发生，其线性相关均达到显著水平（赵铁良等，2003）。如油松毛虫（*Dendrolimus tabulaeformis*）原分布在辽西、北京、河北、陕西、山西、山东等省（萧刚柔，1991），现已向北、向西水平扩展。

气候的变暖，不仅使我国森林病虫害的发生面积和范围扩大，同时也加重了病虫害的发生程度，一些次要的病虫或相对无害的昆虫相继成灾，促进了海拔较高地区的森林，尤其是人工林病虫害的大发生。过去很少发生病虫害的云贵高原近年来病虫害频发，云南迪庆地区海拔3800~4000m高山上冷杉林内的高山小毛虫（*Cosmotriche saxosimilis*）常猖獗成灾。

气候变暖和极端事件的增加，有利于外来入侵种建立种群和爆发，如美国白蛾世代数增加，有利于其在新传入地建立种群，近10年来，美国白蛾危害我国众多树种，每年扩展35~50公里；松材线虫（*Bursaphelenchus xylophilus*）危害我国松树林，目前已扩展至我国南方11省市；红脂大小蠹（*Dendroctonus valens*）危害我国北方油松（*Pinus tabulaeformis*），目前已扩展至山西、陕西、河北河南四省发生面积526万hm^2。研究表明该虫1998年爆发成灾与1997年春季的异常干旱有关（张真等，2005；王鸿斌等，2007）。

由此可见，气候变化将增加极端气候事件的发生频度和强度，会大大增加对森林生态系统健康和生态系统功能的影响，并将引发一系列的森林灾害。建立气候变化，特别是异常气候对我国林业的灾害的预警系统，预警对策和应急预案、长期应急工作体制，以及跟踪监测手段是十分必要和紧要的。

在气候变化影响下，树种的种质特性在树种的适应性和生存与否方面会起重要的作用。建议，对目的树种应对气候变化的所需的种质要收集和培育；要加强气候变化对林业生物灾害影响和应对措施研究；探索气候变化对林业有害生物种类、分布、种群动态、流行规律生物学特征和生态学特征等的影响和规律，分析气候变化背景下林业有害生物的适生性、潜在分布区域和危险性，加强国际和国内的生物检疫；了解灾害发生发展趋势和外来有害生物入侵的可能，以制定主要林业有害生物灾害预警等级指标，提出确定切实可行的应对策略。还要加强林业生物灾害预警和应急除害能力建设。建立气候变化，特别是异常气候对我国林业的灾害的预警系统，预警对策和应急预案、建立长期应急工作体制，以及跟踪监测手段。

气候变化对中国森林影响的预测，只提供变化的趋势和程度，重要的是对今后的变化的上述各方面过程进行长期的监测和相应的应对决策。加强对全国森林资源、森林健康、濒危动植物的监测能力。

4 我国林业应对气候变化的对策

1992 年联合国环境与发展大会以来，国际对林业在全球生态与环境问题关系上给予了高度重视，特别是 2002 年约翰内斯堡世界峰会后，林业可持续发展被纳入国际社会政治议程，得到国际社会和各国政府的高度重视，成为解决全球生态问题、应对气候变化、促进乡村发展、防止荒漠化、保护生物多样性、实现《联合国千年发展目标》和实现经济社会可持续发展的重要途径之一。林业可持续发展成为国际社会关注的焦点问题。《联合国气候变化框架公约》第七次缔约方大会形成的《马拉喀什协定》把林业可持续发展视成为应对气候变化的主要措施。2007 年 12 月《联合国气候变化框架公约》第 13 次缔约方大会通过了一项关于林业可持续发展的决议，充分肯定了林业可持续发展在减缓气候变化中的重要作用，是应对气候变化的有效措施。

2007 年 9 月，胡锦涛主席在澳大利亚亚太经济合作组织（APEC）第 15 次领导人非正式会议上提出了建立"亚太森林恢复和可持续经营网络"的倡议，得到了各成员国的一致支持，写入了会议通过的《悉尼宣言》。

4.1 气候变化与中国林业可持续发展

中国林业可持续发展，既追求既满足当代人需求又不对后代需求构成危害，实现林业的生态效益、经济效益和社会效益的统一。这个发展目标与《全球气候变化框架公约》

要求的原则义务是基本一致的。森林是最重要的陆地生态系统,是最大的温室气体(CO$_2$)汇或库。因此,作为一个发展中的大国,中国积极保护和恢复森林资源,推进林业可持续发展的过程,就是对履行《公约》做出积极贡献的过程。

原中国林业部继中国政府制定《中国 21 世纪议程》(1994)后制定了《中国 21 世纪议程林业行动计划》(1995),提出了林业可持续发展的总体战略目标和对策,并随之制定了《中国林业国家报告》《国家可持续发展林业发展战略报告》(2002)等纲领性文件,对中国林业可持续发展提出了具体目标和行动计划。

气候变化与森林密切相关。中国目前面临的水土流失、土地荒漠化、水资源短缺、突出的生态环境问题以及频繁的水、旱、风等自然灾害,都与森林总量不足、分布不均、质量不高密切相关,走可持续发展道路是中国林业应对气候变化和实施林业可持续发展的唯一正确选择。

4.2　我国林业应对全球气候变化的对策建议

尽管未来气候的预测和我们了解的植被和物种适应气候变化的过程还存在着较大的不确定性,但气候变化是生态因子变化的先导,探讨和研究林业部门响应全球气候变化的政策建议不仅具有一定的现实意义,而且具有长远的历史意义。

中国是一个发展中国家,经济技术相对落后,资源利用方式不尽合理。我国林业应对全球气候变化的基本政策应基于中国林业自身的发展规律和问题。总体上看,就我国林业应对气候变化问题而言,主要有三个方面,一是鼓励森林恢复和重建;二是防止和减少毁林;三是倡导科学合理地利用森林。首先,建立严格的森林保护与执法系统来减少毁林对减少温室气体排放非常重要,同时必须认真处理好那些依靠森林或生活在森林附近地区的人们的利益关系。中国已经并需要继续积极、开放地讨论毁林问题,认真参与联合国气候变化框架公约下有关毁林议题的谈判。其次,我国还有一定的宜林地尚未得到恢复;同时,中国经济增长也带来了木材需求的增长,这是不能回避的发展现实;因此,通过积极扩大森林资源,有效地促进森林恢复,按照可持续理论原则,科学经营管理好森林,提高森林生产力和生态功能,将不但有助于增加森林碳汇,减少不合理的森林管理导致的排放,而且对缓解全球气候变暖产生积极贡献。同时,通过积极开展森林恢复和可持续管理,还有助于缓解对天然林资源的压力,有助于促进生物多样性保护、有助于为贫困人群创造新就业和增加收入的机会,促进地方和区域经济、社会可持续发展,加快该地区脱贫进程,并为实现联合国确立的千年发展目标做出积极贡献。

4.2.1　提高各级领导部门,特别是决策人员的气候变化意识

目前林业决策部门不仅很少考虑气候变化及其对林业可能产生的影响,而且很少参与国际间有关气候变化问题的谈判和研讨会。这不仅与我国的国际地位不符合,而且给我国以后林业的发展留下了潜在的问题。因此,必须加强宣传教育,提高各级林业部门,特别是决策人员的气候变化意识。

4.2.2 加强森林的资源培育和管理

（1）加强天然林保护与管理：我国天然林主要分布在大江大河的源头和部分农业主产区周围，对维持流域的稳定性，保障农业持续发展都起着重要作用。因此恢复、扩大和可持续利用天然林资源对减少大气中温室气体浓度和缓解气候变化具有重要的意义。由于过度采伐和粗放经营，使我国天然林面积和蓄积锐减，退化森林面积增大。导致森林的生态功能和防护效益明显衰减，国家自"98洪灾"以后，彻底认清了保护天然林的重要性，加强天然林保护工作将是我国未来几十年林业发展的重要组成之一。

（2）大力发展人工林：我国人工林普遍的问题是造林树种单一，结构不科学，抚育和经营措施粗放，在有些地区已经出现严重的地力衰退和大面积的病虫害，抵御不良环境影响的能力较差。引进和培育造林新品种，大力发展针阔混交林，因地制宜，实行乔灌草结合应成为今后大面积发展人工林的方向。

4.2.3 加强森林病虫害防治

加强森林病虫害防治，关系到天然林保护工程以及我国人工林和林业生态环境体系建设的成败，对我国林业甚至整个国家的可持续发展都具有重要意义。为避免森林病虫害发生，除加强检疫、预报工作，提高防治技术手段外，还应该提高混交林比例，加强纯林改造，通过生物多样性的发展，逐步提高森林自控力和预防病虫灾害的能力。

4.2.4 加强森林火灾的预防和防治

目前全国森林防火基础设施与其所担负的任务不相适应，离建设"四网两化"（即火险预测预报网、瞭望网、通讯网、阻隔网以及队伍专业化、扑火机具化）的要求还有很大差距。森林火灾的综合防治和扑救能力还很脆弱，加强森林火灾的预防和防治应成为林业响应全球气候变化的重要政策之一。

4.2.5 加强森林与气候方面的科学研究

进一步深入研究气候变化对我国森林生态系统的影响及我国林业适应技术与对策。包括：

- 加强林业碳汇与碳计量研究；
- 加强林业应对气候变化的基础科学研究；
- 加强气候变化对中国林业的影响、脆弱性和适应性研究；
- 加强林业温室气体减排增汇技术的开发。

4.2.6 建立多元化投资机制，增加林业投入

培育和发展适应社会主义市场经济体制的林业管理体系，通过宏观调控和市场调节逐步扭转无偿使用森林资源的局面，建立完善的林价制度和林产品价格体系，分阶段制定和实行森林资源有偿使用政策；广筹林业资金，完善林业基金制度，保障林业经济投入持续增长对林业未来持续稳定的发展具有重要意义。

4.2.7 认真审视与进行林权制度改革，促进全球气候变化背景下的中国森林恢复

目前，中国的集体林区林权制度将进一步深入，其影响将不仅是对集体林区，而将波及整个林业制度体系。将森林经营管理体制改革放到全球背景下，当中国森林的经营管理制度的变化与全球变化交织在一起的时候，可以设想的变化、复杂性和不确定性将会更大。面对这种变化，中国需要鼓励利用更加灵活、多样的方法来促进森林恢复与增加的步伐，也需要考虑到中国广大的地区差异，对于不同的环境使用不同的方法，这其中包括解决森林对气候变化的适应性和选择性问题，同时，确定优先的领域和经营管理措施，以突出考虑森林对全球变化的贡献与作用，也就是减缓全球变化的基本途径问题。

4.2.8 保护碳贮存与适宜促进碳替代

据专家估计，2000 年我国木质林产品碳贮量每年增加约 700 万 t C，到 2010 年每年增加约 2000 万 t C，到 2020 年，木质林产品碳贮量每年增加 3000 万 t C。

目前，我国燃料乙醇产量仅次于巴西和美国，居世界第三位。生物柴油加工技术也比较成熟，已建有数套年产 2 万 t 的生产线。

我国发展林业生物质能源的优势和潜力十分巨大。目前，全国尚有宜林荒山荒地5400 多万公顷，其中 15%左右可以用于发展人工能源林。此外，还有近 1 亿 hm² 的盐碱地、沙地、矿山、油田复垦地等边际性土地，也可部分用于发展特种能源林。为此，"十一五"期间，我国将重点培育能源林，发展生物柴油和木质燃料发电，使人工能源林所提供的产能量占到国家生物质能发展目标的30%以上，加上林业剩余物，力争使林业生物质能源占到国家生物质能源发展目标的 50%以上。

同时，森林采伐剩余物，木材加工及木制品制造业的剩余物，住房装修的木质边角废料，城区改建与拆迁、办公用品更新等过程所产生的废弃木制品以及各类废旧纸料和纸板等，都可用来开发林业生物质能源。据相关资料介绍，我国城市每年垃圾总量约为60 亿 t，其中，上述各类废弃木质材料约占 6000 万 t，折合成木材约为 8500 万 m³，如果全部用来发电，可生产电力 600 亿度，相当于 2005 年我国总发电量的 2.5%。目前，我国以农林废弃物为原料的兆瓦级生物质气化发电系统已推广应用 20 多套。

4.2.9 制定和实施与林业适应气候变化相关的法律法规

加快《中华人民共和国森林法》《野生动物保护法》的修订，起草《自然保护区法》，制定湿地保护条例等，并在有关法律法规中增加和强化与适应气候变化相关的条款，为提高森林和其他自然生态系统适应气候变化能力提供法制化保障。同时，在制定和完善我国林业经营管理体制例如集体林区林权制度改革的同时，必须充分评估其全球背景和对中国森林保护与恢复的全局性、长远性制度影响。

4.2.10 加强中国林业应对气候变化的能力建设

加强林业应对气候变化科技领域的人才培养、学科建设，充分利用多种渠道和方式

提高中国科学家的研究水平和自主创新能力，形成具有中国特色的林业应对气候变化的科技管理队伍和研发队伍，并鼓励和推荐中国专家参与气候变化领域国际科研计划和在相关国际研究机构中担任职务。

加强林业应对气候变化的谈判对策研究，开展林业活动（造林、再造林、森林管理、减少毁林和木质林产品等）纳入国际履约相关对策研究并提出应对策略，提高中国林业应对国际气候变化战略谈判的能力和履约能力。

5　关于"亚太森林恢复与可持续发展管理网络"发展策略

中国政府对气候变化问题高度重视，而且率先在全球以林业为减缓碳排放做出积极贡献。2008 年 4 月博鳌亚洲论坛上，澳大利亚总理陆克文表示：中国在保护森林，遏制森林退化等领域已经处于领先地位。在 2007 年 APEC 会议上，胡主席提出建立亚太区域森林恢复和可持续管理网络的倡议，得到澳大利亚、美国、日本、印尼、墨西哥、菲律宾、文莱、新加坡等国家的积极回应和大力的支持，也证明了中国的森林恢复和可持续管理在世界的领先地位。中国《应对气候变化国家方案》中，已经把发展和保护森林作为我国应对气候变化的重要措施之一。

森林恢复和可持续管理是一个十分复杂、内容宽泛的领域，作为 UNFF 的核心和主题，广泛涉及国家主权、环境政治、环境外交、经济发展、技术转让、贸易、资金、知识产权等众多国际关注和敏感的问题。因此，也受到世界各国的高度关注。在这种背景下，亚太区域显然是 UNFF 进程中的核心区域之一。但是，在这一区域，森林及其相关的政治、社会、经济环境差异巨大。这种差异远远超过世界的其他地区例如非洲、欧洲等，因此，胡主席倡议首先在亚太地区建立森林恢复和可持续管理网络是有独特见解而得到拥护的。

5.1　网络的总体策略

（1）以信息共享为宗旨——通过推动区域水平相关问题的信息共享，向全球传播、吸收森林可持续恢复和经营方面的技术和经验，促进本地区相关领域的研究、发展工作。

（2）以参与式为途径——通过吸收和协调不同利益群体的广泛参与，并充分利用市场机制和当地社区，促进政府、企业和社区建立有效伙伴合作关系，在区域、国家、地方和社区水平全面促进森林管理。网络对各国政府、企业、学术科研机构、社会团体以及国际组织和联合国机构开放。

（3）注重技术与政策的综合运用——通过该网络平台，征求专家和利益相关者对可持续森林恢复和经营技术和政策的意见，通过开展对现有森林恢复和经营的示范与评估活动，推进亚太地区可持续森林恢复和经营工作。

（4）高度重视能力建设——通过相关研讨会和培训活动，以及筛选并推广成功经验和最佳实践，包括不同类型森林可持续森林恢复和经营的规划、技术和政策方面，全面促进区域和经营单位水平的森林恢复和可持续管理能力的全面提升。

5.2　网络筹建任务的性质

网络倡议是在应对全球气候变化的大背景下提出的，网络筹建和发展是一项政治任务、外交任务，也是林业任务。但对倡议国而言，网络筹建和发展的重要性大大超出了应对气候变化和林业领域，具有更深刻意义和深远影响。

5.3　网络发展顺应时代，潜力巨大，前景广阔

1992 年联合国环境与发展大会，特别是 2002 年约翰内斯堡世界峰会以来，得到国际社会和各国政府的高度重视，成为解决全球生态问题、应对气候变化、促进乡村发展、防止荒漠化、保护生物多样性、实现联合国《千年发展目标》和实现经济社会可持续发展的重要途径之一。

林业可持续发展成为全球政治议程的主题之一。联合国环境与发展大会通过的《关于森林问题的原则声明》，对林业可持续发展做出了全球的政治承诺。为推动林业可持续发展，相继成立了政府间森林问题工作组和政府间森林论坛和联合国森林论坛。2007 年 12 月 17 日，第 62 届联大审议通过了联合国森林论坛第七次会议达成的《国际森林文书》。

林业可持续发展成为区域合作的重要主题。林业可持续发展的区域化进程日益加快，成为区域合作的重要主题。同时，各种次区域林业合作组织层出不穷。

林业可持续发展成为应对气候变化的主要措施。根据《联合国气候变化框架公约》第七次缔约方大会形成的《马拉喀什协定》，造林和更新造林作为减排措施，纳入《京都议定书》的清洁发展机制。联合国政府间气候变化专门委员会发表的《第四次气候变化评估报告》认为，林业活动导致的排放占人类活动总排放量的 20%～25%，呼吁建立应对气候变化全球行动机制，减少毁林。《联合国气候变化框架公约》第 13 次缔约方大会通过了关于减少发展中国家毁林排放激励方案，强调采取措施，鼓励减少毁林，同时要求加强森林可持续经营，增加碳储存。通过林业活动减排是后京都减排协议谈判的主要内容之一。

林业可持续发展成为重要外交活动的政治议题。林业可持续发展成为各国政府首脑和各主要集团关注的大事，成为我国重大外交活动的主要议题之一。

2007 年 9 月在澳大利亚举行 APEC 领导人第 15 次非正式会议通过的《行动计划》明确提出，到 2020 年，使亚太地区森林面积净增长 2000 万 hm^2。

2007 年 11 月在新加坡举行的第三届东亚峰会通过的《气候变化、能源和环境新加坡宣言》明确提出：在造林和恢复植被方面加强合作，减少毁林、森林退化和森林火灾，促进森林可持续管理、打击非法采伐，保护生物多样性，解决与之相关的经济与社会根源问题。

林业可持续发展的相关问题被写入了《第八次中欧领导人会晤联合声明》《第九次中欧领导人会晤联合声明》和《第十次中欧领导人会晤联合声明》，明确提出：双方将继续打击非法采伐方面的努力，为自然资源保护，减缓气候变化和木材生产国经济发展

作出贡献。

第 62 届联大审议通过的《国际森林文书》呼吁国际社会建立新的额外的资金安排机制，扭转用于林业的官方发展援助下降的趋势，积极促进技术转让和加强发展中国家机构能力建设；加强林业行业行政管理，大力发展植树造林，加强森林保护和森林恢复，增加森林碳吸收，应对气候变化。

热带雨林大国联手，决心推动林业可持续发展。2007 年 9 月，巴西、喀麦隆、哥伦比亚、刚果、哥斯达黎加、刚国民主共和国、加蓬、印度尼西亚、马来西亚、巴布亚新几内亚和秘鲁 11 国首脑在美国纽约发表了《热带雨林国家领导人联合声明》，以加强合作，促进各种类型森林的管理、保护和可持续发展。

发达国家积极推动刚果盆地林业可持续发展。2002 年美国提供资金，支持形成刚果盆地森林伙伴关系，旨在通过技术和资金援助，减少刚果盆地雨林采伐，促进可持续发展。

欧盟积极通过打击非法采伐，推动林业可持续发展。2002 年，欧盟在约翰内斯堡可持续发展峰会上，阐述了关于帮助木材生产国改进林业执法和管理，打击非法采伐，推动林业可持续发展的承诺。2003 年，制订了森林执法、良政和贸易行动计划，努力推广木材产品合法性认证，打击非法采伐木材，鼓励森林可持续经营。

林业可持续发展得到国际组织的大力支持。联合国环境计划署 2007 年联合国环境计划署发起了"十亿绿树活动"，向全球发出倡议，呼吁各国承诺大力推动植树造林运动。该活动得到各国的积极响应，2007 年，全球共承诺植树 15 亿株。世界银行、全球环境基金和联合国粮农组织均调整援助政策，把林业可持续发展作为援助发展中国家的工作重点。

5.4 网络发展面临的挑战

网络发展具有巨大潜力和广阔前景。但必须认识到，网络发展同样面临巨大挑战。

一是发达国家的制约。

二是发展中国家的观望。

三是与现有区域和全球林业合作机制的协调。

5.5 网络发展方案的选择

纵观现有国际组织，根据组织的性质、管理体制、资金机制和项目活动等，可概要分为如下四种：松散网络、对话和信息交流平台、松散国际组织和正式国际组织。

松散网络，多以项目形式存在，如加拿大发起的国际示范林网络，通常是倡议国提供一定资金，发展一定项目成员，开展有限的项目活动，但资金缺乏可持续性。

对话和信息交流平台，也是一种组织形式，多以政策对话和信息交流为主，各方自愿参与，各方无资金承诺，活动根据各方的需要和资金来源而定，如温带及北方森林保护与可持续发展的蒙特利尔进程。

松散国际组织，有明确的组织宗旨和目标，有正式成员，但多没有健全办事机构，有固定资金来源，但规模小，活动有限，主要侧重政策对话和理念宣传，很难开展项目活动，如日本发起的亚洲森林伙伴关系。

以上三种形式的组织或网络的共同特点是无明确组织结构，投入小，活动小，影响力也小，得不到各方的重视，各方收益都不大，无力参与国际规则的讨论和制定，无助于倡议或发起国话语权的提高。

正式国际组织，则需要设立正式的组织机构、组织章程、组织发展战略和规划，组织宗旨、组织财政机制和运行管理机制等，能够开展一定规模的能力建设、政策对话、信息交流和项目活动，具有一定的区域或国际影响力，具有参与国际规则讨论和制定能力，具有很高的话语权，如总部设在日本的国际热带木材组织。

网络发展方案的选择主要应取决于倡议方对网络的定位和对网络性质的认定。根据上面的分析，选择正式国际组织的方案应能够更好地实现我方追求的利益。

5.6 网络发展策略

根据上述对网络潜力和前景、网络建设任务的性质、网络建设面临的挑战以及网络方案选择的分析，网络发展在战略上应分两步走，即：成立网络和推动网络区域化。在战术上，可多步走。

5.7 网络发展的基本原则

（1）稳步推进，注重实效 网络每个活动和每步发展都要有组织、有计划、有目的地进行。要稳中求进，不能急功近利。网络活动要从信息交流做起，逐步扩展到政策对话、能力建设和试点示范项目。所有网络活动要注重实际效果，逐步扩大网络影响力。

（2）遵守国际惯例，鼓励多方参与 网络筹建和未来发展都应遵守国际组织运行一般规律，应按照组织章程和规则办事，大力提倡和鼓励多方参与，坚持多方协商，尊重和考虑其促成员意见和关切。尤其在网络发展初期，要保持同美国、澳大利亚的沟通与磋商，发挥其应有的作用。

（3）以我为主，提高话语权 在网络筹建和未来发展上，我国应加强内部协调和合作，加强内部组织领导，深入研究和制定网络发展规划，加强工作的前瞻性、计划性、区域性和全球性，保证我国主动性，赢得主导权，提高我国在网络的话语权以及参与国际规则讨论与制定的话语权。

（4）关注区域问题需求，为我国建设服务 关注区域问题，解决成员关切的问题，是网络增强凝聚力的灵魂所在，就是为成员服务。在为成员服务的同时，要把我方的政治需要、外交需要、经济利益等融入其中，实现双赢。

5.8 网络发展的根本保障

网络能否发展关键取决于网络活力和可持续性，而活力和可持续性是通过项目活动取得的。一方面要有一定的技术支撑，另一方面，要有充足的资金作保障。资金保障是网络发展的根本保障。为实现网络的资金保障，可通过如下几个渠道共同筹集。

一是中国政府承诺每年提供一定的资金支持，或5~10年资金投入承诺。如澳大利亚成立森林与气候变化全球倡议，澳政府承诺提供2亿澳元。美国发起刚果盆地森林伙伴关系，提供5000多万美元。

二是把网络活动同我国政府对外援助项目紧密结合，在援助项目领域上有意识地向森林恢复和森林可持续管理倾斜，由网络负责实施。

三是建立网络基金，用于网络试点示范项目。基金可面向所有成员开放，重点面向国内外大型企业，特别是林业企业和林产品消费企业。企业的参与，既增加网络资金，又宣传了企业，树立企业的环保形象，有利于企业发展。

四是争取有关国家政府资金。中方将为网络运行和初期运行提供资金支持。应积极争取有关发达国家和中等发达国家的资金支持，特别是美国、澳大利亚、日本、加拿大和韩国。可将争取这些国家资金支持纳入我国整体外交和经济技术合作的总体规划。

五是积极争取与国际组织合作。积极开展同世界银行、亚洲银行、全球环境基金、联合国森林论坛、有关国际公约、与我国友好的非政府组织合作，联合出资，共同开展相关活动。

（参考文献从略）

研究生态热点问题　提升生态理论与实践[†]

生态学是研究生物与环境以及生物与生物之间相互关系的生物学分支学科。中国林科院生态学研究的发展，充分体现了现代生态学的内涵、任务和责任。其研究过程可分为两个阶段：1958～1988 年，主要以"研究生物与环境相互关系"经典生态学理念为指导，围绕造林、育林、森林经营需求，开展树木和森林的应用生态基础等方面的研究；1989～2008 年，主要围绕我国林业发展对生态学新的需求和国际生态学发展的热点问题，进一步拓展研究领域，提升生态理论与实践。

1　扎实工作奠定早期生态学研究基础

20 世纪 50 年代，重点围绕我国造林、经济林和珍贵树种的栽培问题开展生态学研究，如对油松、杨树、核桃、油橄榄、泡桐等生物学、生态学特性以及杉木适宜生长区的气候、立地条件、指示植物等进行较为系统的研究，研究成果对杉木、杨树、泡桐速生丰产林的营造以及油橄榄、柚木等树种的引种栽培发挥了重要作用；围绕森林采伐更新和抚育开展森林区划、天然林地理和群落分布、分类、结构与功能和演替等应用基础的研究，对长白林区森林和西南高山林区进行全面系统考察调研，为重点林区的开发和合理经营提供科学理论支撑。

60 年代，继续围绕重点林区开发建设进行综合调研，筹建森林生态定位观测站。1960 年建立了我国第一个森林长期生态定位观测站-川西亚高山森林生态定位观测站，为我国长期野外观测研究奠定了基础；通过对海南岛尖峰岭林区热带林的综合考察和深入研究，提出了海南岛天然林禁伐等重要理论，被国家采纳并实施了我国最早天然林禁伐和保护措施；对大兴安岭林区开发经营的应用基础进行调研，为其大规模开发建设奠定了基础。

70 年代，重点围绕杉木用材林基地建设规划以及林业建设工程在环境改善等方面的作用开展系列调研，出版了《中国重要树种造林技术》巨著，纠正了当时片面重视若干速生乔木树种的倾向，为后来实施林业六大工程树种选择拓展了广阔空间；围绕我国南方 14 省杉木用材林基地建设规划，开展杉木地理分布、立地分类调研，提出了北、中、南 3 带和产区区划，为杉木造林经营提供了技术支持。另外，还开展了林业建设改善、美化环境的应用研究。

2　继往开来创新支撑林业发展

20 世纪 80 年代开始，中国林科院在森林生态系统功能监测评估、全球变化与森林、

---

† 蒋有绪，2008 年 10 月 27 日，中国绿色时报，第 001 版。

森林碳平衡与碳减排、森林水文、森林生物多样性保育、湿地与野生动植物保护、森林与环境等 7 个领域开展了广泛研究,取得了前所未有的进步与发展。

在森林生态系统功能监测评估方面,建立了海南尖峰岭、江西大岗山森林生态系统、甘肃民勤荒漠草地生态系统 3 个国家级野外科学观测研究站,以及其他 17 个部级、院级野外森林生态定位研究站,为全国生态、资源、环境等方面的研究发挥了重要作用。

中国林科院作为主持单位,完成了我国第一个国家自然科学基金重大项目"中国森林生态系统结构与功能规律"的研究,发展了生态系统生态学理论与方法,推进了森林生态系统监测和研究标准化、规范化及网络化,提高了人们及决策者对森林功能的认识,为我国生态学首次跨部门、多学科、大尺度进行综合研究开了先河。

中国林科院作为主要研究单位,首次提出了全国和省区森林生态系统生态功能价值计算原理方法,为我国实施以林业为试点计算绿色 GDP 项目打下了坚实的基础;编制完成了《森林生态系统定位观测指标体系》等多项标准,已被应用到全国近 30 个森林生态定位站的建设中。

在森林生物多样性保育和自然保护区学研究方面,主要开展了海南岛热带林生物多样性形成机制和森林生物多样性监测、评价及保育技术 2 项研究,构建了较为完善的热带林生物多样性形成与维持的理论体系,为合理保护和利用热带林生物多样性资源提供了依据;开展了国家重点工程区生物多样性监测研究,对国家生态评价和生态安全体系的建立具有重要的历史意义和科学指导价值。同时,还开展了生物标本与实物数字化、可视化表达技术研究与示范等系列工作。

在全球变化与森林的相互影响、森林碳平衡与碳减排研究方面,开展了中国森林生态系统碳源、碳汇格局、动态变化及碳汇潜力的评估和气候变化对中国森林影响的预测与风险评估,研究成果为国际环境外交和国内、国际气候变化委员会的评估报告提供了重要参考;研究提出的"CDM 退化土地再造林"方法学,成为世界上第一个获得 CDM 执行理事会批准的方法学,为制定相关的国际规则奠定了基础。

在森林与水的相互关系研究方面,主持完成了"我国森林生态系统水文生态功能规律研究",创造性地对比分析了森林水文生态功能特点及随自然地理、气候与土壤环境以及植被条件变化的规律,揭示了森林水文的作用特点及与环境条件的相互关系,实现了把对森林类型和单一水文要素的孤立研究上升到对大区域和全国尺度的整体规律性认识;主持完成了"西部典型区域森林植被对农业生态环境的调控机理"研究,其中生态水文过程耦合机理是项目的重要创新内容;通过对宁夏六盘山、甘肃祁连山、黄土高原、北京官厅等干旱缺水地区植被建设与水资源相互关系的研究,在森林植被生态水文过程与调控途径等方面取得了可喜进展。

在国家重大工程生态问题研究方面,通过"生态林业工程功能观测与效益评价技术研究",建立了全国统一的生态林业工程效益评价指标体系;对三北、长江、太行山和沿海四大生态林业工程的效益做出了区域性评价和综合评价;完成了生态效益计量经济理论研究,提出了我国 4 大林业生态工程效益评价计量理论和方法,解决了森林生态效益货币计量化评价的理论和方法问题;开展了三峡库区陆地生态恢复与管理、天然林保育的生态学基础和生态系统综合管理研究,为三峡库区天然林保护工程、退耕还林工程建设提供了科技支撑,促进了三峡库区陆地生态环境改善和地方经济发展。生态系统综合管理研究是指导我国目前及未来 10 年与国际组织共同探讨中国土地退化防治的合作计划。

在湿地、鸟类与野生动植物保护研究方面，开展了湿地生态、中国鸟类环志与候鸟迁徙研究，取得了瞩目成就。如"红树林主要树种造林和经营技术研究"分别获原林业部和国家科技进步二等奖；《湿地恢复手册理论原则与案例》中的有关案例被国际湿地公约认可，并在全球范围内推行；1982 年成立全国鸟类环志中心，到 2007 年底累计环志鸟类 720 种 198 万余只，位居亚洲之首；全国野生动植物研究与发展中心现已成为国家林业局野生动植物项目的主要执行机构，为国家制定相关政策和指导提供了重要依据。

在森林与环境研究领域研究方面，开展了森林健康与受损生态系统的修复、珠江三角洲森林与城市环境关系研究等。

当前，随着我国经济的快速发展和林业建设步伐的不断加快，中国林科院生态学研究队伍日趋年轻化、专业化，大多为 45 岁上下、国内具有较强领导力、在国际学术组织任职或活跃于国际学术活动的首席专家。他们正以崭新的姿态亮相于生态学理论与方法体系研究的舞台，把握科技前沿，坚持不懈地发挥林业在碳储存、碳替代、生物能源等方面不可替代的作用，努力提升整体研究水平，为生态学的不断发展贡献新的力量。

世界重要入侵害虫对中国的威胁[†]

全球入侵种数据库（GISD, Global Invasive Species Database）（http://issg.appfa.auckland.ac.nz/database）由世界自然保护联盟（IUCN，the International Union for conservation of Nature）所属物种生存委员会（SSC，The Species Survival Commission）的入侵种专家组（ISSG，The Invasive Species Specialist Group）建立，旨在提供全球范围的外来入侵种的各种信息。GISD（截至 2005 年 11 月）共收录世界范围的入侵物种 288 种，其中昆虫 27 种。同时 IUCN 还根据 GISD 公布了世界 100 种最具危害性的外来入侵种，其中包括昆虫 14 种。这些世界重要害虫具有很强的入侵性，而且对生物多样性和人类活动有严重影响。目前除原产于中国的 6 种外，已经有 11 种入侵中国，还有 10 种对中国具有潜在威胁。

1 GISD 中的入侵昆虫

1.1 GISD 中已入侵中国的外来昆虫

GISD 数据库收录入侵中国的昆虫有 11 种（表 1），其中 9 种为世界 100 种最危险的入侵物种。11 种昆虫中，膜翅目种类最多（5 种），其次为鞘翅目、同翅目（各 2 种），剩余种类分属双翅目和鳞翅目（各 1 种）。原产地在亚洲的有 8 种，占原产地总频次（18 次）的 44.4%；原产非洲的有 4 种，占原产地总频次的 22.2%；原产于美洲和欧洲的各 3 种，均占总频次的 16.7%。这 11 种入侵昆虫在中国分布广泛，尤其白纹伊蚊（*Aedes albopictus* Skuse）、烟粉虱（*Bemisia tabaci* Gennadius）和舞毒蛾（*Lymantria dispar* L.）几乎遍布全国。从这些外来入侵昆虫的地区分布来看，东南沿海省区外来物种的种类多于内陆地区，台湾（8 种）、广东、广西（各 7 种）、福建（6 种等地区分布的种类较多，而内陆地区，新疆（3 种）、陕西（3 种）、山西（3 种）、内蒙古（1 种）等地区分布的种类较少。

入侵昆虫在中国的寄主种类多，危害严重。舞毒蛾寄主植物可达 500 余种[1]，几乎分布于中国各省[2, 3]。小滑材小蠹（*Xylosandrus compactus* Eichhoff）除了危害咖啡外，还危害板栗等植物[4]。B 型烟粉虱近年来在中国多地区爆发成灾[5, 6]，特别是对十字花科蔬菜，如甘蓝（*Brassica oleracea* var. *capitata*）、花椰菜（*Brassica oleracea* var. *botrytis*）危害严重。白纹伊蚊是登革热的重要媒介昆虫，广东、广西、海南三省 1976～1991 年曾有 14 次规模不等的登革热流行[7]。2003～2005 年以来相继在台湾、广东、湖南、广西、香港和澳门等地发现的红火蚁（*Solenopsis invicta* Buren）也已对农业生产、人类健

† 张润志，张亚平，蒋有绪，2008，中国科学 C 辑（生命科学），38（12）：1095-1102，属中国科学院学部咨询项目的内容。

表1　GISD 11 种入侵中国的昆虫

分类	名称	原产地	中国分布地区
鞘翅目	谷斑皮蠹 *Trogoderma granarium* Everts※	亚洲	福建、山东、广东和云南曾发生，仅在台湾定居
	小滑材小蠹 *Xylosandrus compactus* Eichhoff	亚洲	广东、海南、福建
双翅目	白纹伊蚊 *Aedes albopictus* Skuse※	亚洲	辽宁、河北、山西、陕西、山东、河南、江苏、安徽、浙江、湖北、江西、湖南、福建、台湾、广东、广西、四川、贵州、云南、西藏
同翅目	烟粉虱 *Bemisia tabaci* Gennadius※	亚洲或非洲	广东、广西、海南、福建、云南、浙江、江西、湖北、四川、台湾、上海、湖南、陕西、北京、河南、河北、天津、山西、新疆、山东等
	大果柏大蚜 *Cinara cupressi* Buckton※	希腊东部到里海南岸	黑龙江
膜翅目	长角捷蚁 *Anoplolepis gracilipes* Fr. Smith※	亚洲或非洲	浙江、广东、香港、广西、云南、福建、台湾、海南和澳门等
	大头蚁 *Pheidole megacephala* F.※	非洲	广西、福建、广东、台湾和香港
	红火蚁 *Solenopsis invicta* Buren※	南美	台湾、香港、澳门、广东、广西和湖南等
	热带火蚁 *Solenopsis geminata* Fabricius	美洲	广西、浙江、广东、海南、香港、台湾等
	黄胡蜂 *Vespula vulgaris* L.※	全北区（欧亚大陆和美洲）	新疆、四川、云南、河北、北京、辽宁、黑龙江
鳞翅目	舞毒蛾 *Lymantria dispar* L.※	亚洲、欧洲、非洲	黑龙江、吉林、辽宁、内蒙古、陕西、宁夏、甘肃、青海、新疆、河北、山西、山东、河南、湖南、四川、贵州、江苏和台湾

※ 属于世界 100 种最危险的入侵物种

康、日常生活造成了不利影响[8, 9]。另外谷斑皮蠹（*Trogoderma granarium* Everts）、大果柏大蚜（*Cinara cupressi* Buckton）、长角捷蚁（*Anoplolepis gracilipes* Fr. Smith）、大头蚁（*Pheidole megacephala* F.）、热带火蚁（*Solenopsis invicta* Buren）和黄胡蜂（*Vespula vulgaris* L.）在中国的危害报道不多，但鉴于它们均为世界重要入侵害虫，因此也应引起足够的注意。

1.2　GISD 中威胁中国的入侵昆虫

GISD 中有 10 种昆虫对中国有入侵威胁（表2），有 3 种为世界 100 种最危险入侵昆虫。10 种昆虫中膜翅目 5 种，同翅目 2 种，双翅目 2 种，鞘翅目 1 种。这些种类中原产美洲的最多，有 6 种，占原产地总频次（11 次）的 54%；原产非洲和欧洲各 2 种，分

表 2　威胁中国的入侵昆虫

分类	名称	原产地	入侵地	主要入侵途径	主要寄主
鞘翅目	墨西哥棉铃象 *Anthonomus grandis* Boheman	中美洲	北美洲（美国、委内瑞拉、巴西、巴拉圭和阿根廷等）	农机转移、材料运输及自身迁移扩散	棉花
同翅目	冷杉球蚜 *Adelges piceae* Ratzeburg	中欧（波兰、匈牙利、德国、奥地利、瑞士等）	北美洲（加拿大）	随苗木和木材运输传播；卵和新孵化幼体借助风、动物（鸟、牲畜）等方式扩散	松科冷杉属（*Abies*）的林木
	北美大叶蝉 *Homalodisca coagulata* Say	美洲（美国东南部和墨西哥北部）	美洲（美国、墨西哥、洪都拉斯及南太平洋岛屿）	苗圃运输传播及自身迁移扩散	传播皮尔斯病原菌，严重危害葡萄
双翅目	地中海实蝇 *Ceratitis capitata* Wiedemann	地中海沿岸和非洲热带地区（埃及、肯尼亚、南非等）	美洲（美国、阿根廷、巴西等）、亚洲（以色列、沙特、土耳其等）、欧洲（法国、德国、意大利等）、非洲（摩洛哥和坦桑尼亚等）、大洋洲（澳大利亚和新西兰）	随水果调运或旅客携带远距离传播；随风传播较远距离	寄主达 300 种以上，以温带和亚热带水果为主
	四斑按蚊 *Anopheles quadrimaculatus* Say	北美（美国和加拿大）	美洲（美国、加拿大和巴拿马）	卵或幼虫借助储水装置（如轮胎）、流水和漂浮植物等传播	传播疟疾
膜翅目	入侵性花园蚁 *Lasius neglectus* Van Loon, Boomsma & Andrasfalvy	可能为亚洲的土耳其	亚洲（格鲁吉亚和吉尔吉斯斯坦）、欧洲（匈牙利、希腊、法国、德国和西班牙等）	盆栽植物、草皮、建筑用土等带土材料的运输传播；自身迁移扩散	蚜虫的蜜露
	阿根廷蚂蚁 *Linepithema humile* Mayr	南美（阿根廷、巴西和巴拉圭等）	美洲（美国、墨西哥、古巴等）、亚洲（日本）、欧洲（法国、意大利、俄罗斯）、非洲（南非）、大洋洲	苗木、草皮和土壤运输传播	食性广泛，主要为入侵地区的节肢动物
	小红火蚁 *Wasmannia auropunctata* Roger	美洲（墨西哥、古巴、巴西、阿根廷等）	美洲（加拿大、美国、厄瓜多尔等）、非洲（加蓬和喀麦隆）、及大洋洲（瓦努图）	苗木、食品、作物引种等带土材料的运输或借助漂浮植被或残骸（如原木片段）传播；自身迁移扩散	食性广泛，入侵地区的节肢动物或小型脊椎动物，同翅目昆虫的蜜露
	非洲化蜜蜂 *Apis mellifera scutellata* Lepeletier	非洲（肯尼亚、乌干达、南非等）	美洲（美国、巴西等）	蜂王隐匿在运输工具中被传播；自身飞行扩散	植物性蜜源
	西方黄胡蜂 *Vespula pensylvanica* Rohwer	北美热带地区	美洲（夏威夷群岛）	物品运输传播；自身飞行扩散	食性广泛，主要为入侵地区土著动物

别占总频次的 18%；原产亚洲的 1 种，占总频次的 9%。目前除远东地区和东南亚国家尚未发现地中海实蝇（*Ceratitis capitata* Wiedemann）外，世界各地皆有分布；阿根廷蚂蚁（*Linepithema humile* Mayr）遍布美洲、亚洲、欧洲和大洋洲；小红火蚁（*Wasmannia auropunctata* Roger）分布于美洲、非洲和大洋洲；入侵性花园蚁（*Lasius neglectus* Van Loon，Boomsma & Andrásfalvy）目前在亚洲和欧洲有分布，其余 6 都分布在美洲（图 1a 和 b）。

● 冷杉球蚜　　▲ 四班按蚊　　★ 墨西哥棉铃象　　◆ 非洲化蜜蜂　　■ 地中海实蝇

▲ 北美大叶蝉　　★ 入侵性花园蚁　　◆ 阿根廷蚂蚁　　■ 西方黄胡蜂　　▼ 小红火蚁

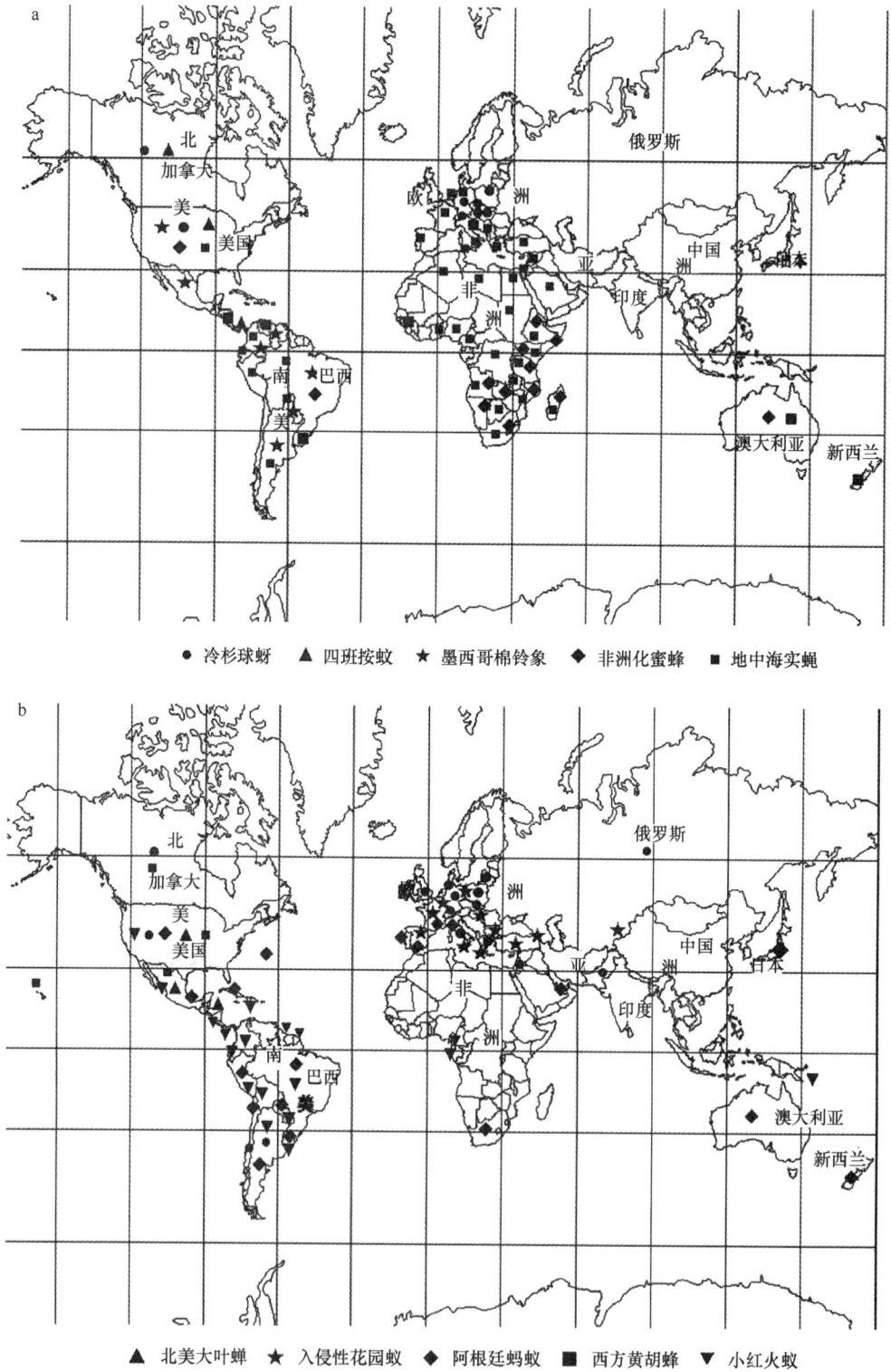

图 1　对中国具有潜在威胁的 10 种入侵性昆虫的世界分布

这 10 种入侵性昆虫中，墨西哥棉铃象（*Anthonomus grandis* Boheman）主要危害棉花，对现蕾和现铃时期的棉花危害最大（http://ipm.ncsu.edu/），已扩散到全美的棉花种植区，到目前已使美国棉花种植者损失 150 亿美元（http://www.cahe.nmsu.edu/）。"水果头号杀手"——地中海实蝇的寄主达 300 种以上（http://www.extento.hawaii.edu/），一些地中海国家的核果受害率曾经高达 100%（http://creatures.ifas.ufl.edu/）。传播皮尔斯菌（*Xylella fastidiosa*）的北美大叶蝉（*Homalodisca coagulata* Say），严重危害葡萄（*Vitis vinifera*）、柑橘（*Citrus madurensis* L.）等果木，曾使美国加利福尼亚州 97%葡萄园感染皮尔斯病，损失惨重（http://creatures.ifas.ufl.edu/）。林业害虫冷杉球蚜（*Adelges piceae* Ratzeburg）使美国弗吉尼亚地区冷杉林成活树已由原来的 80%降低到 2.5%（http://www.ces.ncsu.edu/）。四斑按蚊（*Anopheles quadrimaculatus* Say）除传播疟疾（Malaria）外，还传播圣路易脑炎病毒（St Louis encephalitis virus）和犬心丝虫（*Dirofilaria immitis*）等，是重要的卫生害虫[10]。

还有一些入侵昆虫不仅危害人类生产，还破坏生态系统，甚至危害人类健康。非洲化蜜蜂与其他生物竞争蜜源，不仅杀死本地蜜蜂的蜂王，使养蜂业成本提高，还导致其他生物种群数量降低（http://www.columbia.edu/），而且其蜇刺可使人死亡，因此又被称为"杀人蜂"。入侵性花园蚁、阿根廷蚂蚁和小红火蚁与同翅目蜜露昆虫互利共生，导致蚜虫、介壳虫等虫害发生增加，危害农、林业生产[11]。由于入侵性蚂蚁的攻击性强，导致领域内土著蚂蚁及其他节肢动物甚至脊椎动物的种群受到威胁，对生态系统造成危害[12]。另外它们的破坏性入侵和攻击性叮咬使人类生产和生活受到危害，人类健康受到威胁（http://www.columbia.edu/）。西方黄胡蜂则主要是影响入侵地区的生物多样性，它的入侵使夏威夷群岛的土著无脊椎动物受害严重（http://www.hear.org/articles/asquith1995/）。

2 外来昆虫对中国的入侵威胁

2.1 已入侵中国的外来昆虫分析

目前入侵中国的外来昆虫以原产于亚洲和美洲的居多。本文提到的入侵中国的 11 种昆虫中，原产亚洲最多（占 43.75%）。中国 48 种主要的农林外来入侵昆虫中，原产美洲（占 31.5%）和亚洲（占 27.8%）的种类最多[13]。中国 160 种外来入侵昆虫的原产地分析表明，原产亚洲的最多，占外来入侵昆虫总数的 31.3%；其次为原产欧洲和美洲的种类，分别占总数的 20%和 17.5%[14]。

原产亚洲的入侵昆虫所占比例较大，主要原因有两点：（i）中国是世界上邻国最多的国家，与俄罗斯、朝鲜、泰国、缅甸、越南、哈萨克斯坦、吉尔吉斯斯坦、巴基斯坦、印度等国家相邻，还与韩国、日本、菲律宾、文莱、马来西亚及印度尼西亚等国隔海相望。地理距离的邻近，使邻国的外来物种比较容易进入中国；（ii）中国从南到北跨热带、亚热带、暖温带、温带、寒温带等气候带，大部分地区位于温带和亚热带。气候的多样性为外来昆虫提供了生存和发展的条件。

原产于美洲的入侵昆虫较多，一方面是由于中国与美洲国家，尤其是北美的美国和加拿大的贸易往来频繁，增加了外来入侵昆虫进入中国的机会；另一方面由于北美大陆与中国大陆具有较强的纬度和气候相似特征，原产于美洲的物种能很容易地在中国成功定殖并产生危害；另外由于美洲分布的入侵昆虫种类较多，是许多入侵昆虫的原产地和聚集地，所以向外输出入侵性昆虫的可能性也较大。

据统计，中国近年截获的外来昆虫来自 100 多个国家和地区，其中截获批次较多的国家和地区包括泰国、美国、缅甸、中国香港和中国台湾、巴西、印度尼西亚、韩国、日本、马来西亚等[15]。表明中国周边的亚洲国家和北美向中国输入外来入侵昆虫最多，对中国的入侵威胁也最严重。

2.2　GISD 中 10 种昆虫对中国的入侵威胁

GISD 中 10 种外来入侵昆虫均存在入侵中国的可能性，对中国具有潜在威胁。这些昆虫自身具有的形态优势、入侵途径的多样性及国际贸易的迅速发展使中国面临的入侵威胁日趋严峻。

多数外来入侵昆虫的形体微小，且能以多种虫态传播，这种特点使它们不易被察觉，易于被携带传播。如冷杉球蚜成虫还不到 1mm（http://www.rci.rutgers.edu/）。而且幼虫和卵在形态上远比成虫鉴定困难，检疫过程中容易造成漏检或误检，也增加了检疫工作的难度。

外来入侵昆虫的传播途径多样，它们可以通过隐匿在各种介质中（如苗木、木质材料、带土材料、作物、水果等寄主植物、设备装置等），借助各种运输工具或人和动物的携带，进行传输，从而扩散到新地区（表 2）。阿根廷蚂蚁、小红火蚁等许多入侵昆虫都是借助这种方式，在各大洲间传播、扩散的[11, 16]。另外入侵昆虫可以借助自然力量（风、水流等）或自身迁移扩散。冷杉球蚜的卵或幼虫可以借助风力传播较远距离（http://www.fs.fed.us/），非洲化蜜蜂依靠自身飞行的扩散速度可以达到每年 322km（http://www.columbia.edu/）。入侵性昆虫传播扩散方式的多样性，既增加了其入侵的可能性，同时也给检疫工作带来了难度。

中国的经济发展迅速，与世界上许多国家的交流往来频繁，客观上也增加了外来昆虫入侵的机会。目前中国的主要贸易伙伴包括日本、美国、欧盟、东盟、韩国、俄罗斯、澳大利亚、加拿大等国家和地区（http://www.china.org.cn/），而 GISD 中的 10 种外来入侵昆虫均在这些地区有分布，因此中国与这些国家和地区的频繁贸易往来必然会导致这些有害生物借助各种途径入侵中国。另外中国周边国家的外来入侵昆虫也对中国形成威胁，入侵性花园蚁已经扩散到与中国相邻的吉尔吉斯斯坦（http://www.creaf.uab.es/xeg/），阿根廷蚂蚁在日本已有分布[17]。

近年来，中国入境有害生物的种类和数量逐年增加。口岸截获的外来有害生物 2003 年达 30 554 批次，1163 种；2004 年为 52 626 批次，1498 种；2004 与 2003 同比增长 172.24%（批次）[18]。其中地中海实蝇和墨西哥棉铃象等危险性害虫，多次被中国海关截获。这些重要的外来入侵害虫一旦传入中国将造成难以估计的损失。中国主要出产温带、亚热带干鲜水果，其中苹果产量占世界总产量的 1/3，梨的产量接近世界总产量的 1/2，而地中海实蝇主要危害温带和亚热带水果。因此如果其入侵中国，将对中国的水果生产构成巨大威胁。中国是棉花生产大国，棉花产量和消费量目前均位居世界之首，如果墨西哥棉铃象传入中国，对整个棉花产业将造成沉重打击，国民经济也将受到影响。

2.3　GISD 数据库的不足

GISD 主要搜集世界范围的外来入侵物种信息，目前该数据库共收录昆虫纲 27 种外来入侵昆虫。但是实际上危害严重的外来入侵昆虫远不止 GISD 中包含的这些种类，比如在中国实际造成严重危害的外来入侵昆虫还有：温室白粉虱（*Trialeurodes vaporariorum* Westwood）、稻水象甲（*Lissorhoptrus oryzophilis* Kuschel）、日本金龟子（*Popillia japonica* Newman）、美国白蛾（*Hyphantria cunea* Drury）、棉红铃虫（*Platyedra gossypiella* Saunders）、美洲斑潜蝇（*Liriomyza sativae* Blanchard）、湿地松粉蚧（*Oracella acuta* Lobdell）、松突圆蚧（*Hemiberlesia pitysophila* Takagi）、日本松干蚧（*Matsucoccus matsumurae* Kuwana）、强大小蠹（*Dendroctonus valens* Leconte）、蔗扁蛾（*Opogona sacchari* Bojer）等。这些外来物种传入中国后，扩散迅速，危害严重。强大小蠹入侵山西、河北、河南等地后，对当地油松（*Pinus tabulaeformis*）造成毁灭性侵害，直接经济损失达 6.84 亿元[19, 20]。美洲斑潜蝇已呈全国性分布，发生面积达 66.7 万公顷，每年防治费用 4.5 亿元[21]。蔗扁蛾于 1987 年随进口巴西木进入广州，此后在中国南方发生严重，凡能见到巴西木的地方几乎都有蔗扁蛾发生危害，现已扩散到北京[22]。

近年来中国境内还不断发现新的入侵害虫。2002 年海南省海口市发现椰心叶甲（*Brontispa longissima* Gestro），导致椰树大面积死亡，染虫区已达 29 277.79 万 hm²[23]。2003 年北京发现西花蓟马（*Frankliniella occidentalis* Perg.），温室栽培作物受害明显，并呈进一步蔓延趋势[24]。

因此建议 ISSG 将这些危害严重的入侵性害虫列入 GISD 数据库，为外来入侵昆虫的预警和防治提供更丰富的资料。同时对外来入侵昆虫的选择和评价标准需要进行科学的完善，在关注发达国家外来有害生物发生情况的同时，也给予发展中国家更多的关注。

3　中国应对外来入侵害虫相关问题讨论

3.1　制定和完善相关的法律法规

国外对外来入侵物种的法制化管理开始较早，美国早在 1996 年颁布了《国家入侵物种法》，2002～2004 年制定了 42 部有关外来物种入侵的法律[25]。专门的国家外来入侵物种委员会（National Invasive Species Council）于 2001 年制定了外来生物入侵的治理计划[26]。当前，中国迫切需要修订针对危险性有害生物的原有条例和法规，而且我国目前还没有一部专门的外来物种管理法规，急需加快立法步伐。同时建立专门性的、系统的防治监管体系，从入侵生物引入、贸易传输、发现鉴定、责任追究等各环节进行控制[27]，还要加强对外来入侵物种的管理和规范，特别是对农业、林业、养殖业等有意引进外来物种的管理。增强公民的防范意识，最大限度地限制外来物种的入侵。

3.2　加大检疫力度，严格执法

检疫、检查是限制外来生物入侵的重要途径，严格的动植物检疫制度可以最大限度地防范外来生物入侵。我国各级海关、商检部门应依据国家正式颁布的法律、法规执行全面检疫、严格执法。对进口的船舶、货物及其装配附件进行严格的执法检查和检疫，力求将已列入的外来入侵物种（包括已列入中国检疫对象的物种和潜在的检疫性有害生物及那些在原产地为恶性动植物物种）及其繁殖体拒之于国门之外。加大人才队伍的培养和培训力度，提高海关、商检、环保、农林业等部门人员的素质与业务能力。

3.3　增强预警能力，建立风险评估体系

健全和完善进境动植物及其产品的风险预警机制，特别是加强早期预警工作，充分做好超前预警工作。通过广泛收集外来入侵生物的资料，并结合海关检疫截获有害生物的原产地和可能的入侵途径等信息确定有可能由于贸易或其他原因进入本地的生物种类，列出检疫对象、限定危险性有害生物，掌握防范外来有害生物侵害的主动权。同时要审慎对待外来物种的有意引入，加强对其全面的风险评估，加强外来物种引进和使用过程中的管理和监控。国家要建设一个监测网络，负责各地的外来物种调查、监测工作，及时通报重要危害性物种的出现及危害状况，并通过有关数据库系统迅速了解其适生环境和可能入侵的地域，以及将来的危害和防控途径等。科研机构也应加强合作，优势互补，更好地服务于外来入侵物种的防治工作。

3.4　科学防治，综合治理

外来入侵物种一旦扩散，将引起重大危害，同时治理难度和费用都很高。因此要做好潜在传入的外来有害生物的治理，做到早察觉、早预报、早行动、早歼灭，迅速扑灭疫情。外来物种入侵的监测和早期根除是治理外来入侵物种的最重要环节，对其入侵前沿区域进行封锁控制，防止危害进一步扩大。对已经造成危害的地方，应发动群众，利用生物防治、物理防除、化学防治等方法，进行综合治理，控制其进一步扩散危害。同时加强对外来物种的基础理论研究资金和技术投入，增加与国际间的科学技术交流，不断摸索科学有效的方法对外来入侵生物进行有效防治。

致谢

感谢中国科学院动物研究所刘宁、李颖超和高凤娟的大力帮助！

参 考 文 献

[1] 赵仲苓. 鳞翅目：毒蛾科. 中国动物志. 第30卷. 北京：科学出版社，2003，261.

[2] 萧刚柔. 中国森林昆虫. 第2版. 北京：中国林业出版社，1992，1086-1087.

[3] 石娟，王月，徐洪儒，等. 不同食料植物对舞毒蛾生长发育的影响. 北京林业大学学报，2003，25（5）：47-50.

[4] 殷蕙芬，黄复生，李兆麟. 鞘翅目：小蠹科. 中国经济昆虫志. 第29册. 北京：科学出版社，1984，170.

[5] 张芝利，罗晨. 烟粉虱的发生危害和防治对策. 植物保护，2001，27（2）：25-30.

[6] 罗晨，姚远，王戎疆，等. 利用mtDNA COI 基因序列鉴定中国烟粉虱的生物型. 昆虫学报，2002，45（6）：759-776.

[7] 陆宝麟. 昆虫纲：双翅目，蚊科（上卷）. 中国动物志. 第8卷. 北京：科学出版社，1997，60-259.

[8] 张润志，任立，刘宁. 严防危险性害虫红火蚁入侵. 昆虫知识，2005，42（1）：6-10.

[9] Zhang R, Li Y, Liu N, et al. An overview of the Red Imported Fire Ant（Hymenoptera：Formicidae）in mainland China. Florida Entomol, 2007, 90（4）：723-731.

[10] Horsfall W R. Mosquitoes：Their Bionomics and Relation to Disease. New York：Hafner Publishing Co, 1972, 723.

[11] Holway D A, Lach L, Suarez A V, et al. The ecological causes and consequences of ant invasions. Ann Rev Ecol System, 2002, 33：181-233.

[12] Armbrecht I, Ulloa-Chacón P. The little fire ant Wasmannia auropunctata（Roger）（Hymenoptera：Formicidae）as a diversity indicator of ants in tropical dry forest fragments of Colombia. Environ Entomol, 2003, 32（3）：542-547.

[13] 万方浩, 郑小波, 郭建英. 重要农林外来入侵物种的生物学与控制. 北京：科学出版社, 2005, 764-767.

[14] 李红梅, 韩红香, 张润志, 等. 中国大陆外来入侵昆虫名录.乔格侠, 陈洪俊, 肖晖, 主编. 北京：中国农业科学技术出版社, 2005, 10-17.

[15] 姚文国, 施宗伟. 从口岸截获疫情浅析外来昆虫入侵特点和防范对策. 昆虫知识, 2004, 41（4）：371-374.

[16] Vega S J, Michael K R. The argentine ant-a significant invasive species in agricultural, urban, and natural environments. Sociobiology, 2001, 37（1）：1-10.

[17] Suarez A V, Holway D A, Case T J. Patterns of spread in biological invasions dominated by long-distance jump dispersal：insights from argentine ants. Proc Natl Acad Sci USA, 2001, 98（3）：1095-1100.

[18] 陈洪俊, 张乐, 陈克. 进境植物检疫截获有害生物评析. 罗晨, 季延寿, 主编. 第 5 届生物多样性保护与利用高新技术国际研讨会论文集. 北京：科学技术出版社, 2005, 39-42.

[19] 赵忠懿, 申富勇, 刘俊磊. 强大小蠹正在威胁我国的林业生产. 植物检疫, 2002, 16（2）：86-88.

[20] 宋玉双, 杨安龙, 何嫩江. 森林有害生物红脂大小蠹的危险性分析. 森林病虫通讯, 2000,（6）：34-37.

[21] 张润志, 桑卫国, 孙江华, 等. 生物入侵与外来入侵物种的控制.科学, 2002, 54（6）：11-14.

[22] 国家环保总局. 中国第一批外来入侵物种名单. 中华人民共和国国务院公报, 2003,（23）：41-46.

[23] 吕宝乾, 陈义群, 包炎, 等. 引进天敌椰甲截脉姬小蜂防治椰心叶甲的可行性探讨. 昆虫知识, 2005, 42（3）：254-258.

[24] 张友军, 吴青君, 徐宝云, 等. 危险性外来入侵生物——西花蓟马在北京发生危害. 植物保护, 2003, 29（4）：58-59.

[25] 张博. 美国外来物种入侵相关法律对我国的启示. 黑龙江省政法管理干部学院学报, 2005, 2：25-28.

[26] 张润志, 康乐. 外来物种的挑战. 中国科学院编, 科学发展报告.北京：科学出版社, 2004, 144-149.

[27] 张润志, 康乐. 外来物种入侵的预警与立法管理. 中国科学院院刊, 2003, 18（6）：413-415.

我国生物入侵现状与对策†

我国遭受生物入侵的损失非常严重,每年损失数千亿元人民币(中国环境与发展国际合作委员会)。我们必须保护农业发展的良好自然环境、社会环境和经济环境,特别要避免由于入侵性植物疫情造成"农业突发事件"而严重影响本来就脆弱的农业生产。通过广泛调研、收集和分析我国遭受生物入侵危害的现状、形势和防控工作中存在的严重问题,并借鉴发达国家防控生物入侵的经验和教训,从我国具体实际出发,在"健全法律保障、完善管理体制、加强科技支撑、提高公众意识"等方面提出了相关建议。

1 我国遭受生物入侵危害的严峻形势

目前入侵我国的植物检疫性有害生物已由 1995 年的 32 种增加到 44 种;入侵我国的外来有害生物已达 400 多种,其中已造成严重危害的就有 100 多种。我国每年因外来生物入侵造成的经济损失高达 1198 亿元,其中检疫性有害生物每年造成的经济损失就达 574 亿元。大量入侵性有害生物的发现和严重危害,无疑与我国植物检疫工作的力度密切相关。

1.1 新发现的有害生物呈显著的上升趋势

随着全球经济一体化,特别是国内外农产品流通速度的加快,有害生物入侵风险越来越大。近年来,有害生物传入我国的频率大大加快。20 世纪 70 年代我国仅发现 1 种外来的检疫性有害生物,80 年代发现 2 种,90 年代发现 8 种,进入新世纪新发现 18 种。同时,地中海实蝇、小麦矮腥黑穗病等重大检疫性有害生物经常在口岸被截获,随时有传入国内的危险。新传入的有害生物对农业的威胁巨大。在新传入的有害生物中,有我国检疫部门长期关注并一直严防其传入的香蕉穿孔线虫、苜蓿黄萎病等,还有世界上 100 种危害最重的有害生物之一——红火蚁。

1.2 新传入的有害生物对农业的威胁巨大

2005 年从广东沿海传入的红火蚁,3 年左右时间就扩散到 4 个省(区),现已在 16 个地级市 32 个县 68 个乡(镇、街)172 个行政村(社区)发生,面积达 20 万亩。如果不对红火蚁采取有效防控措施,造成的经济损失将达 1280 亿元。1993 年在海南首次发现美洲斑潜蝇入侵,10 年后已经扩散到我国全境适宜分布区,每年仅防治费用就高达 4.5 亿元。新近发现的梨火疫病、黄瓜绿斑驳花叶病、葡萄根瘤蚜,黄顶菊都是世界各

† 张亚平,蒋有绪,张润志,桑卫国,陈毅峰,薛大勇,杨君兴,彭华,张克勤,2009,中国科学院院刊,24(4):411-413。

国十分敏感和严加防范的检疫对象，如果不能迅速得到根除，将影响我国园艺出口贸易和产业安全。

1.3 局部发生的检疫性有害生物呈蔓延之势

稻水象甲于 1986 年在河北唐山首次发现，因缺少控制经费，1998 年扩散到 7 个省，2003 年扩散到 11 个省市，每年造成经济损失 4.3 亿元。专家预测，如果该虫扩散到全国水稻区，需要支出 23 亿元进行防治；苹果蠹蛾每年对新疆水果造成的损失高达 3400 万元，目前已扩散到甘肃张掖，并以每年 40～50 公里的速度向陕西等苹果优势产区逼近；马铃薯甲虫于 1993 年从哈萨克斯坦传入新疆伊犁、塔城地区，现已扩散到乌鲁木齐，并以每年 100 公里的速度向内地扩散，每年造成经济损失 4 亿元；美洲斑潜蝇 1993 年首次发现于海南三亚，1995 年就已传到江南 8 省，1997 年已扩散到除西藏外的所有省区，目前已是蔬菜和花卉上最难防治的害虫，每年造成的经济损失数十亿元。

1.4 国际上著名入侵生物的潜在威胁增加

小麦1号病是严重危害小麦生产的重要病害之一。该病于上个世纪70年代传入新疆，每年造成的损失达2.1亿元。美国是小麦1号病发生区，2001年美国于中国加入 WTO 之机，打开了中国市场，2005年其小麦输华量已达280万吨。据专家研究，我国有近20%的小麦主产区均为小麦1号病高风险区，该病随时威胁着我国小麦安全；大豆疫病于1991年首次发现于黑龙江，目前扩散到黑龙江、内蒙古、福建等省区的37个县市和5个农垦分局，多年造成经济损失达6.8亿元。美国也是大豆疫病的发生区，去年向我国出口的大豆量已达1000万吨，出入境检验检疫机构多次在口岸截获带疫病的大豆，国内外疫情共同威胁我国大豆生产安全。全球入侵种数据库（GIS）由世界自然保护联盟（IUCN）所属物种生存委员会（SSC）的入侵种专家组（ISSG）建立，旨在提供全球范围的外来入侵种的各种信息。GISD（截至2005年11月）共收录世界范围的入侵物种288种，其中昆虫27种。同时 IUCN 根据 GISD 还公布了世界100种最具危害性的外来入侵种，其中包括昆虫14种。这些世界著名的入侵昆虫具有很强的入侵性，而且对生物多样性和人类活动有严重影响。目前除原产中国的6种昆虫外，已经有11种入侵中国，还有10种对中国具有潜在威胁。

2 我国防控生物入侵危害存在的问题

我国生物入侵防控体制存在弊端，控制生物入侵的投入太少，与目前需求极不相称，科技支撑与自我创新能力有待提升。1985 年的蝗虫爆发、1989～1993 年的棉铃虫大爆发、21 世纪后的马铃薯甲虫、苹果蠹蛾、稻水象甲、红火蚁等的入侵危害，在很大程度上证明了我国目前的植物疫情管理体制与我国发展现代农业和我国农村、农业发展的具体实际极其不相适应。2000～2001 年，FAO 对南美洲、非洲和亚洲 20 多个欠发达国家的植物检疫能力进行了评估，发现存在的主要问题是：机构设置不合理，职权过于分散，在部门之间、中央和地方政府之间职责不清、管理分散，人员配备普遍不足。我国的实际情况恰恰正是这样。从经济学角度出发，世界公认的预防外来入侵物种的投入，可以获得高达 1 : 25 的效益，也就是说，我们花费 1 元用于预防和根除入侵物种，就相当于避免了未来 25 元的经济损失。这也是国际上为什么特别舍得花钱用于植物检疫性有害生物的预防和入侵生物控制的重要原因。

我国疫情监测预警体系不够健全、检疫工具和手段非常落后，高技术、自动化程度的监测预警设备研发严重滞后，数字化技术尚未得到应用，疫情信息传递发布的手段落后，技术培训和示范缺乏基地，防疫技术推广普及率明显偏低。发达国家已将遥感（RS）、全球定位系统（GPS）、地理信息系统（GIS）技术用于疫情监测预警领域，自动化程度较高，网络信息技术已得到普及。因此，在未来 5～10 年，我国应该在相关科研方面努力发展自我创新技术，有针对性地开展以上相关研究，才能真正获得重要技术支撑，避免国际贸易中受到不应有的技术讹诈和要挟，才能利用高新技术为我国的植物检疫和外来入侵物种的防控提供必要的技术支持。

3　我国应对生物入侵的建议

3.1　健全法律保障

我国 1992 年 5 月 13 日颁布的《植物检疫条例》已经有 10 多年了，很多内容已不能适应当前的需要，需尽快修订完善，甚至可以考虑上升为《植物检疫法》，从而从法律上给予该项工作提供支撑。我国急需一部关于预防和控制外来生物入侵的法律。从入侵生物引入（有意、无意）、贸易传输、人员携带、发现鉴定、根除控制、责任追究等各个环节，以法律的形式规范对入侵生物的预警与控制。

3.2　建立公共植保与检疫体系

植物疫情的新形势，不可避免地提出了我国需要新型植保与检疫体系。体系的建设当然是人、财、物的建设，因此建议：植保与检疫人员，应纳入国家公务员管理，以保障其编制和人员工资，这样才能保障其公共服务。目前，我国县级植保力量非常薄弱，植保站的建制或者不存在，或者有名无实。检疫性有害生物疫情复杂多样，亟须全国联防统制新机制及国家投入为主体的强有力的控制。

3.3　调整"属地管理"政策和根除植物疫情的赔偿机制

我国目前实行植物疫情的属地管理政策，这通常被认为是哪里发生疫情哪里进行控制，但植物疫情发生地往往没有足够的财力和物力控制疫情传播，从而造成疫情大范围快速扩散。另外，目前没有根除植物疫情的国家赔偿机制，往往造成生产者（地方政府、农民或企业）不但没有根除疫情的积极性，反而为避免自己一时的严重损失而逃避或者瞒报疫情，造成局部疫情快速蔓延。动物疫病的防控，在上述问题已经得到解决，为控制疫情蔓延扩散提供了重要保障,而在植物疫情防控方面应汲取上述教训并借鉴其成功经验。

3.4 成立"国家外来入侵物种鉴定与预警信息服务中心"

主要任务是在我国口岸截获外来物种,进行外来物种鉴定,掌握国际生物入侵动向,给予我国有关部门信息支持,为应对国际贸易技术壁垒等提供强有力的科技支撑,并在大众咨询服务(设立热线电话和网络)和科技知识普及中发挥重要作用。准确而及时的物种鉴定是确定外来入侵物种的重要一步,而预警信息系统建设也正是防范外来物种入侵的必要基础。

3.5 加大相关科研力度

生物入侵对生态系统的影响是长期的并且不能逆转,生态系统的保护是系统工程,尤其要重视外来生物入侵的严重影响。建议从生态系统工程的角度设立国家专项,对外来入侵生物对生态系统的结构、功能、能量乃至全系统循环和生物的演变过程进行深入研究,为国家生态保护区、生态功能区和农林牧生态系统抵御生物入侵提供建设和保护的策略与技术。

3.6 提高公众意识

在世界范围内,有许许多多的生物入侵都是生产者首先发现的,并赢得了有利的控制时间,避免了大范围扩散蔓延。因此,加强科普宣传、培养全民预防生物入侵的意识,非常重要。

长江上游生态建设现状与对策[†]

长江上游地区，实际应当指长江上游的集水区范围，包括青藏高原江河源区、川西藏东横断山区、云贵高原喀斯特山区、四川盆地丘陵及周边山地区等。长江上游的森林、草地植被，特别是森林的覆被，是维系长江上游地区的径流、保持水土和畜牧业、林业生产的基础，也是农业生产的保障，是长江上游地区，甚至影响中下游的生态安全之根本。该区是我国东西过渡、南北交汇的地带，是我国海拔最高、地形地势、气候土壤最复杂的区域，是中国三大特有物种分化中心之一，在世界上，是东喜马拉雅多样性"热点"、25 个生物多样性保护热点之一，200 个生物多样性保护关键地区之一，也是世界重要的自然文化遗产中心之一。因此，该地区的森林、草地及生物多样性的健康发展不仅影响着长江流域，也对全国经济、社会的可持续发展有重要影响，对世界也有重要影响。但是，长期以来长江上游地区一直存在着森林毁坏、草地退化、生物多样性丧失等诸多生态问题。主要包括自然植被覆盖率降低、水土流失趋于严重、自然灾害频发，具体表现在高寒地区过度放牧导致天然草场普遍退化，横断山区森林破坏及退化，云贵高原喀斯特山区的石漠化和四川盆地丘陵及周边山地区的严重土壤侵蚀等方面。这些生态问题，有的与我国过去 50 年经济发展过程中对自然资源的过度耗竭或人为破坏有关，有的则是近期由于气候变化的原因，现在则会由于两者相互影响产生更为严重的生态灾难。本文着重分析长江上游地区森林、草地变化历程对生态的影响，评估森林对长江上游地区生态安全的作用，分析当前的生态问题，提出恰当的对策，是非常必要的。

1 长江上游地区森林和草地生态系统功能的重要性及其长期受到的危害

长江上游流域面积共 70.9 万 km^2，其中天然草地 25.8 万 km^2，占上游流域面积的 36.5%。草地构成了长江上游地区面积最大的生态系统，在水源涵养、减少水土流失方面的作用，和森林一样，也是十分重要的，尤其在长江源头海拔 4000m 以上及川西北高山区。长江源头大面积分布的沼泽湿地、高寒草甸草地具有截流和涵蓄降水的功能（于格等，2005）。过去长期减弱长江上游草地植被水源涵养功能的主要原因是草地沙化，和草地质量退化，即"黑土滩"化（尚占环等，2007）。因草地沙化导致每年输入长江的沙量为 $1303×10^3t$ 占总长江流域入沙量的 11.30%。长江源区草地、草甸在近 20 年来整体上趋于减少，主要体现在高覆盖度草甸减少，而低覆盖度草地和劣质草地增加，黑

[†] 蒋有绪，肖文发，2009，长江流域生态建设与区域科学发展研讨会优秀论文集，世界林业研究，22（特刊）：1-9。本文主要参考中国科学院学部"长江上游地区生态和环境问题再评估"咨询项目报告及其专著"长江上游地区生态与环境问题"2008。有关此内容的作者有蒋有绪、肖文发、龙瑞军、唐亚、刘兴良等。

土滩草地大范围增加，补充草地水源的冰川和湿地也大幅度减少，严重威胁了长江流域水安全（潘竞虎等，2004）。

长江上游的西南林区是中国最大的天然林区之一，天然林主要集中在四川西部、云南西北部和西藏东部等地区，其中四川的天然林约占76%，云南的天然林占93%。四川省是我国重点林区之一。根据整理分析和推算结果，1949年新中国成立时，有林地面积945.19万 hm^2，森林蓄积144 752.56万 m^3，森林覆盖率16.92%。从20世纪50年代开始，为了采伐天然林，仅在四川就先后建立了8个国有森工企业，并建立了与之配套的水运、陆运、筑路、机械制造、加工企业和学校、勘察设计、科研、医疗等后勤保障系统，形成比较完整的森林工业体系，至1998年天然林全面禁伐为止，全省累计生产统配材1.2亿 m^3，相当于森林面积70万～80万 hm^2（骆建国和郑文靖，2005），采伐的几乎都是原始森林。除商业采伐以外，居民用材也消耗了大量的森林资源。新中国成立之初，经济建设需要大量木材，加上大炼钢铁和毁林开荒对森林资源的破坏，森林资源数量减少，森林覆盖率大幅度下降，到1962年森林覆盖率减少到12.9%，有林地面积719.92万 hm^2，森林蓄积129 083.20万 m^3，60年代开展造林活动，有林地逐渐恢复，到1975年森林覆盖率增加到13.3%，但由于森林采伐规模仍在扩大，森林蓄积继续减少，到1975～1979年，森林资源减少的幅度又趋加大，森林覆盖率下降到12.0%。近50年来长江上游区天然林的大面积采伐使动植物栖息地大量丧失或破碎化，对生物多样性产生重要影响，如大熊猫数量受到极大影响。四川平武县20世纪70年代调查30多只，到80年代约200只，90年代不到200只（胡锦矗，2000）。长江上游一些地段，如金沙江、岷江、大渡河等河岸陡坡以及许多岩石山区的森林砍伐以后恢复很难，物种的栖息地就永久丧失了。长江上游高等植物有12 000～15 000种，其中特有种类约占1/4，鸟类有500多种，兽约180种，鱼类261种，局限分布于上游水域的特有鱼类多达112种，占上游鱼类种数的42.9%（曹文宣，2000）。但近几十年来，长江上游地区生物的种群、分布等发生了很大变化，生物多样性水平一直下降，一些物种灭绝或从本区基本消失。如仅分布在四川康定的白皮云杉，近15年再未发现，可能已经绝灭；在滇西北20世纪60～70年代还存在的孟加拉虎，已基本从该区消失；一些具有经济价值的物种由于过度开发而处于受威胁和濒危的状况，生物多样性的保护面临很大的挑战，这种威胁并不限于陆生生物，也已深刻危及水生生物。

长江上游各类常绿阔叶林、针阔叶混交林、云杉林、冷杉林蓄水能力最高，竹林、圆柏林、青杆林等以及高山与亚高山的灌丛，中低山区（包括盆地内部丘陵）的华山松林、油松林、马尾松林等都有很好的蓄水能力。自上世纪50年代开始因建设需要大面积皆伐森林以来，林区已丧失调节洪枯水量的能力。早在1985年统计，川西区域的土壤侵蚀面积已达35.2万 km^2，每年流失土壤达14.1亿t。长江上游地区的土壤流失量大约占长江整个流域流失土壤22.4亿t的一半。森林大量采伐和被开垦为陡坡耕地后树木根系固土功能丧失，容易发生严重侵蚀，甚至暴雨后滑坡、泥石流。近期全球气候变化加剧，暴雨等自然灾害频繁，滑坡、泥石流等次生灾害也就频繁和加剧了，危及人民的生命、财产安全，这是四川、云南常见的痛心的事。长江上游极其丰富的水能资源，使之成为我国水电建设最集中的地区，一系列巨型、大型水电站等各种规模水电工程的建设，如金沙江干流的溪洛渡、向家坝、白鹤滩、虎跳峡，雅砻江的锦屏，大渡河的瀑布沟等水电工程建设，已经、正在和将会导致许多生物栖息地丧失，一些特殊生物类群的栖息地，如干旱河谷，也将被水库淹没，威胁一些物种的生存；水电建设还改变江河的走势，中断水生生物生活路线，会对水生及河岸生物产生重大的影响。此外，水坝的阻隔可能会导致部分洄游性鱼类种类绝迹。如葛洲坝阻挡中华鲟传统洄游路（易继舫，1999）。产漂流性卵鱼类，因水库使飘流程缩短，这些鱼卵大部分将沉没死亡，国家一二级保护鱼类白鲟、达氏鲟胭脂鱼和川陕哲罗鲑的天然繁殖受到不同程度影响（张志英和袁野，2001）。20 世纪 60 年代，长江上游的主要经济鱼类有 50 余种，平原性鱼类占绝对优势，其中产漂流性卵的江湖半洄游性鱼类在渔获物中约占 40%（丁瑞华，1994）；到 70 年代中期，主要经济鱼类数量缩减到 30 种左右，减少的种类主要是属于与中游地区湖泊环境有密切联系的产漂流性卵的江湖半洄游性鱼类；进入 90 年代，渔业种类进一步减少到 20 种左右（陈大庆等，2002）。此外，不合理旅游开发、其他生物资源开发、水电建设都带来了严重的生态环境和生物物种问题。这一地区的九寨沟、四姑娘山、海螺沟、梅里雪山、玉龙雪山、丽江、香格里拉、红原-若尔盖大草原、稻城亚丁、螺髻山、琼海、泸沽湖等，都不同程度受到影响。位于香格里拉腹地的纳帕海湿地，因马匹和人的过度践踏对泥炭土的草根层造成破坏，促进了矿化作用，加剧了沼泽退化（田昆等，2004）。红豆杉、冬虫夏草、灯盏花、野生兰花、松茸、羊肚菌、灵芝、茯苓、猪苓、雷丸等因过度采挖而急剧减少，或濒于灭绝。

2　生态工程建设及其成效

2.1　长江上游地区的天然林资源保护工程

该工程旨在通过天然林禁伐和大幅减少商品木材产量，有计划分流安置林区职工等措施，主要解决我国天然林的休养生息和恢复发展问题。长江流域以三峡库区为界的上游 6 个省市，包括云南、四川、贵州、重庆、湖北、西藏，1998 年，天然林保护工程稳步启动。长江上游天保工程主要是加强长江中上游及其发源地周围和主要山脉核心地带现有天然林资源的保护，积极营造水源涵养林和水土保持林，以涵养和改善长江中上游的水文状况，减缓地表径流，护岸固坡，防止水土流失。例如，根据规划，四川省 2010 年的森林覆盖率将达到 30%以上，基本建成长江上游生态屏障；到 2020 年，森林覆盖率达到并稳定在 35%以上，建成比较完备的森林生态体系和比较发达的林业产业体系。1998 年天然林保护工程稳步启动。四川省的天保工程在长江上游地区地位最为突出。从 1998 年到 2004 年，全省对 1923 万 hm^2 森林实行了常年性管护，每年减少森林资源消耗量 1100 万 m^3，全省的水土流失面积得到有效控制，累计涵养水源量为 5838.34 亿 t，综合年均涵养水源 65 638 亿 t；累计减少土壤侵蚀量 19.29 亿 t，年均减少土壤侵蚀量 2.24 亿 t；累计增加生物量 6.18 亿 t，固定二氧化碳累计增加 9.89 亿 t，释放氧气累计增加 7.42 亿 t（国家林业局网）。云南省工程 7 年来，年均减少土壤侵蚀量 1630 万 t，每年减少进入河流的泥沙量 980 万 t。从 1999 年起，西藏芒康、江达、贡觉三县全面停止了天然林商品经营性采伐，昌都地区对 120 万 hm^2 的天然林进行常年管护，取得了两年无森林火灾，森林病虫灾害发生率控制在 6.4%，防治率达到 100%。工程结束后，三县的森林覆盖率将由现在的 36.5%上升到 44.7%，完成生态公益林建设 2.7 万 hm²。青海省玛柯河天然原始森林，到 2002 年森林覆盖率已提高 2.5%，与川西高原林区已连成一片，森林覆盖率 52.6%，是青海省保存最好的林区之一。贵州省自 1998 年，4 年多共完成公益林建设 19.06 万 hm²（天保工程网，2007）。

2.2 长江中上游防护林工程

1989 年中国为综合治理江河而首次实施了大规模林业生态工程。工程区域范围包括 11 个省市的 271 个县，实施时间是 1989～2000 年，计划新增造林面积 667 万 hm²。突出建设了三峡库区、金沙江中下游和嘉陵江流域等十大重点区域。目的是要基本消灭了荒山，改善山区沙化、石化，治理水土流失等。经过 10 多年的长防工程，项目区，特别是长江上游地区增加了森林资源，加快了该地区的灭荒步伐。工程的实施，明显地改善了当地的生态环境和群众的生产生活条件，首先，水土流失加剧的趋势得到了明显的遏制。水土流失下降了 30%～40%，森林覆盖提高了 10%以上。长防工程明显地提高了山地的稳定性，提高了该地区抗泥石流能力，减轻了雨水对山体的冲刷，降低山地灾害。项目区居民收入增加，通过承包林，建植经济林，增加了农民的收入（王幼华，2002）。工程区 10 年后（在 1999 年）完成营造林 46.5 万 hm²，其中：人工造林 4 万 hm²，封山育林 36 万 hm²，飞播造林 6.5 万 hm²，完成中央投资 6 亿元。至此长防工程累计完成营造林 893.4 万 hm²，完成规划任务 666.7hm² 的 134%，提前完成规划目标。在中低山区，山脊、河流两岸营建骨干水源涵养林，以用材林为主，山脚及农地营建经济林，如核桃、苹果、花椒等；四川盆地，丘顶及陡坡营建水土保持林，以用材和薪炭林为主，地坎及农田林网点、片、带结合，营建经济林，如桑、柑橘等，即使经济持续发展，又为农业生产提供保障，有利于山区农民脱贫致富。

2.3 退耕还林还草工程

实施退耕还林还草，以粮食换生态，是落实党中央、国务院重大战略决策的关键措施，这在我国生态环境建设上，也是一个历史性突破。退耕还林工程是我国最大的林业生态工程，这项工程的实施将使我国新增林草面积 3.2 亿 hm²，使工程区林草及被率平均增加 4.5 个百分点，能有效改善长江上游、黄河上中游乃至全国的生态环境，是我国建设小康社会不可或缺的重要内容。工程自 1999 年启动以来，实施顺利，工程建设总体情况良好，成效显著。工程造林质量总体良好。根据各省区上报结果和国家核查结果，1999 年到 2005 年工程价造林面积核实率达 97.4%，核实面积合格率达 93%。退耕还林工程使森林覆盖率平均提高 2 个多百分点。四川省退耕还林每年滞留泥沙 0.53 亿 t、增加蓄水 6.84 亿 t，退耕还林是长江输沙量及泥沙含量下降的主要原因（林营，2007）。

2.4 退牧还草工程

按照规划，在 10 年的禁牧过程中，长江源头将在水土保持、生态自我恢复过程中，重造秀美山川。"退牧还草"是指在退化的草原上实行禁牧、休牧、轮牧，使天然草场得到休养生息，达到草畜平衡，实现草原资源的永续利用，建立起与畜牧业可持续发展相适应的草原生态系统。从 2003 年开始，启动实施了天然草原退牧还草工程，地区主要涉及四川省甘孜州的石渠、白玉、甘孜等 8 个县，46 个乡镇。通过禁牧、休牧、人工种草等方式，分 5 年时间完成 600 万 hm² 天然草地的退牧还草任务。2004 年四川省阿坝县退牧还草工程建设面积为 $5.86×10^4 hm^2$，其中：禁牧面积 $3.19×10^4 hm^2$，休牧面积 $2.67×10^4 hm^2$。2004 年在长江源头沱沱河启动此项工程。目前，已经完成了沱沱河和格尔木市郊安置定居点的水、电、路等规划，安置区测图和选址工作。2005 年以来建设围栏 93.3 万 hm²，完成投资 20 305 万元，完成计划的 100%。退牧还草后，一是提高植被覆盖度，经测定，天然草地围栏封育后，平均提高植被盖度 30%～40%。二是防治水土流失。每公顷水源涵养量增加 150m³，减少土壤风蚀、水蚀，防止土壤沙化和水土流失。恢复的退化草地每公顷可防止水土流失量 3.56m³。禁牧休牧后，荒漠草地固沙植被的恢复可减弱沙石流动，减小风力，降低风蚀，固定沙丘，阻止流动、半流动沙丘速度扩延。荒漠草地防风固沙植被每公顷固沙 450～600m³，人工草地每公顷能固沙 500t（王孝发，2006）。

2.5　防沙治沙工程

　　长江源区楚玛尔河、北麓河、沱沱河三大支流区域均存在程度不等的沙化现象。目前，青海境内长江流域每年输入长江的泥沙 1232 万 t，通天河直门达水文站年平均输沙量已超过 950 万 t，且不断加剧。长江源区共有荒漠化土地面积 19 475.32 km²。长江源区荒漠化速度发展较快，根据卫星解译资料推算，长江源区年均扩展速率为 2.2%，属荒漠化强烈发展地区，工程建设的主要任务包括：①封沙育草工程，对轻度沙化的草地，用网围栏封禁措施，对现有林草植被进行保护，防止产生新的荒漠化土地；②机械沙障工程，在沙漠的边缘地带，设置机械沙障，包括高立式沙障，低立式沙障和半隐蔽式沙障，建设防风阻沙带，防止荒漠化的推进；③综合治理工程，对已荒漠化的地区进行综合治理，通过大力封沙育草，工程治沙，种草种树，以灌木造林为主，积极扩大林草植被；④沙化草地恢复工程，加快对沙化草场的治理，采取补播适宜的优良牧草的方式，恢复草地生产，生态综合功能；⑤扩大绿洲工程，对已初步形成的吉古镇等绿洲，在巩固的基础上不断扩大，可营造乔木树种和灌木树种，尽快实现城镇绿化，辐射到整个源区。各种工程的开展在局部地区有效的遏止了沙化继续扩张和威胁，有效地改善了农牧业生产条件，推进了农村经济结构调整和生产方式转变，促进了民族团结和边疆稳定。探索了一系列改善生态、发展沙区经济的防沙治沙模式，初步形成了一套行之有效的防沙治沙工作机制。若尔盖为长江和黄河的重要补给水源区，该地区沙化已经威胁长江水安全。中共中央要求抓紧治理若尔盖县的沙化问题。四川省 2002 年建立沙化草原草种繁育基地，治理沙化面积 0.37 万 hm²。"700 亩绿色示范区经受了流沙、风暴、冰雹的考验，已成一片新绿"。根据专家预测，持续 5～10 年甚至更长时间，若尔盖的沙化是可以治理的（赵建等，2004）。

2.6　草地基础设施建设工程

自 1990 年起，国家先后在江河源区的玉树、果洛、海南、黄南四州十四县一乡启动实施了牧区防灾基地建设工程，工程实施期为 13 年，至 2002 年结束。青海省三江源区工程建设内容以草场围栏、人工饲草地、牲畜暖棚和牧民定居房屋"四配套"为主，截至 2003 年年底，共完成草原"四配套"建设户 42 275 户，占该区总牧户数（2000 年年底牧户数）的 63.7%。该工程的实施，大大加强了长江源区的草地畜牧业基础设施建设，增强了该区域抵御自然灾害的能力，并在一定程度上使当地牧民改变了传统的生产经营模式，逐步接受了种草养畜等现代设施畜牧业生产理念。在四川省红原地区，红原县以牦牛良种工程建设、联户牧场基础设施建设、牧区县通乡公路建设等 8 个项目建设为主要内容的草地畜牧业产业化基地项目建设。目前区内的 13.3 万 hm^2 退化草地得到改良，0.7 万 hm^2 沙化草地得到有效治理，并建设人工草地 $6.7hm^2$，能在项目区新增鲜草 168 万 t，使 39 万 hm^2 湿地得到有效保护（四川农经网，2006）。青海省玉树州在"十五"期间，草原地区基础设施建设成绩显著。全州实施了以"四配套"为重点的草原基本建设和以水利为中心的农业基础设施建设，实施了农业综合开发、牧草良种基地、牧区防灾基地等项工程，五年内共完成人工种草 0.83 万 hm^2，围栏草场 56.2 万 hm^2，畜棚 139.7 万 m^3，农牧业生产条件逐步改善（青海经济信息网，2007）。"十一五"期间该地区继续加大基础设施投资力度，力争全面改善牧民生活环境。

3　当前长江上游地区生态建设还存在的问题

3.1　森林面临的主要问题

3.1.1　森林作为重要的战略资源的认识有待进一步加强

森林资源作为一种战略资源所产生的作用和影响，虽然在国际层面和国家层面已经为地球人类普遍认识和高度重视，但是，对森林的认识还存在许多不足，例如：①对森林的价值的系统性、森林的复杂性、森林的脆弱性，森林培育的长周期特性，森林与地方社区的关系，以及森林价值的潜在和长期性等认识不足，导致不能清醒认识森林作为一种不可替代的再生资源的价值本质；②有关森林的一系列计划、规划和活动，还没有纳入国民经济总体计划，地方社区，各级决策机构对森林的作用与地位的认识还停留在森林提供木材等部分经济产品和改善局部环境的表观水平，对森林作为一种战略资源的认识，以及森林生态效益的"跨境"作用还基本为零，经常导致为追求短期经济利益而破坏森林，导致有关森林政策的不稳定和失衡；③容易满足于在生态建设上已取得的巨大成绩，但是对目前的科学技术并不能完全满足生态建设的需求还认识不足，对构建森林生态体系任务的艰难性还认识不足。例如在川、滇、黔相邻生物多样性保护与水土流失治理生态屏障区，有着高海拔常绿阔叶林采伐迹地；在川西高山峡谷区，有着亚高山阳坡、亚高山林（灌）草交错带；河谷下部干旱地段等广大地区，都是森林恢复的极端重要而又是极端困难的地段。长江上游的干旱河谷是最为困难的植被恢复地段，已被我国一些学者称为世界性的技术难题。这些方面的研究的重视和投入还不够。

3.1.2　林业管理问题

目前，长江上游地区的森林资源管理仍然存在一系列突出问题，如①超限额采伐时有发生；②非法征占用林业用地；③无证运输和非法经营加工木材的现象仍继续存在；④随着工程的进展，森林健康质量的保护与提高存在很大难度，等等。主要原因是：①即使实行了天然林保护工程，但是重点国有林区森林资源管理体制仍然没有理顺，保护工程资金结构、投资渠道、管理机制相互不匹配，责任主体不明确。因此，很大程度上只能为工程而工程，无法解决与之相关的经济社会发展的需求问题。②工程的应急性特征明显，缺乏详细的科学规划，尤其是适应我国不同地域条件的执行条例或方案，同时，国家林业主管部门的协调力度还被进一步削弱，很难从森林资源经营管理的指导思想、管理模式建立快速有效地适应林业由以木材生产为主向以生态建设为主的转变的制度体系、科技体系、管理体系等。③由于工程的上述①和②等原因，森林资源经营管理仍明显未能彻底摆脱计划经济体制的束缚，远远落后于由计划经济体制向社会主义市场经济体制的转变，地方管理和与森林直接相关的利益群体片面追求经济效益忽视生态效益的现象仍十分普遍。④基础建设薄弱、执法手段落后，同时，基层局和林业站的专业技术队伍不够健全，整体素质差。

3.1.3　政策问题

①投入问题　目前国家水平与林业或与森林有关的投资缺乏长效发展机制与制度，主要表现在：国家预算中部门竞争成功是有限的；没有建立一种与森林密切相关的长效投入机制（尤其是投融资、政策体系）；从 GDP 的发展中，虽然 GGDP 已经被广泛认识，并在环境保护中适度采用，但是在最具潜在和长期影响的森林生态与环境领域，这一认识还远没深入人心，林业贡献的综合评估（中国特点与森林资源的多样与综合价值）还不足以影响国民经济的预算。在国民经济预算中，被忽略会被默认为是合理的。虽然社会已经开始参与与森林有关的投入，但是没有建立全社会参与的资金机制和制度；投入结构不合理，监督机制不健全。例如 6 大国家重点工程的投资体系中，缺乏森林主管部门和工程执行部门的日常预算，也缺乏必要的科技支撑经费。工程资金效益因责任主体不清和制度不健全而极难评估。②生态补偿问题　国家实施了生态效益补偿的试点，但是没有解决许多基本问题，例如补什么？补偿的标准是什么？如何补？补给谁？谁来补？补的钱如何用？谁来评估？等等；其次，生态效益补偿问题，绝对不是一种部门利益，或者地方与国家的经济关系的问题，目前的生态效益补偿工作，在很大程度上便成了一种经济利益手段，而远没有深入民心，更谈不上通过一项制度的建设和执行起到教化民众的作用了。③森林与农村经济发展的相关政策，没能从根本上解决农民增收的支撑体系问题　首先，工程的利益群体界定不清，与森林有关的产权制度不明晰。例如，退耕还林的林地或森林（主要是经济林木，从森林角度，"林"的问题待进一步评估）的产权至今不清晰，直接影响了工程建设的效益和可持续发展。其次，工程建设没能从经济上解决农民的经济发展问题。天然林资源保护工程与退耕还林工程的实施，对实施区的各级政府、企业和人民的收入都有较大的影响。以天然林资源保护工程为例，仅四

川省的阿坝州、甘孜州、凉山州的农牧民减少的收入分别共计 1449 万元、15 671 万元和 7424 万元；造成了 3 万多人下岗，涉及 22 132 亿元产值丧失[62]。相对而言，农民受的影响更大。政府增税、企业增效与农民增收的问题几乎是联系在一起的，而在山区，这一切都与森林密切相关。这就要求解决与森林有关的下岗人员的分流与再就业和森林保护与政府增税、企业增效、尤其是农民的增收问题。长江上游的区域经济发展不平衡，目前国家生态工程的建设所伴随的相关政策，并不能从根本上推进或有效促进地方进行产业结构调整，引导农民逐步转移到有利于生态屏障建设的其他特色增殖型产业上来；也不能在一种更加开放的环境下，通过生态建设工程把农民从生存环境条件恶劣的区域转移到集中的城镇，发展第二、三产业，提高其经济收入，有效地促进区域的可持续发展。相反地，普遍存在依赖和利用国家政策的短期行为，缺乏长远的森林保护和恢复计划。另外一个问题，就是森林生物质能源问题。我国在长江上游的天然林禁伐，主要指禁止采伐商品用材。而其他用材，如农区修房造屋、薪柴等生活用材则不包括在内。在长江上游地区，农民对薪柴的需求更为巨大，而不得不过量采伐森林，从而影响了生态屏障建设的成效。

3.1.4 技术问题

①规划问题 规划是一项技术，无合理的规划将影响生态建设的实施及生态防护效果。规划人员缺乏对特定区域环境条件的分析，研究数据缺乏，不注重规划以及对被规划区的不熟悉等都将导致产生不合理的规划，从而影响甚至阻碍生态建设。目前规划存在两个突出问题：规划的权威性和规划的科学性。规划的权威性由法律、制度和科学共同保障。长江上游有诸多的特殊因素，如地形地貌、气候条件、森林构成本身的问题（如林地、林种、林龄等构成的不合理等）影响了长江上游森林建设布局及其生态功能的发挥；在四川，国家实施的天然林资源保护工程和退耕还林工程在四川省主要集中于甘孜、阿坝、凉山州及乐山、雅安等市所辖的 65 个县，恰好集中于森林分布与保存较为丰富的地区。这使得本来森林资源较为丰富的地区，植被面积扩大更多；而那些森林覆盖率较少的地区，森林植被的增加较少或无，这无疑加大了本来森林植被分布格局就不平衡的状态。在巨大人口压力和环境压力下，这种不合理的森林植被分布格局显然会影响到长江上游整体生态需求不能得到有效满足。②资源培育技术问题 在目前的生态屏障建设中，所用的树种依然多是柏木、杉木、马尾松、柳杉、油松、云杉等针叶树种，没有突出生态建设强调的功能恢复问题。同时，树种的单一已带来了严重的生态后果。突出问题之一是病虫害严重，如长江上游低山丘陵区人工林病虫害发生面积已达 150 万～170 万 hm^2/a，危害面积 100 万～120 万 hm^2/a，病虫害爆发周期也从原来的 8～9a 缩短为 3～5a，直接经济损失达 613 亿～715 亿元/a，目前因受害被砍伐的林分已达 500 万 hm^2，相当于整个"长江防护林工程"第一期的造林面积。突出的问题之二，是人工林严重退化，生态效益差。我国人工林面积已达 3397 万 hm^2，至少 334 万 hm^{2}人工林衰退；杉木林 767 万 hm^2，至少 180 万 hm^2 衰退，占 24%。而长江上游的人工林地力退化趋势十分明显，水土流失严重，物种多样性和生物生产力极低。

3.2　草地面临的主要问题

3.2.1　草地认识问题

①农耕文化的认识误区　虽然耕地面积占岷江上游地区总土地面积的比例很小，但该区目前的农业结构依然沿袭着农耕文化的特色，以种植业为主，而耕地大部分为坡耕地，大于 25% 以上陡坡耕地占耕地面积 30% 以上，由于坡耕地肥力较差，生产力低下，因此农业生产水平相对较低。作物的生态位宽度远远小于牧草，坡耕地往往承受不了作物生态位的压力，迫使部分垦殖的耕地被遗弃，而新的草地又被进一步的垦殖，草地在谷物农业思想的影响下，被不断的垦殖，面积不断缩小。建立草地农业，运用营养体产业的思路，开展退耕还林退耕还草，以确保生态效益与经济效益的高度协调发展。因此需要从战略上调整农业结构，发展以草地和林果为核心的草地农业。②草地建设不能因地制宜　长江源是我国青藏高原特有的藏原羚、藏羚羊、藏野驴和白唇鹿等大型野生动物的集中分布区之一。现在越来越多的网围栏的层层拦截，层层设障，使得野生动物远离草地，走进深山。为野生动物的觅食，寻偶，产子，育幼，迁徙，甚至逃避食肉动物的追捕等正常的活动设置了难以逾越的障碍。这种因人为因素造成的大型野生食草动物实际生存能力下降，破坏了自然界生物链的正常运行，并进而促成食草动物数量的急剧减少和食肉动物，特别是狼的数量的快速增加，对家畜甚至人的生命也越来越构成了威胁。许多地方的网围栏所造成的阻碍交通，影响游牧，旅游扫兴，破坏自然景观的问题已经突出。所以，这类草场上的网围栏建设应因地制宜，早日还回野生动物自由驰骋的栖息地，还回江河源区自然景观的整体美（吴玉虎，2005）。

3.2.2　草地管理受不到重视，政策和制度得到不到保障

有关省、县建立了草原管理和执法部门，但这些部门的"权力"却十分有限。近些年农业部也成立了草原监理中心，专门负责草业发展。但是，在根本上还不能解决草原管理的应有地位。管理上地方没有专门的部门。从国务院、农业部到省市，关于草原保护、开发、利用的规章制度很多，但是究竟有多少起到了作用？有些制度在部分地区强制推行，没有得到广大牧民的理解和支持，政府与牧民间的冲突时有发生，造成干群关系紧张。草原法确立了各项草原管理制度，如统一规划制度、草原调查制度、草原统计制度、基本草原保护制度、草畜平衡制度和禁牧休牧制度等，但一定要切实加强草原监督管理机构和队伍建设，加大草原执法管理力度，对各种违反草原法的行为作出了明确的处罚规定。

3.2.3　关于草地生态工程的投资和补偿问题

国家建设生态工程必然与当前、当地人民的生产利益发展矛盾，解决办法中一个很重要的关键是如何让当地人们获得更多利益问题。生态投资是一种无形投资，但必须坚持。目前，长江上游地区的林业生态工程的生态补偿机制已经建立并正在健全完善之中。相对薄弱的是畜牧业有关的生态补偿，尤其在长江上游河源地区，存在着各种问题。生态补偿和移民问题的背后还隐藏着管理部门的腐败、无作为等问题，使得原本复杂的生

态补偿问题变得更加复杂。主要问题是①存在工程资金管理，使用不规范，特别是虚假的资金利用和乱挪乱用专项资金。②由于我国西部牧区经济发展相对落后，农牧民投资建设草原的能力非常有限，目前的补助标准难以调动农牧户参与生态保护建设的积极性。补偿标准简单化，到位不及时。补偿受益者与需要补偿者脱节（包智明，2006）。长江上游地区获得的生态补偿一部分应该用于生态建设资金，一部分应该用于改善当地居民生活条件，补偿减少经济活动后的生活困难。生态补偿是农民最关心的问题，农民对补偿政策接受与否是整个工程成败的关键。当前，由于技术水平和国情条件有限，无法对农民的生态保护行为做到充分补偿，这给工程顺利开展增加了难度。不成熟的生态效益补偿方法导致了目前大致只能按损失进行补偿，造成补偿内容的不完整。长期以来，政府补贴没有建立起有效的激励机制（赖敏，刘黎明，2006）。

3.2.4 草地、湿地生态系统自然保护区建设薄弱

对长江上游地区草地、湿地的保护为三江源自然保护区和若尔盖自然保护区，还远远起不到应有自然保护的作用，而且保护区管理机构非常薄弱，亟待加强。

4 长江上游地区生态建设的进一步对策

4.1 完善法律法规，促进森林恢复

4.1.1 强化宣传教育，全面提升对森林地位与作用的科学认识

要强调和宣传森林及林区外树木提供的产品和服务所形成的多种经济、社会及环境效益的重要性：引导全社会关切森林破坏、森林退化，植树造林、森林恢复和更新造林进展缓慢对经济、环境（包括生物多样性）、缓减贫困和文化遗产保护造成的不利影响，并强调需要在各层次、地方社区更加有效地实行可持续森林管理，调动全社会参与，应对严峻的挑战。

4.1.2 完善《森林法》，促进部门间协作，加强执法力度

尽快将《森林法》修订纳入议事日程，强调加强森林执法和管理对生态工程建设、森林可持续经营重要作用，进一步加强与森林有关的机构能力建设，在国家、地方各级确定和执行适当的措施，强化与森林管理相关的各部门之间的合作和跨部门政策及方案协调，其实加强森林执法和管理。

4.1.3 完善相关政策体系，建立符合时代需求的森林资源管理制度

①将国家森林计划或其他森林战略列入国家可持续发展战略、国家相关行动计划和国家反贫困战略。②完善资金筹集及投放体系。根据"谁受益谁承担的原则"，长江中下游是长江上游生态建设的最大受益者之一，通过税收建立生态补偿基金，通过国家、各国际组织、企业和个人共同承担资金来源，建立生态建设基金和基金投放体系。③相关法律、法规的制定与完善建设，将生态建设纳入法制化轨道。首先，要明晰产权，建

立规范的森林资源权属管理制度。其次，要完善制度，建立起适应社会主义市场经济体制的林地管理机制（依法审批、严格监管、强化服务、落实责任）。第三，国家、省、地、县要搞好林地保护利用规划。第四，要严厉打击非法占用林地行为。④推进森林管理制度改革，进一步增强森林资源管理的活力。一是进一步深化林业产权制度改革；二是推进森林、林木和林地使用权流转；三是推进采伐限额分区施策、分类管理；四是推进重点国有林区森林资源管理体制改革；五是要建立与森林生态建设乃至森林培育工程相关的工程监测、评价与监督、监理体系建设。⑤完善和切实推行林业产业体系建设的主要政策，例如对商品林实行长周期、匹配资金、低利率和财政贴息的政策性贷款；对适合农户分散经营的经济林、竹林等林业优势产业，实行灵活的、小额度、非抵押性的优惠贷款；实行企业建基地战略，对涉林企业营造的原料林免征农林特产税和企业所得税，对原料林基地建设再投资部分免征一切税费；进一步制定鼓励非公有制发展林业产业的政策措施；采取与基地建设相匹配的资源管理政策，放活原料林基地采伐政策。

4.2　切实解决我国草地管理的认识、政策、机构的缺失问题

4.2.1　贯彻《草原法》，加大执法力度

《草原法》是草原管理的总纲，要求地方制定与之相配套的法规。地方性法规要强化责权利相结合的原则，明晰草原权属的规定，特别注意维护农牧民的切身利益；突出把草原保护和草原建设放在核心地位的原则，正确处理畜牧业生产和生态环境可持续发展的协调关系；落实对草地利用进行指导、监督和管理的原则，运用法律手段，引导和鼓励农牧民切实保护和建设好草原，把保护建设草原与农牧民的自身利益结合起来；强化监督检查，完善法律责任，加大对草原违法行为的处罚力度；以发展生产，提高农牧民生活水平和收入为核心，从根本上遏制草原生态环境日益恶化。其次，草原法应保证当前"禁牧休牧"的重要性。要进一步完善以草地承包到户为重点的"双杠一制"工作，要在明晰产权，明确主体，稳定承包期，严格按照依法，资源有长的原则进行流转，规范管理等方面加大工作力度，把能划分到户的草牧场彻底划分到户，要把草原围栏、封育、生态建设、开发利用的责、权、利完全交给农牧民，逐步实现畜牧业经济效益，社会效益和生态效益的协调发展。第三，加强草原监理体系建设和队伍培训，提高草原行政执法水平；切实加强草原违法案件的查处，打击人为破坏草原的行为；根据各地实际情况，草原监理机构把保护草原建设物资作为草原执法监理的重要内容，巩固草原建设项目的成果，严厉打击破坏草原建设物资的违法行为；严肃处理引发草原火灾的责任人及积极协调解决草原权属纠纷。

4.2.2　加强标准体系化建设，切实解决机构的缺失问题

作为草原法律体系的一个有机组成部分，标准和规程在草原建设、草原保护和草原生态环境的监督管理中起到极为重要的作用。无论是制定规划、开展草原建设、草原生态监测，还是制定和实施有关草原方面的法律法规、都必须遵守这一统一技术指标和规范，但在草原生产体系中，草原生态监测、草原防火、牧草种子检验、草产品生产方面

的标准和规程是空白。

4.2.3　强化生态工程的生态移民模式

①提高对生态移民的对策的认识　生态移民是站在可持续发展的角度，坚持科学发展观和以人为本思想，把保护生态脆弱区的生态环境看成是保护国家的生态环境，乃至人类的生态环境，生态移民的目标是"生态得以恢复、生产得以改善、生活得以提高；生态效益、经济效益、社会效益完美统一"。最低目标也应是"生态破坏逐步减弱，并逐渐恢复，生产、生活得以维持，并逐渐好转"。一是将人们从生态环境脆弱的地区逐步转移出来，实现相对集中定居和城镇化；将人们从过度依赖自然环境的简单农牧业中转移出来，向高科技农牧业、工业、第三产业逐步转移。二是为保护生态环境，将生态脆弱地区的生态超载人口移到生态人口承载能力相对高的区域或城镇、郊区从事农牧业和畜产品工业，且应不破坏迁入地的生态环境（盖志毅等，2005）。②遵循适宜的生态移民的模式　采取的移民模式主要有：一是引导移民人口向靠近市场、靠近城镇的地区聚集，进行群居式农业种植生产；二是移入非退化区草原继续进行分散式畜牧业生产，调整生产方式，发展高效畜牧业生产模式。目前许多地区采取了分散式畜牧业生产模式。据调查，在牧区发展分散式舍饲畜牧业没有较大的优势，牧户经济有濒临倒闭的危险。事实证明，这一模式需要国家和各级地方政府大力的财政支持，结合人工草地的建立，来发展高效节约化畜牧业。（盖志毅等，2005）。另外，就是调整牧区产业结构。通过改革牧区的第一产业，发展牧区的第二、三产业，以保证牧区经济的可持续发展和社会稳定。应立草为业，大力护草、种草、养草，在条件成熟时销售草产品。将一批牧民转化为"草农"，工资的发放都可参照林区的做法，待形成可经营的行业后，这些"草农"以出售饲草为生时，政府就不再援助了（李芬兰，2006）。

4.2.4　调整森林，草地生态工程建设目标，巩固生态建设成果

①天然林保护工程应该巩固和持续　天然林保护工程是对生境最有效的保护措施，这一工程持续时间越长，对恢复受威胁的生物多样性的价值就好越大。此外，调查表明，受损的或退化的生态系统最容易受到外来入侵物种的侵害，天然林保护工程也将降低外来入侵物种的入侵风险。生态工程不是一朝一夕的，必须长期坚持，等到项目区的生态、生产发展达到可持续或者建立的管理体系能够自身完成本系统管理问题，达到了工程的最后目的。目前，天保工程和其他生态工程应该紧密结合，互相配合，发挥效益放大作用，以增加生态建设效果。②水电建设应加强对生物多样性影响方面的评价工作　现在看来，水电建设，无论是引水式还是蓄水式，都会对生物多样性及河流环境产生严重影响，特别对水生生物及河岸生物的影响最为严重。过去的工作通常仅关注对一些"明星"物种的影响，而忽略了对许多其他物种的影响。蓄水式水电开发使许多物种的生境丧失，可能导致物种的绝灭，但目前对长江上游地区水电建设可能造成哪些物种消失或绝灭还没有引起足够的重视。长江上游地区目前在建或规划的电站大多数位于干旱河谷地区，大型水库的建设将使许多干旱河谷特征物种的生境消失。而干旱河谷物种是联系地中海和非洲的桥梁。水电工程的影响评估应该参考已经发生的问题进行评估，提出可能产生的问题，而不是就地评估，没有任何专家能如此准确的预测将要发生的影响。因此，根

据以前的案例进行评估，对我们将要开发的水电工程能起到事半功倍的效果。

5　完善和落实生态补偿制度

5.1　经济补偿模式

经济补偿应遵循以下原则：谁受益谁补偿的原则；当前收益不低于过去、未来收益应高于现在的原则，差别补偿、方式多样性的原则；利益兼顾原则，公开公平原则；效益原则；国情原则。退耕还林草生态补偿资金筹集渠道多样化，如公共财政途径；国家预算；发行特种国债；建立补偿基金；也可考虑发行退耕还林还草彩票；开征生态环保税；利用国际资金；义务认管方式。市场化途径有，如通过为森林生态效益建立市场的方式实现生态补偿的理论探讨与实践案例在国外日益增多。例如为森林的碳贮存、水文、生物多样性以及思路景观服务存在着较大的市场化潜力，我国也应研究制定森林生态效益市场化的条件与对策。我国应当考虑参与全球森林生态效益交易市场，开拓森林外部效益内部化的市场渠道，提高生态林业资金市场的自循环能力（羊邵武等，2000）。补偿标准的确定大致有 3 条基本思路：一是效益补偿。二是成本补偿，即估算农民在退耕中粮食和现金收入损失以及还林所需要的经济补偿量（毛显强等，2002；宗臻铃等，2001）。目前的补偿标准大致就是按照这种方法计算确定的。三是价值补偿，即保证生态建设者扩大再生产的顺利进行和社会平均利润的获得。总之，补偿标准和补偿标准的确定方法是经济补偿的核心和难点。要完全准确地确定经济补偿的标准，必须采取定性与定量相结合，同时考虑退耕还林还草对农民造成的有形损失以及当地的社会经济状况、文化背景以及基于生产生活习惯等无形因素。补偿数量计算的科学性以能够有效促使"一退两还"顺利进行，且后续管理运作止常而不会出现复垦和对退还后的林草地的破坏为基本标准（张俊鹰，2002）。经济补偿的年限，应该由退耕后产业结构调整取得显著成效所需的时间来决定，退耕还林还草的关键在于退耕后的产业结构调整能在多大程度上取得成功以及所需的时间（黄富祥等，2002；罗荣桂等，2003）。因此，应在上述考虑因素基础上确定新的生态补偿期限.

5.2　完善和落实生态补偿制度的措施

①退耕还林新的可持续经营模式，对农民实行简单的补助是远远不够的，应该把退耕还林和其他生态环境建设、科技投入、基本农田建设、产业结构调整、替代产业发展、市场引导等结合起来（支玲，2001 等）。②适当延长经济林、用材林补助年限，对生态林实行长期补助政策，改进报账制（奉国强 2000，2001 等）。另外，有的学者提出：补偿到期后，国家可以实施购买生态公益林的政策。③政府充分利用市场机制，通过优惠的补贴政策和税收政策，使农户在退耕还林中确实得到实惠，形成还林的激励机制（蒋海，2003 等）。④划定各类补偿区，细分补偿级，确定补偿标准，实行分类指导（支玲，李怒云等，2004）。

6 加强科学研究，提升科技支撑力度

国家应始终将我国长江上游地区生态保护与恢复的科学技术研发作为国家重点领域进行支持。科技支撑体系建设必须建立一套适合长江上游地区生物地理气候、社会经济条件、涉及森林培育与森林可持续经营全过程各环节的技术体系。包括从良种育（壮）苗到采伐利用过程，从退化林地生态修复到现有林的保护与经营，从传统知识的保护利用到现代新技术的应用与开发，也包括从产权制度到资金机制的研究，还包括对森林培育和生态工程建设效益的监测、评估和报告技术等等，形成以生态工程为基础的等一系列综合技术体系，并包括科技推广和标准化工作。要通过科普教育与技术推广体系，提高地方和当地社区居民的生态意识、文化素质和劳动技能，吸引社会各界的广泛参与。要大力制定并实行主要商品林、林产品等的技术标准，规范林产品市场行为，加强产业信息等服务。加强长江上游生物多样性保护与可持续利用的研究，并通过相关生物多样性保护研究项目和宣传活动等的实施，加强生物多样性保护人才队伍的建设。通过各种途径，在生物多样性保护区和周边地区培训农牧民环保意识，提高当地生物多样性保护的综合水平。在生物多样性的保护区域应建立高水平的科研基地和野外台站，为我国学者和研究人员对生物多样性的研究和保护提高一个良好的研究平台。积极探索生态环境、生物多样性保护与经济发展综合决策机制是时代发展的必要。应借鉴国际先进经验和技术支持方法，在市场经济不断发育和扩容的条件下，研究建立重大发展政策和规划环境影响评价机制，建立健全生态环境建设与生物多样性保护环节的公众参与制，环境信息污染控制协议制和环境风险管理制。制定生物多样性环境管理机构建设和人力资源配置方案，普及生物多样性环境保护方面的科技成果，积极探索促进产业结构调整和发展生态环境建设与生物多样性保护产业的技术政策。

认清形势持续推进工程建设†

三北防护林工程作为我们国家兴建的第一项生态工程，是造福当代、萌及子孙的千秋伟业，取得了重大阶段性成果。在肯定成绩的同时，我们也应该清醒地认识到，当前，三北地区仍然是我国生态环境最脆弱的地区，三北防护林体系的生态服务功能还难以从根本上遏制土地沙化、水土流失等自然灾害。加快三北工程建设步伐，是当务之急、重中之重。

目前即将完成第四期工程建设，还有 4 期工程建设任务需要完成，也就是说是万里长征只走完了第一步，今后的路还很长，任务更艰巨：一是工程建设背景已发生了很大变化，大环境已由过去的计划经济逐步过渡到市场经济，在新的形势下，及时转变传统观念，出台新政策，研究新措施，运用市场经济的手段和机制进行工程建设，是三北工程建设首先要研究解决的问题。二是建设任务十分艰巨。三北地区沙化土地面积和水土流失面积分别占全国的 85%和 67%，是我国沙化和水土流失最严重的地区。三北地区现有宜林地面积占全国宜林地面积的近 70%；全国近 50 万平方公里可治理的沙化土地，90%集中在三北地区；黄土高原 45 万平方公里的水土流失面积，基本上分布在三北地区。三北工程建设各期规划任务能否如期完成，直接影响三北地区生态环境的改善、西部大开发战略的进程以及我国要在 2020 年实现森林覆盖率达 23%的战略目标。三是管护任务日趋凸显。随着三北工程造林面积的扩大，三北地区现有林管护、中幼林抚育和有害生物防治任务在不断增加。四是建设难度不断加大。随工程建设的不断发展，建设区的造林立地条件越来越差，施工难度越来越大，逐步走入"啃骨头"阶段，工程建设需要强大的科技支撑方能完成。五是造林成本逐年提高。随着我国国民经济的不断发展和人民生活水平的不断提高，造林成本亦逐年提高，需要国家投入更多的建设资金。六是管理手段相对滞后，基础工作薄弱的现状难以适应现代林业建设的要求。三北地区的许多地方是"老、少、边、穷"地区，经济承受能力差，管理手段相对滞后，生产技术信息交流不畅，特别是由于缺少必要的管理经费，使工程建设的一些重要管理环节落不到实处，直接影响工程建设质量和管理水平的提高。

综上所述，三北工程面临的形势有喜有忧，建设任务十分艰巨，可以说工程建设已进入攻坚阶段，这期间，不仅要保护、巩固和提高现有造林成果，还要在自然条件最严酷，立地条件最恶劣的"硬骨头"地带攻坚造林。因此，一定要树立长期奋斗的思想，认真贯彻落实《国务院办公厅关于进一步推进三北防护林体系建设的意见》精神，加快三北防护林体系建设步伐，加速构筑祖国北方生态屏障，为维护国家生态安全、建设生态文明、促进经济社会科学发展作出更大贡献。

---

† 蒋有绪，2009 年 12 月 29 日，中国绿色时报，A03 版。

保护林地对保障生态安全至关重要†

  中国土地辽阔，地理条件类型多样，发展农、林、牧业，因地制宜十分重要。林地、宜林地是森林和林业发展的根本。我国是一个山地多的国家，山地、丘陵森林分布多，适宜以发展森林为主；而平原、台地，无论发展农业、牧业，或形成草原、荒漠绿洲，都要靠山地森林涵养的水源来滋润生存；我国漫长的海岸，要靠红树林和海岸防护林来保护。所以，保护林地就是保护我国的生态安全，林地可以喻为我国生态安全的根基。我们要像保护农田、耕地一样保护林地。

  保护林地不是一件容易的事。我国森林地理条件复杂，宜林地的立地条件也多种多样。对于天然林，第一位的保护是禁止乱砍滥伐、防止山火；其次，经营好、合理利用好，也是保护好森林；森林砍伐利用了就要更新起来，森林退化了，要恢复。退化恢复，可以是人工的，也可以按演替规律自然恢复，而各种森林类型的演替过程是复杂多样的，要研究掌握它们的规律后应用。水热条件好的地方，封山育林是个好方法。造林地要防止、禁止流失，用好造林地，造好林，发挥作用，要科学造林，不要使林地退化，也是保护林地。有些山地森林海拔高差大，坡度陡，土层薄，破坏后造成水土流失，造成滑坡，是林地保护的重点。我国后备的土地资源中，虽然宜林地较多，宜耕地较少，保护好、用好后备林地资源还是不能掉以轻心。

  在地球生态系统中，世界性的过度砍伐森林和对土地的超负荷利用，已是普遍引起关注的问题。全球大部分面临土地沙化、荒漠化、水土流失、生物多样性丧失等等。防止森林丧失，恢复植被，实现森林可持续经营，是国际社会和各国政府提出的林业发展重要任务，保护林地也被提到了前所未有的高度。我国保护林地正当其时，根据我国的实际，制定发布了《全国林地保护利用规划纲要（2010—2020年）》。全国人民、各有关部门，尤其是我们林业工作者，要不断提高保护我国林地重要性的认识，提高生态安全的意识，一起做好林地保护工作，贯彻好《纲要》。

---

† 蒋有绪，2011年6月9日，中国绿色时报，A03版。

加强生态文明建设量化评价工作[†]

纵观本世纪以来的世界发展，除了全球性的经济衰退、尚未复苏的态势外，更为严重的是，随全球气候异常变化而带来的气候灾难，以及跟随着的次生生态灾难的常态化。

科学家研究指出，这种气候灾难和生态灾难的发生频度、强度在本世纪会不断增加，其不确定性和难以预测性也越来越大。凡此种种，正在威胁着人类的生存和社会可持续发展。

因此，人类必须转变发展方式，建立新的绿色发展模式，即节约能源，节约资源，保护环境，减少排放二氧化碳等温室气体，遏制全球变暖，积极有效应对气候变化，正确处理人与自然、资源、环境的关系，使人类社会和人类所居住的地球系统得到可持续发展。

在世界各国政府为减少二氧化碳排放的谈判进展困难重重的境况下，中国共产党新的纲领把科学发展观和建设生态文明作为指导思想，并作为引导带领全国人民的建设任务之一，不仅反映了中国人民崇高的理想和中华民族复兴的伟大目标，也充分体现出我们党洞察人类社会发展形势，把握人类社会发展规律，有决心有能力带领中国人民向新的人类社会发展阶段迈进。这也是中国共产党和中国人民将对人类社会发展作出的贡献。

党的十八大提出要努力走向社会主义生态文明新时代，反映了我们党的胆略和魄力，同时也为我们提出了挑战。我们需要克服各种困难，需要有更多的智慧和创新精神，坚定不移地沿着这条道路前进。

对此，我认为，生态文明建设当前需要加强量化评价工作，特别是要做好生态系统的生态效益评价，首先要抓好生态系统的生态功能测定和服务价值评估。

林业部门应当再接再厉，巩固和进一步建设好长期生态定位观测研究站及其网络平台。如何遏制自然生态系统全面退化，使之恢复其所有生态功能和为人类服务的功能，保证人类的生产与可持续发展？必须掌握生态系统的发生、发展，它们的结构、功能和变化过程，以及它们的机制。另外，长期生态定位观测研究站及网络平台，也是林业科学研究和林业经营管理所必需的基础性建设平台。因为，现在森林的经营管理就叫生态系统管理，必须了解森林的结构功能、发生发展规律、更新演替规律、生长代谢规律等。因此，这一平台是根本性的、基础性的建设。像中国这样的大国，至少要有 150～200 个涵盖森林、湿地、荒漠三大生态系统及生物多样性的各种类型的生态定位观测研究站。这些站不仅可以定期评估生态系统的功能、服务价值，还能提供三大生态系统的经营管理成果。

林业系统至今已建立了 100 多个有代表性的森林、湿地、荒漠三大生态系统的长期

---

† 蒋有绪，2012 年 12 月 17 日，中国绿色时报。

定位观测研究站，长期监测生态系统的结构、功能，评估它们的功能与服务价值。林业系统也建立了长期监测数据的平台，其各类数据为进一步完善生态补偿机制、推进绿色GDP的探讨、生态与环境成本的估算，都奠定了科学基础，也初步计算了全国和各省区的碳汇量，为国家在政府间减排的谈判中发挥了重要作用。

但是，目前这个平台的建设还存在一些问题，需要进一步提高其管理水平，加大经费投入力度。总之，希望林业部门把生态定位观测研究站和网络平台扎扎实实建设好，为推进生态文明建设做一件实事，完成其他部门不可替代的重要任务。

关于大敦煌区疏勒河、党河流域生态治理和区域可持续发展的建议[†]

河西走廊乃至整个西北地区的生态安全，始终是党中央、国务院领导同志的牵挂。温家宝总理多次指示，要"把敦煌的生态环境搞好，必须高度重视，科学规划，综合治理，加快进行"。2009 年 10 月 17 日，温总理视察甘肃时，又一次语重心长地说："要拯救两个地方：一是民勤，二是敦煌。它们都被沙漠包围着，决不能让它们成为第二个罗布泊和第二个楼兰"。

为认真落实温总理重要指示，从科学规划、综合治理和体制机制上，解决疏勒河、党河流域生态保护和区域发展问题，中国科学院于 2010 年 5 月启动了院士咨询项目"大敦煌生态治理与区域可持续发展战略"，组织专家对大敦煌区疏勒河、党河流域进行了深入细致的调查研究，多次与当地领导、基层干部群众和各界人士进行座谈、研讨，达成共识。根据黑河流域、石羊河流域治理的经验和教训，提出建设"大敦煌生态文化经济特区"的发展思路，即以敦煌为中心，统筹疏勒河、党河流域生态保护与区域经济社会协调发展，科学节水调水，优化水资源配置，发展生态文化旅游、特色农业、清洁能源等优势产业，加快经济发展方式转变和城乡一体化进程，争取用 5～10 年时间，把大敦煌区建设成为"生态良好、文化繁荣、经济发展、社会稳定、民生改善"的西北地区生态文化中心。

1 大敦煌区域生态治理与可持续发展的紧迫性

"大敦煌"是我们根据自然地域和历史文化特点提出的一个区域概念。其行政范围大体与西汉元鼎六年（前 111 年）的敦煌郡相当，即由现酒泉市管辖的瓜州县、敦煌市、肃北县、阿克塞县和玉门市等五个县市组成，国土面积 10.43 万平方公里，2008 年总人口 53.07 万人，国内生产总值 160.76 亿元，财政收入 33.25 亿元，城镇化水平 40.1%，城镇居民人均收入 13 230 元，农民人均收入 4940 元。

大敦煌是传承中华文化的圣地。以莫高窟、月牙泉和汉长城关塞烽燧等为标志，大敦煌当之无愧地成为世界自然与文化遗产保护地、古丝绸之路象征地、多元文化交汇地和连接欧亚大陆必经地。历史悠久，文化底蕴厚重，古迹遍布，影响深远。

大敦煌是相对完整的自然地理单元，同处于疏勒河、党河流域，气候极端干旱，多年平均降水量在 80 毫米以下，生态环境极其脆弱，共同面临生态保护和区域发展问题。

† 中国科学院学部院士咨询项目"大敦煌生态治理与区域可持续发展战略"咨询报告的摘要，2012。

1.1 水资源严重匮缺

地表水断流、地下水位骤降是大敦煌生态持续恶化的根源。疏勒河干流多年平均径流量 10.31 亿立方米，1960 年以前每年流入敦煌市境内水量 1.5 亿~2 亿立方米，维系着敦煌绿洲的生态平衡。自疏勒河上游相继建成双塔水库（瓜州县）、昌马水库（玉门市）后，疏勒河在敦煌市境内的河道全部断流。敦煌境内党河也因在其中上游修建党河水库及水资源过度利用等造成下游缺水而断流。

据监测，1975 年以来，大敦煌地下水位持续下降，36 年间累积下降了 10.77 米，造成大面积天然湿地消失、植被萎缩。据资料显示，大敦煌天然湿地面积已由 1950 年 30.95 万公顷，减少到 19.75 万公顷，下降了 36.2%；西湖湿地国家自然保护区作为阻挡沙漠东移的第一道天然屏障，其原有的 1.9 万公顷湿地也消失了近一半，库姆塔格沙漠开始以每年 3~5 米的速度加速东移！一旦西湖湿地失守，敦煌变成"第二个楼兰"的危险性将大大增加。

1.2 风沙危害加剧

敦煌地处库姆塔格沙漠东缘，由于日渐失去西北部绿洲、湿地等阻挡风沙的生态屏障，近 30 年来，沙漠扩展了 104.39 平方公里，且有向东、向南扩展的明显迹象。近年来，敦煌大风及沙尘暴发生强度不断加大，频率增加，年均出现八级以上大风高达 15~20 次，累计日数 15.4 天，且多集中于春季农作物幼苗期，强烈的沙尘天气加剧风沙危害，使莫高窟文化遗产受到严重威胁。

1.3 生物多样性锐减

大敦煌丰茂的林草植被和充沛的水面沼泽曾经是干旱半干旱区生物多样性极具代表性的典型区域。西湖湿地、安南坝等国家自然保护区是国家一级保护动物双峰野骆驼和小天鹅、黑鹳、白琵鹭等珍稀濒危动物的重要栖息地。由于长期草场超载过牧，林木过度采伐和超采地下水等掠夺性生产经营活动，造成土地沙化（年均新增近 2 万亩）、植被退化（森林减少 24.2%，天然草场减少 42.3%，植被覆盖度下降 28.4%）。尤其是新中国成立初期敦煌东、西、北湖及南山一带分布的 219 万亩天然林，现仅存 130 多万亩，其中 44 万亩天然胡杨林，剩下不足 1/3。由于干旱缺水、植被退化、湿地萎缩，加上人为偷猎，双峰野骆驼等野生动物种群数量急剧减少，珍稀鸟类也难觅踪影。

1.4 文化遗产受损严重

生态持续恶化使大敦煌区数百处名胜古迹与文化遗产不同程度遭受风沙威胁。月牙泉水域面积已由 1960 年的 22.5 亩降至 2010 年的 11 亩，最大水深由 7.5 米降至 1.8 米。缺水导致的沙漠化加剧了莫高窟文物保护的难度。据专家介绍，在莫高窟现存 492 个洞窟中，已有一半以上洞窟的壁画和彩塑出现了起甲、空鼓、变色、酥碱和脱落等损坏。

　　产生上述问题的原因,一方面受气候变化等自然因素的影响,另一方面是由于人口过快增长、水资源不合理利用、经济发展方式落后,更深层次的原因在于缺乏明确的区域发展定位、统一高效的行政管理体制和兼顾各方利益的统筹协调机制。

2　加快大敦煌生态治理与可持续发展的对策建议

2.1　坚持以优化水资源配置、全力构建节水型社会为核心的科学发展道路

　　水是大敦煌的生态之基、发展之要、生存之本。运用行政、经济、法制、市场等多种手段,在全力构建节水型社会的前提下,全流域一盘棋,科学进行管水、配水、用水和调水,这对于确保疏勒河、党河流域可持续发展至关重要。按照"节水保发展,调水保生态"的思路和"五年大发展,十年见成效"的要求,加快实施"引哈济党"调水工程,进一步协调好疏勒河、党河流域上下游水资源分配,以缓解生态恶化趋势。

　　从水资源条件看,大敦煌每年水资源量 15.5 亿立方米(不包括目前尚未开发利用的苏干湖水系水资源量 4.8 亿立方米),按单位土地面积的可用水资源量计算,水资源模数为 13 428 立方米/平方公里,仅为全国平均水平(263 072 立方米)的 5.1%。

　　从水资源利用结构看,大敦煌经济社会用水总量为 15.89 亿立方米,其中,农业用水占 95%;工业及服务业用水占 1.7%;生态用水占 2.3%;城乡生活用水占 1.0%。每年超采地下水 3.98 亿立方米,占总用水量的 25%。

　　从农业节水潜力看,大敦煌现有耕地 158.10 万亩(人均 3 亩),其中不适宜耕种的低产农田 57.65 万亩,占现有耕地总面积的 36.5%。以平均每亩耗水 955 立方米计,若将此类低产农田退耕,总计可少用水量 5.5 亿立方米。可见,采取退耕还水、推广节水、循环用水和定量配水等综合措施,借鉴以色列和我国新疆发展节水农业、设施农业的经验,将农业用水调配到一个可行的比例,是遏制地下水急剧下降的趋势,增加恢复植被的生态用水,构建节水型社会的关键。

　　从缓解人口压力看,自 1950 年至 2008 年的 58 年间,大敦煌总人口从 11.67 万人上升到 53.07 万人,人口密度从每平方公里 1.12 人猛增到 5.09 人,增长了近 5 倍,加剧了人水、人地矛盾。在坚决停止移民、减少劣质耕地的基础上,通过加快城镇化进程,调整产业结构,发展循环经济和生态文化旅游,拓宽就业渠道,吸纳因退耕、退牧转移的 17.4 万农牧业人口是可以做到的。

2.2　发挥区域优势,推进产业转型升级,加快城乡一体化进程

　　生态文化旅游、清洁能源和特种矿业是支撑大敦煌可持续发展的三大支柱产业,节水型特色农牧业则是重要的辅助产业。按照"科学规划,合理布局,统筹城乡,协调发展"的原则,充分发挥疏勒河、党河流域的自然资源、生态景观和文化遗产等独特优势,精心打造生态文化旅游胜地、清洁能源基地、特种矿业基地和特色农牧业基地,创出大

敦煌的世界品牌。

2.2.1 精心打造生态文化旅游区

以莫高窟、榆林窟为代表的飞天壁画和雕塑艺术，以阳关、玉门关、汉长城等为代表的边陲遗址，以鸣沙山、月牙泉和雅丹地貌为代表的大漠风光，遍布整个疏勒河、党河流域的自然与文化遗产为大敦煌的提供了底蕴丰厚、享誉全球的旅游资源。据相关资料，大敦煌有名录可查的各类旅游资源 52 处，其中自然资源占 46.15%、人文资源占 53.85%。由于缺乏统一规划和整体推介，加上受基础条件限制，现已开发的旅游资源仅占 11%，且发展不均衡。抓住加快大敦煌发展战略机遇期，按照"政府主导、科学规划、整合资源、市场运作"的思路，精心打造点、线、片有机衔接的黄金线路，形成"内联外合，互动多赢"的新格局。同时，根据生态环境容量和文化遗产保护的要求，科学确定和严格控制游客流量，实现保护、利用与开发的协调发展。

2.2.2 加快建设清洁能源基地

大敦煌是我国发展光能、风能的理想场地，加快发展以清洁能源产业为引领的战略性新兴产业，将为全面推动疏勒河、党河流域科学发展注入新的活力。以国务院《关于进一步加快甘肃经济社会发展的若干意见》提出的"加快建设以敦煌为重点的太阳能发电示范基地"为契机，在现有敦煌光电、瓜州、玉门、阿克塞风能规划的基础上，组织编制《大敦煌清洁能源产业发展规划（2010—2020 年）》，按照建设国家光电、风电示范区的要求，提出"十二五"和中长期光电、风电建设目标，国家给予西部发展可再生能源的政策支持，加快大敦煌产业结构调整、清洁能源产业发展，走低碳经济、绿色发展的新路。

2.2.3 适度发展特种矿产业，促进循环经济发展

大敦煌区现已查明的特种矿产中，资源储量名列全国前 3 位的矿产有 4 种，居前 5 位的有 5 种。"十二五"期间，加快矿产业转型升级，大幅度提高资源利用效率，降低水耗和防止生态环境破坏，大力发展特种矿产业，与当地清洁能源的有机结合，探索矿产资源高效、节能、环保和综合利用、循环利用的新途径。

2.2.4 发展特色、节水、高效的观光农业

通过统筹规划、合理布局，以节水为前提，立足区域优势，大力发展特色林果、绿色瓜菜、优质肉奶等为主的生态农业产业。把大敦煌建成西北地区重要的特色农业、生态农业、观光农业产业示范基地。

2.2.5 坚持生态优先，大力推动生态文化建设

在退耕退牧地区，建设以灌木为主、乔灌草结合的生态屏障，坚决不得返耕返牧；在重点风沙区以封禁保护为主，促进生态重建与自然恢复；推动丝绸之路整体申遗及沿线重要遗址保护；积极筹建大敦煌"丝绸之路"文化艺术博览馆、珍稀濒危动植物园及旱生植物种质资源库等；发展西部特有的饮食文化、服饰文化、宗教文化、丝路文化、

休闲文化、商旅文化等，充分展示大敦煌文化的丰富内涵和无穷魅力，以生态环境的根本好转，拉动整个疏勒河、党河流域经济社会走上良性循环的可持续发展道路。

3 实施大敦煌生态治理与区域发展的政策建议

3.1 设立大敦煌生态文化经济特区

立足大敦煌的特殊区位和比较优势，建议中央批准设立"大敦煌生态文化经济特区"，按地市级行政管理成立相应的管理委员会。尽快出台相应的政策措施，先行先试，大胆探索，如在大敦煌区试办一些国际通行的沙漠旅游体育娱乐项目和大型国际赛事等。

3.2 加快交通、通讯等基础设施建设

按照国际旅游业的标准和要求，充分满足旅游线路景点的可达性、观赏性和安全性，各种配套服务的便捷性、舒适性和经济性，加快交通、通讯、金融等基础设施建设，增加国际、国内直达航线，简化出入境手续，扩大接待能力，提高服务质量，创出国际品牌。

3.3 加大投融资政策支持力度

根据国家西部大开发和省市有关政策，在创新投融资机制方面，通过财政扶持、资金整合、社会投入，按资金来源和用途分工，设立开发基金和发展专项资金，促进产业组团式发展，延伸产业链，推进一批有竞争力的企业在境内外上市，鼓励符合条件的企业在中小企业板和创业板上市融资；在基础设施、生态建设、环境保护、扶贫开发和社会事业等方面，请中央在预算内投资和其他有关中央专项投资中给予重点安排。甘肃省和大敦煌两级财政加大对特色节水农业、生态文化旅游、清洁能源、特色矿业等产业发展的扶持与投入。

3.4 给予更优惠的财税政策扶持

针对大敦煌生态保护与区域发展的特殊情况，积极争取中央财政加大对大敦煌的均衡性转移支付力度，并在其他一般性转移支付和专项转移支付等方面，加大对大敦煌的支持。加强与国家有关部委对接协调，将大敦煌列入国家生态功能区转移支付范围，将西湖、阳关、安南坝、盐池湾、安西等5处国家级自然保护区列入国家生态补偿范围。

以上建议和思路如若可行，建议在本咨询报告的基础上，由甘肃省负责向中央提出"大敦煌疏勒河、党河流域生态治理与区域可持续发展战略规划纲要"上报国务院，争取尽早审批实施。如有需要，我们将继续为规划提供服务。

项目咨询研究组主要成员

姓名	单位	职务/职称	专业/项目分工
蒋有绪	中国林业科学研究院	中国科学院院士	生态学/项目组长
郑度	中国科学院地理科学与资源研究所	中国科学院院士	自然地理/综合区划组组长
陆大道	中国科学院地理科学与资源研究所	中国科学院院士	经济地理/社会经济组组长
李文华	中国科学院地理科学与资源研究所	中国工程院院士	生态学/生物组组长
王浩	中国水利水电科学研究院	中国工程院院士	水资源/水资源组组长
王苏民	中国科学院南京湖泊与地理所	研究员	湖泊与区域环境/咨询专家
申元村	中国科学院地理科学与资源研究所	研究员	自然地理/咨询专家
杨根生	中国科学院寒旱所	研究员	风沙地貌/咨询专家
董光荣	中国科学院寒旱所	研究员	风沙物理/咨询专家
张守攻	中国林业科学研究院	院长/研究员	森林培育/咨询专家
蔡登谷	中国林业科学研究院	原副院长/研究员	经济管理/咨询专家
樊辉	甘肃省林业厅	总工程师/高工	林学/咨询专家
吴波	中国林业科学研究院荒漠化研究所	研究员	景观生态学/综合区划组协调人
董治宝	中国科学院寒旱所	研究员	风沙地貌
屈建军	中国科学院寒旱所	研究员	风沙地貌
鹿化煜	南京大学	教授	第四纪地质
王式功	兰州大学	教授	大气科学
杨文斌	中国林业科学研究院荒漠化研究所	研究员	沙漠治理/社会经济组协调人
赵成章	西北师范大学地理学院	教授	经济地理
冯益明	中国林业科学研究院荒漠化研究所	研究员	遥感与 GIS
吴三雄	敦煌西湖国家级自然保护区管理局	局长/工程师	保护生物学
阿海	安南坝野骆驼国家级自然保护区管理局	局长/工程师	保护生物学
李俊清	北京林业大学	教授	生态学/生物组协调人
王继和	甘肃省治沙所	研究员	植物学
李迪强	中国林业科学研究院森环森保所	研究员	保护生物学
胡德夫	北京林业大学	教授	动物学
王忠静	清华大学土木水利学院	副院长/教授	水资源/水资源组协调人
肖洪浪	中国科学院寒旱所	研究员	水土资源
王彦辉	中国林业科学研究院	研究员	森林水文
严平	北京师范大学	教授	自然地理
王学全	中国林业科学研究院荒漠化研究所	副研究员	干旱区生态水文
肖生春	中国科学院寒旱所	副研究员	水土资源
卢琦	中国林业科学研究院荒漠化研究所	研究员	生态学/项目秘书长
张炜银	中国林业科学研究院森环森保所	副研究员	生态学/项目秘书
侯春华	中国林业科学研究院	高工	林学/项目秘书
张群	中国林业科学研究院荒漠化研究所	助研	森林培育/项目秘书
褚建民	中国林业科学研究院林业所	助研	荒漠化防治/项目秘书

第三篇 学科发展

林业科学研究中的生态学[†]

近 20 年来，人们注意到，解决重大经济建设和社会问题都离不开生态学。因此，许多国家对生态学研究非常重视，并投入相当的人力和物力。生态学研究应当渗透到营林科学研究的各个方面，这样才能提高林业科学研究的水平，解决林业科学研究中的课题。就事论事地去研究解决造林、经营、森林保护等技术问题，往往因研究深度不够而适得其反，解决不了问题；即使解决了技术问题，也讲不清其所以然，推广上存在着盲目性。本文拟就国外现代生态学的发展趋向和它在林业科学技术发展中的一些关系，加以概括的介绍，供从事林业科学研究的同志参考。

1 现代生态学的发展趋向

自本世纪六十年代以后，生态学进入了以系统生态学为特点的现代生态学发展新时期。生态学的发展具有以下三个特征。

（1）在课题上更加与重大社会经济问题相结合。由于工业化社会的高速发展，对自然资过度开发利用，造成某些自然资源的枯竭和动植物种的消亡；现代农业和现代工业对环境的污染，造成城乡环境质量的下降，生产和生活环境恶化；人口的恶性膨胀要求解决对食物和能源更大的需求问题；地球上相当一部分人还处于极端贫困和饥饿之中，谈不上起码营养要求；一些巨大的工程技术也往往带来不测的生态后果等等，总之，涉及全球性的一些重大社会经济问题都希望得到生态学的应急解决措施，提出扭转局面的生态学原则和办法来。在这种背景下，联合国教科文组织在六十年代组织了"国际生物学计划"（IBP），许多国家通力协作对全球各类不同陆地生态系统的生物生物力进行研究，旨在查明作为生物圈初级生产者-绿色植物在负担世界食物和生物能源上的潜力和前景。其中包括各大洲有代表性的 56 个森林群系和 16 个灌丛群系的生物产量研究。1969 年 10 月 27～31 日在布鲁塞尔还召开了森林生态系统生产力专题讨论会。IBP 计划相当于一次规模较大的世界生态系统生物产量的本底清查工作。在此基础上，联合国教科文组织又在 1972 年开始组织了"人与生物圈计划"（MAB），这个国际协作研究计划鲜明地体现了与人类活动紧密联系的特点，试图查明与监测世界各类生态系统在各种人类活动下的变化和可能对人类带来的影响，以及人类活动对热带、亚热带、温带森林、干旱半干旱地区、山地和冻原、湖泊、沼泽、河流、三角洲、河口、海湾和岛屿的影响；各类自然区域的遗传材料的保护；病虫害的管理和肥料使用对各类生态系统的生态评定；主要工程建设对人及其环境的影响；城市生态系统；环境变化和人口的适应性，人口学与遗传结构的相互作用；环境质量，环境污染对生物圈的影响等等。这项研究计划

† 蒋有绪，1983，林业文摘，（1）：1-3。

得到许多国家的政府和学术机构的支持。中国也参加了其中 7 个项目。由于现代生态学着重解决重大社会问题，就使政府部门和政策制定者参加到生态学研究课题中来，产生了生态学与决策者相结合的形式，也是形势迫人的必然结果。

（2）理论上向更加宏观和综合的方向发展，其哲学思想也突破各分支学科的局限性，走向整体论（hotism）的体系。开始是打消植物生态学和动物生态学的隔阂，继而打破生物与非生物环境之间的壁垒，完成了把所有生物与环境因子都视为一个系统的、同等重要的、相互作用的各组分的理论准备，产生了以系统论为理论基础的系统生态学。而且由于各学科的相互渗透，还产生了一系列与其他学科相结合的、各具有自己的研究领域和任务生态学分支，如化学生态学、物理生态学、数学生态学等（这是生态学与所谓"硬科学"的结合），还有与"软科学"即社会经济学科相渗透的趋势，如形成经济生态学（或生态经济学）、社会生态学、人口生态学等，构成当前地区环境冲击评价（EIA）研究的所谓新生态学的基础。

（3）方法上更加向解决复杂现象的数理理论领域和方法发展。生态学的方法在近几十年来已经历了巨大的变化，由最初的经典的定性描述，五十年代的数量分析，七十年代的系统分析和模拟模型技术，发展到最新的突变理论、分歧理论、模糊集合等应用数学新领域。这将有助于说明和预测生物系统和人类社会系统所有的复杂及不确定性特征。

2 林业科学研究中的生态学

传统的生态学早与林业科学技术结下了不解之缘。最早期（19 世纪初叶），林学家研究了森林学，就极大地丰富了植物群落学的理论。许多地植物学和植物生态学的概念，如类型、生境、立地、疏密度、郁闭度、多度、分层性、优势、亚优势等术语都来自林学。测树学的发展在取样技术、测定林木组成、结构、树高、蓄积量、地位级等数量特征都促进了植被调查方法的发展；对林木生长级的分化、自然稀疏、传粉和种子传布的研究为生物种间种内关系、群体遗传学等生物学基础理论奠定了基础。生态学的发展同时为林业的育种、引种驯化、苗期管理、造林、采伐更新、经营管理等一系列生产技术提供了理论依据。

现根据国外近期的发展动态，谈谈现代林业科学技术问题是如何依赖于生态学，并把它作为重要的研究手段和理论指导的。

（1）各类天然林和人工林的经营管理要求对各类森林生态系统的生长、发育、演替、种群动态有深入的研究。例如在目前对森林生态系统的林木种群自我调节能力的探讨中，根据生境有限负荷量理论，认为种群呈 S 型的生长曲线，反映种群数量的增长在接近生境最高负荷时，就会随密度增加而下降，甚至出现负值，然后随生境压力的下降再又上升。这种调节是通过生物与环境之间负反馈作用完成的。对不同生境、不同树种等不同条件下的调节过程要具体加以研究。生态系统内食物链结构反映了生物间相互制约的关系。对这一内容的研究有助于积极防止病虫害发生和使其控制在有病虫而无灾害的平衡状态。一些林分病虫害的恶性发展实质上往往属于整个生态系统调节的问题。森林病虫害的生态防治还包括利用树木本身对害虫或病原菌的抵抗力。例如，树木会产生昆虫激素（称异种外激素），如脑激素、保幼激素、滞育激素和蜕皮激素等四种主要激素，来抵御害虫的危害。如胶枞（*Abies balsamea*）可产生出保幼激素，使吃食的昆虫体内激素过量，产生变态，阻止幼虫发育，扰乱虫体正常生长规律；其他的一些裸子植物也有制造蜕皮激素及其类似物质来巧妙地抵御昆虫的危害。

（2）人工林速生丰产，基本上是提高生态系统生物生产力的问题。国外已深入走向对系统的物质流通、能量转化过程加以详尽的定位观测研究，进而了解整个系统的养分、水分、能量的输入输出和全过程的特点，以便对其加以调节，如提高其光合作用率、养分水分的有效周转利用率等。在土壤方面，国外已不限于只用普通的施肥和灌溉方法来提高土壤肥力，而是着重通过生态系统的植物和土壤生物的作用来提高土壤自身的肥力，如采用带根瘤的树种，林下种植豆科植物，接种根瘤菌、硝化细菌等。美国采用色豆马勃菌等菌肥来克服干旱的影响，以提高松苗的质量。又如，加拿大研究了蒙大拿西部三个森林群落（花旗松林、亚高山云杉-冷杉林、铁杉林）的外生菌根的数量与活性，还分离出了胡颓子科和桦木科一些树种的固氮根瘤菌中的放射菌。日本也有类似的研究。这里还涉及微生物生态和微生物之间利用土壤酶（目前知道至少已超过 50 种）来催化土壤的生物化学反应，以维持土壤肥力的平衡，这也是防止单纯施用化肥的副作用和净化土壤的有效措施。

（3）天然林和人工林生态功能及其社会效益的计量评价。目前许多国家正在从事这项工作。资料证明森林的生态效益远远超过林副产品的价值。但是要说明森林涵养水源、保持土壤、改良小气候、调节空气、净化环境等生态价值，必须从掌握各类林分水量平衡、养分的循环、能量平衡的各项基本参数，掌握森林小气候观测的长年资料，各主要树种生理生态特性等方面入手。总之，需要从森林生态系统定位观测研究开始。美国、苏联、日本、西德等国家如果没有近二十年来的定值观测数据，是不可能进行此项计量评价的。一些面上的临时性测定只能起辅助作用。不能依赖临时性调查，试图一蹴而成，如此评价就缺乏精确的科学数据而丧失评价的实际价值。森林生态定位观测在许多国家已有多年历史了，达到了较高的技术水平。例如西德的 Solling 计划、瑞典的针叶林计划都是比较先进的。这些计划中的水量平衡、辐射平衡、呼吸、代谢作用都是遥控自动观测记录和整理数据，如采用传感器的输出信号自动记录，以积分法（电积分仪、化学积分仪）或图表记录器、事件计数器记录等。美国纽约长岛 Brookhaven 国家实验室在松栎林内测定呼吸代谢作用时，利用大封闭室和小封闭室技术，应用空气动力学技术来研究气体交换都是很先进的手段。在通过定位研究掌握准确的参数的基础上，再结合利用全国性水文、土壤、地质、森林资源的普查资料综合分析，进行森林生态效益的计量评价。日本林野厅已主持完成了全国的评价工作。由于森林的生态社会价值在不同国情下，评价的原则有所不同，各国应当根据本身的情况和条件来确定合理的计量评价方法。此项工作对唤起人们对森林的热爱，促进林业事业的发展具有积极的作用。

（4）森林生态系统的复原（restoration）。这是西方国家针对林区采伐、火烧迹地、矿区开发和其他工程设施破坏了森林，需要恢复森林而言，也不同于一般的无林地造林，这里具有破坏后必须加以恢复的特定含义。它往往从研究采伐、火烧等活动下森林演替规律以及矿区废土上先锋树种开始的演替过程入手。由于森林生态系统的复原是一项具有全球意义的任务，因此，研究它，不仅对传统的演替理论会是一种突破，而且会赋予该理论更重要的意义。1969 年美国著名生态学家 Odum 指出，演替的原理要针对人与自然的关系，需要把其理论的框架作为人类现存的环境危机的基础来考察。对森林演替的研究已深入到对生态系统的复杂性、多样性和自趋性（homeostasis）的探讨。其途径有三：①由控制论或系统分析导出的方法，即试图测定系统内所有环节，写出所有方程，测出所有参数，然后分析解出方程或用计算机模拟演替过程，得到数值的结论；②从强调复杂性、注意逆境（stress）的相互联结、整体性、多元原因、结构与过程的统一等方面来研究；③与前两者相反，主要强调演替的种群基础，即所谓生态系统的还原论（reductionism），批评了整体性观点。他们所采用的模型也不同。不同的林分特点选用符合自己情况的演替模型。如热带雨林（在 Puerto Rico 的 Luquillo 试验林）采用 FORICO 模型，可预测 500 年的变化，其他模型则有 FORET、BRTND、FORAR 等等，还原论者则采用符合自己理论观点的 JABOWA 模型。对天然林的演替，近年来还注意到母树树种与幼苗之间的关系，其中特别注意大树倒下后的孔隙演替动态，即所谓林隙动态（gap dynamic）。这涉及现代生态学中生态位（niche）的结构分配理论。目前还表现出对热带林木的适应机制问题有浓厚的兴趣，如形态适应、对策适应和生理生化适应。一个树种的化学亲和物质和化学抑制物质对另一些树种或植物有促进生长或抑制作用，这已成为热带森林群落内缘演替的重要因素。这些物质（如乙烯、萜烯、二戊烯等）还可以经降雨淋洗至土壤产生影响。美国 Likens 等研究提出森林皆伐后复原的四个阶段：重组、积聚、过渡和稳态阶段（reorganization、aggradation、transition、steadystate phases）。

还有其他方面的课题，如农林业（agroforestry）的人工复合生态系统的设计、建立等。国外对这方面的研究刚刚起步。我国林粮、林药间作、桑基鱼塘或橡茶多层群落等研究有悠久的实践历史。

总之，要提高林业科学研究水平，解决林业生产的实际技术问题，或具有战略意义的、如国土整治等重大社会经济问题，就必须加强生态学的研究。

关于热带林生态系统平衡的若干理论问题[†]

目前世界热带森林分布面积大约 12 亿公顷，占森林面积的 40%。由于热带森林物种丰富，能提供各种珍贵木材和其他许多产品，为人类提供食物、工业原料、药物等新来源。它所蕴藏的基因资源给人类可能带来的福利目前是难以估量的。一些学者认为，热带森林的这种多种价值（versatility）是人类的最珍贵的资源。但是，长期以来，热带森林只当作采伐木材和作为开垦农地等最浪费的用途被吞噬掉。

目前，热带开发与保护的矛盾非常普遍和尖锐，甚至有人悲观地认为很难有万全的前景（universal perspective）。但不少学者，认为热带的开发与保护并不是不可协调，他们主张采取生态开发（ecodevelopment）、自力更生（selfreliance）和适宜的技术（appropriate technology）三对策来解决热带第三世界国家的开发危机（Welb L. J.等）。

科学家们越来越强调热带森林在维护地球陆地生态平衡中的作用和当前遭受严重破坏所引起的后果。归纳起来，大面积毁灭热带林将造成以下后果：

（1）断送热带林区域土著人民的生活道路，使他们日益贫困化；

（2）许多尚未识别的树木和其他植物种将消失；

（3）许多野生状态的动物将消失；

（4）丧失不可估量的、可供新的食品、医药、织物等原材料的基因资源；

（5）增加土壤的风蚀、水蚀，很多情况下将导致永久性的沙漠化；

（6）增加河流的径流，造成周围平原的泛滥；

（7）减少植被的蒸腾，因而减少降雨量，和进而减低水的可利用率；

（8）增加向大气释放的 CO_2 量，减少植物吸收的 CO_2 量，可能影响到世界粮食生产的气候后果；

（9）丧失土壤目前提供木材和其他利益的能力；

（10）由于热带林是地球上最富有物种、最富有罕有组分的生态系统类型，热带林的消失将造成科学价值的极大损失（WEAP 建议，E. Goodsmith，1980）。

如果仍以目前每年 1.5 千万～2 千万公顷的速度砍伐热带林，60～80 年将砍完世界热带林（世界银行估测，1973）。目前仍有 7 亿人生活在绝对贫困之中，到本世纪末还会有 6 亿人生活在绝对贫困的状况中，因为尽管到公元 2000 年前会砍伐 1.3 亿公顷热带林，能养活 2 亿人口，但造成的生态和经济后果，将抵消这种好处（Mc Namara，1978）。目前世界上有 25 亿人使用 3 亿公顷的森林地依靠流动农业（刀耕火种）生活，这将造成对土地不合理利用的恶性膨胀。由于世界热带林的砍伐，预测模型表明下一世纪中，大气 CO_2 浓度将增加一倍，全球平均气温升高 3℃，海平面将上升，一部分地球陆地要消失。由于海水温度上升，减少海水 CO_2 含量，与森林砍伐后大气 CO_2 浓度增加成正反馈，将更加剧大气 CO_2 量的增加（J. S. Spear，1979）。

---

† 蒋有绪，1983，热带林业科技，（1）：1-6。

　　因此，对待热带林的利用，是一个带有全球性影响的问题，不能认为只是哪一个拥有热带林国家自身利害的问题。我国的热带森林面积并不多，在海南岛只剩下了 40 万公顷左右。对于热带林维持陆地生态平衡的重要作用还未被人们所完全认识，过去存在着极不合理的利用。世界热带林破坏的主要原因都是一致的，如森林资源的过度开采利用，用于农垦、薪炭、刀耕火种以及火灾等等。然而，我国海南岛的热带林资源减少的速度超过了世界热带林减少的平均速度。

　　总的讲，热带林生态系统具有较高的稳定性，但它的生态平衡却是比较脆弱的，被称为"平衡敏感的生态系统"（delicately balanced ecosystem）。我国的热带林位于热带北缘，由于所处发生历史背景，或许在生态平衡上更为脆弱一些，对于如何利用和经营等问题，应当更为谨慎一些。

　　对于热带林生态系统平衡的特点可作以下的认识。

　　1. 热带森林是在湿热带气候或潮湿季风热带气候下形成的顶极群落。这个生态系统的所有生物组分（动物、植物、微生物）是长期共同发展共同进化的结果，即所谓进化的等终极性（equefinality）。虽然这些组分繁多，但它们与环境之间、它们相互之间是处于以极其精巧的方式的相互适应之中。因此，它们是稳定性高的陆地生态系统类型，只要环境条件不发生显著的变化，热带雨林、季雨林群落会稳定地生存下去（T. C. Whitmore，1975），从发生历史上看，热带森林也是比较古老的生态系统类型。热带地理环境条件的稳定和生物群落完善的集合，由此加强了其生态系统的稳定性（Ricklefs，1973）。

　　关于热带林的物种多样性和系统的稳定性背景有不平衡假说和平衡假说两种理论解释，更多的是认为得到平衡假说的支持，其主要论点如下。

　　（1）热带种的形成速率（speciation rate）较高。

　　甲. 热带种群比较固定不动，容易在地理上隔离。

　　乙. 进化过程较快，因为

　　（甲）每年有较大量的后代

　　（乙）较大的生产力，导致种群有较大的周转，由此加强了选择作用。

　　（丙）在热带，生物因子有较大的重要性，由此加强了选择。

　　（2）热带种的绝灭速率（extinction rate）较低。

　　甲. 在热带竞争不太厉害，因为

　　（甲）有较多的资源

　　（乙）增加空间异质性

　　（丙）增加由捕食者实行的对竞争种群的控制。

　　乙. 热带提供较稳定的环境，只允许较少的种群持续生存下去，因为

　　（甲）物理环境更加恒定

　　（乙）生物群落集合得比较完善，由此加强了生态系统的稳定性。

　　与热带林生态系统种多样性和稳定性有联系的进化适应方式主要表现在结构和功能（两者是相互联系的）上，从结构上看，主要表现在空间层次复杂，季相（时间层次性）复杂，由物种的小而专化的生态位所构成。

　　Whittaker 等 1973 年指出，一个生态系统内种数增加时，生态平均宽度就要减小，

当然也就更加专化些，如热带附生、腐生、气生植物、藤本植物等层外层间植物繁多，生活型众多，一年内充分利用时间的物种开花结实等发育节律等等都说明了这点。就热带森林的垂直剖面看，种的多样性在中间层次最大，在顶部的树冠层和近地表层则较小，这恰与温带森林相反（Brunig，1978）。在热带林生态系统中饱和的生态位结构中，只有一个种的移出或压缩现有种的生态位，才有可能增加新的种，因此，这也有助于热带林生态系统的稳定。目前，许多生物学家对热带植物对环境的适应性和精巧的专化性有较多的研究，如研究它们的形态适应对策，生理生化适应对策等。例如，对传粉生物学的研究结果表明，热带林植物的传粉有以下特征：风媒植物比例小，有比例大的传粉脊椎动物（如蝙蝠、蜂鸟等）、传粉的群居蜂、存在专性的同种异交植物（即自交不孕的植物个体），以及复杂的开花同步性现象。由雄性长舌花蜂专性传粉的热带兰花是形态专化适应很典型的一例。种子、果实的传播许多依赖于动物，而风播的则往往是位于林冠上缘的树种（Janzen D. H.，1975）。然而，热带林生物的这种精巧的适应性并不利于生态系统破坏后的生存，如动植物的平均传播率低、种子无休眠期，传播花粉的特殊机制。动植物迁移能力弱，动物专食性强，依赖于热带林生态系统整体的程度大（如热带林鸟兽，一般不离开热带林环境生存）等等，都使生物种不易适应变化了的环境，这就导致了热带林生态系统平衡的脆弱性。可以讲，热带林生态系统有较高的稳定性，却具有较低的弹性（elasticity）。

2. 热带林具有更有效的物质转化和能量流通过程，具有较高的生物生产力和整个系统的反馈调节能力或叫自稳能力（homeostasis）。热带林具有比其他陆地生态系统较高的生物生产力的实例，已有很多资料谈过，这里不另赘述。从生态系统功能上分析，热带林由于生态位的饱和结构，对水热资源利用得充分，其总第一性产量（GPP）是高的，但自养性呼吸（R_A）量较大，异养性呼吸（R_H）也大（R_H 反映净生产力中参加再循环以维持再生产所需的代谢支出，即用于向土壤归还养分的微生物等呼吸所消费的能。由于热带林的分解周期速率快，R_H 量则较大），因此，生态系统呼吸率（R_A+R_H）也大，其结果，净第一性产量（NPP）并不算很大，系统的有效生产比（NPP/GPP）则偏小，由于这是一个相对比值，所以热带林的这个比值小于温带森林。系统的维持效率（R/NPP），由于 R_A 值大，则相对较高。热带林总第一性产量高的另一因素是其养分摄取系统看来极有效率（Jordon，1978），养分吸收似乎明显取决于存在于地表根毡层的小根和表层根茎常有的内菌根（Stark 等，1977，Brunig，1977，1978）。热带森林有着复杂的自动平衡功能是与系统的种的多样性和饱和的生态位结构有关。生态位可以理解为每一个种在食物链中所占据的一定位置。即占有一定能的来源，反映了功能的概念。生态位的多样性在一个生态系统中越高，则能流通道的多样性也越高，系统也越稳定。一个种的移出意味着生态位的腾空，就立即减少通过此系统的能流。这会很快影响整个系统的结构和稳定性（Whittaker 等，1973）。因为热带林土壤养分物质贮备相对较少，因此依靠速率调节（rate regulation）来维持热带林生态系统的巨大生物量和整体自动平衡，是这个生态系统的特点。巨大的生物量的能贮备是维持生态系统持续平衡的基础，而物质循环的通畅是系统保存巨大能贮备的保障。能贮备与养分循环的相互关系由 Reichle D. E. 等有详细说明。

不同生态系统土壤周转时间

苔原	340 年	热带雨林	26～41 年
落叶松林	76～155 年	泥炭沼泽	526 年

但是热带森林生物积累和快速的速率调节的自动平衡格局也给生态系统破坏后的恢复带来很大的困难，作为系统的主要的巨大物质和能量的贮备库——林木丧失后。就等于几乎丧失了系统赖以恢复的物质和能量的基础，这也是热带林生态系统稳定性高但弹性小、抵抗外力干扰能力弱的另一原因。

3. 从热带森林生态系统主要生物组分的生态对策（bionomic strategies）分析，由于它们相对的体积大、世代时间（p）长，内禀生长力（r）就小，同时意味着种群长的反应时间，其主要是 K-对策。其优点在于种群可以保持稳定值，其缺点则是外伤性干扰（traumatic disturbance）下恢复慢（R. H. May，T. R. E. Southwood，1975）。K-对策者的特征是具有稳定的生境，进化的方向是使它们的种群保持在平衡水平上和增加种间的竞争能力，K-对策者对于种群密度明显下降到平衡水平以下之后的恢复，不大可能有很好地适应，如果降低到这样低的水平，它们就可能绝灭（Soucthwood，1975）（注：生物种群的生态对策还有 r-对策，为便于读者了解 K 和 r 对策；r 将两者主要差别列表 1 说明，Southwood T. R. E. 1971）。

表 1　生态对策

r 种	K 种
短的世代周期	长的时代周期
小体型	大体型
高度散布	低的散布
独立于死亡的密度	高的残存率，特别在繁殖阶段
高生殖力，低的亲本投资，经常是生活史上一次繁殖	低生殖力，高的亲本投资，常常是生活史上不止一次的繁殖
种内竞争经常是蔓延型的	种内斗争经常是斗争型的
在"自卫"上和种间斗争的其他机制上低投资	在"自卫"上和种间斗争的其他机制上高投资
时间效率高	食物和空间效率高
种群在负荷容量上经常过头	种群在负荷容量上很少过头
种群密度变化大	种群密度一代一代多少比较恒定
生境为一时性的，同一地点很少世代	生境长久性，同一地点很多世代

对于多样性和稳定性的统一的理论问题还存在着不同的看法。R. M. May 指出，从理论模型中得到的答案是：各种数学模型说明，当一个系统变成更为复杂时（或者是更多的种，或者是更为丰富的相互依赖的结构），它就变得更为动态地脆弱（dynamically fragile）。但也明确指出，作为数学概括复杂性增大有利于动态性脆弱，而不是有利于动态性坚强（dynamically robust）。但同时也指出，这并不是说，在自然界，复杂生态系统必须比简单生态系统表现出比较不稳定，依我的分析，这与多数学者支持复杂性意味着稳定性的结论主要是概念上理解不同，May 所谓的稳定性增加"以种群波动的相对较低水平，或者从扰乱恢复能力，或者简单地以该系统的持久性加以识别"，这是一个笼统的混合

的概念。如今，一些学者已经把有关稳定性的概念区分为：①持续性（persistence）——即系统存在的时间；②惰性或惯性（inertia）——系统抵御外界干扰和破坏的能力，这是一个潜在的含义；③可塑性（plasticity）——系统容忍环境变化而不致引起系统变化的环境幅度；④弹性（elasticity）——系统破坏后恢复到原来状态的速度（G. H. Orians，D. E. Reichle，1975）。经过细加区分后的几个概念（此外还有一些概念，总的说明关于稳定性的理论还不成熟）比较容易解释一些生态系统的现象，比如说，比较容易说明热带林生态系统稳定性的概念，即具有高的持续性和惰性，但较低的可塑性、弹性和要求 较大的保持稳定性的面积。

　　以上不成熟地综述一些关于热带森林生态平衡的特点，目的在于引起人们在利用我国仅有一点的热带森林时能持更多的谨慎态度。

主要参考文献

[1] Spears J. S.：1979，湿热带森林能保存下来吗？（中译名），Commonwealth Forestry Review，V，58（3）N. 177.

[2] Janzen D. H.：1975，Ecology of plant in the tropics（姚壁君等中译本，1982，科学出版社）.

[3] Welb L. J.，Higgins H. G.：1980，The impact of the，"New ecology" in the development of the tropical rainforest.

[4] Emlen J. M.：1980；Ecology：an evolutionary approach.

[5] West D. C. 等：1981. Forest succession：concept and application，Springer-verlag.

[6] Goodsmith E. M. A.：1980，World ecological areas programme（WEAP）.

[7] Flenley J. R.：1979，The equatorial rain forest-a geological history.

[8] Park C. C.：1980，Ecology and environmental management.

[9] Whitmore T. C.：1975，Tropical rain forests on the Far East，Oxford.

[10] Brunig E. F.：1978，San Carlos 天然雨林资料.

[11] May R. M.：1976，理论生态学（中译本）.

[12] Reichle D. E.；Orians G. H.；Whittaker R. H.：1975，Unifying Concepts in Ecology.

The Development History，the Applications and Success of Plant Ecology in China[†]

Before the foundation of PRC，only a few of universities（such as Qinghua Univ. and Sichuang Univ.）had the plant ecology course taught by Prof. Qen Zhonsu，Li Jidong，Zhong Chon xin and etc，and only some personal investigations in forest，grassland，alpine and desert regions were done under very difficult conditions. The earlier vegetation reports in south-western China's mountain areas by Liu Shen-e，Zhen Wanjen，Wu Zhonglun，Ching Renchan，Zhu Yancheng and Hou Xueyu seam to be the classical papers in China.

After the foundation of PRC the regional constructions has been developed rapidly，so that the geobotanic（or vegetational）investigations，as the basic works，were forging ahead round whole country. The biggest works in 1950s were：

1）The integrated survey on vegetation，Soil and other environmental factors for rubber tree plantation in tropic regions（South Yunnan，South Guangxi，Hainan Island，Leizhou Penisula in Guangdong）.

2）The integrated investigation in the middle and lower reaches of Huanghe（Yellow River）river valley for water and soil conservations.

3）The desert and arid regions expidetions in 6 Provinces of north-western China for long-term planning to improve the environment.

4）The aerial survey and ground survey of main mountain natural forest areas including the vegetation，forest types and soils for forest exploitation.

5）The comprehensive survey of Amuer River basin in both China and USSR.

6）The investigation in south-western China for imagine to regulate the water flows from South China to North China.

In 1950s the research institutions also developed quickly，Many institutes set up the divisions of labs of ecology or geobotany upto 1966. The Botanic Inst. of South China，Inst. of forest and pedology，Kun-ming inst. of botany，North China inst，of biology（above are belong to Academia Sinica），Central inst，of forestry of Ministry of Forestry，the Tropic crops inst. of Ministry of Agrocultivation，and etc. have built the divisions of ecology.

In 1950s at least more than 200 persons were sent to USSR to study and do practice in plant and animal ecology. They became the backbone of the ecological contingents today，More than thousands professionals on ecology including ecologists working in forestry and

---

† 蒋有绪，1986，"中国植物生态学的发展历史、应用和成就"，8 月 13 日在美国田纳西大学生物系的学术报告。

agricultural departments grew up through 1950s' pracical activities.

There were 8 survey teams of forestry（now became 4 survey and planning departments）under Ministry of Forestry and some survey teams of grassland and wasteland under the Provinces.

Although in 1950s Sukachevs approach including the other schools in USSR was introduced and mainly used，but Prof. Qu Zhongxiang，Liu Shen-eweee recognized the researchers of Clements approach as well as Prof. Zhu Yancheng of Braun-Blanquet approach.

1950s is the most important stage of development of ecology in China. The ecosystem's study had been started in early 1960s which called biogeocenos study in that time. The first several stations were the tropical rain forest station in Xishuangbannan，Yunnan Province lead by Wu Zhen-yi，the subalpine coniferous forest station in Miyalo，Sichuang Province by Jiang Youxu and the temperate coniferous and broadleaves forest station in Minor Xing-an Mountain，Heilongjiang Province，the manmade Chinese fir forest station in Huitong，Hun an Province. The researches involved the classification，distribution，structure，pedological，microclimate of communities，the water balance，the nutrient cycling，the relationships between the plant species，the succession and etc.

Since 1976 the ecology science and research works have got a new vigorous development. More attentions put into the population and ecosystem level. The quantitative ecology and ecological modeling have being developed also. Prof. Yang Hanxi and Ma Shijun played an important role in such field. More and more mathematicians are interested in ecology and do cooperation with ecologists. Most of the post-graduated students on ecology are learning such methodology. Of cause the modeling and system ecology concerned community succession and eco-system functions studies can be considered only in started stage. The Inner Mongolia Univ. Beijing Univ. Beijing Normal College，Langzhou Univ. ETC. are presenting the mathematic ecology course. Now almost the all institutions of botany，zoology，biology，environment，forestry and agriculture sciences have their own ecological division or lab.

The success of ecological works after 1960s in China are：

"The Chinese Vegetation" has been published in 1979 with 1：100 000 000 vegetation map. It is contributed by more than hundred botanist，geobotanics and map-makers，the main editors and authors are Wu Zhen-yi，Hou Xueyu，Chen Changdu，Wang Xianpu，Zhow Yilian，Zhow Guanyu，Ling Yin and etc，The provincial vegetation publications and maps will be published continually. "The Guangdong vegetation" "The Sichuang vegetation" have been published in 1976 and 1980. "The Mountain forests in China" has been published in 1981，the authors are Jiang Youxu and others. It is based on the investigation date of all main mountain areas in China. The vertical zonation spectrums of mountain areas and all kinds of natural regional devision have been finished in China.

The integrated investigation of Qing-zang（Qinghai and Tibet）Plateau and Hengduan Mountain Range started in 1950s，but the more complete activities were carried out in late 1970s up to now lead by Sun Honglie and Li Wenhua.

The indicator-plant concerned the acid soil, calcareous soil, saline soil and saline-alkali soil has been studied by Hou Xueyu systematically. He did a plenty of chemical analysis to evaluating the relationships between the plant distribution and the chemical characters of the soils. "The vegetation geography and the chemical contents of dominant plants in china" has been published in 1982. As the background of biogeochemical cycling, the plant and soil chemical analysis also have been done by Geographic Institute, Academia Sinica and other institutions.

The environmental ecology including the air, water and soil pollution ecology has been developt very rapidly owing to the high rate of industries development and applications of agricultural pesticides. The Chinese Academy of Environment Science was founded in 1979. The various plant species, especially tree species, are studied and screened for their antipollutic, purification functions and sensibilities to HF, SO_2, CO, ethylene, smog, dust, and to phenol, cyanogen, mercury, cadmium, lead and arsenic, Many of them are used in environmental practice.

The Changbeishen, Dinghushan and Wolong reserves have been accepted by International MAB Programme into MAB reservation network. The ecosystem studies are doing there. The aut-and population ecology of Giant Panda involved its habitat and biology of Sinarundinaria bamboos are studying in Wolong with cooperation of WWF.

In China, in order to protect. Farmland and improve ecological environment in arid and semiarid regions, forest belt were planted in western part of Northeast China, eastern part of Inner Mongolia, western Hebei Province, eastern Henan Province, Shelter belts for protecting sea coasts have built in Guangdong, Guangxi, Fujian, Shangdong and Liaoning Provinces, A network of forests has been built across 12.66 million hectares of farm-land in plains. Such large works gave great impacts to carrying out the silvic and agro-forestry studies, The achievement also has got in tropic China on large area of rubber tree-tee (or coffee, etc.) — medician herbs man-made communities, Experimental geobotany in China has its own Traditions owing to the amazed cropping systems in ancient China.

Except the forest ecosystem research station, there are the grassland (steepe) station in Xilingguole, Inner Mongolia, organized by Botanic Institute, Academia Sinica, and University of Inner Mongolia, and the high plateau station in Qonghai Province by Qinghai high plateau biology institute.

论生态学的发展史[†]

生态学，简言之，是研究生物与环境相互关系的科学。自蛋白质作为生命形式伊始，就存在生命活动与环境的生态学关系，在今天人类社会发展至宇宙时代，对生态学的探索也将随人类的足迹达至太穹。凡生命之所至，就有生态学问题、现象和规律。可以说，生态学也是研究生物生存的科学。生物的演化史就是一卷浩瀚的生物对环境适应的生存发展史。人类曾一度自诩为主宰地球的力量，但生态学已经提醒我们，人类并不能逃脱作为其生存环境的地球的种种变化对其前途的影响，人类只不过是地球生物圈大家庭的一个成员，而且只有与这个星球共命运，共存亡。人类社会发展如果不按生态规律从事，只能带来人类与地球的共同厄运。可以说，还很少有像生态学这样一门科学，与人类的生存，在时空尺度上，在自然、社会和经济等方面，有如此紧密的关联。生态学对人类如此的重要，不仅因为人类为了生存发展，要合理利用动植物资源而需要研究动植物生态学，而且也因为人类自身有责任维护人类赖以生存的星球，需要以生态学原则来调整人与自然、资源和环境的关系。因此，现代生态学发展至今，已不仅是生物科学中揭示生物与环境相互关系的一门生物学分支学科，而且已经成为指导人类行为准则的一门科学。生物科学的任何其他分支学科的性质，都没有像生态学这样具有如此广泛的社会性、与人类的意识形态、观念和道德规范有如此密切的关系。从来没有像今天这个时代赋以生态学家以如此重大的责任感，来要求我们对生态学的发展，对生态学在未来人类社会经济发展中的战略作用和地位做出应有的评估与预测。

1　生态学的定义

生态学 Ecology，Oecologie 一词由德国学者 E. H. Haeckel 于 1869 年提出，本词字头取自希腊文 Oikos，即"家""生活场所"之意，字根取自拉丁文 logos，意为"学问"。因此，生态学一词在创立时，即意寓于形，表达了生态学为研究生物有机体与其生活场所之间相互关系的科学。但由于生态学发展至今，其内涵与外延都有了变化。生态学作为一门导源于生物科学的综合性科学，担负着两个任务，其一，是揭露自然界生命生存与发展之谜；生命靠什么繁荣昌盛？又如何在外缘理化因素作用下沦于灭亡？其二，是探讨生命物质在自然界的作用，生命的兴衰对自然界产生什么影响？自然界反转过来又对生命体起何种作用。由于人体是生命物质的高级组织形式，随着人类活动范围的日趋广阔，人与自然界的协调关系出现了问题，怎样恢复和改善被损害的协调关系，使人类

† 蒋有绪，1990，本文为国家自然科学基金课题"生态学发展战略研究"（由中国生态学会承担），由蒋有绪在1990年执笔起草的第一稿，执笔参与的文献及一些专家未发表资料列在文后，课题的最终报告，已由科学出版社1997年出版，即《自然科学——生态学学科发展战略调研报告》，经过集体讨论修改，可谓十易其稿，但我们的第一稿关于生态学发展的较详细阐述和图表的归纳，以及反映若干个人的观点似仍有参考价值。

在满足其追求目标的同时不损伤自然界已形成的物质循环再生规律,具体而言,即不破坏自然界正常的新陈代谢,使生命与生命之间,以及生命体及其无机环境之间的共生、互生、再生过程持续发展下去。人类为了生存,不得不关切到水、土、气、生物等维持人类生活与经济发展的自然支持系统,使生态学的研究内容、任务扩展到人类社会、渗入到人类的经济活动,也成为当代各国政府指导有关经济建设决策的理论依据。根据生态学的学科内容、范畴和研究任务,对生态学的定义已不限于最初的经典的涵义,而有过不少不同的表述,归纳各方观点,结合近代生态学动向,生态学可定义为:是研究生物生存条件,生物及其群体与环境相互作用的过程及其规律的科学,是人类以此指导协调其自身与整个自然界(即自然、资源与环境)关系的科学。

2 生态学发展简史

生态学的发展可概括为三个阶段(马世骏,1980,手稿):生态学萌芽期、生态学成长期和现代生态学发展期。

2.1 生态学萌芽期

由公元前 2000 年到公元 11 世纪欧洲文艺复兴时期以后至公元 15 世纪。早在公元前 2000 年至 1000 年间,朦胧的生态学思想已见诸于古希腊和中国的古歌谣和著作中。公元前 700 年,李冉《道德经》已表达了人类生存的地球“水木金火土”五行相生相克的思想;《管子地员篇》《春秋》《庄子》都记载有土壤性质与植物生长和品质的关系,以及动物的行为等等。欧洲 Empedocleo 在公元前 5 世纪的著作中就注意到植物营养与环境的关系;Aristotle(公元前 384～322)描述过动物不同类型的栖息地,把动物分为陆栖、水栖两类,食性分肉食、草食、杂食及特殊食性等 4 类。其弟子 Theophrastus 在植物地理学著作中提出植物群落的涵义,注意到动物色泽变化是对环境的适应。中国秦汉时期和罗马帝国盛期,农业科学著作普遍问世,中国的《吕氏春秋》(公元前 239 年)、《农政全书》(公元前 2 世纪)、《淮南子》(公元前 123 年),北魏贾思勰的《齐民要术》(成书于公元 537～544 年),都不乏生物与环境关系的描述。这一时期是以古代思想家、农学家对生物与环境相互关系的朴素记述和归纳为其特点。

2.2 生态学成长期

自公元 15 世纪到 20 世纪 40 年代。15 世纪后期,欧洲科学探索活动再度兴起,崇尚科学调查与科学实验。Robert Boyle(1627～1691)于 1670 年发表了低气压对动物效应的试验,标志了动物生理生态学的开端,Reaumus(1683～1757)在六大卷昆虫学著作中记述了许多昆虫生态学资料,他是研究积温与昆虫发育的先驱者。18 世纪中叶,瑞典博物学家 Carlven Linne(1707～1778)开创了把物候学、生态学、地理学观点结合起来描述外界环境条件对动物和植物的影响;法国博物学家 G. L. L. de Buffon(1707～1788)强调生物种的可变性及生物数量动态概念。著名博物学家 J. B. Lamarck(1744～

1829）首先提出生物进化系统学说；著名植物地理学家 A. von Humbldt（1806）结合气候与地理因子的影响,描述了物种分布规律,特别是植物和植被类型的分布规律。Malthus（1772～1844）于 1806 年发表了"人口原则",是生物学应用生物统计的开端。

19 世纪,生态学知识的积累使生态学科达到了一呼即出的境地。这个时期内,尽管生态学科尚未明确提出,但生态学中一些至今仍有重要意义的发现与论点,却先期陆续提出,如确定 5℃为一般植物发育起点的温度（Gasparin,1844）；绘制动物的温度发育曲线的出现（Lillie & Knowlton,1897）；植物营养最小定律（Liebig,1840）；光波结构对于动物发育的效应（Draper,1844,Beclard,1858）等等,都在这一时期提出。1859年 Charles Darwin（1809～1882）的"物种起源"问世,鼓舞了生物与环境关系的研究,许多生物学家进行了环境诱导生物变异的进化生态学内容的实验工作。德国 E. H. Haeckel 遂于 1869 年明确提出创立"生态学"一词,使生态学科有了明确的内涵,有了学科发展的明确方向。

自 19 世纪中叶到 20 世纪初叶,人类活动由于资本社会所表现的强烈的经济趋向,加速了生态学的发展过程,人类的洲际活动促进了世界植被的研究,进而推动了近代植物群落学的形成 E. Warming（1895）的"植物地理学"以及 A. F. W. Schimper 的"以生理学为基础的植物地理学"为其代表。农业、林业狩猎、渔业的迅猛发展,直接或间接地促进了实用的农业生态学（包括栽培、养殖生态、引种、引进自然天敌防治害虫等）、野生动物种群生态学、媒介昆虫传病行为等的研究与应用。海洋及岛屿的生物学调查促进了水生生物学、海洋学、湖沼学的发展,相应地促进了水生生态学的发展。20 世纪的30 年代已出现了些有历史意义的生态学著作及教科书,对生态学理论的发展有重要作用,如各国近代著名生态学 Weaver、F. E. Clements A. W. Cowles、A. G. Tansley、B. H. Сукачёв 都诞生于这个时期,并提供了重要文献著作,先后提出了诸如顶极群落、演替动态、生态小生境（或生态位,ecological niche）、生物地理群落等重要概念。Lindeman 1942 年提出生态系统物质生产率的渐减法则（金字塔法则）。这一时期是生态学建立、生态学理论、生物群落由定性描述向定量描述,和生态学实验方法发展的辉煌时期。

在这一发展时期,由于中国长期封建社会对科学发展的限制,生态学在我国长期处于朦胧时期,只是在这个时期的后期,即 20 世纪 40 年代之前,才有少数学者,如钱崇澍、李继侗、刘慎谔、曲仲湘、朱彦丞等人在国外接受了生态学的教育,并由他们把生态学传至中国,开展了一些研究。如李继侗先生于 1931 年首次在中国的清华大学生物系讲授植物生态学课程,这一时期中国的生态学基本上属于启蒙时刻,对世界生态学发展的影响不大。

生态学建立与发展时期的特点是：

（1）在生态学明确被提出以前的阶段里,由博物学家,生物地理学家以大量的、至今仍不失为深刻的敏锐的观察力在调查、考察和试验中所积累的关于生物与环境的描述性资料与分析材料,为生态学的诞生奠定了重要基础。

（2）这一时期的后期,近代生态学中的生理生态为基础的个体生态学（以动物为主）、群落生态学（以植物群落为主）的体系基本构成,涌现出许多杰出的生态学先驱者；相应地,研究方法以实验生态和描述分析（已从定性走向定量）为主。研究内容已涉及生物种分布、生长、发育、代谢、变异、适应、行为、种间关系、群体数量、结构、类型、生境、地理分布；演替等生态学各个重要方面。生物与环境作为统一体的生态系统、生物地理群落等重要概念，及其物质循环、能量转化利用等理论问题也已提出，作为数理学科在生物学上应用先声的生物统计学已得到发展。总之，作为近代的经典的生态学理论基础在此时期业已奠定。

2.3　现代生态学的发展期

（1）世界现代生态学的发展

自 20 世纪 50 年代开始，生态学从理论到方法都以迅猛得惊人的步伐前进着。

作为个体生态学基础的生理生态学，对阐明生物种的生理功能与环境关系有特殊意义，而个体的生理功能与环境关系也是任何形式生物群体的结构与功能与环境关系也是任何形式生物群体的结构与功能与环境关系的基础，是种内种间关系以及生物适应性机理研究的基础。正如 J. N. R. Jeffers 所说："生理生态是当今生态学发展的三极之一，是生态系统、群落和种群不同层次研究的核心和纽带。"植物生理生态学和动物生理生态学虽然由于动植物生存方式不同而在生理生态学发展过程中有所差异，但目前仍有着共同的发展趋势。20 世纪 50 年代生理生态学曾以代谢和发育生理生态、营养生理生态、抗性生理生态等内容发展着，如 Lundhgard 的巨著"植物生活与土壤气候关系"，Boysen Jensen 的"因果论的植物地理学"为那时集大成的植物生理生态代表作，而 Cowes 关于荒漠爬行类对极端高温和剧烈温度反应的观察；Schmidt-Nielson 的荒漠啮齿类对水热条件的适应，Scholamde 的北极兽类毛皮隔热、化学体温调节和临界温度的研究等，则为动物生理生态的范例。60 年代后在 IBP（国际生物学计划）、MAB（人与生物计划）的带动下，生理生态学发展以生物量研究和产量生态学有关的光合生理生态研究，生物能量学研究尤为突出，同时，生理生态学的研究也突破个体生态学为主体的范围，向群体生理生态学发展，研究手段除日益精密的室内控制实验条件外，也向野外生理生态观测设施的研制努力，便携式的光合呼吸系统等问世即为代表，新技术和应用使得植物的光合、蒸腾和气孔的开度，动物的一些行为，动植物活体形态都可以直接通过图像分析得到定量和整体的图像信息。高山植物、农田、草原、荒漠及森林群落的生理生态学研究都得到了发展，在生理生态学向宏观方向的发展的同时，由于分子生物学、生物技术的兴起，促使生理生态学也向着器官、细胞水平发展，例如涉及某些酶系统，如 RNASE（核糖核酸酶）活性的变化用作为植物对干旱胁迫抗性的指标等，从生理生态学角度研究作物生产与环境间能量转化与物质循环的内在联系，不仅有重要理论意义，还可以在高光效育种、光呼吸抑制剂的开发，高产作物的优良受光姿势，耐密植、耐肥抗倒伏的株型（planttype）选择，相应的群落结构及其水肥收支循环的调控等应用课题提供新的观念和依据。

种群生态学的动植物种群为研究对象。种群（population）指同种生物在特定的环境空间内的个体集群。在自然界，种群是物种存在、物种进化、种间关系的基本单位，也是连接群落与个体的纽带，或生态系统的基本组成部分，是生态学研究中的一个重要层次。种群生态学启蒙于动物生态学研究，本时期的动物种群生态学已突破 Volterra 在 30 年代建立的关于两种或若干种生物共存时相互作用关系的捕食-被捕食相互作用的数学模型，而着重于种群数量变化过程的描述，种群动态成为种群生态学的核心内容，1971 年den Boer 和 Greadwell 的"种群动态"一书问世，阐明了种群的动态研究的任务，即研究反映种群与环境相互作用结果的种群密度变化，它反映在生殖力，死亡率和迁移的变化，要阐明种群密度波动的原因，从而预测种群数量的变化，提出一些人为可以控制的因子，对种群密度的平均水平及其波动范围实施调节与控制的可能性。这一基本任务涉及昆虫、动物饲养、淡水海水养殖、农、林业，乃至人口发展等重要实际命题，而使得种群生态学得以迅速发展。种群目前已作为种群系统，以系统科学的理论与方法作为可控制系统加以处理研究。植物种群生态学的兴起稍晚于动物种群生态学，以 Harper 在50 年代起开始开展大量工作，至 1977 年出版 800 页巨著"植物种群生物学"，为现代植物种群生态学研究的里程碑文献。动物种群生态学大致经历了以生命表方法、控制指数与排除分析法、添加分析法和干扰分析法，重要因子及关键因子分析、种群系统模型、控制作用的信息处理等进展过程，适应了现代把种群系统作为可控制系统的发展方向；植物种群生态学则经历了种群系统学、图解模型、矩阵模型研究、生活史研究（更新、种子库、幼苗定居、定居后适应对策等），以及植物间相互影响、植物-动物间相互作用研究的发展过程，近期还注重遗传分化、基因流的种群统计学意义，种群与植物群落结构的关系等，反映了植物种群生态学发展特点。大量研究已表明种群生态学在生物资源开发、利用、保护、生物防治；濒危种的保护，以及人口问题等理论及应用方面有重要贡献。

　　群落生态学是以生物群落为研究对象的生态学，生物群落（Community）是指一定地段或一定生境里各生物种群相互联系和相互影响的有规律的组合结构单元，是自然界生物种集合、生活、发展、演替和提供生物生产力的基本单元，它也是作为生物群落与其环境统一体的生态系统的基础。任何生物种或种群在自然界几乎不可能游离于群落外生存，因此种群生态学规律实际上往往是受到群落生活影响的结果。自然生物群落的规律为人们提供了在人类生产领域内构建人工群落的远大前景，因而这一层次的研究也是生态学理论和应用的重要研究任务。虽然动物、植物、微生物往往形成一个相互作用的生物群落，但由于研究历史过程中的局限性，动物群落学与植物群落学往往形成各自的研究领域，发展也是不平衡的。植物群落学发展较早，如上所述，A. von Humboldt（1806）、Griesbach（1872）即系统地描述过植被类型及其分布规律，至 20 世纪，由于地区性植被研究的背景，形成了英美学派、法瑞学派、北欧学派和苏联学派 4 大学派和若干个小学派，但均以定量描述为主要方法，至本时期，由于国际交流的频繁，学说思想的渗透，如"种的独立性"假说和"植被连续性"概念的相互渗透，各学派门户之见已渐消融，国际上现代植物群落生态学已融合各家之长。动物群落学由于动物生活习性的特点，对动物种集合体的研究起步稍晚，而且对群落的概念大小也有不同的理解，一般指生活在一起具有某种持久性的动物种群的集合体，也有指利用共同资源而且相互作用的动物种群集合体，也有将群落分为若干共位群加以研究的。现代群落生态学的特点都是以群落结构、功能、动态为重点，重视开展定位观测研究，以严格的定量分析，并建立数学模型。MacArthur（1961）、Connell（1978）、May（1972）、Ben-Eliahu（1988）等在动物群落结构、组织格局与物种间相互关系及环境空间异质性的关系方面有大量工作。MacArthur（1988）、Alimov（1988）对动物群落呼吸代谢特征，次级代谢生产力和能流也开辟了研究道路。世界各大国均基本完成了植被类型学和地区性或国家植被专著和植被图的工作。后来植被图已应用遥感与计算机技术，实现了遥感图像的数值处理与制图自动化。植物群落的数量分析与建模已十分普遍，模型已涉及植被动态、多样性的动态、物候与季节变化，与气候变量有关的植物种与群落地理分布等专门模型。植物群落动态及功能的定位研究引起了极大重视，已向网络化方向发展，而且率先与全球变化等重大宏观国际研究计划挂钩，以图阐明植被在全球气候变化中的作用和提供对策依据。

生态定位生态学在现代生态学中以明星式闪起光芒，这是系统科学和计算机科学的发展使对生态系统研究提供了一定的方法和思路，具备了处理较复杂系统和大量数据的能力的必然结果。生态系统的生态学研究的示范性工作可以以 H. T. Odum 1957 年（"系统生态学"作者）的银泉营养结构和生产力研究，和早期已积累了大量观测数据的 Hubbard Brook 森林生态系统研究（Bormann，Linkens 等，1969～1979）为代表。生态系统生态学是研究生态系统结构、功能，动态与演替，以及人为影响与调控机理的生态学科。它正在发展之中，它已经为生态学提供了许多创新的概念，并且使生态学在人类社会经济发展中的作用发生了改观。生态系统生态学所强调的"整体性"是人类认识自然的生态的系统的具有革命性的进步，此外，它的许多新的概念，如有关结构的关键种（keystone species）、有关功能的功能团（Yodzis，1982）、体现能（包被能，embodied energy）、能质等，有关调控结构与功能的控制阀，切换器、信息流以及系统的串联、并联等，乃至一整套的语言和符号，这些都对深入理解系统的功能、建模有重要贡献，无疑也是对生态工程（ecological engineering）的有力推动，它是生态工程的理论指导和技术基础。生态工程学是应用生态系统原理结合系统工程的最优化方法，设计分层多级利用物质的生产工艺系统，是生态系统生态学应用于具体的人工生态系统的营建，管理和区域性，甚至更大范围对生物生产力、资源利用和环境进行生态管理的桥梁。目前，复杂的系统生态学研究由于研究对象是人所参与的自然-经济-社会复合系统，而不得不把生态学与经济学结合起来加以分析研究，从而衍生出经济生态学，这在 H. T. Odum 的"系统生态学"中已有显示。总之，生态系统生态学带动了生态学发展的一些新的进展，它虽然不及种群生态学，群落生态学那样比较成熟，但它在理论和应用实践上的巨大活力，使得一些人认为它是 21 世纪生态学发展的核心。

生态系统生态学一旦形成，就触发了对更大规模的地域单元作为系统的探讨，一个以景观为高层次单元来研究其结构与功能的景观生态学（landscape ecology）也被提出，它的景观观念虽脱胎于传统的景观地理学，但它赋以的更严密的在结构与功能方面的定义，及其定量化的结构格局。它虽然正处于发展初期，但可预计到它在区域性土地建设、规划和管理方面会发挥重要的作用，而且景观生态学也是生态系统研究向全球生态研究发展的一个重要中间层次。

在上述各类基础性生态学研究发展的同时，应用生态学（applied ecology）一起同步地以平行地发展着，它由于是推动生态学理论与基础研究的动力，直接服务于各项经济建设而受到人们的重视。19 世纪，应用生态学即在农、林、牧、渔业、自然资源利用的人类生产活动中紧密渗透，并与之共同发展，它是联结生态学与上述各类生物生产领域的桥梁和纽带；20 世纪中，又与污染环境，人类健康，城市建设，继而与更广泛的人类社会问题，宏观的环境问题相联系，相互促进发展，因此，先后曾因不同的研究任务

（与不同生产及管理部类相结合）而产生有农业生态学、森林生态学、草地生态学、污染生态学、城市生态学、人类生态学等等许多应用生态学的分支。应用生态学的专著，如 Ramade（1974）的"应用生态学原理，人对生物圈的作用"、一些应用生态学的刊物、专门国际会议都相继问世，都把应用生态学作为生态学中一支相对独立的，以运用生态学理论成果为特征的，极活跃和极富有生命力的方面军。对应用生态学的定义不一而足，有人视为"研究人对生物圈的破坏机理及自然资源合理利用原则的科学"（Ramade，1974），也有人把它的内容扩大至"生命学中一切与人类实际利害有某种关系的各个方面"（Ghiselin，1981），也有人从理论上称为"主要是一门研究建立必要的负反馈控制的科学"（Odum，1971）。总之，其共同点是以人类活动作用于生物圈并致力于对其调控为特点、为基本任务。应用生态学的发展在水平上，等级上基本上沿着生态学发展的轨迹进行，即 1960 年以前，主要集中于某些个别资源或生物种的管理（即农林牧渔各业中的栽培、养殖生态学，属个体及种群水平研究），1960 年以后，由种群水平注意转至生态系统水平，即对所经营管理的生态系统着眼于对其结构、功能，如物质循环、能量利用、生产力、食物链等优化管理方面，近期则又向全球性污染和人对自然界的控制管理等宏观方面发展。目前，由于人类面临人口（即人力资源）、食物保障潜势、物种和生态系统、能源，工农业及城市问题 6 个方面问题的挑战，应用生态学的焦点可谓已集中于全球可持续发展问题，即如何以可持续发展的概念来设计生物圈的持续利用，设计世界经济新秩序，保持人类共同的未来。应用生态学原有的许多分支学科都在直接、间接地围绕这个目标服务，因而派生出诸如生态农业、持续农业、混农林业，社会林业等研究领域，同时，这一目标也触发了一些新的应用生态学分支的诞生与发展。SIB（可持续的生物圈建议书）是这一思想的代表，它反映应用生态学面临的重大问题是：①应付全球环境变化的挑战；②生态模型、模拟及系统变化趋势预测；③自然科学与社会科学的结合，以解决自然-社会-经济系统的协调发展；④自然保护与开发的结合等。当前的趋势无疑把应用生态学与生态学理论研究更加紧密联系起来，把生态学与其他自然科学，与社会科学、经济科学、人文科学更加紧密结合起来，由此迸发出一些新的应用生态学分支，如经济生态学、人类生态学、化学生态学、城市生态学等。简言之，经济生态学是用经济观点和方法研究生态学问题，分析和评价各类生态系统的结构与功能的经济价值；化学生态学使得生态学在阐明生物与生物和生物与环境之间的关系，以及化学物质在生态过程中的动态方面，能在分子水平上得到阐明；城市生态学是研究城市生态系统的结构、功能演替和控制，以及城市化过程的生态学问题，它与人类生态学一样，正处于新生时期，各种思想，观点纷呈的时刻，统一的、成熟的城市生态学与人类生态学尚未形成。但以上所述的一些新分支学科的出现，反映了生态学在应用领域的社会地位正在加强，正处于十分活跃的发展时期。

应当指出，当前世界先后开展的几项应用性宏观的重大国际计划，如国际地圈生物圈计划（IGBP）、国际地质相关计划（IGCP）、国际卫星陆面计划（ISLSCP）、国际水文计划（IHP）、联合全新世制图计划（COHMAP）、热带十年计划、世界海洋环境试验（WOCE）、全球海洋通量研究（GOFS）、格陵兰海洋计划、热带海洋与大气计划（TOGA）、海洋冰层试验（MIZAX）、世界气候研究计划（WCRP）、国际日地物理计划、全球对流层化学计划等都涉及陆地及水生生物群落、生态系统的生产力、结构、功能、分布等与大气、海洋（包括深海层、极地、海冰）的生物地球化学相互作用，它们在陆海相互作用，海-气交换过程、在火山活动、太阳黑子活动、核污染对地球影响，乃至全球变化中的作用，这些内容要求无疑把生态学基础研究推向了全球性研究的应用顶峰，这将是对生态学理论研究水准和应用价值的一份挑战。

3　中国的现代生态学发展

　　新中国成立后，生态学开始得到重视和发展，高等院校开设了植物生态学、动物生态学或有关生态学课程，研究工作也得到发展。新中国的各项建设的蓬勃发展促进了生态学的人才培养和生态学应用。新中国第一代生态学家、生态学工作者，如今成为我国生态学发展的学术带头人和重要研究教学力量就是在50年代培养起来的。

　　新中国建设急需各类基础性的和背景性的自然科学资料，"以任务带学科"的方式急速地推动了我国生态学各分支的发展，例如中国自然区划、农业、林业区划等促使对我国的自然地理、动植物区系、植被、土壤、农业、林业资源等方面首次进行大规模的调查研究，积累了大量的系统的第一手资料，并对许多重大理论问题，如对我国自然地理区域特征，区域分异性，地带界限进行了探讨等。全国性植被图的绘制和进一步修订1：1400万，1：1000万，1：800万比例尺，以上工作对认识我国自然地理特征、分区指导规划农林牧渔各业起到了重要作用。50年代开始的全国天然林区调查，热带橡胶宜林地及农垦调查，推动了植物地理、植物群落的工作，当时以苏联学派为主要指导理论和方法。侯学煜先生1960年的"中国的植被"是我国第一本描述中国植被的专著，1980年又由吴征镒、侯学煜等老一带科学家与一批中年科学家合作完成了新的"中国植被"巨著，它的科学水平在我国具有重要的划时代意义，在国际上也引起重大的反响。吴征镒先生的中国植物区系的学术思想在国际上也有重大影响。各高等院校、研究所对我国不同区域的植被，植物群落都开展了研究，其中以亚热带，北缘热带、亚高山以及西北干旱半干旱区的植被研究由于具有中国特色，在世界植物群落学研究中都是很宝贵的贡献。70年代起，新的数理分析手段开始列入我国地植物学研究，同时改变了以苏联学派为优势的状况，重视学习运用世界各学派之长。80年代数学模型的应用，如演替模型，地理分布模型的构建等数学生态学的发展都已接近，甚至在某些方面达到国际先进水平。1：100万的全国大比例尺植被图，航片卫片的应用，自动绘图的应用都达到先进水平。

　　各类天然及人工生态系统结构与功能的定位观测研究，在50年代末60年代初即已兴起，后因十年动乱而中断，70年代末又再兴起，至今已发展至相当规模，由寒带至热带，由高山至滨海，对许多有代表性的天然的森林、草原、荒漠、人工的农田、森林、热作、草地、绿洲，以及复合经营的人工生态系统都已设有生态定位观测站开展结构、功能及演替等长期观测研究，目前已向全国网络化方向发展。

　　植物生理生态学的发展在手段上虽较国外落后，但也受到国民经济发展的刺激，在农作物、林木（包括热带作物）的发育生态学、抗性生态学、栽培生态学以及农田群落、草原群落、森林群落的光合生态、水分生态、养分循环、污染生态还有种群和群落水平上的经营管理生态等方面的研究都有建树。各类生态系统与提高产量有关的产量生态学，与更新演替有关的种群结构与分布格局的调控等较理论性的基础研究也有一定发展。

动物生态学的成就主要表现在：昆虫和兽类的生理生态学（如气候因子对动物生长、发育、存活、迁移、群聚、取食等的影响）的研究较为集中和突出，成果直接对农业有害的东亚飞蝗、黏虫、瓢虫、棉铃虫、鼠害、兽害的防治有重要作用；70年代后期开始了动物生物能量学研究、昆虫性激素、大熊猫和灵长类的行为生态学的研究。动物种群生态学则以经济鱼类、虾类、农业昆虫、有害动物为重点研究对象，其成果对上述的物种的种群数量调控，农业预测预报都有积极贡献。动物群落水平的生态学研究相对薄弱，仅有一些如环境对群落的多样性的影响、群落空间格局及它们的数量化有若干研究。因此，可以看出，我国动植物生态学的发展，无论是个体、种群、群落、生态系统的水平，都紧密地以国民经济发展需要为动力，国民经济发展最迫切需要的课题、领域，其发展也最迅速，也最富有成果，如自然区划、植被图、地植物学、经济动植物和有害动物的培育或防治的生理生态学和种群生态学的发展都是实例，其研究水平也可以与世界先进水平媲美，而较为基础性的、理论性的，与生产建设关系似乎又不甚密切和紧迫的领域，则发展比较落后，与国外先进水平上有相当大差距。而行为生态学、化学生态学、动物群落学只能视为正在起步。生态系统研究因近期与区域环境、全球环境变化有关，开始受到重视，但由于种种原因，在落实的研究行动上尚与实际需要有很大差距。一些领域比较落后的原因，除了认识上的主观因素使得它们不能放到一定的重视地位，给予必要的经济投入外，研究力量薄弱，研究手段落后也是十分明显的客观原因，如生理生态、生态系统、化学生态的发展都受到上述主客观因素的限制。

另一方面，值得提出的是，我国对世界生态学的发展也有优势的领域，甚至在一些领域起着先导的作用。例如在应用生态学方面，农业生态工程理论与实践是突出的例子，生态工程作为一门以生态学理论为指导的技术学科由我国马世骏先生提出而得到世界生态学界的重视，我国各种类型的生态农业工程的实验研究，如生态农业、立体农业、混农林业的示范实验研究如雨后春笋在全国各地（包括不同自然地理条件和社会经济发展条件）兴起，较大规模的生态农场、生态县的实验也有相当数量，更为宏观的生态工程，如"三北"防护林体系，平原农田防护林体系，沿海防护林体系的研究与建设在国际上都有巨大影响。这方面研究的蓬勃发兴起，一是反映了我国对环境治理的建设，对发展生物生产力的开始重视，二是反映了我国在运用生物共生、合理利用时空资源的生态工程思想早有着古老优良传统，农村经济改革开放的形势下，为广大农民、林民给予了发挥创造力的条件，许多农业生态工程设计的范例充分说明了这一点，如华南的塘基系统的改良，山区的立体经营，以橡胶为主的立体热作经营（橡胶与茶、可可、咖啡、胡椒、南药、牧草等混体）、华北平原以泡桐、刺槐、枣、杨树为主的混农林业、华东水网区以池杉为主的林-粮、林-鱼等混作模式，在多次国际会议上得到重视和赞扬，也曾多次在我国为发展中国家举过培训班和现场观摩，直到了示范推动作用。在生态学理论领域，我国表现了十分活跃的学术思想，有些生态学观点、论点、术语都由我国率先提出，或得到国际上认可，或得到国际国内重视而展开讨论，如社会-经济-自然复合生态系统、界面生态学、生态场等的提出。还值得指出的是，由我国国内外年青生态学工作者组织起来的各种青年生态学家组织在活跃我国生态学思想有重要意义，在国外也有影响。

我国城市生态学也有了可喜的起步，北京市、天津市两城市环境质量评价研究都达国际先进水平，对城市污染物迁移转化规律、城镇生态规划等也有研究。在宏观的生态学研究领域，我国虽然成立了 SCOPE、IGBP 等组织，积极参加国际性全球变化研究计划，但始终由于经费不足，一些设想和计划难以在研究行动上付诸实施，要追赶和参与这类庞大的综合性国际计划并做出成绩，在动员财力、人力上还需付出艰巨的努力。

4　世界生态学发展趋势

概括起来，国际上生态学发展有如下几个特点。

（1）由中观水平（即"中等复杂的生态系统"，李典谟，1991）向宏观与微观两个方向、两个深度发展。如果把个体、种群、群落、生态系统都视为中观范畴的话，那么，现代生态学发展的一个方向是向区域性、全球性，乃至宇宙性方面发展，这是由于人类已有一定的能力和紧迫的需要来面对和处理更加宏观、更加复杂的系统，诸如国土整治、规划、环境污染治理的无国界性，人类和地球共同的温室效应和臭氧空洞问题以及其他的灾害性问题，人类共同的人口、资源压力等等，由地圈、生物圈、大气圈的构成的复杂的、学科交织的研究，必然使许多学科发生新的联结，产生新的生长点，为生态学发展带来新的刺激。以宇宙生态学而言，人们需要在宇宙航行中认识宇宙环境对生物的生态影响，这将不同于地球上的一般规律，如超重、失重、寂静、振动、高温、低温、节律变化、密闭等将对生物色素，生物的行动，生化生理等生长发育带来特殊的影响，因此有必要研究宇宙生态学问题；生态学发展的另一个方向是向微观方面发展，这是生态学与分子生物学、分子遗传学、生理学、微形态解剖学的结合，这类研究将依靠更加精密的仪器如高倍电镜、中子探针、紫外荧光、核磁共振等手段可以精细地观测器官内部、细胞内部的结构变化。无论是宏观、微观方向，直观图像信息以反映大系统，微系统的功能的手段，不仅是一个工具问题，而且将结合生理生态、宇宙生态、分子生态学，形成一些新的前沿研究领域。

（2）生态学除了生态学自身规律的研究外，由于生态学研究将与重大社会问题更加密切地相结合，向人类及其生存的星球的可持续发展的最终目标迈进，生态学将渗透到与这个主题有关的任何方面，单独依赖某一门科学来解决上述问题是不可能的。但是，正如我们并不同意什么人都自称为生态学家一样，我们也不要求生态学家在新的重大生态学课题中成为经济学家、社会学家、伦理学家，然而我们要求今后的生态学家善于与其他学科的科学家合作与协调工作，新的一代生态学家需要具备这种素质与知识水准。

（3）现代生态学由于上述原因，将会产生一些新的分支学科，一些观念上也会由于人类认识的升华而发生某些新的变革，例如，对植物个体单元（构件理论）的新认识正在引起讨论，我们尚难估计其前景，但可以认为它在一定程度上会带来一些对植物生态学的新认识。

（4）现代生态学在哲学观念上、方法论上也面临着深刻的讨论。整体论的发展产生了系统生态学，然而也激起对还原论的评价，看来整体论与还原论都会成为认识自然界事物不可偏废的、相互补充的方法和途径。整体、动态、开放、优化等思想的发展，使生态学工作者体验到传统的热力学定律；基于因果关系的线性表达式以及限于弄清生态过程物理本质的研究水平，已不能适应现代生态学，尤其是自然-社会-经济复合系统的需求，势必要探讨新的指标体系和新的定量表达方式，建立新的模型，因而将促进数、时、空、序在生态学中的深入研究；对于复杂的真实的生命系统和对外部信息的灵活反应能力及功能的自我调节的定量表达，基于因果关系和黑箱理论的生态学工作方式，显然也不能满足要求，正在期待在系统论、控制论和协同论的数学理论发展基础上数学的重要突破和近代化学物理学的突破或可深化生态过程的分析。

基于上述认识，面临现代生态学已有的成就与问题，展望今后生态学的发展，可以认为：传统的生态学研究内容（由个体至生态系统生态学），揭示生物个体、集群与环境相互关系的规律，仍将是生态学的基本任务，因为它们仍然是生态学向宏观、微观两端，向其他自然学科和社会经济学科渗透的基础和核心，也是发展衍生新的生态学分支的基础和核心，是最终解决人类协调与自然的复杂关系应遵循的基本规律所要求的基本研究任务。如果不存在生态学上述的基本任务和核心研究内容，也不会存在与其他学科渗透问题。这正是"皮之不存毛将焉附"的道理。因此，无论世界的，还是我国的生态学发展，21 世纪将紧密围绕两条相互紧密关联的轨道发展。

（1）作为生命系统基础的个体生理生态学、建立在个体基础上的种群生态学、群落生态学、生态系统生态学由于是直接解决人类生存有关的提高地球承载能力（即生物生产力和环境质量的最基础的（最基层的、最基本的）研究任务，尚有大量理论与实际问题需要解决，这类研究也是人类最重要的科学积累。这一范畴的研究，将是生态学的重要核心和继续得到发展。对它们的研究要求生态学最严格的最基本的训练，这个范畴内的生态学工作者队伍仍将是生态学发展的主体。在个体、种群、群落和生态系统 4 个水平的研究上，由于不同国家经济发展情况和自然情况不同，会有不同侧重的发展，例如，对生物资源比较丰富的国家，个体生理生态学、种群生态学的研究任务仍将占相当比重，对于可利用生物种资源贫乏的国家则会由于对有限的种类已有足够的研究基础而不再有所发展，会把研究目标转向发展群落类型的多样化，例如欧洲对单纯林的利弊长期评估后，决定发展多样化的人工混交林类型，将促进人工群落、人工生态系统的研究，也可能直接把研究兴趣过渡到全球变化研究（例如北欧国家）。对于植被工作已有基础的国家，对植物群落学定量描述的调查研究将受限制，或者在植被演替动态研究上尚有兴趣，或已转至群落功能，即生态系统功能研究方面。但可以简括地说，在 4 个水平的研究任务上，生态系统生态学由于它是区域性和全球性生态学研究的基础，它本身也正处于理论与实践上发展期，生态系统水平的研究发展将是其中今后最重要的部分。生态系统功能的评估、生态系统的服务功能价值研究将是全球可持续发展战略实施的生态学基础。

（2）作为生态学与其他学科交叉渗透的新分支学科的发展，如数学生态（包括模型生态学）、化学生态学、城市生态学、景观生态学，微生态学、进化生态学能量生态学将是生态学理论和方法发展最活跃的部分，它们是生态学探索性、先导性的前沿研究阵地，它们将参与宏观上、微观上一些较复杂的功能的研究，但这些课题毕竟是一些少数对整个人类科学发展也具有先导性的重大综合课题，或规模不大但极专门的探索性课题，从事这些领域研究的只是生态学队伍中的少数人，对这支队伍的要求，首先是应当要求他们是生态学家，然后才是新分支学科的生态学家，因此，对从事这些领域研究的生态学工作者的培训也将是严格的。由其他学科（如社会学家、经济学家、化学家等）转向来的"生态学家"，也许是个发展新分支生态学科人才的简便的过渡的方法，但并不是很好的发展方向，对于新的交叉性分支学科的发展也许会更多地依靠生态学家与其他学科专家默契的紧密合作。

主要参考文献

[1] 马世骏等，1984，社会-经济-自然复合生态系统，生态学报，4（1）：1-9.
[2] 马世骏，1988，生态学发展趋势估计，生态学进展，5（1）：1-2.
[3] 马世骏主编，1990，现代生态学透视，科学出版社.
[4] 阳含熙，1989，生态学的过去、现在和未来，自然资源学报，4（4）：355-361.
[5] 侯学煜，1984，生态学与农业发展，安徽科学技术出版社.
[6] E. P. 欧顿，1978，生态学基础（孙儒泳等中译本），人民教育出版社.
[7] R. M. 梅，1980，理论生态学（孙儒泳中译本），科学出版社.
[8] H. T. Odum，1982，System Ecology：An Introduction，New York，John Wiley & Sons.
[9] 李博等，草地生态学发展现状及趋势，兼论我国草地生态学发展战略.
[10] 孙鸿良等，国内外生态工程学研究现状及我国近期发展战略问题.
[11] 李典谟等，生态学中的数学模型与数量分析方法.
[12] 王如松，走向生态城——城市生态学及其发展战略.
[13] 徐汝梅，生态系统生态学.
[14] 周纪伦，经济生态学的发展战略.
[15] 郑慧莹等，群落生态学.
[16] 姜恕等，生理生态学的研究动态与任务.
[17] 刘东来，自然保护区学科近期发展战略的初步研究.
[18] 王桂明等，动物群落生态研究的发展现状、趋势及发展战略.
[19] 李飞等，资源生态.
[20] 吴宝铃等，水生生态系统.
[21] 尚玉昌，中国行为生态学发展战略研究.
[22] 孙儒泳，动物生理生态学的发展趋势.
[23] 郑慧莹，植物群落生态.
[24] 钟章成等，植物种群生态学发展趋势及其在我国发展战略的意见.
[25] 刘厚田，污染生态学.
[26] 王如松，自然科学与社会科学的桥梁——人类生态学研究进展.
[27] 韩纯儒，农业生态学的发展现状与展望.
[28] 姜恕，植物生理生态学发展趋势及其发展战略.
[29] 管致和，化学生态学.
[30] 蒋有绪等，森林生态科学发展趋势及我国森林生态学近期发展战略初步研究.
[31] 陈昌笃，景观生态学.
[32] 陈昌笃，全球生态学以及中国大百科全书，生态卷条目稿.
[33] 马世骏，生态学.
[34] 封根泉，宇宙生态学.

森林生态学[†]

1 森林生态学的发展简史

森林生态学是研究森林及其环境间相互关系的科学，其中包括研究和阐明各种环境因子，以及它们的作用对林木组成、结构、生长、发育、种群变化的影响；森林生物种群对环境的反应和适应；森林生物的种间关系及种群动态；森林群落及立地的分类；森林群落的形态、结构及发生、发展、演替的规律；森林生态系统及其在人为活动下的结构与功能，以及森林对环境的影响和作用等内容。它是造林、营林以及以营林为手段整治和建设国土的应用基础学科。

森林生态学溯源于 19 世纪后期和 20 世纪初期的造林学、营林学。欧美等国林业的发展促进了林学中关于森林与环境的关系；各环境因子立地条件对造林、营林的影响；以及树种生态学特性等问题的研究。同期的植物地理学、植物生态学的发展也促进了对森林分类、分布，森林群落的组成、结构和演替的研究。20 世纪 20 年代至 40 年代，在两者发展的基础上逐渐形成了森林生态学前身的若干分支，如森林立地学、林型学、森林学等等。20 世纪 50 年代，在生态学理论有了进一步发展的前提下，形成了明确以森林为对象，以研究森林与环境相互关系等自然规律为任务的森林生态学。因此，森林生态学是林学的一个分支，也是生态学的一个分支。

19 世纪后期及 20 世纪初期，由于一些国家的林业发展，促使人们注意对森林与环境相互关系的研究。美国 B. E. Fernow 等于 1902 年就著有《森林的影响》，俄国 Г. Ф. Морозов 于 1902 年著了《森林学说》，С. Ю. Раунер 于 1901 年发表了《森林的水文影响》著作，德国 K. C. Schneider 写于 1906～1912 年出版了《落叶树手册》Ⅰ、Ⅱ册，都详述了树种的分布和生态习性。稍后，日本平田于 1929 年发表了《日本森林与环境之间关系问题的成就综述》，1935～1937 年中村贤太郎著有《育林学原理》，本多静六等人于 1939 年发表《实用森林学》，美国 J. W. Toumey 等研究日照及树木根系与天然更新的关系，并于 1928、1947 年出版、再版了《生态学基础的造林学》。这一时期，植物地理学、植物生态学（地植物学）的发展促进了对森林分布、分类的研究，如 19 世纪末，奥地利 A. F. W. Schimper、德国 A. Grisebach、丹麦 C. Raunkier 等都已注意到以森林区系、外貌及生活型组成来划分森林类型；1920 年美国 F.E.Clemenfs 按树种与地形地貌来划分美国森林；芬兰 A. K. Cajander 于 1903～1926 年先后发表了以立地型概念划分森林的理论；德国于 20 世纪 20 年代建立了森林立地学；K. Rabner 的《造林学的植物地理学基础》问世；苏联 В. Н. Сукачев 1938 年发表了经典的《树木学与森林地植物学基础》。20 世纪中期对森林生态学发展有影响的著作有美国 J. Kirredga（1948 年）的《森林的

† 蒋有绪，1990，森林生态学，见：马世骏主编，现代生态学透视，北京：科学出版社，135-141。

影响》、苏联 Сукачев 等（1964 年）的《森林生物地理群落学原理》等。20 世纪 70 年代，日本只也良夫的《森林生态》，美国 S. H. Spurr 等人的《森林生态学》的问世都把森林生态学作为独立学科加以系统介绍。以后，森林生态学的专著有大量的出版，反映了这门学科的迅速发展。

2 森林生态学的基本内容和任务

森林生态学的研究基本上按照树木个体生态学、林木种群生态学、森林群落学和森林生态系统学几个层次和水平进行。

树木个体生态学——研究环境因子和环境条件总体对乔、灌木树种的地理分布、生长发育、遗传性及适应性的影响。早期多是描述性研究，近代则与树木生理学相结合，以实验手段进行实验性研究。

林木种群生态学——研究林木在自然群落或人工栽培条件下，种群密度、种群数量动态等种群自我调节规律和动态过程；种群动态过程对个体生长发育的影响；环境因子对这一动态过程的影响，以及人们如何利用种群生态学规律控制调节种群密度、数量动态，以达到经营目的等。目前，种群生态学往往与种群、群体遗传学、群体生理学结合研究。

森林群落学-研究森林群落与环境的相互关系。早期多侧重于森林植物群落的研究，如森林植物群落的组成、结构、季相变化、演替、种间关系、生物量、群落小气候等。近期也开始注意森林动物群落、微生物群落的研究。20 世纪 30 年代以后，与水文学、气象学、土壤学等结合，开展了对森林群落的定位观测研究。

森林生态系统学-以生态系统的理论为指导，研究森林生态系统的结构与功能，如生产者、消费者和分解者的作用，食物链的构成，物质循环，能量转化和信息传递过程，系统输入、输出的动态平衡等。以期对森林生产力、各类生态效益有更加深刻的认识和说明。

尤其是对热带林、亚热带林、干旱区造林、薪炭林、速生林、山地森林及森林线的研究日益得到重视，并在生态系统水平上开展了大规模的研究。联合国教科文组织曾在20 世纪 50 年代制订了"国际生物学规划"（IBP），组织许多国家的科学家进行了各类生态系统及其生产力的研究，其中包括了各种类型的森林。1972 年又制订了"人与生物圈"计划（MAB），组织参加国开展包括森林在内的各类生态系统的结构、功能研究，尤其注意在人为活动下的功能变化，与农、林、牧业和环境保护等人类社会生产实践有了更密切的联系。中国参加了国际人与生物圈计划，对长白山和鼎湖山的森林生态系统开展定位观测研究。此外，对小兴安岭温带林、海南岛尖峰岭热带林，以及各类人工林也都开展了定位观测研究。

森林生态学理论及其研究成果是营林工作的重要基础。林业区划、森林分类、林种布局规划、林区开发经营及其永续利用、天然林采伐更新技术、人工林营造设计等各类工作，都要求要对树种的生态习性、地理分布范围，与造林立地的关系，树种间的相互关系，森林及采伐后的演替规律等有充分的认识，都必须以森林生态学理论，以森林生态学的研究成果为指导。

由于近些年来人们对森林生态系统的功能有了更全面、更深刻的了解，从而促进了森林生态学内涵、研究内容和任务的新发展，并把森林生态学推向了一个更加宏观、更加综合，与人类社会、经济和生存环境有更加密切关系的新的发展阶段。

3 森林生态学的新发展

近 20 年来，由于人类社会需求的发展和人类对森林生态系统功能有了进一步深刻的认识，从而对林业的任务、涵义发生了一些变化。人们认识到森林生态系统除了可以由林木向人类提供木材及其制品外，还可以从它拥有的动、植物组分，开发出人类所需要的纤维、淀粉、蛋白质、油脂、胶、漆、染料、维生素、抗生素以及许多正在不断发现的医药原料（如抗癌、避孕、肌肉松弛等有效成分）等。它还有涵养水分、调节小气候、孕育与保存生物基因的功能，甚至在大气的 O_2、CO_2 和水平衡方面都有重要的作用。同时它还有医疗保健、陶冶性情、旅游休憩等社会功能。因此，林业在人类社会中的地位有了提高，人类对它的社会需求也越来越广泛。对森林生态系统的经济功能、生态功能、社会功能的全面探讨和认识，促进了林学的发展。立体经营的兴起与生态工程设计的发展也促进了林业生态学应用和研究的发展。

3.1 农林复合生态系统（或简称农林业 agroforestry）

农林业是把农、林、牧、渔等种植业、养殖业结合起来的经营制度，其形式是以林木为主体的农、林、牧、渔结合的人工复合生态系统。国际农林业研究委员会（ICRAF）给的定义是："农林业是一种土地利用系统和工程应用技术的复合名称，是有目的地把多年生木本植物与农业和牧业用于同一土地经营单位，并采取同一或短期相同的经营方式，在农林业系统中，在不同组成之间存在着生态学和经济学方面的相互作用。"农林业技术的原理主要是利用生态工程设计手段，凭借树木具有比较长期稳定的生产食物、饲料、燃料、木材等产品的能力和防护农业的功能，进行空间、时间上多层次种植、养殖的结构配置，形成经济而合理的物流、能流，提高单位土地面积上的生物生产力和经济效益，而且对提高系统的稳定性，改善土地及环境条件，减少水土流失等方面更加有利。国际林联（IUFRO）和国际生态学会（INTECOL）在学术年会上都把农林业技术作为专门主题组进行活动，联合国粮农组织（FAO）也把它作为重点支持项目。

应当说，世界上许多国家自古以来就有农、林混作的经营形式。例如西班牙、葡萄牙采用栓皮栎和牧草、油橄榄和牧草、柑橘、葡萄间作；中美洲以破布木与香蕉、可可、咖啡、玉米间作，番石榴与刺桐间作。欧洲、澳大利亚、新西兰的林、牧结合早有传统。中国农、林混作更有悠久的传统，例如杉木、粮食间作已有千年以上的历史。近 20 年来，由于农业改革，农业劳动者的聪明才智得到充分发挥，南北方都涌现了许多成功的结构类型，如广东珠江三角洲的桑（蔗）基鱼塘，海南岛和西双版纳的橡胶-可可（咖啡）-南药系统、橡胶-茶-牧草（绿肥）系统，华北平原的泡桐-小麦-枣-粮系统，江淮地区的茶-农、桑-农系统，水网地区的池杉-水稻、池杉-渔系统等等。可以说，我国农林业技术的实践已走在世界前列，但在生态系统水平上的基本理论研究工作则刚刚开始。

　　农林业生态工程设计主要是利用生态系统食物链网络的负反馈调节,提高营养级转化效率,增强生物组分对时空资源利用的生态位不饱和状况,利用生态因子的补偿作用、突破限制因子对生产力的约束、生物互利作用等各种机制来进行设计,从而使农林业系统的经营由经验性走向工程设计的道路。ICRAF 曾用了 10 年时间调查总结世界各国的农林业经营模式,肯定了传统的 shifting cultivation(林地游耕式)、alley cropping(农林带状间作)、tanugya system(人工林早期套种作物)、garden system(果园型、乔、灌、草立体栽植)等,对现代发展的形式归纳为农林系统、林牧系统、农林牧系统、林渔系统、庭院系统等几大类。在研究设计方面,国际上已注意积极试验和开发与社会经济条件(如地区发展计划)发展相适应的新型系统;在研究深度上,由一般调查总结走向实验生态研究和对功能的定位观测研究,并且由林学、农学、生态学、畜牧学、经济学、有关加工技术等多学科人员共同设计研究。农林业系统与有人提倡的生态林业、生态农业实际上是异曲同工。生态林业、生态农业是根据生态系统原理,应用先进技术进行综合经营,以形成水平、垂直的合理结构,依靠系统的自我组织、自我维持能力,达到整体协调,是具有高效率、高效益以及良好环境效果的农林经营方式。因此,农林业综合经营系统的实际目标也是生态林业、生态农业所追求的目标。

3.2　多功能森林、森林生态定位研究和生态效益评价

　　现代科学家把森林称为具有多价值的(versatility)的生态系统。苏联把森林效益分为卫生效益、精神效益和经济效益 3 大类 14 种具体效益。一些国家已把环境、美学、娱乐、休息的内容在法令和实践上寓于林业的概念之中。美国国会在 1960 年就通过森林效益法案,美国阿拉巴马州开展了 treasure forest(珍宝林)的活动,treasure 的每个字母是英文林木、娱乐、环境、美学、永续经营、资源、生态每个词第一字母的联写,这是要求营建具有以上多种功能的示范森林,该州已有这类示范林 300 多处。联邦德国对每公顷森林每年投资 40 马克,用于生态保护,发挥休憩、疗养作用,而为林业生产木材才投资 6 马克。

　　为阐明森林多种功能,需要对天然林、人工林的功能及其效益进行研究和计量评价。目前许多国家正在从事这项工作,他们都是从森林生态系统长期定位观测研究开始,以掌握各类林分水量平衡、养分循环、能量平衡的各项基本参数,掌握森林小气候观测的长年资料和各主要树种生理生态测定指标和参数。美国、苏联、日本、联邦德国等国家由于至少进行了近 20 年的长期定位观测,才进入了此项计量评价工作。联邦德国的Solling 计划、瑞典的针叶林计划都是已经完成了的定位研究计划,是目前比较先进定位观测的范例,基本上都是遥控自动观测记录,以积分法(电积分仪、化学积分仪)或图表记录器、事件计数器记录。美国 Bruokhaven 国家实验室在松栎林内测定呼吸代谢作用时,利用大封闭室把整树封闭或部分封闭,应用空气动力学技术来研究气体交换。这些新型测定仪器都由计算机控制,如自动车轮测定装置、坐标读取绘图装置、水文气象信息收集装置都可由埋设在森林集水区的各种传感器定时发出光线电讯号,将各数据传送到控制室,经预处理后存入计算机磁盘内。在通过定位研究掌握准确的参数基础上,再结合利用水文、土壤、地质、森林资源的资料综合分析,进行生态效益评价。也通过

森林生态系统定位观测的数据，了解生态系统与系统外的物质和能量的输出输入，评判该系统在生物地球化学循环，在地圈、生物圈物质及能量平衡中的作用与地位。目前，世界上尤其对热带林在地圈、生物圈全球变化中的作用与地位感兴趣，是国际人与生物圈计划（MAB）、国际地圈、生物圈计划（IGBP）和国科联环境委员会（SCOPE）计划中的重要部分，对由于世界热带森林的急剧减少影响大气 CO_2 平衡而产生温室效应的前景曾做了若干预测模型，认为与地球上化石燃料的消费剧增同样重要。

我国在 60 年代初已开始建立有若干森林生态定位研究站，后中止 10 余年，于 80 年代又逐渐兴起。目前从温带到热带，天然林与人工林类型，已建有 10 余个站。但观测手段比较落后，积累资料对进行上述内容的评价和预测为时尚早，但已有了可喜的开端。

3.3　森林管理的生态应用技术

森林病虫害管理曾经历了大量使用药剂的时期，目前强调生物防治和综合防治。近期由于对森林生态系统原理的认识，了解到林分病虫害的变化发展实质上属于整个生态系统的调节问题，因而提出了生态防治，期望通过研究食物链结构加以调节，以控制有病虫源而无灾害的平衡状态。着重研究鸟兽、微生物、昆虫、植物以及人类本身与害虫、病原菌间的关系，同时也注意利用树木本身对害虫、病原菌的抵抗力。有的树木会产生昆虫激素（称异种外激素），如脑激素、保幼激素、滞育激素和蜕皮激素等来抵御害虫危害。例如冷杉属胶枞（*Abies balsames*）可产生保幼激素，使吃食的昆虫体内激素过量，产生变态，阻止幼虫发育，扰乱虫体正常生长规律。在提高林分生产力方面，国外已不限于传统的施肥和灌溉，而着重通过生态系统的植物和土壤生物作用来提高土壤自身肥力，如采用带根瘤树种，林下种豆科植物，接种根瘤菌、硝化菌等。美国采用色豆勃菌等菌肥来提高松苗克服干旱危害的能力。国外目前活跃的领域是对各种地带、地区林地的菌根生态及资源的调查；树种菌根的生态学研究；林地生态环境与外生菌根及寄主植物三者间相互作用研究；菌根根际微生物及生态学的研究；动物如鼠、直至低等的阿米巴对地下菌根的破坏；菌根在森林生态系统中的地位及整体生态平衡中所起的作用；以及树种外生菌接种体能力、接种反应的研究等。美国商业化生产 Pisolithus tinctorius 菌剂等在林业生产上实际应用的效果比较理想。此外，国外还注意到利用土壤酶（目前至少超过 500 种）来催化土壤的生物化学反应，以维持土壤肥力的平衡。热带林是陆地上结构最复杂的生态系统，反映了热带生物种的高度适应能力。目前，在热带林经营方面对热带树种的适应机制，如形态适应、对策适应和生理生化适应加强了研究，对一树种对另一树种的化学亲和物质和化学抑制作用也加强了研究，以期对热带林发展和演替过程有较深刻的认识和探讨调节的途径。我国对森林病虫害的防治在生物防治研究方面取得了可喜的成就，利用寄生蜂、寄生蝇以及其他天敌（微生物如苏云金杆菌，核型和质型多角体病毒，鸟、兽等）都有进展，但调节生态系统的手段尚欠深刻；对林业的施肥和灌溉（如半干旱区的滴灌、喷灌）均未提到管理应用日程上来，仅限于试验研究；对林木外生菌根的利用也处于调查研究阶段。上述几个方面与先进国家相比还有较大的差距。

3.4　森林资源动态管理的计算机技术

80 年代，林业技术革命的显著特征是计算机技术的应用。美国在 1950 年就在林业方面开始使用计算机，60 年代，苏联、日本、联邦德国等也相继应用。国外计算机在林业上为应用主要在以下几个方面。①资源信息的整理分析。利用数理统计软件可以迅速完成调查原始数据的统计分析，利用非线性最小的乘法进行回归分析，只要几分钟就可以得到一张林分密度管理图。单立木和林分生长量、树干解析、材积、生长预测等应用程序也均广泛采用。②信息的自动收集与自动控制。在森林资源遥感信息的分析处理工作中，日本采用地球观测卫星发送到地面接收站的扫描数据，收录在计算机的空磁带上，经 IVEAC-Ms150 计算机图像解析，系统处理，与地面信息结合，可产生一系列图形信息。③森林资源信息管理。林业信息具有长期有效性、量大、动态等特点，适宜发挥数据库作用。如今的计算机森林资源管理信息系统（FRIMS）就解决了过去耗费大量人力和时间的林业数表、林业统计数据和林业档案管理问题。不少国家这种系统已进入成型阶段。④森林经营决策系统。以决策支持系统（DSS）为基础的森林经营决策系统（FMDS）已被采用，主要原理是把各种林业信息高度集约化，对各种经营项目进行专项的或综合模拟评价或最优化选择，帮助经营组织者决策。⑤林业专家系统。国外正在研究发展具有林学家知识和判断力的计算机系统，例如有人提出对话型人工林施业诊断系统，使用 Prolog 语言的树木检索专家系统等。我国近期在森林调查、遥感、林业经济等方面蓬勃开展运用计算机技术，已取得不少成绩，但目前林业应用软件的研究有相互重复和不够系统化、标准化的问题，可以预计，计算机广泛的、有效的应用肯定会代替传统林业经营中的许多方面，成为有力的手段和必要的工具。

4　我国森林生态学今后发展的方向

根据传统的和新发展的森林生态学的基本内容和任务看，我国传统的森林生态学一些重大基本项目并未系统开展，这对我国林业建设来讲是欠了账的，同时，由于森林生态学新的发展又给我们提出了新的挑战，使我国森林生态学的发展面临双重的紧迫感与责任感。为了更好地发展森林生态学研究以适应经济发展的需要，应抓好以下几方面系统的研究。①树种生态学和森林地理的系统化研究。要对我国 2000 多种乔、灌木中具有重要经济价值和珍稀、濒危的一部分种类开展系统的树木生态学研究（包括生理生态、化学生态的研究）；要对主要树种地理分布及森林类型地理分布进行全面研究，本研究应结合树木学、森林地理学的发展，全国性森林及树木标本馆、树种基因库（树木园）的建设等方面来进行，其中重点是对主要自然保护区、偏远的调查空白区的调查研究。②森林生态系统结构功能的定位站体系的建立与开展系统的观测研究。要有计划在全国建立一个布局合理的森林生态定位观测站网，在统一的协调指导下开展观测研究，建立统一的数据库和监测网络，在各定位站研究成果上开展全国规律性的高层次分析研究，以查明各类型参与生物地球化学循环及其地圈、生物圈过程中的作用与地位，以及它们随自然地理区的规律性变化。在此基础上可开展森林生态系统生态效益、社会效益的综合评价，建立符合我国国情的评价体系。③开展城市林业生态研究。城市作为生态系统已引起世界注目而开始研究。林木是现代化城市中除人类（居民）之外的重要生物组成之一，在调节城市生态系统功能上起着重要作用。应研究我国主要城市林木（公园、城郊森林公园、街区绿化点、行道绿化带、庭院、工业区绿化隔离带等）对调节城市的能流、物流、环境质量、居民身心健康等各方面的功能。④农林复合经营系统、庭院林业及林区立体林业的研究。本研究旨在不同自然地理区内，找出适合各自自然及经济特点的各种类型的，最佳人工配置或集约经营的，以林业为主体的综合生产经营模式。本研究属于开发型，需要在农林经济政策和科学技术政策上予以引导和支持，在研究成果汇总的基础上，形成我国有特色的理论和实践体系。⑤以改善环境为宗旨的流域治理、国土整治的林业生态学研究。⑥积极参与我国组织的关于全球变化等地圈、生物圈计划中森林变化影响的有关课题。

参 考 文 献

[1] 蒋有绪，1983：林业科学研究中的生态学（综述），林业文摘，1：1-3.

[2] 蒋有绪，1986：生态工程原理在农林业上的应用，植物学通报，2：98-102.

[3] 蒋有绪，1988：林业建设是一项基本国土环境建设，科技进步与经济建设，中国科学技术协会1988年学术年会论文集，学术期刊出版社，61-65.

[4] 贺庆棠，1988：林业气象的研究进展，北京林业大学学报，1：60-65.

[5] 竺肇华，1988：一门新兴学科-农用林业，世界林业研究，1：75-83.

[6] Duvigneaud, P.（ed.），1971：Productivity of forest ecosystems，Proceedings Brussels Symposium，October 1969，UNESCO，Paris，707.

[7] Bormann，F. H. etc，1979：Parttern and process in a forested ecosystem，Springer-Verlag，253.

[8] Likens，G. E，1977：Biogeochemistry of a forested ecosystem，Springer-verlag.

[9] Report of International Woodland Workshop，1972：Modeling forest ecosystem，IBP PT Section.

[10] The Swedish Coniferous Forest Project and the Section of Systems Ecology，1984：Reports and publications 1974-1983，Swedish University of Agricultural Science，Uppsala.

现代生态学的发展与我国森林生态学的现状与任务[†]

　　生态学近 10 多年的迅速发展已突破传统生态学的范畴、理论和方法。如果说，过去的生态学，无论是个体生态学、种群生态学、群落生态学的不同研究层次，都是以严格按照生物与环境相互作用与影响的自然规律基础理论研究为基本内容的，那么，现代的生态学却往往被赋予社会性、工艺性并作为一种观念形态和行为准则。这主要是由于生态与人类社会、经济发展、环境和资源需求有着越来越紧密的联系。世界的人口、资源、环境等重大问题都首先视为生态问题。生态学成了调整人类与自然、与环境、与资源、与自己生存的星球——地球乃至与宇宙的关系的科学。生态学面临着一个与其他相关学科的交叉、渗透、分工和协调研究范畴的问题，生态学向着更为综合，广泛的学科发展。森林生态学也受到生态学新发展的影响。由于森林生态系统是维持陆地生态平衡的重要因子，是影响全球变化的重要因子，因此，森林生态学将不限于传统的解决营林的内容，也将参与涉及地圈生物圈平衡的宏观研究。从我国森林生态学的发展来看，传统的为营林服务的一些应该完成的任务尚未完成（这点，国外已经做了大量的工作，有了较充分的科学技术储备），同时还要迎接现代生态学重大课题的新形势，为新的研究领域作出必要的贡献。因此，我国森林生态学发展有着双重的紧迫感。

1　现代生态学的发展

　　现代生态学发展的特点之一是在传统的生态学（个体、种群、群落、生态系统）水平向宏观和微观两方向发展，更主要的是向更加宏观的水平发展。1968 年"罗马俱乐部"的第一个报告《增长的极限》是一个信号（1972 年发表），提出世界人口、工业发展、环境污染的指数增长。与资源的迅速减少的矛盾的灾难性前景，从此引出了一系列关于地球究竟能养活多少人口、环境究竟有多大的污染承受力、世界未来究竟会怎样的研究讨论，使更多的人认识到生态学原理与人类的现实生活和未来生活有多么密切的关系。环境污染由局部三废引起重视开始，继而是酸雨、放射性微尘以及有毒物质的远距离扩散危及整个生物圈，同时温室效应、臭氧层空洞等重大问题，使生态学的研究范围大大扩展。一系列新的研究方向促进了许多生态学分支的发展，如化学生态学、景观生态学（地生态学）、人类生态学（社会生态学）、经济生态学、城市生态学、环境生态学等等。在研究手段上，除传统的生态学手段外，运用生理、生化，生物物理等实验方法，包括微宇宙实验，计算机的模拟又补充了不可能实验的研究活动。对于工农业等经济生产活动的环境意识、生态意识的增长，促进了生态农业、生态林业以及大工程生态（即大工

　　[†] 蒋有绪，1991，现代生态学的发展与我国森林生态学的现状与任务，见中国科学技术协会学会工作部编，高技术新技术农业应用研究-全国高技术新技术农业应用学术讨论会论文集，北京：中国科学技术出版社，740-746。部分内容发表于"森林生态学研究的任务：90 年代林业科技发展展望研讨会发言摘要. 世界林业研究，1991，4（1）：15-16"。

程的生态过程、后果的分析、模拟、预测、控制等）研究规范的形成。这些研究方向、目标促进了生态工程的发展，即把生态学原理用于设计人与自然新的共生伙伴关系格局的一种工艺，也有人直接用生态工程的原理和应用称为系统生态学。

近代生态学重大项目除大家已熟知的 IBP 和 MAB 等已经完成和正在进行的计划外，正在兴起的有国际地圈生物圈计划 IGBP，主要是全球变化的研究计划（表 1）。

表 1　全球变化研究计划

项目	主要研究内容	正在执行的计划	有关过程的研究
陆地部分	交叉学科研究： 陆地生态系统、水系、火山学 地下水和土壤界面研究： 大气、生物群和陆面之间的界面	人与生物圈计划（MAB） 国际地质相关计划（IGCP） 国际卫星陆面计划（ISLSCP） 全新世制图计划（COHMAP）制图 热带学 10 年 环境问题学术委员会和联合国环境署有关活动	特殊生物群中的化学、动力和生物耦合 生物圈观测站中心的交叉学科研究 土壤动力学和土壤化学的研究 区域性沙漠化的研究 森林采伐的影响研究 陆地的生产能力和蜕变的研究 极区及其他对全球变化敏感的生态系统的交叉学科研究 全球对流层和平流层化学的研究 地气交换过程的研究
海洋部分	跨学科研究： 海洋生态系统，特别是海洋透光层相互作用研究 有关的海洋表层和次表层环流及海气相互作用 建立综合性全球环境模式 全球环境的长时间系统观测 过去环境记录的重建	世界海洋环流试验（WOCE） 全球海洋通量研究（GOFS） 热带海洋与大气研究计划（TOGA） 海洋冰层试验（MIZEX） 其他有关活动 世界气候研究计划（WCRP） 国际水文计划（IHP） 国际日地物理计划全球对流层化学计划	海-气交换过程 海洋通量研究 透光层中的主要过程 表面过程对深海化学的影响 极地和海冰的研究 港湾和海岸带研究 全球生物地球化学循环研究 陆—海相互作用的研究 大气环流和全球传输过程的研究 气溶胶和火山活动的影响研究 太阳及其他外部因子对地球的影响研究 气候及地球环境的其他方面的历史恢复 气候及生物分布的相互作用研究 人类活动引起的全球扰动研究

这是一个以整个地球系统及其支持生命的独特环境为对象，研究发生在该系统内，并受人类活动影响的物理、化学和生物的相互作用过程的多学科国际合作计划。由联合国环境署协调组织的计划有 IRPTC（国际潜在有毒化学品登记）、COCL（臭氧层协调委员会）、GEMS（全球环境监测系统）、IGAC（国际全球大气化学计划）。国际科联的环境问题委员会（SCOPE）组织的研究活动有：生物地球化学循环、人工放射性核素的生物地球化学途径、地下水污染、海洋平面及排海泥沙量变化对沿海下沉地区的影响、痕量气体在陆生生态系统中与大气间交换、紫外辐照增加的环境效应、气候变化对人体健康的影响、化学品安全评价的方法研究，交错群落、生态系统实验方法、长期生态学研究、基因工程产生的生物对环境的影响、生物多样性及基因资源、持续发展所需的科学信息、核冬天等。

中国已于 1988 年先后成立了 SCOPE 和 IGBP 的中国委员会，开始酝酿组织这些方面的研究。

2 国外森林生态学的进展

对于传统的森林生态学国外的进展情况又如何呢？可大体概括如下几方面。

2.1 世界人口的膨胀要求解决对食物和能源的更大需求

联合国人文组织在 60 年代组织了"国际生物学计划"（IBP）许多国家通力合作对全球各类不同陆地生态系统的生物生产力进行研究，旨在查明作为生物圈初级生产-绿色植物在负担世界食物和生物能源上的潜力和前景，其中包括各大洲有代表性的 56 个森林群系和 16 个灌丛的生物量研究。在此基础上，教科文组织于 70 年代组织了"人与生物圈"计划（MAB），试图查明与监测世界各类生态系统在各种人类活动下的变化和可能对人类带来的影响，其中包括对热带林、亚热带和温带林生态系统的研究，正在取得进展。

2.2 各类天然林和人工林的经营管理要求对各类森林生态系统的生长、发育、演替、种群动态有深入的研究

例如目前侧重于林木种群自我调节能力的探讨，这种调节证明通过生物与环境之间负反馈作用完成的。对不同生物不同树种等不同条件下的调节过程要具体加以研究。生态系统内食物链结构反映生物间相互制约的关系，这一内容的研究有助于积极防止病虫害发生和便于控制在有病虫而无灾害的平衡状态。一些林分病虫害的恶性发展实质上往往在于整个生态系统调节的问题。

2.3 人工林速生丰产，基本上是提高生态系统生物生产力的问题

国外已深入走向对系统的物质流通、能量转化过程加以详尽的定位观测研究，进而了解整个系统的养分、水分，能量的输入输出和全过程的特点，以便对其加以调节，如提高其光合作用率、养分水分的有效周转利用率等。在土壤方面，国外已不限于只用普通的施肥和灌溉方法来提高土壤肥力，而是着重通过生态系统的植物和土壤生物的作用来提高土壤自身的肥力，如采用根瘤的树种、林下种植豆科植物、接种根瘤菌、硝化细菌等。美国采用色豆马勃菌肥来克服干旱的影响，提高松苗的质量，加拿大研究花旗松林、云杉，冷杉林、铁杉林的外生菌根的数量与活性，还分离出胡颓子科和桦木科的一些树种的固氮根瘤中的放射菌。这涉及微生物生态和微生物之间相互影响、相互作用的研究。

2.4 天然林和人工林生态功能及其社会效益的计量评价

目前许多国家正在从事这项工作，这需要从森林生态系统长期定位观测研究入手，掌握各类林分水分平衡、养分循环、能量平衡的各项基本参数，掌握森林小气候的长年

资料，各主要树种生理生态特性等，方能说明森林涵养水源、保持水土、改良小气候、调节空气，净化环境等生态效益。联邦德国、美国、瑞典等国在定位观测上已达到很高的遥控和自动化程度。

2.5 森林生态系统的复原

这是一些国家针对林业采伐、火烧迹地、矿区开发、泥石流灾区和其他工程设施破坏了森林，需要恢复森林而言，不完全等于一般无林地造林。它从研究采伐、火烧等活动下森林演替规律以及矿区废土上先锋树种开始的演替过程入手，对天然林的演替注意到母树树种与幼苗间的关系。目前还对热带林木的适应机制问题表现有浓厚兴趣，如形态适应、对策适应和生理生化适应，这涉及进化生态学等基础理论。一个树种的化学亲和物质和化学抑制物质对另一些树种或植物有促进生长或抑制作用，这成为热带林群落内缘演替的重要因素。

3 我国森林生态学的现状和问题

自新中国成立以来，随着我国林业生产建设和调查设计的发展需要，林业生态学的科学研究也有很大发展。最早起步的项目就是为开发我国所有天然林区而开展的森林综合调查，如 1954 年、1955 年开始的东北大小兴安岭、新疆山地、川西滇北高山林区以及黑龙江流域的调查内容包括对各林区森林植物区系、树种地理分布、林型（森林群落）分类、土壤类型及其基本特征、树种生长发育特性、林木生长过程等，这不仅积累了大量植被、土壤、自然地理等基本资料，而且对于林区开发，编制施业案和整体规划设计，确定主伐和更新技术，都提供了科学依据，这是一项林业建设的必须先行的基础调查研究。至今，除少数偏远地区外，我国天然林区都基本上完成了这一综合调查。由于天然林区的强度开发，自然面貌大部已有了变化，因此本项重大成果所取得的科学资料就有了十分宝贵的历史价值。我国对于林分生物量的研究在 70 年代后期才引起注意，远远落后于国际 IBP 的计划。

3.1 关于树种生态学的研究

由于树木学研究的开展，我国对树木资源有了基本了解，但对树种地理分布仍属较笼统的认识，极少有对树种地理分布十分精确的资料，目前从事此类研究的人员也极少。至于树种生态习性、立地要求等，除对若干主要造林树种（如杉木、红松、杨树，马尾松，泡桐等等）有较多的研究外，对大部分经济树种仍停留在一般认识上，且以经验性、感性的认识为多，无专门系统的研究。严格说，即使对以研究最多的杉木而言，其生理生态（如光合、呼吸生态）的研究仍属空白。这种情况在其他林业发达国家已很少见。我国许多树种的经济价值尚未开发利用，因此，树种生态学研究仍具有巨大潜力。

3.2 人工造林更新树种的栽培生态学

仅限于若干常用树种,从种子、苗木、造林、抚育管理等方面积累有一定技术储备。70年代兴起的林分密度管理研究对推动人工林经营管理有积极意义,但偏于实际应用,缺乏从种群生态学理论(如种群个体分化机理)的探索,使种群生态学研究水平受到限制。80年代对重要造林树种(杉木、马尾松等)的地理种源研究,使种群生态学研究深入到种以下水平(如生态型、遗传型、地理型等),取得明显进展,在生产上无疑提高了造林经营水平。

自新中国成立以来,全国造林宜林立地和适地适树的研究,时断时续,仅在局部区域做了一定工作。"六五"期间,结合黄土高原的治理、半干旱及干旱区固沙造林,防治水土流失研究、黄土高原和半干旱区立地类型分类和树种规划取得了一定成就。但对全国用材林基地的立地分类、评价的系统研究,于"七五"期间方提到日程,这项在林业发达国家早于30~40年代业已完成的研究课题,预计我国将在今后10年时间内方能全面完成。

对有林地的采伐、火烧后的更新问题在50年代即引起重视,对重要林区的采伐更新技术和演替规律都有调查研究,并展开过热烈的学术讨论。但研究一般均属调查性,对天然更新演替方向和过程也属经验判断为主,缺乏长期定位观测和模拟实验。10年动乱使林区经营管理放松,谈不上严格的科学的采伐和更新技术要求,这也使得我国至今新技术的研究极为薄弱,甚至很少有人专门从事采伐更新技术的研究了。近年来,开始有人在方法上探讨演替模型的应用。由于我国林区在目前的经济条件下完全依靠人工更新有困难,利用天然更新演替规律来促进森林植被的恢复,仍有重要的现实意义。1987年5月大兴安岭大面积火灾也向我们提出大面积火灾后森林恢复途径研究的必要性,其中包括对火的生态学、林火在林业管理上的应用等理论和实用课题等。

3.3 森林生态系统功能与效益的研究

近30年来我国对农田防护林、治沙造林、荒山绿化、改善环境方面做了许多实验研究,取得了不少成绩。对防风、固沙、防止水土流失等防护效益一般都有测算,积累了许多数据,增强了防护林建设事业的信心。三北防护林建设工程是一项改善国土环境的战略工程措施,目前,农田防护林研究正向南方农区发展,长江中上游水源涵养体系的研究课题已列入"七五"国家重点项目。农区防护林结构的研究设计已突破成行成带和方格的形式,与农用林业结合,发展为多层次的人工群落结构,使生态效益与经济效益相结合,如杨树、泡桐、池杉等上层林木与下层的粮、药、草,甚至水面的结合等。但此类研究尚未向人工生态系统的物流、能流研究纵深发展。

天然林,人工林生态系统长期观测其水量平衡,物质循环、能的转化以阐明其功能的综合定位观测研究在我国始于50年代末60年代初,经中断后又于80年代兴起,现先后在长白山、卧龙、尖峰岭、小兴安岭、会同、鼎湖山、大岗山等林区建立定位站。但由于此类研究属基础性质,又涉及众多学科,需要较多投资以创造野外研究和生活条件以及购置较多的仪器装备等，因此，发展速度缓慢，目前尚未形成有计划地建设全国各类型森林的定位网站网。

由于上述定位观测研究薄弱，缺乏必要的科学数据，使各类森林生态效益、社会效益的计量评价研究受到影响，目前只对对个别地区尝试过不同程度的评价。这项工作直接关系到宣传林业的重要性和提高林业的社会地位，因此目前开始受到社会重视。今后需要摸索出适合中国国情的森林综合效益的评价体系。

3.4 林区开发及经营管理、林业国土整治的生态学研究

国外林业已走上生态经营的道路，以发挥森林的多功能，如联邦德国按生态功能要求进行林区规划设计，以林班生态效益图代替过去的一般的林班图进行经营。我国现有林区经营水平落后，森林经营研究一直处于萧条状态，经营科学尚未引起足够重视，生态管理目前也未提到日程上来。

对林木病虫害的生态控制管理也十分薄弱，过去病虫害防治研究虽受到重视并取得不少技术上的成就，但与生态学紧密结合不够，未能从生态系统水平上取得我国森林病虫害防治上的根本性突破。例如，我国对不同森林的食物链结构都未完全查明，物种间生理生化和相克共生等关系都研究得不够深入，缺乏病虫害生态控制管理的基础。

我国对流域、山区和区域性的林业国土整治、开发的综合研究业已提到日程，这将促进生态系统工程和林业生态经济学原理的应用。

4 我国森林生态学今后发展的重要课题和任务

由上可见，我国森林生态学的几个基本项目尚未系统开展，这对林业建设来说是欠了账的。如我国拥有 2000 多种乔灌木，目前利用其经济价值的充其量为十几种，我们对大部分树种知之甚少，缺乏最基本、最必需的知识贮备。每当某个树种发现新的用途而身价百倍后，对其自然地理分布、适宜栽培区域、生态习性和有关生长发育繁育等生物学特性都含混不清，难以合理开发，其结果往往造成极大的盲目性。又如，当社会上对森林的生态效益开展讨论时，我们却拿不出我国自己森林的实际数据来说明，这种状况势必影响我国林业建设的速度。为了林业建设的长远利益，应当鼓励和扶持以下几项林业生态基础性的和当前林业建设发展和富裕人民密切有关的应用专题研究。

4.1 树木生态学和森林地理研究

森林地理分布-我国主要树种，首先是经济树种、珍贵树种的地理分布区及其生物学生态学特性，包括品种、品系资源的研究。本项研究将结合树木学森林地理学的发展，全国性森林及树木标本馆、树种基因库（树木园）的建设进行。其中重点是对主要自然保护区，偏远的调查空白地区的森林考察，完成《中国森林地理》《中国森林植物区系》专著；对可能以中国为发生中心的松属、云杉属、冷杉属和我国特有种属和珍贵树种进行系统的历史植物地理学研究，有计划分步骤地对有重要经济意义的乔灌木树种进行生

物学特性和生态学（包括生理生态、化学生态）的研究。

4.2　森林生态系统结构与功能定位观测与森林生态效益计量评价研究

有计划在全国建立一个合理布局的定位观测站网，在统一业务协调指导下开展观测研究，每个站在生态系统模型的总要求下观测收集数据，提出成果，统一贮存于全国定位观测数据库内。由此，可阐明和比较全国各主要类型森林的生态功能，在此基础上开展不同自然地理带各基本森林类型的生态效益、社会效益计量评价研究。以上研究可与自然保护区森林生态定位观测研究、环境及人类活动影响监测等项研究结合进行。其中所进行的生物量工作的成果也将输入全国各自然带森林（包括人工林）的生物量数据库，并补充世界 IBP 的数据库。本课题联系森林利用太阳能的生物贮备，将为各自然地理条件下森林全林利用和薪炭林经营打下科学基础。在对森林社会效益的评价中要注意新的内容，如森林医疗保健、旅游休息、保存动植物基因等效益。要形成符合我国自己的森林综合效益评价的途径和体系。

在开展综合性定位研究方面，国家要给予必要的投资和组织培训人才，要加强对第二性产量（动物质量），分解者作用（微生物等）、系统内外的能流物流等薄弱环节的研究，此项研究要同时为病虫害防治和提高系统的生产力服务。

4.3　城市林业生态的研究

城市作为生态系统已引起世界注目而兴起研究。林业将是现代化城市仅次于居民第二位生物组分，在调节城市生态系统功能上起着重要作用。城市的林业（包括城郊的林业）涵义已远远超过城市绿化或园林化，"城市林业"将作为林业的一个分支，突破城市绿化和环保的狭隘观念，在更积极的意义上探讨城市各类林木构成形式（公园、城郊森林公园、街区绿化点、行道绿化带，庭院、工业区绿化隔离带等）对调节城市生态系统能流、物流、环境质量、居民身体健康、心理状态等各方面的功能。今后应在我国几个重点大中小城市开展此项研究，在此研究成果基础上撰写具有我国特色的《中国城市林业》和《城市林业生态学概论》。

4.4　农用林业、庭院林业及林区立体林业经营

本项研究旨在不同自然地理区内找出适合各地区自然及经济特点的各种类型的最佳人工配置或集约经营的，以林业为主体的综合生产经营模式，以取得最大的生态，经济和社会效益。目前有农用林业（指农区多层结构的林农、林药、林牧、林渔等人工群落），生态林业、主体林业等不同名称，但实际上都是采取生态工程设计原理进行指导研究和生产。本研究属于开发性，但由于农村、林区、城镇经济政策放宽，农民发展此类开发性试验生产的积极性很高，只需要在技术政策上予以引导，以星火计划、贷款等方式投资试验生产，专业科技人员除指导外，可在研究成果附汇总基础上形成我国有特色的"生态林业"或"农用林业"的理论和实践体系。

4.5 以改善环境为宗旨的流域治理、国土整治的林业生态学研究

这里分为技术应用，应用基础研究以及区域治理开发的宏观的生态经济学战略研究两部分。前者包括与固沙造林、黄土区水土流失治理有关的乔灌草生物学、生态学特性、栽培生态、干旱生理生态等研究以及治理的技术研究等，而区域性宏观的软科学研究则涉及自然资源、环境、生物性生产、社会对区域生态系统的反馈、优化设计理论等内容。为此，要培养此类软科学、战略研究的人才。本项研究应结合"七五""八五"期间几项林业重大工程建设，如长江中上游水源林建设、沿海防护林体系工程、区域开发规划等进行研究，不仅可直接为生产建设服务，并可以此推动研究手段和林业生态经济学理论的发展。

4.6 加强国际合作

积极组织力量，参与我国组织的 SCOPE、LGBP 等宏观项目的研究。

5 建 议

（1）把上述几项重要研究项目纳入"八五""九五"林业科技计划，组织各有关项目的协调领导小组以组织协调多学科和全国范围有步骤、有计划地加以实施。

（2）结合项目建立若干数据库，如全国立地系统，树木生理生态参数、树种理分布、地区资源及环境背景值等数据库。并结合树木、标本馆、自然保护区，森林公园以及天然森林植物和动物园的建设开展重点项目研究。

（3）培养专门人才。我国森林地理、森林植物学、树木学、地植物学人才已明显减少，不仅学术权威健在者已极少，50 年代成长起来的骨干研究力量也几乎处于后继无人的状况。传统的生态学工作在我国并没有完成，新的学科如系统生态、生态工程设计，生态经济学等又正在兴起，森林生态学面临培训人才的严峻任务。要扩大森林生态学的科教队伍，要把森林生态学渗透和配合到其他学科任务中去，发挥学科的杂交优势。把林业科学研究水平提高一步，为我国林业现代化共同作出贡献。

Forest Research a Way Forward to Sustainable Development[†]

Preface

The need for greatly increased efforts in tropical forest research was recognised in the mid 1970s. The World Forestry Congress in Indonesia in 1978 resolved that more resources should be applied to foresty research The sponsors of the Tropical Forestry Action Plan（The World Bank，UNDP and the World Resources Institute）identified the lack of research and information as major obstacles to forest development. The TFAP sponsors subsequently orchestrated two"Bellagio-style"meetings in the late 1980s to identify opportunities and build support for forest research. The establishment of CIFOR as part of the CGIAR network of international agriculture research centers has been the only significant response to these concerns.

The Bellagio meetings highlighted the fact that investments in agricultural research had resulted in major improvements in productivity. Investments in forest research are significantly less than those made in agricultural research（for equivalent product value），even valuing just the timber from forests. If the values of environmental services and non-wood products are also included，the figure could be as low as one-tenth of the investment m agricultural research.

Research on forests has not only suffered from a lack of resources. It has been fragmented and highly site-specific. It has never been organised in such a way as to yield a holistic vision of forests. The research effort is distributed in discipline-based or production-sector institutions. A surprisingly large number of forestry research institutions in the world still do not include social scientists amongst their staff.

The UNCED process and the various initiatives leading up to the Commission on Sustainable Development debate on forests scheduled for April 1995 have developed a strong consensus that far-reaching changes are needed in the ways in which the world's forests are used. A new perception（"paradigm"）of forest management is rapidly gaining currency-that，in any particular locality，the forest and the people who depend upon it should be considered as a single ecosystem. This means that the ultimate success of management will have to be judged by the maintenance of the potential of the forest to provide a continuous but changing stream of goods and services. This will require forest policies that are socially acceptable，and policies that provide for steadily improving sustainable livelihoods.

These developments have enormous implications for forestry research. The "new

---

† CIFOR，1994。蒋有绪作为中国科学家参加 1994 年 CIFOR（Center for international Forestry Research）与 CIFOR 成员国科学家共同讨论起草完成的"森林研究-迈向可持续发展的道路"。

forestry" depends upon a more comprehensive view of the nature of the forest ecosystem, but there is still a critical lack of research on approaches that combine biological, physical, economic and social variables. Even if the ecosystem can be brought under optimal management, how can decisions be made about the inevitable trade-offs among objectives and special interest groups? How can sensible decisions be made about the long-term management of forests against a background of changing societies and economies? All these problems require all unprecedented effort and a new vision of the importance of forestry research.

To address these problems CIFOR and the Government of Indonesia convened a dialogue involving scientists from a variety of disciplines and backgrounds and key persons from the post-Rio processes, NGOs, indigenous people's groups, industry, government and development agencies. The dialogue brought together 60 thoughtful, committed individuals in an environment that was politically neutral and conducive to intense reflection and interaction. Participants were invited in their personal capacity and not as representatives of governments or organizations.

The boat on which the dialogue took place provided efficient access to sites that demonstrate critical issues of tropical forest conservation and management. Participants visited industrial logging areas, lands degraded by fire and shifting agriculture and an area protected for biological diversity.

The primary objective was to review the results of the various international forest initiatives and to determine their implications for future research and information needs. The following statement was adopted by the participants at the dialogue. A more detailed report on the issues that were discussed is being published separately by CIFOR.

Forest Research: A Way Forward to Sustainable Development

In preparation for the UN Commission on Sustainable Development's review of forest issues at its third session in April 1995, there has been a series of mutually supporting national and international initiatives.

This Policy Dialogue on Science, Forests and Sustainable Development has been hosted by the Government of Indonesia and CIFOR in order to identify and consider the key research needs for the support of sustainable forest management to meet human needs now and in the future.

International Initiatives to Promote Management, Conservation and Sustainable Development of Forests

Since UNCED'92 there have been several initiatives to raise awareness, help develop consensus and to advance towards improving the management, conservation and sustainable development of all types of forest. These initiatives have provided a mutually supporting framework for international action.

- *The Bandung Initiative:* The Global Forest Conference, held in Bandung, Indonesia, in February 1993, recognised the key role to be played by global partnerships in advancing the forest agenda.

- *The Helsinki Process:* The Forest Minister'Conference in Helsinki in 1993 adopted resolutions on sustainable forest management and biological diversity of forests in Europe and launched work on "Criteria and Indicators for Sustainable Management for European Forests".

* *The Delhi Declaration:* The Forest Forum for Developing Countries met in Delhi in 1993 to develop partnerships and a common understanding of the particular challenges faced by developing countries.

* *The Montreal Process:* The Conference on Security and Cooperation in Europe convened a seminar of (Forestry) Experts in Montreal to initiate work on criteria and indicators for the sustainable management of non-European, temperate and boreal forests.

* *The Indo-British Workshop held in Delhi in July 1994, agreed on a format for national reports on forests to be submitted to the CSD review.*

* *The IWGF:* The Intergovernmental Working Group on Forests, led by Malaysia and Canada, has achieved a consensus on approaches and options to address several important policy issues, at meetings in April and October 1994.

* *The FAO Working Group:* FAO is the UN-appointed task manager for forest-related issues and preparation of documentation for the CSD review of forests in April 1995. FAO has participated in all the forests in Rome in March 1995. The results of all the above initiatives will be available for consideration at the FAO meeting and the CSD review.

The Challenge

* Forests play a unique role in meeting human needs at local, national and international levels. They protect local and global environments, and so are essential for sustainable development.

* At the United Nations Conference on Environment and Development held in Rio de Janeiro, in June 1992, world governments agreed to conserve, manage and sustainably develop their forest resources. The UNCSD in April 1995 will review progress towards implementation of the Forest Principles and relevant Chapters in Agenda 21.

* Rapid social, economic and technical changes increase global inter-dependence and uncertainty. Demographic pressure and other human impacts, including patterns of consumption, exert growing demands on the forests. As a result, some forests are being eroded in both quality and area. Smaller areas of forest will need to deliver ever more goods and services, to meet the demands of twice as many people by the middle of the 21st century.

* Without immediate action, this erosion of forest resources, and the environments they protect, will increase. Loss of biodiversity will become more rapid and life support systems will be further damaged. Benefits will be lost or reduced and sustainable development adversely affected.

* It is also the role of forest management to sustain and enhance the potential of forests to provide goods and services to as wide a range of people as possible on an equitable basis.

* There is a consensus on the need to halt and reverse these negative trends. Nationally based strategies and policies must increase productivity, halt forest degradation and deforestation, enhance forest benefits, increase efficiency and provide incentives for the

conservation, management and sustainable development of forests.

• However achievement of these objectives will be the product of hundreds of decisions and actions taken at many levels. Individuals, communities, local authorities, private sector interests and non-governmental organizations, as well as government and inter-governmental bodies have a role to play. There will be negotiations and compromises. These decisions and actions will be strongly influenced by: public opinion, legislation, economic and social circumstances; the quality of information available about options, opportunities and approaches; and an understanding of the likely consequences of actions taken, now and in the future.

• The current state of forest science is not adequate to provide reliable and comprehensive information needed for timely decision making. Decisions being made at all levels may be based on incorrect or inadequate information. The effect of such decisions could impair the pursuit of sustainable development. Thus there is all urgent need for forest research to provide the relevant information to guide decisions taken on forest issues at all levels. This must be available in an accessible form and a timely and cost-effective way.

Therefore the Challenge for forest research is to:

Provide the knowledge and information to assist decision making that will sustain and enhance the benefits of forests to all people, including future generations.

In accepting this Challenge, the Dialogue concluded that forest research must broaden its horizons and adopt a more holistic approach. It must attempt to address all forest functions, values and potentials, in order to achieve effective management, conservation and sustainable development in all types of forests and for as many stakeholders as possible.

Research priorities identified by the IWGF (Malaysia-Canada Initiative)

• management, conservation, and sustainable development, and enhancement of all types of forests to meet human needs
  • criteria and indicators for sustainable forest management
  • trade and management issues
  • approaches to mobilising financial resources and environmentally sound technologies
  • institutional linkages
  • participation and transparency in forest management, and
  • cross-sectoral linkages and integration

Action—The Way Forward

The complexity of issues in the management, conservation and sustainable development of forests requires better research tools, diverse sources of information and flexibility in how problems are identified and solved Further research is needed to provide a firm scientific basis for sustainable forest management and for discussion of environmental issues with global impacts.

The Dialogue identified an urgent need to improve research tools and understanding, and a longer-term need for improved research methodology.

It identified the following urgent research priorities.

• *Criteria and indicators*

Criteria and indicators for the assessment and prediction of impacts of management, conservation and sustainable development in all types of forests are urgently needed. The scientific basis for these, and their ease of use, should be improved and tested in large-scale demonstration sites.

• *Linkage to global environment*

The increasing number of environmental conventions and agreements on climate change, biodiversity, desertification, etc. requires a better understanding of the linkages between trees and forest ecosystems (at national and global levels) and the general health of the environment, including the impact of human activities.

• *Assessment systems*

Periodic measurement and assessment of the state of forests is needed, at local and national levels, including their biodiversity and other environmental services and values. Exchange of information through cooperation at national and international levels should be enhanced. This will require the creation of standardised techniques and methodologies and appropriate means to share the information gathered. Predictive models would greatly facilitate assessment and future action.

• *Forest valuation*

Reliable methodologies and appropriate mechanisms need to be further developed, to assess the contribution of forests to sustainable national development. These should include ecological, environmental, economic, social and cultural aspects. They should take into account the services provided and all values of forests, including the effects of other sectors such as agriculture, energy, mining and urbanisation.

The costs of management, conservation and sustainable development of all types of forests should be fully reflected in market mechanisms. All impacts of forest industries on the provision of other forest goods and services should be incorporated in forest valuation and land-use planning.

• *Community participation*

Traditional knowledge and management of trees and forest ecosystems by local communities, who may play an important role in the maintenance of healthy forests, should be documented. Local communities and other forest managers and stakeholders should be included in forest research as appropriate. Means to better achieve this must be developed.

• *Forest Conservation*

There is a need for more research on, and a better understanding of, the impact of forest management on biological diversity. Conservation values of forests are of prime importance, and should be a subject of future research.

The Dialogue identified the following as necessary elements of research methodologies to provide a more comprehensive approach to the understanding of the basic science of trees and forest ecosystems, deforestation, and degradation, in their social and economic contexts.

• *Integrated socio-economic and biophysical studies, at a network of landscape-scale sites, to understand the relationship of human development to forests.*

This should include consideration of: inter-sectoral interactions; the causes of deforestation and degradation; the impact of all stakeholders, and ways of ensuring their participation; and the role of forests in the socio-economic development process.

● *Periodic assessment of all types of trees and forest ecosystems, and of forest management, at national levels; and exchange of information at national and international levels.*

This would include: methodological development of criteria and indicators for assessment systems; implementation of these systems; information exchange; and international cooperation networks.

● *Examination of trends of supply and demand in forest goods and services and their relationship to forest area and health; the development of strategies to optimise the balance between them, in pursuit of sustainable development.*

This should include consideration of: causes, patterns, and rates of change; patterns of production and consumption; improvement of productivity; international trade; natural resource accounting; efficient use and conservation of forest resources and products; inter-generational allocation of natural resources endowment; incentives; technological gaps; fiscal measures, and compensation mechanisms and subsidies. In the context of a rapidly changing world, these analyses must explicitly consider uncertainty as to future conditions.

● *Studies on the contribution of political and institutional arrangements in support of sustainable development.*

This should include consideration of: management issues; participation and devolution; governance and decision making; conflict resolution; international trade; policy and institutional design; cross-sectoral linkages; land tenure and ownership; community forest management and traditional knowledge of forests; and legal and customary rights.

Guiding Principles for the Conduct of Forest Research

The research agenda described above is forward-looking, and represents a marked shift from the present orientation of forest research. A widespread transformation in attitudes will be needed to establish a new research culture. It will require changes in the management of science, maintenance of organisational and financial stability, improvement in the status of scientists and other incentives, and revised patterns of assistance for research in developing countries. Implementing the new research agenda will require major revisions in the way research is conducted.

● *Scales*

Research should be conducted at the global, national, regional (eco-regional or political regions) and local levels; in recognition of the differing scope of the emerging issues.

● *Cross-sectoral*

The research outputs should be comprehensive and consider forest-related problems within a cross-sectoral and inter-disciplinary context.

- *Problem-oriented*

The research should focus on problem identification, solution and prevention. Research on developing new methodologies appropriate for each type of problem, at each scale, may be required.

- *Stakeholders*

Involvement of all the appropriate stakeholders in the design and conduct of research, at each level, can achieve both better research results and their more effective implementation. Thus, wherever possible, formulation of research should be guided by the priorities identified by local people and others who depend on forests for their livelihoods.

- *Networking and Participation*

Networking and linkages between institutions, researchers and clients is essential. Existing networks must be strengthened, and new ones developed as necessary. At the local level, NGOs, local government agencies, extension workers, forest managers, industry, local people and researchers should network and communicate, ensuring that there is close collaboration between researchers and the users of the research outputs including collective decisions on the research agenda and priorities.

- *Exchange and Use of Information*

Coordination mechanisms will be necessary to ensure networking at the international level. New assessment methodologies are required for the provision of transparent, comprehensive and timely national databases, as well as for international comparisons of databases. Spatial predictive models can be developed as aids to decision making.

There is a need to seize opportunities presented by modern communications technologies (e.g. Internet) to improve accessibility to, and diffusion of, forest-related information through both informal and formal networks.

Access to existing sources of forest-related information should be facilitated. Inventories of databases, including libraries, will enable more efficient use of existing knowledge.

The issue of intellectual property rights needs to be resolved in a way that is equitable to all parties concerned, including traditional users of forests, national governments and the international community at large.

- *Partnerships*

South-South research cooperation between countries should be encouraged and facilitated by new and existing mechanisms. In this way affordable and appropriate technologies can be directly transferred, between scientists and between nations.

There is a need to promote joint working arrangements between scientists from developed and developing countries, in institutions located in developing countries.

The private sector should be encouraged to conduct in-house research and to support external research, whenever possible.

- *Capacity building*

Training in research for scientists from developing countries should involve up-to-date concepts, methods and techniques; as well as, where appropriate, research administration (e.g. through internship programs).

New educational approaches are needed to promote true inter-disciplinary understanding and research, and for inter-disciplinary programs of post-graduate study.

Strengthening of local institutions will also frequently require suitable research facilities.

Support for NGOs will enable them to facilitate local participation in research.

· *Dissemination of research results*

A "user-friendly" means of communicating forest research results to decision makers needs to be promoted. Efforts should be strengthened to make information available in national languages and accessible media.

· *Coordination of Research*

Improved collaboration and coordination of research activities by funding agencies would considerably enhance research effectiveness and efficient use of resources.

· *Funding*

New forest research activities can be supported by refocusing existing research, and by innovative reallocation of existing funding, as well as a net increase in research expenditures.

In the context of the above guiding principles, urgent attention is required:

· to develop and strengthen the research capacities of nations through a political commitment at the national and international levels to support research;

· to develop true global partnerships in research;

· to make concerted efforts to share and transfer technologies; and

· to encourage where possible and relevant, the participation of all stakeholders, including communities and NGOs, in the planning, design and conduct of forest research.

Resolution: Policy Dialogue on Science, Forests, and Sustainability at Bali, Indonesia

The participants at the Policy Dialogue on Science, Forests, and Sustainability meeting in Bali, Indonesia, from 10-15 December, 1994

· expressed their concern at the state of forest resources and the environments they protect, and the loss of biodiversity which could further damage life-support systems, reduce the flow of benefits to all people, and adversely affect sustainable development;

· recognised that forest science should be reoriented to provide more complete information necessary to assist decision makers to take effective decisions and actions to sustain and enhance the benefits of forests to all people and conserve the forests for future generations through more complete knowledge;

· adopted a report on Forest Research: A Way Forward to Sustainable Development, which is a call for action to improve the availability of information and scientific knowledge needed to support good decision making on forest issues at all levels, in an accessible form, and in a timely and cost-effective way, through a more comprehensive approach to forests research;

• request the Dialogue hosts to forward the report to FAO for consideration at the meeting of Forest Ministers in Rome, in March 1995, and to the Commission on Sustainable Development as a contribution towards the review of forests in 1995; and

• finally, expressed their deep appreciation and thanks to the Government of Indonesia and CIFOR for having organised the Dialogue and for their warm and generous hospitality and support received while in Indonesia.

Annex I

Assessment of the Impact of Research

Methods

Forestry research is no different from agriculture research in that it forms part of the continuum: problem-research-application. Unlike agriculture, forestry is by nature a long-term enterprise and research on many forest-related topics requires considerable time for completion.

Nevertheless, forestry research, like other activities, should be appraised in terms of costs and benefits (social, environmental, financial and political). Techniques for appraisal *ex ante* and *ex post* do exist; the former are typically used by funding sources to compare different research proposals and include peer review, scoring and mathematically derived gradings. However, they also include assessment of direct impacts such as the number of people, the number of cattle, or the land area likely to be affected by the solution to a particular problem (see OFI Tropical Forestry Paper on the World Bank's Sub-Saharan Africa Agriculture Research Review).

Ex post analysis of research investments has rarely been done by the financing institutions but has commonly been used by research institutions to determine the same criteria of people or areas affected, but also the adoptability and adoption of research results by the users (recognizing that users may be government forestry or agriculture departments, industry, local communities and individuals).

One type of *ex post* appraisal is the hindsight analysis of 81 US Forest Service research projects (Callaham, 1982) in which each project was assessed for some 20 characteristics including social effects (job creation, income, tourism and aesthetics), environment effects (soil, water and climate impacts), and production.

Examples of Successful Research

Because research ranges from pure through strategic to applied stages, there are many examples of successful research projects that have formed part of the chain but not had direct impact themselves. The ultimate criterion is the total solution of a problem or the creation and dissemination of an improved technology. Here the examples are fewer but more striking in their impact.

An Example of impact assessment of a successful research program

Species and provenance selection for industrial tropical pines

One example of *ex post* evaluation, albeit with some assumptions about rate of uptake of the research results, was that conducted by the Oxford Forestry Institute in 1985 to establish the impact of nearly twenty years' work on the exploration, evaluation and improvement of Central American tropical pines that were widely used as exotics for timber and pulp plantations in many tropical countries.

The main assumption was that the countries would continue to plant at the same rate but with the correct species and provenances identified by the research. The analysis showed that the improved yields expected within one 20~25 year rotation would approximate one billion sterling pounds (£1 billion) from an initial investment of one million pounds (£1 million) over the preceding twenty years (at then current pricing).

Subsequent partial evaluation in some countries suggests that this will be an underestimate of the industrial economic benefit because the original analysis concerned only volume production and did not include value for the improved wood quality.

An Example of collaborative research and development

Biological control of forest pests, diseases and weeds

To reduce timber losses, costs of chemical controls, and environmental hazards of those controls, the Canadian Forest Service undertook intensive studies over twenty years that resulted in the development of application technologies for:

1 The control of forest defoliators such as spruce budworm by the bacterium
   Bacillus thuringiensis

2 The control of gypsy moth by viruses (in collaboration with the US Forest Service)

3 The control and monitoring of various insects by pheromone and light traps

All of these studies required the coordinated research of CFS scientists and managers together with commissioned university scientists; collectively they covered topics in the taxonomy, biochemistry, physiology, genetics, ecology and management of trees, insects, bacteria and viruses. In addition the research involved engineers and environmental toxicologists.

An interesting feature of the gypsy moth research was the results cooperation of an American scientist (W. Wallner) with Russian specialists who introduced him to the life cycles of European and Asian gypsy moths and gave him the awareness of the threat they would pose to North American forests if accidentally introduced. This has resulted in intense screening of all imported material.

Example of research on trees in support of agriculture

Shelterbelts in north-west China

A major shelterbelt system has been constructed in north-west China with financial support from the World Bank; a total of 11 million hectares of farmland have been protected. The equivalent of 13 million hectares have been planted and some 600 000 hectares were aerially seeded.

The success of the plantings resulted from a series of research activities from 1978 to 1985.

These included site classification, recognition of regional differences, selection of tree and grass species, determination of planting patterns, inventory of the growth by ground and remotely sensed data. Plantings are monitored ecologically and environmentally in long-term inventory and monitoring plots. A major data bank has been established to support future decisions.

Example of research on wildlife and human needs

The Campfire Programme of Zimbabwe

Increasing human populations and their demands for agricultural land in the drier districts of Zimbabwe led the people to hunt or drive away elephants that damaged crops. Following social, anthropological and wildlife biology research, the Zimbabwe Wildlife Service supported by the Zimbabwe Forestry Commission developed systems of integrated use of both land and elephant resources. The animals are shot by fee-paying tourist hunters and the carcasses are processed totally by the local inhabitants who benefit from the meat, hides, and other goods that can be made from the animal. As a result the local human population accepts some elephant damage to crops, gains some direct benefit from the elephant, and provides sustainable control of the elephant population.

Example of research on catchments

The US Forest Service Coweeta Hydrological Research Laboratory

For nearly forty years the Laboratory in North Carolina has studied the topography, soil, water and vegetation of catchment areas under different management systems. This has provided an extremely good understanding of the relationships between land use and hydrology, soil erosion and plant physiology and growth. It has resulted in improved land use planning and management systems including the identification of problem areas and the location of optimal road layouts.

Example of integrated research to develop a product

The development of rubber wood processing in Malaysia

Malaysia is famed for its rubber production but an unexpected by-product of the industry was the rubber tree's wood. For nearly a century it was considered unusable. Approaching 127 million over-mature trees required disposal. Following prolonged and coordinated research at the Forest Research Institute of Malaysia in cooperation with various wood-using industries, there is now a major furniture industry which supplies, strong local and export markets.

Example of Research by NGOs in support of conservation, management and sustainable development.

IUCN survey of conserved areas and IIED survey of the status of forest management

One of the fundamental pieces of research needed in many disciplines is to find out what the resource is. Throughout the 1980s the International Union for Conservation of Nature and Natural Resources（IUCN）undertook major surveys of the extent and location of tropical forests and those portions of them that are conserved（e.g. the reports by J and K Mackinnon and three regional conservation atlases）. These provide a basic resource in the determination of rates of change of tropical forests and the location and needs of conservation areas. These studies had a major impact on political thinking about forest resources in the tropics.

The survey of tropical forest management by the International Institute for Environment and development（IIED）led directly to the ITTO Guidelines for tropical forest management, to criteria and indicators, and finally to Target 2000.

Example of research for the development of non-wood products

Rattan in Malaysia and Indonesia

Inter-disciplinary research at the Malaysian and Indonesian Forest Research Institutes involved studies of the taxonomy, breeding systems, ecology, inventory, planting, management, harvesting and utilization of rattan species（and some other palms and bamboos）. These resulted in major increase in investment in the planting of rattans to support the growing local and national furniture industries for local use and export.

Example of research on sustainable forest management systems

Selection systems in Malaysia, Ghana and Australia

Research on selective silviculture of various forest types in Malaysia over a period of many decades progressed through the Malayan Uniform System to the Selective Management System that now forms the basis of recurrent harvesting schedules. These are now accepted by Government and the public as sustainable and environmentally benign.

The system has been adapted for Ghanaian conditions through progressive research by the Ghana Forest Department and various collaborating and supporting agencies.

In a totally different forest type the Queensland Forest Service developed a sustainable system of management for the rain forests through dedicated and integrated research involving ecologists, botanists, forest managers, and specialists in harvesting, wildlife and environmental impacts. However, the forest type has now been declared a World Heritage Area and management for wood production has ceased.

Example of breeding for disease resistance

Sandalwood in India

The sandalwood industry in India was decimated by the mycoplasma "Sandal spike disease". Research on chemical and biological control had failed to resolve the problem. The identification of individual trees that appeared to be unaffected by the disease results in a program of resistance breeding that has now apparently solved the problem, allowed new planting and revitalized the industry.

Example of non-wood product development and improvement

Pine resin from Himalayan forests

Pine resin is a major product of the Indian Himalayan forests; some 30 000 tons are produced annually at a rate approaching 3 kg per tree，thus requiring 30 million trees to be tapped. The standard（French）method of tapping requires deep scoring of the bark and wood. The damage to the wood causes trees to snap at the base and ruins the basal log. Relatively simple research on the "rill" method of scraping only the bark and cambium，followed by application of dilute acid，resulted in less damage，wind blow，and wood deterioration while maintaining resin yield.

Participants in the Dialogue

NAME	NATIONALITY	NAME	NATIONALITY
ABDULLAH，Othman Dr.	Malaysian	MONLAGA，Sandra	Indonesian
AGGREY-ORLEANS，Jimmy	Ghanaian	MUKERJI，A. K.	Indian
ANDERSOM，Patrick	Australian	N'DESO-ATANGA，Ada	Cameroon
BENNETT，Andrew	British	NG，Francis S. P. Dr.	Malaysian
BOYLE，Tim Dr.	British	NILSSON. Sten Prof.	Swedish
BURLEY，Jeff Prof.	British	NIX. Henry Prof.	Australia
BYRON，Neil Dr.	Australian	OFOSU-ASIEDU，Alben Dr.	Ghanaian
CABALLERO，Miguel Dr.	Mexican	PATOSAARI，Pekka Dr	Finnish
DARYADI Lukito	Indonesian	PHANTUMVANIT，Dhia Dr.	Thai
FRANCA，Paulo	Brazilian	PISARENKO，Anatol Dr.	Russian
FURSTENBERG，Peter v. Dr.	German	POORE，Duncan.Dr.	British
GARBA，M Lawal	Nigerian	PRABHU，Ravi Dr.	India
GIRARD，Felix	Guyanese	PRINGLE，Robert M. Dr.	American
GR AINGER，Alan Dr.	British	RAUTER. R. Marie	Canadian
GRAMMONT，Andre	French	SALLEH，M.N.Dr.	Malaysian
HADLEY，Malcolm Dr.	British	SAYER，Jeffrey A. Prof.	British
HAFILD，Emmy	Indonesian	SENE. EI Hadji	Senahalese
HARcHARIK，David A.	American	SILITONGA. Toga Dr.	Indonesian
HARDY，Yvan	Canadian	SOEKARTIKO，Bambang	Indonesian
HARRTONO，Soedjadi	Indonesian	SOERJANATAMIHARDJA，Dicky	Indonesian
HEUVELDOP，Jochen，Prof.	German		
KASUMBOGO，Untung	Indonesian	STRAKHOV，Valentin V. Dr.	Russian
KlM，Nam Gyun	Korean	SUNDERLIN，William. Dr.	American
KONAN，Jean Claude Koffi	Cote d'lvoire	TAAL，Bai-Maas M.	Gamabian
LARA，Antonio Dr.	Mexican	TSYPLENKOV，Sergei	Russian
LaROSE，Jean	Guyanese	VAN DER ZON，A. P. M. Dr.	Dutch
LARSEN，J Bo Prof.	Danish	VAN TUYLL，Comelis，Dr.	Dutch
MAINI，Jagmohan Singh Dr.	Canadian	WOODWELL，George Dr.	American
MANKIN，William E. Dr.	American	YOUXU，Jiang Prof.	Chinese
MERSMANN，Christian Dr.	German		

A Vision for Forest Science in the Twenty-First Century[†]

Preface

The need for greatly increased efforts in tropical forest research was recognised in the mid 1970s. The World Forestry Congress in Indonesia in 1978 resolved that more resources should be applied to forestry research. The sponsors of the Tropical Forestry Action Plan (The World Bank, UNDP and the World Resources Institute) identified the lack of research and information as major obstacles to forest development. The TFAP sponsors subsequently orchestrated two "Bellagio-style" meetings in the late 1980s to identify opportunities and build support for forest research. The establishment of CIFOR as part of the CGIAR network of international agriculture research centers has been the only significant response to these concerns.

The Bellagio meetings highlighted the fact that investments in agricultural research had resulted in major improvements in productivity. Investments in forest research are significantly less than those made in agricultural research (for equivalent product value), even valuing just the timber from forests. If the values of environmental services and non-wood products are also included, the figure could be as low as one-tenth of the investment in agricultural research.

Research on forests has not only suffered from a lack of resources. It has been fragmented and highly site-specific. It has never been organised in such a way as to yield a holistic vision forests. The research effort is distributed in discipline-based or production-sector institutions. A surprisingly large number of forestry research institutions in the world still do not include social scientists amongst their staff.

The UNCED process and the various initiatives leading up to the Commission on Sustainable Development debate on forests scheduled for April 1995 have developed a strong consensus that far-reaching changes are needed in the ways in which the world's forests are used .A new perception ("paradigm") of forest management is rapidly gaining currency-that, in any particular locality, the forest and the people who depend upon it should be considered as a single ecosystem. This means that the ultimate success of management will have to be judged by the maintenance of the potential of the forest to provide a continuous but changing stream of goods and services. This will require forest policies that are socially acceptable, and policies that provide for steadily improving sustainable livelihoods.

These developments have enormous implications for forestry research. The "new forestry" depends upon a more comprehensive view of the nature of the forest ecosystem, but

---

† Bogor-Indonesia, 1995, 代表中国参加制订的通向 21 世纪的国际森林科学研究战略。

there is still a critical lack of research on approaches that combine biological, physical, economic and social variables. Even if the ecosystem call be brought under optimal management, how can decisions be made about the inevitable trade-offs among objectives and special interest groups? How can sensible decisions be made about the long-term management of forests against a background of changing societies and economies? All these problems require all unprecedented effort and a new vision of the importance of forestry research.

To address these problems CIFOR and the Government of Indonesia convened a dialogue involving scientists from a variety of disciplines and backgrounds and key persons from the post-Rio processes, NGOs, indigenous people's groups, industry, government and development agencies. The dialogue brought together 60 thoughtful, committed individuals in an environment that was politically neutral and conducive to intense reflection and interaction. Participants were invited in their personal capacity and not as representatives of governments or organizations.

The boat on which the dialogue took place provided efficient access to sites that demonstrate critical issues of tropical forest conservation and management. Participants visited industrial logging areas, lands degraded by fire and shifting agriculture and an area protected for biological diversity.

The primary objective was to review the results of the various international forest initiatives and to determine their implications for future research and information needs.

Introduction

Forest science has reached a critical cross-roads. There have been major improvements in forestry practices, despite some historical flaws in its structure. However, with rapidly changing expectations of forests, a new direction of research is needed. The focus of forestry research is currently too narrow. It is time for a major re-evaluation of forest science needs for the 21st century. Without diminishing the value of the existing areas of research we need to expand the agenda and refocus priorities.

In December 1994, the Center for International Forestry Research (CIFOR) and the Government of Indonesia hosted a policy dialogue on Science, Forests and Sustainability. Sixty people participated, drawn from science, government and non-governmental organizations. The participants engaged in broad discussions on critical research issues relating to the United Nations Commission on Sustainable Development (UNCSD) debate about the conservation and management of all types of forests. The deliberations generated many ideas for major changes in the content and organisation of forest science. It was agreed that forest science requires a radical change in direction and expansion of effort to be relevant to the needs of today and the 21st century.

> There are major weaknesses in the policies, methods and mechanisms adopted to support and develop the multiple ecological, economic, social and cultural roles of trees, forests, and forest lands.
>
> Agenda 21: Para 11.1

The participants in the Dialogue reached agreement on a statement Forest Research: A Way Forward to Sustainable Development (Annex 1). This identified some key areas for future long-term research which are reflected in Box 1. However, the richness and diversity of the discussions could not be captured in this brief statement. CIFOR staff, aided by a small number of dialogue participants, have therefore attempted a more comprehensive review of the issues. This publication is the result of our work. Our intent is to indicate how forest science's agenda could be modified in broad terms in response to present needs of all sections of society-local, national and international. It attempts to reflect the questioning spirit of the Dialogue and is based on the ideas generated by the discussions. The areas where views most varied have been identified in Box 2. As shown at this meeting, involving eminent participants, there sometimes remain large differences in the way forest science is viewed. The differences can result in less than effective communication of opinions and viewpoints. Thus, fora such as the Bali Dialogue are necessary to promote a common understanding of forest science.

Box 1

Long-term Research Priorities for Forest Science

1. Integrated socio-economic and biophysical studies at a network of landscape-scale sites, to understand the relationship of human development of forest.

2. Examination of trends of supply and demand for forest goods and services, and their relationship to forest area and health; the development of strategies to optimise the balance between them, in pursuit of sustainable development.

3. Research into methods for assessing patterns of change in the extent, condition and use of all types of trees and forest ecosystems, and analysis of the causes of these changes.

4. Studies on the role of political and institutional arrangements in attaining sustainable development.

CIFOR believes this meeting represents a significant moment in the history of forest research, and is publishing this document as a contribution to what we hope will be a continuing debate on this critical subject. As such we hope that it will assist those who practise science as well as those who determine science policy and provide resources.

Box 2

Issues which need Further Discussion

1. An intergovernmental panel to review the status of forest science related to sustainability

Some participants at the Bail Dialogue felt a need for an international body to review the directions of forest science as they relate to the achievement of sustainability. This effort could parallel some of the functions of the "Intergovernmental Panel on Climate Change" where international cooperation was able to identify areas for immediate action. A concern was expressed by some discussants that any scientific process might pre-empt or over-ride any national political initiatives being put into place. A further consideration is that any such body may strengthen one or more large international organisations at the expense of more regionally based bodies. In addition the management of research activities can be at issue between various levels of institution.

2. Monitoring of forests

The question of whether international monitoring of forest change is necessary and/or desirable needs to be resolved. If such activities are agreed to, then methods and criteria acceptable to all countries will need to be developed. One body of thought believes that international scientists should be free to assess the global condition of forests, while another view sees monitoring as a national responsibility, While a central, standardised measure would be useful, a worldwide collection of national monitoring systems may be more feasible. The threat posed by global monitoring to national sovereignty is a further area of discussion.

3. Government, participatory research and the role of NGOs

There is considerable debate about the capability or even legitimacy of various actors in the forest research community. Some believe that government and scientific organisations have a pre-eminent role in implementing a research agenda. Others counter that forest communities must be given a voice in how science serves them, through participatory research methods and through the assistance of non-governmental organisations. It is the extent to which local communities have the tools to effectively carry out or direct such research that is a key issue. Recognition of the value of input from local people in the form of knowledge and skills is not in doubt.

Chapter 1： Critical Issues for Forestry

Forests play a unique role in meeting human needs at local, national and global levels. Finding a balance between the productive and protective functions of forests is essential if individual countries, and the world as a whole, are to derive maximum benefits from this valuable resource. However, forests in many parts of the world are being eroded in both area and quality because of pressures

The vital role of all types of forests in maintaining the ecological processes and balance at the local, national, regional and global levels ...should be recognized.

Statement of Principles on Forests
Para 4

from population growth and economic development. If these trends continue, there will be twice as many people in the world by the middle of next century, relying on a much smaller area of forest. This will have major impacts on biodiversity, global climate and life-support systems in general, and could severely constrain human development. There is consensus on the need to halt and even reverse these negative trends (UNCED 1992), through nationally based strategies and policies to increase agricultural and forestry productivity, halt forest degradation and deforestation, enhance forest benefits, increase efficiency and provide incentives for the conservation, management and sustainable development of forests.

Realising these goals will depend on decisions made by national and local governments, as well as commercial and non-governmental organisations, communities and individuals. These decisions, and their associated actions, will be influenced by subjective opinion, legislation, and economic and social circumstances. They will require negotiation and compromise. Another crucial influence will be the information available to the decision makers, and their perception of the likely consequences of their actions. Reliable information, robust decision-making frameworks and effective planning and management techniques are all things that scientific research can provide. As the world approaches the 21st century, it is opportune to assess the capacity of forest science to meet present and future information needs and. if necessary, to redefine its research agenda.

The Global Dimension

The biophysical environment

Concern about the state of the environment has been growing since the 1960s and became a political priority in the 1980s. Then governments were forced to acknowledge major changes to the global environment and accept that only rapid, concerted action could remedy the situation. Pathfinding international agreements were reached in the 1980s to reduce the production of chlorofluorocarbon compounds that deplete the planet's ozone layer, to introduce greater transparency and to promote sustainability in the international tropical timber trade and to promote concerted international effort to improve tropical forest management. These were followed by the two conventions on climate change and biodiversity signed at the UN Conference on Environment and Development in Rio de Janeiro in 1992, and by a Desertification Convention in 1994.

Forests play a major role in the global environment. Deforestation is a key component of global land-use change and degradation. Forests account for a substantial proportion of the terrestrial carbon store, and so can influence that part of the greenhouse effect caused by the transfer of carbon into the atmosphere as carbon dioxide. Clearing and burning tropical forests are the second main source of carbon dioxide after fossil fuel combustion. One way to slow down climate change is to reduce the rate of carbon dioxide emissions by improving conservation and energy efficiency and by controlling deforestation. Another is to absorb some of the surplus carbon dioxide in the atmosphere by increasing the world's forest area.

Tropical moist forests contain at least half of all the species on earth. As forest areas shrink, so does the number of species, reducing biodiversity, with adverse environmental consequences. Ecosystem stability can be threatened and the potential for the use of plant genetic resources to develop new products reduced. The new science being developed to understand global environmental change, and its control, places emphasis on forests as a key element of the world's vegetation. Much of the current research in this field is being undertaken outside forestry research institutes. This highlights the need to develop new alliances between formerly discrete disciplines and institutions.

The social dimension

The effects of deforestation are experienced at not just the global level, but also within national boundaries. Among the grave consequences of shrinking forests are degradation of land and water resources, decline of food production capability and decreasing availability of wood for fuel, shelter and manufacture of goods.

Box 3

Some Achievements of Forestry Research

It must be acknowledge that forest scientists have made significant accomplishments over the last hundred years, but these have been primarily restricted to improving forest management techniques and timber utilization technology.

1. Forest management systems, based on research into appropriate forms of silviculture for various forest types, have led to the development of harvesting schedules which are now accepted by the government and the general public as sustainable and environmentally benign.

2. Improved yields in timber and pulpwood plantations have been achieved as a result of forest genetics and tree breeding research. Returns to investments on research have been many-fold.

3. Control of forest pests, diseases and weeds by biological means has reduced timber losses without endangering the environment. Techniques have been developed to replace expensive and hazardous chemical controls.

4. Comprehensive computer simulation models of world trade in forest products allow policy makers to test the likely impacts on future world wood demand and supply of major changes in forest policies.

5. Techniques to utilise previously non-commercial timbers, such as old rubber wood, have been developed leading to new industries supplying both local and export markets.

Most forest-related problems are consequences of humanity's social and economic demands. The future of the world's forests is therefore not just dependent on appropriate management of the forests themselves, but also on the management of pressures which forests face from outside. To understand these pressures and learn how to deal with them, it is not enough just to know how forest ecosystems function. It is vital to understand social systems.

For this reason, forest science must incorporate a new social dimension. The underlying human causes of forest loss and degradation have been more systematically addressed since the 1980s, but remedies still tend to focus on treating symptoms rather than underlying causes. Foresters devise programs to improve forest protection or plant more trees-but understanding of the causes of deforestation in the wider context of overall land use is limited, and there is little capacity to study the underlying social, economic and political reasons for deforestation. In this area, also, a new direction in forest science is needed.

The Organisation and Funding of Forest Science

The forestry research agenda has been driven primarily by the technical needs of government forest services. Most countries lack the capacity to study the broader issues determining the extent and condition of forests, the supply and demand of forest products and the equitable distribution of the costs and benefits of forest use. Because forest science has been regarded as a service to forestry agencies, and is dependent on government funding, there has been little objective analysis of the effectiveness of forestry, or of the direct and indirect impacts of government policies on forest ecosystems.

This narrow focus has also been perpetuated by underfunding relative to other key sectors. It has been estimated that funding for research on tropical agriculture represents 10% of the total value of agricultural products, while research into tropical forestry accounts for less than 5% of the value of wood products. If the full value of forests is recognised in terms of all the other non-timber products and environmental services which they provide, then investments in research are but a tiny fraction of total product value.

Decision Making on Forests

There is, as yet, no body of forest science able to provide the kind of information and understanding needed to solve the problems faced by forest policy makers. Many decisions now being made at all levels-from local to global-are therefore based on incorrect or inadequate information. The impact of this information deficit on the sustainability of development is far-reaching. The failure of programs results from the inadequate attention to the broader dimension of forest problems.

Forest science will need to become less technique-oriented and more process-oriented in order to promote improved decision making on forest land use. If it is to build understanding of both human and biological issues it must therefore draw upon contributions from many scientific disciplines. To meet these new challenges forest science must broaden its horizons, and begin to encompass forest issues at local and global, as well as national, levels. It should address in a holistic and integrated way the social, economic, political and biophysical aspects of all forests uses, and must study the role of forests in society, rather than forest management alone.

This report suggests ways in which forest science can make this shift and move into the 21st century with confidence. The scope for new research includes boreal, temperate and tropical forests. The changes will revitalise forest science, giving it a higher profile and a reputation that will attract increased resources and well-qualified scientists. Thus the foresters of the future will be better trained, forest policy makers will be better informed, and both will have a more appropriate set of tools to enable them to hand on a healthy and productive forest estate to those who come after them.

Chapter 2: Forests, Society and Development

Research to improve forest management has been a mainstay of forest science, which has focused on the study of trees. People often have not been central to its deliberations. However, the last thirty years has seen major changes in society's environmental expectations. If forest science is to address the problems of today and the future, a new research agenda must embrace all the relationships between forests and society. Integrated studies of these relationships at a network of long-term research sites（Box 4）were among the research priorities identified by the Bali Dialogue. These complex, local socio-economic and biophysical interactions must be seen in their global context, and in a dynamic, historical context of development. Thus international research to examine trends in forest areas, the supply and demand for forest goods and services, the global forces affecting forests, and the global consequences of forest changes, all provide a broader context for the pursuit of sustainable management（Fig. 1）.

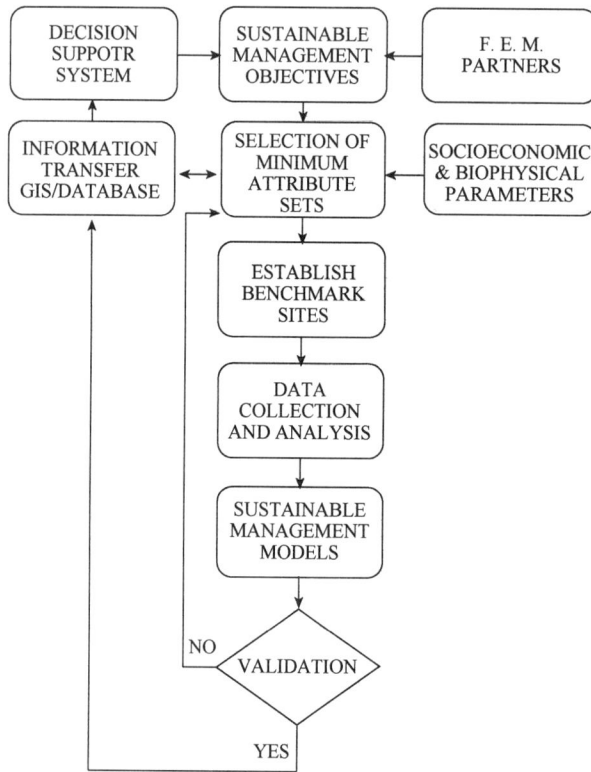

Fig. 1　Flowchart of F. E. M. Activities

In the 1960s foresters had to learn how to manage forests not just for wood production, but for a range of other uses, such as recreation and landscape conservation. The mid-1970s, saw a shift from industrial forestry to more community-based approaches to forestry and agroforestry, especially in the tropics. Since the late 1980s there have been calls to make forest management more sustainable, and to define this in terms of practical criteria. In the future, forests may also have to be managed as carbon stores and sinks, to mitigate global climate change. Forest science can and must play a major role in supporting these new initiatives.

Box 4

Forest Ecosystem Management

FEM aims to develop improved management methods that focus on the ecological relationships of a species within an ecosystem, rather than in isolation from its system determinants. Until now, the holistic nature of forest ecosystem dynamics, in particular the functional linkages between people and forests, has not received adequate recognition. FEM will use recently developed systems technology to generate testable, holistic models based on ecosystem dynamics that will focus on key interactive biophysical and socio-economic elements of elements forest performance.

The outcome will be a generalisable tool for generating improved, cost-efficient management options that can be applied via simple, decision-support systems by forest managers, planners and policy makers. FEM is a CGIAR global eco-regional initiative that seeks input from national research systems and other Centers. CIFOR's international perspective places it in a unique position to undertake this complex task. The challenge is to develop both appropriate modelling parameters and also to obtain data from representative tropical forest eco-regions. Although new data are to be acquired, FEM will, as far as possible, build on existing data and expertise in cooperation with in-country partners.

Initial key global sites have been identified in Africa, Indomalesia and Latin America.

Key elements of FEM are concerned with:
- Identification of management objectives and global partners
- Establishment of global benchmark sites
- Development of a generic method of data collection and analysis
- Survey of benchmark sites and establishment of a spatially-referenced databases
- Use of GIS to facilitate building of forest management models using biophysical and socio-economic data
- Field-testing of models
- Communication and transfer of results and technology

Forests for People—Issues at the Local Level

An increased awareness of the importance of forests, due partly to advances in forest science, has changed perceptions of forests from being remote resources to being vital life-support systems for society, particularly for the people directly dependent on them. Forest managers are recognising the need to adapt management to meet new expectations related to access to forests; a more complete view of the role of forests (Box 5).

Box 5

The Role of Forest in Sustainable Development

The conservation, management and sustainable development of forests is critically dependent upon maintaining, and even enhancing, the potential of forest systems to deliver to this generation and future generations as many as possible of the benefits expected from the forests. Yet, all types of forests are now subject to unprecedented pressures which affect both their quantity and quality.

Forests occupy space. As the population of the world increases and social and economic development proceeds, there will be greater demands on this space for many different purposes-food production, living space, infrastructure. Forest potential will be lost if the claims of the forest for sufficient space to provide all its possible benefits are not fully and reasonably met in relation to claims for other uses.

In any particular locality there are three elements which are vital to maintaining this potential. A key element is the forest ecosystem itself; but it is equally important to maintain the integrity of the surrounding network of social inter-relationships, especially those of the forest-dwelling people, and to ensure the continued effective functioning of the economic environment of the forest.

Potential will be lost if irreversible damage is caused to the capacity of any one of these three systems to deliver what society requires of them. The management of forests at the national level must therefore strive for an acceptable balance between: a yield of goods and services that is ecologically and economically sustainable; broad social satisfaction; and environmental quality.

Fundamental difficulties in trying to achieve this balance are the pace and unpredictability of change. Communications evolve-in numbers, skills and expectations. Markets change and fluctuate. Human values are not constant. The management of forest is a long-term enterprise. The social and economic conditions when a crop is harvested are seldom the same as when its seedlings first take root, nor are the priorities of people.

Forestry must therefore adopt a long-term perspective-as far as possible to anticipate future trends and to be flexible in adapting policies and management to changing circumstances.

During the 1970s the recognition of a need to gain local people's cooperation in protecting forests prompted a major shift in tropical forestry from "industrial forestry" to "forests for people". This became the theme of the Eighth World Forestry Congress in 1978, and led to a new concept of social forestry, where people other than foresters manage and protect forests and participate in afforestation. The concept integrates the needs of local people with those of distant markets in any management program. Community participation can encompass: farm forestry-tree planting by farmers on individual farms; tree planting by foresters on communal land; and pure community forestry projects, where all of the planting is communally organised. In all these cases one major obstacle to adoption is uncertainty about the rights to the trees planted, caused by confused or contested land tenure. Another limitation is a lack of information about, and communication with, local people and their society.

Both foresters and conservationists now exhibit a greater awareness of the needs of local people, and try to work with them in afforestation and forest protection. In many forest areas in the past, local people have played a marginal role in management decisions and received limited access to the economic benefits of forest resources. The challenge is to devise and implement management models which give communities a genuine interest in better conservation or management of forest resources.

Another challenge is to improve forest management and conservation through recognition of local use of non-wood forest products like gums, latexes and medicines. This is an area where the Bali Dialogue saw the need for greater efforts to develop a more participatory research methodology to promote understanding of and to safeguard the knowledge, culture and livelihoods of local and

Appropriate indigenous capacity and local knowledge regarding the conservation and sustainable development of forests should...be recognized, respected, recorded, developed and, as appropriate, introduced in the implementation of programmes.

Statement of Principles on Forests,

Para 12d

indigenous groups. These are the people who are often displaced by the expansion of intensive agriculture and forestry. Understanding the important people—forest interactions is crucial to rural development but is also a key to combating deforestation. Priority areas for research should include:

- Case studies of the attitudes of local people to the forests, what causes them to support forest protection and afforestation, and how they are constrained by local land tenure rules and power structures.

- A survey of reasons why people choose to participate in social forestry projects, the forms which participation can take, including project design, and the mechanisms used for distributing benefits.

- Assessment of the existing species of plants in tropical forests and integration of local people in research to understand the traditional and potential uses of forest species.

- Development of, and training for, new systems to manage secondary and other degraded forests to meet local and national demands for wood and other goods and services. Despite low commercial value, local people, may utilise the areas and wish to improve management for the goods they need.

- A better understanding of problems that might limit the success of schemes to devolve forest management to local communities, such as conflicting demands for different forest products, which might also undermine sustainable forest management for timber production.

The Underlying Causes of Forest Change-issues at the national level

The underlying causes of change in the extent and condition of forests vary greatly from place to place. In general, industrial logging and atmospheric pollution affect the quality of the forest but may not lead directly to great change in extent. Change in demand for agricultural land is the primary determinant of change in forest area. The long-term contributions which forests can make to a national economy can be influenced more by outside pressures than by the activities of foresters. Tropical forests are especially vulnerable to human impact because the land they cover is often in demand for agriculture. Most deforestation in the tropics occurs because farmers place a higher value on the land beneath the forest, than on the wood it contains. If forest scientists wish to learn how to manage forest ecosystems they need to address the wider role of forests in society.

Among the main underlying forces changing forests are economic development and poverty. As an economy develops，pressures on resources increase but the wealth generated can pay for intensification of agriculture and forest areas may subsequently expand. One other important fundamental influence is population growth（Fig. 2）When poverty prevails，agriculture is usually extensive and inefficient with the consequence that forest lands may be invaded.

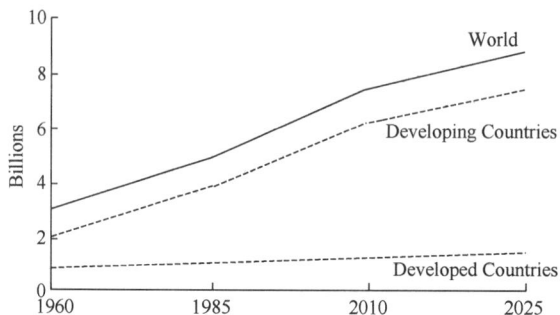

Fig. 2　Global Population Distribution Trends 1960 to 2025
Source: Derived from data in CGIAR. Technical Advisory Committee (1990)
"A possible expansion of the CGIAR". Paper AGR/TAC: IAR/90/24. TAC Secretariat, Rome: FAO

In addition，the fruits of economic growth are often not evenly distributed among a country's citizens，and considerable deforestation can occur if poverty and inequality force landless，unemployed people to migrate to forest areas to find land to feed themselves or to earn an income.

Scientists from different ecological zones should cooperate to better understand the dynamics of land-use change caused by the demand for land for agriculture and development. In the quest to achieve optimal forest use，science must place priority on research into the relationships between the forests and society. Research has shown recent afforestation trends in middle-income and industrialised countries are part of a wider continuum of land-use change associated with changes in agricultural practice. This situation needs to be further studied with particular emphasis on：

● The long-term inter-relationships between changes in forest area and quality，and population growth，economic development，and demand and supply of forest products，energy and food. Detailed national case studies of historical trends in forest land-use in particular countries could also illustrate the effects of government intervention，economic adjustment programs，international policies，technological change，industrialisation.etc. Generalisable processes identified by such studies could lead to models of land-use change and forest products consumption，planning techniques for governments and realistic and achievable sustainable development indicators.

● The relationship between spatial patterns of deforestation and migration flows. An understanding of factors that cause people to migrate could lead to improved planning techniques to minimise unproductive deforestation. The results of such migration studies could help develop spatial deforestation models to predict likely deforestation areas in the short-to-medium term, and thereby help government focus on conservation and other forest protection efforts. These models might later be adapted to simulate the impacts of deforestation on global climate and biodiversity with particular attention to spatial variations.

• The role of unsustainable farming in deforestation. Declining crop yields often lead to an increased need for farmland and hence deforestation (Fig. 3). Solutions include matching land-use types more closely to site quality, and to concentrate intensive farming on fertile lands. The social feasibility of concentration, and the possible limits to intensification, must also be studied.

• The underlying causes of forest degradation in temperate/boreal forests, e.g. by acid rain, and the involvement of the forestry community in its reduction.

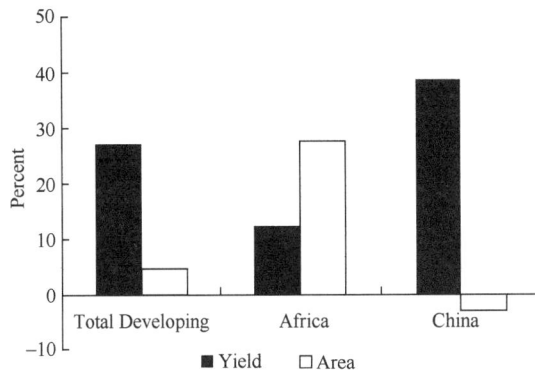

Fig. 3   Change in Areas and Yields for Cereals 1979-1981 to 1989-1991
Source: Per Pinstrup-Andersen, "World Food Trends and how they may be Modified".
A paper prepared for the CGIAR International Centers Week, Washington, D C., 25-29 October 1993

Towards Sustainable Development

Sustainable development was placed on the international political agenda by the World Commission on Environment and Development in 1987 (Brundtland Report) as a strategy to make development less harmful to the environment. Since then, environmental economists have tried to convert it from an attractive, but poorly defined concept, into one that can be measured for each country on an internationally comparable basis. Recent research has represented sustainable development by a relationship between the depletion of forests and other "natural capital" and the increase in "human capital" that constitutes economic development. Based on alternative assumptions, development is said to be sustainable either if the rise in human capital matches the loss of natural capital, or (more rigorously) if there is no net loss in natural capital.

Environmental economists have made some progress in combining market and non-market values to estimate the "total economic value" of natural resources, incorporating the market value of the wood, as well as the non-market values (externalities) associated with biodiversity and hydrological functions. Comprehensive national accounting for human and natural capital is a potentially useful tool for estimating the sustainability of development.

Whereas national economic accounting is geared to the estimation of the Gross National Product, research on initial natural resource accounting is now under way in a number countries. These early studies suffer from a restricted coverage of resource depletion, and from a limited theoretical framework used to assess depletion, but the scope is now being widened to include additional resource and environmental indicators.

With the shortcomings of research on natural resource accounting, it is a priority to continue study in this and associated fields. Forest science should:

- Compile and use data on the role of forests in national economies, at different stages of their economic development, to fully account for the forest components of sustainable development assessments.

- Devise ways to integrate the costs of forest management for all goods and services, including those without market values, and so optimise total forest outputs. Both supply of present needs and intergenerational equity issues need attention.

Towards Sustainable Forest Management—the Global Issues

Since the 1980s, the international forestry community has attempted to ensure forests are managed to sustain all their productive potential. Their efforts led to the signing in 1983 of the first International Tropical Timber Agreement(ITTA 83), by which developing and developed countries agreed to work together toward this end. While progress has been made, the area of sustainably managed forest is still quite low. The main constraints may be organisational, not technical, and related to shortfalls in implementation, monitoring and regulation of forest management systems, not necessarily the systems themselves.

The first International Tropical Timber Agreement took an open-ended approach to improving sustainability. However, the second Agreement (ITTA 94), finalised in 1994, included a target of the year 2000 for all tropical hardwood exports to come from sustainably managed forests. The published set of criteria for determining sustainable management places emphasis on management inside the forest. Little attention has been paid to the influence of social, economic and political factors outside the forest, and how these could delay the attainment of sustainability on a national scale. Research is needed in this area, to explore the validity of the expectations of policy makers and determine the time scale for achievement of sustainability. Priorities should include:

- Studies of the range of environmental impacts of forest management. It remains to effectively quantify the economic costs of all impacts for inclusion in comprehensive analyses and natural resource accounts.

- Studies of the full range of social impacts of forest management so that the sustainability of key societal values can be assessed.

Box 6

Modelling Future Wood Supply and Demand
Wood is a major raw material in virtually every country in the world and may become

increasingly important if renewable hydrocarbon sources replace fossil fuels. In developed countries wood is used mainly for construction, furniture or paper, while in developing countries its primary use is fuelwood.

Mathematical models to project wood supply, demand and trade are valuable aids to planning. Research needs to focus on the following priorities as key inputs to the models used for prediction:

- Extension of existing global trade models to provide more accurate information on possible future trends in world forest products supply, demand and trade.

- Study of historical trends in forest products demand and supply and global trade flows to verify prediction by economic models, and the influence of trade barriers and other government interventions.

- Assessment of the influence of past technological changes on demand for wood and the possible impact of future changes. Incorporation of these data into economic models. Recognition of the need for long-term planning to incorporate technical and social changes including management for environmental services such as watersheds, landscapes, recreation facilities, carbon stores and plant gene banks.

- Studies of the influence of deforestation and forest management on wood supply potential.

- Simulation of the possible impacts of both trade liberalisation and "environmental trade barriers" on timber trade flows. Policies on the import of timber only from sustainably managed forests, the establishment of the new World Trade Organization, and the closure of the Uruguay Round will have major influences on trade patterns.

The Demand and Supply of Environmental Services

Wood is only one of the many goods and services provided by forests. Sustainable economic development must also maintain environmental services and address the needs of future generations. A balance between the exploitation of forests for wood and the need for them to provide environmental services, particularly hydrological functions, should be achieved. Historically, the economic value of wood as all industrial commodity has been relatively stable, while the social valuation of watersheds, wildlife, amenity, recreation, biodiversity and landscapes, for example, has risen sharply. There is little basis to expect this trend to reverse. While there are potential close substitutes for timber and paper, alternatives to "environmental amenity" are few. Market forces may not be able to equitably determine the costs and benefits of these services to allow a more socially optimal mix of all forests goods and services.

Policy makers will need to be able to predict the extent of forest the world will require to supply not only wood, but also the wide range of environmental services. They will also need to know how these demands might change over time. How can the overall use of forests be optimised to ensure sustainable long-term development?

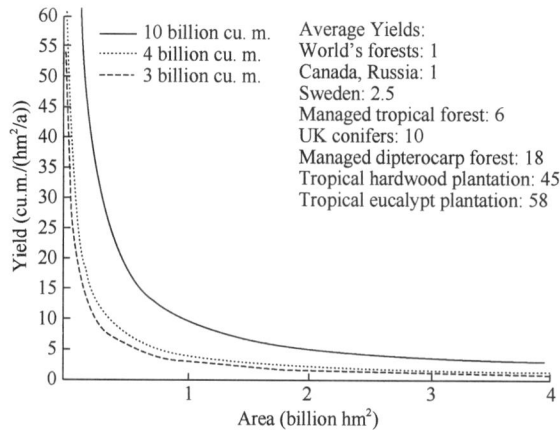

Fig. 4　Impact of Productivity Increases on Area required to Produce the World's Timber Supply
Source: Paper presented by D. Poore to Science, Forests and Sustainability, A Policy Dialogue. CIFOR and the Government of Indonesia. December 1994
This graph illustrates the area that would be required to produce specified quantities of timber for each level of productivity. The average annual timber productivity of natural forests. Worldwide, is currently $1 m^3/ (hm^2·a)$, thus 4 billion ha presently yield 4 billion m^3 of logs. At the other extreme, only 1 million hm^2 of tropical plantations could generate the same timber harvest. By increasing the productivity of forest management, the area required to produce the same timber yield can be significantly reduced

Energy and Climate Change Mitigation

Half the wood harvested in the world is still burnt as fuel, and in developing countries as much as 80% is used for this purpose. Fuelwood is again becoming an important sources of energy for some developed countries who are faced with the need to cut back on fossil fuel combustion to reduce carbon dioxide emissions to combat the greenhouse effect. The possibility of greatly expanded use of plant biomass for fuel, fibre and chemical feedstock could vastly increase pressures on natural forest lands in the 21st century.

The 1990s has seen growing interest in controlling global climate change. One key approach is to conserve and develop more efficient use of fossil fuels on an international scale. Forest sector intitiatives could involve the protection of existing forests as carbon stores or expansion of the area of forests to sequester surplus carbon from the atmosphere. The consumption of fuelwood grown on sustainable plantations may reduce the rate of depletion of fossil fuels with no net rise in the atmospheric concentration of carbon dioxide.

There has already been considerable research on the selection of tropical tree species for fuelwood, high-density, short-rotation cultivation of numerous fast-growing species, and trials of fast-growing temperate fuelwood species. Various models have attempted to assess the potential to expand the world's forest area as a means to sequester surplus carbon from the atmosphere. Satellite imagery and geographic information systems (GIS) have been used to estimate the area of degraded lands suitable for afforestation. Continued studies of ways in which forests can be used for energy and their role in global climate are needed. This area of research is still quite new and a body of information to benefit policy makers could be developed from initiatives which include:

- Studies to improve our knowledge of fuelwood harvesting and consumption patterns.

• Development of improved models for simulating scenarios on the impact on forests of different strategies to mitigate global climate change， including increased use of biomass to replace fossil hydrocarbons. In theory， there is sufficient degraded land to establish forest plantations which could significantly reduce the annual increase in atmospheric carbon dioxide content. What is less certain is the actual availability of this land， given social， economic and political constraints， and the rate at which new plantations might actually be established within these constraints.

> Governments at the appropriate level...should，
> where necessary， enhance institutional
> capability... supporting sustainable
> development environmental conservation in all sectors.
> Agenda 21； Para. 11.3

Chapter 3： Forest Policy and its Implementation

Sustainable forest management will not be achieved simply by improving management methods or making forests and forestry more relevant to local people. Sustainability also depends crucially upon effective governance used here to refer to the combination of management and policy interventions at all levels from central government through local administration to communities and households. Forest policy analysis， which studies how forest policy is actually formulated and implemented within a society， has received little scientific attention in the past. Expanding work in this field was another priority area identified by the Bali Dialogue.

Forest policy has often been a matter of deciding on long-term goals without full consideration of the complexity of outside forces influencing forest lands. Because forestry occupies a large area of land with a variety of potential uses， it can be a highly political activity， and priorities for land allocation can be greatly influenced by powerful interest groups in government， commerce and other sectors.

The success of any future international cooperative action to improve the sustainability of forest management will depend on implementation being equitable to all countries and within countries. A critical element will be a common framework within which to compare national forest practices and their implementation. This framework must be based on a sound body of information. A new research initiative is urgently needed in this area to provide policy makers with the appropriate tools for such appraisal and comparison.

Forests and National Governments

Where a large proportion of forest land is under public ownership， governments， through their forestry departments， largely determine how forests are managed， how funding is allocated， and which individuals or groups benefit from forest exploitation. Other branches of government may bias the allocation of land by providing incentives to promote the expansion of competing land uses at the expense of forest conservation or establishment. When receipts from forestry are substantial, governments may be tempted to over-exploit without thought for future needs. The need to meet long-term timber demands may result in government intervention to establish plantations and/or conserve forests.

A government's forest policy affects both public and private forest activities. Policies are formulated in response to pressures from a range of different interest groups, or "stakeholders". Only some of these are involved in forestry, others are concerned with agriculture, conservation, protection of indigenous rights, hunting, recreation, etc, and may overwhelm stated policy on forests. In some countries, policy is entirely codified in legislation, which aims to achieve the policy's long-term goals. Other countries may not have a written forest policy. Even if policy is specified in legislation, this may differ from actual practices, reflected by activities inside the forests.

The success of forest management is affected by various factors related to the process of policy formulation and the nature of government. Even if government policy requires the equitable inclusion of all stakeholders, implementation may be undermined by lack of political will, weak administrative structures, or lack of sound policy linkages to other economic sectors. If no defined forest policy exists, then the more powerful among the stakeholders may impose their will on others with possible adverse consequences for the forests.

Resource policy analysis is well-established, although it has mainly focused on the pressures acting on policy makers in the policy formulation stage. Few researchers are involved in analytical studies of forest policy, where the majority have been descriptive. The roles of government and society in policy formulation and implementation require urgent study. To facilitate understanding it is particularly important to identify common processes, if they exist, in the following priority areas:

• Studies in a wide range of countries of actual forest policies, the formulation process, pressures from interest groups within and outside government, the degree of transparency to the general public and how far the latter are involved in the policy process.

• The national pressures on policy makers and how these are related to the distribution of power among interest groups. Is there a role for international agreements in modifying the balance?

• Cross-sectoral influences on policy formulation for forests in a wider context of national land use. Consultation between government departments responsible for different land uses could lead to an integrated approach to land use.

• Evaluation of policies in other sectors which affect forests, e.g. policies on agriculture, energy, population, economic development, trade, environment, etc. The impact of macro-economic intervention policies, for structural adjustment or economic reform, is of particular interest. Identification of conflicts between the aims of different policies, and determination of whether governments are aware of the impacts of these policies on forests. How is the economic environment for forestry affected by incentives in other sectors?

● The implementation of policies and constraints to implementation. What implications do these have for cooperative international initiatives?

● Identification and evaluation of existing mechanisms to assess the results of implementation and other policy impacts. If such mechanisms do not exist, or function poorly, the entire policy process is severely weakened. Non-governmental organisations can play an effective role in this evaluation and modification process.

● Studies of major contemporary policy shifts, such as the decision to reduce governmental control over forests and devolve management to local communities, and their impacts on the forest. The institutional and other factors which will influence the success of policy changes should be identified.

The results of these studies can lay a foundation for the expansion of forest policy analysis, by the development of improved tools and procedures for policy makers and by clarifying the purposes and objectives of participation in policy formulation, implementation and impact monitoring. Other benefits will be new techniques for cross-sectoral and multi-level planning, and a greater understanding of the interaction of policies from different sectors.

International Agreements

While national governments attempt to take account of global concerns in their policy making, there is conflict between the valuation of national assets on local and global bases. Any interactional cooperation involving environmental management will need to use an equitable and widely acceptable basis for evaluation.

The UN Conference on Environment and Development (UNCED) in Rio de Janeiro in 1992, identified a major issue as the existence of significant variation in the values that different nations and sectors of society attribute to forests. A broad Statement of Forest Principles was agreed at UNCED and forests were mentioned in various chapters of Agenda 21-the compendium of UNCED recommendations. These, together with forest-related activities to implement the conventions on climate change and biodiversity, will ensure that forestry continues to occupy a place on the international environmental agenda.

In the two years since UNCED there have been significant moves toward a consensus on forest management. A meeting in Bandung, Indonesia, the Bandung Initiative on Global Partnerships, recognised the key role of global cooperation in advancing the forest agenda. A conference of European forest ministers in Helsinki in June 1993 launched a project to define criteria and indicators for sustainable forest management in European forests, and the CSCE Seminar of Forestry Experts, in Montreal, Canada in September 1993, initiated a similar project for non-European temperate and boreal forests.

The Forest Forum for Developing Countries, held in New Delhi in 1993, developed a common understanding of the special challenges faced by developing countries in this field. During 1994, an Intergovernmental Working Group On Forests, led by Malaysia and Canada, reached a consensus on several key policy issues and identified research priorities for gaining a better understanding of the role of forest management, trade and conservation in sustainable development, and on criteria and indicators for sustainable forest management. It also discussed how to organise and fund improved forest management.

To continue these moves towards cooperation on conservation of the world's forests, research priorities include:

● Documentation and analysis of the processes leading to the formulation of international environmental agreements. What issues, external to forestry, are introduced as trade-offs in negotiations?

● Research into the extent that energy conservation and efficiency in developed countries might reduce carbon emissions. If developed countries are able to reduce their emissions, then there is less pressure on developing countries to balance the carbon emission problem alone. Strong energy conservation measures in developed countries may increase the acceptability of international forest agreements.

● Comparative assessment of the value of international financial transfers, technical assistance projects and technology transfers for the conservation of high-biomass or biodiversity forests for the international collective good. What other possible interventions could achieve the same goals, e. g. modifying trade policies?

● Assessment and evaluation of the impacts of trade agreements and non-tariff trade/environmental barriers on the sustainability of forest management.

● Development of theoretical and technical bases for comprehensive environmental trade policies. Future trade policies should be designed to take account of the total economic value (all goods and services, traded and non-traded) of forests and other natural resources. These should be more equitable and more acceptable to all parties, and may depend on the development of comprehensive valuation methods and national accounting systems.

Chapter 4: Monitoring Global Forest Resources

Initial Assessment

The efficient management of forested lands must rely on an adequate knowledge of the resource. Baseline inventories should be geared to the specific scale and purpose of forest use. While resource surveys traditionally focus on commercial output such as extractable volume of trees, this is clearly inappropriate for the wider use of forest products that include the conservation and management of biodiversity. Although there is a demonstrable move towards resource inventories geared to multiple-use strategies, fundamental questions remain about the nature of resource indicators and uniform methods of sample design and data analysis. In the majority of cases, methods differ widely between countries, resulting in problems for comparative assessment at global scale and for monitoring change in forest ecosystems. Clearly these are pressing questions that must be considered in developing new operational concepts for forest science.

The Role of Monitoring

Because of the dynamic relationships between forest ecosystems and people, any management strategy must have the capacity to assess and evaluate changes in the resource base that are caused by human or natural environmental agents. So that useful bases for comparison can be developed, monitoring requires a *priori*, access to a cost-efficient method of assessing the initial resource base. A challenge for forest science is to identify appropriate indicators to facilitate inventory. The role of local, national and international resources in this appraisal process needs to be clearly defined to maximise cooperation and minimise the potential for misunderstanding and conflict. With such a consensus, appropriate indicators and cost-efficient survey techniques, coordinated monitoring of the forest resource can provide a major contribution to both understanding forest dynamics and to the development of models that can be used to predict the outcome of specific resource uses. This is central to effective resource management and policy making, and was identified as an important research priority area by the Bali Dialogue.

Scientific monitoring should be distinguished from other, operational types. Satellites and other forms of remote sensing can be used by national forest managers to monitor fire hazards, deforestation hot-spots and the activities of logging concessionaires. They are also used to obtain data to update national timber inventory maps used in forest planning.

Monitoring Forest Areas and Rates of Change

Forest distribution maps produced from satellite imagery can be used to estimate forest areas and changes over time. Linking these changes to socio-economic and other variables can help to identify the underlying causes of deforestation and permit simulations of possible future trends in forest areas. These data are analysed to help understand the processes involved in forest change and build explanatory theories and predictive models, Often they need access to huge global datasets, and data must be accurate, relevant and current.

The 1972 UN Conference on the Human Environment in Stockholm called for a continuous global monitoring system for the tropical forests. Subsequently, the governing bodies of FAO and UNEP

The provision of timely, reliable and accurate information on forests and forest ecosystems is essential for public understanding and informed decision-making and should be ensured.

Statement of Principles on Forests,

Para 2c

mandated these organisations to undertake periodic assessment of forest areas and deforestation rates. Although these assessments have proven to be of major importance for policy makers, the data are less useful for scientific analysis because of uneven quality and the incompatibility of inter-national definitions. More recently, several NGOs or national institutions, with advanced capacity in processing remotely sensed imagery, have compiled maps of some major forest regions. As yet none of these efforts has the resources to take advantage of the technologies now available to produce credible detailed, internationally comparable information.

To advance the process of surveying the world's forests, priorities should include:

• Establishment of better links and mechanisms for data standardisation mad sharing between the numerous national, regional and global initiatives to assess and monitor forest extent and condition. These must be designed to facilitate the aggregation of data sets from different sources, the comparison of data from different countries and the determination of trends at national, regional and global levels.

• Development of new data-handling and processing techniques to provide cost-effective and time-efficient operational monitoring systems.

• Effective interpretation and dissemination of forest resource data for use by policy makers and managers at all levels of administration, research and participation.

Monitoring Forest Quality

Deforestation is only one of the forest changes which occurs as a result of human impact. Another is degradation, which reduces the quality of forest rather than its area. Degraded forest is deficient in one or more physical attributes, such as biomass, biodiversity or productivity. Because human settlement and forest exploitation are so widespread, modified forests probably account for the majority of all forest cover, yet our understanding of them is limited. Activities which variously alter the quality of forests include selective logging, shifting cultivation and development actions leading to air and water pollution.

Spatial models to simulate these changes in area, biomass and biodiversity could be very useful for policy formulation. Various forest attributes, such as biomass and species density can be linked to forest area maps using computer-based geographic information system (GIS) techniques.

Considerable research has taken place in the 1990s, primarily under the auspices of the Intergovernmental Panel on Climate Change (IPCC Reports), to map the distribution of biomass in forests as a measure of the depletion of carbon stores in tropical forests and the potential to replenish them to mitigate global climate change. The mapping of biodiversity distributions has so far been confined to the production of species distribution maps for vertebrates and some plants. The spatial distribution of the majority of species in other taxa remains poorly known.

Box 7

Biodiversity Assessment and Forest Science

The developing global interest in biological diversity, and the emerging awareness that tropical forests are some of the richest reservoirs of such diversity, have created a new role for forest science in developing management options that ensure the maintenance of biodiversity.

Questions remain about definitions of ecologically sustainable development and the functional relationships between forest productivity. CIFOR is concerned with developing a generic approach to Rapid Biodiversity Assessment using cost-efficient methods of survey based on indicator groups. The aim will be to use these methods as a means of forecasting the likely environmental impact of specific land uses on biodiversity.

Key research elements will be:

• The identification of key taxonomic and functional groups of plants and animals that can be assumed to represent biodiversity within the region under study.

• The establishment of baseline study areas within the Forest Ecosystem Management benchmark sites to help calibrate and refine key biological and physical environmental indicators.

• Predictive models of plant and animal distribution using GIS technology.

• Testing and refinement of models.

Outputs will include:

• A manual of cost-efficient procedures for biodiversity assessment in tropical forest. With software to assist with data coding and exploratory pattern analysis of key groups.

• A set of user-friendly computer algorithms to assist in survey design and assessment of representativeness of biodiversity for conservation purposes.

Priorities for monitoring forest quality include:

• Continued mapping of the biomass of forests to improve estimates of their environmental values and changes over time, e. g. erosion control, carbon stores.

• Improvement of methods for assessing the condition of forests using remote sensing techniques. This is important in understanding biodiversity status and carbon sequestration.

• Studies of the spatio-temporal dynamics of degraded forests. The results from localised research can form the basis for new management techniques, and can also be used as a basis for global models.

• Development of more accurate, quantifiable methods of measuring and mapping biodiversity, to improve conservation planning. More accurate maps will help improve future siting, assist planners in determining priority conservation areas, and provide an essential database for future national and international activities to conserve biodiversity.

• Studies of the effects of human activities on biodiversity. The size of reserves should be determined to take account of the minimum critical populations of important species to ensure survival at the same time as recognising the presence of local people and their daily requirements.

• Improvement of baseline biodiversity inventories, by expanding plant collections, designing effective rapid biodiversity assessment techniques, and developing ways to integrate field assessments with remote sensing data from satellites, aerial photography, etc.

• Production of maps showing the distribution of commercial timber reserves, in order to improve prediction of the world forest products trade and projections of potential timber supplies.

Compliance with International Conventions

Extension of the initial framework conventions on climate change and biodiversity will require evaluation of the progress of all signatory countries. An international compensation scheme or subsidies to maintain large areas of forest as carbon stores or biodiversity reserves would require some monitoring for effective implementation and sustainability achievement. This form of monitoring, however, makes judgements on national activities, relative to given criteria, in contrast to the scientific monitoring described above which is largely judgement-free. Internationally acceptable and cooperative forms of monitoring will be necessary for acceptance of research and policy recommendations. Sustainability criteria for forest management, for agreement by all countries, are currently being developed. Research priorities to aid monitoring of international obligations include:

- Conversion of agreed criteria for sustainable forest management (ITTO 1993) into measurable indicators. The criteria and indicators must be cost-effective, and provide the basis for policies on sustainable forest management and the tools for its evaluation. They should be evolved to reflect each society's changing needs and expectations of forest ecosystems and their management. While there should be a common core of global indicators, some may need to be region-specific to allow for the immense variation that exists.

- Development of valuation methods for carbon stores. It has been suggested that countries with large areas of high biomass forest should be compensated for the cost of conservation to mitigate global climate change. As a prerequisite to any such scheme, the monetary values of forests as carbon stores would need to be estimated and assessment methods developed.

- Development of valuation methods for biodiversity. The present biodiversity convention allows for the transfer of funds from developed to developing countries to subsidise conservation, but the level of compensation is not based on any monetary valuation of biodiversity content. A more rational approach to biodiversity valuation is needed to take account of the real costs of conservation, i.e. the value of foregone activities.

- Development of techniques to map the distributions of forests, biomass, biodiversity and their associated economic values.

From Assessment to Modelling (and back)

As scientific assessment techniques become more sophisticated, they will make possible much more powerful models of world trade in forest products, for example. However, the big advance could be the production of spatial models of sustainable development. These models would require research to:

- Devise improved techniques to follow progress towards sustainable development using comprehensive natural resource accounting systems which balance economic development with the depletion of natural resources.

- Extend these models to assess forest condition by identifying characteristics of degraded forests and their resilience to human intervention, acid deposition and other pollution impacts, and global climate change.

- Generate models to be used to advise policy makers on the forest area required to supply not only wood, but also the wide range of other environmental services. the overall use of forests to optimise sustainable long-term development, and the desirable distribution of this forest in relation to demands for all these goods and services.

Chapter 5: New Directions for Forest Science

This report has argued that forest science needs to make a conceptual shift if it is to contribute its full potential to today's needs and those of the 21st century. Progress in the main priority areas of integrated socio-biophysical studies, management planning, forest policy and monitoring will also require major changes in the organisation of research. If the new forest science is to study the wider role of "forests in society" it will have to take a more interdisciplinary approach and use the findings and methods of many disciplines, including economics, geography, political science and sociology. There will have to be a greater emphasis on research which identifies underlying causes, rather than applied research limbed only to forest management and timber production. International collaboration is necessary to develop globally generalisable and acceptable research conclusions which, in turn, can support local and national development goals.

A New Interdisciplinary Approach to Research

Forestry research has been poorly linked to research on social, economic and biological issues relating to forests. This must change if we are to achieve a holistic understanding of the role of forests in society. The types of problems facing forest science can only be adequately understood and addressed by adopting an interdisciplinary approach which combines methodologies from the social and biological sciences. In a truly interdisciplinary study, the languages, techniques and theories from a number of disciplines will be used in a combination that can address the problem most effectively.

New interdisciplinary methodologies need to be developed. Preferably these should combine the best of the existing theories of different disciplines with new theories as appropriate. It is possible that the theoretical base of existing theories may be insufficient to address the social aspects of a particular problem. In these cases new theories and models will be needed. Systems science is one methodology which provides a powerful set of tools for interdisciplinary work and it may provide the crucial first step. Geographic information system (GIS) techniques also allow the physical and socio-economic attributes of forests to be interfaced easily in digital form.

Institutions and funding agencies must allocate resources for interdisciplinary training, so that personnel can develop the skills necessary to undertake such research. The time constraints placed on formal study programs may need to be relaxed to recognise the important role of a broad training. The professional and academic environments should not discriminate against those skilled in interdisciplinary research.

The research institutions that produce the new holistic, strategic understanding of forests may not be the traditional Forest Research Institutes which are often part of the structure of national forest services. They may very likely be located in research institutions with a mandate beyond the conventional forestry goals of maximising management for timber production. Forest science needs to recognise the role of fundamental research which identifies underlying causes and inter-relationships and leads to the development of theories and methodologies to work in new areas. Such research is appropriate because there is still much to discover about the role of forests in society, and so many processes and relationships to identify.

Funding Research on Forests

Current funding allocation procedures can be biased against interdisciplinary research, both because of the structure of reviewing committees and the fact that their membership is often dominated by researchers with backgrounds in traditional, highly focused disciplinary research. A new appreciation of the need for, and value of, interdisciplinary research should bring expanded funding opportunities. Funding agencies must be convinced of the value of funding research in the areas proposed here. This report is a first step in publicising the need for a new research agenda, and hopefully it will provide a basis for discussion between forest scientists and the administrators of funding agencies. The proposed priority activities are both implementable and of prime concern.

Forest scientists should recognise the need to diversity their funding sources. Government forestry departments will not immediately be able to reallocate funding to new research directions. However, other funding agencies may be able to provide resources for a new strategic agenda. Greater diversity of funding will also lead to a more independent forest science which can at once criticise and guide. If forest management in some countries is devolved to local communities and in others is increasingly in the hands of private companies, this may also affect the funding and organisation of research. Commercial and other non-governmental organisations may concentrate funding on applied research. If this happens, then govemment-funded research may concentrate more on issues related to management for public goods.

International Collaboration and Coordination

A new research agenda will not be achieved by concentrating all funding within any single institution. The strategy most likely to succeed will be to encourage existing research groups and institutions to collaborate at both the national and international levels. However, present research structures are not adequate, especially for forest policy analysis and global-scale research. Existing forestry research has commitments to present agendas. Those willing and able to work in the new research areas are still relatively few in number.

Some new structures are therefore necessary. The Bail Dialogue felt that an international framework for research collaboration would provide a support mechanism for the limited numbers of scientists from each country, promote comparative and widely applicable analysis allow a division of labour, act as a meeting ground for scientists from different disciplines and ensure the critical mass of effort needed to make important breakthroughs. It could also facilitate research in practical ways, by acquiring the large global datasets used by researchers in individual countries, providing a vehicle for allocating funds, and even providing a bulletin board to promote rapid electronic communication.

This does not mean that research has to be centrally directed. This would be both difficult and undesirable, given its exploratory nature, but coordinating effort can achieve advances. Even if a coordinating group merely lists the key research questions and acts as a clearing house to bring researchers together to address these, it will serve a useful function. Large-scale international forest research collaboration has been successful in the areas of modelling world trade in forest products (Kallio et al. 1987) and identifying causes and impacts of global climate change and possible strategies to mitigate it (IPCC).

Participants at the Bail Dialogue debated whether a similar mechanism might help to achieve the proposed renewal and redefinition in forest science. Any such body should have international status to attract and disburse funds to support joint research. The actual work plan for a new international network could be modelled on the research agenda presented here. Papers could be commissioned to review the state of the art in particular areas, and synthesised to produce a comprehensive report which also identifies gaps to be filled by further research. Research understanding could be advanced by specially commissioned short-terms collaborative projects combined with long-term research initiatives in selected areas.

The research program would cover countries in all eco-regions. The governments of interested developed countries could collaborate to fund research, carried out by their own scientists, as well as counterpart scientists from developing countries. Research carried out through and by local people could provide access and insights not available to the outsider. The Bali Dialogue saw partnerships between developed and developing countries, as critical to the advancement of the initiative. Whatever structure might finally be established to achieve these functions, the existing capacities and networks of IUFRO, FAO and CIFOR must be fully exploited to achieve maximum impact and efficiency.

Other Changes in Research Organisation

There will need to be wider changes in the organisation of forest research. The international research program will undoubtedly be complemented by projects undertaken by individual researchers. Some of them will be in national forest research institutes and others in universities. Staff of the leading international forestry institutes will probably have a prominent role. Some research centres may establish specialist units focussing on particular aspects of the new research agenda. If a new direction is to take hold in forest science generally, it is important that forest research institutes and university forestry departments appoint social scientists to their staffs.

Already, much research in the new priority areas takes place outside conventional forest research centres, in other university departments, private non-profit research institutes, and NGOs. As the influence of NGOs increases ,which is probable if forest management becomes more decentralised, they may require more research support (perhaps from government research institutes, and are likely to undertake more research themselves. The research activities of commercial forestry organisations are also likely to expand, especially in countries where governments devolve management of forests to the private sector.

Putting Research Results Into Practice

The results obtained from the research proposed here will lead to major advances in our understanding of the role of forests in society, and improved techniques for forest planning and management for an era of more sustainable development. If the results are to be put into practice, they need to be communicated effectively to forest policy makers and managers. The Bali Dialogue regarded this as a vital element and emphasised the need to improve communication of research findings in the identified priority areas. The users of the information will vary from university level researchers to local forest dwellers and managers. At each level of dissemination, a different and innovative communication facility may be needed. Where personnel are scarce to "spread the word" substantial resources will need to be directed towards training.

Modern information technology is an effective communication tool. This report has shown the potential for improving access to forest resource information by various kinds of assessment activities, and using computer models to give policy makers and forest managers more sophisticated decision-support tools. A partnership between policy makers and researchers should be seen as a potential source for improvement in the techniques to deal with the issues presented by the need to pursue sustainable forest management. Researchers will need to recognise that government is not their only client. They will also have to service the different needs of private companies and small communities and ensure that research results are communicated effectively to every type of client.

Conclusions

This report reflects the general feeling of the Bali Dialogue in calling for radical changes in the nature of forest science and the way it is undertaken. The need for change is urgent. Several leading forest scientists participated in the Dialogue, and so the need for change is clearly recognised by the research community. One activity common to all scientists is asking questions. There is a need for scientists with more time to ask questions and learn about the role of forests in society; this is at the heart of the many real-world problems facing not just foresters and forest

The objectives of forest science must be to optimise the extent of forest not to maximise it.

Director General, CIFOR

policy makers, but the society at large. If this is not done, the techniques needed to solve current problems will never be developed. If forest scientists widen their field of view and look at problems in a cross-sectoral way, they will start to ask the right questions. If they adopt an analytical, rather than a descriptive approach, they will make many new discoveries. The new policy environment in which forest science now has to operate reflects a growing concern about environmental change, locally and globally, and the need to control this through more sustainable development. The heart of the problem is to achieve a balance between the needs of all people; to recognise that changes in forest health have multiple impacts on both local and global environments. Forests are a key part of the interface between humanity and the environment. They can no longer be studied as though they were divorced from society and as if forest activities were only of local concern. In the real world, forests play a fundamental role in society and can have impacts on all scales. As more forest scientists (and others) appreciate this, the world will realise the true importance of forests and their central role in sustainable development.

Annex 1:

Forest Research: A Way Foward to Sustainable Development

Annex 2: Participants in the Dialogue

NAME	NATIONALITY	NAME	NATIONALITY
ABDULLAH, Othman Dr.	Malaysian	MONLAGA, Sandra	Indonesian
AGGREY-ORLEANS, Jimmy	Ghanaian	MUKERJI, A. K.	Indian
ANDERSOM, Patrick	Australian	N'DESO-ATANGA, Ada	Cameroon
BENNETT, Andrew	British	NG, Francis S. P. Dr.	Malaysian
BOYLE, Tim Dr.	British	NILSSON. Sten Prof.	Swedish
BURLEY, Jeff Prof.	British	NIX. Henry Prof.	Australia
BYRON, Neil Dr.	Australian	OFOSU-ASIEDU, Alben Dr.	Ghanaian
CABALLERO, Miguel Dr.	Mexican	PATOSAARI, Pekka Dr.	Finnish
DARYADI Lukito	Indonesian	PHANTUMVANIT, Dhia Dr.	Thai
FRANCA, Paulo	Brazilian	PISARENKO, Anatol Dr.	Russian
FURSTENBERG, Peter v. Dr.	German	POORE, Duncan. Dr.	British
GARBA, M Lawal	Nigerian	PRABHU, Ravi Dr.	India
GIRARD, Felix	Guyanese	PRINGLE, Robert M. Dr.	American
GR AINGER, Alan Dr.	British	RAUTER. R. Marie	Canadian
GRAMMONT, Andre	French	SALLEH, M. N. Dr.	Malaysian
HADLEY, Malcolm Dr.	British	SAYER, Jeffrey A. Prof.	British
HAFILD, Emmy	Indonesian	SENE.EI Hadji	Senahalese
HARcHARIK, David A.	American	SILITONGA.Toga Dr.	Indonesian
HARDY, Yvan	Canadian	SOEKARTIKO, Bambang	Indonesian
HARRTONO, Soedjadi	Indonesian	SOERJANATAMIHARDJA, Dicky	Indonesian
HEUVELDOP, Jochen, Prof.	German		
KASUMBOGO, Untung	Indonesian	STRAKHOV, Valentin V. Dr.	Russian
KlM, Nam Gyun	Korean	SUNDERLIN, William. Dr.	American
KONAN, Jean Claude Koffi	Cote d'lvoire	TAAL, Bai-Maas M.	Gamabian
LARA, Antonio Dr.	Mexican	TSYPLENKOV, Sergei	Russian

Continued

NAME	NATIONALITY	NAME	NATIONALITY
LaROSE，Jean	Guyanese	VAN DER ZON，A. P. M. Dr.	Dutch
LARSEN，J Bo Prof.	Danish	VAN TUYLL，Comelis，Dr.	Dutch
MAINI，Jagmohan Singh Dr.	Canadian	WOODWELL，George Dr.	American
MANKIN，William E. Dr.	American	YOUXU，Jiang Prof.	Chinese
MERSMANN，Christian Dr.	German		

Annex 3:

Selected Bibliography

[1] Collins，N.M. Sayer，J and Whitmore，T.（eds）（1991）The Conservation Atlas of Tropical Forests：Asia and the Pacific. N. Y.：Simon & Schuster for IUCN.

[2] FAO（1982）Tropical Forest Resources Forestry Paper 30 Rome：FAO.

[3] FAO（1993）Forest Resources Assessment 1990-Tropical Counties Forestry Paper 112. Rome：FAO.

[4] FAO（1993）The Challenge of Sustainable Forest Management：What Future for the World's Forests? Rome：FAO.

[5] FAO/FORSPA（1992）Strategies for Promoting Forestry Research. Occasional Paper 1. Bangkok：FAO/FORSPA.

[6] Government of Finland（1993）Ministerial Conference on the protection of Forests in Europe. Sound Forestry Sustainable Development. Conference Proceedings. Helsinki. Houghton. J. T. Jenkins. G. J. and Ephraums. J. J.（eds）（1990）Climate Change：The IPCC scientific Assessment. Cambridge：Cambridge University Press.

[7] IDRC（1994）People，Plants，and Patents：The impact ofIntellectual Property on Trade. Plant Biodiversity and Rural Society. Ottawa：IDRC.

[8] IPCC，Working Group 3（1991）climate Change：The IPCC Response Strategies，Washington，D. C.：Island Press.

[9] ITTO（1990）ITTO Guldelines for the Sustainable Management of Natural Tropical Forests. ITTO Technical Series No. 5. Yokohanm：ITTO/FRIM.

[10] ITTO（1992）Beyond the Guidlines：An Action program for Sustainable Management of Tropical Trees. Yokohama：Forestry Agency Japan & ITTO.

[11] ITTO（1992）Criteria for Measurement of sustainable Tropical Forest Management. ITTO Policy Development Series No. 3. Yokohama，Japan：International Tropical Timber Organization.

[12] IUCN，UNEP & WWF（1991）Caring for the Earth：A Strategy for Sustainable Living Gland：IUCN.

[13] KaBio，M. Dykstra. D. P. and Binkley. C. S.（1987）the Global Forest Sector：An Analytical Perspective. Chichester，U. K.：John Wiley & Sons.

[14] McNeely，J. A. Miller，K. R. Reid，W.V. Mittermeler，R. A. and Werner，T. B.（1990）Conserving the World's Biological Diversity. Gland and Washington. D. C：IUCN for WRI，Conservation International，WWF-US and the Worid Bank.

[15] Pearce，D.W. and Warford. J.（1993）World without end：Economics，Environment and Sustainable Development. N. Y.：Oxford University Press for the World Bank.

[16] Poore. D. Burgess. P. Palmer. J. Rietbergen，S. and Synnott（1989）No Timber without Trees. Sustainability in the Tropical Forest. London：Earthscan Publications.

[17] Reid，W. and Miller，K.（1989）Keeping options alive：The Scientific Basis for Conserving Biodiversity，Washington，D. C.：WRI.

[18] Sager，J. Harcourt，C. S. and Collins. N. M.（1992）The Conservation Atlas of Tropical Forests：Africa. N. Y.：Simon &Schuster for IUCN.

[19] Solbrig. O.（1991）Biodiversity：Scientific Issues and Collaborative Research MAB Digest No. 9. UNESCO.

[20] Tegart，W. J. McG.，Sheldon，G. W. and Griffiths，D. C.（eds）（1990）Climate Change：The IPCC Impacts Assessment. Report of Working Group 2. Canberra：Australian Government Publishing Services.

[21] United Nations（1992）Agenda 21：Program of Action for Sustainable Development；Rio Declaration on Environment and Development：Statement of Forest Principle. N. Y：U. N.

[22] WCED（1987）Our Common Future Oxford：Oxford University Press for WCED.

[23] World Bank（1992）Development the Environment：World Development Report 1992. N. Y.：Oxford University Press for World Bank.

[24] WRI（1994）World Resources 1994-95 N. Y.：Oxford University Press for WRI/UNEP/UNDP.

[25] WRI，IUCN & UNEP（1992）Global Biodiversity Strategy. Washington，D. C.

森林生态学的任务及面临的发展问题[†]

　　森林生态学是生态学的一个分支学科，也是林学的一个分支学科。20 世纪 90 年代，国家自然科学基金委员会曾先后组织我国许多科学家研究和编写出版了一系列自然学科发展战略调研报告，其中包括了"生态学发展战略"和"林学发展战略"。森林生态学为它们的重要分支学科。"生态学发展战略"由已故的马世骏先生主持，由中国生态学会组织科学家们完成。它相当全面地、系统地和深刻地总结了生态学发展历史。提出了发展预测和今后的重要研究领域。它正确地指出，当前的生态学已由经典的生态学任务，即研究阐明生物及其环境的相互关系的科学，发展成涉及更广泛领域的许多分支学科，除作为生态科学基础的个体生理生态学、种群生态学、群落生态学和生态系统生态学外，与其他学科交叉渗透而形成了数学生态学、化学生态学、景观生态学、进化生态学、能量生态学等，在应用生态学领域发展有农业生态学、森林生态学、草地生态学、城市生态学、污染生态学和自然保护与保护生物学等。可以看出，现代生态科学已是一门基础性强、研究范围广、学科间渗透面大、应用范围宽的非常活跃的前沿科学。一句话以蔽之，生态学是研究生物生存的科学，对人类来讲，是指导人类与自然各种关系的理论原理和行为准则的科学。现代的林学则可认为是研究森林的生长发育规律和结构功能，以及对森林培育、管理、保护和利用的科学。根据不同的研究任务和与其他学科交叉的关系，林学发展有森林生态学、造林学、森林经营学、森林测计学、森林保护学、森林采运学等，还有围绕利用的林产化工学、木材加工学等等。森林生态学作为研究森林与环境相互关系的科学。则是造林学、营林学和森林保护学等其他分支学科的基础。森林生态学的研究任务可以归纳为：认识森林与环境的相互作用；认识森林的分类、分布、生长发育、发展和演替的规律；认识人类活动对森林及其功能的影响；提出正确经营森林、管理森林的生态学基础技术的途径。

　　近 30 年来。世界和我国森林生态学在下列方面获得了较快的发展。一是查明与监测各类森林生态系统在人类活动影响下的变化。如 20 世纪 60 年代的"国际生物学计划"（IBP）、70 年代的"人与生物圈计划"（MAB）、80 年代的"地圈生物圈计划"（IGBP）、90 年代由"地圈生物圈计划"中突出的"全球变化与陆地生态系统"（GCTE）和"水循环的生物圈背景"（BAHC）专题，先后对包括森林植被在内的生物生产力、人为活动对生态系统的影响和变化、全球变化与生态系统相互关系和影响，以及生态系统水循环和气候（通过 CO_2 流）的影响等进行了不少研究；二是对各类天然林、人工林的生长、发育、演替、种群动态有较深入的研究，如林木种群自我调节能力、生态系统的食物链结构、反映生物间相互制约关系和病虫害防治的生态问题；三是对人工速生林生产力和防治土壤退化的研究；四是森林生态功能和社会经济效益计量评价的探讨；五是酸沉降及其他有毒物对森林的危害及其防治的研究；六是森林生态系统的恢复和生物多样性保

───────────────

† 蒋有绪，2002，应用生态学报，13（3）：347-348。

护的研究等。但总的来说，目前对森林生态系统的认识，如它的生态环境功能，特别是在调节改善环境、保护生物多样性和与全球变化的关系还远远不够的。这种认识的积累只能说是海平面上露出的冰山一角。

森林作为陆地重要的生态系统类型，曾经在地球陆地表面占有 50% 以上的覆盖面，由于人类长期的活动，目前已降至 30% 稍强。森林生态系统拥有最复杂的空间结构和最高的物种多样性。它是大气圈-地圈-生物圈巨大系统过程的参与者，是这个巨系统平衡的重要因子，也是人类生存的依赖条件和依存伙伴。它在地表生物地球化学循环中，既是一些物质和某种能形成的"汇"，又是一些物质和某种能量释放的"源"，同时又是大气-植被-土壤系统物质和能量流的通道，起着重要的调节作用。因此，人类应当依照自然规律，维护森林生态系统在这个巨系统中的作用与地位。保护它、利用它、发展它，在科学合理利用其资源的同时。积极完善它的功能。保护和发展森林生态系统就是保护和发展人类自身；损害和危及森林生态系统，归根到底，就是损害和危及人类自身的生存与发展。但是，人们总是简单化地看待森林，处处取之以刀斧，随后弃之任之，或人工播植，换来了人工化、单一化和低质化。世界森林的破坏和减少对生态环境带来的影响，已引起国际上的高度重视，认识到世界人类所面临的三大问题，即全球气候变化、生物多样性保护和生物圈的可持续发展问题，森林问题是集中的关键问题。因此，森林生态学的研究任务是十分紧迫和艰巨的。

根据我国当前生态环境存在的严重问题，政府正在努力改善我国整体的生态环境状况。首先从解决长江上游和黄河中上游的严重水土流失和西部开发战略目标的需要，从改善大面积的生态环境入手，以期较快地改善大西北人民生活环境质量和经济建设的投资环境。森林生态学研究在这些方面的责任应当是不可推卸的。从农业基础出发，为提高我国农业科技发展和农业生产可持续发展，国家科技部经论证提出的 21 世纪中国农业基础研究的重点也包括了森林生态为农业服务的重要研究任务，即"森林植被对生态环境的影响及其调控机理研究"，要研究森林植被对水资源与水环境的影响机制，森林植被对土壤侵蚀与土壤环境影响机制，森林植被下垫面与大气水热耦合机制，森林植被与生态环境协同变化的调控机理，为我国国土保安和生态环境安全，改善农业生产环境，促进我国生态工程建设和区域可持续发展提供理论依据。这是非常重要和及时的森林生态学命题。

我国森林生态学研究的水平、研究设施和技术装备以及科研人才，与世界先进水平相比还有很大差距，也面临发展上的若干问题：①世界一些科技发达国家在近 20 年内对生态系统，特别是较复杂的森林生态系统和小流域系统在长期观测记录有关生态功能和过程的数据采集分析方面已完成自动化和网络化，而我国仅仅在中国科学院的生态站才具备向国际靠拢的自动化水平和具有名副其实的数据库和分析能力的生态系统网络中心，国家林业局系统的生态定位站则在整体上处于落后的和费工费时、而且很难精确化、标准化的非自动采集，以及有名无实的"网络"状态；②世界上一些国家具有相当数量的一级的长期生态观测试验站和较多的二级站，初步或基本上满足了全国水平的监测和研究需要，而我国经过 40 年的发展。充其量才有 20 个左右较正式的森林生态系统观测站，如包括一些随研究课题和生态工程项目设置的半定位性的或低水准的观测站也不足一百个，根本满足不了宏观研究分析，如国家尺度、大区域尺度或与国际性全球尺度研究的需要。这些已有站的水平也参差不齐，林业系统的投入极少，连维持日常的最低限度的观测也有困难，更谈不上充实、提高和数量上的发展；③过去的研究，如生态系统和小集水区的研究，都是小尺度的，至多是中小尺度的研究。对大尺度的研究，不可能进行实际的观测和试验，或者观测所得数据质量很差，或者面临计算机运算能力问题，因此，为大尺度研究的需要（而这种研究在全球化研究越来越重要的今天，更显得迫切），如何把具体的生态系统或集水区的具体规律和成果运用到区域性和更大尺度的决策上去，有时是可行的。有时却会差之毫厘，失之千里，在放大的更大的时空异质性情况下合理使用小尺度数据，就是当前森林生态学在生态模型尺度转换上的重要技术问题。在国外，往往以概念模型，即统计模型来弥补物理模型所遇到的这类难题。这些都在探索之中。此外，在宏观的研究中，如何把森林生态系统生态功能和过程放在一个更大的水、热、气、其他物质和生物多样性背景中来诠释，还要很好地解决森林生态系统功能模型和周围大环境的水、热、气规律模型的耦合问题，以便做出更为合理的解释。这需要森林生态学与土壤学、水文学、大气科学等学科开展合作研究。总之，我国森林生态学的研究任重而道远，还需要我们付出更大的努力。做出更大的贡献。

忆森林生态研究进展之一二憾事[†]

　　我的森林生态学学术生涯，如果从高等学校接受生态学教育算起，可以说正好与新中国同步。1950 年我在上海高考，考上了华北区的清华大学和华东区的复旦大学，都是生物系。当时年轻好动，思出远门，遂选择了清华大学。可能受"米丘林"电影的影响，我选了植物学科的生态学方向，向往认识大自然植物界生活的奥秘是一个原因，能师从著名的李继侗教授也是一个原因。1952 年高等院校调整，清华、北大、燕大的生物系合并为北京大学生物系。1954 年我毕业于北京大学生物系。而且是在 5 月份提前毕业，其原因是我国开发大兴安岭原始林区，苏联来了百余名专家的航空测量和调查队，为配合这项工作，我国政府从北京农大、北京林学院等院校也抽调了百余名即将毕业的大学生，我也有幸因所学植物生态学专业而自北京大学提前分配到林业部调查规划局参加此项大规模森林调查。那时专业人才奇缺，我刚出校门就任中方的林型组组长，当时的林型组成员还有李国猷，陈舜礼，胡婉仪等人。1954 年夏即开始了我从事认识森林的森林生态学生涯，与森林生态学结下了不解之缘。在此段生涯中，经历了我国森林生态学科的从无到有，队伍由小到大，成果累累，但也不无憾事。这里只回忆一两件憾事，因为"老教授"的憾事，就寄托望于新一代的"年轻教授"来完成我们未完成的历史使命。

1　五十年只圆了全国森林群落分类的半个梦

　　林型学可以说是林学角度的森林群落学，这是认识森林的第一步，对于复杂不同的森林首先要分类，再认识其群落学的特征。新中国建立前，中国的林业和林业科学都极其落后。那时只有个别大学如中央大学有森林系，李寅恭、陈嵘，郝景盛，陈植等教授都是我国造林学和森林立地学、树木分类学的奠基者。我国森林调查的先驱者。有陈封怀、周映昌、文焕然、刘慎谔、郑万钧、吴中伦等都历经艰险跋涉千里留下了珍贵的记录文献，但都以树木学、森林地理学为主，对一个地区进行全面系统的森林群落分类，或林型分类，可以说始于大兴安岭林区的综合性调查。

　　森林群落学作为植物群落学的一部分，发展已有近二百年历史，20 世纪初和上半叶处于发展的异常活跃时期。世界上形成了许多学派，代表着不同的分类依据、原则和分类方法，它们各自都起源于不同自然地理条件和植被特点的地区和国家，大的学派就有北欧学派，法瑞（士）学派，英美学派，苏联学派等。在 50 年代，我国政治上的"一边倒"，林业发展模式是学苏联的，林业科学也是学习苏联的，清一色的苏联教材、森林群落学也是学的苏联的林型学。当时也有新中国成立前留学欧美回来的学者，如曲仲湘之代表英美学派，朱彦丞之代表法瑞学派。由于西方遗传学派在我国遭遇到意识形态上的批判。实际上做不到自然科学真正的"百花齐放、百家争鸣"。吴中伦先生翻译的美国 Oosting H. J. 的"植物群落的研究"始于 1952 年，蹉跎了 10 年才在气氛稍为宽松

————————————————
　　† 蒋有绪，2002，中国林业，（1）：23-25。

的 1962 年出版。如果拖至 1964 年，恐怕只有到 1978 年的"科学春天"后才敢问世了。

1954 年 6 月我进入大兴安岭原始林区，跟随苏联林型专家巴拉诺夫边学习学边协助工作，用的是以西伯利亚泰加林起家的林型学派方法，一切倒也顺利，划分出林型供编制林型图和施业案用。1955 年苏联专家作为顾问，已由我带队去新疆天山、阿尔泰山调查，依样画葫芦，也勉强适用，1956 年进入川西滇北高山林区，对亚热带的常绿阔叶林、人工干扰情况复杂的云南松林，已深感苏联学派方法之难有作为，划分出的不少林型可能是纸面上的，似是而非，实际上野外不易确认。同时期，苏联专家在海南岛热带林区的调查恐怕也是他们自己并不满意的分类结果。当时，我就想，如果根据中国复杂多样的自然地理区域和森林状况允许组合各学派之长，甚至走出中国自己学派的道路，为中国进行森林群落分类，有一个完整的科学的分类系统，才是世界上的骄傲。50 年代 60 年代地区性的、区域性的森林群落调查蓬勃兴起，不仅林型学家，而且植物群落学家都投入了这个事业，积累我国大量丰富的资料，甚至西藏也有第一手的资料，可谓方法纷呈，各显神通。地区性工作做得好的有如大、小兴安岭的周以良、藏东南的李文华、四川的杨玉坡、管仲天、石灰岩森林的周政贤，云南的姜汉侨、金振洲等先生。直到 1980 年吴征镒主持"中国植被"的编著，才在全国范围基础上走出 60 年植被区划专著的"分布"框架，进入完整的"分类"的框架，其中划出森林 210 个群系、竹林 36 个群系，其森林群落群系级的眉目已清楚可见，但这还是在各地方分类基础上总结纳入分类框架的。后来吴中伦主持《中国森林》编著耗时 20 年，1997 年在吴先生去世后才得以出版，其中森林的分类是有关专家集体讨论的结果（并没有完全体现吴中伦先生的分类思想体系），最后由周光裕执笔完成的，计有 4 个林纲组，23 个林纲，以下部分描述至林系组（相当群系组），这也是总结性的，不涉及最基本单元群丛或林型的分类理论与方法。

我在 1990 年主持一个国家自然科学基金重大项目中有"中国森林群落分类及其群落学特征"的内容，此专著于 1998 年出版，我试图在已有群落学记载材料上重新整理，调整，感到我国北方（温带、暖温带）以建群优势种，南方（亚热带、热带）以生态种组为方法，比较可以涵盖中国的森林群落的分类，也提出了一个森林群落分类系统，共计除竹林外有 8 个林纲，44 个林系组，490 个林型组，并给予了群落特征、生活型谱、植物种多样性的特征和有关全国规律性描述。至今，对中国林群落分类仍然处于一个探索期，特别是缺乏自群落单元水平试验的全国分类原理和方法。虽然有了若干分类系统和相应分类单位的规律性描述，但还只能说，50 年来，只圆了全国森林群落分类的一半的梦。而且，由于目前认识树种和植物的青年人越来越少，从事野外第一手群落调查的工作越来越少，加之，科技指导思想对基础性工作的忽视，要圆另一半的梦，即有领导探讨我国复杂的森林群落分类，有一个相当于"志"性质分类系统和分类单元的描述，也许还需几十年也不止。

2　三十年才搭起了森林生态定位观测网络的架子

1959 年 12 月我赴苏联科学院森林研究所，师从苏卡乔夫院士，学习地植物学理论与研究方法。我当时把学习重点放在森林生态长期定位研究方法上，这类研究在苏联已有上百年历史，这对认识森林的结构和功能的变化是一种必要的手段。当时这种定位站叫"森林生物地理群落定位研究站"，现在全世界都叫"森林生态系统定位研究站"，我在研究进修后就认定了这一特殊的，但又是必需的研究途径。1959 年 10 月回国后，中国林科院已由前身"中林所"发展而成，我即根据研究需要，于 1960 年春与四川林科所在川西米亚罗的亚高山针叶林区建立我国林业系统第一个森林定位站（中国科学院吴征镒先生于 1959 年在云南西双版纳筹建了热带定位站，几为同时），开展了多学科的综合性定位研究，1964 年因"文革"中断。1978 年林科院恢复后，我又着手在川西卧龙、海南岛尖峰岭调查，后决定帮助我院热林所开展尖峰岭热带林生态定位研究。当时由于这种研究的重要性、必要性尚不为许多人所知，误认为"基础研究"，脱离生产实践，不予重视。我记得在 80～82 年期间，每年春节前夕，林业部领导都要召开座谈会，我就发言呼吁，时而难免激昂之词，所以当时的刘琨副部长一见我在这种场合要发言，就说"我知道蒋老师要讲什么……"自 1982 年 8 月在山东泰安由林业部科技司召开森林生态系统定位研究规划会议，才筹划了一个 25 个站的计划，但由于经费问题，林业系统至今只有 12 个森林定位站，经费严重短缺，研究设施和研究力量相距中国科学院各站甚远。中科院 80 年代就把生态系统长期定位研究向网络化发展，于 90 年代初成立实体的网络（CERN），有科学委员会领导和科学顾问委员会（由中科院外的专家为主参加组成，我是委员之一）予以指导，并建有四个中心，设备先进，堪与国际先进的媲美。林业系统后来名义上也成立了"网络"，但至今并无实体，各站仍各自为战，方法都不统一，观测数据和研究成果相互间也难可比，这是十分遗憾的事，这也是林业系统应以急起直追的事情。

3　教训当成过去，美景应即在望

事实上，森林生态长期定位研究在困难重重情况下，也做出了不少研究成果，为我国提出过不少有益的建议和意见，例如刘慎谔、朱济凡、王战先生根据东北小兴安岭如长白山红松阔叶林的观测研究提出东北天然林区不宜皆伐，提倡"采育择伐"；我和马雪华从川西定位研究，60 年代即发表论文阐明西南高山林区的针叶林有极重要的水源涵养功能，不应主伐利用，要以水源涵养为主要的经营方向，1978 年四川特大洪水后，我在《人民日报》以定位研究数据撰文指出川西高山林区森林严重过伐是四川特大洪水的重要原因；这次洪水还引起了全国性"长江变成第二黄河"的大讨论，王战先生 1979 年在人民日报发表"长江确实有变成黄河的危险"。可是科学家当时以科学试验为依据，出于肺腑的一系列进言都得不到重视，东北、西南各大林区天然林资源急剧下降的趋势得不到扭转，才造成了今天长江流域和松花江、嫩江流域生态环境严重恶化的局面。这一全国性生态环境严峻形势的造成，不能不和我国自各级领导层至广大群众对森林生态系统的功能还缺乏足够的认识有关。在今天党和国家已充分重视生态环境建设的重要性，明令严格执行天然林保护工程，制定了全国生态环境建设规划，加强各项林业生态工程建设，以实现"山川秀美"的祖国锦绣山河，我们有理由，有信心期待着森林生态学研究深入发展的新时刻的到来。我相信年轻一代的林学家将有比我们有更好的研究条件和环境，以他们的研究成果来回报我国在 21 世纪可持续发展，对森林功能深刻认识的新要求。

森林生态学及其长期研究进展†

1　二十一世纪是生态世纪

20 世纪是人类文明飞速发展的世纪，据资料统计，20 世纪的科技成就，已相当于前 19 个世纪文明科技史的总和。20 世纪是世界发生巨大变化的 100 年。全球以不变价计算的国内生产总值增长约 30 倍，人口增长不足 3 倍，人类的生活水平迅速提高。全球 60 亿人除 10 亿人外已经基本解决生存问题，世界谷物每公顷产量由 1950 年的 1.7 吨提高到 1997 年 5.5 吨，1950～1990 年世界粮食产量增加 1.8 倍。

然而，20 世纪人类也犯了不少生态错误。人类掠夺式过度消耗了资源，牺牲了环境。森林、草地、沼泽的过伐、过牧、过垦造成水土流失和风沙危害，全球每年 500 万公顷农田不能再用，沙漠以每年 7 万平方公里扩展。人类大量使用化石燃料，大面积砍伐森林，大量温室气体（CO_2、CH_4、CFC、N_2O）造成温室效应。近 100 年（1880～1990），空气 CO_2 浓度由 270×10^{-6} 上升为 345×10^{-6}，全球平均气温上升 0.5～1.0℃。今后 100 年（2001～2100），全球平均气温将上升 1.4～5.8℃，海平面将增高 9～88cm。干旱区缺水问题涉及 17 亿人，到 2025 年将涉及 50 亿人。自然灾害强度加剧，频度加大，"厄尔尼诺"和"拉尼娜"现象不可捉摸，普遍引发森林大火。

20 世纪后期人类逐渐认识到地球的生态环境问题。20 世纪 70 年代人类提出了环境污染问题。20 世纪 90 年代提出温室效应、气候变化问题、臭氧空洞问题和生物多样性问题。世纪之交则提出了世界大坝问题。但是，目前全球生态环境保护和恢复的代价很大。全球的生态环境局部在改善，整体仍在恶化。

20 世纪末，人类对 21 世纪到底是什么世纪的看法不一，如基因世纪（生物工程世纪）、信息世纪、纳米时代等。生态学家则认为 21 世纪归根到底是生态世纪。其理由主要包括：

（1）人类必须面对高新技术带来的负面影响，如基因风险、基因污染、基因灾难、虚拟现实的麻痹作用等等；

（2）人生存在现实的自然世界中；

（3）人类面临调整人与自然资源、环境的关键时代，经 21 世纪的努力，生存环境走上良性循环；

（4）人类所面临的安全问题中，如经济安全、生命安全（食物安全、健康安全）和基因安全等，生态安全是第一位的、基本的和核心的。

21 世纪，人类特别是决策者的自然观、资源观将会转变。在自然观方面，将由盲目、

† 蒋有绪，2003，林业科技管理，（2）：22-24。本文系作者在"全国森林生态系统定位研究网络 2003 年度工作会议暨第三次中国林业科技论坛"上所作的专题报告。

以自我为中心的改造自然转变为遵从和运用自然规律、积极保护生态环境以实现其可持续发展。在资源观方面，将由 20 世纪中期的取之不尽、用之不竭的本位资源无限观、一度消极的自然有限观（"增长的极限"）到现在资源合理可持续利用。实现自然资源可持续利用的途径包括现代存量技术利用可更新资源、新型流量技术开发非耗竭资源、节约使用不可更新资源、对太阳能、海洋能、风能、生物能（绿色能库）日益重视等。生态环境治理的发展特征：①决策者、科学家结合，政府行为，规模工程进行；②生态学原理指导，系统工程方法设计，良性生态环境的形成必需融入复合的自然-经济-社会的系统建设中；③整体性：组分耦合、有机联系，物流、能流、信息流、货币流的流通循环、再生；④面对全球经济一体化，生态环境全球化，采取区域合作、国际合作，日益发挥政府间、国际组织及 NGO 组织的作用。

2　什么是生态学、森林生态学

生态学主要研究生物及其环境相互关系的科学。研究指导人类与自然各种关系的科学，即指导人类生存的理论原理和行为准则的科学。林学研究森林生长发育；结构功能；森林培育、管理、保护、利用的科学。森林生态学研究森林和环境相互关系的科学，即指导人与森林各种关系的科学。森林生态学是生态学和林学的一个分支学科。

1. 生态学（含森林生态学）发展中的特点
（1）研究宏观、中观和微观的生态科学问题；
（2）国内国际研究的网络化；
（3）可持续经营、可持续发展以及生态系统管理；
（4）实用化，应用性加强；
（5）与政府行为的结合；
（6）全球性、区域性大模型、整合模型以及长时间模型。
2. 近 20 年来森林生态学研究的成果
（1）查明与监测各类森林生态系统本底与人类影响下的变化；
（2）各类森林的生长、发育、演替、种群动态，如自我调节、食物链、生态防治；
（3）各类森林的生产力，如养分、水分、能量的流通、转换、土壤退化等；
（4）森林的功能、效益评价；
（5）酸沉降、污染危害；
（6）生态系统的恢复和生物多样性保护。

3　森林生态系统在全球"天-地-生"巨系统中的作用

人类对森林在全球"天-地-生"巨系统中功能的认识不够，因为过去 100 年人类对森林的研究多集中在个体、种群、群落和生态系统这样的层次上，没有适当的研究方法，且不能做实验，在时空尺度转化方面存在困难。

3.1 地球上的森林生态系统及怎样拟合小模型特征参数到更大的 3 维

距今 3.5 亿～2.7 亿年，森林生态系统就已经是"天-地-生"巨系统的产物。在第四纪，形成了现今地球上的森林生态系统的分布格局间模型。森林生态系统占全球陆地面积的 32%（在人类文明早期可能占 80%以上），生物温度 3～30℃，年降水量 250～8000mm，潜在蒸散 0.125～8000mm，适于人类生存。森林生态系统比其他陆地生态系统具有更高的物种多样性和遗传多样性。

表 1　植物物种密度估计

区域	物种数（×10^3）/个	物种密度/（Sp/km^2）
苏联	1.5～20	0.000 85
中国	27	0.002 8
马来西亚	40	0.013
巴西	40	0.004 6
热带非洲	30	0.019

表 2　中国的物种多样性

分类	种数（中国）	种数（世界）	中国/世界/%
哺乳类	499	4 000	12.5
鸟类	1 186	9 040	13.1
爬行类	376	6 300	6.0
两栖类	279	4 184	7.0
鱼类	2 804	19 056	12.1
昆虫	40 000	751 000	5.3
苔藓植物	2 200	16 600	13.3
蕨类植物	2 600	10 000	26.0
裸子植物	200	750	37.8
被子植物	25 000	220 000	11.4
真菌	8 000	46 983	17.0
藻类	500	3 060	16.3
细菌	5 000	26 900	18.6

表 3　中国的濒危物种

分类	物种数	濒危数量	百分比/%
哺乳类	499	94	18.6
鸟类	1 186	183	15.4
爬行类	376	17	4.5
两栖类	279	7	2.5
鱼类	2 804	97	3.5
苔藓植物	2 200	28	1.3
裸子植物	200	75	37.5
被子植物	25 000	826	3.3
蕨类植物	2 600	80	3.1

3.2　全球森林生态系统在"天-地-生"巨系统中的地位

（1）某些物质的汇和源；

（2）某些物质和能量的库；

（3）固定能量（光合作用）；

（4）物质循环和能量流动通道，是全球和区域变化的开关或缓冲区。

3.3　全球水循环的功能

（1）数量虽小，但作用重要；

（2）陆地生物的储水量（主要是森林）约为 2.0×10^{15} kg；

（3）通过径流影响土壤水储量（3.6×10^{17} kg）和河流水量（3.6×10^{16} kg）；

（4）影响冰川；

（5）重要的径流控制因子，可减少洪灾、旱灾和水土流失。

3.4　碳循环的功能

（1）碳循环：海洋与大气间的碳交换量同陆地与大气间的碳交换量相当；

（2）碳储量：土壤中的碳储量约 1.2×10^{18} kg，陆地生物量（主要是森林）约 50×10^{17} kg；

（3）重要的 CO_2 汇；

（4）陆地生物每年从大气中固定碳约 1.1×10^{17} kg、释放碳 5.2×10^{16} kg，由土壤呼吸释放的碳约为 6.0×10^{16} kg/a；

（5）全球森林减少是全球变暖的原因之一，其作用仅次于化石燃料消耗的增加。

3.5　氮和其他元素循环的功能

（1）在全球氮循环中，陆地生物群落的固氮和硝化作用的速率很慢，约每年 3×10^{15} kg 氮，而细菌反硝化作用的速率却很快，后者为前者的 $10 \sim 100$ 倍。但仍保持平衡；

（2）陆地生物群落中储存的有机氮约为 1.0×10^{16} g，土壤中约有 7.0×10^{16} g，腐生微生物每年向土壤返回 2.3×10^{15} g 氮，植物每年向土壤吸收 2.5×10^{15} g 有机氮。

3.6　GAIA 假说

全球地表的理化性质与过程由生物圈控制，通过生物圈的自我调节功能使全球系统处于一动态平衡状态。GAIA 假说存在争论，但其支持者越来越多。至少，它给我们指出了一条新的道路，在景观、区域和全球尺度上对森林功能作更深入研究，目的在于人类更好地认识森林。

3.7 巨大模型的新进展

（1）全球系统模拟；
（2）冰芯手段研究人口对大气 CO_2 影响；
（3）四个冰期海平面变化；
（4）北半球近 1000 年平均地表温；
（5）全球水分配模型；
（6）全球碳库分配和流；
（7）碳循环的阶段和流；
（8）全球化学循环模式；
（9）全球植被动态模型；
（10）森林生物量及结构的不同模型；
（11）欧洲地球系统模型；
（12）全球人口影响模型；
（13）全球人口、土地利用变化影响；
（14）下垫面对辐射及热流影响；
（15）深根系统对气候影响；
（16）地球系统的脆弱环境。

4 森林生态系统的可持续经营

4.1 中国参加蒙特利尔进程

"蒙特利尔进程"是 1993 年由加拿大发起的，旨在制定具有科学依据、国际接受的除欧洲以外的温带和北方森林保护和可持续经营的标准和指标以评价温带和北方森林。蒙特利尔进程覆盖了全球 90% 的温带和寒温带森林，我国于 1999 年正式加入该进程。

4.2 蒙特利尔进程的标准和指标

标准 1：生物多样性保护（9 个指标）；
标准 2：森林生态系统生产能力的维持（5 个指标）；
标准 3：森林生态系统健康与活力的维持（3 个指标）；
标准 4：水土资源的保持与维护（8 个指标）；
标准 5：森林对全球碳循环贡献的保持（3 个指标）；
标准 6：满足社会需求的长期多种社会经济效益的保持和加强（19 个指标）；
标准 7：森林保护和可持续经营的法规、政策和经济体制指标（20 个指标）。

4.3 圣地亚哥声明

1995 年 2 月在智利圣地亚哥完成标准与指标体系工作，发表圣地亚哥宣言。提到注意到各国森林的特点、林地所有权，人口、经济发展状况、科技能力，社会及政治结构，赞成不具法规约束力的标准与指标，作为各国的指导原则。声明及附件呈交 1995 年 3 月 16～17 日罗马的 FAO 林业部长会议，及 1995 年 4 月 11～28 日在纽约的联合国可持续发展委员会第 3 次会议罗马 FAO 部长会议。

4.4 其他国际进程

（1）热带木材组织（ITTO）；
（2）赫尔辛基进程；
（3）亚马逊进程；
（4）非洲干旱区进程；
（5）近东地区进程；
（6）中美洲地区进程；
（7）国际林业研究中心（CIFOR）。

中国林业科学研究院森林生态学学科发展历史†

中国林科院 50 年来生态学研究的发展，充分体现了生态学 50 年来内涵的提升和扩展，也显著反映了 50 年来林业的世界任务和国际责任的拓展历程。

在前 30 年（1958～1988 年，含"文化大革命"中断的 10 年，和 1978 年中国林科院于 1978 年恢复后的 10 年），中国林科院正是以"生态学是研究生物与环境相互关系"的经典生态学为指导，为造林、育林、森林经营提供树木生态、森林生态的应用基础。1958 年中国林科院建院后，在林研所成立了森林生态研究室，阳含熙任室主任。

森林生态的研究当时并不仅限于生态室，其他几位研究员和所负责人也开展了这项研究。阳含熙负责的生态室只偏重于对杉木的研究。当时的研究分工基本上按树种，由几位研究员承担，如徐纬英（遗传室主任）注重研究杨树，不仅包括杨树的遗传改良，新品种的培育，还包含了它们的栽培生态，如速生丰产试验等；吴中伦（经营室主任）着重天然林生态，包含天然林的地理分布，林型分类，采伐更新生态等研究；侯治溥（造林室主任）着重研究杨树以外的其他造林树种，如经济林树种的个体栽培生态，产量生态等；张英伯（树木生理室主任）涉及的方向实际上还是树木的生理生态等。现对建院后前 30 年的试探性研究，按研究领域做如下介绍。

（1）林木栽培生态研究。如 20 世纪 50 年代对杉木适宜生长区的气候条件、土壤类型、杉木群落分类、立地条件及指示植物、小气候、生长与生态因子关系进行系统研究。当时研究虽然涉及我国整个杉木分布区，但重点在湖南江华县设点，进行了杉木人工林经营生长，已具有半定位试验观察性研究，包括土壤、小气候条件与生长关系等等的观察。林研所的造林室，以及热林所，亚林所相继对华北的油松、10 种杨树、核桃、油橄榄、泡桐、白榆、梭梭、杨柴等造林和经济树的生态学，对热带的柚木、母生、石梓、花梨等珍贵树种的生态学做了研究。对那个时期杉木、杨树、泡桐的速生丰产林，油橄榄、柚木等的引种栽培起了重要作用。如热林所对柚木、母生、花梨的适地适树进行了综合调查，较全面地阐明了林木生长与主要生态因子的关系，生长的限制因子，划分了生长类型，适生范围，并对柚木、母生、花梨木进行了引种驯化栽培试验，这是我国较早对热带珍贵树种的研究，为今后造林规划设计和合理经营管理提供了依据。

（2）经营生态研究。以吴中伦的团队为主，围绕森林采伐更新、抚育等合理经营所需的森林区划、天然林群落分布与分类、结构与功能和演替等，以群落生态学、种群生态学和生态系统研究的应用基础研究。如 1956～1958 年对长白林区做了系统调查森林更新规律，提出森林更新技术报告。1957～1959 年与苏联科学院合作，进行我国西南高

---

† 蒋有绪，2008，中国林业科学研究院森林生态学学科发展历史，见：《中国林业科学研究院院史》编委会，中国林业科学研究院院史（1958-2008），北京：中国林业出版社，222-229。部分内容可见"三十年来森林生态的研究成果与展望，蒋有绪，1988，为中国林业科学研究院成立三十周年纪念文集而写，实际是总结中国林业科学研究院三十年来的森林生态学研究。"

山林区的综合科学考察，主要对我国川西和滇西北的以云冷杉林和高山栎林为优势的高山林区进行综合考察。考察完成 67 万字考察报告，这是首次对我国西南高山林区进行最全面的自然地理、林型、土壤、树种生态特性、植物群落、垂直带谱、演替系列、采伐更新规律的本底调查研究，为林区的开发利用和合理经营提供了坚实的科学基础。1964 年对大兴安岭林区开展了地植物、土壤水文、气象等应用基础调查，为大兴安岭林区大规模开发建设进行规划。同时，也培养了一批优秀的科研人才。此项成果获 1964 年全国重要科技成果。

在 20 世纪 50 年代后期，中国林科院的前身——中央林业研究所曾采取了向苏联派出研究进修人员以培养高层次科研骨干人才。在林科院建立后不久的 1960 年，派出的人员陆续回国，正赶上建院后的人才需求。当时回国的，与生态学有关的人员包括土壤学的张万儒、生态学的蒋有绪，还有以其他方式留苏回国的，如水文学的马雪华等。他们带回来了苏联建立长期综合定位试验观测站的理论（生物地理群落学，即后来的生态系统学）和手段。因此在 1960 年，蒋有绪等人与四川林科所杨玉坡等人合作，在川西高山林区米亚罗建立了我国第一个天然林区长期综合定位试验观测站，开展森林组成结构、生长、演替、小气候、土壤养分、水文循环等结构与功能的研究，研究人员有张万儒、马雪华等。这是我国开展这一领域研究的先声。1963 年建立的热带林业研究所，开展了海南岛尖峰岭林区热带林的综合考察，对热带林形成的自然地理、生物区系、群落特征、林型分类、垂直带生态系列、人类活动如刀耕火种的影响、林分生长规律等深入研究。研究骨干有鄂育智、卢俊培、黄全等人。1984 年，在江西大岗山建立了以毛竹林和人工杉木林生态系统为对象的生态定位站，研究骨干有蒋有绪、方奇、马雪华、徐德应、童书振、王彦辉等。

1978 年林科院恢复后，吴中伦、侯治溥、徐纬英等研究员已进入院所级领导岗位，阳含熙已到中国科学院自然资源综合考察委员会工作。研究室的主任由 50 年代我国自己培养的和五六十年代留苏归国的科研人员担任，如经营室主任盛炜彤、生态室主任蒋有绪、土壤室主任张万儒、造林室主任赵天锡等。当时，在生态系统理论指导下，发展多学科综合性的研究，并进一步加强了建立长期生态观测站，对各类森林生态系统开展结构与国内的动态试验研究。另一特点是加强了有发展战略和指导作用的全国性大项目，如：

1978 年以后，以吴中伦、侯治溥、盛炜彤为主，与贵州农学院周政贤等合作，为我国南方 14 省杉木用材林基地建设规划，第一次全面进行杉木地理分布、立地分类，提出 3 带（北，中，南带）和产区区划，全面提出杉木造林经营的技术依据，成果获 1984 年林业部科技成果三等奖。1980 年恢复建立了尖峰岭热带林长期生态定位观测站。由林研所和热林所合作，主要骨干有蒋有绪、鄂育志、卢俊培、黄全、徐德应、曾庆波等人。蒋有绪 1981 年申请获得了最早的中国科学院自然科学基金项目"海南岛尖峰岭热带林生态系统研究"。项目组历时 5 年研究后，1989 年获林业部科技进步一等奖。后来，在此基础上提升的研究成果，以曾庆波、李意德为主，获 1999 年国家科技进步二等奖。

（3）环境生态学研究。开展了林业建设在改善、美化城市环境的应用研究，防护林建设对改善环境的生态功能，林木与环境保护，保健卫生研究以及预测软科学研究等。如对江苏、上海、华北的农田防护林功能，京津唐地区风沙问题及防治对策等。蒋有绪、华网坤、曹再新等承担的"2000 年中国森林发展与环境效益预测"获 1988 年林业部科技进步二等奖。

在林科院头 30 年最具有前瞻性的两件事是：一是我国在科技"十五"规划中才列入"国家长期野外观测研究站平台"建设，而中国林科院于 1960 年即在四川米亚罗建立的森林长期生态定位观测站，无疑起了长期野外观测研究站建设的先锋作用；二是郑万钧于 1974 年针对当时林业只重视若干速生乔木树种的倾向，着手组织研究 200 多种乔、灌木树种的形态、生态特性、立地条件、造林技术等。在此基础上编著了《中国重要树种造林技术》，此巨著于 1978 年出版。事实证明，今天在林业六大工程所用的抗旱、抗寒、抗盐碱乔灌木种和生物能源树种当时都在选研树种之内，这些树种在后来被广泛应用，证明了他的远见卓识，知识渊博。郑万钧是我国著名树木学家、裸子植物分类学家和林学家，1962 年由南京林学院调入中国林科院，就关心并亲自主持中国林科院的树木学研究。他身体力行地把树木学、森林地理学的知识转化成指导林业生产实际。

近 20 年（1998～2009 年）来，林科院的生态学领域与时俱进，有了很多新的学科方向的发展，如森林对陆地表面系统的功能影响，加强了森林生态系统功能的监测与评估及其网络化，还有湿地生态系统、生物多样性保育、野生动植物、鸟类环志、自然保护、全球气候变化、森林碳平衡、森林水文、环境生态、工程生态学和生态系统管理等。京内外各所的生态学有关研究力量都有很大增长，以具有学位人员为主体的学科门类齐全。京内于 1994 年成立了森林生态与环境研究所，2005 年与森林保护研究所合并，成立了森林生态环境与保护研究所，拥有国家林业局森林生态环境重点开放实验室、全国鸟类环志中心、全国野生动植物研发中心、国家林业局生态环境监测总站、具有一级资质的环境影响评价中心等。林研所和亚林所、热林所、资昆所、资信所、信息所等都有相应的生态学和生态经济学的研究方向。

对于近 20 年来的林科院的栽培生态学、经营生态学、森林保护生态学（含森林防火生态）、荒漠化（含石漠化等退化系统）的研究进展将在林科院 50 年森林培育和经营研究、森林保护研究发展、荒漠化研究发展等专栏中介绍。这里只集中介绍 20 年来因国际生态学发展和我国林业在生态学上新需求发展的研究领域：森林生态系统功能监测和评估；森林生物多样性保育；全球变化与森林的相互影响、森林碳平衡与碳减排；森林与水文；国家重大工程的生态问题；湿地、鸟类与野生动植物；森林与环境。

1 森林生态系统功能监测和评估

中国林科院建立了若干生态定位观测站，其中，1984 年正式建立的江西大岗山站（属亚热带常绿阔叶林、竹林类型），与尖峰岭热带林站和甘肃民勤荒漠草地站同为 3 个国家级野外观测站。此外，依托中国林科院建立的部、院、所级的站有河南宝天曼森林站、珠江三角洲森林站、湖北秭归森林站、四川若尔盖湿地站、海南东寨港红树林站、黄河小浪底森林站、杭州湾森林站、山东昆嵛山森林站、广东湛江桉树林站、广西大青山森林站、青海"三江源"湿地站、青海共和荒漠站、内蒙古磴口荒漠站、内蒙古多伦荒漠站、云南元谋石漠化站和宁夏六盘山森林站等，构成了全国性的各类型生态系统定位观测研究站网。

依托林科院和全国不同地理带和不同类型森林的长期观测资料和数据，从 1990 年起由蒋有绪等申请获得国家自然科学基金重大项目"中国森林生态系统结构与功能规律"（也是我国森林生态学科第一个基金重大项目）。以中国林科院为主持单位，是以林研所蒋有绪、刘世荣、肖文发、徐德应、郭泉水等为骨干，热林所参加，与中科院植物所、生态环境中心的冯宗炜、陈灵芝等和几个林业大学的生态站合作完成的。对我国森林生态系统的地理分布、群落的组成结构、生物生产力、养分循环利用、水文生态功能和能量利用等规律研究取得了重大成果。这是我国首次运用森林生态长期定位观测，开展联网化、多学科的生态系统综合研究。由生态系统尺度向区域大尺度转换研究，这是近年来国际生态学研究的趋势，而项目于 1990 年就具有了超前的科学思想设计。研究发展了生态系统生态学的理论与方法，推进了生态系统研究的标准化、规范化和网络化。现在对生态系统服务功能的重要性已在世界和我国引起重视。

中国林科院为主要研究单位，以掌握的全国森林类型的第一手观测数据，首次为国家林业局研究提出了全国和按省区的森林生态系统 8 方面生态功能（即水源涵养、水土保持、生物多样性保育、放氧吸碳、防风滞尘、净化环境和休闲旅游等生态服务）的价值计算。

2　森林生物多样性保育和自然保护区

对森林生物多样性保育主要开展了以下 2 项基础研究和应用基础研究。

2.1　海南岛热带林生物多样性形成机制（国家自然科学基金重点项目 1999～2002 年）及若干有关面上基金项目

研究以蒋有绪、臧润国为主的团队，与中山大学王伯荪为主的团队合作，并和海南省有关林业局和大学一起，从不同的时空尺度上综合分析了热带天然林植物和群落类型的发展变化及其与古、今生态条件的关系；研究探讨了热带林生物多样性的历史发生及演化过程；分析了生态环境与森林群落及森林植物空间格局形成的关系；研究了群落内生态位、种间关系和斑块镶嵌体系，阐明了热带林群落类型分化和群落内物种多样性协同进化关系的形成规律。从热带林特征种和特有种遗传多样性、系统发育和分子生态学的角度，探索了热带森林植物多样性形成的遗传变异机制。通过该研究，构建了较为完善的热带林生物多样性形成与维持的理论体系，为合理保护和利用热带林生物多样性资源提供了依据。成果产出一套 3 本理论著作，以及后期的系列论文，在我国热带林生物多样性领域有重要影响。

2.2　森林生物多样性监测、评价和保育技术

1. "自然保护区生物标本标准化整理、整合及共享"试点子项目属于科技条件平台之一自然科技资源平台标本项目，项目期限为 3 年（2006～2008 年），项目负责人为

肖文发、李迪强研究员，中国林科院资源信息所、木工所、林业所、热林所参加了该子项目。经过 3 年的试点工作，研制完成了 57 项自然保护区资源调查和标本采集整理共享的相关技术规程，按照相关技术规程，标准化整理整合了全国 27 个省（自治区、直辖市）138 个自然保护区的生物标本 72.5 万号，有动物标本 28.2 万号，植物标本 44.3 万号，其中新采集标本近 30 万号，包括整理整合民族药用植物和传统利用生物资源标本 4.5 万余份。3 年已经累计完成数字化生物标本 54.8 万号标本，其中动物标本 18.2 万号，含鸟类标本 784 种，占中国鸟类总种数的 70% 以上，兽类标本 168 种，约占中国兽类总种数的 30%；植物标本 36.6 万号，涉及 19 607 个物种，占植物总种数的 50% 以上。已有标本信息属性数据库 320M，多媒体图片数据 494G，GIS 数据 307M，建立了标本-活体-生境-信息等一体化的共享体系。经过 3 年的试点建设，抢救性的收集和整理了一大批珍稀濒危物种的标本和相关信息，发现了 110 多个新种，230 多种新记录和新分布种。对 12 个国家级自然保护区进行生物资源调查，帮助这些保护区进行了标本馆和宣教中心的恢复和重建，并实现了标本馆数字化。保护区生物标本的数字化整理为保护区的数字化建设、国家示范性保护区建设工程和全国野生动植物保护和自然保护区建设工程提供了重要的基础数据。3 年来累计向社会提供超过 36 万人次的科普教育，并为近 20 项国家科技项目提供了 3000 余份标本信息和实物共享。同时通过基因指纹、化学指纹和基因芯片等技术，建立了化学指纹图谱库/基因指纹图谱库-医药植物信息（功效）-标本-活体-指纹一体化的共享体系，已经完成了 108 种传统利用植物的标志性和关键性信息的补充。通过收集珍稀濒危动物的多媒体信息和生境信息，分析它们的种群结构和遗传多样性信息，这些工作为挖掘和揭示标本背后的信息提供了重要的依据。自然保护区生物标本和资源子平台构建了生物标本和资源信息共享网络服务系统，形成了功能比较完善的自然保护区生物标本和资源信息共享平台。

2. 1996 年，依托国务院三峡水利建设委员会水库司与国家林业局计资司项目"三峡库区陆生野生动植物监测子系统"，肖文发为首，有程瑞梅等为骨干，与其他单位合作，对三峡库区陆生野生动植物进行了全面系统的调查与监测。在植物方面：按照《中国植被》的分类系统和单位，把三峡库区建立了植被分类系统。在重庆库区，进行了近年来库区林业土壤的调查。动物方面：调查采集了库区兽类、鸟类、两栖类、爬行类标本。对湖北库区 4 县的金丝猴、猕猴、黑熊和红腹鸡进行了专项调查。

完成"三峡库区动物名录""三峡库区植物名录"，出版专著《三峡库区陆生动植物生态》。

李迪强的团队对自然保护区学研究还有：①中国生物多样性保护优先地区研究；②三江源自然保护区科学考察与生态系统服务功能研究，组织了三江源科学考察；③以长江上游森林区为案例的自然保护区压力和威胁理论研究；④以高黎贡山保护区等为案例的建立自然保护区平台研究，开展了生物标本与实物的数字化、可视化表达技术研究与示范；初步完成数字保护区的设计与原型系统的研发；初步建立了保护区生物标本共享门户网站。

3　全球变化与森林的相互影响、森林碳平衡与碳减排

　　林科院徐德应、张小全等以国际气候变化组织和我国发改委、科技部的项目研究了"中国森林生态系统碳源/汇格局、动态变化及碳汇潜力的评估"。完成了①我国森林生态系统的碳贮量估算；②我国森林生态系统碳贮量的空间分异，如我国西南和东北地区森林生态系统碳密度和碳储量最大，西北和华北地区碳贮量增加最明显，森林植被碳密度以热带季雨林区和温带针阔混交林区最高等；③中国森林生态系统碳源/汇潜力等研究成果。

　　第2项成果是气候变化对中国森林影响的预测与风险评估。徐德应、阎洪、郭泉水等研究了气候变化对森林及树种分布的影响和气候变化对我国森林生产力的影响。应用我国近30年的气候和物候资料，研究了气候变化对我国木本植物生长发育的影响；对气候变化影响下我国森林树种的经济损益进行了分析，并针对气候变化的影响提出了林业的适应对策。该项研究成果为国际环境外交和国内和国际气候变化委员会的影响评估报告提供了重要参考。研究内容作为国家项目的课题之一，该项目获得国家科技进步二等奖。

　　此外，通过徐德应、张小全研究，由国家采纳，向全世界发布了我国土地利用变化和林业温室气体清单的第一期官方数据，成果是中国应对气候变化国家方案的重要基础资料。由张小全基于国际框架和中国示范项目提出的"CDM退化土地再造林"方法学，成为世界上第一个获得CDM执行理事会批准的方法学。应用该方法学的CDM项目"广西珠江流域治理再造林项目"成为全球第一个在CDM执行理事会成功注册的CDM造林和再造林项目。

4　森林与水文相互关系

　　2002~2008年由林科院刘世荣主持的国家重大基础研究发展规划项目（973项目）"西部典型区域森林植被对农业生态环境的调控机理"研究中，由王彦辉课题组突出森林与水文过程的相互影响，相互制约的问题。生态水文过程耦合机理是项目的一个重要创新内容。徐庆首次把天然同位素技术应用于森林生态系统及其周边区水循环和水分配的研究，并取得良好的结果。

　　为配合西北地区退耕还林等工程，2000年来以王彦辉为主的团队在宁夏六盘山等地开展了林水相互关系及合理调控研究，推动了新学科发展和有关林业建设政策的改进。

5　国家重大工程的生态问题

5.1　生态林业工程功能观测与效益评价技术

　　在1996~2000年由中国林科院主持的"生态林业工程功能观测与效益评价技术研究"项目，各相关课题单位共建立了一套全国统一的生态林业工程效益评价的指标体系。

并完成对三北、长江、太行山和沿海四大生态林业工程的效益作出区域性评价和综合评价。完成生态效益计量经济理论研究，提出了我国四大林业生态工程效益评价计量理论和方法，解决了森林生态效益货币计量化评价的理论和方法问题。建立了森林和四大生态林业工程的 10 种效益物理量计量的整体扩散模型并进行货币计量化评价；利用 1998年长江特大洪水估计森林减轻水灾效益计量评价。

5.2 三峡库区陆地生态恢复与管理

根据国务院三峡委的需求，肖文发的团组承担了三峡库区陆地生态恢复与管理的项目。项目同当地农业产业结构调整相结合，以合理利用土地资源，改造利用坡耕地，农、林、牧、旅互相促进，根据不同的森林退化阶段，采取不同的退化生态系统恢复途径，将试验示范区建成农、林、牧科学合理布局的产业结构体系、高效景观防护体系及综合生态经济防护体系，同时开展三峡库区植被恢复优化配置与可持续管理示范体系研究，为三峡库区天然林保护工程、退耕还林工程建设提供科技支撑，促进三峡库区陆地生态环境改善和地方经济发展。示范区生态环境明显改善，森林覆盖率达到 75%，比 1999 年上升 30%。水土流失治理率达到 90%，促进了示范区内森林植被的迅速恢复，生物多样性得到有效保护。

5.3 天然林保育工程研究与示范

臧润国的团组与新疆有关院所合作，研究了额尔齐斯河河岸杨树更新的基本规律及杨树天然林的人工更新技术，探索银灰杨有性繁殖技术、盐桦种群的保育与恢复；引入珍贵物种花楸、银灰杨、大叶冬青、海南粗榧，基本解决了当地天然林结构调整及定向恢复。二是海南岛热带天然林主要功能群保护与恢复的生态学基础研究。项目技术先进，如利用分子标记追踪、生态关键种功和功能群等新技术、新理论，探讨热带天然林更新与恢复的生态动力学机制等。

6 湿地、鸟类与野生动植物研究

6.1 红树林生态

1986 年中国林科院热林所郑德璋等开展了红树林研究领域，现有的骨干是廖宝文、郑松发等，研究方向主要为红树林生态系统恢复。他们先后共承担了"海南岛清澜港红树林发展动态研究""沿海红树林培育与经营技术研究""华南沿海红树林保护与恢复重建技术试验示范"等国家科技攻关课题和国家自然科学基金项目"外来种无瓣海桑对我国红树植物多样性影响""红树林植被人为调控研究""运用无瓣海桑生物技术控制互花米草蔓延机理研究"等课题，为中国红树林保护与恢复发展提供了有力的理论与技术支撑。运用生物技术措施解决了琪澳岛入侵大米草蔓延，建立了全国的互花米草控制与红树林恢复示范基地。

6.2　其他重要湿地

林业所崔丽娟团队，以湿地生态学为研究方向，通过国家自然科学基金项目"鄱阳湖湿地生态功能作用机理与调控""北京市湿地保护与恢复关键技术研究"和国家林业局项目"江苏滨海湿地景观格局变化与驱动力分析"等，提出了一套湿地生境的恢复技术以及净化污染湿地的处理湿地构建技术，出版了《湿地恢复手册理论原则与案例》；为水利部完成"中国陆域湿地生态用水研究"，对全国的陆域湿地的生态用水情况做了分析，并着重对 6 块重要湿地的生态用水量进行了计算，提出了基于生态保护目标的湿地生态用水计算理论；在"湿地价值评价与补偿机制研究"和"全国湿地生态系统破坏经济损失调查评估"研究中，全面计算了扎龙及鄱阳湖 2 块国际重要湿地的经济价值，提出了一套完整的基于环境经济学的湿地价值的计算方法，该案例被国际湿地公约认可。

6.3　中国鸟类环志与候鸟迁徙

1982 年在中国林科院成立全国鸟类环志中心，张孚允为学术带头人 1983 年首次在青海湖鸟岛自然保护区进行了环志试验。后来楚国忠，侯韵秋等的团队为基本队伍，是我国鸟类环志的唯一主导力量。2003 年年环志数量已超过 31 万只，截止 2007 年底全国累计环志鸟类 720 种 200 余万只。从 1996 年起对黑嘴鸥、遗鸥、鸬鹚、渔鸥、斑头雁、棕头鸥，以及 38 种鸻鹬等涉禽进行了彩色标记。从 2001 年起年均环志数量超过 24 万只，位居亚洲之冠。2001 年开始利用卫星跟踪黑颈鹤迁徙研究，2006～2007 年开始对青海湖繁殖的渔鸥、斑头雁进行跟踪，这是我国有史以来第一次从策划资金到研究独立完成的卫星跟踪项目。经过 25 年的努力，我国的候鸟类迁徙研究得到一些重要发现和成果，包括新发现的候鸟繁殖地、越冬地和迁徙中途停歇地，分析出一些水鸟、猛禽、雀形目鸟类的迁徙动态和趋势，为全国野生动物资源保护和疫病监测提供科学依据。

6.4　朱鹮等鸟类保护

朱鹮是国际濒危鸟类、国家Ⅰ级重点保护动物，项目取得以下成果。①种群从 2001 年初的 100 只发展到 2008 年底的近千只；陕西省人工饲养种群从 2001 年底的 137 只发展到 2005 年底的 378 只，使朱鹮的濒危等级由"极危"变为"濒危"。②通过环境取样检测，证明朱鹮分布区的部分环境存在较严重的污染，提出环境改善建议，促进朱鹮种群的长效、安全保护。以森环森保所为第二主持单位的保护研究项目"朱鹮拯救与保护研究"获 2007 年国家科技进步二等奖。

青海湖繁殖渔鸥迁徙路线的卫星跟踪及青海湖禽流感疫源地重要候鸟的迁徙动态与预警机制研究，对我国预防和监控禽流感发挥了重要作用。

此外，还研究了黑嘴鸥、黑脸琵鹭、亚洲白鹤等重要保护禽类。鸟类保护的主要研究人员有张国钢、钱法文等。

6.5 野生动植物

在野生动植物研究方面，在林科院成立有全国野生动植物研究与发展中心。开展了华南虎野化放归、猎隼国际合作、野马放归自然及监测、波斑鸨调查、印支虎及猎物调查以及川金丝猴、蒙古蹬羚、黑叶猴、扬子鳄保护及放归自然、野生动物标记及管理、森林和野生动物类型自然保护区生物多样性监测体系、崖柏资源调查及扩繁技术研究、濒危植物刺五加调查和保护对策研究、海南岛热带珍稀濒危树木资源现状、致危因素及保育预案、国内外野生植物保护政策、法规及行动计划比较分析、野生动植物保护与培育利用状况调查及行业信息统计项目设计与分类、野生动植物数据系统网络维护等项目。兽类生态的主要研究骨干有陆军、李迪强、金崑等。

此外，研发中心还协助国家林业局业务部门开展大量工作科技支撑类工作，如藏羚羊和普氏原羚调查，承办了华南虎野化放归国际研讨会，与 WCS 共同举办东北虎跨国界保护年会和有蹄类跨国界保护等国际会议。目前已经成为了国家林业局野生动植物项目的主要执行机构。

热林所所有的动物学、植物学、微生物学和生态学的研究人员，如黄全、周光益、陈步峰、吴仲民、李意德、曾庆波、顾茂彬、陈佩珍、弓明钦等承担的"海南岛尖峰岭热带林动物区系及生态背景值研究"项目，查明了尖峰岭林区脊椎动物、土壤动物、森林昆虫。蚯蚓 20 余种，其中有 2 个新种，昆虫 4000 余种，其中蝴蝶 372 种等。同时，还在热带雨林的生物量、产流特征、凋落物量、种群生态位等方面取得重要资料和数据。成果获 1996 年林业部科技进步三等奖。

珍稀濒危野生植物资源保护与管理方面完成和在研的珍稀濒危物种包括：四合木、杏黄兜兰、梭梭、肉苁蓉、崖柏、三尖杉、石斛兰和红豆杉等，为国家制定相关政策和指导提供了重要依据。主要研究人员有郭泉水、肖文发、徐庆、臧润国、刘剑锋等人。

7 森林与环境

7.1 污染损害生态系统的修复

①以林业的特点，研究污染环境生物的生物化学转化过程及植物修复机理，根际微域环境微生物多样性及其生态功能，以及污染物净化的特异性规律或机理；揭示土壤生态系统中营养元素物质循环及其环境效应，以及土壤化学因子对增加重金属的植物可利用性的调控机制。②建立从超积累植物的繁育技术及筛选、合理施肥增加植物生物量技术、施用螯合剂及表面活性剂以增加重金属的植物可利用性的技术等一整套植物修复集成技术体系。研究骨干有森环森保所尚鹤为主，以及从事污染被损坏生态系统修复为方向的团队。

7.2 珠江三角洲森林与城市环境关系研究

以热林所陈步峰为主的课题组承担广州市重点课题，开展城市群区域森林植被在时空尺度多层次、多界面与大气、水、土多因素相互作用机理的监测研究；森林植物系统与城市环境、人类活动的相互关系；土壤-森林植被-大气界面生态过程；森林生态过程中生命物质的生物循环及生物地球化学循环；森林流域水循环及界面生态过程；森林缓解污染有益健康生态机制等内容。以广州市白云山林区、帽峰山林区为基地，研究还涉及对强致癌物 PAHs 及重金属元素的生物化学作用；开展森林生态系统吸附、降解转化机制和面层的影响效应，凸现森林系统对于城市生态安全的显著作用。

回顾中国林科院 50 年，特别是近 20 年来，生态学研究发展的特点是：在国际最前沿的方向，以国家迫切的生态需求为目标，以先进理念和尽可能的技术和方法，根据需要团结我国其他优秀团队，共同完成种群、群落、生态系统，特别是区域和全国尺度的有关生态结构过程和功能的规律性、生物物种生态习性、行为、繁育与解濒生态学和应用技术体系（各类生态观测、监测、工程实施、评估和风险预测等）研究任务。目前，中国林科院在森林生态、水文生态、全球生态、生态监测与评估、生物多样性、湿地、野生动植物和鸟类环志等方向，已有 40 岁上下、具有国内引领力，并在国际学术组织任职或活跃于国际学术活动的首席专家。但生态领域的整体研究水平还有待提高。在引进高层次人才和提升科学实验观测设施水平上做出努力；对传统的曾被忽视的研究领域和方向，如树木学、森林地理、森林土壤、土壤动物和微生物、树木生理生态等学科要加强恢复与发展。

生态学的现任务——要在混乱和创新中前进[†]

审视 10 年来生态学的文献，涌现各色各类新的生态学名称，诸如：文化生态学、教育生态学、产业生态学、传媒生态学、哲学生态学、行政生态学等等，这些比较可以理解，这里的生态，主要可以认为谈这个领域的在社会上生存、发展的环境、条件、与社会其他元素间的关系，和思考、理顺、处理关系的原则。同时一些也出现分量很重、来头很大、已被学术界认可的"生态学"，有社会生态学、深生态学（Deep Ecology），两者都是以人类社会的各种（含与自然和与非自然的）问题、现象、矛盾、危机，从人类作为生态与社会两者的主角的思维、立场、哲学来看待、处理、乃至解决的态度、途径、方法，等等。然而，这些涉及人类对待自然（自然资源、自然生态系统、自然环境等）以及由此衍生的人类社会生存环境、条件、可持续发展，社会结构性、非结构性矛盾和问题（如人口结构、与资源利用有关的产业结构、管理结构），这些，我们生态学都是我们应当关注、而且都有相应学科可以关注，并研究解决的。

现在看来，上述两大生态学，实际是社会科学为主体产生的，或者认为是环境哲学领域的学派。因为称为生态学（我们并不反对作为社会科学新学派的兴起和发展），容易在学科发展、学科任务上，在社会、在科学界产生不明白、误解。我们生态学家有可能不太明白。

现在，先简单介绍一下这两大社会生态学派："社会生态学"可能产生于上世纪 70 年代。1996 年在莫斯科出版的丹尼洛尔·马尔科维奇的"社会生态学"是代表作。此外，美国由默雷·布克钦（Murray Bookchin）于 1970 年也产生此一美国学派。社会生态学是研究人类社会和自然环境相互作用的科学。认为在社会-自然系统中，人和社会因素起着积极的主导作用，自然与社会间的相互关系究竟如何，取决于人，取决于人所选择的自然资源利用战略。由于生态危机问题的复杂性，我们必须充分利用、协调多学科资料与方法，构建一门新的科学——社会生态学来建设和管理人类与自然的相互关系。当前它主要从三个方面进行研究：①从社会学的角度，研究社会文化与生态环境的关系，着重研究土地利用、土地利用模式变化和空间组合，这是社会生态学的社会学方向；②从社会生物学的角度，研究生物的社会行为，这是其行为科学方向；③从人与自然关系的角度，研究社会与自然界相互作用，这是其人类生态学研究方向。它认为与传统生态学区别：传统生态学研究的主要方向是将生物放在自然状态下进行研究的，社会生态学研究的是作为社会主体的人与周围环境及各种事物之间的关系的学科。它包括原生生态学、亚原生生态学和人文生态学。他们之间的划分是以人这一社会主体为标准的。经过若干年的发展形成相对稳定的不需要人类长期干预的生态系统称为原生生态；需要人类

† 蒋有绪，2011，生态学报，31（19）：5429-5432。

长期干预才得以维持的生态系统称为亚原生生态系统。

人文生态作为上述两者的补充强调软环境的构建。它包含人类文明的一切。强调文化的地域性。它的亚原生生态主要包括两大实体（城市和乡村）和联系他们的通道（公路、铁路），是人类生活的主要场所，伴随着人类历史的发展形成、规模不断的壮大，由零散建筑-村落-小城镇-（规模化）城市-卫星城市-城市群-地球村-大宇宙空间（空间站）。

亚原生生态系统的产生是以建筑为依托的，是以建筑为中心的人居环境，它以建筑为依托向外扩展，构成人居群落景观。伴随着手工业与农业的分工，以交换为目的的集市不断的扩展，一些较大的亚原生群落开始出现，形成一些久居城市与自然的原生景观相脱离的"城里人"。亚原生群落开始了稳定的向外扩张的时代，这种扩张使得社会这一人类生活方式不断的强化，随着社会体系的不断完善，社会财富的不断积累，人们开始产生设计并创造人工景观的欲望。

社会生态学也有混乱的地方，有的偏向于研究人类的等级性，有的偏向于生活的景观结构、有的干脆限于建筑，有的偏向于文化层次，有的则偏重于人的随发育的教育形态，称为社会生态学的发展生态学派（我疑为 development ecology 应是发育生态学的错译）。由此看来，它的分类与我们生态学不同，它的亚原生生态系统应当是我们视为的人工生态系统，或半人工生态系统，可能包括农田生态系统，而它的原生态系统在今天看来是并不多，大部分有人为干预但仍然稳定的自然生态系统是什么地位不清楚。分类不同，就难以有共同语言，虽然，它的一部分研究对象是我们研究对象，研究的目的也相同。这和生态经济学和经济生态学的关系不一样。那两者是研究视角强调的不同，对象一样，语言一样，后来，生态经济学和经济生态学视为一个相同的跨学科，可以把通用称呼的生态经济学作为生态学的分支学科。社会生态学强调最终建立生态社会。生态学强调可持续、绿色、低碳、和谐社会等等，有的学者也提、也强调生态社会，但并不等于同意社会生态学作为生态学的分支学科。

深层生态学的始祖是李奥波（Aldo Leopold，1887—1948），他的经典之作《沙乡年鉴》被美国人视为 20 世纪最重要的自然主义经典作品，出于对大自然的观察和热爱，李奥波构思出大自然哲理，他将伦理关系分成三个层次，并创造性地使用"社区"一词：原始伦理是调节个人与个人之间的关系，后来发展为调节个人与社会的关系，这两者的伦理范围只限于"人类社区"，只重人与人、人与社会的关系。随着人类对环境的认识，应当出现第三层伦理，即大地伦理。大地伦理将"社区"扩展为包含无情世界的草木、山水、动物等的"生物社区"。在这个社区内，人与自然界和谐共存，其中的每一件事物，与任何其他事物均有关联和依赖性，组成了一个有情与无情世界交融共舞的生命共同体。"一种最终极的民主已经实现，它把所有植物和动物都视同人类"（The Right of Nature，1989）。

深（层）生态学认为不仅需要改善人类与环境的关系，也需要改变人类自身的生活方式与生活态度。深层生态学追求一种"人处于自然之中"（humans-in-nature）而非在其上的新形上学，把人置于跟其他生存物平等的层次。深层生态学拒斥将工业社会作为发展的典范，拥护生态中心伦理，主张人是依赖着生态界来存活，所以不该像主人对待奴隶一般剥削它。深层生态学是因应现代环境危机而发展的哲学运动，它首先致力于改变被视为破坏生态罪魁祸首的"主宰性世界观"（dominant worldview），要消除"人本主义的自大"，再建立一个整体性的生态和谐的生态哲学，而此哲学的思想基础是"自我实现"和"万物平等"。所以，看来深（层）生态学是因应现代环境危机而发展的哲学运动，它首先致力于改变被视为破坏生态罪魁祸首的"主宰性世界观"（dominant worldview），要消除"人本主义的自大"，再建立一个整体性的生态和谐的生态哲学，而此哲学的思想基础是"自我实现"和"万物平等"。所以，它完全是一个环境哲学学派，并为宗教所支持，甚至被批评为邪教所利用。和我们的生态哲学也是两回事。

以上两个"生态学"，不论它们的是与非，客观上给生态学的发展带来误解，甚至混乱，令人迷惑。

我想说的是，我们生态学和它的所有分支学科，个体生态学（生理生态学）、种群生态学、群落生态学、生态系统生态学、景观生态学、全球生态学、分子生态学、城市生态学、河流（流域）生态学、河口生态学、湿地生态学、森林生态学、农田生态学、草地生态学、海洋生态学、植物生态学、动物生态学（含昆虫生态学等）、自然保护生态学、产业生态学、经济生态学、数学生态学、化学生态学、他感生态学、生理生态学、系统生态学、进化生态学、旅游生态学、人类生态学等等，都是相当成熟的分支生态学，有理论、明确的研究对象、领域和任务。可以说，已经涉及所有的自然生态系统（含人工干扰和管理利用的自然生态系统）、人工生态系统（农田、人工林、人工草地、水库、人工湖泊等）、人类利用自然资源的产业系统、经济系统、社会系统和人文系统。唯独还未涉及完全、纯粹的经济、社会、人文、哲学领域。但是，生态学原理、原则仍然是指导这些领域问题的基本准则，因为，这些所谓的纯粹的经济、社会、人文、伦理的问题，归根到底离不开人与自然、资源、生存环境、生活环境等根本态度问题，离不开生态学的基本原则。

开始，我们生态学家常常认为纯粹的经济、社会、人文、伦理的问题不属于生态学的研究范围，不关心、甚至不惜于去关心这些问题，留下了巨大空缺，就产生了由其他属于社会学、环境哲学领域的"生态学"来弥补它。我们提倡学术的繁荣发展，也欢迎社会科学、环境哲学的新学科的创立与发展，我想说的是，我们经典的、成熟的生态科学应当关注、关心涉及自然观、世界观、哲学观、伦理、人文、社会等等领域，而且也是可以、有科学基础、有科学能力去关注关心它们，去服务它们，因为所以上述领域归根到底都是人对自然、资源、生存环境的根本认识、态度、伦理和方法问题，这正是生态学的根本的科学任务。

我们不妨回顾一下 1997 年为国家自然科学基金委员会所编写的"自然科学学科发展战略调研报告"——《生态学》一书。它已经指出：生态学，简言之，是研究生物与环境相互关系的科学。自蛋白质作为生命形式伊始，就存在生命活动与环境的生态学关系，在今天人类社会发展至宇宙时代，对生态学的探索也将随人类的足迹达至太穹。凡生命之所至，就有生态学问题、现象和规律。可以说，生态学也是研究生物生存的科学。生物的演化史就是一卷浩瀚的生物对环境适应的生存发展史。人类社会发展如果不按生态规律从事，只能带来人类与地球的共同厄运。可以说，还很少有像生态学这样一门科学，与人类的生存，在时空尺度上，在自然、社会和经济等方面，有如此紧密的关联。生态学对人类如此的重要，不仅因为人类为了生存发展，要合理利用动植物资源而需要研究动植物生态学，而且也因为人类自身有责任维护人类赖以生存的星球，需要以生态学原则来调整人与自然、资源和环境的关系。因此，现代生态学发展至今，已不仅是生物科学中揭示生物与环境相互关系的一门生物学分支学科，而且已经成为指导人类行为准则的一门科学。生物科学的任何其他分支学科的性质，都没有像生态学这样具有如此广泛的社会性、与人类的意识形态、观念和道德规范有如此密切的关系。人类为了生存，不得不关切到水、土、气、生物等维持人类生活与经济发展的自然支持系统，使生态学的研究内容、任务扩展到人类社会、渗入到人类的经济活动，也成为当代各国政府指导有关经济建设决策的理论依据。对应用生态学的描述是：应用生态学共同点是以人类活动作用于生物圈并致力于对其调控为特点、为基本任务。当前，应用生态学的焦点可谓已集中于全球可持续发展问题，即如何以可持续发展的概念来设计生物圈的持续利用，设计世界经济新秩序，保持人类共同的未来。应用生态学原有的许多分支学科都在直接、间接地围绕这个目标服务。上世纪 90 年代提出的 SIB（可持续的生物圈建议书）是这一思想的代表，它反映应用生态学面临的重大问题是：①应付全球环境变化的挑战；②生态模型、模拟及系统变化趋势预测；③自然科学与社会科学的结合，以解决自然-社会-经济系统的协调发展；④自然保护与开发的结合等。

今天这个世界、这个时代的生态学不仅是生物理论科学、生物应用技术科学、生物应用工程科学，以服务于所有的自然生态系统（含人工干扰和管理利用的自然生态系统）、人工生态系统（农田、人工林、人工草地、水库、人工湖泊等）、人类利用自然资源的产业系统、经济系统、社会系统和人文系统，而且也应当是在社会科学、经济科学、哲学、伦理等人文科学具有普遍价值的指导、甚至是遵从的科学原则。要做到这一点，就要要求我们生态学有所创新，在创新中求发展。

生态科学要坚持、巩固、发展已有的成熟的学科，不懈地、出色地做好相应的科学服务，在这些领域内，不光是理论性的、技术性的服务，要关注战略性层次的服务；要加强对循环经济、绿色经济、低碳经济、社会可持续发展、区域可持续发展、生态安全、人类健康、全球变化等有关的生态学贡献，其中，将会涌现出有中国特点的理论和实践的创新；要特别重视人类生态学的发展和创新，它正是直接关注人类社会、人类文化、文明、人的伦理、哲学、观念、人类所有进步的生态学基础，还有很多很多的理论和方法论的发展空间，具有广阔的创新天地。

主要参考文献

[1] 李亮，王国聘. 社会生态学的谱系比较及发展前瞻. 南京林业大学学报（人文社会科学版），2008，（03）：79-84，95.

[2] 王正平. 深生态学：一种新的环境价值理念. 上海师范大学学报（哲学社会科学版），2000，（04）：1-14.

[3] 国家自然科学基金委员会. 自然科学学科发展研究战略调研报告——生态学. 北京：科学出版社，1997.

[4] 马尔科夫著. 雒启珂，刘志明，张耀平译. 社会生态学. 北京：中国环境科学出版社，1989.

[5] 社会生态学. 百度百科 百科名片词条（最新版本 2010-10-27）(http://baike.baidu.com/view/1823895.htm).

[6] 深生态学. 百度百科 百科名版词条（http://baike.baidu.com/view/1470004.htm).

第四篇　科　普

森林与人类生活[†]

本文谈的问题，是除木材产品以外的森林与人类生活有关的各个方面。

1　人类文明的摇篮

当今非洲扎伊尔的丛林中自称"森林的孩子"的皮格迈族人，世世代代几乎与世隔绝地生活在那里。森林赋予他们生活的一切，为他们提供羚羊、白蚁、蜗牛、蘑菇和坚果等食物；还有盖房用的枝条、宽叶和泥土；狩猎用的箭，以及野香蕉茎做的烟管和小孩用坚果做的陀螺玩具等。森林还赐给他们以唱歌跳舞的灵感。今天，南美洲委内瑞拉和巴西交界的奥里诺科河源头的密林中生活着亚诺马印第安人，他们经营着原始的农业，栽植香蕉、棕榈，近来也学会了种植薯类。如果说皮格迈人是远古时期人类以森林为生存之源的缩影，那么，亚诺马印第安人就是新石器时代人类原始农业的历史写照。人类历史上原始农业存在了一万年之久，居然到现在还保存有这么远古的农业，功在森林。所以说森林养育了原始人类，人类的文明始于森林。人类农业的发展与森林有着不解之缘，许多食物都来自森林植物，如木薯、薯芋、稻和马铃薯还可以在今天的森林中找到它们的野生种。人类从乔灌木树种中发掘出如此之多的美味水果供享用，如柑橘、梨、苹果、葡萄、桃、荔枝、龙眼、榴梿、芒果、人心果等等，称为世界三大饮料的茶、咖啡、可可也都是木本植物。以种植可可、咖啡为业，如今养活着第三世界的加纳、尼日利亚、象牙海岸、巴西、哥伦比亚等国家的许多农民。因此，森林绝非现在不少人所看到的只是提供木材或其他某些产品而已，它对人类生活的影响是多方面的。由于森林生态系统所孕育的丰富的生物及其基因资源，它将是人类未来工业、农业、医药原料和未来能源的希望；由于木本植物所能提供产品的多样性，它们生态、生理的多样性，以及它们多年生的重要特征，可能形成农业的新格局；由于森林生态系统物质循环和能量转化的特点，它是陆地生态平衡的支柱，是保障农业生产和城乡环境保护的卫士，由于森林生态系统类型的千姿百态，景观优美，孕育着许多珍禽异兽，是开辟旅游保健、陶冶人类，提供人们以美的享受的巨大源泉。所以应当说，森林具有对人类生活影响的多种功能，而这些功能，往往比有形的直接产品价值还高。这里重点谈与农业有关的若干功能。

2　未来农业、工业、医药的原料

目前，森林的产品涉及人类生活的有木材、编条、纤维、纸浆、薪炭、芳香油、树脂、栲胶、食用油、淀粉、药材、药物、水果、干果、蜜、蜡、橡胶、虫胶、颜料、染

---

† 蒋有绪，1983，世界农业，（12）：24-27。

料、食用真菌、毛皮兽、猎物及其他各种化工、化纺原料，可以说，衣食住行无所不及。然而，实际人们所能利用的森林动植物种只是森林生物世界的一小部分，更是世界生物资源的凤毛麟角。正如联合国教科文组织"人与生物圈委员会"的材料"行动中的生态学"所形容的：世界上已知生物种类一千多万种，只不过是漂浮在北冰洋上冰山（如果整个冰山代表世界上所有物种的话）暴露在水面上的那部分而已，而人们所利用的又只不过是冰峰的峰顶那一小部分。

目前，人们正在从森林植物中不断发现新的食物、水果和药物（如止痛药材、抗生素、强心剂、抗白血病药材、激素、抗生素、凝血素、避孕药、堕胎药材等）。东南亚热带森林中的山竹子被认为可能是世界上最美味的水果之一，与水果之王榴梿并列，誉为水果之"后"（皇后）。热带的一种豆类——翼豆，是豆类中蛋白质含量最高的。育种家们为了改善作物的品质，往往需与野生种杂交而获得所要的性状基因。蚜虫曾对英国的马铃薯造成巨大危害，英国农业部从玻利维亚森林里找到一种叶片具毛的野生马铃薯，用它杂交，1979年培育出一种新品种，其叶片上的毛就可以诱捕蚜虫，解决了英国马铃薯的蚜虫为害问题。一些新的高蛋白质的高粱、矮壮抗倒伏的水稻品种都是这样获得的。英国E.格兰杰声称："如果人类森林这个丰富的基因库受到侵害，遗传工程学也就没有用处了。"马府油果（Illipe）可能成为印度尼西亚有重要经济意义的新作物，它的油脂可以加工制作巧克力。

热带木本植物还较普遍地含有各种化学成分的组合，而且很少完全雷同，因此被称为热带植物的"化学指纹"。这些不同组合的化学物质也是人类的宝贵财富。现代用的镇静剂利血平就是从印度蛇根木中提取来的，而这种植物在三千年前就被印度人作草药用了，它对蛇咬中毒、精神病、发烧、消化系统的病也都有效。长春花碱、长春新碱是治疗霍德金氏病、急性淋巴白血病和其他癌症很有效的生物碱，而它们只是热带灌木长春花（*Catharanthus roseus*）所含有75种生物碱中的两种。长春花在牙买加、菲律宾、马达加斯加等地都早已被用作草药。美国癌症研究所在取得了这两种治癌成分的成果后，不惜耗用巨资，每年以150万美元用来采集、筛选植物，现在已筛选了2900种植物。1980年《生态学家》杂志指出："热带雨林生态环境的破坏可能关系到人类同癌症斗争的成败"。1943年美国L.马克从墨西哥丛林中的野薯蓣中获得人类性激素黄体酮，可以治疗妇女的不孕症；而这种薯蓣含有的其他激素又可以作避孕药。美国现在每年从这类野生植物中所获得的药品价值超过30亿美元。

3 用之不竭的生物能源

薪炭燃料问题是第三世界广大农村的一个十分严重的生态经济问题。目前热带森林迅速被消灭，其中相当部分是被当做燃料烧掉的。据联合国粮农组织估计，七十年代全世界采伐森林25亿立方米，与工业用一半，烧柴用一半，到1995年，全世界烧柴将达17亿立方米。非洲、亚洲国家的森林只能维持其人民烧柴所需的1/3。即使在发达国家，也大约烧掉了原木的1/10。随着石油等其他能源日益紧张，发达国家也正在寻求可更新的生物能源，主要是木材和从木材中提取的甲醇、甲烷、乙醇等可代替石油燃料的产物。对森林来说，作为燃料的利用途径主要分三类。①利用现有森林采伐剩余物。如利用木片，这远比燃烧木炭和转换成木煤气等方法要经济。一吨木片相当于一桶石油，在美国一些地方，一吨木片价格为 14 美元，而每桶石油为 36 美元，因此美国在有条件的地方都推广使用薪柴炉取暖。至于利用木材采伐剩余物气化或液化后再用，其成本虽较高，但就利用来说比直接烧木片的效率要高。②营造速生薪炭林。这多半是采用具有强萌生力、固氮能力、生长快、用途多的树种。在温带有杨、柳、悬铃木、赤杨等。赤杨（*Alnus*）过去长期被视为杂木，现在发现它具有生长迅速、固氮能力、对立地要求低等特点，称之为"摇钱树"。赤杨生长十年，可增加土壤含氮量 27%。亚热带、热带有桉树、银合欢、石梓、木麻黄、大叶合欢等。其中在南亚热带、热带颇为时髦的是新银合欢（*Leucaena leucocephala*），它原产拉丁美洲，有固氮作用，抗旱，叶内含有丰富蛋白质，可作饲料，木材可作建筑材，作薪材也经济合算。五年生树木可生长到 15 米高，木材年生长量每公顷 200 立方米。它的缺点是不耐酸性土壤（pH 5.5 以下），树叶做饲料有轻微毒性，但目前夏威夷已培育出耐酸性土壤和毒性低的品种，其嫩叶和嫩荚还可做美味的汤和菜肴。③种植"柴油林"，即栽培可直接产生燃料油的树木。目前已知供试验的树种有美洲大戟科的 *Euphorbia lathyrus*，它的乳胶与其他物质混合，就成一种可燃用的原油，每桶成本 20 美元，美国西部有四万平方英里的地方适合种植。由于大家的注意力转移到可直接产油的树木方面来，最近就不断发现有新的柴油树种。巴西的 *Copaifera langsdorfii*，菲律宾的大花龙脑香，它们的油都可直接用于汽车。现在最引人注目的是霍霍巴（Jojoba），这是一种能抗旱、抗盐碱、生命力极强的灌木，种子含 50%液态蜡，人工栽培可以提高到每公顷产油 1000 公斤，美国、墨西哥都正在大规模栽植。

4　可能建立新的农业类型

树木的特点是多年生，在经营中可以少耕动土壤，减少水土流失。一些常绿树种可以长年利用光照；由于树根比较深，一般可以与草本作物分层利用土壤的养分和水分。由于树形大小不一，生态习性也很不同，所能提供的产品也比较多，有可能根据需要，把乔灌木配置成合理的结构来最经济地利用空间，提高群体的生产力。一些农作物有时需要树木的挡风、遮阴或截水等作用，因此，有乔灌木生长的农田生态系统有助于提高整个农林系统的抗逆性，增加其稳定性。因此，现在越来越多的农学家注意到利用乔灌木的长处，有些地区的农民也早有这方面的实践经验，一些由林业与农业、牧业结合，乔灌木与草本作物结合的新的农业格局正在形成。农田防护林网保护平原地区，特别是干旱区的小麦、黑麦的种植，是人们已熟知的形式。目前发展的新的形式如下。①山区发展木本农业，即以经济树木代替草本作物。美国哥伦比亚大学史密斯教授在他的《木本作物——永久的农业》一书中，认为这是减少山区土壤侵蚀、保持水土的良好的农业形式。草本作物的农业是在平原区发展形成的，并不适合山区；他提出在山区应当发展木本农业。法国科西嘉岛上山地种植栗树，为人们提供了食物，为牲畜提供了饲料，还生产木材。其中核桃被当地人称为"面包黄油树"。②林农间作，即混农林业。混农林业一词在 1958 年就被提出，有文献指出早在一百年前缅甸即已实行，后由亚洲传至非洲、拉丁美洲。一些科学研究证实大多数的农作物与林木在一起时，相互都没有什么影响，两者实际上都能获得较高收成。西班牙马略卡岛上 90%的农田都是林粮间作，上层是无花果、杏、橄榄、栎，下层是大麦或小麦。中美洲一些农民模仿森林的多层结构，在小区上（不超过 0.1 公顷）可以做到 20 多种作物配置的不同类型，如椰子或木瓜等为上层，香蕉、柠檬为中层；下面为可可、咖啡等灌木，再加上每年一熟的玉米和豆类同作。许多权威人士都同意农林间作比单纯林业或农业可更有效地利用土地，为此成立了混农林业研究国际委员会（ICRAF）来研究指导工作。③林牧结合。地中海国家森林牧草和放牧占林业收入的一半。法国、意大利在山区开辟森林牧场，采取综合措施，包括施肥、调剂载畜量以提高牧场肥力。新西兰、印度、美国南部、罗马尼亚也都进行这一形式的经营。林地放牧一般做法是把植树的株行距加宽（如新西兰为 7×1.5 米），造林最初几年利用牲畜压土以减少杂草，这就减轻了杂草与幼树间的竞争；同时，羊羔的成活率也比无林地高。

5　毁林带来的灾害

这里列举几个毁林所造成的恶果，以期引起人们的注意。自 1830 年美国开采其西部山区的原始森林以来，那里的山地逐步变成了没有生产力的光山秃岭。1934 年一场大风暴，就从美国西部干旱地区刮走三亿多吨土壤。印度在其 330 万平方公里的土地上有 140 万平方公里的土壤在流失，每年的表土流失量达 60 亿吨。联合国统计，由于滥伐森林、挖取灌木作燃料等破坏植被的活动，引起全世界每年因沙化而放弃的土地面积等于美国的一个缅因州。全世界已沙化和濒于沙化危险的地区达二千万平方公里，等于两个加拿大的面积。沙漠化威胁着 6.2 亿人口的未来，其中有 5000 万～7800 万人会直接受害减收。西德马克斯普朗克湖沼研究所所长哈·西奥利预测，如果任目前土壤沙化的速度继续下去，20 年内全世界耕地就会消失 2/3。

过去，对水利工程一般比较偏爱，而忽视生物工程的配合。印度 1979 年洪水暴发，冲坍水坝，袭击古吉拉特邦西部工业城市莫尔维，淹死 1.5 万人，从而认识到应该同时重视森林拦水、蓄水的作用。现在，日本、美国、苏联等都在计算森林在水源涵养、水土保持等方面的社会公益价值。

森林的破坏引起小气候的恶化已有公论，如亚马逊地区森林采伐及刀耕火种使土壤持水能力受到影响；不毛之地可使当地干旱期延长。世界气候会议（日内瓦，1979）的"宣言和支持文件"中指出，"森林的采伐是改变局部或地区气候的潜在因素之一"。森林覆被大规模地被破坏能否影响全球的气候，不少研究分析也是持肯定的态度。

在 1980 年《生态学家》这一刊物上，英国环境生态学家 E.格兰杰说过这样的话："森林是一切生命之源，当一种文化达到成熟或过熟时，它必须返回森林，来使自己返老还童。如果一种文化错误地冒犯森林，生物的衰败就必不可避免"。

森林的保护[†]

森林是国家重要的、不可替代的财富，它除了提供木材和各种林副产品外，还具有涵养水源、保持水土、防风固沙、调节气候、保障农牧业生产、保存森林生物物种、维持生态平衡等重要作用。

在文化历史悠久、人口众多、自然灾害频繁的中国，森林尤有特殊重要的意义。例如，长江中上游和东北地区森林的水源涵养功能，对减少长江和东北三江的泥沙量，调节江河水量，保障长江中下游平原和松嫩、三江平原的农田起着重要的作用。天山、阿尔泰山、祁连山等干旱区的山地森林对涵养水源、保障山麓农区的用水十分重要。荒漠胡杨林、梭梭林、柽柳林维持生态环境的价值，远远大于其樵采利用价值。平原农区的农田防护林，对减轻或免除干热风、台风和常风危害，提高农业产量，具有明显效益。黄土高原的残余"梢林"和干旱区人工营造的防风固沙，有益于当地自然环境的改善。

1　中国森林资源的基本情况

中国地域辽阔，自然条件多样，适宜各种林木生长。据第五个五年计划森林资源清查，中国现有森林面积 1.15 亿公顷，森林蓄积量 90 亿立方米，森林覆盖率为 12%。还有大面积的宜林荒山荒地，适宜发展林业。现有森林资源的特点是：

1.1　树种和森林类型繁多

构成中国森林的树种极其繁多。据统计，全国乔灌木树种约有 8000 种，其中乔木约 2000 种，包括 1000 多种优良用材及特用经济树种。由于中国在第四纪冰川期间，大部分地区未被冰川覆盖，成为许多植物的避难所，保存了不少孑遗树种，如水杉、银杏、银杉、金钱松、水松、连香树、珙桐、马尾树、水青树等等。中国还有许多特有木本属如杜仲属、半枫荷属、白蒂树属、香果树属、金钱槭属、喜树属和秤锤树属等等。

森林类型众多。中国拥有各类针叶林、针阔混交林、落叶阔叶林、常绿落叶阔叶混交林、常绿阔叶林、热带季雨林、雨林以及它们的各种次生类型。还有栽培历史悠久并且广泛种植的人工用材林和经济林，如杉木林、毛竹林、漆林、油茶林、油桐林、杜仲林等等。此外，还有华南海涂的红树林、内陆河岸的胡杨林、荒漠沙丘上的梭梭林和高山杜鹃灌丛等各种具有重要防护功能的乔木和灌木林类型。中国还拥有世界上完整的温带和亚热带山地垂直带谱，世界分布最北的热带雨林类型，种类最丰富的云杉和冷杉属森林，世界上罕有的高生产力（每公顷 2000 多立方米）云杉林等等。

---

† 蒋有绪，1987，森林的保护，见：《中国自然保护纲要》编写委员会，中国自然保护纲要，北京：中国环境科学出版社，27-33。

1.2 林产独特丰富

丰富多样的森林生态系统不仅为我们提供各种木材,而且提供多种多样独特的其他森林产品。例如,栖息在森林内闻名于世界的珍贵动物,有寒温带的驼鹿、雪兔;温带的东北虎、紫貂;亚热带的大熊猫、羚羊、金丝猴、朱鹮;南亚热带和热带的野牛、长臂猿、野象等。近来在森林植物中发现了三尖杉酯碱、美登木素、喜树碱等抗癌药物。因含维生素丰富而风靡世界的优良水果猕猴桃就原产中国。森林里还有不少作物、水果和禽畜的原种,如原生稻、野大豆、茶、荔枝、杨梅、苹果、柑橘、原鸡等等。森林还拥有许多野生花卉和观赏鸣鸟资源,如金花茶、兰花、杜鹃、梅花、鹦鹉等等。各种资源不胜枚举。

1.3 森林覆盖率低、资源少

中国森林面积和蓄积量的绝对数虽然可观,但按人口平均每人仅有森林面积 0.115 公顷,蓄积量 9.1 立方米,同世界人均占有森林面积(0.65 公顷)和蓄积量(72 立方米)相比,差距很大。整个国土森林覆盖率仅 12%,低于世界大多数国家森林覆盖率,属少林国家。

1.4 森林资源分布不均衡

森林不仅覆盖率低,而且分布不均。东北和西南地区天然林资源丰富,森林蓄积量分别占全国总蓄积量的 32% 和 39.7%,是目前主要的林业生产基地。东南部丘陵山地森林资源也较多,是主要人工林分布地区。辽阔的西北、内蒙古西部及人口稠密、经济发达的华北、中原和长江、黄河下游地区森林资源稀少。台湾、福建、浙江、黑龙江、江西、湖南、吉林 7 省森林覆盖率在 30% 以上;青海、新疆、上海、宁夏、天津、江苏、甘肃 7 省(直辖市、自治区)森林覆盖率在 4% 以下。台湾省森林覆盖率最高,达 55.1%;福建省次之,为 37%。森林覆盖率最低的是青海省,仅为 0.3%。

1.5 森林林种结构不够合理

长期以来,按经营目的科学地划分林种的工作还没有全面展开,由于过去把森林仅作为生产木材的用材林来经营,没有能按当地生态环境的特点和森林的功能,进行分类经营,以充分发挥森林的多种效益,因此,林种结构不够合理。各个林种的面积占全国森林面积的比例是:用材林 73.2%,经济林为 10.2%,防护林为 9.1%,薪炭林为 3.4%,竹林为 2.9%,特用林为 1.2%。除用材林外,其他各林种的比例都比较少,特别是防护林的比例太小,不能适应森林在生态环境保护方面的需要。

1.6 森林生长率低、生长量小

由于林业经营水平较低,林地平均净生长率仅 2.66%,全国森林年生长量约 2.29 亿立方米，每公顷平均年生长量仅 2.4 立方米，而世界上林业发达国家，林地平均净生长率一般在 3%以上。

2 存在的主要问题

中国森林资源在保护和利用上存在的主要问题是：森林资源面积不断减少，质量日益下降，不适应国民经济发展和维护生态平衡的需要。

据第五个五年计划森林资源清查统计，全国森林覆盖率从 12.7%下降到 12%。特别是用材林减少幅度较大，减少了 13.1%，森林质量也在下降。由于人口众多，建设事业发展较快，对木材以及其他林副产品的需求量越来越大，而森林面积有限，因此无论用材、薪柴、纸浆以及其他林业经济产品的供应都很紧张。随着现代化建设的发展和人民生活水平的提高，对木材及林副产品的需求肯定会有大幅度的增长。如不采取有效措施，供需矛盾将会更加尖锐。

森林资源下降的原因主要如下。

2.1 国有林区集中过伐，更新跟不上采伐

由于多年来国有林区搞单一的原木生产，不重视发挥森林的多种功能和生态效益，木材生产又不按合理经营森林的原则进行，而是按需定产，木材生产任务过重，集中过伐，森林资源年消耗量长期超过年生长量，加上育林经费不足，更新跟不上采伐，使疏林、迹地和荒山扩大。按全国 128 个林业局 1978 年的统计，生长量、可伐量与各局实际木材产量相比，采伐量大于生长量 10.6%，大于可伐量 43%。以此推算，中国森林资源每年减少 2%～3%。据 15 个省（自治区）不完全统计，到 1978 年止，森林采伐面积为 588.5 万公顷，其中更新面积为 332.6 万公顷（人工更新 196.6 万公顷，天然更新 136 万公顷），占采伐面积的 56.5%。在没有更新的面积中，已有 1/3 变成荒山秃岭。

2.2 毁林开垦

山区毁林开荒十分严重，如海南岛由于刀耕火种，每年毁林少则几万亩，多则 20 余万亩，每年平均损失木材估计约 20 万立方米。三江平原自 1968 年开始开垦至 1978 年，宝清、萝北和绥滨 3 县的森林被毁掉 1/4～2/3。

2.3 乱砍滥伐

据第五个五年计划森林资源清查资料分析，全国每年计划外森林资源消耗量是国家计划内消耗量的 2.32 倍，作为薪柴砍伐消耗的资源占全国总消耗量的 30%。干旱地区烧柴严重缺乏，滥砍伐林木，具有重要防护作用的胡杨林、梭梭林、红柳林和各种灌丛惨遭破坏。

2.4　森林火灾严重

森林火灾频繁，其中 90%是人为引起的。大部分林区由于经营管理水平低，防火设施差，火灾预防和控制能力低，造成森林火灾多，损失大。其中较为突出的为云南省和大兴安岭林区。

2.5　森林病虫害严重

据近年来对全国 28 个省、自治区、直辖市（不包括西藏、台湾）主要森林及树种的普查结果，危害严重的树木病害有 60 多种，如落叶松落叶病、枯梢病、松树锈病、杨树腐烂病等。危害严重的森林害虫有 200 多种，如松毛虫、松干蚧、杨尺蠖、白蚁等。仅松毛虫平均每年发生面积 270 万公顷，损失材积生长量 13.4 万立方米。

2.6　造林保存率低

长期以来，由于造林技术不高，片面追求造林数量，忽视质量，造林后又缺乏认真管理，新造林保存率低。据第五个五年计划森林资源清查统计，新造林保存面积仅为造林面积的 1/3 左右。

2.7　林业管理上的失误

长期以来林业指导思想上是重采伐、轻造林育林，把森林当做自然物任意索取，不承认森林有价值。没有建立林价制度，在木材生产中对林木无偿采伐，只计采运成本，森林资源的消耗得不到经济补偿，林业再生产必要的营林资金不足。此外，林业管理上有法不依，执法不严。

森林破坏的严重后果不仅使木材和林副产品短缺，珍稀动植物减少甚至灭绝，还造成生态系统恶化，环境质量下降，水土流失，河库淤塞，旱涝、泥石流等灾害加剧。

3　应采取的主要对策

中国现有的森林资源远远不能满足社会主义经济建设的需要，也不能很好起到维护自然界生态平衡的作用，而且目前还在不断遭到破坏，这是当前中国自然保护工作所面临的一个重大问题。为了保护和扩大森林资源，改善生态环境，在本世纪末应把森林覆盖率提高到 18%。为此，一定要狠抓以下具体措施。

3.1　坚持不懈地大搞植树造林活动

要宣传 1979 年全国人大常委会将每年 3 月 12 日作为我国"植树节"的决定，积极开展全民植树活动，广泛动员全社会参加林业建设。要因地制宜，讲究实效，多林种结合，乔灌草结合，注意造林质量，提高存活率，改进和采用先进的造林技术，加快绿化祖国的步伐。

3.2　加强对森林的经营管理

建立与健全林业管理机构，特别是恢复与建立指导群众管林的林业工作站。调整林价，建立林价制度，确保扩大再生产。各级林业部门要掌握森林资源的消长情况，认真执行《中华人民共和国森林法》，贯彻以营林为基础的林业方针，明确育重于采的原则。制定和实施森林经营规划，确保森林资源的年消耗量低于年生长量，采伐后迹地及时更新。严格控制计划外的木材采伐。搞好森林防火和病虫害的防治工作。

3.3　发挥南方 9 省（自治区）人工速生用材林基地的作用

江西、福建、江苏、浙江、湖南、湖北、广东、广西、安徽等 9 省区的低山丘陵地带，水热条件好，树种丰富，树木生长迅速，宜林面积大，而且有传统的造林经验，可以发挥集体和个人经营林业的积极性，把这一地区建成中国人工用材林生产基地。

3.4　加速平原农区的绿化和防护林建设

平原地区有 663 个县，土地面积占全国的 1/3，人口占 2/3。各县不同程度地存在着干旱、水涝、干热风、寒露风、盐碱等灾害，而且木材、烧柴普遍缺乏，迫切需要营造防护林网。目前，农田防护林的建设在一些县已见成效。例如，河南鄢陵县实现农田林网化后，森林覆盖率已达 17%，蓄积量达 45 万立方米，可年产木材 3 万立方米。这不仅促进了农业生产，还改变了燃料、饲料、肥料、木料俱缺的局面。同时，还应大力营造薪炭林，以解决广大农村烧柴的燃眉之急。

3.5　加强"三北"防护林建设

有步骤地加强"三北"防护林体系的建设，以逐步改善北方干旱、半干旱地区的生态环境和农业生产条件。由于该地区造林困难，建设防护林体系要科学规划，稳步发展。

3.6　封山育林，加强中幼林的抚育管理

中国现有疏林地 1720 万公顷，灌木林 2960 万公顷、为了迅速提高森林覆盖率和生产量，采取封山育林是一条有效措施。实行封山育林不仅成林快，动植物种类也能随之丰富起来，环境质量也会得到改善。

目前森林中，中幼林比例很大，面积约占森林总面积的 71%，但林木生长缓慢，对它们急待进行抚育管理，以便改善森林质量，提高林木蓄积量。

3.7　积极发展经济林和混林作业

中国许多山区适合经济林木的生长，应该大力发展，以增加山区人民的收入。要实行以林为主，林农、林牧相结合的多种经营，实现减耕和免耕，减少水土流失，充分利用光照，建立高效能农林牧结合的人工生态系统。这是山区经济发展的方向。

3.8　提高森林资源综合利用率，节约用材

当前立木利用率比较低，采伐时梢材、枝丫材等采伐剩余物，多数废弃不用。这些采伐剩余物，都是纸浆、人造板和许多林化产品的原料。如把立木利用率大大提高一步，就可以缓和木材供应紧张的状况，减少森林资源的消耗。此外，应积极开展木材代用，推广太阳灶、沼气、节柴灶等，以节约木柴。

3.9　进一步落实林业政策

要坚持谁造谁有的原则，稳定并完善各种形式的联产承包责任制，发展多种形式的经济联合，对林业实行某些特殊的经济扶持政策，增加国家和地方对林业的投入，充分调动国家、集体和个人对经营林业的积极性并依法保护国家、企事业单位、公民的林业权益。

3.10　加强自然保护区的建设和管理

中国森林类型的自然保护区建得比较早，数量相对其他类型保护区多，有些保护区从管理到科学研究上都积累了一定的经验。目前已建的以保护森林和珍稀动物为主的自然保护区 260 余处，但与实际需要相比差距很大，不少已建保护区建设和管理也亟待加强。今后，应按照全国自然保护区规划要求，有计划地进行建设。

中国森林资源状况及其保护利用†

1 中国拥有丰富的树种，它们具有极珍贵的保护和利用价值

中国乔灌木树种 8000 余种，其中乔木 2000 余种，灌木 6000 余种。它们区系成分复杂，包括了世界分布、热带分布、温带分布、泛地中海分布和中国特有的各种成分。但中国大多数树种在地理成分上属于热带、亚热带性质，同时也几乎囊括了世界温带分布的所有木本属，如槭（*Acer*）、桦（*Betula*）、鹅耳枥（*Carpinus*）、胡桃（*Juglans*）、栎（*Quercus*）、冷杉（*Abies*）、云杉（*Picea*）、胡颓子（*Eldegnus*）等。中国还有许多起源古老的树种，这是由于在新生代第四期冰川，华南、华中、西南广大地区，除局部山地冰川外，未遭受冰川的影响，成为许多植物的"避难所"，保存了许多孑遗树种，例如有发生于石炭纪、二叠纪之前的银杏（*Ginkgo biloba*），中生代至老第三纪的罗汉松科的罗汉松（*Podocarpus* spp.）、陆均松（*Dacrydium picrrei*），粗榧科的粗榧（*Cephalotaxus*）7 种，紫杉科的紫杉（*Taxus chinenesis*）、穗花杉（*Amentotaxus argotaenia*）、白豆杉（*Pseudotaxus chienii*）等，还有阔叶树种的木兰科的木兰（*Magnolia* spp.）、鹅掌楸（*Liriodendron chinense*），金缕梅科的双花木（*Disanthus cercidifolius*）、马蹄荷（*Exbucklandia populnea*、*E. tonkinensis*）、红花荷（*Rhodoleia parvipetala*）、连香树科的连香树（*Cercidiphyllus japonicum* var. *sinense*），马尾树科的马尾树（*Rhoiptelea chiliantha*），榆树科的糙叶树（*Aphananthe aspera*）、青檀（*Pteroceltis tatarinowii*），胡桃科的喙核桃（*Annamocarya sinensis*）、青钱柳（*Cyclocarya paliurus*）、杜仲（*Eucommia ulmoides*），山茶科的圆籽荷（*Apterosperma oblata*）、猪血木（*Euryodendron excelsa*）等。中国特有的树种很多，除上述的那些孑遗树种外，还有五加科的通脱木（*Tetrapanax papyrifereus*），金缕梅科的半枫荷（*Semilquidambar cathayensis*），兰果树科的喜树（*Camptotheca acuminata*），七叶树科的伯乐树（*Bretschneidera sinensis*），珙桐科的珙桐（*Davidia involucrata*），腊梅科的腊梅（*Chimonanthus praecox*），紫树科的紫树（*Nyssa sinensis*）、香果树（*Emmenopterys henyi*），野茉莉科的秤锤树（*Sinojackia xylocarpa*）、山白树（*Sinowilsonia henryi*），省沽油科的银鹊树（瘿椒树，*Tapiscia sinensis*），还有毛竹（*Phyllostachys pubescens*）等等。

中国森林类型众多，拥有各类针叶林、针阔叶混交林、落叶阔叶林、常绿阔叶与落叶阔叶混交林、落叶阔叶林、常绿阔叶与落叶阔叶混交林、常绿阔叶林、热带季雨林、热带雨林，以及它们的各种次生类型。据"中国植被"（1980 年）的分类，中国森林主要类型计划分为森林 210 个群丛（association），竹林 36 个群丛，还有许多由人工栽植的用材林和经济林，如杨树（*Populus* spp.）、漆树（*Toxicodendron verniciflluum*）、油茶

† 蒋有绪，1990，中国森林资源状况及其保护利用，见：《中国自然保护纲要》编写委员会，中国自然保护文集，北京：中国环境科学出版社，92-116。

（*Camellia oleifera*）、油桐（*Vernicia fordii*）、杜仲等，以及许多具有防护作用的灌丛类型，如荒漠沙丘的梭梭（*Haloxylon ammodendron*）林、高山杜鹃（*Rhododendron* spp.）灌丛等。中国还拥有世界上最完整的温带、亚热带的山地垂直带谱，北半球纬度最高的热带山地雨林、季雨林类型，种类最丰富的云杉、冷杉属森林，世界上罕见的高生产力（每公顷 2000 多立方米木材蓄积量）的雅鲁藏布江峡谷云杉林，这些都具有重要的科学研究价值。

中国丰富的树种和多种类型的森林给人民带来了各种各样的林产品。除了各部门须臾离不开的木材外，还提供有栲胶、树胶、虫胶、芳香油、食用油、其他工业用油、染料、颜料、水果、干果、淀粉、纤维、山货、鸟兽、蜜、蜡、饲料、薪炭、药材和其他医药化工原料。落叶松、红松、杉木等都是很好的建筑用材，云杉是制造乐器和滑翔机等用的特殊木材，子京（*Madhuca hainanensis*）、盘壳栎（*Quercus patelliformis*）、荔枝（*Litchi chinensis*）、蚬木（*Burretiodendron hsienmu*）等等热带硬材是制造高级贵重家具用材。中国可提取栲胶的树种不下 200 种，单宁含量高的有 70 余种，如黑荆树（*Acacia decurrens*）、儿茶（*A. catechu*）、栓皮栎（*Quercus variabilis*）、栲树（*Castanopsis fargesii*）、山槐（*Albizia kalkora*）、角果木（*Ceriops tagal*）等。以食用为主的油料树种有 100 种左右，如油茶、文冠果（*Xanthoceras sorbifolia*）、核桃（*Juglans regia*）、核桃楸（*J. mandshurica*）、榛子（*Corylus heterophylla*）等种仁或果肉的含油率都在 50%以上。工业用油料树种也有 200 余种，种仁含油率在 50%以上者有梧桐（*Firmiana simplex*）、油桐、千年桐（*Vernicia montana*）、山杏（*Prunus armeniaca*）、元宝槭（*Acer truncatun*）、大叶润楠（*Machilus kusanoi*）、泡花润楠（*M. pauhoi*）、白木香、乌桕（*Sapium sebiferum*）、粗榧（*Cephalotaxus sinensis*）、大叶朴（*Celtis koraiensis*）、大叶山楝（*Aphanamixis grandifolia*）、榄仁树（*Terminalia catappa*）等等。能提取芳香油的木本植物有 100 多种，如柏木（*Cupressus funebris*）、山苍子（*Litsea cubeba*）、香樟（*Cinnamomum camphora*）、乌药（*Lindera strychnifolia*）、桂花（*Osmanthus fragans*）等。能提供淀粉、蛋白质的木本粮食树种很多，有 400 种左右，如栲、栎、石栎、青冈栎、麻栎各类树种。中国还有极丰富的野生果类，具有很大发展潜力，如以富含维生素而风靡世界的猕猴桃（*Actinidia* spp.）（原产中国）。此外，还有枇杷（*Eriobotrya japonica*）、山楂（*Crataegus* spp.）、悬钩子（*Rubus* spp.）、稠李（*Prunus padus*）、杜梨（*Pyrus betulaefolia*）、野樱桃（*Prunus* spp.）、桃金娘（*Rhodomyrtus tomentosa*）、龙眼（*Dimocarpus longan*）、荔枝、君迁子（*Diospyros lotus*）、沙枣、杨梅（*Myrica nana*）等，都是很有研究价值的野生果类。木本药用植物更是可观，枸杞（*Lycium chinensis*）、肉桂（*Cinnamomum cassia*）、厚朴（*Magnolia officinalis*）、黄连（*Coptis chinensis*）、白木香、杜仲等都是我国著名药材，森林环境还生产许多草本珍贵药材，如人参（*Panax ginseng*）、当归（*Angelica sinensis*）、大黄（*Rheum* spp.）、三七（*Panax pseudogingseng*）、贝母（*Fritillaria cirrhosa*）、天麻（*Gastrodia elala*）、益智（*Alpinia oxyphylla*）等。目前，还不断从森林植物中发现有用药物成分，如三尖杉碱、美登素、长春碱等抗癌药物。栖息于我国森林的野生动物资源也极丰富，估计有 1800 余种，而且有许多珍贵的种，如寒温带的驼鹿（*Alces alces*）、雪兔（*Lepus timidus*），温带的东北虎（*Panthera tigrus*）、紫貂（*Martes zibellina*），青藏高原的藏羚羊（*Panthlops hodgsoni*）、白唇鹿（*Cervus albirostris*），亚热带的大熊猫（*Ailuropoda melanoleuca*）、金

丝猴（*Rhinopithecus roxellanae*），南亚热带、热带的野牛（*Box gaurus*）、长臂猿（*Hylobates* spp.）、野象（*Elephas maximus*）等。此外，中国的森林和营造的各类人工林在维持国土生态平衡方面，如涵养水源、保持水土、改良土壤、固沙挡风、净化空气、改善小气候等都具有重要作用，也具有重要的保健卫生和旅游价值。

2　中国林业分区概况

2.1　东北林区

2.1.1　大兴安岭林区

包括大兴安岭山地，小兴安岭北坡。属寒温带针叶林，为东西伯利亚山地针叶林向南延伸部分，主要有兴安落叶松（*Larix gmelinii*）林、樟子松（*Pinus sylvestris* var. *mongolica*）林，东部有少量红皮云杉（*Picea koraiensis*）、鱼鳞云杉（*P. jazoensis* var. *microsperma*）林，高海拔有偃松（*Pinus pumila*）林。落叶松林和樟子松林破坏后常形成白桦（*Betula platyphylla*）、山杨（*Populus davidiana*）次生林或蒙古柞（*Quercus mongolica*）林（在东部较多）。本林区开发历史早，是我国重要木材生产基地，落叶松为优良建筑和车辆用材，白桦、山杨木材纤维长，易漂白，适用于化纤和造纸工业，桦木也是优良胶合板用材，落叶松天然更新良好，本区主要造林树种还有樟子松、红皮云杉等。本林区在林业经营上应注意森林更新，保持永续作业，逐步建成制材、栲胶及林产品综合利用的现代化林业生产基地。

2.1.2　小兴安岭、长白山林区

包括小兴安岭、张广才岭、完达山及长白山。本区已有明显垂直带，由低海拔向上依次为落叶阔叶林、针叶阔叶混交林、针叶林、亚高山灌丛、高山苔原各带。小兴安岭主要是红松（*Pinus koraiensis*）林及其与阔叶树的混交林，阔叶树种常见的有枫桦（*Betula costata*）、紫椴（*Tilia amurensis*）、五角枫（*Acer mono*）、水曲柳（*Fraxinus mardshurica*）、糠椴（*Tilia mardshurica*）、黄菠萝（*Phillodendron amurensis*）、春榆（*Ulmus propinqua*）等。长白山低海拔落叶阔叶树主要是蒙古栎、山杨、糠椴、黄菠萝、茶条槭（*Acer ginnala*）、胡桃楸，也有赤松（*Pinus densiflora*）林、蒙古栎林；针阔叶混交林主要树种是红松、杉松（*Abies holophylla*）占优势，还有臭冷杉、红皮云杉、长白鱼鳞云杉、黄花落叶松（*Larix olgensis*），阔叶树有辽杨（*Populus maximowiczii*）、枫桦、千金榆（*Carpinus cordata*）、春榆等。在河谷沼泽地黄花落叶松有纯林。针叶林以红松、红皮云杉、长白鱼鳞云杉、臭冷杉为主。本区森林茂密，树种丰富，木材蓄积量大，多优良用材，还有野生果类如茶藨子（*Ribes*）、悬钩子、山楂、秋子梨（*Pyrus ussuriensis*）等。本区是我国重要木材生产及木材加工工业基地。本区森林对松花江流域水土流失有密切关系，应充分重视并发挥森林保持水土、涵养水源的效益。本区经营应加强红松天然林的抚育更新，大力发展红松、红皮云杉、长白鱼鳞云杉等人工用材林，谷地、河流两岸、山坡中下部土层深厚肥沃的土壤上可营造水曲柳、黄菠萝、紫椴、胡桃楸等珍贵阔叶用材林。日本落叶松

（*Larix leptolepis*）为荒山造林优良树种之一。

2.1.3　东北平原农田防护林区

包括松嫩平原、辽河平原及东北东部山地的山前台地部分。本区主要是农垦区和农区。山前台地土壤肥沃地可重点发展日本落叶松、黄花落叶松、糠椴、紫椴、黄菠萝、水曲柳、胡桃楸等人工林，加强抚育次生林。平原农区营造防护林和四旁植树可选用西伯利亚杨（*Populus sibirica*）、小青杨（*P. pseudosimonii*）、小叶杨（*P. simonii*）、小黑杨（*P. simonii* × *P. nigra*）、中东杨（*P. berolinensis*）、青杨（*P. cathayana*）、北京杨（*P. nigra* var. *italica* × *P. cathayana*）、白榆（*Ulmus pumila*）等，山地可用大青杨、（*Populus ussuriensis*）、香杨（*Populus koreana*）。

2.1.4　东北西部沙区

包括海拉尔以南，至辽宁西部章古台一带，其间多沙丘，但仍残留有小片天然林，如红花尔基的樟子松林、阿金山石塘的兴安落叶松林、白音敖包的红皮云杉林，以及一些华北落叶松（*Larix principis-rupprechtii*）林。章古台一带沙地人工营造的樟子松林，防风固沙效益显著。本区在沙丘、沙荒地应采用乔灌木结合大力进行固沙造林，不同立地条件下选用樟子松、油松（*Pinus tabulaeformis*）、红皮云杉、沙柳（*Salix mongolica*）、紫穗槐（*Amorpha fruticosa*）、胡枝子（*Lespedeza bicolor*）等树种。本区大规模营造农田防护林和四旁植树，不仅可改善气候、调节径流、涵养水源，防止风沙旱涝灾害，还可以为广大农村提供用材、燃料、肥料、饲料。

2.2　华北区

2.2.1　辽东半岛、胶东半岛林区

本区森林主要是赤松林和以落叶栎类如辽东栎、麻栎、蒙古栎、槲树（*Quercus dentata*）等为主的落叶阔叶林。其他阔叶树有枫杨（*Pterocarya stenoptera*）、紫椴、水榆、花楸（*Sorbus alnifolia*）、小叶杨等。村庄附近多散生白榆、槐树（*Sophora japonica*）、楸树（*Catalpa bungei*）、泡桐（*Paulownia* spp.）、臭椿（*Ailanthus altssima*）等。千山有黑皮油松（*Pinus fabulaeformis* var. *mukdensis*）天然林，丘陵山区有饲养柞蚕的人工麻栎林。本区造林树种除上述的以外，还可有日本落叶松、毛白杨（*Populus tomentosa*）、加杨（*P. canadensis*）、群众杨（*P. simoniixgra* var. *italica*）、沙兰杨（*P. xeuramericana* cv. *sacrau*）、刺槐（*Robinia pseudoacacia*）、香椿（*Toona sinensis*）、紫穗槐等。水杉在旅大和山东沿海地区也可生长，石灰岩山地可用侧柏（*Platycladus orientalis*）、臭椿、黄连木（*Pistacia chinensis*）造林。本区林少人多，用材、薪材均缺乏，应积极发展用材林、薪炭林和农田防护林。本区还盛产苹果、莱阳梨、枣、柿、胡桃、板栗、桃、樱桃、葡萄等干鲜果品，均应重点发展。

2.2.2　华北平原农田防护林区

包括太行山脉以东的冀北平原、胶莱平原和黄淮平原。本区主要是农业区、天然森

林多遭破坏，鲁中南山地也多荒芜秃岭。常见树种有油松、栓皮栎、辽东栎、麻栎、侧柏、桧柏（*Sabina chinensis*）、白皮松（*Pinus bungeana*）、槐树、桑树（*Morus alba*）、旱柳（*Salix matsudana*）、毛白杨、花曲柳（*Fraxinus rhynchophylla*）、臭椿、黄连木、泡桐、构树（*Broussonetia papyrifera*）、白榆、楸树、山桃（*Prunus davidiana*）、核桃、栾树（*Koelreuteria paniculata*）、小叶杨、加杨、板栗（*Castanea mollissima*）等。鲁中山地有白蜡、蒙古椴、黑弹树（*Celtis bungeana*）、构树、山槐、黄檀（*Dalbergia hupeana*）等。本区气候春旱夏涝，对农业生产不利，结合农田水利建设和盐碱地改良，要大力营造农田防护林和四旁绿化，以调节水源和改善局部气候条件，还可适当解决民用材自给。本区水肥条件好的地方适宜发展速生用材树种，如杨树类、泡桐等。轻盐碱地造林可用白榆、黄榆（*Ulmus macrocarpa*）、小黑杨、桑、槐、旱柳、紫穗槐、杞柳（*Salix purpurea*）等。本区还是鸭梨、蜜桃、小枣等产地，有优良品种，应有计划发展。

2.2.3　华北山地林区

包括秦岭以北黄土高原东南部的吕梁山、中条山、太行山、冀北燕山、陕西子午岭、六盘山、河南伏牛山等山地。山地低海拔（1400m 以下）处以落叶栎类、油松林分布为主，侧柏也较普遍，但以干旱瘠薄处为多。栎类有櫟栎、栓皮栎、槲树等的小片林，海拔高处有白杆（*Picea meyeri*）林、混生青杆（*P. wilsonii*）、棘皮桦（*Betula davurica*）、白桦、臭杉或红桦（*Betula albo-sinensis*）等，再高出现华北落叶松林，五台山有散生白皮松林、中条山上部有华山松（*Pinus armandii*）林。低山区还常有次生阔叶幼中林，当地称"梢林"。村庄附近有臭椿、槐、白榆、楸树、泡桐、构树、黑弹树、香椿、青杨、小叶杨、箭杆杨（*Populus nigra* var. *thevestina*）等。本区黄土高原部分应植树种草，建议进行必要的水土保持工程。山区的天然林（包括次生梢林）对华北平原、黄土高原的水土保持、水源涵养有重要作用，要合理经营利用，要改造次生梢林，提高林木质量，并解决当地需要的小径用材、工矿用材、薪炭材等。还应发展梨、苹果、山楂、杏、桃、柿、枣、核桃、文冠果、翅果油树（*Elaegnus mollis*）、花椒（*Xanthoxylon bungeanum*）等经济树种。

2.3　华东、华中区

本大区的特征是普遍分布有人工栽植的杉木林、马尾松（*Pinus massoniana*）林、毛竹林、油茶林、油桐林和茶树，是我国重要用材林和经济林基地。就其植被天然特征而言，基本上属亚热带常绿叶林带，并可根据区域特征分为下列五个林区。

2.3.1　秦巴山地林区

包括秦岭、大巴山、巫山及其向东延伸的余脉区。本区是华山落叶阔叶林向华中常绿阔叶林的过渡区，以喜暖湿的落叶阔叶树种与较耐寒的常绿阔叶树种形成的混交林为特征。次生林以马尾松、栎类为主，人工栽植的马尾松、杉木、毛竹林极普遍。森林垂直带大体可分落叶阔叶林和侧柏林带，常见树种有旱柳、箭杆杨、毛白杨、白榆、槐、臭椿、构、桑、皂荚（*Gleditsia sinensis*）、枫杨、梧桐、榉（*Zelkova schneideriana*）、刺楸（*Kalopanax septemlobus*）、珊瑚朴（*Celtis julianae*）、七叶树（*Aesculus chinensis*）等，华山松或巴山松（*Pinus henryi*）林、栎林带，栎类有尖齿槲栎（*Quercus aliena* var. *acutiserrata*）、栓皮栎、槲树等，落叶阔叶树有红桦、五角枫、小花香槐（*Cladrastis sinensis*）、湖北花楸（*Sorbus hupehensis*）、花曲柳、漆树、野核桃（*Juglans cathayensis*）、冬瓜杨（*Populus purdomii*）、亚桠乌药、楤木（*Aralia chinensis*），猕猴桃等；针叶林带，有秦岭冷杉（*Abies chensiensis*）、巴山冷杉（*A. fargesii*），在秦岭还有秦岭红杉（*Larix chinensis*），在大巴山有黄果冷杉（*A. ernestii*），麦吊云杉（*Picea brachytyla*），低海拔有铁坚杉（*Keteleeria davidiana*）和铁杉（*Tsuga chinensis*）。大巴山已出现檫木（*Sassafras tsumu*）、毛叶连香树（*Cercidiphyllum japonicum* var. *sinicum*）、鹅掌楸、水青树、青冈栎（*Cyclobalanopsis glauca*）、黑壳楠（*Lindera megaphylla*）、水青冈（*Fagus longipetiolata*）、米心树（*Fagus engleriana*）、黄杉（*Pseudotsuga sinensis*）等我国西南和南方的树种。巫山山脉向东延伸至湖北利川一带，这里有天然生水杉林。本区还栽培有淡竹（*Phyllostachys glauca*）、水竹（*P. congesta*）、慈竹（*Sinocalamus affinis*）和巴山木竹（*Arundinaria fargesii*）等竹类。本林区可因地制宜发展华山松、马尾松、杉木、黄杉、竹子等，以建成我国新的用材林基地和发展油桐、栓皮栎、漆、杜仲、棕榈（*Trachycarpus fortunei*）、茶、桂花等经济树种，以及其他水果、干果等。石灰岩山地可用柏木、麻栎、栓皮栎等造林。

2.3.2　淮南长江中下游山地丘陵林区

包括淮河以南安徽，江苏南部、浙江北部，江西北部、湖北中部东部等北亚热带山地丘陵和长江中下游平原。本区森林植被主要属落叶阔叶林与常绿阔叶林的过渡混交林带，北部如安徽琅玡山，江苏宁镇山区以落叶阔叶树为主，南至杭州及皖南山区则以常绿阔叶树为主。此外，人工杉木林、毛竹林、油茶林均较普遍。北部主要树种有麻栎、琅玡榆（*Ulmus chenmoui*）、榔榆（*U. parvifolia*）、榉树、青檀、糙叶树、黑弹树、朴树（*Celtis sinensis*）、黄连木、枫香、毛梾（*Cornus walteri*）、流苏（*Chionanthus retusa*）、三角枫（*Acer buergerianum*）、女贞（*Ligustrum lucidum*）、落叶女贞（*L. lucidum* var. *latifolium*）。由宁镇山区往南至太湖山区、浙北、则有金钱松（*Pseudolarix amabilis*）、浙江楠（*Phoebe chekiangensis*）、钩栗（*Castanopsis tibetana*）、樟树、檫树、华东黄杉（*Pseudotsuga gaussenii*）、台湾松（*Pinus taiwanensis*）。绿化树种有雪松（*Cedrus deodara*）、龙柏（*Sabina chinensis* var. *kaizuca*）、铅笔柏（*S. virginiana*）、池杉（*Taxodium ascendens*）、落羽杉（*T. distichum*）、重阳木（*Bischofia polycarpa*）、悬铃木（*Platanus acerifolia*）、鹅掌楸、美国鹅掌楸（*Liriodendron fulipifera*）、大叶榉（*Zelkova schneideriana*）等。

2.3.3　江南丘陵及浙闽丘陵、南岭林区

包括福建中部北部、浙江中部南部、江西中部北部、湖北中部东部的丘陵地区和南岭山地。这里为典型的常绿阔叶林带。除杉木林、马尾松林、毛竹林和油桐林外，天然林有米槠（*Castanopsis carlesii*）林、青钩栲（格氏栲 *C. kawakamii*）林，和以栲（*C. fargesii*）、甜槠（*C. eyrei*）、南岭栲（*C. fordii*）、罗浮栲（*C. fabri*）、乌楣栲（*C. jucunda*）、钩栗、光叶青冈（*Cyclobalanopsis mysinaefolia*）、青冈、小叶青冈、闽楠（*Phoebe bournei*）、小叶阿丁枫（*Altingia gracilipes*）、木荷（*Schima superba*）、石栎（*Lithocarpus glaber*）

等混生的常绿阔叶林。一般在海拔稍高处有针叶树与常绿阔叶树的混交林，针叶树有台湾松、铁杉、华东黄杉、柳杉等，阔叶树有青冈、莽山木荷（*Schima remotiserrata*）、光皮桦（*Betula luminifera*）、鹅掌楸、黄山木兰（*Magnolia cylindrica*）等。针叶纯林主要是台湾松，分布较广，大别山、黄山、天目山、天台山，南至武夷山、戴云山，西向经九岭山、武功山，至衡山都有分布。香榧（*Torreya grandis*）在本区也较普遍，一般栽培作干果生产。本区近来还发现有冷杉新种，如浙闽山地百山祖山有百山祖冷杉（*Abies bashanzuensis*）、广西融安元宝山和资源越城岭高山上也都各发现冷杉新种。日本冷杉在本区早有引种栽培，浙江莫干山、江西庐山都生长良好。本区树种资源十分丰富，树木生长也较快，本区的沅江流域的"辰杉"，湘江上游的"瑶杉"均以树干高直、材质优良闻名，湘西的桐油"洪油"以优质著称。本区应重点发展以松、杉、竹为主的用材林和油茶、油桐、乌桕、杜仲、樟、薄壳山核桃（*Carya illinoensis*）、漆、厚朴（*Magnolia officinalis*）、白蜡、楠木、茶、桑等经济林。

2.3.4 四川盆地丘陵林区

包括四川盆地及其周围丘陵山地。盆地农区主要树种有桢楠、麻栎、栓皮栎、红豆树（*Ormosia hosiei*）、桤木（*Alnus crematogyne*）等，慈竹、毛竹、川橘（*Citrus reliculata*）、柚子（*C. grandis*）多栽培，在泸州、合江一带还产龙眼、荔枝、橄榄（*Canarium album*）丘陵、山地的马尾松、毛竹、杉木林甚普遍。海拔2200m以下的常绿阔叶林树种主要有桢楠、小叶桢楠、润楠（*Machilus pingii*）林、短刺米槠（*Castanopsis carlesii* var. *spinulosa*）林、丝栗、华木荷、箭杆栎（*Lithocarpus cleistocarpus*）、包果柯（*L. viridis*）、小叶青冈、光叶水青冈（*Fagus lucida*）等，其他混生树种常有七角槭、高山槭（*Acer laxiflorum*）、大叶椴（*Tilia nobilis*）、珙桐、高山七叶树、山麻柳、连香树、银雀树等。稍高海拔有落叶的香桦、丁木（*Acanthopanax evodiaefolia*）、七角槭。海拔2400m以上有针叶树林，树种有铁杉、云南铁杉、油麦吊杉等；2600m以上有冷杉纯林。本区农作物种类多，产量高，是我国重要粮食基地之一，但丘陵低山仍可发现杉木、马尾松、楠木、竹类等用材林，村镇结合四旁植树发展经济林木，如柑橘、油桐、茶、漆、白蜡。泸州、合江一带还可栽龙眼、荔枝。

2.3.5 贵州高原东部林区

东接南岭山地，包括贵州东部、中部和东南部。本区为马尾松、杉木产区。锦屏杉木驰名全国。漆、栓皮、杜仲产量也较高。梵净山还保存有天然林，海拔1500m以下有栲类为主的常绿阔叶林，如栲、米槠、甜槠、钩栗等，还有樟科的白楠、黑壳楠、虎皮楠等。海拔1300～1900m为常绿落叶阔叶混交林带，常绿树种有青冈栎、小叶青冈栎、黔桐、曼栎（*Cyclobalanopsis oxyodon*）、厚皮栲、巴东栲等，落叶的有水青冈、中华槭、三峡槭（*Acer wilsonii*）、野樱桃、青榨槭、椴树等。海拔1900～2100m为落叶阔叶林带，主要树种有米心水青冈、扇叶槭、中华槭、羽叶泡花树、齿缘吊钟花（*Enkianthus serrulatus*）、水青树、毛序花楸、红毛花楸等。海拔2100～2350m为针叶林带，以铁杉、梵净山冷杉为优势，混生有丽江铁杉。海拔2350～2572m为亚高山灌丛草甸带。本区是侵蚀切割的高原山地，水土流失严重，在河流上游山区应结合治山治水开展植树造林，扩大森林面积，控制水土流失。

2.4 华南区

2.4.1 闽粤桂沿海丘陵林区

包括南岭以南闽粤两省沿海地区及桂越边境地区。森林类型主要属南亚热带常绿阔叶林，雷州半岛及桂越边境地区有季雨林类型。本区是我国由亚热带常绿阔叶林带向热带雨林、季雨林带的过渡地带，残留的天然林很少，树种有栲栗（*Castanopsis chinensis*）、米槠、华南栲（*C. concinna*）、红椎（*C. hystrix*）、南岭栲、罗浮栲、青冈、岭南青冈（*Cyclobalanopsis championii*）等，与厚壳桂（*Cryptocarya chinensis*）、黄果厚壳桂（*C. concinna*）、木荷、鹅掌柴（*Schefflera octophylla*）、黄杞、阿丁枫等混生，林内有大藤本、鱼尾葵（*Caryota ochlandra*）、树蕨桫椤（*Cyathea spinulosa*）、拟桫椤（*Gynosphaera podophylla*）等，已具有雨林特征。林分破坏后，落叶树种即见增多。本区还有杉木林、马尾松林、丛生竹（如青皮竹 *Bambusa textilis*，粉单竹 *Lingnania chungii*）林、以红椎为主的混交林、以木荷为主的混交林、火力楠（*Michelia macclurei* var. *sublanea*）林、格木（*Erythrophloeum fordii*）林、竹柏（*Podocarpus nagi*）林、桉树林、木麻黄（*Casuarina equisetifolia*）林枧木与金丝李（*Carcinia paucinervis*）、密花核实（*Drypetes congestifolia*）等的混交林、蒲葵（*Livistona chinensis*）林等。雷州半岛沿海尚有一些红树林，以秋茄（*Kandelia candel*）、木榄（*Bruguiera cylindrica*）为主。本区绿化树种有榕（*Ficus microcarpa*）、高山榕（*F. altissima*）、银桦（*Grevillea robusta*）、南洋楹（*Albizzia falcata*）、榄仁树（*Terminalia catappa*）、水松（*Glyptostrobus pensilis*）、南洋杉（*Araucaria cunninghamii*）、夜合花（*Magnolia coco*）、阴香（*Cinnamomum burmanii*）、红千层（*Callistemon rigidus*）、大叶合欢（*Albizzia lebeck*）、银合欢（*Leucaena glauca*）、羊蹄甲（*Bauhinia purpurea*）、假槟榔（*Archontophoenix alexandrae*）、棕竹（*Rhapis excelsa*）等。本区还有柚、柠檬（*Citrus limon*）、香橼（*C. medica*）、柑橘、橙（*C. sinensis*）、龙眼、荔枝等水果，以及许多木本花卉，如九里香（*Murraya paniculata*）、米仔兰（*Aglaia odrata*）等。本区为我国最大水稻产区和重要农业区，但丘陵山区发展林业潜力仍然很大，可因地制宜发展用材林，经济林和果园。本区是我国名茶产区之一，拥有广东清远"笔架"。英德红茶、河源"康禾茶"、福建闽侯茉莉花茶、安溪"铁观音"等优良品种。雷州半岛、桂越边境地区可适当发展橡胶（*Hevea brasiliensis*）、可可（*Theobroma cacao*）、槟榔（*Acera catechu*）等热带特用经济林。本区低山丘陵由于烧山、挖草、放牧、滥伐林木，加之台风暴雨冲刷，土壤侵蚀严重，亟待造林种草，逐步给予治理。一般荒山荒地可用马尾松、台湾相思、桉树（如柠檬桉、雷林一号桉）作为先锋树种，营造防护林、水土保持林；滨海沙地可选用木麻黄。

2.4.2 海南岛林区

本区属热带北缘的热带雨林、季雨林区，但天然林已分布不多，集中在尖峰岭、坝王岭、吊罗山、五指山等山岭。在沟谷内分布有沟谷热带雨林，上层有蝴蝶树（*Tarvietia parvifolia*)、坡垒（*Hopea hainanensis*）、青皮（*Vatica astrotricha*）、红稠（*Lithocarpus fenzeliana*）、柄果石栎（*L. podocarpus*）、母生（*Homalium hainanensis*）、鸡毛松（*Podocarpus imbricatus*）等，树木高大，种类丰富，林内具有热带雨林典型特征。山地雨林分布面积较大，主要树种有海南黄檀（*Dalbergia hainanensis*）、大叶胭脂（*Artocarpus nitida* var. *lingnanensis*）、子京、陆均松（*Dacrydium pierrei*）、红稠、荔枝、海南阿丁枫（*Altingia obovata*）、母生、青皮、海南栲（*Lithocarpus hainanensis*）、印度栲（*L. indica*）、黎果稠（*L. howii*）、光叶稠（*L. hancei*）、红椎、黄背青冈（*Cyclobalanopsis championii*）、饭甑青冈（*C. fleuryi*）、竹叶青冈（*C. bambusaefolia*）、海南木莲等，林内多藤本、附生植物，也呈热带林景观。此外，还有以青皮为主的热带季雨林，和山顶苔藓矮林，主要树种有华润楠（*Machilus chinensis*）、五列木（*Pentaphylax euryoides*）、厚皮香（*Ternstroemia japonica*）和多种栎、栲。低山地区的季雨林破坏后，落叶树种增多，形成落叶阔叶和常绿阔叶混交林，落叶成分主要有鸡占（*Termnialia hainanensis*）、花梨（*Dalbergia odorifera*）、枫香、海南石梓（*Gmelina hainanensis*）等。在岛西部台地上有麻栎、印度栲、木棉、鸡尖、海南蒲桃（*Syzygium cumini*）等为主散生的干旱稀树草原；坝王岭还有面积不大的南亚松（*Pinus latteri*）纯林。沿海岸还保存有一些红树林，以红树（*Rhizophora apiculata*）、红茄冬、角果木、秋茄、木榄、海莲（*Bruguiera cylindrica*）、海桑（*Sonneratia acida*）、桐花树（*Aegiceras corniculataum*）为主，本岛还种植有橡胶林，是我国最大的橡胶产区，岛西部还有木麻黄和桉树为主的沿海防护林和橡胶防护林。本岛拥有许多珍贵热带用材树种，并可引种栽培非洲楝（*Khaya sengalensis*）、柚木、大叶桃花心木（*Swietenia macrophylla*）、灰木莲（*Manglietia glauca*）等外来热带优良用材树。因此，本岛应作为我国珍贵热带木材生产基地，但首先保护好现有热带天然林，保护和改造次生林。营造速生用材林；对天然林进行合理经营；积极营造薪炭林，以解决本岛所需薪柴，可减少对天然林的破坏，除橡胶外，还可发展椰子、可可、咖啡、胡椒、槟榔、木棉、腰果、油棕等其他热带特种经济林和各类热带水果。

南海诸岛中的西沙群岛有麻风桐（*Pisonia alba*）、露兜（*Pandanus tectorius*）等组成的珊瑚岛热带常绿林，具有重要的防护作用。

2.5 台湾区

本岛南端有热带雨林，中部、北部山区有常绿阔叶林、红桧（*Chamaecyparis formosensis*）林、台湾扁柏（*C. obtusa* var. *formosana*）、黄山松林，高山有台湾冷杉（*Abies kawakamii*）林。热带雨林分布于恒春半岛南端、东南南屿，火烧岛，主要树种有恒春莲叶桐（*Hernandia ovifera*）、肉豆蔻（*Myristica cagayanensis*）、恒春山榄（*Planchonella duclitan*）、恒春楠木（*Machilus obovata*）、多花樟（*Cinnamomum myrianthum*）、披针叶桂木（*Artocarpus lanceolata*）、台湾竹柏（*Podocarpus formosensis*）、菲律宾罗汉松（*P. philippinensis*）等。常绿阔叶林主要树种有米槠、栲、青钩栲（*Castanopsis kawakamii*）、栲叶柯（*Lithocarpus castanopsifolius*）、短尾柯（*L. brevicaudafa*）、浙闽青冈（*Cyclobalanopsis gilva*）、长果青冈（*C. longinux*）、小齿青冈（*C. paucidentata*）、拟单性木兰（*Parakmeria yunnanensis*）、台湾含笑（*Michelia compressa*）、台湾琼楠（*Beilschmiedia erythrophloia*）、小花樟（*Cinnamomum micranthum*）、樟、厚壳桂、红楠、台湾大叶楠、台湾桢楠等。红桧林、台湾扁柏林是台湾山区海拔 1000～2100m 地带主要的森林，是台湾木材生产的主要来源。岛南端高雄的海湾有红树林，以红茄冬、木榄、角果木、榄李（*Lumnitzera racemosa*）、海榄雌（*Avicennia marina*）为主，岛北部的红树林则以秋茄为主。本岛栽植的经济树种有木棉、龙眼、芒果、毛竹、麻竹、椰子、蒲葵、橡胶、咖啡、可可、胡椒，用材树种还有马尾松，也可选用引种的湿地松（*Pinus elliottii*）、火炬松（*P. faeda*）、非洲楝、桃花心木（*Swietenia macrophylla*）等。

2.6　滇南区

本区森林以热带季雨林、雨林为主要类型，海拔较高处为常绿阔叶林。在勐腊县有以望天树（*Parashorea chinensis*）、番龙眼（*Pometia tomentosa*）、橄榄、印度栲、银钩花、扁桃（*Mangifera sylvatica*）、暗罗（*Polyalthia wangii*）、缅漆（*Semecarpus albescens*）、降真香（*Dalbergia benthamii*）等组成的热带沟谷雨林。望天树树干高大，可达 70m，通直，木材加工性能好。河口、金平、屏边、马关有以东京龙脑香（*Dipterocarpus tonkinensis*）、毛坡垒（*Hopea mollissima*）、大叶白颜（*Gironniera subaequalis*）、船板树（*Parashorea chinensis* var. *hokouensis*）、印度栲、番龙眼、团花（*Anthocephalus chinensis*）、高大阿丁枫（*Altingia excelsa*）等组成的热带季雨林。海拔稍高处的常绿阔叶林组成各异，有以合果含笑（*Paramichelia baillonii*）为主的、以普文楠（*Phoebe puwenensis*）、钝叶樟（*Cinnamomum obtusifolium*）为主，或大叶木莲（*Manglietia megaphylla*）为主的，其中都不乏优良用材。次生林分则有团花、八宝树（*Duabanga grandiflora*）、中平树（*Macaranga denticulata*）、粗糠柴（*M. phillipinensis*）、云南石梓（*Gmelina arborea*）等，干旱河谷的次生林以白头树（*Garuga forrestii*）、心叶蚬木（*Burretiodendron esquirolii*）等组成。思茅松（*Pinus kesiya* var. *langbianensis*）在墨江、普洱、思茅、景东、镇源、景谷等县有大面积天然纯林，也是其分布区的荒山造林树种。本区还引种有龙脑香（*Dipterocarpus turbinatus*）、铁刀木（*Cassia siamea*）等优良用材树种；栽培的竹类有龙竹（*Sinocalsmus giganteus*）、条竹（*Thyrsostachyum siamensis*）、麻竹等。经济林有橡胶、咖啡、金鸡纳、儿茶（*Acacia catechu*）、胡椒、又角、油茶、普洱茶（*Camellia sinenesis* var. *assamica*）等。

2.7　云贵高原

包括木里、中甸以南高原部分和横断山脉中部、南部地区，四川西昌地区以及贵州西部。本区森林类型和树种组成都不同于我国东部亚热带地区。森林垂直分布带明显。以丽江玉龙雪山为例，低海拔处为华山松（*Pinus armandii*）和云南松（*P. yunnanensis*），在松林上限还混生有高山松（*P. densata*），松林上部为栎类林，以黄背栎（*Quercus pannosa*）为主，再上为丽江云杉（*Picea likiangensis*）林，混生川滇冷杉（*Abies forrestii*）、红桦（*Belula albo-sinensis*）；再上为川滇冷杉林和大果红杉（*Larix potanini*）林。本区云南松有广泛的分布，是重要的用材林，天然更新良好。此外，还有滇油杉（*Keteleeria* evelyniana)林,以栎、栲类为主的常绿阔叶林,主要树种是巴郎栎(*Quercus aquifolioides*)、灰背栎(*Q. senescens*)、帽斗栎(*Q. guyavaefolia*)、锥连栎(*Q. franchetii*)、高山栲(滇刺栲)、毛果栲(*Castanopsis orthacantha*)等。还有人工栽植的杉木林、油桐林、漾核桃(*Juglans sigillata*)林。城镇绿化和四旁植树常见的还有蓝桉(*Eucalyptus globulus*)、直杆桉(*E. maideni*)、银桦、滇杨(*Populus yunnanensis*)、大叶杨(*P. lasiocarpa*)、滇楸(*Catalpa duclouxiana*)、昆明朴(*Celtis kumingensis*)、慈竹等。本区河流流域的陡坡应禁止采伐,划作水源林;天然林的采伐利用要保证更新,永续利用;立地条件好的地方可营造人工用材林和经济林,石灰岩山地可栽植柏(*Cupressus funebris*)和冲天柏(*C. duclouxiana*)。

2.8 甘南川西滇北高山峡谷区

包括甘肃南洮河、白龙江流域、四川西部岷江中上游、大渡河中上游流域,以及金沙江、雅砻江中上游流域,滇西北金沙江中游一段,澜沧江、怒江中上游的高山峡谷地区。本区属西藏高原东南边缘褶皱带。山势陡峻,河谷深切,海拔相对高差可达2000余米,坡度常在30°以上。山地气候垂直分异明显,形成分明的森林垂直带。基带应是中亚热带常绿阔叶林带,现林分多已破坏,仅在低海拔河谷内残存。一般形成落叶阔叶树种增生的次生林。常绿树种主要是山毛榉科的青冈属、栲属、石栎属,樟科的润楠属、桢楠属,山茶科的木荷属、大头茶属。以及山矾科、木兰科、交让木科、杜英科等树种和一些常绿槭类。落叶树种有落叶栎类、槭类,桦、椴、白蜡、山茱萸等,还有我国特有的领春木、连香树、水青树、金钱槭、珙桐等分布。海拔2500~3000m有一个针叶和阔叶树混交林带,针叶树种主要是铁杉(*Tsuga chinensis*)、云南铁杉(*T. dumosa*)、丽江铁杉(*T. forrestii*)、冷杉(*Abies faberi*)、紫果冷杉(*A. lecurvata*)、黄果冷杉,阳坡多高山松(*Pinus densala*)、云南松(*P. yunnanensis*)、华山松。海拔3000m以上为亚高山针叶林带,是本区分布面积最广的森林类型,木材蓄积最丰富。针叶树主要由冷杉属、云杉属所组成,本区与藏东南,是我国这两个属组成最丰富的地区,在世界上也具有特色。本带的冷杉属树种有岷江冷杉(*Abies faxoniana*)、长苞冷杉(*A. georgei*)、鳞皮冷杉(*A. squamata*)、川滇冷杉(*A. forrestii*)等;云杉属有紫果云杉(*Picea purpurea*)、云杉(*P. asperata*)、鳞皮云杉(*P. retroflexa*)、麦吊云杉、油麦吊杉(*P. brachytyla* var. *complanata*)、丽江云杉(*P. likiangensis*)、川西云杉(*P. balfouriana*)、青杆等。川西以鳞皮冷杉、岷江冷杉为主,巴塘以南、九龙、木里一带以长苞冷杉为主,滇西北逐渐为川滇冷杉、苍山冷杉所代替。紫果云杉、云杉以岷江,白龙江上游、洮河上游为中心,川西云杉则以康定、雅江、道孚、甘孜、甘巴为中心,油麦吊云杉、麦吊云杉沿四川盆地山地分布,丽江云杉以滇西北为中心向北延至川西南。本带森林采伐后常由川白桦,红桦(*Betula albo-sinensis*),山杨所形成的次生林所更替,在破坏严重情况下常演替为高山栎类或杜鹃属的灌丛。阳坡常形成高山栎类的纯林。栎类有高山栎(*Quercus semecarpifolia*)、巴郎栎(*Q. aquifolioides*)、黄背栎(*Q. pannosa*)、灰背栎(*Q. longispica*)等。本带上限多为红杉(*Larix potaninii*)、大果红杉(*L. Potaninii* var. *macrocarpa*)林分布。怒江红杉(*L. speciosa*)主要分布在滇西北和北部。本带以上则为高山草甸和积雪带。本区由于人烟稀少，经济林发展不多，有核桃、花椒、梨、杏、苹果等。

本区地形陡峻，基岩多为松软易风化的片岩、千枚岩、砂岩、页岩、板岩等，极易发生土崩、泥石流。又因林区位于几条大河中上游，对我国整个西南地区、甚至长江中游地区都有重要的水源涵养意义，应明确本区以经营水源林为主，合理采伐利用，保证及时更新。低海拔地区荒山要大力造林和发展经济林木。

2.9 西藏高原区

本区的森林主要分布在高原的东南部，即喜马拉雅山脉、横断山脉和念青唐古拉山脉的高山峡谷区。本区有独特的树种组成，如西藏冷杉（*Abies spectabilis*）、长叶云杉（*Picea smithiama*）、林芝云杉（*P. linzhiensis*）、西藏红杉（*Larix griffithiana*）、喜马拉雅红杉（*L. himalaica*）、乔松（*Pinus griffithii*）、西藏柏木（*Cupressus torulosa*）、巨柏（*C. gigantea*）等，还具有亚热带，甚至热带至高寒带的完整山地垂直带谱，以及可以超过每公顷 $1200\sim2200m^3$ 蓄积量的巨大生产力，这些特点在世界上都是罕有的。本区的垂直带谱一般具有常绿阔叶林带，针叶阔叶混交林带，亚高山针叶林带，再上则为高山草甸和积雪带。但在藏南察隅，墨脱，达旺以南的雅鲁藏布江下游及亚东、聂拉木地区在海拔 500m 以下呈现有热带，主要树种有婆罗双（*Shorea robusta*）、榄仁树（*Terminalia* spp.）、紫薇（*Lagerstroemia* sp.）、苹婆（*Sterculia* sp.）、羽叶楸（*Stereospermum tetragonum*）、小花五桠果（*Dellenia pentagyna*）、四数木（*Tetrameles nudiflora*）、番樱桃（*Eugenia* sp.）、木棉（*Gossampinus malabaricus*）、羊蹄甲（*Bauhinia* spp.）等，以及壳斗科、樟科等常绿树种。本带可考虑试种金鸡纳、胡椒、可可、芒果、番木瓜等经济林木。本区的森林由于交通不便，尚未大规模开发利用，在开发利用时需要合理规划，以利于水土保持、水源涵养，防止沼泽化和泥石流的发生，还应有利于保护动植物区系、景观和特殊地貌。

2.10 西北区

包括新疆天山、阿尔泰山，青海祁连山，宁夏贺兰山和内蒙古的阴山。这些山区均位于大陆性干旱区，但因山区降雨量略多，发育有森林。阿尔泰山以西伯利亚落叶松（*Larix sibirica*）林主为，西北部以新疆云杉（*Picea obovata*）逐渐占优势，高海拔有西伯利亚冷杉（*Abies sibirica*）分布。天山山脉森林主要分布在北坡，我国境内天山西段因接受西来大西洋湿气流而比东段湿润，森林以天山云杉（*Picea schrenkiana*）林为优势，东段巴里捧和喀尔雷克山以西伯利亚落叶松林为优势。伊犁河谷山地还有野苹果（*Malus sieversii*）林。塔里木盆地、准噶尔盆地河岸有胡杨（*Populus euphratica*）、沙枣（*Elaeagnus angustifolia*）、梭梭（*Haloxylon* spp.）为主的走廊式河岸林。祁连山以青海云杉（*Picea crassifolia*）、祁连圆柏（*Sabina przewalskii*）为主，林分带呈不连续块状分布。贺兰山、阴山的针叶林分以青海云杉为主，但常见侧柏、油松，辽东栎和山杨，白桦等构成的次生林。本区森林蓄积少，除阿尔泰山、天山可适当利用外，不宜主伐利用，应主要作为水源林经营，并需大力造林，扩大森林面积，造林树种有云杉、青杆、侧柏、油松、樟子松、白蜡、白榆、水曲柳、桑、青杨、箭杆杨、小黑杨、北京杨、二白杨等。

绿洲农区应营造农田防护林。沙区可采用阿月浑子（*Pistacia vera*）、沙棘、梭梭、柽柳、花棒（*Hedysarum scoparium*）、沙枣等。盆地绿洲可栽培水果，如葡萄、桃、杏、核桃，以及耐寒的苹果、海棠等。

3　我国森林资源分布特点及问题

（1）森林覆盖率低，分布不均匀。我国森林覆盖率 12%，共计有林地 17.3 亿亩，其中新中国成立后新造林保存面积 4.2 亿亩，森林覆盖率在世界 160 个国家地区中列第116 位。我国人均占森林面积不到 2 亩，而世界人均占有森林面积为 22 亩。我国森林蓄积量约 95 亿 m^3，为世界森林蓄积量 3100 亿 m^3 的 3%，按人口平均占有森林蓄积量不到 10m^3，世界人均占有森林蓄积量 83m^3（我国与世界一些国家森林及木材生产情况对比见表 1）。在 95 亿 m^3，蓄积量中用材林蓄积量为 52 亿 m^3，扣除地形险阻等因素不易采伐利用外的可供采伐资源只有 35 亿 m^3 左右。新中国成立以来，我国积极发展造林，营造人工用材林、防护林和四旁植树。历年造林保存率为 1/3 左右，目前已营造成的防护林面积近 800 万亩，为全国森林面积的 0.8%，蓄积量约 8 亿 m^3，占全国森林总蓄积量的 9%。四旁植树约 12 亿株，蓄积量 1.3 亿 m^3。此外我国目前约有竹林 315 万 hm^2，各种经济林（如油茶、油桐、杜仲、橡胶、漆等等）850 万 hm^2。我国历史上南方即有营造杉木林的传统，新中国成立后，南方 12 省区已形成杉木人工用材林的基地，成为我国东北、西南两大林区外的第三大林区。

表 1　我国与世界一些国家森林及木材生产情况比较

国家	森林覆盖率/%	人均森林面积/亩	人均林木蓄积量/m^3	人均林木年生长量/m^3	人均木材年产量/m^3
美国	31.05	19.65	91.01	2.79	1.55
苏联	41.07	51.90	316.56	3.87	1.36
加拿大	32.69	204.3	806.81	11.53	6.69
日本	67.18	3.15	20.82	0.84	0.29
瑞典	58.73	47.70	289.15	8.43	7.32
芬兰	69.20	73.20	320	12.09	9.18
中国	12.00	2.0	9.5	0.22	0.05

我国森林资源分布不均，主要集中在东北和西南，即东北的黑龙江、吉林两省、内蒙古东北部，西南的四川、云南两省、西藏的东部。这两大片土地约占全国土地总面积的 1/5，而其森林面积却占全国森林面积的一半，蓄积量达全国的 3/4。辽宁、河北、北京、天津、山西、山东、河南、安徽、江苏、上海等省市，森林蓄积量 3.5 亿 m^3，人均不足 0.9m^3。西北的甘肃、宁夏、青海、新疆四省区，内蒙中、西部，西藏西部，占国土总面积一半以上，森林面积却不足 6000 万亩，不及全国森林总面积的 1/30。以各省区的森林覆盖率而言，40% 以上的有福建、台湾，30%～40% 的有黑龙江、吉林、浙江、广东、湖南、江西，20%～30% 的有云南、陕西、湖北、广西、辽宁，10%～20% 的有四川、贵州、河南、安徽、河北，低于 10% 的有宁夏、青海、新疆、西藏。以人均占有森林蓄积而言，在 50m^3，以上的有黑龙江、西藏，30m^3 以上的有云南，不足 1m^3 的有

河南、江苏、安徽、山东、河北、内蒙古等。

（2）我国森林蓄积中以成过熟林占大多数，幼龄林很少，说明我国后备森林资源不足；而成过熟林又大部分集中于东北、西南偏远地区的原始林区，这给森林采伐带来了许多不便，这些林分生长势大多衰退，病腐、风折、枯损严重，有些地区枯损量甚至大于生长量，除注意发挥其水源涵养等功能外，应当及时有计划地加以利用。据目前已划分龄组的森林资源的统计资料，成过热用材林的蓄积占用材林总蓄积的 69%，中龄林占24%，幼龄林占 7%。

（3）在我国林业用地中，除有林地外，尚有 2.3 亿亩疏林地，4.4 亿亩灌林地和 11.7 亿亩宜林荒地，以及有 130 万 hm^2 的采伐迹地和近 100 万 hm^2 的火烧迹地，说明我国宜林荒地的造林，改造疏林、灌林，以及迹地更新的任务十分繁重。这也是林业工作者的光荣职责。

（4）我国天然林中原始林面积日益缩减，已剩不很多，不足我国森林总面积的 1/3，天然次生林面积扩大，林分质量较原始林差。但次生林由于所处自然条件及社会经济条件都比较优越，林木生长潜力很大，经营管理比较方便，有条件大幅度提高其生产力，因此，广大的次生林区是我国重要的森林后备资源。次生林加以封育和合理经营利用，使之恢复为质量较好的天然林，可以因此而恢复较高的生物种的多样性，有利于天然动植物的栖息、生长，保存较多的生物基因资源，这是优于人工林的重要方面。

（5）我国森林生长率低，平均为 2.66%；用材林蓄积量为 78.6m^3/hm^2，折合5.24m^3/亩（与世界其他国家地区的森林生长率和每亩平均蓄积量的比较见表 2）。林分平均生长率和蓄积量低的原因主要是用材林相当部分依靠天然林的天然生长，经营水平低，管理差，而且也是由于中幼林比重日益加大，平均生长率降低。目前，我国人工用材林在集约经营条件下有生产率高的水平，如杉木传统产区，每亩平均材积生长量达 0.7m^3以上；北方杨树速生丰产林，可以达 2m^3。从另一方面，这也可以说明，如果在科学经营森林上下工夫，我国提高林分生长率一项，就为我国提高木材产量提供了很大的潜力。

表 2　世界部分国家森林生长率及每亩平均蓄积量比较

国家	森林生长率/%	国家	森林每亩平均蓄积量/m^3
苏联	1.18	世界	7.33
美国	3.33	中国	5.24
英国	4.0	东欧	9.50
法国	3.7	西欧	7.14
日本	3.4	苏联	7.13
联邦德国	3.02	亚洲东部邻近国家	6.31
瑞典	3.1		
芬兰	3.04		
中国	2.66		

（6）我国目前经济林的生长率也很低。目前我国经济林的产量都很低，每亩平均产量为油茶 6 斤、核桃 15 斤、板栗 25 斤、鲜枣 260 斤、鲜柿 400 斤、桐油 10～13 斤，产量长期徘徊在这个低水平上。除政策方面的原因外，主要原因是忽视科学管理，经营粗放。在经营好的地方也有稳定高产的典型，如油茶亩产平均 100～200 斤、板栗近千斤，桐油近百斤。

（7）我国森林火灾频繁，损失严重，森林病虫害危害情况也比较严重。我国自新中国成立以来平均每年发生林火 16 000 起，烧毁森林 1600 万亩，占我国森林总面积的 0.87%，烧耗森林蓄积为 1500 万 m^3；我国主要森林病虫害有 100 多种，每年发生森林病虫害的面积约 1 亿亩，据偏低的估计，每年至少损失林木生长量 1000 万 m^3 以上。常见的森林病虫害有、落叶松枯梢病，落叶松早期落叶病、松毛虫、松干蚧、双条杉天牛、杨树光肩星天牛、青杨天牛、杨透翅蛾、杨溃疡病、泡桐丛枝病、油茶毒蛾、油茶炭疽病、油桐尺蠖、油桐枯萎病等。我国 6 亿多亩松林，每年有 15%遭受松毛虫危害，损失约 400 万 m^3；全国油茶林因炭疽病估计每年减产茶油 1000 万斤。产生火灾损失严重的主要原因是我国防火灭火的组织不普遍、不健全，防火灭火技术落后，产生森林病虫害危害严重的主要原因是经营粗放，不讲求立地条件，种苗遗传品质及生活力差，防治水平低，注意生物防治和生态防治不够，防治效果不稳定，以及测报准确性不高，检疫工作基础薄弱等。这些方面都涉及需要提高认识，增加投资，加强科学技术的研究和推广，以及森林保护机构的健全和队伍的建设等问题，随着我国林业建设发展，这些问题都应逐步加以解决。

林业与人类生活[†]

1 森林是最复杂的陆地生态系统类型

陆地生态系统包括森林、草原、灌丛、湿地、荒漠、冻原等等各种植被类型，还有人工的农田、草场等等。其中，森林是结构和功能最复杂的生态系统，对人类生活、对地圈、生物圈的影响也是陆地生态系统中最大最广泛的一种类型。

1.1 它具有陆地生态系统中最高的物种多样性，是世界上最丰富的生物基因资源库

地球上一千多万种物种大部分是与森林相联系的，仅热带雨林就拥有 200 万～400 万种，有人称热带雨林是物种形成的中心。许多亚热带、甚至温带的植物种，就其区系起源来看是属于古热带的。种的多样性随热带、亚热带、温带的森林而逐步降低。在不同的气候带，形成与气候、土壤条件相适应的顶极森林生态系统，例如湿热带是热带雨林、热带季雨林，亚热带是常绿阔叶林，寒温带是寒温带针叶林，其间有过渡的北亚热带和暖温带的各种类型，如落叶阔叶林，落叶与常绿成分的阔叶混交林，针叶阔叶混交林等等。顶极森林是这个森林生态系统中所有动植物、微生物组分长期共同适应、进化发展而成的。这种进化过程中生物之间以及生物与环境之间繁纷众多、令人惊叹的适应方式，在热带森林中表现得最充分、最精巧。热带森林中的许多生物种离开热带林就不能生存。一种植物的花朵或果实、种子，需要专门的一种昆虫或鸟来传粉或传播。婆罗洲的 10 公顷热带林就有 700 个树种，马达加斯加的一个岛屿就有 2000 个树种，而美国和加拿大一共才有 700 个树种；位于太平洋的新喀里多尼亚拥有 3000 种植物，而英国土地面积比新喀里多尼亚大 20 多倍，却只有 1430 种植物。温带林虽然物种多样性小得多，但仍然比草原、荒漠等其他陆地生态系统类型要大些。我国拥有的森林类型是比较齐全的，从热带到寒温带，到亚高山带都有，因而我国物种也相应比较丰富。我国木本植物约有 7500 余种，大部分也还来自森林的乔灌木种。我国野生动物有 420 多种兽类，1160 多种鸟类，510 多种爬行类、两栖类，也多栖息于森林之中。

1.2 森林比其他陆地生态系统具有较复杂的空间结构（如层次结构）和营养结构（即食物链结构）

由此，具有较复杂的物质循环和能量转化的通道而有较高的自我调节能力，其抗逆

[†] 蒋有绪，1991，林业与人类生活，见：李季伦、李开鼎、王步峥主编，生命科学进展，北京：教育科学出版社，349-378。

性（如抗人为干扰、抗侵蚀等性能）和稳定性都比结构简单的草原、草场或农田要高，人们常管建森林带来保护农田和草场，以这种复合生态系统来提高整个系统的抗灾害能力。森林生态系统的生物生产力和生物量也比其他陆地生态系统高得多。如地球生物圈的平均光合利用率为 0.2%～0.5%，一般不超过 3%，高产农田（每亩 1000 千克）约为 2.6%，热带森林可达 3.5%。阔叶林生产力每年每公顷为 6～7 吨干物质，针叶林为 6 吨左右，高草原 5 吨左右，矮草原 1.6 吨，冻原小于 0.9 吨。估计世界森林的总蓄积量为 2×10^{12} 吨干物质，每年产量为 65×10^9 吨，农田的产量估计为 9×10^9 吨，草原及稀树草原为 15×10^9 吨，所以，世界上森林是固定太阳能，生产光合产物最大的陆地生态系统，就单位面积产量来说也是最大的。森林生态系统形成每单位重量干物质所消费的水分和养分物质也是比较经济的，形成一吨干物质，水稻耗水 680 吨，小麦 540 吨，树木为 70～340 吨，生产一吨干物质所需要的矿物养分（每公顷千克），农田是 N10～17，P2～3，K8～26，Ca3～8；森林，N4～7，P0.3～0.6，K1.5，Ca3～9。因此，如以木本植物生产粮油、纤维等，比草本植物不仅因为多年生经营方便，而且不必完全占用好地、平地，其光合率高，经济有效。

1.3 森林在地球表面的能量与物质转化流通过程中有重要作用

森林的树冠层使叶表面与空气充分接触，从而保证了有效吸收和阻截大气的辐射、降水和空气动能。森林具有对长波辐射的高吸收率和对短波辐射的低散射率，所以净辐射相当高。对能量交换来讲，森林是陆地覆被中最活跃的因素。每年到达地球上 2150×10^{21} 焦耳的总太阳能通量中，约有 2880×10^{18} 焦耳被固定在植物质中，约有 1200×10^{18} 焦耳为森林所固定。形成 1 个质量单位的植物干物质，需要提供 1.83 单位的 CO_2 和释放 1.32 单位的 O_2。森林在平衡地球 CO_2 上的作用是很重要的。植被每年吸收 285×10^9 吨 CO_2，其中森林吸收 118×10^9 吨（占 42%）。由于热带林的不断破坏，使地球每年少消耗 17×10^9 吨 CO_2，这与地球每年燃烧化石燃料释放的 CO_2 水平相近。这两个因素，使大气中 CO_2 浓度在过去 1 个世纪（1880～1970 年）增加了 10%（由 285ppm 增至 320ppm）。这种"温室效应"，使低层大气增温 0.2～0.3℃。当 CO_2 浓度达 400ppm 时，就会使地球平均温度升高 1℃。气温的增加，会使地球农业生产格局紊乱，海平面因两极冰盖的融化而上升，淹没人类沿海最发达的土地，从而威胁人类未来的生活。这已经不是人类杞人忧天，而是面临的现实。从美国人造卫星照片显示，南极洲的冰在夏季比过去少了许多，仅以 1980 年与 1973 年比，就减少了 85%，自 1930 年至 1970 年的 40 年间，北美洲和西伯利亚冰封地区的气温已升高了 1℃。

2 森林是人类丰富的生物基因库

2.1 森林孕育了古代人类的文明

世界上没有一种自然资源像森林那样在人类早期文明生活中具有如此广泛而深刻的影响，森林为原始人类提供了起码的生活条件。树叶蔽身，果实充饥，猎取森林野兽，茹毛饮血，钻木取火，构木为巢，森林成为人类繁衍进化的发源地。近期发现的菲律宾棉兰老岛的塔萨代人，南美的雅诺马苗人，太平洋伊里安岛阿斯马特等原始民族，仍然靠热带丛林取得他们的生活资料。

　　森林在人类后来的文明生活中的影响更是不可估量的。四千多年前我国就种桑养蚕织丝，《夏小正》有三月摄桑，妾子始蚕的记载。到公元前 138 年汉武帝派遣张骞通西域才把丝绸传向阿拉伯、非洲、欧洲。我国古代以竹简木牍记事，到南北朝发展以楮皮造纸，继而唐宋以桑皮、青檀皮（著名的宣纸原料）和工艺较难的竹类造纸。大约在 1300 年以前，我国发明雕版印刷术，所用版料一般为枣木、梨木。造纸、印刷术的外传对整个人类文化艺术和科学技术的发展产生了划时代的影响。世界三个最大、最早的水果原产地——南欧、华北、华南，为人类提供了丰美的水果种类。柑橘在我国周朝就作为贡品，"禹贡"记载："厥包橘柚锡贡"，到汉代已大规模栽植。茶、咖啡、可可是人类普遍喜爱的三大饮料。茶的历史最早，公元前一世纪王褒《僮约》就有烹茶、买茶的记载，药用木本植物仅在我国李时珍《本草纲目》里就记载有 7 类 180 种。世界各民族，特别是在亚非拉，民间以植物药保障民族健康方面具有重要意义。染料的发展显示了我国古代劳动人民善于利用天赋自然染料的聪明才智。子是我国古代中原地区应用最广的黄色染料，史记中有"千亩卮茜"的记载，可见在秦汉时期已经很盛行。柘木、栌木的色素"非瑟酮"，染出织物具有黄、赤的光照色差，自隋文帝到明代一直都是"天子所服"的服色染料。3000 年前的渭水浮桥据传为周文王迎亲临时搭建的。公元前 257 年山西蒲州（今风陵渡）架设的跨黄河大浮桥显示了桥梁技术的伟大成就，以后桥梁才向石料的长拱桥方向发展。古代建筑、机械（包括军械、农机）、车辆、船舶等无不以木材为最早的材料。森林的作用渗入古代人类生活各个方面，有不少脍炙人口的记载，以上寥寥数例已足以说明这种影响确非其他自然资源所能比拟的。因此，古代人们非常重视林业。《管子》介绍当时群众的一句谚语："一年之计，莫如树谷，十年之计，莫如树木"，《史记》也写道："居之一岁，种之以谷；10 岁，树之以木；百岁，来之以德。德者，……命日素封"，意思是劳动人民在荒野上住上一年就种起庄稼，十年就培育起林木，发展到一百年，就成了人财兴旺，没有封号的富有之家了。古代人们非常珍爱树木。《小雅·小弁篇》里说："维桑与梓，必恭敬止"；《郑风，将仲子篇》描写了情人相恋但怕翻逾围墙折坏杞柳、桑、檀而遭父兄谴责的情形。古人甚至把林业是否得到重视和兴旺，看做是衡量国情是否浮动，人心向背和国势兴衰的标志。《国语》叙述单子到陈国看到"道无列树"，就预言陈国必亡，后来成了事实。

　　古代巴比伦文明、埃及文明和印度文明是世界著名古代文明，对人类文明有着不可磨灭的贡献。究其渊源，其发源都与茂密的森林有关。古巴比伦文明 4000 多年前形成于美索不达米亚平原，这是幼发拉底河与底格里斯河两大河流冲积而成的大平原，土地深厚肥沃，上游山地及东部波斯高原均为莽莽森林，8000 年前，这里就有人类定居并萌发了人类的早期农业活动，成为中亚古代农业发展的摇篮。古埃及文明发源于尼罗河流域，由于尼罗河定期泛滥，为 1200 千米长的两岸形成大片肥沃土地。尼罗河发源地鲁文卓山覆被繁密森林，顶峰为大冰川，年降雨量达 5000 毫米，为尼罗河提供了丰沛的水量，为两岸沃土的文明发展施予了巨大的恩惠。公元 3000 年前的印度河流域也是茂盛的森林，养育了印巴次大陆的古文明，但是 6000 年的人类活动却使这里面目皆非，塔尔平原酿成了沙漠。

2.2　人类未来农业、工业、医药事业原料和能源的希望

对于森林生态系统孕育的丰富的生物物种，人类能认识的还是极少数，对大部分物种我们还不了解它们的价值，但目前正在陆续发现最有价值的农、工、医药的原料。近期自热带林植物中找到许多药品，如止痛药、抗生素、强心剂、抗白血病药、激素、抗凝血素、避孕药、堕胎药等等。世界上近来发现不少抗癌植物成分，如我国海南岛发现的海南粗榧中的三尖杉酯碱、美国、牙买加、菲律宾等地采集得到的长春花碱等。1943年美国自墨西哥丛林中的野薯蓣中获得人类性激素黄体酮，可治疗妇女的不孕症，而这种薯蓣含有的另一种激素却又可以当做避孕药。育种家们为了改善作物的品质，往往需要与野生种杂交而获得所要的性状，例如印尼的稻种在 70 年代受病毒侵害，常患枯萎病和矮化病，这两种病曾毁坏了印尼、印度、斯里兰卡、越南、菲律宾的稻米种植，1974年印尼用一种野生稻种进行杂交，才消灭了这两种病，给这些国家带来巨大经济效益，我国热带林至今还保存有几种野生稻原种。国际上一些新的高蛋白高粱、矮壮抗倒伏的水稻，也都是这样获得的。蚜虫曾对英国的马铃薯造成巨大危害，后来从玻利维亚森林里找到一种叶片具毛的野生马铃薯，用它杂交，1979 年培育出一个新品种，才解决了英国马铃薯的蚜虫为害问题。

薪炭燃料问题是第三世界广大农村的十分严重的社会问题，目前热带森林迅速被减少，其中大部分是作为燃料烧掉的。解决这个问题的前景，无论如何还得依靠可以再生的人工造林，因为地球上广大地区不可能使用化石燃料，使用电力的条件也是短期无望的，最现实的最廉价的解决办法还是营造薪炭林，即使发达国家也正在研究如何更经济更有效地利用木材为燃料，如加以气化、液化等，以备有朝一日地球的石油储备并不乐观时能转向用之不竭的再生树木资源。

3　森林的生态效益和社会效益

现代的科学家称森林为具有多价值的生态系统，它具有多种生态功能，具有重要的生态效益和社会效益。

3.1　制造氧气

据测定，1 亩树林每天吸收 67 千克 CO_2，放出 49 千克 O_2，这些氧可供 65 人一天呼吸之用，1 公顷森林就可供 1000 人呼吸用，超过了草坪的 1 倍。不可能设想地球没有森林将如何补充大气中的氧，所以人们把亚马逊河的热带大森林称为地球的肺脏，道理也在于此，因为它每年产生大约地球上氧含量的 1/3。

3.2　涵养水源，保持水土

林木可以截留雨水，枯枝落叶层可以吸水，减小雨水对地表的冲击力，森林土壤比

较疏松，也可涵蓄较多的水分，使地表径流减少，慢慢渗入地下，稳定河水流量，减小洪水量，增加枯水量，使一年降水的可利用率有很大提高。据测定，1 亩林地比 1 亩无林地至少多蓄水 20m³，有林地每公顷泥土流失量一年仅 50 千克，而无林地则达 2200 千克。反之，森林破坏后带来水土流失的后果也是惊人的。例如四川省南充地区 1958 年前森林覆被率为 18%，70 年代末降为 5.6%，结果是农田表土每年侵蚀 2.5 厘米深，粮食年年减产。日本 1978 年福冈地区发生异常枯水，但靠了上游广袤的森林土壤的蓄水作用，每月仍可由上游得到 15 万吨清水，大大减少了旱魔的威胁。

3.3 净化空气

目前，全世界每年排入大气的有害气体约 6 亿吨，不少树种对污染大气的二氧化硫、一氧化碳、二氧化氮、碳氢化合物、臭氧、氟化物都有不同程度的吸收能力。据测定，1 公顷柳杉林每年可吸收 SO_2 700 千克，氟化氢气体通过 40 米宽的林地，平均浓度就降低一半，林地越宽，效果越好。5 米高的松林就可使周围的臭氧浓度减少一半。

3.4 防风固沙

林地可以阻滞气流，降低风速，从而可以减轻干旱区的风蚀为害。在风害区营造防护林带，一般可降低风速 1/3 左右，有效防护距离可达树高的 20 多倍。据测定，1 条 14 米高的防风林带，在它 250～300 米的保护范围内，平均风速降低 20%～30%，土壤水分蒸发减少 15%～20%，空气相对湿度提高 20% 左右，作物的蒸腾量也减少 20% 左右，无霜期延长 2～4 天，农田的增产也在 20% 左右。

3.5 过滤尘埃

全世界粉尘污染也很严重，每年排放量达 10 亿吨，含尘空气经过树林时，大粒尘土被阻落，小粒粉尘则滞留于枝叶上。每年每公顷树林可滞尘 30～70 吨。广州树木浓密的街道，1.5 米高处的空气含尘量约为没有树木的街道的 4/10。

3.6 调节气候

森林由于有浓密的树冠，有吸收和反射太阳光线的作用，同时森林蒸腾需要吸收大量的热，并向空中蒸腾水分，大约每公顷森林每年蒸腾 8000 吨水，因此森林会降低林内和森林上空的温度，提高空气湿度，改善局部地区的小气候。盛夏季节，在 500 米高空范围，林区上空比无林地区上空气温要低 8～10℃，一般林区雨雾增多，即使公园中的湿度也比城市其他地方高 27%。

3.7 杀灭细菌

一些树种可以分泌挥发性的杀菌物质，杀死空气中的肺结核、伤寒、痢疾等细菌，如不少树种分泌的丁香酚、桉油、肉桂油、柠檬油等都有杀菌作用，它们被称为"植物杀菌素"。一公顷桧柏林一昼夜能分泌出30～60千克植物杀菌素，可作用于树林周围2千米远的地方。据测定，城市绿化比没有绿化的市区每立方米空气中的含菌量要减少85%以上。

3.8 消除噪声

噪音也是对人类健康影响日益严重的一种环境污染。噪音达70分贝就会令人不适，超过120分贝就使人耳痛头疼。树木由于枝叶交错，可吸收噪声，30米宽的林带可减噪声10～15分贝。公园里成片的树林可降低噪音26～43分贝。绿化的街道比不绿化的街道可减少噪音8～10分贝。

3.9 医疗保健

由于森林上述对环境的调节作用，使林内凉爽、空气清新、湿度适宜，加之植物绿色的柔和舒适的色彩和各种花叶散发的幽香，为人体创造了极好的保健环境，对大脑皮层产生一种良好的刺激，使疲劳的神经系统得到功能上的调整，使紧张的精神情绪得到松弛，使皮肤降温、脉搏减缓、呼吸均匀，血压稳定，因而使人健康，心境舒畅开朗，也利于病人恢复健康。这一功能促进了许多国家开展了森林保健的疗养事业。

3.10 旅游休憩

有绿就有景。古往今来，大自然的美都离不开青山绿水的衬托。孟浩然"绿树村边合，青山郭外斜"，杜牧"青山隐隐水迢迢"，以及王安石"春风又绿江南岸"等都是以绿点出环境美的绝句。黄山奇松、长白林海、西湖柳浪都是名闻遐迩的风光。人工凿造的景点固然令人神叹，然而现代人最欢迎的还是天然森林的风采神韵，发达国家人民周末到森林中漫步、露宿被视为回归大自然的无比享受。

虽然人们已经认识森林的生态效益和社会效益远远超过了它的林产品的直接经济效益，但究竟有多大？能否有个可以用经济效益来表达的定量评价？国外都在探讨这个问题。日本曾以森林的6个主要功能方面折合经济价值，例如涵养水的作用以建立相当蓄水量的水库工程的造价折算，制氧功能以工厂制氧的成本来计算等等，得出日本以68.7%覆被率的森林每年所产生的生态社会效益的经济价值相当于日本一年的工农业总产值。西德、美国、法国等计算的森林生态效益相当于木材产值的几十倍，上百倍，还有把由于森林破坏或没有森林而造成干旱灾害频繁和土崩滑坡等灾害所造成的损失（即负效应）计算在内的，这样就会达折价二千、三千倍于木材产值的生态效益。我国一些学者根据日本的6项功能方面和按其评价体系计算，也大约在几十倍至百余倍。这类评价工作主要取决于对森林生态系统功能参数的具体测定，以及选择符合国情的评价原则、方法，并使之科学合理而得到社会承认，这样即可形象地宣传森林的作用，引起社会各界和国家领导部门的重视，促进林业的发展而造福人类。

4　破坏森林的环境后果

4.1　世界的实例

　　恩格斯对森林被毁造成了古巴比伦文明毁灭的实例，至今已无人不晓了。如今见诸报端的大自然由于森林被毁而报复人类的事件不胜枚举，每一事例无不是人类的悲剧。

　　人类出现初期，估计地球上 2/3 的土地为森林覆盖，总面积达 76 亿公顷，自人类刀耕火种和随后持续的人类活动，使森林遭到不断破坏，美国政府《2000 年的地球》研究报告指出，我们正面临"从一个全球森林丰富的时期过渡到全球森林贫乏的时期。"目前，全世界只有森林 28 亿公顷，而世界上平均每年消失 1500 多万公顷，其中热带森林 1100 万公顷。按目前的速度继续下去，世界热带森林将在 50～85 年期间全部消灭。现在世界上平均每分钟就有 10 公顷土地沙化，有 47 000 吨土壤流失，每天至少有一个物种被消灭。1970 年巴西开始修建横贯亚马逊河流域的公路时是希望开辟新农田以缓和巴西东北部的贫穷和社会冲突，并满足国家日益增加的粮食需求，但由于人们不合理地烧林造田，有 3600 万公顷森林被烧掉，如不加制止，几十年这个被称为地球肺脏的亚马逊河流域热带林的消失，不仅对巴西人而且也是对整个人类的一场灾难。世界著名的巴拿马运河由于两岸山区森林被大量破坏，使运河水源逐年减少，据报道，现在运河每通过一艘轮船，就要注入 24 万立方米的淡水，而每天平均有 32 艘船要通过，这种恶性循环继续下去，总有一天巴拿马运河将无法通航。印度由于森林的破坏，每年遭受洪水泛滥的损失就达几亿美元。1978 年秋，印度遭遇历史上最严重的洪灾，降水两天中有 6.6 万个村庄被淹没，2000 多人淹死，4 万头牲口被冲走。

4.2　中国古代、现代的实例

　　黄河流域及黄土高原从殷商王朝起，经春秋战国、秦、汉、唐，直到北宋共 3000 年左右时间都是我国政治、经济、文化的发源地和中心。这是由于历史上这里气候温和、黄土深厚，利于农耕文化的发展，那时植被以森林和森林草原为主体，遍地草木繁茂、水源丰沛，据历史地理学考证，黄土高原在西周时期森林覆盖率约为 53%，秦至南北朝在 40% 以上，明清仅 15% 左右，大约宋以后，政治中心即退出黄河流域。黄土高原的森林不断被毁灭，至今覆被率才 6.1%，导致了旱涝灾害频繁，水土流失严重，沟壑纵横，农业衰退。如今黄河中游地段已成为我国最严重的水土流失地区，黄河每立方米河水含泥沙 37 千克，是世界各河流中最高的，黄河泥沙淤积成下游的"悬河"，一直威胁着广大范围的人民生命财产安全。

　　我国近几十年来，东北大小兴安岭、长白山林区、新疆天山、阿尔泰山林区、川西滇北广大高山林区的森林集中过伐现象十分严重，森林资源急剧下降，四川省 50 年代森林覆被率为 19%，现已降为 13.3%，云南省也由 50 年代的 50% 下降至现在的 20%。干旱区的天山、阿尔泰山、祁连山林区也正在开发，沙漠里的梭梭林、胡杨林也因樵采被严重破坏。天然林区森林的破坏造成林区本身小气候恶化，如气温升高、日温差加大，降雨量及降水日减少，蒸发量加大，更严重的是由于林区水源涵养和调节径流能力削弱和水土流失加剧，危及整个流域的生态环境。松嫩平原旱涝灾害加剧，50 年代受旱面积不到 13.3 万公顷，70 年代增至 53.3 万公顷，三江平原受涝面积 70 年代是 50 年代的 1.85 倍。东北全区的水土流失面积已达 15.7 万平方千米，占全区土地面积约 34.58%，而且还在不断扩大。四川、云南两省水土流失严重，导致水库淤塞、航道缩短。根据金沙江、南盘江、红河、澜沧江、怒江 1969 年前的统计，平均年输沙量约 3 亿吨，增至 1974 年的 2.9 亿吨，四川省 50～60 年代有泥石流灾害的县为 76 个，现增至 109 个，四川省的河流航道由 1958 年的 17 000 千米减至 1978 年的 11 272 千米。长江中上游流域抗干涝灾害能力减弱，径流洪枯比加大，1981 年四川省特大洪水灾害就是因为上游森林水源涵养能力削弱而加剧了水害危害程度。西北干旱区山地森林的破坏造成雪线上升，冰川储量缩减，河川流量明显减小，绿洲农区灌溉得不到保证。

5　林业建设是最积极的国土环境建设

林业建设与环境建设的关系的认识是经历了许多惨痛的教训才重新认识的。所以说"重新认识"是因为人类处在古代原始的自然生产和自然生态平衡的社会时，人们是懂得依赖森林取得自己必需的和安宁优美的生存环境的。目前欧美许多发达国家是经过对资本积累时期对森林资源掠夺破坏造成恶果后才认识重视林业的，才达到对林木"必恭敬止"的心态。森林生态系统被认为是保持改善陆地生态平衡的重要支柱。林业建设是国土生态环境建设中一项最基本的建设。破坏森林会给社会带来灾难的实例上面已列举不少，而建设森林就能改变恶劣的生态环境走上良性循环的也不乏其例。以新中国成立以来的一些成就可以说明。

5.1　黄河中上游黄土高原水土流失区造林种草的综合治理已有成效

新中国成立以来，为了治理黄土高原，开展了大规模的水土保持工作，取得了巨大成绩，截至 1985 年年底，造林 6878 万亩，种草 1840 万亩，封山育林 1088 万亩，加上水平梯田、条田坝地等综合措施，黄土高原水土流失面积 43 万平方千米中已逐步治理了 10 万平方千米，约占水土流失面积的 23.7%。70 年代以来每年减少流入黄河的泥沙 1.5 亿～3 亿吨。治理措施中造林种草一般要占水土流失面积的 70%～80%，而工程设施是 10% 左右。治理地区由于森林植被发挥了保护土壤、调节径流、改良小气候，如降低风速，减少田面蒸发，增加空气湿度等作用，使农业生产条件、人民生活条件都有一定程度的改善。据对陕西绥德韭园沟的典型调查，29 年来治理的平均减水蒸发效益 43.3%，减低沙化效益 54.2%，效果十分显著。雁北左云、右玉是黄土高原上两个有名的贫困县，可谓"地瘠民贫，岁乃一收""亩不盈斗"，右玉县人民从 50 年代起就在政府领导下坚持造林，把森林覆被率由 0.3% 逐步提高到 27.2%。13 条防护林带，81 条中型林带，有效地保护了 20 万亩农田，地面风速削减 21%～55%。沙暴日数减少 50%，年均冰雹日数由 7.3 降至 2.5，地表径流含沙量比造林前少 60% 以上，造林解决了人民烧柴，农田有机肥施用量比造林前增加 2～3 倍，人均产粮达 50 千克，有了这个良性循环的开端，加上最近农村政策搞活，发展多种经营，人民生活开始富裕起来。左云县也是走的这条路子，近期在搞多种经营中，发挥优势，以地下黑金子（煤）来发展地面绿金子（林业、农业），人均收入就增加了 7.3 倍，地方财政收入增加 5.7 倍。在黄土高原一般比左云、右玉县恶劣生态环境更坏的县是不多的。这两个县坚持把植树造林作为克服风沙、干旱、水土流失等农业限制因素，改变人民生产、生活面貌的根本措施，发挥资源和政策的优势，取得生态经济良性循环的可喜成就是我国整个黄土高原改变面貌的希望。

5.2 "三北"半干旱区第一期农田防护林工程建设已取得了初步效益

"三北"地区第一期工程包括 12 省（市、区）、396 个县（市、旗）。干旱、风、沙是"三北"地区的主要自然灾害，约有 1 亿亩农田不同程度受到风沙危害，1 亿亩草牧场受风沙侵袭，耕地沙化、碱化，农作物亩产 10 余千克，少则不足 5 千克。第一期工程已营造农田防护林 1030 万亩，基本草牧场防护林 254 万亩，林带一般已达 10 多米高。吉林省农安县已全部林网化。春季及夏初，林网内气温和地温高于旷野，有利于春播作物发芽出苗，夏季则林网内气温低于旷野，有利于作物增产，谷物一般超产 15%～30%，牧草超产 50%。内蒙古赤峰当铺地乡单产过去 109 千克/亩，1965 年营造农田防护林，1976 年单产提高到 251 千克/亩；吉林省扶余，辽宁省铁岭大凡河等农田增产几倍的例证也有。白音他拉草原 1977 年营造草原防护林，那时牧草产量平均 34 千克/亩，1981 年林带高 4 米，实验区单产增至 156 千克，1953 年 196 千克，1984 年 208 千克，逐年提高。

5.3 东北平原农区、华北平原农区、长江珠江三角洲水网农区的农田防护林起到保护农业的作用，并以林农、林牧、林渔各种复合生态系统形式丰富了农区的生产多样化格局

平原农区发展农田防护林在我国始于 50 年代，由于农田防护林的效益，东北西部防护林的营造使作物受霜害率减少 20%，增加籽粒的千粒重 17.2%～17.5%，平均每亩产量扣除林带胁地因素外可增加 2.3%～12.9%。华北平原一般由于防护效益，使小麦增产 5%～20%，谷子 4%～20%，棉花 10%左右。此外，农区的防护林带在华北平原 1 千米可提供 4～10 立方米木材，河南省 81 个县已有 15 个县年产木材 1 万立方米以上。近10 年内，我国南方水网农区也迅速发展起农田防护林。华南地区的台风、暴雨危害，1986年 7 月广东汕头因台风引起山洪暴发，使 1 千万亩农田受浸，冬季也有寒露风、低温阴雨、低温霜冻，造成作物减产。广东省封开县由于多年来重视发展林业，森林覆被率达65%，1986 年，该县遭受 30 年来最严重的干旱，晚稻后期 84 天连续无雨，但受旱严重的农田只占该县农田的 36%，甘蔗、蚕桑、花生等经济作物仍获丰收，农业收入比 1985年增加了 18.5%。电白县从 1956 年就成功地建起第一条海岸防护林带，到 1964 年建成81 千米长的海岸防护林带和 200 多条农田防护林带使 6 千亩沙荒变成良田，粮食亩产从新中国成立初期的 100 千克上升到 400 千克。水网农区已经找到可种植于水田边、水渠边和河边、湖边的喜湿速生树种，如池杉、落羽杉、水杉等。我国近 20 年内又迅速发

展了农区的混农林业，类型丰富多样，诸如桐-粮、桐-药、桐-茶、桉-药、松-茶、胶-茶、胶-可可（咖啡）、胶-药、桑基鱼塘等成熟的经验，充分反映了劳动人民和科学工作者按照地区自然资源特点所发挥的聪明才智。一个力求创造结构优化、能流物流合理，既有良好生态效益，又有很高经济效益的新的农林业方向正方兴未艾地发展起来。

上述"三北"防护林建设工程、黄河中上游水土保持治理工程、平原绿化工程所取得的进展，鼓舞了人民加强林业建设治理环境，发展经济的信心，目前，我国又在制定"燕山、太行山绿化工程""长江中上游综合治理工程"，"沿海防护林体系绿化工程"的计划，这是我国在"八五"期间将开始的又三项伟大林业生态工程项目。

如上所述，林业建设确是一项关系到国土保安和国土整治的最基本的环境建设，不仅如此，我们可以说，林业建设还是环境建设中最积极和富有创造性的重要力量。因为环境问题从广义上讲不止是个环境质量问题，就物理、化学意义上讲，环境质量是有限度的。但环境又是一种艺术和精神享受，从这个意义上讲，环境质量又是无限度的。如果说前一种意义上的环境质量可以从环境化学、积极防止和治理环境污染，提高环境清洁度来做到的话，那么，后一意义上要求给人以优美、宁谧和身心健康、精神享受的环境，就需借助于建筑艺术和园林绿化，而园林绿化又不仅是艺术，而且在生物学上也能给人以身心上的享受。

6　自然保护与自然保护区

为了保护森林和同样正在日益遭受破坏和日益缩减的其他天然生态系统、保护濒危和正受到威胁的物种，人类注意到自然保护的积极意义已有长久的历史。自然保护和作为自然保护的重要手段和方式的自然保护区的积极作用在于①保持有代表或有独特性的自然生态系统，使其中动植物生物群落的多样性和整体性得到保护，生物资源得到保存和发展；②不少自然保护区作为遗传物质的基因库，保护着大量珍贵、稀有和濒危的遗传物质，加以保护将是对人类的发展有重要贡献；因此，③自然保护区当然也可以作为与受到人类干扰、破坏乃至彻底改变后的人类活动区，作为自然地理、动物植物和环境背景的对比监测区，长期监测人类生存环境的变化；④在保护的基础上有意识恢复发展稀有濒危物种的研究和实施场所；⑤部分开放的自然保护区是对人民大众，特别是学生进行自然学教育、开展科学研究的大自然课堂和大自然实验室；⑥自然保护区的外围开放区也具有旅游功能，但应控制其开放利用性并严格核心区和供科学研究区的保护。

我国古代曾有历代帝王设置的"狩猎区"，从某种意义上讲，它起到了保护环境和生物的作用，这种"狩猎区"除统治者外是严禁任何人入内的。周朝《毛诗注》载："天子百里、诸侯四十里"，这是对狩猎区面积大小的规定。清代在北京三百多公里外的"围场"狩猎区有一百多万公顷，其中栖息着虎、豹、鹿、狍等各种野生动物。历代王朝为了保护和管理自然资源，还设有管理的官员，据《周礼》记载："大司徒"管理土地，"林衡"管理林业资源，"泽虞"管理湖沼，"川衡""川师"管理河流，"囿人"管理动物资源，"渔人"是掌握渔政的官员，还有相应的法令、禁令。《管子》说："园林虽近，草木虽美，宫室必有禁度，发必有时"；《月令》记载，"孟春之月，禁止伐木；

孟夏之月，无伐大树；季夏之月，树木方盛，乃命虞人入山行木以伐；季秋之月，草木黄落，乃伐薪为炭；仲冬之月，日短至，则取竹箭"。在古代的亚述王朝、印度王朝、埃及王朝、罗马帝国都有类似古代中国的禁区、禁令。近代的自然保护运动则兴起于19世纪的美洲，殖民者从进入新大陆后大规模垦荒，兴建工业和城市，大量屠杀野牛等，迅速改变了自然面貌，在此背景下自然保护运动萌发，1872年根据美国总统法令由美联邦政府建立了世界上第一个自然保护区——黄石国家公园。随后在1879年和1886年澳大利亚和加拿大先后建立了世界上第二、第三个国家公园。目前，世界各大国都建有各种类型保护区，还成立了例如国际自然和自然资源保护联盟这样国际性组织许多个，大大推动了世界对自然资源、物种的保护。我国近代自然保护事业的发展可以说始于1956年，根据第一届人民代表大会92号提案，发布了"天然森林禁伐区（自然保护区）划定草案"和"狩猎管理办法（草案）"。1956年还建立了我国第一个自然保护区——鼎湖山自然保护区。至今（统计至1986年年底），我国已建立各级自然保护区333个，其中国家级的30个，1988年5月国务院又批准公布了第二批国家级森林和野生动物自然保护区25个。

7　振兴林业是全国、全社会需要为之奋斗的崇高事业

当前，我国的林业正处在森林资源的危机，如何振兴林业，使林业走上稳定兴旺发达的道路是我国当务之急。只要使领导到群众、各系统、各部门乃至全社会都对林业的认识有一个新的高度，解决了思想认识，林业的振兴才有希望。所以，今后要努力做到以下几方面。

（1）自上而下要有一个新的林业观。结合环境来讲，对林业的重视，就是对环境事业的重视，对林业的投资，也同时是对环境建设的投资。对林业的投资，是一举两得、一举三得、四得。对林业要早下决心，在国民经济上摆到一个正确位置上去。在指导思想上要及早地转变到以发挥林业多功能的生态经济指导思想上来，在林业政策和管理体制上有理由要求有更大的改革，使之有利于林业的迅速发展。

（2）由中央到地方各个层次进行包括林业建设在内的大环境建设的宏伟规划。林业将在其中，对不同的自然经济区肩负自己的任务，它们发挥的功能将不尽相同，但都能够除了将对改善生态环境和人民生活环境、改进和保障国内生产条件和国际的良好投资环境贡献外，林业也会以丰富多彩的产品成为国民经济和参与国际大循环的重要组成部分。

（3）在人民大众中从小就进行爱林、护林、爱护自然、爱护自己生活环境的美德教育，也要给成年人补上这一课，要形成一个全社会的美德和普遍气氛，我们还需要付出很大努力，也许是一两代人的努力。但唯有如此，我们才能以现代文明大国立于世界之林。

参考资料

[1] 黄荣忠编著（1984），《绿化纵横谈》，中国林业出版社.

[2] 中国自然保护纲要编写委员会（1987年），《中国自然保护纲要》，中国环境科学出版社.

[3] 王敬明等编著（1989年），《林木与大气污染概论》，中国环境科学出版社.

森林的作用与地位[†]

1　森林——人类文明的摇篮

森林是人类文明发展的摇篮，重温一下古代人类社会对于森林的朴素的热爱是有益的。

世界上没有一种自然资源能够像森林那样在人类早期文明生活里具有如此广泛而深刻的影响。森林为原始人类提供了起码的生活条件，森林是他们栖息、取食、劳动，甚至也是防御敌人的场所。树叶蔽身，摘果为食，茹毛饮血，钻木取火，剡木为舟，构木为巢，弦木为弧，剡木为矢，森林成为人类繁衍进化的发源地。我国东北的鄂伦春人，就世世代代居住在森林里，以林为家，狩猎为生。近期发现的菲律宾棉兰老岛的塔萨代人，南美的雅诺马苗人，太平洋伊里安岛阿斯马特等原始民族，仍然可以完全依赖热带丛林取得他们的生活资料。

在人类脱离森林后的社会生活中，森林的影响仍然不可估量。4000 多年前，我国已学会种桑养蚕，《夏小正》中有"三月摄桑，妾子治蚕"的记载。古代以竹简、木牍记事，到南北朝用楮（即构树，其树皮纤维今天仍然是最好的造牛皮纸的材料）皮造纸，继而唐宋以桑皮、青檀皮（著名的宣纸原料）和工艺较难的竹类造纸。大约在 1300 年前，我国发明的雕版印刷术，版料为枣木、梨木。造纸及印刷术的外传，对整个人类的文化艺术和科学技术的发展产生了划时代的影响。世界三个最大最早的水果原产地——南欧、中国的华北、中国的华南，为人们提供了丰富的水果种类。柑橘在我国周朝就作为贡品。茶、咖啡、可可是人类普遍喜爱的三大饮料，而茶的历史最早，公元前 1 世纪，西汉时期我国王褒的《僮约》中就有烹茶、买茶记载。药用木本植物在明代李时珍《本草纲目》中已记载约有 7 类 180 种。世界各民族民间以植物药保障民族健康的历史由来已久。事隔数千年，人们又欣然偏爱起有益于机体的天然药物。染料的发现与发展充分显示了我国古代人民善于利用天赋自然资源的聪明才智：栀子是我国古代中原地区应用最广的黄色染料 2000 年前的《史记》中就有"千亩卮茜"的记载；人们还发现利用柘木、栌木色素（因有"非瑟酮"）染出的织物具有黄、赤的光照色差，一直用于天子之服。3000 多年前的渭水浮桥、公元前 257 年山西蒲州（今风陵渡口）的跨黄河大桥显示了木桥梁技术的伟大成就。古代的建筑、机械（包括军械、农机等）、车辆、船舶、战舰等，无不以木材为最早的材料。森林的作用渗入古代人类生活各个方面，史书中有不少脍炙人口的记载。

综上所述，古代人们重视和爱护森林和树木是可想而知的。《管子》中有"一年之计，莫如树谷；十年之计，莫如树木"的记载。《史记》也写道："居之一岁，种之以谷；

[†] 林业部科技司主编，蒋有绪，鲁一同执笔，1995，北京：中国林业出版社。

十岁，树之以木；百岁，来之以德。德者，……命曰素封"。意思是劳动人民在荒废的土地上，住上 1 年就种起了庄稼，10 年就培育好了树木，发展到 100 年，就成了人财兴旺、没有封号的富有之家。

　　我国古代有些当政者是很重视保护森林的。早在五帝时代，就有了森林保护机构——"虞"；商朝和周朝专设"司水""山虞"，以"掌山林之令，物为之厉而为之守禁"，颁布了"伐崇令"。古人甚至把林业是否得到重视和兴旺，看作衡量国情浮动、人心向背和国势盛衰的标志。春秋时期管仲认为"君子所务者五，一曰山泽不救于火，草木不植成，国之贫也，故曰山泽救于火，草木植成，国之富也，"。秦始皇焚书坑儒也不敢焚"种树之书"。《国语》叙述单子到陈国，看到"道无列树"，预言陈国必亡，后来成了事实。古人把发展森林，看做是发展农业和富国富民的关键，这是前人留给我们宝贵的启示；也充分说明，森林不仅为人类提供了良好的生存条件，而且孕育了我国灿烂的古代文化。

2　惨痛教训后林业地位的回归

　　人类历史上由于大面积、大规模毁林，导致文明衰退、文明重心转移与加剧贫困的灾难的例子是不少的。恩格斯在《自然辩证法》中就曾指出："美索不达米亚、希腊、小亚细亚以及其他各地居民，为了想得到耕地，把森林都砍完了，但他们梦想不到，这些地方今天正因此成为荒芜不毛之地，……。"我国黄河中上游的黄土高原，3000 年前是林木蔽天、水草丰盛的地方，西周时，森林覆盖率达 53%，是中华民族文明的发源地和农业发源地。秦朝统一天下后大兴土木，修阿房宫，筑长城，推行移民屯垦，大面积毁林、毁草开荒，致使森林大量减少，至南北朝时期，森林覆盖率降至 40% 以下，自唐宋始，中华文明重心逐渐向东南移至长江中下游。如今黄土高原森林覆盖率只有 6.1%，成为我国生态环境脆弱，交通闭塞，人民生活相对贫困的地区。同时，如今长江流域也因其中上游森林经历 40 多年来的过伐，使其水土流失面积扩大了 1 倍多，目前，每年输入长江的泥沙比 1958 年增加 1 倍多。鲁迅先生说过："林木伐尽，水泽湮枯，将来的一滴水，将和血液等价。"黄河和长江流域的土壤侵蚀，被外国友人称之为"主动脉出血。"本世纪 80 年代起，世界资本第三次大规模输入，引起世界仅剩的最大热带雨林区亚马孙河流域的滥伐和大肆圈地行动，使巴西、玻利维亚、厄瓜多尔和秘鲁的印第安人各土著族的现存的人类原始文明模式将从人种志和人类学中消失。

　　在资本主义发展时期，马克思就指出："指望获得直接的眼前的货币利益的全部精神，都和供应人类世世代代不断需要全部生活条件的森林发生矛盾。"在那个时代，世界森林遭到了集中破坏的厄运。直到 20 世纪初，一些有识之士开始觉悟到："树木在受难，意味着我们人类将遭殃"，毁坏森林是"美国的耻辱"，"只有靠树木才能拯救印度"，等等。不少国家在经历了痛苦的抉择后，开始采取有力措施来挽救森林。英、法、德、日等都是在森林资源濒临消亡时，采取有力措施才得以转机的；新西兰、巴西、智利、意大利、南非等国以人工集约经营方式，经过近 30 年努力，相继跻入林业发达国家之列，林业的地位得到了回归。英国在第一次世界大战时森林覆盖率只有 5%，1958 年为 7%，现在已达 9%，国家在 50 年内建立 200 万 hm^2 战略后备森林的目标实现后，现又开始再一个 200 万 hm^2 森林的计划。日本的森林面积在 1956 年就基本恢复至第二次世界大战前的水平，1986 年与 1966 年相比，森林面积基本保持 2500 万 hm^2，其蓄积量则从 18.87 亿 m^3 增至 28.62 亿 m^3。前联邦德国 1950 年林木蓄积量只有 6.36 亿 m^3，1960 年为 8.5 亿 m^3，1970 年已是 10.22 亿 m^3，1985 年可采伐利用的蓄积量就达 10.62 亿 m^3。美国 1950 年至 1972 年的 20 多年的时间中将林木蓄积量提高了 11%，1976 年蓄积量达 202 亿 m^3，1985 年已达 234 亿 m^3。新西兰 1950 年前还是木材进口国，经过二三十年的努力，每年以人工造林 3 万 hm^2 的速度，至 1985 年森林总面积已达 729.1 万 hm^2，从此扭转了林业被动局面。南非 1883 年颁布森林法，终止天然林破坏，那时，森林所剩无几，约占国土面积的 0.12%，第二次世界大战后，大力发展造林事业，1984 年已有人工林约 111 万 hm^2，70 年代起就实现了木材自给。

　　总之，各国无论采取什么途径来发展森林（人工造林或集约经营天然林），它们振兴林业的根本经验，在于政府和社会重新重视林业的重要性，真正把林业放在国民经济第一位或作为社会公益事业来对待，这明显地体现在这些国家对林业的税收与奖励政策上。税收是资本主义国家财政预算收入的主要来源，总是通过"寓禁于征""寓奖于免"的积极政策来指导政府事业的发展。这些国家的林业享受着免税优惠。对林业财政补贴是国家每年从预算收入中拨款给林业，纳税优惠则是在预算收入中少从林业要钱，两者都是政府干预，鼓励向林业投资、诱导林业发展的。同时，对森林的防护、游憩效益的享用者实行分担经营森林所需的开支等政策。对全民则普遍由学校、家庭和社会从幼年时期就实行保护自然，热爱树木的教育，几乎使所有的人都懂得了爱护林木的重要性。

　　英国环境生态学家 E.格兰杰说："森林是一切生命之源，当一种文化达到成熟或过熟时，它必须返回森林，来使自己返老还童。如果一种文化错误地冒犯森林，生物的衰败就不可避免。"正是人类的科学文明发达到今天的地步，才使人类又返回森林（即重新意识到不得不依靠森林——作者注），也只有返回森林，才能求得人类自身的生存。

　　我国历史上破坏森林的现象也极为严重，到 1949 年，森林覆盖率仅占国土面积 5%，是世界上森林资源最为贫乏的国家之一，以致很多地区风沙水旱灾害频仍，直接威胁着人民生存与生活，威胁着国家社会主义经济建设。新中国成立后，党和政府目睹这种现象，尽管当时人力、财力不足，且百废待举，但仍把植树造林、绿化祖国、改善生态环境当做一件大事来抓，制定了一系列恢复森林，发展林业建设的方针政策，特别制定了《中华人民共和国森林法》，为林业建设奠定了良好的基础。党的十一届三中全会以后，党和政府更把植树造林，绿化祖国定为一项基本国策，确定每年 3 月 12 日为全国植树节，号召开展全民义务植树活动。从而使我国人工造林累计保存面积居世界第一。现在我国森林面积已达到 13 370 万 hm^2，森林覆盖率达到 13.92%，森林蓄积量达到 101.37 亿 m^3。

3　森林——陆地生态系统的主体，全球环境的保障

　　森林是植被类型之一。它不只是树木的集合体，而且是陆地上最复杂的生态系统。森林生态系统除了包括各种乔灌木树种、草本植物外，还有蕨类、苔藓、地衣、鸟类、兽类、昆虫和微生物，是一个复杂的生物世界。科学家预计，地球上有 500 万～3000 万种生物，半数以上在各类森林中栖息繁衍。

天然森林生态系统有自己的结构和功能，各种生物相互协调、相互制约生活在一起，构成一个特殊的食物链，这是经过长期生存竞争、协调进化的产物。天然森林有抗御干扰（如自然灾害、病虫害等）的能力；而组成结构简单的人工林，如杉木纯林、马尾松纯林、杨树纯林等，虽然培育成本低，但病虫害严重。马尾松毛虫、杨树天牛等虫害一直是侵扰我国人工林而长期难于解决的灾难性危害。所以，从长远着想，增加投入，营造混交林不仅是我国，而且也是世界林业大国营造人工用材林的主要方向。因此，认识森林生态系统的特点，认识它在陆地生态系统中的主体地位，对重视和管理林业是十分必要的。

3.1　森林是陆地生态系统的主体

森林是陆地上分布面积最大，组成结构最复杂，生物多样性最高，具有多功能和多价值的生态系统类型。

地球上陆地面积（南极洲除外）为 $13\,077 \times 10^4 km^2$，其中森林和林地（含疏林和灌木林）覆盖面积为 $4499 \times 10^6 hm^2$，约占 34%。森林跨越寒带至赤道热带的各气候带，有着丰富多样的类型：温带常绿针叶林，落叶针叶林，温带落叶阔叶林，针阔叶混交林，亚热带常绿阔叶林，常绿针叶林，常绿及落叶阔叶混交林，亚热带季风常绿阔叶林，热带季雨林和雨林，热带干旱疏林，红树林和山地垂直带的各种基本类型。据联合国教科文组织的分类，有 5 个大类 26 个群系型；按照《中国植被》分类方法统计有 246 个群系类型，森林生态系统具有最高的类型多样性，并且是世界上最丰富的生物基因资源库。

森林生态系统比其他生态系统具有更复杂的空间结构和营养结构（食物链），这有助于提高系统自身的调节能力。森林的稳定性要比草原、荒漠大，因此不但可以利用森林这一功能防护农田（如各类防护林带），而且还可以利用林农、林牧、林渔等各种以林木参与组分的复合经营体系，这样，除了可以生产更多种类的产品外，也可以增加人工农业系统的稳定性。森林的光能利用率和生物生产力也是天然生态系统中最高的。森林的树冠层使叶表面与空气充分接触，从而保证有效地吸收和阻截大气的辐射、降水和空气动能。森林具有对长波辐射的高吸收率和对短波辐射的低散射率，所以可利用的净辐射相当高。利用树木生产生物干物质，如粮、油、纤维和生物质能等比草本植物要少消耗矿物质和水分，也不占用好地、平地，经济有效。对能量交换来讲，森林是陆地覆盖层中最活跃的因素，林冠层是地球-大气最粗糙的内界面，因而对垂直湍流、压力场的产生和大气环流都有一定影响。森林生态系统的这些特点，为今日林业的新的社会功能和社会价值提供了功能基础。

3.2　森林是地球二氧化碳吸收库，是控制全球变暖的重要缓冲器

研究表明，由于近期人类大量使用化石燃料（石油、煤炭、天然气等）和森林大面积减少，导致大气 CO_2 的浓度在过去的 100 多年（1880～1990）内由 $270\mu l/L$ 上升到今天的 $350\mu l/L$，由此产生的"温室效应"，使全球发生气候变暖趋势。而同时，由于作为碳素（C）贮库的森林，大面积被砍伐，原来被贮存于森林生态系统内的 C 贮量被释放

出来，特别是森林采伐后用作薪材，加剧了温室效应，加速了全球变暖趋势。这是因为每年到达地球上的 $150 \times 10^{21}J$ 的总太阳能通量中，约有 $2.88 \times 10^{21}J$ 固定在植物物质中，其中森林占 $1.2 \times 10^{21}J$；也有材料说明，森林固定的能量占植物固定太阳能量总量的 63%，而形成 1 个质量单位的植物干物质，需要提供 1.83 个质量单位的 CO_2 和释放 1.32 个质量单位的 O_2，所以森林在地球 CO_2 平衡中有重要作用，当然同时也为地球提供氧做出很大的贡献。

据国际气候变化研究小组（IPCC）模拟研究结果表明，CO_2 浓度增加 1 倍，将导致世界范围的农业平均减产 6%～8%，而在发展中国家将减少 10%～12%。当前，全球的碳平衡的情形是：陆地土壤 C 贮库是 $1200 \times 10^{15}g$，以森林为主体的陆地生物群向大气每年吸收 C 量为 $110 \times 10^{15}g$，而生物群和土壤以呼吸等形式向大气释放 C 量为 $112 \times 10^{15}g/a$，人类使用化石燃料向大气释放 C 量为 $110 \times 10^{15}g/a$。因此，如果没有陆地生物群作为从大气中吸收 CO_2 的"汇"，大气中 CO_2 浓度增加的量就相当可观，在当前大气 CO_2 浓度增加的因素中，森林面积的减少占所有因素作用的 30%～50%。所以人们不仅呼吁减少砍伐破坏森林这个巨大的 C 库，而且指望造林、发展森林，以调节大气 CO_2 的浓度。研究证明，营造森林是世界上成本最低的减少大气 CO_2 浓度的有力措施。因此，我国近 50 年来大力发展造林事业的成果对减少大气 CO_2 浓度是有贡献的。最新的研究（全球环境基金项目，1994 年 12 月）表明，如果从现在起至 2020 年，中国每年增加造林面积 400 万～500 万 hm^2，即可使中国减少温室气体净排放量的 10%。这将是中国对世界遏制气候暖化的重要贡献。此外，以薪材的生物质能代替化石燃料，还可以减少温室气体的排放。从可持续观点看，利用木材和森林残余物发电也是一个减排温室气体的有效方法。目前世界对遏制全球温室气体排放所做的共同努力中，探讨世界协调保护与发展森林作为重要的调控手段，是正在研究的热点之一。

从全球可持续发展的观点看，利用替代能源以取代目前的化石燃料为首的能量利用格局，将是一个比较遥远的前景；而努力发展森林则是比较经济的现实可行的途径。因此发展森林确实是关系到人类长远的生存环境的大问题。再联系到森林的其他重要功能，科学家认为：没有森林就没有人类的生存。

3.3 森林是全球生物地球化学循环的杠杆

过去，科学家一直认为地球的自然平衡，如地球表面温度、酸碱度、氧化还原电位势和大气的气体构成、土体的化学构成等的平衡，基本上或主要是地球和大气的物理化学过程所决定的，生物的作用是有限的。英国的 J. Lovelock 和 L. Margulis 于 70 年代提出了 Gaia 假说，认为地球表面的自然平衡主要是受地球上所有生物总体所控制，它们使地球系统在动态平衡中具有一定自我调节功能和对于生物不利的环境干扰，具有反馈调节环境的能力。他们警告说：如果千方百计还在增加大气 CO_2 的源，而同时又竭力减少例如热带雨林这样的"库"，Gaia（希腊语意为大地女神，此指地球自我调节系统）也可能失去对此调节的控制。在此后 20 年内支持这一假说论点的学者越来越多，并通过科学研究成果提出许多支持性的观点和事实，其中包括对森林生态系统在这方面功能的估价及提出了人类要保护、发展并利用森林这一巨大的陆地生态系统类型在调节生物圈、地圈动态平衡中作用的新使命。

虽然宏观的地圈、生物圈平衡的研究分析是一个十分复杂的领域，但在目前提供的有限观测分析中可以看出，森林生态系统在水循环中具有十分重要的特殊的作用。全球水循环是最基本的生物地球化学循环，它强烈地影响着其他各类生物地球化学循环（各类大量、微量及痕量元素的循环），而且在大气化学及全球环流中起着直接作用。在庞大复杂的全球水循环中，与海洋、冰川等巨大的储库相比，以森林为主体的陆地生态系统在全球水储库分配中只占 $2 \times 10^{15}kg$，是一个极小的库，但它却通过它的蒸发与蒸腾影响着陆地与大气间的水通量，即陆地降水与水汽返回大气（它们各为 $107 \times 10^{15}kg/a$ 和 $71 \times 10^{15}kg/a$）。作为拥有陆地面积34%的森林和林地，由于它有山地、坡地分布的特点，通过对径流的影响，对土壤的水储库（$360 \times 10^{15}kg/a$）和河流水文（$36 \times 10^{15}kg/a$）动态的影响，还与海洋的水循环发生着关联。它还通过地区近地表环境影响，直接影响冰川线的上下和冰川储库量。这种影响全球重要地面景观因素的水循环特点，是其他类型的陆地生态系统所不及的。因此，世界各地都按流域和集水区营造森林或进行生物治理（主要是发展乔、灌、草植被，发展林业），控制保护山地森林线以防止雪线下降，保护冰川贮库，以调节区域有效利用水量，一直是林业科学技术界关注而普遍发展的工程手段。

氮（N）是重要的生命基本物质。地球 N 循环中一是生物圈固定 N 的过程；另一则是反硝化过程。前者是生物圈由大气通过生物的固定过程，即固定溶解态的无机氮（NH_4^+、NO_2^-、NO_3^-），进而同化为陆地生物量；而反硝化过程是以生物的有机氮经细菌作用归还大气。地球表面如何使这两个作用过程达到平衡，目前尚不清楚，但已初步计算出森林生态系统在两个过程中均起有巨大的作用。以森林为主体的陆地生态系统有机氮储库为 $10 \times 10^{15}g$，土壤储库（包括有机 N、NH_3、NO_3^- 等）为 $70 \times 10^{15}g$，生物体经腐烂年归还土壤约 $2.3 \times 10^{15}g/a$，植物吸收土壤的 N 通量约为 $2.5 \times 10^{15}g/a$。不同的森林类型及其土壤的 N 储量和森林植物向土壤的归还量不甚相同，越是湿热气候下 N 的循环速率越快，热带森林的枯落物当年就可以经微生物分解完毕，这个循环速率是非常惊人的。

磷（P）、钾（K）、钙（Ca）等生物地球化学循环的研究当前还比较薄弱，但现在的一些观测已表明，世界森林生态系统参与 P 的生物地球化学循环为地球整个 P 循环的 35%，而外界的 P 的地球化学循环影响森林很小，只占整个森林 P 循环的 5%，森林内部的 P 的生物循环很活跃，约占 60%。Ca 循环的情况不同，外界的 Ca 的地球化学循环对森林影响较大（约占森林的 Ca 循环的 31%），森林参与 Ca 的生物地球化学循环比较活跃，约占 69%，而且几乎没有森林自身的 Ca 的生物化学循环。森林生态系统对 K 的生物地球化学循环的影响程度，比对 P 循环的影响要大，但比对 Ca 循环的影响要小。

综上所述，在地圈、生物圈的物质自然循环平衡中，地球化学循环对森林生态系统发生发展有着 5%～30%的影响；反之，森林生态系统则以 35%～69%的较大程度影响和参与生物地球化学循环过程，而这种参与过程正是地球表面自然平衡受到变化和干扰时得以通过生命系统进行自我调节的反馈系统的重要环节。Gaia 理论的提出和验证，对于面积最大，结构和功能最复杂的森林生态系统在地球自我调节反馈系统中的作用和地位又提出了新的课题。目前，全世界森林生态系统长期定位观测和其网络勃然兴起，如美国的 LTER（美国长期生态研究网络）、英国的 ECN、加拿大的 ENAN、德国的 TERN

网络，还出现了地区性长期定位研究网络，如美洲国家间的 IAI、亚太地区的 APN、欧洲的 ENRICH 等，我国中国科学院的 CERN 和林业部森林生态系统定位观测网络（CFERN）都已开展了相应的森林生态系统结构与功能的研究。对开展这个领域综合性、系统性和需要长期进行的深入研究，我国的投入实在太少，这是我国对森林机理研究落后于世界先进水平的主要原因。

4 森林——人类社会可持续发展的基础

森林生态系统对于区域生态环境功能也是十分显著的，而且直接关联着区域的社会经济发展和人民大众的经济利益。森林的作用可以分为物质上和生态环境上两个方面。就物质的贡献来讲，现代林业在谈及林业产品时已远远不限于木材、木材制品和林产化学产品，而专门区分出"非木质产品"。非木质产品包括森林生态系统中除了木材以外的几乎所有物质产品，包括动物、植物、微生物等生物物质产品和可能的非生物物质产品（如泥炭等其他自然资源产品）。另一大类是功能性的，即利用森林生态系统的功能进行服务的，也称为服务性的，如发挥森林保护或改善生态环境的各种功能，利用森林景观资源的森林旅游业，利用医疗保健功能的森林休闲和保健业等。

4.1 保障农牧业稳定持续发展

森林在保障农牧业持续稳定生产上有两类作用：一是通过森林对流域调节地方气候以及防护林对农区具体的生态防护作用来调节气候、环境，以有利于农业生产；二是林木种群参与农业生产结构，这不仅可以丰富农林业产品，而且可以因此构成复合生态系统结构，增强系统的抗逆功能而保证系统生产的稳定性、持续性。

第一类的作用是人们已熟知的，大体可分为以下几方面。

4.1.1 涵养水源、保持水土、调节径流，提高水资源有效利用率，减少洪涝灾害

林木具有庞大、茂密的林冠，可以截留降水（一般截留量约 20%，但视不同树种和降水强度而异），使降水一部分沿枝干下流，削弱雨滴的冲击力。林地的枯枝落叶层又是很好的蓄水层，可使雨水缓缓进入土壤，减少地表径流，减小对土表的侵蚀，所以林地土壤比非林地土壤又有较好的蓄水性。据研究，林地土壤渗透率一般为每小时 250mm，超过了一般的降水强度，只要有 1cm 厚的枯枝落叶层，就可把地表径流减低到裸地的 1/4 以下，泥沙量几乎减少 94%。森林可以使集水区的径流较缓地进入溪流，在暴雨情况下就可以延缓洪峰，减小洪水量；在枯水季节，还可以使河流有一定的流量，因而，森林就调节了流域的水量平衡，增加了降水的有效利用率。

有鉴于此，我国把植树造林控制水土流失作为一项整治国土的战略措施。例如在治理黄土高原水土流失过程中，造林种草要占总治理面积的 70%～80%，工程措施仅占 10%～20%。治理后，70 年代以来，每年少流入黄河泥沙 1.5 亿～3 亿 t。

4.1.2 防风固沙，遏制农田沙化和土地荒漠化

森林的防风效益是从降低风速和改变风向两方面表现出来的。一条疏透结构的防护林带，迎风面防风范围可达林带高度的 3～5 倍，背风面可达林带高度的 25 倍。在防风范围内，风速减低 20%～50%，如果林带和林网配置合理，就可以把灾害性风变为无害的小风、微风。乔、灌木根系可以固着土壤的颗粒，或者把被固定的沙土经过生物作用改良成具有一定肥力的土壤。

4.1.3 调节地方气候

由于森林林冠层在日间可吸收 35%～75%的太阳辐射，20%～25%被反射，因此，林区或森林附近地段的日温差小，减弱冬季的寒冻和夏季的日灼高温危害。森林经过蒸腾作用，增加空气湿度，可比无林空旷区平均增加 15%～20%。因此，平原农业区的防护林网可以改善农田小气候，改善土壤温度和气温状况，提高空气湿度，保存积雪，有利于作物播种、生长和越冬；可以调节土壤水分、盐分动态，减轻土壤次生盐渍化发生，减轻干旱风、霜冻等自然灾害。同时由于森林或林带增加了广阔粗糙的下垫面，能对高空气流产生影响，可以调节辐射平衡和水热平衡，改善地方气候。平原地区有了林带绿色蔽荫，对改善农民夏季的劳动环境也是十分有利的。草原地区也同样需要一定比例的林业来保障草场减免风暴、雹、霜、干热等自然灾害，提高草场生产力。

我国是一个人口众多的农业大国。农业人口占总人口的 74%，因此农业问题、农民问题是我国现代化建设事业中不容忽视的头等大事。农业生产是经济发展、社会安定的基础。因此，提高农业生产是国民经济建设中重中之重的课题，绝不能掉以轻心。发展农业生产的措施是多方面的，如加大农业投入、依靠科学技术、提高农民素质等都是十分必要的。但是实践证明，加强林业建设，营造各类农田防护林，充分发挥森林防止风沙水旱灾害的功能，对保障农牧业稳产、高产有着特殊的不可替代的作用。

从 50 年代起，我国就在东北西部、内蒙古东部、河北西部及河南东部风沙危害较严重的地区率先营造起一部分农田防护林，并在广东、福建等省为防止海浪冲蚀，营造了沿海防护林。这些都收到了很好的效果。

我国"三北"地区干旱少雨，年降水量不足 40mm，风沙危害水土流失非常严重。华北北部地区大风天数每年可达 50～100 天，西北地区常出现地方性大风，风速最高可达每秒 24m，每年因风沙危害造成直接经济损失达 45 亿元，水土流失总面积有 53.4 万 km²，使黄土高原的土地生产力极为低下，大大地影响着农业生产。

自 1978 年起，我国决定在"三北"地区建设防护林体系工程，其范围包括 13 个省、市、自治区的 551 个县镇，总面积约 406.9 万 km²，占国土面积的 42.4%。整个工程建设从 1978 年开始，预计到 2050 年完成。至 1992 年二期工程结束时，共完成人工造林 1333 万 hm²，封山、封沙育林 600 万 hm²，飞机播种 60 万 hm²，零星植树 30 多亿株，区域性防护林体系基本建成，现已有 1100 万 hm² 农田实现了林网化。据定点观测，在农田林网的有效范围内，近地面风速减低 20%～50%，相对湿度提高 15%～30%，土壤含水量提高 10%～20%，无霜期延长 5～7 天，因而粮食增产幅度达 10%～20%，牧业增产 50%左右。

　　1993年5月4日至6日，我国西北部发生了一次严重的风沙尘暴灾害，凡是林草覆盖度在30%以上的地带和农田防护林占地10%以上形成防护林体系的农田，都没有受灾或受灾很轻；反之，农作物几乎绝产或严重减产。

　　现在，我国已有近2/3的耕地实现了农田林网化。据不完全统计，近20年来，由于防护林的防护作用，仅小麦一项就增产近40亿t。

　　平原占我国国土面积12%，平原农区主要分布在东北、华北等10大平原在内的918个平原、半平原县，有4000多万公顷的耕地，占全国林地的40%，是重要的粮棉油生产基地。因此，平原农区在我国社会经济发展中处于十分重要的地位。但是这些平原农区，经过几千年的开垦种植，到新中国成立前，森林覆盖率仅为1%，致使风沙旱涝灾害频繁，水土流失严重，粮食产量普遍偏低，农村燃料、饲料以及用材奇缺，人民生活处于贫困之中。

　　建设平原农田防护林体系，是保障平原农区农业稳产高产的一项战略措施。我国自70年代中期以来，建立了以防护林为主体，农林间作、四旁植树、成片造林、带片点结合的综合性农田防护林体系。目前全国有724个平原县达到平原绿化标准，占平原县总数的78%，85%的平原实现了林网化，从而使上述地区的自然环境大为改善，农业增产。在华北平原，农田林网一般使小麦增产5%~20%，水稻增产5%~15%，玉米增产7%~20%，棉花增产10%左右。缺乏烧柴是平原农民生活中的最大困难，以往平原7800万农户中大约有一半农户缺4~6个月烧柴。平原绿化以后，大量树木枝丫、树叶可当做烧柴。所种植的杨、柳、榆、紫穗槐、刺槐、泡桐等嫩枝叶是牲畜的好饲料。种植农田防护林以后，还提供了大量木材，河南省81个平原县已有15个县年产木材1万m^{3}左右；河北省近年约有50万户农民盖了新房，所用近170万m^{3}木材，全部来自平原农区所种植的树木。

　　森林保障农业持续稳定的第二类作用，在于参与大农业结构，构建新的稳定性强、生物生产力高的人工复合农业生态系统。复合的生产结构，可以形成经济合理的物质能量流通过程，构成复杂的食物链和营养链。从抗逆性来讲，一种自然灾害可能影响或毁灭单一生产结构的生产力，但不太容易毁灭复合生产结构的多样性生产内容。复合农林业一词国际上在1958年提出，它的发展日益受到重视，国际上专门成立了混农林业研究国际委员会（ICRAF）。在我国这种复合经营，实际上已有千年以上的历史，有着丰富的实践经验，许多模式为世界很多国家学习参考。西班牙马略卡岛上90%的农田都林粮间作；东南亚、中美洲、南美洲林粮间作都十分普及；甚至欧洲也在发展，如法国科西嘉岛的模式，以及法国、意大利的林牧结合，提高了牧场的稳定性和产草量、载畜量，羊羔的成活率也比无林牧场高。

4.2　提供木材和林产品，开拓工业的新天地

　　森林是重要的自然资源，经营管理森林资源的林业是国民经济中重要的产业部门，它为国家和社会提供包括木材在内的木质资源产品和非木质资源产品，这些都是人类社会必需的原材料和重要的物资。我国的林业在新中国成立以来已向国家经济建设提供了近15亿m^{3}的木材，以及相当于林业总产值1/3左右的各种林副产品，如果品、木本油

料、工业原料、饮料、木本用材、调料和竹产品等 7 大类的产品。1992 年以来，我国经济林产品出口年创汇都在 12 亿美元以上。随着我国林业的发展，特别是山区林业综合开发在各地得到了不同程度的发展，我国林业总产值正在逐年提高，1994 年我国林业总产值已达 1800 多亿元。林业产业构成中的林产品加工业，是林业的龙头和支柱产业，现代林产品加工已经可以利用小径材、低质材、竹材和农业剩余物生产出替代原来只能由天然林大径材生产的各种结构用和装饰用产品。林产化学工业可生产如松香、活性炭、栲胶、紫胶、单宁酸、水解酒精和糠醛等轻、化、食品工业的重要原材料。40 多年来我国林产品种类，已由原来的 21 个增加到 112 个。

从人类未来的工业看，也期待着森林这一巨大的物种与基因宝库。许多新的水果、食品（如蛋白质含量最高的豆类——翼豆）、药品，如止痛药、抗生素、强心剂、抗白血病药、激素、抗凝血素、避孕药等都不断自森林植物中发现。我国海南省产的海南粗榧所提炼的三尖杉酯碱是极好的抗癌药；森林植物提供生物化学制剂将是人类理想的杀虫剂，可以代替剧毒农药，减少环境污染。森林动植物、微生物，是极其丰富的基因库，森林中不仅拥有人类已有的农作物、家禽的野生近缘种（如原生稻、原鸡、野苹果、野荔枝等等）可以作为培育作物、家禽的新品种的基因资源，而且，森林中数不清的物种具有各种性状的基因都是人类宝贵的遗传工程材料，不知将由此创造出多少巧夺天工的生物品种来。可惜的是，我们已知的或被我们利用的森林物种还极少，只是"露出海面的冰山一角"，而大量的物种在未知时已随森林的破坏而正在消失。

木材是世界公认的 4 大原材料（木材、钢材、水泥、塑料）之一，用途极为广泛，与建筑、铁路、车辆、采矿、船舶、农业等生产有着密切关系，也是人们生活中不可缺少的材料。木材不仅有重大的经济价值和使用价值，而且还具有重要的生态功能，这一点往往被人们所忽视。

木材的主要构成元素，50% 为 C，所以 1m³ 密度为 0.5g/cm³ 的木材，只要不腐朽不燃烧，可贮存 250kg 的 C 元素，而不使其回归大气中，增加 CO_2 的浓度，起到抑制地球变暖的作用；木材在加工过程中消耗的能源与加工金属材料相比要少，因而对环境污染要小；木材用于室内装修，据日本学者研究，具有调节温湿度，改善视觉和听觉等多种改善环境的功能，最适宜于人体的健康生活。

我国是一个少林的国家，据有关部门预测，到本世纪末，我国木材最低消费量约需 1 亿 m³，而我们目前每年仅生产原木 6500 万 m³。我国利用木材加工过程中生产的板皮、刨花、锯屑，以制成用途广泛的纤维板、刨花板、胶合板等，全国每年生产各类人造板约计 579.79 万 m³，远不能满足需要，国家要花费大量外汇进口木材、木浆等，来保证需要。为此，我国应加快培育森林资源，特别是定向培育速生、丰产、优质的工业用材林，并重视提高木材加工利用率，其任务是十分繁重的。

竹林也是我国重要的森林资源，我国有竹 40 多属 400 多种，竹林面积 700 多万公顷，全国年采伐量 600 万 t 以上。竹子是很好的造纸原料，全世界产纸浆 1.64 亿 t，其中竹浆约 100 万 t。我国自 70 年代以来，每年用竹材制纸 10 万～20 万 t，生产土纸 20 万 t，年消耗竹材 120 万～150 万 t，1989 年全国生产纸浆 930 万 t，竹浆占 13.2 万 t，仅占很小的比例。用竹材造纸是我国解决造纸原料的短缺，减少每年要进口纸浆耗费大量外汇的重要途径。我国竹质人造板有了很大的发展，如竹材胶合板、竹材层积板、竹材纤维板、竹材碎料板（刨花板）、竹丝水泥板等，主要用于包装箱和家具，每年代替木材 10 万 m³ 以上。此外，松香、紫胶产品、木本油料（油茶、核桃、文冠果、油桐等）、漆等一直是我国传统的林化产品，但有些产品一直未得到重视和长足的发展，甚至有的（如生漆）由于合成漆的替代而趋于消亡。

由于森林资源的多样性和市场经济对林业的多种需求，当代发达的林业产业体系，其产业门类和产品种类也应是多种多样多层次的。我国是林业产业仍然不发达的国家，这项任务显得更加重要。因此，林业部提出了"九五"期间在建立比较完备的林业生态体系的同时，建立一个比较发达的林业产业体系的奋斗目标。

4.3 振兴山区经济的根本之路

我国是一个多山的国家，山区占国土面积约 69%，山区人口占我国人口的 1/3，而山区又是交通不发达、人口密度小、文化和科学技术落后的广大区域，至今是全国奔小康的难点和重点。但山区拥有多样化的自然资源，正是发展林业的广阔天地。然而，山区植被大多遭到破坏，水土流失严重，甚至将发展到不毛之地，而成为生态上十分敏感的地区。国内外许多实践经验表明，林业乃是山区发展的龙头。这是由森林和林木的生物学、生态学的特性所决定的。美国哥伦比亚大学史密斯教授针对山区发展林业，总结了世界经验，著有《木本作物——永久的农业》一书。他指出，草本作物在世界历史上是平原区发展形成的，并不适合山区，山区应发展木本农业，这是减少山区土壤侵蚀，保持水土，发展生产的唯一农业之路。树木形成 1t 干物质所需的水分和养分物质是最低的，例如，水稻耗水 680t，小麦 450t，而林木仅为 170～370t；林木每公顷形成 1t 干物质所用矿物元素，需 N 4～7kg 、P 0.7kg、K 1.5kg，而农田平均需 N 10～17kg、P 2～3kg、K 8～26kg；而且林木是多年生的，经营比较容易，便宜，又利于少耕、免耕，保持水土。林木产品是十分丰富的，无论淀粉、纤维、油料、水果都可以生产。林木品种众多，在不同气候、立地条件下都有能适合的经济林木生长。

80 年代初，我国北方一些山区兴起小流域治理，从治理水土流失开始，发展到小流域综合开发，也就是在治山治水的过程中，同时建立各种林果生产基地，这样经济林便形成了，水和土留住了。凡是已经治理的小流域（有的叫生态经济沟，几平方公里到几十平方公里不等），从山顶到山脚层层长满了各种林草，做到无土不生财，从而使贫困山区人民终于找到了治山治水治穷的途径。

我国南方山区自然条件更为优越，经济林建设规模更大，各种成功的例子更多。目前已有了以县为单位综合治理与开发山区的典型。江西省山江湖开发治理工程是一项大流域综合治理开发工程，总面积为 12 万 km²。他们从治湖发展到治江和山、江、湖综合治理，重点在治山，治山又以林草为先，反映了人们对林业作用认识的深化过程。

造林种草是山区建设的基础。这是因为山区资源虽多，但耕地少，只有造林种草，才能把山区土地资源充分利用起来，才能为发展养殖业、加工业创造条件。

提倡山区发展林业不限于经济林木，可以发展林木与农作物畜牧的复合经营，并且应当把林业看作山区各业发展的纽带。发展林业除提供各种木材、竹材、林产化学产品（栲胶、香精油、树脂等）、多种水果、干果、淀粉、油料、纤维、药材、蘑菇、木耳、山货、畜、禽、蛋、饲料、薪炭、紫胶及各种化工医药原料等外，还可带动木竹器加工、竹木雕工艺、条筐编制、干鲜果加工、蚕丝、造纸、中草药加工、医药化工、粮油加工业、油脂类加工等各种中小型工业，以及手工业的发展和促进保健、疗养、风景旅游业，等等。总之，山区农村的发展潜力在山，山区农民致富的希望在林。狠抓了林业，整个地区生产经济活动的一盘棋就活了。这是振兴山区经济的根本出路。

4.4　创建优美清洁的环境，满足人类对健康和精神享受的需求

森林和林木有净化空气、减轻和治理污染，满足人类身心健康和精神享受的需求的作用。

4.4.1　森林和林木有净化空气、减轻和治理污染的作用

净化二氧化硫、氟化氢和氯对大气的污染　二氧化硫（SO_2）是一种污染广的有毒气体，冶炼厂、发电厂、化肥厂等都有大量 SO_2 气体排放，城乡居民小炉灶和大炉灶都会排出大量 SO_2。树木能有效地净化空气中的 SO_2，树叶能吸收大量 SO_2，使之氧化为硫酸。据研究，每 $1hm^2$ 城市林木每年可吸收 SO_2 30～60kg。据南京化学工业公司测定，女贞、悬铃木、刺槐、柳杉、黑松等林地 SO_2 浓度比林外降低 66%。

泡桐、梧桐、大叶黄杨是很好的抗氟化物（HF）的树木。据江苏省植物研究所研究，一定宽度的林带可使 HF 的浓度降低一半左右，并且随林带宽度和密度增加，降低作用更明显。

氯气（Cl_2）是大气中毒性强的气体，化工厂、塑料厂、农药厂常排出大量 Cl_2。一般树叶都有吸收积累氯的功能，比较好的有侧柏、棕榈、臭椿等。

减少噪声和减尘滞尘　噪声已成为城市现代主要公害之一，已被工业发达国家列入最严重环境问题。据美国资料报道，噪声经过 30m 宽的林带，可减低 6～8dB；据我国中南林学院和北京市园林局等单位测定，证明林带和各种形式栽植的行道树都有一定程度减少噪音的效果。因此，为了城市环境的需要，国外许多城市重视创建绿色产业，绿化效益率也比较高，有的高达 74%。国外还出现了一门新学科——"城市森林学"（Urban Forestry），一些大学林学系都开设这门课。

当前，许多工业城市大气中经常漂浮各种尘粒，有的每 $1km^2$ 尘量在 50t 以上，个别达 1000t 以上。有人估计，地球上每年的总降尘量在 1×10^6～3.7×10^6t。我国燃料以用煤为主，每烧燃 1t 煤，要排放几公斤的尘粒。森林有很大的防尘滞尘作用，由于林木可以降低风速，从而使较大尘粒沉于地面，同时林木叶片粗糙不平，多绒毛、油脂或黏性物质，可滞留一部分粉尘。雨后叶片淋洗干净，又可重新吸附尘粒，因此，森林上空空气是清洁的。林带一般对降尘的阻滞率为 23%～25%。城市行道林带减尘效果更加明显，一般达 68.1%～89.2%；乔木与绿篱混合的林带，减尘率更高，可达 96%。

增加空气中负离子浓度　大气中除了 O_2、CO_2、N_2 等元素外，还有一定数量的空气负离子，一般浓度是 800～1000 个/cm^3，但在工业城市，仅 100 个/cm^3 左右。空气中负离子不足，将影响人体健康，甚至产生心血管病和呼吸道疾病，因此，森林增加空气的负离子浓度，对人体十分有益，有很好的保健作用。

综上所述，森林保护和改善环境的功效是十分巨大的。日本、德国、奥地利等发达国家都不断地增大保健林面积。为了证明森林的环境功能，不少国家进行了定量评价。日本对森林涵养水源、防止土壤流失、供氧、净化空气及保护鸟类等作了定量评估。其结论是：一年内全国森林贮水量 2300 亿 t，防止土壤流失量 57 亿 m^3，提供氧5200 万 t，栖息鸟类 8100 万只，仅此 4 项，一年创造价值 128 千亿日元（1972 年资料），相当于日本政府 1972 年全国政府预算金额。芬兰的研究表明，森林的防护作用比直接生产木材的价值多 3 倍，美国的计算为 9 倍。据研究，我国黑龙江省的森林防护作用的价值是生产木材价值的 5 倍。根据不完全核算，我国森林生态环境的价值（因有些功能的价值核算方法尚不成熟）仅计算以下 3 项功能就十分可观：①森林涵养水源的价值。我国森林的年水源涵养量为 3473 亿 t，相当于我国现有水库总库容的 75%。平均每公顷的森林水源涵养价值为 1890 元，全国森林为每年 2526.9 亿元；②森林保护土壤的价值。我国森林每年减少土壤侵蚀总量为 246 亿 m^3 或 319.80 亿 t，由此而减少的土地废弃、泥沙滞积和淤积、土壤肥力下降的经济价值，每年可减少土壤侵蚀量 240 亿 t，减少江河湖泊泥沙淤积量 76.8 亿 t，减少土壤有机质流失量 3.84 亿 t，其中 N、P、K 的损失量相当于 5700 万 t 标准化肥。它们的经济价值分别为 13.88 亿元、815.22 亿元、1862.22 亿元，每年 3 项共计 2691.32 亿元；③森林固定 CO_2 和供给 O_2 的价值。我国森林每年的干材、枝、根等干物质生长量为 2.05 亿 t，每年固定 CO_2 的量为 3.34 亿 t，价值为 912.8 亿元，每年提供氧的量为 2.46 亿 t，价值为 929.5 亿元。两者共计 1842.30 亿元。仅以上 3 项不完全的统计，我国森林生态环境功能的价值约计为每年 7060.5 亿元。

4.4.2 满足人类身心健康和精神享受的需求

环境是人类赖以生存的物质基础，而清洁优美的环境，不仅直接影响着人们的身心健康，提高学习和工作效率，还能丰富人们的精神生活，陶冶人们的思想情操。绿化是优美环境不可缺少的条件。据研究，在人们的视野中，有 25%的绿色时，人的精神就感到舒畅。国外大城市除市区的公园、街道绿化区外，都发展城郊森林公园，作为节假日调节城市居民生活的场所，发达国家在周末全家去林区野营，已成为较普遍的享受与休闲方式。我国随着人民生活水平的提高，也会对这方面提出更高更多的要求。现在我国已建立了国家森林公园共 300 多处，总面积近 300 万 hm^2，开展了游憩业务，深受广大群众欢迎。到 2000 年，这项事业还要发展，计划全国森林公园面积达到 900 万 hm^2。一些国家把森林的生态环境效益已专门区分出美学效益、心理效益、游憩效益等。美国国会在 1960 年就通过了森林多效益法案，指导私有林主多效益地去经营森林，为大众服务。阿拉巴州已有多功能的示范林 300 处。德国每年为森林内添置设备，以发挥其休息和疗养作用，这项投资已超过为用材林经营的投资，可见发达国家有逐渐把林业建设重点转移到美化环境建设方面来的倾向，以发挥森林美学效应，也说明，人们对森林和林业的价值观正在转变。

5　增强林业的社会地位和充分发挥森林的社会功能

为了满足人类对环境和社会发展的需求，应增强林业的社会地位，充分发挥森林的社会功能，这是 21 世纪对林业的召唤。

5.1　加强林业的基础地位，促进林业发展

加强林业在国民经济建设中的基础地位，是加速林业建设的首要问题。党中央、国务院一再强调：要加强农业的基础地位，要把农业放在经济工作的首位；要牢固树立大农业观念，全面发展农、林、牧、副、渔业。显然，加强农业的基础地位，也包括了林业作为保障农业基础的基础地位。林业是当代重要的基础产业，它在国民经济中的地位是无法替代的。加强林业基础地位，促进其发展，固然要靠林业部门的努力，同时要得到各级领导的支持，社会的支持，特别是对那些以生态、社会效益为主的大型林业工程建设，要国家和地方在政策和投资上积极予以扶植，这样才有利于充分发挥森林的社会功能。

5.2　促进森林产品的多样化与持续增长

随着经济发展，人民生活水平提高和生态环境意识的增强，林业经营目标应由过去单纯满足林产品需求为主的传统经营模式转向以发挥森林多种效益为目标的可持续经营模式。但根据我国森林资源匮乏，分布不均，森林资源和林产品的人均占有量都比较低，短期内仍难满足日益增长的各方面需求的具体情况，今后相当长的一个时期内，林业必须把木材、各类林产品，以及由林区提供的自然资源产品作为丰富我国人民日益增长的多样化物质需求的一项重要任务。这就必须大力发展用材林、经济林和林副产品。在木质产品方面，要根据我国发展人工速生用材林为主的解决用材的发展方向，以及考虑到提高天然林区对林木资源的利用率，因此，要发展速生材、小径材、低质材和竹材为原料的现代林产品加工业，多生产优质的二次加工和深加工产品，以适应房屋、车辆、船舶建设用的各类精美装饰用材。在非木质产品方面，一是要发展经济林产品和林化产品，如果品、食用木本油料、工业原料、饮料、木本药材、调料、竹产品和松香、活性炭、栲胶、紫胶、单宁酸、水解酒精、糠醛等林化产品；二是要发展森林生态系统所提供的生物多样性的物种资源，即在生物多样性保护的基础上合理地开发森林所拥有的数以百万计的物种。这将是人类新的食物、医药、轻工原料的来源，并具有各类遗传基因资源，是一个充满希望的人类社会发展的新天地，将会引导人们摆脱日益匮乏和单调的物质生产的困境。

5.3　完善森林对社会的生态环境服务功能

这一社会功能，即现代林业所说的林业服务功能（service，相对于林业的生产功能

products 而言），也即林业的公益性范畴。中国是世界上生态环境比较脆弱的国家之一，虽然经过多年的治理，但全国生态环境恶化趋势至今未能得到根本好转，与我国高速发展的经济很不协调。因此迫切需要运用生态经济学原理及系统工程优化设计方法，构建布局合理、结构完整、功能齐全的林业生态体系。这是确保我国经济建设与生态建设同步发展的根本性措施。由于林业生态环境工程的社会公益性及其特殊的生态产品和社会产品由全社会共享，不可进入市场流通，不能取得应有的回报，因此首先应在国民经济核算体系中建立应有的补偿制度，同时要采取激励手段，动员和鼓励企事业单位、社会团体和个人参与林业生态环境工程建设，还要根据谁受益谁交费原则，建立林业生态效益补偿机制，广筹资金，建立林业生态环境工程建设基金。这是国外发展公益性林业的成功经验，值得借鉴。

5.4 保护森林生物多样性

保护森林生物多样性是公益性林业的另一重要功能。我国由于政府的重视，林业部已建立有森林生态系统、湿地生态系统和野生动植物类型的自然保护区 500 多个，建立了 230 多处野生动物人工繁殖场，14 处野生动物保护中心。国家还建立了 400 余处珍稀植物迁地保护繁殖基地和优良种质基因资源库。我国作为世界上野生动植物种类最丰富的国家之一，已发现并命名的高等植物约有 3.28 万种，动物约有 10.45 万种，保留有许多古老孑遗种和特有种，它们大都与森林有关。面对我国森林生物多样性保护长期而艰巨的任务，我们已有的成就只能算是刚刚起步，还需要付出很大的努力。

5.5 发展森林旅游、休憩和保健事业

发展森林旅游、休憩和保健事业是林业一项新发展的半公益性、半产业性的社会功能。广大森林旅游区、休憩和森林保健区（如森林公园等各种形式）的设置和管理，是保护森林资源、森林景观的很好的途径。它们对人民大众开放，发挥森林景观的休闲和保健功能，应当是免费或收费低廉的。因此，对这部分森林功能的发挥基本上是大众性的、公益性的，但对某些项目可以适当收费以保障其发展。国外森林公园已成为公众与大自然接触的主要途径，往往采取国家补贴和纳税的优惠政策。据不完全统计，1992 年我国国内旅游人数达 3.5 亿人次，而 60%的旅游者是到森林风景名胜区去游览。这个事业在中国是一项新兴事业，还缺乏管理的经验，随着社会经济的发展，这项工作显得日益重要，经营管护工作应予以加强。

5.6 积极发展城市林业

人类目前已有 43%的人口居住、生活于城市，城市人口正在继续膨胀，居住环境也随着人口拥挤、城市污染的严重化已有恶化的趋势。在发达国家的大城市由于经历了环境恶化的过程，逐步采取了种种措施，改善了城市环境。其中一条经验，即发展"城市林业"。城市林业已不同于一般的城市绿化，满足于一般的行道树和街心绿地，而是把

森林引入城市，发挥着"生态文化"的功能。例如英国密尔顿·凯恩斯城市森林是由 3 个自然公园、带状公园和 22 个小灌木林及其他类型小片林组成。日本横滨城市森林由 1209 个公园，450hm² 郊区森林组成。城市森林较普遍的定义是包括公园、花园、植物园、动物园、街头绿地、行道树网、郊区森林和国家公园。其空间范围是指由市内出发，乘坐汽车或骑自行车、滑雪当天可返回的绿地范围。发展城市林业的投入，国外一般采取来之于民，用之于民。这主要来自城市税金收入，对于城市森林的建设，往往也采取如我国的义务植树造林的方式，由全民贡献劳力、资金和设施等。实践证明，城市森林的投入，产生了巨大的生态、经济和社会效益。据报道，城市森林不仅一般地改善了城市大气、水体的质量，而且为一些城市提供了新的清凉的饮用水源。巴西圣保罗市计划在城市周围营造 5000hm² 森林，10 年后，解决城市饮用水源的 40%。未来城市闹市区住宅及公共用房的价格昂贵的状况，将逐渐变为城市森林区（交通方便而环境优美清洁）更昂贵的动向。

我国正处于经济转轨的过渡时期，各部门、单位对森林的环境功能认识尚不足，一方面无偿享用森林的生态环境效益；另一方面一些自然保护区却又因无足够经费无力从事自然保护，甚至保护人员不得不破坏资源去谋生存，不少公益性造林事业也因有钱造无钱管渐趋荒废。这种现象都是不合理不正常的，需要加强对林业作用与地位的全面认识，积极进行管理体制上的深化改革，并从政策上予以扶持，这样我国的城市林业建设，也可以很快地得到发展。

6 结 束 语

近十多年来，我国在林业建设上取得了很大成绩，已扭转了长期以来，森林蓄积量持续下降的被动局面，实现了森林面积和蓄积量双增长等。但我国仍然是一个少林国家，林业现况仍然不能适应国民经济快速发展和改善生态环境的需要。主要问题是①森林资源总量不足，覆盖率比较低，结构还不合理，林分质量低。我国人均占有森林面积为 0.11hm²，而世界人均森林面积为 0.97hm²；全国林分平均郁闭度 0.6，林分平均每公顷蓄积量只有 71.26m³，以上指标远远低于世界林业发达国家水平。我国用材林、成过熟林持续下降，全国拥有 6000 万 hm² 中幼龄林，立木生长的后备力量还嫌不足。②森林经营管理比较粗放，林地利用率不高，森林面积仅占林业用地的 50.86%。③《中华人民共和国森林法》和《中华人民共和国野生动物保护法》执行不严，森林资源的破坏仍很严重。④一些国有林企事业单位经济活力不强，其经济状况不适应肩负培育和保护森林资源的任务。⑤林业科研工作滞后。我国林业科研工作虽然取得了许多的成果，但一方面因投入不足，林业科技推广工作跟不上，致使大量科技成果不能转化为生产力；另一方面科研机构整体布局不够合理，分工不明确，形不成各自的优势，从事林业高新技术及基础性研究的科技人员不足，投资也少，缺乏后劲，很不适应林业发展和生态环境建设的要求。因此，为把我国的林业建设成为一个比较完备的林业生态体系和比较发达的林业产业体系，要做的工作很多，真可谓任重而道远。但是，通过林业建设事业的深化改革，社会主义市场经济纵深发展，对《中国 21 世纪议程——林业行动计划》的认真贯彻执行，走林业可持续发展的道路，我们的目的是可以达到的，也是一定能够达到的。

参 考 文 献

[1] 王敬明等. 林木与大气污染概论. 北京：中国环境科学出版社，1989.

[2] 朱忠保. 环境生态保护学. 北京：中国林业出版社，1992.

[3] 蒋有绪. 对森林生态经济学的再认识. 农业经济问题，1981，总（14）：25-40.

[4] 王志宝主编. 森林与环境——中国高级专家研讨会议论文集. 北京：中国林业出版社，1993.

[5] 林业部科技司主编. 中国森林生态系统定位研究. 哈尔滨：东北林业大学出版社，1994.

[6] 徐有芳. 为建立比较完备的林业生态体系和比较发达的林业产业体系而努力奋斗. 全国林业厅局长会议文件汇编，1994，17-47.

[7] 周伯瑜. 略论森林在陆地生态环境建设中的地位、作用. 生态学杂志，1984，（6）：51-53.

[8] 沈照仁. 我们从世界林业中所借鉴到什么. 林业问题，1987，（3）：37-54.

[9] 郭志伟，洪菊生. 林业在发展农业生产中的作用与对策. 世界林业研究，1995，（8）：2.

[10] 中国国家科委社会发展司. 中国森林资源价值核算（研究资料），1994.

[11] 中华人民共和国林业部. 中国21世纪议程林业行动计划. 北京：中国林业出版社，1995.

[12] 段新芳. 话说木材的生态功能. 森林与人类，1995，4.

浅谈森林的水文功能†

当今，洪水问题可能是世界各国都十分重视的生态课题。如今的大地对人类似乎太无情，不是洪水万里肆虐，就是干旱赤地千里；不是连绵阴雨、烂秧遍田，就是夏旱连月、丰收无望。过去，游牧民可以逐水而居；如今，偌大的城市因用水日渐匮缺，前途未卜，迁留难定。长江因上中游严重水蚀，泥沙俱下，已步"黄河"后尘；黄河则流量日枯，连年断流。人们不禁要问，在科技日益发达、生活日益提高的今天，为什么会如此生态失衡，特别是水生态失衡？

地球的水循环固然受地球圈、大气圈的物理过程的支配。大气环境特征和气候异常变化固然会带来水循环的超常变动。例如，1954 年和 1998 年长江流域的降水总量和洪期径流的特大超常变化就与厄尔尼诺现象的影响有关。但我们不能把两次特大洪水灾害的产生完全归咎于自然因素，而却不去反思人类历史上长期的不合理对待自然的做法，例如，人类有史以来已使原来占地球陆地表面 80%左右的森林，到如今只剩下 30%左右。在近 1000 年内，森林的减少速度惊人，1850～1980 年，全世界 15%的森林被砍伐掉，其中亚洲甚至达到 43%，1980～1985 年，森林每年以 0.6%的速度递减，而如今已达每年 1%的速度递减。这不能不急剧地和极大地削弱了地球森林对全球水循环功能的影响，从而使人类面临日益加剧的水旱灾难而惶然不已。

森林生态系统对全球水循环通量虽然不大，对全球水循环总通量只是一小部分，绝大部分是海洋生态系统参与的通量。但森林所影响、所支配的部分却是对人类生存、生活和经济活动区最重要的、最密不可分的部分。如：它可以增加空气湿度，改善区域性气候质量，涵养水源，调节径流洪枯比，有利于农业和水利、水力发电，增加降水的可利用率，减少对土壤的侵蚀，防止冰川线上移，使冰川储水稳定等。因此，森林生态系统是一个影响陆地全局水状况的重要地面景观要素。

森林生态系统有着重要水文功能的原因，有 3 个重要环节。

（1）林冠截留降水　这个截留降水部分，从世界研究数据看，其截留率在 9%～40%，从我国各种常见森林类型来看，我们自己的研究资料表明在 20%～30%（见表）。截留量除了林冠层吸收外，大部分由树冠蒸发返回大气，这就是说，把这部分水量阻留在本地区，以较缓慢的过程参与大气水循环，这对湿润本地区空气创造舒适的环境是很重要的。如果大面积没有森林，降水到了地表，就会马上形成地表径流，参加到河川径流的水循环过程，流入其他地区，并最终汇集入海，这样就影响不到本区域的空气湿润度。

（2）枯枝落叶持水　通过林冠截留的降水，经过林冠阻挡，减小了雨水重力对地表的冲击，又加之林下有森林特有的枯枝落叶层，不易造成冲蚀。然而，在无林地，无论是农田还是荒地，情况就不一样，其土表侵蚀就会很严重。林下枯枝落叶层疏松，有很

† 蒋有绪，1999，浅谈森林的水文功能，见：国家林业局宣传办公室编，'98 洪水聚集森林，北京：中国林业出版社，256-259。

我国各主要森林类型的林冠截留率、枯枝落叶层持水率和土壤总孔隙度一览表

森林类型	林冠截留率/%	枯枝落叶层		土壤总空隙蓄水量（0～60cm 土层）
		现存量/（t/hm²）	最大持水率/%	
寒温带落叶松林	18.26	11.86	300.5	286.3mm
温带红松阔叶林	28.92	11.29	294.7	319.6mm
暖温带油松林	23.45	26.81	211.2	417mm
栎林	17.85	16.50	342.3	302.2mm
亚热带杉木林和马尾松林	19.40	11.18	308.4	360mm
亚热带常绿阔叶林	16.21	12.31	316.3	395.1mm
毛竹林	21.59	7.44	314.4	367.9mm
南亚热带季风常绿阔叶林	18.93	6.90	448.9	486.6mm
热带半落叶季雨林	28.99	7.71		
山地雨林	25.31	9.75	200	480mm
草地（南方、北方）	0	0	0	一般小于300mm

强的吸水能力，最大的持水量可以达到枯枝落叶层自重的 4～5 倍，这就涵养了水源。超过枯枝落叶层吸水能力的那部分水，会通过枯枝落叶层渗入土壤，涵养于土壤的孔隙间。这是森林水源涵养功能的另一个重要原因。

（3）调节径流洪枯　由森林土壤水库，逐步地由土壤径流形式向低处移动，最终形成河川径流，这就是森林可以调节径流洪枯，延长河川径流洪峰出现时间和减少洪峰过水量的重要原因。

因此，有几个数值对说明森林水文功能是十分重要的，这就是林冠截留率、林下枯枝落叶层的持水率和森林土壤的总孔隙度。根据国家林业局和中国科学院等单位在全国的生态定位研究工作的成果，可从列表的数据予以说明。

从上表看出，我国各主要森林类型的水文功能有一些差异，主要决定于不同气候下森林类型的树种组成、结构、枯枝落叶层多少以及土壤性质等。一般讲，阔叶林优于针叶林，混交林优于单纯林，天然林优于人工林。但即使是人工林，也有着很好的水文功能，这点决不可忽视和低估的。

最后想说的是，既然人类对于陆地森林生态系统长期的不合理利用、干扰，乃至大面积破坏森林，使地球水循环在自然异常变动情况下加剧了其灾害性，这种大面积和大范围的生态负面影响，是不可能以星星点点的水利工程或其他办法来修补解决的，唯有全人类团结一致恢复发展森林，才能恢复森林生态系统对陆地水循环的重要功能，才能从根本上减少天气异常变动对人类的灾难性。

湿地科学研究的内容和方向[†]

1　从生态学特征了解湿地

湿地是各种类型陆地与各种类型水域之间的相对稳定的过渡区、复合区或生态交错区，是自然界中陆地、水体和大气之间进行物质循环和能量流动相互平衡的产物。湿地的水生环境和陆生环境的双重特性使其具有各种特殊的复杂性质。例如，特殊的界面系统，特殊的复合结构、特殊的景观，特殊的物质流通、能量转化途径和通道，特殊的生物类群、特殊的生物地球化学过程等。湿地是地球陆地表面系统水循环和物质循环的平衡器、缓冲器和调节器。

2　湿地的界面特征

湿地是水、陆两种界面交互延伸的一定区域，是处于水域和陆地过渡形态的自然体。从整个生物圈的角度来看，水陆相互交界或相互作用的区域均有多种表现形式，体现为湿地类型的多样性。在海洋和大陆相互交界的滨海、河流入海的河口区域，形成了滨海湿地、红树林湿地等；在内陆的河流、湖泊、水库等各种水体与陆地相交的边缘区域都可形成湿地；内陆的湿润地区，常年季节性积水的低洼地区可以形成湿地；在干旱地区，沙漠中的绿洲也可以形成湿地。因此，多水（积水或过湿）的环境、独特的土壤和适水的生物是湿地的主要特征，其本质是水体、陆地、植被、大气四大要素之间复杂的相互作用。湿地具有与陆地系统、水体系统不同的结构和功能。湿地处于大气系统、陆地系统与水体系统的界面的交合处，既包含了重要的水体-陆地、陆地-大气和水体-大气界面，又存在联结各界面的水体-陆地-植被-大气连续体（WSPAC）。

一般的陆地生态系统只有陆地-大气界面或土壤-植被-大气系统（SPAC）（Philip J. R. 1996），对其水文循环着手研究的是大气与地表各种源汇之间的物质和能量传输，国际地球生物圈计划（IGBP）核心项目之一水文循环生物圈方面（BAHC）将其归结为土壤-植被-大气传输过程（SVAT）。而一般的水域生态系统只包含水体-大气界面或水体-微生物-大气系统。

3　湿地的结构与景观特征

湿地是地表重要的景观类型和生态系统。湿地结构的独特性表现在水文、土壤和植被特征上，这种独特的结构使其在水分、养分的循环上形成了特有的生态过程。湿地的

---

† 蒋有绪，张曼胤，2004 年 12 月 16 日，中国绿色时报。

表层和底层含氧量悬殊，表层和底层的水温变化也很大。湿地的结构和景观具有明显的植被、土壤、水位和水的盐度的梯度变化和斑块变化，时间变化的特征，其中水位、水流，如泛滥、潮汐、洪枯等都是有规律、有频率地变动，这些变化在维护区域生态平衡和环境稳定方面起着非常重要的作用。

湿地景观变化过程主要表现为景观格局和过程在时间、空间尺度上的相互作用过程，包括生态系统的能量流动、物质循环以及物种的迁移，因此而带来的生态效应也十分巨大。目前，人类按照自己的需要去改变天然湿地的景观格局。自然湿地景规格局的变化过程对湿地生态系统以及其他系统的生物多样性、初级生产力产生显著影响，对局域、区域及全球气候环境、水文环境、生物多样性等方面产生显著而深刻的影响。

4 湿地的物种和生物多样性特征

湿地的独特生境使其具丰富的陆生与水生动植物资源，湿地是世界上生物多样性最丰富的地区之一，蕴藏极其丰富的生物资源。湿地生物资源主要包括动物、植物和微生物资源。植物类主要包括：沼泽植物、盐沼植物、红树植物、浮游植物、挺生植物、底栖植物等；动物类主要包括：水禽、涉禽、海岸鸟、鱼、虾、贝、蟹、两栖、爬行类等；微生物主要是厌氧微生物。更重要的是，湿地是许多濒危物种的栖息地。由于湿地物种种类异常丰富，又有非常高的生物生产力，所以湿地生物之间形成了复杂食物链、食物网。湿地生物多样性是湿地物种多样性、湿地遗传多样性和湿地生态系统多样性的总称，包括所有不同种类的动物、植物、微生物及其所拥有的基因和它们与环境所组成的生态系统。湿地对于保护物种资源、维持生物多样性具有难以替代的生态价值。

5 湿地的生物地球化学特征

湿地生物地球化学过程是指碳、氢（水）、氧、氮、磷和硫以及各种生命必需元素在湿地土壤和植物之间进行的各种迁移转化和能量交换过程，主要包括物理过程、化学过程及生物过程。湿地的生物地球化学循环又可分为湿地中各种淤积物以及湿地内生物呼吸时进行的物质交换以及化学物质转化的系统内部过程，包括废物生产、再矿化和各种化学转化途径；湿地与毗邻生态系统之间进行的化学物质交换过程，主要通过气象、水文地质和生物等途径来实现。由于永久积水或间歇性淹水形成的间歇性厌氧和好氧环境，使得湿地有其独特的生物地球化学循环，其间许多化学迁移和转化过程是其他生态系统所没有的。

湿地土壤在积水时，水面以下形成强还原区，但在水-土界面上常有-氧化薄层。发生于还原环境中的 C、N、P、S、Fe、Mn 转化的不同状态都影响着这些元素对生态系统所起的作用，例如有些元素可能转变为环境毒物。湿地中的许多化学转化过程都是通过微生物进行调节的。湿地土壤不仅仅是许多湿地化学转化发生的场所，而且还是许多湿地植物所需的有效化学物质的主要储存地。湿地与陆生、水生生态系统的相似之处表现在它们都可能是富营养或贫营养系统，但在沉积物、贮存养分以及植被在不同养分循环中功能的差异是非常大的。

湿地土壤中含有大量未被分解的有机物质，因此起着碳库的作用。而 CH_4 是重要的温室气体，它在大气中浓度的不断增加是引起全球变暖的原因之一。由于湿地的高生产力及氧化还原能力，使得湿地成为最大的 CH_4 天然排放源（Ramesh R. et al. 1999），估计全世界每年有 $110 \times 10^{12}g$ CH_4 是来自天然湿地中的厌氧分解，天然湿地每年向大气中排放的 CH_4 占全球 CH_4 排放总量的 15%～30%，其中，高纬度地区泥炭湿地 CH_4 排放量占天然湿地 CH_4 总排放量的 50%～60%。因此，湿地的生物地球化学过程与全球环境变化有着密切的关系。

6　从不同尺度和视角认识湿地

科学理解湿地生态系统不仅要全面了解湿地生态系统的生态学特征，还要从不同的尺度、不同的视角来认识湿地。我们可以从全球的角度来认识湿地在整个生物圈中的作用，也可以从小到某个流域内的角度来认识湿地对周边的生态系统或者小气候的作用，不仅要包括大到全球生物地球化学循环的过程，还要包括具体湿地内部的生态过程。生态学过程可能是短期的植物的分解、繁殖或迁移，也可能是长期的演替和进化过程。

从区域的整体来看，湿地应该属于水域生态系统和陆地生态系统的过渡区域。生态系统是由动物、植物、微生物组成的生物群落及其生存的环境共同组成的动态平衡系统。湿地生态系统无论是其所处的环境，或者说构成生态系统的要素-生物群落都具有明显的过渡性特征。水是湿地形成的必要的环境因素，是湿地生态系统最重要的特征之一，可以说没有水的存在，就没有湿地的发生。

从水循环过程来看，湿地的水流动较缓，一般处于停滞状态，而且积水不深，但是湿地土壤中以及湿地的草根层中存在有大量的水，包括重力水、毛细管水、薄膜水、渗透水等。湿地的水一般来源于大气降水、地表径流和地下水补给，湿地水面蒸发以及植物蒸腾是湿地水支出的主要形式。

无论是苔原带还是热带，湿地在地球表面上广泛分布，发挥着巨大的社会生态效益。湿地是世界上生产力最高的生态系统之一，更是野生动物赖以生存的栖息地。湿地是生物多样性的发源地，是重要的生物遗传基因库。对于人类来说，湿地是陆地上的天然蓄水库。湿地还为人类的生产、生活提供多种资源，还具有调节气候、控制土壤侵蚀，促淤造陆，降解污染物、美化环境等多种功能。

人们越来越趋于一致地认为，湿地是可为全球提供可观的社会、经济和环境利益的极为重要的生态系统。

7　湿地——地球生物圈中一个关键环节

湿地生态系统在全球环境与全球气候变化中的作用正在日益被认识，湿地生态系统是地球生物圈中一个关键环节。破坏了湿地生态系统，也就是破坏了区域平衡，破坏了全球生态系统的物质流动、能量交换，气候的平衡会因此而被打乱并形成恶性循环。湿地由于其高基础生产量和特殊的缺氧以及酸性环境，使得其起着碳库的作用。湿地中的碳被湿地植物固定，植物体死后，其主要的有机物因水淹缺氧而形成了泥炭。一旦这样的泥炭地遭到破坏，泥炭在完全分解的情况下，将 CO_2 释放到大气中，这些泥炭地就成为了大气 CO_2 的主要来源，将会导致全球气候变暖等一系列严重的环境问题。全球气候变暖，海平面将会上升，会淹没许多湿地类型，导致许多河口、海湾滩涂、红树林等湿地面积的进一步缩小；寒带的泥炭冻土溶化，加速分解消失，这又进一步地加速了全球变暖的进程；地表-大气的水平衡会严重失调，许多珍稀濒危动植物将会灭绝，从而生物多样性也会减少。许多湿地类型是全球气候变暖的敏感指示器，如红树林、珊瑚礁、泥炭冻层湿地等。

8 人工湿地——发挥湿地功能，保护天然湿地

人工湿地的研究越来越受到人们的重视，人工湿地主要包括稻田、鱼虾蟹养殖塘、水库、运河和污水处理工程等系统。稻田为全球半数以上的人类提供食物，水库也为人类提供了清洁的水源，人工湿地污水处理技术在许多领域内成为了传统污水处理工艺的廉价替代方案。目前，应用较多的类型是表面流湿地和水平潜流湿地。人工湿地处理污水的优点是低廉且高效，而且还有传统污水处理工艺所不具备的绿化环境的功能。人工湿地是控制非点源污染的一种有效的技术，建立大量的人工湿地可以缓解现存自然湿地所受到的威胁和压力，会减少对自然湿地生态系统正常演替的干扰，才有可能进一步实现湿地生物多样性保护的目的。在治理湖泊富营养化治理过程中，沿湖建立大面积的不同功效的人工湿地可以有效地阻断面源污染物向湖泊水面迁移。

在城市中，出现了一种被称为湿地公园的景观，其定义为：根据国内外目前湿地保护和管理的趋势，兼有物种及其栖息地保护、生态旅游和生态环境教育功能的湿地景观区域。湿地公园一般都是依托湿地保护区内的缓冲区或试验区规划建立的，以减缓对核心区的压力。如澳大利亚的 Moreton Bay 海上公园和维多利亚公园以及我国的香港米埔的国际重要湿地和哈尔滨水上公园等。

9 科学开发、利用和合理管理湿地

几十年来，我国对湿地生态系统的改造利用中有很多失败的教训，例如，大兴安岭沼泽地改造，松嫩平原盐泡改造，两湖围垦，红树林围改鱼虾养殖等。造成失败的原因就是没有弄清湿地生态系统生态过程的本质，改造过程以经济因素为出发点，而忽略生态学原理的应用。

近年来，随着湿地保护力度的日益加大，我国在湿地保护，湿地管理等方面取得了很大的进展，湿地公园也在各大城市悄然修建。然而面对人口的急剧膨胀，对土地的需求不断增加，对湿地的不合理开发和利用仍然是中国天然湿地减少的主要原因，湿地质量、功能和效益逐步下降的趋势还未得到根本遏制。

科学合理地利用、管理湿地，首先要从建立湿地及湿地生物的基础信息库开始，摸

清我国的湿地本底。其次要建立一套完善的湿地功能区划标准，明确哪些湿地必须保护，哪些湿地可以合理适当开发。对已经退化的湿地，要找出其退化因子，人为改变和消除湿地发展的不利因子，运用生态学的原理进行恢复与重建，使其健康地发展。加大建立人工湿地的力度，减轻城市对其周围河流直接的污染压力。从流域的角度出发，建立一套完整的科学的湿地管理机制。最后，要加强湿地保护的法制建设，提高公众参与保护湿地的意识。健康的湿地，是国家生态安全体系的重要组成部分和实现经济与社会可持续发展的重要基础。

人类必须进入低碳时代[†]

1 引 言

人类生产和社会经济都必须是低碳的。人类必须进入低碳经济和低碳社会时代，才能减缓气候变暖所带来的危害。

减排就是要减少排放 CO_2、CH_4 等温室气体；增汇则是指增加地球表面对 CO_2 的吸收。

利用高技术，把空气里的碳吸收以后液化、深埋，使得空气中的碳减少。芬兰、瑞典和澳大利亚等国家正在研究把采伐后的木材隔绝空气深埋的技术。这样既可以重新造林，又可以吸收新的 CO_2。将碳储备转移到地下深藏起来，一旦需要木材时再挖出来。

全球变暖已经是一个不争的事实。国家气象局预测中国气候变化，到 2030 年平均气温还要增加 1.5～3.0℃。到 2100 年可能最高增加 8.0℃。

2 造成气候变暖的原因

主要是由于近地表的大气层里，温室气体浓度增加了。温室气体是由大量的 CO_2、CH_4 和 NO_x 组成的。CO_2 的浓度，工业革命时是 270×10^{-6}。到了现在升为 380×10^{-6} 左右。预测到了 21 世纪末，有可能增加到 1000×10^{-6}。即 CO_2 浓度要翻一番多。

温室气体浓度增加产生了温室效应。等于地球表面覆盖了 1 大气罩，太阳光可以照进来，但反射不出去，造成温度升高。

现在判断煤和石油等化学燃料的过度使用是第一个原因。森林减少是第二个原因，其分量占到了 1/3 左右。另外，很多发展中国家由于工业技术落后，燃料使用不完全。在发达国家应用高技术的情况下，用 1t 汽油所做的事情，在发展中国家可能要用 2t 汽油才能做到。

被浪费的部分能源，释放到空气里面，首先造成农业格局乱套的问题。原来适合生长的条件也许不再适合了。打破了生态平衡，带来很大的损失。其次，气候变暖引起南极、北极冰盖的融化，高山上冰川的融化。有人估计中国新疆的天山冰川可能到 2050 年就会消失。这将意味着新疆干旱区的绿洲消失。

南极、北极冰的溶解，造成海平面上升。照此下去，到了 21 世纪末海平面有可能上升 1m 左右。整个世界所有大陆沿海的地区都会被淹没。

大陆最好的土地、最好的农田、最好的居住地区就是沿海地区。地球上 1/3 的人口居住在沿海纵深 60km 的范围内。如果是海平面上升，到 2050 年珠江三角洲将要被淹

[†] 蒋有绪，2010，山西能源与节能，（1）：3-6。

没一部分。很多岛国也会被淹没,这是即将要发生的事情,这个问题很严重。

另外,全球气候变暖以后,由于海水温度的变化,影响到整个大气环流,带来气候灾害,使旱灾、水灾、涝灾频繁发生。近来发生的雨雪冰冻灾害就是个明证。森林火灾的发生也和大气的异常变化有关,跟全球变暖有关系,对人类的影响也是很大的。2004年五角大楼给布什总统的一个秘密报告里提到,全球气候变化带来的灾害比恐怖袭击带来的灾害要大得多。现在国际上各个政府都在研究怎样减缓全球气候变暖的过程,开展政府间的谈判,关键问题是减少温室气体的排放。温室气体的排放表现为两大方面:a)人类的生产活动使得工业生产要消耗能源的问题。怎么样才能更经济、更有效地使用能源,把通过工农业生产向空气里排放的 CO_2 尽量地降下来;b)因为人生活质量的不断提高,使用空调、煤气等各种能源形式也不断增加,汽车的大量发展,使用石油的量突破自然的许可。所以,人的生活里所排放的碳也提到日程上来了,节能减排牵扯到整个人类的生活和生产。

3 低 碳 经 济

包括生产和社会经济必须是低碳的,低碳的意思是把碳排放尽可能地降低。人类必须进入低碳经济和低碳社会的时代,减缓气候变暖所带来的危害。这涉及的问题很多。不管是重工业、轻工业,要想提高能源利用率,不用煤炭和石油等化石能源,使用清洁燃料。比如,太阳能、水能、风能是更环保的,不是通过燃烧得到能源,所以不排放 CO_2。用这些能源来代替化石能源,需要进行很多的技术改造。即便仍然使用化石燃料,怎么样把利用率提高也是减排的重要方面。所以,用化石燃料提高效率、减排或者是替代化石燃料都是减排工作的内容,这要进行更多的技术革新、技术改造。

有些科学家认为,如果现在及早采取措施改进技术,尽管会多投入一些成本,但是对未来是节约的。假如现在投入 1×10^4 美元进行技术改革,将来有可能就会避免 5×10^4 美元的损失,所以,现在尽管成本高一点也是合算的。这是英国的专家组写的报告。他们现在到各级政府做宣传,都得到认可,至少这个警告是对的。另外,美国前副总统戈尔在 2004 年获得诺贝尔和平奖,他就是因为宣传环保得到了诺贝尔和平奖的。他提到全球气候变暖的问题,举了很多的例子,很多明智的大企业家已经认识到采取新技术来减排最终是合算的。为什么要提倡某一天不要开车,目的是提醒大家认识到这个问题。总而言之是要节能的,包括节水和节省其他东西。

节能减排是大家的共识,这是毫无疑问的。但只要联系到每个国家自身的发展,自己国家的利益往往会有不同的态度和反应。比如,发达国家已经发展了 100 多年,得到了现在的生产、生活水平,这是因为过去大量地使用能源而获得的。它们过去过度地使用能源,牺牲环境,达到了今天的地步。现在出于全球变暖的情况,提出大家都要进行节能减排。这种标准一样的减排任务,对发展中国家是不公平、不合理的。因为发展中国家正在发展啊,而发达国家已经发展过了。对于发展中国家的减排任务或者减排份额,不应当与发达国家一样,应当有所区别。尽管这样,美国政府还不愿意执行《京都议定书》的决定,不愿意承担这个义务。

各国政府希望形成一个协定到某个时期,比如说,到 2020 年,分步骤地进行减排,按照预定的指标，逐步地往下降。这种情况下，美国政府都不愿意承担，奥巴马执政后可能会有所转变。发展中国家要求发达国家拿出一点资金和技术来帮助发展中国家走这条节能减排之路。

减排是减少排放温室气体、减少排放 CO_2，当然也包括减少 CH_4 的排放。增汇是增加地球表面吸收 CO_2 的量。

4 把 CO_2 存到地下或者其他地方

地球表面吸收固定的碳是 $2.48×10^8t$。森林就能吸收 46%。森林里面保存的碳是整个陆地生态系统保存的碳量的 1/2。

森林减少是空气 CO_2 浓度的增加第二个原因。森林能够保存和吸收 CO_2，这是因为森林会进行光合作用。粮食、作物都是通过光合作用形成生物量的。森林因为面积大、生物量大，所以吸收的碳比农作物要大得多。森林被砍伐，特别是过去发展中地区当成柴火烧掉了，就把本来能够被森林吸收的 CO_2 释放到空气里面了，把"汇"减少了。燃烧木材后又加大了 CO_2 的释放，变成了 2 倍的影响。

又减汇又增排，森林的影响是很大的。现在地球要想办法多吸收 CO_2，各国政府的焦点自然而然地集中在森林的问题上。

森林问题不光对全球气候变暖很重要，对荒漠化问题、对生物多样性保护问题也都是非常重要的。所以，重视森林问题是多方面的，当然对于增汇显然也是个重要的方面。现在政府间谈判，一谈到全球气候变化必然要谈到森林的问题。过去 10 年强调森林问题主要是强调造林再造林。这就要求世界银行、亚洲银行支持发展中国家造林，发达国家也有义务帮助发展中国家造林，这点我们中国做得非常好。中国这几十年来一直强调造林，现在人工林的面积在世界上是最大的，国际上的声誉也很高。但减排对中国来说仍是有难度的，可能还需要消耗能量，需要努力提高能耗的效率，技术上还有个过程。在增汇方面中国做得不太好。胡锦涛主席提出发展亚太地区的森林可持续经营网络，得到了美国和澳大利亚政府的支持。现在已经正式成立和启动了，推动了亚太地区森林的发展。全世界森林都在减少，就亚洲在增加，而亚洲增加也只有中国在增加。

现在，我们要加强森林管理，使得它的生产量更大，木材资源增加，吸收 CO_2 更多。拿中国来讲，这方面的潜力很大。现在国际上森林应对全球气候变化的对策，非常符合中国当前的国情。因为造林再造林我们做得很好，减少毁林我们已经做过了，已经走过很长一段路了。我们提出的天然林的保护不再采伐了，这提出已经有 10 年了。我们已经严格禁止采伐了，这已经做过了。另外，提高森林经营非常符合我们的国情和林情。因为已有的林地的生产率是很低的。根据资源的调查，我们林地的生产率，只有全球的1/4。为什么这么低呢?这跟我们过去的政策有关系。造林有钱，造林完了以后管护没有钱。没钱的话经营的人就没有钱经营它。除非公司里面造林，造成商业会投钱。而作为国家很多是公益性质的，过去光是有钱造林，造林完了以后没有钱经营。所以就没有力量管它，所以生产率也很低。

而现在国际上重视经营，讲到经营的重要性就是增汇。所以也鼓励发达国家要支持发展中国家减少毁林和加强森林经营活动。也要鼓励世界银行、亚洲银行往这方面来。

这种认识也等于给我们国家提高了认识，过去森林经营方面的收入是比较少的，现在我们应当加强森林经营的投入，这非常符合林情的发展。现在我们借这个机会希望可以落实这个政策。假如说我们现在只占全球生产力的 1/4。如果到 1/2 呢？就是提高一倍了，那就不得了了。现在中国森林每年吸收 CO_2 等于中国排放的工业 CO_2 的 8%。

5　碳 汇 交 易

碳汇交易是从减排引起的，每个国家都有减排的任务。假如说一个国家不想减那么多，那也可以，你的份额必须要有其他的吸收 CO_2 的地方抵消，但你必须要付钱。一个国家想多排放一点，不想减那么多，如果某一个国家造林可以吸收 CO_2，如果用同样的份额去买它的份额，这边吸收 CO_2，既然买人家的了，花钱了，是不是可以允许排放同样的份额。

现在等于是发达国家，经济条件比较富裕的，可以买发展中国家的指标。比如，每年排放某一个值，排放不了，让给我们了，我们可以给你经济方面的补偿。

这就是碳贸易，碳汇贸易。但这是有条件的，并不是造什么林都可以卖给你的，这是有严格限制的，要在清洁发展机制下造林。清洁发展机制是各个政府间谈判之后建立的机制，工业也要走清洁发展机制。

就是说工业的过程要符合清洁发展的规定。

做到提高能源的利用率，而且是清洁的、无污染的、环保的。这有更多的规定，但可以逐步地发展。在林业方面这个规定已经做出来了。因为林业相对比较简单，工业复杂，而不是技术革新的问题。清洁发展机制下的《造林法》，只要符合《造林法》造出的林才可以进入碳贸易。这个法是中国第一次提出来的，中国研究了以后大家认可了。造林以后首先要清楚造林消耗的能源是多少。如果用大汽车运苗子是要消耗汽油的，加入用马车运，不消耗汽油了。所以运苗子的汽油是有规定的，不能超过。另外，还有其他方面的规格，比如，水土流失、生长量等。世界上第一个碳造林项目是在广西成立的。

我想，林业是应当作出自己应有的贡献的。这里面包括几个方面，有些是前面已经讲过的，就是要多造林。当然，我们国家面积是有限的，现在我们的森林覆盖率已经达到 18% 左右了。到了 2030 年我们可能要达到 25%，26% 左右，这就到头了，因为我们的土地不可能有那么多的。所以这方面比较有限了，但也还可以再发展一些，但是技术要求比较高，因为都是比较难的条件。要求在矿区、土地需要复垦的地方，或是盐碱地改良的地方，或是半干旱区造林等，要求的基础就更高。要更多地研究、发展这方面的技术，以应对需要。

另外是提高经营和管理，希望在谈判的时候减少毁林，因为我们已经走过这条路了，现在国际上支持减少毁林，发达国家要给资助，我们已经走完了，毁林已经禁止了，是不是也应该拿到援助呢？所以要争取这方面的利益。国际上要支持我们的经营，我们的国家也要支持经营。

还有，我们要做好应对气候变化的各种调整格局的准备，这和农业是一样的，我也建议农业做这方面的准备，对于很多耐高温、耐旱的树种的资源、农业也一样，农作物的种子资源要尽早地准备，需要的种子都要更耐旱、耐热。树种要做应对准备，另外，还要应对病虫害和防火的准备。以前昆虫是一年一次繁殖，现在变成了一年两次，或者是两年三次。所以各种病菌活跃起来对人类的健康也有影响。所以要及早做准备，还有防火要做准备。

另外，碳贸易我们要尽更大的努力去做。现在中国已经成立了绿色碳基金，就是为了推动这个碳贸易。中国现在完全靠企业来经营是少数的，因为现在是国家的行为。假如说国家工业经营造林里也有一部分按照规定机制来做，是不是也可以进入谈判里面去？反正中国公益性造林也要进行。假如不完全靠企业，国家这部分是不是也可以进入到碳贸易里面来？当然可能以后需要另外一种交易方式，但我觉得也是可以的。我们领域里的生物能源也是很有前途的。很多产油的果实、种子，现在这些油可以直接地变成能源油和加工油，可以代替汽油。这个国际上是提倡的。

现在美国的做法是用玉米，这个不行的。这也受到了国际的批评，因为我们中国的树种有几千种。我们不要求由粮食来做生物能源，我们可以用树木来做生物能源，现在已经启动了。另外，我们研究一下碳替代。什么叫碳替代呢？以前总觉得木材很缺乏，实际上木材也很缺乏。所以 20 年前提倡用钢材、塑料代替木材。我们的木头桌椅板凳有一段时间都是铁和塑料的。因为那些东西是没法儿限制的，而木材是缺乏的。现在又回来了，要用木材来替代钢材和塑料，钢材和塑料是消耗高能源的原材料，炼钢得花多少焦炭和煤啊，塑料也是的。木材还是可以再生的，用木材——唯一的可以再生的原材料来代替钢材这样的高耗能的材料，这是很新的理念。以后建筑物的门窗还是要提倡用木头的。

还有碳储备。国际上通常的做法是利用高技术，把空气里面的碳吸收以后液化，深埋到地下去，等于说空气里面可以减少碳储存。现在有一些国家觉得那个成本很高，还消耗能源。现在芬兰、瑞典、澳大利亚都在研究把木材采伐以后隔绝空气深埋，这样又可以重新造林，又可以吸收新的 CO_2。但已经形成的碳的储备转移到地下深藏了，一旦需要木材还可以再挖出来。当然这对木材多的国家可以实行，我们现在是缺木材。瑞典和芬兰木材多，卖不出去可以深埋。这叫碳储存。

还有另外一种储存办法，尽可能地储存在家具里。要用木材打的柜子，不要用钢铁打的家具，等于把碳保存在里面了。这是非常好的办法，值得去做。林业上能做的就是这些了。

加快生态文明建设，积极应对自然灾害和次生灾难的常态化[†]

　　21 世纪以来的世界发展，除了全球性经济衰退尚未复苏的态势外，更为严重的是随全球气候变化而来的气候异常所带来的气候灾难以及跟随的次生生态灾难的常态化。

　　全球气候变化的原因不可争辩的事实是，近 30 年太阳活动并没有发生明显的趋势变化，它的自然变化对全球大气升温的贡献不及人类活动产生温室气体作用的 1/10（郑国光，国际地球观测组织联合主席 2010，6）。台风，飓风，龙卷风，强暴雨，沙尘暴，酷热、极端低温和寒灾雪灾，特大干旱和洪涝灾害，森林火灾，山体滑坡，泥石流，山洪等，造成了人民群众生命财产的巨大损失。

　　联合国环境发展署（UNEP）指出：2003 年因气候变化导致全球 600 亿美元损失，比 2002 年的 500 亿增加了 10%，2003 年欧洲热浪导致 2 万人死亡，农业损失达 100 亿美元。全球变暖引起的病菌蔓延，新的病原体的变异产生新的传染病，直接威胁人畜的健康和生命，如波罗的海地区乃至整个北欧地区 2012 年曾流行弧菌（*Vibrio*）导致的疫病，这在过去是没有的。因为海水增温，增强了弧菌的传播能力（*Nature-Climate Change*，2012）。

　　全球自然生态系统的全面退化，人类生存所依赖的它们的服务功能正在衰减；全球生物物种正经历地质历史以来的第六次大灭绝过程；冰盖冰川的加剧融化，海平面急剧上升，全球超过 130 个港口城市受到威胁的报道不断传来，中国的广州、上海、天津、宁波、青岛、香港等都在其列，城市内涝成了世界性城市灾害。

　　以上各种灾难主要是人类活动排放过多的温室气体，由此造成的气候变暖导致气候异常而产生的。科学家研究指出，这种气候灾难和生态灾难的发生频度、强度在本世纪会越来越增加、其不确定性和难以预测性也越来越大。来自 15 个国家的 20 多名专家研究得出一个不容乐观的结论：地球生态系统将很快进入不可逆转的崩溃状态，2100 年将会成为"世界末日"（2012，6，Approaching a state shift in Earth's Biosphere-Nature）。

　　凡此种种，正在威胁着人类的生存和可持续发展。联合国秘书长潘基文这样评价 21 世纪："供给短缺，全球温度高位运行，气候变化让世界知道旧模式（指工业革命以来毫无顾忌地浪费资源，消耗能源，牺牲环境的发展模式）早已过时，而且极为危险，是一种"全球自杀性的契约"。对于人类活动导致全球气候暖化带来的世纪性灾难，人类必须为生存和可持续发展作出建设性的努力。

　　人类必须转变发展方式，全球努力，建立新的绿色发展模式，即节约能源，节约资源，保护环境，减少二氧化碳等温室气体的排放，遏制全球变暖，积极有效应对气候变化，正确处理人与自然、资源、环境的关系，使人类社会和人类所居住的地球系统得到

　　[†] 蒋有绪，2013，科技导报，（22）卷首语。

可持续的发展。

在世界各国政府为减少二氧化碳排放的谈判进展困难重重的境况下，我国把科学发展观和建设生态文明作为指导思想，反映了中国人民崇高的人文理想和"人与自然协调发展"的理性目标。

建设生态文明，是关系人民福祉、关乎民族未来的长远大计。面对资源约束趋紧、环境污染严重、生态系统退化的严峻形势，必须树立尊重自然、顺应自然、保护自然的生态文明理念，把生态文明建设放在突出地位，融入经济建设、政治建设、文化建设、社会建设各方面和全过程，努力建设美丽中国，实现中华民族永续发展。

为此，要坚持节约资源和保护环境的基本国策，坚持节约优先、保护优先、自然恢复和人工恢复重建并举来增强自然生态系统的服务功能，着力推进绿色发展、循环发展、低碳发展，形成节约资源和保护环境的空间格局、产业结构、生产方式、生活方式，从源头上扭转生态环境恶化的趋势，为人民创造良好生产生活环境，为全球生态安全做出贡献，这正是"建设生态文明"和"社会主义生态文明新时代"的全部内涵和任务。

党的十八大提出的"五位一体"的建设目标，其他几项都有具体的任务和目标，而生态文明建设是融入其他四个建设中去的，也就是说，生态文明所应有的理念、认识和原则，如思想、道德、品质、伦理，是要渗透融入经济建设、政治建设、文化建设和社会建设中去的，即融入完善市场经济体制和加快转变经济发展方式，推进政治体制改革，推进社会主义文化建设，改善民生，推进创新管理的所有活动和环节中去。

从另一方面说，生态文明建设，也需要有利于生态文明建设的法制、文化、教育、舆论环境、行业监管等的法律、法规、规章制度，以及建设的环境、氛围，等等。因此，"五位一体"的建设和推进，是相辅相成，相互促进的。生态文明建设则是体现发展总成果的思想、精神更高境界。可见，"五位一体"的建设模式的推出，是对人类社会发展进程的创新性发展。

21世纪是人类拯救自己家园的关键100年。在生态文明建设中，在应对全球变化带来的生态影响，建设美丽中国的伟大使命中，要发挥各行各业、各部门各自的作用，做出各自不可替代又相辅相成的贡献。经过全国各族人民的努力奋斗，我们一定能够实现全面建成小康社会，进入生态文明的新时代。

长白山啊！未尽发掘的自然科学宝地[†]

我们这一代从事自然地理和生物科学的人多少有着"长白山"情结。一谈起长白山，就兴奋起来，一幅幅绚丽多彩、奇异变幻、雄伟加绮丽的景象就会出现在脑海：她是屹立在东北亚最高的山脉，有着高纬度最高最大最深的火山湖，具有堪称教科书上值得提到的北半球最完美的垂直带谱，有着北方温带难以想到的生物多样性和丰富的物种。经过几代学者，如有上一世纪前中期的刘慎谔、王战、周以良、陈大珂、徐振邦等，和以后的，如本刊的作者们，周繇、邵国凡、代力民等等的努力，我国对长白山已积累了极其丰富和深刻的科学认识。读着这本刊物，犹如享受一份认识长白山的科学大餐。但是，当我每一次登入长白山区，总是看到想到还有很多值得研究探索的科学问题，生物的、生态的、地理的、气象的、水文的、微观的、宏观的、不同尺度的都有。譬如，有时想到，对长白山如此丰富多样、反映区域的典型性特殊性的各类生态系统类型（森林、草甸、湿地、苔原、水生、岩生的，等等），还没有来得及对它们的结构、功能、过程，以及它们的服务价值研究清楚之前，却已遭到蹂躏破坏，零落残败不堪，甚至有的类型已经消失和濒临消失。不禁想大声疾呼：拜托了，所有长期居住、临时旅游，特别是慕名而来投资开发的人们，请你们务必手下留情，务必好好保护她，爱惜她，这是我国，乃至世界的自然、科学和文化宝地啊。且不说她如何养育着、屏护着一方水土和生灵，对科学家来说，还有多少知识和科学发现等待着从她发掘啊。但是，虽然有机会就说，可力不从心，下一次来，仍然带着遗憾离开。

从日益活跃的国际科学交流中，我们知道有多少国际的亚高山科学家、亚寒带温带科学家向往前来长白山一睹风采，希望交流合作研究。时不再来，于是，我从另一个角度考虑，我真诚地盼望、期待着你们正在为长白山贡献着才智的这一代科学家们，抓紧时机，继续带领你们的团队和学生们发掘这块科学宝地，为我国自然科学做出更大的贡献，这也足使我们这些白发人多点欣慰，少些遗憾。向你们祝福。

† 蒋有绪，2013，森林与人类，（6）：4。

第五篇　书评和书序等

林业科技工作者生命力的源泉在大自然中†

一个科技人员的智慧，依我看由三个方面组成：（一）扎实而渊博的专业知识；（二）干练的办事能力（包括组织能力）；（三）从事科学技术工作应有的品性。三者互有关系，但并不是可以替代的。一个人有知识，不等于能干；有才干的，品性和素养可能并不一定好。互相补充就构成了一个人的聪明才智。这对科技人员来讲，就是生命、生命力。那么，一个科技人员，具体说，一个从事林业科技的同志，他的智慧、聪明才智、他的生命力从哪里来呢？我想，除了向书本、向他人学习以外，最重要的是到野外去，到大自然去，到林区去，到林业生产和科学实验的第一线去。也就是说，那里才是林业科技工作者生命力的源泉。如果没有这个活的源泉，那么，书本知识、他人的经验都是死的，都是教条。一个林业科技工作者善于从大自然、从生产科学试验第一线中学习、求索，他就有旺盛的科技生命力；什么时候脱离了这个源泉，他的科技生命就会停滞、枯萎。

我今天就想谈谈这方面的经验教训。

我是 1954 年北京大学生物系毕业的，在林业部森林综合调查队搞过几年，后来从事林业经营和生态的研究工作。除了"文革"时期外，每年都到野外去，东北大小兴安岭，四川、云南的高山林区，新疆天山、阿尔泰山，海南岛和西双版纳的热带林区，都进行过综合调查和定位研究。一般一去就是半年。在野外调查、科研活动中深受教益，这对我科技方面的成长有重要的影响和作用。

一、大自然可以把你的死知识变活，并不断地激发你的思想活力。在野外和第一线，学习掌握的东西，印象最深刻，永生不忘。1954 年我们一批大学生 4 月份提前毕业，为了配合林业部大兴安岭林区的开发调查，从调查鉴定植物开始，自己采集标本，野外初步鉴定，调查划分林型，在学校学的植物分类学都用上了。每鉴定出一种植物就十分高兴，记忆深刻。对林区一二百种植物当时都能叫得出拉丁学名。1964 年再去大兴安岭，仍能叫得出，现在我相信还能叫得出大部分。在大自然中，书本上学到的群落学现象，什么层次结构、垂直分布规律、演替、顶极等等，这时都见到了，才理解了，令人欣喜异常。每次上野外，都有新收获，即使重复的地区，也总会再发现点什么。1964 年大兴安岭采伐更新调查，我联系到 1954 年的调查，总结了大兴安岭垂直分布由北向南升高的规律，写到了以后合著的《中国山地森林》这书里去；我也曾把我国寒温带针叶林的基本特征作了系统比较，讨论它们发生学的关系，在学报上发表过。只要肯于观察思考，大自然总是不断向你提出新的课题，而有所发现。野外工作就使人的思想永远比较活跃而不会停顿。这是常年坐办公室的人们体验不到的。

二、大自然培养人们观察事物全面的、综合的和整体的观念。这就锻炼了我们正确研究分析事物的立场、观点和方法。大自然是很复杂的综合体森林是陆地上最复杂的生

---

† 蒋有绪，1985，中国林学会通讯，（1）。在中国林学会举办的青年林业科技工作者报告会上的报告。

态系统。我感到幸运的是，无论在综合调查队或以后搞森林综合定位研究，都是多学科的。综合分析、系统分析是今天科学研究越发明显的趋势。林业科学内部（或称微观的）要综合。如土壤、植物、动物、微生物、林学、生理、生态、育林、经营、种苗等等，互相结合才能把问题认识清楚；林业科学的外部（即宏观的）也有综合，即林业科学与社会经济学、地理学、遥感科学等等的结合，林业要参加到国土整治和地区开发中去，要求林学家对其他方面的知识也有所了解。我认为野外工作对全面、综合、整体地看问题的思想方法十分有帮助，使人们有能力接受一些非常综合的、宏观的战略性的工作任务。如 1981～1983 年，国家科委、农委、中国科协为开发海南岛组织了全国 16 个学会，几十个学科、专业的大农业建设与生态平衡综合考察，这就需要在野外考察中协调学科间不同角度的复杂的认识和争论问题，最后拿出统一的考察报告和向国家的建议，从事人工林栽培试验研究也同样有综合的问题。总之，在第一线，将会帮助你克服专业的片面性，促使人们综合地观察问题，这是学术上或技术上取得成功的极重要的思想基础。

三、第一线工作可以锻炼培养人的工作能力、组织能力。50 年代初正是全国要在各林区开展森林调查以适应建设需要的集中时期，担子正压在我们一代人身上，第一年大兴安岭受到训练，第三年我就带领一个调查组去新疆，天山、阿尔泰山林区调查，从业务准备、行装准备，以及在野外找炊事员、警卫，与兄弟民族礼仪上的拜访，租用他们的马匹等等，都是大家自己动手办，刚毕业的大学生就找厅长联系取得支持等等。建立森林定位研究站，一切都需要自己动手，团结大家动手，与协作单位以愉快的协作关系共同动手，这是很锻炼人的。要知道，许多具体性工作是与研究质量有联系的，不要自命清高，认为不惜动手。如今，似乎有些人不肯干具体事，有事推试验工，试验工又支使临时工，这样自己会吃亏的。

四、野外工作、第一线工作对思想素质的锻炼好处多。首先可以锻炼人吃苦，适应性强，这点对林业科技工住者太重要了。没有这一条，一辈子甭想当一个好的林业工作者。许多外国科学家也如此。什么好的环境都经历过，但什么坏环境也都能过，半个月、一个月、几个月都可以才行。我们五十年代的毕业生经历过背上二十多斤的行李仪器、甚至粮食，一天走三十里，把帐篷压坍，把我们埋在里面，吃饭都是夹生的，一出锅几分钟就凉了。但这种生活其乐无穷，其他人领略不到的。现在回想起来，还感到是自己学术和科技生涯中最富有色彩的一个时刻。

我们一些同志都有雄心壮志，想做第一流水平的工作，想做走在时代前面的工作，但这些雄心壮志的实现，并不是光凭有愿望或喊喊就可以的，而是要有实践，要有在第一线的探索才有发言权，才有可能前进。看准一个方向，就要坚持不懈地去争取、去实现。例如，森林生态系统研究是林业经营的基础，但由于我们国家有关科技力量和财力有限，还不可能在全国普遍建立定位站网，我们为此努力了多年，这个长期蹲野外的工作一般没有人肯去做，但我们还是甘愿吃这苦，现在林业部已把此项目列入"七五"计划，我们还要为此尽力的。

遗憾的是，我现在社会活动太多，往往影响到野外研究，心有余而时间不足。采取措施到野外去，我已把中国林学会森林生态专业委员会的工作交给了其他同志，还要再采取措施。总之，野外的生活不能断。

　　我非常羡慕在座的青年同志，你们有最美好的青春，最充沛的精力，我最诚挚地希望同志们能把青春和精力放到林业建设和科学试验的第一线，放到大自然、田间野外去，在那里会得到教益，对你们各方面的成长十分必要。你们将会在第一线的工作中感到生活上和精神上的充实，而讲究生活的安逸只会带来事业上的空虚。

　　青年同志们，努力吧！

一九八四年十二月七日

吴中伦——林学家[†]

　　吴中伦，中国科学院学部委员，我国著名农业科学家。他对森林地理、森林生态、育林、林木引种驯化等方面都有广博的知识和学术上的造诣。他曾任中国林业科学研究院副院长，现任中国林学会第五届理事长、中国生态学会第一届副理事长、国务院学位委员会学科评议委员、国家科委农业生物学学科组副组长、中国科协全国委员等职。

　　吴中伦一九一三年农历七月二十八日生于浙江省诸暨县枫桥镇畈头村的一个贫农家庭。父亲是农民，农闲时做竹匠，不识字。吴中伦小时随父兄务农，五岁时丧母，十一岁时父亲又去世。他十三岁时为生活所迫，去上海附近一个私营农场当练习生。这个农场实际上是园艺苗圃。在农场他学习了树木嫁接、扦插、种花、采种、育苗、养蜂等技术。因此，自少年起，他就对园艺和林木发生了浓厚的兴趣，从而使自己的一生与林业结下了不解之缘。十七岁时，赴杭州笕桥浙江大学农学院附设高级农业职业中学学习，当时学的是农艺，但课余他经常到农学院附设的植物园去认花识树，背诵它们的拉丁学名，学习植物系统分类，采集标本和画植物图。他还经常到杭州附近山地以搜集标本。在日机轰炸笕桥时，同学们都回家躲避，他无家可归，则利用这一时间加紧学习，并绘制了恩格勒植物分类系统表。农中毕业后，嘉兴女子中学请他去教书，金华畜牧场也要聘他当技术员，但他为了有条件在学术上进行深造，选择了工资最低的中国科学社生物研究所当练习生，每月十五元，只够糊口。但那里却有钱崇澍、裴鉴、郑万钧、方文培等植物学家在工作，这对渴望求知的青年吴中伦来说，无疑是最满意的学堂。他第一次正式采集植物标本的工作是随同郑万钧在安徽黄山进行的，事后写成了自己生平第一篇论文"黄山植物采集记"，在当时中央日报上连载发表。一九三三至一九三六年间，他曾去云南、安徽、江苏等省采集植物标本。那时去云南，路遥山险人稀，他步行一万余里，一直深入到大理点苍山、鸡足山、高黎贡山和现今誉为美丽的西双版纳，可是当年却是令人谈虎色变、瘴疠麻风盛行和盗匪出没之地。然而，他在艰辛跋涉中却尝到了探索自然奥秘的乐趣。在南京工作期间，还曾与年青同行们一起编著了一本中文的《首都（指当时的南京）植物志》。稿完成后，因抗战事起，未得付印。一九三六年他进金陵大学农学院林学系学习，同时仍在科学社生物研究所工作，系半工半读。后因日本在上海发动侵略战争，并向南京侵袭，学校被迫迁四川。他最初留守生物研究所，直至日本侵略军迫近南京时才辗转至四川北碚。在四川，他曾到缙云山采集标本，随后他到成都金陵大学继续学习，于一九四〇年冬毕业。在学习期间，他每年暑假为了进行森林调查和标本采集，曾到过峨眉山、峨边、青衣江、大渡河、岷江流域，并著有"两峨森林考察记""青衣江流域的森林""成都树木冬态"等文章。毕业后为了谋生，虽考取国民党军队的翻译官，但因志向不合，决心舍弃这个职务。一九四一年至一九四二年，经介绍

　　† 蒋有绪撰写，1985，吴中伦——林学家，见：金善宝主编，中国现代农学家传（第一卷），长沙：湖南科学技术出版社，472-479。

任农林部技术员，在四川、甘肃调查森林资源，后到甘肃天水的农林部水土保持站工作。在天水农村调查搜集水土保持植物白花草木挥时，他住在农民家里，了解到当地农民种棉花有棉油子（即棉蚜虫）为害而深受其苦时，他就在田间细心观察棉蚜虫的冬季寄主，终于找出小蓟是棉蚜虫的中间寄主。他建议把小蓟消灭，果然有效。一九四三至一九四四年，他任重广山洞建川煤矿公司林场技术员。在林场工作时，学习条件很差，宿舍是山顶的一个破庙"宝积寺"，但他刻苦自学，立志出国留学深造林学。一九四四年，他先后被清华大学录取为赴美公费留学生和英国庚款赴英留学生。吴中伦认为美国学术研究活跃，较少保守思想，决定取美舍英。当时清华大学聘请知名林学家梁希先生为他的导师。当吴中伦离开重庆转昆明赴美时，梁希教授赋诗一首相赠："大火西流七月光，碧天无语送吴郎，定知三载归来后，苍海茫茫好种桑"以此勉励后辈学成后为祖国发展林业效劳。但是，吴中伦清华公费留学一事因抗日战争被滞阻，一九四五年继续在重庆沙坪坝中央大学农学院林学系由郑万钧教授主持的树木园中当技术员，其间并抽时间到歌乐山林业实验所查阅森林植物标本。一次，他无意中发现王战先生所采的水杉标本，已被鉴定命名为"池杉"（*Taxodium distichum*）。他当时认为这是一个新植物，征得王战先生同意后带回一份标本交郑万钧教授，这就是后来由胡先骕和郑万钧定名的水杉（*Metasequia glyptostroboides* Hu et Cheng）。后来他得到通知由重庆去昆明赴美，但在昆明他没有赶上第一批公费留学生赴美的出发日期，只得在昆明等候，这时他经人介绍任云南大学农学院植物学讲师，讲授普通植物学课程。到一九四六年一月才途经印度加尔喀答赴美，在印度期间参观了加尔喀答植物园，大开眼界，增强了日后要从树木引种驯化工作的信念。在自印赴美的轮船上，他为了节约开支，充任服务员，行船一月余，抵达美国南卡罗里纳州。下船后又抓紧时间参观了该地的池柏公园和广玉兰公园，然后前往耶鲁大学报到，开始留学生涯。

吴中伦在美国，先在耶鲁大学求读。于一九四六年和一九四七年利用两个暑假去哈佛大学安诺德树木园标本室查看东亚裸子植物标本，与美国知名植物分类学家 E. D. Merrill、A. F. Rehder、John G. Jack 等相识，受益不少。一九四七年在耶鲁大学 J. H. Lutz 教授指导下获得林学院硕士学位。一九四八年，他转学到杜克大学在 C. F. Korstian 教授指导下继续深造。其时，一度因留学公费无着落，他就帮助著名树木生理学家 P. J. Kramer 从事水分生理、根菌与磷的关系等科学试验，以取得一定的经济资助。在杜克大学，他与同学 F. H. Bormann 经常驱车到附近林区野外考察，现 Bormann 也是美国著名的生态学教授。一九五一年一月，他通过了博士毕业论文，论文题为"中国的森林分区-兼论松属的自然分布"，这是吴中伦对中国森林地理分布规律的第一篇论述。毕业后，他的导师和友人曾挽留他留美工作，但是，他向往诞生了的新中国，急盼返回祖国，经多方交涉，于同年一月底即启程回国。

吴中伦回国后，受到中央林垦部部长梁希先生及同行的热烈欢迎。他本拟赴金陵大学或浙江大学任教，终因师友的盛情挽留，就在北京的林垦部（即现在林业部的前身）工作，任工程师、总工程师，先后去黄泛区、黄河上游考察，在甘肃天水进行水土保持和小陇山次生林的调查。一九五一年四月去海南岛考察巴西橡胶发展问题，提出在我国发展橡胶的建议，编写有《巴西橡胶栽培技术》一书。他的建议得到了支持。以后又做过航空调查、防护林营造、林业区划、杉木、毛竹栽培经营等工作，吴中伦对我国广大地区进行实地调查研究，积累了丰富的实际经验和对森林地理分布、森林经营、采伐更新和树木生态、森林植被演替等各种规律的认识。他一九五二年与侯治溥等考察杜仲栽培技术，提出了建立四个国营杜仲林场的建议。一九五三年起，他组织了林业区划研究，并到几个省区进行区划调查，于一九五四年写出了"中国林业区划草案"。

一九五六年，为发展我国林业科研事业的需要，吴中伦被调到中央林业研究所任研究员，并先后兼任森林地理研究室、大地园林化研究室和森林经营研究室的主任。一九五九至一九六六年期间任林研所副所长。一九六六至一九六七年兼亚热带林业研究站主任。一九七四至一九七八年任中国农林科学院森林工业研究所负责人。一九七八至一九八二年任中国林业科学研究所副院长。在林业科研领域里，他参与了一九五八至一九五九年间的中苏合作的"中国西南高山林区森林综合考察"。他任中方队长，苏联方面参加的有著名的土壤学家 Zohh，地植物学家 Ⅱ Дылис，林学家 Поьединский 等。中国方面除了林科院的研究人员外，还有中国科学院、几个高等院校的教师，共一百余人。经过综合考察，提出了西南高山林区森林区划、林型分类及各主要林型的采伐方式、更新方法、主要树种的育林技术等方面的建议。一九六〇年，他去苏联与苏方共同草拟了考察报告。一九六二年与林科院等参加考察的人员共同汇编了达六十万字的《西南高山林区综合考察报告》一书。一九六四至一九六五年他带领一支二百五十人组成的森林综合考察队，走遍大兴安岭林区，调查研究了大兴安岭的森林区划、森林类型分类及主要林型的采伐方式、更新方法、育林技术等，提出上述各项技术方案。该方案提出大兴安岭落叶松的主要采伐方式应为二次渐伐，这符合该树种生长发育的自然规律。这项工作曾于一九六五年报国家科委，并被列为全国重要科技成果。这两次大规模的考察为我国林业科学技术事业培养了许多专业人才，积累了大量科学数据和资料。此外，他还考察过秦岭、海南岛、新疆、长白山、黄山、神农架、天目山等林区。

吴中伦在林业区划及林业建设方面的学术思想是：强调必须从我国复杂的自然条件、自然地理特点和历史社会经济状况出发进行区划、分区找出因地制宜的对策，切忌简单化、概念化地组织安排林业生产建设。在自然区划中除了全面考虑主要的自然地理因素外，他强调了地形在林业自然区划中的作用。大地形直接影响到气候和植物的分布，中小地形对重新分配水热条件和决定社会经济生产特点有重要作用。简述其指导思想大致如下。①平原、盆地区是我国主要农业区，林业生产的方式主要是四旁植树、农田防护林和农林兼种，林业建设的主要任务在于保障农业稳产高产，同时供应当地需要的民用材和烧柴，这样可以使道路河流等非农业生产地变为林业生产地，同时还改善了环境条件。②丘陵低山区在我国占有很大面积。我国南方各省基本上都是"七山一水二分田"，这一地区的气候条件优越，适合林木生长，有很多优良用材树种和特种林产品，但地形比较复杂，林业建设的主要任务应是在涵养水源、保持土壤以及维持和提高土地肥力的前提下，安排用材林生产，发展这一地区的松、杉、竹和珍贵常绿阔叶树、多种亚热带果树、茶叶等各种经济林和薪炭林等。③大河上游的水源山区，特别是西南高山林区，是我国水力资源极为丰富的地区，但山高谷深坡陡，又是地质上的新构造地带，林业建设要特别注意水源林，应发挥森林水土保持，水源涵养的功能，除了严格禁伐的水源保安林外，可按一定的、严格的育林方式进行采伐和多种经营。对于天然林区的经营，吴中伦批评了那种把可更新的森林当做矿产资源那样的采掘工业以及林区一切基本建设投资只按采伐量来定的错误做法。他认为应当把森林从营林到采伐作为一个整体来考虑。④对于干旱、半干旱地区,他强调要保护好山地森林和荒漠灌木林。如天山、祁连山、贺兰山的云杉林,塔里木河流域的胡杨林,准噶尔盆地的梭梭林。干旱地区的河流多半为内陆河,应按流域进行综合治理,营造水源林、护牧林、绿洲及灌溉农区要建立农田防护林。⑤城市及工矿区林业的主要任务是绿化改善环境和供休憩用,城市郊区要建立绿色林带和大型国家公园等。

吴中伦在树木引种驯化方面也有许多贡献。他自一九七二年开始从事此项工作,系统地研究了中国的国外树种引种的发展历史,写有"中国国外树种引种"一文。他亲自由意大利和阿根廷带回的美洲黑杨两个品种,交南京林产工业学院在江苏试种,生长很快,五年生高十七米,单株材积0.2~0.3立方米。近期内,他又亲自抓了国外松的引种驯化研究,领导林研所引种研究室建立起我国树木引种网,有系统地开展我国树木引种工作。他在树木引种驯化方面的主要学术观点是在大量实际材料的基础上提出如下见解:即一个树种的分布区不广,不等于该种只能适应生长在此范围;一个地区树种少,不等于只有这些树种适应生长于此地区。这就为树种引种驯化打开了思路。他提出,国外树种的引种使我们有可能不必经过选育新的品种来产生有经济价值的栽培树种,这比育种要节省时间,节约人力财力,这对生长和培育期长的林业特点来说具有重要意义。他还指出,引种的失败有时并非真正的失败,引种的一时成功又并非真正的成功,因为引种的实验生物学证明,随着时间的进程往往会使我们发现原来认识不到的东西。

他的另一项重要工作是南方人工用材林的建设。他早在四十年代就做过关于杉木的调查研究,还写过《中国杉木》一书的稿子,因忙于出国未付印。回国后的五十年代在林业部工作期间,他又调查了我国主要产杉区的浙江南部、福建、广东北部,并到其他产区贵州、湖南、广西、江西、安徽进行踏查访问。一九七八年起,他领导和组织了全国杉木产区区划和立地类型的全国十四个省区的协作研究。他把全国杉木生长区划分为三个带,即北带、中带、南带,提出按照不同带以及带内的不同立地进行杉木种源安排及速生丰产措施。一九八二年,他主编《中国杉木》一书(由林业出版社出版)。全面总结了我国杉木栽培历史、杉木生态、生物学特性和杉木产区区划、地理种源和速生生产和经营措施等。目前,吴中伦正在组织各省区分别撰写,并由他主编《中国的森林》巨著这一工作。

吴中伦不仅在林业科学研究上有重要贡献,而且还热心通过学会活动,学术活动来培养青年专业人才,促进林业科学技术的发展,宣传林业科学技术在国民经济建设中的作用和意义。他除了担任中国林学会、中国生态学会的学会工作外,还参加了中国植物学会、中国国土经济学会的工作,担任《中国科学》《科学通报》《植物生态学与地植物学丛刊》等学报的编委,担任《林业科学》《热带林业科技》的主编和《中国农业百科全书》林业卷的主编。他还被国家授以培养博士研究生的荣誉职责。

吴中伦在一九五七年光荣加入了中国共产党,一九五六年因工作勤奋、卓有成效,被评为全国劳动模范,一九六三年由黑龙江省提名被选为第三届全国人民代表大会代表。他不仅在国内林学界享有盛誉,而且通过对日本、北欧四国、美国、阿根廷、意大利,印度尼西亚、斐济、苏联、匈牙利等国的访问、考察和参加重要的国际学术会议,广泛地与世界的林业科学家进行学术交流,为建立中国与世界各国科学家的友谊做出了贡献。受到国际林学界的称赞。他在一九七九年曾获芬兰林学会奖状及奖章,一九八〇年又被美国林业工作者学会选为名誉会员。

《林木与大气污染概论》序[†]

自从有了人类社会，就存在人类—环境的相互关系。但在人类物质文明十分低下的情况下，人类向自然索取或归还于自然的物质都很有限，人—环境系统处于和谐和平衡之中。然而随着人类物质生产力的不断提高，尤其是二次大战后，由于现代技术和现代工业的迅猛发展，人类虽然使得自己能够享用的物质财富和生活资料大大丰富起来，却因人口的增长，自然资源的过度消耗，工业造成的严重污染，使人类生活环境质量日益下降，世界各国都受到了环境污染的威胁，人类的生存也受到了环境和资源危机的威胁。世界环境已是各国共同关心的重大问题。

森林生态系统是维护陆地生态平衡的重要支柱。大面积热带森林及其他天然森林的破坏和消失，不能不影响地球表面水、热、气（氧和二氧化碳）的循环和平衡。还由于森林的其他功能，如防风固沙、涵蓄水源、阻滞尘埃、吸消噪声、分泌杀菌素、增加空气负离子、净化空气、保存物种、美化景观、陶冶情操等作用，可以说，改善和提高人类生存和生活的环境质量，美化人类的生活环境，最具有战略性的、最积极的措施，莫过于努力扩大森林覆盖率、绿化大地，这已经为世界各国所公认。但这里需要强调的是森林不仅在陆地生态平衡中占有重要的位置，而且在城市生态系统的结构和功能中也是一个最积极、最活跃的生物组分。

70 年代以来，世界几乎所有著名的城市都受到了工业、交通、取暖等引起的空气和水质污染的威胁，个别城市发展到了危及人们健康和生存的程度。现代化城市的弊病除了上述环境污染的直接因素外，还在于整个生态系统的结构和功能的失调，使得本来应当作为社会-经济-自然的复合生态系统的城市过于强调流通的高效率，社会经济的高效益，以及不得已的空间高负荷状态，而太不注意其自然的组分和功能。实践证明，世界上合理的城市生态系统结构，除了人口外，林木应是最大的生物组分，它在调节城市生态系统的功能和保持稳定性方面有着不容忽视的地位。因此，现代化城市建设又必须回过头来重视其生物组分的作用。

城市生态系统的结构与功能是一门新兴学科，林木在城市生态系统中的功能与地位是一个新兴的课题。要完满地阐述这个问题还为时太早。但是，世界上一些国家以及我国对林木在城市生态系统中的作用毕竟已经做了不少工作，有必要在现有工作的基础上加以整理，加以系统化，作为城市生态系统研究领域的一个侧面，或者说，作为林业科学的一个新领域—城市林业的一个侧面，发挥林木在改善城市大气环境中的作用，并勾画出一个边缘学科是编著本书的立意。

编者长期从事林木与环境保护相互关系的研究工作，不仅富有自身的研究实践经验，也占有了较丰富的国内外资料，承担编著此书的任务是再恰当不过的了。本书是我国第一本较全面和较详尽的关于林木与城市大气污染的论著。

[†] 蒋有绪，见：王敬明等，林木与大气污染概论，北京：中国环境科学出版社，1989。

阳含熙院士传略[†]

阳含熙，江西省南昌市人，1918年4月29日生于书香之家。父阳师吕，曾在北洋政府和南京国民党政府做过文职工作，好诗词，喜文墨。阳含熙受父影响，自幼喜爱读书，兴趣广泛。他先后就读于省立一中（初中）和省立二中（高中）。他学习勤奋，成绩优秀，1935年全省高中会考，名列第六。1935年考入南京金陵大学，1937年学校前往成都。他积极投身抗日救亡运动，担任成都五个大学战时服务团的学生宣传部长。他在参加世界语学习班和有邓初民、马哲民等人办的马列主义讲习班期间，结识了大批进步教授和同学，阅读了不少进步书刊。1939年大学毕业后，到中央农业实验所任技佐。在此期间，曾翻译介绍国外农业、林业文章10余篇。他在参加"中国农村经济协会""中国经济事业协进会"等进步组织的活动中，常与新华社的许涤新、潘梓年、周新民、王炳南等来往，并向他们提供农村调查情况。

阳含熙1947年留学澳大利亚，在墨尔本大学植物系学习，以《王桉与辐射松的生态学研究》论文获科学硕士学位。1949年转读英国皇家林学院，以《南英格兰邦勃瑞石楠灌丛矿物营养状况》论文再获林学硕士学位。英国的启发式教育对他影响颇深，使他认识到要在严格的基础知识教育上走向大自然，读好大自然这本永远读不完的活书。这是后来他本人和他要求研究生所遵循的把从大自然中取得第一手资料同良好的基础科学知识和精湛的综合分析技能相结合的治学态度。

在英期间，他加入了留英中国同学会。1949年去布达佩斯参加第三届世界青年联欢节，目睹与会的社会主义国家的青年不分种族、情同手足的亲热情形，使他深刻领会到社会主义制度的优越性。朝鲜战争爆发后，他在为社会主义新中国效劳之心的鼓舞下决心回国，但遭到英政府阻挠。后在英国中国同学会领导下，在中国教育部的大力支持下，经再三交涉，终于1950年年底回到祖国。

回国后，经马寅初先生推荐，阳含熙到浙江大学农学院森林系任副教授。1952年，他在国家海南橡胶宜林地勘测调查设计中任浙江大学队队长，提出了考察报告，并建立了与华南热带作物学院的合作关系（包括培养研究生）。嗣后，从1953年到1959年，他每年都赴海南岛，参加橡胶宜林地和环岛海岸红树林及热带天然林的考察。1953年赴辽西章古台沙区考察，提出发展樟子松的建议，受到刘慎谔嘉许，后来章古台发展成为固沙造林的典范而受到国际重视。1952年院系调整，他被调到东北农学院林学系任教，1954年被调到林业部中央林业研究所工作。自此，阳含熙开始了有重要开拓性意义的森林生态学研究。1956年，中国第一个森林土壤室和林木生态室成立，他兼任两室主任。他所开展的桉树和杉木的生态学研究，开拓了中国森林生态学为营林服务的道路。他发

† 蒋有绪撰写，1991，阳含熙院士传略，中国科学技术专家传略，农学编，林业卷1，中国科学技术协会编，北京：中国科学技术出版社，533-546。

表的一系列有关杉木分布、生态特性、林型划分、保持与提高土壤肥力、杉木生长过程以及速生丰产造林技术等论文，对指导中国杉木林发展有重要作用。这些研究成果已在1962 年的全国杉木速生丰产会议上推广。

阳含熙为培养植物生态学人才做了不少工作。1963 年，他在内蒙古大学专为全国高等院校开办的为期一月的植物群落学讲习班上，第一次比较系统地介绍了西方各国的学说，特别是新发展的植物数量生态学。

1968～1974 年，阳含熙被下放广西干校劳动，后又被分配至河北省邢台农业技术推广站工作。1976 年，他被正式调到中国科学院自然资源综合考察委员会工作，曾任该会学术委员会主任，学位委员会主任。在此期间，他潜心研究和倡导数量生态学，并培养了一批人才。

1989 年 2 月，他的一系列长白山植被的数量生态学研究成果通过鉴定，被评为国际先进水平，获 1989 年中国科学院科技进步二等奖。他通过此项研究共培养了 6 名硕士、2 名博士。目前，他正在致力于阔叶红松混交林生物循环过程的风灾等重大灾害影响，以及植物叶序等新课题的计算机模拟。

阳含熙曾任中国生态学会第一届副理事长，中国林学会理事、顾问、中国生态经济学会第一届副理事长，《自然资源》主编。现任《生态学报》副主编，国际学术刊物《环境管理》编委，民盟二、三届中央委员，现任民盟中央经济委员会和中央科技委员会副主任。1978 年起任中国人民政治协商会议第五、六、七届委员，现任政协科技委员会委员，中国国际文化交流中心理事，北京生态工程中心主任。

开拓中国的森林生态学研究

为大力发展桉树，提出引种名录，介绍栽培技术。桉树是速生的树种，生态适应性一般较强，在中国华南地区有较早的引种栽培理事，当时林业部曾作为重点积极发展。但因澳洲桉树种类繁多，且生态习性和适宜立地不尽相同，国人并无系统了解。为在中国引种桉树，研究其育苗、栽培技术，阳含熙以自己在澳大利亚所学桉树知识，在华南调查总结了中国引进桉树栽培的经验教训，1957 年他提出中国引种栽培 80 多种桉树名录，介绍其生态习性、立地选择和栽培方法；根据宜林地条件提出应发展的种类；并与广西、广东两省林业科学研究所和华南农学院合作，在广西柳州沙塘进行桉树育苗和林分生长研究，为中国适宜地区重点发展桉树提供了科学根据和经验。

对杉木进行系统的生态学研究。杉木是中国南方栽培历史悠久和栽植面积最广的优良用材树种。阳含熙选择了中国这一最重要的南方用材树种，进行了系统的生态学研究。为把中国民间栽培杉木的丰富经验上升到理论，他用科学的方法指导其集约栽培，以提高杉木营林水平。自 1956 年起，他系统开展了以下内容的研究。①调查研究杉木生态学习性。他为此足迹遍及南方 10 余省，在杉木分布区中的 10 个重点区做了 500 多块标准地，数十个土壤剖面及其样品物理化学分析，首次对杉木的根系作了详细调查，对根系的数量、形态、垂直分布与水平分布特征以及与林冠生长关系做了大量统计分析，找出了许多有关杉木个体生态学和种群生态学规律性的特征。②提出杉木产地区划和土壤分类系统。根据对杉木分布、生长与立地、气候等关系的研究，提出了杉木林的中心产区与边缘产区的划分意见，以气候要素的数量指标为划分依据；把欧美的土壤链概念与苏联的土壤发生理论相结合，提出中国杉木区土壤分类系统，以母岩、土层发育厚度、质地和颜色作为土种的分类指标，这是中国第一次提出的杉木土壤低级分类系统，对杉木立地条件和林木生长发育的分析，以及指导杉木营造有重要意义。③开展杉木林生态定位观测。他在上述调查研究的基础上，与南京大学气象系、福建省气象局合作，于1959年在福建省南平县建立了我国南方第一个人工林气象站，1960年又在湖南省江华县建立了中国最早的人工林生态试验站，开展定位研究工作；1960～1967年，进行了物候观测、杉木生长、土壤矿质营养、绿肥、抚育间伐等项目的调查和试验，并在1964年与群众合作营造了500余亩杉木速生丰产林，其生长量远超过这个杉木著名产区的历史最高水平，成为江华地区一个科学造林的样板。④提倡杉木无性繁殖。他以杉木大面积无性繁殖研究的生产实践的成功实例，反驳当时苏联专家所说的无性繁殖是一种落后技术的观点，提出杉木插条完全可以保证优良品种特点的意见。他当时指出的无性繁殖的方向正是后来欧美迅速发展起来的林业无性系繁育方向。⑤研究总结了杉木林分生长过程。他提出了杉木生长进程的四个阶段和各阶段生长特性对环境的要求，这是中国对重要用材树种林木生长过程深层次的生态学分析和研究，是研究杉木个体生态学和种群生态学的重要成果，对指导杉木林经营管理十分重要。⑥杉木人工林群落分类。这是他对中国人工植物群落分类的尝试。他在有关论文中阐述了林地植物对现有林地立地条件质量和宜林可能性的指示意义，提出"生态种组及其指示数量指标"等理论应用问题而受到地植学界重视。

　　以生态学为指导，解决平原地区林业的疑难问题。50年代山西大同地区推广以小叶杨为主的农田防护林带，营造后发生"红心病"，一时弄不清该病的发生条件和病源，也无解决办法。1957年他在大同地区进行细致的野外调查后认为：小叶杨的红心病并非病害，是属木材变色，不影响材质。发生原因是由于当地雨量不足，不能满足小叶杨生长发育的水分生理需要所致。为了发展山西大同地区的农田防护林带，他提出可改用樟子松、华北落叶松和一些抗旱性强的灌木树种，还应采用一系列防止造林后土壤及树木蒸发的营林措施。对现有小叶杨防护林提出了"深抚、疏伐"的改进办法。后来在中国营造"三北"防护林的实践中，证明了他当时的建议是正确的。对平原农业地区的林业，除研究发展农田防护林带外，散生林木也是重要的统计和调查研究对象。为解决平原散生树木适地适树问题，就需要调查散生树木的生态适宜性和分布特征，并对散生树木的特征及其生态特性给以定性、定量的指标描述，这是中国前人未进行过的工作。阳含熙于1962年采用定性描述与"点样方法"数量统计相结合，即在德国学派与法瑞学派的调查方法基础上，制订了一种平原散生树木生态特性调查方法，已在河南、内蒙古等地广泛应用。

倡导并发展了中国植物数量生态学的研究工作

　　阳含熙在墨尔本大学期间，曾从师于G. W.古德尔（Goodall）和P. 帕顿（Patten）教授（这两人后来均成为世界上数量生态学的创始人）。他在攻读生态学的同时，注重学习数理科学，这为后来他致力于发展植物数量生态学打下了良好的基础。他认为，生命现象和过程，如与生态学有关的个体的分布和散播过程，种群的形成和发展，群落的集聚、分布、分类及演替发展，林木的生长过程等，无不具有受多种复杂因子影响决定的规律性。过去，生态学以定性描述这些现象与过程。然而，这种描述难以达到较为严密和深刻的地步。生命现象和过程的复杂性远远高于物理化学现象与过程，数学语言却可以在一定程度上定量地、动态地描述环境与生物现象的相互关系。70 年代后期，国外的数量生态学已经有了一定的发展。因此，他从介绍国外数量生态学的论文与专著着手，先后主持翻译出版了 E. C.比洛（Pileou）的著名经典《数量生态学》（1969），英国陆地生态所的《植物生态学的方法》（1982）以及《植物生态学译丛》（1～4 集）。这些著作对中国植物生态学的发展起了促进作用。随后，他于 1980 年举办了系统分析训练班，普及系统分析在生态学研究中的应用。如今该班学员都已成为中国各科研教学单位中应用与发展数量生态学的骨干。1981、1982 年分别在内蒙古大学、兰州大学兼课讲授"植物数量生态学"。1979 年，首次应用微机做出中国植物群落数量分类的实例，并于 1980 年出版了《植物生态学数量分类方法》。此书对普及我国植物群落数量分类了先导作用，受到广泛欢迎。他以二类数学的入学要求招收生态学硕士生，并亲自带领研究生们在科研中发展植物数量生态学。1979 年，他参与筹建了长白山森林生态系统定位试验站，并对长白山森林植物群落分类、种群格局、年龄结构、更新策略和动态过程开展了研究，提出新的数量分类方法，证明二元数据不仅可以和数量数据取得同样好的效果，还可节省人力、物力和时间。他在分析物种种群分布格局上，提倡多种统计检验法并用。这比国外仍普遍采用一种检验法得出的结论要客观全面。他用自己的方法对长白山红松林年龄结构进行分析，追溯出 200 多年得红松林变动历史状况，发现红松林等林木有连续更新和间断更新的两种不同更新模式，从而解释了红松林演替中的一些复杂现象。他与研究生们还修正了霍恩（Horn）在 1976 年用马尔科夫链模型研究植物演替中的方法，提出两种新的转移概率计算方法，充分考虑老树死亡，新林生长进入林冠层的时间，比霍恩的模型更加接近真实。这一成果于 1986 年第 4 届国际生态学年会上报告，引起强烈反响。

促进生态学国际科技合作与交流

阳含熙科学生涯中另一重要活动是推动中国与国际间生态学的交流和合作。他在英、美、德、俄语方面有良好素养，为在这方面施展才干提供了便利条件。1956 年，他代表中国林业科学研究院接待了以著名的苏卡切夫院士为首的苏联科学院热带林业考察团，1958 年应邀参加苏联科学院召开的提高生物生产力会议，并报告了中国的研究工作。1956、1962 年，他两次前往越南，指导与组织开发热带林区的科学调查，第一次对越南陆地植物类型和土壤类型提出分类，还提出对中越森林资源调查进行交流的建议。他因援助越南取得成就获胡志明友谊奖状和奖章。1957 年，他接待了越南林业科学研究院副院长蔡文澄进修半年。1964 年在北京科学会堂召开的国际科学讨论会上担任林业组副组长和农林两组的英、法文翻译，会后受到书面表彰。在中国科学院自然资源综合考察委员会期间，尤其在中国实行对外开放之后，他在中国的生态学国际交流与合作活动中起了显著作用。1972 年，他担任中国参加联合国粮农组织会议代表团顾问，1977 年任联合国沙漠化会议中国代表团顾问。1978 年，任中国"人与生物圈"国家委员会秘书长，1982 年任副主席，1979～1986 年任联合国"人与生物圈"协调理事会副主席。他在"人与生物圈"组织任职期间，为中国制定了"人与生物圈"项目计划，为发展参加国际生物圈保护区网，促进国际生态学合作做了大量工作。他多次参加国际双边或多边合作谈判和大型国际科学会议，如太平洋边远地区经济发展会议（1981），联合国生态学实践大会（1982），联合国生物圈保护区大会（1983），尼泊尔国际山地发展中心成立大会（1983），世界环境酸化大会（1984），太平洋地区环境保护大会（1985），第 4 次国际生态学会议（1986 年，美国），第 5 次国际生态学会议（1990，日本）等。从 1984 年起，他还多次担任国内召开的国际会议的组织委员会主席或副主席，并主编出版国际会议论文集，如《土地沙漠化综合整治国际学术会论文集》（1984），《温带森林生态系统》（1986），《酸雨与农业》（1989），《温带草地生态系统国际会议论文集》（1990）等。

《森林立地分类与评价的立地要素原理与方法》序†

立地学的应用，对营林者来说，是识地、用地的科学，犹如田地之于老农，了若己掌，方得经营自如，此乃农事"土宜天时"所强调的。凡世界林业发达国家，立地学理论和应用，已有100余年历史，这是他们林业发展成功的重要原因。我国自古以农立国，林木的经营也当属世界最早，相传黄帝"时播百谷草木"，植树以为弓、矢、舟、车之用；夏商时期，林业雏形已成；战国的《尚书·禹贡》《夏小正》都描述了林木分布、生长的自然情况；《管子》的"地员篇"根据地势高下、水位深浅和18种土壤，规定了所宜生长的林木和其他植物，为古代"立地"思想之先声。然而，使我国林学界惊讶和赧然的是，2600余年之后，现代的中国竟然仍是立地学混沌初开的状态，从未形成我国自己的立地学理论和应用体系。察其原因，也十分错综复杂：长期封建社会窒息科学发展的原因有之；林业体制落后，重采轻造，造林工作上的盲目指挥等政策误导，限制了营林科学的发展和应用等近因也有之；而我国自然条件复杂，树种资源丰富，使我们林业界学人深知建立我国自己的立地学理论和应用体系并非易事，在40年来全国立地研究不能列入林业攻关项目的状况下难有所动作，也是重要原因。虽不乏有人关切此事，偶有可贵的探讨，但总无力挽揽其成。所幸"七五"期间，"用材林基地立地分类、评价及适地适树研究"列入国家攻关，涉及我国东半壁的大规模立地研究，不仅提出了一个大范围、多层次的立地研究成果，而且也激发了国内包括行政领导、管理干部在内的许多林业界人士对立地问题的关心，在学会、在学报展开了前所未有的热烈的学术讨论，并且发表了不少专著、论文。这一热情本是我国立地学蓬勃发展的始端，可惜"七五"甫过，"八五"林业科研计划中，除一些附带的、零星的立地研究外，已无大动作，似现有成果和讨论已蹴成我国立地学理论与应用体系之大本。在稍纵即逝的立地讨论研究高潮过后的此时此刻，《森林立地分类与评价的立地要素原理与方法》一书的出版问世，不啻为激起一池春水荡漾，为促进我国立地学理论与应用发展推波助澜的一块宝贵投石。此为我欣然作序的缘由之一。其二，是我激奋于顾云春等学友之作乃探讨建立一个既吸取他人精华而又非依附于世界各学派的，具有我国自己特色的立地学理论与应用体系的努力和成绩。查世界各立地学派和林型学派的理论与方法，其发展无不依据本国或本区域的自然地理特点和森林特点，如前苏联的苏卡乔夫学派、乌克兰的波勃来伯涅克学派、远东的柯来斯尼科夫学派，北欧学派，德国巴登-符腾堡学派等等均不难察出它们诞生地背景的烙印。由此可见，对于幅员广大自然地理条件及森林类型极为复杂多样的中国，要建立自己的立地学理论与应用体系，试图依附于某一学派或拼凑几个学派的理论与方法是行不通的。新中国成立初期，我们曾照搬某些学派的做法因难以奏效而几遭扼杀。我国自然情况虽然复杂，但由纬度、经度和海拔高度三维空间所决定的水、热、气、

---

† 蒋有绪，见：顾云春，李永武，杨承栋著，森林立地分类与评价的立地要素原理与方法，北京：科学出版社，1993。

土和生物的变化规律自有其整体性的内在联系，自有其立地分类和评价理论与方法的整体框架考虑的必要性。但同时，面对我国具有明显自然分异的广袤国土，立地研究则有从区域性研究开始的合理性。自上而下，自下而上，在宏观和微观层次上相互照应，相互协调，相互促进的研究过程是其他林情、国情简单的学派并不存在的问题。顾云春等学友提出立地要素原理的立地分类与评价方法，不失为把理论上的整体性与应用上局部的各性变化纳入一个框架，以解决我国复杂的立地体系的一个途径。值得高兴的是这种努力是基于作者长期从事林业调查规划，踏遍祖国主要林区，具有极丰富的实践经验，并经多年的理论钻研、探索，通过我国"用材林基地立地分类、评价和适地适树研究"项目所承担的任务分析验证而提出的。该书是一本论必有理，理必有证，证必有验，读有新意，启人思扉而值得推荐的研究专著，用作者自谦的话来说是"饾饤之作"，意在抛砖而引玉。但我期望此乃打开我国建立立地分类与评价理论和方法体系大门的"敲门砖"。砖至门开，门开路展。通向我国立地研究与应用事业的大路望林学界同行们共同走下去。

值顾云春等学友著作出版之际，为表示热烈祝贺，并向学友"投石"和"抛砖"精神表示敬意，爰志此序。

《生态学词典》序[†]

生态学当今已成为脍炙人口的科学。不论人们对它的认识深浅如何，凡是涉及它的话题，无不透溢出谈论者对环境、资源、人口、健康和社会发展等问题关切的心情。现代生态学已经由经典的生态学-研究生物与环境相互关系的科学发展成为指导人类处理其自身与自然的相互关系的科学。世界上没有哪一门学科如此紧密地关系着人类的生存。无论在深达千米的海洋深处，还是10公里以上的平流层，甚至翱翔于太空的宇宙飞船，哪里有生命的踪迹，哪里就有生物与环境的关系问题，哪里就有生态学课题，这是经典生态学的内涵决定了它如此广博的境域。另一方面，现代生态学深刻变化着的外延，又使它正在经历着一个日新月异的急速发展时期。这是因为当代人类寻求解决所面临的生存问题是错综复杂的，涉及自然、社会、经济各个领域的科学知识和技术，生态学似乎成为解决这一至关重要课题的核心。许多学科在承担这一重大课题的任务中，必然与生态学发生撞击，或交叉、或渗透、或融汇、或升华，产生出许多新型的分支学科。这不仅推动了各门类科学的进步与发展，而且也促使生态学衍生出众多新的生态学分支学科，如数学生态学、污染生态学、化学生态学、经济生态学、城市生态学、人类生态学（社会生态学）、全球生态学、宇宙生态学等等，表现出生态学强大旺盛的生命力。就生态学经典的生理生态学、种群生态学、群落生态学和生态系统生态学而言，也在向深层次发展，这是因为，归根到底，人类赖以生存的物质基础，无不在各个层次、各级水平和各种规模上与生物集群的生产力持续发展与管理相联系。人类还有那么多的生态学问题需要去研究，人类社会从来没有像现在这样对生态学有如此之高的期望。面对这一强大的压力和严峻的挑战，生态学正在深化其理论领域，拓宽其应用范围，更新其研究手段和技术装备，这就是生态学令人十分振奋的现代发展趋势。

正由于生态学以如此迅猛之势发展着，如此令人应接不暇地变化着，正由于生态学日益被广大人民所认识、日益成为决策者的行动指南和道德规范，一本能反映现代生态学知识，可作为人们入门、释疑、参考和指导的生态学词典将是十分受欢迎的。令人欣喜的是，我国新的年青一代生态学家中的几位，即本词典的作者们，极富胆略和远见，以十分勤奋的工作态度，在短短二三年内，夜以继日地广泛收集国内外已有生态学词典、生态学经典著作和论述现代生态学发展的近作，他们除参照现有词汇及释义外，主要由自己筛选词目，对其涵义经理解消化后再加注释，为广大读者贡献出此本《生态学词典》。本词典收集词目广泛，既有经典性条目，又尽可能搜罗新分支学科的重要术语、用语，其释义经再三斟酌，而具令人满意的科学性和准确性。本词典的词条以汉语拼音顺序排列，有汉字笔画和英汉对照索引，使用方便，是一本值得推

---

† 蒋有绪，见：安树青，林金安编，生态学词典，哈尔滨：东北林业大学出版社，1994。

荐的现代生态学词典。

　　本词典在词目选撷、释义简繁上尚有可尽善尽美之处，但对于年轻作者来说，为时不多能有如此成就，当嘉其瑜而谅其瑕，不足之处望再版时再加斟订。爰志此序。

《林隙动态与森林生物多样性》序†

森林是陆地生态系统的主要类型，在全球和区域生态环境的维护和改善中起着重要的不可替代的作用。与其他陆地生态系统类型相比，天然林生态系统有着最复杂的结构与功能，最高的生物多样性，始终作为揭示自然陆地生态系统各种现象、各种规律的理想研究对象；与人工林相对而言，天然林也始终是林业科学中自然保护和可持续经营的重点。可以说，对天然森林生态系统在理论上和实践上有深入的研究，取得新的认识和理解也就是对植被生态学有了重要的贡献，对林业生态环境建设和可持续经营有了重要的贡献。我国在森林的结构、功能和动态方面已开展了较为广泛的研究工作，积累了不少数据，取得了不少阶段性的成果。但与国际植被生态学和生物多样性保护学科的发展相比，我国仍是较为落后的，集中表现在研究力量分散、重复研究较多、没有自己独立的理论体系、生产实践中的应用也较少。目前有一些领域急需加强研究，林隙动态就是一个值得重视和强调的研究领域。林隙动态牵动着群落生态掌和生态系统生态学的许多相关现象，其中比较重要的是林隙动态与森林生物多样性维持及形成机制。从林业管理的角度而言，它关系到森林的更新、演替和可持续性。在我国林隙动态研究刚刚起步不久的今天，臧润国博士等著的《林隙动态与森林生物多样性》一书的出版问世，弥补了我国在林隙动态与森林生物多样性维持方面的空白或不足，它是我国第一本有关该方面研究的系统专著，它的出版将会有助于我国森林动态学科的发展。该书是在作者第一手调查资料的基础上完成的，学术思路新颖、主体明确、数据翔实丰富，是一本具有较高参考价值的专著。

臧润国博士是我所器重的优秀青年生态学者之一，他曾在我国重要林业院校和综合性人学进行了生态学和相关学科的基础训练，并受到一批学术造诣很深的植物生态学家的指导和熏陶，使得他具有扎实的生态学基础知识、较宽阔的研究思路和较为明确的研究思想和学术方向。他不仅注重对书本知识的钻研和对文献资料的阅读，而且，还非常注重实际调查和第一手数据资料的获取。他曾先后对我国大兴安岭林区、小兴安岭林区、长白山林区、南亚热带林区和海南热带林区的森林进行了实地调查研究，取得了大量的第一手资料，并完成了 30 余篇学术论文。本书就是他研究工作的一个阶段性的总结，但不乏丰富的内涵、深刻的观察和重要的论述。希望作者在完成本书之后，进一步在这一领域开展深入细致的研究，升华其理论，以促使我国森林动态学和森林生物多样性的研究达到更高的科学水平。

---

† 蒋有绪，见：臧润国等，林隙动态与森林生物多样性，北京：中国林业出版社，1999。

《长江三峡库区陆生动植物生态》序[†]

三峡工程乃举世瞩目的最宏伟的水利工程,其坝址控制流域面积达 100 万 km^2。年平均径流量约 4510 亿 m^3。其防洪、发电、航运综合效益都居世界之首,也是世界上最大的水电站。三峡工程也将以世界上工程规模最大,改变与影响的自然生态系统、社会经济系统最大、最深刻而载入史册。它将对我国社会、经济发展和生态环境建设产生巨大影响。关于三峡工程对生态环境影响的问题,国家一直十分重视,早在本世纪 50 年代三峡工程动议伊始,以及后来在三峡工程设计的不同阶段和方案论证过程中都有广泛的讨论,并相应地开展了一系列研究和专门论证分析,江泽民同志曾强调"在三峡工程建设中,保护好流域的生态环境极为重要,要统筹兼顾,着眼长远,科学规划,采取切实可行的措施,努力实现经济、社会和生态环境的协调发展"。"三峡库区生态环境监测网络"的建立和开发,正是国家重视三峡工程生态环境影响及其效益的战略思想指导下安排进行的。这一重大项目是由国务院三峡工程建设委员会领导,由中国长江三峡工程开发总公司委托,各相关部委协同执行的。其中,"三峡库区陆生动植物监测"系统由原林业部(现国家林业局)主管,由原林业部生态环境监测总站承担执行。

作为三峡库区生态环境变化最敏感的生物区系、生物多样性和生物链的监测无疑是这一监测网络项目中最基础、最重要的部分。令人欣慰的是,作为基础的基础,对三峡库区现有动植物生态,包括植被、动植物区系、组成、群落、物种多样性、珍稀濒危和重要保护物种的调查(含有关的土壤调查),即本著作成果,就要问世。本专著还对三峡库区陆生动植物监测系统的建设和库区生态安全保障体系的建立提出了基本框架,对三峡工程给未来陆地动植物生态带来的影响也作了初步预测和展望。

本著作在长江三峡工程这个特定的时间、空间条件下,无疑具有极重要的科学价值和极重要的历史性文献价值。本著作的科学性在于它的忠实的、可信的原始记录。这是历时 2 年,数以百计的科技人员在三峡库区 5.5 万 km^2,22 个县(区、市)的第一手调查成果,它更新或在一定程度上刷新了以往对相关地区早年调查记录和图志,例如过去的植被(植物群落类型)记载现已有许多变化,或原来就不准确,这次都做了新的现实的记录;对动植物也增新了大量记录,重新整理了新的动植物名录;全面调查了古树资源等等。本著作的珍贵文献性在于它是一个巨大工程建成前的科学记录,在工程完成后将列入历史性科学文献,特别是在海拔 175m 以下的动植物群落将全部消失,海拔 175～800m 的现有植被和动植物生态将因人类活动而有很大的扰动和变化。

三峡自古以来就给人们带来动植物演变之谜,如唐代李白诗云:"朝辞白帝彩云间,千里江陵一日还。两岸猿声啼不住,轻舟已过万重山。"其猿,猴耶?抑或巴东三峡至

---

† 蒋有绪,见:肖文发等,长江三峡库区陆生动植物生态,重庆:西南师范大学出版社,2000。

湖北江陵确生存过猿耶？令今人遐思，即使动物学家也各有所见。可以相信，在数百年以后，当人们在讨论三峡工程前的生态系统和生物物种状况时，可以因有了本专著的记录而少一些遗憾。

还值得指出的是，本项研究是以青年一代的科学家、科技工作者为主体完成的，项目组具体的负责人，国家林业局生态环境监测总站站长肖文发，就是我培养并引为自豪的博士，研究成员还有我其他的学生，和多年相识的年青学友，他们都是刻苦努力的一班人。这个涉及十余个单位的年青集体有着不怕艰苦辛劳的工作精神，加上各级领导的正确领导和严格要求，以及李振宇、冯祚建、胡锦矗等先生的指导、参与和把关，这个研究成果的质量是可以信赖的。如果由于时间短促而任务紧迫，有所疏漏和错误也是可以理解的。我相信本著作除圆满完成领导部门所预期的任务目标，服务于三峡工程做出贡献外，当能受到国内外，所有关心三峡工程的人士，以及从事动植物、植被、陆生生态、自然保护、环境监测等专业的科技人士的关注和欢迎，并为它能在新世纪曙光来临之际可飨广大读者，欣而作序。

《森林景观生态研究》序[†]

景观生态学尽管是一门年轻的生态学分支学科，但它却是发展最快、理论与技术已趋成熟的学科，也是日益表现出其应用价值并且仍然具有巨大应用潜力的一门学科。其所以如此，是因为景观生态学具备以下特点：它的理论体系是由生态学、自然地理学长期积累的理论成就为基础，在一个现代社会发展需求的特定空间尺度（即景观尺度）上有机整合贯通，在高层面上"再创造"而成。景观尺度的被重视，是为人类关心现实大尺度生态环境和经济策划的发展趋势所要求，无论国民经济发展的哪个部门（不仅与自然植被有关的农、林、自然保护等行业，也涉及工业、城乡发展、环境保护等行业）的规划和管理的一个关键的、需要落实的空间层次。同时，景观生态学又得益于能及时吸纳诸如系统论、信息论等为现代科学规划极有用的理论和现代遥感、计算机及数学模型等新技术，遂得以成为许多部门都日益重视的学科和实际应用途径。

森林生态学研究无疑为景观生态学发展的重要源泉，森林生态系统和森林景观的多样性、复杂性和大范围山地森林及森林草原景观为景观生态学启示了不少景观要素概念和动态特征概念。以森林为对象的景观生态学研究是景观生态学发展的重要组成和基础。

郭晋平先生的此著作正是极其准确地把握了景观生态学理论和技术的特征、提供了极明确和全面的阐述与分析，同时把森林生态学与景观生态学相融合，以山西关帝山为研究案例，其成果充分阐明了森林景观生态学的特有现象，如结构特征、动态特征和其他的一些规律特征。这是在我国景观生态学正在迅猛发展，但基础仍较薄弱的情况下的一个重要贡献。

郭晋平先生是我熟知的一位年轻的生态学家，出身和扎根于山西，生性纯朴、踏实，并勤奋好学，自强不已，历经硕士、博士、博士后的攻读成才，在导师阳含熙院士、肖笃宁先生等著名生态学家指导培养下，在森林生态学、景观生态学研究方面已做出了可喜的成绩。读者可以从本著作看到他严谨认真的科学研究态度，精辟的综合分析能力和流畅表述的文字水平。在森林景观生态学如何为森林经营规划和可持续管理服务上提出了有创新见解的体系框架。我相信本著作不仅会受到林业研究、教学和管理人员的欢迎，也会对生态环境、自然地理、自然保护、其他资源管理等领域的科研、教学和管理人员而有裨益，特为本专著欣然提笔作序。

[†] 蒋有绪，见：郭晋平，森林景观生态研究，北京：北京大学出版社，2001。

擘画春秋五十载　敢立潮头笑东风[†]

我 1952 年入党。从事林业科学研究工作近 50 年，这是与中国共产党领导下的新中国现代科学技术事业发展史血肉相连的 50 年。我亲身经历了党的三代领导集体对我们林业事业的关怀和正确领导。以毛泽东同志为核心的党的第一代领导集体，在旧中国极其落后的科学技术的基础上进行了英明的开创性的领导。我在新中国成立初期对我国大小兴安岭、西南高山等天然林首次开展全面的资源综合考察活动中，开始了我在森林生态学、经营学领域的科技工作生涯，并逐渐成名。当时重担所迫，我大学毕业，刚参加工作的第 3 年即已独立带队赴新疆天山和阿尔泰山林区进行考察。后有幸到中国林业科学研究院从事研究工作。20 世纪 50 年代初，在川西高山林区建立了长期生态定位研究站，研究揭示森林的生态功能，这在当时是比较有预见性的。

党的第二代领导的核心，邓小平同志召回了"科学的春天"，做出了"科学技术是第一生产力"的科学论断，我国科学技术发展进入了新的历史阶段。我们在林业部和中国林业科学院的具体领导和支持下，抓住大好时机，推动发展了我国森林生态系统长期定位研究网络体系，对我国主要森林类型开展了较全面系统的功能规律研究。

今天，在以江泽民同志为核心的党的第三代集体领导下，中央发出了一系列关于加强生态环境建设，改善和治理我国生态环境，重建秀美山川等重要指示和号召，我国林业建设进入了前所未有的发展时期，六大林业生态工程建设正在蓬勃发展，我庆幸我国能有森林生态系统功能作用的研究成果支持这项重大的林业生态建设，同时，时代也为我们提出了新的林业生态建设的研究任务。在中国共产党 80 岁生日时，重温过去，使我林业科研战线上的这个老兵颇有感触：有党对科技事业的领导和支持，我们真是越活越年轻，越干越有劲。我相信，一代年轻的林业科技人员，在中国共产党的指引下，林业科学技术事业将比我们这一代做得更好。

---

† 蒋有绪，2001，森林与人类，（7）：11。

可持续发展是中国林业发展的唯一途径和希望[†]

——评《中国森林资源与可持续发展》

　　《中国森林资源与可持续发展》专著的出版是我国林业界深感高兴的事。在 21 世纪第一个新春，我们读到了由沈国舫主编、广西科学技术出版社于 2000 年 12 月出版的我国第一本全面而系统论述中国森林资源可持续发展的科学专著，同时也是科普性著作。这不由得人们领会到作者和出版者的良苦用心。把一部严谨的、占有最新思想和最新资料的科学论著，用通俗的语言介绍给读者，做到雅俗共赏，专家、公众、领导决策人都可受到裨益，这是我推崇此著作的第一点。

　　这本书的作者，沈国舫院士、关毓秀教授等 16 位，都是我国当前第一流的资深专家和中国精英科技骨干，他们在林业科学各个领域，如森林资源、造林、经理、生态、经济等都做出了杰出贡献，他们代表了我国林业科学的最高水平，因此，我这个书评实际上是我读后的心得和体会。

　　此著作最重要的主题是森林资源的可持续发展思想及如何在中国实施的论述。我们知道，在经历了人类漫长的活动史，人类所居住的地球已处于自然资源日趋耗竭，环境日益恶化，人类生存危机突显的地步。经过近 50 年的探索，1980 年科学家们首次提出"可持续发展"概念，1987 年世界与发展委员会报告"我们共同的未来"中明确提出世界可持续发展的战略思想，1992 年在联合国环境与发展大会上得到世界各国的承认，并确立为共同努力的目标。由于森林在世界环境问题上具有特别重要和不可替代的作用，大会不仅发表了"关于森林问题的原则声明"，而且在其他的文件内，如各国签约的"气候变化框架公约""生物多样性公约"和"荒漠化防治公约"等都提到了森林的减少和破坏，是影响全球环境的重要因素。因此，森林可持续发展就成为全世界自然资源、环境和社会可持续发展的重要内容之一。本文在第四章详细简练地介绍了可持续发展战略思想的发展全过程，并阐明了森林可持续发展的重要性。

　　作者为了通俗易懂地阐述上述思想，在第一、二章生动地从森林是人类的摇篮和家园以及中国森林的特征切入，把人类及其生存环境与森林的关系做了较透彻的表述。其实，第一、二章也是中国森林生态学和森林地理学一个非常完整而且高质量的通俗读物，非专业的读者读后会有很多知识收益的。

　　第三章"我国森林资源现状"，除了全面论述中国森林资源概况外，通过对中国森林资源地理分布的不平衡性，资源结构的不合理性，天然林和人工林生产力和利用率低下等问题的提出，指明了我国森林资源可持续发展的艰巨性、长期性和复杂性，从而认识到这将是我们 21 世纪几代林业工作者的重任，需要扎扎实实、严肃认真、科学合理

[†] 蒋有绪，2001，林业科学，37（2）：144。

地策划和实践。本章拥有重要数据和资料，并有深刻的动态分析，是对我国森林资源总结性的篇章，特别是还有第一流专家对我国森林资源发展对策和建议的精辟论述。

对于我国森林资源可持续发展的具体任务，作者以"中国 21 世纪议程——林业行动计划"为指导，紧密结合了我国正在和将要进行的几大林业生态环境建设工程，分森林生物多样性、森林资源物产、生态防护功能、社会公益功能的可持续发展等问题于第五、六、七、八章进行了论述。同时对森林游憩、森林保健、森林文化、城市林业等几个新兴领域都有专节论述，其新颖性、预见性使人读来感到耳目一新。

此书第九至十一章则全面系统地论述了森林可持续经营的标准与指标体系、森林资源清查监测和调整、法制建设与公众参与和对中国森林可持续发展的战略探讨，介绍了国际上有关新进展。在强合中国国情、林情来开展建设的同时，提出在各方面要与国际接轨，与国际的森林可持续发展的进程合作，以取得国际合作的互动支持，显现中国的贡献。在战略探讨中有不少战略性和法规政策性的建议，是国家和林业部门有关各层决策者很好的参考，可以说，很难得有这样的机会集中高水平的咨询信息。

最后需要指出的是，此书不仅内容新颖、科学、可读性强，读者面宽，而且此书的编辑出版水平在国内是一流的，编辑印刷无误、高质量的纸张、编排设计现代化、大开本装帧精致，附有诸多精美彩照。手捧此书读来，确是一种精神上的享受。

总之，我特将此书推荐给同仁和大众，期盼此书在林业决策、科研教学、普及知识上发挥重要作用。

《中国海南岛热带天然林可持续经营》序†

由中国林业科学研究院和海南省政府承担的世界热带木材组织（ITTO）资助的国际合作项目《中国海南岛热带森林分类经营永续利用示范项目》的主要成果之一，"中国海南岛热带天然林可持续经营"专著即将问世。我就此予以庆贺和表达喜悦之情，这是因为：

我国第一本以全省为范围，以最复杂的热带森林为对象，在最新理论——可持续经营思想指导下，与国际研究前沿接轨的本专著，是以中青年为主的研究群体完成的。他们是在老一辈科学家指导下和有关政府部门支持下进行的本项研究，在为时不长的 8 年里，他们通过大量的资料收集，艰苦的野外调查和试验，始终坚持定位观测和经营示范，并运用了先进的"3S"信息技术、生态系统功能监测和实验生态学等手段，在完成对海南岛天然林的自然地理特征、森林经营历史、采伐活动对热带天然林生态系统的影响与评价的基础上，以可持续经营为目标，初步研究提出了热带天然林调查规划、采伐更新、经营模式、资源监测及资源信息管理等系列技术要领，还研制了海南岛热带天然林可持续经营的标准与指标。该标准与指标的研制是根据中国国情、林情和海南岛热带林的实际，与 ITTO 的指导性的国际热带天然林可持续经营标准与指标相结合，同时注意到了与我国正在研制的国家水平的森林可持续经营的标准与指标的衔接。

应当说，这个示范项目的研究试验是与 ITTO 和国际林业研究机构中心（CIFOR）在热带东南亚、非洲、美洲的研究试验是同步的，都是属于人类向世界热带天然林走向合理的可持续经营利用和发展进行伟大实践的第一步。本书所论都是从试验和示范实践中来的，是言之有物，论之有理的。

当然，由于森林生长周期长，其结构以及演替过程十分复杂，可持续经营涉及森林经理学、森林生态学、造林学、采运学、地理学、土壤学以及经济学等多学科的综合应用，可持续经营的实现是一个不断调整和完善的漫长过程。项目实施的时间还不长，研究经费不足，诚恳地希望有关方面能创造更好的条件，有更多的经费投入，使这一研究集体能不断丰富和完善现有研究成果，为实现我国热带天然林可持续经营目标继续做出重要贡献。

感谢本书的作者们，也是研究者们，以自己的辛劳、勇气和智慧为实现热带天然林可持续经营迈出的第一步。为此，我欣然作序以贺之，以勉之。

---

† 蒋有绪，见：陈永富等，中国海南岛热带天然林可持续经营，北京：中国科学技术出版社，2001。

《中国森林地理景观概貌》序[†]

　　本书堪称难求之作。作者在科学而简明的全国森林景观区划的文字框架下向读者展示了一幅幅以颇有功力的钢笔画描绘而成的各类天然林、人工林的森林景观、林相、重要的森林植物、森林动物，间有林区内人类活动景象，乃"科学著作＋艺术写实画集"的集合体。文字记述给人以丰富的科学知识，图画则忠于自然，且富欣赏性。值得指出的是，这些作品是作者自青年投身森林调查时，于1969年至1982年间转辗国内各地，把调查所见一一手绘、记录积累而成。为了反映全国的完整性，只有部分画面是对无法到达的地区（如台湾省）根据照片和标本再创作而成。

　　作者是吾友任荣荣。任友"文革"前就职于中南林学院。1978年中国林业科学研究院恢复，1979年吴中伦院士任副院长，就因为在结识任友时发现此著之手稿，为其扎实的科学基础，执著的求知精神，精细的观察能力和此举表现出的坚持毅力和多才多艺，坚持把他调至中国林科院当自己的秘书。后来，中国科学院原沈阳林业土壤研究所所长朱济凡先生调南京林学院任书记，说服吴中伦先生割爱，把任友随同调南林。吴中伦院士，还有中国林科院的老院长郑万钧院士都曾为此书稿写过序，可惜在任友调迁过程中遗失。

　　此著科学上是严谨的，记述力求科学、准确，在20世纪80年代后的10余年内，任友一直未轻易出版，他又做了仔细斟校。此著的动植物种学名除了以后可能有正式修正情况外，一般讲，都已逐一核校。此著在艺术上也是感人的。我不懂美术，但喜欢欣赏美术。我不能作为美术家来评估其艺术性，但作为普通人，在初睹其作品时确有过看欧洲铜版画特有质感的感染。以线条勾勒的构图、轮廓、明暗、透视、动静、情调等等都令人产生对真实自然的遐想。

　　本书适合于热爱大自然，热爱森林，热爱动植物，并企望从中得到知识的一切专业和非专业人士阅读，欣赏，我热诚推荐而欣然作序。

[†] 蒋有绪，见：任荣荣，中国森林地理景观概貌，北京：中国农业出版社，2002。

《深圳湾红树林生态系统及其持续发展》序[†]

湿地生态系统是地球表面三大生态系统之一，而红树林则是生长于热带亚热带沿海潮间带，处于陆地生态系统与海洋生态系统过渡带的一类特殊湿地生态系统，兼具有陆地生态系统和海洋生态系统的特征，是热带亚热带海岸带的生态关键区（ECR）。红树植物生长在特殊的生态环境中，具有特殊的形态解剖结构和生理特性。红树林生态系统不仅具有生物多样性高的特点，而且还有高生产力、高归还率、高分解率的特性，从而使红树林生态系统的能量流动和物质循环高速运转，提高能量流动和物质循环的效率。作为海岸滩涂和河口海湾的一种湿地生态系统，它不仅具有促淤沉积、扩大海滩、护堤防波、保护农田和村庄等生态功能，而且还为许多动物提供重要的栖息地和食物。同时，红树植物本身还具有木材、薪炭、食物、药材、化工原料以及观赏等价值；并且在全球碳循环过程中起着重要的作用。

然而，就是这样一个重要的生态系统，在全球范围内正遭受着破坏和毁灭的厄运。全世界红树林面积约为 1700 万 hm^2，以赤道热带为分布中心，大致分布于南北回归线之间。由于对红树林不合理利用和破坏，导致红树林湿地资源急剧减少，分布面积减小，种类减少，结构和功能下降，呈现明显的退化状态。我国的红树林主要分布于广东、广西、海南、台湾和福建。长期以来，由于认识上的偏颇和局部利益的驱使，滥伐、围垦等破坏红树林的短期行为时有发生，导致我国红树林的面积日益减少。20 世纪 50 年代初期，我国东南沿海的红树林面积约 5 万 hm^2，目前仅剩 1.5 万 hm^2 左右。红树林已面临濒危境地，并对海岸带生态环境带来严重后果，原红树林区的动植物资源明显衰退，风暴潮等造成的经济损失严重。红树林湿地的管理和保护、红树林的研究和保护、红树林生态系统的恢复和可持续发展等已成为国内外众多研究人员和有关组织关注的焦点，成为全社会乃至全人类十分紧迫的任务。1990 年在日本东京成立了"国际红树林生态系统学会"，并于 1991 年与联合国教科文组织及联合国开发计划署主持起草了《红树林宪章》。1992 年，在巴西里约热内卢召开的联合国环境发展大会上，红树林生态系统被列入了《世界生物多样性公约》的两个重点保护的海洋生态系统类型。一系列的行动表明了人们开始对红树林生态系统的重视。在我国，20 世纪 80 年代以来，国家对红树林的保护工作逐渐重视，尤其是进入 90 年代后，加强了红树林的保护区建设，同时对保护区以外的红树林生态系保护也给予了高度重视。

深圳湾红树林生态系统是位于深圳和香港两地间的一块绿洲，对维持地区的生态平衡起着重要的作用，是重要的鸟类栖息地，并且也是重要的科普教育基地。但是，由于经济发展和城市化进程的影响，导致这一重要湿地生态系统退化，面积锐减，严重影响了其正常功能的发挥。因此，深圳湾红树林生态系统的保护和生态恢复以及持续发展成

---

† 蒋有绪，见：王伯荪等，深圳湾红树林生态系统及其持续发展，北京：科学出版社，2002。

为重要的课题。自 1984 年来，在对深圳湾红树林生态系统的结构和功能进行了深入研究的基础上，引种红树植物 8 种，半红树植物 2 种，取得显著成效，大面积营造和扩展了红树林，生态系统的结构和功能逐渐恢复，促进了深圳湾红树林的可持续发展。

《深圳湾红树林生态系统及其持续发展》专著全面深入地研究了深圳湾红树林生态系统的结构和功能，尤其是扩展的海桑红树林的物质循环和能量流动及其生态效应，系统地总结了深圳湾红树林生态恢复的成功经验以及红树植物的引种驯化及红树人工林的营造技术，探讨了深圳湾红树林持续发展策略与途径，并提出了相关的新概念、新思路和新方法。应该说，这是一本难得的既在红树林生态系统结构功能规律理论上有深刻阐述，又对其恢复和可持续发展实际应用上有重要价值的好书。在此，我谨向课题组为此卓越研究付出辛劳的本书作者以及从事此项实验、实践做出贡献的人们表示衷心的感谢和崇高的敬意。

本书的出版，对红树林生态系统的保护与管理，红树林生态系统的恢复和重建，实现红树林生态系统的可持续发展必将产生深远的影响，特为此表示祝贺，并欣然为序。

寄语宝天曼[†]

新近被批准加入联合国教科文组织"世界生物圈保护区网"的宝天曼位于河南省南阳市内乡县。在中国自古视为地处中原，西望秦川，北依伏牛，南瞩荆襄而称为"入关孔道"的南阳山盆区，古代南北文化于此互相交触而得以发育中华文明。在此包融南北文化的中华文明发源地却在如今保存了万公顷以上独特的原始森林区，这不能不是大自然和先人们为我们后代留下的一份珍贵的自然遗产。

宝天曼自然保护区是国务院批准的森林与野生动物类型的保护区，其管理面积约100平方公里，就其管理面积大小而言，在我国自然保护区中并不显赫，但其成立历史比较早，1980年4月建区，1988年升格为国家级。这完全是由于她极富特色的缘故。这里密林蔽日，古木参天，是我国东半壁北亚热带向暖温带过渡的自然地理区里目前仅可找到的大面积具有过渡型(兼有北亚热带和暖温带生物区系特征和结构特征)的森林生态系统。

植物区系以温带成分为主，兼有一定热带成分，分布具过渡、交替特征。多方交汇，单型属，少型属的比例高，如银杏、杜仲、太行花、独花兰等，还有一定的原始孑遗珍稀物种和被子植物的原始类型如领春木、连香树、狭叶瓶尔小草、水青树、山白树、银鹊树、香果树等。

动物区系成分比较复杂，东洋界，古北界，广布种大致各占三分之一，南北珍禽异兽都在此汇合，有斑羚、河麂、麝、金钱豹等，形成了一条广阔的南北动物过渡地带。这里还因地貌上处于我国二级台阶向三级台阶过渡区，海拔陡然下落，山高谷深，河谷曲折迂回；地质特殊，山水洞色集秀丽、奇诡、深幽于一体，自古无数文人骚客驻足赋吟述怀。邻近的庙山恐龙蛋及骨骼化石区是全国面积最大、种类最多、并因骨蛋并存而闻名世界。

宝天曼随着进入世界"生物圈保护区"而名扬国际，同时也面临着极大的挑战和机遇。今后要加强自然保护区的管理和建设，保护好生物多样性，保护好栖息地，防止生境破坏或退化，保护自然景观，扩展保护区面积，建立完备的生物走廊，充分发挥独特的保护与科研的功能价值。使之成为监测人与自然相互关系的大型国际国内科研基地和教育基地。充分利用其丰富而特有的生物物种，生态系统类型，地貌景观，周边丰富的历史古迹文化遗址、古生物资源，发展成为集自然、文化、科学底蕴为一体的自然生态文化旅游区。体现"人天合一"的理念来发展地区社会经济，实现生物圈保护区与周边社区共同富裕的宗旨。把保护区的发展计划和规划纳入更大的区域的土地利用与社会经济发展计划中去，发挥保护区的特殊经济杠杆作用，取得与当地社会经济发展的双效利益。同时也可以寻求更大的财力、物力支持来加强自然保护区的管理和建设，保护区并要作出巨大努力宣传教育公众，提高他们对自然保护区存在价值和意义的认识，以谋求当地居民和全社会的普遍及最大的支持。

我借本刊这期宝天曼专刊之际，表达对宝天曼所寄予的厚望。

[†] 蒋有绪，2002，今日科苑，(6)。

不断发掘并保护好我国丰富的野生植物物种[†]

——贺中国野生植物保护协会成立

　　植物是人类的朋友。没有植物界共存，人类是不可能生存于地球的。植物通过光合作用为人类提供了最最基本的生存资料，即碳水化合物，蛋白质、油、维生素、纤维素等几大食品要素及植物所有的次生产物；还为人类提供各种药物、激素、抗生素类，维护着人的健康和治疗各种疾病；也为人类提供各种衣着、建筑材料和能源等等。现代生物学使人们相信植物所拥有的各种基因资源将更会造福于人类未来。世界上目前估计的种数为 500 万种至 5000 万种，10 倍之差的估值，表明人类对物种的认识是多么不足，世界上已知的高等植物种估计最多只占可能总种数的 50%～70%，低等植物种数更难以确认，已知种数充其量只占可能总种数的 30%，这对中国来讲，情况也差不多。凡未知者都是属于野生的。例如，20 世纪 50 年代，海南岛隶属于广东省，那个时候开展的植物资源调查，已知的高等植物种 5000 余种；进入 21 世纪，海南岛已独立建省，但广东省的野生植物已增至约 7000 种，可见人们对植物的认识还在积累之中。尽管《中国植物志》根据现在的研究成果已经出版，但对我国的植物种家底的认识，仍然只能说是初步和不完全性的。我国还存在着不少"植物种欠清楚"的地区。在科学发展的今天，我们应当努力改变这种状况。当我们知道，世界上很多植物种，在人们尚未认识之前就已经被灭绝的时候，我们作为植物学界的科技人员，焦急心情是可想而知的。保护野生植物，加紧去认识它们，去科学利用它们，是世界的重要而紧迫的任务。

　　由此，我极其高兴和深感骄傲的是，中国作为植物大国之一，和作为国际生物多样性公约的签约国之一，我们非常及时地、也极其负有责任感地宣布：中国野生植物保护协会正式成立了，她将协助政府、联系同仁，为中国野生植物保护事业的发展作出应有的贡献。我们当竭诚支持协会的各项工作，共同推动我国野生植物保护这个伟大事业的深入发展。

[†] 蒋有绪，2003，中国林业，（11）。

《杉木林生态系统学》序[†]

　　杉木为我国重要的优良用材树种，它具有繁殖容易、生长迅速、材质优良、产量高等优点，深为群众喜爱。杉木人工林则是我国劳动人民在认识自然和长期生产实践中，积累丰富的育林经验而创造出来的一种特殊的森林经营类型，是我国林业发展史上值得骄傲和自豪的一个篇章。杉木千余年的栽培历史，充分表明杉木人工林确实是一种可在人为严格控制下达到相对稳定，保持生态平衡的偏途顶极群落。这种独特的人工群落，有许多生态理论和实践问题，值得我们去发现和研究，以便丰富植物群落学和森林学。

　　中南林学院会同生态站的科研群体，经历了长达数十年对杉木人工林的定位研究，并通过深入系统地全面总结，完成了我国第一本以杉木林生态系统特征与功能为主要内容的专著——《杉木林生态系统学》，应该说，这也是我国第一本以人工林从生态系统水平和研究任务为目标完成的科学专著。该书以系统生态学理论为基础，采用长期定位研究方法，通过大量的观测研究数据，系统地揭示了杉木林生态系统的群落学特征和生物多样性、生物量和生产力、能量流、水分循环、养分循环、碳平衡等功能要素；从保持空间一致性和时间连续性上阐述了第二代杉木林的生态恢复过程；正确评价了杉木林生态系统的价值和效益及对大气 CO_2 浓度的影响。这些研究成果（即对生态系统功能的认识）是农林业经营的基础，亦是现代提倡的生态系统管理和林业经营体系的基础。随着六大林业生态工程的启动，特别是我国人工用材林基地建设的发展，该书对推动我国人工林健康而持续的发展将具有深远的意义。它是一本数据翔实可靠、理论性强，且对实践有指导意义的好书。

　　该书的定位研究主要在国家重点野外科学观测试验站和国家林业局重点森林生态定位研究站——中南林学院会同生态站进行的。该站位于我国亚热带中部地区，处于云贵高原向长江中下游平原过渡的中山丘陵地段，该地区的森林资源对长江中下游生态建设起着重要作用。该站是我国森林生态系统研究和培养生态学优秀人才的基地。借该著作出版之际，欣然作序为贺，并祝愿会同生态站的这一优秀科研群体再接再厉，多出成果，为我国林业科学研究事业做出更大的贡献。

[†] 蒋有绪，见：田大伦等，杉木林生态系统学，北京：科学出版社，2003。

《广西热带和亚热带山地的植物多样性
及群落特征》序[†]

总的来说，世界热带和亚热带山地由于具有浓缩的环境梯度、高度异质化的生境、相对较低的人类干扰，以及在地质历史上常成为大量物种的避难所和新兴植物类群分化繁衍的摇篮，所以发育和保存着丰富多样的森林类型和较高的生物多样性，而成为全球森林和生物多样性研究与保护的重点区域。1992 年，在巴西里约热内卢召开的环境与发展世界首脑峰会上通过的《21 世纪议程》中，列有专门的一章讨论山区的可持续发展问题。1997 年，作为该章科学基础的权威著作 *Mountain of the World* 出版。之后，联合国将 2002 年定为国际山地年，进一步引起了国际社会对山地森林和生物多样性问题的关注。

中国是一个多山的国家，山地尤其是热带亚热带山地的森林具有巨大的生物量、高生产力和复杂的生物多样性，不少山地成为具有全球意义的生物多样保护和研究的热点和关键地区，对改善环境、促进良性生态平衡、维护区域生态安全具有重要作用。诚然，热带亚热带山地的基带部分是我国人口压力较大和经济活动非常活跃的区域，长期的过度开发和不合理利用，导致低平地区原生森林生态系统，尤其是地带性的典型森林生态系统的破坏，水土流失严重，环境退化加剧，生物多样性严重丧失，极大地阻碍了该地区农业生产力的提高和经济的可持续发展。因此，开展热带亚热带山地森林和生物多样性研究对我国乃至世界都具有特殊的意义。

广西壮族自治区以山地多平地少而著称，山脉环绕四周，使广西略成一个四周高、中间低的盆地，称为广西盆地；中部山地及构成的弧形山脉，把广西盆地分割成众多大小不等的平原盆地或山间盆地，较著名的如南宁盆地、右江盆地、郁江平原、浔江平原、玉林盆地、合浦平原等。广西是我国森林和生物多样性都极为丰富的少数几个省区之一。由于高温多雨的气候资源，盆地及其边缘地区历来是人类利用土地资源与生物资源最重要区域，但也因之成为受破坏最严重的地区。广西热带和亚热带山地虽然或多或少地受到过人类活动的干扰，但目前仍然保存有大面积的原生性森林，生物物种非常丰富，成为广西、全国乃至世界重要的遗产性资源。因此，开展热带亚热带山地森林及生物多样性研究，对于保护、恢复、管理好这些最后的遗产性资源，无疑具有重大的理论和实际意义。

该书作者温远光先生及其研究团队，以长期的山地森林植被和植物多样性研究实践的成果作为基本素材，从山地植物区系基本组成、植物特有性、多样性，以及山地森林植被类型、结构、群落物种多样性等方面揭示了广西热带和亚热带山地的植物多样性及

---

† 蒋有绪，见：温远光等，广西热带和亚热带山地的植物多样性及群落特征，北京：气象出版社，2004。

群落学特征与规律；瞄准恢复生态学的热点问题，探讨了山地常绿阔叶林退化生态系统恢复过程中植物多样性和群落学特征的变化规律；分析了山地森林生物多样性受威胁的现状及其原因；阐述了山地森林生物多样性保护的重要意义和价值，并提出了山地森林生物多样性保护与可持续利用的对策。这是我国热带亚热带山地植物多样性、群落学和山地生态学学科一部重要的学术专著。温远光先生是我多年合作的伙伴，也是我的好友，他治学严谨，借该著作出版之际，欣然作序为贺，并相信它必将促进我国山地森林生物多样性保护和山地生态学学科的进一步发展。

保护自然就是保护人类[†]

随着人类长期的活动，特别是近百年来人类经济活动的加剧，地球上已经没有不受人类活动影响的生态系统了。人类文明的初期，地球陆地面积的 80% 是森林，而现在只有 30% 了；陆地上 90% 的天然湿地已经消失中国的各类自然生态系统状况也面临大面积的破坏。20 世纪 80 年代，世界各国认识到问题的严重性，建立自然保护区的数目不断增加。截至 2001 年，全世界自然保护区数量已达 30 361 处，总面积占地球陆地表面的 8.84%。我国也已建立自然保护区 1000 多个，面积占全国国土面积的 144%，超过了世界各国的平均值这充分反映了中国政府对自然保护事业的重视。

自然保护区以保护各类自然生态系统为载体，同时也保护了它拥有的生物物种和生物多样性，这为人类提供新的可利用生物资源和基因资源是不可估量的贡献。自然保护区是对人类干扰生态系统的一个对照底本，是最为宝贵的科学遗产，具有非常重要的科学研究价值。我国国家级自然保护区是保护管理比较健全、完善，在生态保护、生物多样性保育和进行科学研究、科普教育和发挥其他功能起比较重要作用的一批自然保护区。

《中国国家级自然保护区》由王恺主编，在国家林业局保护司和各种自然保护区支持下，由中国老教授协会的林学和自然保护学专家共同编著的，这是一本至今为止对我国国家级自然保护区和已加入联合国教科文组织"人与生物圈"保护区共 131 个各类自然保护区最详细的阐述和介绍的专著其信息资料之丰富、齐全，涉及知识之广博和专业化，文字之流畅、通俗易懂，图片之生动、精美、罕见，肯定会赢得广大读者的欢迎和喜爱，是一部值得向国内外推荐的有重要科学价值和科学意义的中国国家级自然保护区的"大全"。

该书涉及自然保护区类型有森林生态系统、草原和草甸生态系统、荒漠生态系统、内陆湿地生态系统、海岸生态系统、野生动物、野生植物、地质遗迹和古生物遗迹等类型对每个自然保护区都介绍了自然保护的对象、保护区的自然环境、生物资源、旅游资源、社会经济状况、功能区划、经营管理以及评价与展望。对于珍稀野生动植物类型的自然保护区则在上述基本内容介绍基础上，还专门阐述该种生物的生物学习性、生态学特性、生存条件以及动物种的食物、生长发育规律、行为生态、保护价值和途径。对于地质遗迹和古生物遗迹类型的保护区则强调描述了其地质地貌特点及其成因，地质剖面及其层次描述，各层组的古生物（含微古生物）的研究成果，还有矿物资源特征等。

该书的另一特点是对重点的、知名的自然保护区描述的每个方面所提供的信息也是非常详尽的，如以贵州茂兰自然保护区为例，由于它是世界上具特殊价值的、在岩溶（喀斯特）地貌上的森林自然保护区，作为我国应为位于中亚热带的常绿阔叶林带的地理位

---

† 蒋有绪，2003 年 6 月 12 日，光明日报，王恺主编，《中国国家级自然保护区》书评。

置来说，它呈现的却是非地带性的常绿落叶阔叶混交林类型，因而对其特殊的群落学特征（植物区系、种类、群落、结构等）的描述达到了植物群落学专著的水平飞凡是对读者会感兴趣的热点，编著者都有较周到的介绍，不负读者所望。

出版物中大量的图片都很精细，相当数量的照片，其摄影艺术水平都很高，如贵州梵净山的"红云金顶"、四川九寨沟的"高山湖泊"、青海青海湖的"鸟岛景观"、新疆喀纳斯湖的"小湖景观"等都是摄影佳作。图片还有许多难见的森林景观、林内透视、珍稀林木、花草、动物的特写，都具有科学价值。书后附有国家重点保护野生动物名录、国家重点保护野生植物名录（第一批），按分类系统，有拉丁学名和保护级别，可随着与书内保护区的描述在阅读时查阅。所附主要参考文献可供有兴趣深入探讨的读者提供延伸其查阅的路径。

《森林可持续经营标准与指标工具书》序†

20 世纪是人类科学技术神速发展和物质文明最发达的时代,也是地球自然资源和生态环境遭到破坏最为严重的时期。不可持续、畸形增长的生产和消费方式以及人口的急剧膨胀,使人类的生存与发展面临严重的挑战。

国际社会和仁人志士一直致力于研究解决环境与发展问题。1962 年,美国海洋生物学家和科普作家卡尔逊女士出版了著名的旨在唤起人们生态环境意识的《寂静的春天》一书,对人类思考自身的生存和发展产生了重要的启蒙影响。

1972 年,以芭芭拉女士为首的一批学者,以"只有一个地球"的鲜明口号,再一次针对全球的整体发展,发出了强烈的呼吁。"只有一个地球"成为 1972 年联合国人类环境会议的主题。1987 年,以挪威前首相布兰特兰女士为首的世界环境与发展委员会,发表了著名的《我们共同的未来》的报告。该报告提出的可持续发展概念,被 1992 年联合国环境与发展大会所采纳,并立即被国际社会所广泛接受。

就林业来说,林业可持续发展和森林可持续经营也已成为全球广泛认同的林业发展方向,并被各国政府视为制定林业政策的重要原则。然而,将林业可持续发展和森林可持续经营的概念转换成可操作的管理模式,并在实践中得以顺利实施,还有许多技术问题需要研究和解决。森林可持续经营标准与指标体系的研制和试验性实施,就是当前许多国家和国际组织在森林可持续经营技术领域重点研究的议题。

森林可持续经营主要是指森林生态系统(包括生产力、物种、遗传多样性及再生能力等)的可持续经营,而不仅仅是永续的木材产出。《关于森林问题的原则声明》中对森林可持续经营的定义是:"森林资源和林地应以可持续的方式经营,以满足当代和后代对社会、经济、生态、文化和精神的需要。这些需要是指对森林产品和森林服务功能的需要,如木材、木质产品、水、食物、饲料、燃料、保护功能、就业、游憩、野生动物栖息地、景观多样性、碳的减少和贮存及其他林产品。应当采取适当措施以保护森林免受污染(包括空气污染)、火灾和病虫害的威胁,以充分维持森林的多用途价值"。为了实现森林可持续经营这一目标,首先就需要制定标准与指标体系,以衡量森林经营的可持续性,评价森林状况和森林经营随时间变化的趋势。

目前,国际社会在森林可持续经营标准与指标体系的研制方面取得了不少实质性的进展,制定出了许多具有较强针对性的森林可持续经营的标准与指标体系,如赫尔辛基进程和蒙特利尔进程等。我国也在积极研究和制定中国森林可持续经营标准与指标体系,并初步形成国家水平、地区水平和森林经营单位水平的标准与指标体系。然而,具体标准与指标的选择和可操作性等方面还存在许多有待进一步解决和完善的问题。

国际林业研究中心(CIFOR)在森林可持续经营的标准与指标领域的研究,居世界

---

† 蒋有绪,见:陆文明,胡延杰等编译,森林可持续经营标准与指标工具书,北京:中国农业科学技术出版社,2004。

领先水平。其出版的《森林可持续经营标准与指标工具书》，详细论述了开发和评估森林可持续经营标准与指标的方法，并在森林经营单位水平上制定了针对天然林（尤其是热带天然林）的一系列标准与指标，其内容涉及开发、检验和选择森林可持续经营标准与指标体系的指导原则，森林可持续经营标准与指标体系的通用模板，人类福利评估方法，标准与指标评估方法等多个方面，较全面地阐述了森林可持续经营的内涵，并提供了许多可供参考的指南和实例。可以说，该书是这一研究领域的一本代表性著作，将其编译成中文介绍给我国，对促进我国森林可持续经营，加快我国森林可持续经营标准与指标研制和实践进程，具有重要意义和积极作用。

　　该书的编译者大多数是活跃在我国森林可持续经营研究领域的中青年学者。他们思维敏捷、求真务实，具有坚实的森林可持续经营理论、研究和实践基础。该书选题新颖、内容丰富、论证充分、实例翔实，理论与实践紧密结合，是森林可持续经营标准与指标研究领域的一部力作。特别是书中论述的人类福利评估内容，对林业政策制定者、森林经营管理者开阔视野，正确理解和认识森林可持续经营的人文内涵会起到积极的作用。该书不仅适用于森林可持续经营标准与指标体系的研制者和实践者，也适用于林业政策制定者、林业科研人员和林业院校师生，同时也可为其他相关领域的专家学者在分析研究林业可持续发展问题时提供有益的借鉴。因此，该书的编译出版是一件对我国林业发展有重要意义的事情。在该书问世之际，我欣而为序以贺之。

不必辨清"生态环境"是否科学[†]

　　"生态"指主体与主体外生物与非生物环境的相互关系。"环境"指主体外的客观环境（过去指物理化学环境，现也包括生物因子）。因此，两者概念完全不同，说："生态环境"是概念重复或大致重叠，是不对的。说由此"生态环境"一词不科学，不能用，也是不对的。我从来理解"生态环境"一词，就是"生态和环境"，或"生态或环境"。当某事物、某问题与"生态""环境"都有关（既是涉及生态，又是涉及环境），或分不太清是"生态"还是"环境"问题，就用"生态环境"（如生态环境问题，某地区的生态环境）。这正是中国语言的特点。这种连用的还有"社会经济""思想意识""医药卫生""医疗保健"，它们的涵义就是有简化的"和"和"或"的意义。科学上该如何翻译，可根据其固有的意思，明确为"生态"时就"生态"，明确为"环境"就"环境"，明确为"生态"和"环境"，或"生态"或"环境"都可以按实际译。此种现象在中外文翻译中很多，是文字、语言的特点，不能认为中国语言形成的词汇在外国没有，就不科学。

　　"生态建设""环境建设""生态环境建设"都可以用。

　　建设一词在中文是泛化的，并非不科学，不能认为只限于"人工的""人造的"，理解为建筑那样时，才是"建设"。常用的有精神文明建设、社会主义建设、思想建设、法制建设，为什么不能用"生态建设"？英语中也有"能力建设"，"建立……的环境"或"创建……的环境"的说法。不能直译硬译，不等于中文词汇就不科学，这乃是中文的特色、特点。是翻译学的问题，理解该如何译就如何译，这仍是中外文翻译中常有的事。"建设"这里的意思是"对某目标实施积极性的行为"。

　　是"工程"，就是"建设"；是"工程"，就有"建设"。

　　"生态工程学"国际上存在的，还有这个学会。马世骏先生在我国肯定，并由他发展了科学意义上的"生态工程学理论"。国际上也予以肯定。马先生还提出应用"生态建设"一词。这里的"工程""建设"，均包含了"修复""恢复""保护""保育""改良""调节""重建"乃至"新建"。并非只是"重建""新建"。我们现在常用"系统工程"来形容某些复杂的需要努力实现的事物。因此用"建设"一词来表达，就很自然。

　　不必要辨清"生态环境"是否科学的问题。不必认为中央文件有"生态环境"一词而不妥。

　　此用词问题，最多是科学界和翻译界的事。科学家该严格区分"生态""环境"时就严格区分；必要时（如既是生态，又是环境问题，或者分不清时，就可以连用"生态环境"），对于非科学家（领导人和群众），连在一起用也是可以的，特别是已用惯了，就不必硬去纠正。语言的形成和创新过程就是这样的。

---

† 蒋有绪，2005，科技术语研究，（2）：27。

一部中国荒漠化防治的力作[†]

——评《中国的荒漠化及其防治》

我国是一个资源匮乏的发展中国家，庞大的人口数量和高速的经济发展已不允许我们再走许多发达国家破坏—发展—治理的老路，人口、经济、社会、环境和资源相互协调的可持续发展道路，就成为我们的必然选择。

我国当前面临诸多环境问题，日趋严峻的土地荒漠化及其引发的生态和社会问题，已严重制约了经济与社会的健康发展。近年来，频发的沙尘暴更是为我们敲响了警钟。对广大民众而言，荒漠化不再是停留在书本上的概念，而是对生产、生活产生了直接影响，荒漠化防治的重要性和紧迫性已经深入人心。

荒漠化是在自然因素和人为活动的共同作用下，干旱生态系统无序化的过程及其结果。因此，从干旱生态系统与外界环境的物质交换与能量流动的层面上研究荒漠化的成因和内在机理，阐明系统内外各要素间的反馈机制，并从资源、环境、经济和社会构成的复杂巨系统的高度，构筑荒漠化的综合防治理念与技术体系，一直是国际荒漠化防治领域的前沿课题。正是秉持这一科研理念，我国防治荒漠化学科先行者之一的慈龙骏教授，与 20 多位活跃在该学科前沿的科学家和基层专家一道，系统地总结了他们长期从事荒漠化防治工作的研究成果，撰写了科学专著《中国的荒漠化及其防治》，作为献给我国西部大开发战略的一份厚礼。

全书 100 多万字，由荒漠化概论、荒漠化各论、荒漠化防治机理与综合优化模式 3 个部分共 25 章组成，全面而深刻地论述了荒漠化的概念、成因、防治机制与模式。综观全书，其主要特色如下。①引入系统论和混沌理论，构建新的荒漠化成因理论体系，提出荒漠化过程是无序化过程，防治荒漠化就是通过生物和非生物措施重建已被扰乱了的生态系统，恢复其有序状态，促使系统内部和外部的良性循环。在此基础上，创造性地提出防治荒漠化的"三圈"范式，使该学科在理论上有了新的突破。②采用的学术用语和分类系统均以《联合国防治荒漠化公约》和《中国荒漠化报告》为根据，并据此首次划分了荒漠化生物气候区，编制了"中国荒漠化图"，使中国荒漠化防治与国际接轨。③针对不同气候区内不同灾害类型、不同立地条件和不同的社会经济状况，采取传统技术与新技术相结合、生物技术与非生物技术相结合、生态功能型与经济利用型相结合，提出了较为完整的荒漠化防护体系。④正确论述了荒漠化地区保护与治理的关系。对广大的荒漠化潜在发生范围内的生态系统和轻度荒漠化土地要加强保护措施，促进荒漠化地区植被的恢复，尽快遏制荒漠化发展。对已经荒漠化的土地必须以人工辅助或强度的人工措施来恢复和重建生态系统，以尽快适应和满足社会和经济发展的要求。此外，著

---

† 蒋有绪，2005 年 6 月 24 日，中国绿色时报，第 002 版。

作还对荒漠化监测指标体系、网络信息等前瞻性的课题做了精当的论述和展望，为区域性荒漠化防治提供了科学基础。

毋庸置疑，《中国的荒漠化及其防治》一书的出版，对我国荒漠化防治相关领域的科研、教学和防治实践，特别是对我国西部大开发战略和六大林业重点工程的实施具有现实的和重要的参考意义，同时也为关心、从事荒漠化防治相关事业的教学、科研、政府机构的专业人员以及在校学生提供了一本具有较高价值的参考书。书中所论述的荒漠化防治理论和方法对其他受荒漠化影响的国家也有一定的借鉴之处。

慈龙骏教授是我的挚友，是一位毕生以研究与治理荒漠化为己任、具有崇高理想和牺牲精神、严于律己、治学严谨的科学家。她的大部分岁月是与荒漠及干旱区的酷热、干燥、暴晒、风沙相伴度过的。她与她的研究集体经历了严峻环境的考验，呕心沥血，从而诞生了这样一部巨著。她不仅告诉人们如何为生存环境而奋斗，也以自己的人生经历告诉人们要以什么样的精神去奋斗。我以最大的热忱向社会有关各界推荐此书。

《杉木生产力生态学》序[†]

生物生产力是所有有机体生命维持的能量和物质基础，它与当今人类面临的食物、能源、资源和环境问题有着非常密切的联系。研究森林生态系统中物质与能量的数量及其固定、消耗、分配、积累与转化的特点和规律，除涉及林业生产上最关心的木材（树干）外，还涉及树枝、树叶、树根、果实和种子等所有的植物器官。因此，森林生物量和生产力的研究有其不同于其他陆生植物群落的复杂性和特点。它的研究为合理开发利用森林资源和森林可持续经营提供重要的科学依据，同时也为较准确地估测产量提供优化的预测模型。

研究森林的生物量和生产力是以森林生态系统物质与能量流动规律为基础，以能量为指标，这就将若干不同学科背景之间、不同生态系统之间以及同一生态系统不同组分之间的研究以可资比较分析的方式联结在一起，为复杂系统各部件及过程的综合研究、系统分析及模型化提供了有力的手段。

近年来，全球气候变化引起了国际社会的普遍关注。森林是陆地生态系统的主体，是大气二氧化碳的一个储备库，它贮存了全球陆地生态系统 90%以上的碳，成为全球气候变化的一个非常重要的调控器。而调控能力的大小直接与森林的物质生产有关。因为森林物质生产过程是绿色植物利用光能将水分解，放出氧气，并将二氧化碳还原为有机物的过程。保持和提高陆地生态系统，特别是森林生态系统的生产力是可持续发展的核心问题之一。因此，国际地圈-生物圈计划（IGBP）、全球变化与陆地生态系统（GCTE）和京都议定书（Kyoto Protocol）都把植被的生产力确定为核心内容。

本书作者刘世荣、温远光、肖文发研究员和其他著者，以长期杉木生产力生态学研究实践的成果作为基本素材，从杉木人工林的现实生产力、光合生产力、气候生产力、能量生产力、物候与生产力、群落结构与生产力等方面揭示了我国杉木人工林的生产力生态学特点和规律；瞄准全球变暖的未来发展，探讨了全球气候变化对杉木地理分布和生产力的影响；详细论述了杉木生物量和生产力研究的原理、技术和方法。本书是我国第一部以研究杉木生产力生态学为主要内容的学术专著。借该著作出版之际，欣然作序为贺，并相信它必将促进我国森林生产力生态学学科的进一步发展。

---

† 蒋有绪，见：刘世荣等，杉木生产力生态学，北京：气象出版社，2005。

《天然林生物多样性保育与恢复》序†

天然林是由多种生物和环境经过长期相互作用的产物，是众多生物栖息繁衍的场所，是由丰富多彩的生物和环境组成的动态复合体，在全球和区域生态环境的维护和改善中起着不可替代的作用。与其他陆地生态系统类型相比，天然林生态系统有着最复杂的结构、最大的生态功能和最高的生物多样性，是我们揭示自然生态系统各种现象、各种规律的理想研究对象。可以说，我国对天然森林生态系统在理论上和实践上有深入的研究，取得新的认识和理解，也就是对植被生态学、对林业和生态建设有了重要的贡献。我国在森林的结构、功能和动态方面已开展了较为广泛的研究工作，积累了不少数据，取得了不少阶段性的成果。但与国际植被生态学和生物多样性保护学科的新近发展，以及林业和生态建设实践的新需求相比，目前仍有一些领域急需加强研究，如天然林生物多样性组成结构与动态的基本规律、退化天然林恢复的理论与方法、天然林的生态系统经营技术，以及天然林区珍稀濒危物种的保护与种群恢复等的许多相关理论与技术等，就是应当值得重视和加强的研究领域。从林业管理的角度而言，这些研究关系到经营者所管理森林资源的更新、演替和可持续性。在我国天然林保护工程、野生动植物保护及自然保护区建设工程和退耕还林还草工程等生态建设工程正在向纵深发展的今天，臧润国博士等著的《天然林生物多样性保育与恢复》一书的出版问世，必将为这些重大林业工程提供重要的科技支撑，同时，该书通过多位作者对我国主要天然林及其生物多样性多年来研究成果的较为系统的总结，对我国植被生态学及相关学科的发展和完善必将起到重要的推动作用。该书是在作者第一手调查资料的基础上完成的，学术思路新颖、主题明确、内容丰富，是一本具有很高参考价值的专著。

臧润国博士等青年生态学者具有扎实的生态学基础知识、宽阔的研究思路和明确的研究思想和学术方向。多年来一直从事植被生态学及相关领域的科学研究，注重在野外实地调查并获取大量第一手资料的基础上，借鉴国内外相关领域的最新发展，进行高度的综合与分析。本书就是他们研究工作的一个阶段性的总结，其中不乏丰富的内涵、细致的观察和重要的论述。希望作者在完成本书之后，进一步在这一领域开展深入细致的研究，升华其理论，拓展其应用，以促使我国植被生态学和森林生物多样性的研究达到更高的科学水平，为林业和生态建设事业做出更大的贡献。

---

† 蒋有绪，见：臧润国等，天然林生物多样性保育与恢复，北京：中国科学技术出版社，2005。

《黄河三角洲土地退化机制与植被恢复技术》序†

本书较全面系统地概述了国内外土地退化机制和生态修复技术原理及其应用的研究动态，并且结合黄河三角洲地区的气候、土壤和社会经济发展状况，通过事例研究，探讨了土地退化的表现、驱动因素以及进行生态修复的措施，在土地退化机制研究方面做了很好地探索，不但具有一定的科学价值，而且对于实际工作具有一定的指导意义。

黄河三角洲位于渤海湾畔，是我国三大河口三角洲之一，土地总面积 12 000 余平方千米。该区自然资源丰富，但由于形成时间较晚，是海陆交互作用形成的退海之地，土壤肥力低，加之气候干旱，地下水矿化度高，极易引起土壤盐渍化，土地退化表现得极为典型。本书首次在盐碱地区应用土地退化和生态修复原理与技术，研究了河口地区新生陆地的形成、土地利用方式及其变化、次生盐碱化的成因；在对植被资源调查的基础上，结合不同土地利用方式和土壤自然状况，提出了以植被构建、植被恢复为主的生态修复技术。

蒸降比大的气候条件和淡水资源缺乏的水文状况是该地区土地利用的主要自然限制因素，土地生态环境脆弱，表现为土地易发生盐碱化。黄河水文变化、人类对土地生态环境的干扰程度也是重要的驱动因素。

通过对土壤化学性状与酶学指标（土壤脲酶、转化酶、磷酸酶和过氧化氢酶的活性）的测定分析，指出不同的土地利用方式下土壤盐分含量、营养水平、土壤酶活性都产生了很大变化。同样条件下，林地的含盐量降低不少，营养水平、土壤酶活性也有所改善，说明通过栽植耐盐树木，提高植被覆盖率来改良盐碱荒地是可行的。这也是进行生态修复的理论基础。

在植被构建和植被恢复过程中，有条件的地块营造混交林能有效降低土壤含盐量，防止土壤返盐退化。综合不同模式林分对土壤的抑盐效果、养分及有机质含量、对组分树种的生长和林地生产力的影响，发现以刺槐为目的树种可选择隔行与白蜡株间混交，其他混交林可选择刺槐为伴生树种，但混交方式和混交比例应有所不同。

本书还对黄河三角洲地区湿地生态系统面临的主要问题进行了讨论，提出了比较切实可行的生态修复措施。

本书研究成果的可贵价值还在于提供了区域"适应性生态对策"的技术储备。面临全球气候变化，将不可避免地改变黄河中下游的降水状况，以及海平面的上升等因素，会给黄河三角洲地区的海岸湿地增生速度、风暴潮危害和海岸侵蚀带来一定的影响；海水入侵的深入将增加地下水的盐化度，三角洲地区的良田、土地格局将会发生变化。因此，本书所提出的植被构建、植被恢复的生态技术实际上是黄河三角洲地区适应全球变

† 蒋有绪，见：邢尚军，张建锋，黄河三角洲土地退化机制与植被恢复技术，北京：中国林业出版社，2006。

化的"适应性生态对策"的技术储备，提供了针对全球气候变化给黄河三角洲地区进一步带来生态脆弱性的应对措施和增强区域生态安全的技术保障。

邢尚军、张建锋等吾友通过多年努力工作，把一些研究成果汇集成册。相信此书的出版不仅会对黄河三角洲地区的植被恢复工作有一定的指导作用，而且对同类地区的土地优化整理、盐碱地治理、植被构建等研究也具有一定的参考价值。

《长江中上游护林体系生态效益监测与评价》序[†]

始于上世纪 70 年代的中国防护林体系建设，迄今已基本完成，从总体上极大地改善了我国的生态环境，取得了举世瞩目的伟大成就，一大批有志的科技工作者亦投入了这一波澜壮阔的建设中去，同样取得了丰硕的科技成果，造就了一批人才。四川省林业科学研究院的科技人员，从上世纪即年在中期此开始了长江中上游防护林体系效益监测技术研究，"九五"期间又参加了全国生态效益评价技术研究。现在呈现在我们面前的这本书，就是他们 10 年"国家重点科技攻关"研究的结晶，他们的这一学术研究成果受到国内同行的嘉许，并一举获得国家科技进步二等奖。

四川地处青藏高原东南缘，也是长江上游的主体部分，独特的自然地理环境孕育着繁复多样的森林植被类型，是森林生态学研究的宝地，历来为学术界高度关注。从 19 世纪起，就有大批中外科学家赴川采集动物、植物标本，从事植物地理考察，开展生物学、生态学和林学的科学研究，中国最早的森林生态系统定位站之一——四川亚高山森林生态系统定位站就建在阿坝州的米亚罗，本人有幸和四川的同行们参加了该站的组建和研究工作，研究成果和论文的深度、水平在当时都是一流的，在国内外的有关文献和研究报告中被广泛引用，至今仍是西南亚高山研究的重要参考文献。《长江中上游防护林体系生态效益监侧与评价》这一专著正是亚高山生态定位系统研究思想和路线的传承。从大范围的时间空间序列的不同尺度上，在长江中上游五省建立了 11 个防护林生态定位研究站，构成了数据采集总体网络骨架，在每个定位站均采用小流域—小集水区—坡面径流场（或水量平衡场）三级控制系统，开展各项效益因子的观测和研究。研究思路和方法缜密，获得的数据和资料可信。本书的第二个特点是在评价指标体系的方法论上，运用辩证系统思想，将传统的系统工程、系统分析和现代系统理论的软系统方法、综合集合法等相结合，并吸收社会科学研究中的广义归纳法的原理及其优点，形成一个软硬系统思想兼具的适合防护林工程效益综合评价的新方法论。四川省林业科学研究院作为一所省级科研院所，能出版这样一本上乘之作，实是难能可贵，乐于作序，以资共勉。

[†] 蒋有绪，见：王金锡等，长江中上游护林体系生态效益监测与评价，成都：四川科学技术出版社，2006。

《中国桉树病虫害及其防治》序[†]

桉树属外来树种，因其生长快、适应性强和用途广等特点而受到人们的青睐，尤其作为优良的纸浆材适应社会发展的需求而在我国南方地区广为引种，种植面积迅速扩大，使原来立地条件较差的残次林或荒地变为生长繁茂的桉树林，解决了对上述贫瘠土地长期难解决的利用问题，这得益于科技进步、社会经济发展和经营管理水准的提高。桉树纯林的生态稳定性差，应改善其林分结构，采用桉属不同树种混交、桉树与其他树种混交、桉树作为生态林主体后辅以其他树种、用作园林配置的景观树种等，则能提高林分中物种丰富度和多样性指数，增强林分抗病虫害的潜能。因此，发展桉树林业，改良了贫瘠土壤的结构、改善了荒地生态环境、帮助贫困农民脱贫致富，具有重要的社会、经济和生态意义。

桉树成林后，从根本上改变了生境，这一方面使原生态的昆虫和微生物感到敏感，另一方面生存于上述原生境中的生物一般而言抗逆性和适应性属较强的种类，其中有的种类适应寄生或桉树后，由于树种单一等原因快速繁衍并成为桉树的病虫害，从而威胁到桉树产业的发展。面对诸多病虫害问题，在缺乏相关资料的情况下，人们迫切需要了解这些病虫害种类及防治方法。急生产所急、科研先行并为生产服务的宗旨，中国林科院热带林业研究所的科研人员依据自己多年来在桉树病虫害防治经历的基础上，认真总结多方面的经验、开拓创新，编写我国第一册《中国桉树病虫害及其防治》专著，比较系统地介绍了目前我国桉树病虫害的种类、发生特点、危害情况和防治方法，并应用生态学原理提出了桉树病虫害的生态控制措施，具有较高的学术水平和应用价值。

本专著可供广大林业工作者和科研人员参考，有助于解决当前和今后桉树病虫害的控制问题，将为推动桉树产业的持续发展做出重大贡献。

---

† 蒋有绪，见：弓明钦等编著，中国桉树病虫害及防治，广州：广东科技出版社，2007。

《中药资源生态学研究》序[†]

中医药学被当今社会称之为生态医学。"天人合一"的宇宙观与中医的整体观一脉相承。作为中医理论指导下所使用的天然药物及其加工品，中药的发展必然融入生态的思想。中药的生态学实践和应用几乎从有文字记载就已开始，其中道地药材的理念就是中药生态思想的结晶。由此可见，中药资源的生态研究源远流长。

当今，中药资源生态学的发展处于这样的历史时期：可持续发展使资源与环境成为全球关注的热点；普通生态学及各专业生态学和分子生态学进入一个全新的历史阶段；天然药物在全球形成热潮；中药材种植达到历史前所未有的深度和广度。这一切，都使得中药资源生态学的研究引起人们空前的重视，业内外不少有识之士都积极地投身于中药资源生态学的研究中来。

《中药资源生态学研究》正是在这样一个背景下应运而生的。该书以中国生态学会中药资源生态专业委员会的研究工作为基础，收集整理了当前中药资源生态学研究中最新的成果。从中药资源生态学理论与方法、中药资源品质形成的生态学研究、中药资源生产的生态学研究及中药资源保护与生态修复4个方面，全面展示了中药资源生态学研究的最新成就。该书涉及当今生态学研究的诸多热点问题，如环境胁迫、植物自毒、光合生理、菌根问题、空间分析、"3S"技术、生态恢复、野生抚育、无土培养、生物菌剂等。这些问题，不仅是中药资源生态学研究的热点和难点，多数也是国际社会生态学研究的热点问题。

我作为中国生态学会中药资源生态专业委员会的学术顾问，有幸最先读到这本书。阅罢，远眺西山，深感欣慰！中药资源生态专业委员会成立已有四载，专业委员会的不少同志一直都在不断学习勤勤恳恳地工作，为促进中药资源生态学的发展做出了艰辛的努力。该书的出版，对总结当前中药资源生态学研究的成果，梳理中药资源生态学研究的思路和方法，引导中药资源生态学的发展方向，均将会起到重要作用。纵观中药资源生态学的发展过程，这本书的出版意义深远。我欣然为之序！

[†] 蒋有绪，见：黄璐琦，郭兰萍，中药资源生态学研究，北京：上海科学技术出版社，2007。

《森林干扰生态研究》序[†]

森林是陆地生态系统的主体，是人类和多种生物赖以生存和发展的基础。森林生态系统不仅为人类提供了大量的木质林产品和非木质林产品，并具有历史、文化、美学、休闲等方面的价值，而且在维持生态安全、维护人类生存发展的基本条件中起着决定性和不可替代的作用。目前，陆地上80%的生态系统都已受到了来自人类和自然的各种干扰，森林生态系统也不例外。在各种干扰作用下，尤其是人类不合理的干扰，导致世界范围内的森林退化，已成为一个十分严峻的事实。因此，以维持、恢复森林生态系统固有的多种功能为基础，实现高效、稳定、可持续的林业就成为经营森林生态系统的总目标。随着干扰的加剧，近年来生态学界更加关注的是"受干扰"生态系统的研究，干扰对森林生态系统主要生态过程的影响以及森林生态系统对干扰的响应等问题，已成为森林生态研究领域的国际前沿与热点。因此，系统地研究干扰条件下森林生态系统的生态过程，并在此基础上确立干扰森林的经营理论与技术，对中国天然林资源保护等林业生态工程实施及国家生态安全建设具有重要的科学和现实意义。

自然干扰是普遍的，对生态系统有来自内在的和外在的，也是不可避免的。自然干扰被认为是森林生态系统固有的正常行为，是森林生态系统演替的主要驱动力之一，而且自然干扰产生的结构遗迹将成为林分发展、演替、物种多样性构成等的关键因素；而人类的干扰无论在干扰范围、作用强度及干扰周期等各个方面都与自然干扰截然不同。那么，自然干扰的干扰过程是怎样发生的、是如何影响森林生态系统的主要过程，进而影响森林生态系统的结构与功能，自然干扰与人为干扰的关系如何，人类应以何种方式、何种强度、何种频率去干扰（经营）森林等一系列问题，正是森林干扰生态学要回答的主要科学问题。

《森林干扰生态研究》正是在广泛收集国内外有关森林干扰研究结果和作者多年研究成果的基础上，结合当前森林干扰生态学研究的热点与重点问题，总结了森林干扰生态的基本概念、研究方法、研究现状等；对森林的主要类型干扰过程-自然干扰：风、雪、低温、霜害、火干扰发生过程进行了研究；重点分析了干扰对森林生态系统的影响过程，干扰对森林生态系统植物多样性的影响以及干扰对森林生态系统结构组成及更新、演替的影响；探讨了干扰与森林稳定性及干扰与森林经营的关系，针对森林生态研究领域所涉及的内容和关注的基础问题，提出了森林干扰生态研究的主要内容与方向，对今后干扰森林生态研究和中国林业生态工程建设具有参考价值。

《森林干扰生态研究》的作者是我年轻有为的科研同事和朋友，平时对我工作的支持和帮助颇多。他们的这本新作的出版，将对我国森林干扰生态学领域研究具有重要的推动作用。我相信，在它的推动下，干扰生态学研究的不断深入，必将逐渐丰富森林干扰生态学，推动这一新兴学科的发展，为我国森林可持续发展作出更大的贡献。我特在此书出版之际，欣为之序，以贺之。

[†] 蒋有绪，见：朱教君，刘世荣，森林干扰生态研究，北京：中国林业出版社，2007。

《岷江上游生态水文研究图集》序†

水资源和水环境是地球生命系统的源泉和重要组成部分，在全球生物地球化学循环、大气环流、气候环境以及生物圈地圈进化与动态平衡过程中起着极为重要的作用。森林植被与水相互作用产生了森林生态系统的生物过程和水分循环过程，进而影响地表过程的大气、植被和土壤的组成、结构与功能以及能量转换与平衡。

森林流域作为地表系统过程的组合片断，具有清晰的生物地理边界和经济社会的管理单元，形能的关键属性。流域内，特别是流域上游的人类活动引起的土地利用和土地覆盖变化直接影响流域的生态过程与水文过程，进而影响流域的水资源和水环境。充分发挥和增强森林植被的生态水文功能，对流域的水资源和水环境的改善以及整个流域经济社会复合生态系统的可持续发展至关重要。

长期以来，流域森林植被与水的相互关系一直是学术界争论和关注的焦点。一方面，是由于森林植被与水的耦合作用的非线性和时空异质性以及尺度效应的复杂性；另一方面，是由于森林植被与水的耦合变化与诸多其他生态环境变化相关联，如全球气候变化、景观格局变化、生物多样性变化、土地退化、大气污染和火灾与病虫害等。为深入认识流域森林植被与水的相互关系，需要从多学科、交叉学科和多尺度集成角度来研究流域森林植被分布格局及其时空动态对水资源和水环境的影响，建立流域生态过程和水文过程的耦合机制与尺度转换方法，构建大尺度耦合植被特征的分布式生态水文模型，预测和评价大规模森林植被建设对流域水资源和水环境的综合影响，为优化设计，科技部在 2002 年 12 月批准国家重点基础研究发展规划项目"森林植被对西部典型区域农业生态环境的调控机理与植被恢复"（2002CB111504）立项，开展了面向国家西部大开发战略，服务于天然林资源保护工程和退耕还林还草工程建设重大科技需求的基础研究。鉴于我国西部的生态环境最为脆弱，又是国家生态环境建设的重点，选择西部两个典型流域进行系统研究，即岷江流域作为亚热带湿润地区山间盆地灌溉农业区的代表，重点研究山地森林的防洪减灾、水资源调控功能和对区域农业发展的影响；泾河流域作为半湿润半干旱区灌溉农业的代表，突出研究森林植被控制土壤侵蚀和涵养水源的作用，森林、灌丛、草地植被的合理配置和水分稳定性的问题，促进区域农业和林业的协调发展。

《岷江上游生态水文研究图集》和《泾河流域生态水文研究图集》是以国家重点基础研究发展规划项目"森林植被对西部典型区域农业生态环境的调控机理与植被恢复"（2002CB1111504）的重要成果为素材，集成了遥感、地理数据、数值模拟和地面实测观测等数据，对两个典型流域进行了多角度、多方位和多尺度的空间分析，展示了流域植被、土壤、土地利用、水文、气象要素等多种生态水文属性的时间序列和空间特征。两

---

† 蒋有绪，见：刘世荣等，岷江上游生态水文研究图集，北京：中国地图出版社，2008。

个典型流域生态水文研究图集是在项目首席科学家刘世荣博士带领下的研究团队经过几年研究工作的积累,可为流域生态水文学科学研究和流域经济社会的可持续管理提供翔实数据信息和决策依据。借该图集出版之际,欣然作序为贺,并相信它必将促进我国生态水文学学科的进一步发展。

《资源型城市 LUCC 与景观变化》序[†]

当今世界，资源过耗，环境恶化，人口激增，战乱不断，唯有效地解决这些问题，才能实现资源的可持续利用，环境的可持续改善，社会的可持续和谐和经济的可持续发展。

资源型城市是因其具有资源优势及相关规模产业形成在当地国民经济中占有重要地位的中心城市，随着资源开发和区域经济的发展而壮大，在其发展的不同历史时期均为国家和区域国民经济和社会发展做出重大贡献。资源型城市既有一般城市的集聚、劳动辐射和区域社会经济发展中心的功能，又要受到诸如对资源的依赖性、资源的浩劫性和生态环境脆弱性的制约，因而表现出独特的城市发展规律。例如，世界上和我国一些资源型城市后因资源的耗竭而经济地位下降，不得不经济转型。近年来，国际和国内学者对于资源型城市作为城市科学的特殊领域来研究，并预防其作为资源型城市地位的衰退。

资源型城市课题当属于城市资源与环境领域内的具有特殊意义的科学技术问题。由于资源与环境问题具有功能的多重性，形成周期的长期性，分布的广域性和时空结构性，人类对其作用和功能的认识和控制必须借助于一系列的模拟模型，物理模型和数字模型。经过近二十年的研究，这一领域取得了令人鼓舞的成就。在这背景下，我认识的两位年轻学者，臧淑英教授、冯仲科教授，这些年来，对煤城、矿城、港城、油城、林城等各类资源型城市的系列研究，所著《资源型城市 LUCC 与景观变化》就是其代表作。显示出了重要的学术意义和实用价值。

臧淑英教授、冯仲科教授近年来活跃于地理信息、林业信息领域，有热情、有才华、有创新、有持续钻研精神，他们根据近年来承担的国家自然科学基金面上项目和中国西部生态环境重大计划、国家 863 计划等项目的研究成果著写本书。在《资源型城市 LUCC 与景观变化》的付梓之前，我先睹为快，并同两位作者商榷其中几个饶有兴味的问题。全书包括基础理论、基本技术方法和应用案例，侧重介绍了资源型城市与 LUCC 的概念，研究了大庆市土地利用、景观格局时空特征、驱动机制与分析、景观生态学效应等问题。作者还基于生态足迹模型建立了大庆市可持续发展定量化评估模型。所有这些研究都具有现实的学术和实用价值。

我谨向资源、环境、农业、林业、国土、城市规划、地理、地质、矿业、石油、测绘等专业和学科的本科、研究生、博士生和学者们推荐这本新作，并期望读者们多提意见和建议，以推进本项研究成果在我国相关行业科研、教学、产业、管理等方面的应用和进步。

[†] 蒋有绪，见：臧淑英，冯仲科，资源型城市 LUCC 与景观变化，北京：科学出版社，2008。

《城市生态资产评估与环境危机管理》序†

生态资产评估与环境危机管理是倡导资源价值观与实现生态文明的重要举措。在进一步贯彻落实科学发展观的新形势下，探索生态资产评估与环境危机管理的科学内涵，分析生态资产评估与环境危机管理的原理与方法，并定量评价城市生态系统生态资产价值，建立城市环境危机管理的模式与框架，对于构建和谐社会具有重要的理论价值与现实意义。

城市化是人类社会文明发展的重要标志，现在全球约有 30 亿人生活在城市。我国的城市化进程正在快速发展之中，目前我国城市人口占全国人口总数的30%。从世界范围看，城市生态安全与城市环境危机已经严重威胁到人类社会的可持续发展，已有的城市管理或环境保护的措施正面临着严重的挑战。中国全面建设小康社会的战略目标以及未来发展的宏伟战略，迫切需要大力推进城市化的进程，并以此带动现代化的发展。但是，目前城市所出现的一些生态环境与社会问题，在一定程度上又正在背离人们所追求的健康与安全的目标。如何在城市化过程中控制环境污染和生态退化等问题，是城市资源、环境与社会经济可持续发展的关键，也是和谐社会与生态文明建设的重要内容。

随着全球变化的不断加剧以及生态环境效应的日益明显，人们对资源、环境、生态、经济等问题更加关注。生态资产评估已成为政府部门重点关注与科学研究的热点领域。目前，资源经济学、环境经济学与生态经济学等领域研究的不断进展，为生态资产机制以及生态资产估算原理与方法研究提供了重要的理论基础与科学支撑。在此基础上，探讨城市生态系统生态资产评估的一系列问题，指导城市生态功能规划、城市环境保育与城市环境管理具有重要的现实意义。

围绕城市发展中的问题，城市生态资产评估备受关注。生态资产评估是市场经济条件下客观存在的经济范畴，它既涉及生态科学、环境科学的专业基础，又涉及经济学、管理学、法学等方面的知识背景，要求多学科、多层次、多角度的协同与集成，共同开拓这一创新领域。干旱区生态系统具有固有的脆弱性，干旱区的城市森林、湿地等生态系统具有重要的生态资产。特别是城市森林在维护生物多样性，保障生态系统稳定性以及维护生态安全等方面具有十分重要的作用。人们对森林资源生态价值的重视，引发了人们对森林资源生态价值评估的重新思考。在全球变化背景下，森林涵养水源类生态资产、生物多样性维持类生态资产、净化空气类生态资产、保护土壤类生态资产以及大气调节类生态资产，都不同程度地体现了森林生态系统的重要功能与现实价值。

在人类社会发展的进程中，自然因素与非自然因素对当代城市的潜在威胁长期存在，寻求维护城市可持续发展的途径成为人类面临的重大挑战。目前，城市所面临的一系列重大问题，直接影响了城市生态系统功能的发挥。2008 年的中国备受世界关注。

---

† 蒋有绪，见：王让会等，城市生态资产评估与环境危机管理，北京：气象出版社，2008。

2008 年年初发生在南方地区的重大冰雪与冻害灾害，5 月发生的汉川大地震以及后续部分地区发生的热带风暴等，都造成了重大的损失。事实上，城市的环境危机时有发生，而城市的水资源危机、大气环境污染、光化学烟雾污染、流行病传播、各种突发环境事件等则对城市城市环境与安全构成重大威胁。当然，2008 年北京奥林匹克运动会的成功举办，又在一定程度上彰显了"绿色奥运、科技奥运、人文奥运"的新理念，又把人们的视野提升到了生态文化与生态文明的社会实践中。

生态资产是能给人类带来服务效益和福利的生态资源，生态资产是在一定的时间和空间内，自然资产和生态系统服务能够增加的以货币计量的人类福利。在经济全球化的背景下，人们越来越渴望回归自然，人们也不断追求城市绿色生活目标。人们在享受和追求绿色生活的同时，必然将推动城市环境质量的持续改善。日趋严重的城市环境问题已经引起了各级政府的全面关注，倡导园林城市建设目标，动态评估城市生态资产与环境危机，并采取科学的应对策略，将是人们长期不懈的奋斗目标。

以王让会教授为代表的科研团队，以上述国际前沿科学问题为目标，围绕城市生态与环境问题，依托国家重点基础研究发展规划以及国家林业科技支撑计划等研究项目，综合运用城市生态学、环境经济学、GIS 和管理学理论，以城市的生态环境特点和问题为切入点，对城市生态安全与环境质量进行了综合评价，分析了城市可持续发展的资源环境与社会基础；并从城市生态资产评估研究现状，生态资产定量研究方法，生态资产状况分析，应对环境风险的生态补偿策略等方面，阐述了生态资产评值的原理与途径。在此基础上，针对城市环境危机管理的模式与途径问题，主要从环境危机风险防范与应急技术，城市生态安全及评价，城市环境危机诊断与评价，城市环境预测及预警，城市环境管理信息系统开发等方面进行了系统分析与综合探讨，并以中亚中心城市暨我国西部开发的重要城市——乌鲁木齐城市为例，进行了定量与定性分析。这个实例研究，突出了干旱区城市的生态资产、生态补偿和环境危机及生态安全等诸多方面的典型性，使成果具有了更重要的意义。该研究拓展了城市生态学、城市管理、GIS 技术应用、生态资产评估与环境危机管理等领域研究的范畴，对于相关问题的深入研究具有一定的借鉴价值。

总之，该专著必定可以使生态学、环境经济学、城市科学和管理科学等各领域的科技工作者和管理工作者得到参考和启发，因此，我衷心希望所有读者能从该成果中获益。

《森林生态水文过程研究》序[†]

我国西北干旱地区的生态环境先天脆弱，除了森林植被极度缺乏、土壤侵蚀和沙尘暴严重以外，还存在着水资源不足、局部洪水威胁等与水相关的环境问题。由于山地森林在涵养水源、保持水土、净化水质、调节径流等方面具有不可替代的重要作用，所以恢复和增加森林覆盖是我国西北地区改善生态环境和实现和谐社会发展的基本需求，国家把水源涵养林建设、管理与研究纳入了长期发展战略规划，格外关注和支持。

森林与水之间存在一种复杂的相互关系：一方面，水作为生命之源，是森林生态系统中最活跃的因子，决定着森林的存在、恢复、经营、稳定与发展；另一方面，森林对降水的利用、存储、转化、消耗以及径流水资源的形成具有重要影响。由于担心恢复森林会减少径流，所以森林与水的关系近年来成为新出现的生态水文学的重要研究内容。如何在理解水源涵养林生态水文功能、径流形成过程和机理的基础上，通过合理的规划和经营最大限度地发挥森林的水文效益及其他功能，已成为水源涵养林经营技术和理论研究共同关注的焦点，也是目前森林生态水文学的主要研究内容，属于水源涵养林建设的重要科技需求。

作为河西走廊三大内陆河发源地的祁连山，是我国西北地区著名的高大山系，其上生长的水源涵养林是干旱半干旱区的典型森林，由于历史原因，曾遭受严重破坏。合理地保护、恢复祁连山的水源涵养林及其水文功能，是确保河西走廊生态安全和可持续发展的重要保障。王金叶同志及其合作者共著的《森林生态水文过程研究——以甘肃祁连山水源涵养林为例》，是他们多年研究的结晶。该书针对西北干旱半干旱区特别是祁连山地区需要恢复、扩大森林覆盖与水资源有限的矛盾，充分利用祁连山森林生态站长期定位研究的有利条件，通过多尺度、多过程、多格局、多指标的交叉研究，较深入地分析了祁连山水源涵养林生态系统的水分传输过程，在小流域尺度上探讨了分布式水文模型的研究应用。相信该书的出版将会为指导祁连山及类似地区的林业生态环境建设提供很有价值的理论指导和科技支持，并为完善森林水文学和水源涵养林建设理论、促进森林生态水文学发展提供研究成果和试验数据的支持。

[†] 蒋有绪，见：王金叶等，森林生态水文过程研究，北京：科学出版社，2008。

和郑老一起的日子†

郑老是 1962 年到中国林业科学研究院（下称林科院）任副院长的，并主持森林植物室的工作。我对郑老来院之前，就怀着对"大师"的敬仰之心，崇拜他在树木学、森林地理学，特别是对裸子植物分类和对活化石"水杉"定名的种种贡献。1962 年后，虽然同在林科院，但我始终没有机会与他在业务上直接相处，面聆教诲。他曾经和我谈起过，希望我在树木学上也做点工作。因为他从南京林学院到林科院是只身而来，没有带一个助手，而我是北京大学生物系植物专业毕业，跑过不少野外，才承蒙他提到此事。可是，我当时在森林经营室，我正为开辟由前苏联学习回来要开展的森林长期定位生态观测领域而努力，同时也不得不参加主持经营室的吴中伦先生在大兴安岭采伐更新的考察活动，就没有再参加植物室的工作。尽管在这一段时期，直至"文革"开始前，没有与郑老直接共事。但他对青年人，特别是他喜欢的人，也常交谈，吐露心声。他的品德一直教育着我，他为人敦厚，正直，语言和行动都朴实无华，从不会有对自己的宣扬和炫耀之意；他深思熟虑，谨慎从事，一旦考虑成熟，就会坚持，无论是对学术上的观点还是工作上的原则，一般不轻易让步。但在那个时代，知识分子在具体追求上难免有壮志难酬的时刻，他会顾全大局。他爱国爱党爱人民，忠心耿耿，政治态度鲜明，平时学习文件领会中央精神十分认真。最使我感触的，是他始终不渝，任何时刻都在强调科技要服务于国家、服务于人民，当时比较流行和形象的提法是"任务带动学科""理论联系实际"，他把树木学、森林地理学的知识变化成为指导中国林业生产实践的身体力行一直没有停顿过。他在南京林学院曾主持过国家的"林业科学技术发展规划（1957～1969年）"就突出了这一点。后来到林科院后，一直身先士卒，到全国各省（区）生产第一线，深入调查了解速生丰产林存在的问题，看发展什么树种，如何发展，如何使之速生丰产，他始终思考着。他提出要编著《中国主要造林树种技术》一书，这将涉及全国各省（区），动员 200 多个单位，500 余科技人员参加，可惜"文革"动乱使之停顿受阻，直到 1976 年"四人帮"被打倒后，郑老最早落实政策，回到了林科院被合并而名存实亡的当时的"中国农林科学院"，他力排万难，包括经费上的拮据，参编人员仍未完全摆脱"文革"阴影的困境，他坚定地恢复编著工作。就在此时，我有幸地参加到郑老对此事的组织管理工作中。我在"四人帮"被打倒后，即解体下放到沧州大港农场回到北京，在老院长陶东岱的支持下，与黄伯璿、李贻铨等一些积极分子为恢复林科院奔跑呼吁的同时，在郑老提议下，参加了他的管理事务性工作，由此认识了不少郑老的学生，如优秀的树木学家朱政德等人，才深知他桃李满天下，学术威望盖天。在这期间，我感到郑老深有预知地在收集的 210 个树种中有不少分量的灌木种，这些正是后来在"三北"防护林，高寒地区退耕还林、荒漠化治理工程所需要的灌木种资源，他还提到沙棘和文

† 蒋有绪，2008，和郑老一起的日子，见：郑万钧专集——郑万钧林业学术思想研究，《郑万钧专集》编委会，北京：科学出版社，617-618。

冠果等当时并不起眼的灌木种，说它们的油非常有价值，如文冠果，过去老和尚在寺庙旁种上几亩，就靠它吃油，等等，如今文冠果已被列入生物质能源树种之一。该巨著于1978年"科学的春天"来临后旋即出版。这是郑老远见过人，排难坚持而在"文革"后，万物待兴时奉献的巨大科学财富，有着划时代的贡献。

　　值得提到的是我有幸参加了郑老为之奋斗的下一个巨著《中国树木志》的编著，我只参加了其中第一卷的开卷篇"中国主要树种区划"一章的编定，意想不到的是郑老让我写此章的第一稿。他鼓励我说，因为我跑过不少林区，有感性认识，也有理性上规律性上的认识。我担心地说我毕竟只跑过一部分林区，他让参考其他人的文献，包括郑老自己的文献，先把第一稿写出来，还说让杨继镐修改补充第一稿。在他眼里，杨继镐虽然是学土壤的，但他野外经验多，认识植物多，树木学知识也很好。因此，第一稿完成后由杨继镐补充了内容，特别是一些南方的资料。以后就由郑老一人亲自修改补充完稿了。期间，最使我惶恐的是绝不能在植物名上出差错。困难的不是群落和树种分布的规律性描述，而是细致描述中的具体树种或植物的中文名、拉丁学名的准确性，为此，我常常查阅资料直到十分肯定时才罢休，总算没有出太大差错。为了参加郑老的《中国树木志》，我就没有参加吴中伦先生主编的《中国森林》巨著，吴先生经常跟我谈中国森林地理分布规律的认识，但他也未主动让我参加他的工作，可能是让我专心为郑老完成好任务。我对《中国森林》第一卷也是开宗第一篇"中国森林地理分布规律"的参写是在吴老过世之后，因为吴老去世后，《中国森林》尚未完卷，包括开宗第一篇在内。后来是由副主编、贵州农学院林学系周政贤先生提名，经该著作领导小组同意（当时为刘于鹤副部长），才由我接手，完成了该巨著的该章定稿，这是我学术生涯中能先后为两位前辈完成我国森林和树种地理分布规律总结性的文献的参写，这都使我学术上得益匪浅。

《重庆五里坡自然保护区生物多样性》序[†]

发源于世界屋脊的长江，是中华民族的母亲河。滚滚长江，也造就了鬼斧神工、浑然天成的自然景观。长江三峡闻名中外，巫峡的全部和瞿塘峡的大部分，就分布在这里。唐代诗人元稹的千古绝唱"曾经沧海难为水，除却巫山不是云"，就是对这人间胜景的精辟写照。巫山是重庆直辖市的东大门，是镶嵌在长江"黄金水道"要冲、三峡库区腹心的璀璨明珠。她的美是大自然的神奇造化和人类智慧创造的完美组合。

华中区三大山脉-巴山、巫山、七曜山交汇于巫山县，县境内 90%以上地区属于巫山山脉，喀斯特地貌分布广泛，地表破碎，高低悬殊。最低海拔仅 170m，而最高海拔达 2680m，气候和植被的垂直差异较大。特殊的地形条件，加上北部秦岭、大巴山的屏障作用形成复杂多样的生态环境，陆生动植物种类繁多，是生物多样性较高的"热点"地区之一。

重庆五里坡自然保护区占巫山县国土面积的 12.86%，自然地理景观独特，山势陡峻，重峦叠嶂，沟谷幽深；地表水源极为丰富，径流总量 1.5 亿 m^3，有当阳河、庙堂河 2 条主要河流，另有众多溪流遍布其中，均属长江干流水系。这些得益于森林生态系统涵养的丰富水源，长期以来是维系当地人文、经济发展须臾不可或缺的重要因素。

五里坡自然保护区地处中亚热带北缘和暖温带南端，热带植物的北移和温带植物的南迁均在此留下"足迹"，本区处于华中地区与西南地区的交界地带，按照中国植物区系的分区，这里是位于中国-日本植物亚区华中地区，和中国-喜马拉雅植物亚区横断山脉地区的交界处。由于地形复杂、气候条件多样，为古老植物类型的保存提供了优越的条件。特别是第四纪大冰期，由于秦岭和大巴山脉的阻挡，减弱了冰川的危害，使这里成为植物的避风港，许多珍稀的古老植物得以幸存。如自然保护区的里河峡谷，现存有小片珙桐、红豆杉和穗花杉天然林，以及零散分布的银鹊树、香果树等；还有葱坪及其他地区发现的水青树、连香树、厚朴等珍稀植物。

复杂多样的地形地貌和植被类型，为不同类群的野生动物提供了良好的栖息条件。涉及中国动物地理区划，巫山县处于华中区西部山地高原亚区东北部，是华中区西部山地高原亚区中动物物种较为丰富的秦巴-武当省（亚热带落叶、常绿阔叶林动物群），五里坡自然保护区又位于巫山县东北部的大巴山南坡，与华中区的另一亚区东部丘陵平原亚区毗邻。大巴山是北亚热带与中亚热带的气候分界线，而其北面的秦岭南坡是北亚热带与暖温带的气候分界线，也是古北界与东洋界两大界动物区系的分界线；古北界华北区黄土高原亚区晋南-渭河伏牛省的暖温带森林-森林草原、农田动物群，与华中区西部山地高原亚区秦巴-武当省的亚热带落叶、常绿阔叶林动物群在此交汇。巫山县五里坡自然保护区所处的地理位置，在动物地理区划方面可以视为古北、东洋两界，并涉及

[†] 蒋有绪，见：肖文发等，重庆五里坡自然保护区生物多样性，北京：中国林业出版社，2009。

到 3 个亚区（古北界华北区的黄土高原亚区、东洋界华中区的西部山地高原亚区和东部丘陵平原亚区）的交汇地带，因而陆栖脊椎动物的物种多样性表现非常丰富，在生物多样性保护方面具有重要意义。

经过长期的经济开发，三峡库区自然生态环境改变很大，凡地势稍为平缓，或者有可能砍伐和开垦的地方，天然森林植被均已变为天然次生林、人工林或农耕区。多数生物群落损失严重，生态系统十分脆弱。巫山五里坡自然保护区由于其独特的地理位置和气候条件，目前野生动植物种质资源仍处于相对比较丰富的状态，这意味着它们还有恢复和发展的机会。对这些尚存的动植物群落及其生境进行系统的调查、监测与研究，施行科学合理的保护措施，使未被破坏的区域得到严格保护，已被破坏的生态系统逐渐恢复，使珍稀濒危物种不至于陷入灭绝境地，具有非常重要的科学意义和难以估量的生态效益。

巫山地处三峡库区腹地，是我国长江上游生态环境建设、水土保持的主要区域，也是我国"天然林保护工程"实施的重点区域。五里坡自然保护区分布有大面积森林植被，在调节改善当地小气候环境、水土保持、水源涵养等方面具有极其重要的作用，为当地经济发展和人民生活提供了生态保障。保护区及周边区域的生物多样性保护、生态环境的恢复和建设，将对三峡库区宏观尺度生态环境的保护和建设起到积极推动作用，减少水土流失和进入水库的泥沙量，能够为三峡工程发挥预期功能建立不可忽视的生态屏障。

《重庆五里坡自然保护区综合科学考察》是经过肖文发、陈龙清等我所熟悉的学者和科技人员组成的团队多年科学调查和研究所总结完成的，内容丰富，资料翔实，分析深刻。不仅提供了极为宝贵的自然地理环境、植物与植被、陆栖野生脊椎动物、鱼类、昆虫、地表无脊椎动物等科学资料，而且也对调查区的旅游资源、社区经济及其发展前景分析，以及对自然保护区的科学价值、自然保护和社会经济价值做出了全面的评价，还为自然保护区的管理提出了重要的建议。实际上，此专著乃是自然保护区科学调查和生态、经济、社会评价和发展前景的极有价值的参考性文献，值得从事生物多样性、自然保护和管理的科技工作者和管理干部一读。

值此专著出版之际，欣然为序以贺之。

《中药资源生态学》序[†]

这本原创性的应用生态学专著《中药资源生态学》问世了。20 世纪后期之前，生态学还没有系统地运用于中国药用植物资源领域，只是零星地有少数药用植物有过涉及生境方面的生态学调查研究。先是黄璐琦倡导，继而郭兰萍等与之先行，立志在我国建立中药资源生态学。最初在中国生态学会支持下于 2004 年成立了中药资源生态专业委员会，并在已有积累基础上加紧系统部署研究，先主编了《中药资源生态研究》，形式上像是本论文集，但实际上书中已比较系统地涉及大量中药资源生态学研究的热点和难点问题。3 年前，我曾欣然为他们主编的这本《中药资源生态研究》写序。当时我就预见该书的出版，对总结当前中药资源生态学研究的成果，梳理中药资源生态学研究的思路和方法，引导中药资源生态学的发展方向有重要意义。果然，那本书受到业内外人士的喜爱。而二位作者也通过该书的出版，加强与读者的互动，更准确、更快捷地理清了思路，并最终完成了这本《中药资源生态学》。

我认识黄璐琦所长已多年，他风华正茂，是中药学界已有影响的领军人才，我一直支持他创立中药资源生态学的想法，也高兴和他一起培养创新团队。郭兰萍是佼佼者，是此创新专著的第二著者，目前正担负着发展中药资源生态学的重要岗位。他们已是我年轻的最好的朋友。

相对于前一书而言，这本《中药资源生态学》的内容更系统、更完整，凸显了作者对中药资源生态研究的独特见解、基本理论和方法，以及知识体系的思考。作者分析了中药资源生态学的特色，提出了中药资源生态学科的任务和关键问题，并结合研究实例，系统介绍了各种环境系统对中药资源产量和质量的影响。这是一本真正意义上的中药资源生态学专著。这本书的理论指导性很强，也更具有可读性。

今年，中国生态学会中药资源生态专业委员会将召开第三次全国大会及换届选举会议，这本书的出版，无疑是对大会最好的献礼之一。我很高兴看到两位年轻的作者的成长，也希望他们在中药资源生态学研究这片天空下开出更加绚丽的花朵，结出更大的硕果，在祖国和世界医药事业中做出辉煌的贡献。

[†] 蒋有绪，见：黄璐琦等，中药资源生态学，上海：上海科学技术出版社，2009。

《竹子》序[†]

竹子是禾本科多年生常绿草本植物，为东半球特有植物，全世界有 1200 多种，在我国就有 500 余种，生长面积约 700 万 hm²，居世界第一。

《竹谱》上说：竹"不柔不刚，非草非木"。虽说它是草本，但其茎干呈木质，中空有节，叶似剑鞘。竹与松、梅都具有顶冰雪、战寒霜的优秀品质，故被古今文人所敬慕，被誉为"岁寒三友"，并以此比喻同甘共苦、风雨同舟的友谊；又因其具有谦谦君子之崇高品质，故又和梅、兰、菊并称为"花中四君子"。

竹子美而不俗，淡中见雅，观赏性极佳。自古以来，竹子在东方园林园艺中就占有重要地位。形容竹子，可用"生、形、体、色"4 个字来描述：生，百笋齐发；形，潇洒飘逸；体，婀娜多姿；色，青翠欲滴。扬州的瘦西湖的个园、北京的紫竹院、成都的望江公园，都是以竹子造园的东方式园林，可见其魅力所在。在中国南方像"茂林修竹""竹径通幽""水中竹影""移竹当窗""竹林夹径"等以竹为景的景观，随处可见。谈到竹的实用价值，历史十分悠久。唐宋时，竹是生活在长江流域和岭南地区人们生存的必需物。苏东坡曾说："食者竹笋，庇者竹瓦，载者竹筏，炊者竹薪，衣者竹皮，书者竹纸，履者竹鞋，真可谓不可一日无此君"，"宁可食无肉，不可居无竹"。此外，竹子还可以当盛器，可做竹筷、工艺品等。中国的"丝竹"乐器，笛、萧、笙等都是用竹做的。因此，有人称竹子为"聚宝盆"和"摇钱树"。

竹笋每到春天，破土而出，给人欣欣向荣，积极向上的感觉。以前，鞭炮是竹制的，称为爆竹，点燃时发出的声音被认为可以驱邪，所以春节时一定要放爆竹以求驱邪和保平安。竹对中国文化的传播贡献也很大。在发明纸张之前，很长一段时期内，人们主要在竹板上刻字、写书，这种书被称为"竹简"。它取代了甲骨，中国最早的书册更从此诞生。竹子在食用上可谓"尽其所能"，如竹笋就可烹出各种上好的佳肴。与竹子有关的竹茹、竹叶、竹沥、竹黄、竹根等均可烹饪"竹膳"。现已有《竹膳》一书出版，书中列有的相关保健方就有千余种，足可见竹子浑身都是宝。

竹子是东方文明的缩影和见证。早在 1 万年前竹弓箭就是我们祖先以猎食野兽为生的射杀工具。直到今日，竹弓在云南傣族、景颇族中仍在使用。西周时期，有"篱笆工"的职业，有筊、蕈、箕、筵等竹器。到秦朝时，有所谓"川千亩竹……其人皆为千户侯"之说，可见当时竹子已在经济生活中占有重要地位。汉朝则设"司竹长侯"职官，专门管理竹林，取竹材建造宫殿。东汉许慎编撰的《说文解字》与竹子有关的部首，汉字就有 151 个，涉及当时生产、生活的各个方面。其中，直接与文化有关的就有篇、籍、萧、笔、笙、竿、篆、笛等字。晋代，竹子已被用于造纸。中国古代，竹的应用从生活器具逐渐扩大到竹工艺品的制作，竹编和竹刻工艺体现了不同时代人们的艺术造诣，丰

---

† 蒋有绪，见：谢左章，陈策，竹子，广州：广东科技出版社，2009。

富了社会物质和精神文化生活。种竹、食竹、用竹、爱竹、赏竹、咏竹、画竹，并从竹子身上学到了许多东西：它不仅有顶冰雪、战寒霜的大无畏精神，还有坦诚无私、朴实无华、不苛求环境、不炫耀自己、默默无闻奉献自己的无私精神；以及"虚心有节""高风亮节"的高尚品质。古人对竹的总结是对竹最好的评价："根生大地，吸取甘泉，未出土时便有节；横枝云梦，叶拍苍天，及凌云处尚虚心。"

在我国，最受人们喜爱的观赏竹主要有紫竹、方竹、斑竹、罗汉竹、黄姑竹、凤尾竹等品种。罗汉竹在有的地方也被称为佛肚竹，奇的是分枝之节间沟槽却呈金黄色，因而被誉为碧玉间黄金竹。斑竹因其竹竿上布满美丽的褐色斑点或云纹而得名，这是由于嫩竹曾感染虎斑病而造成的。关于斑竹，在民间还流传着美丽传说。相传舜帝死后，二妃悲伤万分，终日啼哭不止，挥泪于竹上，竟再也无法退去，"斑竹一枝千滴泪"的佳句从此被广为传诵，因此有了一个"湘妃竹"的美名。紫竹妙就妙在竹竿的色泽上，其他竹类的竿色或绿或黄，唯有紫竹的竹竿呈迷人的紫黑色，加之全株姿态优美，因而被广栽为园景。凤尾竹以羽毛般的叶片取胜，经修剪后被当做绿篱栽植，效果十分理想。关于竹的美丽故事，俯拾皆是。

笔者长期从事园林植物研究，造诣极深，尤以梅、竹为精博，今专为竹著书，凡竹种之收集可谓大全，且竹姿、竹彩、竹林彩照之精美令人心眼怡开，娓娓道来之竹诗、竹画、竹典、竹趣、竹文化使人陶醉不已，在此书问世之际，兴之所至，聊竹数语，并向广大读者，特别是园艺、园林植物之爱好者推崇此著。笔者之辛劳钻研，必可换得众友之喜不释手。此乃我欣为序之所愿也。

《退耕还林理论基础及林草模式的实践应用》序[†]

退耕还林是我国具有重大意义和成效显著的生态工程，被认为我国政策性最强，投资最大，涉及面最广，群众参与程度最高的生态建设工程。它不仅使我国广大陡坡耕地退换成林，减少了水土流失，增加了森林覆被率和水源涵养能力，有了明显的生态效益，而且促进了三农的发展。虽然耕地看来减少了，但农民在退耕还林工程补偿机制下，集中精力把基本农田做好，粮食产量反而上去了；也有资金去调整农业生产模式，使之更合理，更稳产高产，产品更加丰富多样，农民比以前更富裕了；农民同时经营农业林业，对林业关心了，生态意识更提高了，科学经营的理念更增强了，社会经济和生态三大效益都很显著。

这本由李贤伟教授为首的科研教学团队在国家几个重大研究项目、国家自然科学基金和省级项目支持下所完成的研究专著，非常全面、科学和深刻地以西部实施退耕还林工程为重点，从工程的必要性、必然性，它的理论基础、技术途径和总结出的最佳产业模式及其机理，它们的生态经济效益，管理技术重点，以及今后可持续经营的对策，和后续的政策性问题和建议做出了详尽的阐述。首先，专著非常有特色地是把国外有关国家类似退耕还林工程的历史给予回顾，进行与我国的工程比较，恰当地评估了各有关国家工程的特点，同时对我国实施退耕还林工程的历史背景进行了分析和对工程的进展、存在的问题进行了评价。在进行理论分析和提供研究结果之前，对陡坡耕地，以及一些重要的术语、会涉及的临界值做了说明，为后来的理论与技术展开论述提供了明确和严格的内涵。

专著对退耕还林的理论基础研究提出了比较深刻的有独到的、且全面的分析，例如从自然特征、经济特征、社会特征、可持续经营的综合特征做了切合我国实际的分析，也为退耕还林工程几个不同学科（生态学、经济学、生态经济学、林学、社会学）的视角成其基本理论，但有相互关联和整合而构成的理论基础，这一部分为退耕还林工程的理论认识发展了一步，赋以这一工程较充实的理论意义。专著以第一手的调查研究资料进行分析，特别是在模式机理上也做了自己的实验研究，这是其他对退耕还林工程总结时较少涉及的。如对优选出来的复合经营模式，对物种组成变化、植被改土效应、生物量结构变化、土壤养分动态，以及设计群落特征的邻体干扰指数等理论性问题都有较深入的研究，还注重系统集成的技术路线和创新地提出生态价值集成技术。专著还提供了复合经营模式的经济效益的示范作用，为今后的工程也提供了一些有价值的建议。

对于此专著的出版问世，我寄予了热切的希望，它的出版肯定会给今后工程的巩固发展，在政策上、技术上有重要的参考作用，在学术研究上也会对农林复合经营、配套经营的理论和实践发展有重要影响。我十分高兴为我熟悉的李贤伟团队做出的此贡献写出我的感想，是为评，也为序。

---

† 蒋有绪，见：李贤伟等著，退耕还林理论基础及林草模式的实践应用，北京：科学出版社，2009。

《北京市官厅库区森林植被生态用水及其恢复》序[†]

北京是个严重缺水的大城市，人均水量 248m³，约为全国人均水平 2185m³ 的 1/9 和世界人均水平 7800m³ 的 1/31，远低于国际公认的人均 1000m³ 的缺水标准下限，而且水质下降问题严重，水资源短缺与水质下降已成为制约首都持续发展的关键性因素。我国政府和北京市都对此高度重视，制定了《21 世纪初期首都水资源可持续利用规划》（2000年），温家宝副总理曾在 1999 年 3 月就解决北京水资源问题做过重要批示，提出了开发、利用、保护、治理等综合措施。在作为北京主要水源地的官厅和密云水库的库区，恢复和增加森林植被是保护土壤、净化水质、防止淤积的重要举措，但却存在植被增加耗水和导致径流减少的问题，而且在气候变化背景下也可能产生由于干旱而使得恢复植被的水分稳定性下降的危险，因此，需要科学合理地建设森林植被，实现植被建设与水资源管理的协调发展，这是北京市改善水环境、保护水资源、缓减水危机的需要，也是森林水文学、水资源管理、生态学等相关学科及其交叉学科——生态水文学发展需求。

本书选择干旱少雨、植被缺乏、侵蚀剧烈、淤塞严重、水质恶化、来水量急剧减少的官厅库区，针对在我国北方广大地区非常有代表性的植被建设生态用水与径流水资源数量不足的尖锐矛盾，从土壤物理、森林植被水土调节功能、植被蒸散耗水等方面的原理与技术出发，进行了多学科、多尺度、多过程、多指标的库区典型植被生态水文过程的研究，应用生态水文模型确定了典型立地的植被承载力，初步构建了库区植被建设的决策支持系统，在如何基于水分平衡的原则上构建能满足多目标（水土保持、水文调节、生态稳定、节水净水等）要求的结构合理、稳定高效的库区水源涵养型植被方面，得到了较突出的创新性研究成果。

我希望，通过出版本书介绍最新的研究成果，将直接为官厅库区和其上游地区的水源涵养型植被建设、水土流失治理、水资源综合管理和土地利用规划提供急需的理论指导与技术支持。同时我相信，该书的出版将会对同类地区的森林植被恢复和生态水文研究提供有益的借鉴，为发展水源涵养型植被建设理论、促进完善森林生态水文学科起到推动作用。

† 蒋有绪，见：王彦辉等，北京市官厅库区森林植被生态用水及其恢复，北京：中国林业出版社，2009。

《中国红树林恢复与重建技术》序[†]

红树林是生长于热带亚热带海岸潮间带，受到海水周期性浸淹的木本植物群落，兼具陆地生态和海洋生态特性，成为复杂而多样的生态系统，是海岸重要生态关键区（Ecological Critical Area，ECA）。作为海岸潮间带特殊的森林湿地生态系统，红树林在防风消浪、促淤保滩、固岸护堤、净化海水、维护生物多样性和沿海地区生态安全等方面发挥着重要作用。2004年印度洋大海啸发生后，红树林在防灾减灾方面的地位和作用更加得到各国政府、科学家以及广大民众的关注。

我国的天然红树林主要分布在广东、广西、海南、台湾和福建。近几十年来，由于围海造田、围海养殖、城市化建设等多种人为活动的侵占和众多因素的干扰，红树林面积由历史上的25万hm^2锐减到2.26万hm^2（全国红树林资源调查，2001年）。红树林资源遭受破坏，直接导致海岸带生态环境的恶化，红树林区生物资源的减少，风暴潮、海啸等灾害频率增高和灾害损失加剧。20世纪90年代以来，我国开始重视红树林资源的恢复与发展，广东、福建等沿海各地陆续开展了大规模的红树林人工营造，并取得了丰硕成果。中国林业科学研究院热带林业研究所长期致力于红树林恢复与重建技术的理论研究与实践，为我国红树林资源的保护、资源恢复与可持续发展做出了重要的贡献。

《中国红树林恢复与重建技术》专著是中国林业科学研究院热带林业研究所以廖宝文为首的红树林研究团队，系统地总结了20多年来包括热林所老一辈研究者在内的、以热林所第一手原始创新成果为核心内容，系统深入地论述了红树林恢复与重建的理论、我国红树林保护与恢复技术，内容包括红树林恢复的适宜生境条件、真红树林的育苗造林技术、半红树的育苗造林技术、优良造林树种的引种、红树林病虫害防治技术等，提出了运用速生红树植物控制互花米草入侵及恢复红树林生态的新方法，以及探讨了利用植物促生菌（PGPB）促生壮苗的新途径，客观评价了红树林生态恢复效应以及引进树种在红树林恢复中的作用，为我国红树林的恢复提供了理论基础和技术支持。该书对华南沿海各地的红树林湿地生态保护与恢复工作都有重要指导意义。

《中国红树林恢复与重建技术》凝聚了国家"九五"至"十一五"期间红树林科技攻关、国家自然科学基金等项目的科研成果的精华，从宏观到微观、从基础理论到生产实践，内容丰富，是一本红树林恢复生态学和重建技术研究的优秀文献。热林所廖宝文团队是我亲眼看到成长和成熟的青年研究集体，富有创新能力和艰苦工作精神。该书的出版，必将对今后红树林湿地的恢复与重建，红树林资源的保护与管理产生积极的影响。借此出版之际，我欣然为序，顺表祝贺。

[†] 蒋有绪，见：廖宝文等，中国红树林恢复与重建技术，北京：科学出版社，2010。

《甘肃敦煌西湖国家级自然保护区科学考察报告》序[†]

敦煌莫高窟在全世界很有名气，因为它是中华民族文化的瑰宝，是闪烁在西北大地上的一颗明珠。敦煌这座已有两千年历史的古城，曾在丝绸之路上为中西文化与物质交流，做出了巨大的贡献，它与古楼兰城一起载入了中国与世界史册。但是，楼兰早已消亡，而敦煌保留了下来。今天的敦煌市比过去更加辉煌，这里 18.8 万居民的生活与每年近百万中外游客的活动，使敦煌呈现一派生机，它与古楼兰是多么大的反差。究其原因，是楼兰早已失去了人类赖以生存的环境，而敦煌还有大片绿洲和大片天然湿地。水，就是生命之源，有水的地方就有生命。但是，我们也不能高枕无忧。因为无论疏勒河、党河都已濒临断流、干涸。可喜的是这里还有一块块面积大小不等的天然湿地在坚守阵地，在与沙暴搏斗，在养育着上千种生物，在浩瀚沙海与戈壁中，使大量的动物，尤其鸟类与植物得以生存与繁衍。湿地无疑使敦煌生态环境大大受益。它更是西北大地难得的一块绿洲。今天，如果人们还不珍惜它，不去保护它，可以说不用多少年，敦煌的明天就是第二个楼兰。

就我国西北地区来说，制约工农业生产发展与影响人类生活、生存的因素，最主要的就是水，而且水源是雪山、冰川。现在全球正在变暖，雪山冰川都在不断消退，这是难以控制的。人们能控制水资源的办法只能使节约用水和保护湿地，尤其要保护好天然湿地。从生存战略与生态学角度来看，天然湿地比水库更为重要。西北地区本来天然湿地就很少，今天又面对湿地严重萎缩的形势，我们非加倍保护它不可。保护好敦煌这块湿地，意义更为重大。

《甘肃敦煌西湖国家级自然保护区科学考察报告》的考察力量雄厚，学科齐全，内容全面，分析深刻，一书详细阐述了敦煌西湖保护区的自然地理和资源环境现状及其生态功能和价值，系统回顾和总结了保护区建立十多年以来在资源调查、科学研究、保护管理等方面取得的阶段性成果，值得一读。希望该书的编辑和出版能进一步增强读者对我国西部极干旱荒漠区这一极其珍贵的湿地的了解和兴趣，共同关注它的命运，共同参与其研究和保护，为我国西部生态环境建设做出贡献，这是组织者、考察者、出版者，也是我的殷切希望。借此出版之际，欣然为序，顺兹祝贺。

---

† 蒋有绪，见：吴三雄等，甘肃敦煌西湖国家级自然保护区科学考察报告，北京：中国林业出版社，2010。

《中国森林生态系统服务功能研究》序[†]

森林生态系统具有多种服务功能，其功能的维持对保障生态安全，生物资源和生存环境的保护，实现社会经济可持续发展起着举足轻重的作用。目前，中国森林资源仍存在着资源总量不足、分布不均、林龄结构以幼龄林、中龄林和人工林为主、森林健康等级不高等诸多问题，严重地制约了森林生态系统服务功能的发挥，降低了森林生态系统抵御各种自然灾害的能力，影响到国家生态建设进程，从而威胁到人类安全与健康，危及社会经济发展，并逐渐成为影响区域可持续发展的制约因素。为改善这种脆弱的生态环境，国家实施了六大林业生态工程，其目的就是要通过恢复森林植被，更好地发挥其维护国土安全的重要作用。然而，目前还缺乏对我国森林生态系统服务功能进行全面、系统地研究，因而也就无法科学、有效地调节森林生态系统，使它发挥更大的生态效益，给我国生态建设和国土安全带来了更多的不确定性，甚至隐患。

我国自 20 世纪 80 年代初开始对森林生态系统服务功能进行价值评估工作，对森林生态系统价值核算进行了初步探索，但要准确评价生态系统服务功能还有一些科学问题有待解决。经过几十年的发展，国家林业局建设的中国陆地生态系统定位研究站网络（简称生态站网，英文简称 CTERN），截至 2009 年年底已形成由 57 个生态站（森林生态站 45 个、湿地生态站 7 个、荒漠生态站 5 个）构成的生态系统长期观测研究体系框架，基本覆盖了我国主要典型生态区，开展林业生态工程综合效益监测与评价，动态、连续、准确地评价林业生态建设对区域生态环境变化及对经济社会发展的影响，为林业生态建设提供服务。

该研究依托国家林业局生态站网，通过选取适宜的评估指标构建评估指标体系，确定了评估方法，定量地分析、评估出两次全国各省森林生态系统涵养水源、保育土壤、固碳释氧、积累营养物质、净化大气环境等五项主要服务功能的物质量。该研究从数据采集、分布式计算方法的应用及 Shannon Wiener 指数评估中国森林物种多样性保育价值，到在全国尺度上采用 NPP 实测数据测算森林固碳能力，特别是在碳汇能力计算当中考虑了灌木林固碳等方面，采用了森林生态系统定位研究的最新成果，充分体现了评估结果的准确性和可靠性。通过开展服务功能监测与评估研究，能够获得我国森林生态系统总体状况的动态数据，是了解林业"三大体系"建设成果的最有效途径。该专著对于完善森林生态环境动态评估、监测和预警体系，确定森林在生态环境建设中的主体地位和作用，为我国国际履约、全球生态建设、森林可持续利用和经济可持续发展提供了科学数据和决策依据。

[†] 蒋有绪，见：张永利等，中国森林生态系统服务功能研究，北京：科学出版社，2010。

《从森林气象到全球变化——徐德应文集》序[†]

徐德应先生是我国著名的森林气象学家和森林生态学家。他在我国林业系统中较早地致力于森林生态系统长期定位研究，在森林能量循环、气候与森林生产力关系等领域做出了重要贡献。

徐德应先生曾先后主持承担完成"八五"国家攻关课题"气候变化对中国森林影响研究""九五"国家攻关课题"生态效益数据判别及区域综合评价"、国家自然科学基金项目"杉木人工林光合作用尺度转换研究"、国家计委项目"中国初始国家信息通报（PDF）""中国林业温室气体吸收汇及变化分析"、全球环境基金（GEF）项目"中国林业温室气体排放清单与全球变化有关的目标研究"等多个重点科研项目，作为主要成员参与完成美国环保局（USEPA）"全球气候变化与热带森林"，"亚洲温室气体减排最小成本分析（ALGAS）"以及国家自然科学基金重大项目"中国东部陆地农业生态系统与全球变化相互作用机理"等重要课题。他作为骨干参加完成的"海南岛尖峰岭热带林生态系统的研究"1989 年获林业部科技进步一等奖，"杉木速生丰产林优化密度控制技术"1992 年获林业部科技进步二等奖；"气候变化对农业、水文水资源、森林及沿海地区海平面的影响及对策"1998 年获国家科技进步二等奖。

徐德应先生作为研究生导师，为我国林业科研事业培养了大批人才，并先后出版专著《气候变化对中国森林影响研究》《森林能量利用与产量形成的生理生态学基础》《土地利用变化对土壤有机碳的影响》，参加编写《中国森林生态系统定位研究》《海南岛尖峰岭热带森林生态系统》《森林水文学》《森林生态定位研究方法》《森林与全球生态环境》，参与翻译了生态学巨著——《系统生态学》等等，推动了我国森林气象学和森林生态学理论和实验观测技术的发展。

徐先生重视定位研究，20 世纪 80 年代初他就开始在江西大岗山和海南岛尖峰岭开展森林蒸散、能量平衡的定位研究，并根据实测数据定量确定森林蒸散量和其在森林生态系统水分平衡中的作用，这是我国在森林蒸散定量化研究领域的开创性工作，为后来的森林生态系统定位研究奠定了坚实的基础。徐先生虽重视小尺度的定位研究，但不局限于单点和单一小尺度，更强调基于小尺度的实测数据，应用生态模型，进行尺度上推，从而服务于区域乃至更大范围的生态建设。

徐先生勇于创新，始终把握时代脉搏和国际前沿。20 世纪 80 年代，他就认识到全球气候变化的影响，并积极开展相关研究，主持完成"八五"国家攻关课题"气候变化对中国森林影响研究"等多项研究；还通过担任 IPCC 报告第三工作组的 leader Author，参与编写 IPCC 报告，提高我国在国际气候变化领域的地位；我国森林在"土地利用与林业（LULUCF）"、中国森林碳减排和碳汇计量、国家温室气体清单编制等领域做了许

[†] 蒋有绪，见：肖文发，于澎涛主编，从森林气象到全球变化——徐德应文集，北京：中国林业出版社，2010。

多开创性和卓有成效的研究工作。他是中国林业行业在 LULUCF 的国际活动中主导作用的重要科学家,为国家相关决策。特别是我国应对气候变化中林业的作用方面做出巨大贡献。

徐德应先生是我最好的同事和朋友,共同历尽开创森林生态定位研究事业艰辛、发展的苦与乐,共勉人生的沧桑与奋斗。他过早地离开了我们,是我国森林生态科学发展的损失。《从森林气象到全球变化——徐德应文集》一书的出版,既是对徐德应先生学术生涯的总结,也是对他求真务实、检查真理的人生态度的诠释。这本选集的文章不仅显示徐德应先生对中国森林气象学和森林生态学发展的贡献,也从一个侧面反映了近 50 年来中国气象学和森林生态学发展的足迹。光阴荏苒,转眼徐德应先生已故去一年。我们感到可以安慰的是他的文集今天终于出版了,这不仅是纪念徐德应先生的一件有意义的事,更重要的是文集中他学术贡献的记述,将给年轻的科研工作者提供一个坚定学术方向、勇于创新和为之不懈奋斗的榜样。

借文集问世之际,序之为飨。

《海南岛热带天然林主要功能群保护与恢复的生态基础》序[†]

  海南省是我国最大的热带省份。海南岛的热带林属于亚洲雨林的北缘类型，是我国森林植被中区系和结构最复杂的类型，具有很高的特有性、多样性和复杂性，是我国乃至世界的宝贵的自然财富，具有十分重要的保护价值和科学意义。

  由于海南岛有非常明确的自然边界，其干扰体系、地质历史过程及与周边区系的关系比较易于分析，有利于对天然林生态系统的形成和变化规律的认识；海南岛全岛中高周低，地貌地势既复杂多变。又有明显的规律性；岛内生态因子、生境和生物群落类型由于受不同方位的影响，因此呈水平格局和垂直梯度变化的规律显著；加之群落结构复杂，生态系统的格局及其动态关系都有不同程度、不同方式的表达，因此是进行生态学及相关学科科学研究和试验的最为理想的场所之一。海南岛在尖峰岭、霸王岭、五指山、吊罗山等都保存有一定面积的原生热带低地雨林、季雨林、山地雨林、山地常绿林、山顶矮林等类型以及它们的演替系列，同时也具有由各类热带林被破坏后所形成的各种退化生态系统类型，包括受不同年代、不同采伐方式和不同采伐强度干扰后形成的次生林，少数民族在不同年代刀耕火种后形成的不同大小和处于不同恢复阶段的植被斑块，台风等自然干扰破坏后形成的处于不同恢复阶段的干扰斑块，农耕撂荒后形成的灌木林、荒草地，种植橡胶等经济作物后形成的低产人工林地和严重水土流失地等，这些处于不同过程、不同类型的热带群落类型为开展热带天然林保护和恢复的研究提供了难得的良好对象。在以往的有关海南岛热带林理论研究中，主要针对的是海南岛的热带原始林，而对那些受人为干扰后的自然恢复的森林植被关注较少。臧润国博士及其年轻团组所著的《海南岛热带天然林主要功能群保护与恢复的生态学基础》一书，是他们刚刚完成的国家自然科学基金重点项目等课题的理论总结，也是对前人研究工作的深入和补充。全书以海南岛热带林及相应的退化生态系统为研究对象，以功能群为主线，对刀耕火种和商业采伐干扰后恢复的低地雨林和山地雨林进行了恢复与保育生态学研究。该书很好地与海南岛以往的研究成果进行了衔接，体现了海南岛热带林生物多样性及其保护与恢复的最新研究成果。该书是作者在第一手调查和实验资料的基础上，结合国际相关研究的最新理论完成的。如果亲眼见到他（她）们常年在酷热、水湿、虫蚊交加的山岭做调查、试验的情景，就会知道这些数据和成果来之不易，会被他们献身科学事业的精神所感动。该书学术思路清晰、主题明确、针对性强、内容新颖，是一本具有很高参考价值的专著，值得从事相关学科领域和专业的科研、教学和管理的科技同行们一读，故欣为此序。

---

  † 蒋有绪，见：臧润国等，海南岛热带天然林主要功能群保护与恢复的生态基础，北京：科学出版社，2010。

《可持续森林培育与管理实践》序†

减少毁林和森林退化，加强可持续森林培育与管理，保护和恢复森林生态系统，是充分发挥森林减缓和适应气候变化功能的有效途径。在国际社会高度关注通过林业措施应对气候变化的背景下，可持续森林培育与管理已成为提高森林质量、增加森林碳汇、保护生物多样性和增加林农收入的重要措施。我国是森林可利用资源相对匮缺的国家，为了满足社会经济发展对林业的多种功能需求，国家鼓励有实力的企业"走出去"，到境外培育、管理和利用森林资源。为了规范本国企业的境外开发行为，2007 年 8 月，国家林业局和商务部共同发布了《中国企业境外可持续森林培育指南》。这是全球首个政府规范本国企业境外开发行为的技术指南，旨在鼓励和帮助中国境外林业企业实施可持续森林资源培育和管理。这也是展示中国负责任大国形象，恢复和保护全球森林资源，实现林业包容性增长的具体行动。

本书作者以科学的态度和精炼的文字，阐述了全球森林热点问题，重点介绍了应对气候变化的国际政策与行动，列举了相关国家关于森林培育和保护的法律法规，并对中国境外林业企业开发活动如何遵循所在国的法律法规提出了指导性意见。同时，本书还提出了多功能林业目标之下的营造林技术体系，阐明了境外森林培育过程中有关生物多样性保护、高保护价值森林、环境影响、森林保护和森林监测等生态保护问题，强调了利益相关者参与和社区发展的重要性。值得一提的是，该书编写了数十个不同国家的相关案例，清晰地展示了可持续森林培育与管理的原则、技术和方法以及促进社区发展的经验和教训，给予读者大量信息和启迪。显然，本书的全球森林问题的视角、可持续森林培育与管理的原则、技术和方法、关于利益相关者参与和社区发展的重要意义，已经不限于指导和规范企业的境外森林开发经营，而且完全适宜于指导国内的森林培育和可持续经营。

编者是我的好友和同事，他们长期致力于可持续森林资源的培育、管理和研究工作，他们本着高度负责的态度和求真务实的精神编写了本书，对于推动中国境外企业开展可持续的林业活动，促进当地社会文化和谐与绿色经济增长具有重要作用和里程碑意义，在此出版问世之际，我欣然提笔为之序。

---

† 蒋有绪，见：李怒云等，可持续森林培育与管理实践，北京：中国林业出版社，2011。

《云贵高原典型陆地生态系统研究（一）——典型森林、灌丛群落格局、维持与过程》序[†]

　　我国地域辽阔，陆地生态系统类型十分丰富。各种陆地生态系统，特别是森林和灌丛，在保护生态安全，为人类提供生态系统服务方面发挥着不可替代的作用。随着全球气候的变化和生态环境问题的日益加剧，由于区域生态安全的需求，在区域水平上，研究区域有代表性的典型森林、灌丛生态系统的格局、结构和功能，其维持和过程机制，以及它们对气候变化的适应，具有日益重要和紧迫的意义。

　　云贵高原是我国西南重要的、有特殊意义的地理区域，孕育着丰富的、与众不同的动植物物种和生物多样性，是一个巨大的物种和基因库。云贵高原地处长江上游，也是珠江的发源地，它的生态环境变化直接影响着两大河流的生态安全。该书作者贵州大学王震洪教授深刻地认为，云贵高原陆地生态系统在演化过程中，受云贵高原特有的河流深切割、区域气候、岩溶过程和人—地关系四大过程（即反映水文地质、地理、地球化学和物理、人文等过程）的叠加作用，造就了云贵高原独特的陆地生态系统格局。在陆地生态系统中，其典型森林和灌丛在这些过程的长期作用下，形成了现有的群落格局、结构和功能、维持机制；植被在生态过程中所起的作用，特别是对水平衡的调控作用等，蕴涵着独特的规律。王震洪教授和其团队在这样的科学思想指导下，在国家自然科学基金等项目的支持下，开展了相应的研究工作，《云贵高原典型陆地生态系统研究（一）——典型森林、灌丛群落格局、维持与过程》一书正是这些研究成果的体现。

　　在研究中，作者应用定位观测方法，研究了高原特有的半湿润常绿阔叶林演替阶段的物种多样性特征、维持条件与土壤保持功能，揭示了植物多样性维持的群落结构条件以及植物多样性是如何影响水土保持功能的；阐述了喀斯特灌丛群落多样性对环境和群落结构因子的响应，以及随着海拔的上升三种典型植物叶片特征的变化；定量化了贵州中部岩溶山地阔叶林不同演替阶段土壤种子库及阔叶林主要树种基于养分含量的凋落叶分解速率；分析了岩溶区阔叶林不同植物形态特征对降雨截留—动能的影响及中度石漠化山地土壤侵蚀过程。在研究方法上，作者建立了一个基于机制的生态系统恢复评价模型，提出了植物群落定性指标定量化和用枝叶吸附水的测定评价植物形态特征对截留降雨的影响的方法，提出用临界截留降雨量和吸附水量评价不同森林截留降雨能力。研究成果为云贵高原植被科学和生态系统研究提供了许多新的科学资料。

　　该书的出版对深入研究云贵高原陆地生态系统、指导当地生态环境保护和建设具有重要的意义。在此出版之际，我怀着对作者的敬意，欣然提笔为序。

[†] 蒋有绪，见：王震洪主编，云贵高原典型陆地生态系统研究（一）——典型森林、灌丛群落格局、维持与过程，北京：科学出版社，2011。

《西藏灌木林研究》序†

西藏作为青藏高原的主体，拥有许多我国乃至世界上其他国家所没有的特殊生态系统类型和特有的野生动植物种类，在全球生物多样性保护中具有重要的战略意义，生态地位十分重要。西藏地表植被覆盖对我国乃至亚洲气候的影响十分明显，是我国与东亚气候系统稳定的重要屏障。众多的冰川、冻土以及湖泊、湿地孕育了亚洲多条著名国际河流，长江、雅鲁藏布江、澜沧江、怒江等都发源和流经这里，是世界上河流发育最密集的区域，是亚洲重要的江河源区和中国水资源安全战略基地，有"亚洲水塔"之称。受高原特殊气候的影响，西藏生态环境极为脆弱，一旦破坏很难恢复，甚至不能恢复。

除藏东南部和中南少部分地区外的西藏大部分地区属于高寒干旱地区，保护、恢复和发展灌木林是西藏高寒干旱、半干旱地区生态建设的必然选择。西藏拥有 621.51 万 hm^2 国家特别规定灌木林地和 233.73 万 hm^2 未达国家特别规定灌木林标准的灌木林地。灌木林是西藏森林资源和西藏地表陆地植被的重要组成部分，在维护区域生态平衡和促进区域经济社会发展中起着越来越重要的和不可替代的作用。

《西藏灌木林研究》专著在对西藏灌木林全面系统调查的基础上，首次全面系统地研究了西藏 60 种灌木林的群落特征，首次定量研究了西藏主要灌木林类型的空间结构特征和空间分布特征，研究探讨了西藏主要灌木林类型的植被指数特征与光谱特征，构建了西藏主要灌木林类型遥感分类知识库，首次系统研究和提出了西藏灌木林遥感分类技术。该专著中的多项研究填补了该领域的空白和薄弱处，研究成果具有创新性。相信该专著的出版将为进一步全面系统地认识西藏灌木林，全面系统地评价与监测西藏灌木林，有效保护、恢复和合理利用西藏灌木林资源，提供重要的科学依据。

作者黄清麟是我熟悉的优秀中青年科学家，由他和他培养的博士张超共同完成的这本专著将在西藏的生态建设事业中发挥重要的指导作用，我欣然为之作序，以志祝贺。

---

† 蒋有绪，见：黄清麟，张超，西藏灌木林研究，北京：中国林业出版社，2011。

《国家森林城市建设——理论、方法与关键技术》序[†]

随着世界城市的快速发展和城乡差异的减少，呈现城乡一体化的发展趋势，人居环境的普遍改善已经成为全人类共同关注的目标。城镇融入更广阔的自然因素，是现代化城市发展必然需求，城乡结合，发展城市森林，森林拥抱城市，城市融入森林，森林已经成为城市生态系统的生命基础，城市森林建设是城市最基础的建设，城市森林拥有的生命系统，是城市生态系统除了人类居民外的第二生命主体。现代城市的发展正在由园林城市向森林城市、生态城市和生态文化城市等更高的目标迈进。

中国城市化进程比较晚，但发展进程迅猛。城市森林的兴起和培育也比较晚，但进展快，形势喜人，而且这些年来，由国家林业局倡导和主持的创建国家森林城市的活动受到越来越多的城市欢迎，成果不菲，在国际上已产生影响，成为适宜地区的中国城市发展的主流模式。

本书作者通过理论研究与规划实践及调查考察，编著了《国家森林城市建设——理论、方法与关键技术》。该书就城市森林培育和森林城市创建的理论、方法与关键技术进行了系统的论述，特别就城市森林培育和城市森林建设中的五大城市森林建设体系，生态物质、精神与制度文化建设，关于城市森林的近自然化培育、森林健康、养生保健森林培育和水生植物种植关键技术等方面的论述，具有前沿性和创新性。

本书还展示了贵州遵义市中心城区十万亩生态风景林建设规划、湖南浏东公路廊道风景林建设规划，以及湖南南健森林养生园建设规划等优秀成果的内容。既有面上的建设经验和技术，同时还有特色城市森林建设的要求，对指导科学培育城市森林和国家森林城市创建有很强的指导意义和价值。

目前，城市森林培育和建设的研究，主要集中在高等院校和科研院所。规划设计单位进行则主要集中在进行城市森林建设的规划与设计。

我十分高兴的是本书全面研究并总结论述我国城市森林和创建森林城市的理论、规划原理、模式和建设技术的作者，来自中南林业规划设计院，是富有经验的城市森林和森林城市建设的规划者，先后主持了多个森林城市的建设规划并指导这些城市的"创建国家森林城市"工作。但新球也是我的朋友，在许多相关业务活动中，如他作为中国关注森林组委会的专家，参与了多个国家森林城市的考察评估工作，我和他一起共事过。

由于本书作者，能在工作学习之余，潜心研究，得此成果，难能可贵。因此，我乐以为序。

[†] 蒋有绪，见：但新球，但维宇，国家森林城市建设——理论、方法与关键技术，北京：中国林业出版社，2011。

《森林景观恢复研究》序[†]

森林是陆地生态系统的主体，同时具有生态、经济和社会等方面的多种效益，在保障国家生态环境安全、丰富林产品供给、促进农村和林区的增收就业、改善人民生活质量等方面具有独特的作用。但是近百年来的过度采伐以及土地利用方式的改变在造成大面积森林景观消失的同时，也带来了森林的退化或破碎化问题，导致森林生产力下降、森林生境破碎化、乡土树种加速灭绝、环境质量下降、农村贫困和社会冲突等一系列问题的产生。森林景观恢复（FLR）的提出，为恢复退化森林景观、提高居民福利，促进森林可持续经营和经济社会的可持续发展提供了一种新的途径。作为一种森林可持续经营的补充框架，森林景观恢复涉及景观生态学、森林生态学、利益相关者理论、公众参与机制、适应性经营和森林经理学等多学科的知识，是多种方法和技术的融合运用。

在国际社会日益重视森林景观恢复的同时，我国也于 2008 年 3 月加入森林景观恢复全球伙伴关系，但是对森林景观恢复这一概念和途径本身，对国际上森林景观恢复的实践经验和教训，以及对森林景观恢复的技术与方法体系，我国还缺乏一个比较完整和系统的研究。本著作是国内第一部系统研究森林景观恢复理论与技术体系的专著，作者以海南省陵水黎族自治县和大敢 FLR 社区为研究案例，从区域水平和社区水平构建了符合我国实际的森林景观恢复内容与方法体系，其中区域水平森林景观恢复的提出是对社区水平森林景观恢复的重要补充。相信这部《森林景观恢复研究》的出版，必将受到林学或其他相关专业的科研人员和林业基层工作人员的欢迎，并为促进我国森林景观恢复工作的深入开展和区域经济社会的可持续发展做出重要贡献，特为序。

[†] 蒋有绪，见：张晓红，黄清麟，森林景观恢复研究，北京：中国林业出版社，2011。

《干旱、半干旱区林农（草）复合原理及模式》序†

我国干旱、半干旱区土地面积约占国土总面积的 49%，光能、风能资源非常丰富，是我国未来工农业进一步发展的重要区域。我国实施的西部大开发的战略意义深远，为我们提出了任务和要求，即如何以辩证思维认识沙漠地区独具特色的自然条件、自然资源，将广阔的土地、充沛的阳光、炎热的气候、与强劲的大风，恶劣的生态环境，统一到一个系统中，为该区独特的资源研究出保护性的开发利用技术与模式，创新出生态保育与产业开发的复合技术。这正是作者致力于研究、实践，总结，并完成此专著的宗旨。

我国干旱、半干旱区的农业耕作历史已经有 4000 多年。位于半干旱区的农牧交错地带、干旱区的绿洲，广泛的土地被开发成为农田，成为社会经济的重要支柱；但同时也由于破坏了原生植被，带来了诸如土地退化、沙漠化等环境问题，给该区的社会经济发展带来了巨大的影响。

作者开宗明义，从干旱地区具有鲜明特点的区域资源，在汇集国内外对相关课题研究成果的基础上，从阐释干旱区农牧业的资源利用与林业的防护作用的辩证关系出发，广泛了解掌握国外的农用林业的概念与模式，比较全面地调查了我国干旱半干旱区传统的林农复合模式，总结其传统知识与技术，并给予分析和评价，进一步考虑资源的动态性、林业与农牧业资源利用的差异性，从而提出了许多优化的林农复合模式。这一成果对我国今后开发利用干旱、半干旱区资源、提高林农复合系统的生态、经济效益，为我们这一代人出色完成西部大开发的历史任务，具有重要意义。

随着世界人口迅速增多，每增加 10 亿人口仅需 10 多年的时间。有人估计，到本世纪末，地球人口将增加到 100 亿。这是一个被许多学界人士认定的一个地球承载能力的极限值。随之而来，地球上可供人类享用的资源日趋减少，人口对自然环境的压力负荷加大；开发干旱、半干旱区，保护性的利用该区资源势在必行，我国西部大开发的成功对世界范围科学合理地利用好干旱半干旱区，提供了很好的借鉴。这也是作者努力写好这部专著的愿望所在。

作者杨文彬是和我共事的年轻而刻苦努力，在干旱、半干旱区林农复合经营研究理论和实践领域富有成效的科学家，我为他和他的同事编著出版这本专著，感到高兴，遂提笔作序，以志祝贺。

---

† 蒋有绪，见：杨文斌，郑兵编著，干旱、半干旱区林农（草）复合原理及模式，北京：中国林业出版社，2011。

《林业碳汇与气候变化》序[†]

森林是陆地生态系统的主体。森林植物通过光合作用吸收二氧化碳，放出氧气，把大气中的二氧化碳固定在植被和土壤中。森林的这种碳汇功能，可在一定时期内稳定乃至降低大气中温室气体浓度发挥重要作用。因此，通过林业措施应对气候变化，受到了国内外前所未有的关注和高度重视，并纳入了应对气候变化的国际进程。

为普及和宣传林业碳汇知识，动员全社会关注生态，保护地球家园。中国绿色碳汇基金会与北京第二外国语学院附属中学（二外附中）合作，编写了《林业与气候》科普教材，作为校本课程进入中学生课堂，使学生在学习了解生态、森林、气候、碳汇、环保等科学知识的同时，掌握生态文明的基本理念和方法，起到了很好的宣传教育和科学普及的作用。更为可贵的是，二外附中的师生们满腔热情地把生态文明的理念转化为积极的社会实践，自觉自愿地担当起绿色、生态、环保的志愿者。通过"小手牵大手"，将绿色低碳的理念延伸到家庭、社区和社会，开展了形式多样的实践活动，如营造了全国首个碳汇科普林，成为全国受表彰的"碳汇捐款"十大单位之一，被国家林业局、教育部、团中央命名为国家生态文明教育基地等，成为倡导实践生态文明教育的成功典范。如果全国近两亿青少年都能在中学阶段受到生态文明教育，他们未来将成为具有生态文明意识和习惯的建设者和接班人，将对促进中国生态文明建设做出积极贡献。

《林业与气候》图文并茂，制作精美，选材科学严谨，栏目设置符合中学生认知规律，可读性强，是一部很好的科普教材，对引导青少年关注生态、保护环境、爱护森林，积极参与保护地球家园的活动具有重要的指导意义。

[†] 蒋有绪，见：中国绿色碳汇基金会，北京第二外国语学院附属中学编写，林业碳汇与气候变化（生态文明教育中学校本课程），北京：科学普及出版社，2012。

《中国荒漠植物图鉴》序[†]

提到"荒漠",浮现在人们脑海里的,常常是干燥、荒芜、风声沙起、鲜有生命的印迹。的确,荒漠区的沙尘暴、草场退化、生物多样性丧失等严重的生态退化,正逐渐吞噬着我们的自然资源和人类赖以生存的生态环境。目前,土地荒漠化已经成为全球关注的重大环境问题,已影响到了全世界 1/6 的人口,100 多个国家和地区。我国是世界上受荒漠化危害最严重的国家之一,荒漠化土地占国土总面积的 27.33%,分布于新疆、内蒙古、甘肃等 18 个省(区),该区域既是西部大开发的重点地区,也是西部环境保护与生态建设的关键区域。日益严重的荒漠化,不仅造成区域生态失衡,而且给工农业生产和人民生活带来严重影响,成为制约中国中西部地区,特别是西北地区经济和社会协调发展的重要因素。然而,茫茫黄沙中的荒漠植物仍然不乏独特而顽强的生命,与极端恶劣的自然条件抗争,绽放出斑斓缤纷的色彩,装点着荒芜的土地。长期在极端环境下生存的荒漠植物,进化发育形成了独特的结构特征和种类多样性。有些植物的叶面角质层加厚,气孔小而下陷,密布绒毛或缩小叶面积,以减少蒸腾作用;有些植物近乎无叶,而以绿色枝条或茎干进行光合作用;有些植物的叶或茎干肥大而能储水,以备干旱期使用;有些植物形成发达的吸水根系,达到地上部分的数倍或数十倍;有些植物根系包裹坚固的沙套,以增强抗灼伤能力;而一些生长在盐渍土壤上的植物,叶、茎肉质化而富含盐分或叶片泌盐。因此,缤纷多彩的荒漠植物,不仅形态多样、具有很高的观赏价值,也具有重要的经济价值和科学研究价值。

植物种质资源及其丰富的生物多样性,具有提供生活产品和生态系统服务等多种功能,对国家粮食、生态和能源安全具有战略意义,因而其保护越来越受到国家的重视。而荒漠植物是荒漠区的主要生物种质资源,是荒漠生态系统的重要组成部分。荒漠植物、荒漠植被不仅在防风固沙、改善环境等方面发挥着重要的生态服务功能,而且多具有药用、饲用或食用等经济价值,是维系我国荒漠区生态、经济和社会可持续发展的最宝贵资源。但是在人类过度开发利用下,麻黄、甘草、肉苁蓉等经济植物野生资源已经逐渐枯竭,急需加强保护与人工种群的培育研究。荒漠植物资源信息的调查是一项艰巨而长期的任务,也是开展荒漠植物保护与利用的基础性工作。我国学者对荒漠植物进行的调查研究,始于 20 世纪 50 年代中国科学院治沙队进行的大规模沙漠考察。20 世纪 70～80年代,中国科学院又组织了一系列区域植被考察,考察成果主要汇集于《治沙研究》《中国沙漠植物志》等文献。之后,荒漠植物主要分布省区也开展了荒漠植物资源调查,出版了《内蒙古植物志》《新疆植物志》《青海植物志》和《甘肃植物志》等地方植物志,极大地促进了荒漠植物的研究、保护与开发利用。但是,现有的各类有关荒漠植物的志书,一方面专业性非常强,对于普通科技工作者使用难度较大;另一方面,部分荒漠植物的

† 蒋有绪,见:卢琦等,中国荒漠植物图鉴,北京:中国林业出版社,2012。

地理分布范围、资源数量等依然不清，而且随着时间的推移，我国荒漠植物数量、分布等均发生了不同程度的变化。因此，在荒漠区科学研究、教学、科学普及、生态恢复工程的实践中，编写一本系统、全面、图文并茂的描述荒漠植物的专业性图鉴非常必要，必将为我们深入认识荒漠植物，合理利用植物资源和建设生态环境做出重要贡献。

在国家科技基础条件平台专项和中央级公益性科研院所基本科研业务费的支持下，由中国林科院荒漠化研究所、甘肃省治沙研究所、中国科学院植物研究所等一批长期从事沙漠科学与防沙治沙研究工作的科技人员，历时 5 年摸底调查，完成了一本数据翔实、图文并茂的《中国荒漠植物图鉴》。该图鉴收集了 74 科 282 属 600 多种荒漠植物，基本涵盖了我国荒漠区的主要种子植物；系统展示了荒漠植物的群落特征、地理分布以及营养、生殖器官特征，是一部寓专业性、知识性、科普性为一体的学术著作，可作为科研、教学、管理、生产等部门的工具书使用。

《中国荒漠植物图鉴》一书的出版，将为荒漠植物种质资源的保护、利用和管理提供翔实的基础信息，希望图鉴的出版，能够引起全社会对生态环境保护的重视和对荒漠植物生物多样性保护的关注。五年多的辛勤劳动终于能以新颖而活泼的形式与读者见面，甚是欣慰。以此为序，谨表祝贺！

《森林生态文化》序[†]

党的十七大将生态文明列为当今中国社会发展的目标。在中央林业工作会议上，确立了林业在生态建设中的首要地位。国家林业局领导顺时应势地提出了"构建完备的森林生态体系、发达的林业产业体系和繁荣的生态文化体系"的林业发展总目标。最近又确立林业的"森林、荒漠、湿地与生物多样性"三个生态系统和一个多样性的林业发展主战场。林业在生态文明建设、社会经济发展和应对全球气候变化中的地位越来越重要。林业担负着生态环境支撑、国土安全、促进人与自然和谐、促进农民增收、新农村建设的神圣使命；担负着社会和谐、推进社会进步的重要职责。

所以，包括森林生态文化建设在内的现代林业建设理应成为国家发展战略。森林生态文化建设也理应成为国家生态文明建设的重要内容。因此，研究森林生态文化，在各项林业建设项目中体现森林生态文化的发展要求是现代林业发展的方向。

研究森林文化，就是从历史发展、文化本身层次结构、森林对于人类不同作用等多方面总结人与森林的相互关系，使人类更加科学地认知森林，从而更好地保护森林、利用森林。从而有利于现代林业的科学健康发展。因此，近几年来，政府与研究人员均从不同角度在关注森林生态文化，出现了一系列的研究成果和森林生态文化建设实践。

我认识本书作者主要从评审论证国家林业局中南调查规划设计院完成的自然保护区规划、现代林业示范市建设规划、森林城市建设规划和生态市规划等项目开始。之后，共同参与了一些国家森林城市的考察评估活动，知晓他在进行森林生态文化研究。今年秋季，作者携此书稿与我，不曾想到长期在生产一线的技术人员会有此成果，深以为慰！尤其本书作者是在林业调查规划设计单位，繁重的调查工作之余能持之以恒坚持研究与关注森林文化与文化设计尤为可贵。

本书作者十多年来通过对森林文化基础理论的研究，提出了森林生态文化体系架构。尤其利用理论研究的心得在大量的森林公园、城市森林、植物园、现代林业，以及森林养生保健园建设规划设计等项目中进行实践，体现了本书理论联系实际的风格。虽然本书在理论思考、总结、实践案例上，仍有许多有待提高之处，但仍然是目前此领域最系统的一本理论与实践相结合的著作。

参天大树自幼苗始生。因此，本人乐以为序。

[†] 蒋有绪，见：但新球，但维宇，森林生态文化，北京：中国林业出版社，2012。

《中国长白山食用植物彩色图志》序[†]

　　长白山雄踞吉林省东南部，像一条玉龙横亘在中朝两国的边界，是东北地区乃至整个东北亚一个巨大的立体资源宝库，自古以来就享有"食用植物王国"的美誉。这里盛产通化葡萄酒，早在 1959 年人民大会堂就选用它招待国内外宾客，其系列产品誉满海内外，成为当地的一个特色品牌。长白山区梅河口市目前已成为亚洲最大的松子加工基地，其产品已销往日本、美国、加拿大、德国、英国、法国等国家。

　　长白山区的原居民食用蘑菇、野菜和野果的历史非常悠久。早在远古时期，生活在这里的肃慎人就有食用野生植物的习俗。每年春季，人们上山采集分株紫萁、猴腿蹄盖蕨、蕨、荚果蕨、兴安升麻、展枝唐松草、荠菜、大叶芹、东北牛防风、轮叶沙参、烟管蓟、东北蒲公英、鹿药、牛尾菜等植物的嫩苗，采集辽东楤木、刺五加、无梗五加等植物的嫩茎叶，采挖轮叶党参、桔梗、玉竹、毛百合和薤白等植物的根及鳞茎；秋季，人们上山采集山楂、山荆子、秋子梨、山葡萄、软枣猕猴桃、笃斯越橘、酸浆、山楂叶悬钩子、东北李等果实，采集蜜环菌、猴头菌、美味牛肝菌、厚环粘盖牛肝菌、侧耳、亚侧耳、血红铆钉菇、棕灰口蘑、紫丁香蘑、红菇蜡伞、柠檬黄蜡伞、尖鳞环锈伞、淡黄枝瑚菌等真菌。

　　这些食用植物被采回后，人们对其进行仔细的分类。例如，东北杏、李、郁李等用于制作果脯，山刺玫、刺蔷薇、长白蔷薇等用于制作果酱，山葡萄、东北扁核木、越橘、软枣猕猴桃、毛山楂、库页悬钩子、水榆花楸、蓝靛果忍冬、笃斯越橘等用于制作果汁、果酒等饮料，银线草、大三叶升麻、展枝唐松草、荠菜、东北土当归、烟管蓟、苣荬菜、东北蒲公英、薤白、鹿药可蘸酱，分株紫萁、猴腿蹄盖蕨、蕨、荚果蕨、轮叶党参、牛尾菜、羊肚菌、金顶侧耳、美味牛肝菌、厚环粘盖牛肝菌可炒食或腌渍，狭叶荨麻、荠菜、侧耳、亚侧耳可做汤，蹄叶橐吾、狭苞橐吾、大叶蟹甲草可包饭，等等。

　　人们长期食用植物，在长白山区已经形成具有浓郁地方特色的饮食文化。昔日那些用于度过饥荒的食用植物，如今已登上大雅之堂。有的已经成为传统的烹调模式。例如，用金顶侧耳包饺子，用蜜环菌炖小鸡，用木耳拌凉菜，用猴腿蹄盖蕨炒虾仁，用荚果蕨炖鸡腿，用牛尾菜炒肉，用烟管蓟馇小豆腐，等等，已经成为餐桌上的美味佳肴。

　　长白山区的食用植物资源虽然很丰富，但由于图文资料极其匮乏，许多百姓"守着宝山不识宝"，使大量的资源白白地浪费在大山中。特别是每年都有许多人因误食有毒植物而死亡，给社会和家庭带来许多负面影响。一些国内外专家，学者在进行长白山食用植物研究时，只能找到一些枯燥的数据和文字，缺少具体的图像资料、食用方法和其他信息等。鉴于此，人们迫切需要一部系统、科学、翔实反映长白山食用植物资源的大型彩色图志，为人类开启这一自然宝库提供一把金钥匙，为人们对这些植物资源进行研

[†] 蒋有绪，见：周繇等，中国长白山食用植物彩色图志，北京：科学出版社，2012。

究、利用、开发、育种、驯化等提供重要的参考资料。

通化师范学院长白山生物资源开发利用研究所周蘩教授是我的朋友，他与同事科研处朱俊义教授、制药与食品科学系于俊林教授"急人之所急，想人之所想"，以高尚的爱国主人情操、严谨的治学态度、顽强的毅力和无私的奉献精神，肩负着几代人的梦想，承载着广大长白山食用植物者研究的希望，在经费十分拮据的情况下，克服了许多难以想象的困难，终于完成这部大型专著（彩色图片1543张，食用植物123科、348属、690种、16变种、12变型，常见有毒植物23科、35属、51种），令人钦佩。这是我国科技工作者以平常心、执著顽强的精神为社会所做的一项重要科研成果，也是长白山野生食用植物研究的一个里程碑。该书的出版对长白山乃至整个东北亚地区的野生食用植物资源开发、利用和保护无疑会起到巨大的推动作用，对东北地区"绿色食品基地"建设及吉林省申报"长白山世界自然文化遗产"无疑做出重要的贡献，同时为作者尽快出版更全面、更权威的《吉林省野生经济植物彩色图志》打下坚实的基础。

我衷心地祝贺作者，为这本大型图志的出版感到高兴，特此提笔作序。

《生态文明学》序[†]

原始社会、农业社会、工业社会、后工业社会，人类社会在波浪式前进；原始文明、农业文明、工业文明、生态文明，社会文明在螺旋式上升。这是历史发展的必然趋势。身处其中的人们，对于自己与自然、自己与他人、自己与社会的认识也在不断深化和升华。　人类只是自然—人—社会复合生态系统的一个子系统，面对资源枯竭、生态危机、环境污染和人类工业病蔓延的严重现实，人们逐渐意识到自然、人、社会和谐协调、共生共荣、共同发展的生态文明社会，才是人类及子孙后代幸福生存的基础和追求的美好愿景。廖福霖等撰写的《生态文明学》一书的出版，正值人们对于自然和社会认识与行动转折的重要时期，它为我们正确认识自然、人、社会的关系，选择科学有效的行动提供了理论和实践的指导，同时也使生态文明的研究跨入新的阶段，跃上新的台阶。

通读全书，认为该书有以下新贡献。

第一，创建生态文明学，将其作为一门学科进行研究。目前对于生态文明的研究已形成热点，但将其上升到学科进行研究，廖教授的团队是个创举。据我了解，廖教授的团队从上世纪 90 年代就开始了对生态文明建设进行了探索，2001 年出版的《生态文明建设理论与实践》专著获得了好评，成为 2002 年福建省制定生态省建设规划的重要参考，2008 年被贵阳市列为学习科学发展观的必读书籍。之后，作者又出版了《生态文明观与全面发展教育》（2002 年）、《生态生产力导论》（2007 年）、《生态文明经济研究》（2010年）等专著，从不同角度对生态文明进行了深入的研究。经过这十五年来对生态文明的不懈探索，在对大量的理论知识和鲜明案例进行系统研究和总结的基础上，凝练的这本《生态文明学》可谓是结晶之作。相信这本书的出版将为生态文明学的学科发展、建设和人才的培养会做出重要贡献。

第二，创新生态文明学的研究体系，极具特色。作为一门学科，理论的系统性是极其重要的。该书对生态文明学的研究主要从三个篇章展开：第一篇生态文明学总论。总论阐述了生态文明实践与研究的过程和发展趋势，界定了生态文明的相关概念，提出了生态文明学关于人的理性假设，对学科性质、研究对象、学科定位、学科基础理论、学科的基本问题和主要内容、学科研究方法都进行了系统深入的分析，形成了学科理论体系。同时，该书重点突出，有许多理论上的新见解/新观点。如，如何将美好的生态文明社会转变为现实，常规思维是通过生态的恢复与建设、环境的治理与保护来落实。该书主张以发展为主线，以转变生产方式和生活方式为出发点，以建设资源节约型、环境友好型、公众健康型社会为落脚点，以发展生态生产力为核心，以发展生态文明经济建设生态文化为两翼，构建了生态文明建设的基本原理、主要任务、技术体系和基本原则等理论和实践体系。第二篇从经济基础方面进一步细化研究，阐明了实现生态文明社会的

[†] 蒋有绪，见：廖福霖等，生态文明学，北京：中国林业出版社，2012。

主要经济基础——生态文明经济的基础理论、本质特征、基本功能、发展过程、发展机制、生态文明经济各种表现形态及其内在联系、协同发展等，从微观层次进行了深入探索。该书将生态恢复与建设、环境治理与保护寓于转变生产方式和生活方式、发展生态生产力及其微观基础的生态文明经济的过程之中，这就提升了生态恢复与建设、环境治理与保护的治本性和可行性，从内生力量和外在推力的结合上，把生态文明建设落到了实处。书中还论证了发展生态生产力及其生态文明经济是顺应世界经济发展的必然趋势，是优化我国经济结构、占领国际经济科技制高点、实现科学发展和跨越发展的必由之路。上述理论体系提升了理论高度，发掘了理论深度，拓宽了理论广度，别具一格，是该书的一个亮点。第三篇阐述了生态文化的系统理论和实践要求，包括生态文化的基本概念、思想理论渊源，研究范式、范畴和形式，生态文化的基本特征与发展规律，生态文化的基本要素与构建，生态文化产业的发展等。生态文化是自然和社会的生产与生活活动的产物，同时又极大地反作用于自然和社会。建设生态文明，必须有生态文化的大发展，使生态文明观在全社会牢固树立，并用以指导人们生产方式和生活方式的转变。把生态文明经济和生态文化的发展作为生态文明建设的两翼，使他们相辅相成、相得益彰，从而实现自然-人-社会复合生态系统的和谐协调、共生共荣、共同发展。

第三，生态文明学作为崭新的学科，融汇了多学科的知识理论，是自然科学与人文社会科学的多学科融合交汇与创新的学科。该书运用马克思主义的辩证唯物论和历史唯物论的世界观和方法论，融现代生态科学、经济学、系统学、协同学、管理学、文化学、社会学等学科理论知识为一炉，体现了学科交汇与整体创新。其中关于生态文明经济各种形态的理论，关于循环经济是生态文明经济的方法论形态的论述，关于生态文化的研究范式、范畴、基本特征和发展规律的理论等等，都有有别于传统认识的理论新见，读来令人耳目一新。

该书理论阐述直奔主题，理论架构简洁明了，逻辑联系紧密，内容由浅入深，知识面宽，信息量大。廖教授团队对生态文明的深厚理论功底，多学科的广博知识，调研实证资料的丰富，对学术发展的执着和追求，给人以深刻印象。该书的问世，相信能带给读者更多的启发和思考，对我国生态文明的理论发展和建设实践发挥重要作用。在此，欣然做序以祝贺该书的出版。

严格落实《环评法》，平衡保护与发展，实现绿色增长[†]

　　环境是人类社会赖以生存的基础，同时环境问题伴随着人类社会发展自古至今也一直存在着。在人口数量较小的时期，环境问题对人们的生产和生活影响不大，所以受社会的关注程度也小。随着世界人口数量的持续增加、科学技术的迅猛发展、人们生活需求的日益提高，全球气候变暖、臭氧层耗竭、酸雨等"八大环境问题"引发了人们对环境问题的持续关注，环境问题也不再是哪个国家、哪个地区的问题，而是全球面临的共同问题。上世纪六十年代，美国率先颁布实施了《国家环境政策法》（National Environmental Policy Act），将解决环境问题的重点放在了预防为主上，这标志着环境影响评价作为一项法律制度的形成，目前这一制度已被 100 多个国家和地区广泛应用。2002 年 10 月 28 日，我国第九届全国人民代表大会常务委员会第三十次会议审议并通过了《中华人民共和国环境影响评价法》，正式确立了我国环境影响评价制度在从源头防治环境污染和生态破坏方面的法律地位。

　　10 年历程，由于《环评法》与国民经济的各行各业的建设和发展密切相关，因此其有效实施是一个艰难的过程。走过风雨，今天迎来的是保护和发展日益相得益彰的良好局面。

　　一、《环评法》既规定了建设项目的环境影响评价，也在拓展战略环评，推进规划环评，从宏观战略层面预防、治理环境问题等方面实现了新突破，将环境影响评价的对象向前推进到了规划阶段，从而，最直接地促进了我国环境保护决策的科学化。

　　《环评法》规定土地利用的有关规划，区域、流域、海域的建设、开发利用规划，及工业、农业、畜牧业、林业、能源、水利、交通、城市建设、旅游、自然资源开发的有关专项规划均需进行环境影响评价，所有这些，极大地推动了我国的环境保护事业，同时有力促进了相关行业的科学发展。

　　例如，2003 年年底，为研究我国造纸工业、木材资源状况以及我国发展木浆造纸和造纸原料林基础的基本条件，国家发展与改革委员会编制了《全国林纸一体化工程建设"十五"及 2010 年专项规划》。该规划是《环评法》实施以来第一个国家层面的规划环境影响评价，打破了传统的造纸工业模式，提出了以纸养林、以林促纸、林纸结合的产业化新格局，在有效保护天然林和生态公益林的基础上，促进了造纸业建立循环经济的发展新模式。在此基础上，各地区造纸集团开始编制林浆纸一体化项目的原料林基地生态环境影响专项报告书，调整产业结构，建立原料林基地，造纸业自身蓬勃发展的同时，也有利于调整当地农村经济结构，促进地方经济发展，增加农民收入，优化林业产业结构，增加了森林覆盖率，具有明显的经济、社会效益和一定的生态效益。由此可见，随着《环评法》的颁布实施，我们的传统观念发生着潜移默化的转变，以前林业的发展模

　　† 蒋有绪，肖文发，李萍，2012，见：环境保护部环境工程评估中心主编，《环境影响评价法》颁布十周年文集，北京：中国环境科学出版社，211-213。

式比较单一，与其他行业的结合较少，现在林业不仅与农业、牧业关系密切，而且对相关工业的发展也起到越来越重要的作用，对国家环境保护、绿色经济、产业结构调整、区域可持续发展和生态安全等方面的贡献越来越显著。

2008 年的"欧洲投资银行贷款清洁发展机制造林项目"是以生态效益为主，兼顾农民收入的国家级公益性碳汇造林项目，该项目严格按照《环评法》编制了环境影响评价报告书。按照该项目开展后对环境影响的程度和范围，首先对环境影响因素进行了选择，从施工期林地、造林模式以及树种的选择，整地、栽植方式，人工林抚育过程，林道修建，运营期对生态环境、自然环境及环境风险等几方面的影响进行分析评价，对可能产生的环境不利影响都提出了相应的缓解措施，为项目的顺利实施，生态效益的最优化发挥提供了有力的技术保障。

过去环境问题的解决方案多集中于对已发生污染的治理上，面对越来越严重的环境污染问题，传统的建设项目的环境影响评价就显得疲于应付、事倍功半。《环评法》以法律的形式将环境影响评价提升到了项目决策的规划阶段，及早预测和防止可能出现的各种环境问题，对发展战略从发展和环境两方面进行不断的选择和调整，从而真正从源头上解决环境问题，走出了"先破坏再治理，再破坏再治理"的怪圈，实现经济与环境协调发展，人与自然和谐相处。

二、《环评法》将公众参与从政策、理念用法律形式固定并落到实处，在全民环保、社会监督等方面起到了重要推动作用，是我国环保事业科学发展的重要保障。

《环评法》充分考虑公众参与环境影响评价的权利，一方面提高群众对项目建设的知情权，另一方面也全面提升了整个社会的环境保护意识。规定在规划草案报送审批前，需要举行论证会、听证会等各种形式，征求有关单位、专家和公众对环境影响报告书草案的意见，并附对意见采纳或者不采纳的说明，使环境影响评价中公众参与作为必经程序，具有法律强制性。同时，公众参与意识的提高对进一步规范环评工作提出了新的要求。例如，什邡钼铜项目就是因为政府信息披露不够及时、充分和环评中的公众参与程序不规范等原因引发了群体性事件，并进而造成了项目的搁浅。而作为 2009 年世界银行贷款林业综合发展项目子项目之一的"黄河流域生态恢复林业项目"的环境影响评价中，对公众参与的目的、意义认识充分到位，在项目区通过走访当地居民、召开村民会议、集体访谈、座谈会、发放公众参与调查表及个别咨询相结合的方式，把本工程的内容向当地干部群众进行了详细介绍，特别对该工程建设所产生的不利及有利影响进行了分析，认真听取了民众对项目建设的意见。在不同区域选择有代表性的县、乡、村进行调查，召开多次座谈会，同时对农民的现有土地利用状况、杀虫剂和肥料使用状况、生活水平、公众健康及他们对该项目的理解和态度进行深入了解。通过公众调查发现，当地群众一般比较关心和支持林业生态恢复项目的建设，认为这类项目能够改善人们的生活环境和经济条件，并且能够承受建设期带来的不利影响，并且提出了一些意见和建议，例如希望得到技术培训、特别是有经济效益的树种的综合经营技术；项目实施的时候能够聘用当地的人民，提供就业机会；项目的规模及生态树种和经济树种的选择问题等。公众的充分参与，不但完善了项目环境影响评价报告，而且提高了当地民众自觉参与生态环境保护和建设的自觉性。

因此，环境影响评价过程中的公众参与不仅关系环境问题、经济问题，甚至关系社会稳定问题，一定要进一步加强落实。

三、《环评法》的实施，从法律与管理、资质与技术结合的层面，保障了我国环评事业的健康发展。

为保证环境影响评价的客观、公开、公正，提高环境影响评价人员专业素质和业务水平，于 2004 年开始实施环境影响评价工程师职业资格制度，进一步加强了对环境影响评价专业技术人员的管理，规范了环境影响评价行为，使环境影响评价更好地服务于宏观决策。工程师职业资格制度的实施推动了评价单位的深化改革，发挥双向选择的作用，实现了单位与个人的强强联合，紧抓机遇，转变观念，适应新形势，在规范化的公平竞争中共同提高环境影响评价水平。

目前环境影响评价所涉及的范围越来越广泛，不仅包括铁路、公路、火电、水电等国家支柱型产业，还包括城市的总体规划，甚至还有关系民生的棚户区改造项目。棚户区改造是我国政府为改造城镇危旧住房、改善困难家庭住房条件而推出的一项民心工程，该改造项目的实施，能够改善城市面貌，提高城市品位和承载能力，也加大了城市建设力度，将从根本上改善民众的居住条件和居住环境，同时也体现了"以人为本"的思想，有利于社会的长期稳定发展。这类项目实施由于关系人民群众的切身利益，民众的关注度较高，对环境影响评价的要求也较高，任何细微之处的工作疏忽和考虑不充分所引发的后果不仅涉及生态和环境，甚至关系群众的生产、生活，关系国家保障性安居工程工作的顺利实施与否。所以《环评法》颁布实施至今，对我们从事环境影响评价的单位和个人的要求也越来越高，尤其是对国家政策的理解和把握，对新颁布及修改的法律、法规的学习和应用等方面，都要求专业技术从业人员紧跟形势，与时俱进，不断提高服务社会的思想意识和自身的综合业务素质。

四、《环评法》极大地推动了我国环境保护事业，但任重而道远，需要随着国家经济社会快速发展不断完善和提高。

《环评法》颁布十年来，无论是政府决策部门、公众，还是环境影响评价单位，都经历着一个积累、适应和调整的过程，这也是一个从抵制、质疑到接受、参与的过程，毋庸置疑的是环境影响评价在宏观决策和生态环境保护方面的重要作用。面对依然严峻的环境问题，《环境影响评价法》任重道远。通过全社会共同的努力，我们将有效遏制生态环境的进一步恶化，重现"天蓝、山青、水秀"的美好家园。

我们应该加深对《环评法》在生态和环境保护方面长远意义的理解，进一步转变思想，提高认识，真正树立生态和环境不仅关系国家兴亡，也是关系我们每个人生活质量的头等大事。我们喝的每一口水、呼吸的每一口空气、吃的每一粒粮食，其质量如何都由我们对自身生存环境的态度决定。

政府部门的作用是至关重要的。一方面，政府部门要克服急功近利的思想，进一步完善审查、评估制度，加强管理的科学化和透明化，探索市场化，强化公众参与，从每一个项目入手，严把质量关。另一方面，政府部门尤其要进一步提高宏观决策能力，自觉打破行业保护和部门界限，把对环境的影响作为经济社会发展大棋盘上的重要一子进行统筹布局，利用规划环境影响评价促进决策的科学化和民主化。只有把对环境的影响作为建设项目决策的首先目标进行决策，才能实现对环境的破坏和对资源的过度开发的有效遏制，达到保护与发展的平衡，促进绿色增长，实现自然资源的循环利用和区域经济的可持续发展。

《海南鹦哥岭自然保护区生物多样性及其保育》序[†]

　　生物多样性是地球上人类赖以生存的基础。随着人口的迅速增长，人类经济活动的不断加剧，生物多样性受到了严重的威胁，如物种灭绝、栖息地丧失和破碎化、掠夺式的资源利用、环境污染、生物入侵等，人类活动正造成物种以每天一种的速度在消失，是自然灭绝的 1000～10 000 倍。生态系统与生物多样性保护工作成为了人类共同的话题。建立保护区是生物多样性就地保护的主要手段，管理好保护区内的生态系统与生物多样性被认为是起着最为决定性作用的保护策略。在广袤的地球上，热带地区是生物多样性最为丰富的区域，同时也是资源受威胁最为严重的地区。尽快加强热带地区的生物多样性保护工作，显得尤为迫切。

　　作为中国典型热带地区的海南岛，其具有北热带特点的热带雨林生态系统及其生物多样性在我国具有显著的位置。海南鹦哥岭省级自然保护区因为拥有海南省以至华南地区最连片、保护最完好的热带雨林而成为海南自然保护区网络中的一颗耀眼明珠。鹦哥岭省级自然保护区物种多样，资源丰富。无论从生态系统、生物物种、植被类型、保护价值等来看，都具有很强的代表性和典型性。鹦哥岭山脉是海南岛中部山区的核心，面积辽阔，除提供了大量的野生动植物栖息地外，特殊的地理位置使得鹦哥岭成为了海南岛陆生生物多样性保护的中心枢纽，其生态走廊作用明显。尽快建立国家级保护区，整合海南的保护区系统，使之连成一片，将能更加有效地发挥海南保护区体系的作用，更有效地研究和保护海南省的热带生物多样性。

　　我从事热带森林生态系统研究几十年，深感科研力量和保护工作开展之间的压力和紧迫性。海南鹦哥岭省级自然保护区申报国家级自然保护区，能大大加强保护该区的生态系统与生物多样性的力量，与邻接保护区之间搭起一个生态长廊。其意义之深远绝不可低估。作为生物多样性研究特别是森林生态系统多样性研究领域的系统学家，理应迅速加入到保护区建设和管理中来，共襄此一盛举。

　　正是基于这一共识，我乐于为此书作序。该保护区在热带雨林生态系统的结构、功能和动态方面已开展了较为广泛的研究工作，积累了不少数据，取得了不少阶段性成果。但与国际上保护区管理与研究的相关领域比较，某些领域亟须加强。建立国家级自然保护区必将为相关管理科研领域提供强大支撑，有利于促进我国植被生态学和森林生物多样性研究达到更高的科学水平，为林业和生态建设事业做出更大的贡献。

　　世有百业，起步维艰。这里，我谨代表众多保护工作者、科研人员和自然爱好者，感谢鹦哥岭自然保护区的志士仁人，并向编著《海南鹦哥岭生物多样性及其保育》科学考察报告的同仁们和一切关心鹦哥岭保护区事业的诸位领导、专家、学者致谢！

　　† 蒋有绪，见：江海声等，海南鹦哥岭自然保护区生物多样性及其保育，北京：中国林业出版社，2013。

《芳香药用植物》序[†]

中医药学是中国传统文化的瑰宝，从神农尝百草，到李时珍编著《本草纲目》，中国古代医药学家通过长期实践，总结出中国中草药的四性（寒、热、温、凉）五味（辛、甘、酸、苦、咸），利用各种药材配伍组成方剂，为人类防治疾病，形成了独具特色的中医药科学。中草药包括植物药、动物药和矿物药，尤以植物药居多，我国已知的药用植物有 12 000 多种，常用的有 2000 多种。我国大约有芳香植物 3600 种，其中可供药用 1000 多种。常用的药用芳香植物 100 多个科，主要集中在菊科、樟科、唇形花科、芸香科、伞形科、蔷薇科、姜科、百合科、木兰科、木犀科 10 个科，占芳香药用植物 50%以上。

芳香植物体内含有丰富的化学成分，大致可以分为芳香成分、药用成分、营养成分、色素成分四大类。其中芳香成分是芳香植物特有的挥发性精油成分和不挥发性的生物碱、单宁、类黄酮等，这些成分具有特有的药用功效，作为中药用于治疗各种疾病或作为原料提取有效的药用成分。营养成分包括人体必需的各种矿物质和维生素。色素成分可作为天然染料来利用，特别是作为天然食品添加剂，具有安全、可靠的优点。此外，大部分芳香植物还含有抗氧化物质、抗菌成分和丰富的微量元素。

有关芳香药用植物的多种治疗作用，从古代经中世纪一直到 19 世纪，都有大量文献记载。药用芳香植物具有多种药用功能，由于大多数芳香植物都具有药用和保健功能，所以用芳香植物生产的保健产品越来越受到消费者的关注。芳香保健品主要包括保健药品、食品、化妆品以及装饰品。重要的芳香植物保健药品有各种精油、浓缩液、胶囊、膏丸、颗粒剂、复方茶包、香包、香料束、漱口水和空气清新剂等，通过涂抹、按摩、沐浴、熏香、喷雾和饮用等芳香疗法达到养生、美容、调节心情的保健目的。

随着科学技术的发展和提高，人们对芳香药用植物的认识不断深入。近年来，瑞士、美国、德国、日本和韩国等国家对芳香植物及天然香料的应用研究很活跃，主要趋向于研究天然香料的功能性，如免疫性、药用神经系统的镇静性、抗癌性、抗老化性、抗炎性和抗菌性等。

中国近几年来对芳香药用植物研究取得了可喜的成果，芳香药用植物的开发利用发展很快，全国各地都兴起芳香药用植物园的建设。笔者为顺应芳香药用植物产业日新月异发展的需求，参阅和收集了大量国内外文献、书刊资料和最新研究成果，编辑了此书。

[†] 蒋有绪，见：陈策等，芳香药用植物，武汉：华中科技大学出版社，2013。

《荒漠生态系统功能评估与服务价值研究》序[†]

　　近年来，生态系统服务研究作为生态学研究的一个国际热点，并逐渐被纳入到生态学、生态经济学等学科领域，其中生态系统的功能、产品和服务的价值核算成为研究焦点。由于人们长期对生态系统服务及其重要性缺乏了解，对自然资源进行掠夺性开发，加之生态系统受人类活动的影响和干扰日益加剧，致使全球性的生态系统严重退化、生态系统功能大大降低，如土地荒漠化、水土流失、物种减少、干旱缺水等一系列生态环境问题。荒漠生态系统服务是指人类从荒漠生态系统的各项功能所获得的各种收益。由此，人们逐渐认识到生态系统的服务是人类生存发展与现代文明的基础，生态系统服务不仅为人类的生产生活提供必需的生态产品，而且创造与维持了地球生命支持系统，形成了人类生存所必需的环境条件。

　　荒漠生态系统是发育在降水稀少、强烈蒸发、极端干旱环境下，植物群落稀疏的生态系统类型，是陆地生态系统的重要组成部分，也是我国西北干旱区代表性的生态系统类型，具有独特的结构和功能，亦是沙尘暴的主要发源地。

　　多年来，人们对荒漠生态系统服务的认识还处于初始阶段，只要一提到荒漠，多数人马上想到的就是沙尘暴，即扬沙浮尘漫天，出门睁不开眼、满身是土的情景。老百姓都熟知老子那句话，"祸兮福之所倚，福兮祸之所伏"。沙尘暴除了造成严重的大气环境污染，对农业、工业和交通造成巨大损失外，还具有一系列的正效应。如：土壤形成，即当沙尘落到陆地，经过多年发育形成可满足植物生长的肥沃土壤；沙尘中和酸雨效应，即沙尘所携带的碳酸盐和自由可溶盐与大气中酸性离子发生中和；沙尘的"阳伞效应"，即降低太阳辐射从而减缓气候变暖；沙尘的"冰核效应"，即沙尘气溶胶可作为云的凝结核或冰核，从而增加降水等；特别是沙尘的"铁肥效应"，即沙尘气溶胶中含有大量的铁元素，这些粒子随着气溶胶的沉降，为海洋生物提供所需的营养元素。另外，荒漠生态系统具有较强的水资源调控服务，如凝结水、地下储水、净化水质、土壤水等。荒漠中还有独特的动植物，譬如肉质植物仙人掌、胡杨、藏羚羊、野骆驼、野牦牛等，且生物资源中蕴藏了大量可供人类利用的药用资源。荒漠植被有防风固沙之功效。尽管荒漠化地区植被稀疏，但由于面积巨大，其固碳能力不可忽视。而且，沙漠作为荒漠生态系统分布最广的一种类型，有众所周知的沙漠奇观，譬如有"上帝画下的曲线"之称的巴丹吉林沙漠，沙山绵连起伏，如同波浪，有雄浑苍凉之美，唐代诗人岑参则吟唱沙漠"黄沙西海际，百草北连天"。而荒漠地区中的绿洲，盛产水果，以汁多味甜而著称。

　　但是长期以来，由于对荒漠生态系统服务及其在维持干旱区社会经济发展和减贫方面的重要性缺乏认识，加之荒漠生态系统服务研究一直处于定性描述的初级阶段，而未

　　[†] 蒋有绪，见：荒漠生态系统服务功能监测与评估技术研究项目组，荒漠生态系统功能评估与服务价值研究，北京：科学出版社，2014。

能进行量化,致使荒漠生态系统持续处于过度开发利用的状态,已经开始由结构性破坏向功能性紊乱的方向发展,由此引起区域性的水资源短缺、风蚀沙化、生物多样性丧失等,对我国干旱区的社会稳定和生态安全造成严重威胁。因此,对荒漠生态系统服务进行科学、量化的评价,对生态产品价值进行量化,是一项紧迫而又必须完成的任务。

该书基于全国 17 个荒漠生态站长期、连续的大量观测数据,以及国家林业局第四次(2009 年)全国荒漠化和沙化监测结果,采用典型案例、问卷调查、尺度转换、遥感解析、综合评估模型等多学科交叉的集成创新方法,对不同地域、不同类型的荒漠生态系统的结构、功能及过程进行深入的研究,并有效克服以往评估的局限性及不足,从而完成了荒漠生态系统防风固沙、土壤保育、水文调控、固碳、生物多样性保育、景观游憩及沙尘生物地球循环等七个主要生态服务的实物量和价值量的定量估算。譬如,估算我国荒漠地区 2009 年植被固沙量 440.49 亿 t;沙尘搬运可形成土壤 176.49 亿 m³;产生凝结水 76.53 亿 m³,有地表水 104.99 亿 m³、地下水 129.06 亿 m³;植被固碳 1.91 亿 t,土壤固碳 0.12 亿 t,沙尘落入海洋后增加碳储量 10.35 亿 t;沙尘向海洋输送 4.83 万 t Fe 量,满足了海洋浮游生物生存和发展的部分需要;荒漠为动植物提供了生存和繁衍场所,其中动物有 12 419 种,植物 2280 种。以 2009 年为基准年份,我国荒漠地区当年产生的生态服务价值高达 5.4 万亿元,约占当年我国 GDP 的 16%,其中荒漠植被每年固沙价值 2.6 万亿元;土壤保育 0.6 万亿元;水资源调控 0.7 万亿元;固碳 1.5 万亿元;生物多样性保育 116.2 亿元;景观游憩 45.1 亿元。

我国是世界上受荒漠化影响最严重的国家之一,也是亚洲沙尘的最重要源区之一。该书对荒漠生态系统服务功能的系统研究和定量评估,不仅可以扭转人们对沙尘功能和作用的认知,重新认识沙尘所带来的正效应,而且有助于加深决策者、管理者和使用者对我国荒漠生态系统服务的特征、空间格局及影响因素,以及荒漠生态系统与人类福祉之间相互关系的科学认识和理解,特别是进行我国荒漠生态系统碳储量估算,可以增进荒漠化地区固碳功能对减缓气候变化的重要性的认知。

该书研究和评估结果具有科学性、准确性,不仅标志着我国荒漠生态系统服务进入了量化研究的新阶段,而且填补了我国在荒漠生态系统服务定量评估方面的空白,也为生态系统服务及其价值评估奠定了可靠的生态学基础。为此,我愿意将此书推荐给我国的广大公众、生态经济学和荒漠生态学等相关专业的科研人员,以及相关政府部门的决策人员,希望此书对他们有所裨益。

《内蒙古大青山国家级自然保护区综合科考集》序†

在我国有多座山叫大青山，其中以阴山山脉的大青山最为有名。

友人约我为即将出版的《内蒙古大青山国家级自然保护区》作序，我欣然接受。

内蒙古大青山我多次去过，前几年得知内蒙古大青山晋升为国家级自然保护区，我非常高兴。建立这样一个超大型、跨行政区域的自然保护区是多么不容易的一件事，这不仅表明中国政府对自然遗产保护的决心和高度重视，我国自然保护区网络在不断完善和提升；同时也表明了我国对世界人与生物圈计划的认同及对全球自然保护区网的贡献。

大青山生态区位独特，具有明显的典型性。内蒙古大青山国家级自然保护区位于阴山山脉中部，内蒙古自治区首府呼和浩特市和我国重要的钢铁基地包头市北部，是中国十大山脉之一阴山山脉的主体部分。大青山可以称得上是一座界山，是黄河流域的北部界线，季风与非季风分界线，也是中国古代游牧文化与农耕文化的分界线。

阴山山脉是一个断层山地，山地南北的地貌形态非常不对称，南坡陡峭，能承受东南海洋季风的影响，北坡较平缓，与蒙古高平原之间没有明显的分界线，南坡以巨大的正断面与黄河平原截然分开，北坡则直接承受和阻挡着西伯利亚寒流和蒙古高原风沙南侵，成为河套平原、华北平原及首都北京的一道天然生态屏障。

保护区山地东经灰腾梁台地与冀北山地相连，西经乌拉山、狼山与贺兰山、北大山、马鬃山相通，呈东西向坐落于内蒙古草原区内。形成了一条连接和沟通东北、华北、西北动植物区系的过渡带，构成了一条环内亚干旱、半干旱区南缘的生态交错带。这条生态交错带在我国北方草原区占据了一个独特的生态区域，成为干旱、半干旱区森林的岛屿和诸多大型动物活动的通道，在维护和保持内亚荒漠草原生态稳定性，涵养水源、保持水土，屏护山前河套平原、包头市、呼和浩特市乃至华北平原生境具有重要的意义。

保护区在植被区划上属于阴山山地辽东南亚油松林/草原山地州（简称阴山州），从区系的组成来看，阴山山地植被兼有华北森林植物区系特色及内蒙古高原草原的双重特色。这里是华北植物区系的北界，也是蒙古高原植物区系的南界，在植物地理区划上有着重要价值。

就植物区系的地理成分而言，东西成分、华北森林区系成分和亚洲中部草原成分均为植被的重要组成部分。但森林成分的分布表现出明显的边缘性，如油松、青杆、白杆、辽东栎、蒙椴、文冠果等均处于分布区的西北边缘，侧柏在保护区的分布是最北端。脱皮榆在大青山为其分布的西部北界。

保护区山地植被兼有蒙古高原草原区与黄土高原草原区的大多数草原群系类型。保护区多样的生态系统保存了多样的生物资源，区内有大量的国家重点保护野生动植物和多样的自然景观。对于深入研究阴山山脉的地质、地貌，森林植物群落起源、演替，动

---

† 蒋有绪，见：李全基主编，内蒙古大青山国家级自然保护区综合科考集，北京：中国林业出版社，2014。

植物资源、生态变迁都具有重要的意义。大青山自然保护区是一个难得的野生物种资源基因库，是一处天然的动植物园，是阴山山脉多样的生物资源和景观的缩影，是一处理想的科研和宣教基地。

《内蒙古大青山国家级自然保护区》是一本保护区的科学考察报告，也是我看到的有关于阴山山脉大青山最为全面和翔实的文献。著作包含了大青山的自然地理（地质地貌、气象气候、水文、土壤）条件与特征，详尽的植物群落类型、重要的和濒危的植物种及其生境产地，各纲目的脊椎动物、节肢动物和大型真菌，以及大青山的自然景观类型、富有历史沉淀的人文景观和它们的旅游价值，是一部内容丰富多彩，具有重要科学文献价值而又深入浅出使人容易读懂的科学著作，体现了作者们研究考察的艰辛付出和精心策划以发挥更大社会价值的用心良苦。我感谢他们。我相信，这部书的出版将为大青山地区自然资源的科学保护和合理利用，提供科学的决策的依据，也将成为外界认识大青山自然保护区的重要途径。最后，祝福大青山明天更壮美。

《澳门植被志》序†

　　植被是指地球表面的活的植物覆盖。一个地区的植被即该地区所有植物群落的总和。认识区域植被，进行植被分类，是区域资源保护、管理与利用最基础性的工作。澳门是中国的一个特别行政区，人口密度高、陆地面积小，第三产业是经济的主导，其中旅游业和博彩业尤其发达。澳门城市的这些特征，使澳门的生态环境保护与建设特别重要。由于区域的生态环境质量，很大程度上是由区域的植被状况所决定的，所以植被的恢复、保护与管理对于维护区域生态平衡，创造良好的区域生态环境质量具有重要意义。从这一意义上说，《澳门植被志》是一项最基础性的工作。

　　《澳门植被志》一书对澳门的自然植被采用了《中国植被》的分类体系，运用传统分类与定量分类相结合的方法，对澳门的自然植物群落进行了详细的分类，并在植被图上进行了空间定位。这些工作虽然平凡，但却需要非常辛苦的野外调查。《澳门植被志》研究组的科学工作者，走遍了澳门的山山水水，以翔实的第一手调查资料完成了这项成果。这反映了作者坚实的植被学知识与极其认真负责的工作态度和细致深入的研究作风。《澳门植被志》将成为澳门植被保护与管理最实用的工具书。

　　《澳门植被志》一书中有不少理论与方法学的创新。澳门作为典型的城市系统，除了自然植被以外，还有城市系统必然具有的人工植被（称为城市植被），与自然植被共同构成城市完整的植被体系。有关"城市植被"的概念早已在几十年前就提出来了，但至今城市植被的分类尚未有公认的体系。《澳门植被志》提出城市植被的分类系统，将城市植被划分为单独的植被型，即高级分类单位为城市植被型，中级分类单位为景观类型，下设景观型为初级分类单位。这对推动我国乃至国际城市植被的研究和保护将有重大的意义。四百多年的中西文化的融合并存使澳门具有独特的城市风格和城市植被类型。在澳门植被中，澳门城市植被占有重要的位置。《澳门植被志》对城市植被的完善分类，也为澳门的城市植被保护与管理提供了科学依据。此外，在对澳门植被不同类群的性质把握，以及提出澳门新植被类群，《澳门植被志》均不乏创新之处。

　　随着人类的不断探索和对植被认识的不断加深，人们已经深刻意识到，只有正确认识植被的结构特点，掌握植被发展规律，才能有效地控制、利用与改造自然生态系统，提高生态系统的生产力，使植被生态服务功能最大化。《澳门植被志》除了对澳门植被进行分类外，还分析了澳门植被的动态，提出澳门植被的演替模式与发展规律；针对人工林衰老、植被病害与生物灾害等澳门植被恢复与演替的主要生态问题，提出生态改造的对策。使《澳门植被志》的实用性大的增加了。相信《澳门植被志》的出版，可为澳

---

　　† 蒋有绪，见：澳门特别行政区民政总署园林绿化部，中山大学生命科学学院，澳门植被志（第一卷）陆生自然植被，2014。

门的自然环境保护与社会经济发展做出积极的贡献。

《澳门植被志》的作者是我熟悉和欣赏的植被科学研究团队，我为他们的新贡献《澳门植被志》的出版深感欣慰，特此作序以贺之。

附　　录

专著和译著目录

1. 普通生态学实验手册，（美）考克斯（G. W. Cox）著，蒋有绪译，北京：科学出版社，1979

2. 植物生态学的方法，（英）S. B.查普曼等著，阳含熙等译（蒋有绪译 第四章 产量生态学和养分预算），北京：科学出版社，1981

3. 植物群落分类，（美）R. H.惠特克主编，周纪纶，李博，蒋有绪，陈昌笃，李世英，郑慧莹，胡加琪译，北京：科学出版社，1985

4. 中国海南岛尖峰岭热带林生态系统，蒋有绪，卢俊培等著. 北京：科学出版社，1991

5. Agroforestry System in China，Zhu Zhaohua（竺肇华），Wang Shiji（王世绩），Jiang Youxu（蒋有绪），Published by CAF & IDRC, Canada，1991

6. 中国林业发展的环境目标战略研究——2000年中国森林发展与环境效益预测，蒋有绪，曹再新等著，北京：中国科学技术出版社，1992

7. 系统生态学，（美）奥德姆（Odum, H. T.）著，蒋有绪，徐德应等译，北京：科学出版社，1993

8. 森林生态系统定位观测提纲及数据库设计，《中国森林生态系统结构与功能规律研究》项目组（蒋有绪，冯宗炜，陈灵芝等）编著，北京：科学出版社，1993

9. 东北天然林区立体林业经营研究：小兴安岭林区立体林业经营的试验，蒋有绪，颜廷峰，兰再平，聂道平，方春子，张庆林等著，北京：中国科学技术出版社，1994

10. 江西大岗山森林生态系统结构与功能规律定位研究（一），蒋有绪，徐德应，聂道平等著，北京：中国林业出版社，1995

11. 中国森林生态系统结构与功能规律研究，蒋有绪主编，北京：中国林业出版社，1996

12. 生态学——国家自然科学学科发展战略调研报告，国家自然科学基金委员会编著，（马世骏，研究组组长，孙儒泳，蒋有绪，研究组副组长），北京：科学出版社，1997

13. 中国森林群落分类及其群落学特征，蒋有绪，郭泉水，马娟等著，北京：科学出版社，中国林业出版社，1998

14. 中国暖温带森林生物多样性研究，刘世荣，蒋有绪，史作民等著，北京：中国科学技术出版社，1998

15. 海南岛热带林生物多样性及其形成机制，蒋有绪，王伯荪，臧润国，金建华，廖文波等著，北京：科学出版社，2002

16. 海南岛热带林生物多样性维持机制，臧润国，安树青，陶建平，蒋有绪，王伯荪等著，北京：科学出版社，2004

17. 大敦煌生态保护与区域发展战略研究，蒋有绪等编著，北京：中国林业出版社，2012

蒋有绪院士简介

生态学家和林学家，祖籍江苏南京，1932年5月21日出生于上海，1954年毕业于北京大学生物学系植物专业。

长期从事森林生态系统结构与功能、森林地理学、森林群落学、生物多样性、森林与气候变化、农林复合经营、森林可持续经营、森林生态学发展等方面研究，是我国林型学和立地学的理论与技术发展、森林生态系统观测研究网络及其技术规范化和森林可持续发展等的学科带头人。参加工作后，在林业部综合调查队进行各主要天然林区森林植被调查，应用于林区建设规划。深刻地分析了我国亚高山针叶林与寒温带针叶林在发生上的历史联系和相对独立性，提出我国西南亚高山森林的发生在生态学上受外区成分水平辐凑、垂直分异和区域内部差异的生态隔离三过程所影响的学术假说。吸取各学派之长，以亚建群层片和生态种组相结合的二元方法，为我国复杂自然地理条件下建立了统一的森林群落分类系统，并在温带、亚高山带发展"环"的概念，以表述不同群系之间的群落发生学联系。在西南亚高山森林、海南岛尖峰岭热带林和江西亚热带人工林开展定位研究，推动和促进森林定位研究网络的建立和发展。1999年当选为中国科学院院士。

曾任国际生态学协会委员、国际林业研究组织联盟（IUFRO）亚高山学组主席、国际科学联合会环境问题科学委员会中国委员会委员、国际地圈生物圈委员会中国委员会委员、联合国粮食及农业组织亚洲林业支持项目特别工作组组长、国家农业委员会委员、国家气候变化专家委员会委员、国家气候变化咨询专家组成员、国家自然科学奖励委员会委员、中国生态学学会秘书长、国家生态环境野外科学观测研究站建设平台专家委员会委员，国际生物多样性计划中国委员会科学咨询委员会委员，国家自然科学基金委员会地学部专项计划专家组成员、国家林业局咨询专家委员会委员，《林业科学》副主编;《林业科学研究》副主编;《植物生态学报》《自然资源学报》《资源科学》《植物资源与环境》等刊物顾问。

作为项目主持人和主要完成人,曾获得国家科学技术进步奖和林业部科学技术进步奖多项。发表论文近200篇,专(译)著10余部。先后培养硕士、博士、博士后50余人。